旺文社 小学 わ… 算数
改訂版

なぜ算数を学ぶのか

おうちの方へ

監修
成蹊大学非常勤講師・元成蹊小学校教諭　桂 雄二郎

旺文社

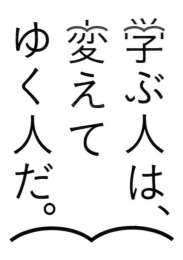

旺文社
小学総合的研究
わかる
算数
改訂版

Obunsha

はじめに

小学校に入学してから大学を卒業するまで、みなさんは16年間も勉強をします。社会に出てからも人は毎日何かを学びます。なぜこんなにたくさん勉強をするのでしょうか。今まで知らなかったことを知るよろこびや、わからなかったことがわかる楽しさもあるでしょう。でも、勉強はつらく苦しいときも多いですね。まわりの大人たちはみなさんに「あきらめないでがんばれ」と言うでしょう。どうしてだと思いますか。テストで良い点を取り、試験に合格してほしいからでしょうか。それは目の前の１つのハードルにすぎません。その先にこそ本当の目的があるのです。「あきらめないでがんばれ」には、みなさんが大人になったときに幸せに生きてほしいという願いが込められているのです。

学ぶ力こそが人を幸せにします。大人になっていろいろな困難にぶつかったときに、知識をたくさん持っていたほうが解決の糸口をみつけられますし、その知識を組み合わせる力を持っていれば、さらに多くの可能性を広げることができます。学ぶ力はより良く生きる力であることを、どうぞ忘れないでいてください。

この本は、みなさんが学ぶ力をつけるために活用していただくものです。いつもかたわらに置いてページを開いてみてください。自分の中にある知識と、この本にある知識をいく通りでも組み合わせてみましょう。答えはみなさんの頭の中でつくられていきます。その過程こそが学ぶ力であり、将来のみなさんの幸せにつながっていくのだと信じています。

株式会社　旺文社　代表取締役社長

生駒大壱

本書の特長と使い方

特長 1

学校の勉強から，中学入試レベルまで対応。小学校の学習はこれ１冊で安心！

① 学校や塾の勉強でわからないところがある！

もくじを使って，知りたい単元のページを見つけ，そのページを開いて，やり方や大切なことがらをおさらいします。さくいんで，わからない用語を見つけ，その説明のあるページを開いて調べることもできます。

P.12からのもくじを使えば，その学年で習う単元からページを見つけられるよ。

予習したいときにも同じ方法が使えるね。

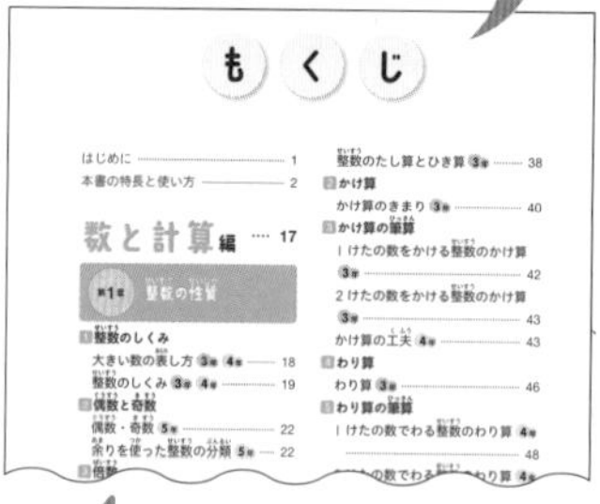
もくじ

わり算の筆算を知りたい…

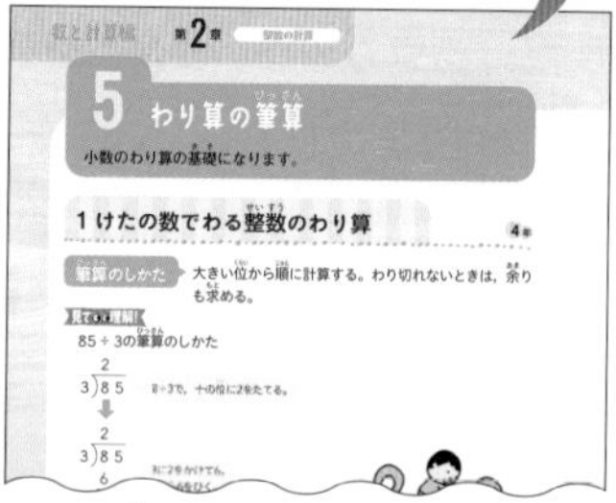

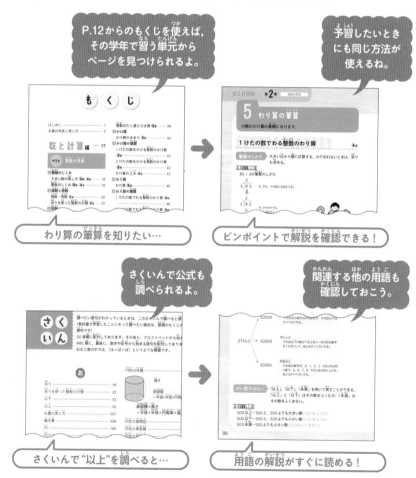

ピンポイントで解説を確認できる！

さくいんで公式も調べられるよ。

関連する他の用語も確認しておこう。

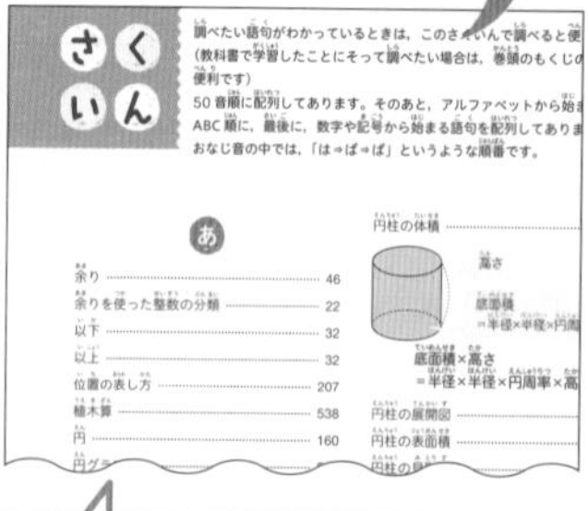

さくいんで“以上”を調べると…

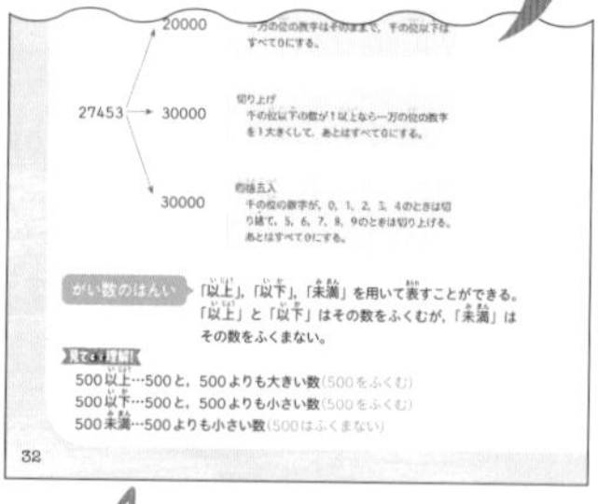

用語の解説がすぐに読める！

特長 2

知りたいことがすぐ探せる，
引く機能重視の構成

特長 3

図をたくさん使っているので，見やすく，わかりやすい

② 中学入試対策がしたい！

解説で内容を確認してから，中学入試対策のページで，入試問題にチャレンジしてみましょう。また，発展編には中学入試でよく出てくる問題がたくさんのっています。どんな問題が出るのか，どんな解き方があるのか，確認して，実際に解いてみましょう。

解くときのポイントや，覚えておくと役に立つことがのっているよ。

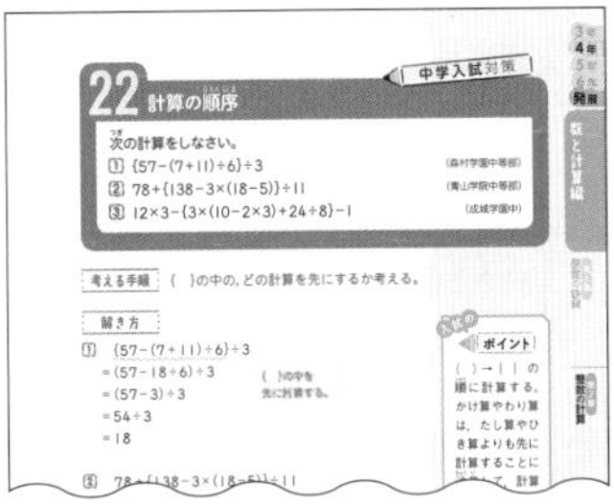

③ 問題を解きたい！

項目の後の練習問題や，章の最後にのっているまとめの問題で，学習したことが身についているか確かめましょう。

まとめの問題には中学の入試に出たものものっているよ。チャレンジしてみよう。

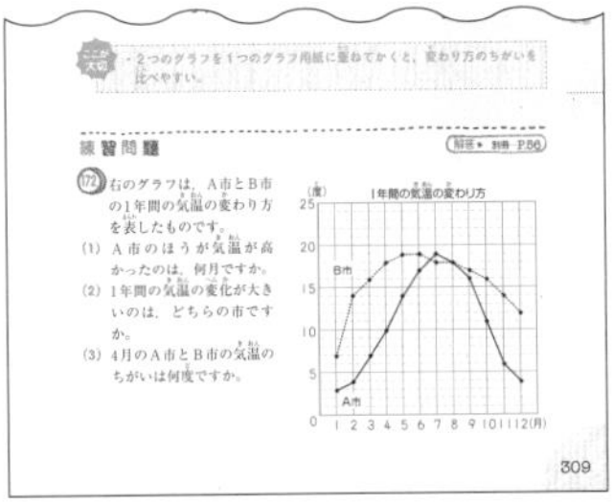

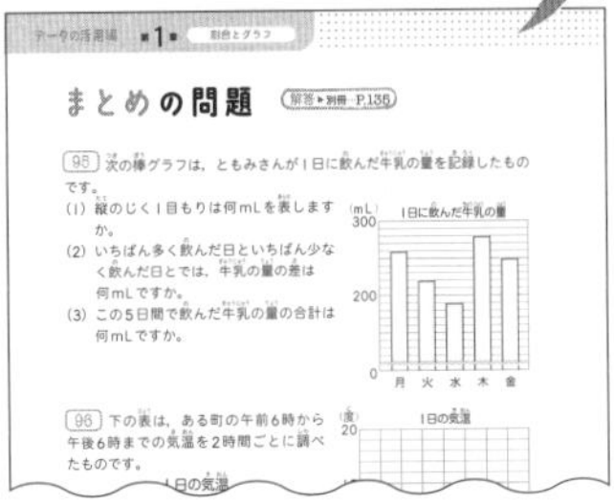

本書に出てくるマークのしょうかい

3年	学習する学年が書いてあります。
見て理解!	図やイラストでわかりやすく解説しています。
ここが大切	その単元で大切なことがらをまとめています。
考える手順	解き方のポイントやヒントが書かれています。
解き方	問題の解き方を具体的に説明してあります。
もっとくわしく	本文の内容よりさらにくわしい説明が書いてあります。
つまずいたら	重要なことがらについて，わからなくなったときに確認できるページを示しています。
ミス注意!	まちがいやすそうなポイントについての解説です。
別の解き方	算数にはいくつかの解き方がある場合があります。1つの解き方だけでなく，他の解き方も確認しておきましょう。
基本	必ずおさえておきたい内容です。
応用	すこし発展的な問題です。学習した内容をよく思い出して考えてみましょう。
中学入試対策	中学入試対策のページについています。
入試のポイント	入試でよくまちがえる内容，気をつけたいポイントが書いてあります。
チャレンジ	練習問題についています。考える手順や解き方をよく読んで，チャレンジしてみましょう。
よくでる	まとめの問題ページで，入試によく出る問題についています。
ハイレベル	まとめの問題ページで，少し難しい問題についています。
算数の宝箱	学習したことの身近な利用例やこぼれ話などです。算数の知識をより深めることができます。

スタッフ

執筆編集協力　波多野祐二（有限会社マイプラン）
株式会社アイ・イー・オー

校正　山下聡　吉川貴子　株式会社東京出版サービスセンター　株式会社ぷれす

装丁デザイン　内津剛（及川真咲デザイン事務所）

本文デザイン　山内なつ子（株式会社しろいろ）

イラスト　三木謙次　オフィスぴゅーま

もくじ

図形編 …………………… 139

第1章 平面図形

第2章 図形の合同と対称

第3章 図形の拡大と縮小

第4章 立体図形

変化と関係編 ‥ 245

第1章 単位変換

第2章 比

第3章 2つの量の関係

データの活用編 ‥ 301

第1章 割合とグラフ

学年別もくじ

3年

数と計算編

図形編

変化と関係編

データの活用編

4年

数と計算編

図形編

変化と関係編

データの活用編

5年

数と計算編

図形編

変化と関係編

データの活用編

6年

数と計算編

図形編

変化と関係編

データの活用編

発展

数と計算編

図形編

変化と関係編

データの活用編

発展編

数と計算 編

ここでは，整数・小数・分数などの数，文字と式について学習します。計算は算数でもいろいろなところで使いますが，ふだんの生活でもよく使う大事なものです。いろいろな数の計算のやり方を，しっかりと身につけましょう。

1 整数のしくみ

計算の基礎になります。

大きい数の表し方

3年 4年

大きい数の読み方，書き方

見て理解！

千が 10 個 → 一万　10000

一万が 10 個 → 十万　100000　（0 が 5 個）

十万が 10 個 → 百万　1000000　（0 が 6 個）

百万が 10 個 → 千万　10000000

千万が 10 個 → 一億　100000000

一万が10000個で一億（0が8個）

一億が 10 個 → 十億　1000000000

十億が 10 個 → 百億　10000000000

百億が 10 個 → 千億　100000000000

千億が 10 個 → 一兆　1000000000000

一億が10000個で一兆（0が12個）

一兆が 10 個 → 十兆　10000000000000

十兆が 10 個 → 百兆　100000000000000

百兆が 10 個 → 千兆　1000000000000000

千兆は1000兆とも書く。

千兆の位	百兆の位	十兆の位	一兆の位	千億の位	百億の位	十億の位	一億の位	千万の位	百万の位	十万の位	一万の位	千の位	百の位	十の位	一の位
6	8	1	4	2	9	5	3	7	0	6	1	9	8	3	5

六千八百十四兆二千九百五十三億七千六十一万九千八百三十五と読む。

整数のしくみ

3年 4年

整数のしくみ どんな大きさの数でも，0，1，2，3，4，5，6，7，8，9 の10個の数字で表すことができる。整数は，10倍すると位が1つずつ上がり，10でわると位が1つずつ下がる。

見て理解！

	千	百	十	一	千	百	十	一	千	百	十	一	千	百	十	一	
				兆				億				万					
				5	3	9	7	2	0	8	0	0	0	0	0	0	
÷10			5	3	9	7	2	0	8	0	0	0	0	0	0	0	10倍
÷10		5	3	9	7	2	0	8	0	0	0	0	0	0	0	0	10倍
÷10	5	3	9	7	2	0	8	0	0	0	0	0	0	0	0	0	10倍

千	百	十	一	千	百	十	一	千	百	十	一	千	百	十	一
			兆				億				万				
			6	0	2	1	0	0	0	0	0	0	0	0	0

1億を60210個集めた数

6兆210億

1兆を6個，
100億を2個，
10億を1個
あわせた数

ここが大切
・整数は，10倍すると位が1つずつ上がり，10でわると位が1つずつ下がる。

1 整数の読み方，書き方

基本

次の①の数を漢数字を使って書きなさい。また，②の数を数字で書きなさい。

① 84201530000

② 四兆二百八十億九千三百十七万五千二

考える手順　数を4けたごとに区切る。

解き方

① 位取りの表をつくって考える。

千	百	十	一(億)	千	百	十	一(万)	千	百	十	一
	8	4	2	0	1	5	3	0	0	0	0

② 0になる位に注意して，数字になおす。

千	百	十	一(兆)	千	百	十	一(億)	千	百	十	一(万)	千	百	十	一
			4	0	2	8	0	9	3	1	7	5	0	0	2

0になる

ミス注意！
0になる位があることに注意し，書き忘れのないようにする。

答え　① 八百四十二億百五十三万

② 4028093175002

ここが大切　・整数は，4けたごとに区切ると読みやすくなる。

練習問題

解答▶ 別冊…P.1

1 次の(1)の数を漢数字を使って書きなさい。また，(2)の数を数字で書きなさい。

(1) 10504420093850

(2) 三十六億四千五百万七千三十五

2 整数のしくみ

基本

次の数を数字で書きなさい。

① 3000万を10倍した数，10でわった数

② 1億を6個，1000万を9個，100万を2個あわせた数

考える手順 位取りを考える。

解き方

①

位が1つずつ上がる。

3億 ↑ 10倍

3000万

300万 ↓ ÷10

位が1つずつ下がる。

②

1億が6個	6億
1000万が9個	9000万
100万が2個	200万
あわせると	6億9200万

答え ① 10倍した数…300000000（3億）

10でわった数…3000000（300万）

② 692000000（6億9200万）

もっとくわしく

1億は1万の10000倍。

つまずいたら

整数のしくみについて知りたい。

P.19

ここが大切 ・整数は，10倍すると位が1つずつ上がり，10でわると位が1つずつ下がる。

練習問題

解答▸ 別冊…P.1

2 次の数を数字で書きなさい。

(1) 4兆を10倍した数，10でわった数

(2) 1兆を3個，1億を510個あわせた数

(3) 1000万を28個集めた数

2 偶数と奇数

整数の性質を考える基礎になります。

偶数・奇数

5年

偶数・奇数 整数は，偶数と奇数の2つの組に分けられる。2でわり切れる整数を偶数，2でわり切れない整数を奇数という。0は偶数とする。

見て◉◉理解！

整数

偶数	奇数
0，2，4，6， 8，10，12，14， 16，18，20，……	1，3，5，7， 9，11，13，15， 17，19，21，……
2でわると余りが0	2でわると余りが1

ここが大切
・2でわり切れる整数を偶数，2でわり切れない整数を奇数という。

余りを使った整数の分類

5年

余りを使った整数の分類 整数は，余りの大きさによって分類することができる。

見て◉◉理解！

3でわったとき……

余りが0になる数の組…0，3，6，9，12，……

余りが1になる数の組…1，4，7，10，13，……

余りが2になる数の組…2，5，8，11，14，……

3 偶数・奇数，余りを使った整数の分類

基本

1 次の整数を，偶数と奇数に分けなさい。
53，26，187，90，204，319

2 1から15までの整数を，4でわった余りで分類しなさい。

考える手順 1 2でわる。2 4でわって，余りを求める。

解き方

1 それぞれの数を2でわって，わり切れれば偶数，わり切れなければ奇数である。
2 それぞれの整数を4でわって余りを求め，余りの数がいくつになるかで分類する。

答え
1 偶数…26，90，204
奇数…53，187，319
2 余りが0になる数の組…4，8，12
余りが1になる数の組…1，5，9，13
余りが2になる数の組…2，6，10，14
余りが3になる数の組…3，7，11，15

もっとくわしく
一の位の数字が，0，2，4，6，8のときは偶数，1，3，5，7，9のときは奇数である。

つまずいたら
余りによる分類のしかたを知りたい。
P.22

ここが大切
・偶数は2でわり切れる。奇数は2でわり切れない。

練習問題

解答▶ 別冊…P.1

3 次の整数は偶数か奇数か，答えなさい。
(1) 85　(2) 3300　(3) 492

4 整数を3でわった余りで分類します。64は，次のア～ウのどの組になるか答えなさい。
ア 余りが0　イ 余りが1　ウ 余りが2

3 倍数

整数の性質を考える基礎になります。

倍数・公倍数・最小公倍数

5年

倍数 ある整数□に整数をかけてできる数を，□の倍数という。
0の倍数やある整数□の0倍は考えない。

見て👀理解! 3の倍数は，3でわり切れる。

3の倍数　3×1＝3，3×2＝6，3×3＝9，…

公倍数 いくつかの整数に共通な倍数を，それらの数の公倍数という。

見て👀理解!

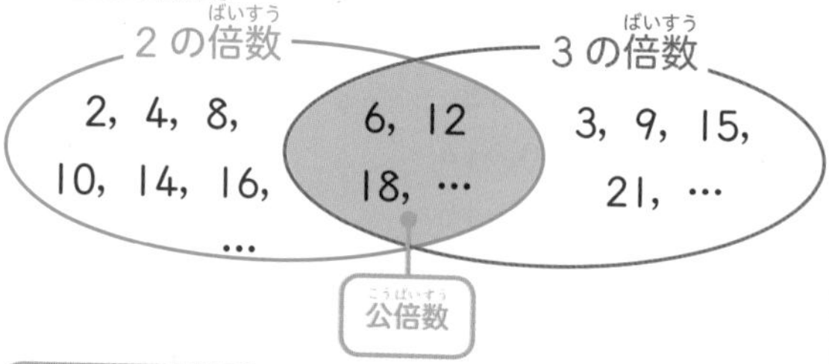

最小公倍数 公倍数のうち，いちばん小さい数を最小公倍数という。公倍数は最小公倍数の倍数になる。

見て👀理解!

2と3の公倍数は，6，12，18，…

最小公倍数

最小公倍数の求め方

```
2 ) 4  6  18
3 ) 2  3   9
    2  1   3
```

2×3×2×1×3＝36

①2つ以上の数の公約数(1をのぞく)のうち，小さい方の数でわり，商を下に書く。わり切れない数はそのまま下におろす。
②われなくなるまで①をくり返す。
③わった数と商をかける。
[連除法という]

ここが大切
- いくつかの整数に共通な倍数を，それらの数の公倍数という。
- 公倍数のうち，いちばん小さい数を最小公倍数という。

4 倍数

基本

7の倍数を，小さい方から順に5つ書きなさい。

考える手順 7を整数倍する。

解き方

7に，1から5までの整数を順にかけていく。

7×1＝7
7×2＝14
7×3＝21
7×4＝28
7×5＝35

答え 7，14，21，28，35

もっとくわしく

7の倍数は，7でわり切れる数である。

もっとくわしく

7の倍数は，ほかにも42，49，…とかぎりなくある。

ミス注意！

7も，7の倍数である。

ここが大切

- ある整数□を整数倍してできる数を，□の倍数という。
- ある整数□の倍数は，□でわり切れる。

練習問題

解答▶ 別冊…P.2

5 9の倍数を，小さい方から順に5つ書きなさい。

6 次の数の中で，4の倍数を全部選んで書きなさい。
82，97，156，314，220

7 ! チャレンジ
1から100までの整数の中で，6の倍数は何個ありますか。

5 公倍数

基本

次の数の公倍数を，小さい方から順に3つ書きなさい。

1 4，8　　　　2 6，10

考える手順　それぞれの数の倍数を求め，その中から共通する倍数を見つける。

解き方

2つの数字の倍数をそれぞれ求め，2つの数に共通する倍数を見つける。

1 4の倍数　4，(8)，12，(16)，20，(24)，…

　8の倍数　(8)，(16)，(24)，32，40，48，…

2 6の倍数　6，12，18，24，(30)，…

　10の倍数　10，20，(30)，40，50，…

公倍数は，最小公倍数の倍数になっているから，

30×2＝60，30×3＝90

答え 1 8，16，24

2 30，60，90

もっとくわしく

8の倍数の中から，4の倍数になっている数を見つけると速く求められる。

もっとくわしく

1 のように倍数を書き出してもよいし，2 のように最小公倍数を見つけ，2倍，3倍してもよい。求めやすい方法で求めよう。

ここが大切

・いくつかの整数に共通な倍数を，それらの数の公倍数という。
・公倍数は，最小公倍数の倍数になっている。

練習問題

解答▶ 別冊…P.2

8 次の数の公倍数を，小さい方から順に3つ書きなさい。

(1) 2，7　　(2) 9，15　　(3) 3，4，6

6 最小公倍数

基本

8と12の最小公倍数を求めなさい。

考える手順 8と12の公倍数を求める。

解き方

8と12の公倍数のうち，いちばん小さい数が最小公倍数である。

8の倍数　8，16，(24)，32，40，(48)，…

12の倍数　12，(24)，36，(48)，60，…

最小公倍数（24）

もっとくわしく

$$
\begin{array}{r|rr}
2 & 8 & 12 \\
\hline
2 & 4 & 6 \\
\hline
 & 2 & 3
\end{array}
$$

$2\times2\times2\times3=24$

答え 24

ここが大切 ・公倍数のうち，いちばん小さい数を最小公倍数という。

練習問題

解答▶ 別冊…P.3

9 次の数の最小公倍数を求めなさい。

(1) 5，6　(2) 7，21　(3) 2，8，10

10 チャレンジ

縦6cm，横9cmの長方形のタイルをすき間なくしきつめて，できるだけ小さい正方形をつくります。このとき，正方形の1辺の長さは何cmになりますか。

11 チャレンジ

南町駅を，バスは16分おきに，電車は12分おきに出発します。午前7時にバスと電車が同時に出発した後，次に同時に出発するのは午前何時何分ですか。

4 約数

整数の性質を考える基礎になります。

約数・公約数・最大公約数

5年

約数 ▶ ある整数□をわり切ることができる整数を，□の約数という。

見て👀理解！

8の約数　1，2，4，8　（1とその数自身も約数になる。）

公約数 ▶ いくつかの整数に共通な約数を，それらの数の公約数という。

見て👀理解！

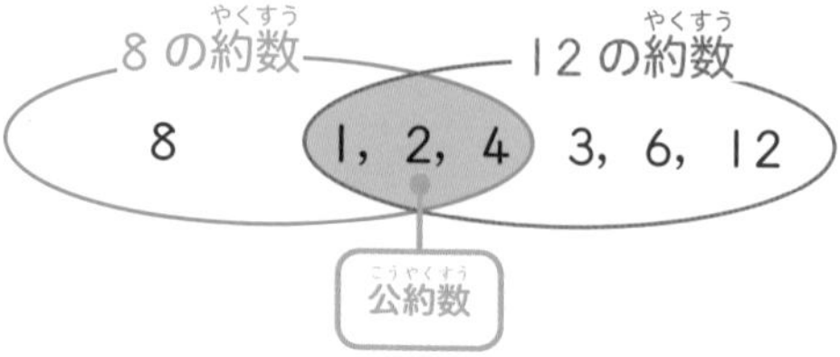

最大公約数の求め方

```
2 ) 12  18  30
3 )  6   9  15
     2   3   5
```

2×3＝6

①全部の数の公約数でわり，商を下に書く。
②われなくなるまで①をくり返す。
③わった数をかける。

最大公約数 ▶ 公約数のうち，いちばん大きい数を最大公約数という。

見て👀理解！

8と12の公約数は，1，2，4

（4：最大公約数）

7 約数

基本

次の数の約数を全部書きなさい。

1 18　　2 23　　3 56

考える手順　1から順にわっていく。

解き方

それぞれの数をわってわり切れる数が，その数の約数である。

1 18をわり切れる数は，1，2，3，6，9，18

2 23をわり切れる数は，1，23

3 56をわり切れる数は，1，2，4，7，8，14，28，56

答え　1 1，2，3，6，9，18
2 1，23
3 1，2，4，7，8，14，28，56

もっとくわしく

約数を求めるときは，1×○，2×△，…のように積の形で考えると，それぞれの数が約数になっているのでわかりやすい。

18 ＜ 1×18
　　　2×9
　　　3×6

ミス注意！

1とその数自身も約数である。

ここが大切　・ある整数□をわり切ることができる整数を，□の約数という。

練習問題

解答▶ 別冊…P.3

12 次の数の約数を全部書きなさい。

(1) 27　　(2) 38　　(3) 64

13 42の約数は全部で何個ありますか。

8 公約数

基本

次の数の公約数を全部書きなさい。

1 16，24　　2 14，42

考える手順　それぞれの数の約数を求める。

解き方

1 16と24の約数を求め，その中から共通する約数を見つける。

16の約数　①，②，④，⑧，16

24の約数　①，②，3，④，6，⑧，12，24

2 14の約数を求め，その中から42の約数を見つける。

14の約数　①，②，⑦，⑭

14は42の約数なので，14の約数はすべて42の約数であることがわかる。

答え　1 1，2，4，8
2 1，2，7，14

もっとくわしく
小さい数(16)の約数の中から，大きい数(24)の約数になっている数を見つけると速く求められる。

つまずいたら
約数について知りたい。
P.28

ここが大切　・いくつかの整数に共通な約数を，それらの数の公約数という。

練習問題

解答▶　別冊…P.4

14 次の数の公約数を全部書きなさい。

(1) 15，21　　(2) 18，36　　(3) 8，10，16

9 最大公約数

基本

14と28の最大公約数を求めなさい。

考える手順 14と28の公約数を求める。

解き方

14と28の公約数のうち，いちばん大きい数が最大公約数である。

14の約数　①，②，⑦，⑭ ― 最大公約数

28の約数　①，②，4，⑦，⑭，28

14は28の約数だから，14の約数は全部28の約数になっている。

答え 14

もっとくわしく

公約数は，最大公約数の約数になっている。

もっとくわしく

```
2) 14  28
7)  7  14
    1   2
```

2×7＝14

ここが大切
・公約数のうち，いちばん大きい数を最大公約数という。

練習問題

解答▶ 別冊…P.4

⑮ 27と45の最大公約数を求めなさい。

⑯ チャレンジ

縦10cm，横15cmの長方形の紙があります。これを余りが出ないようにできるだけ大きい正方形に切り分けるとき，正方形の1辺の長さは何cmになりますか。

⑰ チャレンジ

赤い色紙が56枚，青い色紙が42枚あります。これを何人かに，それぞれ同じ数ずつどちらも余りが出ないように分けます。できるだけ多くの人に分けるとすると，何人に分けられますか。また，このとき色紙は1人にそれぞれ何枚ずつ分けられますか。

5 がい数とその計算

大きな数の計算の基礎になります。

がい数の表し方

4年

がい数　およその数のことをがい数といい，「およそ～」のことを「約～」という。がい数にするには，切り捨て，切り上げ，四捨五入の方法があるが，四捨五入してがい数にすることが多い。

見て理解！

27453を一万の位までのがい数にするとき…千の位に注目！

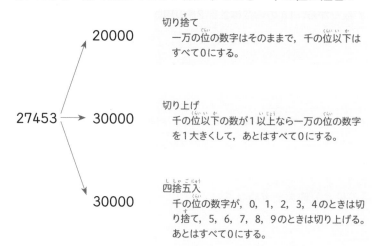

27453 →	20000	切り捨て 一万の位の数字はそのままで，千の位以下はすべて0にする。
27453 →	30000	切り上げ 千の位以下の数が1以上なら一万の位の数字を1大きくして，あとはすべて0にする。
27453 →	30000	四捨五入 千の位の数字が，0，1，2，3，4のときは切り捨て，5，6，7，8，9のときは切り上げる。あとはすべて0にする。

がい数のはんい　「以上」，「以下」，「未満」を用いて表すことができる。「以上」と「以下」はその数をふくむが，「未満」はその数をふくまない。

見て理解！

500以上…500と，500よりも大きい数(500をふくむ)
500以下…500と，500よりも小さい数(500をふくむ)
500未満…500よりも小さい数(500はふくまない)

ここが大切
・およその数のことをがい数という。
・がい数にするときは，ふつう四捨五入でがい数にする。

和や差の見積もり　4年

がい算　がい数にして計算することを，がい算という。
和や差を見積もるときは，それぞれの数を，見積もろうとする位までのがい数にしてから計算する。

見て👀理解!

千の位までのがい数で見積もるとき

37510＋42504
↓　↓
○38000＋43000＝81000
×37510＋42504＝80014→80000

百の位を四捨五入して，がい数にする。

「がい算」は，はじめにがい数にし，それから計算する。答えを計算してからがい数にしない。

積や商の見積もり　4年

かけ算のがい算　積を見積もるときは，かけられる数とかける数を上から1けたのがい数にしてから計算すると簡単に見積もることができる。

見て👀理解!

641×182
↓　↓
600×200＝120000

かけられる数とかける数を，上から1けたのがい数にする。

わり算のがい算　商を見積もるときは，わられる数とわる数を上から1けたのがい数にしてから計算すると簡単に見積もることができる。

見て👀理解!

1819÷17
↓　↓
2000÷20＝100

わられる数とわる数を，上から1けたのがい数にする。

10 がい数

基本

1 次の数を，四捨五入して一万の位までのがい数で表しなさい。

①27339　　②150648

2 90以上100未満の整数を，全部書きなさい。

考える手順

1 千の位の数字に注目する。

2 90と100がふくまれるかどうかを考える。

解き方

1 千の位の数字が0，1，2，3，4のときは切り捨て，5，6，7，8，9のときは切り上げる。

① 27339 → 30000　千の位の数字は7

② 150648 → 150000　千の位の数字は0

2 90以上は，90をふくむ。100未満は，100をふくまない。

もっとくわしく

四捨五入するときは，求めたい位の1つ下の位の数字に注目する。

つまずいたら

がい数の表し方について知りたい。

P.32

答え

1 ①30000　②150000

2 90，91，92，93，94，95，96，97，98，99

ここが大切

- がい数で表すときは，求めようとする位の1つ下の位の数字に注目する。
- 「以上」，「以下」はその数をふくみ，「未満」，「より大きい」，「より小さい」はふくまない。

練習問題

解答▶ 別冊…P.5

18 次の数を，四捨五入して上から2けたのがい数で表しなさい。

(1) 5837　(2) 446905　(3) 1982200

19 四捨五入して，十の位までのがい数にしたとき，240になる整数のはんいを，以上，以下，未満を使って表しなさい。

11 和や差の見積もり

基本

次の和や差を，千の位までのがい数で見積もりなさい。

[1] 83524＋57060　　[2] 2618＋30479

[3] 68143−24695　　[4] 43724−16193

考える手順　四捨五入して，千の位までのがい数にしてから計算する。

解き方

千の位までのがい数にするので，百の位の数字を四捨五入すればよい。

[1] 83524＋57060
　↓　　↓
84000＋57000＝141000

[2] 2618＋30479
　↓　　↓
3000＋30000＝33000

[3] 68143−24695
　↓　　↓
68000−25000＝43000

[4] 43724−16193
　↓　　↓
44000−16000＝28000

答え　[1] 141000　[2] 33000
[3] 43000　[4] 28000

ミス注意！
百の位の数字が，
0，1，2，3，4のときは切り捨て，
5，6，7，8，9のときは切り上げる。

つまずいたら
和や差のがい算のしかたを知りたい。
P.33

ここが大切
・和や差を見積もるときは，それぞれの数を見積もろうと思う位までのがい数にしてから計算する。

練習問題

解答▶ 別冊…P.6

20 次の和や差を，一万の位までのがい数で見積もりなさい。

(1) 215468＋374392　　(2) 650908＋197256

(3) 583430−169253　　(4) 476264−21957

12 和の見積もり（切り上げ・切り捨て）

基本

1 1000円を持って買い物に行きました。570円の本と180円のパンと150円のジュースを買うとき，1000円で足りるか見積もりなさい。

2 A店では，2000円の買い物をすると商品券がもらえます。830円の筆箱と1040円の色えん筆と210円のシールを買うとき，商品券はもらえるか見積もりなさい。

考える手順　場面を考えて，切り上げるか切り捨てるか決める。

解き方

1 足りるかどうかは，多く見積もればよいので，切り上げて計算する。

570 + 180 + 150
↓　↓　↓
600 + 200 + 200 = 1000

多く見積もっても1000円だから足りる。

2 2000円をこえるかどうかは，少なく見積もればよいので，切り捨てて計算する。

830 + 1040 + 210
↓　↓　↓
800 + 1000 + 200 = 2000

少なく見積もっても2000円だからこえる。

答え　1 足りる　2 もらえる

もっとくわしく

だいたいいくらかを求めたいときは，四捨五入するとよい。

つまずいたら

切り上げ，切り捨てのしかたについて知りたい。

P.32

ここが大切

・足りるかどうかを見積もるときは，切り上げて計算し，こえるかどうかを見積もるときは，切り捨てて計算するとよい。

練習問題

解答▶ 別冊…P.6

21 80円のガムと120円のチョコレートと170円のクッキーを買おうと思います。500円で足りるか見積もりなさい。

13 積や商の見積もり

基本

次の積や商を，上から1けたのがい数にして見積もりなさい。

1 452×637　　2 87164÷283

考える手順 それぞれの数をがい数にしてから，積や商を求める。

解き方

それぞれの数を四捨五入して，上から1けたのがい数にして計算する。

1 上から2けた目の数字を四捨五入する。

452×637

↓　↓

$500 \times 600 = 300000$

2 上から2けた目の数字を四捨五入する。

$87164 \div 283$

↓　↓

$90000 \div 300 = 300$

答え 1 300000　2 300

ミス注意！

上から1けたのがい数にするときは，上から2けた目の数字を四捨五入すればよい。

つまずいたら

積や商のがい算のしかたを知りたい。

P.33

ここが大切

・積や商を見積もるときは，上から1けたのがい数にしてから計算すると，簡単に見積もることができる。

練習問題

解答▶ 別冊…P.6

22 次の積や商を，上から1けたのがい数にして見積もりなさい。

(1) 8257×389　　(2) 61736×29

(3) $7584 \div 96$　　(4) $39528 \div 216$

1 たし算とひき算の筆算

整数のたし算とひき算の筆算のしかたを学びます。

整数のたし算とひき算

3年

整数のたし算

整数のたし算の筆算は，位を縦にそろえて，一の位から順に計算する。

見て👀理解！

十の位に1くり上げる。　百の位に1くり上げる。

```
   1             1 1           1 1
  4 6 3         4 6 3         4 6 3
+ 1 9 8   →   + 1 9 8   →   + 1 9 8
-------       -------       -------
      1           6 1         6 6 1
```

3+8=11　　1+6+9=16　　1+4+1=6

整数のひき算

整数のひき算の筆算は，位をそろえて，一の位から順に計算する。

見て👀理解！

十の位から1くり下げる。　百の位から1くり下げる。

```
    1           4 1           4 1
  5 2 4         5 2 4         5 2 4
- 2 6 8   →   - 2 6 8   →   - 2 6 8
-------       -------       -------
      6           5 6         2 5 6
```

14−8=6　　11−6=5　　4−2=2

ここが大切

・整数のたし算やひき算の筆算は，位をそろえて，一の位から順に計算する。

14 整数のたし算とひき算

基本

次の計算をしなさい。

1 381+437　　2 564+789　　3 650+98

4 446−175　　5 862−593　　6 703−217

考える手順 位を縦にそろえて書き，一の位から順に計算する。

解き方

くり上がり，くり下がりに注意して筆算をする。

1
$$\begin{array}{r} 381 \\ +437 \\ \hline 818 \end{array}$$

2
$$\begin{array}{r} 564 \\ +789 \\ \hline 1353 \end{array}$$

3
$$\begin{array}{r} 650 \\ +\ \ 98 \\ \hline 748 \end{array}$$

4
$$\begin{array}{r} 446 \\ -175 \\ \hline 271 \end{array}$$

5
$$\begin{array}{r} 862 \\ -593 \\ \hline 269 \end{array}$$

6
$$\begin{array}{r} 703 \\ -217 \\ \hline 486 \end{array}$$

十の位が0なので，百の位からくり下げる。

答え 1 818　2 1353　3 748　4 271　5 269　6 486

ミス注意！

ひき算で，すぐ上の位からくり下げられないときは，もう1つ上の位からくり下げる。

つまずいたら

整数のたし算やひき算の筆算のしかたを知りたい。

P.38

ここが大切

・整数のたし算やひき算の筆算は，くり上がりやくり下がりに注意して，一の位から順に計算する。

練習問題

解答▶ 別冊…P.7

23 次の計算をしなさい。

(1) 238＋376　　(2) 849＋151　　(3) 1352＋2269

(4) 429−351　　(5) 600−73　　(6) 9385−5192

2 かけ算

かけ算の基礎(きそ)になります。

かけ算のきまり

3年

かける数をふやす・へらす

かける数が1ふえると，答えはかけられる数だけ大きくなり，かける数が1へると，答えはかけられる数だけ小さくなる。

見て👀理解！

8×5＝8×4＋8

かける数が4から5に1ふえると，答えはかけられる数の8だけ大きくなる。

8×3＝8×4－8

かける数が4から3に1へると，答えはかけられる数の8だけ小さくなる。

かける数，かけられる数を分ける

かける数を分けて計算したり，かけられる数を分けて計算しても，答えは同じになる。

見て👀理解！

かける数を10と2に分けて，計算する。

7×12 ＜ 7×10＝70，7×2＝14

70＋14＝84

かけられる数を10と5に分けて，計算する。

15×6 ＜ 10×6＝60，5×6＝30

60＋30＝90

15 かけ算

基本

次の□にあてはまる数を求めなさい。

1 7×10=7×9+□　　2 6×8=6×9−□

3 5×13=5×10+5×□

考える手順 かける数がふえているのか，へっているのか，分けられているのかをみる。

解き方

1 かける数が1ふえているから，かけられる数の7だけ大きくなる。

7×10=7×9+7

2 かける数が1へっているから，かけられる数の6だけ小さくなる。

6×8=6×9−6

3 かける数13を10と3に分けて計算する。

5×13=5×10+5×3

もっとくわしく

次のような計算のきまりがある。

○×(△+□)
=○×△+○×□

答え 1 7　　2 6　　3 3

ここが大切 かける数が10より大きいときは，10といくつかに分ける。

練習問題

解答▶ 別冊…P.7

24 次の□にあてはまる数を求めなさい。

(1) 3×10=3×9+□　　(2) 5×7=5×8−□

(3) 6×12=6×10+6×□　　(4) 15×7=10×7+□×7

3 かけ算の筆算

小数のかけ算の基礎になります。

1 けたの数をかける整数のかけ算

3年

筆算のしかた 位を縦にそろえて書いて，一の位から順に計算する。

見て👀理解!

36×4の筆算のしかた

$$\begin{array}{r} 36 \\ \times\ \ 4 \\ \hline \end{array}$$

位を縦にそろえて書く。

↓

$$\begin{array}{r} 36 \\ \times\ \ 4 \\ \hline 4 \end{array}$$

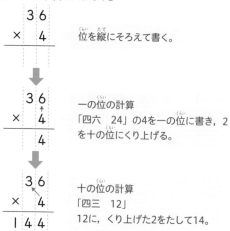

一の位の計算
「四六　24」の4を一の位に書き，2を十の位にくり上げる。

↓

$$\begin{array}{r} 36 \\ \times\ \ 4 \\ \hline 144 \end{array}$$

十の位の計算
「四三　12」
12に，くり上げた2をたして14。

考え方

$$\begin{array}{rl} 36 & \\ \times\ \ 4 & \\ \hline 24 & \cdots\cdots 6\times4 \\ 120 & \cdots\cdots 30\times4 \\ \hline 144 & \end{array}$$

かけられる数が3けたになっても，左と同じように考えて筆算をすることができる。

ここが大切
・整数のかけ算の筆算は，位をそろえて，一の位から順に計算する。

2けたの数をかける整数のかけ算　3年

筆算のしかた　1けたの数をかける筆算のときと同じように，位を縦にそろえて書いて，一の位から順に計算する。

見て理解!

45×37の筆算のしかた

$$\begin{array}{r} 45 \\ \times\ 37 \\ \hline 315 \end{array}$$

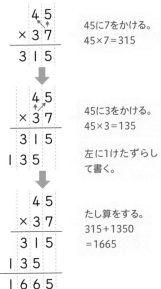

45に7をかける。
45×7＝315

$$\begin{array}{r} 45 \\ \times\ 37 \\ \hline 315 \\ 135 \end{array}$$

45に3をかける。
45×3＝135

左に1けたずらして書く。

$$\begin{array}{r} 45 \\ \times\ 37 \\ \hline 315 \\ 135 \\ \hline 1665 \end{array}$$

たし算をする。
315＋1350
＝1665

考え方

$$\begin{array}{rl} 45 & \\ \times\ 37 & \\ \hline 315 & \cdots\cdots 45\times7 \\ 1350 & \cdots\cdots 45\times30 \\ \hline 1665 & \end{array}$$

かけ算の工夫　4年

かけ算の工夫　終わりに0がある数のかけ算では，0がないものとして計算し，最後に0をつけたすと簡単に計算できる。

見て理解!

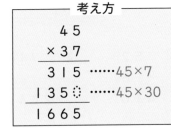

$$\begin{array}{r} 72000 \\ \times\ \ 600 \\ \hline 432 \end{array} \quad \Rightarrow \quad \begin{array}{r} 72000 \\ \times\ \ 600 \\ \hline 43200000 \end{array}$$

0が3個
0が2個

72×6の計算をする。

0を(3＋2＝)5個つけたす。

16 整数のかけ算①

基本

次の計算をしなさい。

1 13×7　　2 52×8
3 712×4　　4 450×9

考える手順 位を縦にそろえて書いて，一の位から順に計算する。

解き方

1
```
   13
×   7
─────
   91
```

```
   13
×   7
─────
   21 …3×7
   70 …10×7
─────
   91
```

ミス注意！
くり上げた数をたし忘れないようにする。

2
```
   52
×   8
─────
  416
```

3
```
  712
×   4
─────
 2848
```

4
```
  450
×   9
─────
 4050
```

一の位には0を書く。

つまずいたら
1けたの数をかけるかけ算の筆算のしかたを知りたい。
P.42

答え 1 91　2 416　3 2848　4 4050

ここが大切
・かけ算の筆算は，位取りに注意して，一の位から順に計算する。

練習問題

解答▶ 別冊…P.7

25 次の計算をしなさい。

(1) 67×3　(2) 93×8　(3) 34×5
(4) 517×6　(5) 209×3　(6) 2745×4

17 整数のかけ算②

基本

次の計算をしなさい。

1 21×46　　2 14×25

3 126×37　　4 3800×9000

考える手順 1～3 位を縦にそろえて書いて，一の位から順に計算する。
4 0がないものとして計算し，最後に0をつけたす。

解き方

1
```
   21
  ×46
  ---
  126
  84
  ---
  966
```

2
```
   14
  ×25
  ---
   70
  28
  ---
  350
```

3
```
   126
  × 37
  ----
   882
  378
  ----
  4662
```

4
```
   3800
  × 9000
  --------
  34200000
```
38×9=342

0を(2+3=)5個つけたす。

答え 1 966　2 350　3 4662　4 34200000

もっとくわしく

かけられる数やかける数のけた数が大きくなっても，同じように考えて筆算をすることができる。

つまずいたら

2けたの数をかけるかけ算の筆算のしかたを知りたい。

➡ P.43

ここが大切 ・かける数の十の位の計算の答えは，左へ1けたずらして書く。

練習問題

解答▶ 別冊…P.8

26 次の計算をしなさい。

(1) 43×52　(2) 75×24　(3) 294×48

(4) 762×156　(5) 1200×1600

4 わり算

わり算の基礎(きそ)になります。

わり算

3年

答えの見つけ方 わる数の段(だん)の九九を使(つか)って見つける。

見て理解！

12÷3　⇒　3×□＝12

□にあてはまる数を考える。

3×3＝9
3×4＝12　←　4が答えになる。
3×5＝15

余(あま)りのあるわり算 九九を使(つか)って，わられる数に近くなるような答えを見つける。
そのとき，余(あま)りがわる数より小さくなるようにする。

見て理解！

37÷7
7の段(だん)を考えて，
7×4＝28　→余(あま)り9
7×5＝35　→余(あま)り2

7でわるから，7の段(だん)の九九で考える。

余(あま)りがわる数よりも小さくなるようにする。

37÷7＝5余(あま)り2

18 わり算

基本

あめが19個あります。1人に4個ずつ配ると，何人に分けられて，何個余りますか。

考える手順 4の段の九九で19に近くなる数を考える。

解き方

4の段の九九で考えると，

4×3＝12 →7個余る
4×4＝16 →3個余る
4×5＝20 →1個足りない

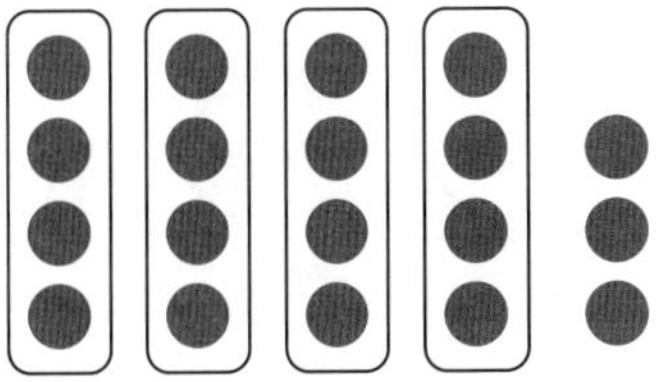

19÷4＝4余り3

答え 4人に分けられて，3個余る。

ここが大切 わり算の余りは，わる数より必ず小さくなる。

ミス注意！

3人に分けられて7個余るは，まちがい。余りは，わる数の4より小さくなるようにする。

もっとくわしく

わり算の答えは
わる数×商＋余り
＝わられる数
で確かめられる。

練習問題

解答▶ 別冊…P.8

(27) 色紙が36枚あります。1人に7枚ずつ分けると，何人に分けられて，何枚余りますか。

5 わり算の筆算

小数のわり算の基礎になります。

1 けたの数でわる整数のわり算

4年

筆算のしかた　大きい位から順に計算する。わり切れないときは，余りも求める。

見て理解！

85 ÷ 3の筆算のしかた

```
   2
3)85
```
8÷3で，十の位に2をたてる。

↓

```
   2
3)85
  6
  2
```
3に2をかけて6。
8から6をひく。

↓

```
   2
3)85
  6↓
  25
```
5をおろす。

↓

```
  28
3)85
  6
  25
  24
   1
```
25÷3で，一の位に8をたてる。
3に8をかけて24。
25から24をひいて1。

1 … 余り

答えの確かめのしかた

わる数 × 商 + 余り = わられる数

3 × 28 + 1 = 85

2けたの数でわる整数のわり算

4年

筆算のしかた 商の見当をつけ，大きい位から順に計算する。

見て👀理解!

625 ÷ 23の筆算のしかた

```
23)625
```

60÷20で商の十の位の見当をつけると3。

```
      3
23)625
    69   ←ひけない。…商を小さくする。
```

⬇

```
      2
23)625
    46
    16
```

62÷23で，十の位に2をたてる。

23に2をかけて46。
62から46をひく。

⬇

```
      2
23)625
    46↓
    165
```

5をおろす。

⬇

```
      27
23)625
    46
    165
    161
      4
```

165÷23で，一の位に7をたてる。
23に7をかけて161。
165から161をひいて4。

4 …余り

ここが大切

・わり算の筆算は，大きい位から順に，たてる→かける→ひく→おろすをくり返して計算していく。

19 整数のわり算①

基本

次の計算をしなさい。わり切れないときは，余りも求めなさい。

1 72÷4　　2 538÷3　　3 209÷7

考える手順　商が何の位からたつかを考える。

解き方

2は7より小さいから，百の位に商はたたない。

1
```
    18
 4)72
   4
   32
   32
    0
```

2
```
    179
 3)538
   3
   23
   21
    28
    27
     1
```

3
```
     29
 7)209
   14
    69
    63
     6
```

余りは，わる数よりも小さくなる。

答え　1 18　2 179余り1　3 29余り6

もっとくわしく

3けた÷1けたの筆算で，百の位に商がたたないときは，十の位にたてる。

つまずいたら

1けたの数でわるわり算の筆算のしかたを知りたい。

➡ P.48

ここが大切　・わり算の筆算は，たてる→かける→ひく→おろすをくり返して計算する。

練習問題

解答▶ 別冊…P.8

28 次の計算をしなさい。わり切れないときは，余りも求めなさい。

(1) 65÷3　　(2) 715÷5　　(3) 3011÷8

20 整数のわり算②

基本

次の計算をしなさい。わり切れないときは，余りも求めなさい。

1 69÷23　　2 78÷19

3 279÷31　　4 381÷16

考える手順 商の見当をつけて計算する。

解き方

1
```
      3
23)69
   69
    0
```

2
```
      4
19)78
   76
    2
```

3
```
       9
31)279
   279
     0
```

4
```
      23
16)381
   32
    61
    48
    13
```

答え 1 3　　2 4余り2　　3 9
4 23余り13

もっとくわしく

2では，
70÷10で商の見当をつけるよりも，80÷20で商の見当をつける方が速い。

つまずいたら

2けたの数でわるわり算の筆算のしかたを知りたい。

➡ P.49

ここが大切
- 見当をつけた商が大きすぎたときは，1ずつ小さくする。
- 見当をつけた商が小さすぎたときは，1ずつ大きくする。

練習問題

解答▶ 別冊…P.9

29 次の計算をしなさい。わり切れないときは，余りも求めなさい。

(1) 58÷19　　(2) 317÷56　　(3) 2966÷42

30 ! チャレンジ

ある数を24でわったら，商が17で余りが21になりました。この数を37でわったときの答えを求めなさい。

6 式と計算の順序

整数の計算の基礎になります。

計算の順序

4年

計算の順序　たし算やひき算だけの式や，かけ算やわり算だけの式は，左から順に計算する。

見て👀理解!

26－19＋11＝7＋11（①）
＝18（②）

左から順に計算する。
①26－19＝7
②7＋11＝18

15×8÷3＝120÷3（①）
＝40（②）

左から順に計算する。
①15×8＝120
②120÷3＝40

＋，－と×，÷の混じった計算　たし算やひき算，かけ算やわり算の混じった式では，かけ算やわり算を先に，たし算やひき算は後に計算する。

見て👀理解!

6＋21÷7＝6＋3（①）
＝9（②）

わり算を先に計算する。
①21÷7＝3
②6＋3＝9

46－4×9＋5＝46－36＋5
①

＝10＋5
②

＝15
③

かけ算を先に計算する。
①4×9＝36
左から順に計算する。
②46－36＝10
③10＋5＝15

かっこのある計算 かっこがある式では，かっこの中を先に計算する。いくつかかっこがある場合は，内側のかっこの中から先に計算する。

見て理解！

12＋5×(3＋7)＝12＋5×10
①

＝12＋50
②

＝62
③

(　)の中を先に計算する。
①3＋7＝10
かけ算を先に計算する。
②5×10＝50
③12＋50＝62

(　)を小かっこ，{　}を中かっこ，〔　〕を大かっこといい，小かっこ，中かっこ，大かっこの順に計算する。

{4＋(35－17)}÷2＝(4＋18)÷2
①

＝22÷2
②

＝11
③

(　)の中を先に計算する。
①35－17＝18
{　}の中を計算する。
②4＋18＝22
③22÷2＝11

ここが大切
- ふつう，左から順に計算する。
- ＋，－，×，÷が混じった式では，×，÷を先に計算する。
- かっこがある式では，かっこの中を先に計算する。

21 計算の順序

基本

次の計算をしなさい。

1 35−6×3　　2 5×3−42÷7

3 24÷(8−2)+5　　4 (4+9÷3)×6

考える手順　式の中に，かけ算やわり算，かっこがあるかを見る。

解き方

1 35−6×3＝35−18＝17

①6×3　②35−18　かけ算を先に計算する。

2 5×3−42÷7＝15−6＝9

①5×3　②42÷7　③15−6

3 24÷(8−2)+5＝24÷6+5＝4+5＝9

①8−2　②24÷6　③4+5　かっこの中を先に計算する。

4 (4+9÷3)×6＝(4+3)×6＝7×6＝42

①9÷3　②4+3　③7×6

答え　1 17　2 9　3 9　4 42

ミス注意!

かっこの中の式に，＋，−，×，÷が混じっているときは，×，÷を先に計算する。

つまずいたら

計算の順序について知りたい。

P.52

ここが大切

- 計算するときは，かけ算やわり算を先に計算する。
- かっこがあるときは，かっこの中を先に計算する。

練習問題

解答▶ 別冊…P.9

31 次の計算をしなさい。

(1) 12−(5+3)　　(2) 21−32÷8+7

(3) 6×(7−2)÷10　　(4) (16+4×6)÷5

中学入試対策

22 計算の順序

次の計算をしなさい。

1 $\{57-(7+11)\div 6\}\div 3$ （森村学園中等部）

2 $78+\{138-3\times(18-5)\}\div 11$ （青山学院中等部）

3 $12\times 3-\{3\times(10-2\times 3)+24\div 8\}-1$ （成城学園中）

考える手順 ｛　｝の中の，どの計算を先にするか考える。

解き方

1 $\{57-(7+11)\div 6\}\div 3$
$=(57-18\div 6)\div 3$
$=(57-3)\div 3$
$=54\div 3$
$=18$

｛　｝の中を先に計算する。

2 $78+\{138-3\times(18-5)\}\div 11$
$=78+(138-3\times 13)\div 11$
$=78+(138-39)\div 11$
$=78+99\div 11$
$=78+9$
$=87$

かけ算，わり算を先に計算する。

3 $12\times 3-\{3\times(10-2\times 3)+24\div 8\}-1$
$=36-\{3\times(10-6)+3\}-1$
$=36-(3\times 4+3)-1$
$=36-(12+3)-1$
$=36-15-1$
$=20$

答え 1 18　2 87　3 20

入試のポイント
（　）→｛　｝の順に計算する。かけ算やわり算は，たし算やひき算よりも先に計算することに注意して，計算していく。

もっとくわしく
かっこがいくつかあるときは，内側のかっこから先に計算する。

つまずいたら
計算の順序について知りたい。
➡ P.52

7 計算のきまり

整数（せいすう）の計算の基礎（きそ）になります。

たし算，かけ算の計算のきまり

3年　4年

交換法則（こうかんほうそく）　たし算やかけ算には，次（つぎ）のようなきまりがある。

○＋△＝△＋○

○×△＝△×○

このようなきまりを，**交換法則（こうかんほうそく）**という。

見て👀理解！

36＋18＝18＋36　　たす数とたされる数を入れかえても，答えは同じ。

15×11＝11×15　　かける数とかけられる数を入れかえても，答えは同じ。

結合法則（けつごうほうそく）　たし算やかけ算には，次（つぎ）のようなきまりがある。

(○＋△)＋□＝○＋(△＋□)

(○×△)×□＝○×(△×□)

このようなきまりを，**結合法則（けつごうほうそく）**という。

見て👀理解！

(33＋16)＋84＝33＋(16＋84)　　たす順序（じゅんじょ）を変（か）えても，答えは同じ。

（33＋16 → 49，49＋84 → 133）　（16＋84 → 100，33＋100 → 133）

(7×25)×4＝7×(25×4)

7×25→175，175×4→700　　25×4→100，7×100→700

かける順序を変えても，答えは同じ。

分配法則（ぶんぱいほうそく）　(　)を使った計算には，次のようなきまりがある。

(○＋△)×□＝○×□＋△×□
(○－△)×□＝○×□－△×□

このようなきまりを**分配法則**という。

見て理解！

(8＋25)×4＝8×4＋25×4

8＋25→33，33×4→132　　8×4→32，25×4→100，32＋100→132

8と25にそれぞれ4をかけて，たす。

(30－6)×5＝30×5－6×5

30－6→24，24×5→120　　30×5→150，6×5→30，150－30→120

30に5をかけた数から，6に5をかけた数をひく。

分配法則は，次のような場合にも成り立つ。

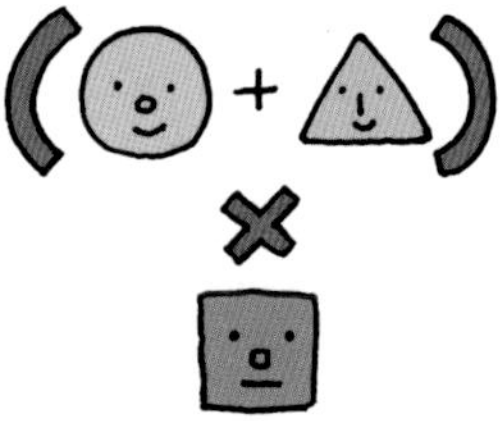

(12＋6)÷6＝12÷6＋6÷6
(○＋△)÷□＝○÷□＋△÷□

(15－9)÷3＝15÷3－9÷3
(○－△)÷□＝○÷□－△÷□

ここが大切
・たし算やかけ算では，交換法則，結合法則，分配法則が成り立つ。

23 たし算，かけ算の交換法則，結合法則

基本

次の□にあてはまる数を書きなさい。

1 62+17=□+62　　2 23×58=58×□

3 21+14+86=21+(14+□)　　4 9×4×25=9×(□×25)

考える手順　計算のきまりのどれを使っているのか考える。

解き方

1 ○＋△＝△＋○を使っている。

62＋17＝17＋62

2 ○×△＝△×○を使っている。

23×58＝58×23

3 (○＋△)＋□＝○＋(△＋□)を使っている。

21＋14＋86＝21＋(14＋86)

（14＋86 → 100）

4 (○×△)×□＝○×(△×□)を使っている。

9×4×25＝9×(4×25)

（4×25 → 100）

答え 1 17　2 23　3 86　4 4

もっとくわしく

左のような法則を使うと計算が正確に速くできる。

14＋86＝100

4×25＝100

つまずいたら

交換法則，結合法則について知りたい。

P.56

ここが大切　・たし算やかけ算では，交換法則，結合法則が成り立つ。

練習問題

解答▶ 別冊…P.9

32 次の計算を工夫してしなさい。

(1) 22＋63＋37　　(2) 95＋42＋5

(3) 50×16×2　　(4) 25×32

24 分配法則

基本

次の□にあてはまる数を書きなさい。

1. (28+57)×17=28×□+57×□
2. 64×5−4×5=(□−4)×5
3. (100−1)×4=100×□−□×4

考える手順 分配法則は，どのような計算のきまりか考える。

解き方

1. (○+△)×□=○×□+△×□
   ↓
   (28+57)×17=28×17+57×17
2. ○×□−△×□=(○−△)×□
   ↓
   64×5−4×5=(64−4)×5
3. (○−△)×□=○×□−△×□
   ↓
   (100−1)×4=100×4−1×4

答え 1 17，17　2 64　3 4，1

もっとくわしく

3 のように100に近い数があるときは，100+△，100−△の形にして分配法則を使うと，計算が正確に速くできる。

つまずいたら

分配法則について知りたい。

P.57

ここが大切
・( )を使った計算のきまりには，分配法則がある。

練習問題

解答▶ 別冊…P.10

33 次の計算を工夫してしなさい。

(1) 34×3+16×3　　(2) 67×5−7×5

(3) 98×6　　(4) 24×101

まとめの問題

解答▶ 別冊…P.99

1 次の(1)の数を漢数字を使って書きなさい。また，(2)の数を数字で書きなさい。

(1) 6530082950070　　(2) 八百二億五千四百九万三千

2 次の数を数字で書きなさい。

(1) 1兆を2個，100億を8個，1000万を4個あわせた数

(2) 1000万を35個集めた数

(3) 6000億を10倍した数，10でわった数

3 次の整数を，偶数と奇数に分けなさい。

29，34，88，107，215，450

4 次の数の公倍数を，小さい順に3つ書きなさい。また，最小公倍数を書きなさい。

(1) 5，7　　(2) 8，20　　(3) 3，9

5 次の公約数を，全部書きなさい。また，最大公約数を書きなさい。

(1) 12，18　　(2) 4，5　　(3) 16，32

6 四捨五入して十の位までのがい数にしたとき，380になる整数のはんいを，「以上」，「以下」，「未満」を使って表しなさい。

7 次の和や差を，(　)の中の位までのがい数にして見積もりなさい。

(1) 49515＋62708　(千の位)

(2) 378854＋241693　(一万の位)

(3) 21930－15204　(千の位)

(4) 184962－73246　(一万の位)

8 次の積や商を，上から1けたのがい数にして見積もりなさい。

(1) 4652×2155　　(2) 5397×644

(3) 8540÷32　　(4) 67025÷460

9 次の計算をしなさい。

(1) 502＋419　(2) 487＋650

(3) 371－156　(4) 5804－3598

よくでる

10 次の計算をしなさい。

(1) 280×7　(2) 75×43

(3) 4312×325　(4) 6400×90

11 次の計算をしなさい。わり切れないときは，余りも求めなさい。

(1) 96÷6　(2) 592÷8

(3) 6305÷35　(4) 849÷21

基本

12 次の計算をしなさい。

(1) 15÷3＋4×6　(2) 8－(7＋5)÷3

(3) 100－200÷{100－5×(42－27)}　(東邦大付属東邦中)

(4) {31－(12÷2＋5)}÷2－2×4　(城西川越中)

よくでる

13 次の計算を工夫してしなさい。

(1) 2×37×50　(2) 25×16

(3) 99×14　(4) 101×18

14 1冊82円のノートがあります。このノートを17冊買うと，代金は何円になりますか。

15 312ページある本を，1日に25ページずつ読むとすると，何日で読み終えることができますか。

ハイレベル

16 4でわっても，6でわっても，9でわっても2余る2けたの数のうち，最も小さい整数はいくつですか。　(洗足学園中)

17 14枚のクッキーと35個のあめを，それぞれ同じ数ずつ，どちらも余りが出ないようにできるだけ多くの子どもに分けるとすると，何人に分けることができますか。また，そのときの1人分のクッキーとあめの数を求めなさい。

1 小数

小数の計算の基礎になります。

小数の表し方

3年 4年

小数の表し方 1.5，0.76のような数を小数といい，「.」を小数点という。

見て理解！

1を10等分した1つ分 ──→ 0.1　「れい点いち」と読む。

1を100等分した1つ分 ──→ 0.01　「れい点れいいち」と読む。

1を1000等分した1つ分 ──→ 0.001

3	.	7	2	6
↑	↑	↑	↑	↑
一の位	小数点	小数第一位	小数第二位	小数第三位

小数点から右の位は，順に，小数第一位，小数第二位，小数第三位，または，それぞれ $\frac{1}{10}$ の位，$\frac{1}{100}$ の位，$\frac{1}{1000}$ の位ともいう。

小数のしくみ

4年 5年

小数のしくみ 小数は，0から9までの10個の数字と小数点を使って表すことができる。

小数を10倍，100倍，…すると，位はそれぞれ1けた，2けた，…ずつ上がり，$\frac{1}{10}$，$\frac{1}{100}$，…にすると，位はそれぞれ1けた，2けた，…ずつ下がる。

見て理解！

25.187は 10 を2個
1 を5個
0.1 を1個
0.01 を8個
0.001 を7個
あわせた数である。

↓

25.187 = 10×2 + 1×5 + 0.1×1 + 0.01×8 + 0.001×7

百の位	十の位	一の位	$\frac{1}{10}$の位	$\frac{1}{100}$の位
		1.	0	9
	1	0.	9	
1	0	9		

（10倍，10倍，100倍）

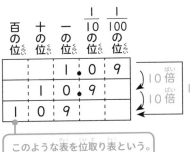

このような表を位取り表という。

1.09を10倍した数は，10.9
1.09を100倍した数は，109

10倍すると，位が1けたずつ上がり，
100倍すると，位が2けたずつ上がる。

十の位	一の位	$\frac{1}{10}$の位	$\frac{1}{100}$の位	$\frac{1}{1000}$の位
3	4.	2		
	3.	4	2	
	0.	3	4	2

（$\frac{1}{10}$，$\frac{1}{10}$，$\frac{1}{100}$）

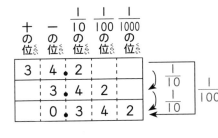

34.2を$\frac{1}{10}$にした数は，3.42
34.2を$\frac{1}{100}$にした数は，0.342

$\frac{1}{10}$にすると，位は1けたずつ下がり，
$\frac{1}{100}$にすると，位は2けたずつ下がる。

ここが大切
・小数も整数と同じように，10倍，100倍すると位は1けた，2けたずつ上がり，$\frac{1}{10}$，$\frac{1}{100}$にすると位は1けた，2けたずつ下がる。

25 小数

基本

次の㋐，㋑，㋒，㋓の数を数直線に表しなさい。

㋐　0.3　　㋑　1.8　　㋒　2.1　　㋓　3.5

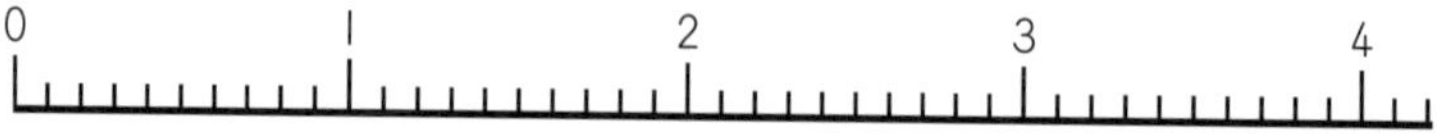

考える手順　いちばん小さい1めもりが，どんな大きさを表しているかを考える。

解き方

㋐　0.3は，0.1を3個集めた数なので，3めもり

㋑　1.8は，0.1を18個集めた数なので，18めもり

㋒　2.1は，0.1を21個集めた数なので，21めもり

㋓　3.5は，0.1を35個集めた数なので，35めもり

ミス注意!

めもりを数えまちがえないようにする。

もっとくわしく

3.5は3と0.5をあわせた数なので，3から5めもり右になる。

答え

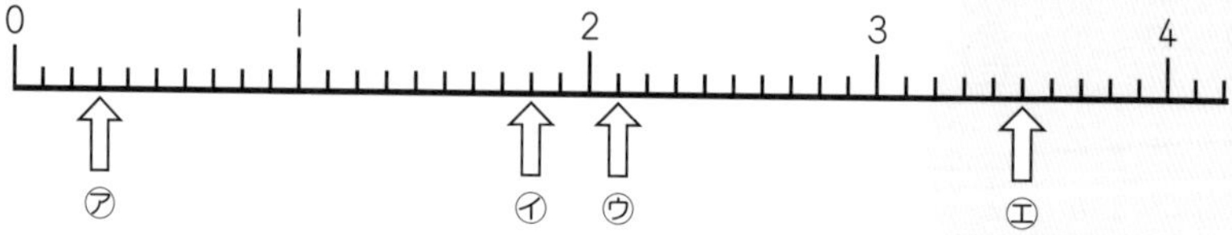

ここが大切　いちばん小さい1めもりの大きさを考える。

練習問題

解答▶ 別冊…P.10

34 次の㋐，㋑，㋒，㋓の数を数直線に表しなさい。

㋐　0.7　　㋑　4.2　　㋒　2.9　　㋓　3.6

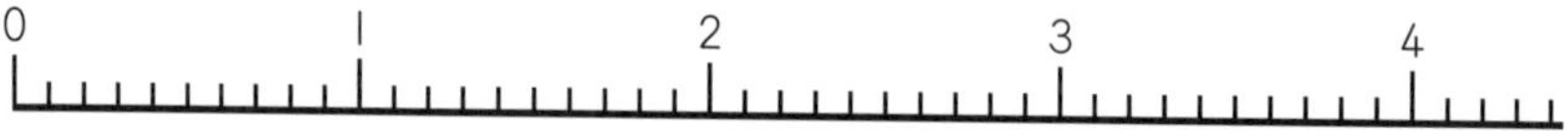

26 小数の大小

基本

□にあてはまる不等号を書きなさい。

1 0.2□0.5　2 3.8□2.9　3 6□0.9　4 8.9□9

考える手順　それぞれの小数が，0.1が何個分あるかを考えて，比べる。

解き方

1 0.2は0.1が2個分，0.5は0.1が5個分だから
0.2 < 0.5

2 3.8は0.1が38個分，2.9は0.1が29個分だから
3.8 > 2.9

3 6は0.1が60個分，0.9は0.1が9個分だから
6 > 0.9

4 8.9は0.1が89個分，9は0.1が90個分だから
8.9 < 9

もっとくわしく

3.8と2.9では，一の位の数を比べると，3.8は3，2.9は2だから，3.8の方が大きい。

答え 1 <　2 >　3 >　4 <

ここが大切　まず，一の位の数を比べる。一の位の数が，同じときは小数第一位を比べる。

練習問題

解答▶ 別冊…P.10

35 次の問いに答えなさい。

(1) □にあてはまる不等号を書きなさい。

① 0.4□0.3　② 1.5□1.6　③ 3□2.9　④ 6.9□7

(2) 次の数を，大きい順に並べなさい。

3.3，0.9，2.8，3.4

27 小数のしくみ

基本

次の数を書きなさい。

① 1を5個，0.1を8個，0.01を3個，0.001を9個あわせた数

② 0.1を4個，0.01を1個，0.001を6個あわせた数

③ 0.001を2615個集めた数

考える手順 それぞれの位の数を求める。

解き方

①
```
  1     ×5……5
+0.1    ×8……0.8
+0.01   ×3……0.03
+0.001  ×9……0.009
             5.839
```

②
```
  0.1   ×4……0.4
+0.01   ×1……0.01
+0.001  ×6……0.006
             0.416
```

③ 0.001を2615個集めた数は，0.001の2615倍になっている。

もっとくわしく

0.001が10個で0.01，0.001が100個で0.1，0.001が1000個で1である。

つまずいたら

小数のしくみについて知りたい。

P.62

答え ① 5.839　② 0.416　③ 2.615

ここが大切 ・小数は，それぞれの位と，位の数の積の和で表すことができる。

練習問題

解答▶ 別冊…P.11

36 次の□にあてはまる数を書きなさい。

(1) 27.39 = 10 × □ +1 × □ +0.1 × □ +0.01 × □

(2) 5.406 = 1 × □ +0.1 × □ +0.01 × □ +0.001 × □

(3) 0.382は，0.001を□個集めた数である。

28 10倍，100倍，$\frac{1}{10}$，$\frac{1}{100}$にした数

基本

次の数を求めなさい。

1 1.94を10倍，100倍した数

2 65.8を$\frac{1}{10}$，$\frac{1}{100}$にした数

考える手順 位がどのように変わるか考える。

解き方

1 1.94 → 19.4（10倍） → 194.（100倍）

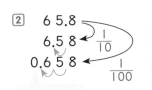

10倍すると，小数点は右へ1けた，100倍すると，右へ2けた移る。

2 65.8 → 6.58（$\frac{1}{10}$） → 0.658（$\frac{1}{100}$）

0をつけたす。

$\frac{1}{10}$にすると，小数点は左へ1けた，$\frac{1}{100}$にすると，左へ2けた移る。

ミス注意！

小数点の前に数がないときは，0をつけたして，「0.～」とする。

つまずいたら

10倍，100倍，$\frac{1}{10}$，$\frac{1}{100}$にした数について知りたい。

➡ P.62

答え 1 19.4，194　2 6.58，0.658

ここが大切

・小数を10倍，100倍すると，小数点はそれぞれ右へ1けた，2けた移り，$\frac{1}{10}$，$\frac{1}{100}$にするとそれぞれ左へ1けた，2けた移る。

練習問題

解答▶ 別冊…P.11

37 次の数を求めなさい。

(1) 7.36を10倍した数　　(2) 16.9を100倍した数

(3) 25.2を$\frac{1}{10}$にした数　　(4) 48.3を$\frac{1}{100}$にした数

2 小数のたし算・ひき算

小数の計算の基礎(きそ)になります。

小数のたし算・ひき算

3年 4年

小数のたし算 小数のたし算の筆算(ひっさん)は，位(くらい)を縦(たて)にそろえて書き，整数(せいすう)のたし算と同じように計算する。答えの小数点は，上の小数点にそろえてうつ。

見て理解!

$$\begin{array}{r} 4.2 \\ +\ 1.8 \\ \hline 6.0 \end{array}$$

小数点より右の最後(さいご)の0は消(け)す。

$$\begin{array}{r} 1.60 \\ +\ 5.72 \\ \hline 7.32 \end{array}$$

1.60と考える。

上の小数点にそろえて，答えの小数点をうつ。

小数のひき算 小数のひき算の筆算(ひっさん)は，位(くらい)を縦(たて)にそろえて書き，整数(せいすう)のひき算と同じように計算する。答えの小数点は，上の小数点にそろえてうつ。

見て理解!

$$\begin{array}{r} 6.1 \\ -\ 5.4 \\ \hline 0.7 \end{array}$$

答えが1より小さいときは，0を書く。

$$\begin{array}{r} 8.00 \\ -\ 3.19 \\ \hline 4.81 \end{array}$$

8.00と考える。

上の小数点にそろえて，答えの小数点をうつ。

ここが大切
・小数のたし算とひき算の筆算(ひっさん)は，位(くらい)を縦(たて)にそろえて，整数(せいすう)と同じように計算する。答えの小数点は，上の小数点にそろえてうつ。

29 小数のたし算

基本

次の計算をしなさい。

1 3.5 + 2.7　　2 2.4 + 3
3 1.48 + 4.15　　4 6.03 + 2.47

考える手順 位を縦にそろえて書き，下の位から順に計算する。

解き方

1
```
  3.5
+ 2.7
-----
  6.2
```

2
```
  2.4
+ 3
-----
  5.4
```

3
```
  1.48
+ 4.15
------
  5.63
```

4
```
  6.03
+ 2.47
------
  8.50
```
最後の0を消す。

ミス注意!
くり上がりに注意して計算する。

つまずいたら
小数のたし算の筆算のしかたを知りたい。
P.68

答え 1 6.2　2 5.4　3 5.63　4 8.5

ここが大切
・小数のたし算とひき算の筆算は，くり上がり，くり下がりに注意して計算し，最後に答えの小数点をうつのを忘れないようにする。

練習問題

解答▶ 別冊…P.11

38 次の計算をしなさい。

(1) 0.7 + 0.8　　(2) 4.2 + 1.5
(3) 2.9 + 4.1　　(4) 2.5 + 3.17
(5) 1.38 + 3.44　　(6) 4.34 + 5.66

30 小数のひき算

基本

次の計算をしなさい。

1 4.9 − 1.4　　2 5.7 − 4.8

3 2.56 − 0.9　　4 6 − 2.73

考える手順 位を縦にそろえて書き，下の位から順に計算する。

解き方

1
$$\begin{array}{r} 4.9 \\ -\ 1.4 \\ \hline 3.5 \end{array}$$

2
$$\begin{array}{r} 5.7 \\ -\ 4.8 \\ \hline 0.9 \end{array}$$

答えが1より小さいので0を書く。

3
$$\begin{array}{r} 2.56 \\ -\ 0.90 \\ \hline 1.66 \end{array}$$

0.90と考えて計算する。

4
$$\begin{array}{r} 6.00 \\ -\ 2.73 \\ \hline 3.27 \end{array}$$

ミス注意!

くり下がりに注意して計算する。

つまずいたら

小数のひき算の筆算のしかたを知りたい。

P.68

答え 1 3.5　2 0.9　3 1.66　4 3.27

ここが大切

・小数のたし算とひき算の筆算は，くり上がり，くり下がりに注意して計算し，最後に答えの小数点をうつのを忘れないようにする。

練習問題

解答▶ 別冊…P.12

39 次の計算をしなさい。

(1) 2.4 − 1.4　　(2) 6.1 − 2.6

(3) 6.19 − 5.35　　(4) 3.45 − 1.7

(5) 7.8 − 5.02　　(6) 9 − 8.11

31 小数のたし算とひき算の文章題

基本

大きなびんにジュースが2.3L，小さいびんにジュースが0.8L入っています。

1 これらのジュースをあわせると，何Lですか。

2 ちがいは，何Lですか。

考える手順 1 はあわせた量を求めるからたし算，2 はちがいを求めるからひき算をする。

解き方

1 あわせた量だから，たし算で，くり上がりに注意して筆算する。

$2.3 + 0.8 = 3.1$ (L)

$$\begin{array}{r} 2.3 \\ +\ 0.8 \\ \hline 3.1 \end{array}$$

2 ちがいの量だから，ひき算で，くり下がりに注意して筆算する。

$2.3 - 0.8 = 1.5$ (L)

$$\begin{array}{r} 2.3 \\ -\ 0.8 \\ \hline 1.5 \end{array}$$

答え 1 3.1L　2 1.5L

ミス注意！

筆算するときは，最後に答えの小数点をうつのを忘れないようにする。

つまずいたら

小数のたし算とひき算の筆算のしかたを知りたい。

➡ P.68

ここが大切 問題文をよく読んで，たし算なのかひき算なのか考える。

練習問題

解答▶ 別冊…P.12

40 さとうが3.4kg，塩が2.7kgあります。

(1) さとうと塩あわせて何kgありますか。

(2) さとうを0.6kg使いました。さとうは残り何kgですか。

3 小数のかけ算

小数の計算の基礎になります。

小数×整数

4年

小数×整数の筆算

小数×整数の筆算は，小数点を考えないで，整数と同じように計算し，積の小数点は，かけられる数の小数点にそろえてうつ。

見て理解!

$\begin{array}{r} 2.43 \\ \times\quad 7 \\ \hline \end{array}$	$\begin{array}{r} 2.43 \\ \times\quad 7 \\ \hline 1701 \end{array}$	$\begin{array}{r} 2.43 \\ \times\quad 7 \\ \hline 17.01 \end{array}$
小数点を考えないで，縦にそろえて書く。	整数と同じように計算する。	小数点を，かけられる数の小数点にそろえてうつ。

考え方

$$\begin{array}{r} 2.43 \\ \times\quad 7 \\ \hline 17.01 \end{array} \quad \begin{array}{c} \xrightarrow{\times 100} \\ \xleftarrow[\div 100]{} \end{array} \quad \begin{array}{r} 243 \\ \times\quad 7 \\ \hline 1701 \end{array}$$

$$\begin{array}{r} 1.6 \\ \times\ 45 \\ \hline 80 \\ 64\ \ \\ \hline 72.0 \end{array}$$

小数点より右の最後の0は消す。
答えは72。

小数をかけるかけ算

5年

小数をかけるかけ算

小数や整数に小数をかけるかけ算では，小数点を考えないで整数と同じように計算し，積の小数点は，かけられる数とかける数の小数点より右のけた数の和だけ，右から数えてうつ。

見て理解!

小数点より右のけた数

```
    7.29  ── 2けた ┐
×    1.4  ── 1けた ┘
─────────          (2＋1)
    2916
    729
─────────
  10.206  ← 3けた
```

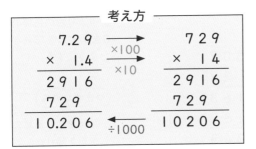

考え方

```
    7.29   ──→ ×100      729
×    1.4   ──→ ×10    ×   14
─────────             ────────
    2916                2916
    729                 729
─────────             ────────
  10.206   ←── ÷1000   10206
```

```
   3.15
×   0.2
───────
  0.630
```

小数点より右の最後の0は消す。
答えは0.63。

答えが1より小さいときは0を書く。

ここが大切

・小数のかけ算は，小数点を考えないで整数と同じように計算する。積の小数点は，かけられる数とかける数の小数点より右のけた数の和だけ，右から数えてうつ。

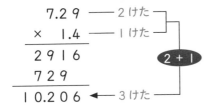

32 小数×整数

基本

次の計算をしなさい。

1 5.7×6　　2 0.32×8
3 2.5×14　　4 3.09×27

考える手順　小数点を考えないで整数と同じように計算し，最後に積の小数点をうつ。

解き方

1
```
   5.7
 ×   6
 -----
  34.2
```

2
```
   0.32
 ×    8
 ------
   2.56
```

積の小数点は，かけられる数の小数点にそろえてうつ。

3
```
   2.5
 × 1 4
 -----
  1 0 0
  2 5
 -----
  35.0
```
0は消す。

4
```
    3.09
 ×    27
 -------
   2163
   618
 -------
   83.43
```

ミス注意！
位取りに注意して計算する。3 は，小数点より右の最後の0を消すのを忘れないようにする。

つまずいたら
小数×整数の筆算のしかたを知りたい。
▶ P.72

答え　1 34.2　2 2.56　3 35　4 83.43

ここが大切
・小数×整数のかけ算では，小数点を考えないで整数と同じように計算し，積の小数点は，かけられる数の小数点にそろえてうつ。

練習問題

解答▶ 別冊…P.12

41 次の計算をしなさい。

(1) 1.9 × 5　(2) 2.64 × 8　(3) 3.7 × 23
(4) 6.5 × 12　(5) 0.28 × 36　(6) 4.39 × 20

33 小数をかけるかけ算

基本

次の計算をしなさい。

1 1.86×4.3　　2 5.2×3.5
3 0.21×1.6　　4 0.9×0.7

考える手順 小数点を考えないで整数と同じように計算し，最後に積の小数点をうつ。

解き方

1
```
   1.86
×   4.3
   558
  744
  7.998
```
小数点より右のけた数は，②+①で③けた。

2
```
    5.2
  × 3.5
   260
  156
  18.20
```
0は消す。

3
```
   0.21
×   1.6
    126
    21
  0.336
```
0を書く。

4
```
   0.9
 × 0.7
  0.63
```

もっとくわしく

積の小数点は，かけられる数とかける数の小数点より右のけた数の和だけ，右から数えてうつ。

ミス注意！

2は，小数点をうってから，最後の0を消す。

答え 1 7.998　2 18.2　3 0.336　4 0.63

ここが大切
・小数をかけるかけ算では，積の小数点は，かけられる数とかける数の小数点より右のけた数の和だけ，右から数えてうつ。

練習問題

解答▶ 別冊…P.13

42 次の計算をしなさい。

(1) 2.3 × 5.4　(2) 4.38 × 2.6　(3) 37 × 1.9
(4) 1.65 × 4.2　(5) 0.18 × 3.3　(6) 0.6 × 0.5

4 小数のわり算

小数の計算の基礎になります。

小数÷整数

4年

小数÷整数の筆算

小数÷整数の筆算は，小数点を考えないで，整数と同じように計算し，商や余りの小数点は，わられる数の小数点にそろえてうつ。

見て理解!

```
      5.8
   ┌───
  3)1 7.6
    1 5
    ───
      2 6
      2 4
      ───
      0.2
```

わられる数の小数点にそろえて，商の小数点をうつ。

わられる数の小数点にそろえて，余りの小数点をうつ。余りは0.2。

0を書く。

```
       0.2 6 5
    ┌──────
  1 2)3.1 8
      2 4
      ───
        7 8
        7 2
        ───
          6 0
          6 0
          ───
            0
```

一の位に商はたたないので0を書く。

0をつけたして計算を続ける。→わり進める。

ここが大切

・小数÷整数の計算では，小数点を考えないで計算し，商や余りの小数点は，わられる数の小数点にそろえてうつ。

小数でわるわり算

5年

小数でわるわり算

小数や整数を小数でわるわり算では，わる数が整数になるように，わる数とわられる数の小数点を同じだけ右に移して計算する。商の小数点は，わられる数の移した小数点にそろえてうつ。余りの小数点は，わられる数のもとの小数点にそろえてうつ。

見て理解！

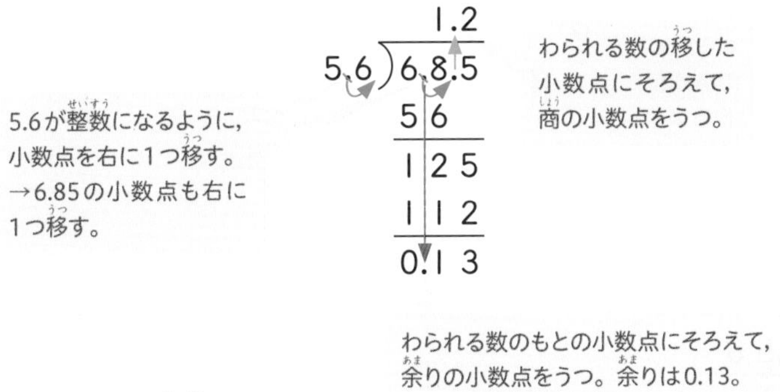

1.2
5.6) 6.8.5
5 6
1 2 5
1 1 2
0.1 3
5.6が整数になるように，小数点を右に1つ移す。→6.85の小数点も右に1つ移す。
わられる数の移した小数点にそろえて，商の小数点をうつ。
わられる数のもとの小数点にそろえて，余りの小数点をうつ。余りは0.13。

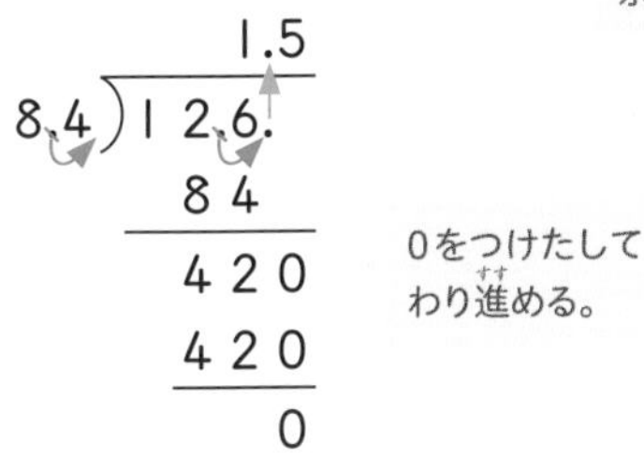

1.5
8.4) 1 2.6.
8 4
4 2 0
4 2 0
0
0をつけたしてわり進める。

わり算でわり切れないとき，商をがい数で表すこともある。がい数については，P.32参照。

ここが大切

- 小数でわるわり算は，わる数が整数になるように，わる数とわられる数の小数点を同じだけ右に移して計算する。商の小数点は，わられる数の移した小数点にそろえてうち，余りの小数点は，わられる数のもとの小数点にそろえてうつ。

34 小数÷整数

基本

次の計算を，わり切れるまでしなさい。

1 17.5÷7　　2 25.2÷28　　3 49.6÷32

考える手順 小数点を考えないで，整数と同じように計算する。

解き方

1
```
      2.5
  7)17.5
    14
    ---
     35
     35
     --
      0
```
わられる数の小数点にそろえて，商の小数点をうつ。

2
```
       0.9
  28)25.2
     252
     ---
       0
```
一の位に商はたたないので，一の位には0を書く。

3
```
       1.55
  32)49.6
     32
     ---
     176
     160
     ---
      160
      160
      ---
        0
```
0をつけたしてわり進める。

ミス注意!

3 は計算のと中で0をつけたして，わり進める。

つまずいたら

小数÷整数の筆算のしかたを知りたい。

P.76

答え 1 2.5　2 0.9　3 1.55

ここが大切 ・小数÷整数の計算では，商の小数点は，わられる数の小数点にそろえてうつ。

練習問題

解答▶ 別冊…P.13

43 次の計算を，わり切れるまでしなさい。

(1) 9.2 ÷ 4　　(2) 0.84 ÷ 6　　(3) 97.5 ÷ 39

(4) 2.68 ÷ 67　　(5) 4.2 ÷ 8　　(6) 16 ÷ 25

35 小数でわるわり算

基本

次の計算を，わり切れるまでしなさい。

① 3.92÷2.8　② 4.2÷3.5　③ 0.98÷0.4

考える手順　わる数が整数になるように，わる数の小数点を右に移し，わられる数の小数点も同じだけ右に移して計算する。

解き方

①
```
       1.4
2.8)3.9.2
    2 8
    1 1 2
    1 1 2
        0
```

商の小数点は，わられる数の移した小数点にそろえてうつ。

②
```
       1.2
3.5)4.2
    3 5
      7 0
      7 0
        0
```

③
```
       2.4 5
0.4)0.9.8
      8
      1 8
      1 6
        2 0
        2 0
          0
```

0をつけたしてわり進める。

もっとくわしく

③のように，1より小さい数でわると，商はわられる数よりも大きくなる。

つまずいたら

小数でわるわり算の筆算のしかたを知りたい。

➡ P.77

答え ① 1.4　② 1.2　③ 2.45

ここが大切
・小数でわるわり算では，商の小数点は，わられる数の移した小数点にそろえてうつ。

練習問題

解答▶ 別冊…P.14

44 次の計算を，わり切れるまでしなさい。

(1) 56.8 ÷ 1.42　(2) 1.92 ÷ 2.4　(3) 3.6 ÷ 4.8
(4) 24 ÷ 7.5　(5) 3.15 ÷ 0.6　(6) 7 ÷ 0.4

36 余りのあるわり算

基本

次の商を一の位まで求めて，余りも出しなさい。

1 8.9÷5　　2 47.3÷16　　3 5.26÷2.3

考える手順

1，2 商を一の位まで出したら，余りを求める。

3 わる数が整数になるように小数点を移して計算する。

解き方

1

```
    1
5 ) 8.9
    5
    3.9
```

余りの小数点は，わられる数の小数点にそろえてうつ。

2

```
       2
1 6 ) 4 7.3
      3 2
      1 5.3
```

3

```
       2
2.3 ) 5.2.6
      4 6
      0.6 6
```

余りの小数点は，わられる数のもとの小数点にそろえてうつ。

0を書く。

もっとくわしく

わり算の答えは，
わる数×商＋余り
＝わられる数
で確かめられる。

ミス注意!

3 の余りは，小数点の前に0を書いて0.66とする。

答え 1 1余り3.9　2 2余り15.3
3 2余り0.66

ここが大切

- 小数÷整数では，余りの小数点は，わられる数の小数点にそろえてうつ。
- 小数でわるわり算では，余りの小数点は，わられる数のもとの小数点にそろえてうつ。

練習問題

解答▶ 別冊…P.14

45 次の商を小数第一位まで求めて，余りも出しなさい。

(1) 5.42 ÷ 3　　(2) 61.9 ÷ 48　　(3) 3.8 ÷ 0.7

37 商をがい数で求める問題

基本

次の商を四捨五入して，上から1けたのがい数で求めなさい。

1 61÷7　　2 39.4÷18　　3 4.06÷5.1

考える手順　上から2けた目の位の数字を四捨五入して，商を求める。

解き方

上から2けた目の位の数字が，0，1，2，3，4のときは切り捨て，5，6，7，8，9のときは切り上げる。

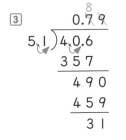

1
```
     9
     8.7
  7)61
    56
     50   切り上げる。
     49
      1
```

2
```
      2.1
  18)39.4   切り捨てる。
     36
      34
      18
      16
```

3
```
       8
     0.79
  5.1)4.0.6
      357
       490
       459
        31
```

答え　1 9　　2 2　　3 0.8

もっとくわしく

上から1けたのがい数で求めるときは，上から2けた目の位の数字に注目する。

ミス注意！

3 0.79の上から1けた目は7で，2けた目が9である。最初の0は位取りのための0なので，1けた目とはならない。

ここが大切　・わり算でわり切れないときは，商をがい数で表すこともある。

練習問題

解答▶ 別冊…P.15

46 次の商を四捨五入して，小数第二位までのがい数で求めなさい。

(1) 9.3 ÷ 7　　(2) 5.82 ÷ 23　　(3) 7.83 ÷ 0.4

5 小数を使った倍（小数倍）

小数を使った倍について学びます。

小数を使った倍（小数倍）　4年

小数を使った倍 ある量の何倍かを表すとき，小数を使って表すことがある。

見て理解！

2mをもとにしたとき，それぞれの長さは何倍にあたるかを考える。

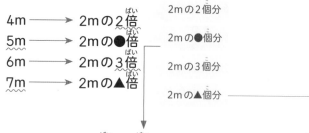

4m ⟶ 2mの2倍　　2mの2個分
5m ⟶ 2mの●倍　　2mの●個分
6m ⟶ 2mの3倍　　2mの3個分
7m ⟶ 2mの▲倍　　2mの▲個分

5mは2mの2倍と3倍の間の長さ，7mは2mの3倍と4倍の間の長さで，整数では表せない。⟶小数を使って表す。

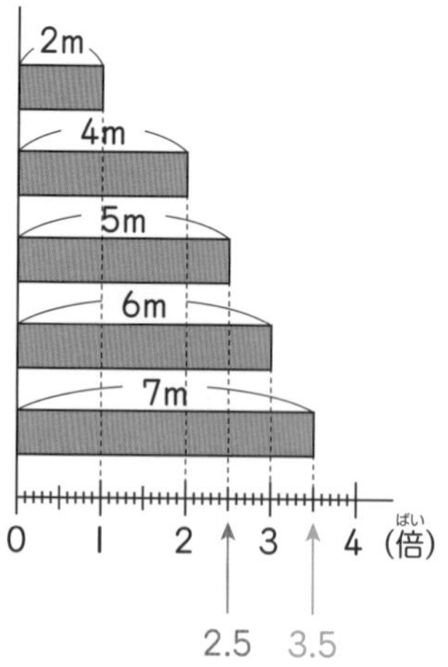

2mを1として10等分すると，0.1にあたる大きさは0.2m

↓

1mは0.2mの5個分にあたる。

↓

◆5mは1m（0.2mが5個）の5個分なので，0.2mが，5×5＝25（個分）→2.5にあたる。

◆7mは1m（0.2mが5個）の7個分なので，0.2mが，5×7＝35（個分）→3.5にあたる。

38 小数を使った倍

基本

右の図を見て，次のそれぞれの長さは4mの何倍かを求めなさい。

1 8m

2 10m

3 14m

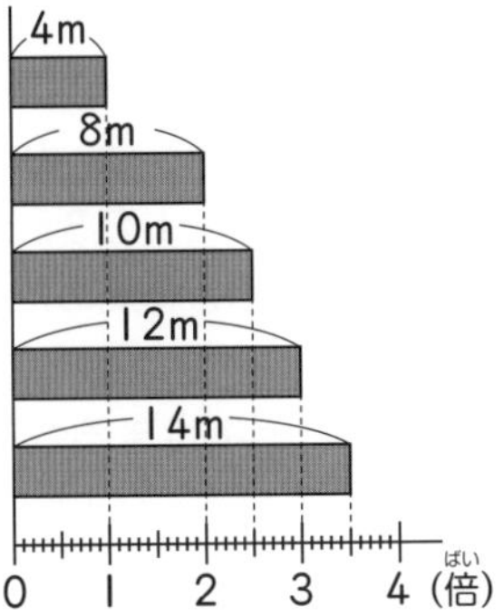

考える手順 図を見て，それぞれの長さが，4mの何倍にあたるかを考える。

解き方

基準となる1に対する大きさ4mを10等分すると，0.1にあたる大きさは0.4mである。→2mは，0.4mの5個分にあたる。

1 8mは4mを1とすると，2にあたる。
だから，2倍。

2 10mは4mを1とすると，2.5にあたる。
だから，2.5倍。

3 14mは4mを1とすると，3.5にあたる。
だから，3.5倍。

もっとくわしく

10mが4mの何倍にあたるかは，
10÷4＝2.5(倍)
のように，わり算で求めることができる。

答え 1 2倍　2 2.5倍　3 3.5倍

ここが大切 ・小数は量を表すだけでなく，倍を表す場合がある。

練習問題

解答▶ 別冊…P.15

47 6mをもとにしたとき，9m，15mは何倍かを求めなさい。

まとめの問題

解答▶別冊…P.104

18 次の数を書きなさい。

(1) 10を4個，1を7個，0.1を8個，0.001を5個あわせた数

(2) 0.1を9個，0.01を3個，0.001を6個あわせた数

(3) 0.001を3502個集めた数

19 次の□にあてはまる数を書きなさい。

(1) 7.583 = 1×□＋0.1×□＋0.01×□＋0.001×□

(2) 32.09 = 10×□＋1×□＋0.1×□＋0.01×□

20 次の数を求めなさい。

(1) 1.58を10倍した数

(2) 72.3を100倍した数

(3) 94.6を$\frac{1}{10}$にした数

(4) 56を$\frac{1}{100}$にした数

21 次の計算をしなさい。

(1) 5.6＋3.8

(2) 0.7＋3.52

(3) 1.03＋4.97

(4) 7.1－4.6

(5) 6.33－5.82

(6) 9－2.57

よくでる

22 次の計算をしなさい。

(1) 8.4×7

(2) 0.52×6

(3) 6.5×12

(4) 0.34×50

(5) 4.7×2.8

(6) 3.6×1.92

(7) 0.16×2.3

(8) 0.5×0.6

23 次の計算を，わり切れるまでしなさい。

(1) 40.2÷6

(2) 0.78÷3

(3) 31.5÷18

(4) 4.59÷54

(5) 7.56÷3.6

(6) 2.08÷6.5

(7) 13÷5.2

(8) 4.2÷0.8

24 次の商を小数第一位まで求めて，余りも出しなさい。

(1) 37.2÷8
(2) 74.5÷24
(3) 8.16÷3.7
(4) 0.93÷0.5

25 次の商を四捨五入して，上から2けたのがい数で求めなさい。

(1) 2.93÷6
(2) 41.5÷17
(3) 6.2÷2.8
(4) 0.87÷3.4

26 次の計算をしなさい。

(1) (4.23－0.3×2.1)÷0.36 (立教女学院中)
(2) 8.93－(3.25＋0.42×6.5) (帝京八王子中)
(3) {2.4÷(3.2－2.6)×7.5－9.99}÷0.01 (洗足学園中)

27 1.94kgのみかんがあります。このみかんを0.26kgの箱に入れると，全体の重さは何kgになりますか。

28 1周が5.3kmのコースがあります。2.24km走ると，残りは何kmになりますか。

よくでる

29 ある数に3.8をかけるのを，まちがえて3.8をたしてしまったので，答えは7.2になりました。ある数はいくつですか。また，正しい答えを求めなさい。

30 0.35L入りのジュースが14本あります。ジュースは全部で何Lありますか。

31 73.6cmのひもを12cmずつ切り取ります。ひもは何本切り取れて，何cm余りますか。

32 面積が8.48m²の長方形の花だんをつくります。縦の長さを2.3mとすると，横の長さは何mになりますか。四捨五入して，小数第一位までのがい数で求めなさい。

1 分数

分数の計算の基礎になります。

分数の意味

3年

分数　$\frac{1}{2}$，$\frac{2}{3}$のような数を分数という。

分数は，1を何等分かしたうちのいくつ分かを表す。

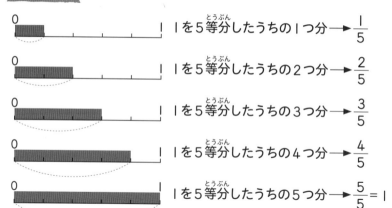

見て理解！

1を5等分したうちの1つ分 → $\frac{1}{5}$

1を5等分したうちの2つ分 → $\frac{2}{5}$

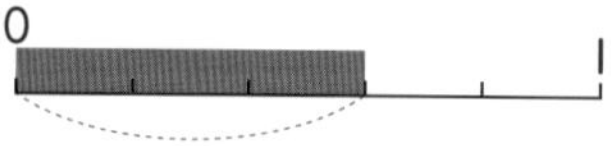
1を5等分したうちの3つ分 → $\frac{3}{5}$

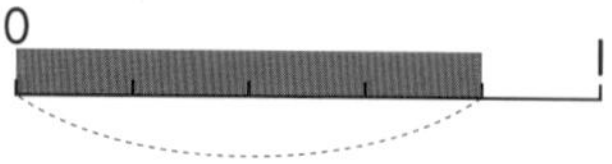
1を5等分したうちの4つ分 → $\frac{4}{5}$

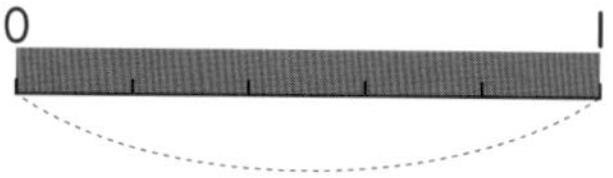
1を5等分したうちの5つ分 → $\frac{5}{5}=1$

$\frac{1}{5}$　1…分子　いくつ分かを表す。
　　5…分母　等分した大きさを表す。

真分数，仮分数，帯分数

4年

真分数　1より小さい分数を真分数という。

仮分数　1に等しいか，1より大きい分数を仮分数という。

帯分数　整数と真分数の和になっている分数を帯分数という。

見て👀理解!

真分数　$\frac{3}{5}$, $\frac{7}{8}$, $\frac{1}{12}$, …など
1より小さい。

仮分数　$\frac{5}{5}$, $\frac{9}{7}$, $\frac{21}{10}$, …など
1に等しい。　1より大きい。

帯分数　$1\frac{1}{5}$, $2\frac{2}{3}$, $5\frac{4}{9}$, …など
整数と真分数の和になっている。

$\frac{1}{2}$, $\frac{1}{3}$のような分子が 1 の分数を単位分数という。

・仮分数を帯分数になおす場合
⇒分子を分母でわる。

$$\frac{7}{4} = 1\frac{3}{4}$$

$7 \div 4 = 1$ 余り 3

・帯分数を仮分数になおす場合
⇒分母に整数部分の数をかけた数に分子をたす。

$$2\frac{3}{8} = \frac{19}{8}$$

$8 \times 2 + 3 = 19$

大きさの等しい分数　5年

大きさの等しい分数　分母と分子に同じ数をかけても，分母と分子を同じ数でわっても，分数の大きさは変わらない。

見て👀理解!

$$\frac{2}{3} = \frac{4}{6} = \frac{6}{9}$$

（分母・分子それぞれ ×2, ×3）

$$\frac{6}{18} = \frac{3}{9} = \frac{2}{6}$$

（分母・分子それぞれ ÷2, ÷3）

39 分数のしくみ

基本

色をぬったところの長さやかさを表す分数を答えなさい。

①

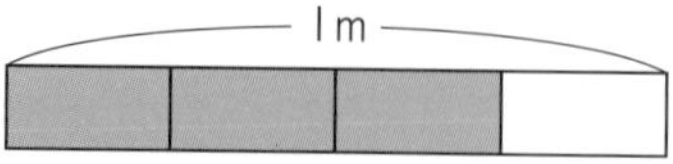

②

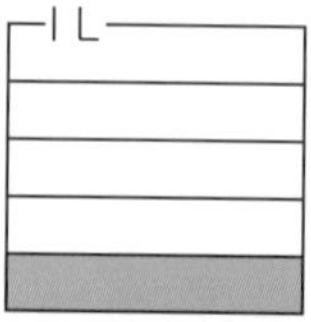

考える手順　1を何等分したいくつ分か考える。

解き方

①

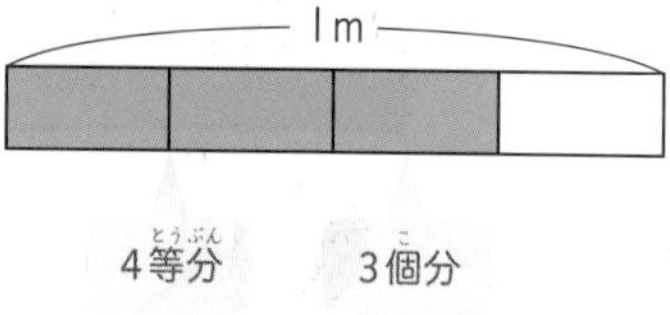

②

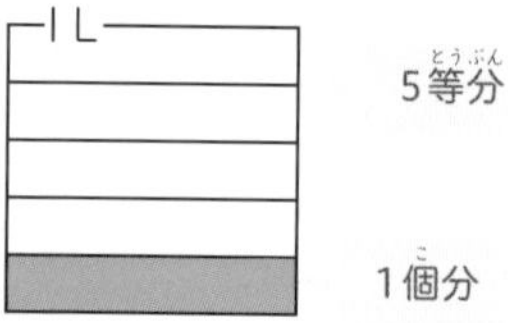

答え　① $\frac{3}{4}$　② $\frac{1}{5}$

もっとくわしく

●等分のうち，▲個分のときの分数は $\frac{▲}{●}$ となる。

ここが大切　1を等分した数が分母，何個分かが分子になる。

練習問題

解答▶ 別冊…P.15

48　色をぬったところの長さを表す分数の，分母と分子はそれぞれいくつですか。

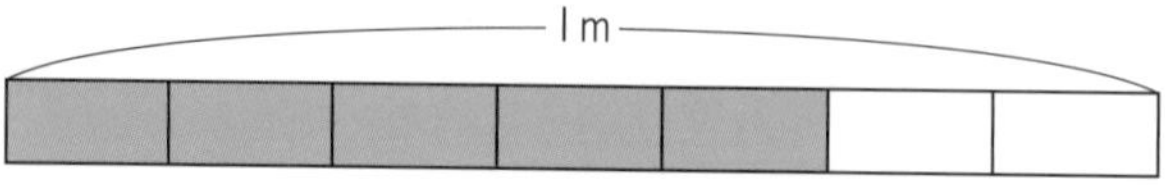

40 分数の大小

基本

□にあてはまる不等号を書きなさい。

① $\frac{5}{6}$ □ $\frac{1}{6}$　② $\frac{4}{5}$ □ $\frac{3}{5}$　③ $\frac{7}{8}$ □ 1

考える手順 それぞれの分数を，数直線の上に表して考える。

解き方

① 数直線でそれぞれの分数を表すと

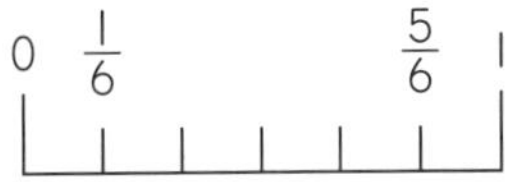

$\frac{5}{6} > \frac{1}{6}$

② 数直線でそれぞれの分数を表すと

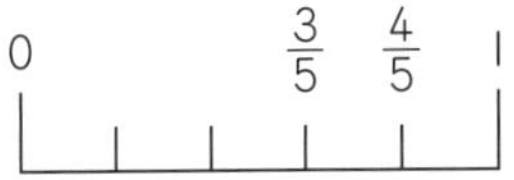

$\frac{4}{5} > \frac{3}{5}$

③ 数直線でそれぞれの分数を表すと

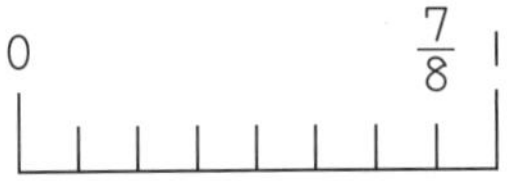

$\frac{7}{8} < 1$

つまずいたら
分数の意味について知りたい。
P.86

答え ① >　② >　③ <

ここが大切 分母が同じ数のときは，分子の大きさで比べることができる。

練習問題

解答▶ 別冊…P.16

49 □にあてはまる不等号を書きなさい。

(1) $\frac{3}{6}$ □ $\frac{4}{6}$　(2) $\frac{5}{9}$ □ $\frac{11}{9}$　(3) 1 □ $\frac{2}{5}$

41 仮分数を帯分数になおす

基本

次の仮分数を，整数か帯分数になおしなさい。

① $\frac{13}{6}$　　② $\frac{24}{8}$　　③ $\frac{17}{9}$

考える手順　分子を分母でわる。

解き方

分子を分母でわった商が，帯分数の整数部分に，余りが分数部分の分子になる。

① 13÷6＝2余り1　だから $2\frac{1}{6}$

② 24÷8＝3

③ 17÷9＝1余り8　だから $1\frac{8}{9}$

答え ① $2\frac{1}{6}$　② 3　③ $1\frac{8}{9}$

もっとくわしく

分数は「分子÷分母」というわり算の商と見ることができる。

もっとくわしく

分子を分母でわってわり切れるときは，その仮分数は整数になおすことができる。

つまずいたら

仮分数を帯分数になおしかたを知りたい。

P.87

ここが大切　・仮分数を帯分数になおすときは，分子を分母でわればよい。

練習問題

解答▶ 別冊…P.16

50 次の仮分数を，整数か帯分数になおしなさい。

(1) $\frac{8}{3}$　　(2) $\frac{25}{7}$　　(3) $\frac{32}{4}$

42 帯分数を仮分数になおす

基本

次の帯分数を，仮分数になおしなさい。

① $1\frac{3}{5}$　② $2\frac{5}{7}$　③ $5\frac{1}{9}$

考える手順 帯分数の分母に整数部分の数をかけ，その数に分子をたす。

解き方

① $1\frac{3}{5}=\frac{8}{5}$　$5\times1+3=8$

② $2\frac{5}{7}=\frac{19}{7}$　$7\times2+5=19$

③ $5\frac{1}{9}=\frac{46}{9}$　$9\times5+1=46$

答え ① $\frac{8}{5}$　② $\frac{19}{7}$　③ $\frac{46}{9}$

ミス注意!
仮分数になおすときに，分数部分の分子をたすのを忘れないようにする。

つまずいたら
帯分数を仮分数になおしかたを知りたい。
P.87

ここが大切
・帯分数を仮分数になおすときは，分母はそのままで，分子は，帯分数の分母に整数部分の数をかけ，その数に分子をたす。

練習問題

解答▶ 別冊…P.16

51 次の帯分数を，仮分数になおしなさい。

(1) $1\frac{7}{8}$　(2) $3\frac{2}{5}$　(3) $6\frac{3}{4}$

2 約分，通分，逆数，分数と小数

分数の計算の基礎になります。

約分，通分

5年

約分 分数の分母と分子を同じ数でわって，分母の小さい分数にすることを約分するという。

見て👀理解!

$\frac{15}{25}=\frac{15\div5}{25\div5}=\frac{3}{5}$　　$\frac{\overset{3}{\cancel{15}}}{\underset{5}{\cancel{25}}}=\frac{3}{5}$

通分 2つ以上の分母がちがう分数を，分母が同じ分数になおすことを通分するという。

見て👀理解!

$\frac{2}{3}$と$\frac{3}{4}$を通分すると

$\frac{2}{3}=\frac{2\times4}{3\times4}=\frac{8}{12}$　　$\frac{3}{4}=\frac{3\times3}{4\times3}=\frac{9}{12}$　　12は，3と4の公倍数になっている。

ここが大切
- 約分するときは，分母と分子をそれらの最大公約数でわると，簡単に約分できる。
- 通分するときは，それぞれの分母の最小公倍数を，共通の分母にするとよい。

逆数

6年

逆数 2つの数の積が1になるとき，一方の数を他方の数の逆数という。ある分数の逆数は，その分母と分子を入れかえた分数になる。

見て👀理解!

$\frac{4}{5}$ ⇄ $\frac{5}{4}$

$\frac{4}{5}$の逆数は$\frac{5}{4}$，$\frac{5}{4}$の逆数は$\frac{4}{5}$

分数と小数・整数

5年

わり算と分数

わり算の商は，わる数を分母，わられる数を分子とする分数で表すことができる。

2÷3＝0.666…のように，わり切れなくてきちんとした小数で表せない計算も，分数なら商を正確に表せる。

見て👀理解!

$3\div7=\frac{3}{7}$

わられる数は分子

わる数は分母

$○\div□=\frac{○}{□}$

分数を小数で表すしかた

分子を分母でわる。わり切れなくて，きちんとした小数で表せないときは，適当な位で四捨五入する。

見て👀理解!

小数第三位で四捨五入
(小数第二位まで求めるとき)

$\frac{1}{8}=1\div8=0.125$　　$\frac{2}{7}=2\div7=0.28571428\cdots \rightarrow 0.29$

小数・整数を分数で表すしかた

小数は，10，100，1000などを分母とする分数で表すことができる。

整数は，1を分母とする分数で表すことができる。

見て👀理解!

$0.3=\frac{3}{10}$　　$0.59=\frac{59}{100}$　　$21=\frac{21}{1}$

$0.1=\frac{1}{10}$　　$0.01=\frac{1}{100}$

43 約分

基本

次の分数を約分しなさい。

1 $\frac{6}{8}$　2 $\frac{9}{27}$　3 $\frac{24}{15}$

考える手順 分母と分子の最大公約数を求め，分母と分子をそれぞれその数でわる。

解き方

1 6と8の最大公約数は2。

$\frac{6}{8}=\frac{3}{4}$　$\frac{6\div2}{8\div2}=\frac{3}{4}$

2 9と27の最大公約数は9。

$\frac{9}{27}=\frac{1}{3}$　$\frac{9\div9}{27\div9}=\frac{1}{3}$

3 24と15の最大公約数は3。

$\frac{24}{15}=\frac{8}{5}$　$\frac{24\div3}{15\div3}=\frac{8}{5}$

答え 1 $\frac{3}{4}$　2 $\frac{1}{3}$　3 $\frac{8}{5}$

もっとくわしく

分母と分子を同じ数でわっても，分数の大きさは変わらない。

もっとくわしく

これ以上約分できない分数を既約分数という。

つまずいたら

約分のしかたを知りたい。

P.92

ここが大切

・約分するときは，分母と分子を公約数でわり続ける。簡単に約分するには最大公約数でわる。

練習問題

解答▶ 別冊…P.17

52 次の分数を約分しなさい。

(1) $\frac{10}{12}$　(2) $\frac{28}{35}$　(3) $\frac{39}{13}$

44 通分

基本

次の分数を通分しなさい。

① $\frac{3}{8}$, $\frac{5}{12}$　　② $\frac{4}{5}$, $\frac{7}{9}$

考える手順 分母の最小公倍数を求め，それを共通の分母とする分数になおす。

解き方

① 8と12の最小公倍数は24。

$$\frac{3}{8}=\frac{3\times3}{8\times3}=\frac{9}{24}\qquad\frac{5}{12}=\frac{5\times2}{12\times2}=\frac{10}{24}$$

② 5と9の最小公倍数は45。

$$\frac{4}{5}=\frac{4\times9}{5\times9}=\frac{36}{45}\qquad\frac{7}{9}=\frac{7\times5}{9\times5}=\frac{35}{45}$$

答え ① $\frac{9}{24}$, $\frac{10}{24}$　② $\frac{36}{45}$, $\frac{35}{45}$

もっとくわしく

分母と分子に同じ数をかけても，分数の大きさは変わらない。

つまずいたら

通分のしかたを知りたい。

➡ P.92

ここが大切
・通分するときは，分母の最小公倍数を共通の分母とする分数になおす。

練習問題

解答▶ 別冊…P.17

53 次の分数を通分しなさい。

(1) $\frac{3}{4}$, $\frac{3}{7}$　(2) $\frac{5}{12}$, $\frac{11}{18}$　(3) $\frac{4}{5}$, $\frac{7}{10}$

45 逆数

基本

次の数の逆数を求めなさい。

①　$\frac{5}{6}$　　②　9　　③　0.7

考える手順

① 分母と分子を入れかえる。

②，③ 整数や小数を分数になおしてから，分母と分子を入れかえる。

解き方

①　$\frac{5}{6} \to \frac{6}{5}$

分母と分子を入れかえる。

②　9は，分数になおすと$\frac{9}{1}$。　$\frac{9}{1} \to \frac{1}{9}$

整数は1を分母とする分数になおすことができる。

③　0.7は，分数になおすと$\frac{7}{10}$。　$\frac{7}{10} \to \frac{10}{7}$

答え　①　$\frac{6}{5}\left(1\frac{1}{5}\right)$　②　$\frac{1}{9}$　③　$\frac{10}{7}\left(1\frac{3}{7}\right)$

もっとくわしく

逆数になっている2つの数の積は，1になっている。

つまずいたら

逆数の求め方を知りたい。

P.92

ここが大切

・分数の逆数は，分母と分子を入れかえた分数。

練習問題

解答▶ 別冊…P.17

54　次の数の逆数を求めなさい。

(1)　$\frac{1}{3}$　　(2)　$\frac{8}{5}$　　(3)　0.27

46 わり算と分数

基本

次の商を，分数で表しなさい。

1 4÷9　　2 7÷13　　3 11÷5

考える手順　わる数を分母，わられる数を分子にする。

解き方

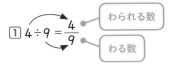

○÷□＝$\frac{○}{□}$となる。

1 $4 \div 9 = \frac{4}{9}$（4：わられる数，9：わる数）

2 $7 \div 13 = \frac{7}{13}$

3 $11 \div 5 = \frac{11}{5}$

答え 1 $\frac{4}{9}$　2 $\frac{7}{13}$　3 $\frac{11}{5}\left(2\frac{1}{5}\right)$

もっとくわしく

わり算の商は，分数を使うと正確に表すことができる。

つまずいたら

わり算の商を，分数で表すしかたを知りたい。

P.93

ここが大切

・わり算の商を分数で表すときは，わる数を分母，わられる数を分子にする。
○÷□＝$\frac{○}{□}$

練習問題

解答▶ 別冊…P.18

55 次の商を，分数で表しなさい。

(1) 5 ÷ 6　　(2) 8 ÷ 15　　(3) 9 ÷ 2

47 分数と小数・整数①

基本

次の分数を，小数や整数で表しなさい。

1 $\frac{4}{5}$　　2 $\frac{21}{7}$　　3 $1\frac{3}{8}$

考える手順　分子を分母でわる。

解き方

1 $\frac{4}{5} = 4 \div 5 = 0.8$

（4：分子　5：分母）

2 $\frac{21}{7} = 21 \div 7 = 3$　　整数で表せる。

3 $1\frac{3}{8} = \frac{11}{8} = 11 \div 8 = 1.375$

帯分数を仮分数になおす。

答え 1 0.8　2 3　3 1.375

もっとくわしく

分子が分母の倍数になっているときは，整数で表すことができる。

つまずいたら

分数を，小数や整数で表しかたを知りたい。

➡ P.93

ここが大切　・分数を小数や整数で表すには，分子を分母でわる。

練習問題

解答▶ 別冊…P.18

56 次の分数を，小数や整数で表しなさい。

(1) $\frac{3}{4}$　(2) $\frac{36}{9}$　(3) $2\frac{1}{20}$

57 次の分数を，四捨五入して小数第二位までの小数で表しなさい。

(1) $\frac{2}{3}$　(2) $\frac{17}{6}$

48 分数と小数・整数②

基本

次の小数や整数を，分数で表しなさい。

1 0.9　　2 2.13　　3 47

考える手順 1, 2 $\frac{1}{10}$, $\frac{1}{100}$が何個分かを考える。

3 1を分母とする分数として考える。

解き方

1 0.9は，0.1が9個分。

0.1 = $\frac{1}{10}$だから，0.9は，$\frac{9}{10}$。　　$\frac{1}{10}$が9個分。

2 2.13は，0.01が213個分。

0.01 = $\frac{1}{100}$だから，2.13は，$\frac{213}{100}$。

$\frac{1}{100}$が213個分。

3 分母が1と考えればよいので，47 = $\frac{47}{1}$。

答え 1 $\frac{9}{10}$　　2 $\frac{213}{100}$ $\left(2\frac{13}{100}\right)$

3 $\frac{47}{1}$

もっとくわしく

0.1 = $\frac{1}{10}$

0.01 = $\frac{1}{100}$

0.001 = $\frac{1}{1000}$

である。

つまずいたら

小数や整数を，分数で表すしかたを知りたい。

P.93

ここが大切
・小数を分数で表すときは，$\frac{1}{10}$, $\frac{1}{100}$, …が何個分かを考える。

練習問題

解答▶ 別冊…P.18

58 次の小数や整数を，分数で表しなさい。

(1) 0.139　　(2) 7.1　　(3) 12

3 分数のたし算・ひき算

分数の計算の基礎(きそ)になります。

分母が同じ分数のたし算・ひき算

3年 4年

計算のしかた 分母はそのままで，分子どうしを計算する。

見て理解！

$$\frac{3}{7}+\frac{5}{7}=\frac{8}{7}\left(=1\frac{1}{7}\right)$$

3＋5

分母はそのまま

答えが仮分数(かぶんすう)になったときは，帯分数(たいぶんすう)になおしてもよい。

$$\frac{6}{5}-\frac{2}{5}=\frac{4}{5}$$

6−2

分母はそのまま

ここが大切
・分母が同じ分数のたし算・ひき算は，分母はそのままで，分子どうしを計算する。

分母がちがう分数のたし算・ひき算

5年

計算のしかた 通分してから計算する。答えが約分(やくぶん)できるときは，約分(やくぶん)する。(既約分数(きやくぶんすう)にする。)

見て理解！

$$\frac{3}{4}+\frac{1}{6}=\frac{9}{12}+\frac{2}{12}=\frac{11}{12}$$

分母が4と6の最小公倍数(さいしょうこうばいすう)12になるように通分する。

$$\frac{5}{6}-\frac{1}{2}=\frac{5}{6}-\frac{3}{6}=\frac{\cancel{2}^{1}}{\cancel{6}_{3}}=\frac{1}{3}$$

通分する。　約分(やくぶん)する。

ここが大切
・分母がちがう分数のたし算・ひき算は，通分してから計算する。

帯分数のたし算・ひき算

4年 5年

計算のしかた

①帯分数を仮分数になおして計算する。
②帯分数を整数と真分数に分けて，整数部分は整数どうしで，分数部分は分数どうしで計算する。

くり上がりやくり下がりに注意すれば，計算すると簡単にできる。

見て👀理解！

① $1\frac{4}{5}+2\frac{3}{5}=\frac{9}{5}+\frac{13}{5}=\frac{22}{5}\left(=4\frac{2}{5}\right)$

仮分数になおす。

② $1\frac{4}{5}+2\frac{3}{5}=3\frac{7}{5}=4\frac{2}{5}$

$1+2$

$\frac{4}{5}+\frac{3}{5}$

① $3\frac{1}{3}-1\frac{1}{2}=\frac{10}{3}-\frac{3}{2}=\frac{20}{6}-\frac{9}{6}=\frac{11}{6}\left(=1\frac{5}{6}\right)$

仮分数になおす。　通分する。

分数部分がひけないから，1くり下げる。

② $3\frac{1}{3}-1\frac{1}{2}=3\frac{2}{6}-1\frac{3}{6}=2\frac{8}{6}-1\frac{3}{6}=1\frac{5}{6}$

$2-1$

$\frac{8}{6}-\frac{3}{6}$

通分する。

49 分母が同じ分数のたし算・ひき算

基本

次の計算をしなさい。

1 $\frac{2}{9}+\frac{8}{9}$　　2 $\frac{6}{8}-\frac{5}{8}$　　3 $1-\frac{3}{7}$

考える手順　分母はそのままで，分子どうしを計算する。

解き方

1 $\frac{2}{9}+\frac{8}{9}=\frac{10}{9}$　2+8

分母はそのまま。

2 $\frac{6}{8}-\frac{5}{8}=\frac{1}{8}$　6−5

分母はそのまま。

3 $1-\frac{3}{7}=\frac{7}{7}-\frac{3}{7}=\frac{4}{7}$

1を$\frac{7}{7}$となおして計算する。

答え 1 $\frac{10}{9}\left(1\frac{1}{9}\right)$　2 $\frac{1}{8}$　3 $\frac{4}{7}$

ミス注意!
整数から分数をひくときは，整数を分数になおしてからひく。

つまずいたら
分母が同じ分数の計算のしかたを知りたい。

P.100

ここが大切
・分母が同じ分数のたし算・ひき算は，分母はそのままで，分子どうしを計算する。

練習問題

解答▶ 別冊…P.19

59 次の計算をしなさい。

(1) $\frac{2}{7}+\frac{4}{7}$　　(2) $\frac{3}{8}+\frac{5}{8}$

(3) $\frac{4}{5}-\frac{3}{5}$　　(4) $1-\frac{1}{6}$

50 分母がちがう分数のたし算・ひき算

基本

次(つぎ)の計算をしなさい。

1 $\frac{3}{4}+\frac{1}{5}$　　2 $\frac{4}{5}-\frac{3}{10}$

考える手順　通分してから計算する。

解き方

1 $\frac{3}{4}+\frac{1}{5}=\frac{15}{20}+\frac{4}{20}=\frac{19}{20}$

通分する。

2 $\frac{4}{5}-\frac{3}{10}=\frac{8}{10}-\frac{3}{10}=\frac{\overset{1}{\cancel{5}}}{\underset{2}{\cancel{10}}}=\frac{1}{2}$

通分する。　約分(やくぶん)する。

答え 1 $\frac{19}{20}$　2 $\frac{1}{2}$

もっとくわしく

通分するときは，分母の最小公倍数(さいしょうこうばいすう)を共(きょう)通(つう)の分母とする分数になおせばよい。

つまずいたら

分母がちがう分数の計算のしかたを知りたい。

P.100

ここが大切

- 分母がちがう分数のたし算・ひき算は，通分してから計算する。
- 答えが約分(やくぶん)できるときは，約分(やくぶん)する。

練習問題

解答▶ 別冊…P.19

60 次(つぎ)の計算をしなさい。

(1) $\frac{1}{2}+\frac{2}{7}$　　(2) $\frac{3}{10}+\frac{8}{15}$

(3) $\frac{2}{3}-\frac{3}{5}$　　(4) $\frac{5}{6}-\frac{7}{12}$

51 仮分数・帯分数のたし算・ひき算

基本

次の計算をしなさい。

[1] $\frac{7}{2}-\frac{3}{8}$ [2] $2\frac{2}{3}+1\frac{1}{4}$ [3] $1\frac{5}{6}-1\frac{3}{10}$

考える手順

[1] 真分数のひき算と同じように計算する。

[2], [3] 帯分数を仮分数になおすか，帯分数を整数と真分数に分けて計算する。

解き方

[1] $\frac{7}{2}-\frac{3}{8}=\frac{28}{8}-\frac{3}{8}=\frac{25}{8}$

[2] 仮分数になおして計算すると，

$$2\frac{2}{3}+1\frac{1}{4}=\frac{8}{3}+\frac{5}{4}=\frac{32}{12}+\frac{15}{12}=\frac{47}{12}$$

[3] 仮分数になおして計算すると，

$$1\frac{5}{6}-1\frac{3}{10}=\frac{11}{6}-\frac{13}{10}=\frac{55}{30}-\frac{39}{30}=\frac{\cancel{16}^{8}}{\cancel{30}_{15}}=\frac{8}{15}$$

約分する。

もっとくわしく

帯分数を整数と真分数に分けて計算してもよい。
答えが約分できるときは，約分しておく。

つまずいたら

帯分数のたし算・ひき算のしかたを知りたい。

P.101

答え [1] $\frac{25}{8}\left(3\frac{1}{8}\right)$ [2] $\frac{47}{12}\left(3\frac{11}{12}\right)$ [3] $\frac{8}{15}$

ここが大切

・帯分数のたし算・ひき算は，帯分数を仮分数になおすか，帯分数を整数と真分数に分けて計算する。

練習問題

解答▶ 別冊…P.19

61 次の計算をしなさい。

(1) $\frac{11}{9}-\frac{4}{9}$ (2) $1\frac{1}{6}+2\frac{2}{15}$ (3) $2\frac{3}{4}-1\frac{3}{5}$

52 くり上がり・くり下がりのある帯分数のたし算・ひき算

基本

次の計算をしなさい。

① $1\frac{5}{6}+1\frac{3}{8}$　　② $2\frac{1}{4}-1\frac{6}{7}$

考える手順 帯分数を整数と真分数に分けて計算する。

解き方

① $1\frac{5}{6}+1\frac{3}{8}=1\frac{20}{24}+1\frac{9}{24}=2\frac{29}{24}=3\frac{5}{24}$

$\frac{29}{24}=1\frac{5}{24}$だから，1くり上げる。

② $2\frac{1}{4}-1\frac{6}{7}=2\frac{7}{28}-1\frac{24}{28}=1\frac{35}{28}-1\frac{24}{28}=\frac{11}{28}$

$\frac{7}{28}$から$\frac{24}{28}$はひけないから，1くり下げる。

答え ① $3\frac{5}{24}\left(\frac{77}{24}\right)$　② $\frac{11}{28}$

もっとくわしく

帯分数のひき算で，分数部分がひけないときは，ひかれる数の整数部分から1くり下げる。

ミス注意！

② $2\frac{7}{28}$は，整数部分から1くり下げると，

$1\frac{28}{28}+\frac{7}{28}=1\frac{35}{28}$

ここが大切

・帯分数のひき算で，分数部分がひけないときは，ひかれる数の整数部分から1くり下げて計算する。

練習問題

解答▶ 別冊…P.20

62 次の計算をしなさい。

(1) $1\frac{4}{5}+1\frac{7}{10}$　　(2) $3\frac{1}{6}-1\frac{5}{9}$

4 分数のかけ算

分数のかけ算のしかたを学びます。

分数×整数

5年

計算のしかた　分数に整数をかける計算は，分母はそのままで，分子にその整数をかける。

$$\frac{○}{□}\times△=\frac{○\times△}{□}$$

見て理解！

3に2をかける。

$$\frac{3}{5}\times2=\frac{3\times2}{5}=\frac{6}{5}$$

分母はそのまま。

考え方

$\frac{3}{5}$は，$\frac{1}{5}$の3個分だから，

$\frac{3}{5}\times2$は，$\frac{1}{5}$の(3×2)個分。

$$1\frac{1}{8}\times6=\frac{9}{8}\times6=\frac{\overset{3}{\cancel{9\times6}}}{\underset{4}{\cancel{8}}}=\frac{27}{4}$$

帯分数は仮分数になおして計算する。

計算のと中で約分できるときは，約分する。

ここが大切　・分数に整数をかける計算は，分母はそのままで，分子にその整数をかける。

分数をかける計算

6年

計算のしかた 分数に分数をかける計算は，分母どうし，分子どうしをそれぞれかける。

$$\frac{\bigcirc}{\square}\times\frac{\triangle}{\diamond}=\frac{\bigcirc\times\triangle}{\square\times\diamond}$$

$$\frac{\bigcirc}{\square}\times\frac{\triangle}{\diamond}=\frac{\bigcirc}{\square}\times(\triangle\div\diamond)$$
$$=\frac{\bigcirc\times\triangle}{\square}\div\diamond$$
$$=\frac{\bigcirc\times\triangle}{\square}\times\frac{1}{\diamond}$$
$$=\frac{\bigcirc\times\triangle}{\square\times\diamond}$$

見て理解！

分子どうしをかける。

$$\frac{5}{6}\times\frac{2}{3}=\frac{5\times\overset{1}{\cancel{2}}}{\underset{3}{\cancel{6}}\times 3}=\frac{5}{9}$$

分母どうしをかける。

計算のと中で約分できるときは，約分する。

$$5\times\frac{3}{4}=\frac{5}{1}\times\frac{3}{4}=\frac{5\times3}{1\times4}=\frac{15}{4}$$ ➡ $5\times\frac{3}{4}=\frac{5\times3}{4}$ のようにしてもよい。

整数は，分母が1の分数と考える。

$$1\frac{4}{5}\times1\frac{1}{3}=\frac{9}{5}\times\frac{4}{3}=\frac{\overset{3}{\cancel{9}}\times4}{5\times\underset{1}{\cancel{3}}}=\frac{12}{5}$$

帯分数は，仮分数になおして計算する。

ここが大切
・分数をかける計算では，分母どうし，分子どうしをそれぞれかける。

53 分数×整数①

基本

次の計算をしなさい。

1 $\frac{1}{6}\times7$　　2 $\frac{4}{9}\times2$　　3 $\frac{11}{5}\times3$

考える手順 分母はそのままで，分子に整数をかける。

解き方

分子に整数をかける。

1 $\frac{1}{6}\times7=\frac{1\times7}{6}=\frac{7}{6}$

2 $\frac{4}{9}\times2=\frac{4\times2}{9}=\frac{8}{9}$

3 仮分数に整数をかける計算も，真分数のときと同じように計算することができる。

$\frac{11}{5}\times3=\frac{11\times3}{5}=\frac{33}{5}$

答え 1 $\frac{7}{6}\left(1\frac{1}{6}\right)$　2 $\frac{8}{9}$　3 $\frac{33}{5}\left(6\frac{3}{5}\right)$

ミス注意!
分子に整数をかけることに注意する。

つまずいたら
分数×整数の計算のしかたを知りたい。
P.106

ここが大切
・分数×整数の計算は，分母はそのままで，分子に整数をかける。

練習問題

解答▶ 別冊…P.20

63 次の計算をしなさい。

(1) $\frac{3}{4}\times9$　(2) $\frac{8}{7}\times5$　(3) $1\frac{2}{3}\times4$

54 分数×整数②

基本

次の計算をしなさい。

[1] $\frac{5}{8}\times 4$　　[2] $\frac{2}{3}\times 9$　　[3] $\frac{7}{4}\times 6$

考える手順　分母はそのままで，分子に整数をかける。計算のと中で約分できるときは，約分する。

解き方

[1] $\frac{5}{8}\times 4=\frac{5\times \overset{1}{\cancel{4}}}{\underset{2}{\cancel{8}}}=\frac{5}{2}$

約分する。

[2] $\frac{2}{3}\times 9=\frac{2\times \overset{3}{\cancel{9}}}{\underset{1}{\cancel{3}}}=6$

[3] $\frac{7}{4}\times 6=\frac{7\times \overset{3}{\cancel{6}}}{\underset{2}{\cancel{4}}}=\frac{21}{2}$

答え　[1] $\frac{5}{2}\left(2\frac{1}{2}\right)$　[2] 6　[3] $\frac{21}{2}\left(10\frac{1}{2}\right)$

ミス注意！

[2]は，約分すると分母が1になるから，答えは整数になる。

つまずいたら

約分のある分数×整数の計算のしかたを知りたい。

P.106

ここが大切
・計算のと中で約分できるときは，約分してから計算すると簡単になる。

練習問題

解答▶ 別冊…P.20

64 次の計算をしなさい。

(1) $\frac{9}{10}\times 5$　　(2) $\frac{11}{6}\times 9$　　(3) $1\frac{2}{7}\times 7$

55 分数をかける計算①

基本

次の計算をしなさい。

1 $\frac{9}{10}\times\frac{1}{2}$　2 $\frac{5}{3}\times\frac{7}{8}$　3 $1\frac{3}{4}\times\frac{5}{9}$

考える手順　分母どうし，分子どうしをかける。

解き方

1 $\frac{9}{10}\times\frac{1}{2}=\frac{9\times1}{10\times2}=\frac{9}{20}$

2 仮分数のかけ算も，真分数と同じように計算できる。

$\frac{5}{3}\times\frac{7}{8}=\frac{5\times7}{3\times8}=\frac{35}{24}$

3 帯分数は，仮分数になおして計算する。

$1\frac{3}{4}\times\frac{5}{9}=\frac{7}{4}\times\frac{5}{9}=\frac{7\times5}{4\times9}=\frac{35}{36}$

答え 1 $\frac{9}{20}$　2 $\frac{35}{24}\left(1\frac{11}{24}\right)$　3 $\frac{35}{36}$

もっとくわしく
帯分数のかけ算は，仮分数になおせば，真分数のかけ算と同じように計算できる。

つまずいたら
分数をかける計算のしかたを知りたい。
P.107

ここが大切
・分数をかける計算は，分母どうし，分子どうしをかける。

練習問題

解答▶ 別冊…P.21

65 次の計算をしなさい。

(1) $\frac{8}{9}\times\frac{4}{5}$　(2) $7\times\frac{2}{3}$　(3) $1\frac{1}{2}\times1\frac{3}{8}$

66 チャレンジ

1mの重さが$5\frac{1}{5}$ gの針金があります。この針金$\frac{4}{7}$ mの重さは何gですか。

56 分数をかける計算② 基本

次(つぎ)の計算をしなさい。

1 $\frac{3}{5}\times\frac{1}{6}$　2 $\frac{9}{7}\times\frac{14}{15}$　3 $12\times\frac{5}{8}$

考える手順 分母どうし，分子どうしをかける。計算のと中(ちゅう)で約分(やくぶん)できるときは，約分(やくぶん)する。

解き方

1 $\frac{3}{5}\times\frac{1}{6}=\frac{\overset{1}{\cancel{3}}\times1}{5\times\underset{2}{\cancel{6}}}=\frac{1}{10}$

約分(やくぶん)する。

2 $\frac{9}{7}\times\frac{14}{15}=\frac{\overset{3}{\cancel{9}}\times\overset{2}{\cancel{14}}}{\underset{1}{\cancel{7}}\times\underset{5}{\cancel{15}}}=\frac{6}{5}$

3 整数(せいすう)は，分母が1の分数と考えて計算する。

$12\times\frac{5}{8}=\frac{12}{1}\times\frac{5}{8}=\frac{\overset{3}{\cancel{12}}\times5}{1\times\underset{2}{\cancel{8}}}=\frac{15}{2}$

ミス注意！

2は，9と15，7と14が約分(やくぶん)できる。

もっとくわしく

3は，$\frac{12}{1}\times\frac{5}{8}$と書かずに$\frac{12\times5}{8}$としてもよい。

答え 1 $\frac{1}{10}$　2 $\frac{6}{5}\left(1\frac{1}{5}\right)$　3 $\frac{15}{2}\left(7\frac{1}{2}\right)$

ここが大切
・計算のと中(ちゅう)で約分(やくぶん)できるときは，約分(やくぶん)すると計算が簡単(かんたん)になる。

練習問題

解答▶ 別冊…P.21

67 次(つぎ)の計算をしなさい。

(1) $\frac{4}{9}\times\frac{9}{4}$　(2) $1\frac{1}{6}\times2\frac{2}{3}$　(3) $\frac{3}{4}\times\frac{2}{7}\times\frac{5}{9}$

5 分数のわり算

分数のわり算のしかたを学びます。

分数÷整数

5年

計算のしかた　分数を整数でわる計算は，分子はそのままで，分母にその整数をかける。

$$\frac{○}{□} \div △ = \frac{○}{□ \times △}$$

$$\frac{○}{□} \div △ = \frac{○}{□} \times \frac{1}{△} = \frac{○}{□ \times △}$$

見て理解！

分子はそのまま。

$$\frac{5}{6} \div 3 = \frac{5}{6 \times 3} = \frac{5}{18}$$

6に3をかける。

考え方

$\frac{5}{6}$を分子が3でわれる分数になおすには，分母と分子に3をかければよいから，$\frac{5}{6} = \frac{5 \times 3}{6 \times 3}$

$$\frac{5}{6} \div 3 = \frac{5 \times 3}{6 \times 3} \div 3 = \frac{5 \times 3 \div 3}{6 \times 3} = \frac{5}{18}$$

$$1\frac{3}{5} \div 2 = \frac{8}{5} \div 2 = \frac{\overset{4}{\cancel{8}}}{5 \times \underset{1}{\cancel{2}}} = \frac{4}{5}$$

帯分数は，仮分数になおして計算する。

計算のと中で約分できるときは，約分する。

ここが大切

・分数を整数でわる計算は，分子はそのままで，分母にその整数をかける。

分数でわる計算

6年

計算のしかた 分数でわる計算は，わる数の逆数(ぎゃくすう)をかける。

$$\frac{○}{□}\div\frac{△}{◇}=\frac{○\times◇}{□\times△}$$

$$\frac{○}{□}\div\frac{△}{◇}=\left(\frac{○}{□}\times\frac{◇}{△}\right)\div\left(\frac{△}{◇}\times\frac{◇}{△}\right)=\frac{○\times◇}{□\times△}$$

見て理解!

$$\frac{2}{3}\div\frac{4}{7}=\frac{2}{3}\times\frac{7}{4}=\frac{\overset{1}{\cancel{2}}\times7}{3\times\underset{2}{\cancel{4}}}=\frac{7}{6}$$

逆数(ぎゃくすう) $\frac{4}{7}$ → $\frac{7}{4}$

逆数(ぎゃくすう)をかける。

計算のと中(ちゅう)で約分(やくぶん)できるときは，約分(やくぶん)する。

$$6\div\frac{5}{8}=\frac{6}{1}\div\frac{5}{8}=\frac{6\times8}{1\times5}=\frac{48}{5}$$ ➡ $6\div\frac{5}{8}=6\times\frac{8}{5}=\frac{6\times8}{5}$ のようにしてもよい。

整数(せいすう)は，分母が1の分数と考える。

$$1\frac{2}{5}\div2\frac{1}{4}=\frac{7}{5}\div\frac{9}{4}=\frac{7\times4}{5\times9}=\frac{28}{45}$$

帯分数(たいぶんすう)は，仮分数(かぶんすう)になおして計算する。

ここが大切 ・分数でわる計算は，わる数の逆数(ぎゃくすう)をかける。

57 分数÷整数①

基本

次の計算をしなさい。

1 $\frac{3}{7} \div 8$　　2 $\frac{13}{8} \div 5$　　3 $1\frac{1}{4} \div 6$

考える手順 分子はそのままで，分母に整数をかける。

解き方

1 $\frac{3}{7} \div 8 = \frac{3}{7 \times 8} = \frac{3}{56}$

分母に整数をかける。

2 仮分数を整数でわる計算も，真分数のときと同じように計算することができる。

$\frac{13}{8} \div 5 = \frac{13}{8 \times 5} = \frac{13}{40}$

3 帯分数は，仮分数になおして計算する。

$1\frac{1}{4} \div 6 = \frac{5}{4} \div 6 = \frac{5}{4 \times 6} = \frac{5}{24}$

答え 1 $\frac{3}{56}$　2 $\frac{13}{40}$　3 $\frac{5}{24}$

ミス注意!
分母に整数をかけることに注意する。

つまずいたら
分数÷整数の計算のしかたを知りたい。
P.112

ここが大切
・分数÷整数の計算は，分子はそのままで，分母に整数をかける。

練習問題

解答▸ 別冊…P.22

68 次の計算をしなさい。

(1) $\frac{2}{3} \div 7$　(2) $\frac{11}{6} \div 4$　(3) $1\frac{4}{5} \div 2$

58 分数÷整数②

基本

次の計算をしなさい。

1 $\frac{8}{9} \div 4$　2 $\frac{6}{5} \div 9$　3 $2\frac{2}{3} \div 8$

考える手順 分子はそのままで，分母に整数をかける。計算のと中で約分できるときは，約分する。

解き方

1 $\frac{8}{9} \div 4 = \frac{\overset{2}{\cancel{8}}}{9 \times \underset{1}{\cancel{4}}} = \frac{2}{9}$

約分する。

2 $\frac{6}{5} \div 9 = \frac{\overset{2}{\cancel{6}}}{5 \times \underset{3}{\cancel{9}}} = \frac{2}{15}$

3 $2\frac{2}{3} \div 8 = \frac{8}{3} \div 8 = \frac{\overset{1}{\cancel{8}}}{3 \times \underset{1}{\cancel{8}}} = \frac{1}{3}$

答え 1 $\frac{2}{9}$　2 $\frac{2}{15}$　3 $\frac{1}{3}$

ミス注意！
約分できるときは，約分するのを忘れない。

つまずいたら
約分のある分数÷整数の計算のしかたを知りたい。

P.112

ここが大切 ・計算のと中で約分できるときは，約分してから計算すると簡単になる。

練習問題

解答▶ 別冊…P.22

69 次の計算をしなさい。

(1) $\frac{3}{8} \div 6$　(2) $\frac{12}{11} \div 15$　(3) $1\frac{5}{7} \div 8$

59 分数でわる計算①

基本

次(つぎ)の計算をしなさい。

[1] $\frac{3}{7} \div \frac{4}{5}$　　[2] $\frac{5}{3} \div \frac{1}{4}$　　[3] $9 \div \frac{8}{11}$

考える手順　わる数の逆数(ぎゃくすう)をかける。

解き方

[1] $\frac{3}{7} \div \frac{4}{5} = \frac{3 \times 5}{7 \times 4} = \frac{15}{28}$

[2] 仮分数(かぶんすう)のわり算も，真分数(しんぶんすう)のときと同じように計算できる。

$$\frac{5}{3} \div \frac{1}{4} = \frac{5 \times 4}{3 \times 1} = \frac{20}{3}$$

[3] 整数(せいすう)は，分母が1の分数と考えて計算する。

$$9 \div \frac{8}{11} = \frac{9}{1} \div \frac{8}{11} = \frac{9 \times 11}{1 \times 8} = \frac{99}{8}$$

答え　[1] $\frac{15}{28}$　[2] $\frac{20}{3}\left(6\frac{2}{3}\right)$　[3] $\frac{99}{8}\left(12\frac{3}{8}\right)$

もっとくわしく

逆数(ぎゃくすう)は，分母と分子を入れかえた数である。

つまずいたら

分数でわる計算のしかたを知りたい。

P.113

ここが大切　・分数でわる計算は，わる数の逆数(ぎゃくすう)をかける。

練習問題

解答▶ 別冊…P.22

70 次(つぎ)の計算をしなさい。

(1) $\frac{2}{5} \div \frac{3}{8}$　(2) $\frac{5}{6} \div \frac{13}{7}$　(3) $2\frac{1}{4} \div 1\frac{2}{3}$

71 ! チャレンジ

1Lの重(おも)さが$\frac{7}{8}$kgの油(あぶら)が，$1\frac{3}{5}$kgあります。この油(あぶら)は何Lありますか。

60 分数でわる計算②

基本

次の計算をしなさい。

1 $\frac{5}{6}\div\frac{2}{3}$　2 $\frac{9}{8}\div\frac{3}{10}$　3 $1\frac{1}{9}\div2\frac{2}{5}$

考える手順 わる数の逆数をかける。計算のとちゅうで約分できるときは，約分する。

解き方

1 $\frac{5}{6}\div\frac{2}{3}=\frac{5\times\overset{1}{\cancel{3}}}{\underset{2}{\cancel{6}}\times2}=\frac{5}{4}$

約分する。

2 $\frac{9}{8}\div\frac{3}{10}=\frac{\overset{3}{\cancel{9}}\times\overset{5}{\cancel{10}}}{\underset{4}{\cancel{8}}\times\underset{1}{\cancel{3}}}=\frac{15}{4}$

3 $1\frac{1}{9}\div2\frac{2}{5}=\frac{10}{9}\div\frac{12}{5}=\frac{\overset{5}{\cancel{10}}\times5}{9\times\underset{6}{\cancel{12}}}=\frac{25}{54}$

帯分数を仮分数になおす。

ミス注意!

2 は，9と3，8と10が約分できる。

つまずいたら

約分のある分数でわる計算のしかたを知りたい。

P.113

答え 1 $\frac{5}{4}\left(1\frac{1}{4}\right)$　2 $\frac{15}{4}\left(3\frac{3}{4}\right)$　3 $\frac{25}{54}$

ここが大切 ・計算のとちゅうで約分できるときは，約分すると計算が簡単になる。

練習問題

解答▶ 別冊…P.23

72 次の計算をしなさい。

(1) $\frac{4}{9}\div\frac{6}{11}$　(2) $1\frac{7}{8}\div1\frac{1}{4}$　(3) $\frac{2}{5}\div\frac{3}{10}\div\frac{9}{7}$

6 小数と分数の混(ま)じった計算

小数と分数の混(ま)じった計算のしかたを学びます。

小数と分数の混(ま)じった計算

5年　6年

計算のしかた　小数と分数の混じった計算では，小数を分数になおすと計算しやすくなる。

見て理解！

$$\frac{2}{5}-\frac{3}{8}\times 0.4=\frac{2}{5}-\frac{3}{8}\times\frac{4}{10}=\frac{2}{5}-\frac{3\times 4}{8\times 10}$$

小数を分数になおす。　かけ算を先に計算する。

$$=\frac{2}{5}-\frac{3}{20}=\frac{8}{20}-\frac{3}{20}=\frac{5}{20}=\frac{1}{4}$$

通分する。　約分(やくぶん)できるときは約分(やくぶん)する。

かっこがある計算

$$\frac{9}{4}\div\left\{0.9-\left(\frac{1}{2}+\frac{1}{4}\right)\right\}=\frac{9}{4}\div\left\{0.9-\left(\frac{2}{4}+\frac{1}{4}\right)\right\}$$

通分する。　{　}の中を先に計算する。

$$=\frac{9}{4}\div\left(0.9-\frac{3}{4}\right)=\frac{9}{4}\div\left(\frac{9}{10}-\frac{3}{4}\right)$$

小数を分数になおす。　通分する。

$$=\frac{9}{4}\div\left(\frac{18}{20}-\frac{15}{20}\right)=\frac{9}{4}\div\frac{3}{20}=\frac{9\times 20}{4\times 3}$$

$$=15$$

ここが大切
- 小数と分数の混(ま)じった計算では，ふつう小数を分数になおして計算する。
- 整数(せいすう)のときと同じように，計算の順序(じゅんじょ)にしたがって計算する。

61 小数と分数の混じった計算①

基本

$\left(1.5-0.6\times\frac{4}{9}\right)\div\frac{3}{5}$ を計算しなさい。

考える手順 小数を分数になおして，(　)の中から先に計算する。

解き方

(　)の中を先に計算する。

$$\left(1.5-0.6\times\frac{4}{9}\right)\div\frac{3}{5}=\left(1.5-\frac{6}{10}\times\frac{4}{9}\right)\div\frac{3}{5}$$

小数を分数になおす。

$$=\left(1.5-\frac{\overset{2}{\cancel{6}}\times\overset{2}{\cancel{4}}}{\underset{5}{\cancel{10}}\times\underset{3}{\cancel{9}}}\right)\div\frac{3}{5}$$

$$=\left(\frac{15}{10}-\frac{4}{15}\right)\div\frac{3}{5}$$

通分する。

$$=\left(\frac{45}{30}-\frac{8}{30}\right)\div\frac{3}{5}$$

$$=\frac{37}{30}\div\frac{3}{5}=\frac{37\times\overset{1}{\cancel{5}}}{\underset{6}{\cancel{30}}\times3}=\frac{37}{18}$$

答え $\frac{37}{18}\left(2\frac{1}{18}\right)$

もっとくわしく

小数は，10，100などを分母とする分数で表すことができる。

ミス注意！

約分を忘れないようにする。

ここが大切

・小数と分数の混じった計算は，小数を分数になおすと計算しやすくなる。

練習問題

解答▶ 別冊…P.23

73 次の計算をしなさい。

(1) $\left(\frac{2}{3}-\frac{1}{5}\right)\div0.7+\frac{5}{6}$　　(2) $\left(1.25-\frac{3}{4}\right)\div\left(0.75-\frac{1}{3}\right)$

62 小数と分数の混じった計算②

中学入試対策

$\left\{\frac{7}{20}-\frac{1}{3}\times(1-0.4)\right\}\div\frac{3}{5}-\frac{1}{6}$ を計算しなさい。

（東京都市大学付属中）

考える手順　{　}の中の，かけ算や(　)の中の計算を先にする。

解き方

$$\left\{\frac{7}{20}-\frac{1}{3}\times(1-0.4)\right\}\div\frac{3}{5}-\frac{1}{6}$$

$$=\left(\frac{7}{20}-\frac{1}{3}\times 0.6\right)\div\frac{3}{5}-\frac{1}{6}$$

小数を分数になおす。

$$=\left(\frac{7}{20}-\frac{1}{3}\times\frac{3}{5}\right)\div\frac{3}{5}-\frac{1}{6}$$

約分する。

$$=\left(\frac{7}{20}-\frac{1\times 3}{3\times 5}\right)\div\frac{3}{5}-\frac{1}{6}$$

$$=\left(\frac{7}{20}-\frac{1}{5}\right)\div\frac{3}{5}-\frac{1}{6}$$

通分する。

$$=\left(\frac{7}{20}-\frac{4}{20}\right)\div\frac{3}{5}-\frac{1}{6}=\frac{3}{20}\div\frac{3}{5}-\frac{1}{6}$$

約分する。

$$=\frac{3\times 5}{20\times 3}-\frac{1}{6}=\frac{1}{4}-\frac{1}{6}$$

通分する。

$$=\frac{3}{12}-\frac{2}{12}=\frac{1}{12}$$

答え $\frac{1}{12}$

入試のポイント

小数と分数の混じった計算では，小数を分数になおすと計算が簡単になることが多い。
整数のときと同じように，計算の順序にしたがって計算を進めていく。

もっとくわしく

$0.6=\frac{6}{10}=\frac{3}{5}$

つまずいたら

計算の順序について知りたい。

P.52

中学入試対策

63 小数と分数の混じった計算③

$$\left\{\left(1\frac{1}{7}+0.8\right)\div\frac{2}{7}\times1\frac{1}{4}-0.375\right\}\times\frac{1}{13}$$

（女子学院中）

考える手順　｛　｝の中から先に計算する。小数は分数になおす。

解き方　小数を分数になおす。

$$\left\{\left(1\frac{1}{7}+\underline{0.8}\right)\div\frac{2}{7}\times1\frac{1}{4}-\underline{0.375}\right\}\times\frac{1}{13}$$

$$=\left\{\left(\frac{8}{7}+\frac{4}{5}\right)\times\frac{7}{2}\times\frac{5}{4}-\frac{3}{8}\right\}\times\frac{1}{13}$$

通分する。

$$=\left\{\left(\frac{40}{35}+\frac{28}{35}\right)\times\frac{7}{2}\times\frac{5}{4}-\frac{3}{8}\right\}\times\frac{1}{13}$$

$$=\left(\frac{68}{35}\times\frac{7}{2}\times\frac{5}{4}-\frac{3}{8}\right)\times\frac{1}{13}$$

$$=\left(\frac{68\times\overset{1}{\cancel{7}}\times\overset{1}{\cancel{5}}}{\underset{\underset{1}{\cancel{5}}}{\cancel{35}}\times2\times4}-\frac{3}{8}\right)\times\frac{1}{13}$$

約分する。

68と4でさらに約分できるが，次に$\frac{3}{8}$と通分することを考えて約分せずに計算する。

$$=\left(\frac{68}{8}-\frac{3}{8}\right)\times\frac{1}{13}$$

$$=\frac{\overset{5}{\cancel{65}}\times1}{8\times\underset{1}{\cancel{13}}}=\frac{5}{8}$$

約分する。

答え　$\frac{5}{8}$

入試のポイント

式が複雑になっても，小数を分数になおしたり，計算の順序にしたがい工夫して，計算していく。小数は，分母を10，100などとした分数で表すことができる。約分できるときは約分しておくと，計算が簡単になる。ただし，通分の見通しを立てながら計算するとよい。

もっとくわしく

$0.8=\frac{8}{10}=\frac{4}{5}$

$0.375=\frac{375}{1000}$

$=\frac{3}{8}$

まとめの問題

解答▶別冊…P.109

33 次(つぎ)の仮分数(かぶんすう)は帯分数(たいぶんすう)か整数(せいすう)に，帯分数(たいぶんすう)は仮分数(かぶんすう)になおしなさい。

(1) $\frac{11}{6}$　(2) $\frac{24}{3}$　(3) $1\frac{5}{7}$

よくでる

34 次(つぎ)の分数を約分(やくぶん)しなさい。

(1) $\frac{4}{12}$　(2) $\frac{18}{27}$　(3) $\frac{42}{35}$

35 次(つぎ)の分数を通分しなさい。

(1) $\frac{3}{5}$, $\frac{2}{9}$　(2) $\frac{1}{6}$, $\frac{5}{12}$　(3) $\frac{7}{8}$, $\frac{9}{10}$

36 次(つぎ)の数の逆数(ぎゃくすう)を求(もと)めなさい。

(1) $\frac{2}{7}$　(2) $\frac{1}{5}$　(3) 8

37 次(つぎ)の商(しょう)を分数で表(あらわ)しなさい。

(1) $4 \div 11$　(2) $9 \div 5$

38 次(つぎ)の分数を小数か整数(せいすう)で表(あらわ)しなさい。

(1) $\frac{11}{10}$　(2) $1\frac{5}{8}$　(3) $\frac{21}{7}$

39 次(つぎ)の分数を，四捨五入(ししゃごにゅう)して$\frac{1}{100}$の位(くらい)までの小数で表(あらわ)しなさい。

(1) $\frac{5}{6}$　(2) $1\frac{2}{3}$

40 次(つぎ)の小数や整数(せいすう)を分数で表(あらわ)しなさい。

(1) 1.7　(2) 0.59　(3) 3

よくでる

41 次の計算をしなさい。

(1) $\frac{4}{9}+\frac{7}{9}$　(2) $\frac{5}{3}+\frac{2}{7}$　(3) $\frac{3}{5}+\frac{11}{15}$

(4) $1\frac{5}{6}+1\frac{5}{9}$　(5) $\frac{5}{7}-\frac{3}{7}$　(6) $1-\frac{2}{5}$

(7) $\frac{5}{4}-\frac{3}{8}$　(8) $\frac{7}{15}-\frac{1}{6}$　(9) $3\frac{1}{12}-1\frac{5}{6}$

42 次の計算をしなさい。

(1) $\frac{7}{8}\times 3$　(2) $\frac{5}{6}\times 4$　(3) $1\frac{4}{5}\times 7$

(4) $\frac{7}{5}\times\frac{3}{4}$　(5) $\frac{3}{10}\times\frac{8}{9}$　(6) $1\frac{2}{7}\times 1\frac{1}{3}$

43 次の計算をしなさい。

(1) $\frac{3}{4}\div 4$　(2) $\frac{9}{5}\div 12$　(3) $2\frac{1}{3}\div 7$

(4) $\frac{5}{2}\div\frac{4}{7}$　(5) $\frac{5}{6}\div\frac{3}{8}$　(6) $1\frac{1}{4}\div\frac{2}{3}$

44 次の計算をしなさい。

(1) $\left\{\frac{2}{3}-\left(0.25+\frac{1}{8}\right)\div 3\right\}\div 3\frac{1}{4}$　（鎌倉学園中）

(2) $\frac{5}{9}\times\left\{7.5-\left(\frac{3}{4}-0.5\right)\times 3\right\}-\frac{1}{4}$　（市川中）

ハイレベル

45 分母と分子の差が72で，約分すると$\frac{5}{13}$になる分数はいくつですか。

（日本女子大附属中）

46 かべの面積を$2\frac{2}{3}$m^{2}ぬるのにペンキが$\frac{16}{15}$L必要です。6m^{2}をぬるには，何Lのペンキが必要ですか。

（横浜富士見丘学園中）

1 □を使った式

文字を使って式に表す基礎となります。

□を使った式に表す

3年

□を使った式 わからない数量を□として表した式

見て👀理解! 何gかの肉を　20gの皿にのせると　合計で520gだった

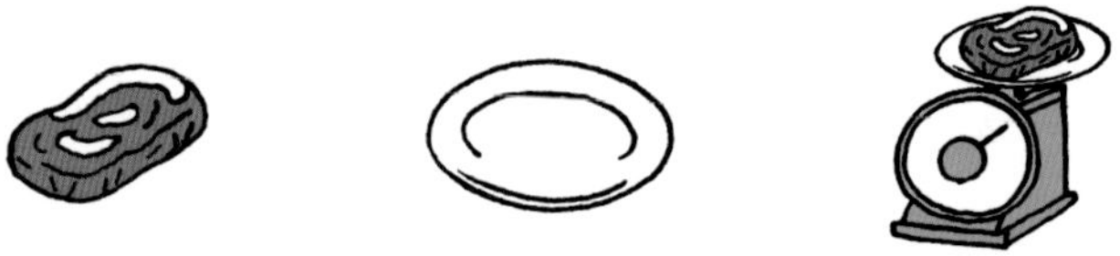

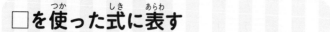

ことばの式……	肉の重さ	＋	皿の重さ	＝	全体の重さ
□を使った式………	□	＋	20	＝	520

見て👀理解! 高さが何cmかの同じ箱を5個積むと

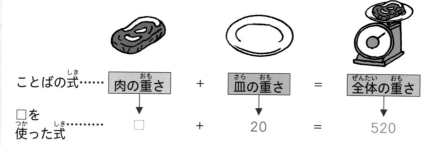

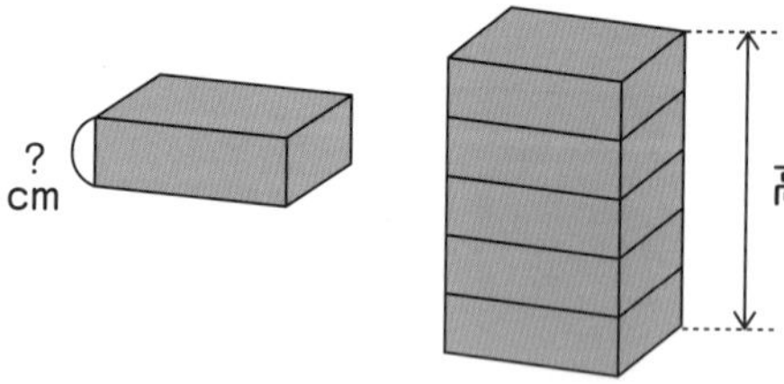

ことばの式……	Ｉ箱の高さ	×	箱の数	＝	全体の高さ
□を使った式………	□	×	5	＝	30

ここが大切
・わからない数を□として，式に表すことができる。

□にあてはまる数を求める

3年

□にあてはまる数 逆算で求められる。

見て理解！

たし算とひき算の関係

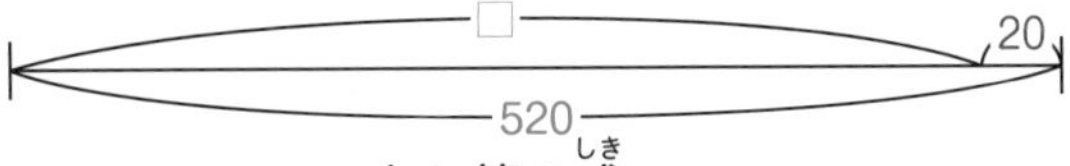

□＋20＝520……たし算の式

□＝520－20

□＝500

たされる数は
ひき算で求められる

20をたす
□ ⇄ 520
20をひく

■＋●＝▲ → ■＝▲－●

●＋■＝▲ → ■＝▲－●

■－●＝▲ → ■＝▲＋●

●－■＝▲ → ■＝●－▲

たし算にならないので注意

かけ算とわり算の関係

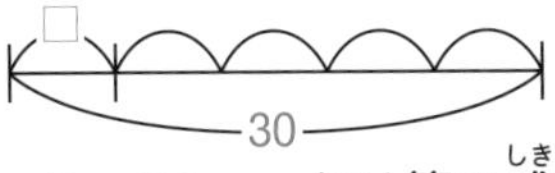

□×5＝30……かけ算の式

□＝30÷5

□＝6

かけられる数は
わり算で求められる

5をかける
□ ⇄ 30
5でわる

■×●＝▲ → ■＝▲÷●

●×■＝▲ → ■＝▲÷●

■÷●＝▲ → ■＝▲×●

●÷■＝▲ → ■＝●÷▲

かけ算にならないので注意

ここが大切
・□にあてはまる数は，逆算を使うと，効率よく求めることができる。

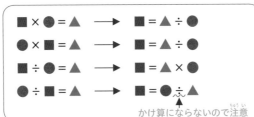

64 □を使った式に表す

基本

1個4gのクリップを，何個か集めて重さをはかると，48gでした。クリップは何個ありますか。

1 わからない数を□として，□を使った式に表しなさい。

2 □にあてはまる数を求めなさい。

考える手順　ことばの式に表してから，わかっている数や□をあてはめる。

解き方

1 場面を整理して，わからない数が何かを見つける。

わからない
↓
「1個 4g のクリップを，何個か 集めると，
（4g：1個の重さ）（何個か：個数）
全部で 48g だった。」
（48g：全部の重さ）

図で表すと

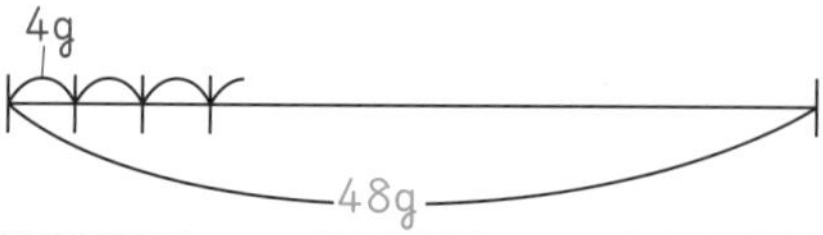

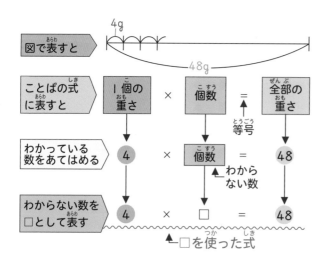

ことばの式に表すと　1個の重さ × 個数 ＝ 全部の重さ　（＝：等号）

わかっている数をあてはめる　4 × 個数 ＝ 48　（個数：わからない数）

わからない数を□として表す　4 × □ ＝ 48　（□を使った式）

もっとくわしく

等号　＝
2つの数量が等しいことを表す記号
例：2＋3＝5（等しい）
（2＋3と5は等しい）
3×7＝21（等しい）
（3×7と21は等しい）

不等号　＞，＜
2つの数量の大小関係を表す記号

向きに注意！
大＞小，小＜大

例：8＞6
（8は6より大きい）
12＜15
（12は15より小さい）

② □にあてはまる数を求めるときに，どんな計算をすればよいか迷ったときは，図にかいてみる。

□は，図の4gの個数である。
だから，□は，48÷4で求めることができる。

4 ×□＝48 ……かけ算の式
□＝48 ÷ 4
□＝12

かける数は
わり算で求められる

答え ① 4×□＝48　② 12

もっとくわしく

□にあてはまる数の調べ方には，およその見当をつけて，10，11，12とあてはめていく方法もある。

4×10＜48
4×11＜48
4×12＝48
4×13＞48

ミス注意！

□にあてはまる数を求めたら，□にあてはめて，答えが正しいかを確かめておくこと。

ここが大切
・わからない数を□を使って表すと，場面を式に表すことができ，□にあてはまる数を見つけることができる。

練習問題

解答▶ 別冊…P.24

74 次の場面を，わからない数を□として式に表し，□にあてはまる数を求めなさい。

(1) 消しゴム1個の代金80円と，ノート1冊の代金何円かをあわせると，代金の合計は220円でした。ノートの代金は何円ですか。

(2) 130cmのテープから何cmか切り取ると，残りは75cmでした。切り取った長さは何cmですか。

(3) 荷物を，1回に6個ずつ何回か運ぶと，全部で48個の荷物を運ぶことができました。何回運びましたか。

(4) ある数を7でわったら，答えは9になりました。ある数はいくつですか。

(5) ある正三角形のまわりの長さは36cmです。この正三角形の1辺の長さは何cmですか。

2 □や△を使った式

ともなって変わる2つの数量の関係を考える基礎となります。

2量の関係を□や△を使った式に表す

4年

□や△を使った式　ともなって変わる2つの数量の関係を□，△を使って表した式

見て理解！

正方形の１辺の長さとまわりの長さの関係

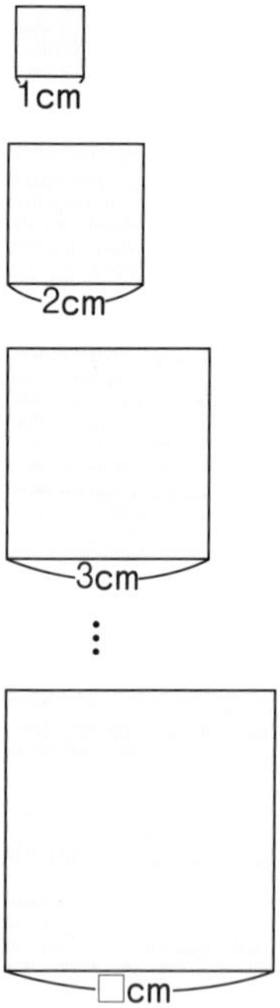

正方形の１辺の長さ	まわりの長さ
1cm のとき，	1 × 4 = 4（１辺の長さ　辺の数　まわりの長さ）
2cm のとき，	2 × 4 = 8
3cm のとき，	3 × 4 = 12
⋮	⋮

正方形の１辺の長さを□cm，まわりの長さを△cm とすると，

ことばの式……１辺の長さ × 辺の数 = まわりの長さ

□と△を使った式……□ × 4 = △

ここが大切
・□や△を使うと，2つの数量の関係を１つの式に表すことができる。

一方の数量から他方の数量を求める

4年

△にあてはまる数を求める

□にわかっている数をあてはめて計算する。

見て👀理解！

1辺の長さが15cmの正方形のまわりの長さを求める。

▲□が15のとき　▲△にあてはまる数

ことばの式………1辺の長さ × 辺の数 = まわりの長さ

□と△を使った式………□ × 4 = △

↓

□にわかっている数をあてはめる　15 × 4 = △

計算する　60 = △　60cm

□にあてはまる数を求める

△にわかっている数をあてはめて逆算する。

見て👀理解！

まわりの長さが80cmの正方形の1辺の長さを求める。

▲△が80のとき　▲□にあてはまる数

ことばの式………1辺の長さ × 辺の数 = まわりの長さ

□と△を使った式………□ × 4 = △

↓

△にわかっている数をあてはめる　□ × 4 = 80

□にあてはまる数を求める　□ = 80÷4

□ = 20

20cm

ここが大切

- □や△などには，いろいろな数があてはまる。
- □，△の一方の数量が決まると，他方の数量も決まる。

65 2量の関係を□や△を使った式に表す

基本

1冊の値段が140円のノートを何冊か買います。

① ノートの冊数を□冊，代金を△円として，□と△の関係を式に表しなさい。

② ノートを7冊買ったときの代金は何円ですか。

③ 代金が1260円のとき，ノートを何冊買いましたか。

考える手順　ことばの式に，わかっている数や□，△をあてはめる。

解き方

① ノートの冊数が1冊，2冊，3冊，…のときの代金を求める式は次のとおり。

ノートの冊数		代金
1冊のとき	140 × 1 = 140（1冊の値段 × 冊数 = 代金）	
2冊のとき	140 × 2 = 280	
3冊のとき	140 × 3 = 420	
⋮	⋮	

ノートの冊数を□冊，代金を△円とすると，

ことばの式 …… 1冊の値段 × 冊数 = 代金

↓　↓　↓

□と△を使った式 …… 140 × □ = △

② ノートを7冊買ったときの代金を求める。

（□が7）（△にあてはまる数）

□と△を使った式 …… 140 × □ = △

□に7をあてはめる　140 × 7 = △

計算する　980 = △

もっとくわしく

正方形の1辺の長さを□cm，面積を△cm^2として，□と△の関係を式に表すと，

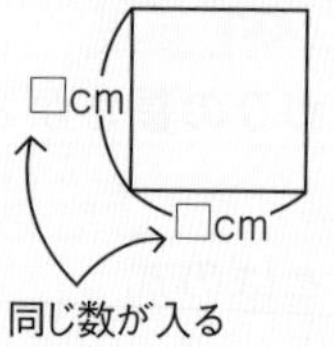

1辺 × 1辺 = 面積

↓　↓　↓

□ × □ = △

※□，△など2種類以上の記号を使った式では，同じ記号には，同じ数が入る。

例：1辺が3cmのときの面積は，

3×3=9(cm^2)

③ 代金が1260円のときのノートの冊数を求める。

△が1260　　□にあてはまる数

□と△を使った式 …… 140 × □ = △

△に1260をあてはめる　140 × □ = 1260

□にあてはまる数を求める　□ = 1260÷140

□ = 9

答え ① 140×□=△　② 980円　③ 9冊

つまずいたら

□にあてはまる数の求め方について知りたい。

P.125

ここが大切

・□や△を使って式に表すと，変わっていく2つの数量の関係を1つの式で簡単に表すことができる。

練習問題

解答▶ 別冊…P.25

75 次の場面について答えなさい。

(1) あゆみさんのクラスの女子は18人です。

①男子の人数を□人，クラス全体の人数を△人として，□と△の関係を式に表しなさい。

②男子の人数が20人のとき，クラス全体の人数は何人ですか。

③クラス全体の人数が35人のとき，男子の人数は何人ですか。

(2) 横の長さが6mの長方形の形をした花だんをつくります。

①縦の長さを□m，花だんの面積を△m^2として，□と△の関係を式に表しなさい。

②縦の長さを8mとするとき，花だんの面積は何m^2になりますか。

③花だんの面積を72m^2にするには，縦の長さを何mにすればよいですか。

3 1つの文字を使った式

いろいろな文章題で式をつくったり，答えを求めたりする基礎となります。

x を使った式に表す

6年

x を使った式 数量の大きさを文字xを使って表した式

見て理解！

1個120円のりんごを何個か買うときの代金

りんごの個数	代金
1個のとき	120×1(円)
2個のとき	120×2(円)
3個のとき	120×3(円)
⋮	⋮
□個のとき	120×□(円)← □を使った式
↓	↓
x個のとき	120×x(円)← xを使った式

1個120円のりんごを何個か買って，50円のかごにつめたときの代金の合計

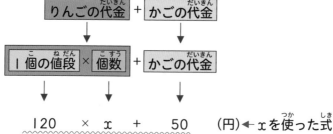

りんごの代金 ＋ かごの代金

↓

1個の値段 × 個数 ＋ かごの代金

↓

120 × x ＋ 50 (円)← xを使った式

1個120円のりんごを8個買って，50円のかごにつめたときの代金の合計

（xが8のとき）

xに8をあてはめる　120×8＋50＝960＋50＝1010

（①120×8，②＋50）

1010円

逆算で x の値を求める

6年 発展

x の値 ▶ xにあてはまる数のこと

見て👀理解!

1個120円のりんごをx個買って，代金が600円だったときのxの値を求める。

等号で結ぶ

$120 \times x = 600$ …xを使ったかけ算の式

$x = 600 \div 120$

$x = 5$

<u>5個</u>

和・差と積・商が混じった式の x の値を逆算で求める ▶ xをふくむ部分をひとまとまりとみる。

見て👀理解!

1個120円のりんごをx個買って，50円のかごにつめると代金の合計が1250円だったときの，xの値を求める。

$$\underbrace{\underbrace{120 \times x}_{①} + 50}_{②} = 1250$$

> xに数をあてはめたときの計算の順序は，①かけ算→②たし算。
> xの値を求めるときは，②→①の順に計算していく。

$120 \times x + 50 = 1250$ …たし算の式とみる

ひとまとまりとみる

$120 \times x = 1250 - 50$

$120 \times x = 1200$ …かけ算の式

$x = 1200 \div 120$

$x = 10$

<u>10個</u>

ここが大切

- □と同じようにxなどの文字を使って，数量を式に表すことができる。
- 文字に数をあてはめることができる。

66 xを使った式に表す

基本

1個x円のおにぎりを3個と1本150円のお茶を2本買います。

1 代金の合計を，xを使った式に表しなさい。

2 おにぎり1個の値段が130円のとき，代金の合計は何円になりますか。

3 代金の合計が780円のとき，xの値を求めなさい。

考える手順　ことばの式に表してから，文字xをあてはめる。

解き方

1 かけ算とたし算の混じった式に表す。

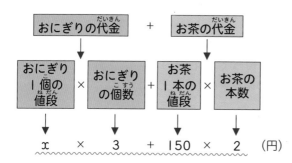

おにぎりの代金　＋　お茶の代金

↓　　　　　　　　↓

おにぎり1個の値段　×　おにぎりの個数　＋　お茶1本の値段　×　お茶の本数

↓　　　↓　　　↓　　　↓

$x \times 3 + 150 \times 2$（円）

ミス注意！

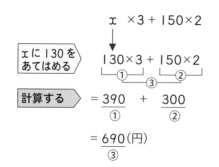

ことばの式からxを使った式にするときに，xや数字をあてはめるところをまちがえないようにする。

2 おにぎり1個の値段が130円のときの代金の合計を求める。

← xの値が130

$x \times 3 + 150 \times 2$

↓

xに130をあてはめる　$130 \times 3 + 150 \times 2$（①　②　③）

計算する　$= 390$（①）$+ 300$（②）

$= 690$（円）（③）

つまずいたら

計算の順序について知りたい。

P.52

③ 等しい2つの数量を，＝(等号)で結ぶ。

$x \times 3 + 150 \times 2 = 780$

（$x \times 3 + 150 \times 2$：代金の合計を表す式　＝：等号　780：代金の合計）

$x \times 3 + 150 \times 2 = 780$

xをふくむ部分をひとまとまりとみる

$x \times 3 + 300 = 780$

xをふくまない部分を先に計算する

$x \times 3 = 780 - 300$

$x \times 3 = 480$

$x = 480 \div 3$

$x = 160$

もっとくわしく

わかりにくいときは図にかいてみる。

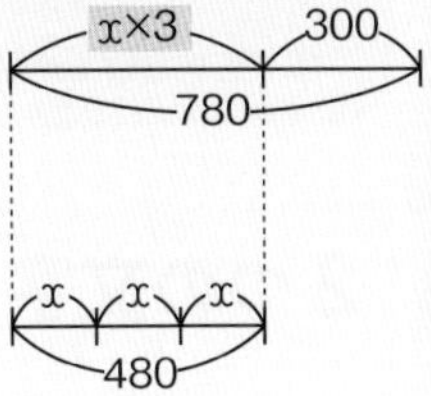

答え ① $x \times 3 + 150 \times 2$(円)　② 690円　③ 160

ここが大切 ・問題文の中でわからない数をxとして式をつくり，逆算でxの値を求める。

練習問題

解答▶ 別冊…P.25

76 1個x円のケーキを6個買います。

(1) ケーキ6個の代金を，xを使った式に表しなさい。

(2) ケーキを6個買って，2000円を出したときのおつりを，xを使った式に表しなさい。

(3) 1個300円のケーキを6個買って，2000円を出したときのおつりは何円ですか。

77 チャレンジ

次の式で，xにあてはまる数を求めなさい。

(1) $x + 38 + 52 = 320$

(2) $x \div 5 - 16 = 19$

(3) $(x+10) \times 8 = 400$

4 2つの文字を使った式

比例や反比例などの2つの数量の関係を考える基礎となります。

2つの文字を使った式

6年

x，yを使った式 ともなって変わる2つの数量の関係を2つの文字x，yで表した式

見て👀理解!

1mの重さが1.5kgの鉄の棒の長さと重さの関係

ことばの式 …… 1mの重さ × 長さ ＝ 全体の重さ

xとyの関係を表す式 …… 1.5 × x ＝ y

（1.5：決まった数）

これを，これからは $y = 1.5 \times x$ と表す。

この鉄の棒3mの全体の重さを求める場合（3m：xの値，全体の重さ：yの値）

xとyの関係を表す式 …… $y = 1.5 \times x$

xに3をあてはめる　$y = 1.5 \times 3 = \underline{4.5}$

（1.5：決まった数，4.5：xの値3に対応するyの値）

4.5kg

この鉄の棒7.8kgの長さを求める場合（7.8kg：yの値，長さ：xの値）

xとyの関係を表す式 …… $y = 1.5 \times x$

yに7.8をあてはめる　$7.8 = 1.5 \times x$

（1.5：決まった数）

$x = 7.8 \div 1.5$

$x = \underline{5.2}$

（5.2：yの値7.8に対応するxの値）

5.2m

ここが大切

・ともなって変わる2つの数量の関係を，2つの文字を使った等式で表すことができる。

67 2つの文字を使った式

基本

高さが8cmの三角形について，底辺を x cm，面積を y cm^2 とする。
1 x と y の関係を式に表しなさい。
2 x の値が12のとき，対応する y の値を求めなさい。
3 y の値が64のとき，対応する x の値を求めなさい。

考える手順 三角形の面積＝底辺×高さ÷2

解き方 1 ことばの式にあてはめる。

三角形の面積＝底辺×高さ÷2

$y = x \times 8 \div 2$

$y = x \times 4$（4：決まった数）

x をふくまない部分を整理しておく

2 x に12をあてはめる。

$y = x \times 4$

x に12をあてはめる　$y = 12 \times 4 = 48$ ← x の値12に対応する y の値

3 y に64をあてはめる。

$y = x \times 4$

y に64をあてはめる　$64 = x \times 4$

$x = 64 \div 4$

$x = 16$ ← y の値64に対応する x の値

答え 1 $y = x \times 4$　2 48　3 16

もっとくわしく
$y = x \times 4$ の式で x と y はいろいろと変わる数である。一方，4はいつも一定で変わらない。このような決まった数を定数といい，文字 a で表されることが多い。くわしくは，中学で学習する。

ここが大切
・x と y の関係を表す式がわかっているときは，一方の値をあてはめて，他方の値を求めることができる。

練習問題

解答▶ 別冊…P.26

78 上の三角形で，(1) x の値が6.5のとき，対応する y の値を求めなさい。
(2) y の値が84.8のとき，対応する x の値を求めなさい。

算数の宝箱

くり返す不思議な数

たかし君のおうちでは，毎年 142857 円の貯金をしています。1年目，2年目，…の貯金額はどのようになるでしょうか。

1年目　142857×1 = 142857　（円）

2年目　142857×2 = 285714　（円）

3年目　142857×3 = 428571　（円）

4年目　142857×4 = 571428　（円）

数字の並び方を見て，何か気づきませんか？　実はこれらの数字は，数の並び順がすべて同じなのです。では，5年目以降はどうなるでしょう。

5年目　142857×5 = 714285　（円）

6年目　142857×6 = 857142　（円）

やはり数字の並び順は同じですね。では7年目はどうでしょう。

7年目　142857×7 = 999999　（円）

なんと9が6つ並びました。

この不思議な数は$\frac{1}{7}$がもとになっています。$\frac{1}{7}$を小数で表すと…

$\frac{1}{7}$ = 0.142857142857142857……

小数点のあとに 142857 がくり返し並んでいます。つまり 142857 は，$\frac{1}{7}$を 1000000 倍（100 万倍）した数 $\left(\frac{1000000}{7}\right)$ よりも少しだけ小さい数といえます。$\frac{1000000}{7}$に7をかけると答えは 1000000 になりますが，142857 に7をかけた数字は，少しだけ小さいので，1000000 よりも1だけ小さい 999999 になったわけです。

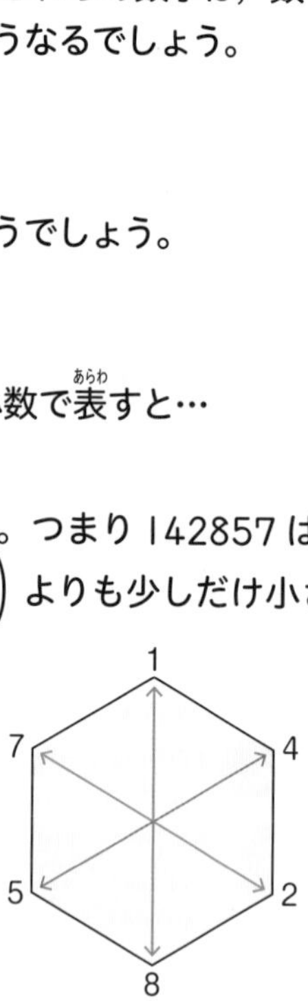

ちなみに，142857 を右の図のように六角形の頂点に並べてみると，これまた不思議！　向かい合った数の和がすべて9になっています。

同じようなことが，$\frac{1}{17}$ =0.0588235294117647０588235294117647 にもいえます。2倍，3倍，…としてみましょう。17 倍で 9999999999999999 となるはずです。

図形 編

ここでは，いろいろな形やその性質，面積や体積などについて学習します。ノートの形，箱の形，ボールの形など，身の回りにはいろいろな形の物があります。ここで学んだ形を身の回りでさがしてみると，同じものでも今までとはちがって見えるかもしれません。

1 角とその大きさ，三角形

いろいろな図形の角度や面積などを求める基礎になります。

角

3年　4年

角 1つの頂点から出ている2つの辺がつくる形を角という。
角の大きさは，2つの辺の開きぐあいで決まる。

見て👀理解！

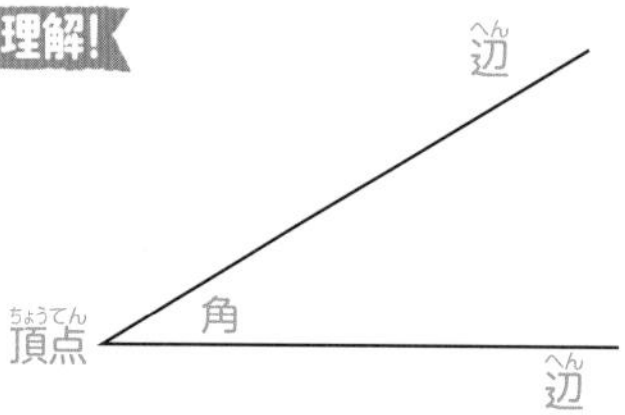

角の大きさのことを角度ともいう。

角のはかり方 角の大きさをはかるには，分度器を使う。
角の大きさの単位は度(°)で，1度は1°と表す。
90°を直角という。

見て👀理解！

分度器の使い方

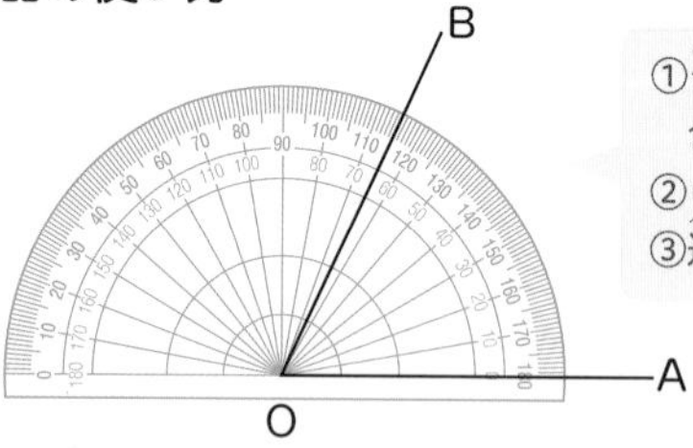

①分度器の中心を，角の頂点Oに合わせる。
②0°の線を辺OAに合わせる。
③辺OBの上にある目もりをよむ。

三角定規の角 三角定規の3つの角は，(45°，45°，90°)，(30°，60°，90°)になっている。

見て👀理解！

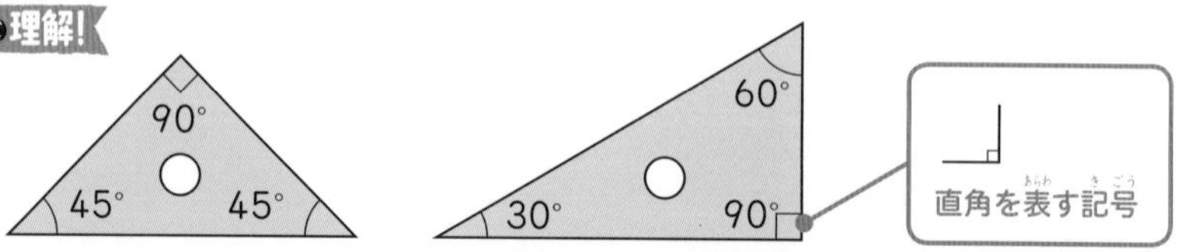

三角形，三角形・四角形・多角形の角 3年 4年 5年

三角形 3つの直線で囲まれた図形を三角形という。

見て理解!

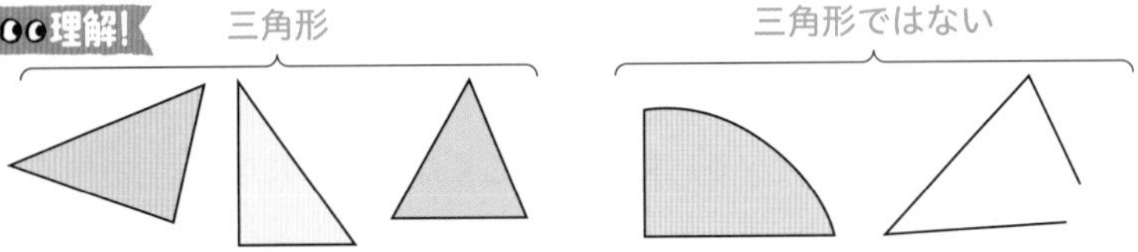

三角形の種類と性質

見て理解!

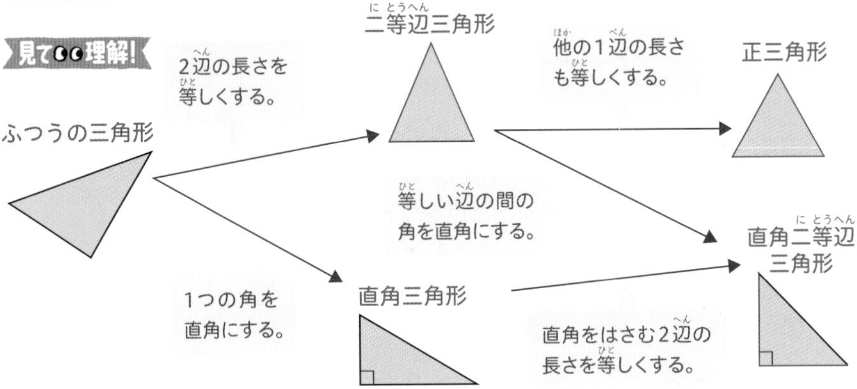

角の大きさ 三角形の3つの角の大きさの和は，180°である。

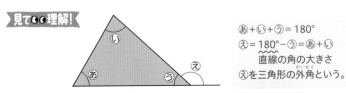

見て理解!

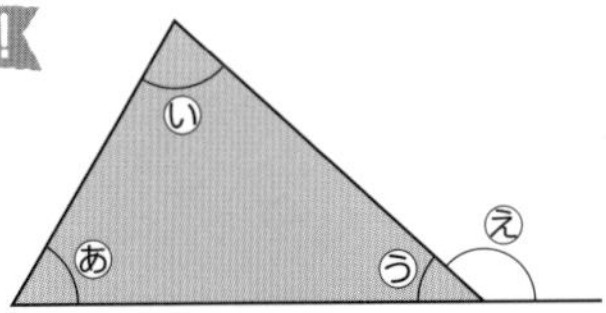

ⓐ+ⓘ+ⓤ=180°
ⓔ=180°−ⓤ=ⓐ+ⓘ
直線の角の大きさ
ⓔを三角形の外角という。

	四角形	五角形	六角形
	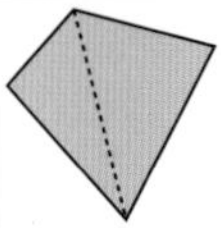	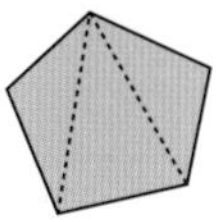	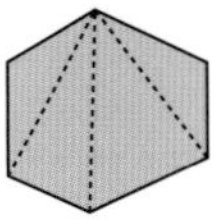
三角形の数	2	3	4
角の大きさの和	180°×2	180°×3	180°×4

多角形の角の大きさの和は，いくつかの三角形に分けて，求めることができる。

1 三角形のかき方

基本

辺の長さが，5cm，6cm，6cmの二等辺三角形をコンパスと定規を使ってかきなさい。

考える手順 コンパスを使って，長さが等しくなるようにする。

解き方

① 5cmの辺を定規でひいて，辺のはしをア，イとする。

② コンパスを使って，半径6cm，点アを中心とする円の一部をかく。同じように，半径6cm，点イを中心とする円の一部をかき，まじわった点をウとする。

③ アとウ，イとウを直線で結ぶ。

②

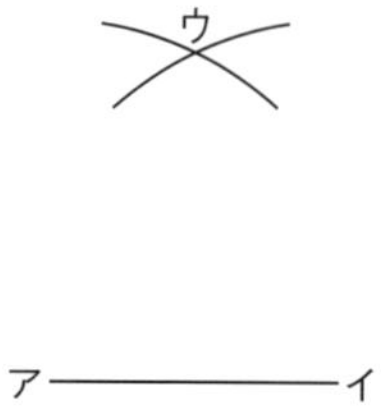

③

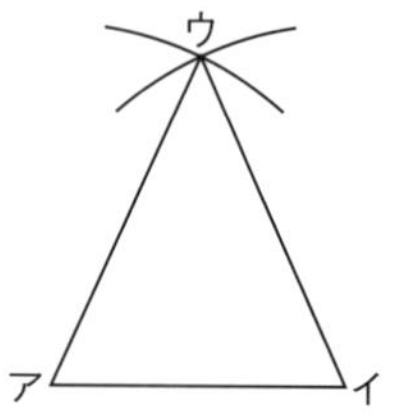

答え 解き方参照

ミス注意!

コンパスを6cmに開いたら動かさないようにする。

ここが大切 半径が同じ円をそれぞれかいて，辺アウと辺イウの長さを等しくする。

練習問題

解答▶ 別冊…P.27

79 1辺の長さが5cmの正三角形をコンパスと定規を使ってかきなさい。

2 角の大小比較

基本

次の角を大きい順にならべなさい。

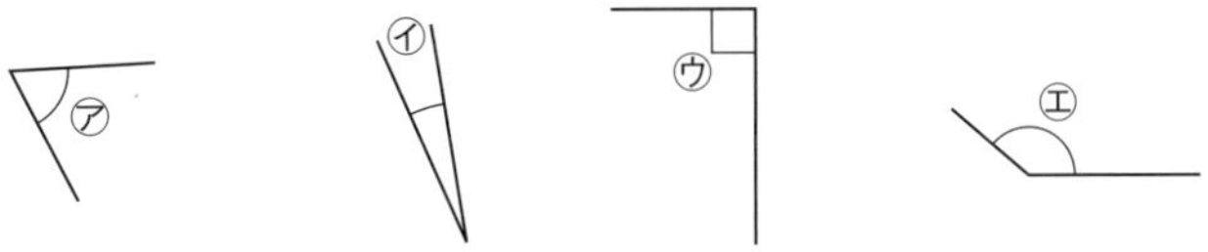

考える手順 角をつくる２つの辺の開きぐあいを比べる。

解き方

角をつくる２つの辺の開きぐあいを，１つの辺と頂点をそろえて比べる。

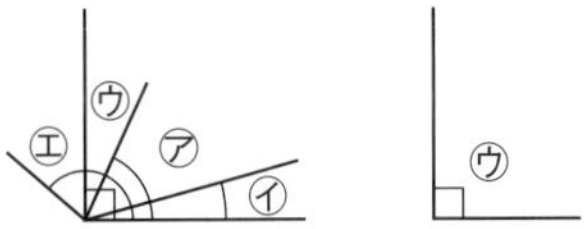

別の解き方

三角定規を使って，大きいか小さいかを調べる。
例：㋐と㋑を比べる。

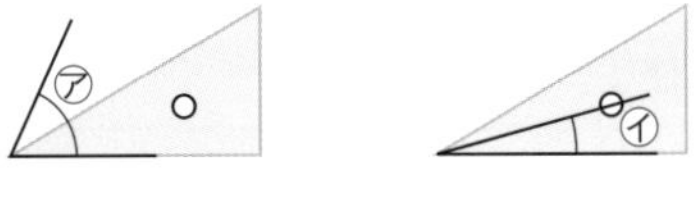

㋐のほうが大きい。

答え ㋓，㋒，㋐，㋑

もっとくわしく

㋒の角の ∟ のマークは，直角を表している。

ここが大切 角の大きさは，辺の長さと関係がない。

練習問題

解答▶ 別冊…P.27

80 次の角を大きい順にならべなさい。

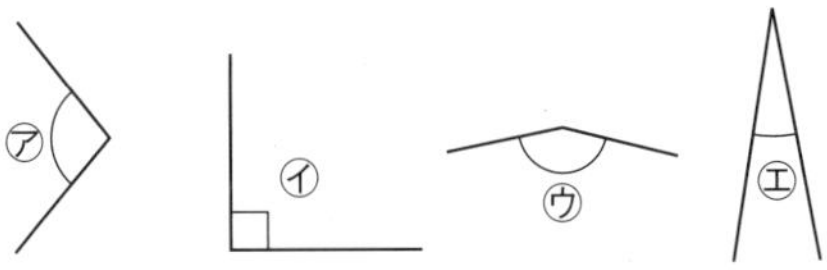

3 角

基本

次の角の大きさをはかりなさい。

1

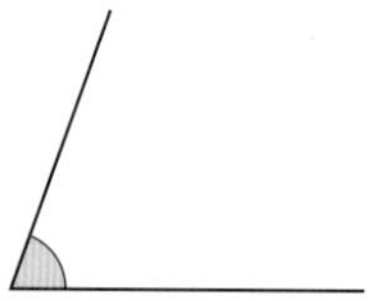

2

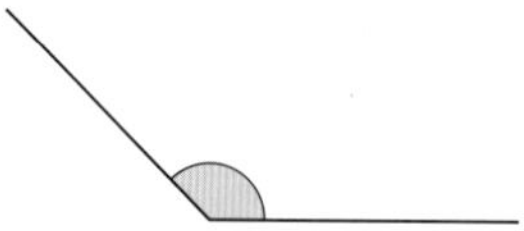

考える手順　分度器を使ってはかる。

解き方

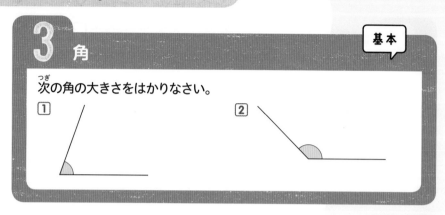

1 ①分度器の中心を，角の頂点に合わせる。

②１つの辺に，分度器の0°の線を合わせる。

③もう１つの辺の上にある分度器の目もりを読む。

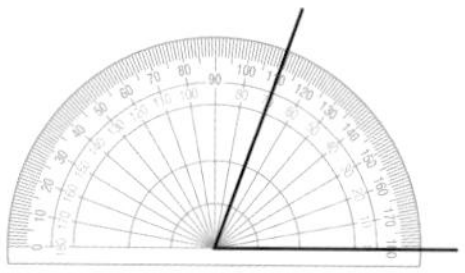

もっとくわしく

90°…1直角
180°…2直角
270°…3直角
360°…4直角

答え　1 70°　2 135°

ここが大切　・角の大きさをはかるには，分度器を使う。

練習問題

解答▶ 別冊…P.27

81 次の角の大きさをはかりなさい。

(1)

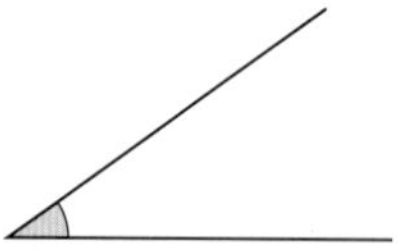

(2)

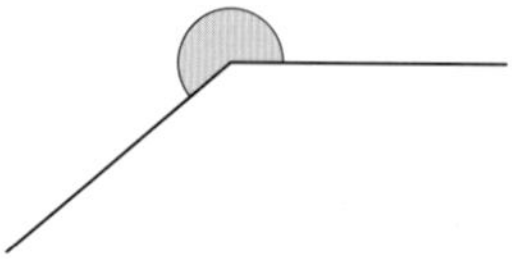

82 次の角をかきなさい。

(1) 65°　(2) 120°

4 三角定規の角

基本

右の図のように，1組の三角定規を重ねます。
あ，いの角の大きさを求めなさい。

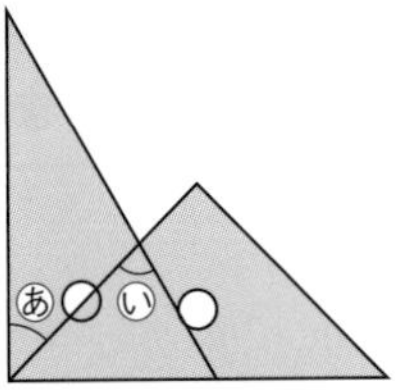

考える手順 三角定規の角がそれぞれ何度になっているか考える。

解き方

あの角の大きさは，90°からうの角の大きさをひけばよい。
うの角＝45°だから，あの角は，
90°−45°＝45°
いの角の大きさは，三角形の角の大きさの和180°から，うとえの角の大きさをひけばよい。
えの角＝60°だから，いの角は，
180°−(45°＋60°)＝75°

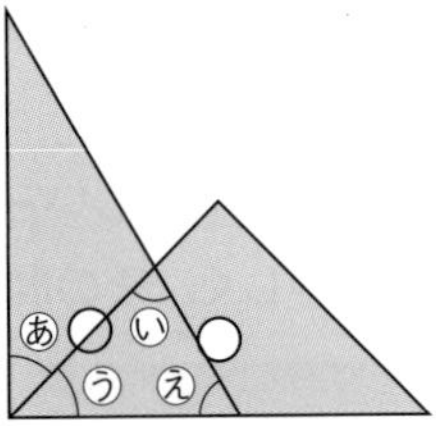

もっとくわしく

三角定規の角は，次のようになっている。

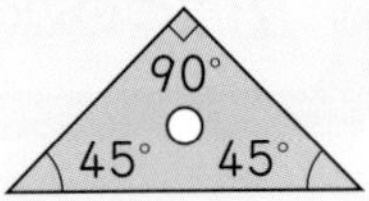

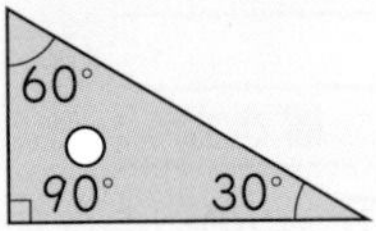

答え あ45°　い75°

ここが大切 ・三角定規の角は，(45°，45°，90°)，(30°，60°，90°)になっている。

練習問題

解答▶ 別冊…P.28

83 右の図のように，1組の三角定規を重ねます。
あ，いの角の大きさを求めなさい。

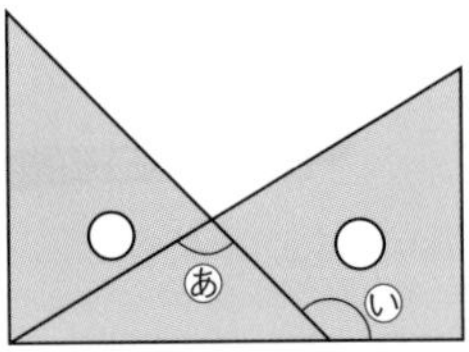

5 三角形の種類と性質

基本

次の 1, 2 にあてはまる三角形を，下のあ〜おの中から選び，記号で答えなさい。また，その名前も書きなさい。

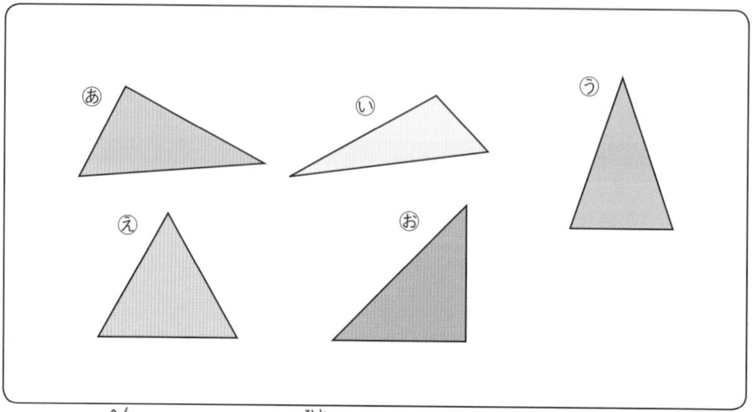

1 3つの辺の長さがみんな等しい三角形

2 2つの辺の長さが等しく，その間の角が直角になっている三角形

考える手順 コンパスや分度器を使って，辺の長さや角の大きさをはかってみる。

解き方

1 3つの辺の長さがみんな等しい三角形はえで，正三角形。

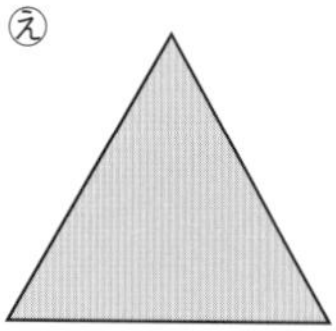

辺の長さがすべて同じ。

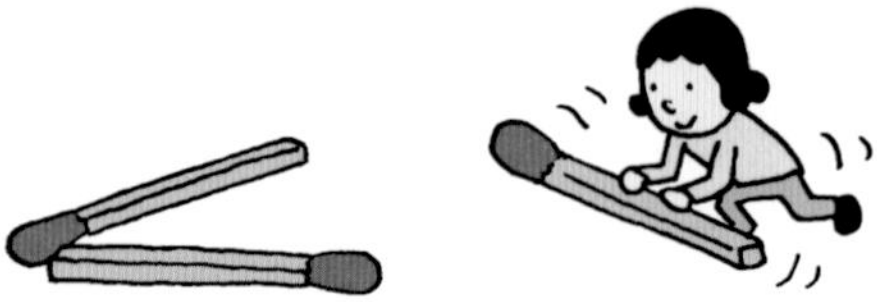

もっとくわしく

正三角形は，3つの角の大きさも等しく，すべて60°になっている。

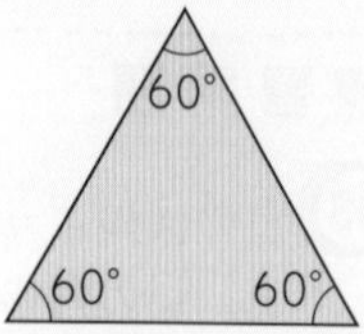

2 2つの辺の長さが等しい三角形は，二等辺三角形で㋒と㋔。そのうち，長さの等しい2つの辺の間の角が直角になっているのは㋔で，このような三角形を直角二等辺三角形という。

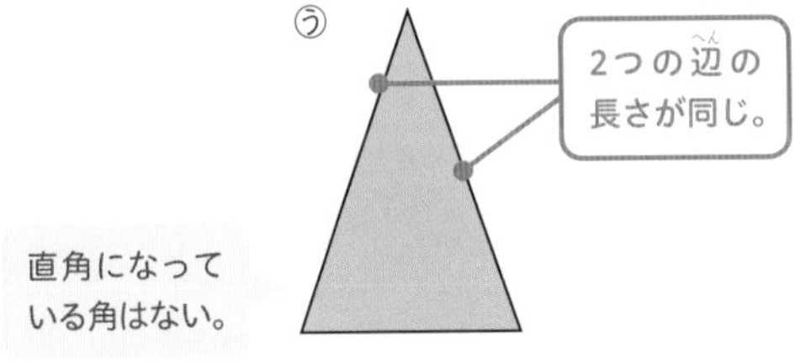

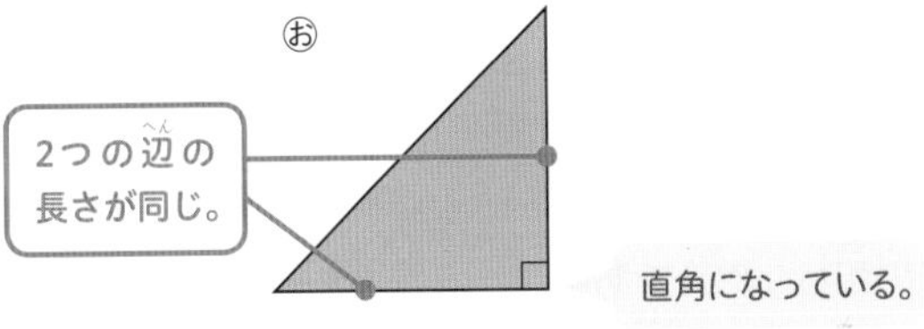

ミス注意！

㋐にも，直角の角があるが，2つの辺の長さが等しくないので，直角二等辺三角形ではない。

つまずいたら

三角形の種類と性質について知りたい。

P.141

答え 1 ㋓，正三角形
2 ㋔，直角二等辺三角形

ここが大切

- 三角形は，辺の長さや角の大きさで種類が決まる。
- 3つの辺の長さ（3つの角の大きさ）が等しい三角形→正三角形
- 2つの辺の長さ（2つの角の大きさ）が等しい三角形→二等辺三角形
- 2つの辺の長さが等しく，その間の角が直角である三角形→直角二等辺三角形

練習問題

解答▶ 別冊…P.28

84 次の三角形の名前を書きなさい。

(1) 辺の長さが5cm，6cm，6cmの三角形

(2) 辺の長さがすべて4cmの三角形

6 三角形の角の大きさ

基本

次のあ，いの角の大きさを求めなさい。

1

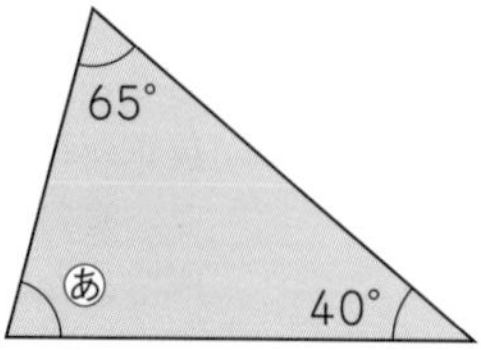

2

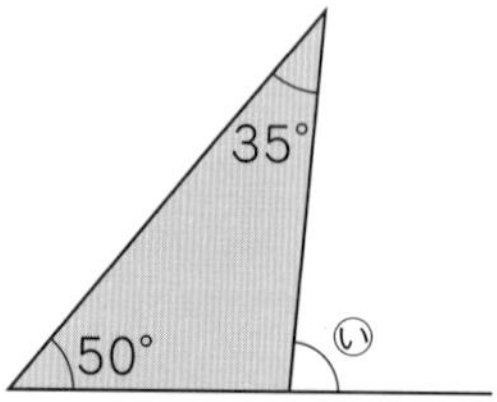

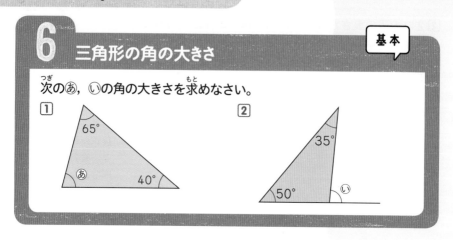

考える手順 三角形の3つの角の大きさの和が180°であることから考える。

解き方

1 三角形の3つの角の大きさの和は180°である。
よって，あの角の大きさは，180°から他の2つの角の大きさをひけばよい。

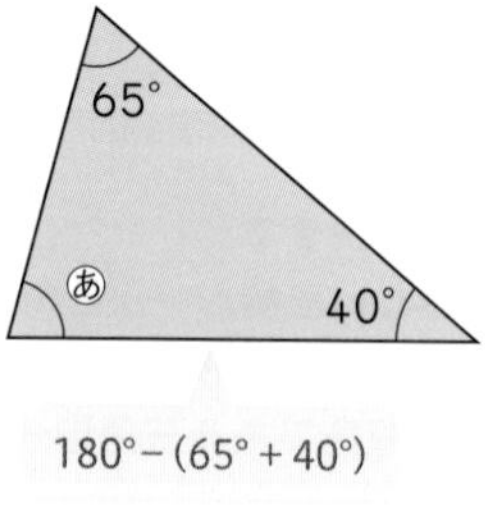

2 下の図のうの角の大きさは，3つの角の大きさの和180°から，35°と50°をひけばよいから，
180°−(35°+50°)=95°

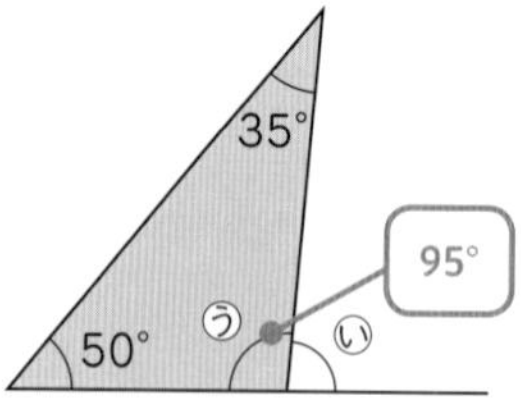

つまずいたら

三角形の角の大きさについて知りたい。

P.141

もっとくわしく

内角と外角

三角形の内側にある角のことを内角といい，内角の外側にある角のことを外角という。

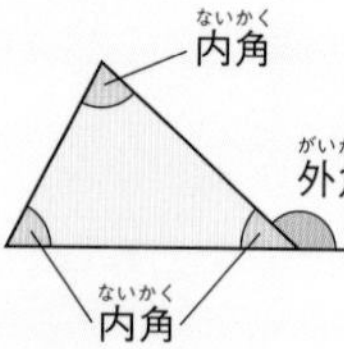

外角の定理

三角形では，2つの内角の和と，もう1つの角の外角の大きさは等しくなっている。

㋒の角と㋑の角を合わせると180°(直線)になるから，㋑の角の大きさは，180°から㋒の角の大きさをひけばよい。

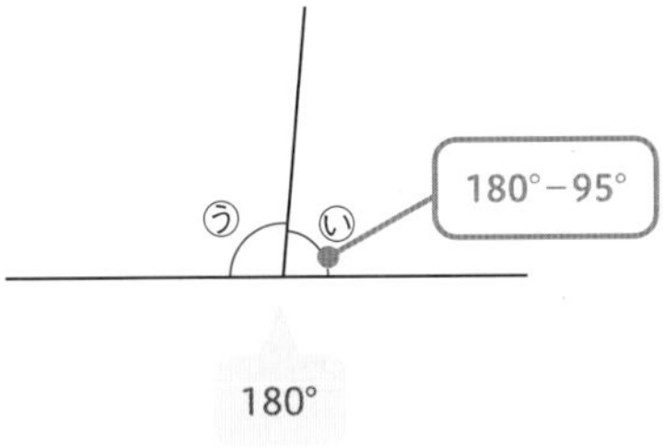

答え ① 75°　② 85°

別の解き方

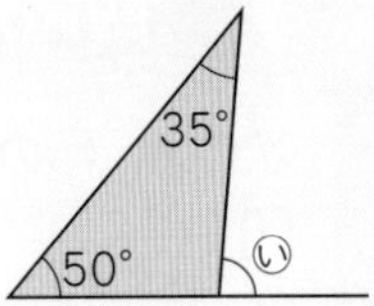

外角の定理を使うと，
㋑＝50°＋35°＝85°

つまずいたら

外角の定理を使った角の大きさの求め方を知りたい。

P.371

ここが大切
・三角形の３つの角の大きさの和は180°。

練習問題

解答▶ 別冊…P.28

85 次の㋐，㋑の角の大きさを求めなさい。

(1)

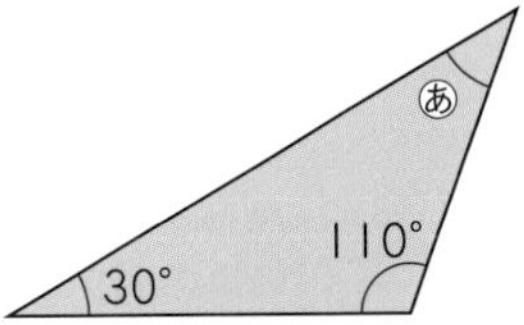

(2)

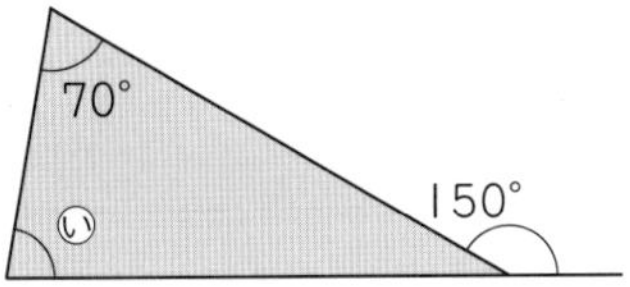

86 チャレンジ

次の二等辺三角形の㋐の角の大きさを求めなさい。

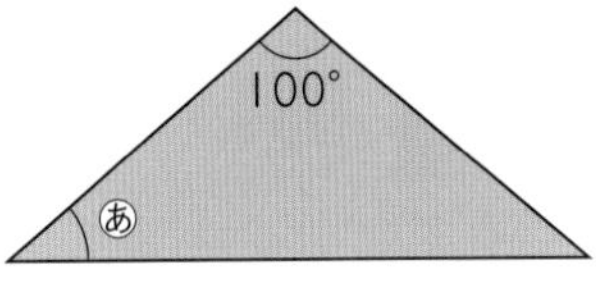

7 四角形の角の大きさ

基本

次のあ，いの角の大きさを求めなさい。

[1]

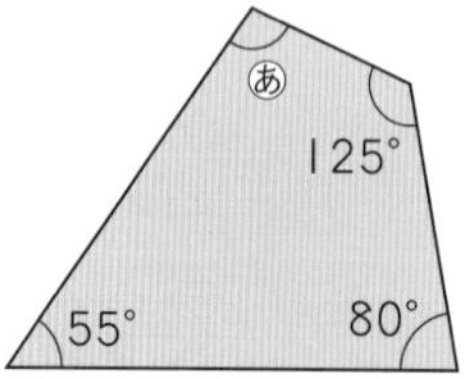

[2]

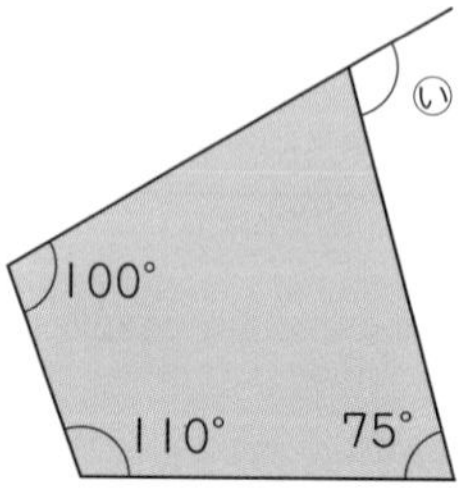

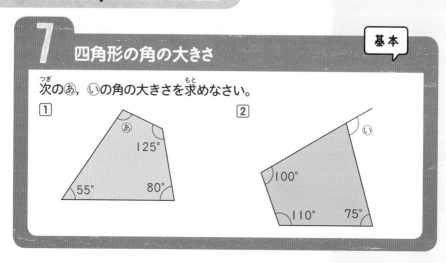

考える手順　四角形の4つの角の大きさの和が360°であることから考える。

解き方

[1] 四角形の4つの角の大きさの和は360°である。
よって，あの角の大きさは，360°から他の3つの角の大きさをひけばよい。

360°−(55°+80°+125°)

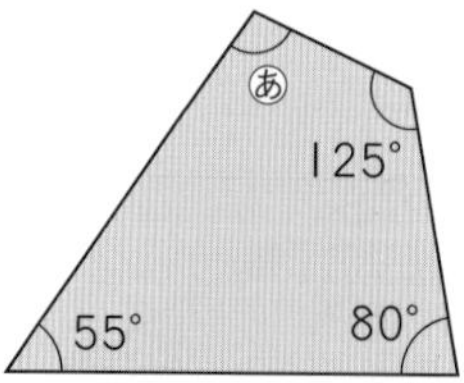

[2] 右の図のうの角の大きさは，4つの角の大きさの和360°から他の3つの角の大きさをひけばよいから，

360°−(100°+110°+75°)
=75°

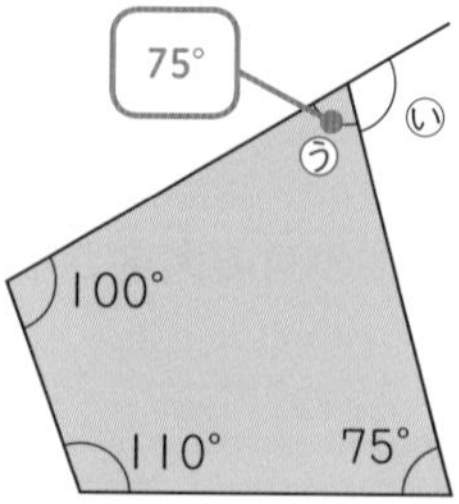

もっとくわしく

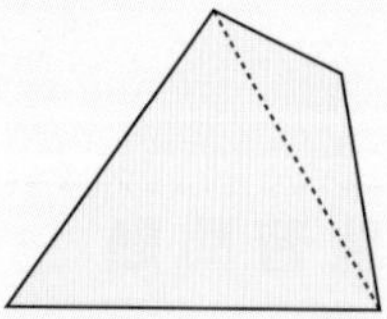

四角形は2つの三角形に分けられる。三角形の3つの角の大きさの和は180°だから，四角形の4つの角の大きさの和は，
180°×2＝360°

㋒の角と㋑の角を合わせると180°(直線)になるから，㋑の角の大きさは，180°から㋒の角の大きさをひけばよい。

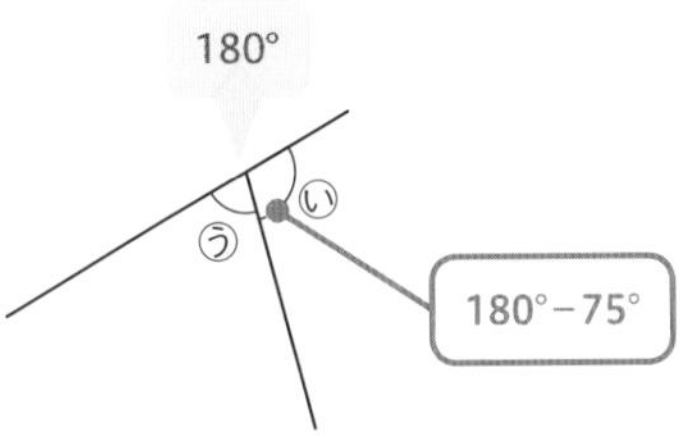

もっとくわしく

四角形の外側の角(㋑)の大きさを求めたいときは，まず，内側の角(㋒)の大きさを求める。

答え 1 100°　2 105°

ここが大切 ・四角形の4つの角の大きさの和は，360°(4直角)。

練習問題

解答▶ 別冊…P.29

87 次の㋐，㋑の角の大きさを求めなさい。

(1)

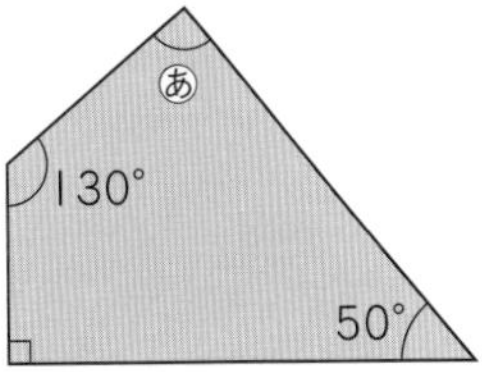

(2)

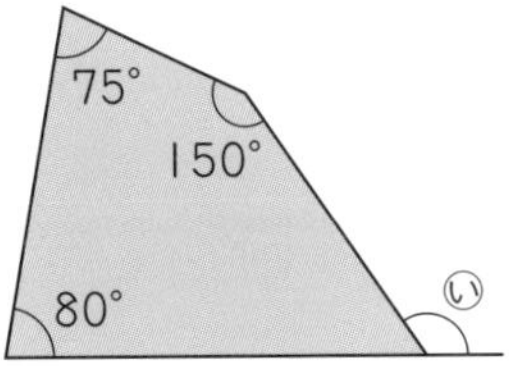

88 チャレンジ

下の図は平行四辺形です。㋐の角の大きさを求めなさい。

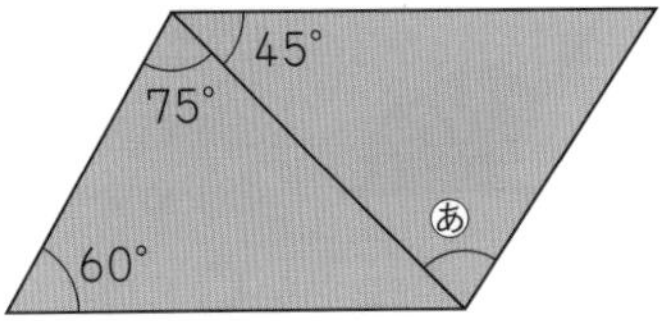

中学入試対策

8 三角形の角の大きさ

右の図で角アの大きさを求めなさい。ただし，同じ印のついた角は等しいものとします。　(芝浦工業大学中)

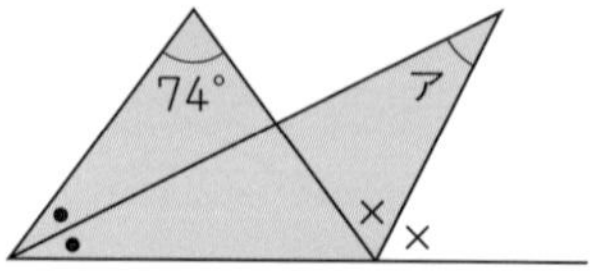

考える手順　三角形の内角と外角の関係に注目する。

解き方

まず，Ⓐの三角形について考えると，三角形の内角と外角の関係から，

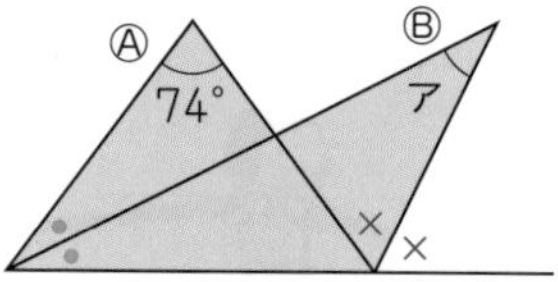

74° + ● + ● = × + ×…①

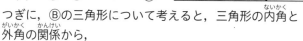

つぎに，Ⓑの三角形について考えると，三角形の内角と外角の関係から，

ア + ● = ×…②

①の式は，●と×がそれぞれ2つずつあるから，

74° + ● + ● = × + ×

2でわる。　　2でわる。

37° + ● = ×

この式から，

× − ● = 37°

②の式より，

ア + ● = ×

ア = × − ●

だから，ア = 37°

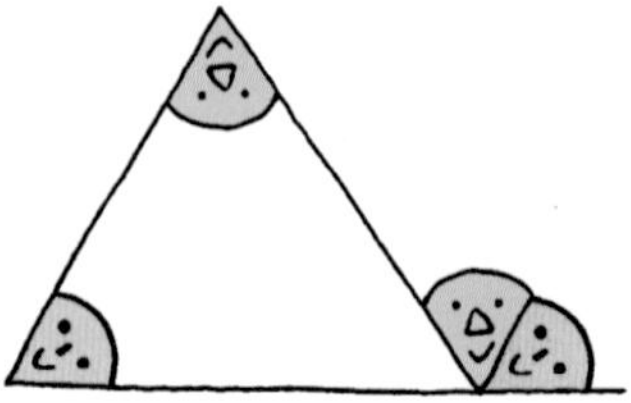

答え　37°

入試のポイント

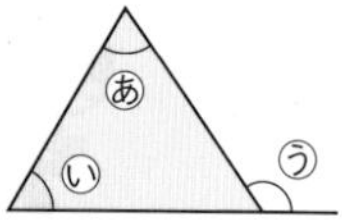

あ＋い＝う
三角形の内角と外角の関係を使う問題は，よく出題されるから，しっかり覚えておこう。

つまずいたら

三角形の角の大きさの求め方を知りたい。

➡ P.141，148

中学入試対策

9 四角形の角の大きさ

右の図の(ア)の角度を求めなさい。 (浅野中)

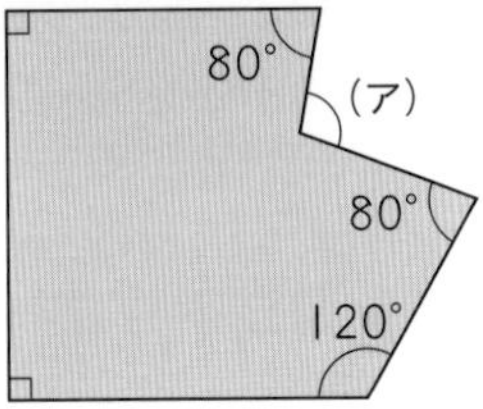

考える手順 線をひいて，2つの四角形に分ける。

解き方

下の図のように線をのばすと，2つの四角形に分けられる。

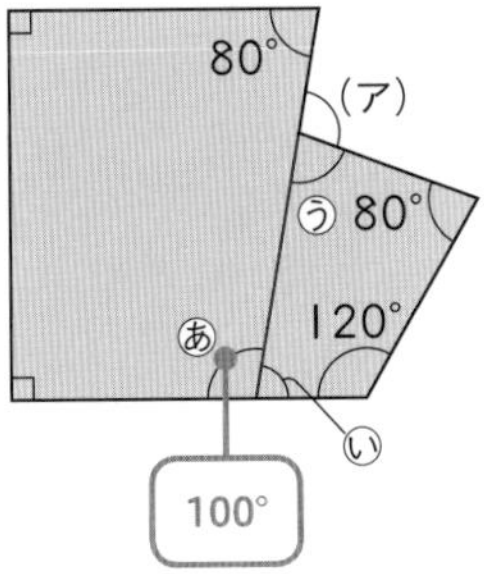

四角形の4つの角の大きさの和は360°だから，あの角の大きさは，

360°−(90°＋90°＋80°)

＝100°

また，あといの角を合わせると180°になるから，いの角の大きさは，

180°−100°＝80°

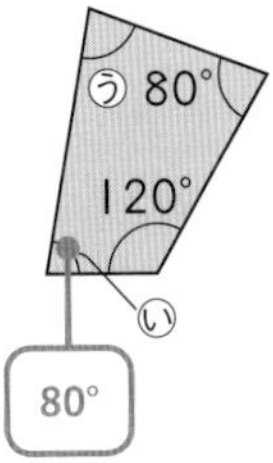

同じように考えて，うの角の大きさは，360°から他の3つの角の大きさをひいて，

360°−(80°＋120°＋80°)

＝80°

うと(ア)の角を合わせると，180°になるから，(ア)の角の大きさは，

180°−80°＝100°

入試のポイント

外側にある角の大きさを求めるときは，そのとなりにある内側の角の大きさがわかればよい。図が複雑でわかりにくいときは，補助線をひいてみるとわかりやすくなることがある。

答え 100°

2 垂直・平行と四角形

いろいろな図形の性質や面積などを求める基礎になります。

垂直と平行，直線と角

4年 発展

垂直 2本の直線が交わってできる角が直角のとき，この2本の直線は垂直であるという。

見て👀理解！

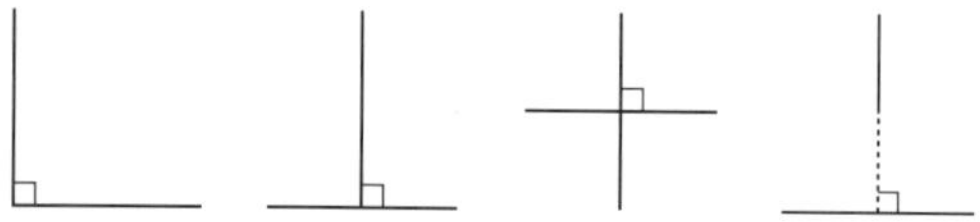

直角は角の大きさの中で90°のもの。垂直は直角に交わっている状態を表す。

のばすと直角に交わる2本の直線も，垂直な関係。

平行 1本の直線に垂直な2本の直線は，平行であるという。

見て👀理解！

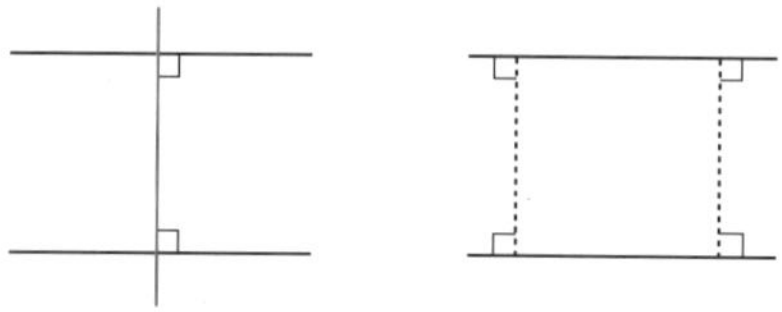

平行な2本の直線は，どこまでのばしても交わらない。

直線と角 2本の直線が交わってできる，向かい合った角を対頂角という。2本の直線に1本の直線が交わってできる角で，同じ側にあって向きも同じ角を同位角，反対側にあって向きも反対の角をさっ角という。

見て👀理解！

線が交わる場合

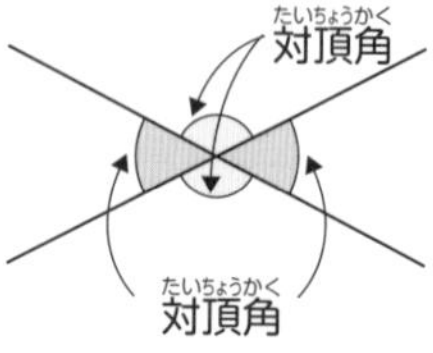

対頂角の大きさは等しい。

平行線の場合

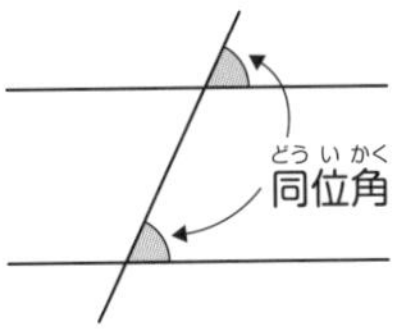

同位角の大きさは等しい。

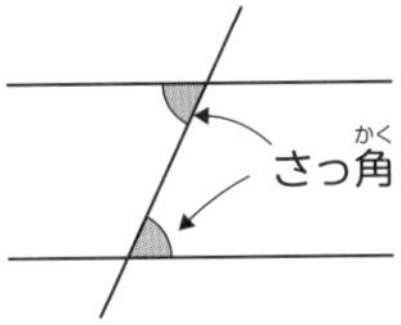

さっ角の大きさは等しい。

四角形

4年 発展

四角形 4つの直線で囲まれた図形を四角形といい，四角形の向かい合った頂点を結んだ直線のことを対角線という。

見て理解！

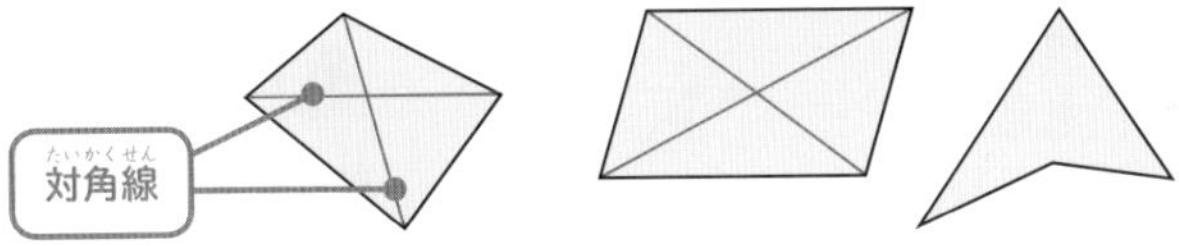

内側にへこんでいるが，四角形。（凹四角形という。へこみのない四角形は凸四角形という。）

四角形の種類と性質

見て理解！

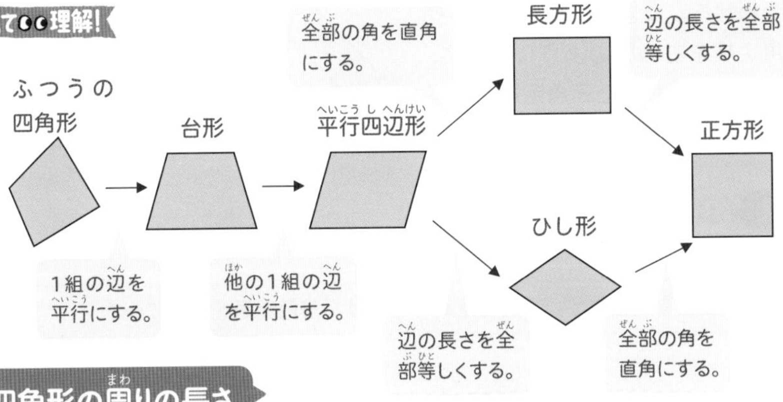

四角形の周りの長さ

見て理解！

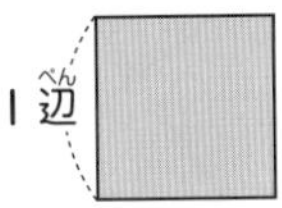

正方形の周りの長さ→1辺×4

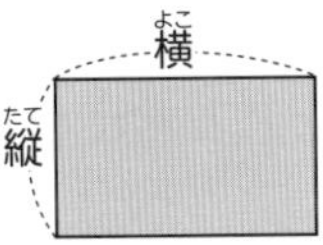

長方形の周りの長さ→(縦+横)×2

10 垂直，平行

基本

[1] 点Aを通って直線アに垂直な直線をかきなさい。

[2] 点Bを通って直線アに平行な直線をかきなさい。

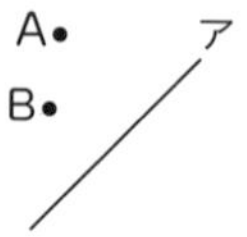

考える手順　1組の三角定規を使ってかく。

解き方

[1] 右の図のように1枚の三角定規を直線アに合わせておき，もう1枚の三角定規を右の図のようにおいて，点Aのところまでずらしていく。

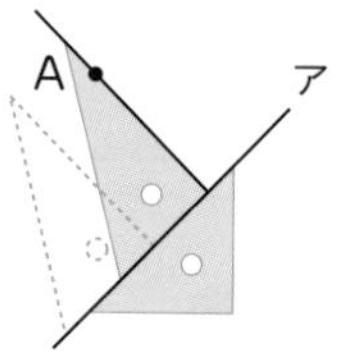

[2] まず，1枚の三角定規を直線アに合わせる。つぎに，もう1枚の三角定規を右の図のようにおいて，直線アに合わせた三角定規を，点Bのところまでずらしていく。

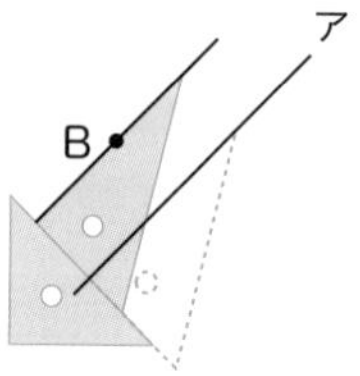

ミス注意！
動かさない方の三角定規は，しっかりおさえてずれないようにする。

つまずいたら
垂直な直線，平行な直線の性質について知りたい。
P.154

答え [1] 上の図　[2] 上の図

ここが大切
・垂直な直線や平行な直線をかくときは，三角定規を使ってかく。

練習問題

解答▶ 別冊…P.29

89 右の図を見て，答えなさい。

(1) 垂直な直線は，どれとどれですか。

(2) 平行な直線は，どれとどれですか。

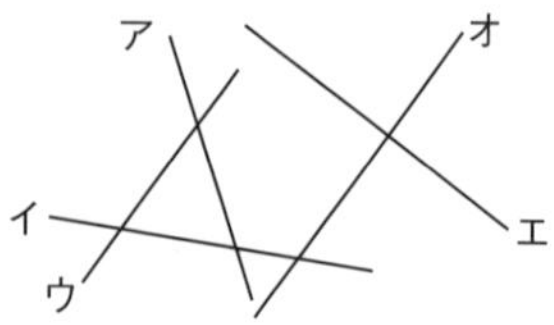

11 対頂角，同位角，さっ角

応用

右の図で，アとイの直線は平行です。
あ～うの角の大きさを求めなさい。

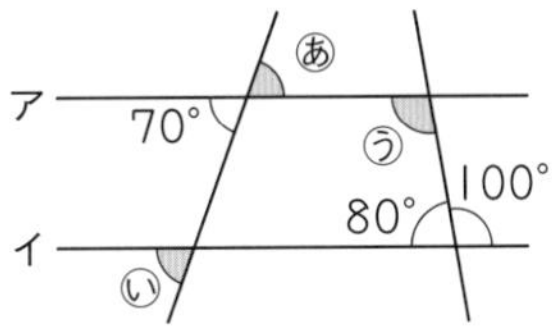

考える手順 対頂角，同位角，さっ角の関係になっている角を見つける。

解き方

あは，70°の角の対頂角だから，大きさは等しく70°。
いは，70°の角の同位角だから，大きさは等しく70°。

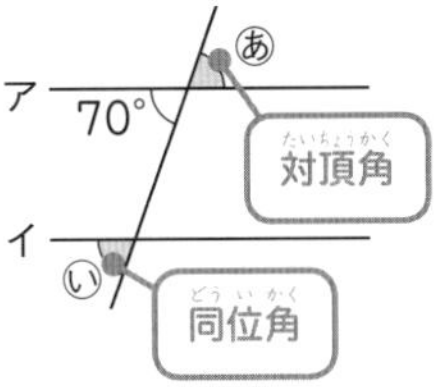

うは，100°の角のさっ角だから，大きさは等しく100°。

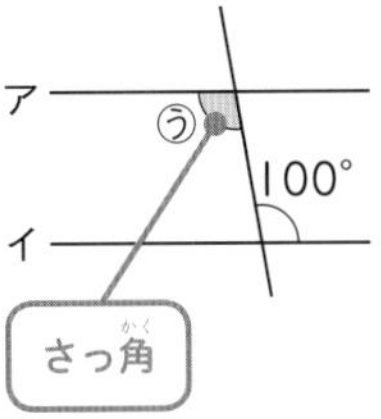

もっとくわしく
対頂角，同位角，さっ角の大きさは，それぞれ等しくなっている。ことばと場所をしっかり覚えよう。

つまずいたら
対頂角，同位角，さっ角の性質について知りたい。
P.154

答え あ　70°　い　70°　う　100°

ここが大切 ・対頂角，同位角，さっ角の大きさはそれぞれ等しい。

練習問題

解答▶ 別冊…P.29

90 右の図で，アとイの直線は平行です。あ，いの角と大きさの等しい角を，う～おの中からそれぞれ選びなさい。

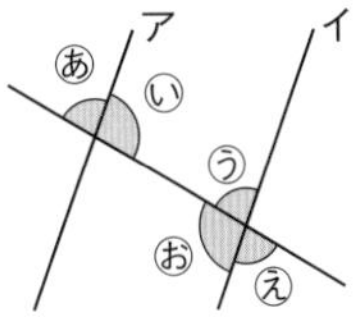

12 四角形の種類と性質

基本

次の 1, 2 のそれぞれにあてはまる図形を，下のア～オの中からすべて選び，記号で答えなさい。

ア　長方形　　イ　台形　　ウ　平行四辺形
エ　正方形　　オ　ひし形

1 4つの辺がどれも同じ長さで，向かい合った2組の角がそれぞれ同じ大きさの四角形

2 向かい合った2組の辺がそれぞれ平行で，2本の対角線が同じ長さの四角形

考える手順　実際に図形をかいて，辺の長さや角の大きさ，対角線の長さをみる。

解き方

1 4つの辺の長さが等しいのは，正方形とひし形。また，正方形とひし形は，向かい合った角の大きさも同じになっている。

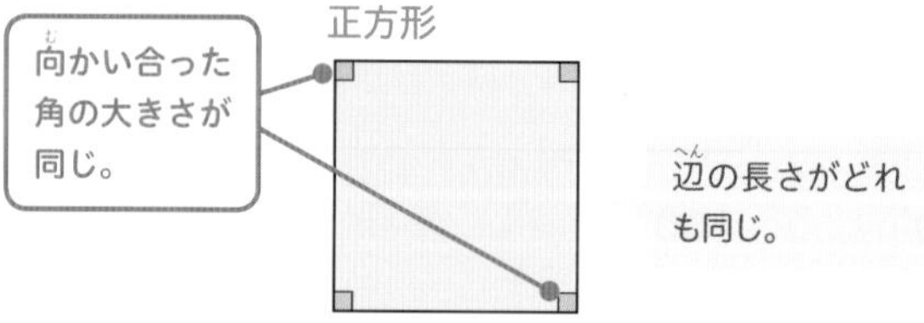

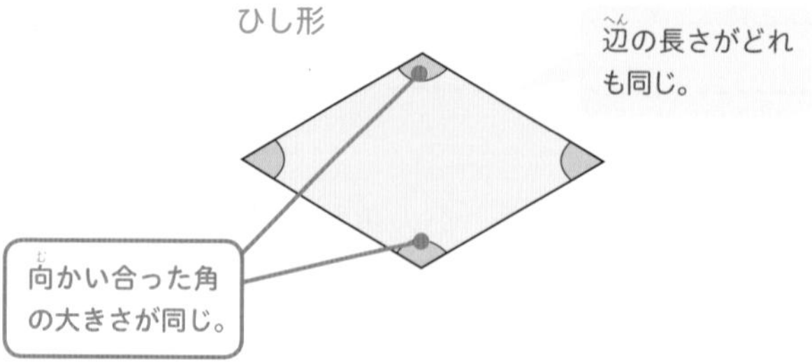

もっとくわしく

正方形は4つの角がどれも同じ大きさ(90°)になっている。
正方形：4つの辺の長さと角の大きさが等しい四角形
ひし形：4つの辺の長さが等しい四角形

ミス注意!

長方形や平行四辺形も，向かい合った角の大きさは同じだが，4つの辺の長さがどれも同じではない。
長方形：4つの角の大きさが等しい四角形

② 向かい合った2組の辺がそれぞれ平行なのは，長方形，平行四辺形，正方形，ひし形。そのうち，2本の対角線の長さが同じなのは，長方形と正方形。

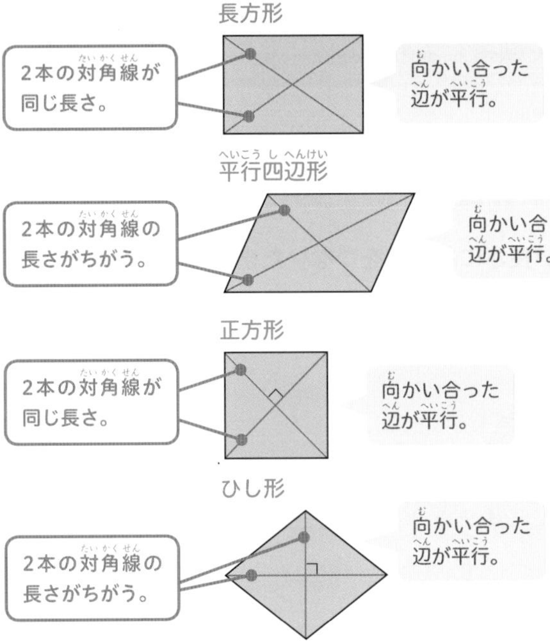

答え ① エ，オ　② ア，エ

ここが大切 ・どんな四角形になるかは，辺の長さや角の大きさ，対角線の長さで決まる。

ミス注意！

平行四辺形：向かい合った2組の辺が平行な四角形

台形：向かい合った1組の辺が平行な四角形

つまずいたら

四角形の種類と性質について知りたい。

P.155

練習問題

解答▶ 別冊…P.30

91 2本の対角線が下の図のように交わっています。それぞれの四角形の名前を書きなさい。

(1)
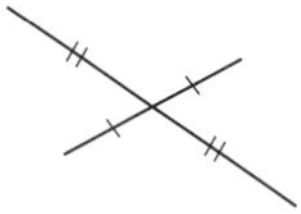

(2)
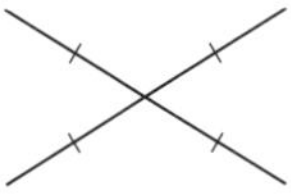

(3)
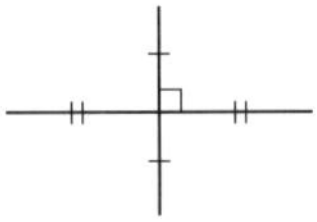

3 円と正多角形

いろいろな図形の性質や面積を求める基礎になります。

円，おうぎ形

3年　5年　発展

円 ▶ 1つの点から等しい長さにある点をつないだまるい形を，円という。

見て👀理解！

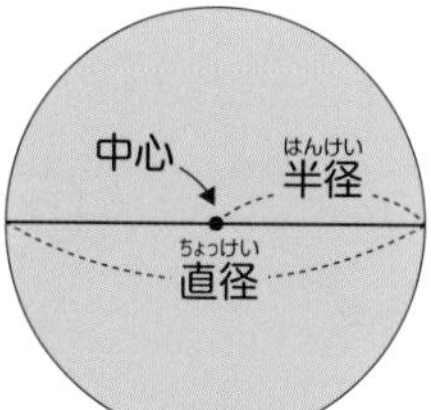

直径の長さは，半径の長さの2倍。

円周 ▶ 円の周りを円周という。
円周が直径の何倍になっているかを表す数を，円周率という。
円周率は，どこまでも続く終わりのない数である。
円周率＝円周÷直径
↑3.14159265…＝約3.14

見て👀理解！

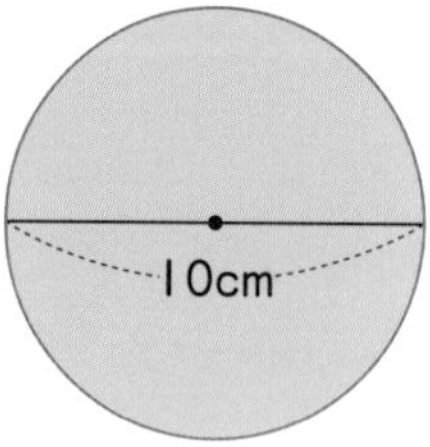

直径10cmの円周の長さは，
10×3.14＝31.4(cm)
↑直径　↑円周率

おうぎ形 ▶ 円を2つの半径で区切ってできる形をおうぎ形という。
おうぎ形の周りの長さ

$$＝半径×2＋\underbrace{半径×2×円周率}_{円周}×\frac{中心角}{360°}$$

見て👀理解！

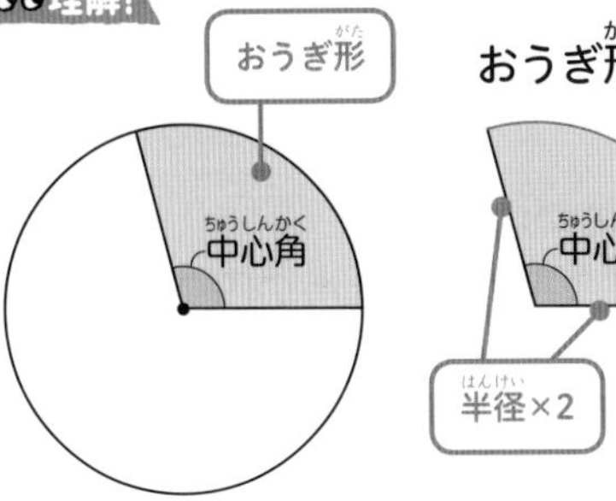

おうぎ形の周りの長さ

$$\text{半径}\times 2\times\text{円周率}\times\frac{\text{中心角}}{360°}$$

弧の長さ

※円周の一部を弧という。

ここが大切

・円周の長さは，直径の長さの約3.14倍になっている。
　円周率＝円周÷直径

正多角形 5年

正多角形 直線で囲まれた図形を多角形といい，そのうち，辺の長さがすべて等しく，角の大きさもすべて等しい多角形を正多角形という。円の中心の周りの角を等分することでかくことができる。

見て👀理解！

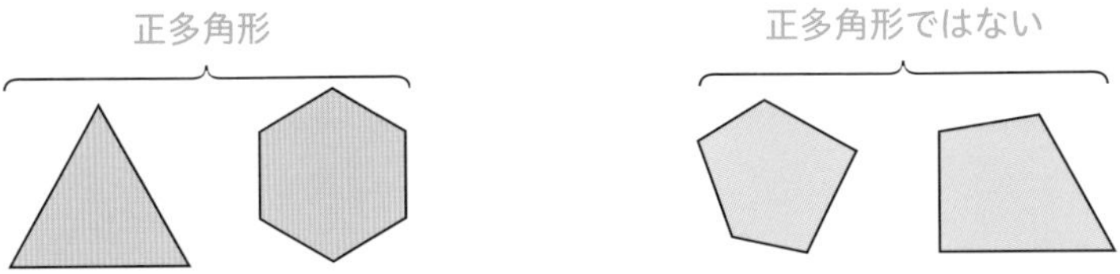

正多角形の例

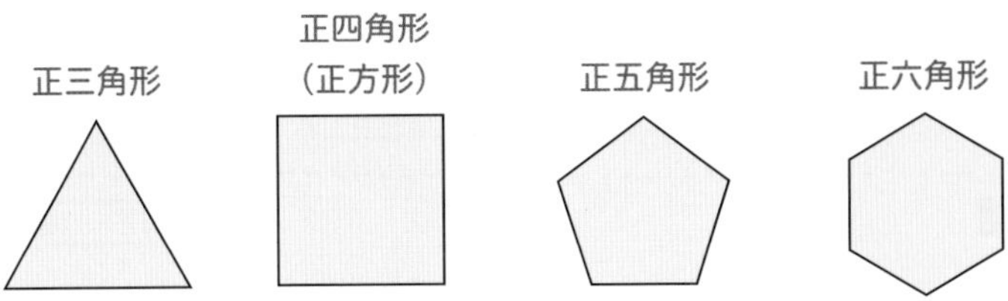

13 円

基本

コンパスを使って，次の円をかきなさい。

1 半径が5cmの円　　2 直径が6cmの円

考える手順　コンパスを半径の長さにあわせて開いてかく。

解き方

1 ①コンパスを5cmの長さに開く。
②はりをさす。
③コンパスを1回転させる。

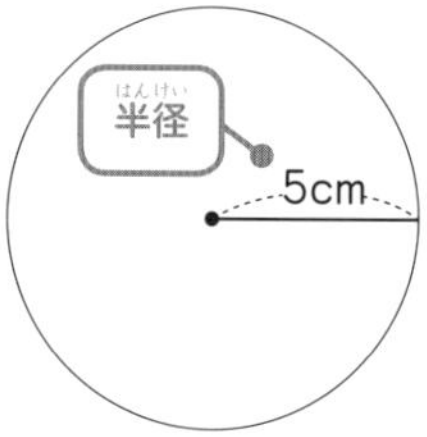

2 直径の長さは，半径の長さの2倍だから，直径6cmの円の半径の長さは，
6÷2＝3(cm)
コンパスを3cmの長さに開いてかけばよい。

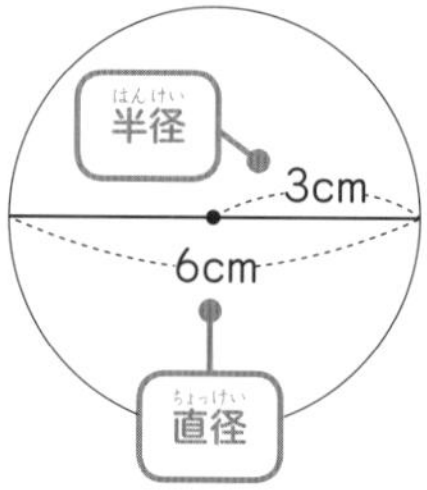

答え 1 上の図　　2 上の図

もっとくわしく

1つの円では，半径はどこも同じ長さになっている。

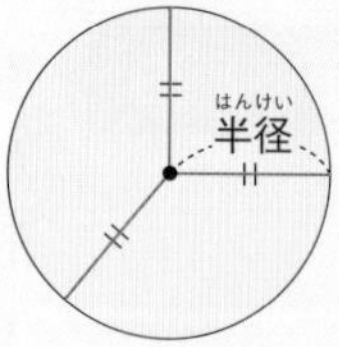

ミス注意！

コンパスを使って円をかくときは，半径の長さにコンパスを開いてかく。中心がずれやすいので注意する。

ここが大切

・コンパスを使って円をかくときは，半径の長さにコンパスを開いてはりをさし，1回転させる。

練習問題

解答▶ 別冊…P.30

92 コンパスを使って，次の円をかきなさい。

(1) 半径が4cmの円　　(2) 直径が12cmの円

14 円周の長さ

基本

次の円の円周の長さを求めなさい。

1 直径が8cmの円　　2 半径が5cmの円

考える手順　円周の長さを求める式を使う。

解き方

1 円周＝直径×円周率（3.14）

直径が8cmの円の円周の長さは，

$8 \times 3.14 = 25.12$(cm)

（8：直径　3.14：円周率）

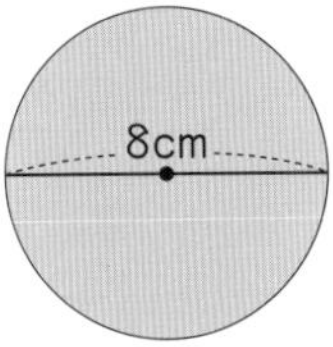

2 半径が5cmの円の直径の長さは，

$5 \times 2 = 10$(cm)

だから，円周の長さは，

$10 \times 3.14 = 31.4$(cm)

（10：直径　3.14：円周率）

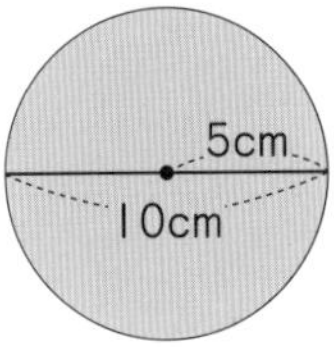

答え 1 25.12cm　2 31.4cm

もっとくわしく
どんな大きさの円でも，円周の長さは直径の約3.14倍になっている。

ミス注意！
2 半径の長さから，直径の長さを求めて計算する。

つまずいたら
円周の長さの求め方を知りたい。
➡ P.160

ここが大切　・円周の長さを求める式　円周＝直径×円周率

練習問題

解答▶ 別冊…P.30

93 次の円の円周の長さを求めなさい。

(1) 直径が6cmの円　　(2) 半径が15cmの円

94 チャレンジ

円周の長さが50.24cmの円の半径の長さは何cmですか。

15 正多角形

基本

半径3cmの円を使って，正八角形をかきなさい。

考える手順　①まず，半径3cmの円をかく。
②円の中心の周りの角を何度ずつに分ければよいかを考える。

解き方

正八角形をかくには，円の中心の周りの角を8等分すればよいから，1つの角の大きさは，360°÷8 = 45°

円の中心の周りの角を45°ずつ半径で区切り，そのはしの点を直線で結ぶ。

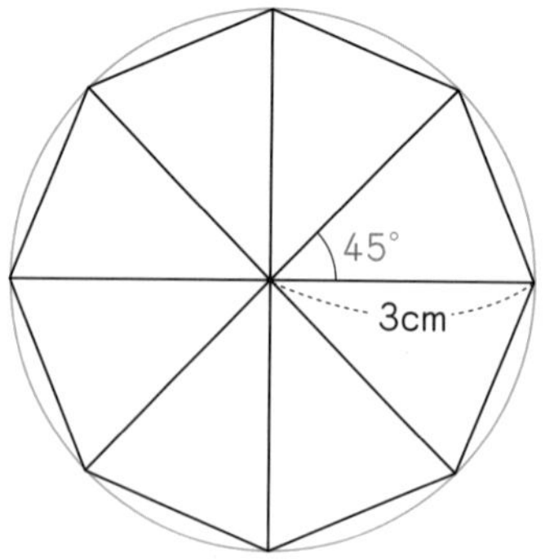

もっとくわしく

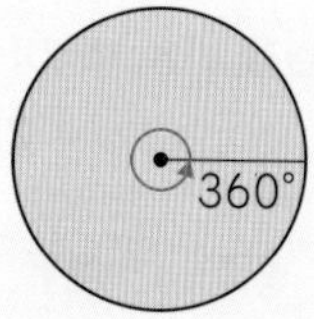

円の中心の周りの角の大きさは360°。

答え　上の図

ここが大切　・正多角形は，円の中心の周りの角を等分するしかたでかくことができる。

練習問題

解答▶ 別冊…P.31

95　半径4cmの円を使って，正十角形をかきなさい。

16 正多角形

基本

右の図のように，円の中心の周りの角を等分して正五角形をかきました。ⓐ，ⓘの角の大きさを求めなさい。

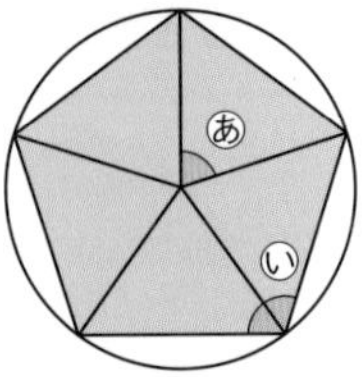

考える手順 円の中心の周りの角を何等分したのかを考える。

解き方

正五角形は，円の中心の周りの角を5等分しているから，

ⓐの角の大きさは， 360°÷5＝72°

ⓐをはさむ2つの辺の長さは，半径と同じ長さで等しいから，この三角形は二等辺三角形である。

よって，ⓤの角の大きさは，

(180°−72°)÷2＝54°

ⓘの角の大きさは，ⓤの角の2つ分だから，

54°×2＝108°

答え ⓐ 72°　ⓘ 108°

もっとくわしく

正五角形をかいたときにできる5つの三角形は，どれも合同な二等辺三角形になっている。

つまずいたら

正多角形の性質について知りたい。

➡ P.161

ここが大切

・正多角形をかくときにできるいくつかの三角形は，いつもどれも合同な三角形になっている。

練習問題

解答▶ 別冊…P.31

96 右の図のように，半径5cmの円を使って，正六角形をかきました。

(1) ⓐの角の大きさを求めなさい。

(2) この正六角形の周りの長さを求めなさい。

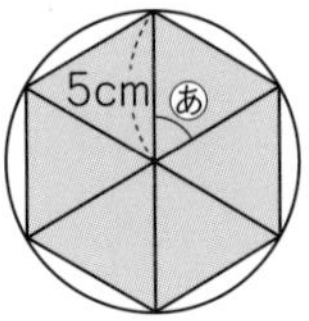

17 おうぎ形

応用

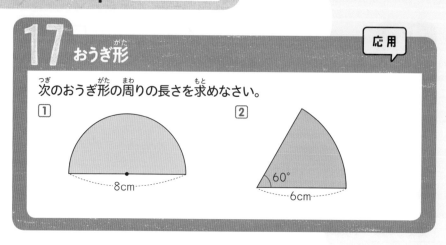

次のおうぎ形の周りの長さを求めなさい。

1

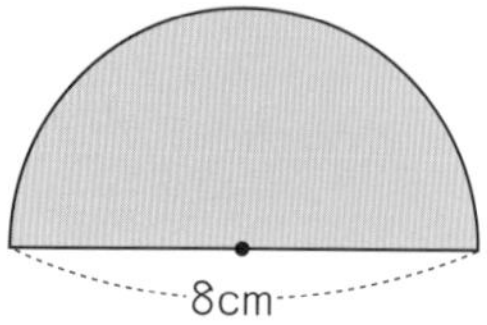

2

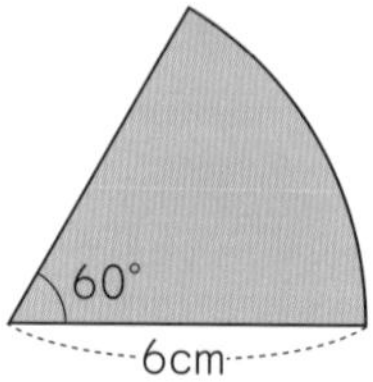

考える手順　直線部分と曲線部分に分けて考える。

解き方

1 おうぎ形の周りの長さは，直線部分の長さと曲線部分(弧)の長さをたした長さになる。

直線部分 ──▶ 直径の長さ　8cm

曲線部分 ──▶ 直径8cmの円周の半分の長さ

8×3.14÷2(cm)

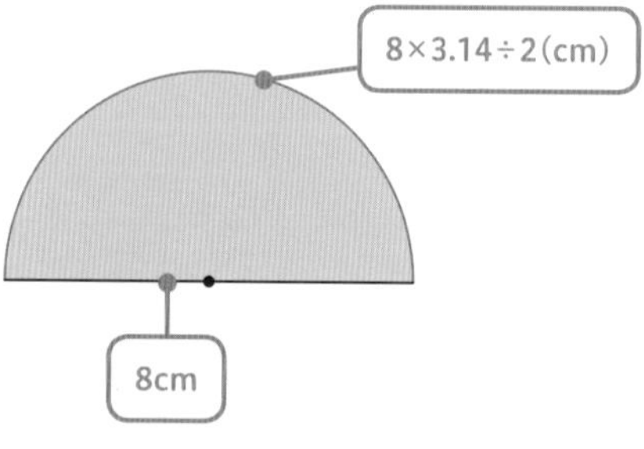

おうぎ形の周りの長さは，

8 + 8×3.14÷2 = 8 + 12.56

= 20.56(cm)

もっとくわしく

1 半円の中心角の大きさは180°だから，曲線部分の長さは，

$8 \times 3.14 \times \frac{180°}{360°}$

と考えてもよい。

ミス注意!

直線部分の長さをたすことを忘れないようにする。

2 直線部分 ─→ 半径6cmの2つ分

6×2(cm)

曲線部分 ─→ 中心角は60°だから，

$\underline{6 \times 2 \times 3.14} \times \frac{60°}{360°}$

円周

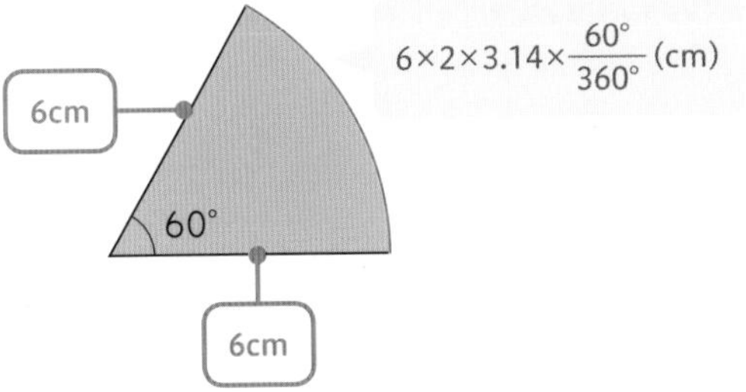

おうぎ形の周りの長さは，

$6 \times 2 + 6 \times 2 \times 3.14 \times \frac{60°}{360°} = 12 + 6.28$

$= 18.28$(cm)

答え 1 20.56cm　2 18.28cm

ここが大切
・おうぎ形の周りの長さ＝半径×2＋半径×2×円周率×$\frac{中心角}{360°}$

もっとくわしく

2 円の中心の周りの角の大きさは360°で，そのうちの60°分の円周の長さを考えればよいから，曲線部分の長さは，円周に$\frac{60°}{360°}$をかけて求めることができる。

つまずいたら

おうぎ形の周りの長さの求め方を知りたい。

P.161

練習問題

解答▶ 別冊…P.31

97 次のおうぎ形の周りの長さを求めなさい。

(1)

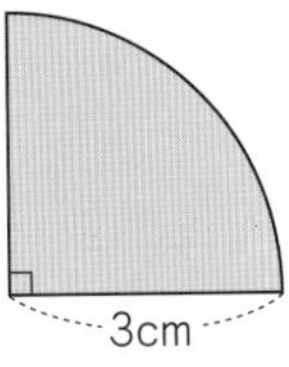

(2)

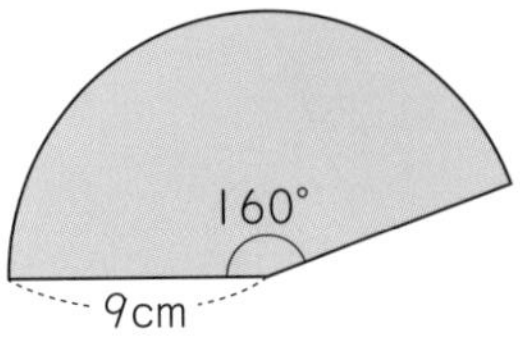

4 面積

いろいろな図形の面積の求め方を学びます。

三角形，四角形の面積

4年　5年

三角形の面積

見て理解!

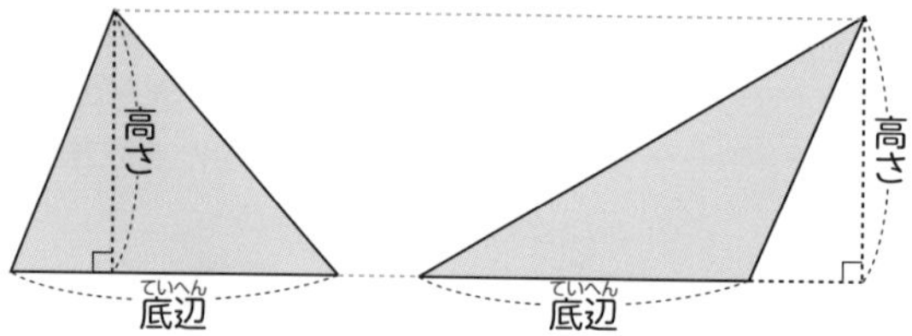

底辺の長さが等しく，高さも等しければ，三角形の面積は等しい。

三角形の面積＝底辺×高さ÷2

四角形の面積

見て理解!

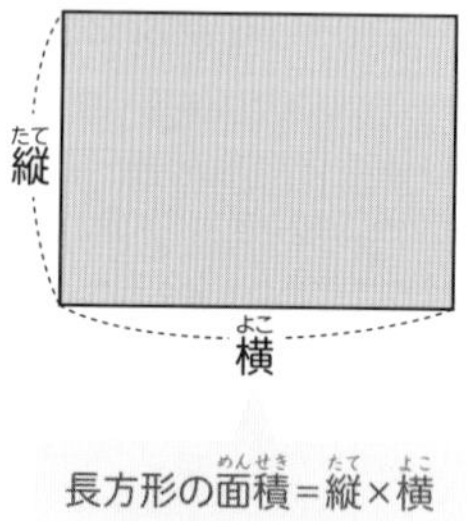

長方形の面積＝縦×横

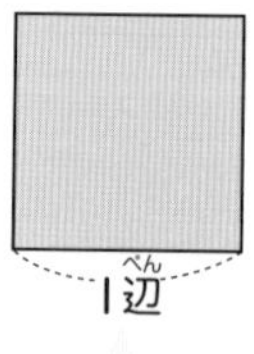

対角線×対角線÷2でも求めることができる。

正方形の面積＝1辺×1辺

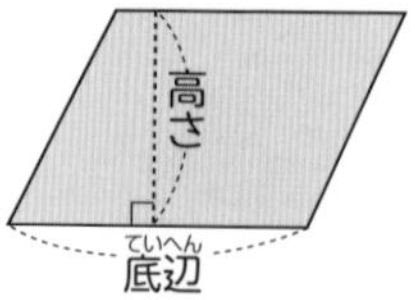

平行四辺形の面積＝底辺×高さ

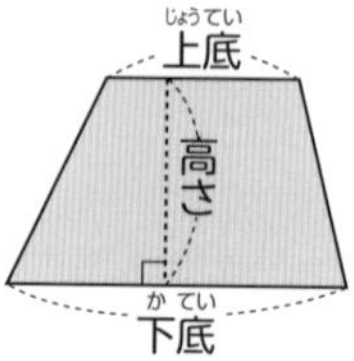

台形の面積＝(上底＋下底)×高さ÷2

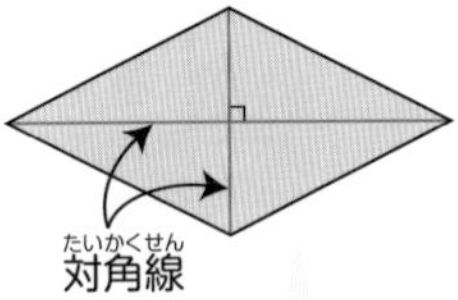

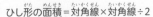

ひし形の面積＝対角線×対角線÷2

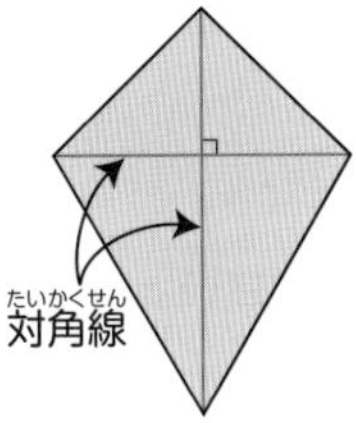

このように対角線が垂直に交わった図形も，ひし形の面積と同じように求めることができる。

円，おうぎ形の面積，およその面積　6年 発展

円，おうぎ形の面積

見て理解！

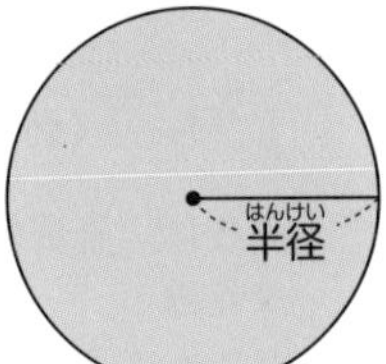

円の面積＝半径×半径×円周率

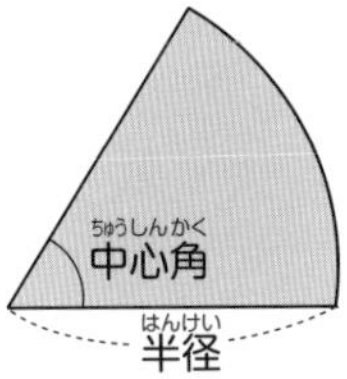

おうぎ形の面積
$$＝半径×半径×円周率×\frac{中心角}{360°}$$

およその面積

見て理解！

右の図のような形の面積を求めるときは，直線で囲まれた形と考えて，およその面積を求める。

平行四辺形と考えて，およその面積を求める。

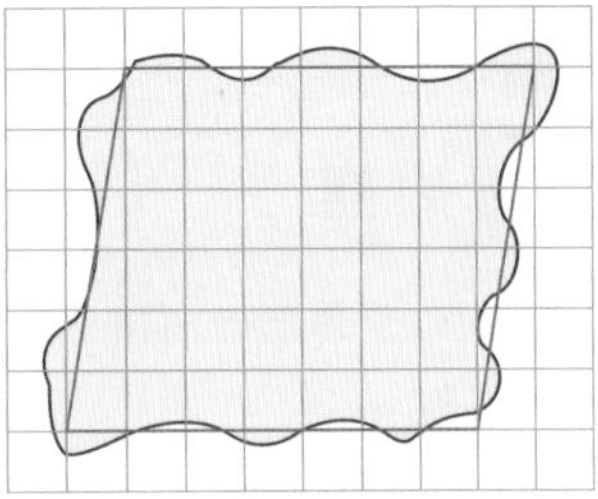

18 三角形の面積

基本

次の三角形の面積を求めなさい。

①

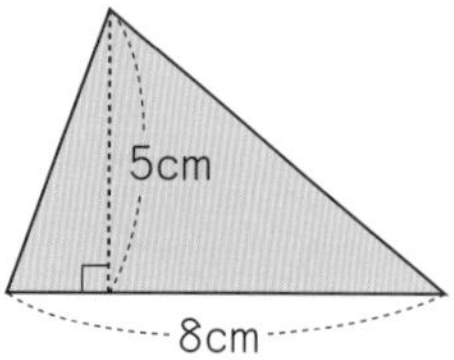

②

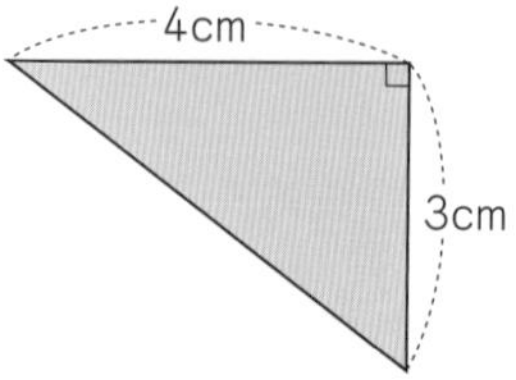

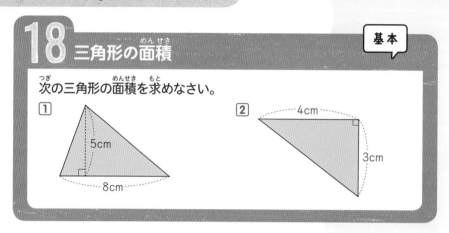

考える手順　三角形の面積を求める公式を使う。

解き方

① 底辺は8cm，高さは5cmだから，
三角形の面積＝底辺×高さ÷2
にあてはめて，
$8\times5\div2=20(\mathrm{cm}^2)$

② 底辺を3cm，高さを4cm
と考えて，
$3\times4\div2=6(\mathrm{cm}^2)$
底辺を4cm，高さを3cm
と考えてもよい。

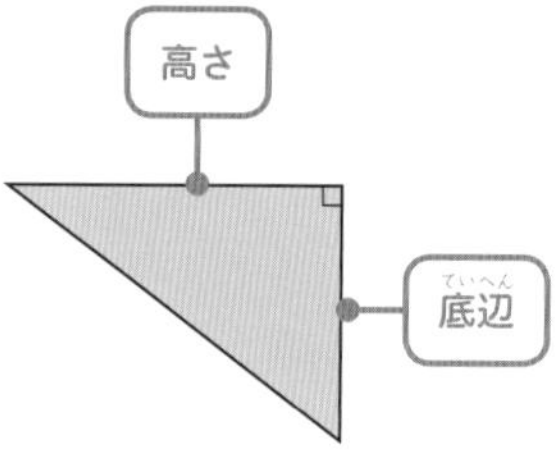

もっとくわしく

高さは，底辺に垂直な直線。
どこを底辺・高さと考えるかは大事である。

つまずいたら

三角形の面積の求め方を知りたい。

P.168

答え ① $20\mathrm{cm}^2$　② $6\mathrm{cm}^2$

ここが大切　・三角形の面積＝底辺×高さ÷2

練習問題

解答▶ 別冊…P.32

98 次の三角形の面積を求めなさい。

(1)

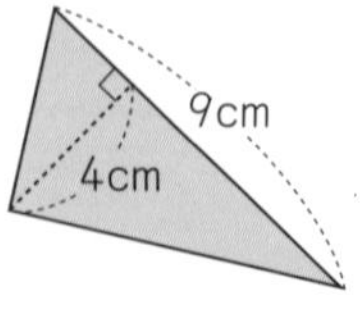

(2)

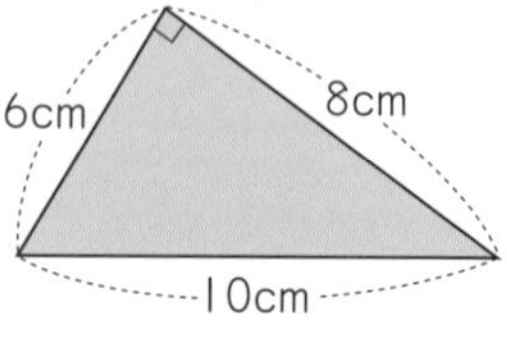

19 三角形の面積

基本

右の三角形の面積を求めなさい。

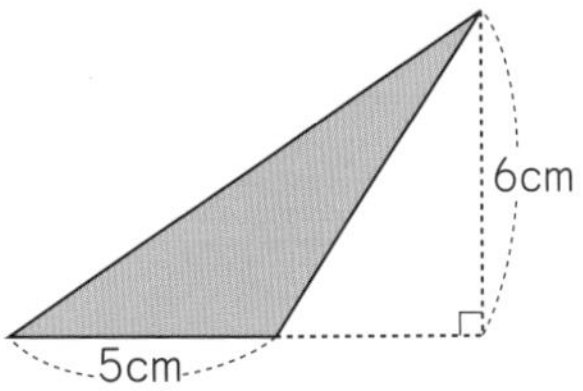

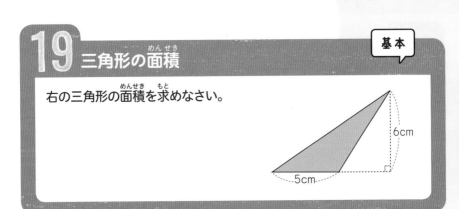

考える手順 底辺と高さを見つけて，三角形の面積を求める公式を使って求める。

解き方

高さは底辺に垂直な直線だから，底辺が5cm，高さが6cmの三角形である。
よって，面積は，
$5\times6\div2=15(cm^2)$

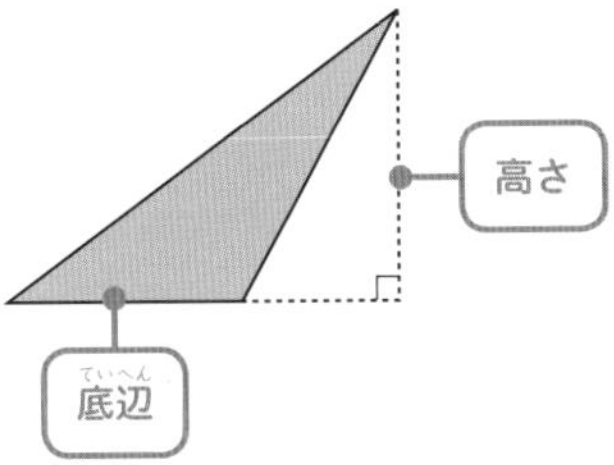

もっとくわしく
この問題のように，高さが三角形の外にある場合もある。

答え $15cm^2$

ここが大切
・高さが三角形の外にある場合も，中にある場合と同じように公式を使って面積を求めることができる。

練習問題

解答▶ 別冊…P.32

(99) 右の三角形の面積を求めなさい。

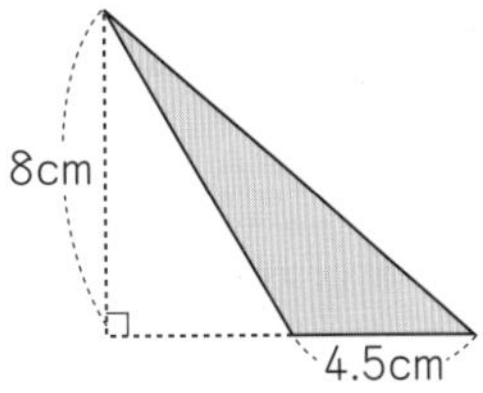

20 長方形，正方形の面積

基本

次の長方形と正方形の面積を求めなさい。

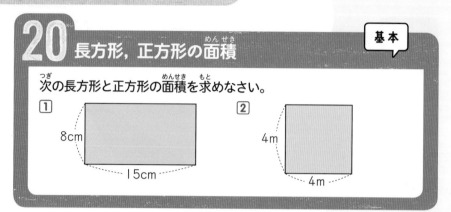

1
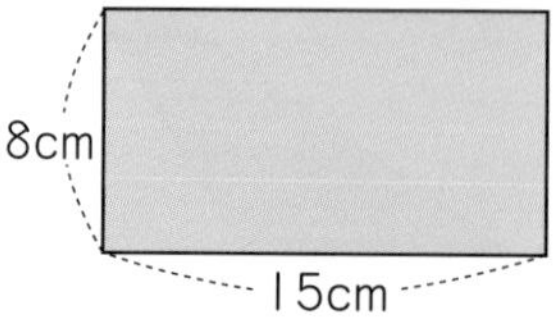

2
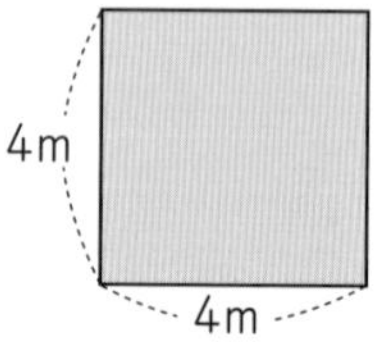

考える手順
1 長方形の面積を求める公式を使う。
2 正方形の面積を求める公式を使う。

解き方

1 長方形の面積＝縦×横だから，

$8 \times 15 = 120(cm^2)$

2 正方形の面積＝1辺×1辺だから，

$4 \times 4 = 16(m^2)$

答え 1 $120cm^2$　2 $16m^2$

ミス注意！
2 単位をまちがえないように注意する。

つまずいたら
長方形，正方形の面積の求め方を知りたい。

P.168

ここが大切
・長方形の面積＝縦×横
・正方形の面積＝1辺×1辺

練習問題

解答▶ 別冊…P.32

100 次の面積を求めなさい。

(1) 縦5m，横7mの長方形の形をした花だんの面積

(2) 1辺が12cmの折り紙の面積

101 チャレンジ

面積が$96cm^2$の長方形をかきます。横の長さを6cmにすると，縦の長さは何cmになりますか。

21 平行四辺形の面積

基本

次の平行四辺形の面積を求めなさい。

1
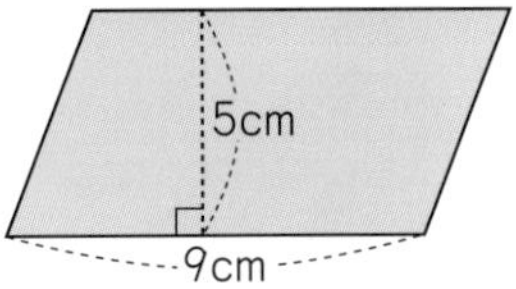

2
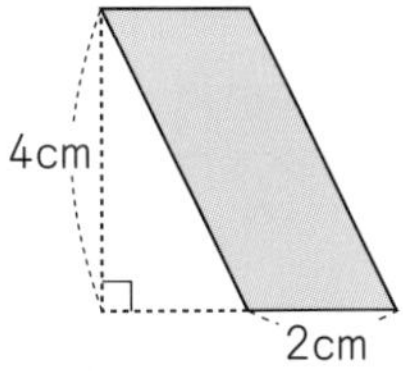

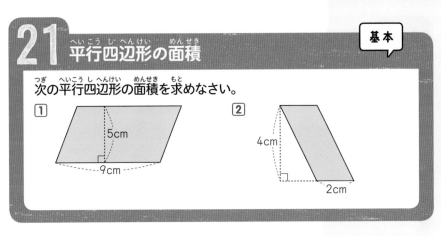

考える手順 平行四辺形の面積を求める公式を使う。

解き方

1 平行四辺形の面積＝底辺×高さだから，

$9 \times 5 = 45(\text{cm}^2)$

2 高さは底辺に垂直な直線だから，底辺が2cm，高さが4cmの平行四辺形である。

面積は，

$2 \times 4 = 8(\text{cm}^2)$

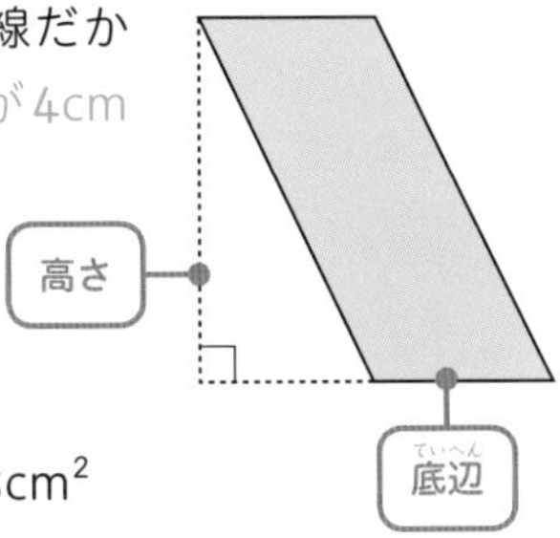

答え 1 45cm^2　2 8cm^2

もっとくわしく

底辺の長さが等しく，高さも等しければ，平行四辺形の面積は等しい。

つまずいたら

平行四辺形の面積の求め方を知りたい。

P.168

ここが大切
・平行四辺形の面積＝底辺×高さ

練習問題

解答▶ 別冊…P.32

102 次の平行四辺形の面積を求めなさい。

(1)
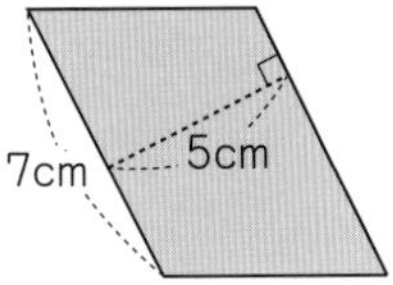

(2)
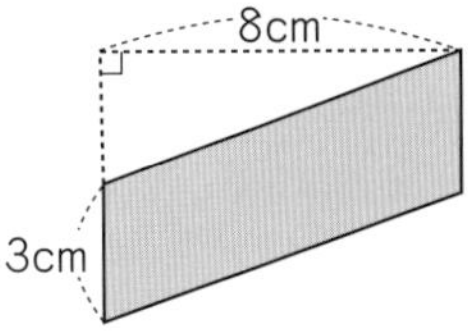

22 台形の面積

基本

次の台形の面積を求めなさい。

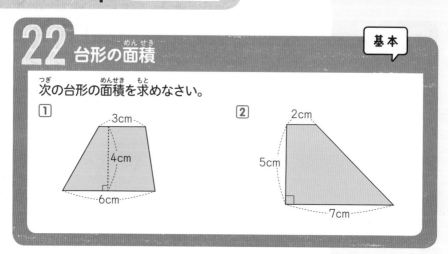

1

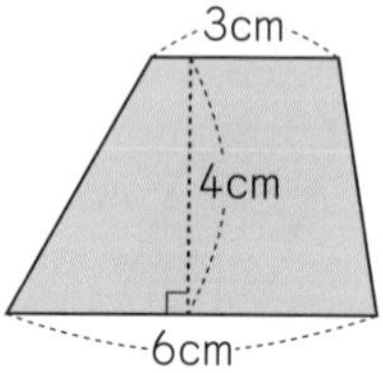

2

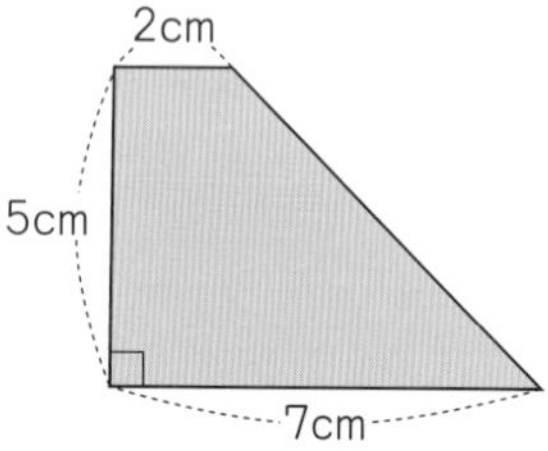

考える手順　台形の面積を求める公式を使う。

解き方

1 台形の面積＝(上底＋下底)×高さ÷2

上底は3cm，下底は6cm，

高さは4cmだから，台形の

面積は，

$(3+6)\times4\div2=18(\text{cm}^2)$

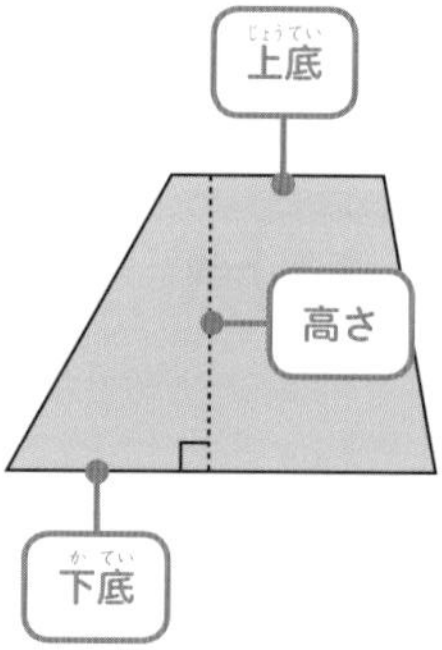

もっとくわしく

台形の面積の公式は，台形の面積を，平行四辺形の面積の半分と考えたものである。

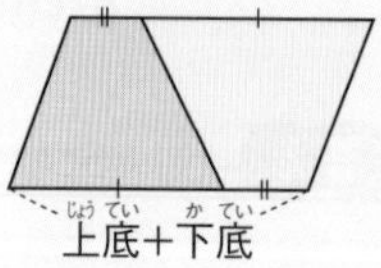

別の解き方

台形を右の図のように2つの三角形に分けて考える。

あの三角形の面積は，

$6\times4\div2=12(\text{cm}^2)$

いの三角形の面積は，

$3\times4\div2=6(\text{cm}^2)$

よって，台形の面積は，$12+6=18(\text{cm}^2)$

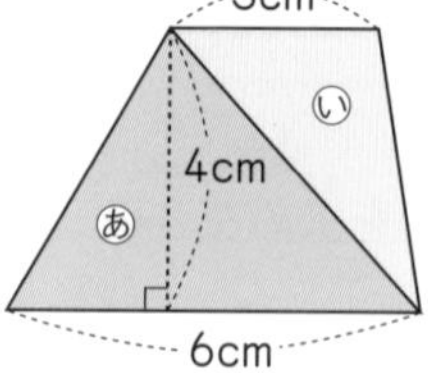

もっとくわしく

台形を図のように分けると，あといの三角形の高さは等しい。

2 上底は2cm，下底は7cm，高さは5cmの台形である。

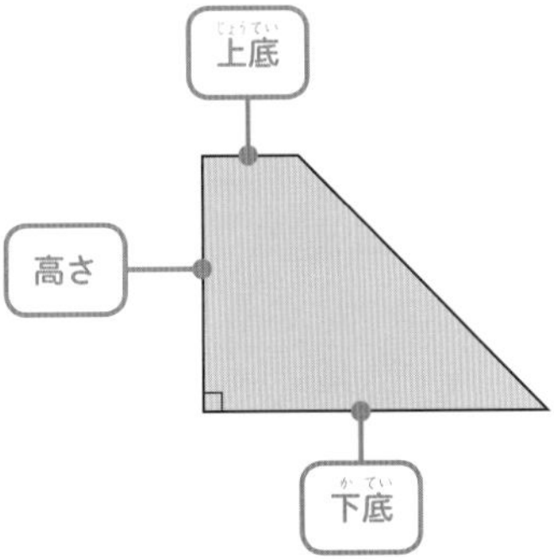

台形の面積は，

$(2+7)\times 5\div 2=22.5(\mathrm{cm}^2)$

答え 1 $18\mathrm{cm}^2$　2 $22.5\mathrm{cm}^2$

ここが大切
・台形の面積＝(上底＋下底)×高さ÷2

もっとくわしく

台形の平行な2つの辺を上底，下底といい，これらに垂直な直線の長さが高さである。

つまずいたら

台形の面積の求め方を知りたい。

P.168

練習問題

解答▶ 別冊…P.33

103 次の台形の面積を求めなさい。

(1)

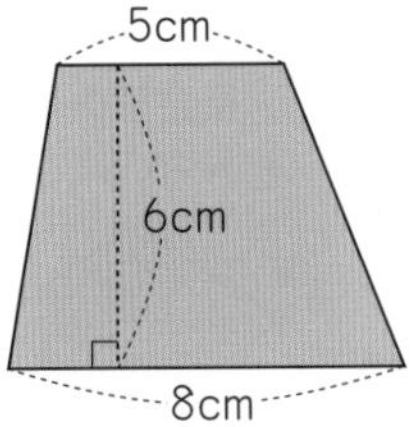

(2)

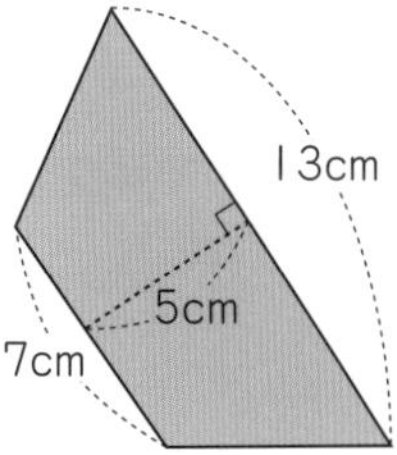

104 チャレンジ

上底が9cm，下底が15cm，面積が$72\mathrm{cm}^2$の台形があります。この台形の高さは何cmですか。

23 ひし形の面積

基本

次の図形の面積を求めなさい。

1 ひし形

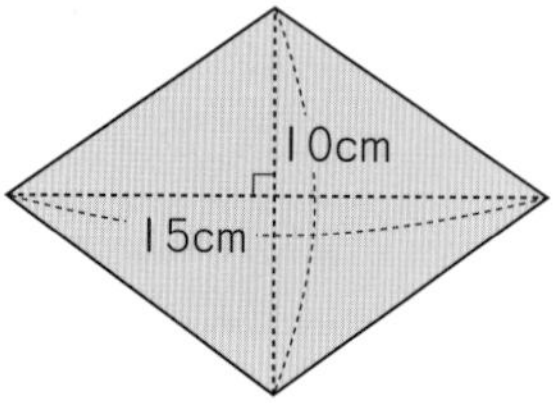

2

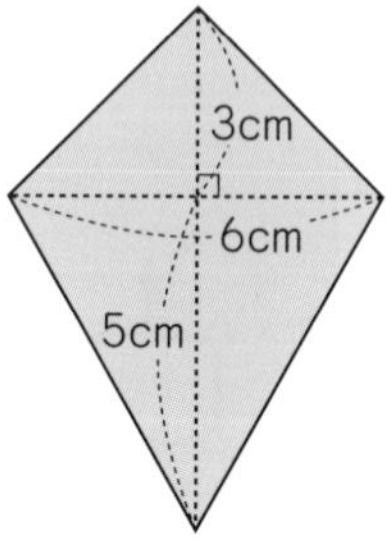

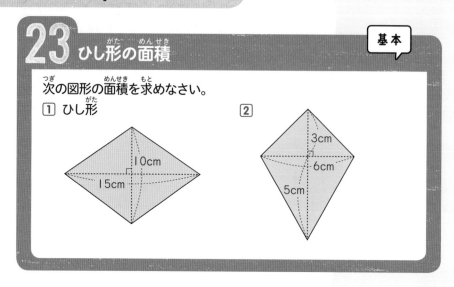

考える手順
1 ひし形の面積を求める公式を使う。
2 2つの三角形に分けて面積を求める。

解き方

1 ひし形の面積＝対角線×対角線÷2

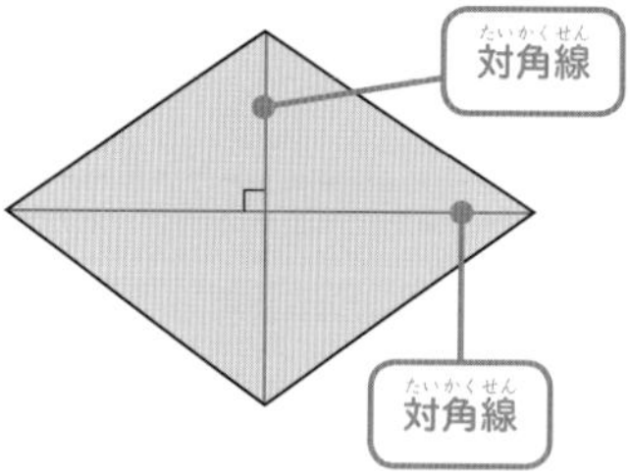

対角線は10cmと15cmだから，

$10\times15\div2=75(\text{cm}^2)$

15×10÷2としてもよい。

もっとくわしく

ひし形の面積は，次のように考えて求めることができる。

①2つの三角形に分けて考える。

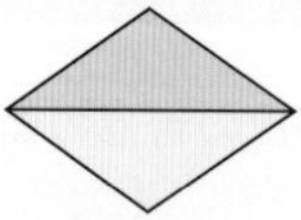

②長方形の半分の形とみる。

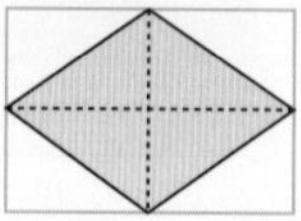

[2] 2つの三角形に分けて面積を求める。

あの三角形の面積は，

6×3÷2 = 9 (cm^2)

いの三角形の面積は，

6×5÷2 = 15 (cm^2)

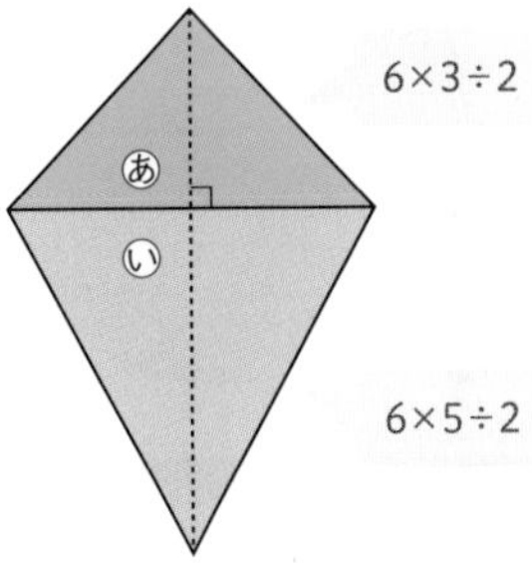

よって，この図形の面積は，あといを合わせて，

9 + 15 = 24 (cm^2)

答え [1] 75 cm^2　[2] 24 cm^2

ここが大切
- ひし形の面積＝対角線×対角線÷2
- 対角線が垂直に交わる四角形の面積＝対角線×対角線÷2

もっとくわしく

[2] あといの三角形の面積を合わせると，式は，

6×3÷2＋6×5÷2

↓

6×(3＋5)÷2

対角線の長さ

このように対角線が垂直に交わる図形のときも，ひし形の面積を求めるときと同じように，「対角線×対角線÷2」で求めることができる。

練習問題

解答▶ 別冊…P.33

105 次の図形の面積を求めなさい。

(1)

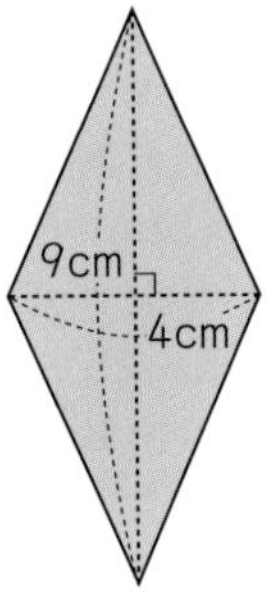

(2)

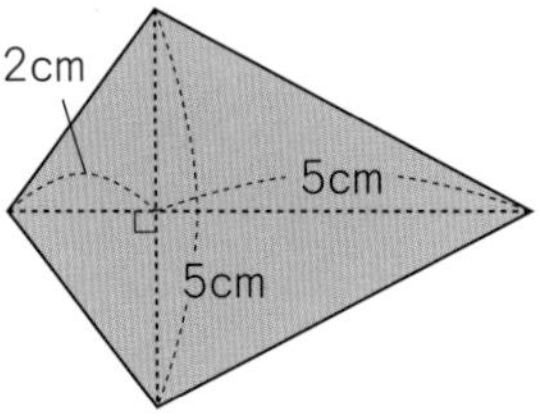

24 円の面積

基本

次の円の面積を求めなさい。

1

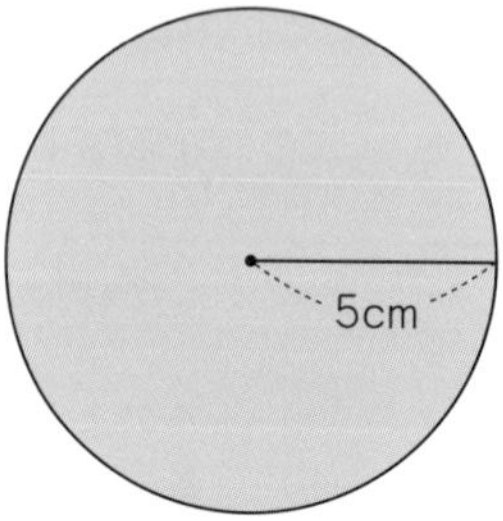

2

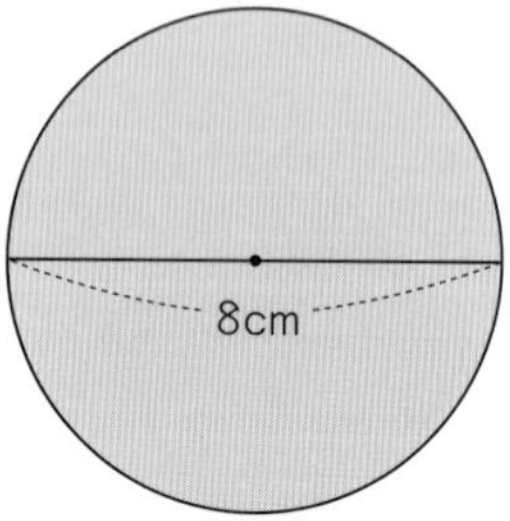

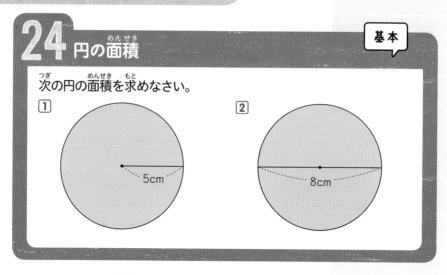

考える手順 円の面積を求める公式を使う。

解き方

1 円の面積＝半径×半径×円周率

3.14

5×5×3.14

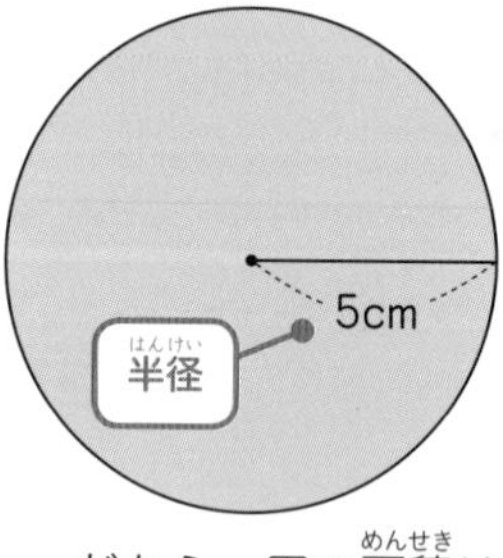

半径は5cmだから，円の面積は，

5×5×3.14＝78.5(cm^2)

半径　半径　円周率

もっとくわしく

円の面積は，半径の長さを1辺とする正方形の面積の約3.14倍になっている。

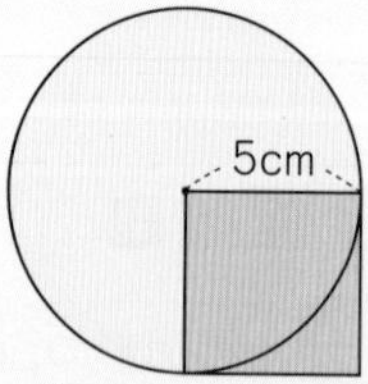

1辺が5cmの正方形の面積は，

5×5＝25(cm^2)

半径5cmの円の面積は78.5cm^{2}だから，

78.5÷25

＝3.14(倍)

2 直径8cmの円の半径の長さは,

8÷2 = 4(cm)

4×4×3.14

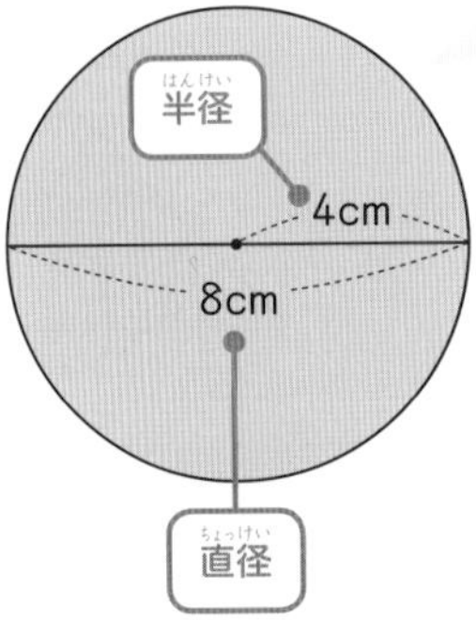

円の面積は,

4×4×3.14 = 50.24(cm²)

答え 1 78.5cm² 2 50.24cm²

ここが大切 ・円の面積=半径×半径×円周率

ミス注意!

円の面積の公式は,
半径×半径×円周率
だから,直径の長さから半径の長さを求めて計算することに注意する。

つまずいたら

円の面積の求め方を知りたい。

P.169

練習問題

解答▶ 別冊…P.33

106 次の円の面積を求めなさい。

(1)

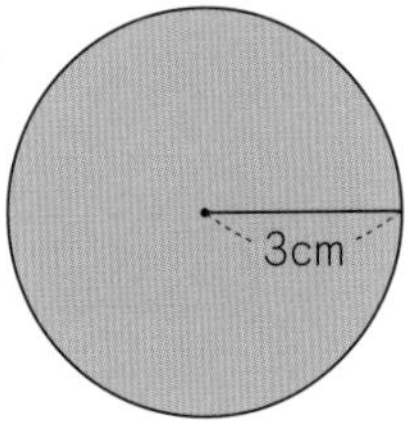

(2)

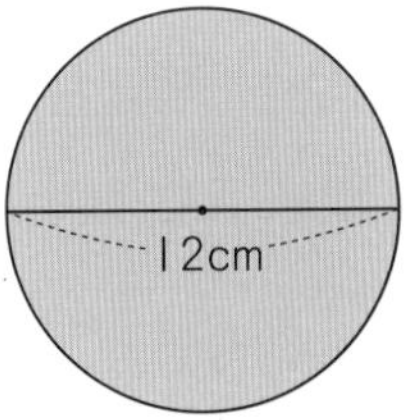

107 チャレンジ

半径5mの円と半径15mの円があります。半径15mの円の面積は,半径5mの円の面積の何倍ですか。

25 おうぎ形の面積

応用

右のおうぎ形の面積を求めなさい。

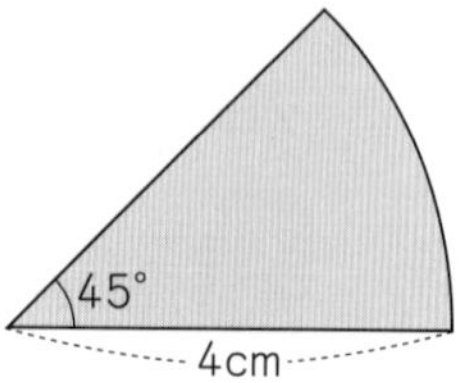

考える手順　おうぎ形の面積が，円の面積のどれだけにあたるか考える。

解き方

円の中心の周りの角の大きさは360°。中心角45°のおうぎ形の面積は，

円の面積の$\frac{45°}{360°}$分にあたる。

円の面積は，

$4\times4\times3.14 = 50.24\,(\text{cm}^2)$

だから，おうぎ形の面積は，

$50.24\times\frac{45°}{360°} = 6.28\,(\text{cm}^2)$

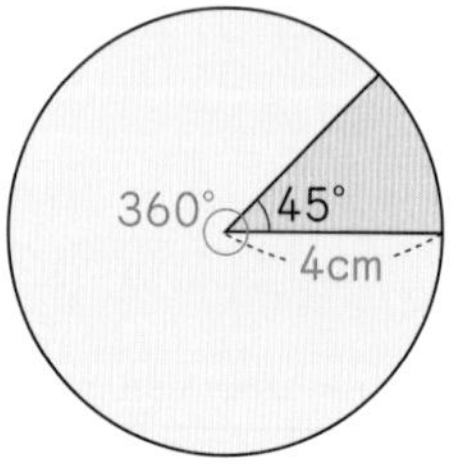

答え　6.28cm^2

もっとくわしく

おうぎ形の面積は，
半径×半径×円周率
$\times\frac{中心角}{360°}$
で求められる。

ここが大切　おうぎ形の面積＝半径×半径×円周率×$\frac{中心角}{360°}$

練習問題

解答▶ 別冊…P.34

(108) 右のおうぎ形の面積を求めなさい。

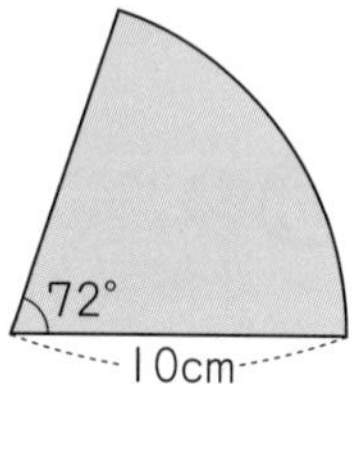

中学入試対策

26 おうぎ形の面積

右の図は，正方形とおうぎ形を組み合わせた図形です。色のついた部分の面積は何cm^{2}ですか。ただし，円周率は3.14とします。

（帝京中）

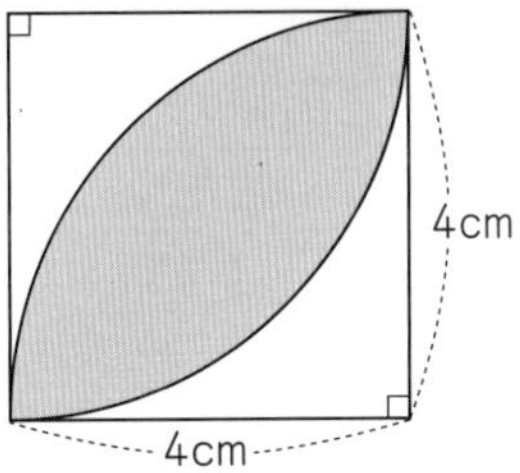

考える手順 正方形をおうぎ形と直角二等辺三角形に分けて考える。

解き方

色のついた部分の面積は，おうぎ形の面積から直角二等辺三角形の面積をひいた2つ分と考えられる。

おうぎ形の面積 $4\times4\times3.14\times\frac{1}{4}=12.56(\text{cm}^2)$

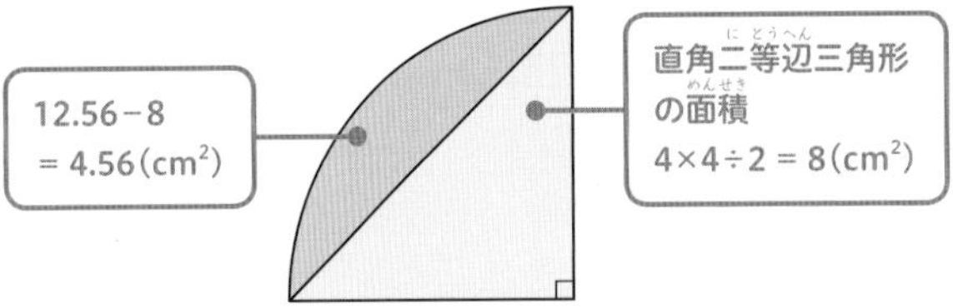

求める面積は，上の図の部分の面積の2つ分だから，

$4.56\times2=9.12(\text{cm}^2)$

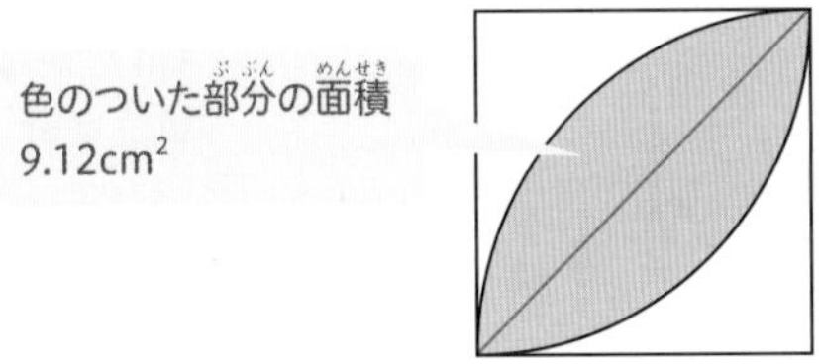

答え 9.12cm^2

入試のポイント

複雑な図形の面積を求めるときは，求め方がわかっている図形に分けて求めるとよい。

もっとくわしく

おうぎ形の面積の2つ分から正方形の面積をひいて求めることもできる。

$12.56\times2-4\times4$
$=9.12(\text{cm}^2)$

27 およその面積

基本

1 右のような形をした畑があります。この畑の面積はおよそ何m^2ですか。ただし，方眼の1目もりを1mとします。

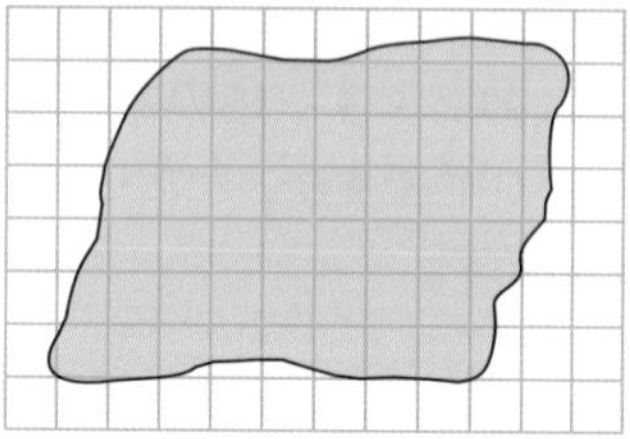

2 右のような形をした湖があります。この湖の面積はおよそ何km^2ですか。ただし，方眼の1目もりを1kmとします。

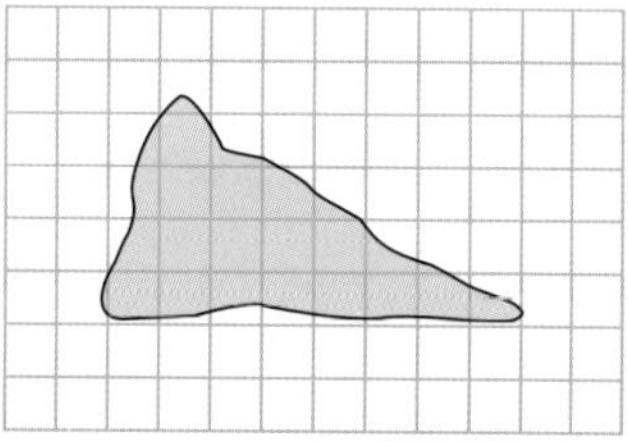

考える手順　畑や湖がどのような形とみることができるか考え，およその面積を求める。

解き方

1 畑を直線で囲まれた形と考えると，平行四辺形とみることができる。

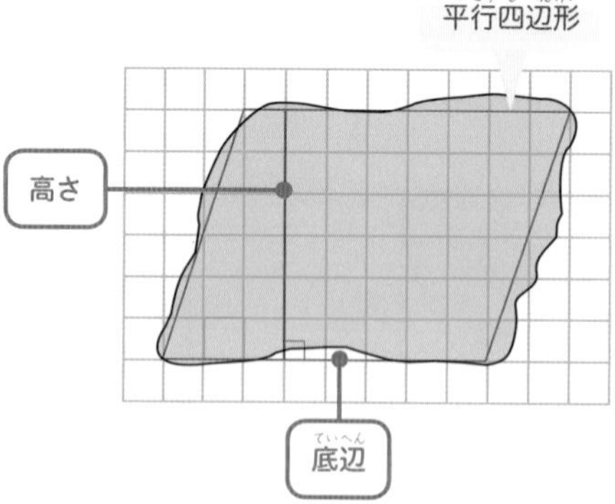

ミス注意！
方眼の1目もりは1mだから，答えの単位はm^2。

底辺が8m，高さが6mの平行四辺形と見て，およその面積を求めると，平行四辺形の面積＝底辺×高さだから，

8×6＝48（m^2）

2 湖を三角形とみて，およその面積を求める。

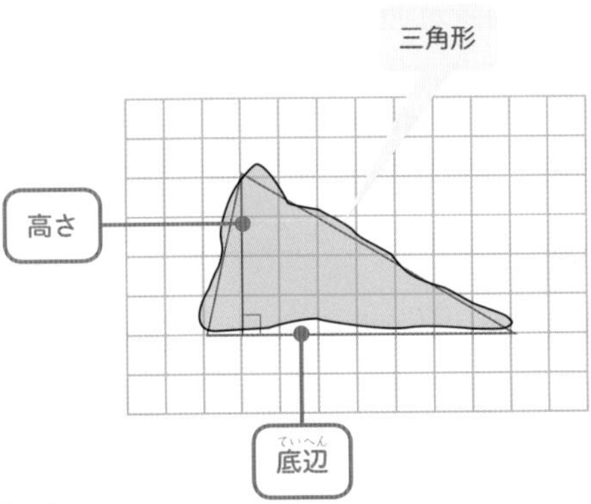

底辺が8km，高さが4kmの三角形とみることができるから，三角形の面積＝底辺×高さ÷2　より，

8×4÷2＝16（km^2）

ミス注意！

方眼の1目もりは1kmだから，答えの単位はkm^2となる。

つまずいたら

およその面積の求め方を知りたい。

P.169

答え 1 およそ48m^2　2 およそ16km^2

ここが大切

・土地や湖などの面積を求めるときは，直線で囲まれた形とみて，およその面積を求める。

練習問題

解答▶ 別冊…P.34

109 右の図のような形をした土地があります。この土地の面積はおよそ何m^2ですか。ただし，方眼の1目もりを1mとします。

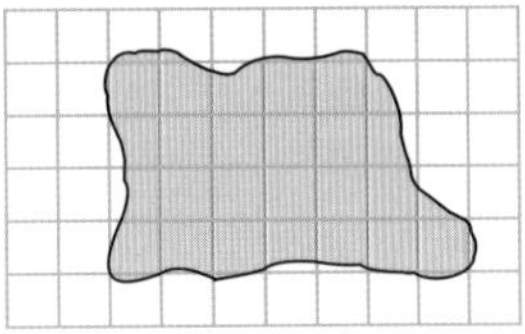

まとめの問題

解答▶別冊…P.116

47 直角二等辺三角形と3つの角がそれぞれ30°，60°，90°の三角形を図のように置いたとき，アの角の大きさを求めなさい。　（海城中）

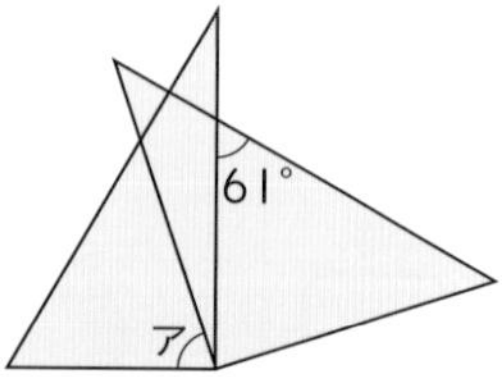

48 右の図は，3つのひし形をすきまなく並べたものです。角アの大きさを求めなさい。（和洋国府台女子中）

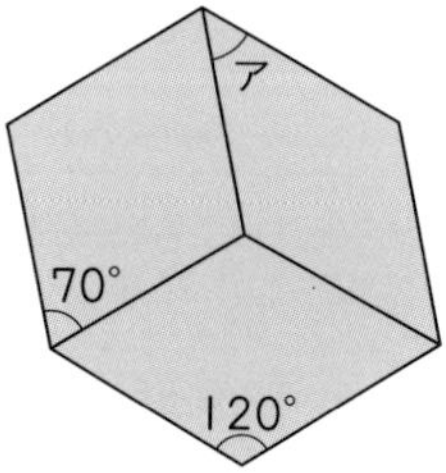

49 右の図で，アとイの直線は平行です。(あ)～(う)の角の大きさを求めなさい。

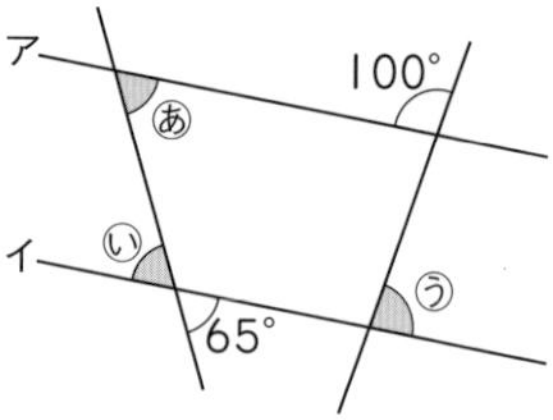

よくでる

50 次の(1)，(2)にあてはまる図形を，下のア～オの中からすべて選び，記号で答えなさい。

ア	正方形	イ	平行四辺形	ウ	長方形
エ	ひし形	オ	台形		

(1) 向かい合った2組の辺が平行で，2本の対角線の長さが等しい四角形

(2) 向かい合った2組の角の大きさが等しく，2本の対角線が垂直に交わる四角形

51 円の中心の周りの角を等分して正十二角形をかきます。円の中心の周りの角は，何度ずつに分ければよいですか。

52 周りの長さが72mの正方形があります。この正方形の面積を求めなさい。

53 縦の長さが9cm，面積が131.4cm²の長方形があります。この長方形の横の長さは何cmですか。

基本

54 次の図形の面積を求めなさい。

(1)

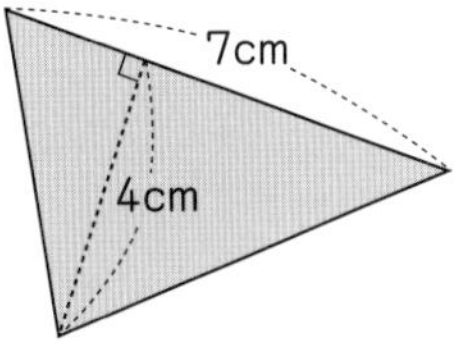

(2)

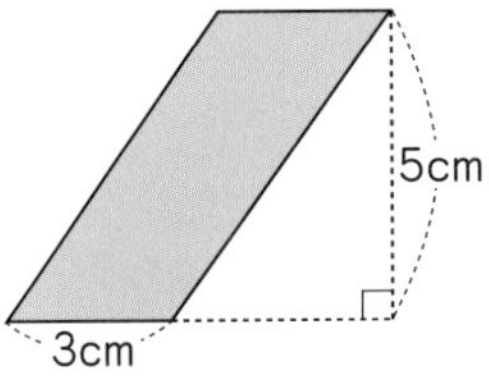

(3)

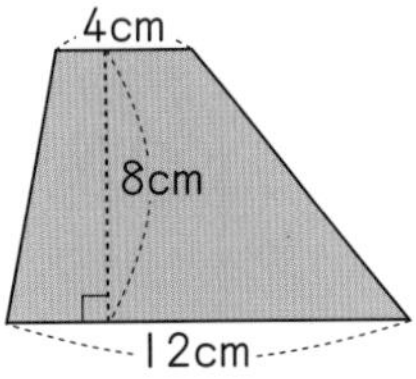

(4)

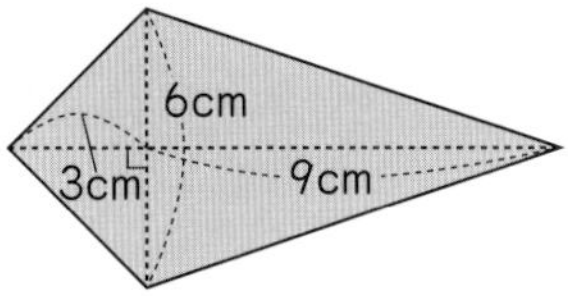

55 右の図のような半径が4cmの円㋐と直径が4cmの円㋑があります。㋐の円周の長さは，㋑の円周の長さの何倍ですか。また，㋐の面積は㋑の面積の何倍ですか。

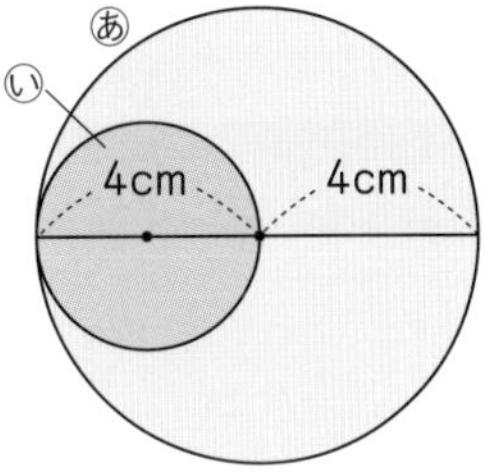

56 右のおうぎ形の周りの長さと面積を求めなさい。

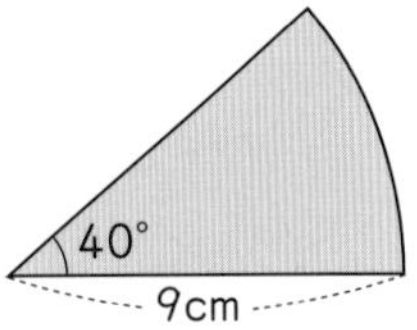

1 合同な図形

いろいろな図形の性質を考える基礎になります。

合同な図形

5年

合同な図形　2つの図形をぴったり重ね合わすことができるとき，この2つの図形は合同であるという。

見て理解!

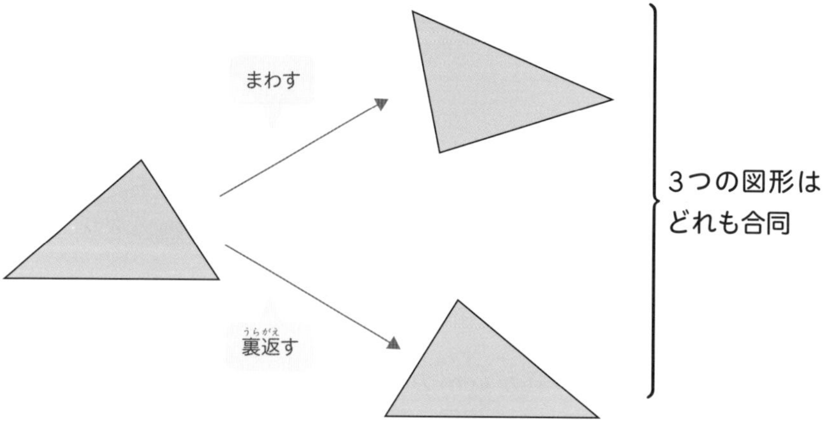

合同な図形の性質　合同な図形で，重なり合う頂点，辺，角をそれぞれ対応する頂点，対応する辺，対応する角といい，対応する辺の長さは等しく，対応する角の大きさも等しくなっている。

見て理解!

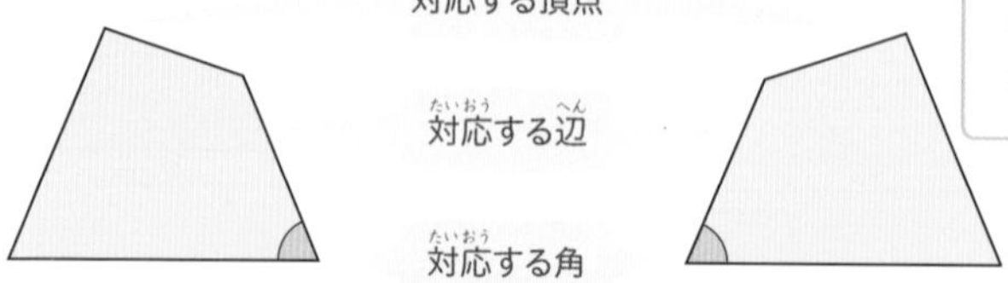

対応する辺の長さと対応する角の大きさは等しい。

三角形が合同になるとき

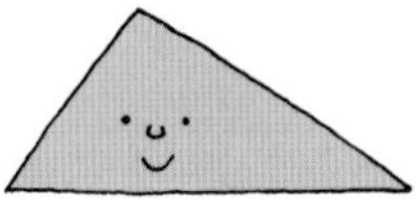

2つの三角形は，次の①，②，③のどれか1つがあてはまれば合同である。

①3つの辺の長さがそれぞれ等しいとき。

②2つの辺の長さと，その間の角の大きさがそれぞれ等しいとき。

③1つの辺の長さと，その両はしの角の大きさがそれぞれ等しいとき。

見て理解！

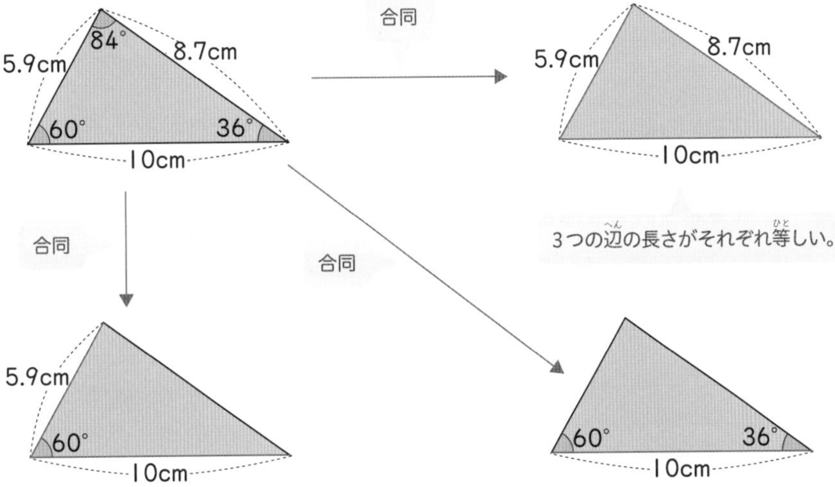

3つの辺の長さがそれぞれ等しい。

2つの辺の長さと，その間の角の大きさがそれぞれ等しい。

1つの辺の長さと，その両はしの角の大きさがそれぞれ等しい。

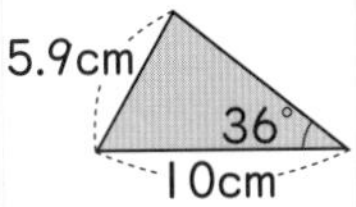

※この場合は，2つの辺の間の角ではないから，合同になるとはかぎらない。

ここが大切

・合同な図形の対応する辺の長さは等しく，対応する角の大きさも等しい。

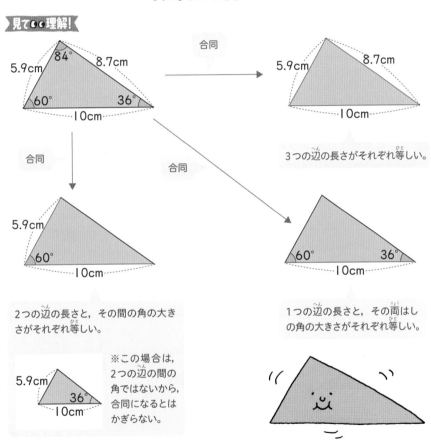

28 合同な図形

基本

下の２つの三角形は合同です。次の問題に答えなさい。

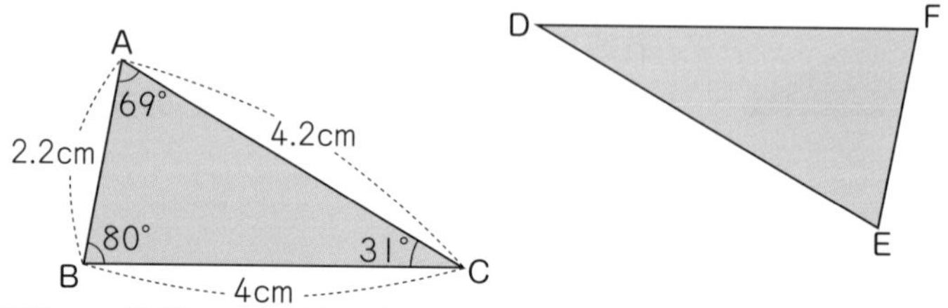

1 頂点Aに対応する頂点，辺ACに対応する辺はそれぞれどれですか。

2 辺EFの長さは何cmですか。また，角Dの大きさは何度ですか。

3 辺ABと辺BCの長さを使って，三角形ABCと合同な三角形をかきます。あと何を使えばよいですか。

考える手順　図形を動かして重なり合う頂点を見つける。

解き方

三角形DEFを三角形ABCと重なるようにまわす。

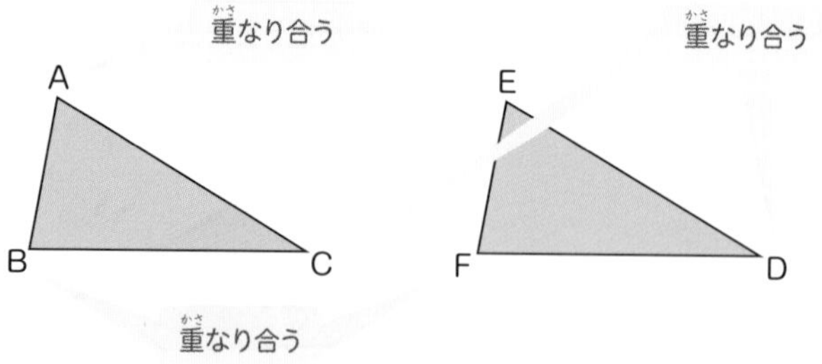

1 頂点Aは頂点Eと重なり合うから，頂点Aに対応する頂点は，頂点E。
辺ACは，辺EDと重なり合うから，辺ACに対応する辺は，辺ED。

もっとくわしく

合同な図形で，重なり合う頂点，辺，角をそれぞれ対応する頂点，対応する辺，対応する角という。

もっとくわしく

三角形ABCと三角形EFDのように，一方をまわした図形の他に，一方を裏返した図形も合同であるという。

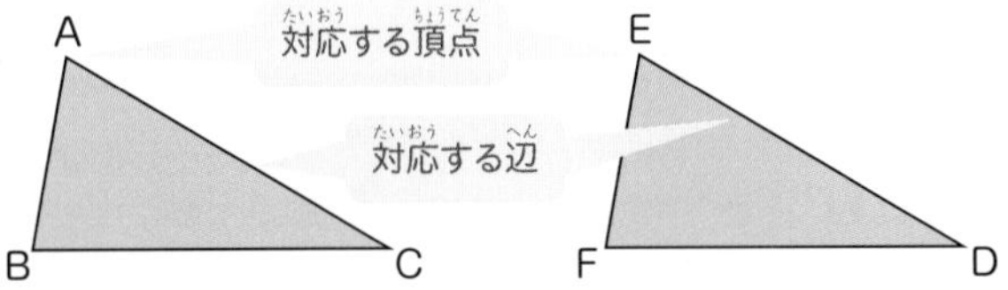

もっとくわしく

辺ＡＢは辺ＥＦと，辺ＢＣは辺ＦＤと，辺ＡＣは辺ＥＤとそれぞれ対応している。

角Ａは角Ｅと，角Ｂは角Ｆと，角Ｃは角Ｄとそれぞれ対応している。

2 辺ＥＦに対応する辺は，辺ＡＢ。対応する辺の長さは等しいから，辺ＥＦの長さは2.2cm。
角Ｄに対応する角は，角Ｃ。対応する角の大きさは等しいから，角Ｄの大きさは31°

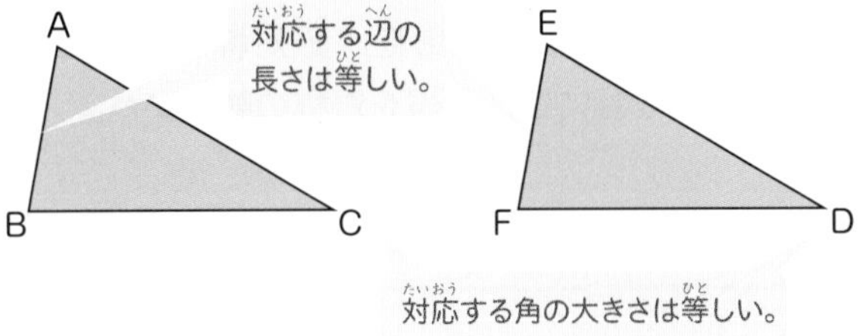

3

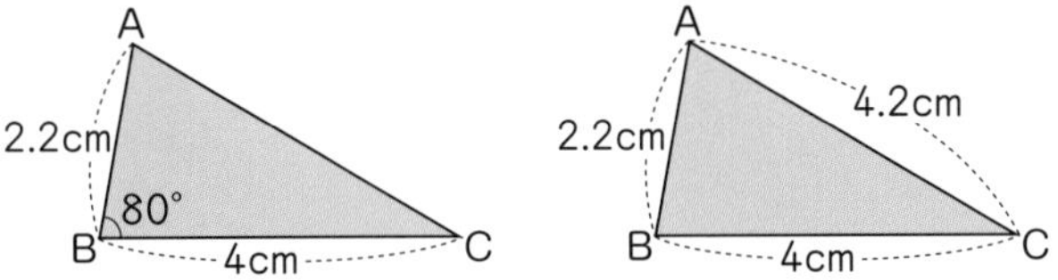

つまずいたら

合同な図形の性質について知りたい。

P.186

答え 1 頂点Ｅ，辺ＥＤ　2 2.2cm，31°
3 角Ｂの大きさ，または辺ＡＣの長さ

ここが大切
・合同な図形では，対応する辺の長さは等しく，対応する角の大きさも等しくなっている。

練習問題

解答▶ 別冊…P.34

110 右の三角形と合同な三角形をかきます。あと何がわかれば，合同な三角形をかくことができますか。

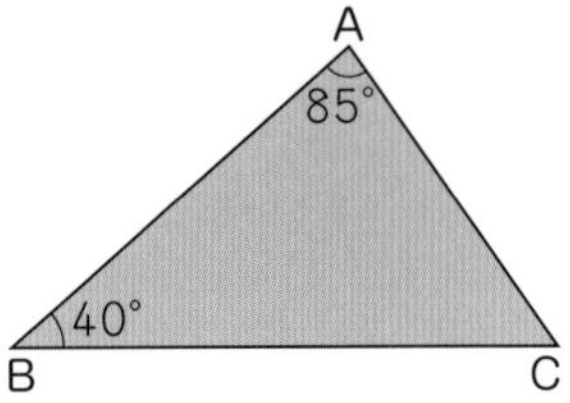

2 対称な図形

いろいろな図形の性質を考える基礎になります。

線対称な図形

6年

線対称な図形　1つの直線を折り目にして2つに折ったとき，折り目の両側がぴったり重なる図形を，線対称な図形という。また，その折り目にした直線を対称の軸という。

見て理解!

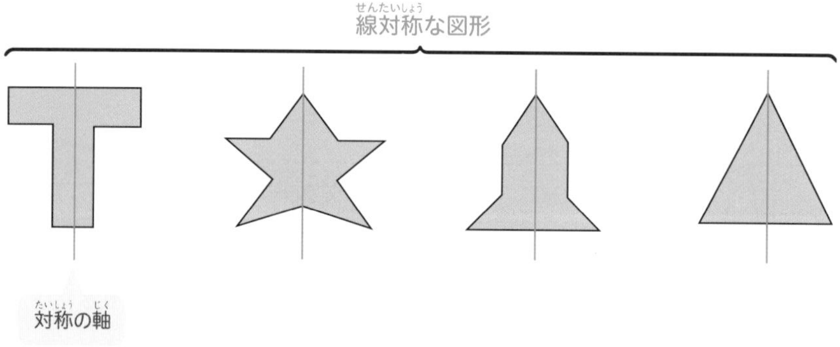

線対称な図形の性質　対応する2つの点を結ぶ直線は，対称の軸と垂直に交わる。また，この交わる点から対応する2つの点までの長さは等しい。

見て理解!

対称の軸で2つに折ったときに，重なり合う点，辺，角をそれぞれ対応する点，対応する辺，対応する角という。

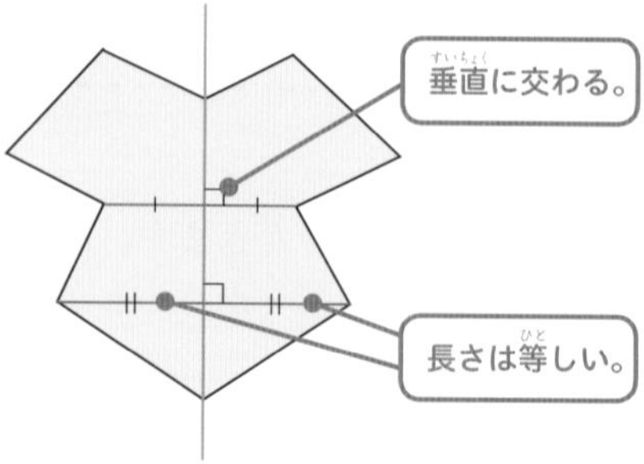

点対称な図形

6年

点対称な図形 1つの点のまわりに180°回転させたとき，もとの形にぴったり重なる図形を，点対称な図形という。また，その点を対称の中心という。

見て理解！

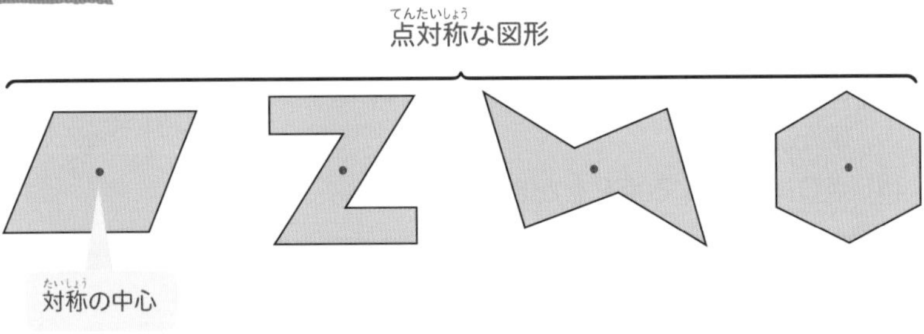

点対称な図形の性質 対応する2つの点を結ぶ直線は，対称の中心を通る。また，対称の中心から対応する2つの点までの長さは等しい。

見て理解！

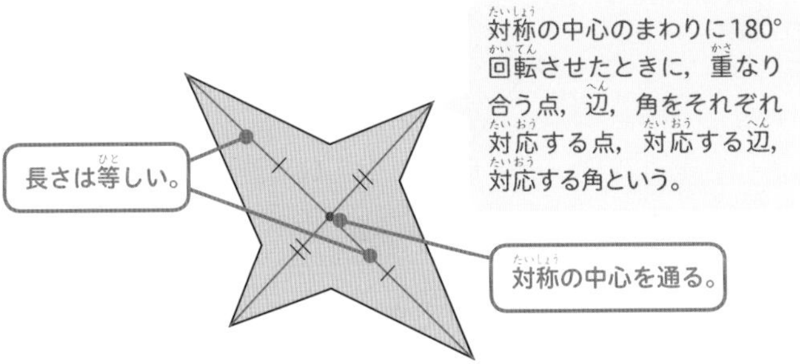

ここが大切

・1つの直線を折り目にして2つに折ったとき，折り目の両側がぴったり重なる図形は線対称な図形。1つの点のまわりに180°回転させたとき，もとの形にぴったり重なる図形は点対称な図形。

29 線対称な図形

基本

右の図は線対称な図形です。次の問題に答えなさい。

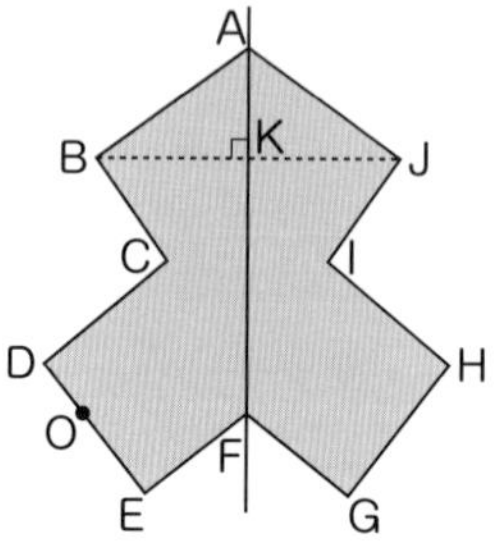

1 点Cに対応する点はどれですか。

2 辺DEに対応する辺はどれですか。

3 角Eと大きさが等しい角はどれですか。

4 直線BKと長さが等しい直線はどれですか。

5 点Oに対応する点Pをかき入れなさい。

考える手順　対称の軸で2つに折ったときに重なり合う点，辺，角がどれになるか考える。

解き方

対称の軸で2つ折りにしたときに重なる点
点B－点J
点C－点I
点D－点H
点E－点G

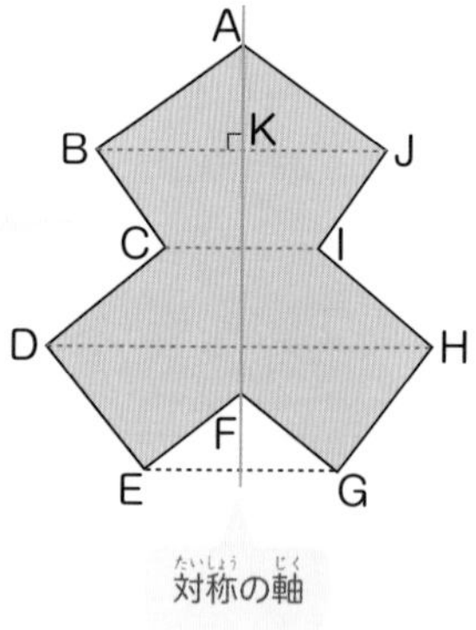

もっとくわしく
対称の軸で2つに折ったときに重なり合う点，辺，角をそれぞれ，対応する点，対応する辺，対応する角という。対応する辺の長さは等しく，対応する角の大きさも等しい。

1 点Cは点Iと重なるから，点Cに対応する点は点I。

2 辺DEは辺HGと重なるから，辺DEに対応する辺は，辺HG。

3 線対称な図形では，対応する角の大きさは等しいから，角Eに対応する角を見つける。角Eは角Gと重なるから，角Eに対応する角は，角G。

④ 点Bに対応する点は，点J。点Bと点Jを結ぶ直線は，右の図の点Kで対称の軸と垂直に交わる。点Kから点B，点Kから点Jまでの長さはそれぞれ等しい。

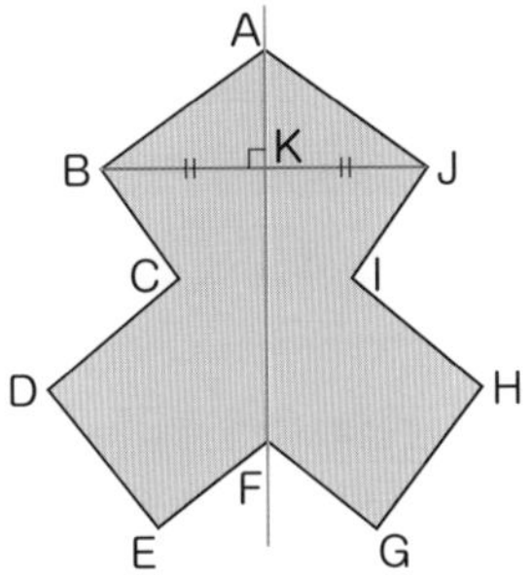

⑤ 点Oから対称の軸に垂直な直線をひき，その直線と図形が交わった点が，点Oに対応する点Pとなる。

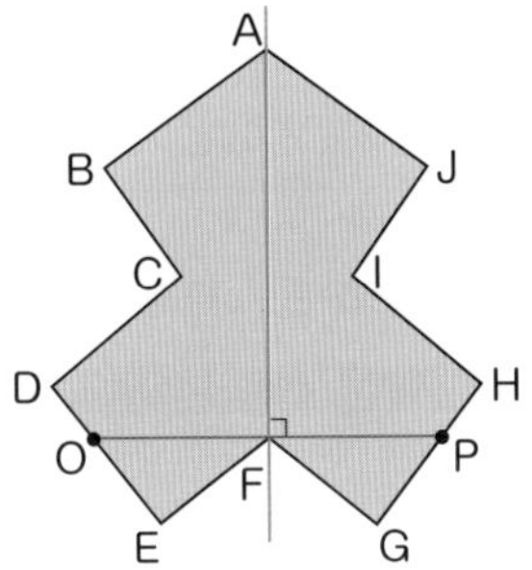

ミス注意！

⑤ 点Pは，対称の軸をはさんで点Oとは反対側にある。

つまずいたら

線対称な図形の性質について知りたい。

P.190

答え ① 点I　② 辺HG　③ 角G
④ 直線JK　⑤ 解き方の図参照

ここが大切
・線対称な図形では，対応する2つの点を結ぶ直線は，対称の軸と垂直に交わり，その交わる点から対応する2つの点までの長さは等しい。

練習問題

解答▶ 別冊…P.34

111 下のあ～おの図形のうち，線対称な図形を選び記号で答えなさい。

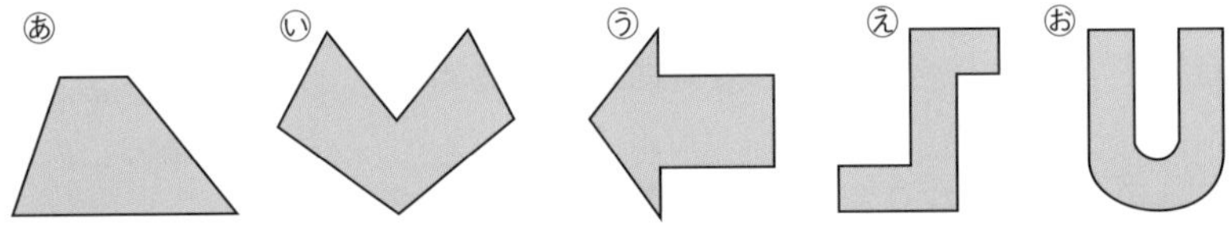

112 チャレンジ

右の図は正五角形です。この図形は線対称ですか。線対称であれば，対称の軸が何本あるか答えなさい。

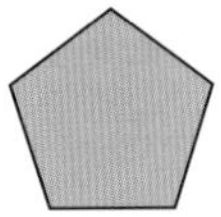

30 点対称な図形

基本

右の図は点対称な図形です。次の問題に答えなさい。

1 点Aと対応する点はどれですか。
2 辺BCと対応する辺はどれですか。
3 角Dと大きさが等しい角はどれですか。
4 直線BOと直線FOの長さはどのようになっていますか。
5 点Iに対応する点Jをかき入れなさい。

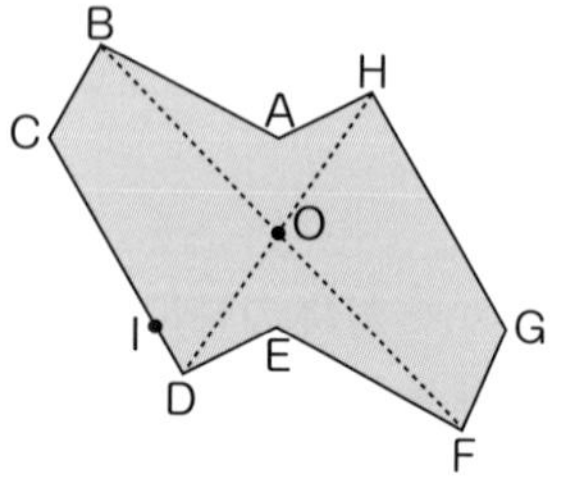

考える手順　対称の中心で180°回転させたときに重なり合う点，辺，角がどれになるか考える。

解き方

対称の中心で180°回転させたときに重なる点
- 点A－点E
- 点B－点F
- 点C－点G
- 点D－点H

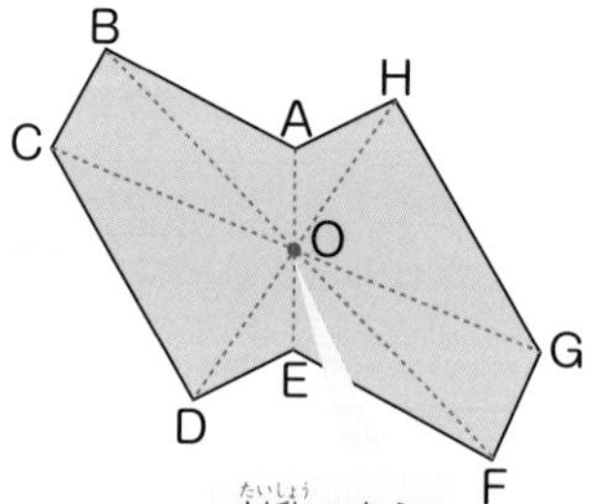

もっとくわしく
点対称な図形でも，対応する辺の長さは等しく，対応する角の大きさは等しい。

1 点Aは点Eと重なり合うから，点Aに対応する点は，点E。
2 辺BCは辺FGと重なり合うから，辺BCに対応する辺は，辺FG。
3 角Dに対応する角は，角H。点対称な図形では，対応する角の大きさは等しいから，角Dと大きさが等しい角は，角H。

もっとくわしく
点Aと対称の中心を結んだ直線は，点Eを通る。

4 点Bと点Fは対応する点である。点Bと点Fを結ぶ直線は，対称の中心Oを通り，点Oから点B，点Oから点Fまでの長さは等しい。

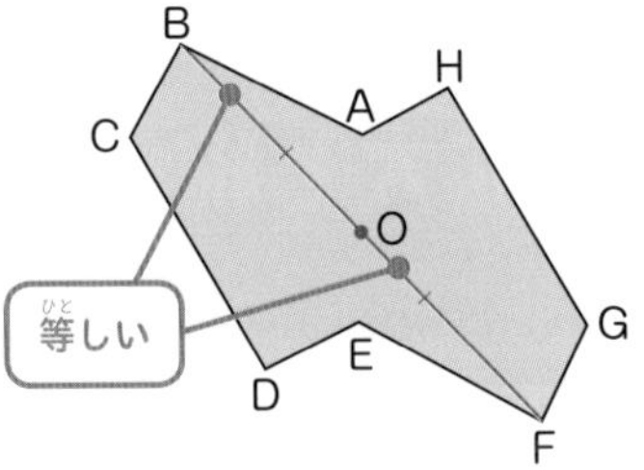

5 点Iから対称の中心を通る直線をひき，その直線と図形が交わった点が，点Iに対応する点Jとなる。

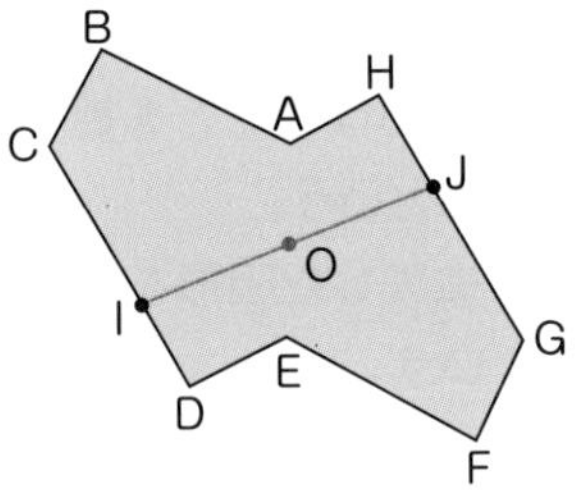

ミス注意!

5 点Jは，対称の中心をはさんで点Iとは反対側にある。

つまずいたら

点対称な図形の性質について知りたい。

P.191

答え 1 点E　2 辺FG　3 角H
4 等しくなっている。
5 解き方の図参照

ここが大切
・点対称な図形では，対応する2つの点を結ぶ直線は，対称の中心を通り，対称の中心から対応する2つの点までの長さは等しい。

練習問題

解答▶ 別冊…P.35

113 右の図は点対称な図形です。
(1) 対称の中心Oをかき入れなさい。
(2) 点Aに対応する点はどれですか。

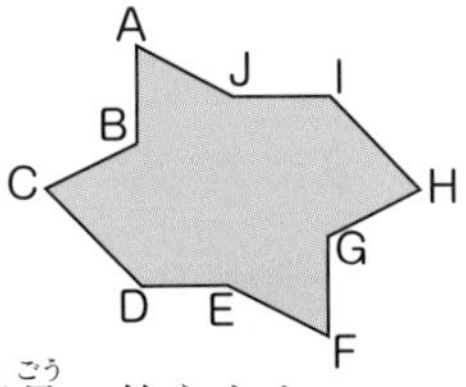

114 次のあ～おの図形のうち，点対称な図形を選び記号で答えなさい。

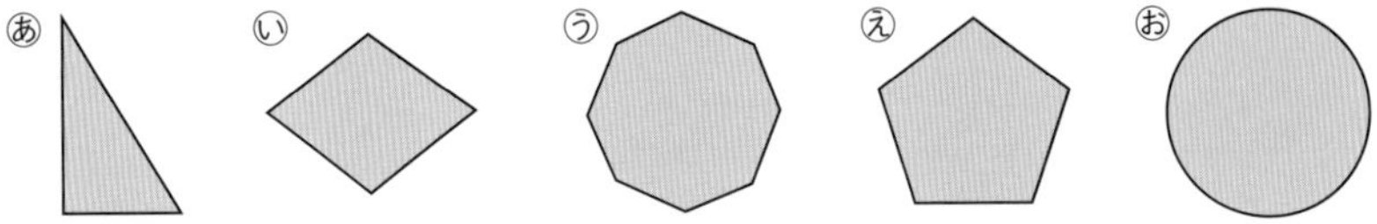

あ 直角三角形　い ひし形　う 正八角形　え 正五角形　お 円

1 図形の拡大と縮小

拡大した図形や縮小した図形について学びます。

拡大図と縮図

6年

拡大図と縮図　ある図形を，角の大きさは変えずに，辺の長さを同じ割合でのばすことを拡大するといい，縮めることを縮小するという。
この拡大した図形を拡大図といい，縮小した図形を縮図という。

見て理解!

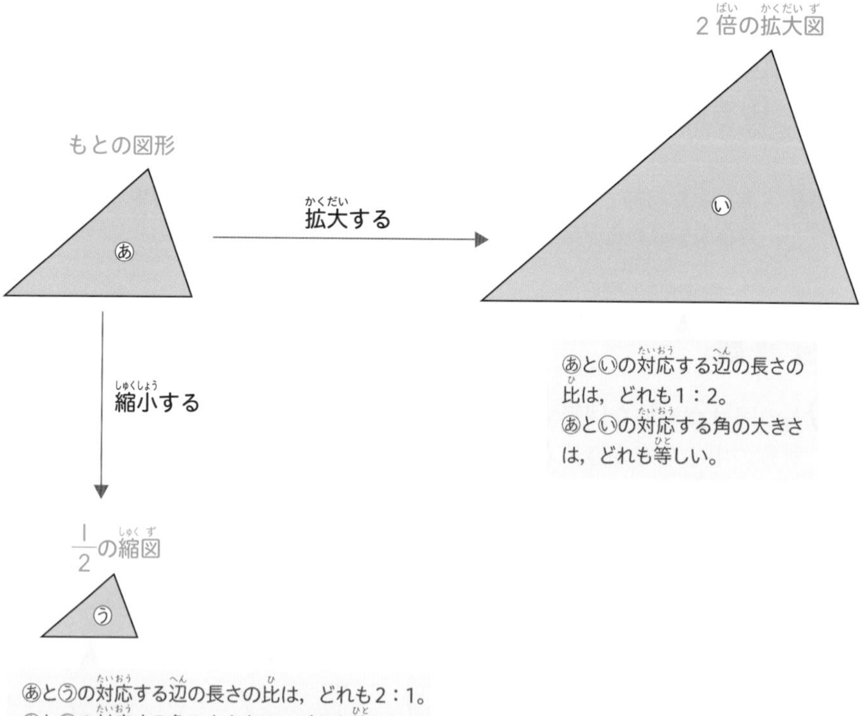

あといの対応する辺の長さの比は，どれも1：2。
あといの対応する角の大きさは，どれも等しい。

あとうの対応する辺の長さの比は，どれも2：1。
あとうの対応する角の大きさは，どれも等しい。

拡大図と縮図のかき方

①角の大きさはそのままで，辺の長さを，
拡大図は2倍，3倍，…に，縮図は$\frac{1}{2}$，$\frac{1}{3}$，…にする。

②1つの点を中心にして，その点からのきょりを，
拡大図は2倍，3倍，…に，縮図は$\frac{1}{2}$，$\frac{1}{3}$，…にする。

見て理解！

①

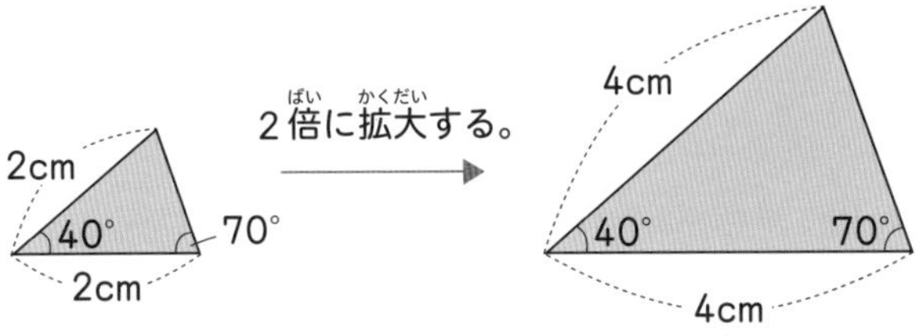

㋐ 3つの辺の長さをそれぞれ2倍にしてかく。
㋑ 2つの辺の長さをそれぞれ2倍にし，その間の角の大きさはそのままにしてかく。
㋒ 1つの辺の長さを2倍にして，その両はしの角の大きさはそのままにしてかく。

②

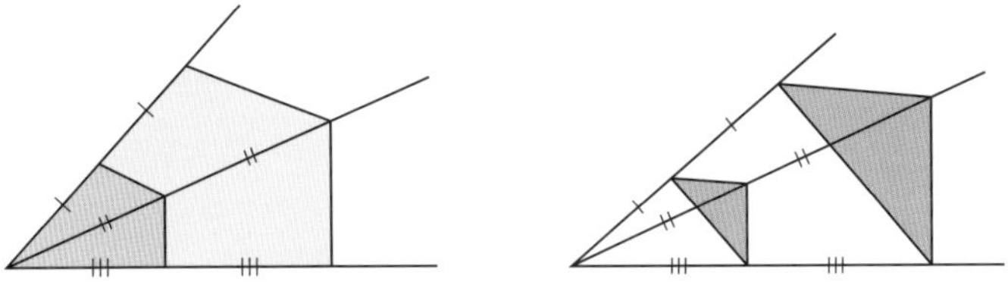

縮尺と縮図の利用　6年

縮尺　実際の長さを縮めた割合を縮尺という。木の高さや川のはばなど，直接はかることが難しい長さを求めるときに，縮図を利用する。

見て理解！

縮尺の表し方（地図などでよく使われる。）

㋐ $\frac{1}{5000}$　　㋑ 1：5000　　㋒ 0　100　200　300　400　500m

31 拡大図と縮図

基本

下の四角形ＥＦＧＨは，四角形ＡＢＣＤの拡大図です。

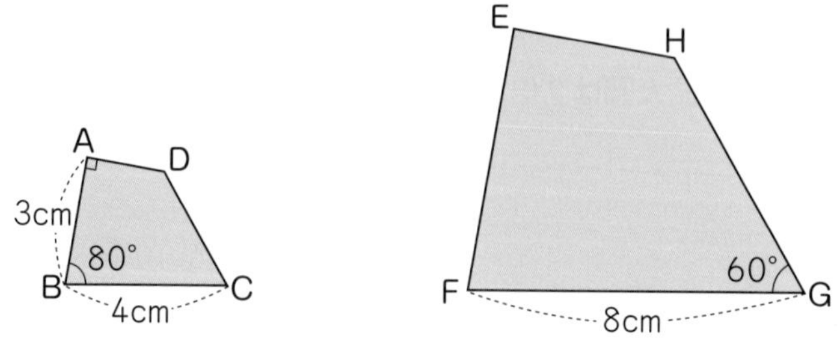

① 四角形ＥＦＧＨは，四角形ＡＢＣＤの何倍の拡大図ですか。
② 辺ＥＦの長さは何cmですか。
③ 角Ｃの大きさは何度ですか。

考える手順 対応する辺の長さの比から，四角形ＥＦＧＨが四角形ＡＢＣＤの何倍の拡大図になっているかを求める。

解き方

① 長さがわかっている辺ＢＣと辺ＦＧに注目する。

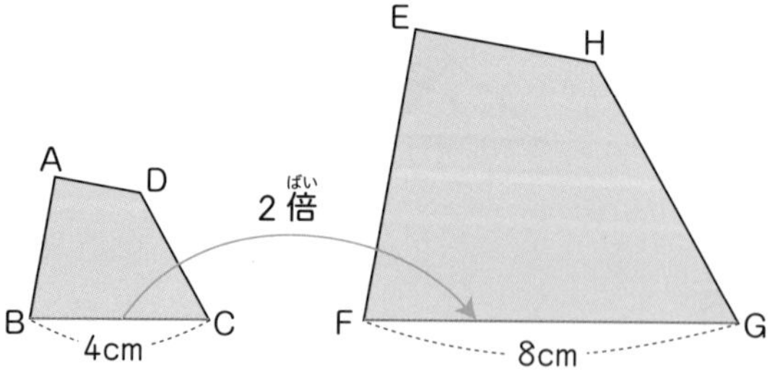

辺ＢＣと辺ＦＧは対応する辺で，長さの比が１:２になっているから，四角形ＥＦＧＨは，四角形ＡＢＣＤの２倍の拡大図である。

② 辺ＥＦに対応する辺は，辺ＡＢ。
辺ＡＢの長さは3cmだから，辺ＥＦの長さは，
$3\times2=6$(cm)

もっとくわしく
拡大図や縮図では，対応する辺の長さの比はどれも等しい。
四角形ＥＦＧＨは，四角形ＡＢＣＤの２倍の拡大図だから，対応する辺の長さの比は，どれも１：２になっている。

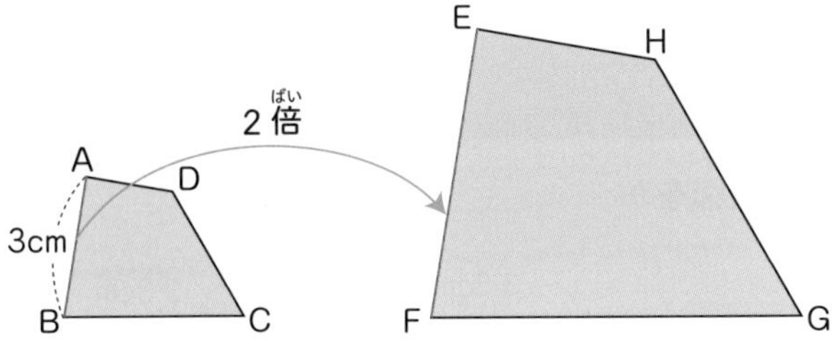

③ 角Cに対応する角は，角G。
角Gの大きさは60°だから，角Cの大きさも同じで60°になる。

もっとくわしく
拡大図や縮図では，対応する角の大きさはどれも等しい。

答え ① 2倍　② 6cm　③ 60°

ここが大切
・拡大図や縮図では，対応する辺の長さの比はどれも等しく，対応する角の大きさはどれも等しい。

練習問題

解答▶ 別冊…P.35

115 下の㋐の三角形の拡大図と縮図を，㋑～㋗の中からそれぞれ選んで記号で答えなさい。

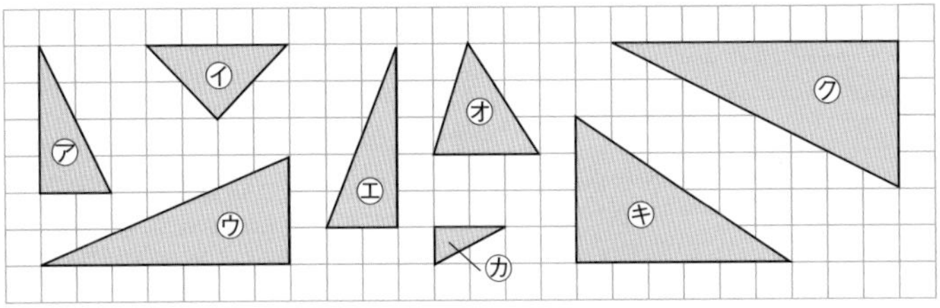

116 右の三角形ＡＤＥは，三角形ＡＢＣの縮図です。

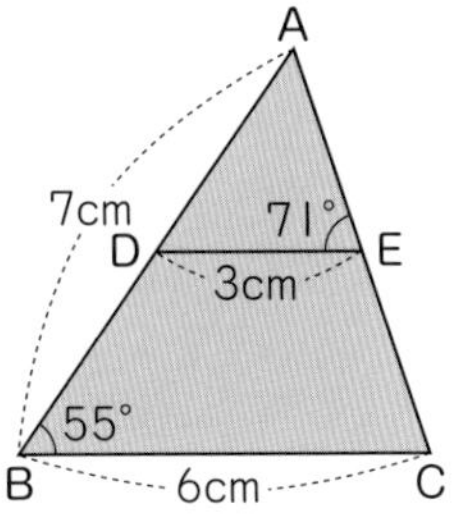

(1) 三角形ＡＤＥは，三角形ＡＢＣの何分の一の縮図ですか。
(2) 辺ＡＤの長さは何cmですか。
(3) 角Ｃの大きさは何度ですか。

32 拡大図のかき方

基本

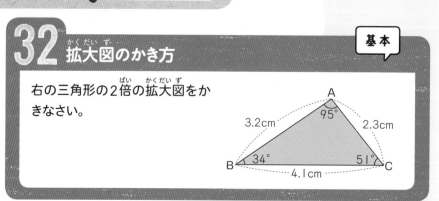

右の三角形の2倍の拡大図をかきなさい。

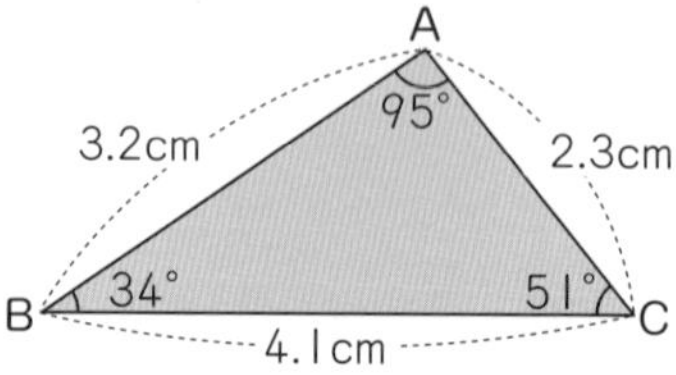

考える手順　角の大きさはそのままで，辺の長さをそれぞれ2倍にしてかく。

解き方

三角形ＡＢＣの拡大図を三角形ＤＥＦとすると，次のような方法でかくことができる。

①　3つの辺の長さを使ってかく。
辺ＤＥの長さは，辺ＡＢの2倍→6.4cm
辺ＥＦの長さは，辺ＢＣの2倍→8.2cm
辺ＤＦの長さは，辺ＡＣの2倍→4.6cm

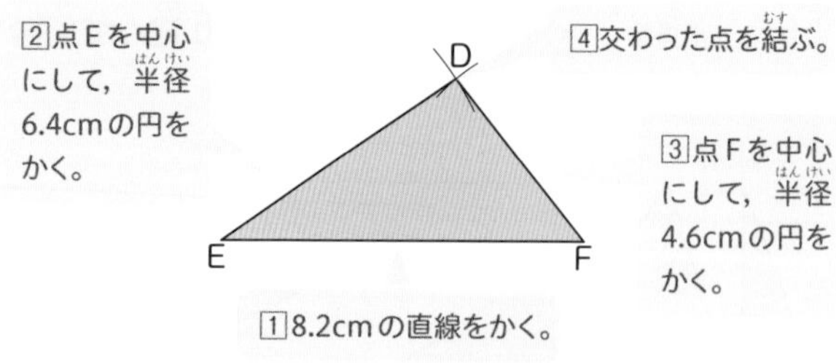

2点Eを中心にして，半径6.4cmの円をかく。
D
4交わった点を結ぶ。
3点Fを中心にして，半径4.6cmの円をかく。
E
F
18.2cmの直線をかく。

②　2つの辺とその間の角の大きさを使ってかく。

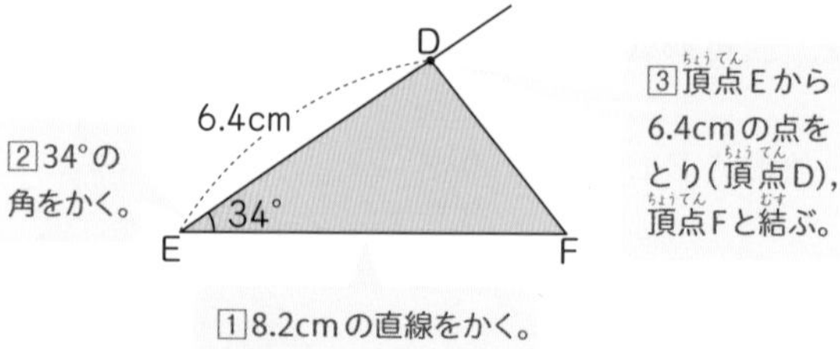

もっとくわしく
辺の長さを2倍にして，あとは合同な三角形のかき方と同じようにかけばよい。

もっとくわしく
他の2つの辺とその間の角の大きさを使ってかいてもよい。

③　1つの辺とその両はしの角を使ってかく。

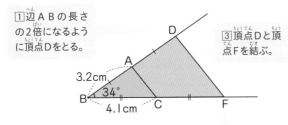

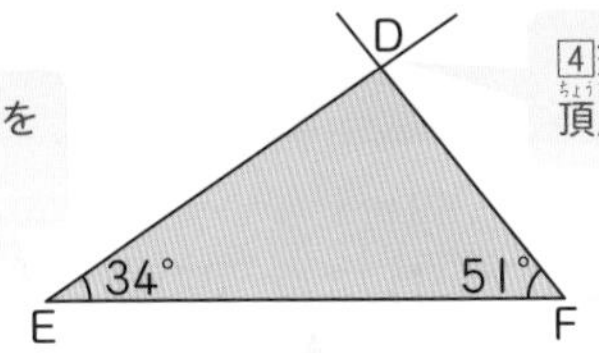

[2]34°の角をかく。

[4]交わった点を頂点Dとする。

[3]51°の角をかく。

[1]8.2cmの直線をかく。

④　点Bを中心にしてかく。

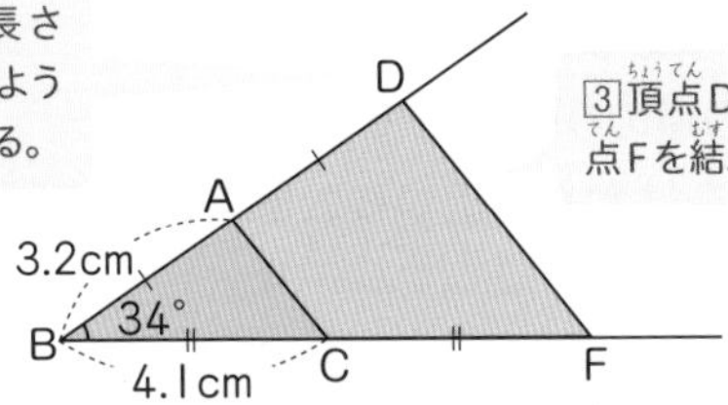

[1]辺ABの長さの2倍になるように頂点Dをとる。

[3]頂点Dと頂点Fを結ぶ。

[2]辺BCの長さの2倍になるように頂点Fをとる。

もっとくわしく

コンパスを使って，辺AB，辺BCの長さをはかりとって，頂点D，頂点Fを決めてもよい。

答え 解き方の図参照

ここが大切

- 拡大図のかき方
  - [1]辺の長さや角の大きさを使って，合同な図形と同じようにかく。
  - [2]1つの点を中心にして，その点からのきょりをのばしてかく。

練習問題

解答▶ 別冊…P.36

117 右の四角形の2倍の拡大図をかきなさい。

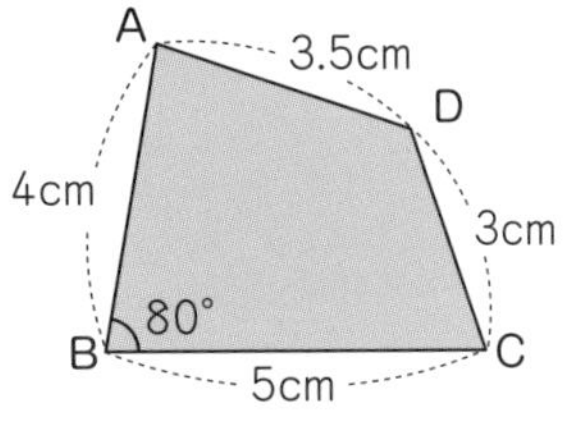

33 縮尺，縮図の利用

基本

右の図は，駅から公園までを表した縮図です。ABの実際の長さ400mを2cmに縮めて表しています。次の問題に答えなさい。

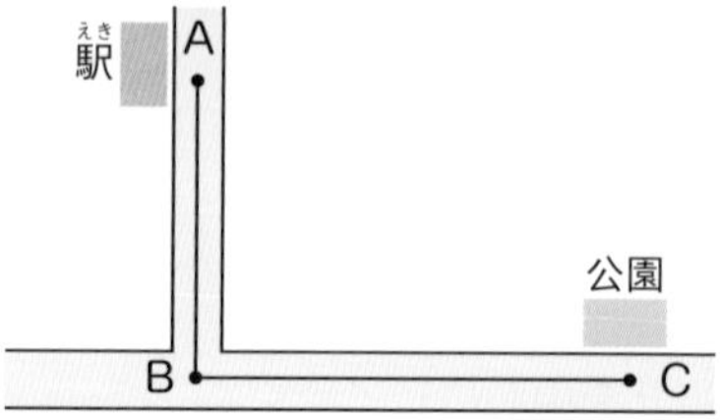

1 縮尺を分数で求めなさい。
2 右の縮図でBCの長さをはかり，BCの実際の長さを求めなさい。
3 駅から公園までの実際の道のりは何mですか。
4 右の縮図でACの長さをはかり，駅から公園までの実際の直線きょりを求めなさい。

考える手順 まず縮尺を求めてから，縮図を使って実際の長さを求める。

解き方

1 実際の長さ400mを2cmに縮めて表している。

400m = 40000cmだから，

$$2 \div 40000 = \frac{1}{20000}$$

2 上の縮図のBCの長さをはかると3cmである。

$\frac{1}{20000}$の縮図だから，実際の長さは20000倍になる。

3×20000 = 60000(cm)→600m

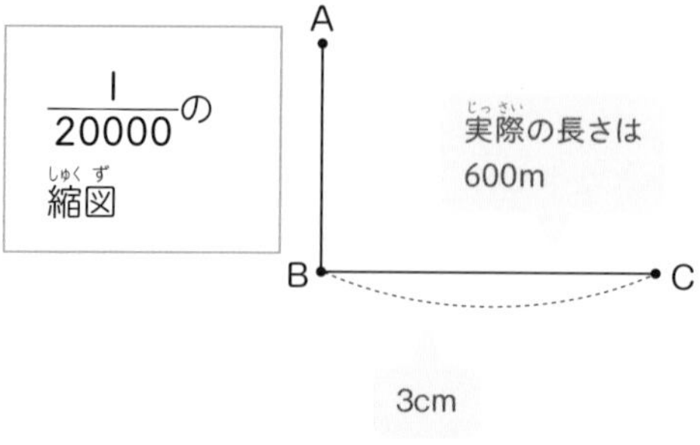

もっとくわしく

縮尺は，分数の他に

1：20000

0　200　400m

のように表すこともできる。

③ ＡＢの実際の長さは400m，ＢＣの実際の長さは ② から600mだから，

400 + 600 = 1000(m)

④ 左ページの縮図のＡＣの長さをはかると約3.6cm。
実際の長さは20000倍だから，

3.6×20000 = 72000(cm)→720m

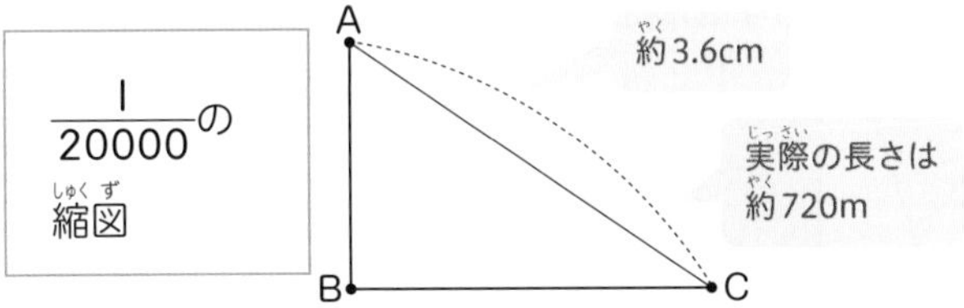

駅から公園までの実際の直線きょりは約720m。

もっとくわしく

縮尺を使うと，縮図から実際の長さを求めることができる。

答え ① $\frac{1}{20000}$　② 600m
③ 1000m　④ 約720m

ここが大切
・縮図から実際の長さを求めることができる。

練習問題

解答▶ 別冊…P.36

118 家からバス停までのきょりは350mです。このきょりは$\frac{1}{5000}$の地図上では，何cmになりますか。

119 木から6mはなれたところに立って木の先を見上げると，水平面と40°の角度になりました。この木の高さはおよそ何mですか。目の高さを1.2mとして，$\frac{1}{200}$の縮図をかいて求めなさい。

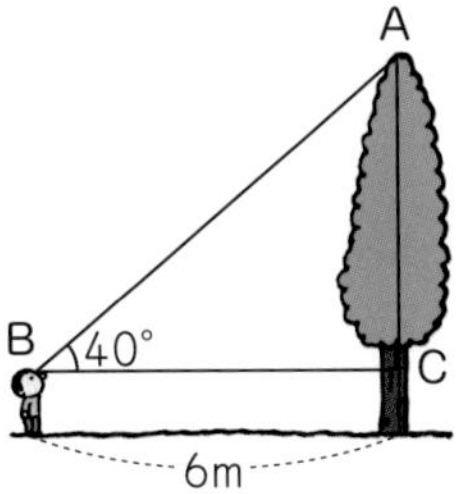

まとめの問題

解答▶別冊…P.119

基本

57 下の㋐～㋗の中から合同な図形を選び，記号で答えなさい。

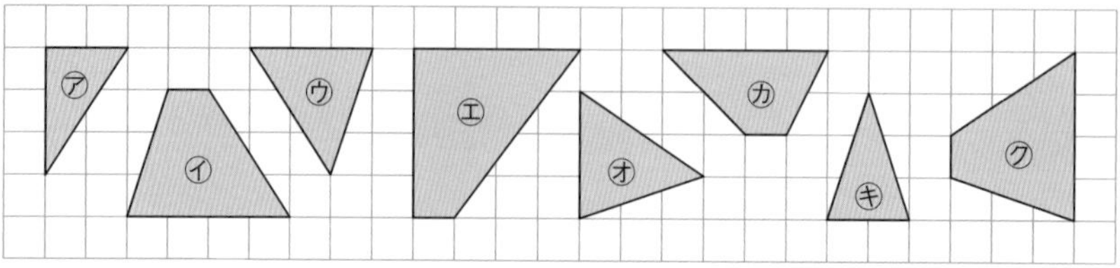

58 下の2つの図形は合同です。

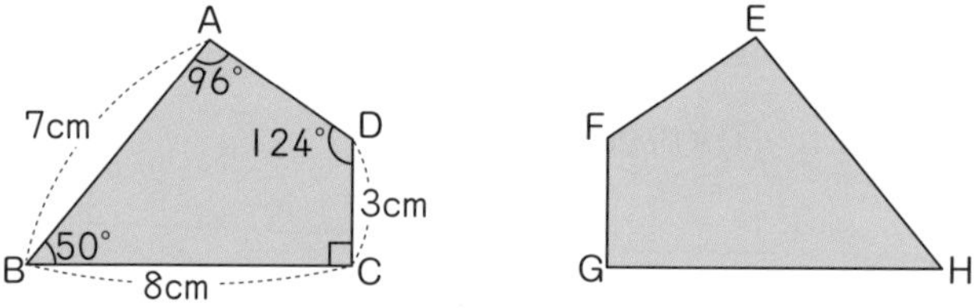

(1) 辺ＥＨの長さは何cmですか。
(2) 角Ｆの大きさは何度ですか。

59 右の図は，平行四辺形に2本の対角線をひいた図です。図の中から合同な三角形を見つけて答えなさい。

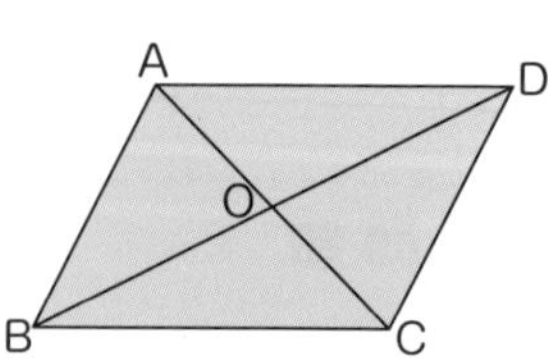

60 右の図は線対称な図形です。
(1) 辺ＢＣに対応する辺はどれですか。
(2) 角Ｅに対応する角はどれですか。
(3) 直線ＤＫと長さの等しい直線はどれですか。

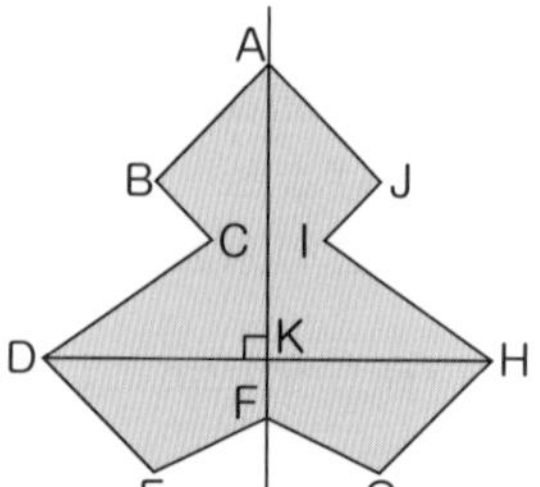

61 右の図は点対称な図形です。
図に対称の中心Oをかき入れなさい。

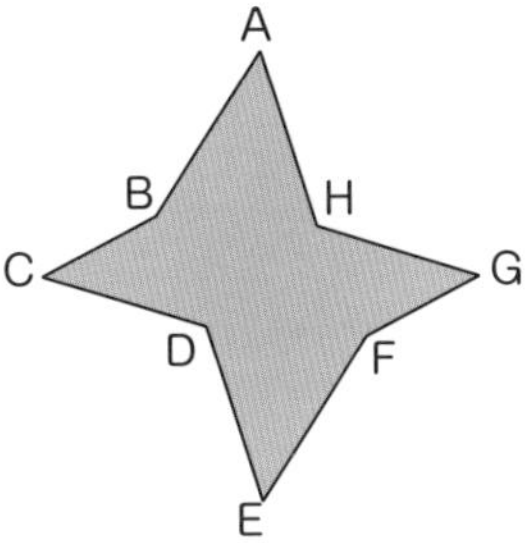

よくでる

62 次の㋐～㋔のうち，線対称でも点対称でもある図形を答えなさい。

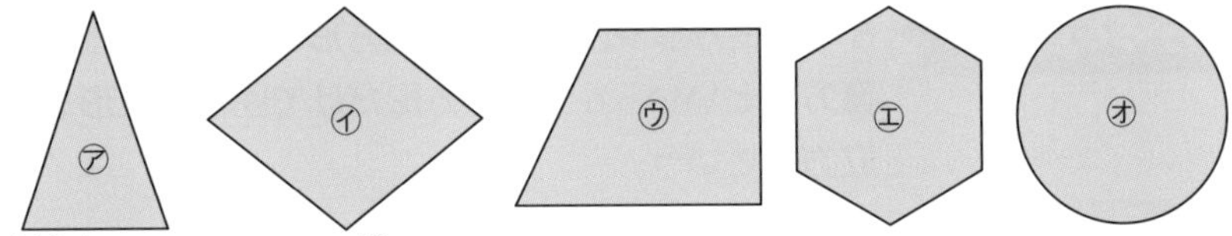

二等辺三角形　ひし形　台形　正六角形　円

63 右の図の三角形ＡＢＣは三角形ＡＤＥを拡大したものです。辺ＤＥの長さを求めなさい。

（共立女子第二中）

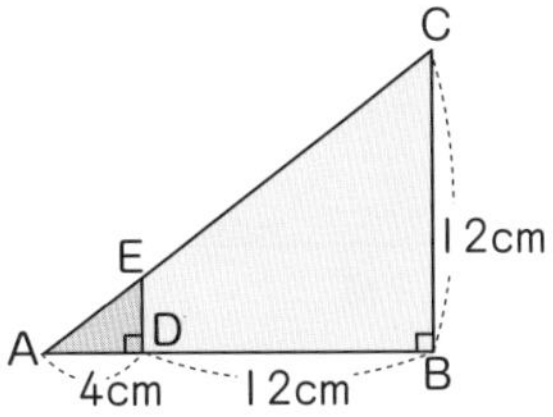

64 右の三角形ＡＢＣの２倍の拡大図と，$\frac{1}{2}$の縮図をかきなさい。

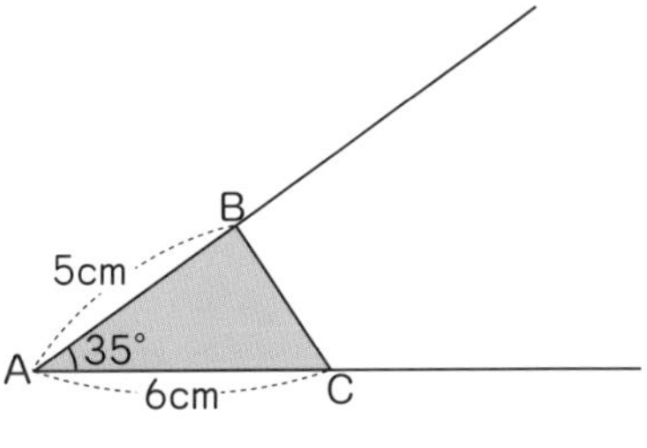

65 右の図で，川はばＡＣの実際の長さは何ｍですか。$\frac{1}{500}$の縮図をかいて求めなさい。

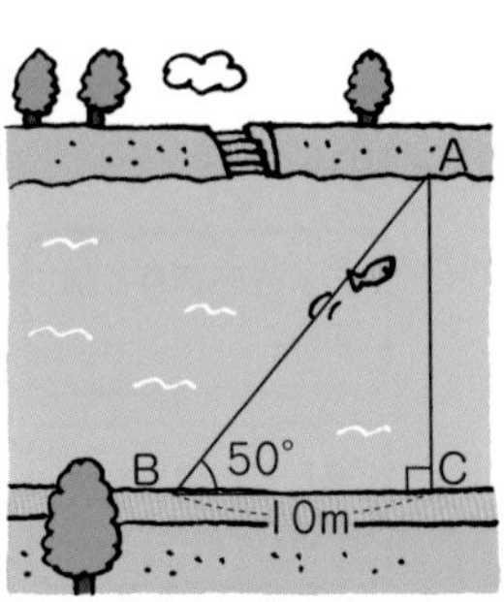

1 直方体と立方体

立体の表面積や体積を求める基礎となります。

直方体と立方体

4年 発展

直方体と立方体　6つの長方形や，長方形と正方形で囲まれた形を直方体といい，6つの正方形だけで囲まれた形を立方体という。

見て👀理解!

直方体

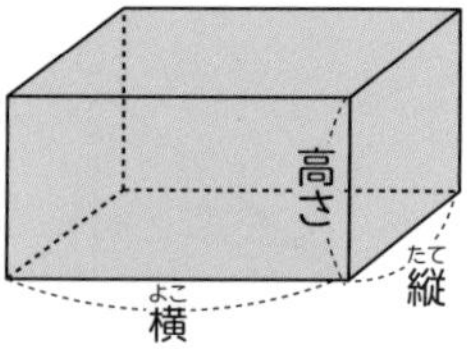

頂点の数…8つ
面の数…6つ
辺の数…12(本)

立方体

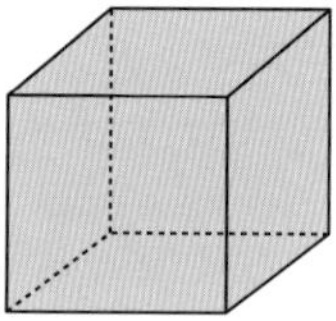

面や辺の垂直と平行　直方体や立方体では，交わった面や辺は垂直に，向かい合った面や辺は平行になっている。

見て👀理解!

〈面と面〉

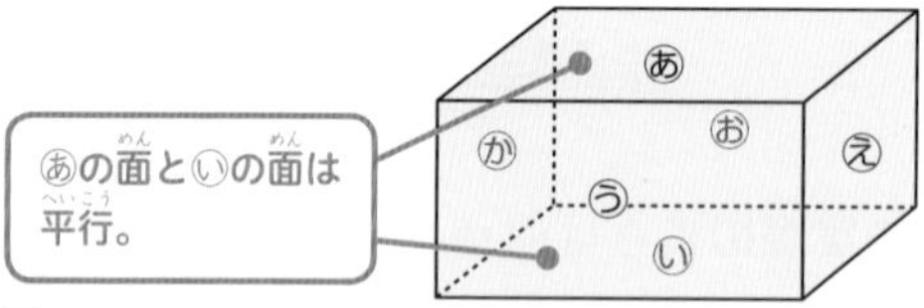

いの面に対してう，え，お，かの面はそれぞれ垂直。

〈辺と辺〉

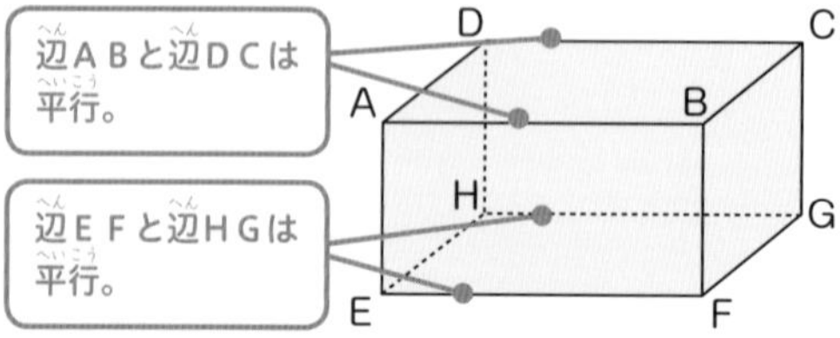

辺ABと辺AE，辺AD，辺BF，辺BCはそれぞれ垂直。

〈面と辺〉

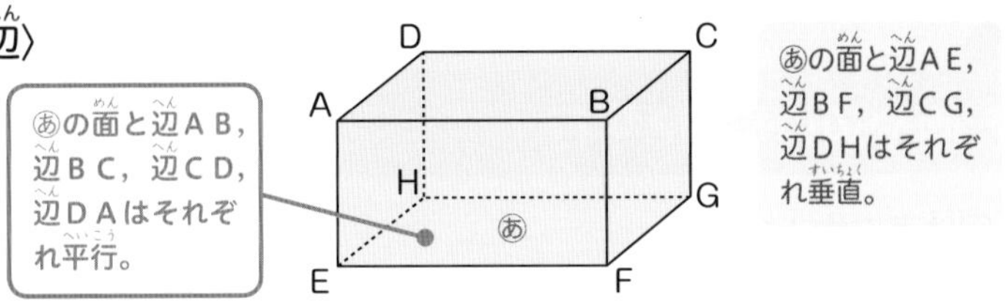

切り口の形 立体を辺や点を通るように切った切り口は，平面になる。

見て👀理解!

立方体を切るとき

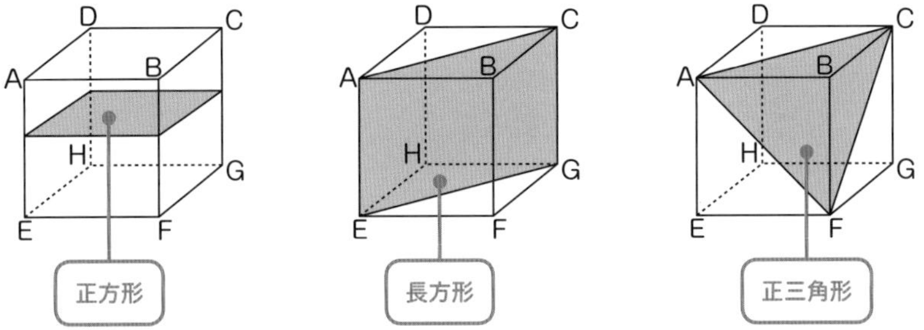

位置の表し方 4年

位置の表し方 平面にある点の位置は2つの数の組で，空間にある点の位置は3つの数の組で表すことができる。

見て👀理解!

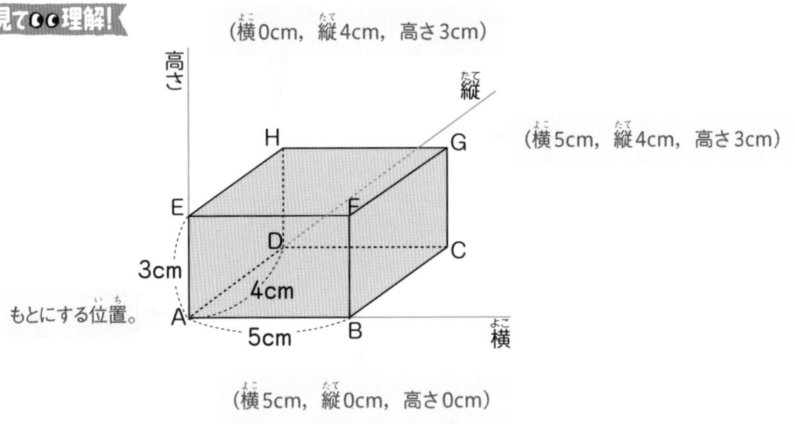

34 面や辺の垂直と平行

基本

右の図は直方体です。

1 (う)の面に平行な面はどれですか。

2 辺ＡＥに平行な辺はどれですか。

3 辺ＢＣに垂直な辺はどれですか。

4 (い)の面に垂直な辺はどれですか。

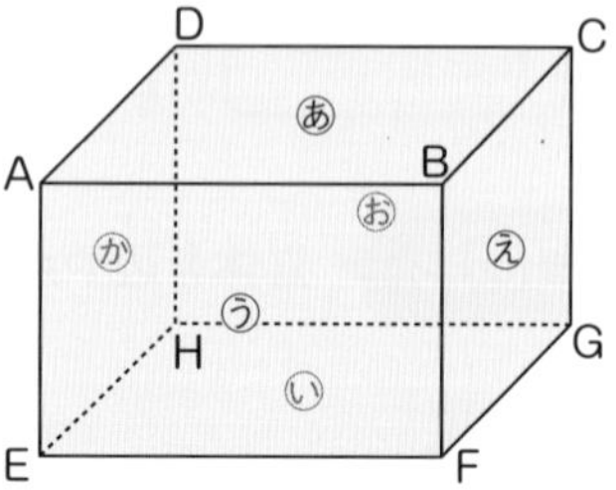

考える手順　直方体の図から，面や辺が平行な関係になっているか，垂直な関係になっているかを調べる。

解き方

1 (う)の面に平行な面は，(う)の面と向かい合った面だから，(お)の面。

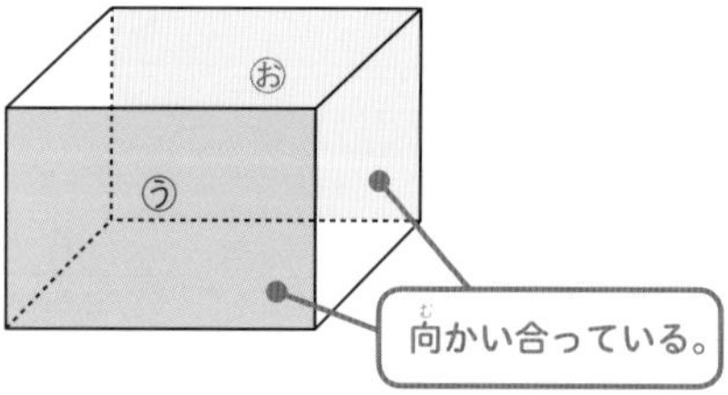

2 辺ＡＥに平行な辺は，辺ＡＥと向かい合った辺だから，辺ＢＦ，辺ＣＧ，辺ＤＨ。

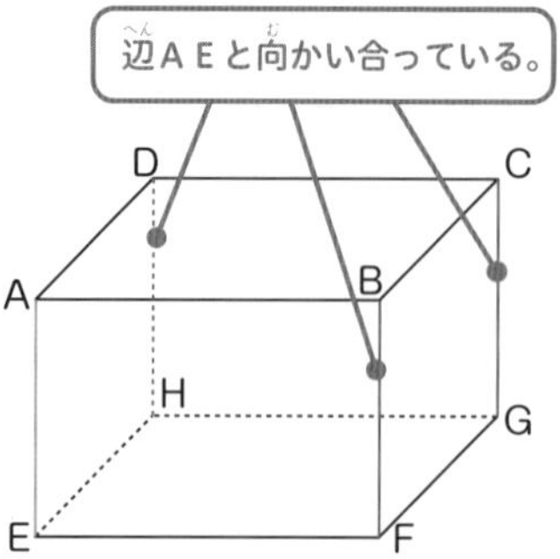

もっとくわしく

向かい合った面は，面と面との間が同じ長さになっているから，平行である。

もっとくわしく

平行な辺どうしは，どこまでのばしても交わらない。

もっとくわしく

- １つの辺に垂直な辺は４つ
- １つの面に垂直な面は４つ
- １つの辺に平行な辺は３つ
- １つの面に平行な面は１つ

3 辺BCに垂直な辺は，辺BCと交わった辺だから，辺AB，辺DC，辺BF，辺CG。

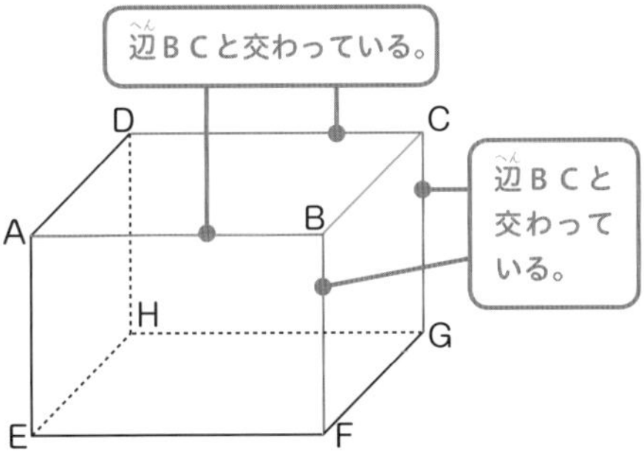

4 ⓘの面に垂直な辺は，ⓘの面と交わった辺だから，辺AE，辺BF，辺CG，辺DH。

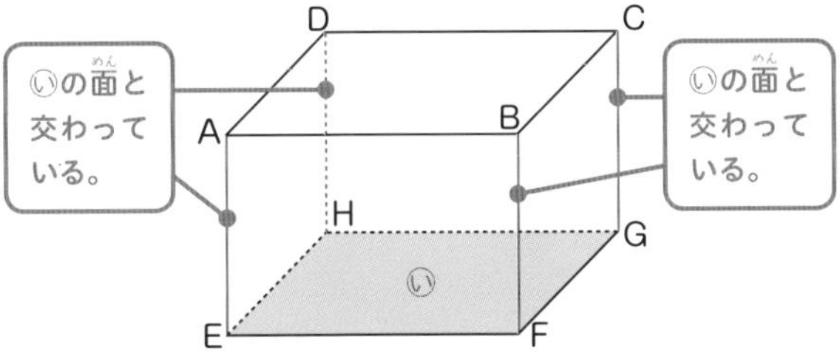

答え **1** ㋔の面　**2** 辺BF，辺CG，辺DH
3 辺AB，辺DC，辺BF，辺CG
4 辺AE，辺BF，辺CG，辺DH

ここが大切
・直方体や立方体では，向かい合った面や辺は平行で，交わった面や辺は垂直になっている。

もっとくわしく

直方体や立方体の面は長方形か正方形で，角はすべて直角だから，交わる辺はすべて垂直である。

つまずいたら

直方体の面や辺の関係を知りたい。

P.206

練習問題

解答▶ 別冊…P.37

120 右の図は立方体です。

(1) ㋐の面に垂直な面はどれですか。
(2) 辺FGに垂直な辺はどれですか。
(3) ㋓の面に平行な辺はどれですか。

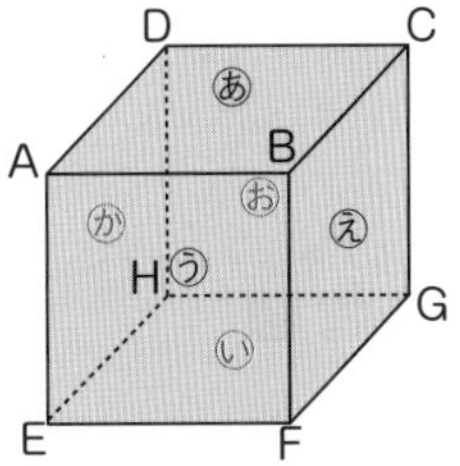

35 位置の表し方

基本

右の図で，点Aをもとにすると，
点アの位置は，
(東300m，北100m)
と表せます。
同じように考えて，点イと点ウの位置を表しなさい。

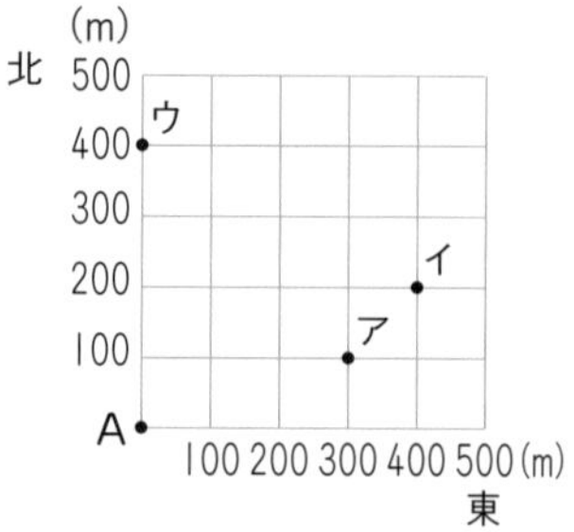

考える手順　もとにする位置からの方向ときょりを考える。

解き方

図から，点イ，点ウが東に何m，北に何mのところにあるのかをよむ。

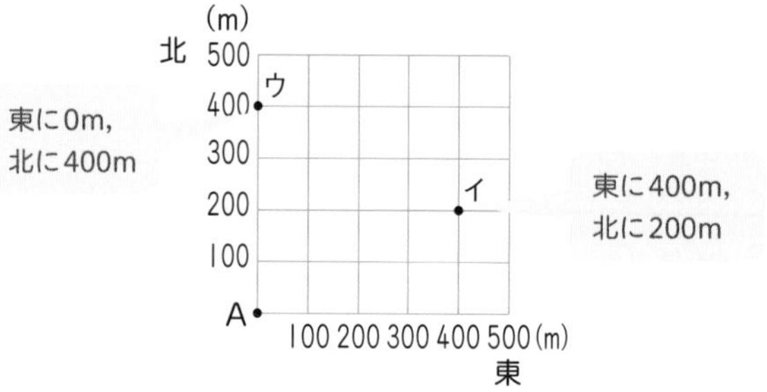

ミス注意！
点ウの位置は，東の方向には0m。答えには(東0m)をはぶかないで書く。

答え　点イ(東400m，北200m)
点ウ(東0m，北400m)

ここが大切　・平面上にあるものの位置は，2つの数の組で表すことができる。

練習問題

解答▶ 別冊…P.37

121　上の図の中に，点エ(東200m，北300m)をかき入れなさい。

36 位置の表し方

基本

右の直方体で，頂点Aをもとにすると，頂点Fは(横5m，縦0m，高さ3m)と表せます。同じように考えて，頂点Cと頂点Hの位置を表しなさい。

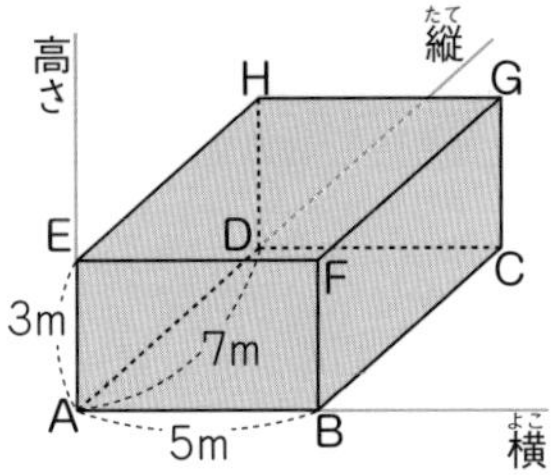

考える手順 もとにする位置からの，横，縦，高さの方向ときょりを考える。

解き方

横，縦，高さの3つの方向で考える。

横に0m，縦に7m，高さ3m

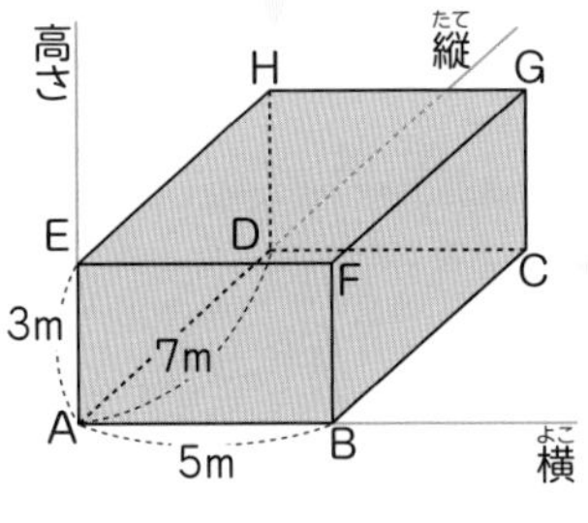

横に5m，縦に7m，高さ0m

答え 頂点C(横5m，縦7m，高さ0m)
頂点H(横0m，縦7m，高さ3m)

もっとくわしく

頂点H，頂点G，頂点D，頂点Cはすべて，縦に7mの位置にある。

つまずいたら

位置の表し方について知りたい。

➡ P.207

ここが大切 ・空間にあるものの位置は，3つの数の組で表すことができる。

練習問題

解答▶ 別冊…P.37

(122) 上の図で，頂点Aをもとにして，(横5m，縦7m，高さ3m)の位置にある頂点はどれですか。

2 直方体と立方体の見取図、展開図

直方体と立方体の表面積や体積を求める基礎となります。

見取図

4年

見取図 直方体や立方体などの立体を，全体がわかるようにかいた図を見取図という。

見て理解！

直方体　　立方体

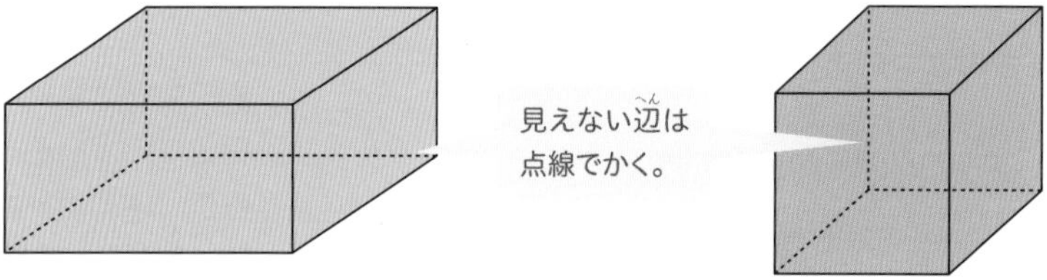

展開図・表面積

4年 発展

展開図 直方体や立方体などの立体を辺にそって切り開いた図を展開図という。

見て理解！

直方体の展開図

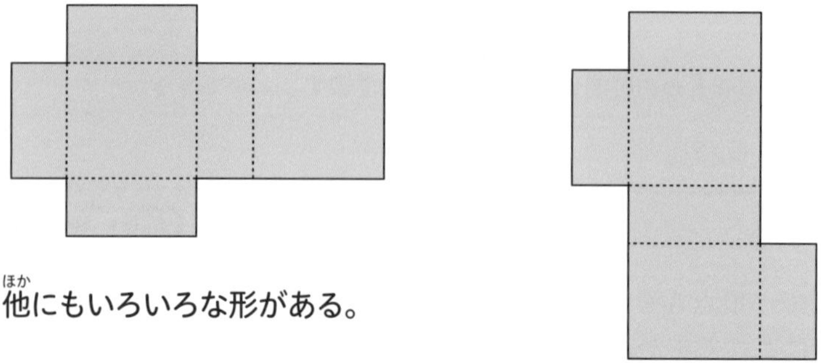

他にもいろいろな形がある。

立方体の展開図

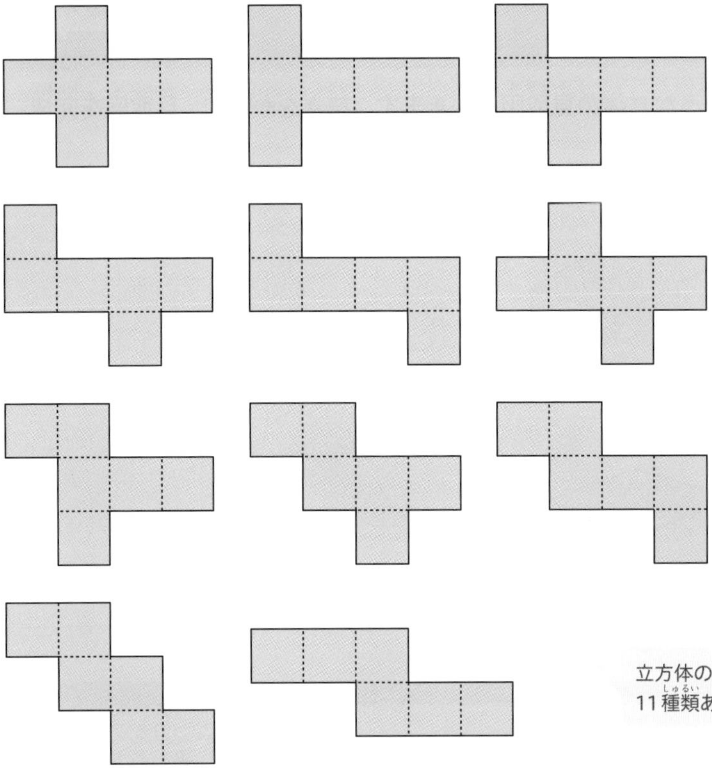

立方体の展開図は11種類ある。

表面積 直方体や立方体の表面積は，その展開図の面積と同じになる。

見て理解!

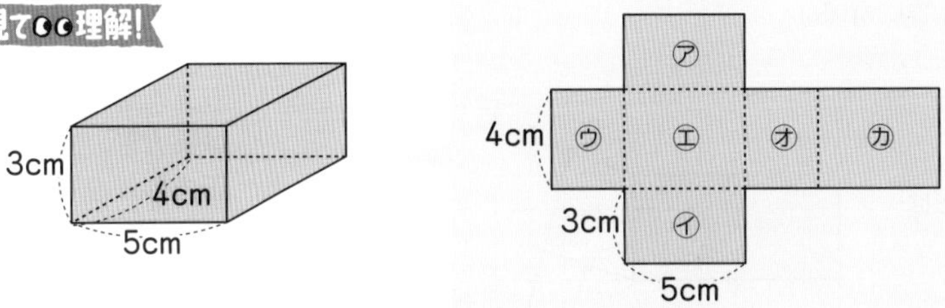

この直方体の表面積は，

ア と イ の面積は同じだから，$3\times5\times2=30(\mathrm{cm}^2)$
ウ と オ の面積は同じだから，$4\times3\times2=24(\mathrm{cm}^2)$
エ と カ の面積は同じだから，$4\times5\times2=40(\mathrm{cm}^2)$

$30+24+40$
$=94(\mathrm{cm}^2)$

37 見取図

基本

下のような立体の見取図をかきます。続きをかいて，見取図を完成させなさい。

1 直方体

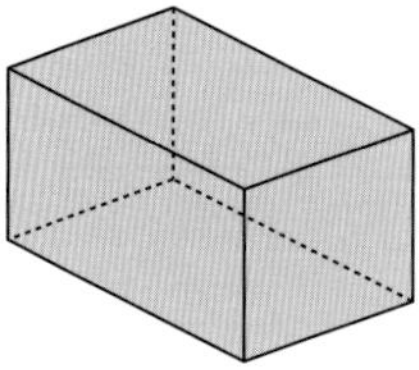

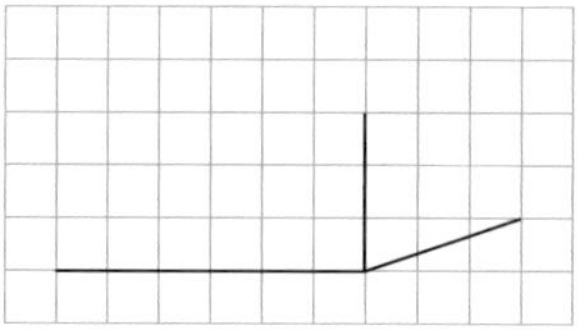

2 立方体

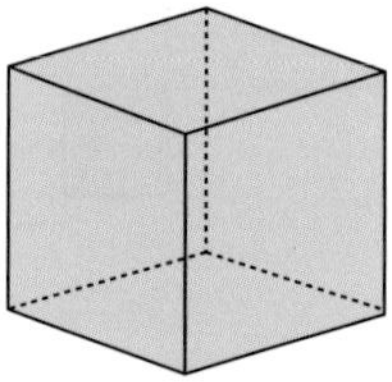

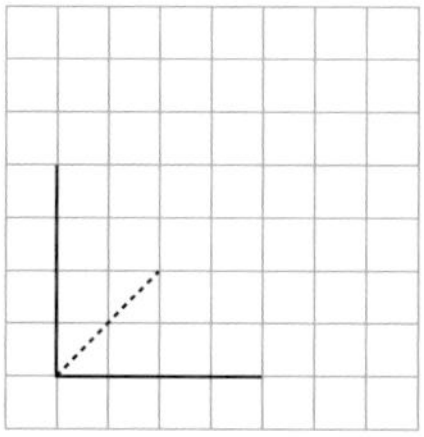

考える手順　全体の形がわかるように，かいてある直線に平行な直線をかいていく。

解き方

向かい合う辺が平行になるように，見取図をかいていく。
面の数は6つになる。

1

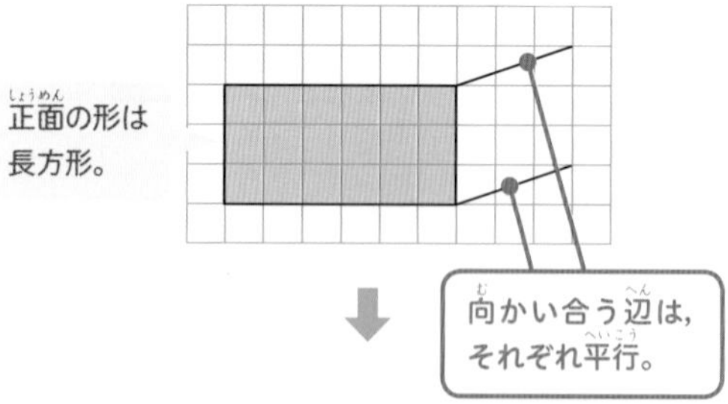

もっとくわしく

見取図では，正面から見た形は，直方体は長方形，立方体は正方形になっている。

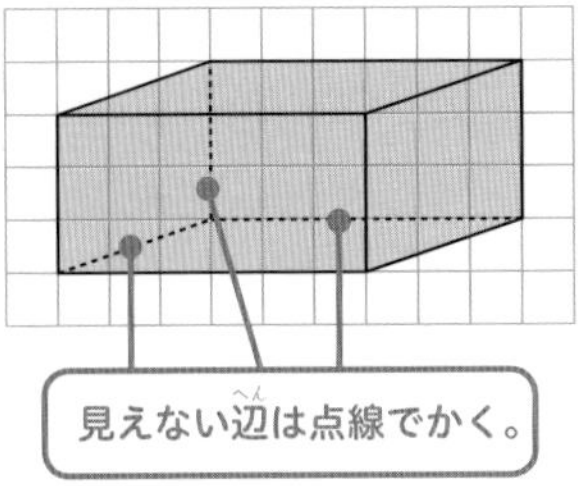
見えない辺は点線でかく。

⚠ミス注意！

見取図をかくときには，見えない辺をかくのを忘れないようにする。

2

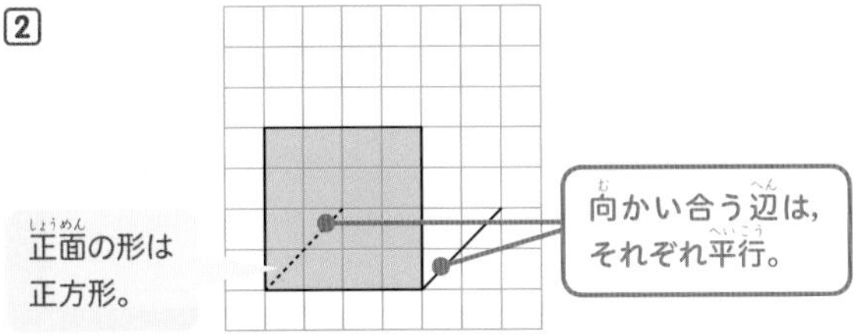
正面の形は
正方形。
向かい合う辺は，
それぞれ平行。

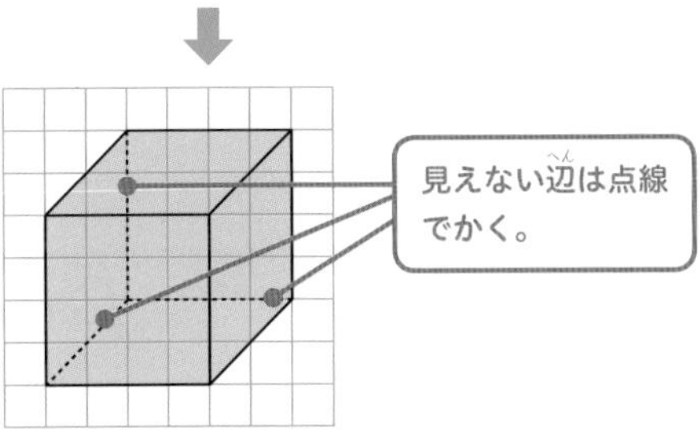
見えない辺は点線
でかく。

つまずいたら

見取図について知りたい。

P.212

答え 1 解き方の図参照　2 解き方の図参照

ここが大切
- 見取図は，立体を全体の形がわかるようにかいた図である。
- 見取図をかくときは，見えない辺は点線でかく。

練習問題

解答▶ 別冊…P.37

123 右のような直方体の見取図をかき，縦，横，高さの辺の長さをそれぞれかき入れなさい。

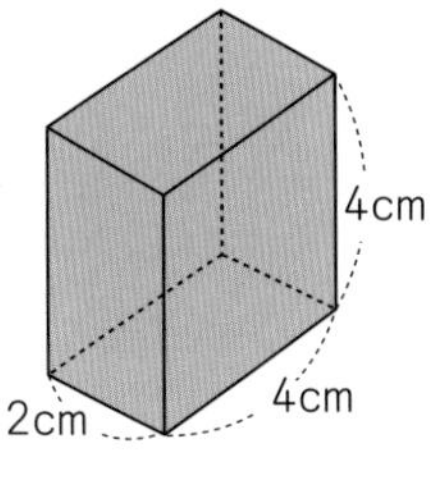
4cm
4cm
2cm

38 展開図

基本

右の図は，直方体の展開図です。この展開図を組み立ててできる直方体について答えなさい。

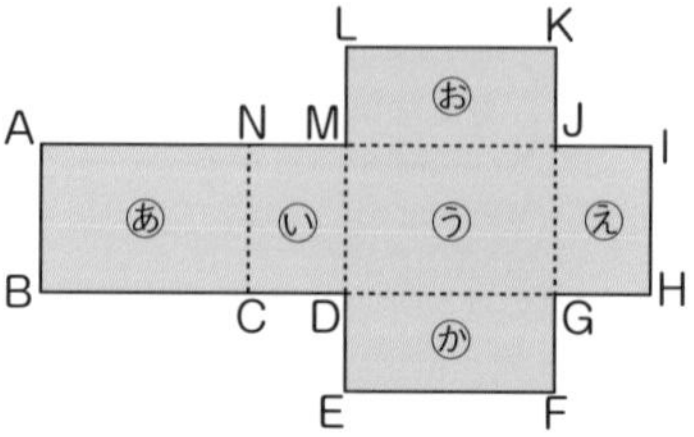

1 あの面と平行になる面はどれですか。

2 辺ABと重なるのは，どの辺ですか。

3 頂点Aと重なる頂点をすべて書きなさい。

考える手順 展開図を組み立てた立体を考える。

解き方

この直方体の展開図を組み立てると次のような立体になる。

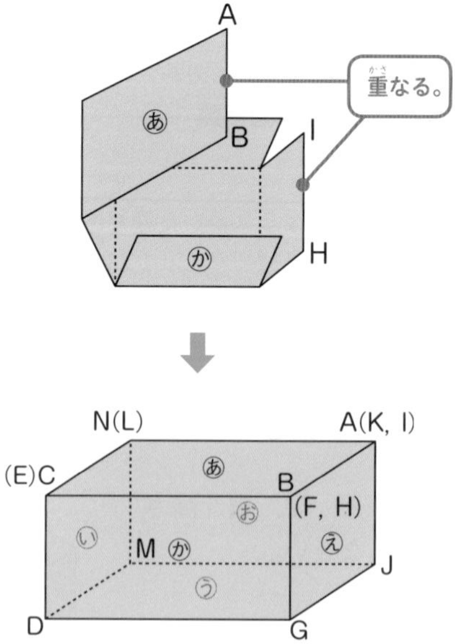

もっとくわしく

直方体の展開図を組み立てたとき平行になる面は，形も大きさも同じになっている。

1 ㋐の面と平行になる面は，㋐の面と向かい合う面だから，㋒の面。
2 辺ＡＢと重なるのは，左ページの展開図を組み立てた図から，辺ＩＨ。
3 展開図の頂点は下の図のように重なる。

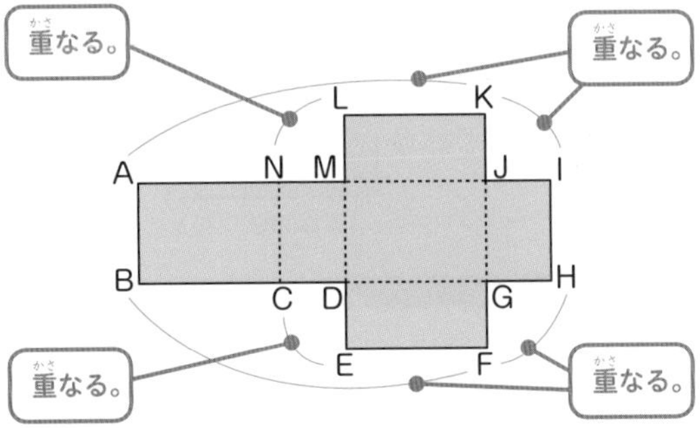

頂点Ａと重なる頂点は，頂点Ｉと頂点Ｋ。

答え 1 ㋒の面　2 辺ＩＨ
3 頂点Ｉ，頂点Ｋ

もっとくわしく
㋐の面は，㋒の面と平行になっている。また，㋑，㋓，㋔，㋕の面とは垂直になっている。

ミス注意！
頂点Ａは，頂点Ｉと頂点Ｋの２つと重なる。重なる頂点は１つだけとはかぎらないから注意する。

ここが大切
・展開図で，重なる頂点や，平行や垂直な面や辺を考えるときは，展開図を組み立てた立体で考える。

練習問題

解答▶ 別冊…P.37

124 右の図は，立方体の展開図です。
(1) ㋑の面と平行になる面はどれですか。
(2) 辺ＡＢと重なるのは，どの辺ですか。

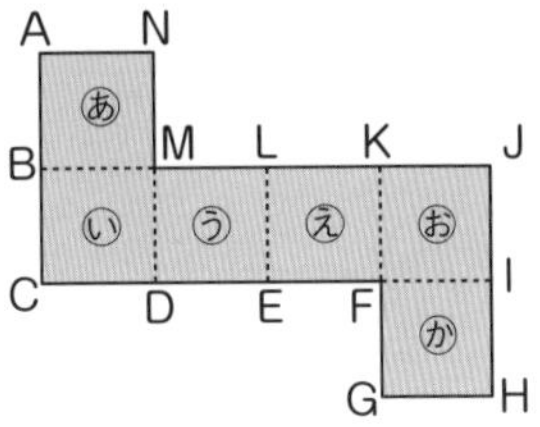

39 表面積

応用

次の 1, 2 の立体の表面積を求めなさい。

1

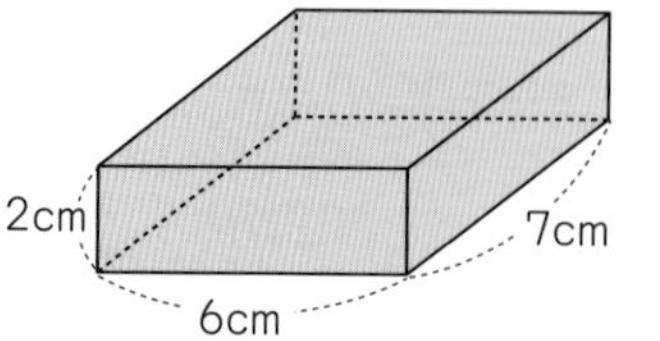

2

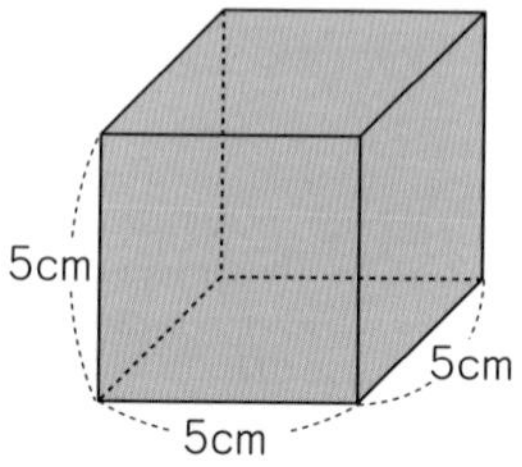

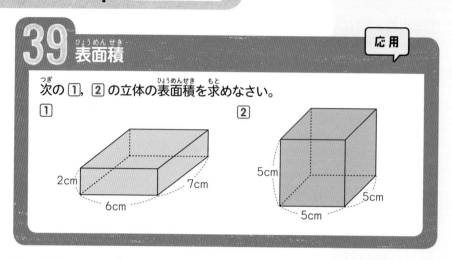

考える手順 展開図をかいて，立体がどのような形の長方形や正方形からできているのかを調べる。

解き方

1 この直方体の展開図をかくと，下のようになる。

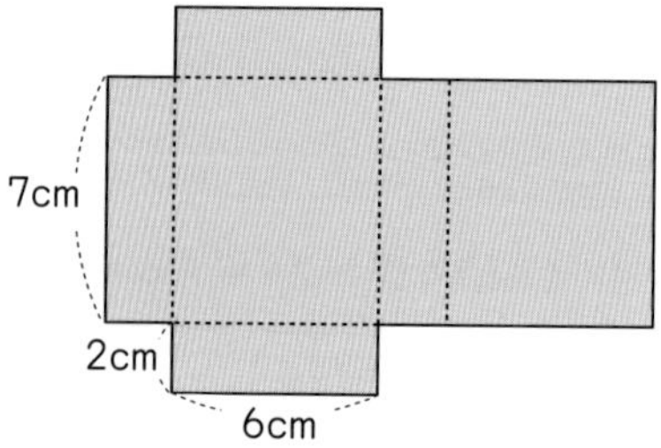

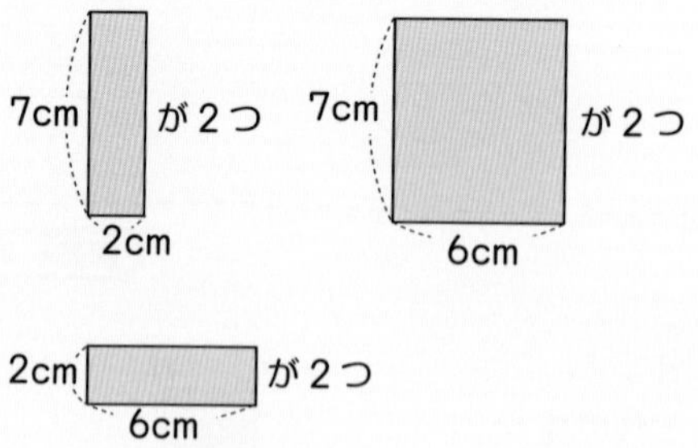

それぞれの長方形の面積は，

$7 \times 2 = 14(cm^2)$

もっとくわしく

立体の表面の面積を表面積という。
直方体や立方体の表面積は，その展開図の面積と同じになる。

もっとくわしく

表面積は，
底面積×2
　+底面の周りの長さ
　×高さ
で求めることもできる。

$7 \times 6 = 42(\mathrm{cm}^2)$

$2 \times 6 = 12(\mathrm{cm}^2)$

だから，この直方体の表面積は，

$(14 + 42 + 12) \times 2 = 136(\mathrm{cm}^2)$

2 この立方体の展開図をかくと，下のようになる。

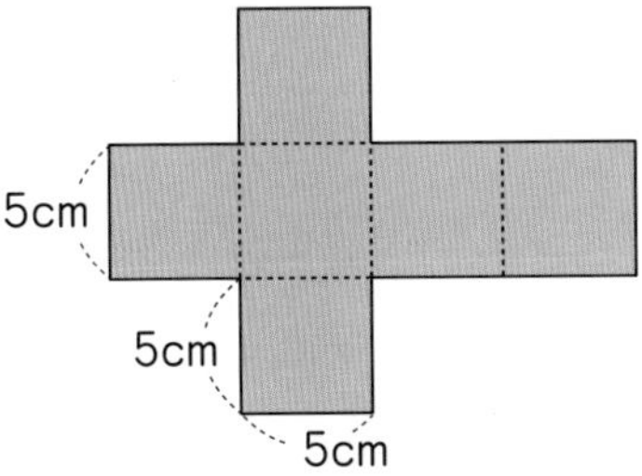

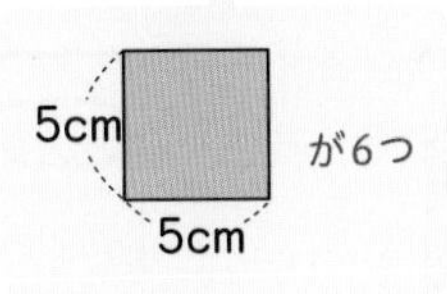

正方形の面積は，

$5 \times 5 = 25(\mathrm{cm}^2)$

だから，この立方体の表面積は，

$25 \times 6 = 150(\mathrm{cm}^2)$

答え 1 $136\mathrm{cm}^2$　2 $150\mathrm{cm}^2$

もっとくわしく

立方体は，形も大きさも同じ6つの正方形でできている。

つまずいたら

直方体や立方体の表面積の求め方について知りたい。

➡ P.213

ここが大切
・直方体や立方体の表面積は，その展開図の面積と同じ。

練習問題

解答▶ 別冊…P.38

125 次の(1)，(2)の立体の表面積を求めなさい。

(1)

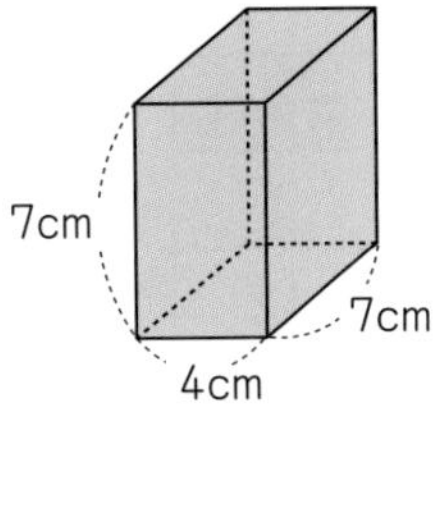

(2)

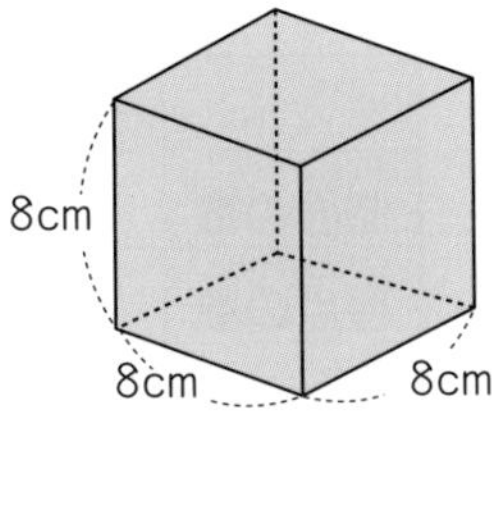

3 角柱と円柱

立体の表面積や体積を求める基礎になります。

角柱と円柱

5年

角柱と円柱 下の図のような，平面だけで囲まれた立体を角柱，平面と曲面で囲まれた立体を円柱という。

見て👀理解！

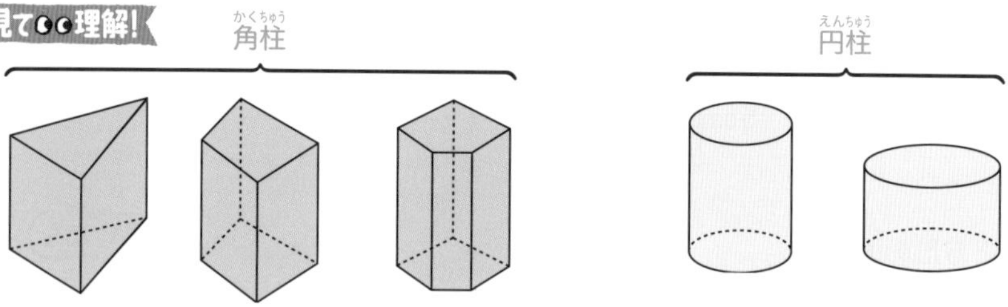

角柱と円柱の性質 角柱の２つの底面（上下に向かい合った面）は平行で，合同な多角形になっていて，側面（周りの面）は長方形や正方形になっている。
円柱の２つの底面は平行で，合同な円になっている。

見て👀理解！

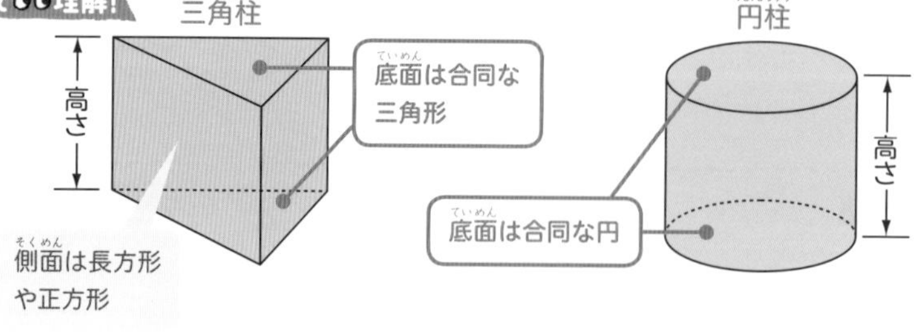

	三角柱	四角柱	五角柱	六角柱
側面の数	3	4	5	6
頂点の数	6	8	10	12
辺の数	9	12	15	18

2倍　3倍

見取図，展開図，投影図

5年 発展

見取図 全体の形がわかるようにかいた図を見取図という。

見て理解！

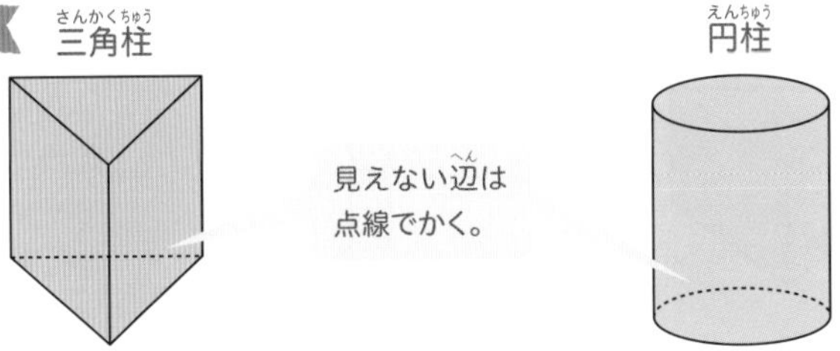

展開図 辺にそって切り開いた図を展開図という。

見て理解！

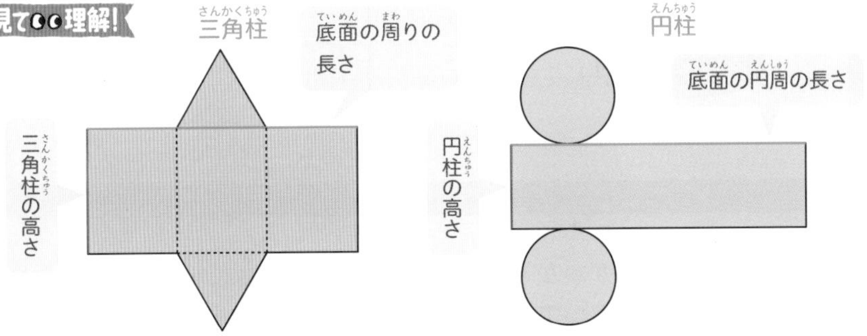

表面積＝底面積×2＋側面積

三角柱の高さ×底面の周りの長さ

表面積＝底面積×2＋側面積

円柱の高さ×底面の円周の長さ

投影図 立体を真正面から見た図と，真上から見た図で表した図を投影図という。

見て理解！

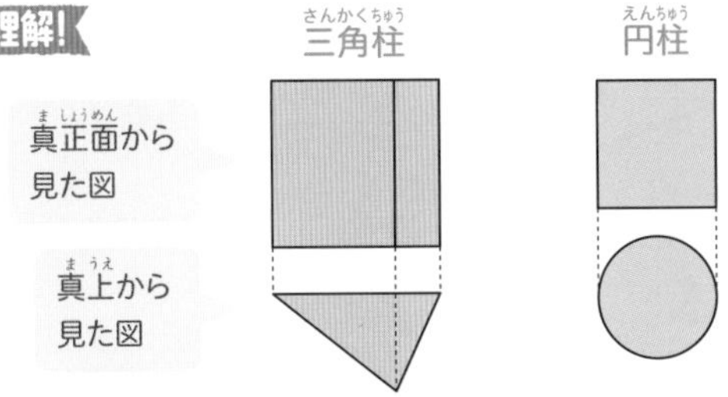

※投影図については，P.408参照。

40 見取図

基本

下のような立体の見取図をかきます。続きをかいて，見取図を完成させなさい。

1 三角柱

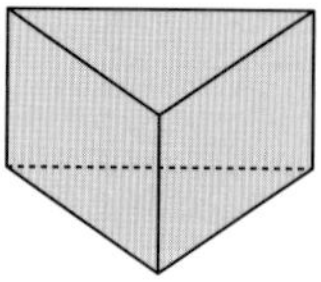

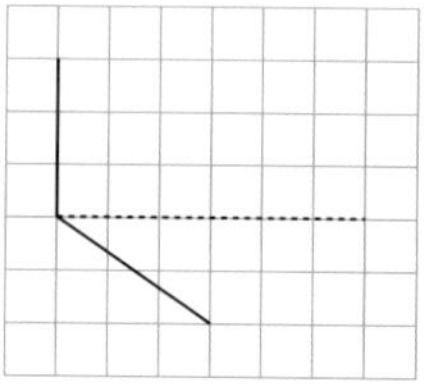

2 円柱

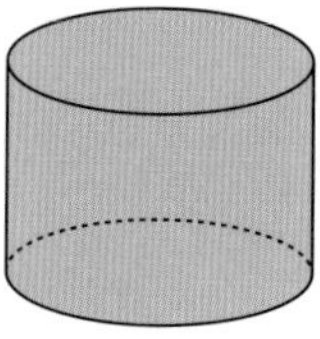

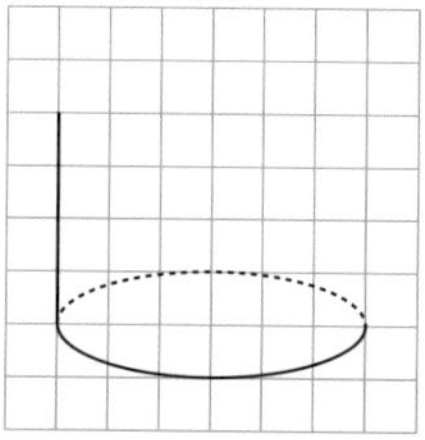

考える手順　全体の形がわかるように，かいてある直線に平行な直線や，立体の曲線をかいていく。

解き方

1 直方体や立方体の見取図と同じように，向かい合う辺が平行になるようにかいていく。

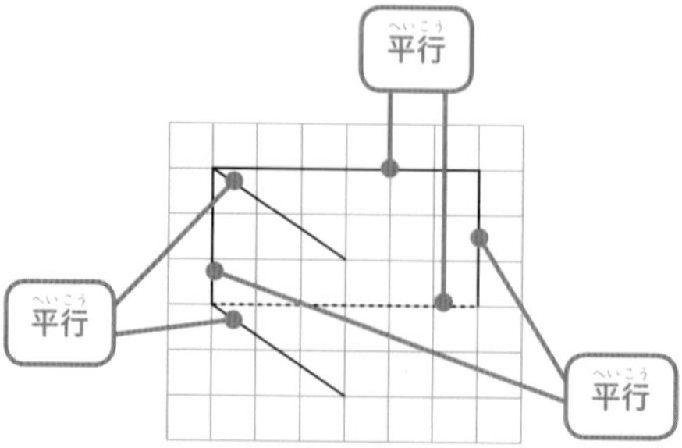

もっとくわしく

角柱や円柱の見取図も，直方体や立方体の見取図をかいたときと同じように，見えない辺は点線でかく。

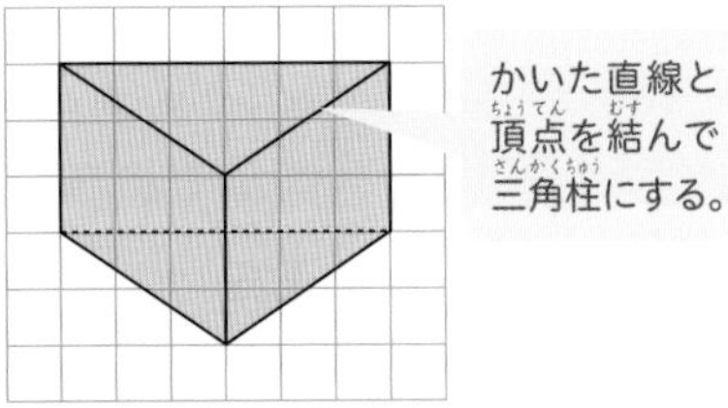

2 円柱の見取図も角柱と同じようにかいていく。
底面は円だから曲線でかく。

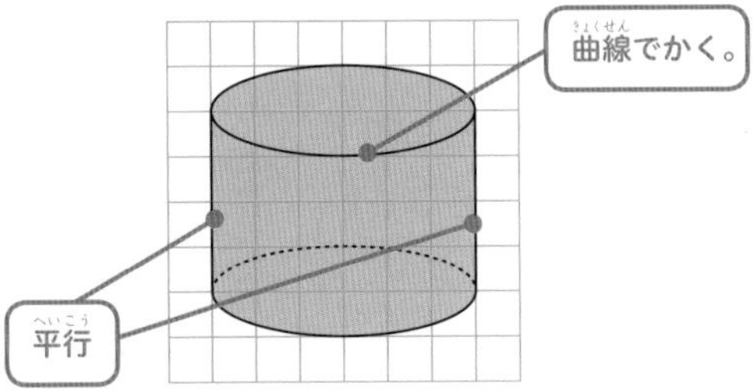

ミス注意!
円柱の2つの底面は，曲線でかく。

答え 1 解き方の図参照　　2 解き方の図参照

ここが大切
・見取図をかくときは，向かい合う辺が平行になるようにかき，見えない辺は点線でかく。

練習問題

解答▶ 別冊…P.38

126 右のような円柱の，底面を下にした見取図をかきなさい。

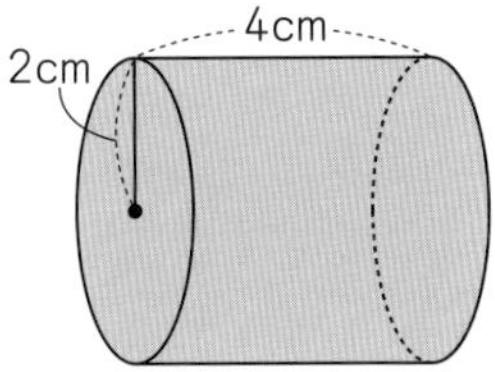

127 下の図は，立体を見取図で表したものです。(1)～(3)の立体の名前を書きなさい。

(1)
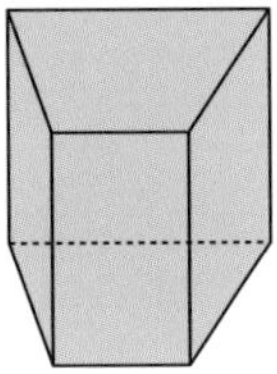

(2)
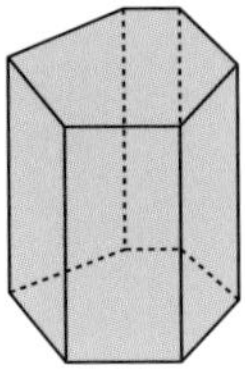

(3)
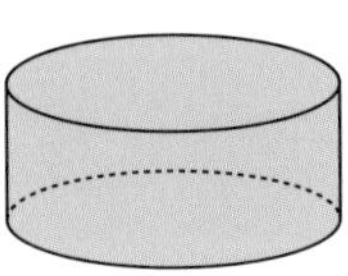

41 展開図

基本

① 右の図のような，底面が1辺5cmの正三角形で，高さが4cmの三角柱の展開図をかきなさい。

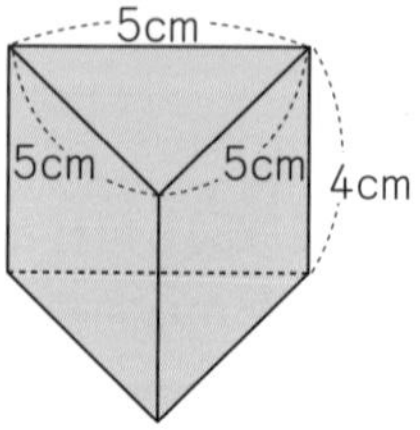

② 右の図のような，底面が直径4cmの円で，高さが3cmの円柱の展開図をかきなさい。円周率は3.14とします。

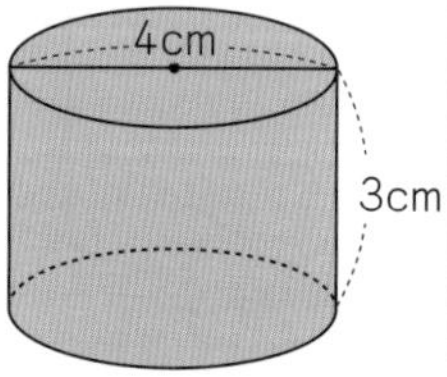

考える手順　立体を切り開いたときの底面や側面の形を考える。

解き方

① 底面は，1辺が5cmの正三角形で，側面は，縦が高さ，横が底面の周りの長さに等しい長方形になっている。

展開図（例）

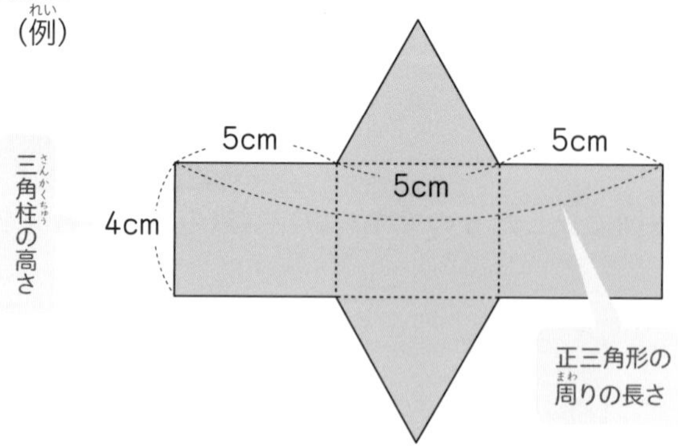

もっとくわしく

三角柱の展開図は，他にもある。

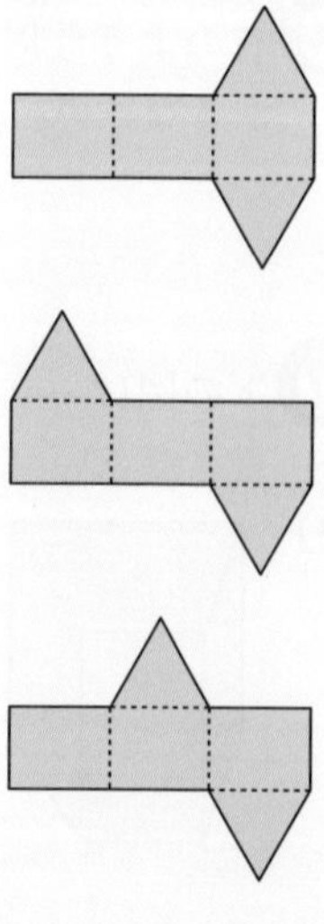

[2] 底面は，直径が4cmの円で，側面は，縦が高さ，横が底面の円周の長さに等しい長方形になっている。底面の円周の長さは，

4×3.14＝12.56(cm)

直径　円周率　円周

もっとくわしく
角柱も円柱も側面の展開図は，1つの長方形になる。

展開図
(例)

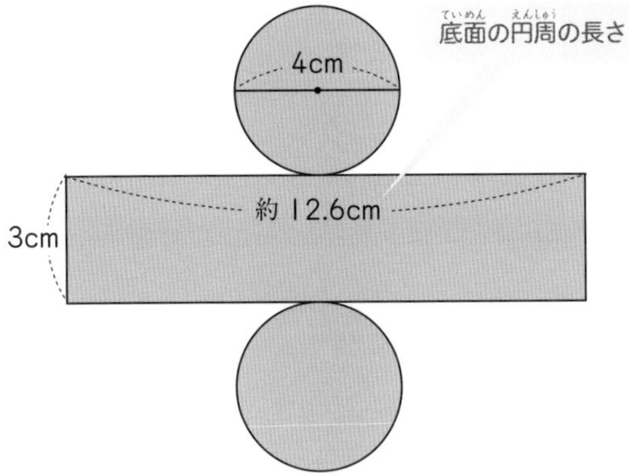

つまずいたら
円周の求め方を知りたい。
P.160

つまずいたら
角柱や円柱の展開図について知りたい。
P.221

答え [1] 解き方の図参照　[2] 解き方の図参照

ここが大切
・角柱や円柱の展開図では，側面は1つの長方形になっている。この長方形の縦の長さは角柱や円柱の高さ，横の長さは底面の周りの長さ(円周の長さ)と等しい。

練習問題

解答▶ 別冊…P.39

128 右の図のような角柱の展開図があります。

(1) この角柱は，何という角柱ですか。

(2) 頂点Aと重なる頂点を全部書きなさい。

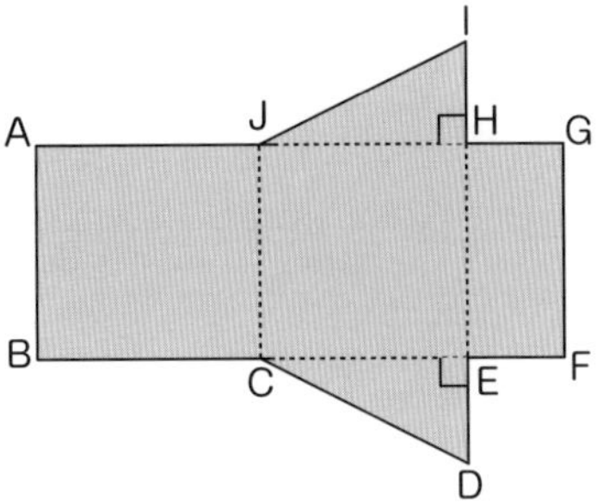

42 表面積

応用

次の角柱や円柱の表面積を求めなさい。円周率は3.14とします。

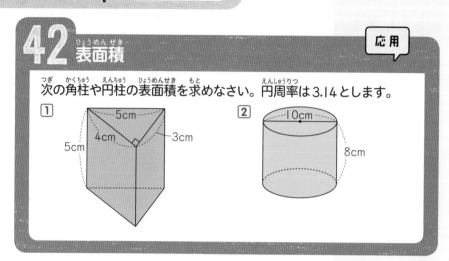

1 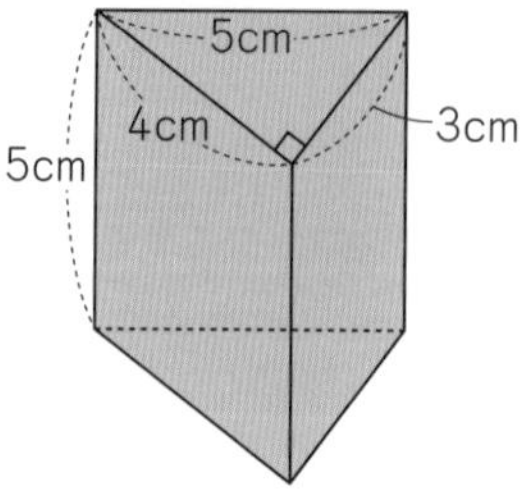

2 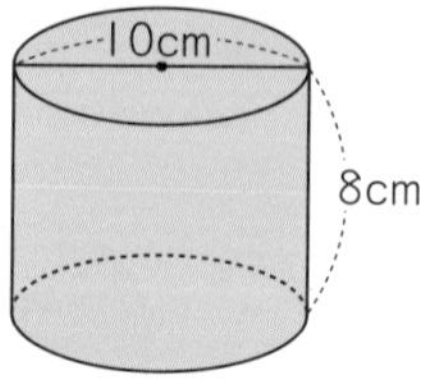

考える手順 展開図をかいて，角柱や円柱がどんな図形からできているのかを調べる。

解き方

1 この三角柱の展開図をかくと，下のようになる。

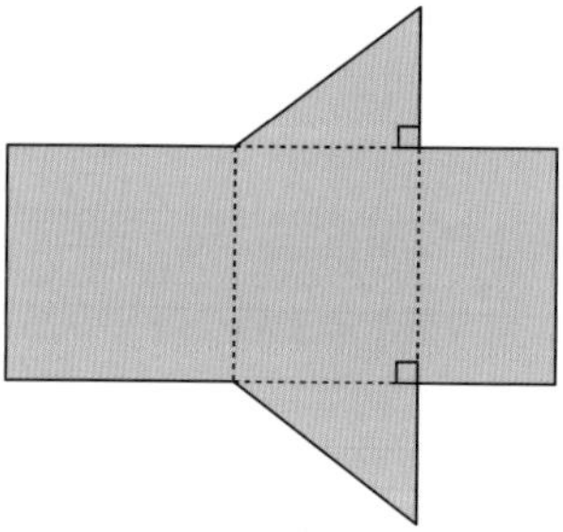

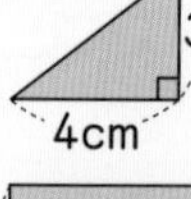

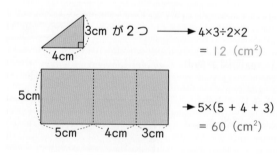

3cm が 2 つ ──→ $4\times3\div2\times2$
$= 12\ (\mathrm{cm}^2)$

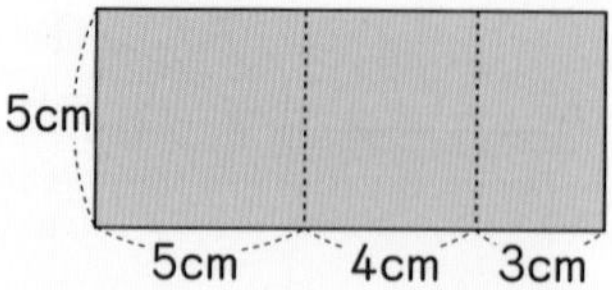

──→ $5\times(5+4+3)$
$= 60\ (\mathrm{cm}^2)$

よって，この三角柱の表面積は，

$12 + 60 = 72(\mathrm{cm}^2)$

もっとくわしく

底面の面積を底面積，側面の面積を側面積という。

もっとくわしく

三角柱の側面の展開図は長方形になる。その縦の長さは，三角柱の高さと同じで，横の長さは，底面の三角形の周りの長さと同じである。

②この円柱の展開図をかくと，下のようになる。

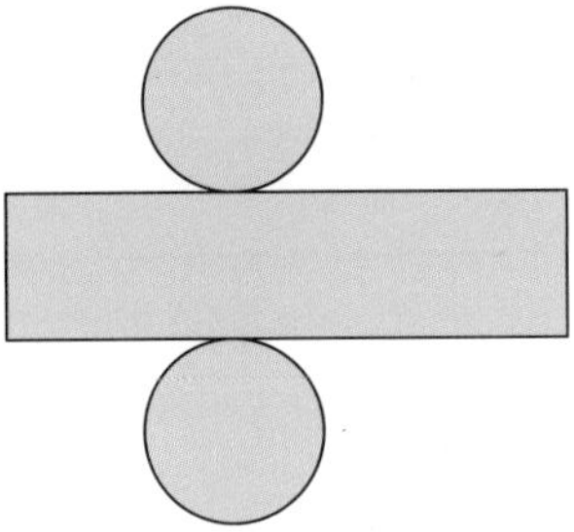

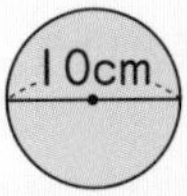

が2つ → 5×5×3.14×2
= 157(cm²)

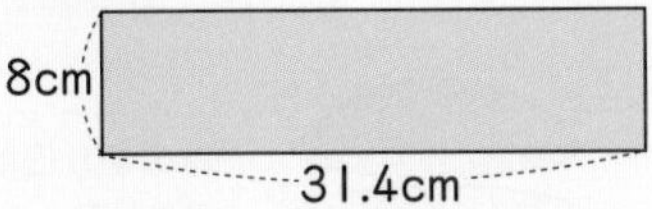

↓

円周の長さは，10×3.14 = 31.4(cm)
だから，この長方形の面積は，
8×31.4 = 251.2(cm²)

よって，この円柱の表面積は，
157 + 251.2 = 408.2(cm²)

答え ① 72cm² ② 408.2cm²

ここが大切
- 角柱や円柱の表面積は，展開図をかくと求めやすくなる。
- 角柱や円柱の表面積＝底面積×2＋側面積

もっとくわしく

円柱の側面の展開図は長方形になる。その縦の長さは，円柱の高さと同じで，横の長さは，底面の円周の長さと同じである。

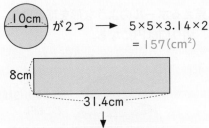

ミス注意！

円の面積
＝半径×半径×円周率
半径は直径から求めて計算する。

練習問題

解答▶ 別冊…P.39

(129) 右のような円柱の表面積を求めなさい。円周率は3.14とします。

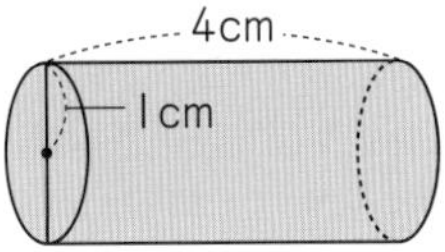

4 球

球の性質について学びます。

球

3年

球 どこから見ても円に見えるボールのような形を球という。
球はどこを切っても，切り口は円になる。

見て理解!

球の中心，半径，直径 球を半分に切ったとき，切り口の円はいちばん大きく，その切り口の円の中心，半径，直径を球の中心，半径，直径という。

見て理解!

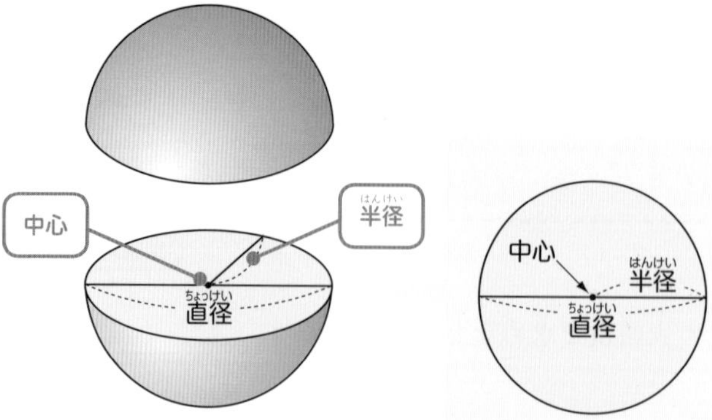

43 球

基本

右の図は，球を半分に切ったものである。㋐～㋒の部分は何というか答えなさい。

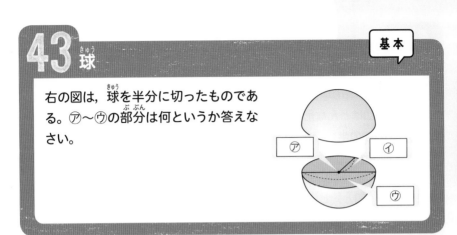

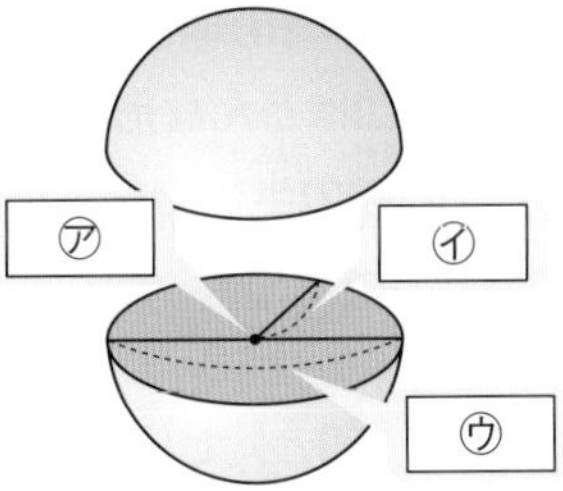

考える手順 切り口の円で考える。

解き方

㋐切り口の円の中心である。

㋑切り口の円の半径である。円の半径は，円の中心からどこの円周にひいても長さが等しくなる。

㋒切り口の円の直径である。切り口の円の中心から円周にひいた線は半径であり，半径の2倍は直径である。

答え ㋐ 中心　㋑ 半径　㋒ 直径

もっとくわしく
球は，どの向きに半分に切っても，切り口は同じ円になる。

ここが大切 切り口の円で考える。

練習問題

解答▶ 別冊…P.39

130 球をちょうど半分に切ったとき，切り口が右の円のようになりました。

(1) 球の半径は何cmですか。

(2) 球の直径は何cmですか。

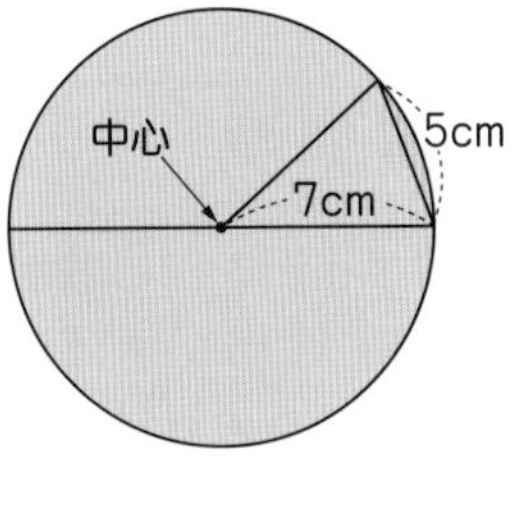

44 球

基本

直径が10cmの球があります。

1 切り口はどんな形ですか。

2 この球の半径の長さは何cmですか。

考える手順　円と同じように，球の直径の長さは，半径の長さの2倍となる。

解き方

1 球はどこで切っても，切り口は円になる。

2 球を半分に切ったとき，切り口の円はいちばん大きく，その切り口の円の中心，半径，直径はそれぞれ球の中心，半径，直径となる。

半径＝直径÷2

半径＝10÷2＝5(cm)

もっとくわしく

どこから見ても円に見えるボールのような形を球という。

答え　1 円　2 5cm

ここが大切　球の直径の長さは，半径の長さの2倍となる。

練習問題

解答▶ 別冊…P.40

131 半径が7cmの球があります。

(1) 切り口がいちばん大きくなるのは，どのように切ったときですか。

(2) この球の直径の長さは何cmですか。

45 球

基本

右の図のように，半径3cmのボールが8個ぴったり入っているケースがあります。このケースの縦と横の長さは，それぞれ何cmですか。

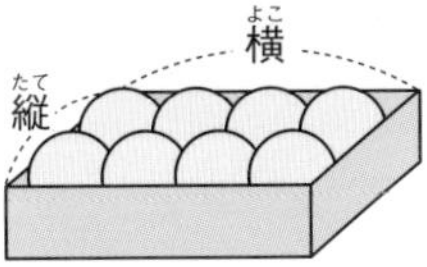

考える手順 まず，ボールの直径を求めてから，ケースの縦と横にボールがそれぞれいくつ入っているのかを考える。

解き方

ボールの半径は3cmだから，直径は6cmである。

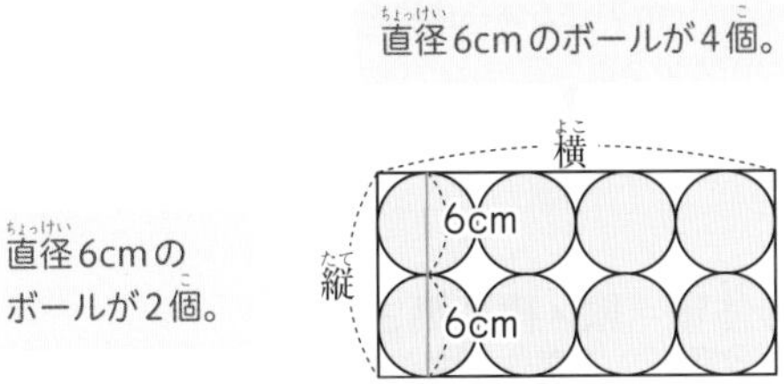

上の図から，ケースの縦の長さは，6×2 = 12(cm)
ケースの横の長さは，6×4 = 24(cm)

答え 縦の長さ 12cm，横の長さ 24cm

もっとくわしく

球の直径の長さは，半径の長さの2倍である。

つまずいたら

球の直径や半径について知りたい。

P.228

ここが大切

- ボールのようなどこから見ても円に見える形を球という。
- 球の直径の長さは半径の長さの2倍。

練習問題

解答▶ 別冊…P.40

(132) 右の図のように，同じ大きさのボールが12個，縦の長さが18cmのケースにぴったりと入っています。ボールの半径は何cmですか。

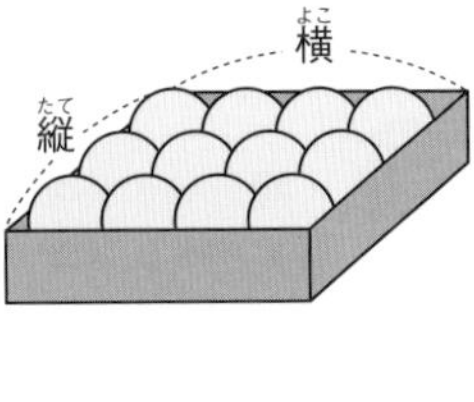

5 体積

いろいろな立体の体積の求め方の基礎になります。

直方体，立方体の体積

5年

体積 ものののかさのことを体積という。
体積は，1辺が1cmの立方体が何個分あるかで表す。

見て理解！

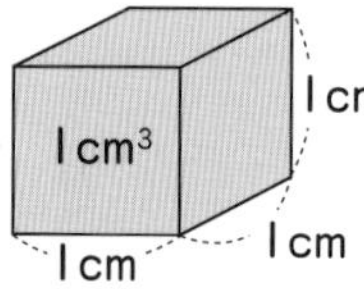

1辺が1cmの立方体の体積を$1cm^3$という。

直方体，立方体の体積を求める公式
直方体の体積＝縦×横×高さ
立方体の体積＝1辺×1辺×1辺

見て理解！

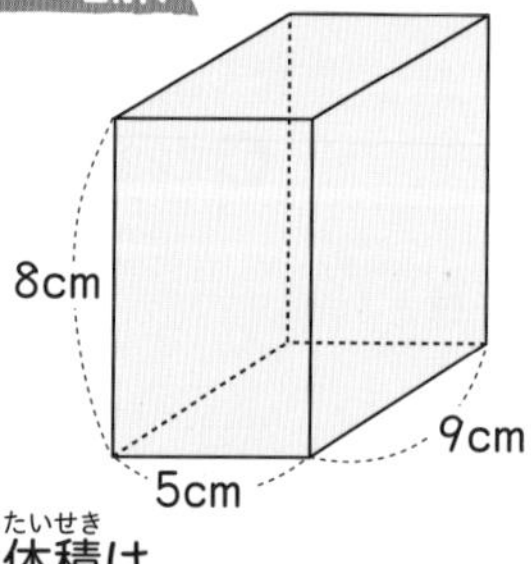

体積は，

$9 \times 5 \times 8 = 360(cm^3)$

縦　横　高さ

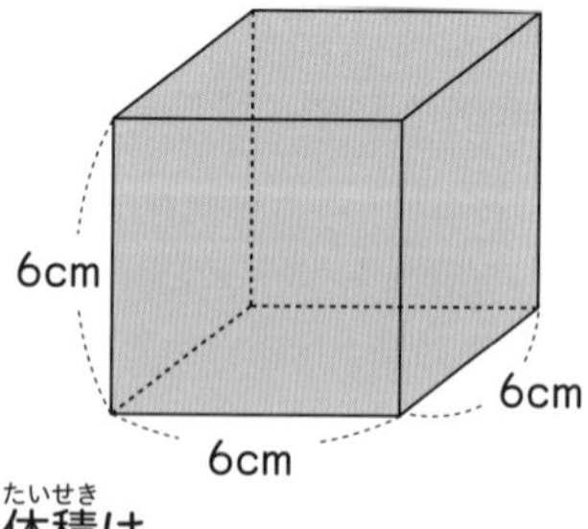

体積は，

$6 \times 6 \times 6 = 216(cm^3)$

1辺　1辺　1辺

ここが大切
- 直方体の体積＝縦×横×高さ
- 立方体の体積＝1辺×1辺×1辺

角柱，円柱の体積

6年

角柱，円柱の体積を求める公式

角柱の体積＝底面積×高さ
円柱の体積＝底面積×高さ

見て理解！

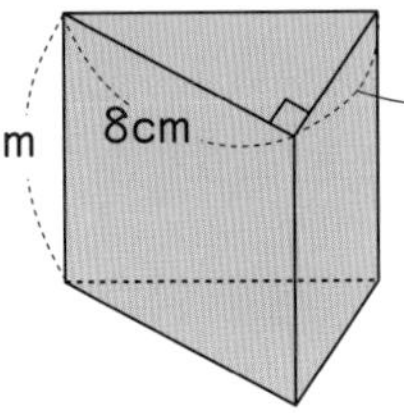

体積は，

6×8÷2×10＝240(cm³)

底面積　高さ

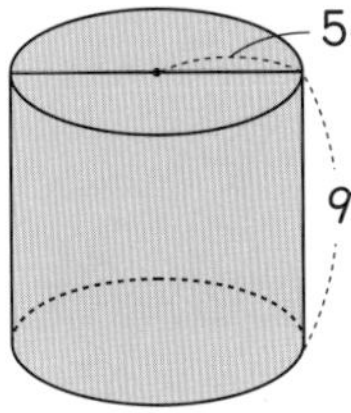

体積は，

5×5×3.14×9＝706.5(cm³)

底面積　高さ

体積の求め方の工夫

5年

体積の求め方の工夫

複雑な形をした立体の体積は，大きい直方体の体積から欠けている部分の体積をひいたり，いくつかの直方体や立方体に分けて求めるとよい。

見て理解！

下のような立体の体積を求める方法は，次の3通り。

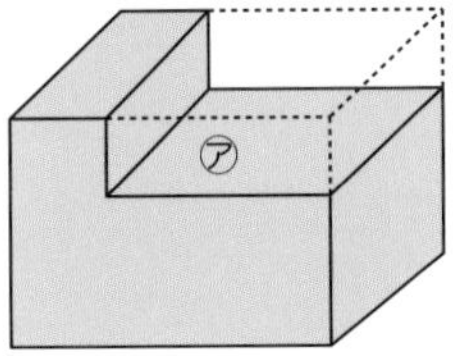

大きい直方体の体積から㋐の体積をひく。

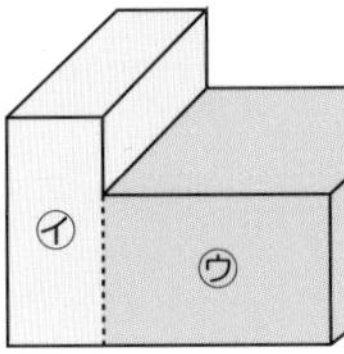

㋑と㋒の2つの直方体に分けて求める。

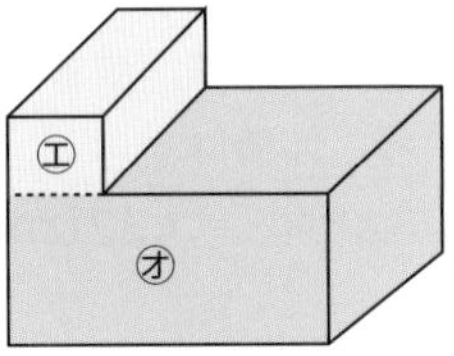

㋓と㋔の2つの直方体に分けて求める。

46 直方体，立方体の体積

基本

次の直方体や立方体の体積を求めなさい。

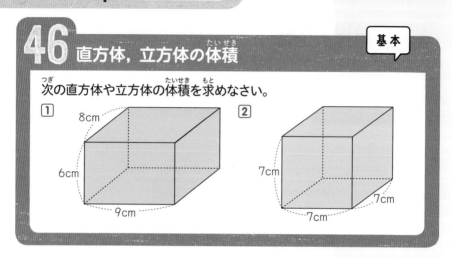

1
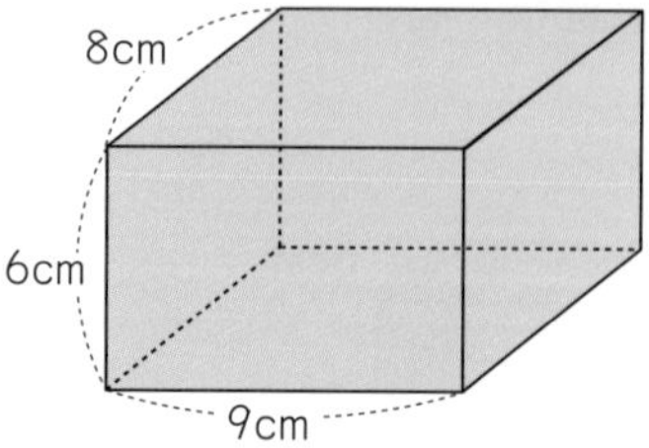

2
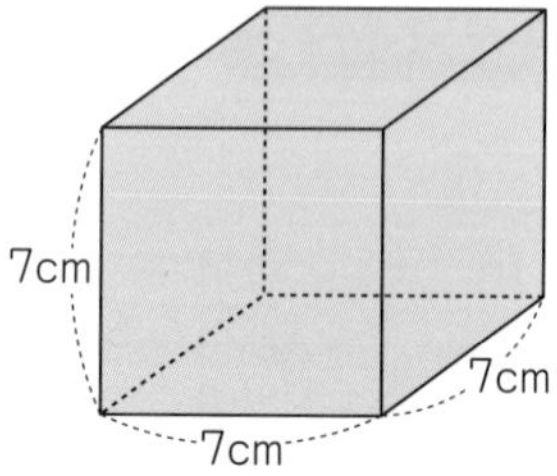

考える手順　直方体や立方体の体積を求める公式を使う。

解き方

1 直方体の体積＝縦×横×高さを使って求める。

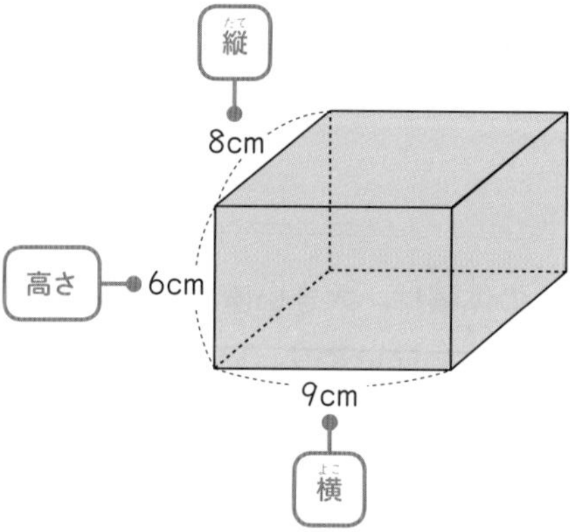

この直方体は，縦 8cm，横 9cm，高さ 6cm の直方体だから，体積は，

$8 \times 9 \times 6 = 432 (cm^3)$

縦　横　高さ

2 立方体の体積＝1辺×1辺×1辺を使って求める。

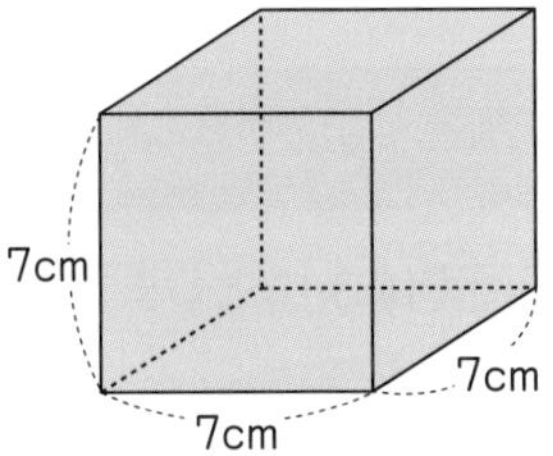

立方体は，縦，横，高さはすべて同じ長さ。

この立方体は，1辺が7cmの立方体だから，体積は，

$7 \times 7 \times 7 = 343(\text{cm}^3)$

1辺　1辺　1辺

答え ① 432cm^3　② 343cm^3

ここが大切
- 直方体の体積＝縦×横×高さ
- 立方体の体積＝1辺×1辺×1辺

もっとくわしく

1辺が1cmの立方体の体積は，1cm^3。1辺が1mの立方体の体積は，1m^3。

つまずいたら

直方体や立方体の体積の求め方を知りたい。

➡ P.232

練習問題

解答▶ 別冊…P.40

133 次の直方体や立方体の体積を求めなさい。

(1)

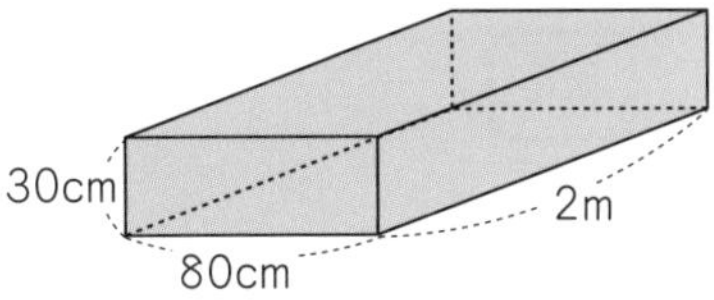

(2)

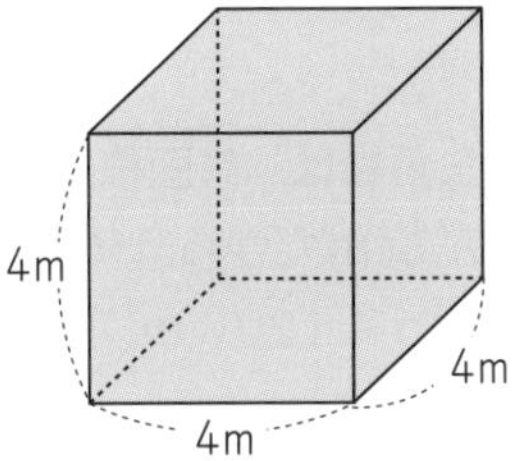

134 チャレンジ

右の図は，直方体の展開図です。
この直方体の体積を求めなさい。

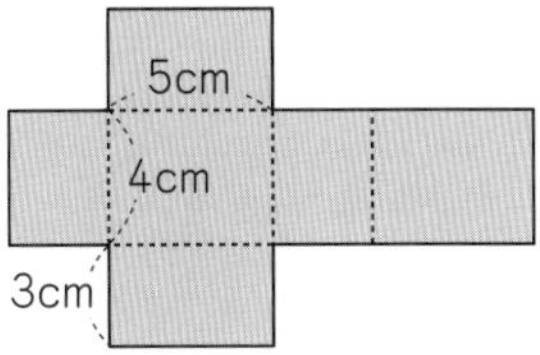

47 角柱，円柱の体積

基本

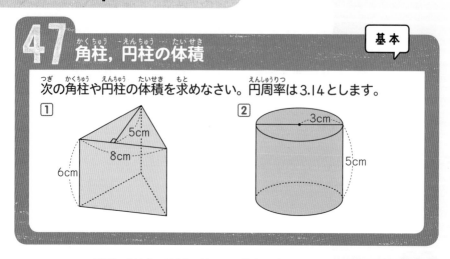

次の角柱や円柱の体積を求めなさい。円周率は3.14とします。

1

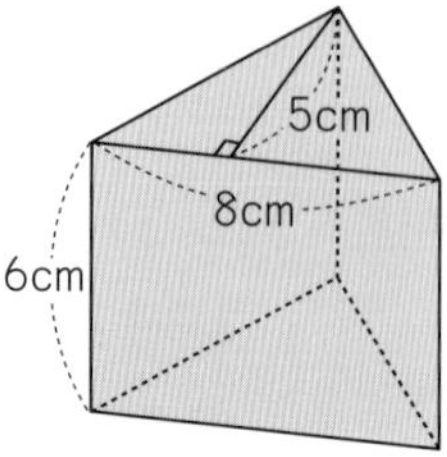

2

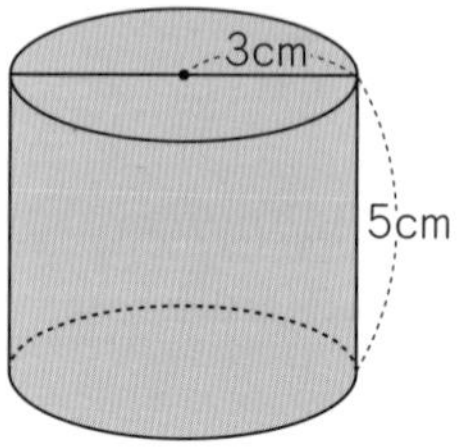

考える手順　角柱や円柱の体積を求める公式を使う。

解き方

1 角柱の体積＝底面積×高さ　を使って求める。
この角柱は，底面が三角形だから三角柱。
底面は右の図のような三角形だから，底面積は，

$8 \times 5 \div 2 = 20(cm^2)$

底辺　高さ

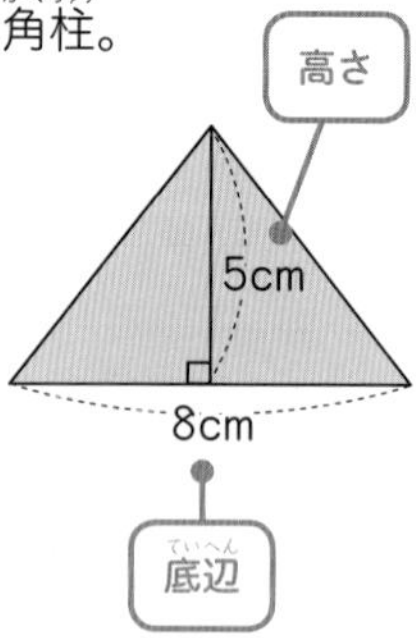

もっとくわしく
底面の面積を底面積という。

この三角柱は，底面積が$20cm^2$，高さが6cmだから，体積は，

$20 \times 6 = 120(cm^3)$

底面積　高さ

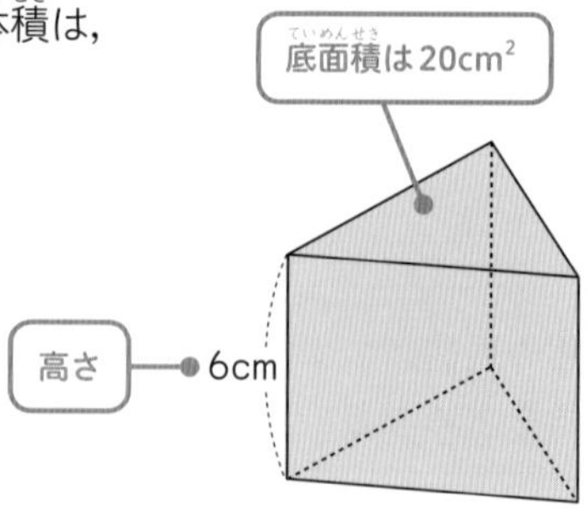

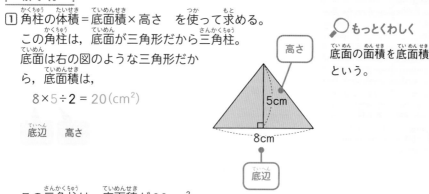

もっとくわしく
どんな角柱でも，体積は，「底面積×高さ」で求められる。

[2] 円柱の体積＝底面積×高さ　を使って求める。

まず，円柱の底面積を求めると，
底面は右の図のような半径3cmの
円だから，底面積は，

$3 \times 3 \times 3.14 = 28.26(cm^2)$

半径　半径　円周率

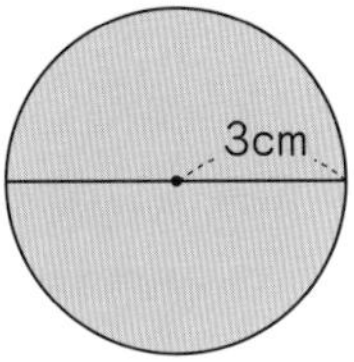

この円柱は，底面積が$28.26cm^2$，
高さが5cmだから，体積は，

$28.26 \times 5 = 141.3(cm^3)$

底面積　高さ

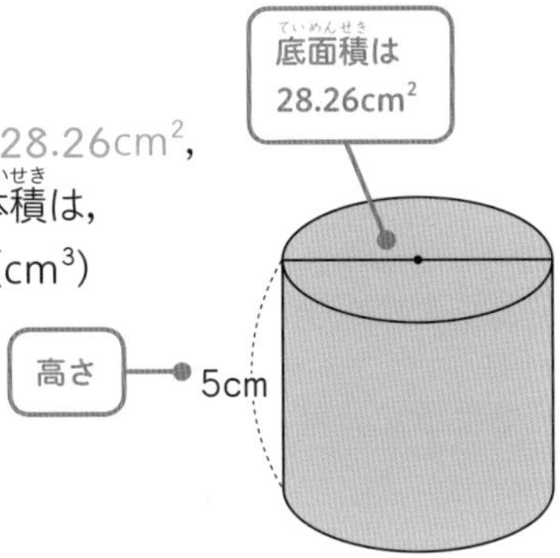

もっとくわしく

円の面積
＝半径×半径×円周率
である。

つまずいたら

角柱や円柱の体積の
求め方を知りたい。

➡ P.233

答え [1] $120cm^3$　[2] $141.3cm^3$

ここが大切
- 角柱の体積＝底面積×高さ
- 円柱の体積＝底面積×高さ

練習問題

解答▶ 別冊…P.40

135 次の角柱や円柱の体積を求めなさい。円周率は3.14とします。

(1)

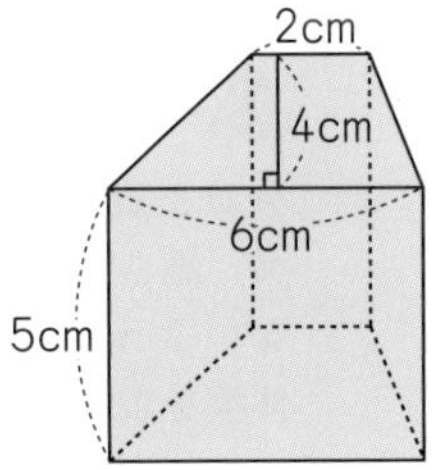

(2)

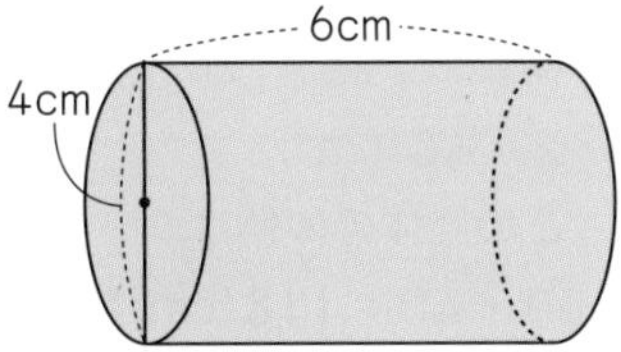

136 ❗ チャレンジ

底面の円の半径が5cmで体積が$942cm^3$の円柱があります。この円柱の高さを求めなさい。円周率は3.14とします。

中学入試対策

48 体積の求め方の工夫①

右の図はいくつかの直方体を組み合わせた立体です。この立体の体積を求めなさい。　(日本大学第三中)

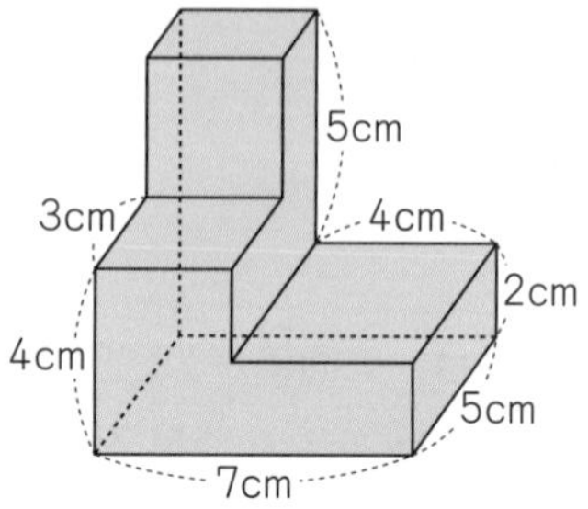

考える手順　立体をどのように分ければ，体積を求めやすくなるかを考える。

解き方

右の図のように，あ，い，うの3つの部分に分けて考えるとする。

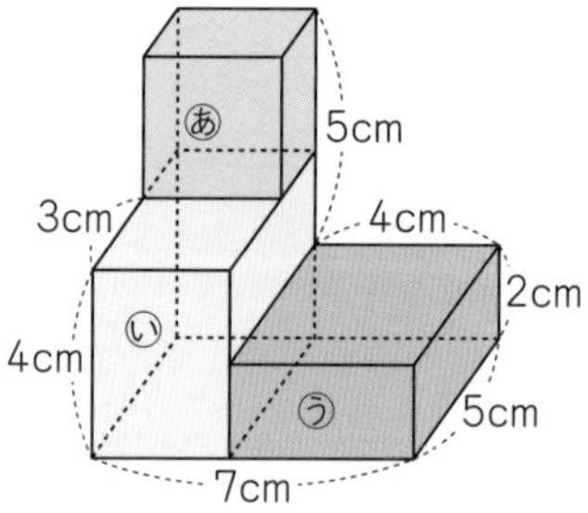

あの直方体の体積は，縦2cm，横3cm，高さ3cmだから，

$2 \times 3 \times 3 = 18(cm^3)$

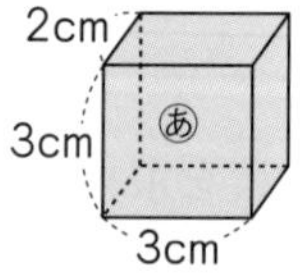

いの直方体の体積は，縦5cm，横3cm，高さ4cmだから，

$5 \times 3 \times 4 = 60(cm^3)$

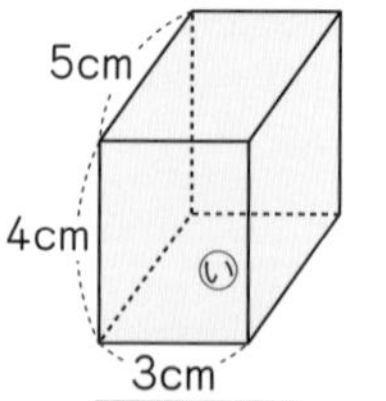

うの直方体の体積は，縦5cm，横4cm，高さ2cmだから，

$5 \times 4 \times 2 = 40(cm^3)$

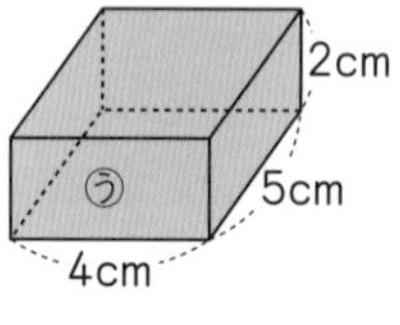

よって，この立体の体積は，

$18 + 60 + 40 = 118(cm^3)$

答え　$118cm^3$

入試のポイント

複雑な形の立体の体積を求めるときは，体積を求めやすいようにいくつかの直方体や立方体に分けて求めるとよい。

ミス注意!

分けた直方体の縦，横，高さをまちがえないように求めて，体積を求める。

中学入試対策

49 体積の求め方の工夫②

右の図の立体は，直方体から立方体を切り取った図形です。この立体の体積は何cm^3ですか。
（神奈川大附属中）

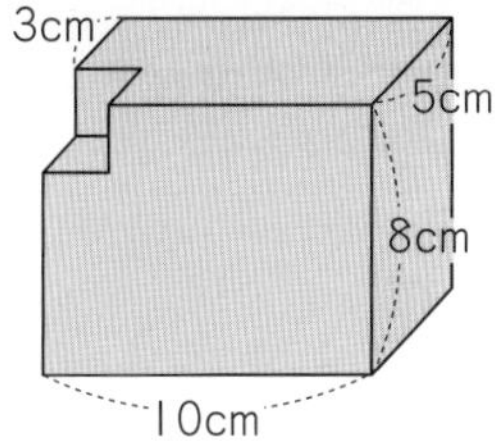

考える手順 もとの直方体の体積から，切り取った立方体の体積をひく。

解き方

立方体を切り取る前の立体の体積は，
縦5cm，横10cm，高さ8cm
だから，
$5\times10\times8=400(cm^3)$

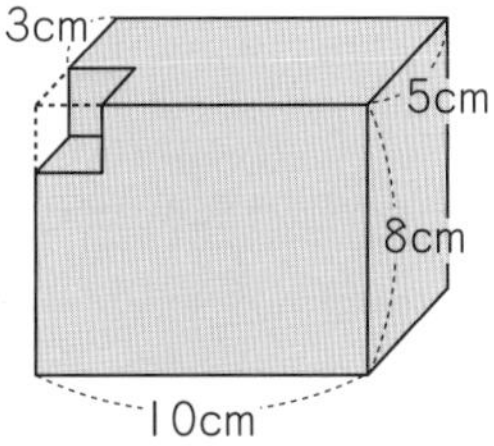

切り取った部分の体積は，
1辺が5−3＝2(cm)の立方体だから，
$2\times2\times2=8(cm^3)$

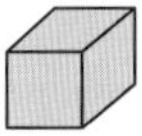
1辺が2cmの立方体

この立体の体積は，立方体を切り取る前の直方体の体積から切り取った部分の体積をひけばよいから，
$400-8=392(cm^3)$

答え 392cm^3

入試のポイント
切り取った部分がある立体の体積は，切り取る前の体積から，その切り取った部分の体積をひけば簡単に求めることができる。

もっとくわしく
問題から，切り取った部分の形は立方体だから，1辺の長さがわかれば体積が求められる。

6 容積

入れ物に入る水などの体積について学びます。

容積

5年

容積 入れ物の中にいっぱいに入れた水などの体積を，その入れ物の容積という。

見て👀理解!

この入れ物の容積は，
$40\times30\times20=24000(cm^3)$

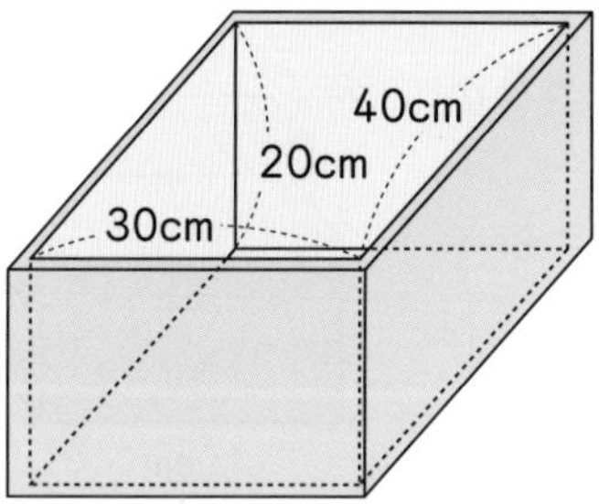

20cm，30cm，40cmのように入れ物の内側の長さを，「内のり」という。

容積を表す単位

見て👀理解!

$1\times1\times1=1cm^3$
$1cm^3=1mL$

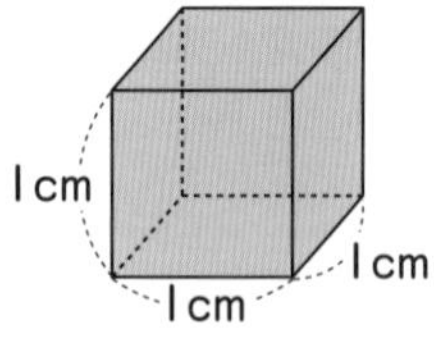

$10\times10\times10=1000cm^3$
$1000cm^3=1L$

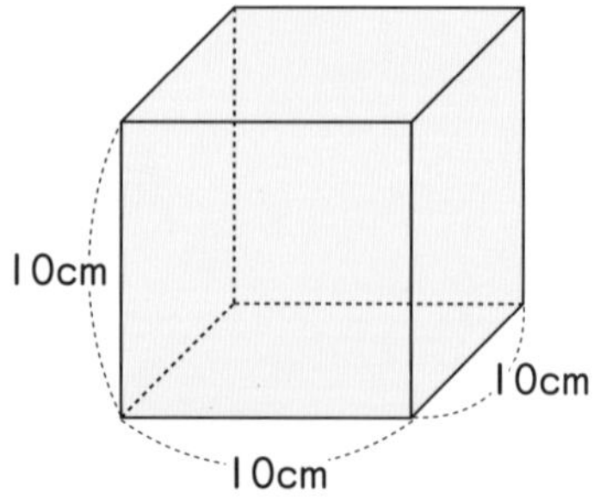

50 容積

基本

右のような形の水そうがあります。この水そうの容積は何cm^3ですか。また，何Lですか。

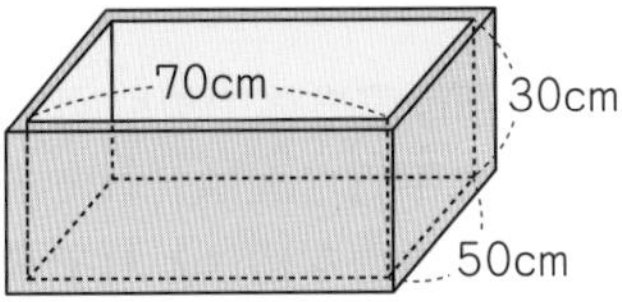

考える手順 内のりの長さを，体積を求める公式にあてはめる。

解き方

この水そうの内のりは，縦50cm，横70cm，高さ30cmである。

水そうの容積は，

$50 \times 70 \times 30$

$= 105000(cm^3)$

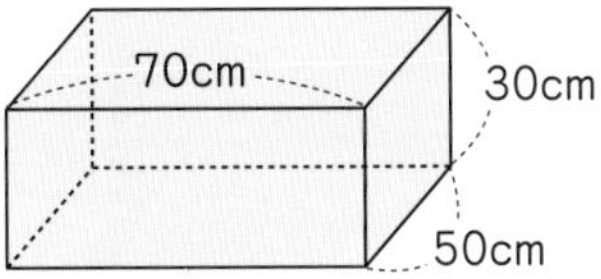

$1L = 1000cm^3$

だから，

$105000cm^3 = 105L$

答え $105000cm^3$，$105L$

もっとくわしく

$1cm^3 = 1mL$ だから，

$1000cm^3$

$= 1000mL$

$= 1L$

P.249

ここが大切 ・容積は，内のりを使って求めることができる。

練習問題

解答▶ 別冊…P.41

137 縦15m，横25m，深さ1.2mのプールがあります。このプールの容積を求めなさい。

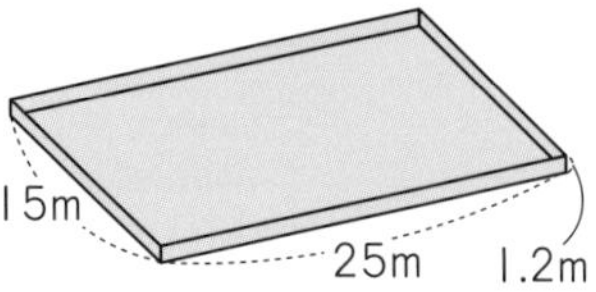

まとめの問題

解答▶別冊…P.122

66 右の図は直方体の見取図です。

(1) ㋓の面に平行な面はどれですか。

(2) 辺ABに垂直な辺はどれですか。

(3) ㋒の面に平行な辺はどれですか。

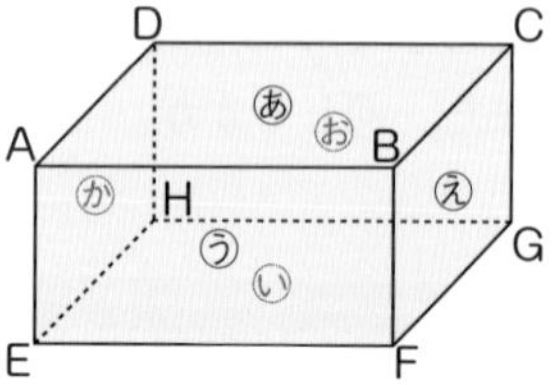

67 右の直方体で，頂点Aをもとにすると，頂点Fは（横6cm，縦0cm，高さ8cm）と表せます。

(1) 頂点Cの位置を表しなさい。

(2) （横0cm，縦5cm，高さ8cm）と表される頂点はどれですか。

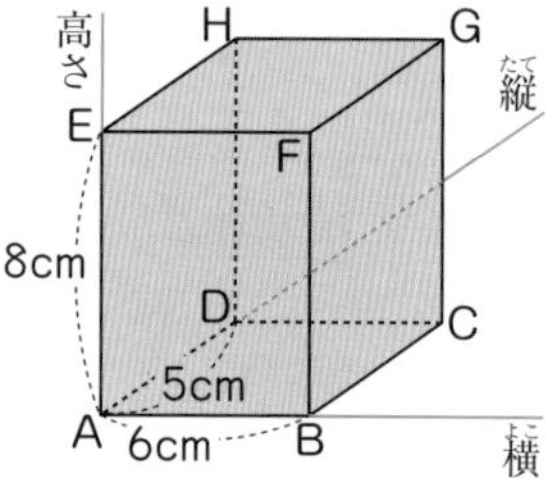

68 次の（ア）から（エ）のうち，立方体の展開図になっていないものをすべて選び記号で答えなさい。

（國學院大學久我山中）

（ア）

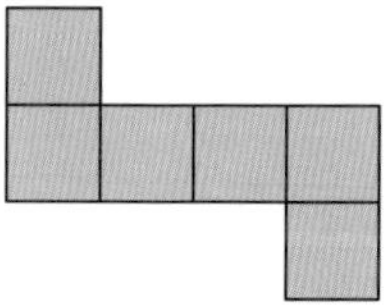

（イ）

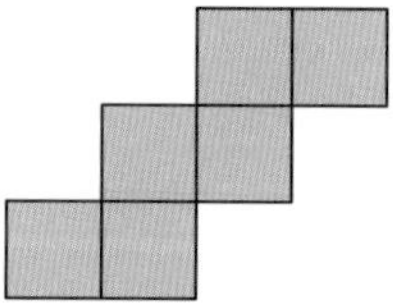

（ウ）

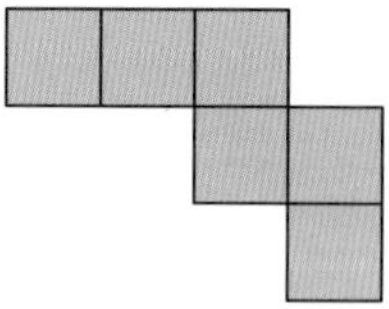

（エ）

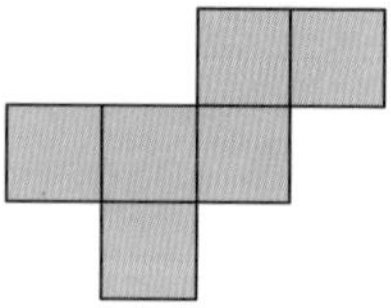

69 右の図は三角柱の展開図です。

(1) ㋓の面に平行な面はどの面ですか。

(2) 辺ABと重なる辺はどの辺ですか。

(3) 頂点Dと重なる頂点を全部書きなさい。

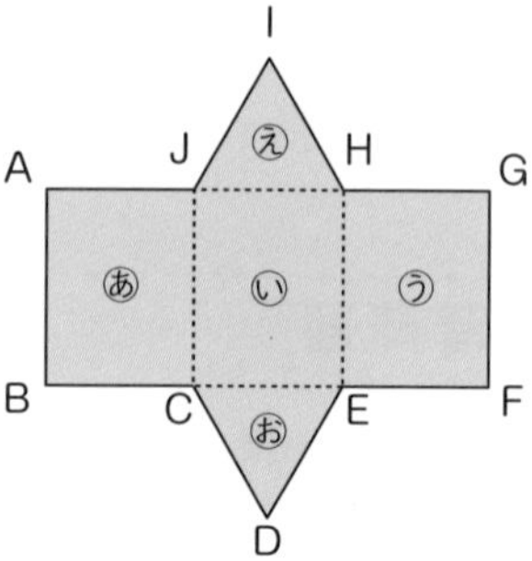

70 右のような円柱の展開図をかきなさい。円周率は3.14とします。

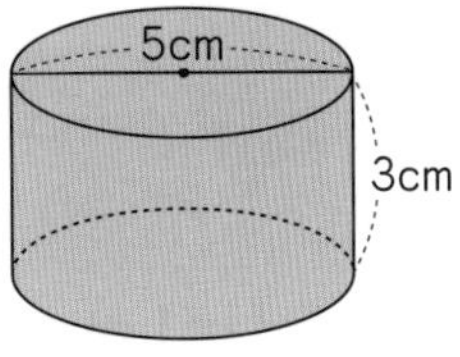

71 次の(1)～(4)の立体の表面積と体積をそれぞれ求めなさい。円周率は3.14とします。

(1)

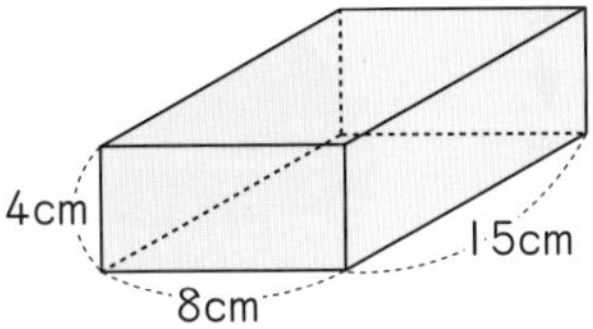

(2)

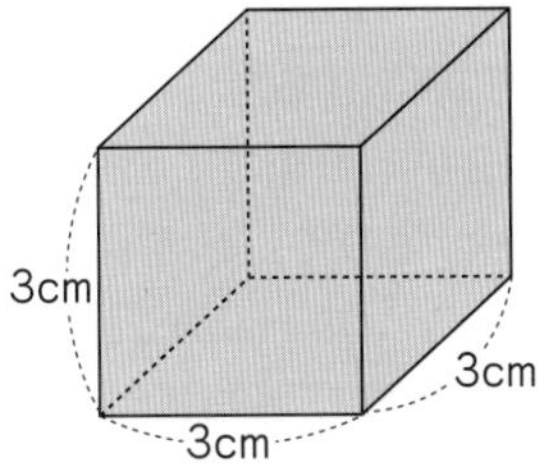

(3)

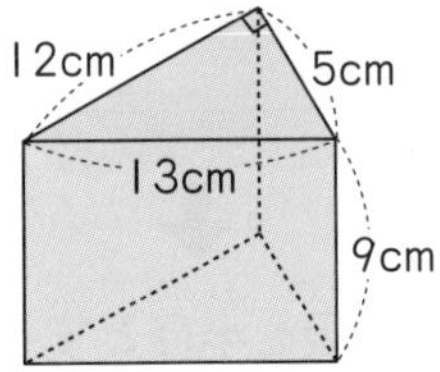

(4)

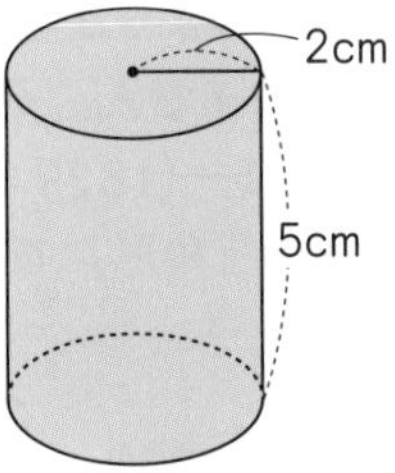

よくでる

72 右の図はある立体の展開図です。この立体の体積を求めなさい。

（東京家政学院中）

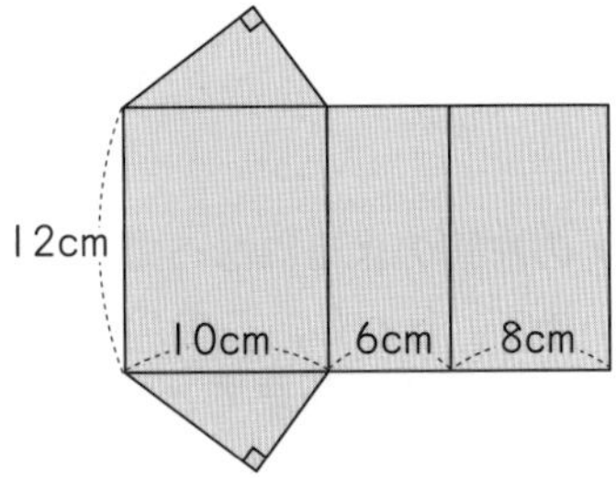

73 内のりが右のような花びんがあります。この花びんの容積を求めなさい。

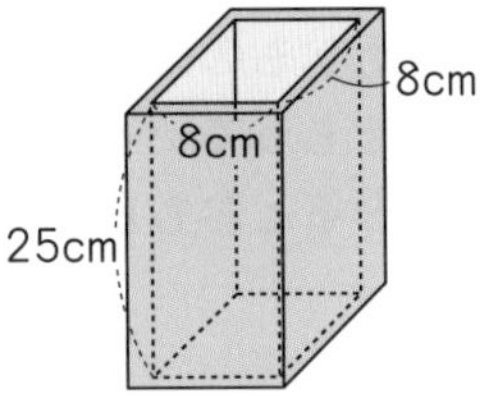

算数の宝箱

「はば」が一定の形

どの方向から見ても「はば」が一定の形は何でしょう。

すぐに思いうかぶのは「円」です。例えば道にあるマンホールが円形なのは，ふたがずれてしまっても穴に落ちないようにするためです(他にも理由があります)。円は，どこをとってもはばが一定なので，必ず直径で穴に引っかかります。もし，マンホールが三角形や四角形だと，方向によっては穴に落ちてしまいますね。

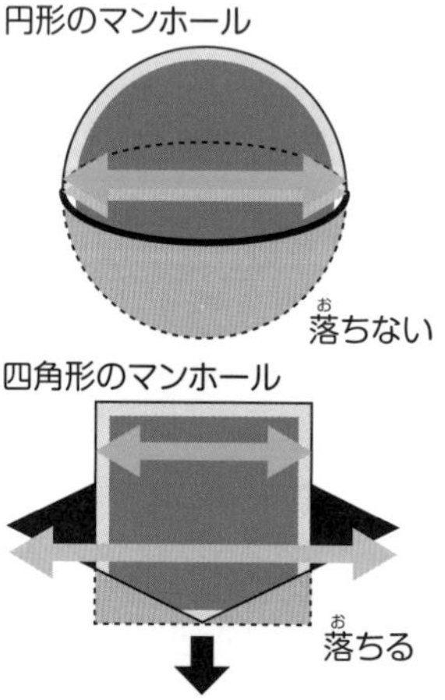

では，どの方向から見てもはばが変わらない図形は，円だけなのでしょうか。

実は円だけではありません。それはドイツの数学者フランツ・ルーロー（1829 年～ 1905 年）の考えた「ルーローの三角形」です。

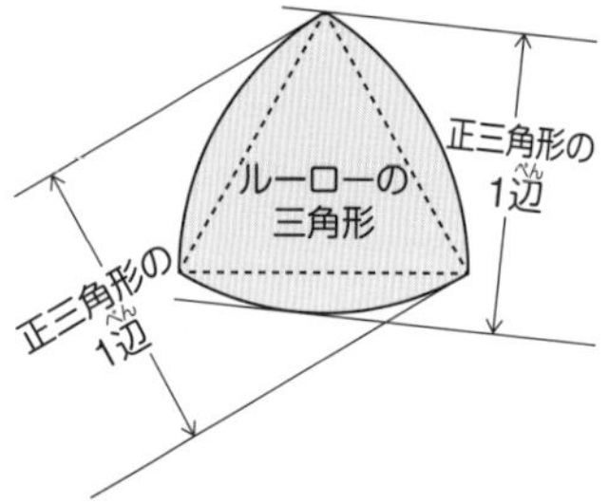

正三角形と、その１辺を半径とする円周の弧を組み合わせた，左の図のような丸みを帯びた三角形がルーローの三角形です。これは，どの方向から測っても，その「はば」は同じになっています。

ところでロボット掃除機は，多くの場合，円形をしています。そのため，部屋の角では下の左図のようになって，角にとどかず，灰色の部分にほこりが残ってしまいます。しかし，このルーローの三角形を利用したロボット掃除機は，下の右図のように角までとどくので，掃除ができない部分がぐっと減ります。算数の図形が実際の生活に役立っている良い例です。

身近なものの形がどんな意味をもっているのか、調べてみるとおもしろいですね。

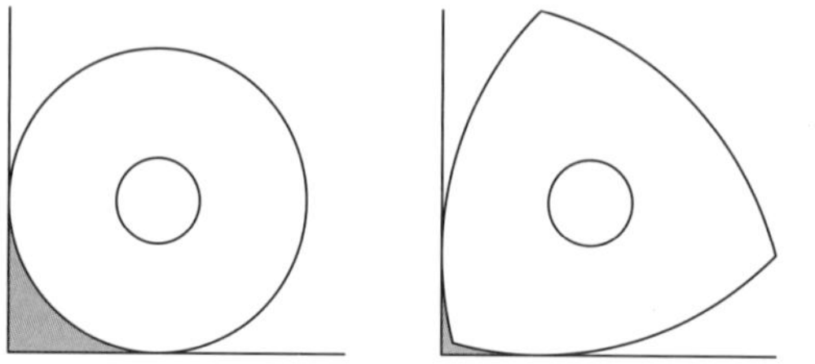

変化と関係 編

ここでは，いろいろな量の単位変換，2つの量の変わり方などについて学習します。重さや長さなどは，ふだんの生活でもよく使っていると思います。また，単位量あたりの大きさや速さの問題は，ふだんの生活でも役に立つことが多くあります。求め方をしっかりと理解しておくようにしましょう。

1 時間

時間についての基礎になります。

時　間

3年

時間の単位 年，月，週，日，時(時間)，分，秒

見て理解!

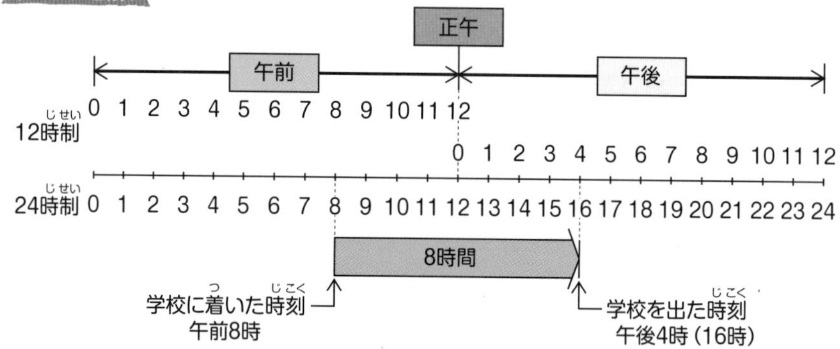

・1日＝24時間　・1時間＝60分　・1分＝60秒
・1年＝365日(平年。うるう年は366日)，1週間＝7日

時間の計算

3年

時間の計算 それぞれの単位で計算する。
1時間40分53秒＋2時間31分15秒

見て理解!

	時間	分	秒
	1	40	53
＋	2	31	15
	3	71	68
	1	1	8
	4	12	8

(71分 → 60分と11分，68秒 → 60秒と8秒)

68秒を60秒と8秒に，71分を60分と11分に分ける。

4時間12分8秒

1 時間

基本

① 次の時間を，(　)の中の単位で表しなさい。

①3時間20分（分）　②150秒（分）

② 次の計算をしなさい。

①2日16時間38分＋1日9時間45分

②1時間20分42秒÷6

考える手順　1日＝24時間，1時間＝60分，1分＝60秒の関係を使う。

解き方

① □時間＝(60×□)分，○秒＝(○÷60)分　だから，

①　60×3＋20＝200(分)

②　150÷60＝2.5(分)

② 単位をそろえると，ふつうの計算と同じように加減乗除の計算ができる。

①

	日	時間	分
	2	16	38
＋	1	9	45
	3	25	83
	1	1	23
	4	2	23

（25時間→24時間・1時間，83分→60分・23分）

83分を60分と23分に，25時間を24時間と1時間に分ける

②1時間20分42秒を秒の単位で表すと，

3600×1＋60×20＋42＝4842(秒)

▲1時間＝60分＝3600秒

4842秒÷6＝807秒＝13分27秒

答え　① ①200分　②2.5分

② ①4日2時間23分　②13分27秒

ミス注意！

整数の計算では，10ごとに上の位にくり上がる(十進法という)。

	千	百	十	一
	1	8	5	6
＋		7	4	9
	2	6	0	5

時間の計算では，60分で1時間(六十進法)に，24時間で1日(二十四進法)にくり上がる。

	日	時間	分
		18	56
＋		7	49
		25	105
	1	1	45
	1	2	45

（24，60）

※くり上がりかたがちがう。

練習問題

解答▶ 別冊…P.42

138 (　)の中の単位で表しなさい。

(1) 2時間40分（分）　(2) 270秒（分）　(3) 0.4時間（分）

2 メートル法

身の回りで使われている，量の単位をふくむ計算の基礎になります。

メートル法

3年 4年 5年

メートル法 単位の前につく大きさを表すことばとその意味

…	ミリ m	センチ c	デシ d		デカ da	ヘクト h	キロ k	…
	$\frac{1}{1000}$	$\frac{1}{100}$	$\frac{1}{10}$	1	10倍	100倍	1000倍	

長さ

3年

長さの単位 mm，cm，m，km
（ミリメートル　センチメートル　メートル　キロメートル）

見て👀理解！

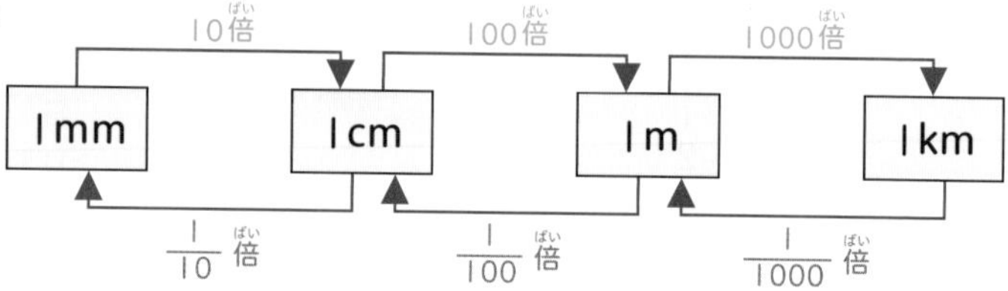

重さ

3年

重さの単位 mg，g，kg，t
（ミリグラム　グラム　キログラム　トン）

見て👀理解！

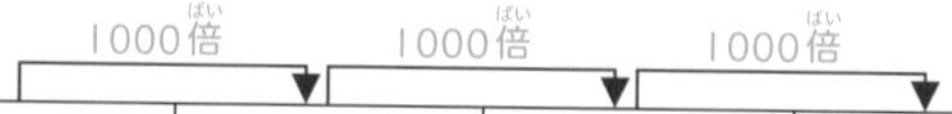

重さ	1mg	1g	1kg	1t
水の体積（容積）		1mL，1cm^3	1L	1kL，1m^3

面積，体積（容積）

3年 4年 5年

面積の単位 cm^2， m^2， a， ha， km^2
（平方センチメートル　平方メートル　アール　ヘクタール　平方キロメートル）

見て👀理解！

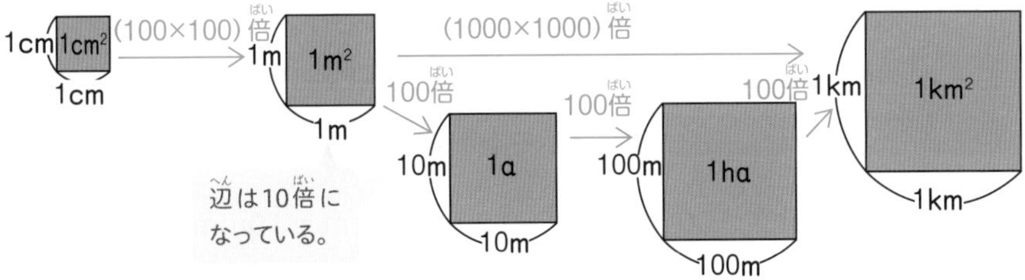

体積（容積）の単位 mL， dL， L， kL， cm^3， m^3， cc
（ミリリットル　デシリットル　リットル　キロリットル　立方センチメートル　立方メートル　シーシー）

1cm^3＝1cc＝1mL

見て👀理解！

立方体の１辺の長さ	1cm	―	10cm	1m
体積	1cm^3	100cm^3	1000cm^3	1m^3
容積	1mL	1dL	1L	1kL

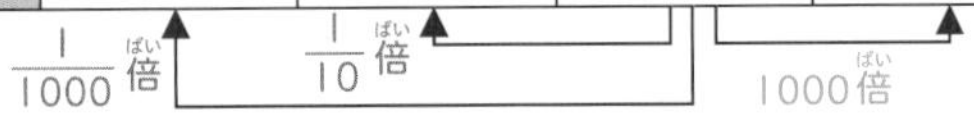

単位の計算

3年 4年 5年 6年

複数の単位がふくまれた計算
方法1　同じ単位どうしを計算する。
方法2　1つの単位になおして計算する。

ここが大切
・長さや体積(容積)，重さの単位は，もとになる単位と，mやdやkなどの大きさを表すことばを組み合わせてできている。

2 長さ

基本

[1] 次の長さを，(　)の中の単位で表しなさい。
①7cm5mm（mm）　②83cm（m）
③0.46km（m）　④5067m（km）

[2] 次の計算をして，(　)の中の単位で表しなさい。
①4km250m－380m（km，m）　②2.3cm×10000（m）

考える手順　1km＝1000m，1m＝100cm，1cm＝10mmの関係を使う。

解き方

[1] 位ごとに分けて考える。

① 7cm5mm→7cm＋5mm→70mm＋5mm
② 83cm→80cm＋3cm→0.8m＋0.03m
③ 0.46km→0.4km＋0.06km→400m＋60m
④ 5067m→5000m＋60m＋7m
→5km＋0.06km＋0.007km

・別の解き方　位取り表で考える。

	km	m			cm		mm
①						7	5
②				0	8	3	
③	~~0~~	4	6	0			
④	5	0	6	7			

2けた左へ　3けた右へ　3けた左へ

[2] ①同じ単位どうしを計算する。
4km250m－380m＝3km1250m－380m＝3km870m
②2.3cm×10000＝23000(cm)＝230m

答え [1] ①75mm ②0.83m ③460m
④5.067km　[2] ①3km870m ②230m

つまずいたら
整数と小数の位取りのしくみについて知りたい。
P.62，63

もっとくわしく
[2] ①ひけないときは上の単位からくり下げる。また，筆算でも計算できる。

	km	m
	~~4~~ (3)	250
－		380
	3	870

※位をそろえて書くこと。

練習問題

解答▶ 別冊…P.42

139 (　)の中の単位で表しなさい。
(1) 158cm（m）　(2) 20.8km（m）　(3) 0.0005m（mm）

3 重さ

基本

[1] 次の重さを，(　)の中の単位で表しなさい。

①389000g (kg)　　②0.09g (mg)

[2] 次の重さの水の体積を，(　)の中の単位で表しなさい。

①0.2kg (mL)　　②50kg (m^3)

考える手順 位取り表にまとめる。

[1]

	t		kg			g			mg		
①			3	8	9.	0̸	0̸	0̸			
②								0.	0	9	0

[2]

	t		kg			g		
	m^3							cm^3
	kL				L	dL		mL
①					0.	2	0	0
②		0.	0	5	0̸			

解き方

[1] k，m の意味を考える。

① 1g＝0.001kgだから，小数点の位置を左へ3けた移す。

② 1g＝1000mgだから，小数点の位置を右へ3けた移す。

[2] 水1gの体積は1mL(1cm^3)，1tの体積は1kL(1m^3)

① 1kg＝1000g→1000mLだから，小数点の位置を右へ3けた移す。

② 1kg＝0.001t→0.001m^3だから，小数点の位置を左へ3けた移す。

もっとくわしく

重さの単位の関係

1g＝1000mg
1kg＝1000g
1t＝1000kg

水の重さと体積の関係

1g→1mL(1cm^3)
1kg→1L
1t→1kL(1m^3)

答え [1] ①389kg　②90mg
[2] ①200mL　②0.05m^3

練習問題

解答▶ 別冊…P.42

140 (1) 次の重さを，(　)の中の単位で表しなさい。

①4650g (kg)　　②70.8kg (g)

(2) 次の体積の水の重さを，(　)の中の単位で表しなさい。

①850L (t)　　②48.2dL (g)

4 面積

基本

次の面積を，(　)の中の単位で表しなさい。

1 $5m^2$ (cm^2)　　2 $360m^2$ (a)

3 $10km^2$ (ha)　　4 4000a (km^2)

考える手順　位取り表にまとめる。

	km²		ha		a		m²		cm²			
1								5	0	0	0	0
2						3	6	0				
3	1	0	0	0								
4		0	4	0	0	0						

解き方

2つの単位の関係を考える。

1 $1m^2 = 10000cm^2$だから，小数点の位置を右へ4けた移す。

2 $1a = 100m^2 \rightarrow 1m^2 = 0.01a$だから，小数点の位置を左へ2けた移す。

3 $1km^2 = 100ha$だから，小数点の位置を右へ2けた移す。

4 $1km^2 = 10000a \rightarrow 1a = 0.0001km^2$だから，小数点の位置を左へ4けた移す。

答え　1 $50000cm^2$　2 3.6a

3 1000ha　4 $0.4km^2$

もっとくわしく

面積の単位の関係

$1m^2 = 10000cm^2$

$1km^2 = 1000000m^2$

$1a = 100m^2$

$1ha = 100a$

ここが大切

・面積の単位の変換は，数字の並びはそのままにして，小数点の位置を移せばよい。

練習問題

解答▶ 別冊…P.43

141 次の面積を，(　)の中の単位で表しなさい。

(1) $5970m^2$ (km^2)　　(2) 5.6ha (m^2)

5 体積（容積）

基本

次の体積や容積を，(　)の中の単位で表しなさい。

1 $9cm^3$（m^3）　2 0.74L（cm^3）　3 $400cm^3$(L)

考える手順 位取り表にまとめる。

	m^3		cm^3					
	kL				L	dL	mL	
1		0	0	0	0	0	0	9
2					0	7	4	0
3					0	4	0	0

解き方

0の数をまちがえないように，位取りに注意する。

1 $1m^3 = 1000000cm^3 \rightarrow 1cm^3 = 0.000001m^3$だから，小数点の位置を左へ6けた移す。

2 $1L = 1000mL = 1000cm^3$だから，小数点の位置を右へ3けた移す。

3 $1L = 1000cm^3 \rightarrow 1cm^3 = 0.001L$だから，小数点の位置を左へ3けた移す。

答え 1 $0.000009m^3$　2 $740cm^3$　3 0.4L

もっとくわしく

体積の単位の関係

$1m^3 = 1000000cm^3$
1L = 10dL
= 1000mL
$1mL = 1cm^3$
1kL = 1000L
= $1m^3$

ここが大切 体積(容積)の単位の変換も，数字の並びはそのままにして，小数点の位置を移せばよい。

練習問題

解答▶ 別冊…P.43

142 次の体積や容積を，(　)の中の単位で表しなさい。

(1) $2500cm^3$（L）　(2) 680mL（kL）

6 単位の関係

基本

次の図の㋐～㋒にあてはまる数を書きなさい。

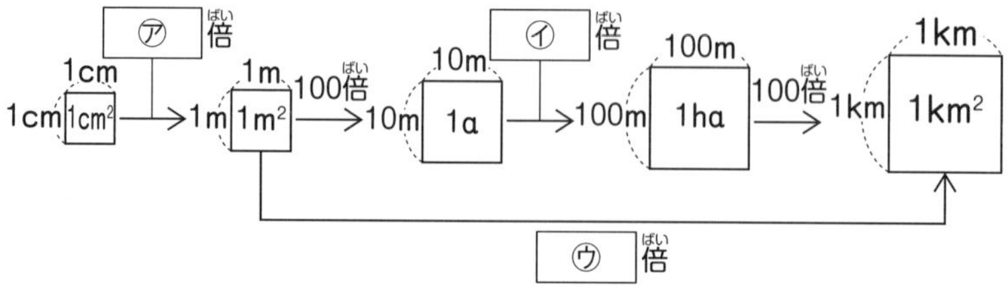

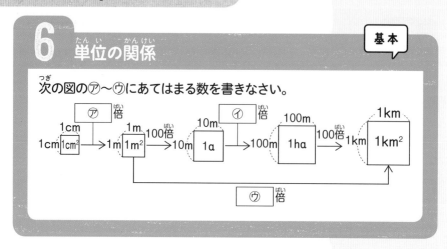

考える手順　1辺の長さが何倍になっているかを考える。

解き方

㋐ 1m = 100cmだから，1辺の長さは100倍になっている。
100×100 = 10000(倍)

㋑ 1辺の長さは10mから100mで10倍になっている。
10×10 = 100(倍)

㋒ 1km = 1000mだから，1辺の長さは1000倍になっている。
1000×1000 = 1000000(倍)

答え ㋐10000　㋑100　㋒1000000

ミス注意！
正方形の面積は1辺×1辺で求めるから，1辺の長さが10倍になっていたら，面積は
10×10＝100(倍)
になる。

つまずいたら
単位について知りたい。
P.248

ここが大切 1辺の長さが●倍になった正方形の面積は，●×●(倍)になる。

練習問題

解答▶ 別冊…P.43

143 (1) 1辺の長さが10cmの正方形の面積は何cm^2ですか。
(2) 正方形の1辺の長さが100倍になると，面積は何倍になりますか。

算数の宝箱

単位のはなし

みんなが飲むかんジュースには，中に入っている量が書いてあるね。ほとんどはmLで書いてあると思うけど，他の国では，みんなが学校で習うのとは別の単位で書いてある国もあるんだよ。たとえば，南アメリカなどの国では，かんに入っている量をmLではなくcm^3で書いているところもあるんだ。249ページでもまとめてあるように，1mLと$1cm^3$の量は等しいから，かんに入っている量は変わらないんだけど，国によって書かれている単位がちがうこともあるんだね。

また，日本ではあまり使われないけれど，ヨーロッパではcL（センチリットル）という単位を飲み物の量を表すのに使っているよ。cmとmの関係と同じなので，cLは1Lの$\frac{1}{100}$の量になるんだ。つまり，dLの$\frac{1}{10}$の量だね。

身のまわりの物にどんな単位が使われているかを注意して見てみると，意外な発見があるかもしれないよ。

紙の厚さや糸の太さ

紙の厚さや糸の太さにどんな種類の単位が使われているか知ってるかな？「厚さや太さだから長さの単位でしょ？」って思うかもしれないね。でも，実際に1枚の紙の厚さや1本の糸の太さを測るのは難しいので，実は厚さや太さを直接測らずに，ある一定の量の重さをもとにして表すんだ。

たとえば，紙の厚さは「ある大きさの紙の1000枚分の重さが何kgになるか」をもとにして表されることが多いよ。

糸の太さの単位はいろいろあるけど，たとえば「デニール」という単位は「ある一定の長さ（9000m）の糸の重さ」をもとにして表したりするよ。9000mというと9kmだから，ずいぶん長い糸の重さだね。

このように，直接測るのが難しいうすい厚さや細い太さも，たくさん集めて重さで表してみると表しやすくなることが多いんだ。

ちなみに，今君が読んでるこのページの1000枚分の重さはどれくらいだと思う？およそ2.5kgになるよ！

1 比とその利用

2つの数量の大きさの割合を考える基礎となります。

比

6年

比 ▶ aとbの割合を，「：」の記号を使ってa：bと表したもの

a：bの比の値 ▶ a÷bで求められる

見て👀理解！

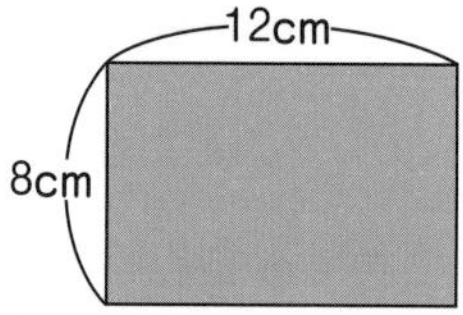

左の長方形の縦と横の長さの比

比 … 8：12 ← 8対12と読む

比の値…$8 \div 12 = \frac{8}{12} = \frac{2}{3}$

等しい比 ▶ 比の値が等しい2つの比は等しい

見て👀理解！

	6：9	8：12
比の値 …	$6 \div 9 = \frac{6}{9} = \frac{2}{3}$	$8 \div 12 = \frac{8}{12} = \frac{2}{3}$

↖ 比の値が等しい ↗

⇓

等しい比

比が等しいことを式に表す … 6：9＝8：12

比例式という。

比を簡単にする ▶ 比の値を変えないで，できるだけ小さい整数の比になおすこと

見て👀理解！

8：12 ＝ 2：3（÷4）

0.2：0.3 ＝ 2：3（×10）

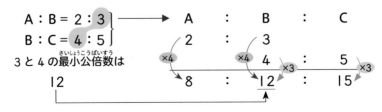

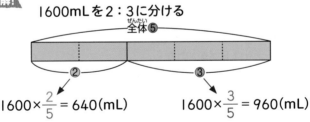

比の利用

6年 発展

比例式の性質 $a:b=(a\times\triangle):(b\times\triangle)$，$a:b=(a\div\triangle):(b\div\triangle)$
（△は0でない数）
$a:b=c:d$ なら $a\times d=b\times c$

見て理解！

内項

$8:12=2:3$ なら $\underbrace{8\times3}_{\text{外項の積}}=\underbrace{12\times2}_{\text{内項の積}}$

外項

等しい

比の一方の数量を求める

方法１

$2:3=6:\square$（$2\xrightarrow{\times3}6$，$3\xrightarrow{\times3}\square$）

$\square=3\times3$

$\square=9$

方法２

$2:3=6:\square$

$2\times\square=3\times6$

$2\times\square=18$

$\square=18\div2$

$\square=9$

比例配分 全体の量を決まった比に分ける

見て理解！

1600mLを2：3に分ける

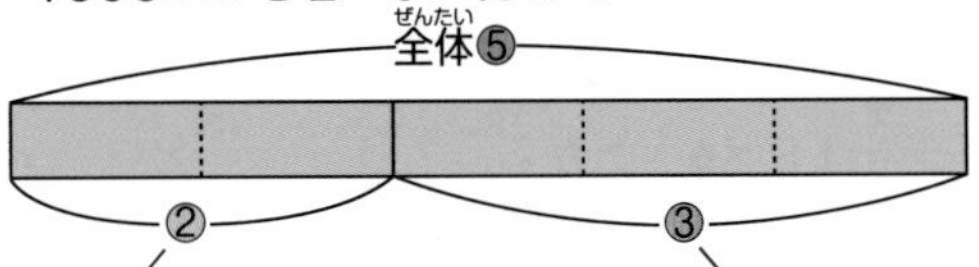

$1600\times\frac{2}{5}=640$(mL)　　$1600\times\frac{3}{5}=960$(mL)

連比 3つ以上の数量の割合を１つの比にそろえて表したもの

見て理解！

$\left.\begin{array}{l}A:B=2:3\\B:C=4:5\end{array}\right\}\longrightarrow$

A	:	B	:	C
2	:	3		
		4	:	5
8	:	12	:	15

（×4　×4　×3　×3）

3と4の最小公倍数は

12

7 比の表し方，比の値

基本

次の比を書きなさい。また，その比の値を求めなさい。

1 28人と42人の比

2 5kgの9kgに対する比

3 AがBの4倍のとき，AとBの比

考える手順 比a：b→比の値はa÷b＝$\frac{a}{b}$

解き方 1 AとBの比はA：Bだから，

28人と42人の比は28：42 単位はつけない

比の値は，$28 \div 42 = \frac{28}{42} = \frac{2}{3}$ 約分する

2「5kgの9kgに対する比」だから，

比べる量 もとにする量

5 ： 9

比の値は，$5 \div 9 = \frac{5}{9}$

3「AがBの4倍」→AはB×4 だから，

A：B＝(B×4)：B＝4：1 比の値は，4÷1＝4

答え 1 28：42，比の値$\frac{2}{3}$

2 5：9，比の値$\frac{5}{9}$ 3 4：1，比の値4

もっとくわしく

「○：□」の○を前項といい，比べる量を書く。

「○：□」の□を後項といい，もとにする量を書く。

もっとくわしく

「Aのx倍とBのy倍が等しいときのAとBの比」

$A \times x = B \times y$

$\rightarrow A : B = y : x$

ここが大切

・2つの量aとbの割合を，a：bと表したものを比という。

・a：bの比の値はa÷bで求められる。

練習問題

解答▶ 別冊…P.43

144 6年1組は，男子が16人，女子が18人です。次の比を書きなさい。また，その比の値を求めなさい。

(1) 男子と女子の人数の比 (2) 男子と組全体の人数の比

8 比の性質

基本

[1] 次の①～④の比を，簡単にしなさい。

①18：27　②75：100　③1.2：1.6　④$\frac{1}{3}:\frac{1}{4}$

[2] [1] の①～④の中で，等しい比はどれとどれですか。

考える手順　比を簡単にして，同じ形になるかを調べる。

解き方

[1] a：bのaとbを同じ数でわったり，aとbに同じ数をかけたりして，できるだけ小さい整数の比になおす。

①18と27の最大公約数9でわると，

$18:27=2:3$（18÷9，27÷9）

②75と100の最大公約数25でわると，

$75:100=3:4$（75÷25，100÷25）

③小数の比は，まず10倍，100倍，…して整数の比になおす。

$1.2:1.6=12:16=3:4$（×10，×10 → ÷4，÷4）

④分数の比は，分母の公倍数をかけて，整数の比になおす。3と4の最小公倍数12をかけると，

$\frac{1}{3}:\frac{1}{4}=\left(\frac{1}{3}\times12\right):\left(\frac{1}{4}\times12\right)=4:3$

[2] 比の値から，等しい比を調べる。

答え　[1] ①2：3　②3：4　③3：4　④4：3

[2] ②と③

もっとくわしく

[1]④ 別の解き方

通分して考えると，

$\frac{1}{3}:\frac{1}{4}=\frac{4}{12}:\frac{3}{12}$

$=4:3$

→分子が1の場合は分母の比を入れかえたものになる。

もっとくわしく

[2] 等しい比を調べる方法は，

㋐比の値を求める

㋑比を簡単にする

の2通りある。

ミス注意！

3：4と4：3は等しい比ではない。

ここが大切　・a：b＝(a×△)：(b×△)，a：b＝(a÷△)：(b÷△)（△は0でない数）

練習問題

解答▶ 別冊…P.43

(145) 次の比を簡単にしなさい。

(1) 0.6：4.5　(2) 1：0.4　(3) $\frac{2}{3}:3$

9 比例式

基本

□にあてはまる数を求めなさい。

1 5：7＝40：□　　2 4.8：□＝1.2：2

考える手順 両方の数に同じ数をかけても，同じ数でわっても，比は等しい。

解き方

□を使った式に表し，□にあてはまる数を求める。

1 5：7＝40：□（×8）　だから，□＝7×8＝56

2 4.8：□＝1.2：2（÷4）　だから，□÷4＝2

□＝2×4＝8

別の解き方

1 5：7＝40：□（内項：7，40　外項：5，□）　だから，5×□＝7×40

5×□＝280

□＝280÷5＝56

2 4.8：□＝1.2：2（内項：□，1.2　外項：4.8，2）　だから，4.8×2＝□×1.2

9.6＝□×1.2

□＝9.6÷1.2＝8

答え 1 56　2 8

もっとくわしく

比例式

2つの等しい比を等号で結んで表した式。比例式の中のわからない数を求めることを，比例式を解くという。

つまずいたら

□にあてはまる数の求め方を知りたい。

P.125

ここが大切

・比例式の性質①a：b＝(a×△)：(b×△)

a：b＝(a÷△)：(b÷△)（△は0でない数）

②a：b＝c：d⇔a×d＝b×c

練習問題

解答▶ 別冊…P.44

146 コーヒーと牛乳を8:5の割合で混ぜて，コーヒー牛乳をつくります。コーヒーを120mL使うとき，牛乳は何mL必要ですか。牛乳の量を□mLとして，比例式をつくり，求めなさい。

10 比例配分

基本

2100円を姉と妹の金額の比が4：3になるように分けます。姉と妹の金額はそれぞれ何円になりますか。

考える手順 姉の割合を4，妹の割合を3とすると，全体の割合は4＋3＝7

解き方

図にかいて考えると，

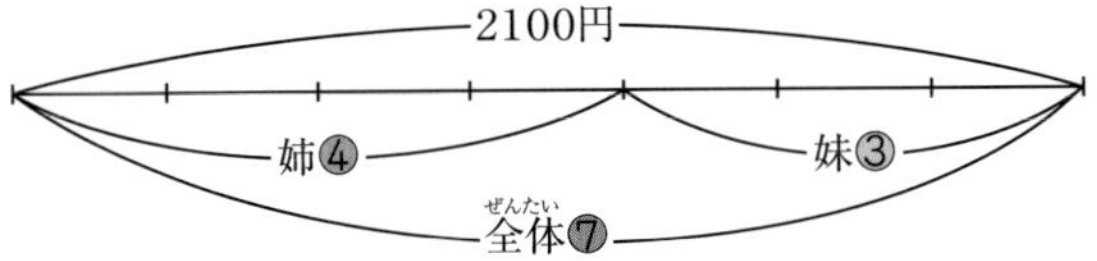

姉の金額は，全体の$\frac{4}{7}$だから，$2100\times\frac{4}{7}=1200$(円)

妹の金額は，全体の$\frac{3}{7}$だから，$2100\times\frac{3}{7}=900$(円)

ミス注意！

姉と妹の比は

4：3

姉と全体の比は

4：7

もっとくわしく

妹の金額は

2100－1200＝900

として求めてもよい。

別の解き方

姉の金額を□円として，比例式に表すと，

7：4 ＝2100：□

7×□＝4×2100

7×□＝8400

□＝8400÷7＝1200

答え 姉1200円，妹900円

ここが大切

・全体の量をa：bに分けるとき，

全体の量×$\frac{a}{a+b}$と，全体の量×$\frac{b}{a+b}$に分けられる。

練習問題

解答▶ 別冊…P.44

147 ある学校の6年生は180人で，男子と女子の人数の比は8：7です。男子と女子の人数はそれぞれ何人ですか。

2 比例と反比例

ともなって変わる2つの数量の関係を，式，表，グラフを使って考えます。

比例

5年 6年

比例の関係 一方の量が2倍，3倍，…になると，他方の量も2倍，3倍，…と変化する2つの数量の関係

見て理解！

水そうに1分間に3dLずつ水を入れたときの，時間と水の量

2倍 3倍 4倍 5倍

時間 x(分)	1	2	3	4	5	…
水の量 y(dL)	3	6	9	12	15	…

2倍 3倍 4倍 5倍

比例の式 y＝決まった数×x，$y \div x$＝決まった数

見て理解！

時間 x(分)	1	2	3	4	5	…
水の量 y(dL)	3	6	9	12	15	…
$y \div x$	3	3	3	3	3	…

いつも 3

比例の式…$y = 3 \times x$

↑決まった数

見て理解！

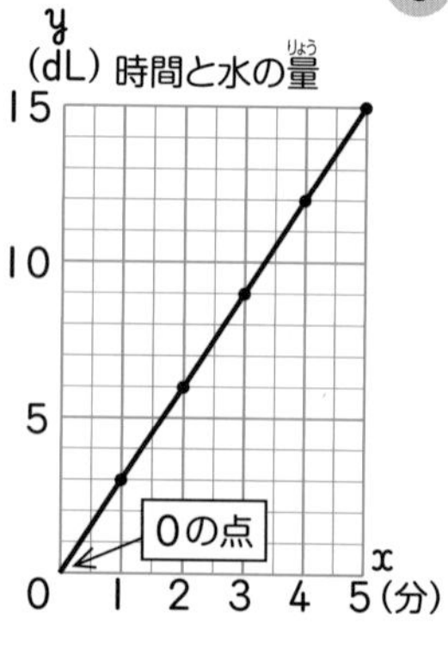

比例のグラフ 0の点（原点）を通る直線

ここが大切

・yがxに比例しているとき，xが□倍になれば，yも□倍になる。

反比例

6年

反比例の関係

一方の量が2倍，3倍，…になると，他方の量が$\frac{1}{2}$倍，$\frac{1}{3}$倍，…と変化する2つの数量の関係

見て👀理解!

面積が12cm²の平行四辺形の底辺と高さ

（2倍　3倍　2倍　4倍）

底辺　x(cm)	1	2	3	4	6	12
高さ　y(cm)	12	6	4	3	2	1

（$\frac{1}{2}$倍　$\frac{1}{3}$倍　$\frac{1}{2}$倍　$\frac{1}{4}$倍）

反比例の式

y＝決まった数÷x，$x\times y$＝決まった数

見て👀理解!

底辺　x(cm)	1	2	3	4	6	12
高さ　y(cm)	12	6	4	3	2	1
$x\times y$	12	12	12	12	12	12

いつも12

反比例の式…$y=12\div x$
↑決まった数

反比例のグラフ

曲線(双曲線)

見て👀理解!

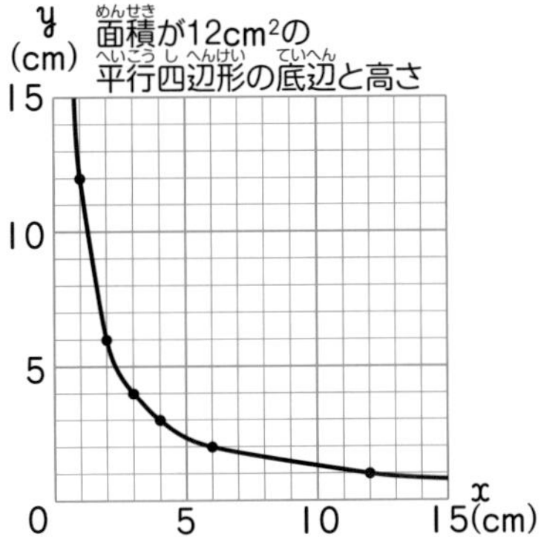

ここが大切

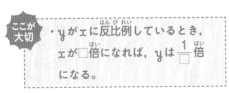

・yがxに反比例しているとき，
xが□倍になれば，yは$\frac{1}{□}$倍
になる。

※双曲線については，くわしくは，中学校で学習する。

11 比例

基本

下の表は，ある針金の長さ x mと重さ y gの関係を調べたものです。

長さ x(m)	1	2	3	4	5	…
重さ y(g)	80	160	240	320	400	…

1 xの値が2倍，3倍，…になると，yの値はどうなりますか。
2 xとyの関係を式に表しなさい。
3 xとyの関係を表すグラフをかきなさい。
4 この針金3.5mの重さを求めなさい。
5 この針金360gの長さを求めなさい。

考える手順　ことばの式は，重さ＝1mの重さ×長さ

解き方

1 xの値が2倍，3倍，…になるときの，yの値の変わり方に着目する。

長さ x(m)	1	2	3	4	5
重さ y(g)	80	160	240	320	400

（x：1→2倍，3倍，4倍，5倍）（y：80→2倍，3倍，4倍，5倍）

xの値が2倍，3倍，…になると，それにともなってyの値も2倍，3倍，…になる。
→yはxに比例する。

2 重さyの値を，対応する長さxの値でわった商を調べる。

長さ x(m)	1	2	3	4	5
重さ y(g)	80	160	240	320	400
$y \div x$	80	80	80	80	80

$y \div x$の値は，針金1mの重さを表し，いつも決まった数80になる。$y \div x = 80$
だから，xとyの関係を表す式は，$y = 80 \times x$

もっとくわしく

xの値が$\frac{1}{2}$倍，$\frac{1}{4}$倍になると，yの値も$\frac{1}{2}$倍，$\frac{1}{4}$倍になる。

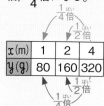

x(m)	1	2	4
y(g)	80	160	320

（4→2：$\frac{1}{2}$倍，4→1：$\frac{1}{4}$倍）

つまずいたら

2量の関係を式に表したり，一方の値から他方の値を求めたりする方法を知りたい。

P.128

③ **手順1** 表からグラフに点をとる。

手順2 x の値が0のとき y の値は0だから，0の点（原点）をとる。

手順3 点を通る直線をひく。

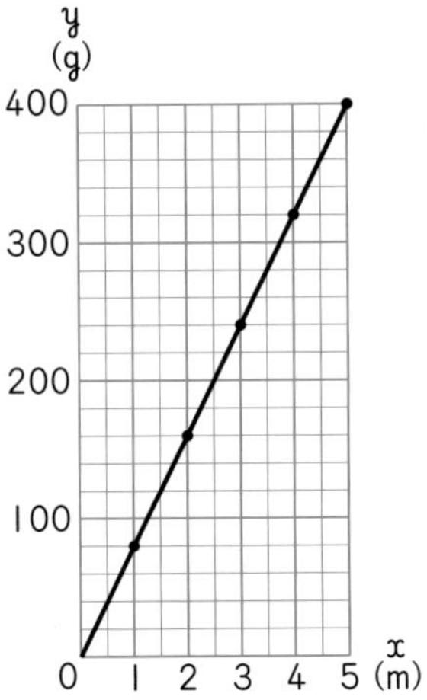

④ x の値が3.5のときの y の値を求めるから，

$y = 80 \times x$

↓ x に3.5をあてはめる

$y = 80 \times 3.5 = 280$

🔍 **もっとくわしく**

④，⑤

● 別の解き方

グラフを使うと，

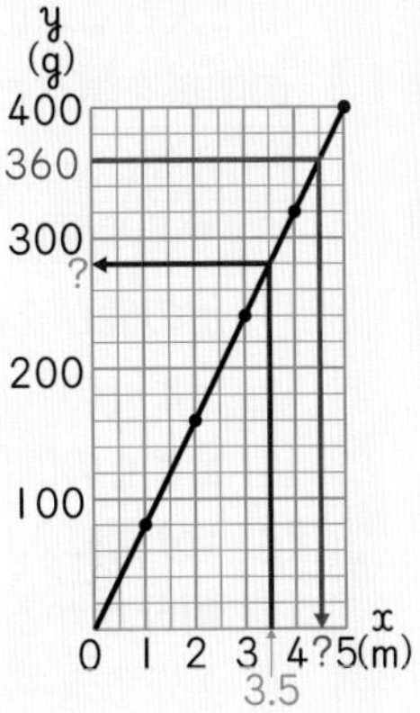

⑤ y の値が360のときの x の値を求めるから，

$y = 80 \times x$

↓ y に360をあてはめる

$360 = 80 \times x$，$80 \times x = 360$

$x = 360 \div 80 = 4.5$

🔍 **もっとくわしく**

⑤ のように，比例の関係を利用すると，重さをはかるだけで針金の長さを簡単に知ることができる。

答え ① 2倍，3倍，…になる。 ② $y = 80 \times x$
③ 上の図 ④ 280g ⑤ 4.5m

ここが大切 ・比例の式は，y ＝決まった数 × x

練習問題

解答▶ 別冊…P.44

148 ある印刷機で，印刷できる枚数は印刷時間に比例します。

時間 x（分）	5	10	…
枚数 y（枚）	120	ア	…

(1) 右の表のアにあてはまる数を求めなさい。
(2) x と y の関係を式に表しなさい。
(3) x と y の関係を表すグラフをかきなさい。
(4) 8分では，何枚印刷できますか。
(5) 300枚印刷するのにかかる時間は何分ですか。

12 反比例

基本

下の表は，24L入る水そうに一定の割合で水を入れたときの，1分間に入れる水の量 x Lと水そうをいっぱいにするのにかかる時間 y 分の関係を調べたものです。

1分間に入れる水の量　x(L)	2	4	6	8	…
かかる時間　y(分)	12	6	4	3	…

1. x の値が2倍，3倍，…になると，y の値はどうなりますか。
2. x と y の関係を式に表しなさい。
3. x と y の関係を表すグラフをかきなさい。
4. 1分間に入れる水の量が3Lのとき，水そうをいっぱいにするには何分かかるか求めなさい。
5. 2分で水そうをいっぱいにするには，1分間に入れる水の量を何Lにすればよいか求めなさい。

考える手順　1分間に入れる水の量 × 時間 = 水そうの容積(24L)

解き方

1 表を横に見ると，

2倍　3倍　4倍

1分間に入れる水の量　x(L)	2	4	6	8	…
かかる時間　y(分)	12	6	4	3	…

$\frac{1}{2}$倍　$\frac{1}{3}$倍　$\frac{1}{4}$倍

x の値が2倍，3倍，…になると，それにともなって

y の値は $\frac{1}{2}$ 倍，$\frac{1}{3}$ 倍，…になる。→ y は x に反比例する。

2 x の値と y の値の積を調べる。

1分間に入れる水の量　x(L)	2	4	6	8	…
かかる時間　y(分)	12	6	4	3	…
$x \times y$	24	24	24	24	…

$x \times y$ の値は，水そうの容積を表し，いつも決まった数24になる。$x \times y = 24$

だから，x と y の関係を表す式は，$y = 24 \div x$

もっとくわしく

・容積を一定とする場合

1分間に入れる水の量 x と満水になるまでの時間 y の関係は，

$x \times y$ の値が一定

⇒反比例する

P.263

・1分間に入れる水の量を一定とする場合

時間 x と水の量 y の関係は，

$y \div x$ の値が一定

⇒比例する

P.262

③ 手順1 表からグラフに点をとる。
手順2 点をなめらかな曲線で結ぶ。

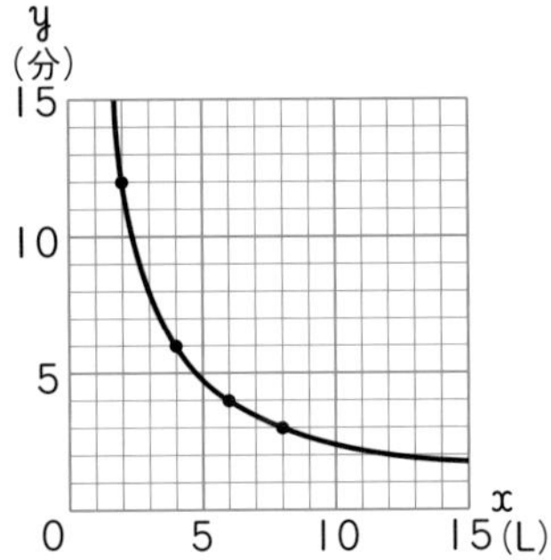

④ x の値が3のときの y の値を求めるから，

$y = 24 \div x$

↓ xに3をあてはめる

$y = 24 \div 3 = 8$

⑤ y の値が2のときの x の値を求めるから，

$y = 24 \div x$

↓ yに2をあてはめる

$2 = 24 \div x$，$x = 24 \div 2 = 12$

もっとくわしく

④，⑤

● 別の解き方

グラフを使うと，

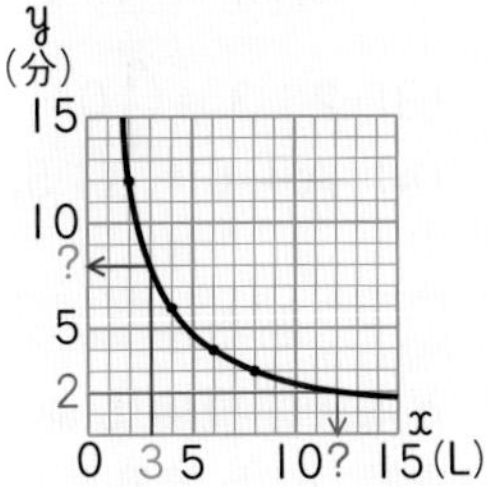

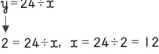

答え ① $\frac{1}{2}$倍，$\frac{1}{3}$倍，…になる。 ② $y = 24 \div x$

③ 上の図 ④ 8分 ⑤ 12L

ここが大切 ・反比例の式は，y＝決まった数÷xまたは，$x \times y$＝決まった数

練習問題

解答▶ 別冊…P.45

149 次の(ア)～(オ)について，xとyの関係を式に表しなさい。
また，yがxに比例するか，反比例するか，どちらでもないか答えなさい。

(ア) 1辺の長さが$x$cmの正三角形のまわりの長さ$y$cm

(イ) 900mLのジュースをx人で等分するときの，1人分のジュースの量ymL

(ウ) 面積が60cm^{2}の三角形の底辺$x$cmと高さ$y$cm

(エ) x円の買い物をして，1000円出したときのおつりy円

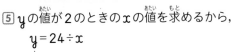

(オ) ガソリン1Lで12km走る自動車の，ガソリンの量xLで走るきょり$y$km

まとめの問題

解答▶別冊…P.126

基本

74 □にあてはまる数を求めなさい。((1)，(4)は最も簡単な整数の比で表しなさい。)

(1) Aの$\frac{1}{4}$倍とBの$\frac{2}{3}$倍が等しいとき，A：B＝□：□

(2) 2.75：□＝$2\frac{1}{5}$：4.8 (和洋九段女子中)

(3) 2：3＝(10－□)：(13－5÷2) (公文国際学園中等部)

(4) A：B＝3：5，B：C＝2：5のとき，A：B：C＝□：□：□

75 ある惑星の北半球での陸と海の面積の比は2：5です。南半球での陸と海の面積の比は3：25です。北半球の海と南半球の陸の面積を最も簡単な整数の比で答えなさい。ただし，北半球全体と南半球全体の面積は等しいものとします。 (日本大学豊山中)

よくでる

76 縦と横の長さの比が5：3で，まわりの長さが96cmの長方形の面積は何cm^2ですか。

ハイレベル

77 入口から水を流し入れると，水を左右に3：2の割合で分けて流し出す装置があります。たとえば，入口から50Lの水を流し入れると，左からは30L，右からは20Lの水が流れます。右の図は，この装置6個を3段に組み合わせたようすを示しています。入口から500Lの水を流し入れたとき，タンクA，B，C，Dにはそれぞれ何Lの水が入りますか。

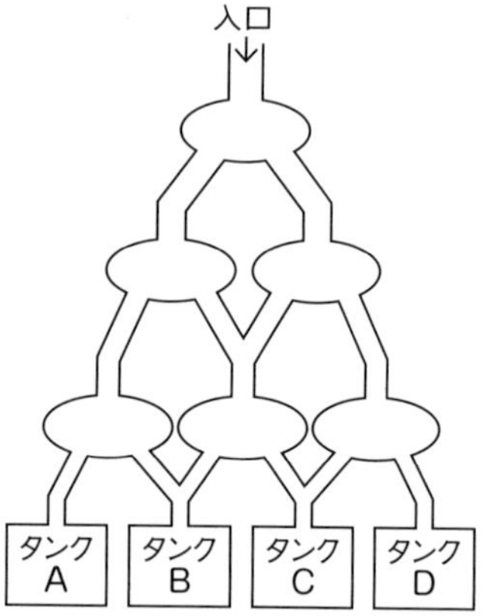

78 次の㋐～㋓の表は，対応する2つの数 x と y の関係を表したものです。これについて，あとの問いに答えなさい。

㋐

x	…	3	4	5	6	…
y	…	7	8	9	10	…

㋑

x	…	2	4	8	16	…
y	…	8	4	2	1	…

㋒

x	…	2	4	6	8	…
y	…	6	12	18	24	…

㋓

x	…	2	4	6	8	…
y	…	18	16	14	12	…

y が x に比例しているものはどれですか。また，y が x に反比例しているものはどれですか。㋐～㋓の記号で答え，x と y の関係を式に表しなさい。

79 次のグラフは比例か反比例の関係を表しています。それぞれのグラフについて，x と y の関係を式に表しなさい。

(1)

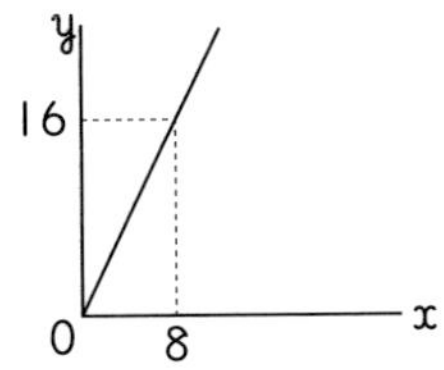

(2)

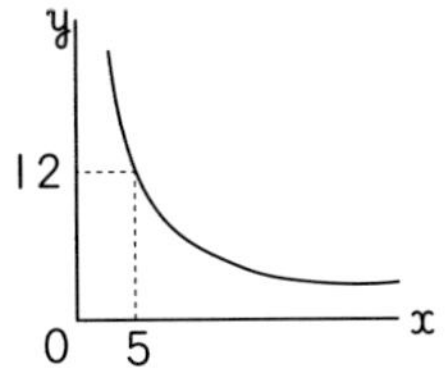

80 右下のグラフは，暖ぼう機アを使ったときの，使用時間とガス代の関係を表したものです。次の問いに答えなさい。

(1) 暖ぼう機アは，1時間あたりガス代が何円かかりますか。

(2) 暖ぼう機アを24時間使ったときのガス代を求めなさい。

(3) 1440円のガス代で，暖ぼう機アを何時間使えますか。

(4) 下の表は，暖ぼう機イを使ったときの，使用時間とガス代の関係を示したものです。

使用時間（時間）	1	2	5	10
ガス代（円）	10	20	50	100

暖ぼう機イの使用時間とガス代の関係を表すグラフをかき入れなさい。

(5) 暖ぼう機アを8時間使用したときと，暖ぼう機イを8時間使用したときとでは，どちらが何円ガス代が安いですか。

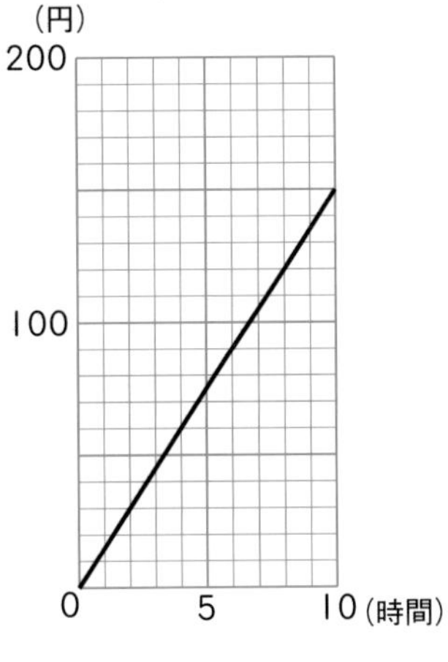

3 簡単な割合

簡単な割合の表し方について学びます。

簡単な割合

4年

割合 ある量をもとにして，比べられる量がもとにする量のどれだけ(何倍)にあたるかを表した数

見て理解！

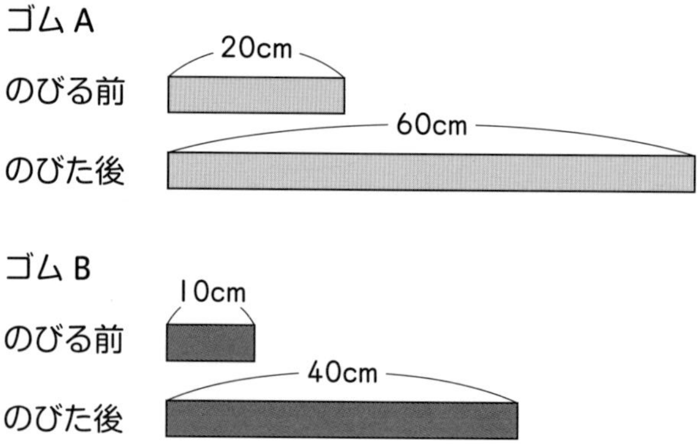

ゴムAは，60÷20＝3より，3倍のびる。
ゴムBは，40÷10＝4より，4倍のびる。
} ゴムBのほうがよくのびるといえる。

⇒のびる前の長さを「もとにする量」，のびた後の長さを「比べられる量」，何倍のびたかを「割合」という。

ここが大切
・割合＝比べられる量÷もとにする量

13 簡単な割合

基本

ある店で，A，B 2種類のりんごを売っており，それぞれ値上げをすることになりました。りんごAは1個60円が180円に，りんごBは1個100円が200円になりました。りんごAとりんごBは，どちらがより多く値上がりしたといえますか。

考える手順 比べられる量÷もとにする量で割合を求めて比べる。

解き方

「比べられる量」は，値上げした後の値段，「もとにする量」は，値上げする前の値段である。

・りんごAは，180÷60＝3より，値上げした後のねだんは，3倍になっている。
・りんごBは，200÷100＝2より，値上げした後のねだんは，2倍になっている。

よって，りんごAのほうが，りんごBより多く値上がりしたといえる。

もっとくわしく
ちがう値段の2つについて，それぞれどれだけ値上がりしたかを調べるには，何円上がったか，ではなく，何倍になったかを調べればよい。この「何倍になったか」というのが割合である。

答え りんごA

ここが大切 ・割合＝比べられる量÷もとにする量

練習問題

解答▶ 別冊…P.46

150 2本のゴムA，Bがあります。ゴムAののびる前の長さは15cm，のびた後の長さは45cmで，ゴムBののびる前の長さは30cm，のびた後の長さは60cmです。どちらがよくのびるといえますか。

4 割合

比べられる量，もとにする量，割合の関係を学びます。

割合を求める

5年

割合 ある量をもとにして，比べられる量がもとにする量のどれだけ（何倍）にあたるかを表した数

見て理解！

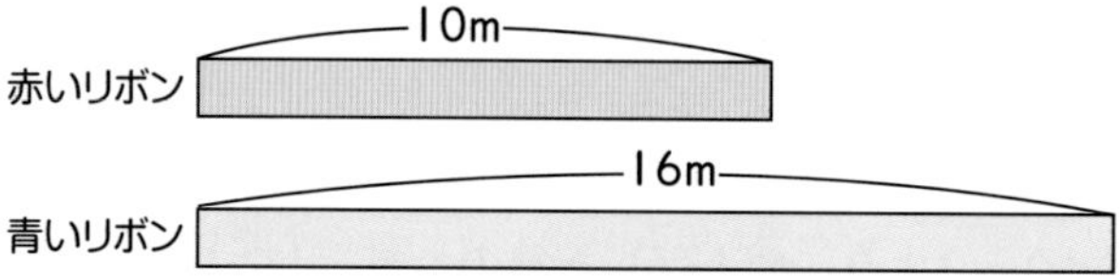

『青いリボンの長さは，赤いリボンの長さ の 何倍か』

比べられる量　　もとにする量　　割合

もとにする量（赤いリボンの長さ）　　比べられる量（青いリボンの長さ）

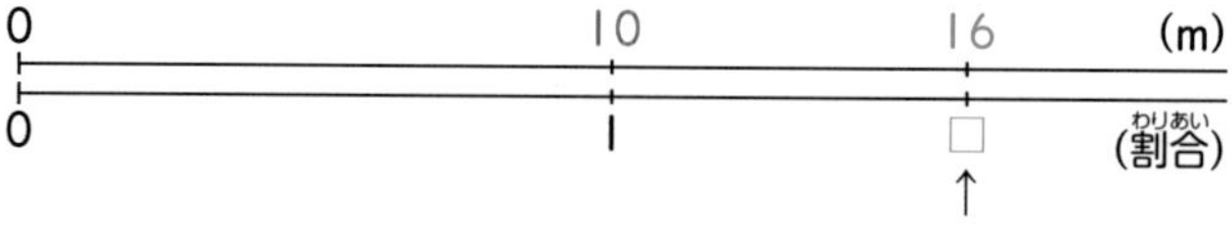

16 ÷ 10 = 1.6

比べられる量　もとにする量　割合

⇒ 16mは，10mの1.6倍

⇒ 10mを1とすると，16mは1.6の大きさにあたる

⇒ 10mをもとにしたときの，16mの割合は1.6

ここが大切
・割合＝比べられる量÷もとにする量（割合の第1用法）

比べられる量を求める

5年

見て👀理解!

『10m の 1.6倍の長さ は 何mか』

もとにする量　割合　比べられる量

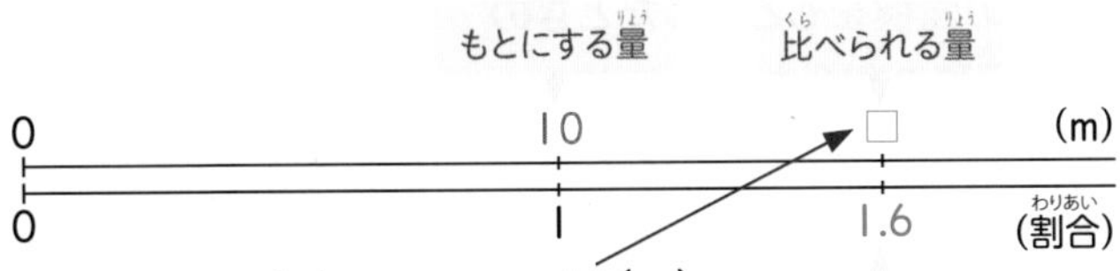

10 × 1.6 = 16(m)　　割合

もとにする量　割合　比べられる量

ここが大切
・比べられる量＝もとにする量×割合(割合の第2用法)

もとにする量を求める

5年

見て👀理解!

『16m は 何m の 1.6倍か』

比べられる量　もとにする量　割合

□ × 1.6 = 16　　割合

もとにする量　割合　比べられる量

□ ＝ 16 ÷ 1.6 ＝ 10(m)

比べられる量　割合　もとにする量

ここが大切
・もとにする量＝比べられる量÷割合(割合の第3用法)

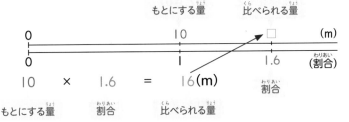

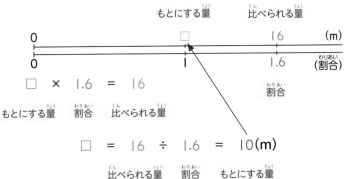

14 割合を求める

基本

ある公園の面積は3200m²で，そのうち，花だんの面積は2000m²，池の面積は480m²です。

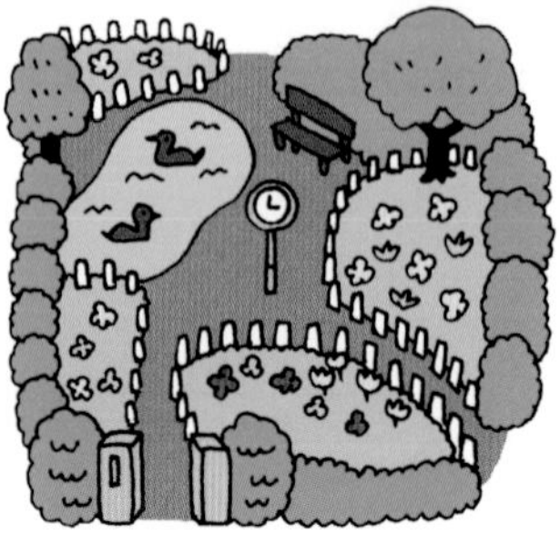

1 花だんの面積をもとにしたときの公園の面積の割合を求めなさい。
2 花だんの面積をもとにしたときの池の面積の割合を求めなさい。
3 池の面積をもとにしたときの花だんの面積の割合を求めなさい。（分数で表しなさい。）

考える手順　図にかいて考える。

解き方

1

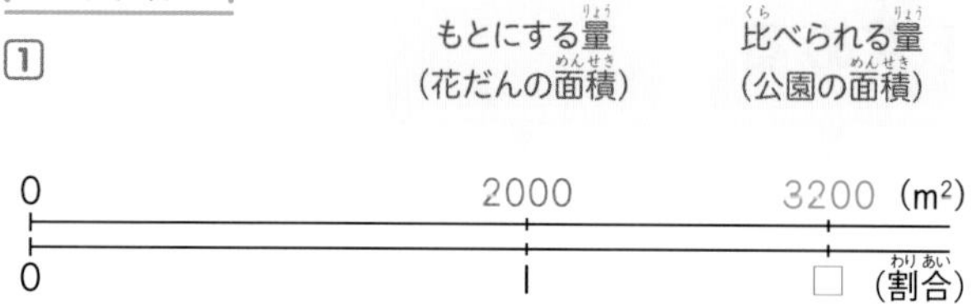

3200 ÷ 2000 ＝ 1.6
比べられる量　もとにする量　割合

もっとくわしく
比べられる量がもとにする量より大きいとき
⇒割合は1より大きい。

2

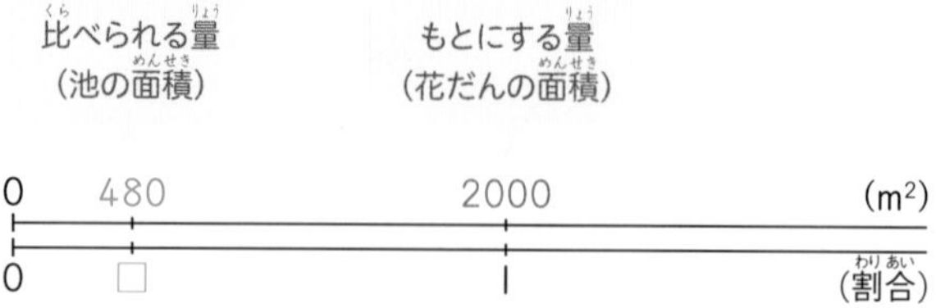

480 ÷ 2000 ＝ 0.24
比べられる量　もとにする量　割合

もっとくわしく
比べられる量がもとにする量より小さいとき
⇒割合は1より小さい。

③

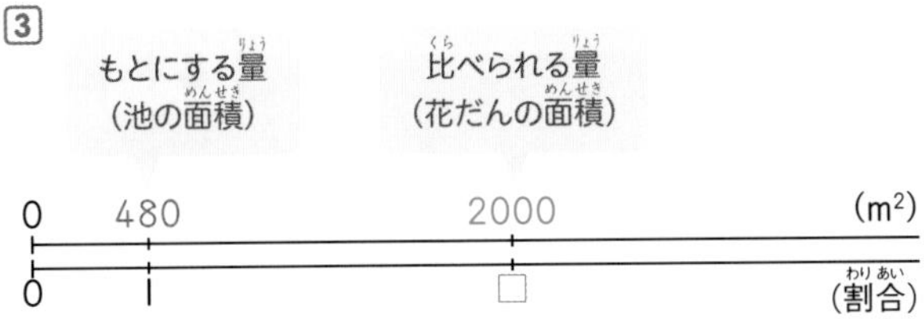

🔍もっとくわしく

もとにする量を1としたときの割合は，整数，小数，分数で表される。

$$\underset{\text{比べられる量}}{2000} \div \underset{\text{もとにする量}}{480} = \frac{2000}{480} = \underset{\text{割合}}{\frac{25}{6}}$$

答え ① 1.6　② 0.24　③ $\frac{25}{6}$

ここが大切
・割合＝比べられる量÷もとにする量

練習問題

解答▶ 別冊…P.46

151 次の□にあてはまる数を求めなさい。

(1) 120人は60人の□倍です。
(2) 75kgは150kgの□倍です。
(3) 64kmをもとにしたときの96kmの割合は□です。
(4) 600円をもとにしたときの360円の割合は□です。
(5) 180Lの□倍は270Lです。
(6) 2.6haの□倍は1.3haです。
(7) 3850冊の□倍は308冊です。

152 ㋐，㋑，㋒の3本のリボンがあります。

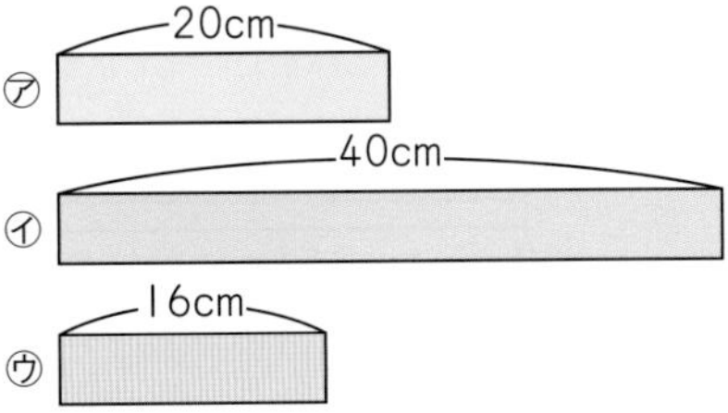

(1) ㋑のリボンの長さは㋐のリボンの長さの何倍ですか。
(2) ㋒のリボンの長さは㋐のリボンの長さの何倍ですか。
(3) ㋒のリボンの長さをもとにしたときの，㋑のリボンの長さの割合を求めなさい。

15 比べられる量を求める

基本

ようう子さんの体重は35kgです。

1. お父さんの体重は，よう子さんの体重の1.8倍です。お父さんの体重は何kgですか。
2. 妹の体重は，よう子さんの体重の0.54倍です。妹の体重は何kgですか。
3. お母さんの体重は，お父さんの体重の0.8倍です。お母さんの体重は何kgですか。

考える手順　図にかいて考える。

解き方

1 「お父さんの体重は，よう子さんの体重の1.8倍」

比べられる量　もとにする量　割合

もとにする量(よう子さんの体重)　比べられる量(お父さんの体重)

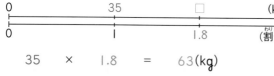

$35 \times 1.8 = 63$(kg)

もとにする量　割合　比べられる量

2 「妹の体重は，よう子さんの体重の0.54倍」

比べられる量　もとにする量　割合

比べられる量(妹の体重)　もとにする量(よう子さんの体重)

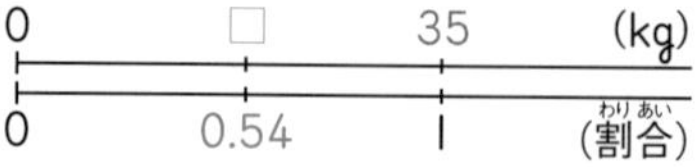

$35 \times 0.54 = 18.9$(kg)

もとにする量　割合　比べられる量

もっとくわしく

増減の割合と倍の関係

㋐(増えた後の量)
$=$(もとの量)$\times$(1＋増えた割合)

㋑(減った後の量)
$=$(もとの量)$\times$(1－減った割合)

例 きのう商品が100個売れたとする。

㋐今日，きのうの$\frac{1}{5}$多く売れたとき

$100 \times \left(1 + \frac{1}{5}\right)$
$= 100 \times \frac{6}{5} = 120$(個)

↑$\frac{6}{5}$倍になった

㋑今日売れた数が，きのうの$\frac{1}{5}$少なかったとき

$100 \times \left(1 - \frac{1}{5}\right)$
$= 100 \times \frac{4}{5} = 80$(個)

↑$\frac{4}{5}$倍になった

③「お母さんの体重は，お父さんの体重の0.8倍」

比べられる量　　もとにする量　　割合

① で求めたお父さんの体重を利用して求める。

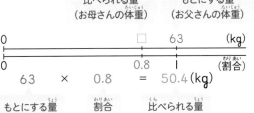

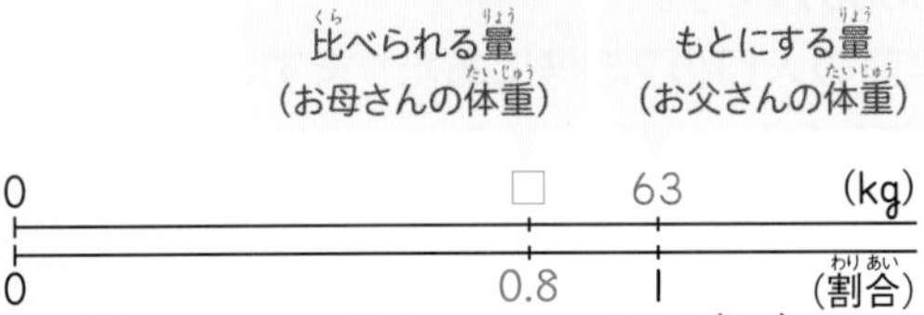

63 × 0.8 = 50.4(kg)

もとにする量　割合　比べられる量

答え ① 63kg　② 18.9kg　③ 50.4kg

もっとくわしく

よう子さんの体重から直接求める。

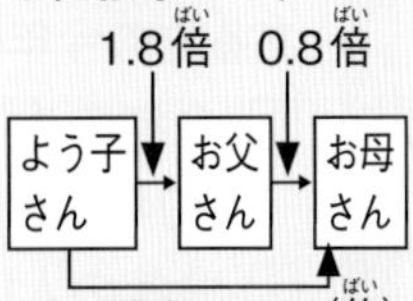

1.8 × 0.8 = 1.44(倍)

「お母さんの体重はよう子さんの体重の1.44倍」

35 × 1.44 = 50.4

(kg)

ここが大切　・比べられる量＝もとにする量×割合

練習問題

解答▶ 別冊…P.47

153 次の□にあてはまる数を求めなさい。

(1) 2000円の4.8倍は□円です。

(2) 780kmの0.4倍は□kmです。

(3) □gは，150gの2.5倍です。

(4) 600mLの0.05にあたる量は□mLです。

(5) 1800人の$\frac{4}{5}$は□人です。また，1440人の$\frac{5}{4}$は□人です。

154 チャレンジ

ある小学校の5年生は100人で，5年生全体の0.56が男子です。また，5年生の男子の0.25がめがねをかけています。

(1) 5年生の男子は何人ですか。

(2) 5年生の男子でめがねをかけているのは何人ですか。

155 面積が250m^{2}の土地の0.35にあたる部分に家を建てます。

(1) 土地全体の面積をもとにしたときの，家の建っていない部分の面積の割合を求めなさい。

(2) 家の建っていない部分の面積を求めなさい。

16 もとにする量を求める

基本

ある町の今年の人口は16000人です。

① 今年の人口は，30年前の人口の2.5倍にあたります。この町の30年前の人口は何人でしたか。

② 今年の人口は，5年前の人口の0.8倍です。この町の5年前の人口は何人でしたか。

考える手順　今年の人口を「比べられる量」として考える。

解き方

①「今年の人口は，30年前の人口 の 2.5倍」

比べられる量　　もとにする量　　割合

もとにする量（30年前の人口）　　比べられる量（今年の人口）

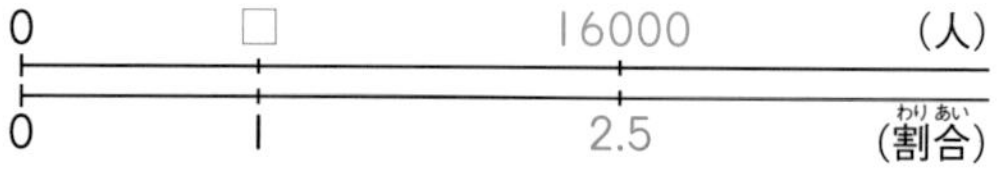

30年前の人口を□人として，

「もとにする量×割合＝比べられる量」の式にあてはめる。

□×2.5＝16000

□＝16000÷2.5

□＝6400(人)

もとにする量は比べられる量÷割合で求められる

もっとくわしく

別の考え方

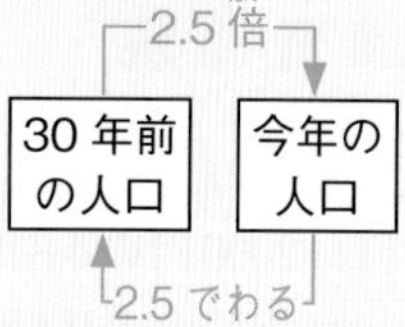

30年前の人口を2.5倍すると，今年の人口になるから，今年の人口を2.5でわると，30年前の人口が求められる。

16000÷2.5

＝6400(人)

②「今年の人口は，5年前の人口 の 0.8倍」

比べられる量　　もとにする量　　割合

5年前の人口を□人として，
「もとにする量×割合＝比べられる量」の式にあてはめる。

□×0.8＝16000
　□＝16000÷0.8
　□＝20000(人)

もとにする量は
比べられる量÷割合
で求められる。

答え ① 6400人　② 20000人

もっとくわしく

別の考え方

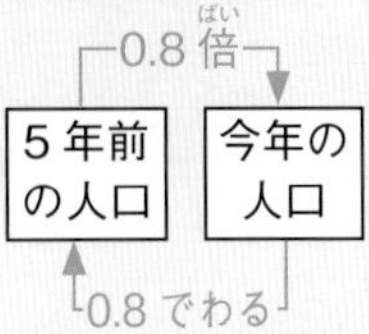

5年前の人口を0.8倍すると，今年の人口になるから，今年の人口を0.8でわると，5年前の人口が求められる。
16000÷0.8
＝20000(人)

ここが大切
・もとにする量＝比べられる量÷割合

練習問題

解答▶ 別冊…P.49

156 次の□にあてはまる数を求めなさい。

(1) □mの1.2倍は600mです。
(2) □円の0.45倍は900円です。
(3) □m^2の0.15にあたる量は180m^2です。
(4) 2700gは，□gの1.35倍です。
(5) 72Lは□Lの$\frac{4}{5}$です。

157 あるバスには42人乗っています。これは，定員の0.7にあたります。このバスの定員は何人ですか。

158 ある問題集の$\frac{5}{8}$を解きましたが，あと90問残っています。この問題集は全部で何問ありますか。

159 チャレンジ
ある学校の今年の児童数は，去年の児童数の0.08にあたる人数だけ増えて，972人になりました。去年の児童数は何人でしたか。

5 単位量あたりの大きさ

一方の量をそろえて，もう一方の量で比かくする比べ方を学びます。

単位量あたりの大きさで比べる　5年

単位量あたりの大きさ　「$1m^2$ あたりの～」や「1人あたりの～」や「$1cm^3$ あたりの～」などのようにして表した大きさ

こみぐあい　$1m^2$ あたりの人数や1人あたりの面積で比べる

見て👀理解！

A公園　$160m^2$　　　B公園　$200m^2$

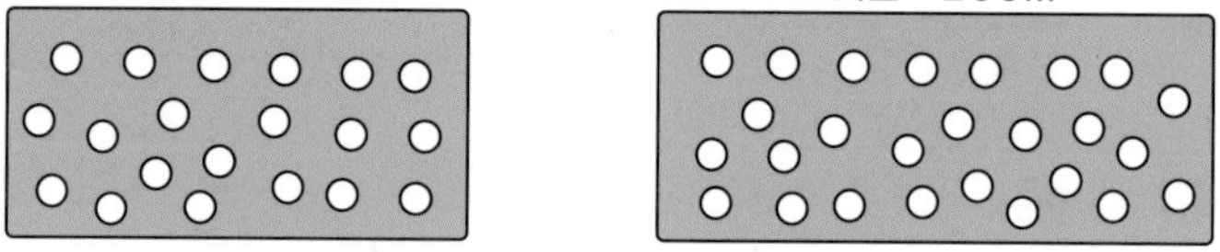

20人　　　26人

こみぐあいは，人数と面積の2つの量が関わっている。

・$1m^2$ あたりの人数で比べる

A公園					B公園				
20	÷	160	=	0.125(人)	26	÷	200	=	0.13(人)
人数		面積		$1m^2$ あたりの人数	人数		面積		$1m^2$ あたりの人数

⇒ $1m^2$ あたりの人数の多いB公園のほうがこんでいる。

・1人あたりの面積で比べる

A公園					B公園				
160	÷	20	=	8(m^2)	200	÷	26	=	7.6…(m^2)
面積		人数		1人あたりの面積	面積		人数		1人あたりの面積

⇒ 1人あたりの面積がせまいB公園のほうがこんでいる。

ここが大切　・こみぐあいは，単位量あたりの大きさで比べることができる。

人口密度

5年

人口密度 1km² あたりの人口のこと

見て理解!

人口
131558人
面積
218km²

131558 ÷ 218 = 603.4…→603人

人口　面積(km²)　人口密度

ここが大切
・人口密度＝人口(人)÷面積(km²)

密　度

5年 発展

密度 ある物の1cm³ あたりの重さのこと

見て理解!

ある合金の重さと体積

重さ	942g
体積	120cm³

942 ÷ 120 = 7.85→7.85g

重さ　体積(cm³)　密度

ここが大切
・密度＝重さ÷体積(cm³)

17 単位量あたりの大きさで比べる

基本

右の表は，A，B 2つの畑の面積と，とれたじゃがいもの重さを表したものです。

	面積(m^2)	重さ(kg)
A	80	120
B	150	210

① Aの畑で $1m^2$ あたりにとれたじゃがいもの重さを求めなさい。

② Bの畑で $1m^2$ あたりにとれたじゃがいもの重さを求めなさい。

③ どちらの畑のほうがよくとれたといえますか。

考える手順　「$1m^2$ あたり」⇒面積(m^2)でわる。

解き方

① [$1m^2$ あたりにとれた重さ] ＝ [とれた重さ(kg)] ÷ [面積(m^2)]

Aの畑

120 ÷ 80 ＝ 1.5(kg)

とれた重さ　面積　$1m^2$ あたりにとれた重さ

②

Bの畑

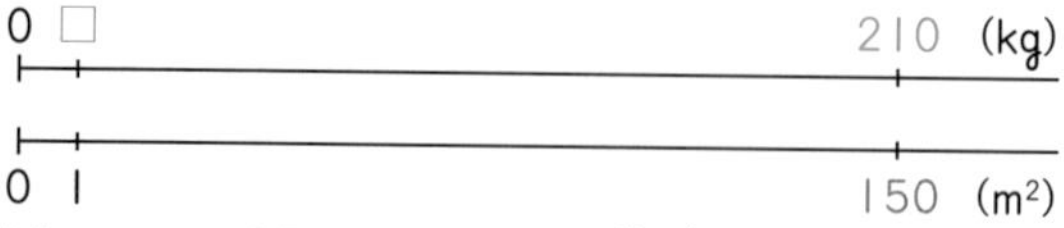

210 ÷ 150 ＝ 1.4(kg)

とれた重さ　面積　$1m^2$ あたりにとれた重さ

もっとくわしく

1kgがとれる面積を求めるときは，

1kgがとれる面積
＝面積(m^2) ÷ とれた重さ(kg)
となる。

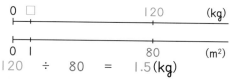

③ $1m^2$あたりにとれた重さが重いほうが，よくとれたといえる。よくとれたのは，Aの畑。

別の考え方

1kgあたりの面積で比べる。⇒ kgでわる。

Aの畑…80÷120 = 0.66…
Bの畑…150÷210 = 0.71…

同じ重さのじゃがいもをとるのに必要な面積が少ないほうが，よくとれたといえる。よくとれたのはAの畑。

答え ① 1.5kg　② 1.4kg　③ Aの畑

ミス注意!

重さだけに着目してBの畑がよくとれたとするのは，まちがい。

もっとくわしく

③ 比べ方には
㋐ $1m^2$あたりの重さで比べる。
㋑ 1kgあたりの面積で比べる。
の2つの方法があるが，㋐の場合，「計算した答えが大きい」→「よくとれた」といえるので，わかりやすい。

ここが大切 ・作物のとれぐあいも，単位量あたりの大きさで比べる。

練習問題

解答▶ 別冊…P.50

160 8mで10kgの鉄の棒があります。
(1) この鉄の棒の1mあたりの重さは何kgですか。
(2) この鉄の棒の1kgあたりの長さは何mですか。

161 右の表は，A，B 2つの部屋の面積と，部屋の中にいる人数を表したものです。どちらの部屋のほうがこんでいますか。

部屋の面積と人数

	面積(m^2)	人数(人)
A	20	8
B	14	6

162 ! チャレンジ

30Lのガソリンで240km走る車があります。
(1) この車は，1Lのガソリンで何km走りますか。
(2) この車は，40Lのガソリンで何km走りますか。
(3) この車で300km走るには，ガソリンは何L必要ですか。

18 人口密度

基本

右の表は，A，B 2つの市の人口と面積を表したものです。

① A，B 2つの市の人口密度を四捨五入して，整数で求めなさい。

② 面積のわりに人口が多いのはどちらの市ですか。

人口と面積

	人口(人)	面積(km^2)
A市	63730	62
B市	116340	105

考える手順　$1km^2$ あたりの人口を求める ⇒ 面積(km^2)でわる。

解き方

① 人口密度＝人口(人)÷面積(km^2)

A市…　63730　÷　62　＝　1027.9…(人)

人口　　面積(km^2)　　人口密度

B市…　116340　÷　105　＝　1108(人)

② 「面積のわりに人口が多いのはどちらの市か。」

⇓ 面積をそろえて人口を比べる

「$1km^2$ あたりの人口が多いのはどちらの市か。」

⇓ 人口密度で比べる

B市

答え ① A市…1028人，B市…1108人
② B市

もっとくわしく
国や都道府県に住んでいる人のこみぐあいは，人口密度で表す。

もっとくわしく
人口密度の数値が大きいほど，こんでいる。

ここが大切　・人口密度＝人口(人)÷面積(km^2)

練習問題

解答▶ 別冊…P.51

(163) ある町の人口は35000人で，面積は$22km^2$です。
この町の人口密度を，上から2けたのがい数で求めなさい。

19 密度

基本

A，B 2つのメダルがあります。右の表は，それぞれのメダルの重さと体積を表しています。

	重さ(g)	体積(cm^3)
A	190	25
B	252	35

1 A，Bそれぞれのメダルの密度（$1cm^3$あたりの重さ）を求めなさい。

2 体積のわりに重いのは，どちらのメダルですか。

考える手順 $1cm^3$あたりの重さを求める。⇒体積(cm^3)でわる。

解き方

1 密度＝重さ÷体積(cm^3)

A… 190 ÷ 25 ＝ 7.6
（重さ）（体積(cm^3)）（密度）

B… 252 ÷ 35 ＝ 7.2

2「体積のわりに重いのはどちらか。」

⇓ 体積をそろえて重さを比べる

「$1cm^3$あたりの重さが重いのはどちらか。」

⇓ 密度で比べる

Aのメダル

もっとくわしく

密度について，くわしくは，中学校理科で学習する。水の密度は$1cm^3$あたり1g。密度，重さ，体積の3つのうち，2つがわかれば残りの1つを求めることができる。

・重さ＝密度×体積
・体積＝重さ÷密度

答え 1 A…7.6g，B…7.2g　2 Aのメダル

ここが大切 ・密度＝重さ÷体積(cm^3)

練習問題

解答▶ 別冊…P.51

164 金の密度はおよそ19gです。金だけでつくられた100gのメダルの体積はおよそ何cm^3ですか。四捨五入して小数第一位までのがい数で求めなさい。

6 速さ

速さを数量でとらえ，日常生活の移動の場面で活用する基礎となります。

速さ

5年

速さ 単位時間に進む道のりで表す

見て理解！ 3時間で150km進んだときの速さ

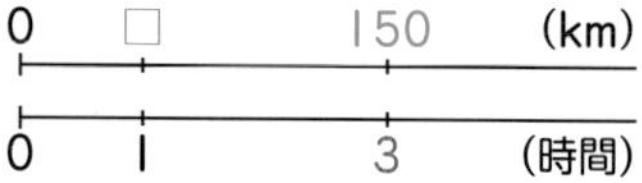

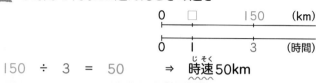

150 ÷ 3 = 50 ⇒ 時速50km

道のり　時間　1時間あたりに進む道のり

- 時速……1時間あたりに進む道のりで表した速さ
- 分速……1分間あたりに進む道のりで表した速さ
- 秒速……1秒間あたりに進む道のりで表した速さ

ここが大切
- 速さ＝道のり÷時間（速さの第1用法）

道のり 速さと時間から求めることができる

見て理解！ 時速50kmで3時間進んだ道のり ⇒ 50×3＝150(km)

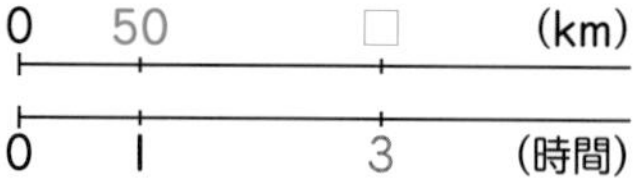

ここが大切
- 道のり＝速さ×時間（速さの第2用法）

時間 速さと道のりから求めることができる

見て理解！ 150kmを時速50kmで進んだときにかかる時間 ⇒ 150÷50＝3(時間)

ここが大切
- 時間＝道のり÷速さ（速さの第3用法）

20 速さを求める

基本

1 900mの道のりを15分で歩いたときの分速を求めなさい。
2 分速60mを秒速で表しなさい。

考える手順 道のりと時間から速さを求める。

解き方

1 900 ÷ 15 = 60 ⇒ 分速60m

道のり　時間(分)　1分間あたりに進む道のり

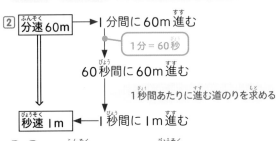

2 分速60m → 1分間に60m進む
(1分＝60秒)
↓
60秒間に60m進む
↓ 1秒間あたりに進む道のりを求める
秒速1m ← 1秒間に1m進む

答え 1 分速60m　2 秒速1m

ここが大切
・速さ＝道のり÷時間

もっとくわしく

時速	3600m
÷60 ↓↑ ×60	
分速	60m
÷60 ↓↑ ×60	
秒速	1m

※人間が走る速さ
100mを約10秒
⇒時速約36km
チーターが走る速さ
⇒時速約120km

練習問題

解答▶ 別冊…P.51

165 次の速さを求めなさい。
(1) 86kmの道のりを2時間で走った自動車の時速
(2) 650mの道のりを5分で走った自転車の分速
(3) 80mを10秒で走った人の秒速
(4) 2.4kmの道のりを40分で歩いた人の分速

166 次の□にあてはまる数を求めなさい。
(1) 時速30kmは分速□m
(2) 分速600mは秒速□m
(3) 分速75mは時速□m
(4) 秒速50mは分速□km
(5) 時速540kmは秒速□m
(6) 秒速10.5mは時速□km

21 道のりを求める

基本

1 分速180mの自転車が20分で進む道のりは何mですか。
2 秒速30mの電車が40分で進む道のりは何kmですか。

考える手順 速さと時間から道のりを求める。

解き方

1 180 × 20 = 3600(m)
分速　時間(分)　道のり

2 速さと時間の単位をそろえる。
速さと時間の単位を秒にそろえる。
40分 = 60×40 = 2400(秒)
30 × 2400 = 72000(m)→72km
速さ(秒速)　時間(秒)　道のり

別の解き方 速さと時間の単位を分にそろえる。
秒速30m＝分速1800m（×60）
1800 × 40 = 72000(m)→72km
速さ(分速)　時間(分)　道のり

答え 1 3600m　2 72km

もっとくわしく
速さ＝道のり÷時間
↓形を変えると
道のり＝速さ×時間
暗記するだけでなく自分で式をつくれるようにしておくこと。

つまずいたら
時間の計算について知りたい。
P.246

もっとくわしく
求めるのはkmなので，
1.8×40＝72(km)

ここが大切
・道のり＝速さ×時間

練習問題

解答▶ 別冊…P.52

167 次の道のりを求めなさい。
(1) 分速80mで1時間歩いて進む道のりは何kmですか。
(2) 時速45kmの自動車が10分で走る道のりは何kmですか。

22 時間を求める

基本

分速300mの自転車で，2400mの道のりを進むのに何分かかりますか。

考える手順 道のりと速さから時間を求める。

解き方

かかる時間を□分として，道のりを求める公式にあてはめる。

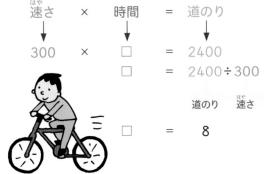

速さ	×	時間	=	道のり
↓		↓		↓
300	×	□	=	2400
		□	=	2400÷300
				道のり　速さ
		□	=	8

答え 8分

もっとくわしく

・別の解き方

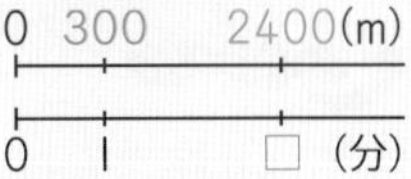

直接，
時間＝道のり÷速さ
の公式にあてはめて，
2400÷300＝8(分)
と求めてもよい。

ここが大切 ・時間＝道のり÷速さ

練習問題

解答▶ 別冊…P.53

168 次の時間を求めなさい。

(1) 180kmの道のりを時速60kmの自動車で走ると何時間かかりますか。

(2) 100mを秒速8mで走ると何秒かかりますか。

(3) 1.2kmの道のりを分速50mで歩くと何分かかりますか。

(4) 900mの道のりを時速3.6kmで歩くとかかる時間は，何分ですか。

まとめの問題

解答▶別冊…P.129

基本

81 次の□にあてはまる数を求めなさい。　(東京家政学院中)

(1) 600mは2kmの□%です。(2) 56kgの35%は□kgです。

(3) 480円は□円の4割です。

ミス注意!

82 ある小学校の今年の5年生は258人で，これは去年の5年生より20%増えています。去年の5年生は何人でしたか。

ハイレベル

83 共子さんは，所持金5000円の$\frac{1}{4}$を使い，次に残りの$\frac{3}{5}$を使いました。共子さんの残金はいくらですか。　(共立女子第二中)

84 右の円グラフは，ある学校の5年生200人について，クラブ別の人数を調べたものです。

(1) それぞれのクラブの人数を求めなさい。

(2) バドミントン部はバスケットボール部の何倍の人数ですか。

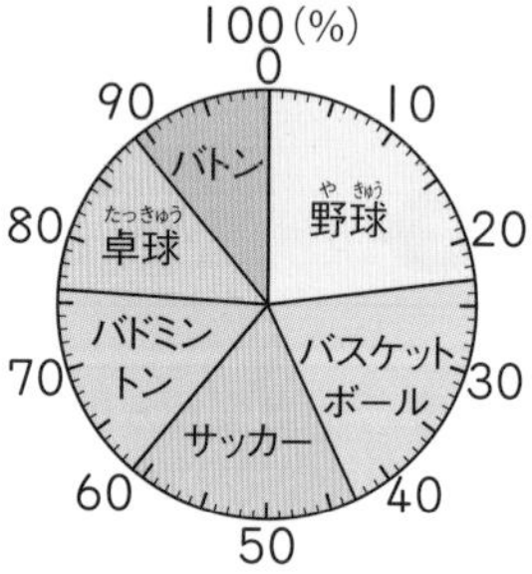

85 みちこさんは，全部で8000円のお年玉をもらいました。このうち，半分は貯金して，2480円のゲームと，1冊400円の本を3冊買い，残りのお金でおかしを買いました。みちこさんのお年玉の利用方法の割合を帯グラフに表すと，どのようになりますか。グラフを完成させなさい。ただし，消費税は商品の値段にふくまれるものと考えます。

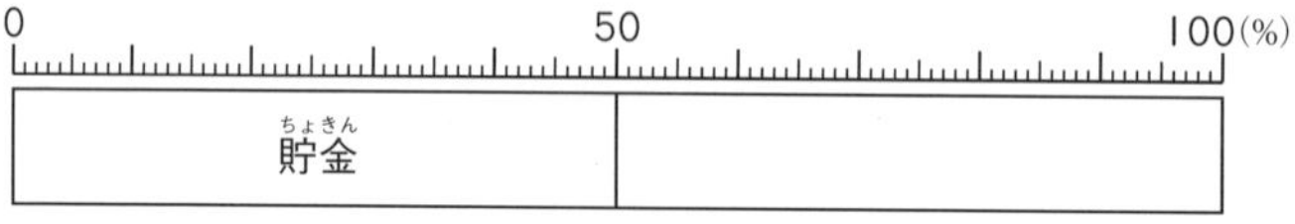

(お茶の水女子大附属中)

ハイレベル

86 グラフはある小学校の児童のいちばん好きな教科について表しています。全校児童が480人のとき，次の問いに答えなさい。

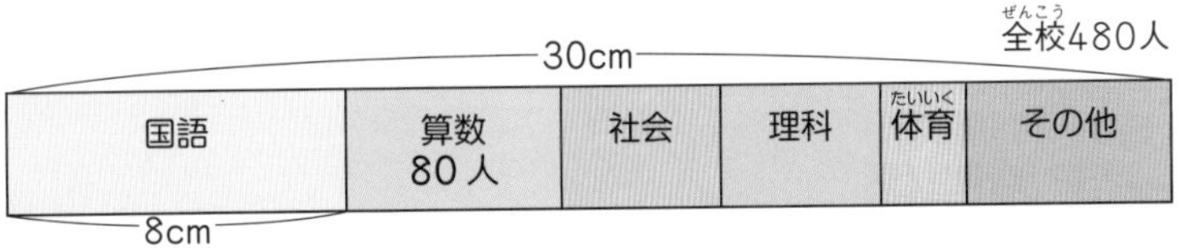

(1) 算数が好きな人はグラフ上で何cmで表されていますか。

(2) 国語が好きな人は何人いますか。　（帝京八王子中）

87 A，B 2つの電車があります。Aの電車は，1号車から5号車まであり，415人が乗っています。Bの電車は，1号車から8号車まであり，656人が乗っています。A，Bどちらの電車のほうがこんでいますか。ただし，車両の定員はすべて同じものとします。

88 右の表は，A町とB町の人口と面積と人口密度を表しています。表のあ，いにあてはまる数を求めなさい。

	A町	B町
人口(人)	18500	36000
面積(km^2)	250	い
人口密度(人)	あ	80

よくでる

89 次の□にあてはまる数を求めなさい。

(1) 分速300mは時速□kmです。

(2) 分速180mの自転車が8.1km進むのに□分かかります。

(3) 時速3.8kmで2時間30分歩くと□km進みます。

(4) 10kmの道のりを時速□kmで歩くと3時間20分かかります。

90 スタートからゴールまで10kmのサイクリングコースがあります。午前10時にスタート地点を出発し，時速12kmで進むと，午前何時何分にゴール地点に着きますか。

1 2つの量の関係

身の回りのともなって変わる2つの量を見つけたり，考察する基礎となります。

和が一定の関係

4年

長さ 20m のリボンを姉と妹の 2 人で分ける

見て理解!

ともなって変わる2つの量を見つける

姉のリボンの長さと
妹のリボンの長さ

変わり方を表に整理してきまりを見つける

姉のリボンの長さと妹のリボンの長さ

姉のリボンの長さ（m）	0	1	2	3	4	5
妹のリボンの長さ（m）	20	19	18	17	16	15

姉と妹のリボンの長さをたすと … 20　20　20　20　20　20

→和が一定

2つの量の関係を式に表す

姉の長さを□m，妹の長さを△mとすると，

□　+　△　=　20

2つの量の関係をグラフに表す

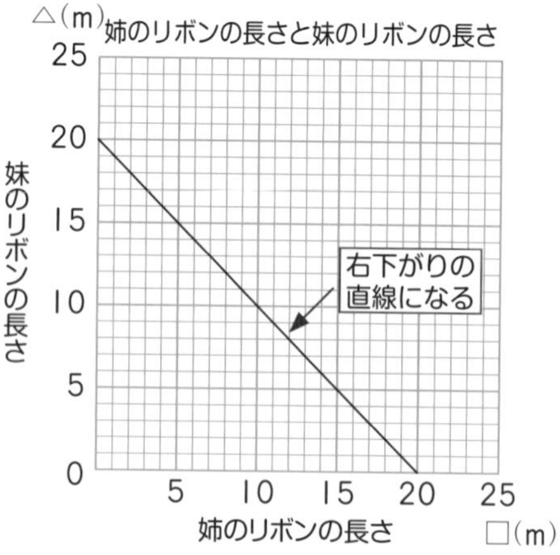

ここが大切
和が一定の関係
□+△=決まった数

差が一定の関係

4年

重さが 200g の容器に水を入れる

見て👀理解!

ともなって変わる2つの量を見つける

水の重さと全体の重さ

変わり方を表に整理してきまりを見つける

水の重さと全体の重さ

水の重さ(g)	0	100	200	300	400	500
全体の重さ(g)	200	300	400	500	600	700

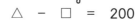

全体の重さから水の重さをひくと …200　200　200　200　200　200

→差が一定

2つの量の関係を式に表す

水の重さを□g, 全体の重さを△gとすると,

△ － □ ＝ 200

2つの量の関係をグラフに表す

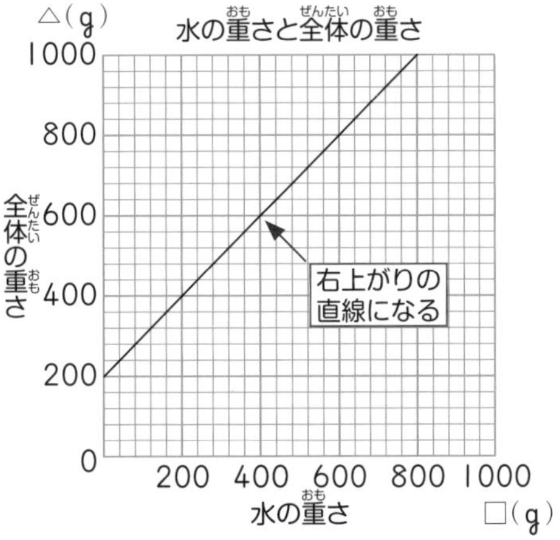

ここが大切

差が一定の関係
△－□＝決まった数

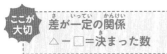

23 和が一定の関係

基本

1000mLあったお茶を飲んだとき，飲んだ量と残りの量について調べます。

1 飲んだ量と残りの量との関係を表に表しなさい。

飲んだ量(mL)	0	100	200	300	400	
残りの量(mL)						

2 飲んだ量を□mL，残りの量を△mLとして，□と△の関係を式に表しなさい。

3 飲んだ量と残りの量の関係をグラフに表しなさい。

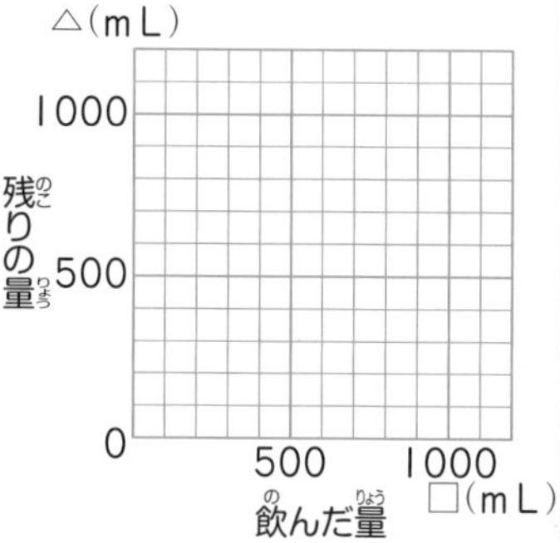

考える手順　ともなって変わる2つの量は，飲んだ量と残りの量。

解き方

1 残りの量を求めることばの式は，

はじめの量 − 飲んだ量 = 残りの量

飲んだ量を

0mLとすると　…1000−　0 = 1000(mL)

100mLとすると…1000−100 = 900(mL)

200mLとすると…1000−200 = 800(mL)

300mLとすると…1000−300 = 700(mL)

400mLとすると…1000−400 = 600(mL)

以上のことを表に整理すると，

飲んだ量(mL)	0	100	200	300	400	
残りの量(mL)	1000	900	800	700	600	

もっとくわしく

飲んだ量が100mLずつ増えると，残りの量は100mLずつ減る。

⇓

飲んだ量と残りの量は，ともなって変わる量である。

一方，はじめにあった1000mLは，決まった数である。

②①でつくった表を縦に見る。

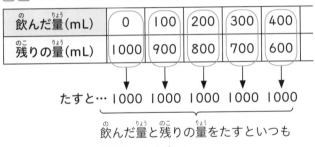

飲んだ量(mL)	0	100	200	300	400	
残りの量(mL)	1000	900	800	700	600	

たすと… 1000　1000　1000　1000　1000

飲んだ量と残りの量をたすといつも1000mLとなる。

⇓

飲んだ量 ＋ 残りの量 ＝ 1000

□と△を使った式　□ ＋ △ ＝ 1000

③

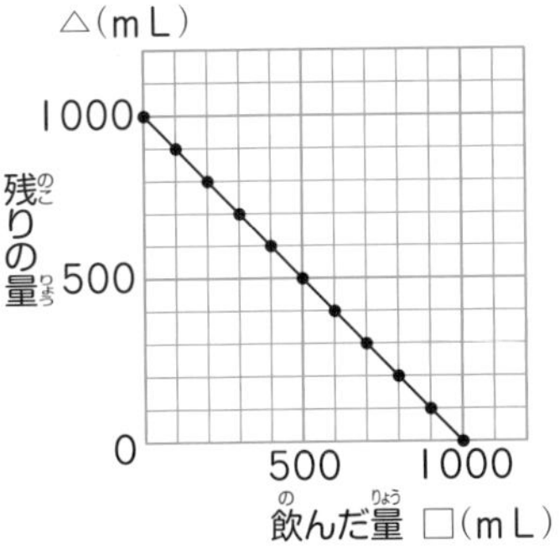

手順1
飲んだ量と残りの量の組を点で示す

手順2
点と点を直線でつなぐ

もっとくわしく

10個のおはじきを姉と妹で分けるときのグラフは

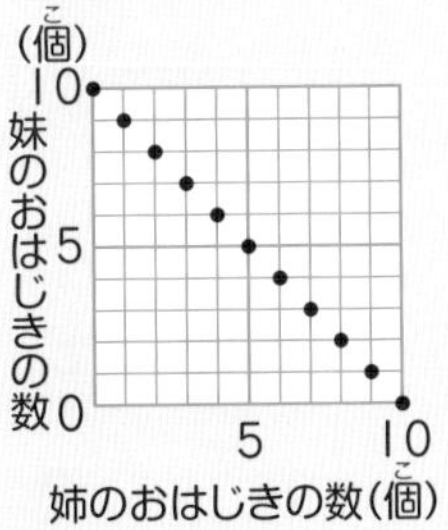

個数は整数だから点の集まりとなる。

答え ① 左ページの表　② □＋△＝1000
③ 上のグラフ

ここが大切　・和が一定の関係…一方の量が増えた分だけもう一方の量が減る。

練習問題

解答▶ 別冊…P.53

169 周りの長さが24cmの長方形の縦の長さと横の長さの関係を調べます。

(1) 右の表を完成させなさい。

(2) 縦の長さを□cm，横の長さを△cmとして，□と△の関係を式に表しなさい。

縦の長さ(cm)	1	2	3	
横の長さ(cm)				

24 差が一定の関係

基本

現在，あつしさんは10才で，ゆうきさんは12才です。2人のたん生日は同じです。

1 あつしさんの年れいとゆうきさんの年れいの関係を表に表しなさい。

あつしさん(才)	10	11	12	13	
ゆうきさん(才)					

2 あつしさんの年れいを□才，ゆうきさんの年れいを△才として，□と△の関係を式に表しなさい。

3 あつしさんが20才になったとき，ゆうきさんは何才になりますか。

考える手順　ともなって変わる量は，あつしさんの年れいとゆうきさんの年れい。

解き方

1 表を横に見て，変わり方を調べる。

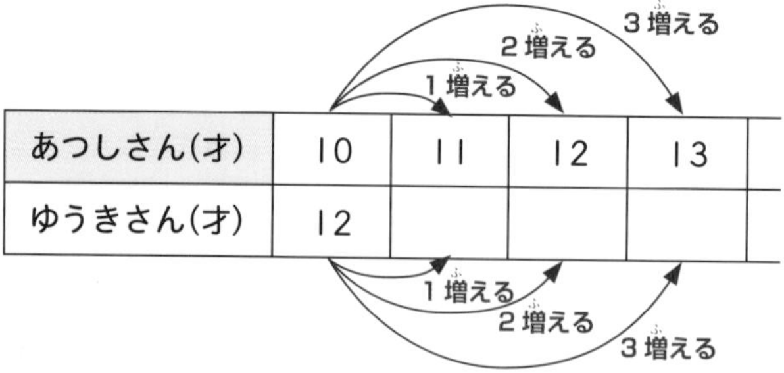

あつしさん(才)	10	11	12	13	
ゆうきさん(才)	12				

以上のことを表に整理すると，

あつしさん(才)	10	11	12	13	
ゆうきさん(才)	12	13	14	15	

もっとくわしく

表を縦に見ると，ゆうきさんのほうが2才年上だから

あつしさん(才)	10	11
ゆうきさん(才)	↓+2 12	↓+2 13

と考えることもできる。

2 1 でつくった表を縦に見て，きまりを調べる。

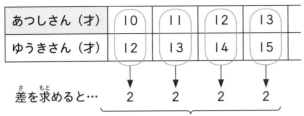

あつしさん（才）	10	11	12	13
ゆうきさん（才）	12	13	14	15

差を求めると…　2　2　2　2

ゆうきさんの年れいからあつしさんの年れいをひくと，いつも2となる。

⇓

ゆうきさんの年れい － あつしさんの年れい ＝ 2

□と△を使った式　△ － □ ＝ 2

3　△ － □ ＝ 2

□に20をあてはめる　△ － 20 ＝ 2
△ ＝ 2＋20
△ ＝ 22

答え 1 左ページの表
2 △－□＝2　3 22才

ここが大切　・差が一定の関係…一方の量が増えた分だけもう一方の量も増える。

もっとくわしく

ともに変わる2つの量の関係には，
・和が一定の関係
・差が一定の関係
の他に
・商が一定の関係（比例）

P.262

・積が一定の関係（反比例）

P.263

などがある。また，いろいろな2つの量の関係を表したグラフもある。

P.560

練習問題

解答▶ 別冊…P.54

170 旗を一直線上に立てていきます。
旗の本数と間の数の関係を調べます。

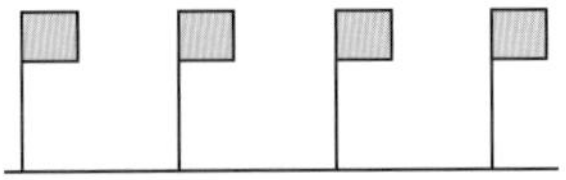

(1) 右の表を完成させなさい。
(2) 旗の本数を□本，間の数を△か所として，□と△の関係を式に表しなさい。

旗の数（本）	2	3	4
間の数（か所）			

まとめの問題

解答▶別冊…P.132

基本

91 次の2つの量の変わり方で，一方の量が増えるともう一方の量も増えるものには○を，一方の量が増えるともう一方の量が減るものには△を書きなさい。

(1) 20枚のおり紙を姉と妹で分けたときの，姉の枚数と妹の枚数

(2) 正方形の1辺の長さとまわりの長さ

(3) 人の現在の年れいと3年後の年れい

(4) 600mLのお茶を何人かで等分するとき，分ける人数と1人分の量

92 次のア～エの表は，2つの量□と△の関係を表したものです。

ア

□	…	2	3	4	5	6	…
△	…	4	5	6	7	㋐	…

イ

□	…	2	3	4	5	6	…
△	…	8	12	16	20	㋑	…

ウ

□	…	2	3	4	5	6	…
△	…	30	20	15	12	㋒	…

エ

□	…	2	3	4	5	6	…
△	…	18	17	16	15	㋓	…

(1) 次の①～④の□と△の関係にあてはまるものを，ア～エからそれぞれ選びなさい。

① □と△の和がいつも決まっている

② □と△の差がいつも決まっている

③ □と△の積がいつも決まっている

④ □と△の商がいつも決まっている

(2) 表の㋐～㋓にあてはまる数を求めなさい。

基本

93 次の式の表すグラフを，下のア～オから選びなさい。

(1) □＋△＝5　　(2) △－□＝5

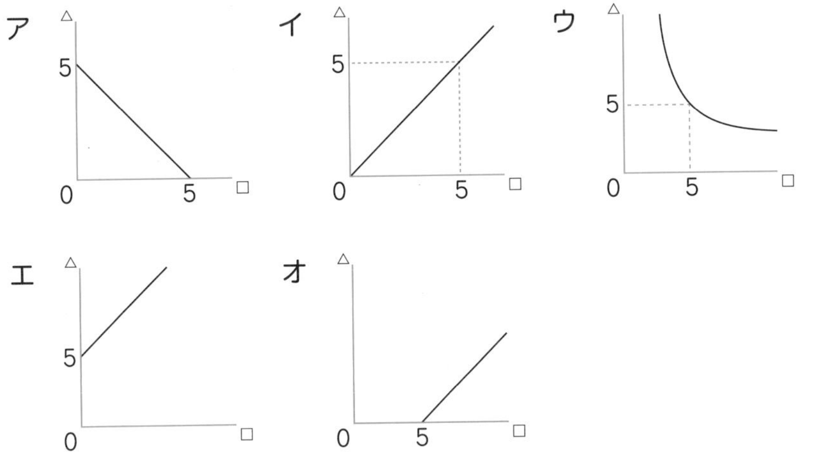

よくでる

94 下の図のように，同じ大きさの正三角形の机を一列に並べて，そのまわりにいすを置きます。

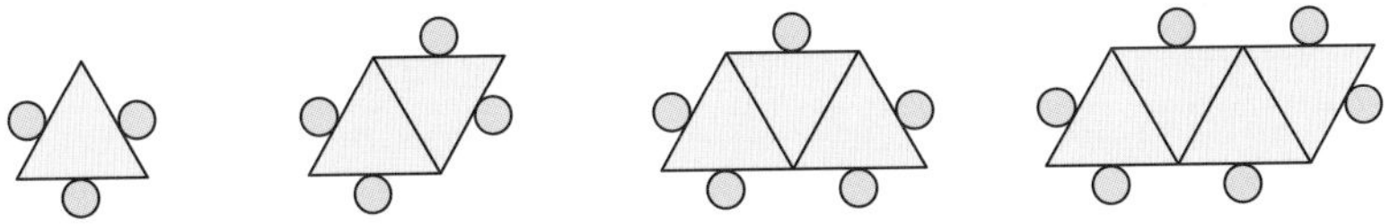

(1) 机の数といすの数の関係を表に表しなさい。

机の数(台)	1	2	3	4	5	6
いすの数(きゃく)	3					

(2) 机の数を□台，いすの数を△きゃくとして，□と△の関係を式に表しなさい。

(3) 机の数が10台のとき，いすは何きゃく並べられますか。

(4) いすを20きゃく並べるには，机を何台用意すればよいですか。

ノートのとり方

算　数では問題を解くときなどの考え方には，いろいろな考え方がある場合が多いです。他の人の考え方の発表を聞いたとき，自分の考え方とちがうこともあるでしょう。そのとき，自分の考え方と他の人の考え方のちがいがどこなのかを，はっきりさせることは重要です。他の人の発表のあとに自分の考え方を発表するときも，他の人の考え方とのちがいを見せながら発表することで，あなたの発表を聞いている人にもあなたの発表がわかりやすくなります。

そのためには，まずノートのとり方に注意してみましょう。ここで，ノートのとり方の例をしょうかいします。

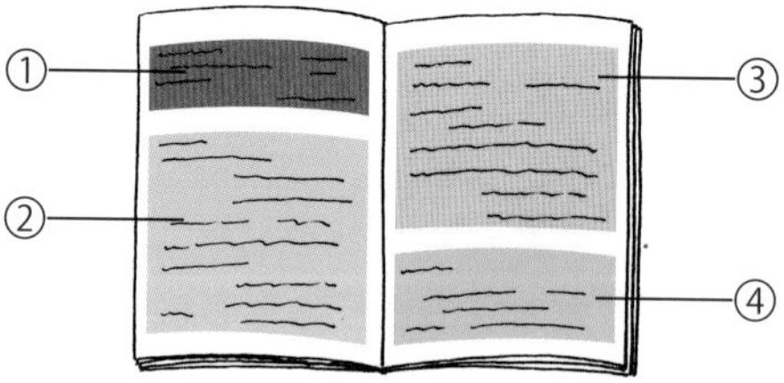

①どんな問題を考えるかを書きます。問題を書きまちがえると正しく考えることができないので，書きまちがえないように注意しましょう。

②問題を解くための自分の考え方を問題の下に書きます。自分の考え方を書くときは，なぜそうなるのかという筋道を立てながら考えることが重要です。あとで見直すときのために，数字や記号は見やすくていねいに書きましょう。

③自分の考え方の横には，人の考え方の発表を聞いて気づいたことなどを書きます。自分の考え方と違うことがあったら，ここに書いておきましょう。

④最後には，感想や次にやってみたいことなどを書きます。

大事なことは，自分の考え方と他の人の考え方のちがいを明確にして，自分の考え方とちがう考え方を聞いたときに新しいものとして自分の中に取り入れることです。そのことによって，算数の問題に対していろいろな見方ができるようになっていきます。

データの活用 編

ここでは，いろいろなグラフや場合の数について学習します。グラフを使ってものごとをわかりやすく見せている例は身の回りにたくさんあります。どこかでグラフが使われていたら，そこから読みとれることを見つけてみましょう。また，場合の数もふだんの生活の中で使えることがあります。しっかり身につけましょう。

1 表と棒グラフ，折れ線グラフ

表やグラフを読みとったり，整理したりするしかたを学びます。

表

3年

表 資料を分類して，種類ごとに数量をまとめたもの

見て理解！

好きな食べ物調べ（1組）　（表題）

種類	ラーメン	カレー	からあげ	すし	その他	合計
人数（人）	9	6	5	2	8	30

種類 → 分類した種類

少ないものはその他にまとめる

9 + 6 + 5 + 2 + 8 = 30

工夫した表 いくつかの表を1つにまとめた表

見て理解！

好きな食べ物調べ（3年）　（人）

	1組	2組	3組	合計
ラーメン	9	8	11	28
カレー	6	4	9	19
からあげ	5	7	4	16
すし	2	3	1	6
その他	8	6	4	18
合計	30	28	29	87

1組，2組，3組の表を1つにまとめている

ラーメンが好きな人の合計　9 + 8 + 11 = 28

食べ物の種類で分類

1組の人数　2組の人数　3組の人数　3年全体の人数

縦の合計

$$\begin{array}{r} 28 \\ 19 \\ 16 \\ 6 \\ +\ 18 \\ \hline 87 \end{array}$$

横の合計…30 + 28 + 29 = 87 ← 同じになる

棒(ぼう)グラフ

3年

棒(ぼう)グラフ 棒(ぼう)の長さで数の大きさを表(あらわ)したグラフ

見て理解!

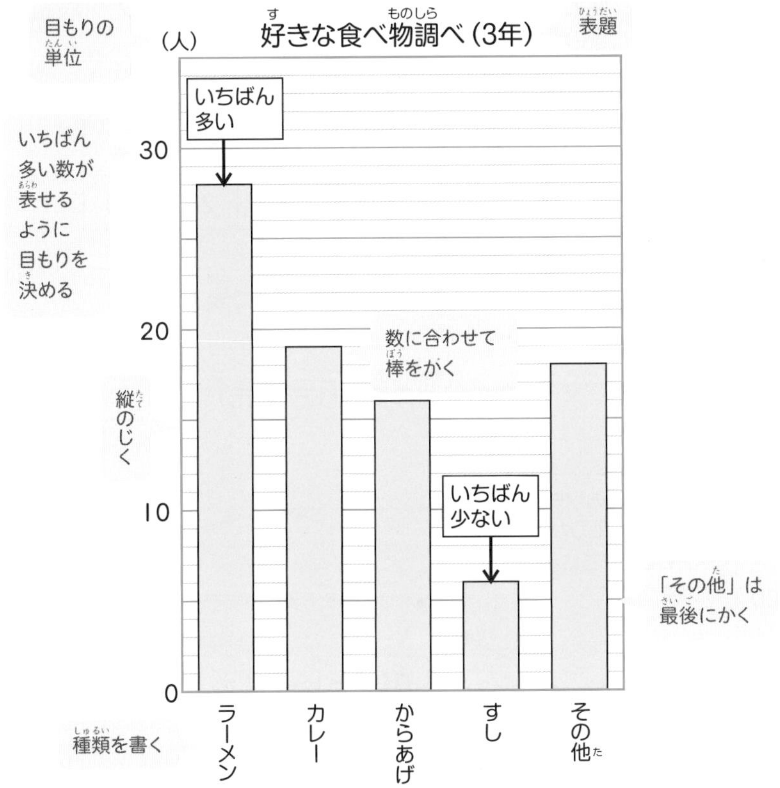

・縦(たて)のじくの1目もりの大きさ

上のグラフは，10人を10の目もりで表(あらわ)しているから，
1目もりは10÷10＝1(人)を表(あらわ)している。

※1目もりが1でないグラフもあるので注意(ちゅうい)する。

ここが大切 ・棒(ぼう)グラフに表(あらわ)すと，棒(ぼう)の長さで数量(すうりょう)の多い少ないがひと目でわかる。

折れ線グラフ

4年

折れ線グラフ 変わっていくようすを折れ線で表したグラフ

見て理解!

1日の気温の変わり方(A市)(7月1日調べ)

時刻(時)	午前10	11	午後0	1	2	3	4
気温(度)	15	15	18	23	25	24	20

↓ 折れ線グラフに表すと

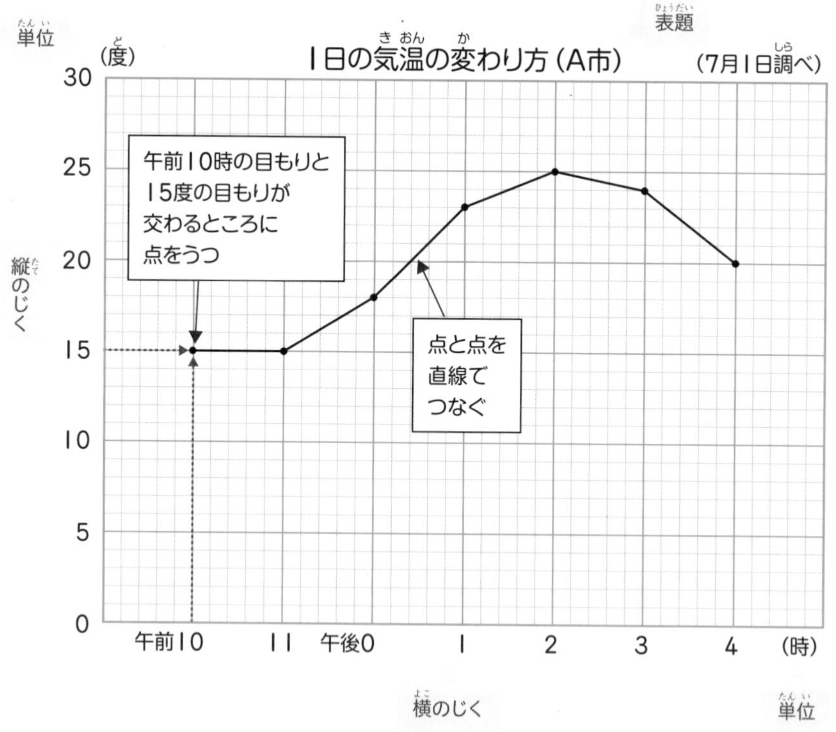

折れ線のかたむき 線のかたむきぐあいで変わり方を表す

見て👀理解!

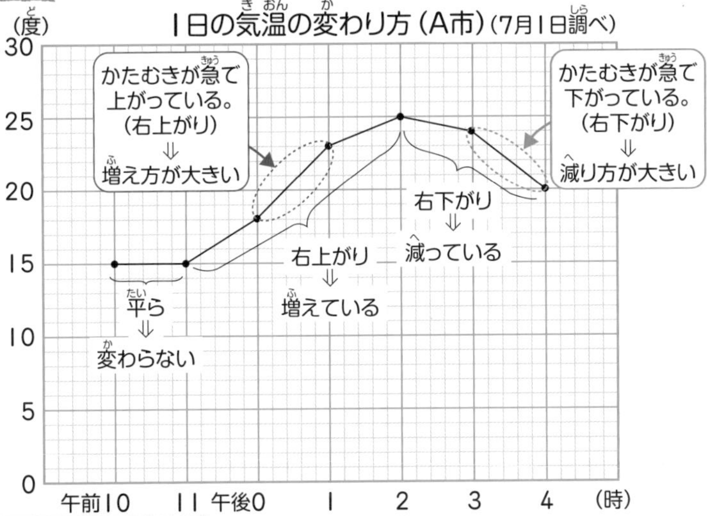

2つの折れ線グラフを重ねたグラフ 2つの記録の変わり方のちがいをひと目で比べられる

見て👀理解!

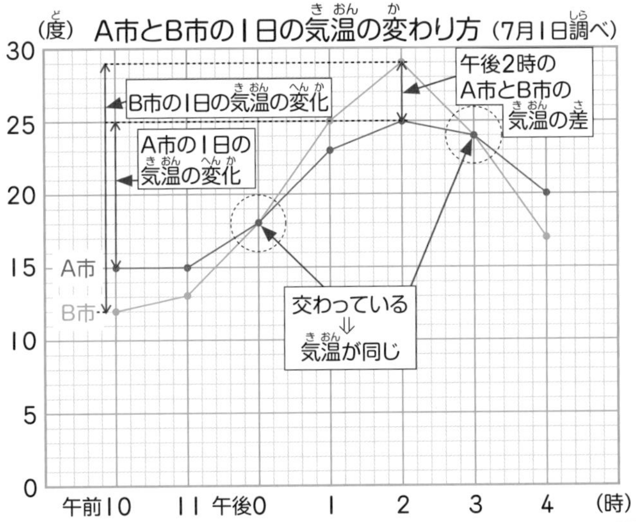

ここが大切 ・折れ線グラフに表すと，数量の増減のようすがひと目でわかる。

1 表と棒グラフ

基本

下の表は，10月，11月，12月に学級文庫から貸し出された本の種類と数を表したものです。

貸し出された本(10月)

種類	数(冊)
物語	12
伝記	8
科学	7
その他	4
合計	31

貸し出された本(11月)

種類	数(冊)
物語	14
伝記	10
科学	3
その他	5
合計	32

貸し出された本(12月)

種類	数(冊)
物語	16
伝記	12
科学	6
その他	2
合計	36

1 3つの表を1つにまとめた表をつくりなさい。

2 本の種類ごとの3か月間の合計冊数を比べるための棒グラフをかきなさい。

考える手順 表のそれぞれのらんの数が何を表すかを読みとる。

解き方

1 3つの表を重ねた表をイメージするとよい。

貸し出された本(10月～12月)(冊)

種類＼月	10月	11月	12月	合計
物語	12	14	16	42
伝記	8	10	12	30
科学	7	3	6	16
その他	4	5	2	11
合計	31	32	36	99

物語の合計 $12 + 14 + 16 = 42$

伝記の合計 $8 + 10 + 12 = 30$

科学の合計 $7 + 3 + 6 = 16$

その他の合計 $4 + 5 + 2 = 11$

$31 + 32 + 36 = 99$

$42 + 30 + 16 + 11 = 99$ ← 同じ →

ミス注意!

合計を集計したら，表の縦と横の合計が同じになるか，必ず確かめておくこと。

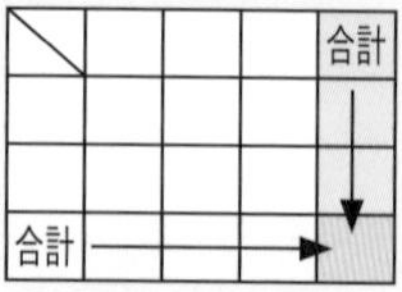

2 グラフの横のじくには，本の種類を書き，縦のじくには，合計冊数の目もりをかく。

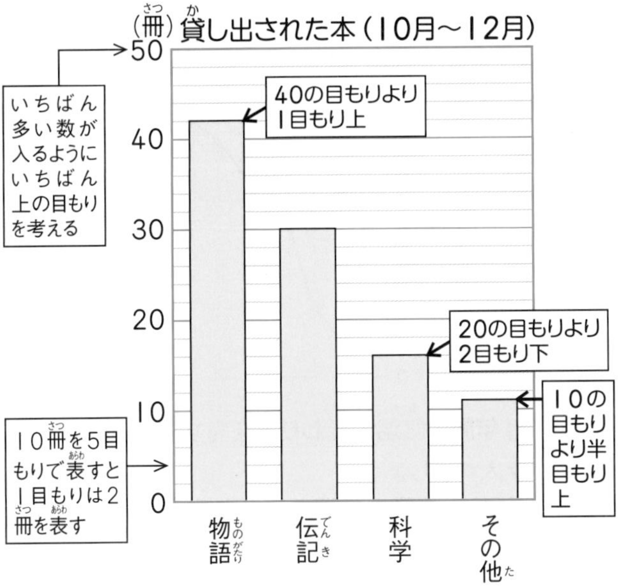

もっとくわしく

1目もりを5冊としたグラフをかくと，

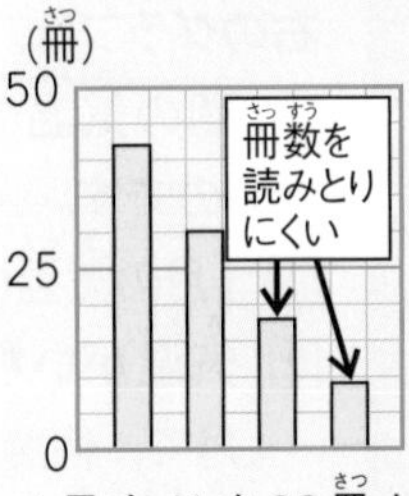

1目もりを20冊とすると，

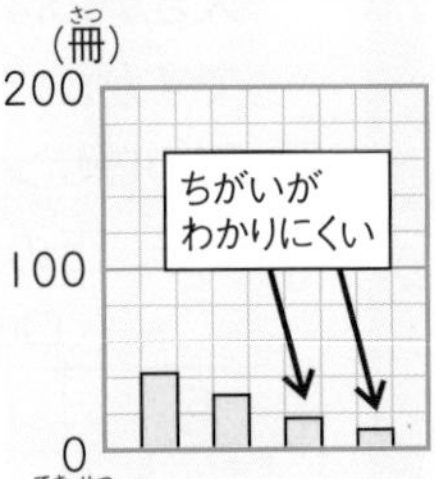

適切な目もりをつけて，わかりやすいグラフをかくこと。

答え 1 前ページの表　2 上のグラフ

ここが大切
- 表は，数量の大きさを数字で直接読みとることができる。
- 棒グラフは，数量の大小や差，特ちょうを目でとらえることができる。

練習問題

解答▶ 別冊…P.55

171 ある月の4年から6年のけがの種類と人数を調べました。

(1) ア～オにあてはまる数を書きなさい。

(2) オに入る数は，何を表していますか。

(3) けがの種類とそれぞれの人数について，棒グラフに表しなさい。

(4) 4年から6年で2番目に多いけがの種類は何ですか。

けが調べ（4年～6年）（人）

種類＼学年	4年	5年	6年	合計
すりきず	6	8	5	19
きりきず	5	4	6	ア
ねんざ	2	3	イ	6
その他	1	2	2	5
合計	14	ウ	エ	オ

2 折れ線グラフ

基本

右のグラフは，A市のある年の1年間の気温の変わり方を表したものです。

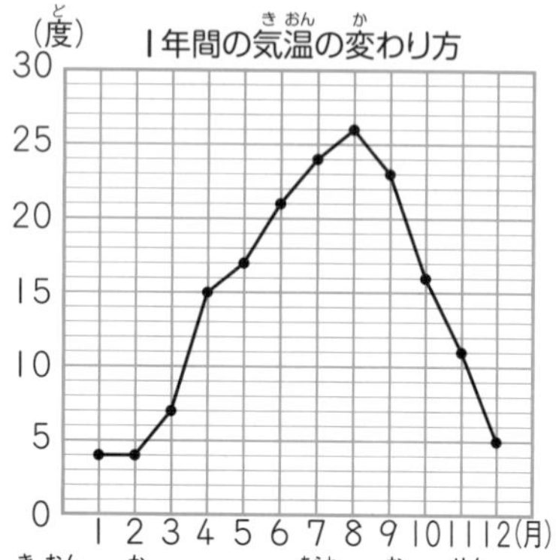

1 1月の気温は何度ですか。

2 気温がいちばん高いのは何月で，何度ですか。

3 気温の上がり方がいちばん大きいのは，何月と何月の間ですか。

4 下のロサンゼルス市の1年間の気温の変わり方を表す折れ線グラフを，上のグラフにかき入れましょう。

ロサンゼルス市の1年間の気温の変わり方

月	1	2	3	4	5	6	7	8	9	10	11	12
気温(度)	12	12	14	16	17	18	20	21	20	19	16	13

5 A市の気温がロサンゼルス市より高いのは，何月から何月までですか。

考える手順　気温は縦のじくの目もりを，月は横のじくの目もりを読む。

解き方

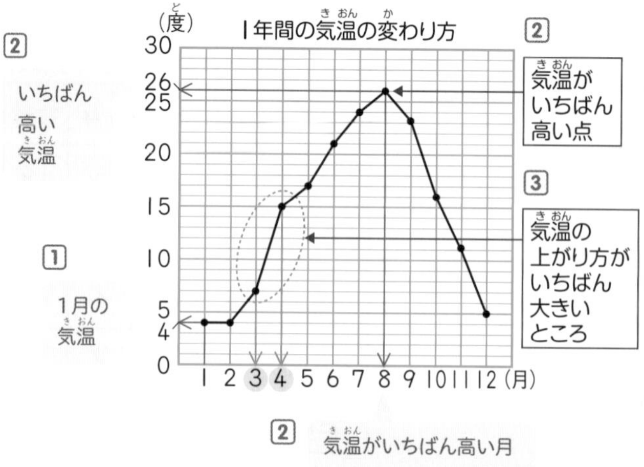

もっとくわしく

変わり方がわかりやすくなるように工夫したグラフ。

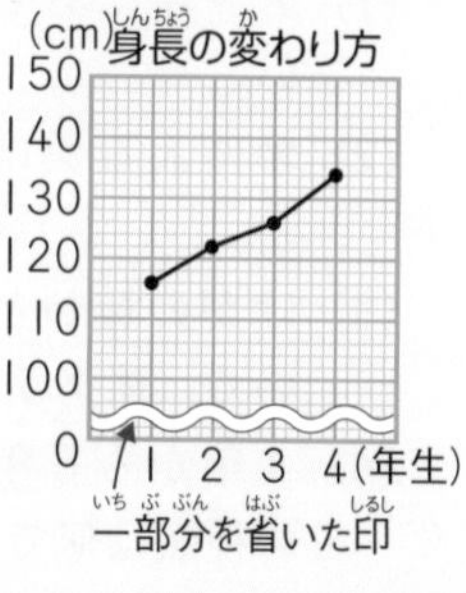

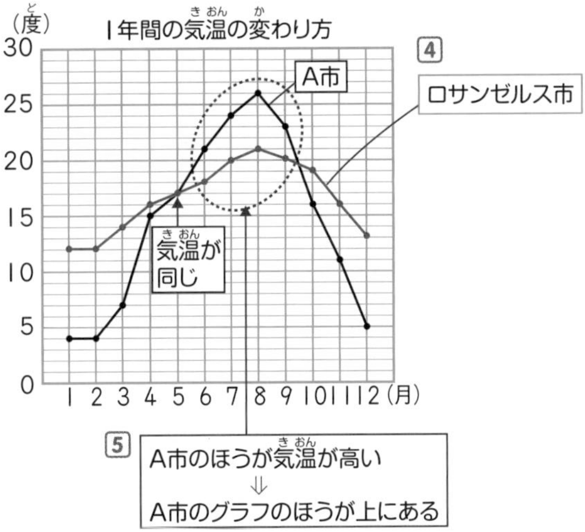

答え ① 4度　② 8月，26度
③ 3月と4月の間　④ 上のグラフ
⑤ 6月から9月まで

もっとくわしく

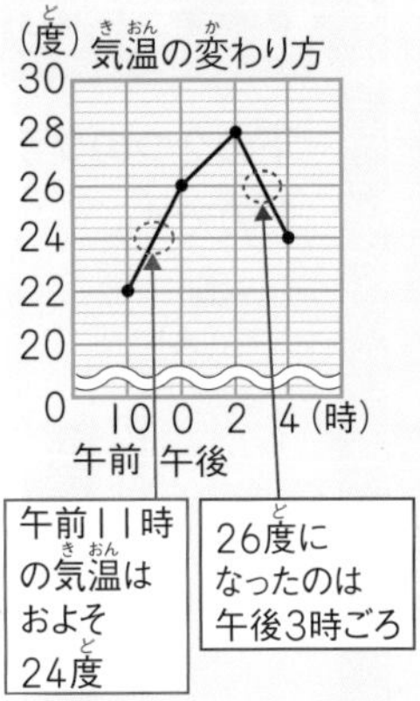

折れ線グラフを使うと調べていない部分でも気温などの見当をつけることができる。

ここが大切
・2つのグラフを1つのグラフ用紙に重ねてかくと，変わり方のちがいを比べやすい。

練習問題

解答▶ 別冊…P.56

172 右のグラフは，A市とB市の1年間の気温の変わり方を表したものです。

(1) A市のほうが気温が高かったのは，何月ですか。

(2) 1年間の気温の変化が大きいのは，どちらの市ですか。

(3) 4月のA市とB市の気温のちがいは何度ですか。

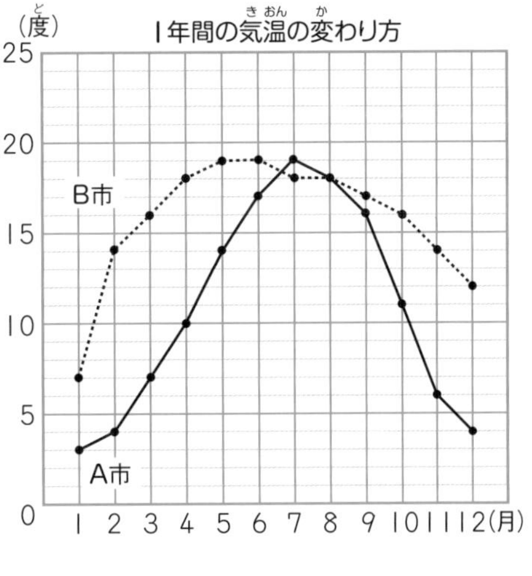

3 複数のグラフ（棒グラフ・折れ線グラフ）

基本

下の２つのグラフは，３年生の好きな遊びを調べて棒グラフで表したものです。

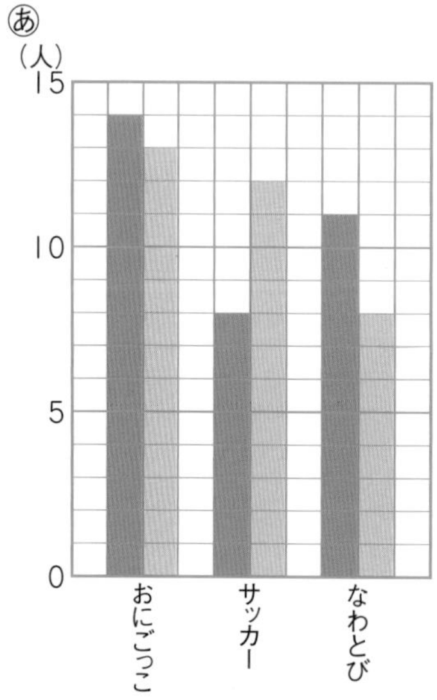

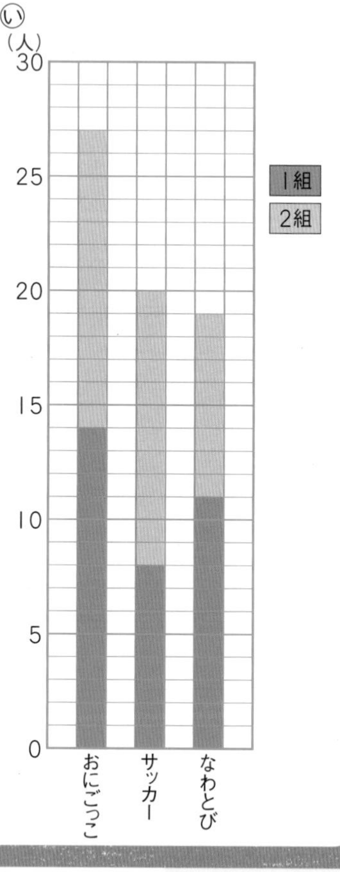

1 １組と２組のそれぞれの人数は何人ですか。

2 サッカーはどちらの組のほうが人気がありますか。

3 ３年生全体で人気があるのはどの遊びですか。

考える手順　２つのグラフのどちらを見るとわかりやすいかを考える。

解き方

1 １組→14 + 8 + 11 = 33（人）
　２組→13 + 12 + 8 = 33（人）
　どちらも33人。

つまずいたら

棒グラフについて知りたい。

P.303

2 ㋐のグラフは，それぞれのクラスの好きな遊びの人数のちがいをわかりやすく表している。
このグラフから，サッカーは１組よりも２組のほうが人気があるとわかる。

3 ㋑のグラフは，１組と２組の人数を表すグラフを縦に積み上げており，３年生全体の好きな遊びをわかりやすく表している。
３年生全体で人気があるのは，おにごっこだとわかる。

答え 1 1組…33人　2組…33人
2 2組　3 おにごっこ

ここが大切 問題によって，どちらのグラフのほうがわかりやすいかを考える。

練習問題

解答▶ 別冊…P.56

173 下のグラフは，月別にアイスクリームの売り上げ個数と最高気温を調べて表したものです。

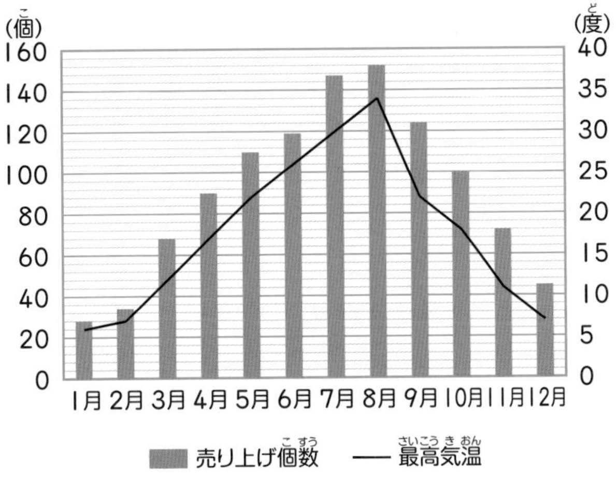

(1) 最高気温がいちばん高かったのは，何月で何度ですか。

(2) アイスクリームの売り上げ個数がいちばん多かったのは何月で何個ですか。

(3) アイスクリームの売り上げ個数と最高気温の間にはどんな関係があるといえますか。

2 帯グラフと円グラフ

割合を百分率や歩合で表す方法と，割合を表すグラフを学びます。

百分率・歩合

5年

百分率 もとにする量を100とした割合の表し方で，%(パーセント)で表す。

歩合 もとにする量を10とした割合の表し方で，割，分，厘などで表す。

見て理解!

割合を表す小数	1	0.1	0.01	0.001
百　分　率	100%	10%	1%	0.1%
歩　合	10割	1割	1分	1厘

ここが大切
・割合は百分率や歩合でも表すことができる。

濃　度

発展

濃度 こさのこと。%で表されることが多い。

食塩水の濃度 食塩水の全体の重さに対する，とけている食塩の重さの割合を百分率で表したもの

見て理解!

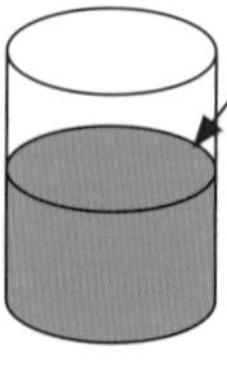

とけている食塩　20g

食塩水全体の重さ　200g

食塩水の濃度は

⇒ 20÷200＝0.1

→10%

帯グラフ

5年

帯グラフ 長方形を区切って，各部分の割合を表したグラフ

見て👀理解!

左から割合の大きい順に区切る

その他は最後

本の種類の割合

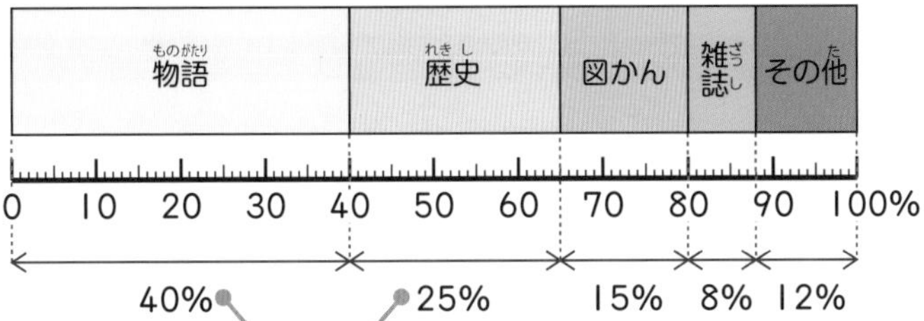

各部分の割合を求めるには，区切りの目もりの差を読みとる

円グラフ

5年

円グラフ 1つの円を区切って，各部分の割合を表したグラフ

見て👀理解!

本の種類の割合

その他は最後

右まわりに割合の大きい順に区切る

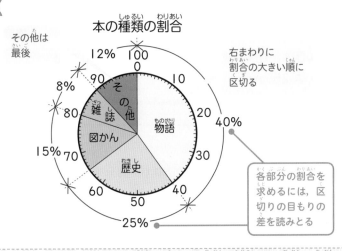

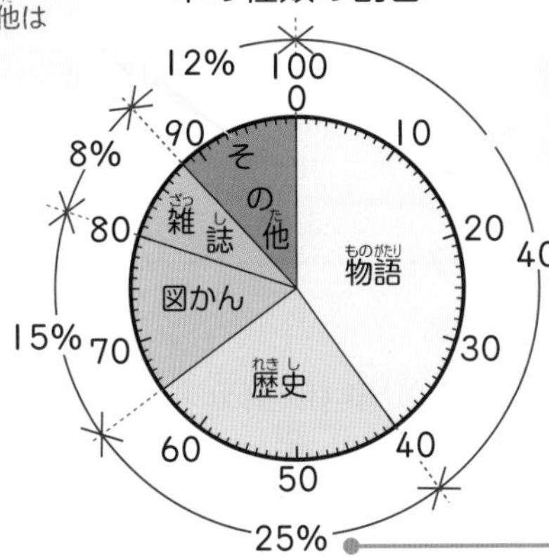

各部分の割合を求めるには，区切りの目もりの差を読みとる

ここが大切

・帯グラフや円グラフに表すと，全体に対する部分の割合や，部分と部分の割合の差がよくわかる。

4 百分率

基本

[1] 次の小数で表した割合を百分率で，百分率で表した割合を小数で表しなさい。

① 0.76　② 2.1　③ 34%　④ 0.8%

[2] 300人の85%は何人ですか。

考える手順　0.01→1%の関係を使う。

解き方

[1]

小数で表した割合	→ 100倍する → ← 100でわる ←	百分率で表した割合

① 0.76×100 = 76(%)

② 2.1×100 = 210(%)

③ 34÷100 = 0.34

④ 0.8÷100 = 0.008

[2] 85÷100 = 0.85

小数になおしてから，式にあてはめる

300 × 0.85 = 255

もとにする量　割合　比べられる量

答え [1] ① 76%　② 210%　③ 0.34　④ 0.008

[2] 255人

ここが大切　・0.01→1%，0.1→10%，1→100%

もっとくわしく

日常生活の場面で%が使われている例としては，濃度や特売での値引率などがある。

濃度の求め方を知りたい。

P.312，522

売買損益の計算のしかたを知りたい。

P.530

練習問題

解答▶ 別冊…P.56

174 次の小数で表した割合を百分率で，百分率で表した割合を小数で表しなさい。

(1) 1.05　(2) 0.629　(3) 3　(4) 0.006

(5) 50%　(6) 40.8%　(7) 102%　(8) 140%

175 20問の漢字テストをして，全問題数の75%が正解でした。正解したのは何問でしたか。

5 歩合

基本

1 次の小数で表した割合を歩合で，歩合で表した割合を小数で表しなさい。

① 0.527　② 1.04　③ 8割6分　④ 2割3厘

2 ある講演会に2000人が参加しました。そのうち，1200人が女性でした。この講演会の参加者全体に対する女性の割合を歩合で表しなさい。

考える手順 0.1 → 1割，0.01 → 1分，0.001 → 1厘の関係を使う。

解き方

1 位ごとに分けて考える。

① 0.527 = 0.5 (5割) + 0.02 (2分) + 0.007 (7厘) → 5割2分7厘

② 1.04 = 1 (10割) + 0.04 (4分) → 10割4分

③ 8割6分 → 8割 (0.8) + 6分 (0.06) → 0.8 + 0.06 = 0.86

④ 2割3厘 → 2割 (0.2) + 3厘 (0.003) → 0.2 + 0.003 = 0.203

2 1200 ÷ 2000 = 0.6 → 6割

1200：比べられる量（女性の人数）
2000：もとにする量（参加者の人数）
0.6：割合
6割：歩合になおす

答え 1 ① 5割2分7厘　② 10割4分　③ 0.86　④ 0.203　2 6割

ここが大切 ・0.1 → 1割，0.01 → 1分，0.001 → 1厘

もっとくわしく
日常生活の場面で歩合が使われている例としては，野球の打率などがある。

練習問題

解答▶ 別冊…P.57

176 ある野球チームが，50試合をしたところ，勝率は5割8分でした。勝ったのは，何試合ですか。
（勝率とは，全試合数に対する勝った試合数の割合のことです。）

6 帯グラフ

基本

下のグラフは，みゆきさんの家のある月の生活費の支出の割合を表したものです。

生活費の支出の割合

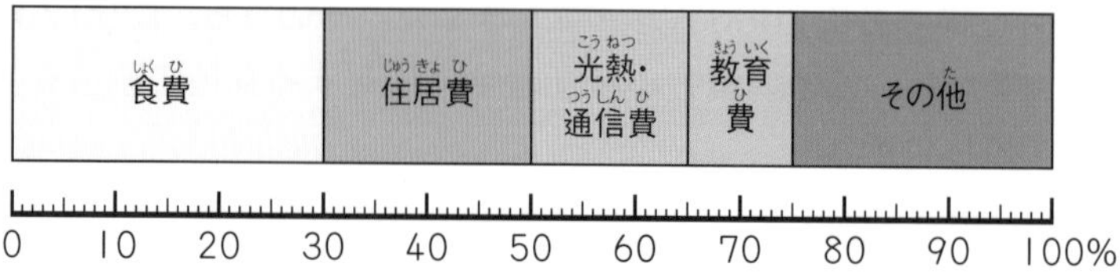

1 それぞれの部分の支出の割合は，全体の何%ですか。

2 この月の生活費全体の支出は350000円です。食費はいくらですか。

3 光熱・通信費は教育費の何倍ですか。

考える手順　グラフの目もりから，各部分の割合を読みとる。

解き方

1 区切りの目もりの差を読みとる。

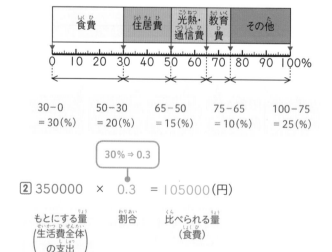

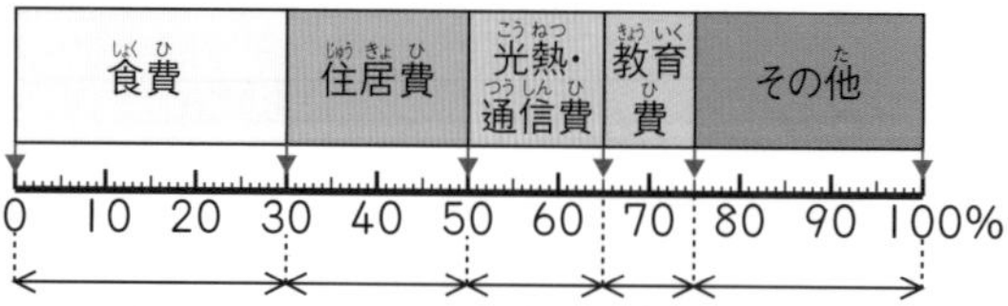

30−0 ＝30(%)　　50−30 ＝20(%)　　65−50 ＝15(%)　　75−65 ＝10(%)　　100−75 ＝25(%)

2 350000 × 0.3 ＝ 105000(円)

（30%⇒0.3）

もとにする量（生活費全体の支出）　割合　比べられる量（食費）

もっとくわしく

問題の帯グラフから次のようなことも読みとることができる。

・食費と住居費をあわせた支出は，全体の50%

・食費と教育費をあわせた支出は，全体の
30＋10＝40(%)

3 グラフからそれぞれの部分の割合を読みとって，割合どうしで比べることができる。

15 ÷ 10 ＝ 1.5(倍)

比べられる量（光熱・通信費の割合 15%）　もとにする量（教育費の割合 10%）　割合

小数で表された割合

答え 1 食費30%，住居費20%，光熱・通信費15%，教育費10%，その他25%

2 105000円　3 1.5倍

もっとくわしく

3 ・別の解き方

金額を求めてから比べてもよい。

・光熱・通信費
350000 × 0.15
＝52500(円)

・教育費
350000 × 0.1
＝35000(円)

52500 ÷ 35000
＝1.5(倍)

ここが大切 ・帯グラフは，全体を長方形で表し，縦の線で区切って各部分の割合を表す。

練習問題

解答▶ 別冊…P.57

177 右の表は，ある小学校の児童500人に，家で飼いたい動物を1つずつ答えてもらった結果をまとめたものです。

(1) 右の表を完成させなさい。

(2) 下の帯グラフを完成させなさい。

動物	人数(人)	割合(%)
ハムスター	65	
小鳥	60	
犬	175	
ねこ	125	
その他	75	
合計	500	

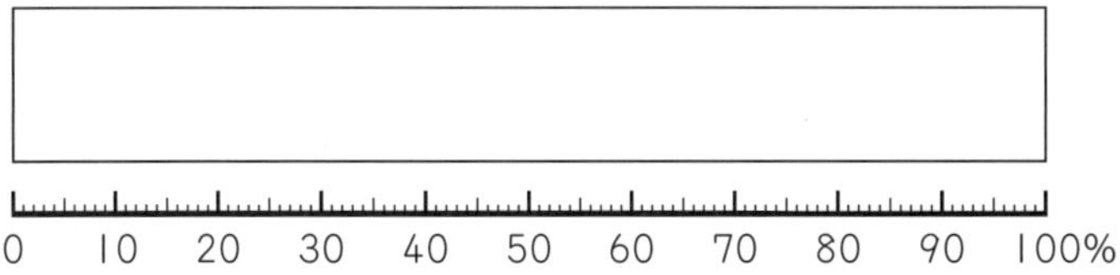

(3) 「ハムスター」と答えた人と，「小鳥」と答えた人の合計人数は，全体の何%ですか。

7 円グラフ

基本

右のグラフは，ある市の土地利用の面積の割合を表したものです。

1 それぞれの部分の面積の割合は全体の何%ですか。

2 この市の全体の面積は300km²です。山林の面積を求めなさい。

3 田の面積は，宅地の面積の何%ですか。

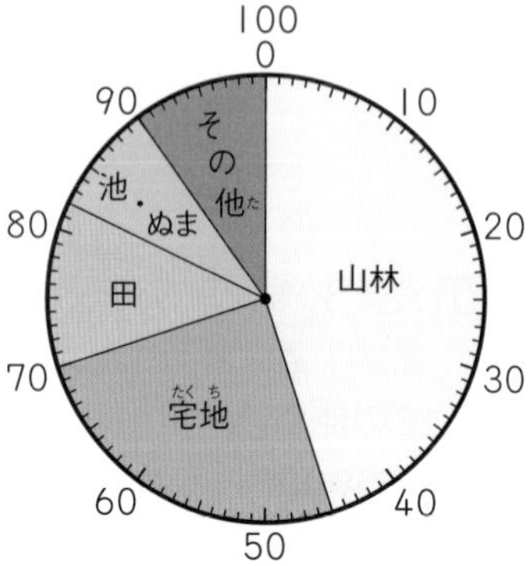

考える手順　グラフの目もりから，各部分の割合を読みとる。

解き方

1 区切りの目もりの差を読みとる。

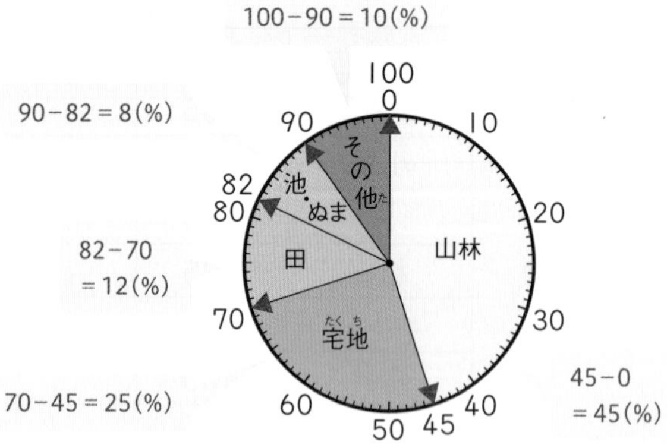

2

45%→0.45

300 × 0.45 ＝ 135(km²)

もとにする量（市全体の面積）　割合　比べられる量（山林の面積）

もっとくわしく

円グラフで各部分を表す，おうぎ形の中心角の大きさと割合の関係

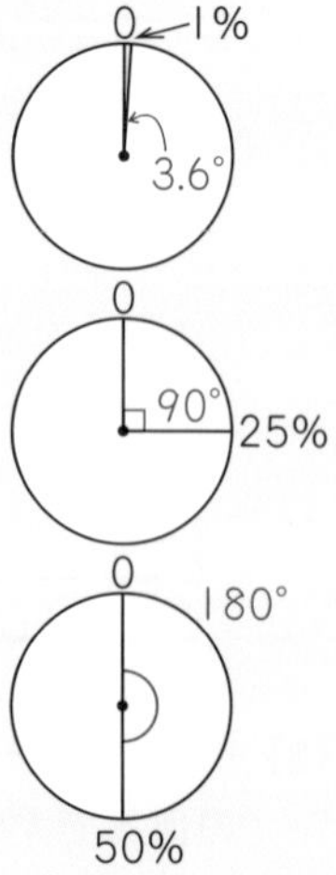

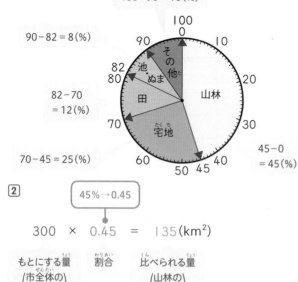

③ グラフからそれぞれの部分の割合を読みとって，割合どうしで比べることができる。

12 ÷ 25 = 0.48 → 48%

- 12：比べられる量（田の面積の割合　12%）
- 25：もとにする量（宅地の面積の割合　25%）
- 0.48：割合
- 48%：百分率になおす

もっとくわしく

③ 別の解き方

・宅地　$300 \times 0.25 = 75(km^2)$

・田　$300 \times 0.12 = 36(km^2)$

$36 \div 75 = 0.48$

答え ① 山林45%，宅地25%，田12%，池・ぬま8%，その他10%

② $135km^2$

③ 48%

ここが大切 ・円グラフは，全体を円で表し，半径で区切って各部分の割合を表す。

練習問題

解答▶ 別冊…P.58

178 右の表は，5年生150人について，住んでいる町別の人数を表しています。

（1）右の表を完成させなさい。百分率は，四捨五入して整数で表しなさい。

町	人数(人)	割合(%)
東町	42	
西町	36	
南町	24	
北町	20	
その他	28	
合計	150	

（2）右の円グラフを完成させなさい。

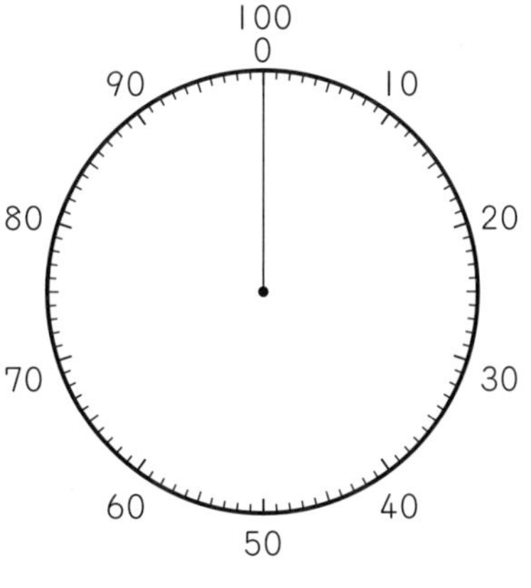

8 複数のグラフを比べる

基本

次の帯グラフは，あるリサイクル会社が1か月に回収した資源の買いとり金額の割合を表したものです。5月の総買いとり金額は，60000円，10月の総買いとり金額は，81000円でした。

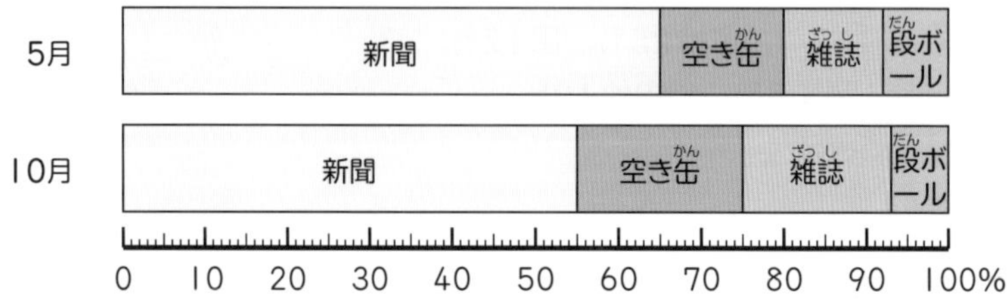

1 10月のグラフにおいて，空き缶と雑誌では，どちらの割合が多いですか。

2 5月と比べて，10月に割合が増えたのはどれですか。すべて答えなさい。

3 10月の新聞の買いとり金額は，5月と比べて，増えたか減ったかを理由をつけて答えなさい。

考える手順 グラフの目もりをきちんと読む。買いとり金額を比べるときは，総買いとり金額と割合を利用して求める。

解き方

1 グラフの目もりを読むと，10月の空き缶は20%，雑誌は18%だから，空き缶のほうが多い。

2 それぞれの資源の割合を月ごとにまとめると，下のようになる。

新聞	5月…65%，	10月…55%
空き缶	5月…15%，	10月…20%
雑誌	5月…12%，	10月…18%
段ボール	5月…8%，	10月…7%

よって，5月と比べて10月に割合が増えたのは，空き缶と雑誌である。

つまずいたら

帯グラフについて知りたい。

P.313

③ 5月と10月の新聞の買いとり金額は，それぞれ

5月　60000×0.65 = 39000(円)
10月　81000×0.55 = 44550(円)

となり，10月の買いとり金額は，5月と比べて増えている。

ミス注意!
割合が減っていても，売り上げ金額が減るとは限らない。

答え ① 空き缶　② 空き缶，雑誌
③ 10月の買いとり金額は44550円，5月の買いとり金額は39000円だから増えている。

ここが大切 2つのグラフの値を比べるときは，割合だけで比べない。

練習問題

解答▶ 別冊…P.58

179 下の円グラフは，A町の小学生240人とB町の小学生300人の好きなスポーツを調べ，スポーツ別に割合で表したものです。

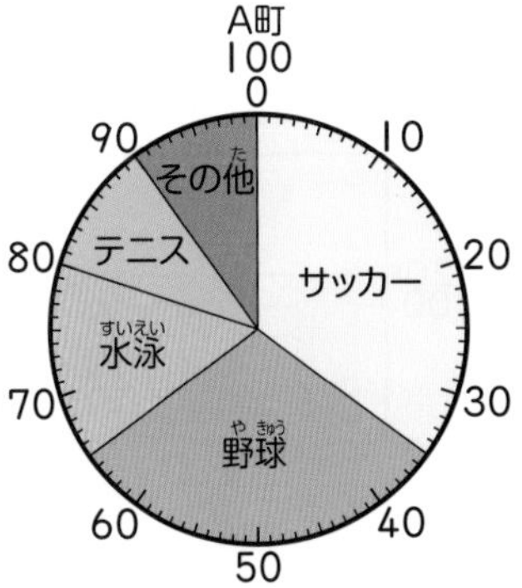

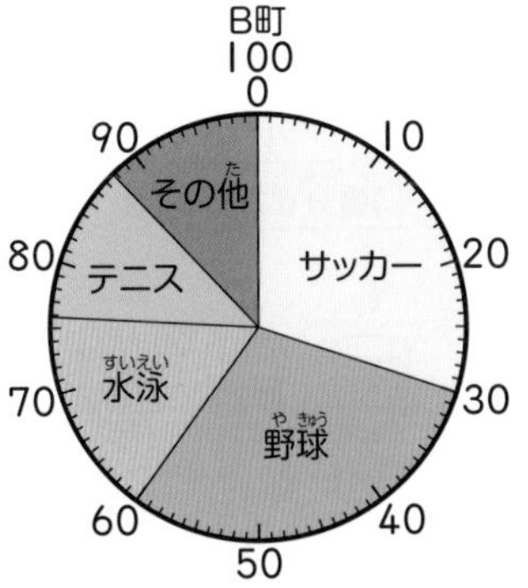

(1) A町とB町で，水泳が好きな人の割合が多いのはどちらですか。
(2) サッカーが好きな小学生の人数が多いのは，A町とB町のどちらですか。理由をつけて答えなさい。

3 平均とその利用

同じ大きさの数量にならす考え方を学びます。

平均

5年

平均 いくつかの数量を，等しい大きさになるようにならしたもの

見て理解！

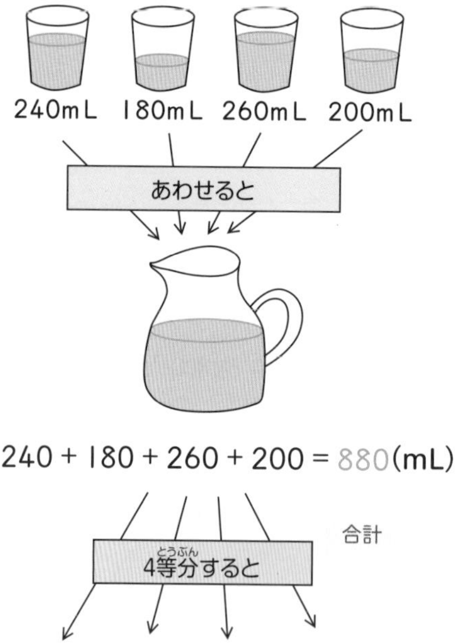

240 + 180 + 260 + 200 = 880(mL)

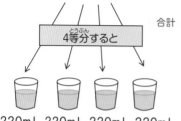

合計

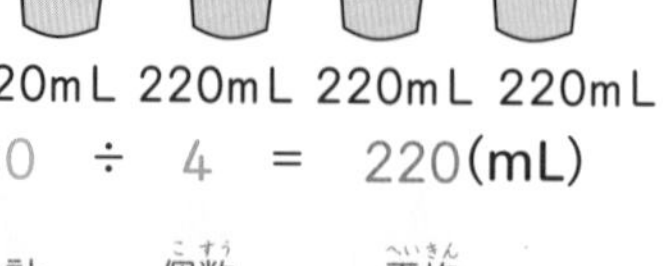

880 ÷ 4 = 220(mL)

合計　個数　平均

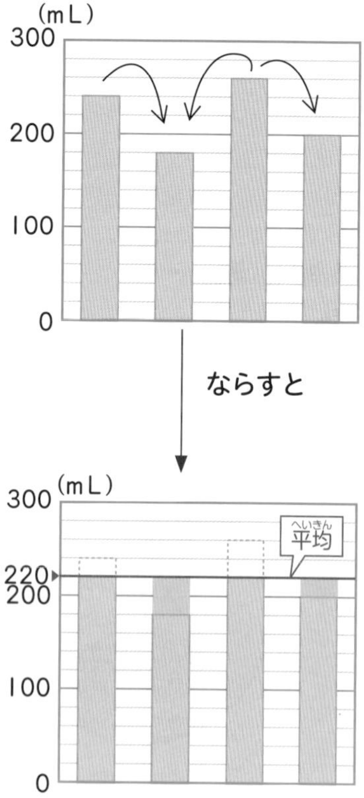

※平均は「仮の平均」を使って求めることもできる。求め方はP.323参照。

ここが大切
・平均＝合計÷個数

9 平均とその利用

基本

箱の中から4個のりんごを取り出して重さをはかると，175g，184g，181g，176gだった。

① りんごの重さは，1個平均何gですか。

② りんご30個の重さは，およそ何kgになると考えられますか。

考える手順 ①で求めた平均の重さを利用して，②で全体の重さを求める。

解き方

① 平均＝合計÷個数にあてはめる。

(175＋184＋181＋176)÷4＝179(g)

別の解き方

4個のりんごの重さのうち，いちばん小さい数量175を仮の平均として，それぞれの数量を175との差で表すと，

	175	184	181	176
175との差	0	9	6	1

175との差の平均　(0＋9＋6＋1)÷4＝4(g)

正しい平均　175＋4＝179(g)
（175：仮の平均　179：正しい平均）

②「1個179gのりんご30個分の重さを求める」ことと同じと考える。

179 × 30 ＝ 5370(g)→5.37kg

答え ① 179g　② およそ5.37kg

ここが大切 ・合計＝平均×個数

もっとくわしく
仮の平均の考え方は1つ1つの数量が大きくて計算がたいへんなときに有効である。

ミス注意!
数量に0がある場合でも個数に入れること。
0，9，6，1の平均を求めるとき，
(9＋6＋1)÷3
とするのはまちがい。

練習問題

解答▶ 別冊…P.59

180 あきらさんは7日間に2030mLの牛乳を飲みました。これからも同じように牛乳を飲んでいくと，30日間ではおよそ何mLの牛乳を飲むと考えられますか。

4 調べ方と整理のしかた

いろいろな資料を分類，整理する基礎となります。

二次元表

4年

資料を整理する 調べる目的にあわせて分類する観点を決め，表などにわかりやすくまとめる

見て理解！

調べる目的……どんな色のどんな形のタイルが何枚あるか調べたい。

分類する観点…色別と形別

分類する種類…・色─┬─オレンジ色
　　　　　　　　　　└─青色
　　　　　　・形─┬─三角形
　　　　　　　　　　├─四角形
　　　　　　　　　　└─円

整理のしかた…タイルの色と形の2つの観点に着目した1つの表にまとめる。

二次元表 調べた2つの観点を縦と横にとって整理する表

見て👀理解!

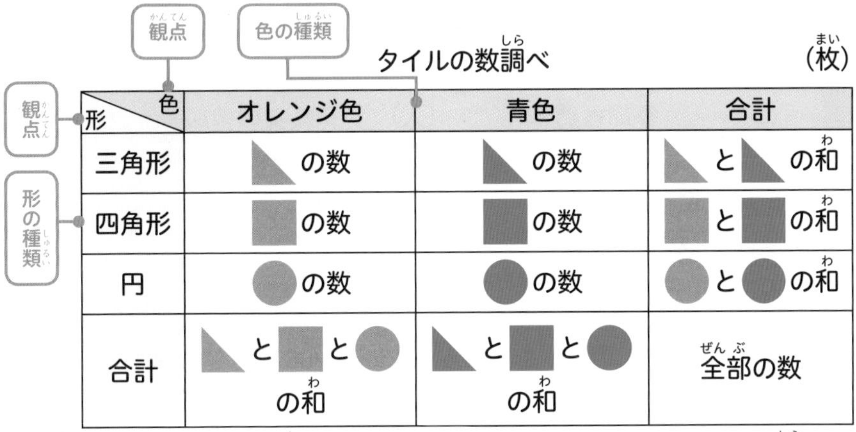
観点
色の種類
タイルの数調べ
(枚)
観点
形の種類
色
形
オレンジ色
青色
合計
三角形
の数
の数
と
の和
四角形
の数
の数
と
の和
円
の数
の数
と
の和
合計
と
と
の和
と
と
の和
全部の数

⬇ それぞれのタイルの数を調べて，合計を計算すると

タイルの数調べ　　(枚)

形＼色	オレンジ色	青色	合計
三角形	4	5	9
四角形	8	3	11
円	1	4	5
合計	13	12	25

縦の合計と横の合計が同じになるか確かめる

表からわかること

(例)・オレンジ色で三角形のタイルは4枚
・青色のタイルは全部で12枚
・数がいちばん少ないタイルはオレンジ色で円のタイル
など

ここが大切 ・二次元表は，2つの観点で調べたことをわかりやすく整理できる。

10 資料の調べ方，二次元表

基本

右のメモは，ある旅行の参加者について調べたものです。
これを下の表に整理します。

メモ
㋐ 男のおとな　10人
㋑ 女の子ども　6人
㋒ 女の参加者　20人
㋓ 参加者全員　38人

参加者調べ　（人）

	男	女	合計
おとな	①	②	③
子ども	④	⑤	⑥
合計	⑦	⑧	⑨

1 メモの㋐～㋓の人数を表のあてはまるらんに書きなさい。
2 表を完成させなさい。

考える手順　数がわかっているらんを先にうめ，残りは計算で求める。

解き方

1 ㋐「男のおとな」だから，
縦の男の列と横のおとなの列の交わるところに人数を書く。
㋑「女の子ども」だから，縦の女の列と横の子どもの列の交わるところに人数を書く。

参加者調べ　（人）

	男	女	合計
おとな	㋐ 10		
子ども		㋑ 6	
合計		㋒ 20	㋓ 38

女の合計　全体の合計

もっとくわしく

それぞれのらんが表すもの
① 男のおとな
② 女のおとな
③ おとなの合計
④ 男の子ども
⑤ 女の子ども
⑥ 子どもの合計
⑦ 男の合計
⑧ 女の合計
⑨ 全体の合計

2 空らんが1つになった列に着目して，順序よく求めていく。

	男	女	合計
おとな	10	②	③
子ども	④	6	⑥
合計	⑦	20	38

⑦ + 20 = 38 だから，
⑦ = 38 − 20 = 18

② + 6 = 20 だから，
② = 20 − 6 = 14

	男	女	合計
おとな	10	14	③
子ども	④	6	⑥
合計	18	20	38

10 + ④ = 18 だから，
④ = 18 − 10 = 8

10 + 14 = 24

	男	女	合計
おとな	10	14	24
子ども	8	6	⑥14
合計	18	20	38

→ 8 + 6 = 14

答え 1 左ページの表　2 上の表

つまずいたら

□にあてはまる数の求め方を知りたい。

➡ P.125

もっとくわしく

2つの条件について，あてはまるかあてはまらないかを調べるときにも，二次元表を使うとわかりやすく整理することができる。

➡ P.325，466

ここが大切

・縦の列と横の列の交わったところは「縦と横の特ちょうをもつなかま」を表す。

練習問題

解答▶ 別冊…P.59

181 右の表は，あるクラスである日に読んだ本について調べたものです。㋐～㋔にあてはまる数を求めなさい。

読書調べ　(人)

	物語	科学	合計
男子	7	㋐	18
女子	㋑	㋒	17
合計	19	㋓	㋔

5 ドットプロット・度数分布表・ヒストグラム

資料の傾向や特ちょうをとらえる基礎となります。

ドットプロットと代表値

6年

ドットプロット 資料の数値を，数直線上に●や①などで表した図

見て理解！

資料のちらばりのようすがわかりやすい。

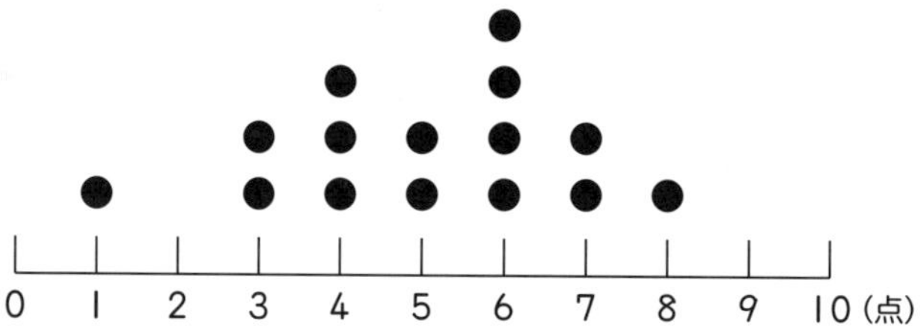

代表値
平均値…資料の値の合計を資料の個数でわった値
最頻値…資料の中で，最も多く出てくる値
中央値…資料の値を大きさの順に並べたとき，真ん中にある値

度数分布表

6年

度数分布表 資料の数値をいくつかの区間に分けて，各区間に入る数値の個数(度数という)をまとめた表

見て👀理解!

区間　度数

度数とは人数や個数のこと

チームの身長

身長(cm)	人数(人)
135 以上 ～ 140 未満	2
140 ～ 145	3
145 ～ 150	4
150 ～ 155	3
155 ～ 160	2
160 ～ 165	1
165 ～ 170	1
合計	16

135cmはふくむが140cmはふくまない

平均身長149cmは，この区間にあてはまる

人数がいちばん多い区間

150cmと151cmと153cmの3人

チームの合計人数

ヒストグラム（柱状グラフ） 6年

ヒストグラム（柱状グラフ） 各区間のはばを横，その区間に入る度数を縦とする長方形をすき間なくかいたグラフ

見て👀理解!

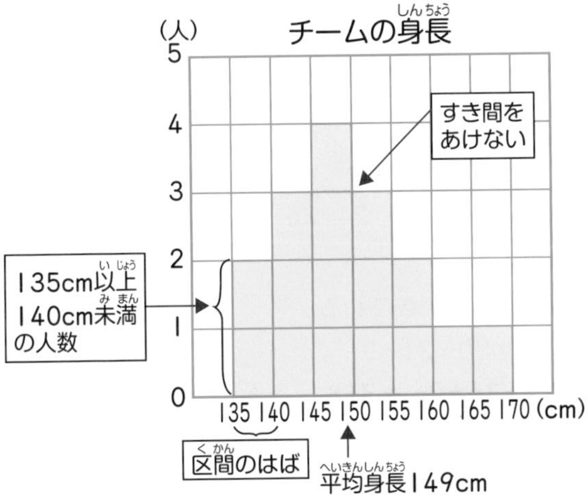

ここが大切
・度数分布表やヒストグラムを使うと，資料全体の散らばりのようすや特ちょうがわかりやすくなる。

11 ドットプロットと代表値

基本

次の表は，あるクラスの女子15人の30秒間の上体起こしの記録を表したものです。

上体起こしの記録(回)

①	19	②	21	③	22	④	21	⑤	26
⑥	19	⑦	21	⑧	18	⑨	25	⑩	22
⑪	20	⑫	22	⑬	23	⑭	22	⑮	17

1 上体起こしの記録をドットプロットに表しなさい。
2 平均値，最頻値，中央値を求めなさい。

考える手順 ドットプロットは，数直線の対応する値のところにドットをかいて，上に積み上げていく。

解き方

1 数直線の上に，それぞれのデータの値に対応するように，○で表す。

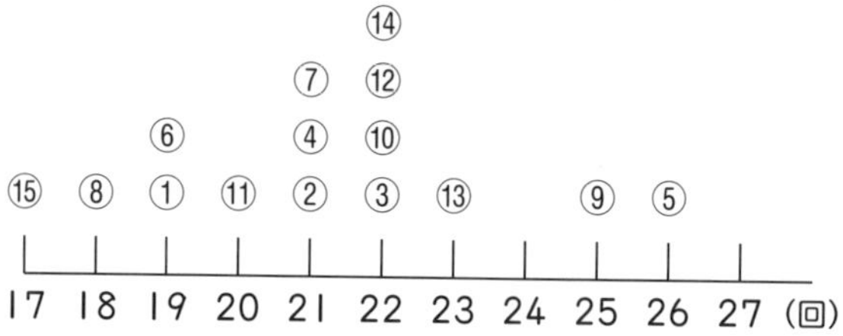

2 平均値は，記録の合計を人数でわる。

17+18+19×2+20+21×3
+22×4+23+25+26＝318

平均値＝ 318 ÷ 15 ＝ 21.2(回)
合計 人数

ミス注意!
○をかいたデータには線を引いて，かきまちがえないようにする。

もっとくわしく
ドットプロットからデータのちらばりのようすがわかる。

つまずいたら
ドットプロット，資料の平均値について知りたい。
P.328

最頻値は，ドットプロットから最も多くの○が積み上げられた値を読みとる。

中央値は，データを小さい順に並べたときの８番目の値であり，ドットプロットからその値を読みとる。

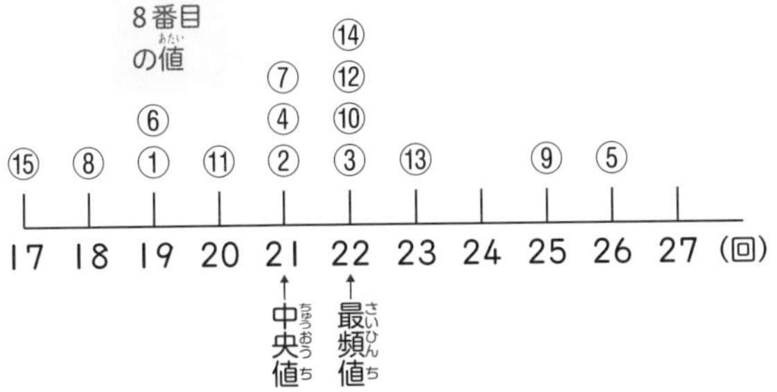

よって，最頻値はデータが４個ある22回，中央値は，データを小さい順に並べたときの８番目の値である21回となる。

答え [1] 解き方を参照　[2] 平均値　21.2回
最頻値　22回　中央値　21回

ここが大切 代表値をドットプロットから読みとるため，ドットプロットは正しくかく。

もっとくわしく
データの数が偶数のときの中央値は，中央の２つの値の平均。

つまずいたら
最頻値，中央値について知りたい。
➡ P.328

練習問題

解答▶ 別冊…P.59

182 下の表は，あるクラスで行った10点満点の漢字テストの点数を表したものです。

漢字テストの点数(点)

①	4	②	5	③	7	④	5	⑤	8	⑥	10
⑦	8	⑧	8	⑨	7	⑩	6	⑪	10	⑫	5
⑬	9	⑭	8	⑮	10	⑯	3	⑰	6	⑱	4
⑲	6	⑳	8	㉑	8	㉒	9				

(1) 漢字テストの点数をドットプロットに表しなさい。
(2) 平均値，最頻値，中央値を求めなさい。

12 度数分布表

基本

下の資料は，6年の男子14人のテストの得点です。

80，95，75，70，50，65，80
90，85，70，85，60，80，70　（点）

1 平均点を求めなさい。(一の位まで)
2 いちばん高い得点といちばん低い得点の差を求めなさい。
3 右の度数分布表を完成させなさい。
4 いちばん人数が多いのは，何点以上何点未満の区間ですか。
5 80点以上の人は何人ですか。
6 得点が低いほうから7番目の人は，何点以上何点未満の区間に入っていますか。

得点(点)	人数(人)
50以上～60未満	
60～70	
70～80	
80～90	
90～100	
合　計	

考える手順 度数分布表にまとめたあとに，度数分布表を用いて考える。

解き方

1 1055 ÷ 14 ＝ 75.3 … 75点
（合計）（人数）（平均）

2 95 － 50 ＝ 45(点)
（いちばん高い得点）（いちばん低い得点）

3 重なりや見落としのないように，「正」の字を書きながら調べていくとよい。

○以上 → ○をふくむ　△未満 → △をふくまない

得点(点)	人数(人)	
50以上～60未満	1	一
60～70	2	T
70～80	4	止
80～90	5	正
90～100	2	T
合　計	14	

合計を確かめる

つまずいたら
平均の求め方を知りたい
P.322

もっとくわしく
2 で求めた，資料の中でいちばん大きい数値といちばん小さい数値との差を，「はん囲」といい，1 で求めた「平均」とともに，資料のちらばりの特ちょうを表す値の1つである。

4・5　3でつくった度数分布表を用いて考える。

得点(点)	人数(人)
50以上～60未満	1
60～70	2
70～80	4
80～90	5
90～100	2
合計	14

4
いちばん人数が多い区間（→ 80～90）

5
80点以上の人は，
5＋2＝7(人)（← 80～90，90～100）

6

得点(点)	人数(人)	
50以上～60未満	1	いちばん低い／低いほうから2番目と3番目
60～70	2	低いほうから4番目から7番目まで
70～80	4	低いほうから8番目から12番目まで
80～90	5	低いほうから13番目といちばん高い人
90～100	2	
合計	14	

答え　1 75点　2 45点　3 前ページの表
4 80点以上90点未満の区間　5 7人
6 70点以上80点未満の区間

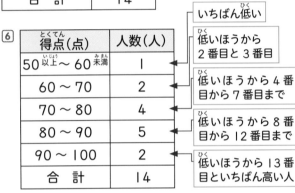

もっとくわしく
資料の特ちょうを表す値には，平均値やはん囲の他に次のものがある。

最頻値
最もよく現れる値のこと。度数分布表で，最も度数の大きい区間の真ん中の値で表すこともある。

中央値
資料の値を小さい順に並べたとき，中央にくる値。資料の個数が偶数の場合，中央にある2つの値の平均とする。

ここが大切
・度数分布表は，資料の特ちょうを数量でとらえたり表したりするのに便利な表である。

練習問題

解答▶ 別冊…P.60

183 右の表は，あるクラスの女子のボール投げの記録を表したものです。
(1) 表の㋐にあてはまる数を求めなさい。
(2) 20m以上の記録の人は何人で，全体の何%ですか。
(3) 記録のよいほうから数えて10番目の人は，何m以上何m未満の区間に入っていますか。

きょり(m)	人数(人)
5以上～10未満	2
10～15	㋐
15～20	9
20～25	6
25～30	3
合計	25

13 ヒストグラム（柱状グラフ）

基本

右のヒストグラム(柱状グラフ)は，1組の男子全員の50m走の記録をまとめたものです。

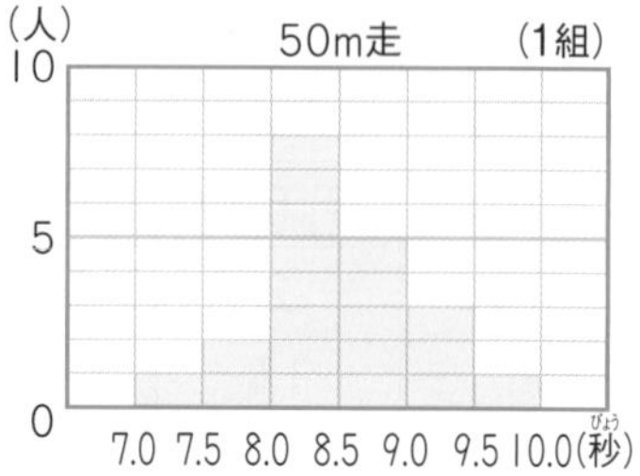

① 1組の男子は何人ですか。
② 8.0秒未満の人は何人ですか。
③ 記録がよいほうから10番目の人は，何秒以上何秒未満の区間にいますか。
④ たけしさんの記録は8.8秒でした。たけしさんは，記録のよいほうから数えて何番目から何番目の間だと考えられますか。

考える手順 区間は横のじくの目もりを，人数は縦のじくの目もりを読む。

解き方

① それぞれの区間の人数を読みとり，その合計を求める。

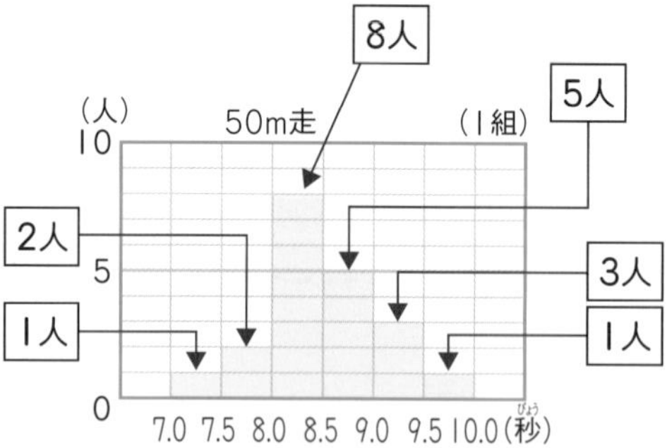

1 + 2 + 8 + 5 + 3 + 1 = 20(人)

②

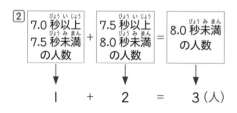

7.0秒以上 7.5秒未満 の人数	+	7.5秒以上 8.0秒未満 の人数	=	8.0秒未満 の人数
↓		↓		↓
1	+	2	=	3(人)

もっとくわしく

棒グラフ
ものの量を比べられる

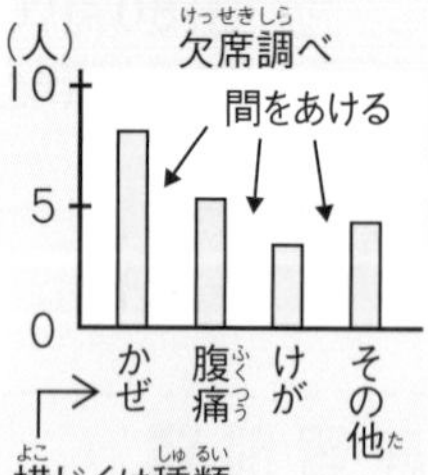

横じくは種類

ヒストグラム（柱状グラフ）
散らばりのようすがわかる

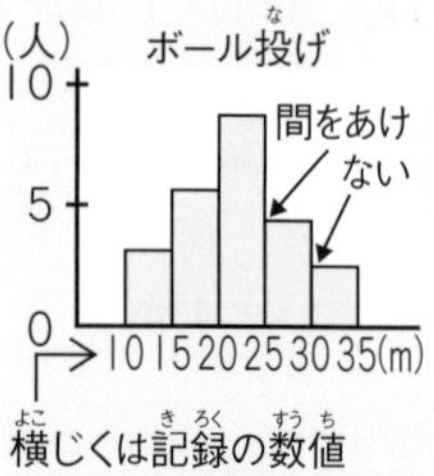

横じくは記録の数値

③・④ 記録がよいほうからの順番を求める。

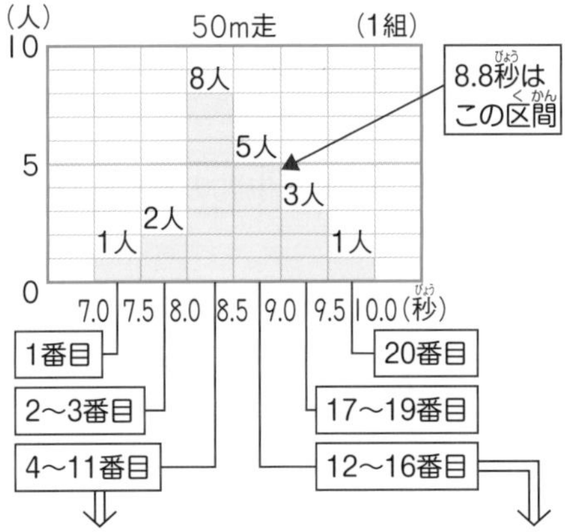

③ 10番目の人は
8.0秒以上8.5秒未満の区間

④ たけしさんは
12 〜 16番目

答え ① 20人　② 3人
③ 8.0秒以上8.5秒未満の区間
④ 12番目から16番目の間

🔍 **もっとくわしく**

グラフの種類
○棒グラフ
○折れ線グラフ
○帯グラフ
○円グラフ
○柱状グラフ

さらにいろいろな種類のグラフについて知りたい。
ダイヤグラム

➡ P.469

水量の変化を表すグラフ

➡ P.560

階段状のグラフ

➡ P.560

ここが大切 柱状グラフに表すと，ちらばりのようすがひと目でわかる。

練習問題

解答▶ 別冊…P.60

184 右の柱状グラフは，あるクラス20人の通学時間をまとめたものです。

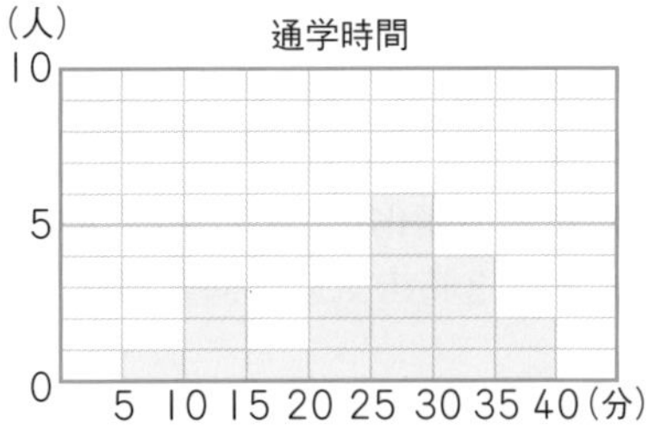

(1) 30分以上の人は何人いますか。
(2) 25分以上30分未満の人は，全体の何%ですか。
(3) 18分の人は時間が短いほうから数えて何番目ですか。
(4) 時間が長いほうから10番目の人は，何分以上何分未満の区間にいますか。

まとめの問題

解答▶別冊…P.135

95 次の棒グラフは，ともみさんが１日に飲んだ牛乳の量を記録したものです。

(1) 縦のじく１目もりは何mLを表しますか。

(2) いちばん多く飲んだ日といちばん少なく飲んだ日とでは，牛乳の量の差は何mLですか。

(3) この５日間で飲んだ牛乳の量の合計は何mLですか。

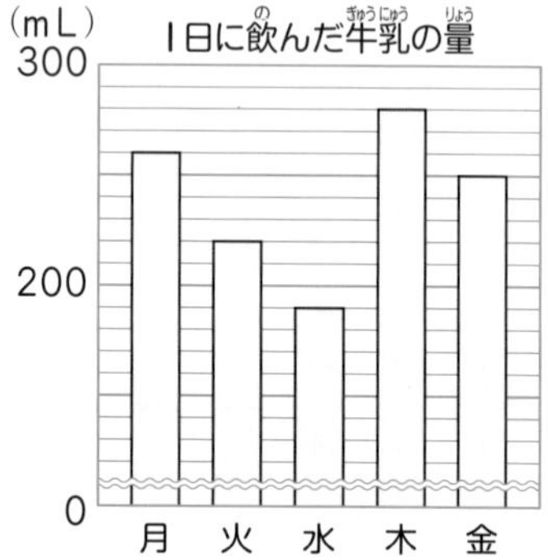

96 下の表は，ある町の午前６時から午後６時までの気温を２時間ごとに調べたものです。

１日の気温

時刻(時)	午前6	8	10	午後0	2	4	6
気温(度)	10	12	14	18	19	17	12

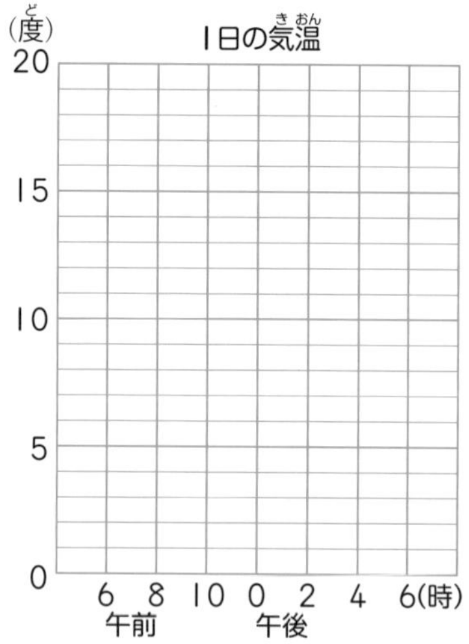

(1) 気温の変わり方を折れ線グラフに表しなさい。

(2) 気温の上がり方がいちばん大きいのは，何時から何時までの２時間ですか。

(3) 気温の変化がいちばん大きいのは，何時から何時までの２時間ですか。

(4) 午後３時の気温は何度と考えられますか。

基本

97 算数のテストをしたところ，A君は82点，B君は60点，C君は95点，D君は70点，E君は88点でした。この５人の平均点は何点ですか。

(関東学院六浦中)

98 次の表は，あるクラスの26人が，1人10回ずつバスケットボールのシュートをしたときの入った本数を表したものです。

シュートの入った本数(本)

①	3	②	8	③	9	④	5	⑤	4	⑥	8	⑦	6
⑧	6	⑨	1	⑩	6	⑪	5	⑫	7	⑬	6	⑭	2
⑮	7	⑯	6	⑰	4	⑱	10	⑲	1	⑳	5	㉑	9
㉒	3	㉓	4	㉔	7	㉕	4	㉖	7				

(1) シュートの本数を右のドットプロットに表しなさい。

(2) 平均値，最頻値，中央値を求めなさい。

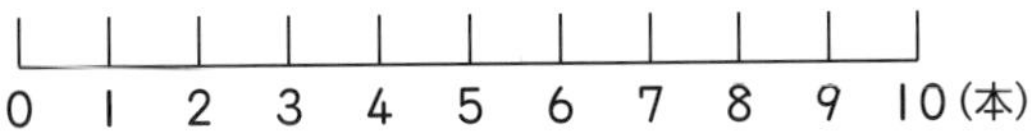

99 右の表は，35人のクラスである日の学習時間を調べたものです。

(1) 学習時間が50分以上60分未満の児童の人数を求めなさい。

(2) たけしさんは，学習時間の短いほうから数えると，14番目です。たけしさんの学習時間は，何分以上何分未満の区間に入っていますか。

(3) 学習時間が60分以上の人は，全体の何%ですか。

(4) 右の度数分布表を下のヒストグラムに表しなさい。

学習時間(分)	人数(人)
0以上～10未満	0
10～20	2
20～30	3
30～40	5
40～50	8
50～60	
60～70	4
70～80	3
合計	35

学習時間

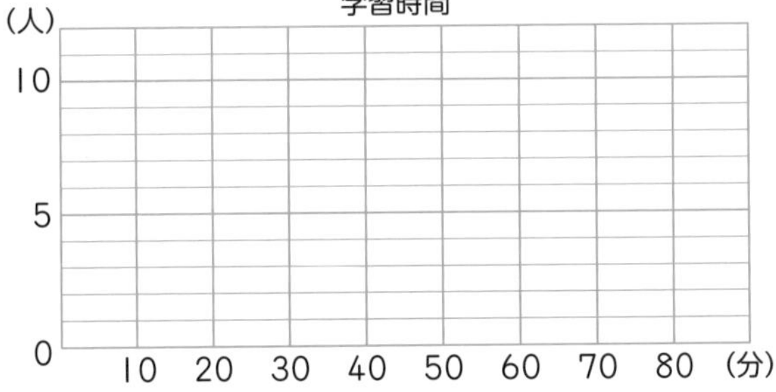

1 場合の数

起こり得る場合を順序よく整理して調べる方法を学びます。

場合の数

6年

場合の数 あることがらの起こり方が何通りあるかを求めることを，場合の数を求めるという

見て理解！ A町からB町を通ってC町へ行く行き方

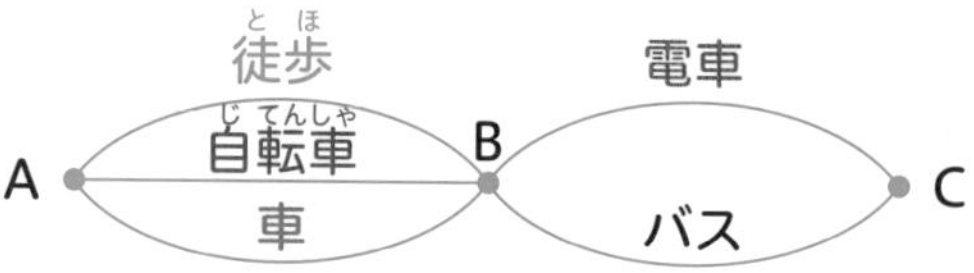

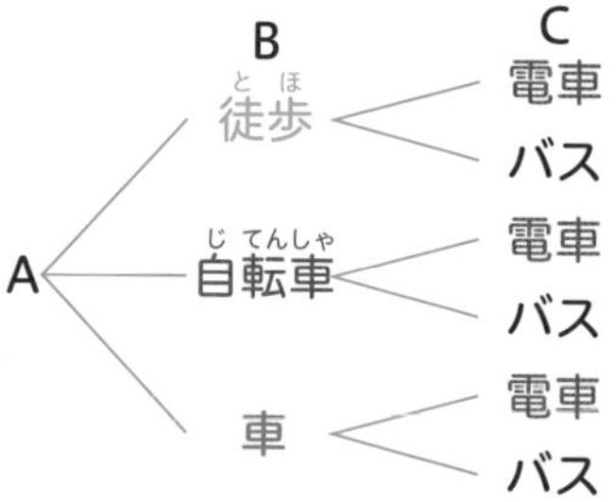

このような図を樹形図という。

6通り

順列 順番に並べるときの並べ方

見て理解！ 右下の旗を赤，青，緑の３色でぬり分けるときの色の並べ方

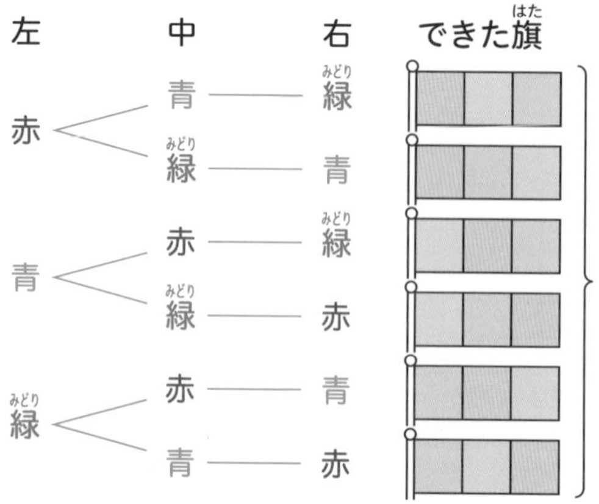

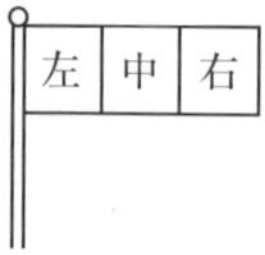

すべてちがう旗ができる

6通り

組み合わせ ▶ 順序は考えず選んで組をつくるときの選び方

見て👀理解!

総あたり戦をリーグ戦ともいう。

A, B, C, Dの4チームが総あたり戦をするときの試合数

→どのチームとも1回ずつ試合をする

⇒4チームの中から2チームを選ぶ組み合わせの数と同じ

表にかいたとき

＼	A	B	C	D
A	＼	○	○	○
B		＼	○	○
C			＼	○
D				＼

AとBの対戦を表す。

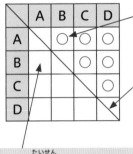

AとA, BとB, …のように同じチームどうしが対戦することはないから，ななめの線をひいておく。

BとAの対戦はAとBの対戦と同じだから○はつけない。

試合数は○をつけた 6試合

図にかいたとき

自分が数えやすい方法で調べればよい。

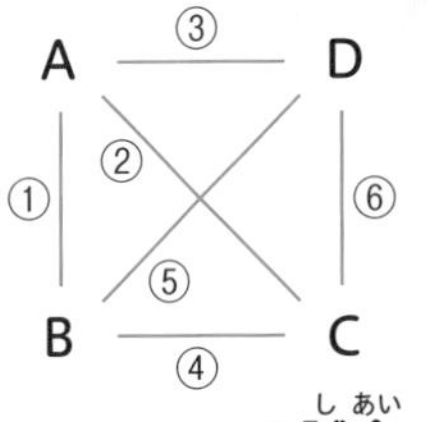

6試合

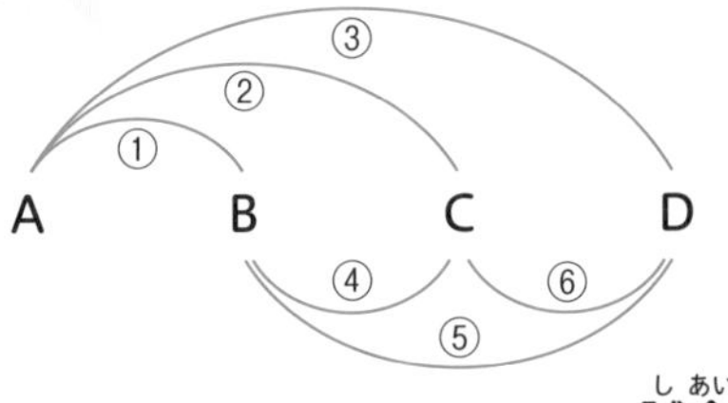

6試合

ここが大切
・樹形図や表などを使って，見落としや重なりがないよう順序よく調べる。

14 順列

基本

[1], [2], [3], [4]の数字が書かれたカードが1枚ずつあります。

① 千の位が1である4けたの整数は何通りできますか。

② 4けたの整数は，全部で何通りできますか。

③ 4枚のうち2枚を並べてできる2けたの偶数は何通りできますか。

考える手順 上の位から順に数字を決めていく。

解き方

① 千の位が[1]のときの樹形図をかいてみる。

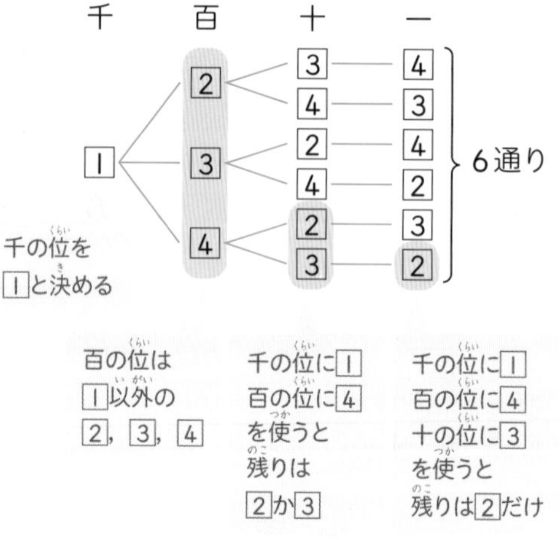

② 千の位が[2], [3], [4]のときの樹形図をそれぞれかいてみる。

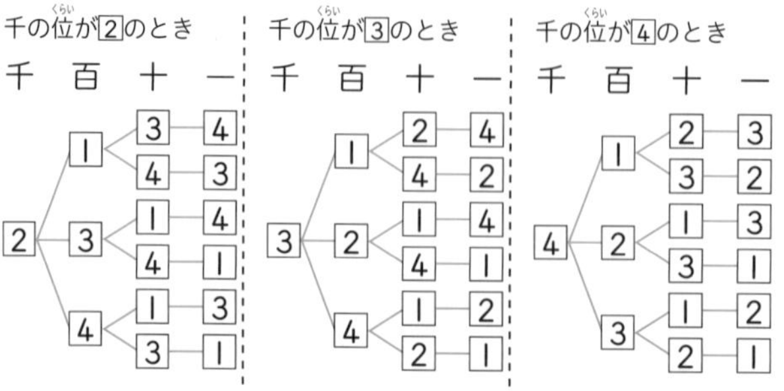

ミス注意!

樹形図をかくときは数字の小さい順にかくなどルールを決めておくと，見落としや重なりが起こりにくい。下のようにばらばらにかくとミスをしやすい。

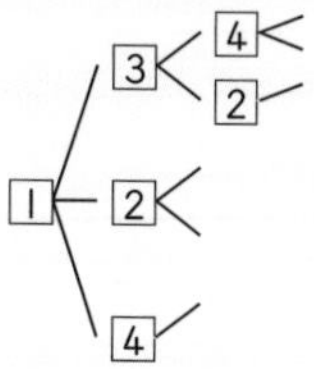

もっとくわしく

② 別の解き方

計算で求めることもできる。

4通りを[4]と表すと

千 百 十 一

[4] [3] [2] [1]

4通り 3通り 2通り 1通り

$4 \times 3 \times 2 \times 1$
$= 24$(通り)

千の位が[2], [3], [4]のときも同じように6通りあるから，

全部で6×4 = 24(通り)

[3] 十の位が[1]のときの樹形図をかいてみる。

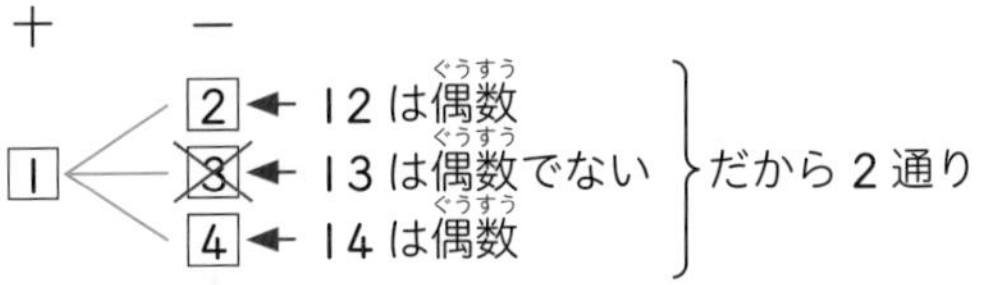

一の位は，[2]か[4]でないといけない。

十の位が[2]のときの樹形図をかくと，

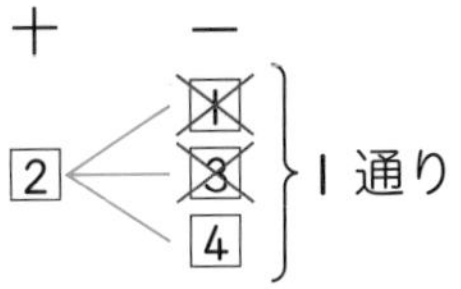

十の位が[3]のときは，十の位が[1]のときと同じで2通り。

十の位が[4]のときは，十の位が[2]のときと同じで1通り。

だから，全部で，2 + 1 + 2 + 1 = 6(通り)

答え [1] 6通り　[2] 24通り　[3] 6通り

つまずいたら

偶数・奇数について知りたい。

➡ P.22

⚠ミス注意!

十の位が[1]のとき2通りだったからといって，十の位がほかの数のときも2通りとは限らない。しっかりと樹形図をかいて，規則性を見つけてから計算式をたてること。

ここが大切

・いちばん上の位から順序よく樹形図をかいて求める。

練習問題

解答▶ 別冊…P.61

185 [0], [3], [6], [9]の数字が書かれたカードが1枚ずつあります。次の整数は何通りできますか。

(1) 4けたの整数

(2) 3けたの奇数

(3) 2けたの5の倍数

(4) 65より大きい2けたの整数

15 組み合わせ①

基本

りんご，みかん，バナナ，ぶどう，ももの5種類の果物があります。

1 この果物の中から2種類を選んでかごに入れます。果物の組み合わせ方は何通りありますか。

2 この果物の中から4種類を選んでかごに入れます。果物の組み合わせ方は何通りありますか。

考える手順　りんごを(り)，みかんを(み)，バナナを(バ)，ぶどうを(ぶ)，ももを(も)として，順序よく調べる。

解き方

1 表を使って調べる。選ぶ果物2種類に○をつけると，下のようになる。

(り)	(み)	(バ)	(ぶ)	(も)
○	○			
○		○		
○			○	
○				○
	○	○		
	○		○	
	○			○
		○	○	
		○		○
			○	○

5 4

⇓

どちらを先に選んでも同じ

⇓

$5 \times 4 \div 2 = 10$

全部で10通り

別の解き方

右の図から10通りと求めることもできる。

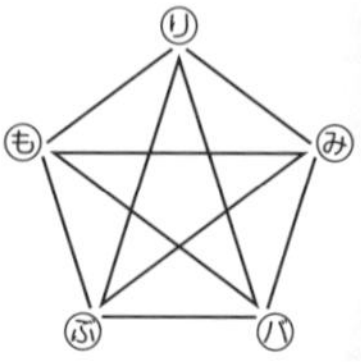

もっとくわしく

りんごを(り)のような記号に置きかえると，簡潔に表すことができて，便利である。

ミス注意!

りんごとみかんを選ぶことと，みかんとりんごを選ぶことは，かごの中身は同じだから組み合わせは同じと考える。

[2] 5種類の中から4種類を選ぶとき，選ばないのは1種類である。選ばない果物に×をつけると，下のようになる。

㋷	㋯	㋩	㋫	㋲
				×
			×	
		×		
	×			
×				

選ばない果物は1種類
5
⇓
5通り

全部で5通り

もっとくわしく
5種類の中から4種類を選ぶことと，1種類を選ぶことは同じである。
同じように，5種類の中から3種類を選ぶことと，2種類を選ぶことは同じである。

答え [1] 10通り　[2] 5通り

ここが大切
・順序を考えず組み合わせるとき，AとB，BとAの組み合わせは同じものである。

練習問題

解答▶ 別冊…P.62

186 A，B，C，Dの4人の中から，何人かを選んで係を決めます。
(1) 1人だけを選ぶとき，選び方は何通りありますか。
(2) 2人を選ぶとき，選び方は何通りありますか。
(3) 3人を選ぶとき，選び方は何通りありますか。

187 500円玉，100円玉，50円玉，10円玉，5円玉のこう貨が1枚ずつあります。この5枚の中から2枚を選ぶとき，2枚を合わせた金額は何通りありますか。

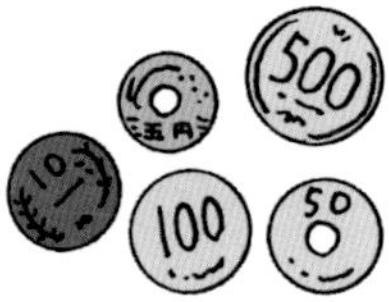

188 チャレンジ
円周上の点から2点を選んで直線をひきます。直線は全部で何本ひくことができますか。

(1)
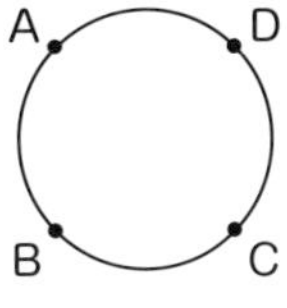

(2)
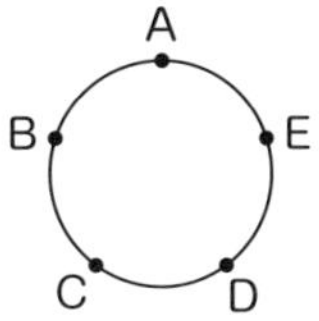

16 組み合わせ②

中学入試対策

男子4人，女子5人のグループの中から男子2人，女子1人を選ぶとき，その選び方は全部で何通りありますか。　（関東学院中）

考える手順　男子4人をA，B，C，D，女子5人をア，イ，ウ，エ，オと区別する。

解き方

男子と女子に分けて考える。

① 男子4人から2人を選ぶ選び方は，

A	B	C	D
○	○		
○		○	
○			○
	○	○	
	○		○
		○	○

6通り

② 男子がA，Bのときの，女子1人の選び方は，

AB ― ア，イ，ウ，エ，オ　5通り

③ 男子が他の組み合わせのときの，女子1人の選び方は，

AC ― ア，イ，ウ，エ，オ　5通り

AD ― ア，イ，ウ，エ，オ　5通り

BC ― ア，イ，ウ，エ，オ　5通り

BD ― ア，イ，ウ，エ，オ　5通り

CD ― ア，イ，ウ，エ，オ　5通り

④ 全部で，5×6＝30（通り）

答え 30通り

入試のポイント

ひとりひとり記号をつけて区別してから考えよう。

もっとくわしく

別の解き方

男子　女子

2人　1人

6　5

⇒30通り

もっとくわしく

④の式は

5 × 6

↓　　↓

女子の選び方の数 × 男子の選び方の数

を表す。

中学入試対策

17 条件つきの並び方

男子３人，女子３人が一列に並びます。女子３人が続いて並ぶ並び方は何通りありますか。 （山手学院中）

考える手順 女子３人を１組とまとめてみる。

解き方

男子３人をA，B，C，女子１組をDとする。

① A，B，C，Dの４組の並び方を考える。
Aが先頭の場合の並び方は，

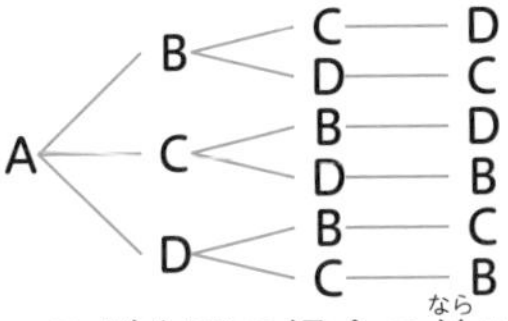

6通り

B，C，Dが先頭の場合の並び方もそれぞれ６通りあるから，6×4＝24(通り)

② A－B－C－Dの並び方のときの，Dについて女子３人の並び方を考える。
女子３人をア，イ，ウとすると，

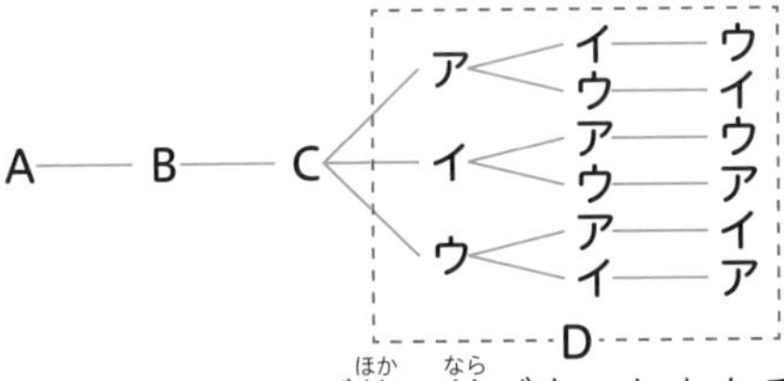

6通り

③ A，B，C，Dが他の並び方のときもそれぞれ６通りだから，全部で6×24＝144(通り)

答え 144通り

入試のポイント

続いて並ぶ人をまとめて１組とみる。

もっとくわしく

・別の解き方

全体を４人としてみると

4 3 2 1

⇒24通り

女子３人はその中で

3 2 1

⇒6通り

の並び方がある。

24×6＝144(通り)

もっとくわしく

③の式は

6 × 24

女子３人の並び方の数 × 男子３人女子１組の並び方の数

を表す。

まとめの問題

解答▶別冊…P.137

100　あるレストランのランチのセットは，右のように，4種類の料理の中から1つと，3種類のスープの中から1つを選ぶことができます。セットは何通りありますか。

ランチセット

料理
- カレー
- スパゲッティ
- オムライス
- ハンバーグ

スープ
- 野菜
- ポタージュ
- 中華

よくでる

101　赤，青，黄，緑の4色を使って，右の図のような旗に色をぬります。となり合う色が同じ色にならないようにぬるには，何通りのぬり方がありますか。ただし，使わない色があってもよいとします。（郁文館中）

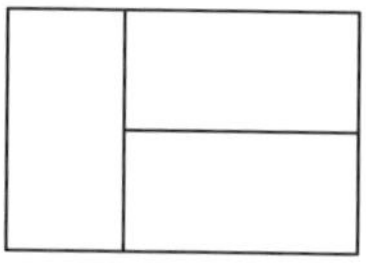

よくでる

102　1，2，3，4，5，6の6枚のカードがあります。この中から2枚選んで，2けたの整数をつくるとき，次の整数は何通りできますか。

（1）奇数

（2）5の倍数

（3）十の位の数字と一の位の数字の和が8

103　みどりさん，ともみさん，たかしさん，けんたさんの4人が長いすに座ります。

（1）4人の座り方は何通りありますか。

（2）みどりさんとともみさんがとなりどうしになる座り方は何通りありますか。

基本

104 A，B，C，D，E，Fの6人がいます。
(1) 6人の中から，班長と副班長を決めます。決め方は何通りありますか。
(2) 6人の中から，2人の委員を選びます。選び方は何通りありますか。

よくでる

105 A，B，C，D，Eの5つのチームが野球の試合をします。各チームがそれぞれのチームと1回ずつ対戦します。試合数の合計は何試合ですか。

(聖望学園中)

ハイレベル

106 5つのふくろにボールがそれぞれ1個，2個，4個，8個，16個入っています。5つのふくろから2つのふくろを選びます。選び方によってボールの個数の合計は異なりますが，ボールの個数の合計が6番目に多いのは何個のときですか。

(立教池袋中)

107 お父さんとお母さんと4人の子どもが牧場に行き，このうちの3人が3人乗りのカートに乗ることにしました。カートの前列には運転席と1つの座席，後列には1つの座席があります。運転はお父さんかお母さんのどちらかがします。このカートに，お父さんかお母さんのどちらかと子ども2人がいっしょに乗るとき，3人の座り方は何通りありますか。

108 図のように円周上に5点A，B，C，D，Eがあります。点Aを出発点とし，サイコロを2回投げて，出た目の数の和だけ時計と反対回りに点を移動します。ちょうど点Aにもどる目の出方は何通りありますか。

(日本大学第一中)

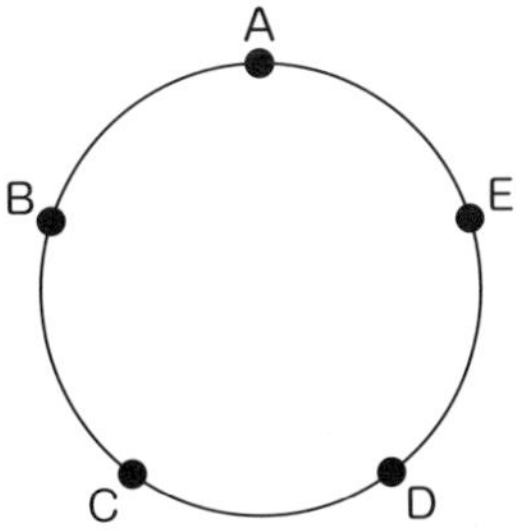

算数の宝箱

平均値を疑え!

「平均」という言葉を聞いて，どんな印象を受けますか。「ふつう」「人並み」といった印象を持つかもしれません。しかし，本当にそうでしょうか。

例えば，グループ A とグループ B で，50m 走の記録を測定した結果を考えてみます。どちらも平均値は同じなので，グループ A とグループ B は同じ走る力に思えるかもしれません。しかし，柱状グラフで表してみると，グループ A とグループ B は全くちがうようすのグループであることが分かります。グループ A のように柱状グラフがきれいな山になっているとき（このような場合を正規分布といいます），平均はそのグループを表しているといえますが，グループ B のような場合は，平均値よりも中央値や最頻値のほうが，よりグループをよく表しているといえるでしょう。

50m 走の記録（秒）

グループ A	グループ B
8.4	8.8
8.5	9.4
8.8	9.5
9.5	7.5
9.2	10.0
9.7	9.4
8.0	8.9
9.1	7.4
8.9	9.3
9.9	9.8
平均 9.0	平均 9.0

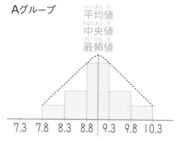

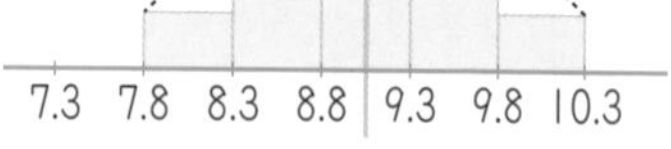

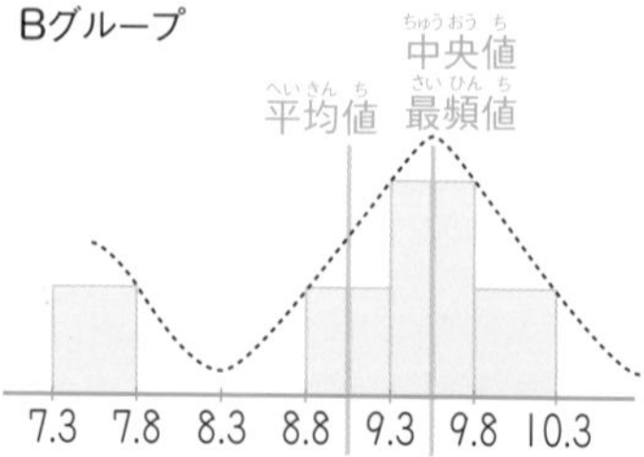

平均値を使うときは，それぞれの要素の重要度が同じであることも大切です。例えば，リレーの選手を選ぶときは，ふつう，タイムの良い順に選びますから，グループ全体の平均値が同じであっても，リレーの力が同じくらいになるとはいえません。このときは，リレーの選手のタイムの平均値を比べる必要があるでしょう。

日常の生活，日々のニュースなどでも「平均」はよく使われます。しかし，それが本当にそのグループを表しているのか，平均値で比べることに意味があるかは，よく考えていかなければいけません。

発展編

ここでは，教科書にはのっていない発展的な内容や中学受験で出題されるような内容について学習します。いろいろな問題が入っているので，中学受験の準備のためだけではなく，算数の応用や自分の力だめしとして読んでみましょう。算数の別の楽しさが見つかるかもしれません。

1 図形の面積

複雑な図形の面積の求め方を学びます。

複雑な図形の面積

分ける

見て理解!

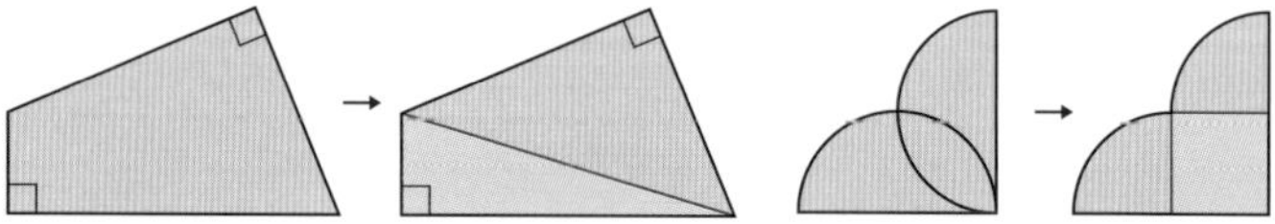

公式が使える形に分ける。

公式が使える形に分ける。

余分なところをひく

見て理解!

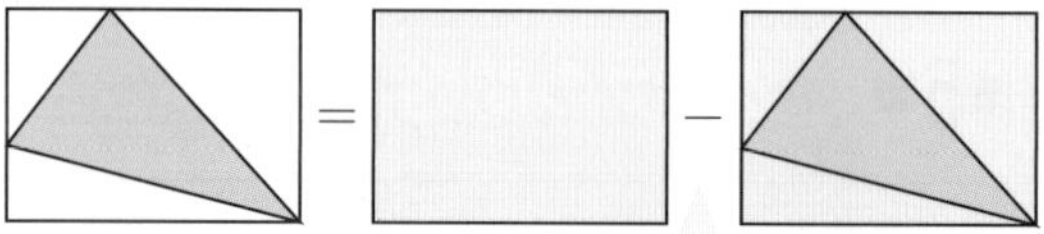

長方形の面積から，まわりの三角形の面積をひくと，内側の三角形の面積が求められる。

等積変形

面積を変えないで形を変える。

見て理解!

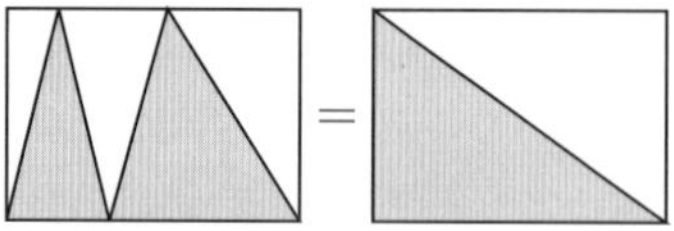

高さが同じ三角形を1つにまとめる。

移動する

図形の中が道などで分けられているときは，道をはしに寄せる。

見て理解!

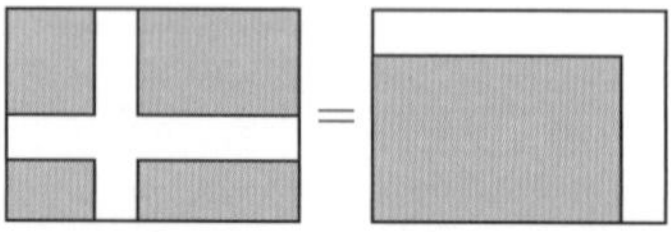

求める面積は長方形の面積になる。

移動する

合同な部分を移動して，簡単な図形にする。

見て理解！

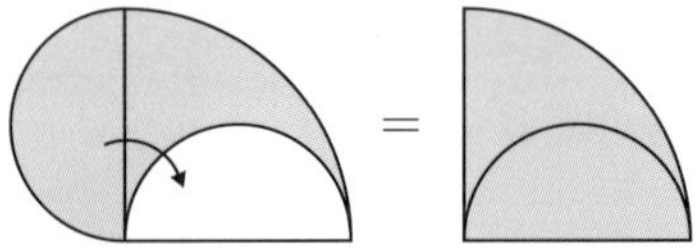

半円を移動すると
おうぎ形になる。

重なった図形の面積

わかっている長さから，面積を求めるのに必要な長さを求めたり，重なってできた図形ともとの図形の面積の割合を使ったりする。

見て理解！

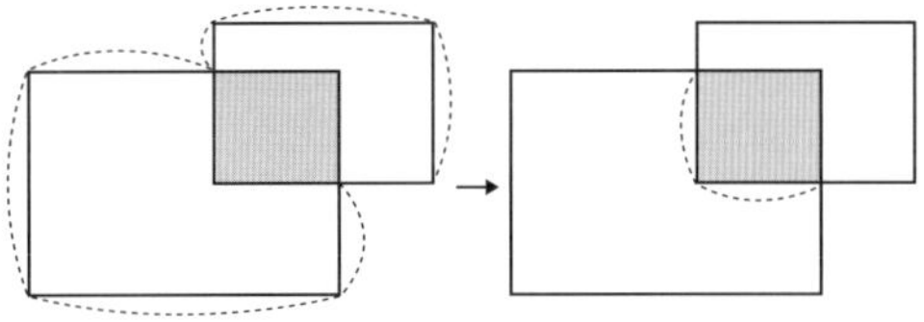

色のついた長方形の辺
の長さを求める。

重なってできた図形の面積
　＝もとの図形の面積の和－重なった部分の面積

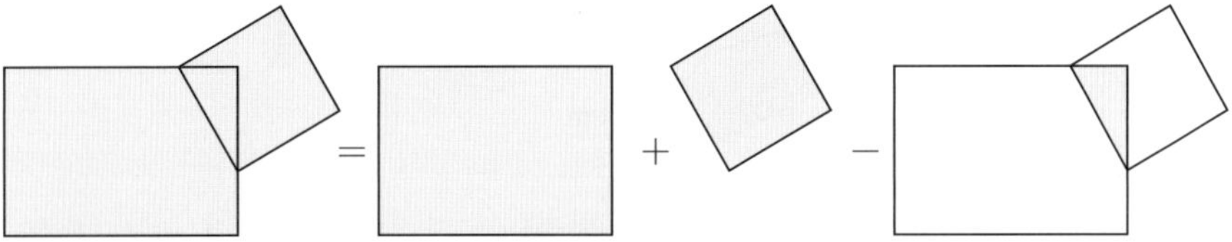

三角定規の三角形の辺の比などを利用する

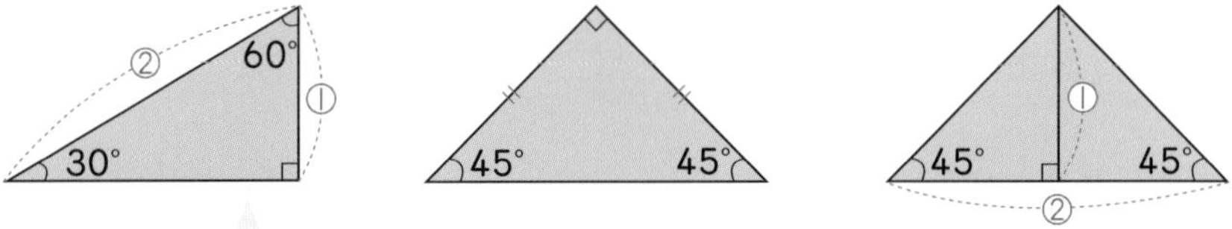

①にあたる長さを求めて，
高さとして使うことが多い。

ここが大切　複雑な図形の面積は，分けたり，移動したりして，公式が使える形に変形して求める。

1 分ける

中学入試対策

右の図の色のついた部分の面積は何cm^2ですか。　(國學院大學久我山中)

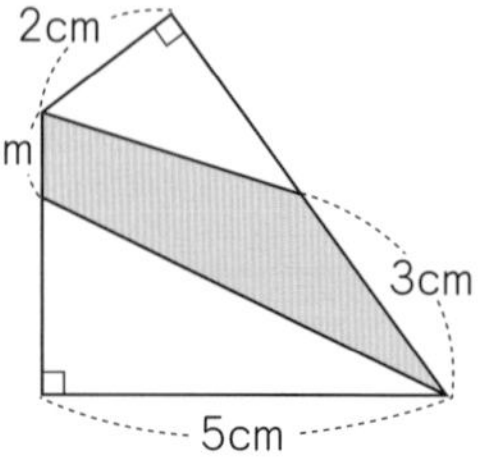

考える手順　公式が使えるように，図形を分ける。

解き方

三角形の面積の公式が使えるように2つの三角形に分ける。

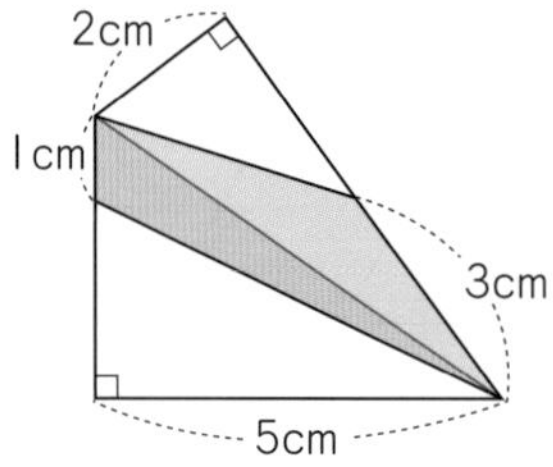

$1\times5\div2+3\times2\div2=5.5(cm^2)$

答え　$5.5cm^2$

入試のポイント

分けてできる図形は三角形やおうぎ形が多い。

もっとくわしく

三角形に分けるときは，直角に注目する。

練習問題

解答▶ 別冊…P.64

189 半径6cmの円が2つあり，互いの中心を通るように重なっています。色のついた部分の面積は何cm^2ですか。　(共立女子中)

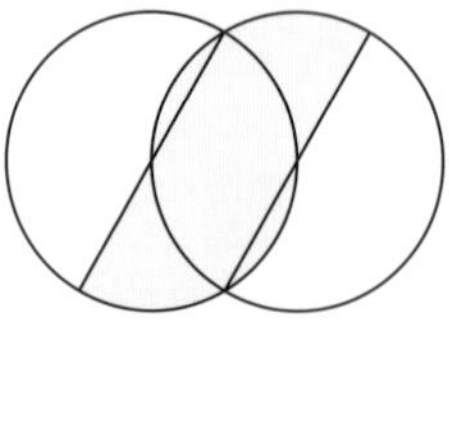

中学入試対策

2 余分なところをひく

右の図でＡＢが2cm，ＢＣが4cmとする。このとき，ＡＣを１辺とする正方形の面積を求めなさい。 （茗溪学園中）

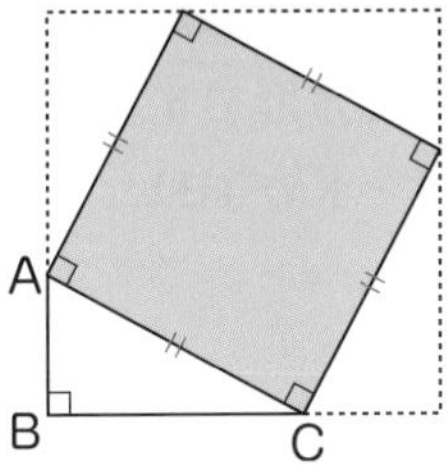

考える手順 公式が使える図形から，公式が使える図形をひく。

解き方

大きな正方形の面積から，直角三角形４つの面積をひく。

4つの直角三角形は合同

四角形ＢＤＥＦは正方形

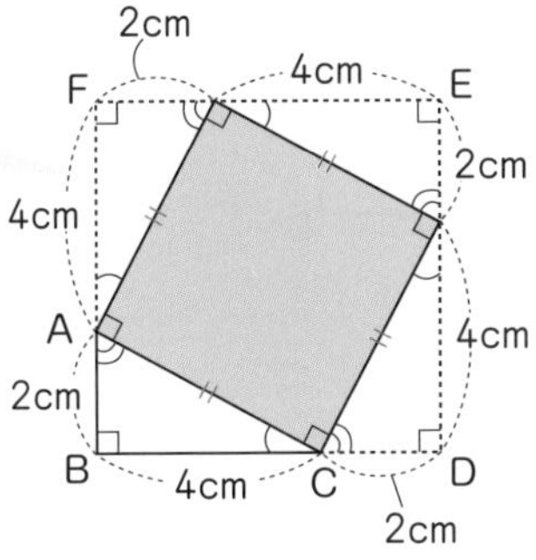

$6 \times 6 - 4 \times 2 \div 2 \times 4 = 20$（$cm^2$）

答え $20cm^2$

入試のポイント

問題の図形全体を見て，どの部分の図形の面積が公式を使って求められるか考えよう。

練習問題

解答▶ 別冊…P.64

190 図のように，正方形と半径が20cmの円があります。色のついた部分の面積は何cm^2ですか。 （聖学院中）

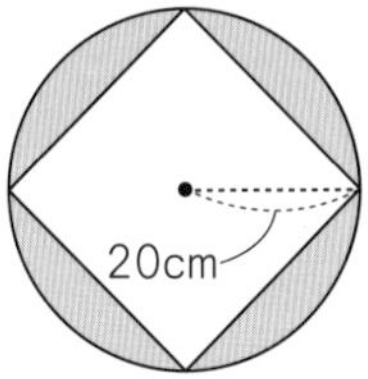

3 等積変形

中学入試対策

図の四角形ＡＢＥＦと四角形ＢＣＤＥは長方形です。色のついた部分の面積を求めなさい。

(跡見学園中)

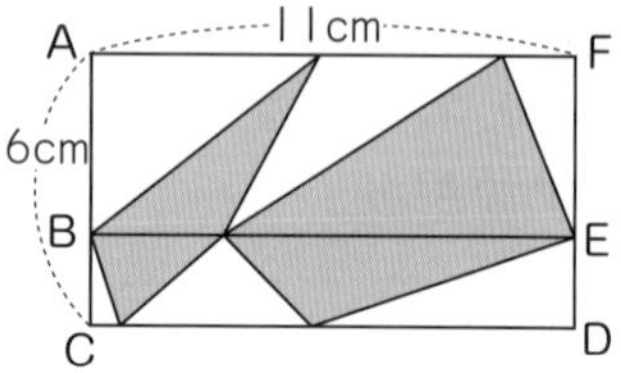

考える手順　公式が使えるように等積変形する。

解き方

等積変形をして三角形ＡＣＥをつくる。

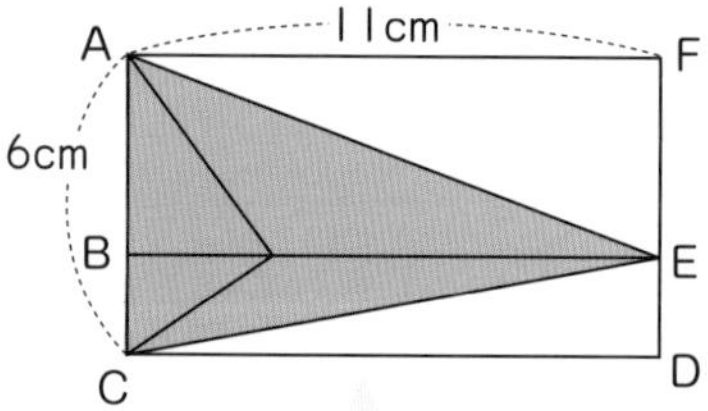

底辺6cm，高さ11cmの三角形になる。

$6 \times 11 \div 2 = 33(cm^2)$

答え　33cm²

もっとくわしく

底辺と高さが等しい三角形の面積は等しい。

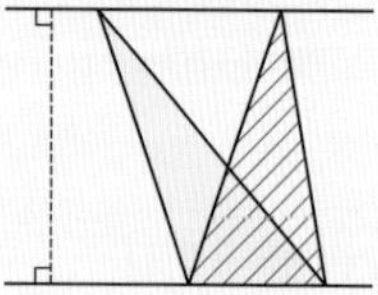

練習問題

解答▶ 別冊…P.64

191　四角形ＡＢＣＤは，1辺の長さが20cmの正方形です。右の色のついた部分の面積を求めなさい。

(日本大学第一中)

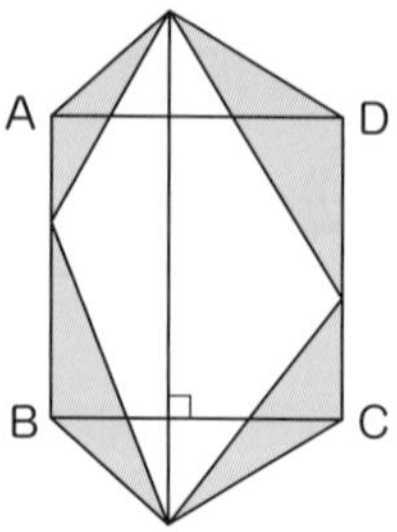

4 移動する

中学入試対策

右の図は，1辺の長さが6cmの正方形の中に半径6cmのおうぎ形を2つ重ねたものです。色のついた部分の面積は何cm^2ですか。ただし，円周率は3.14とします。 (郁文館中)

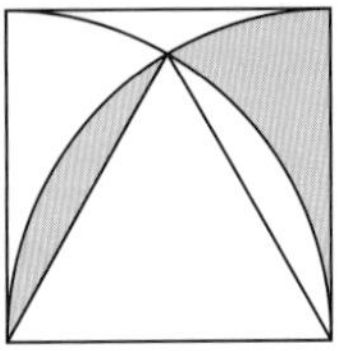

考える手順 公式が使えるように，図形を移動する。

解き方

図のように，おうぎ形の面積の公式が使えるように移動する。

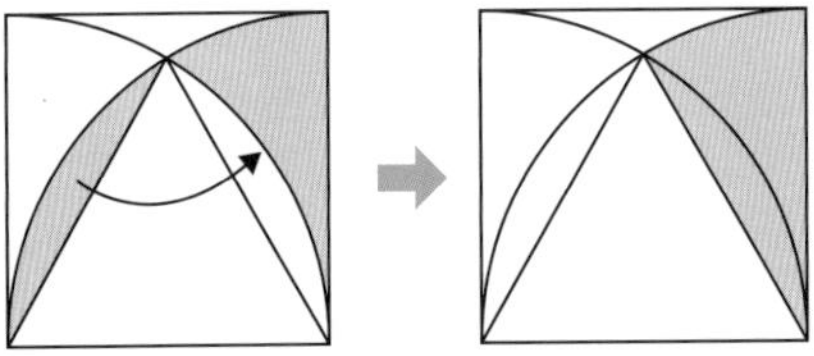

$$6\times6\times3.14\times\frac{30^\circ}{360^\circ}=9.42(cm^2)$$

答え $9.42cm^2$

入試のポイント
複雑な図形も，一部分を移動して変形すると，おうぎ形など簡単な形をつくれることが多い。

練習問題

解答▶ 別冊…P.64

192 右の図の色のついた部分の面積は何cm^2ですか。 (東京家政学院中)

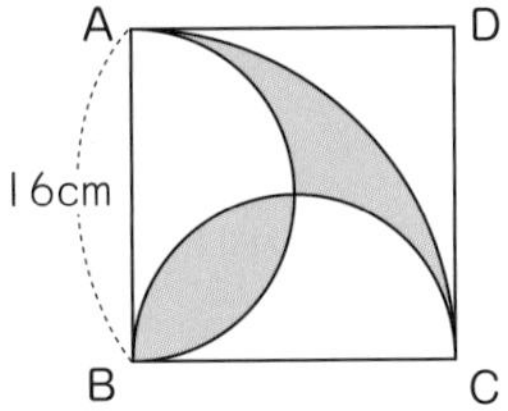

5 重なった図形の面積

中学入試対策

右の図は，長方形と半円を組み合わせ，長方形の対角線を1本ひいた図です。このとき，□の部分と□の部分の面積の差を求めなさい。ただし，円周率は3.14とします。　（和洋国府台女子中）

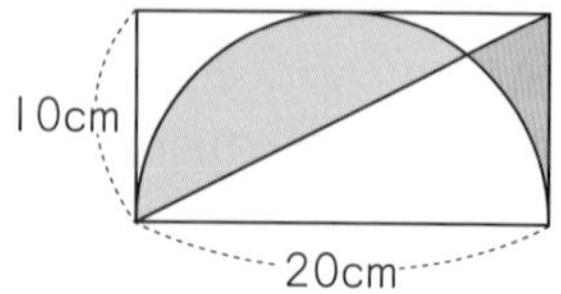

考える手順　重なった部分は，半円と直角三角形に共通であることに注目する。

解き方

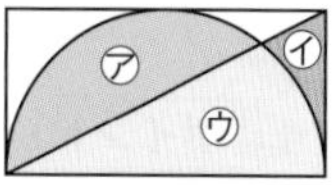

ⓤは半円と直角三角形に共通だから，ⓐとⓘの面積の差は
（半円の面積）－（直角三角形の面積）で求められる。

入試のポイント
面積の差などを求めるとき，重なった部分に注目してみよう。

ⓐとⓘの面積の差＝

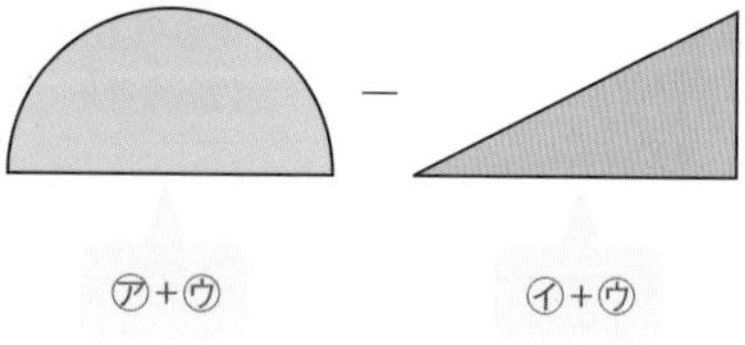

$10\times10\times3.14\div2-20\times10\div2=57\text{cm}^2$

答え　57cm^2

練習問題

解答▶ 別冊…P.65

193 右の図のように，1辺の長さが20cmの正方形があります。辺の真ん中の点A，Cをとり，ひし形ＡＢＣＤをつくりました。このとき，□部分の面積と□部分の面積が等しくなりました。円周率を3.14として，ＢＤの長さを求めなさい。　（東邦大付属東邦中）

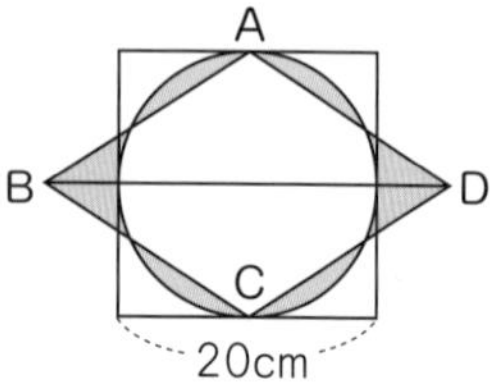

6 三角定規の三角形の辺の比

中学入試対策

右の図は，半径10cmの円の$\frac{1}{4}$でA，B，C，Dは等間隔に並んでいます。△OBCの面積を求めなさい。 (明治大中野八王子中)

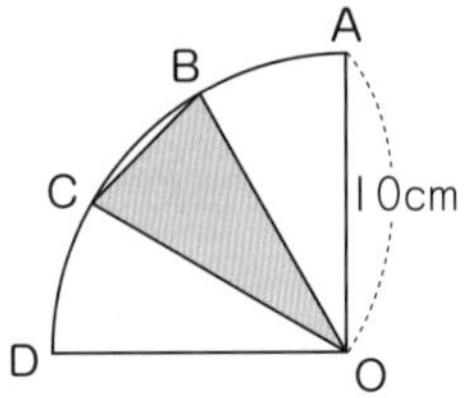

考える手順

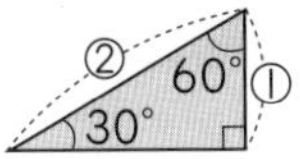

の直角三角形の辺の比を利用できるように補助線をひく。

解き方

A，B，C，Dは等間隔に並んでいるから，角BOCは30°になるので，直角三角形の辺の比を利用する。

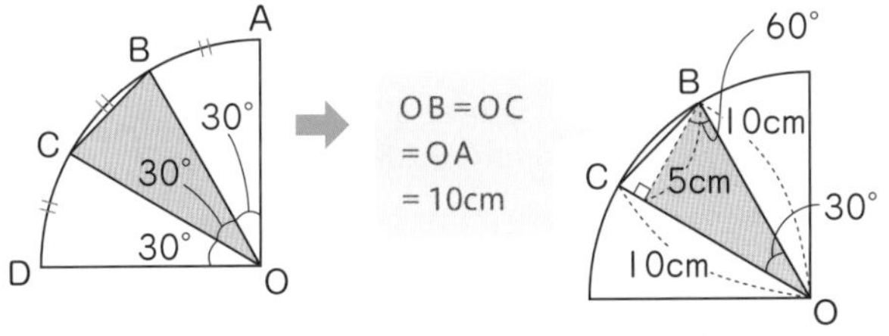

頂点Bを通るOCに垂直な直線をひく。

10×5÷2 ＝ 25(cm^2)

答え 25cm^2

もっとくわしく

おうぎ形の弧の長さは，中心角の大きさに比例する。

練習問題

解答▶ 別冊…P.65

194 図は，円と円の一部を組み合わせてできた図形です。同じ印をつけた部分の長さが等しいとき，色のついた部分の面積は何cm^{2}ですか。ただし，円周率は3.14とします。 (日本女子大附属中)

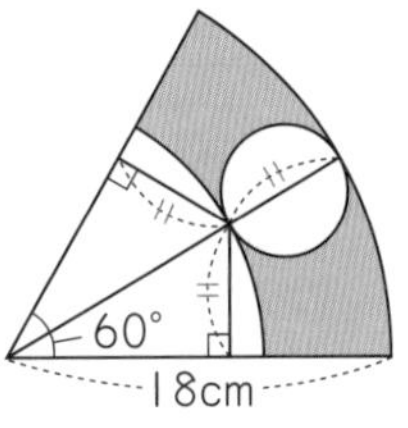

7 道の面積

中学入試対策

右の図の色のついた部分は道を表しています。道のはばがどこも2mのとき，道の部分の面積を求めなさい。

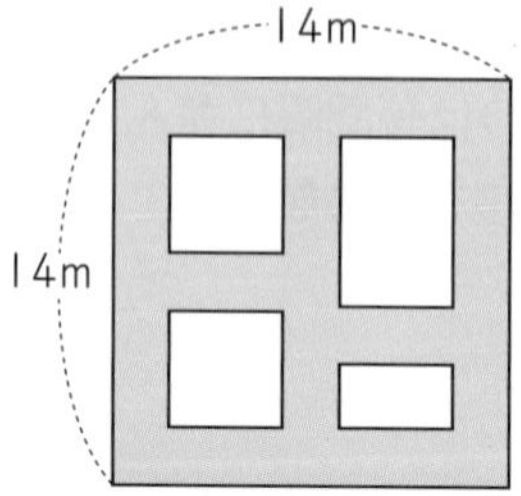

考える手順 求めやすいように，図形を移動する。

解き方

図のように，道でない部分を移動して，大きな正方形から道でない部分をひく。

14－6＝8
より，1辺の長さが8mの正方形

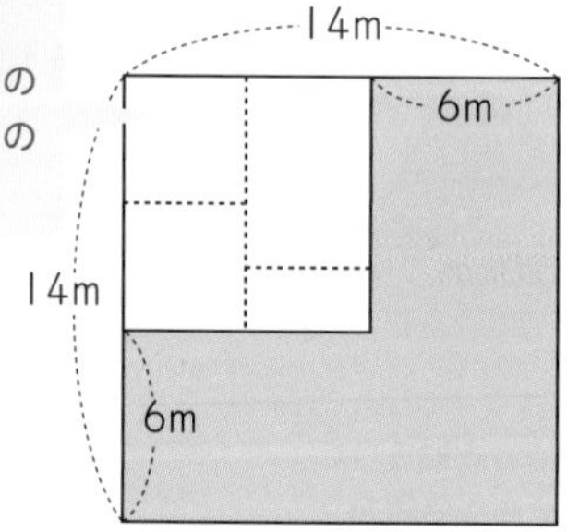

1辺の長さが14mの正方形

$14 \times 14 - 8 \times 8$
$= 132(m^2)$

答え $132m^2$

ミス注意!
そのままの形で考えると，ミスしやすいので，求める部分の面積を移動して考えよう。

練習問題

解答▶ 別冊…P.65

195 右の図において，色のついた部分の面積は □ m^2です。 (横浜富士見丘学園中)

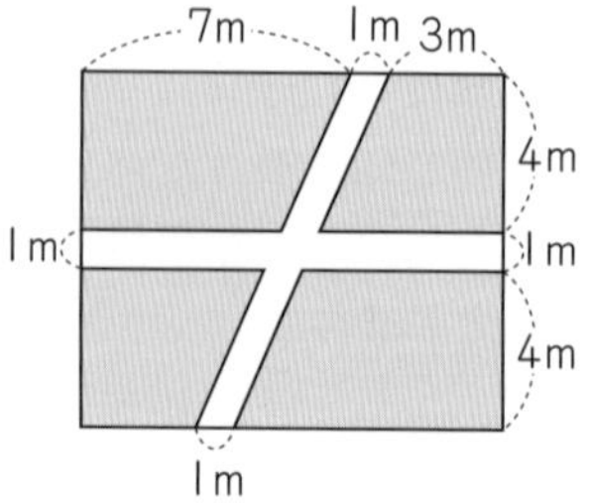

中学入試対策

8 分ける

右の図は，半径2cmの円を並べたものです。色のついた部分の面積を求めなさい。ただし，円周率は3.14とします。

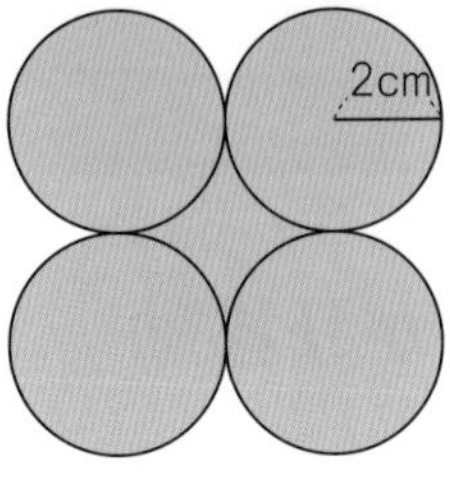

考える手順　公式が使えるように，図形を分ける。

解き方

半径2cm，中心角が270°のおうぎ形4つと，正方形に分ける。

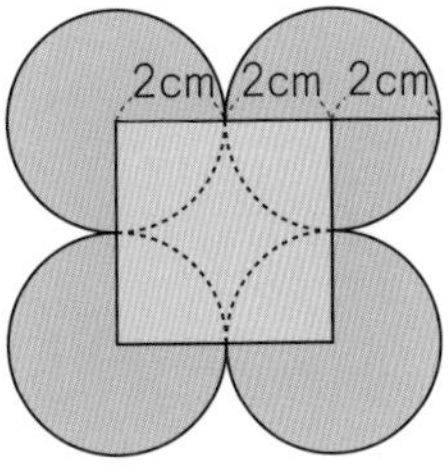

$$2\times2\times3.14\times\frac{270°}{360°}\times4+4\times4=53.68\,(\mathrm{cm}^2)$$

答え $53.68\mathrm{cm}^2$

もっとくわしく

分けてできる図形は，三角形，四角形，おうぎ形が多い。

つまずいたら

おうぎ形の面積の求め方を知りたい。

P.169

練習問題

解答▶ 別冊…P.66

196 右の図のように，1辺の長さ14cmの正方形と半径10cmの半円が重なった図形があります。

(1) AOの長さを求めなさい。

(2) しゃ線部分の面積を求めなさい。　(明星中)

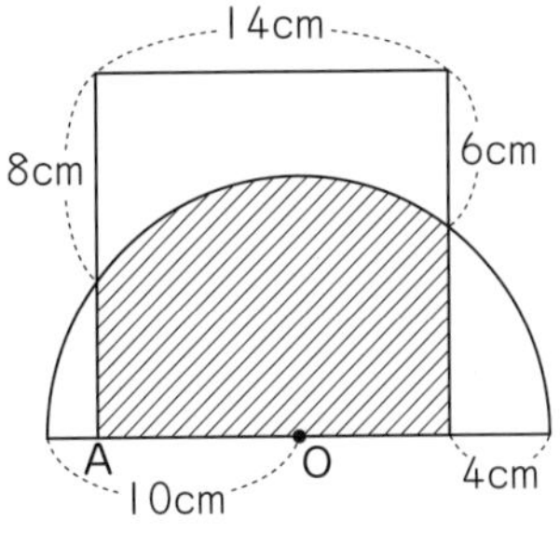

2 図形の移動

図形や点を移動してできる図形の面積などの求め方を学びます。

転がり移動

転がり移動 図形をある線にそって，すべらせることなく転がす移動。

見て理解!

点Aが動いた長さは？

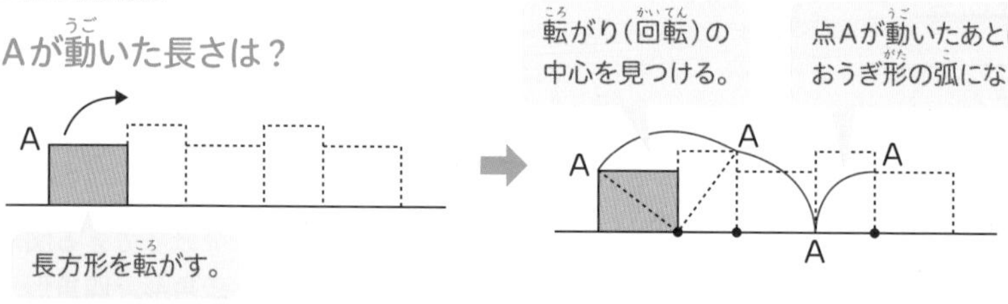

A
長方形を転がす。
転がり(回転)の中心を見つける。
点Aが動いたあとは，おうぎ形の弧になる。
A
A
A
A

円の転がり移動

見て理解!

円が１周した面積は？

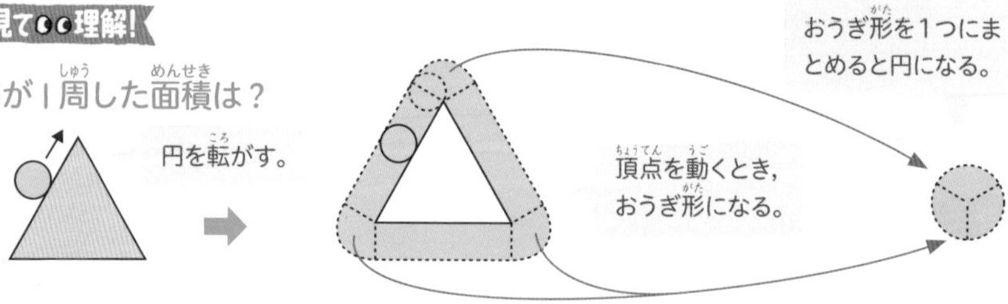

円を転がす。
頂点を動くとき，おうぎ形になる。
おうぎ形を1つにまとめると円になる。

回転移動

回転移動 図形をある点を中心にして回転させる移動。

見て理解!

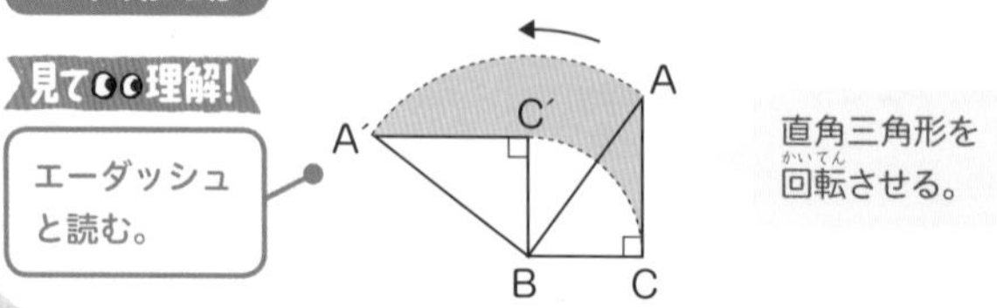

→直線ACが移動した面積を考える。

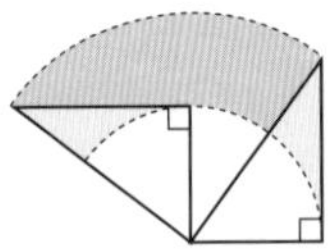

面積が同じ部分を移動して，簡単な図形にする。

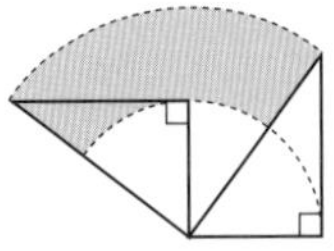

おうぎ形(大)
－おうぎ形(小)

ここが大切 回転移動して通った部分の面積を求めるときは，面積が同じ部分を見つけて，簡単な図形にして，面積を求める。

点の移動

点の移動 移動する点とほかの点を結んでできる図形についての問題。

見て理解！

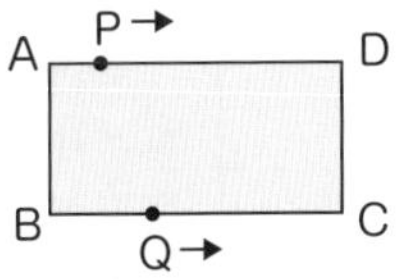

2点P，Qが移動する。

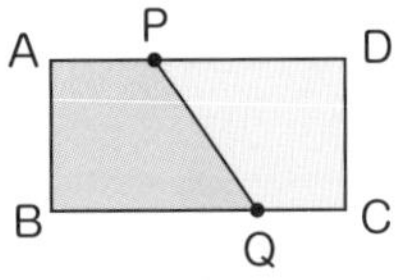

四角形ＡＢＱＰは台形。

点の動く速さに注目して，点の位置を求める。

図形の移動と面積

図形の移動と面積 通過算の考え方と縮図や合同を利用した問題。

見て理解！

正方形と直角三角形が移動する。

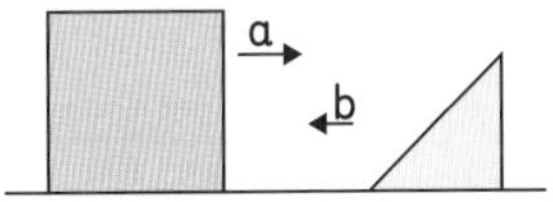

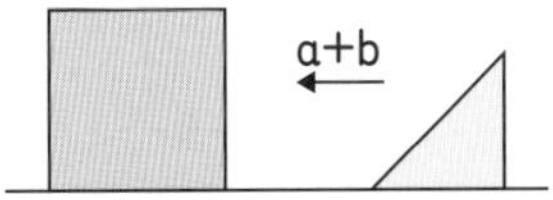

正方形を止めて，直角三角形がａ＋ｂの速さで移動すると考える。

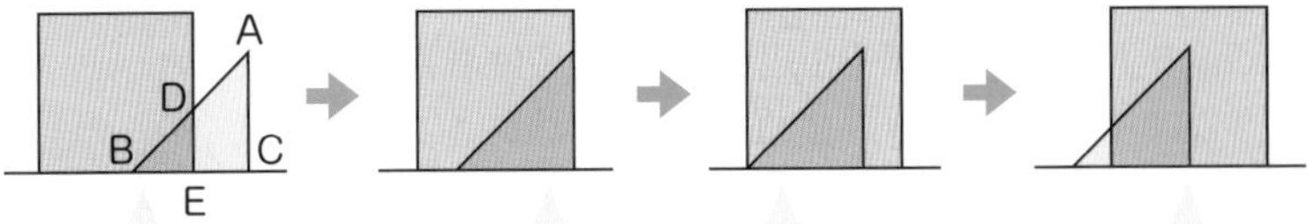

三角形ＤＢＥは三角形ＡＢＣの縮図。

この間は，重なった部分は合同。

重なった部分は台形。

9 転がり移動

中学入試対策

I辺5cmの正三角形を使って図のような台形を作り，その周りを半径Icmの円がI周転がるとき，円の転がった部分の面積を求めなさい。ただし，円周率は3.14とします。（鎌倉学園中）

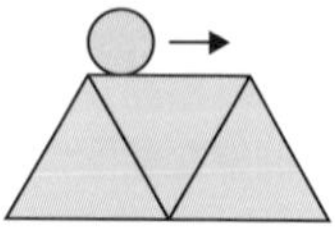

考える手順　円が転がるとき，頂点ではおうぎ形になることに注目する。

解き方

おうぎ形は，Iつにまとめて計算する。

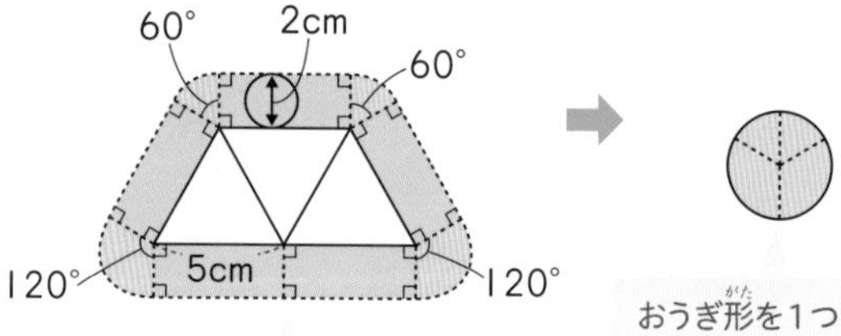

円が転がった部分はおうぎ形と長方形に分けることができる。

おうぎ形を1つにまとめると円になる。

縦2cm，横5cmの長方形5つとおうぎ形4つの面積の和だから，

$\underbrace{(2\times5)\times5}_{\text{長方形の合計}} + \underbrace{2\times2\times3.14}_{\text{おうぎ形の合計}} = 62.56(\text{cm}^2)$

答え　62.56cm²

入試のポイント

転がり移動では，図形が動いたあとを図にかいてみよう。

もっとくわしく

直線部分の長さの和は，台形の周りの長さに等しい。

練習問題

解答▶ 別冊…P.66

197 1辺6cmの正方形の外側を1辺6cmの正三角形がすべることなく1周するとき，頂点Pが動いた長さを求めなさい。（城北中）

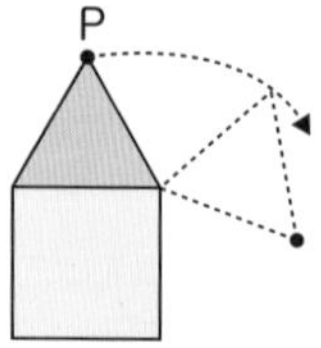

中学入試対策

10 回転移動

図は，半径6cmの半円を，点Aを中心にして30°回転させたものです。このとき，色をつけた部分の面積は何cm^{2}ですか。ただし，円周率は3.14とします。（鎌倉女学院中）

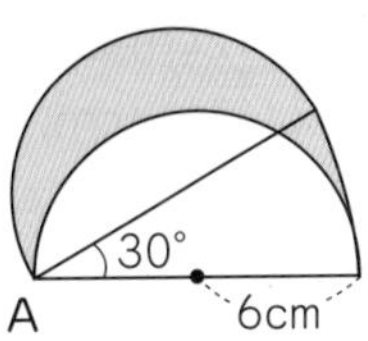

考える手順 半円に注目して，色をつけた部分と面積が同じ図形を見つける。

解き方

図のように，求める部分の面積は，半径12cm，中心角30°のおうぎ形と等しくなる。

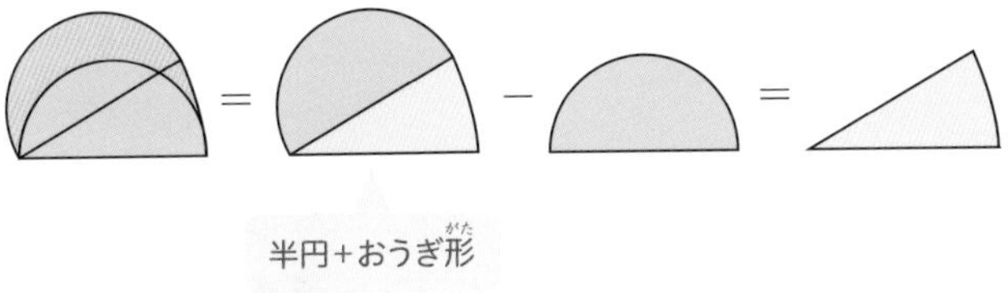

$$12\times12\times3.14\times\frac{30°}{360°}=37.68(\text{cm}^2)$$

答え 37.68cm^2

もっとくわしく

回転移動では，直線が動いた部分はおうぎ形になる。

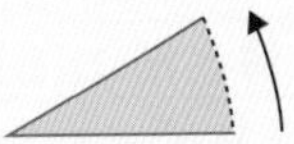

つまずいたら

図形の面積について知りたい。

P.168，350

練習問題

解答▶ 別冊…P.66

198 点Cを中心に直角三角形ABCを時計回りに60°回転させると，右の図のように点線の位置にきます。BC＝1cm，AC＝2cmであるとき，辺ABが通った色をつけた部分の面積は何cm^{2}ですか。ただし，円周率は3.14とします。（聖望学園中）

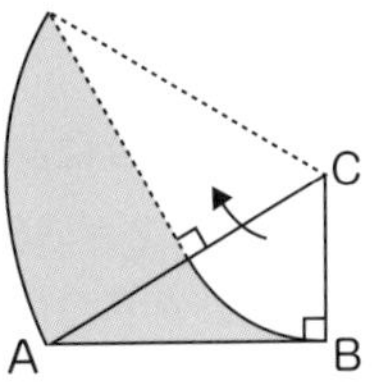

11 点の移動

中学入試対策

|辺が12cmの正方形ABCDがあります。点Pは毎秒1cm，点Qは毎秒2cmの速さでそれぞれ同時にAを出発します。ただし，PはA→B→Cの方向で進み，QはA→D→Cの方向で進むものとします。正方形ABCDは線分PQによって分けられますが，そのうち頂点Aをふくむ側の図形の面積について考えます。このとき，次の各問いに答えなさい。

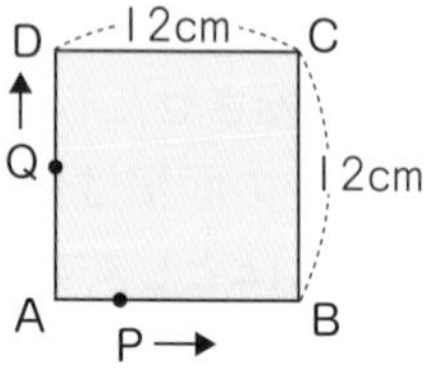

1 5秒後の頂点Aをふくむ側の面積は何cm^2になるか答えなさい。

2 頂点Aをふくむ側の図形の面積がはじめて$108cm^2$になるのは何秒後か答えなさい。

（自修館中等教育学校）

考える手順 P，Qの位置と，頂点Aをふくむ側の図形がどんな形かを考える。

解き方

1 5秒後のP，Qの動いた長さは，

P…1×5 = 5(cm)

Q…2×5 = 10(cm)

よって，頂点Aをふくむ側の図形は，図のような三角形QAPになる。

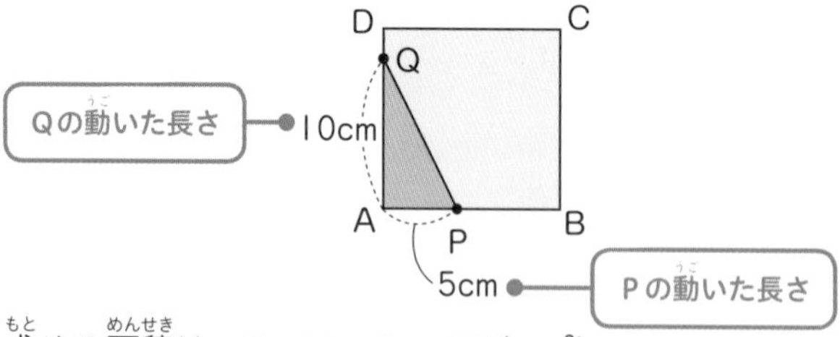

求める面積は，5×10÷2 = 25(cm^2)

2 Qが頂点Dにあるとき，三角形QAPの面積は

6×12÷2 = 36(cm^2)で$108cm^2$より小さいから，

台形DAPQになるときを考える。

つまずいたら

速さについて知りたい。

P.286

入試の ポイント

動く点が頂点に着く前と着いた後で図形の特ちょうが変わることに注意しよう。

12÷2＝6(秒後)

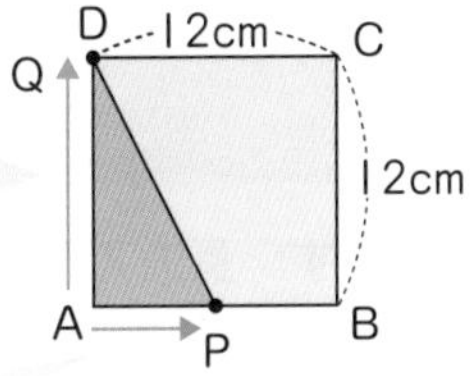

1×6＝6(cm)

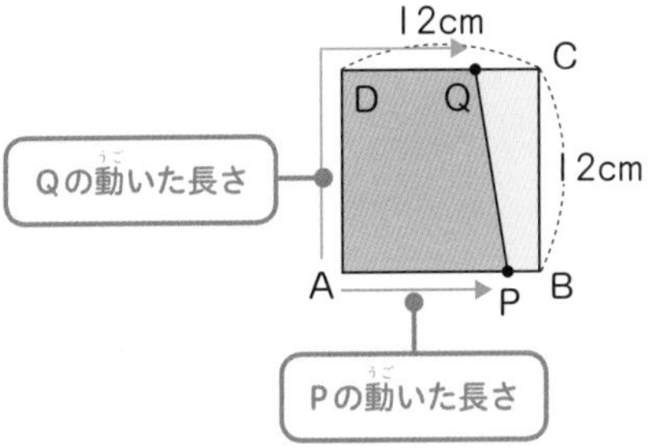

(DQ＋AP)×12÷2＝108より，
DQ＋AP＝18(cm)
Pが動いた長さはAP，Qが動いた長さは
AD＋DQだから，PとQが動いた長さの合計は
AD＋DQ＋AP＝12＋18＝30(cm)
よって，30÷(1＋2)＝10(秒後)

答え ① 25cm^2　② 10秒後

つまずいたら

台形の面積について知りたい。

➡ P.168

もっとくわしく

Pは毎秒1cm，Qは毎秒2cmの速さで動くから，あわせて毎秒(1＋2)cm動く。

練習問題

解答▶ 別冊…P.67

199 右の図のような長方形ＡＢＣＤがあります。点Ｐ，Ｑはそれぞれ頂点Ａ，Ｃを同時に出発し，長方形の辺上を点ＰはＡ→Ｄ→Ｃの方向へ毎秒4cmの速さで進み，点ＱはＣ→Ｂ→Ａの方向へ毎秒5cmの速さで進みます。

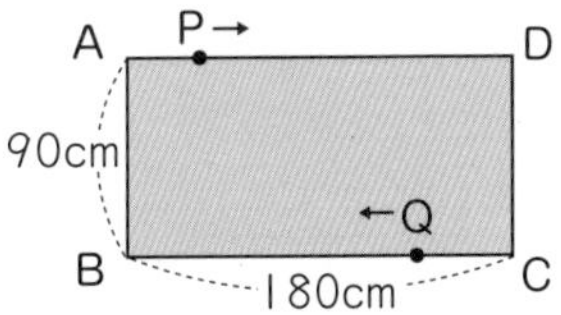

(1) 直線ＰＱが辺ＡＢとはじめて平行になるのは出発してから何秒後ですか。

(2) 直線ＰＱが辺ＡＤとはじめて平行になるのは出発してから何秒後ですか。

(芝中)

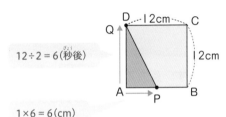

中学入試対策

12 図形の移動と面積

図のような長方形と三角形があります。長方形は右の方向に毎秒2cm，三角形は左の方向に毎秒1cmの速さで直線ℓ上を移動します。

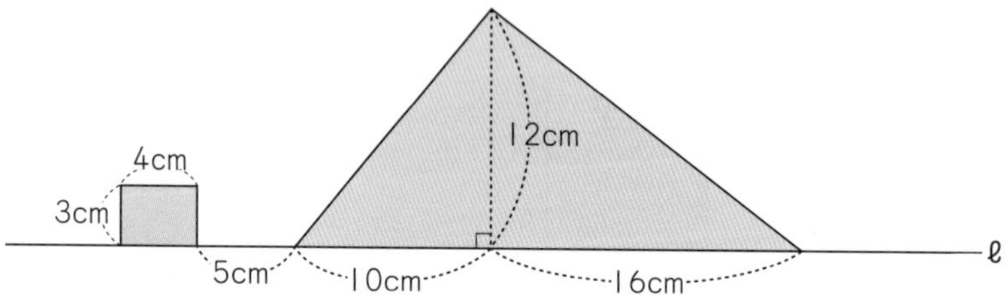

1 2つの図形が重なっている部分があるのは，何秒間ありますか。

2 2つの図形の重なっている部分の面積が，はじめて長方形の面積の$\frac{1}{3}$倍になるのは何秒後ですか。

（西武学園文理中）

考える手順　三角形を止めて，長方形が右の方向に毎秒(2＋1)cm動くと考える。

解き方

1 2つの図形が重なっている部分があるときを図で表し，長方形の頂点に注目する。

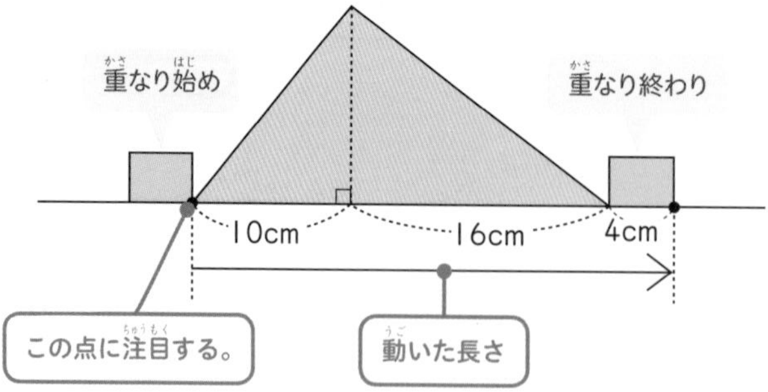

(10＋16＋4)÷(2＋1)＝10(秒間)

2 長方形の面積の$\frac{1}{3}$倍は，$3\times4\times\frac{1}{3}=4(cm^2)$

もっとくわしく

2つの図形が重なっている部分は，三角形→台形→五角形→長方形→五角形→台形→三角形と変化する。

もっとくわしく

長方形は毎秒2cm，三角形は毎秒1cmの速さで動くから，あわせて毎秒(2＋1)cm動く。

下の図のとき，三角形ＤＦＣは三角形ＥＦＨの縮図だから，ＦＣ：ＦＨ＝ＣＤ：ＨＥ＝3：12＝1：4より，

ＦＣ：10＝1：4となるから，ＦＣ＝$\frac{5}{2}$cm

三角形ＤＦＣの面積は，$\frac{5}{2}\times3\div2=3\frac{3}{4}$ (cm^2) で

$4cm^2$より小さいから，重なった部分が台形のときを考える。重なった部分の上底を x cmとすると，

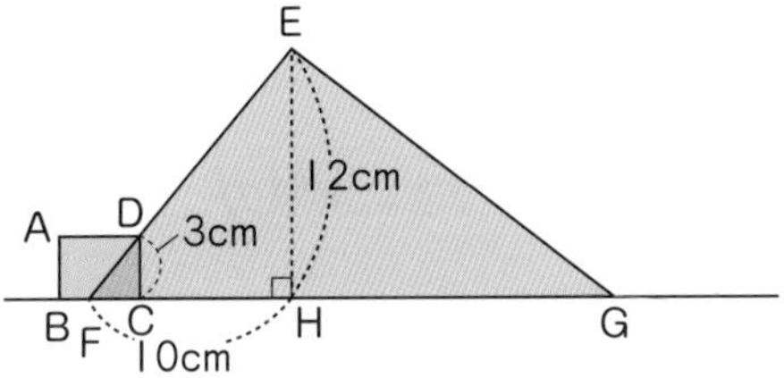

$3\times x=\underset{\sim}{4}-3\frac{3}{4}$ より，

長方形の面積の$\frac{1}{3}$倍。

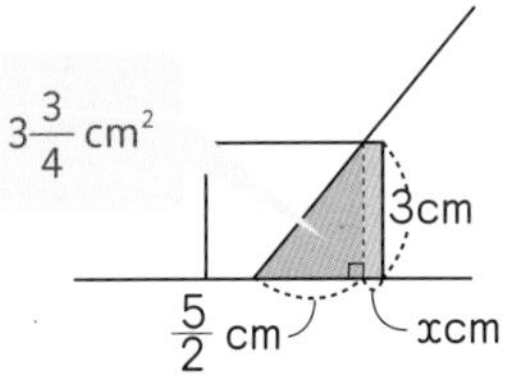

$x=\frac{1}{12}$cmだから，

$$\left(5+\frac{5}{2}+\frac{1}{12}\right)\div(2+1)=2\frac{19}{36}\ (秒後)$$

答え ① 10秒間　② $2\frac{19}{36}$秒後

> **入試のポイント**
> どれだけ動いたら重なった部分の形が変わるかを図にかいて確かめよう。

> **ミス注意！**
> 長方形の面積の$\frac{1}{3}$倍になるときの図形を三角形としないように！

> **ミス注意！**
> 最初にはなれている5cmをたし忘れないように！

練習問題

解答▶ 別冊…P.67

200 図のように15cmはなれた2本の平行線の間に直角三角形㋐と正方形㋑があります。㋐は上の直線にそって右へ毎秒1cmで，㋑は下の直線にそって左へ毎秒2cmの速さで移動します。㋐と㋑の重なり合う部分の面積が$6cm^2$となるのは何秒後から何秒後までですか。

（明治大付属中野八王子中）

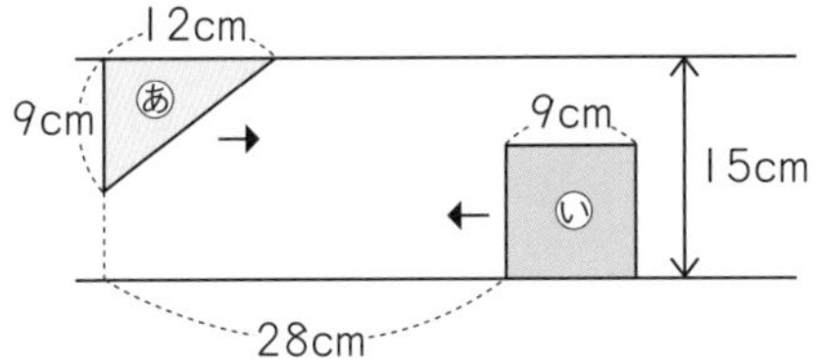

まとめの問題

解答▶別冊…P.143

109 右の図の四角形ＡＢＣＤは正方形です。色をつけた部分の面積を求めなさい。円周率は3.14としなさい。

（茗溪学園中）

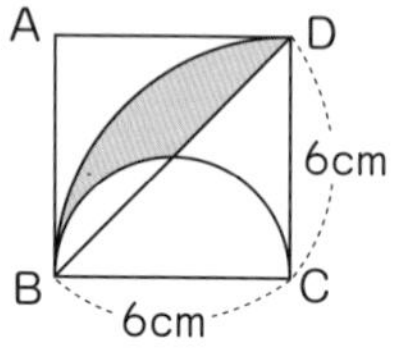

110 右の図は，$\frac{1}{300}$に縮小したものです。実際の色をつけた部分の面積は何m^2ですか。

（明治大付属中野八王子中）

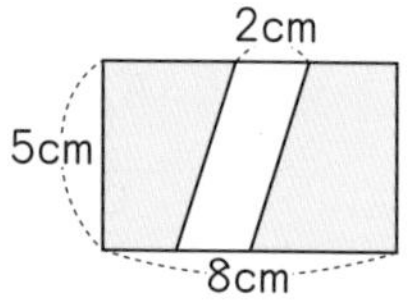

111 右の図はＡＢ，ＡＣ，ＣＤをそれぞれ直径とする3つの半円を組み合わせたものです。この図で，ＢはＣＤの真ん中の点で，ＡＢとＣＤは垂直です。ＡＣの長さが8cmであるとき，色をつけた部分の面積の和を求めなさい。ただし，円周率は3.14とします。

（浦和明の星女子中）

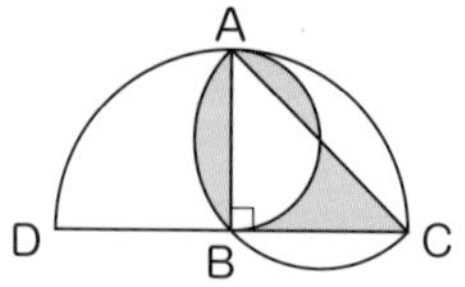

ハイレベル

112 図は，半円と二等辺三角形を組み合わせたものです。印をつけた角は直角です。（ア）の部分の面積と（イ）の部分の面積の合計は326.25cm^2です。（ア）の部分の面積は何cm^2ですか。円周率は3.14とします。

（雙葉中）

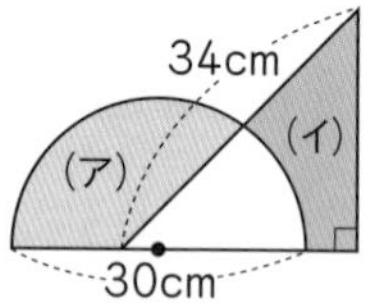

113 右図のように，半径10cmで中心角60°のおうぎ形に正方形がすき間なく入っています。色をつけた部分の面積を求めなさい。ただし，答えは四捨五入して，小数第2位まで求めなさい。

（暁星中）

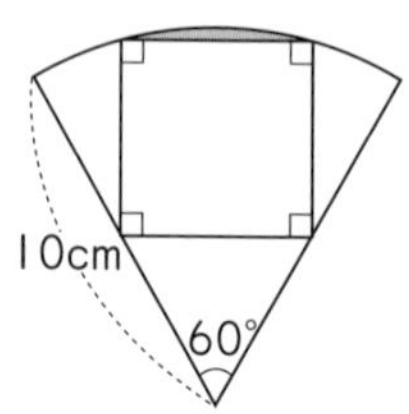

114 右図のように直角三角形ＡＢＣを，Ｃを中心として辺ＣＡがはじめて直線ℓと重なるまで時計回りに回転させます。このとき，辺ＡＢが通過する部分の面積を求めなさい。ただし，円周率を3.14とします。

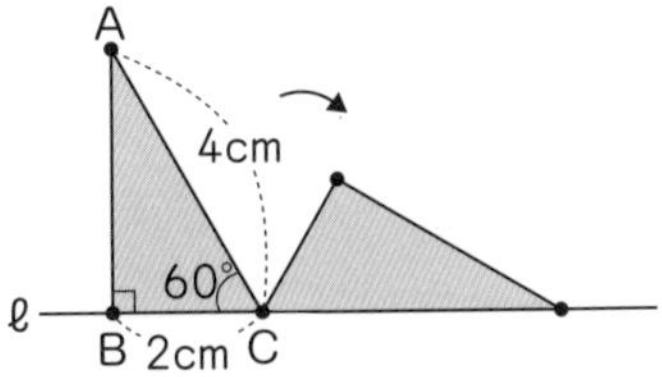

（ラ・サール中）

115 右の図のように，１辺の長さが１cmの正六角形ＡＢＣＤＥＦの外側を，１辺が１cmの正三角形ＰＱＲが矢印の方向にすべらないように転がり，１周してもとの位置までもどります。次の問いに答えなさい。ただし，円周率は3.14とします。

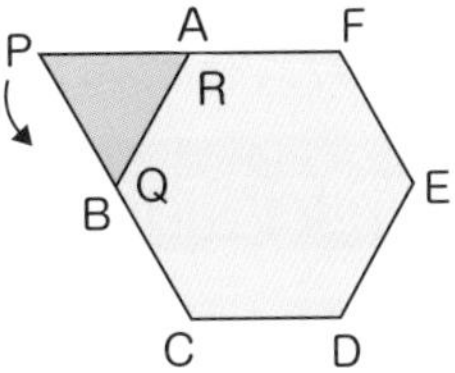

(1) 頂点Ｐの動いたあとにできる線の長さは何cmですか。

(2) 正三角形ＰＱＲの面積を0.43cm²とすると，(1)の線で囲まれた部分の面積は何cm²ですか。

（麗澤中）

よくでる

116 右の図のような長方形ＡＢＣＤの辺上を点ＰはＢを出発してＢ→Ｃ→Ｄ→Ａの順に毎秒１cmの速さで進んで行きます。このときにできる三角形ＡＢＰについて次の問いに答えなさい。

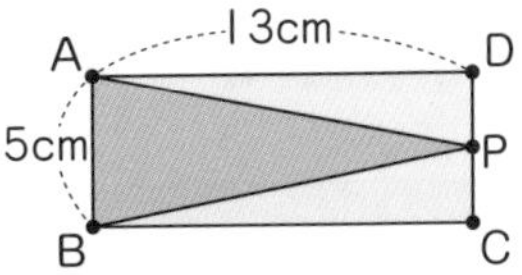

(1) 点ＰがＢを出発して８秒後の面積は何cm²ですか。

(2) ２回目に二等辺三角形になるのは何秒後ですか。

(3) 面積が２回目に27.5cm²になるのは何秒後ですか。

（帝京八王子中）

117 右図のように，形も大きさも同じ台形が向かい合っています。Ⓐが Ⓑの底辺にそって，矢印の方向に毎秒2cmの速さで動くとき，次の問いに答えなさい。

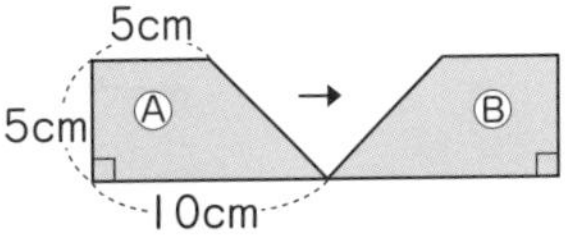

(1) ３秒後にⒶとⒷの重なった部分の面積は何cm²になりますか。

(2) ⒶとⒷが重なった部分の面積が16cm²になることは２回あります。このとき，２回目に重なった部分の面積が16cm²になるのは何秒後ですか。

（富士見丘中）

3 角の大きさ

複雑な図形の角の大きさの求め方を学びます。

複雑な図形の角

複雑な図形の角　図形の性質と角の大きさの関係を考える。

見て👀理解！

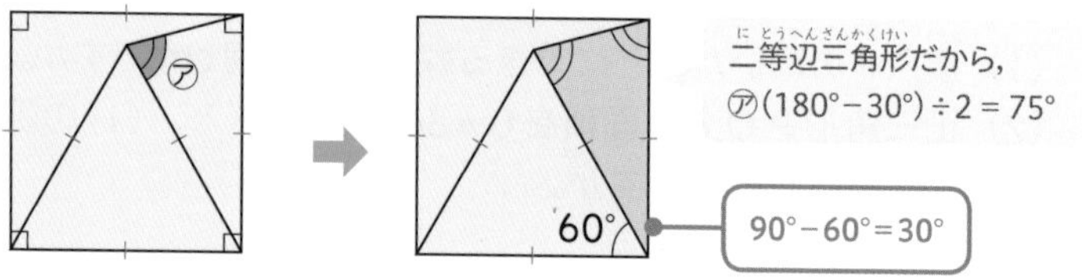

補助線をひく

平行な直線をひく　平行線のさっ角が使えるように，直線ℓ，mに平行な直線をひく。

見て👀理解！

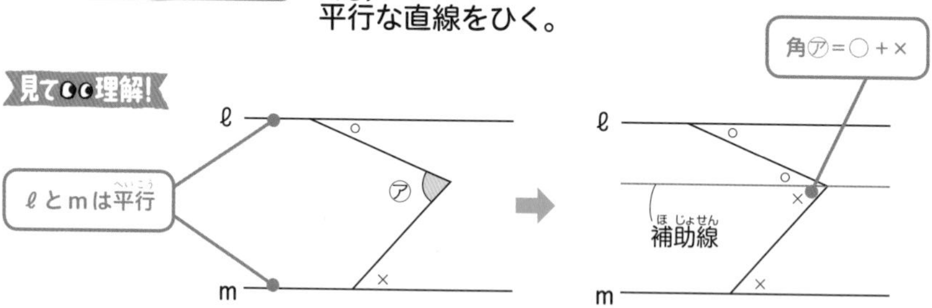

多角形をつくる　色をつけた角の大きさの和は？　色をつけた角の大きさの和は，四角形の4つの角の大きさの和に等しい。

見て👀理解！

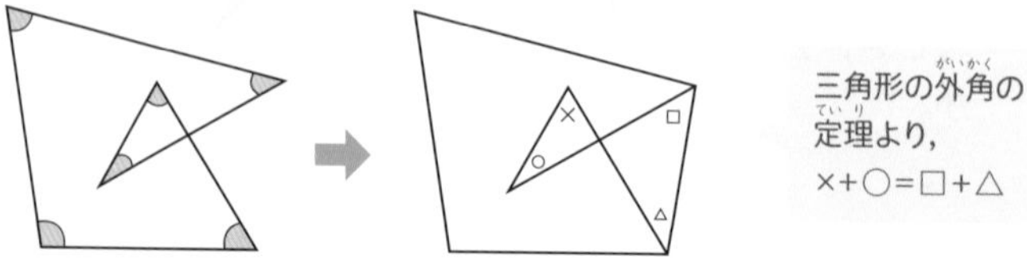

ここが大切
・平行線の同位角やさっ角，多角形の内角の和，正多角形の角の大きさなど，図形の性質が使えるように補助線をひく。

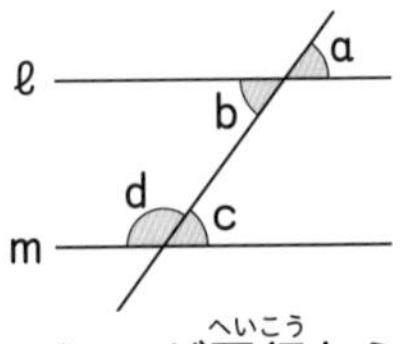

ℓとmが平行なら
a＝c（同位角）
b＝c（さっ角）
a＝b（対頂角）
b＋d＝180°
（同側内角の和）

折り返し

折り返し 合同な図形の性質を利用して，同じ大きさの角を見つける。

見て理解！

折り返した部分は合同

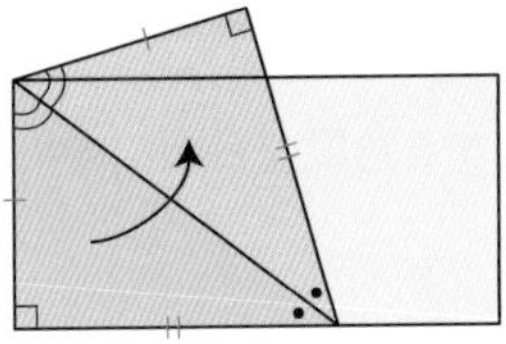

ここが大切
・折り返したときには，同じ大きさの角と同じ長さの辺ができる。

8の字や星のような形

三角形の外角の定理を使う

見て理解！

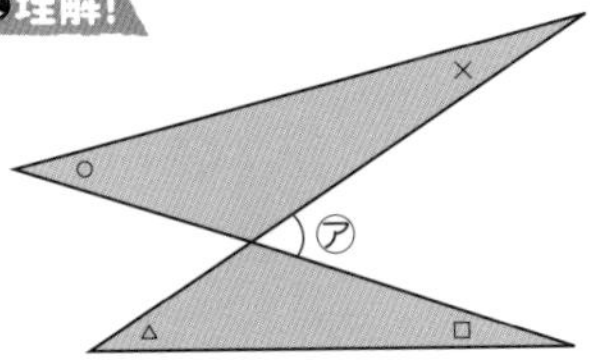

○＋×＝ア
△＋□＝ア
より，
○＋×＝△＋□
という関係が成り立つ。

外角の定理

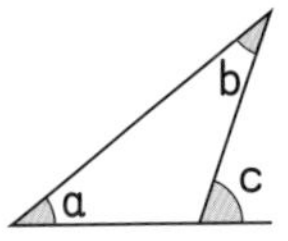

c ＝ a ＋ b

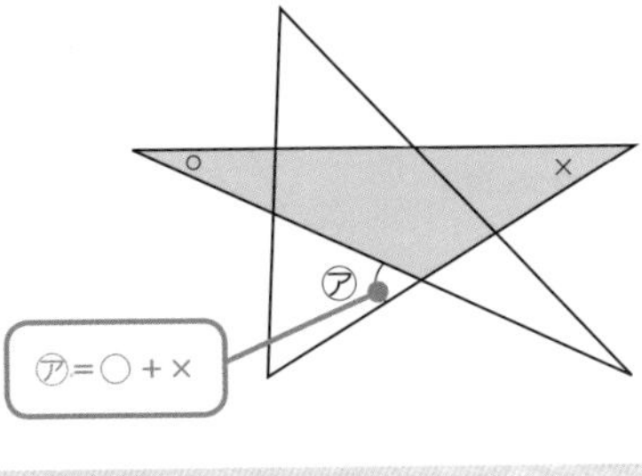

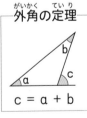

星のような形の中の三角形に注目する。

13 複雑な図形の角

中学入試対策

右の図は，正方形ABCDとAD=AEである二等辺三角形ADEが辺ADで重なっています。角ア の大きさを求めなさい。

(東京女学館中)

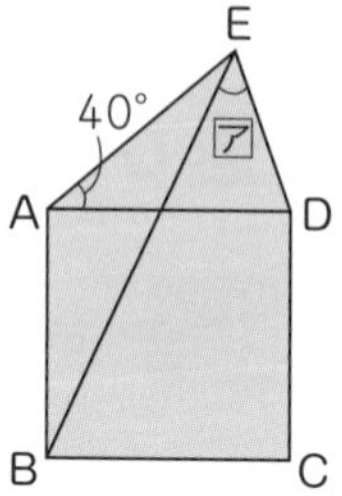

考える手順 図形の性質を考えて，わかる角度から順に求めていく。

解き方

AD=AE，AB=ADより，
AB=AEだから，三角形ABEも二等辺三角形である。

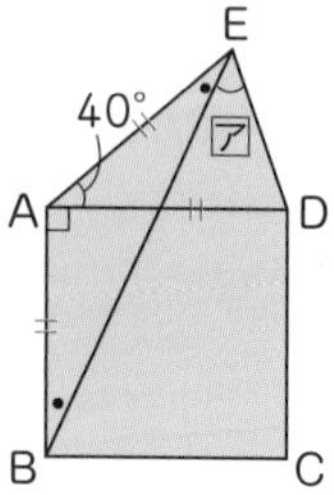

角AED=(180°−40°)÷2
=70°

角AEB=(180°−130°)÷2
=25°

だから，

角ア=70°−25°=45°

答え 45°

入試のポイント
問題の条件からわかる角度や等しい辺などを図にかき入れよう。

つまずいたら
二等辺三角形について知りたい。
P.141

練習問題

解答▶ 別冊…P.68

201 図のような正三角形ABCと正五角形DEFGHがあります。このとき，アの角度は何度ですか。

(鎌倉学園中)

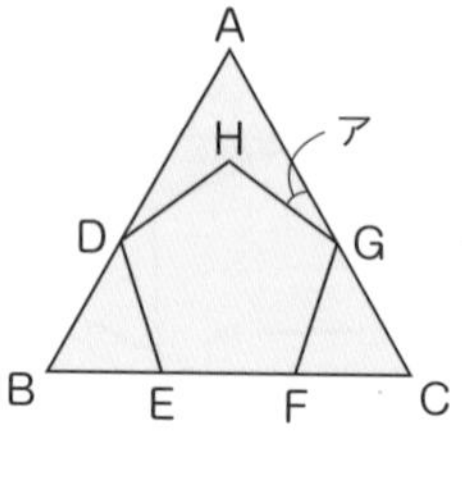

中学入試対策

14 補助線をひく

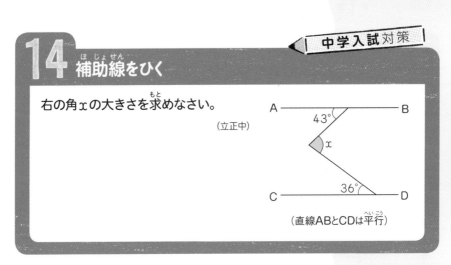

右の角xの大きさを求めなさい。

（立正中）

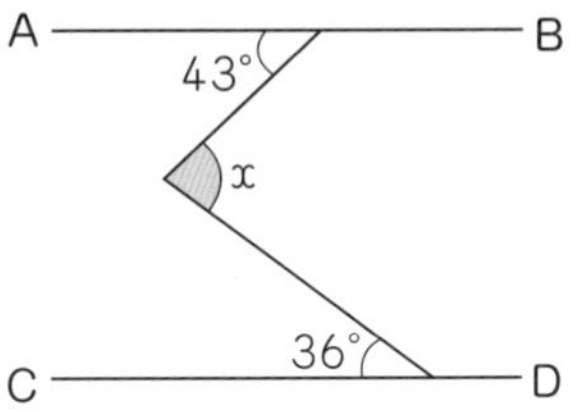

（直線ABとCDは平行）

考える手順 平行線のさっ角が使えるように，平行な補助線をひく。

解き方

平行線のさっ角が使えるようにＡＢに平行な直線をひく。

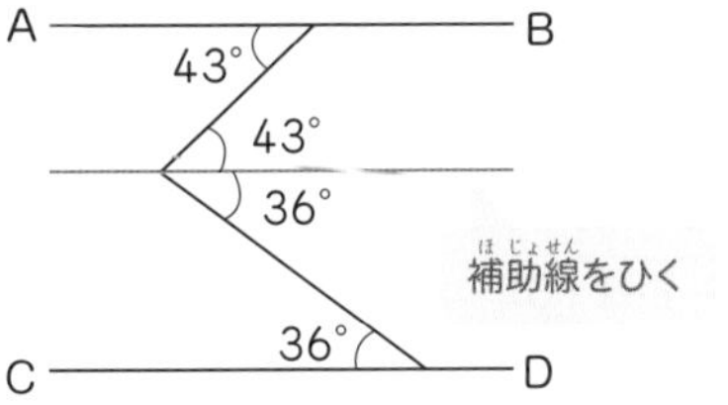

角x=43°+36°
=79°

答え 79°

入試のポイント

補助線をひくと答えが見えてくる問題も多い。どこにひけばいいか考えてみよう。

つまずいたら

さっ角について知りたい。

➡ P.154

練習問題

解答▸ 別冊…P.68

202 右図においてℓとmは平行で，五角形ＡＢＣＤＥは正五角形です。xとyを求めなさい。（ラ・サール中）

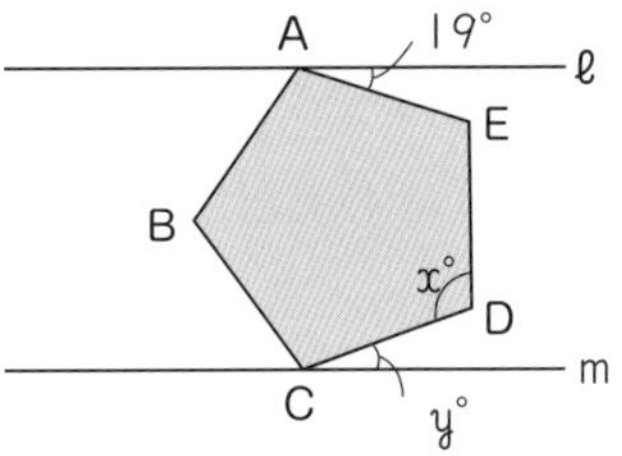

15 折り返し

中学入試対策

右の図は長方形ＡＢＣＤで，点Ｅは点Ｄを対角線ＡＣで折り返した点です。このときあの角度は何度ですか。　(明治大付属中野八王子中)

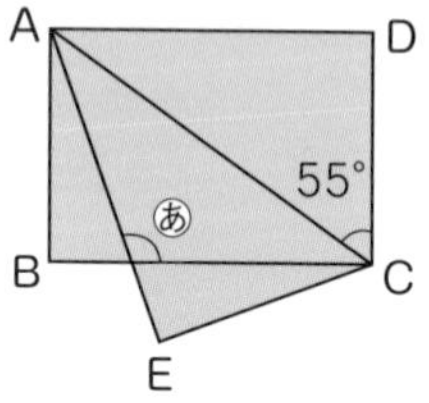

考える手順　合同な図形に注目して，等しい角を見つける。

解き方

三角形ＡＣＤと三角形ＡＣＥが合同であることに注目して，等しい角を見つける。

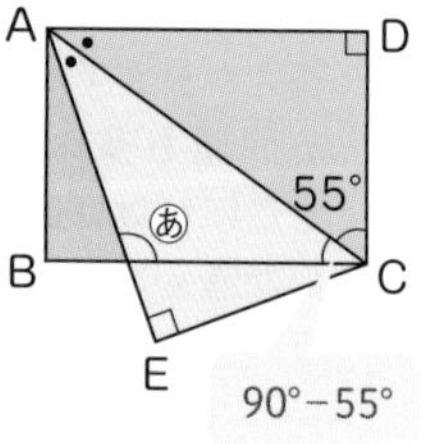

角ＤＡＣ＝180°−(90°+55°)＝35°
角ＥＡＣ＝角ＤＡＣだから，
角ＥＡＣ＝35°
角ＡＣＢ＝90°−55°＝35°だから，
あ＝180°−35°×2＝110°

入試のポイント

折り返した図形は合同だから，等しい角を見つければ答えが見えることが多い。条件がたりなければ，等しい辺や平行線のさっ角などに目を向けよう。

別の解き方

角ＤＡＣと角ＡＣＢは，平行線のさっ角だから等しい。
あ＝180°−(90°−55°)×2＝110°

答え　110°

練習問題

解答▶ 別冊…P.68

203 図のように長方形の紙をＡＢで折り返したとき角xの大きさは何度ですか。　(共栄学園中)

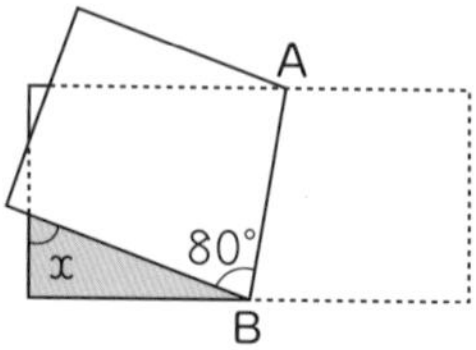

16 8の字や星のような形の角

中学入試対策

右の角 x の大きさを求めなさい。　（立正中）

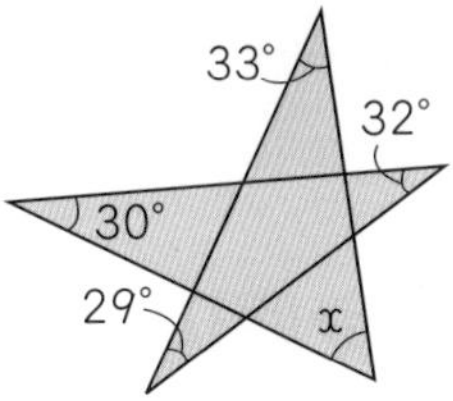

考える手順　三角形の外角の定理を使う。

解き方

三角形の外角の定理を2回使う。

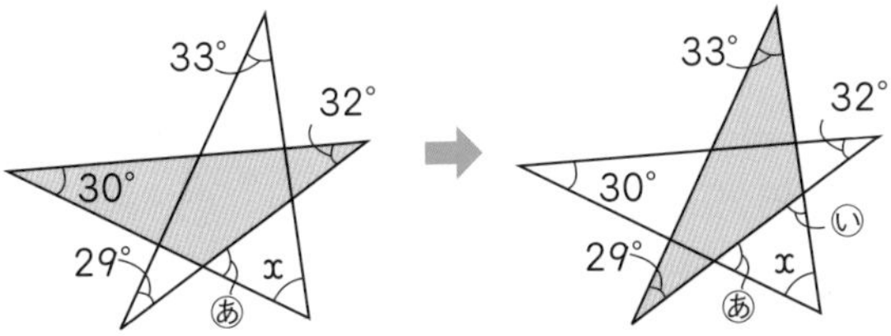

あ=30°+32°=62°

い=33°+29°=62°

よって，角 x=180°−(62°+62°)=56°

答え 56°

もっとくわしく

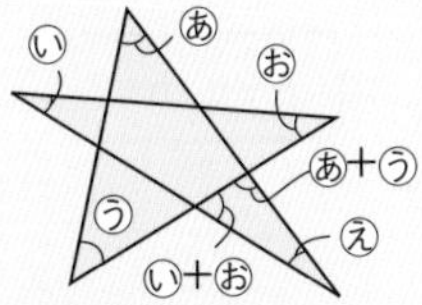

図のように，星形の5つの角の和は あ+い+う+え+お =180° になる。

つまずいたら

三角形の外角の定理について知りたい。

P.148，371

練習問題

解答▶ 別冊…P.68

204 右の図の x を求めなさい。

（東京家政学院中）

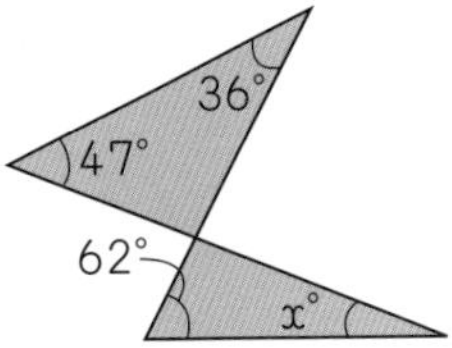

4 高さや底辺の比

三角形の高さや底辺の比と面積の比の関係を学びます。

高さや底辺の比

高さが等しい三角形の面積の比

高さが等しい三角形の面積の比は底辺の比に等しい。

見て理解!

・三角形のとき

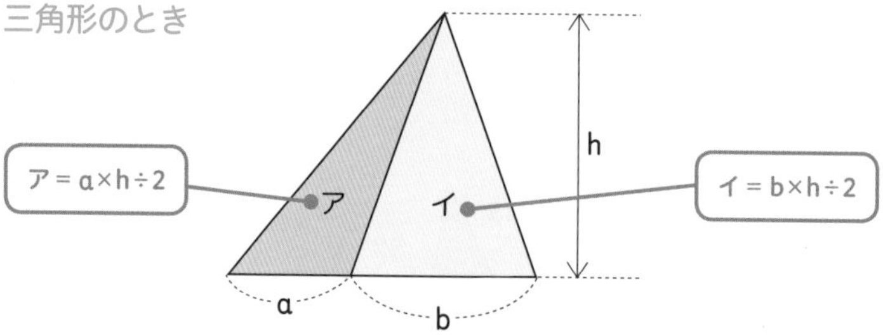

ア：イ＝(a×h÷2)：(b×h÷2)
＝a：b

・台形のとき

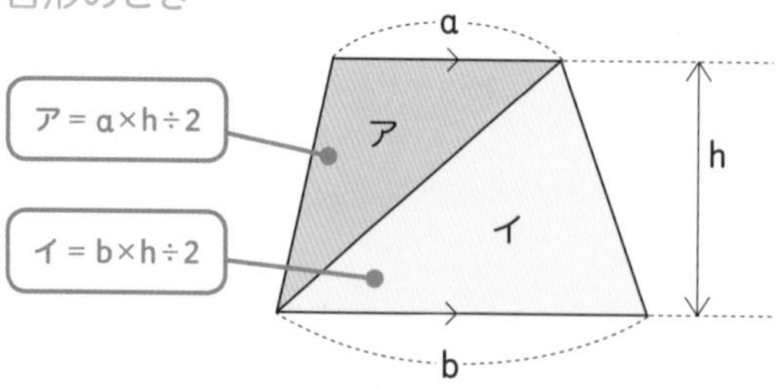

台形を対角線で分けると，底辺が平行な2つの三角形ができる。

ア：イ＝a：b

ここが大切　・高さが等しい三角形の面積の比は，底辺の比に等しい。

高さや底辺の比と面積の比

高さや底辺の比と面積の比の関係を何回かくり返して使うこともある。

・三角形が３つに分けられたとき

見て理解!

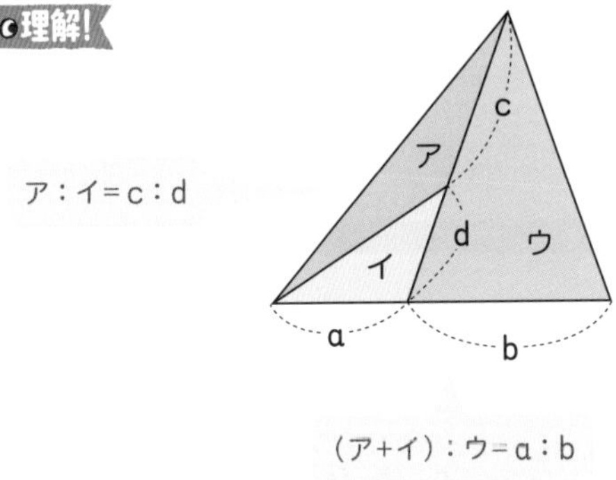

・三角形が４つに分けられたとき

見て理解!

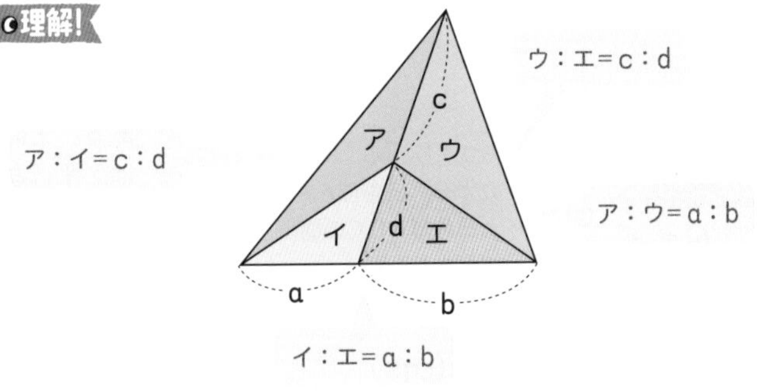

考え方

ア：イ=c：d=a×c：a×d
イ：エ=a：b=a×d：b×d
ウ：エ=c：d=c×b：b×d　だから,
ア：イ：ウ：エ=a×c：a×d：c×b：b×d　なので,
ア：ウ=a×c：c×b（b×c）=a×b

ここが大切

・高さや底辺の比と面積の比の関係を使うときは，どの直線を底辺や高さとみるかがポイントになる。

17 高さや底辺の比①

中学入試対策

右の図の色をつけた部分の面積は何cm^2ですか。

(帝京八王子中)

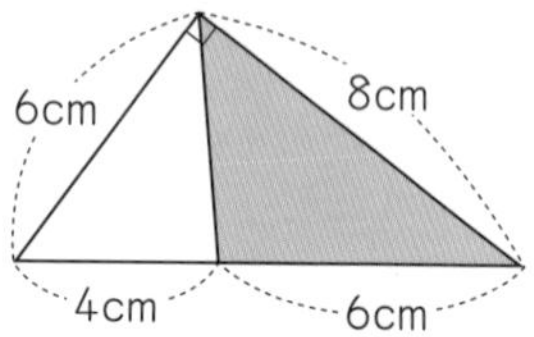

考える手順 三角形の高さが等しければ，面積の比は底辺の比に等しいことを使う。

解き方

大きな三角形の面積を求めてから，底辺の比と面積の比の関係を使う。

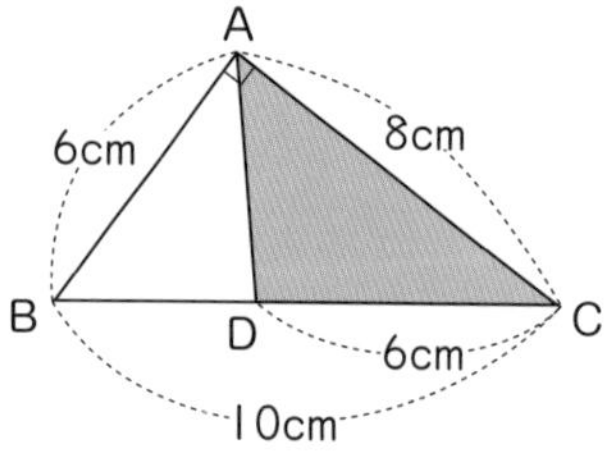

BC：DC=5：3 だから，三角形ABCと三角形ADCの面積の比も5：3

入試のポイント
底辺が同じ直線上にない場合もある。そのときは，平行な直線に注目してみよう。

三角形ＡＢＣの面積は，$6\times8\div2=24(cm^2)$

また，ＢＣ：ＤＣ＝5：3

よって，三角形ＡＤＣの面積は，

$$24\times\frac{3}{5}=14\frac{2}{5}(cm^2)$$

答え $14\frac{2}{5}cm^2$

練習問題

解答▶ 別冊…P.69

205 右の図のように，横12cm，縦8cmの長方形の対角線を6等分しました。色がついた部分の面積の合計は何cm^2ですか。

(公文国際学園中等部)

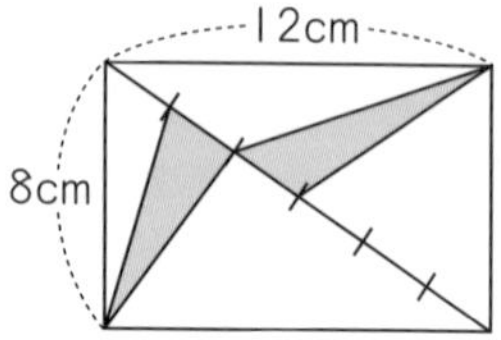

中学入試対策

18 高さや底辺の比②

右の図の三角形ABCで点D，Eは辺ABを3等分しています。AFが6cm，FCが2cmです。三角形ABCの面積が$40cm^2$のとき，色をつけた部分の面積は何cm^2ですか。　（茗溪学園中）

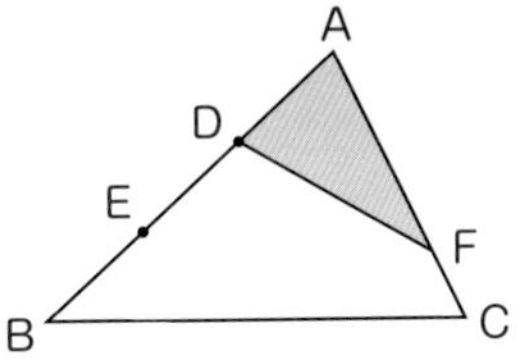

考える手順　底辺の比と面積の比の関係をくり返し使う。

解き方

底辺の比と面積の比が使えるようにBとFを結ぶ。

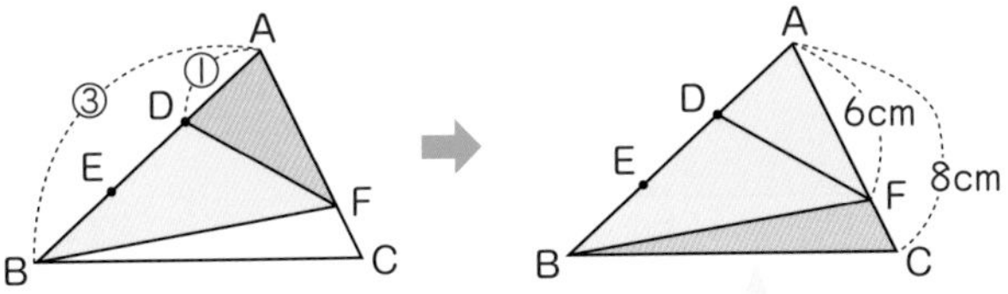

三角形ABF＝三角形ABC×$\frac{3}{4}$

AD：AB＝1：3，AF：AC＝3：4だから，

三角形ADF＝三角形ABF×$\frac{1}{3}$

＝三角形ABC×$\frac{3}{4}$×$\frac{1}{3}$＝40×$\frac{1}{4}$＝10(cm^2)

答え　$10cm^2$

入試のポイント

底辺の比と面積の比を2回以上使う問題では，底辺とみる直線を変えていくことがポイントとなる。

別の解き方

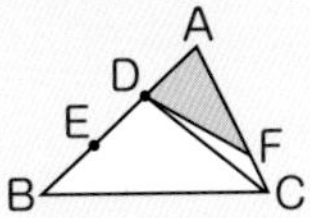

三角形ADF

＝40×$\frac{1}{3}$×$\frac{3}{4}$

＝10(cm^2)

練習問題

解答▶ 別冊…P.69

206 図の三角形ABCの面積は$45cm^2$で，三角形ABEと三角形ADCの面積は同じです。このとき，BDの長さは何cmですか。　（桐朋中）

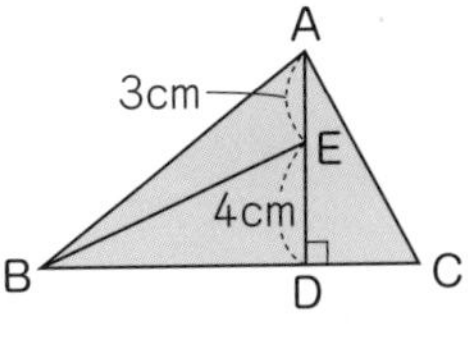

5 辺や周の長さ

比を使った辺の長さや，円にまきつけたひもの長さの求め方を学びます。

辺の長さ

辺の長さ 拡大図や縮図の対応する辺の比を利用する。

見て理解！

三角形DBEは
三角形ABCの
縮図

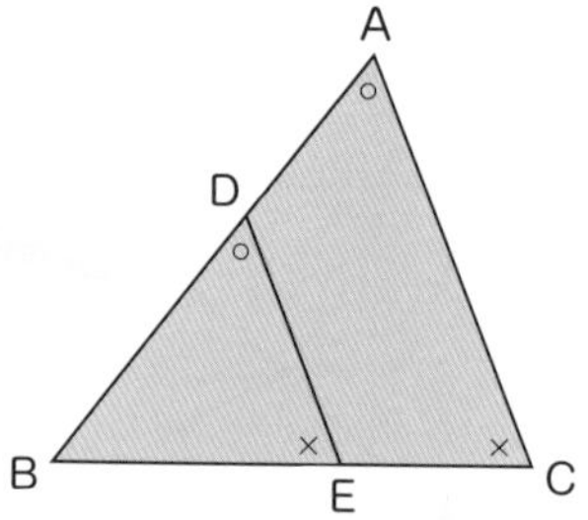

AB：DB
＝BC：BE
＝AC：DE

ECの長さも求められる。
EC＝BC－BE

AEの長さも求められる。
AE＝AD－ED

三角形FDEは
三角形FBCの
縮図

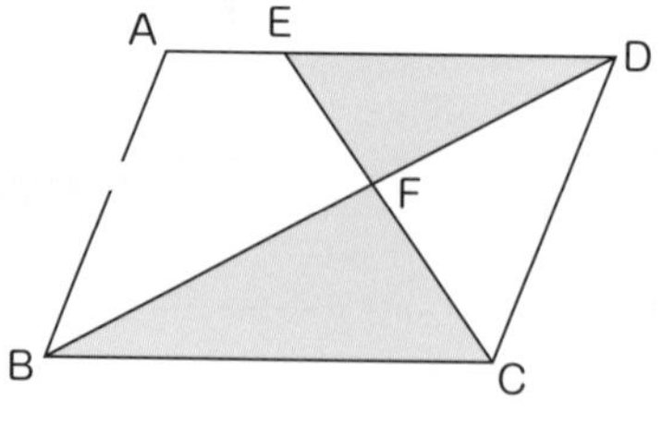

FB：FD
＝FC：FE
＝BC：DE

ここが大切　・図の中に拡大図や縮図があるときは，対応する辺の長さの比を利用する。

周の長さ

周の長さ 円にまきつけたひもの長さは，おうぎ形の弧の部分と直線部分の和になる。

見て理解！

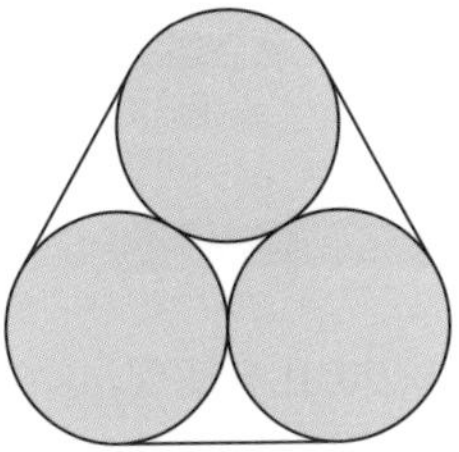

まきつけたひもの長さを求める。

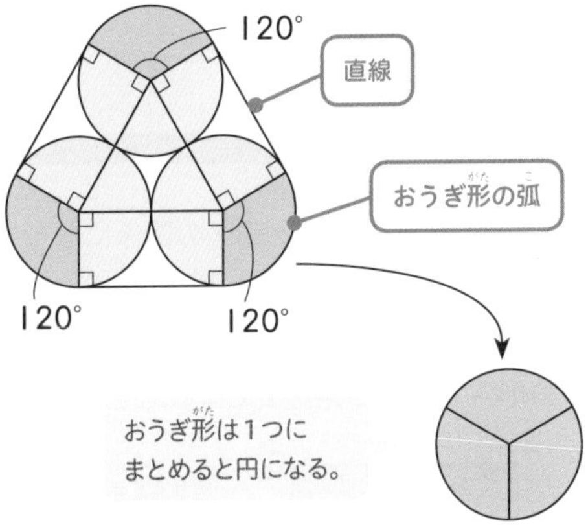

おうぎ形は1つにまとめると円になる。

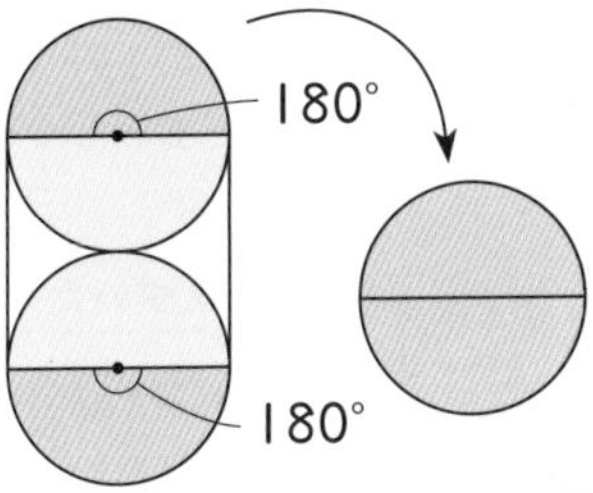

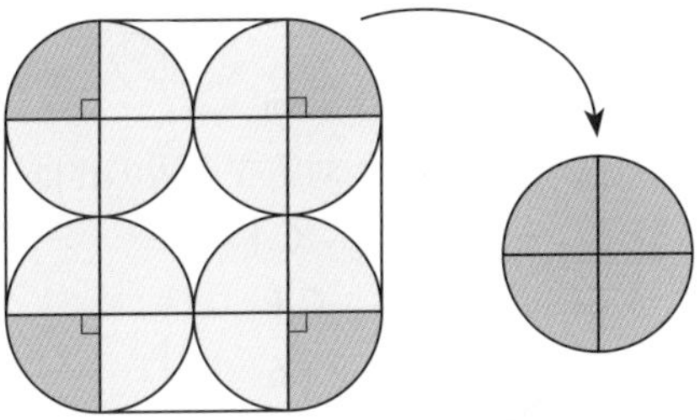

おうぎ形は1つにまとめると円になる。

ここが大切

・円にまきつけたひものおうぎ形の弧の部分は1つにまとめて円にして計算する。

19 辺の長さ

中学入試対策

右の長方形ABCDで，同じ印のついた角は等しい角度のとき，DFの長さは何cmですか。　(横浜富士見丘学園中)

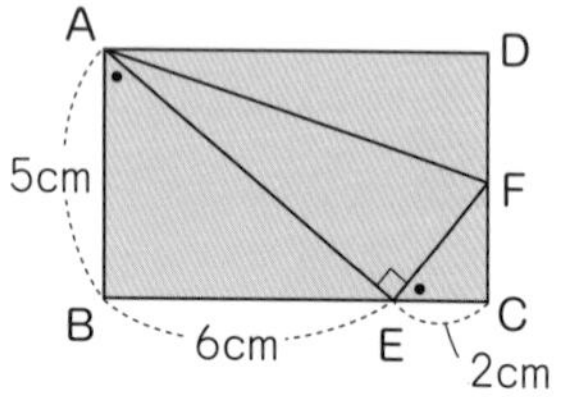

考える手順　拡大図と縮図の関係になっている図形の辺の比を使う。

解き方

三角形ABEと三角形ECFに注目する。

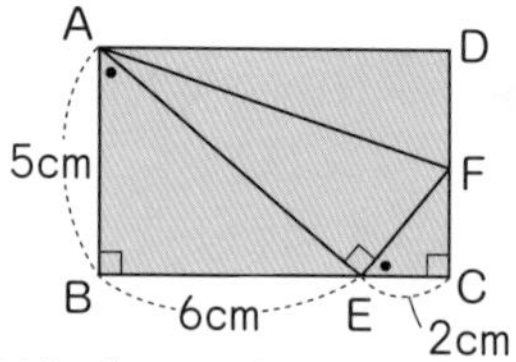

角BAE＝角CEF，
角ABE＝角ECFだから，
三角形ECFは三角形ABEの縮図。

拡大図，縮図では，対応する辺の比は等しいから，

AB：EC＝BE：CF

よって，5：2＝6：CF

5×CF＝2×6

CF＝2.4(cm)

DF＝CD－CF＝5－2.4＝2.6(cm)

答え　2.6cm

もっとくわしく

2つの三角形で，2組の角の大きさがそれぞれ等しければ，残りの1組の角の大きさも等しくなる。

つまずいたら

拡大図と縮図について知りたい。

➡ P.196

練習問題

解答▶ 別冊…P.69

207 図のような直角三角形ABCと辺AC上の点Dがあります。ADの長さとBDの長さをそれぞれ求めなさい。　(浅野中)

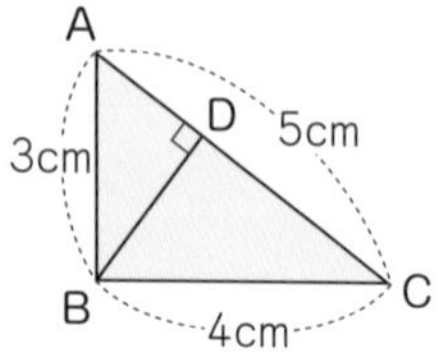

中学入試対策

20 周の長さ

右の図のように半径2cmの円が6個あります。となり合う円はすべてぴったりとくっついているとします。周りにひもをたるまないようにかけました。このひもの長さを求めなさい。

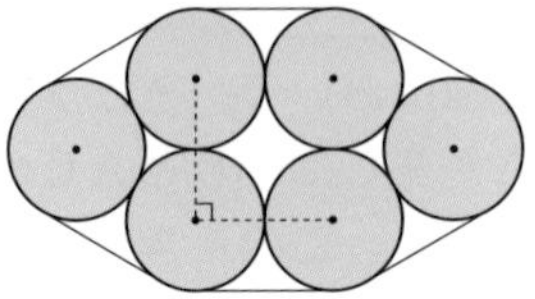

（桜蔭中）

考える手順 おうぎ形の弧の長さと直線部分の長さをたす。

解き方

おうぎ形の部分はまとめて計算する。

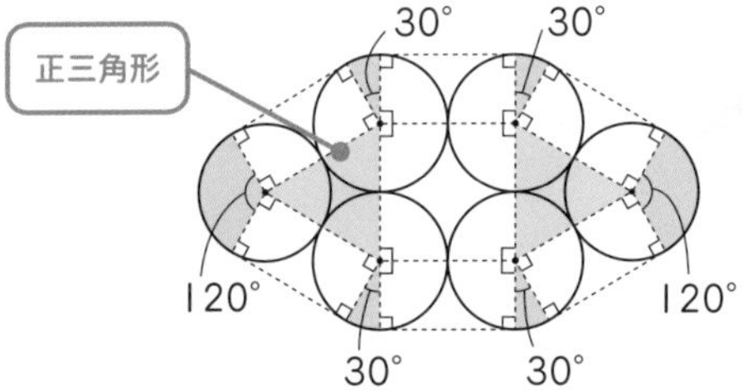

おうぎ形の部分をまとめると円になる。

おうぎ形の部分をまとめると，中心角の和は，

30°×4+120°×2 = 360°

で円になる。よって，ひもの長さは，

(2+2)×6+2×2×3.14 = 36.56(cm)

答え 36.56cm

入試のポイント
円にひもをまきつける問題では，直線部分とおうぎ形の弧の部分を正確に分けられるかがポイントになる。

つまずいたら
おうぎ形について知りたい。
P.160

練習問題

解答▶ 別冊…P.70

208 右の図のように，半径5cmの丸太を5本組み合わせて，ゆるまないようにひもでしばりました。ひもの長さは何cmですか。円周率を3.14として考えなさい。

（茗溪学園中）

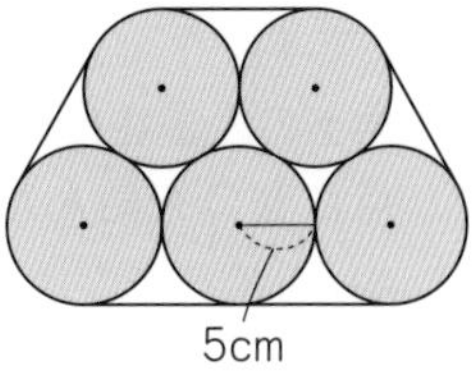

まとめの問題

解答▶別冊…P.146

118 図において，・どうしの角の大きさは等しく，△ＡＢＣはＡＢとＡＣの長さが等しい二等辺三角形です。このとき，㋐の角の大きさは何度ですか。　　(日本大学中)

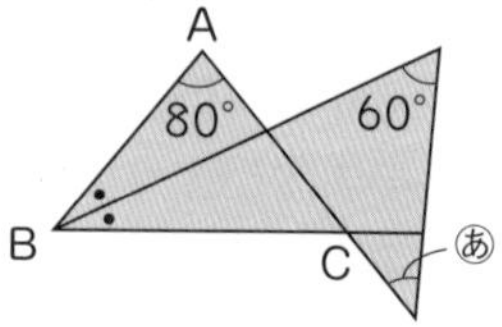

119 右の図は，三角形ＡＢＣをＡを中心として50°回転させたものです。㋐の角の大きさは何度ですか。　　(和洋九段女子中)

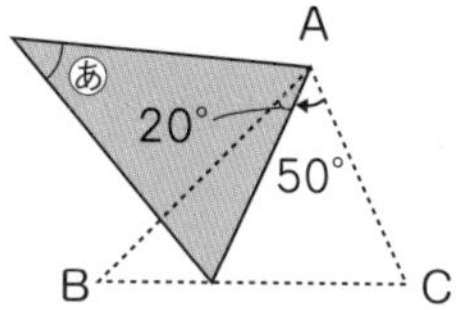

基本

120 右の図は長方形と１枚の三角定規で，三角定規の頂点Ａは長方形の辺と重なっています。xの角の大きさは何度ですか。　　(共立女子中)

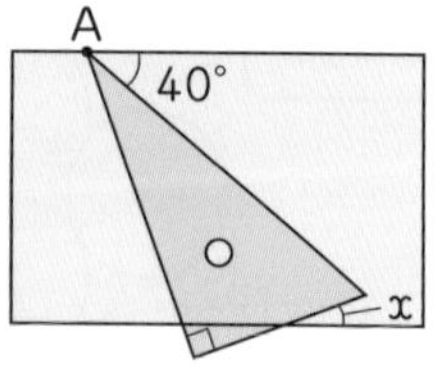

121 右の図は，辺ＡＢ＝辺ＡＣの二等辺三角形を，頂点Ａが辺ＢＣと重なるように折り曲げたものです。角xの大きさを求めなさい。　　(聖セシリア女子中)

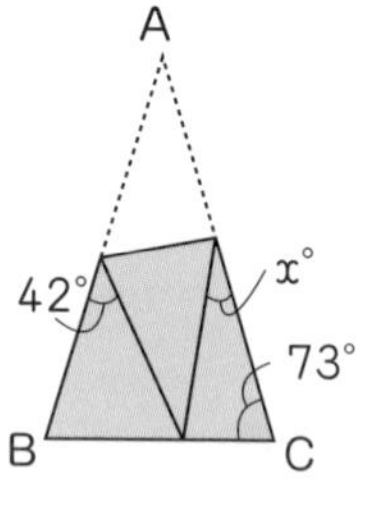

122 正方形ＡＢＣＤの辺ＢＣ上に点Ｐをとり，ＡＰを折り目として，三角形ＡＢＰを折り返したところ，点Ｂが点Ｑの位置にきました。辺ＡＤとＡＱの作る角は28°です。

(1) 角xの大きさは何度ですか。

(2) 点ＤとＱを結んだとき，角yの大きさは何度ですか。

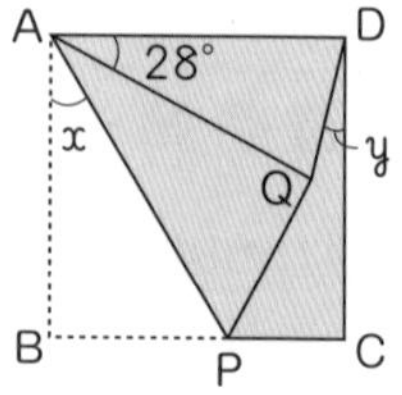

(神奈川大附属中)

123 図のように正三角形を2枚重ねます。角 x の大きさは何度ですか。 (大妻中)

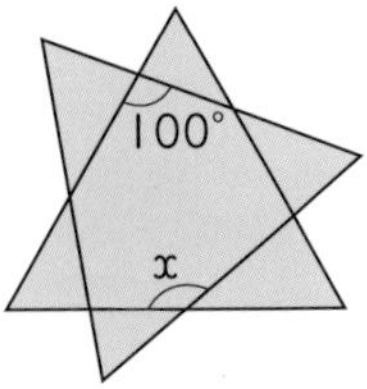

124 図は辺ADと辺BCが平行な台形ABCDです。BEとACは垂直です。この台形の面積は何 cm^2 ですか。 (青山学院中等部)

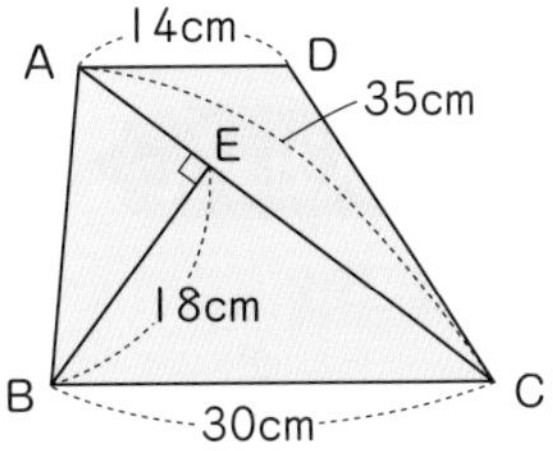

125 右の図で，点Eは直線AB上にあり，AE：EB=2：3，また三角形AEDと三角形EBCはともに正三角形です。三角形DECの面積が $36cm^2$ のとき，四角形ABCDの面積は何 cm^2 ですか。 (芝中)

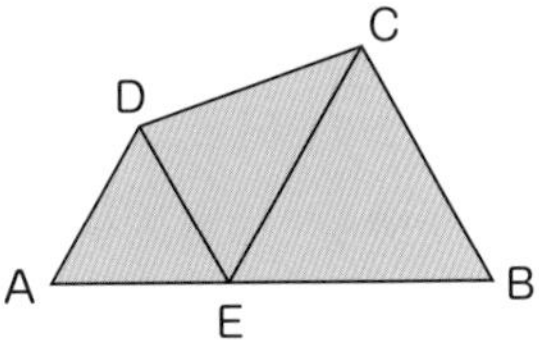

126 右の図のように，ABとACの長さが等しい二等辺三角形ABCと，CBとCDの長さが等しい二等辺三角形CBDを組み合わせたところ，ACとBDが平行になりました。このとき，BDの長さは何cmですか。 (日本大学藤沢中)

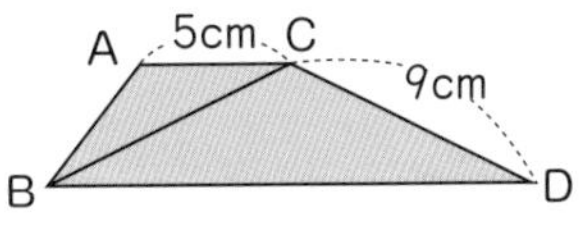

127 図のように半径5cmの7つの円を並べます。この周りに図のように糸をぴんと張ったとき，糸の長さは何cmになりますか。円周率を用いるときは3.14として答えなさい。 (大妻中)

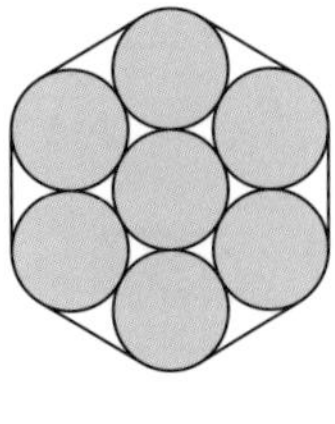

6 水深の変化

容器の中の水の深さの変化について学びます。

容器の入れかえ

容器の入れかえ 容器を入れかえる前と後で，水の体積は変わらない。

見て👀理解!

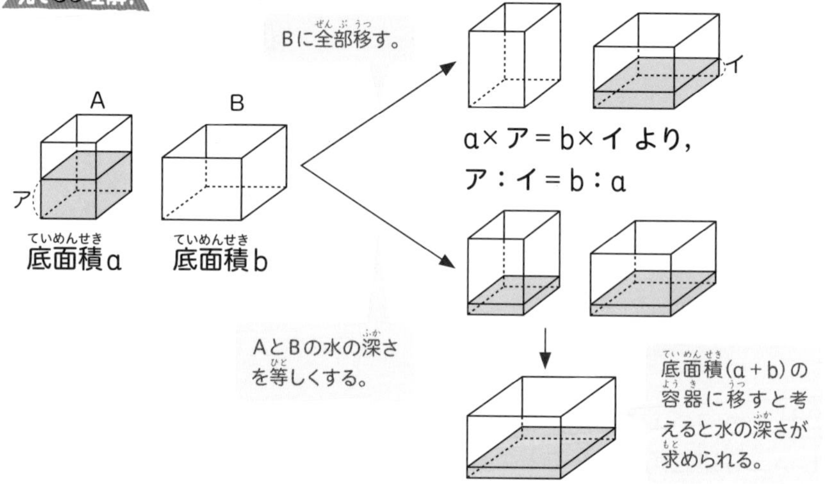

Bに全部移す。
A
B
ア
イ
底面積a
底面積b
a× ア = b× イ より，
ア：イ = b：a
AとBの水の深さを等しくする。
底面積(a + b)の容器に移すと考えると水の深さが求められる。

容器のかたむけ

容器のかたむけ 容器をかたむけたときの水深の変化や直線の長さを求める問題。水量は変わるときも変わらないときもある。

見て👀理解!

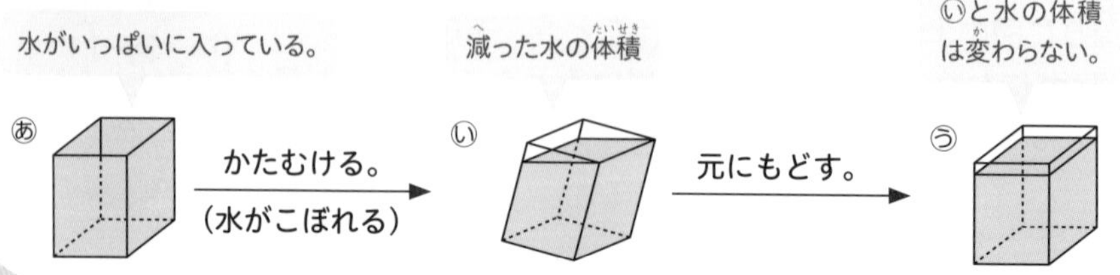

水がいっぱいに入っている。
減った水の体積
Ⓘと水の体積は変わらない。
あ
かたむける。
(水がこぼれる)
い
元にもどす。
う

おもりをしずめる

水とおもりの問題 水の中におもりをしずめたり，水の中からおもりを引き上げたりしたときの水深の変化についての問題。

見て理解！

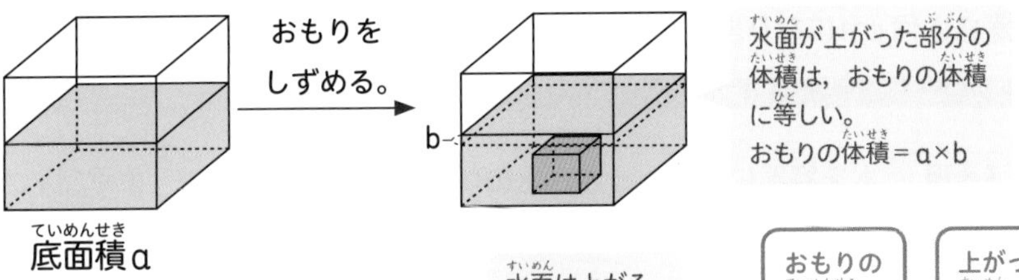
おもりをしずめる。
b
底面積a
水面が上がった部分の体積は，おもりの体積に等しい。
おもりの体積＝a×b

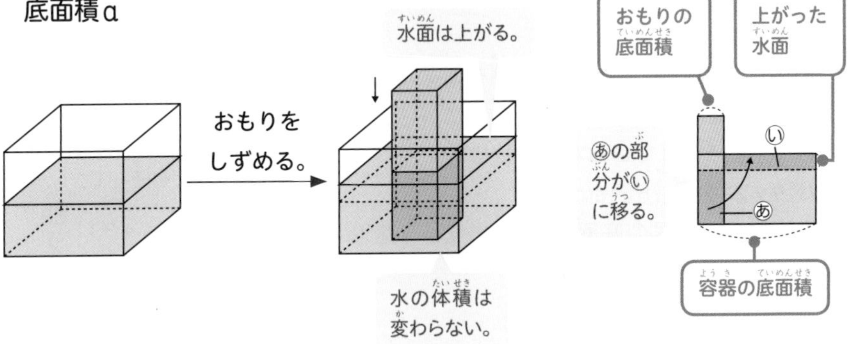
おもりをしずめる。
水面は上がる。
水の体積は変わらない。
おもりの底面積
上がった水面
あの部分がいに移る。
い
あ
容器の底面積

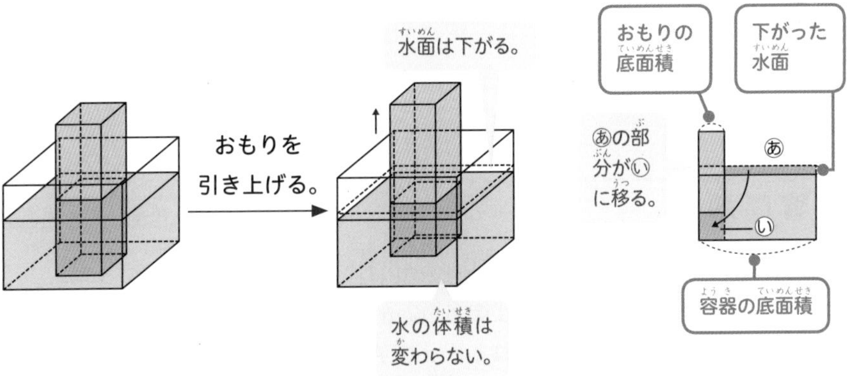
おもりを引き上げる。
水面は下がる。
水の体積は変わらない。
おもりの底面積
下がった水面
あの部分がいに移る。
あ
い
容器の底面積

ここが大切
・おもりをしずめる問題は，おもりがおしのける水の体積と，水面の上がった部分の体積に注目する。

中学入試対策

21 容器の入れかえ

図1のような，底面が直角三角形の三角柱の容器に，深さ8cmのところまで水が入っています。この水を，図2のような深さ10cmの直方体の容器に全部移したとき，水の深さは何cmになりますか。

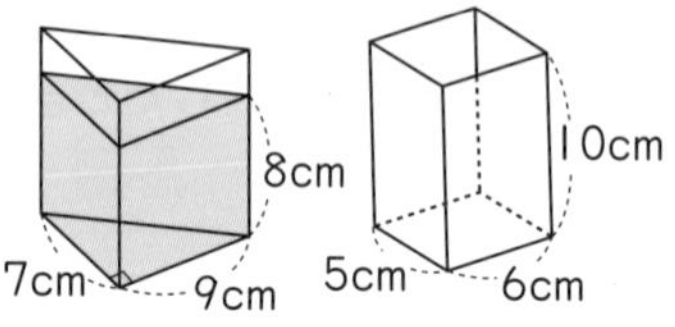

図1　　図2

（和洋国府台女子中）

考える手順　水を容器に移したとき，水の体積は変わらないので，まず図1の容器に入っている水の体積を求める。

解き方

図1の容器に入っている水の体積を求めて，図2の容器の底面積でわる。

図1の容器に入っている水の体積は，

$7 \times 9 \div 2 \times 8 = 252(\mathrm{cm}^3)$

また，図2の容器の底面積は$5 \times 6(\mathrm{cm}^2)$だから，図2の容器に移したときの高さは，

$252 \div (5 \times 6) = 8.4(\mathrm{cm})$

答え 8.4cm

もっとくわしく

水の深さと底面積の比を使って，

$8 : x = 30 : \dfrac{63}{2}$

から求めてもよい。

つまずいたら

角柱の体積について知りたい。

➡ P.233

練習問題

解答▶ 別冊…P.70

209 右の図のような高さの等しい2つの円柱A，Bがあります。Aには深さ26cmまで水が入っています。水を移しかえてA，Bの深さを同じにすると，水の深さは何cmになりますか。　（立正中）

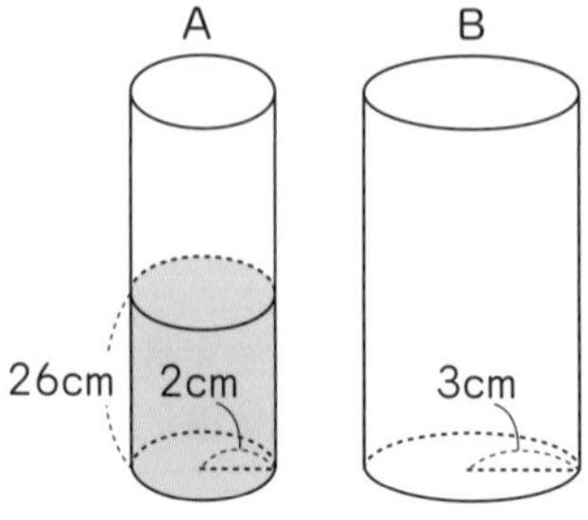

中学入試対策

22 容器(ようき)のかたむけ

図1のように，直方体の中に水が入っています。この直方体を図2のように立てたときの水の深(ふか)さを求(もと)めなさい。 （東海大付属相模中）

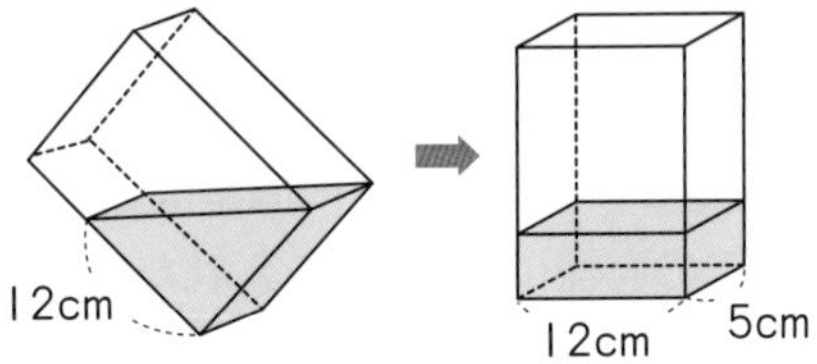

図1　図2

考える手順　図1と図2で水の体積(たいせき)は同じだから，図2の水の深(ふか)さを$x$cmとする。

解き方

図1の水の入っている部分(ぶぶん)を三角柱(さんかくちゅう)(底面(ていめん)は二等辺(にとうへん)三角形)とみて，図2の水の深(ふか)さを$x$cmとすると，

$12\times12\div2\times5=5\times12\times x$

$x=12\div2=6$(cm)

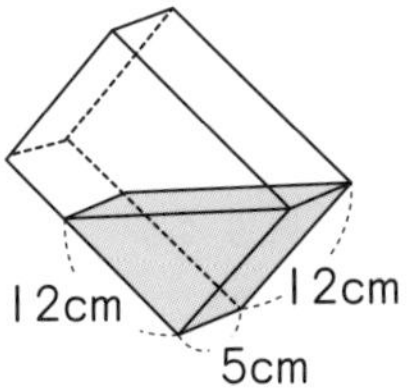

答え 6cm

もっとくわしく

xを使(つか)わなくても，

(三角柱(さんかくちゅう)の体積(たいせき))÷(図2の直方体の底面積(ていめんせき))

で水の深(ふか)さが求(もと)められる。

練習問題

解答▶ 別冊…P.70

210 図1のような直方体の容器(ようき)に深(ふか)さ10cmまで水が入っています。辺(へん)EHを床(ゆか)からはなさずに容器(ようき)を図2のようにかたむけて270cm³の水を流(なが)したところ，水面(すいめん)の位置(いち)は図2のAPとなりました。図2のPFの長さを求(もと)めなさい。

（和洋国府台女子中）

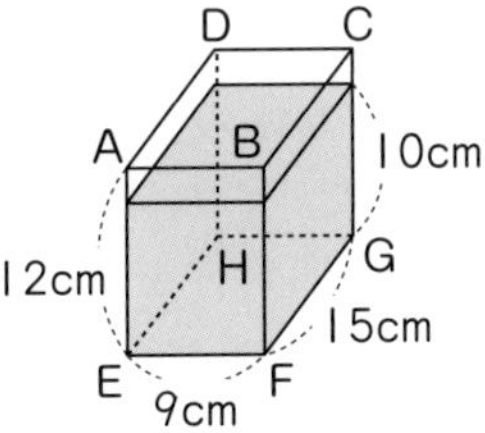

図1

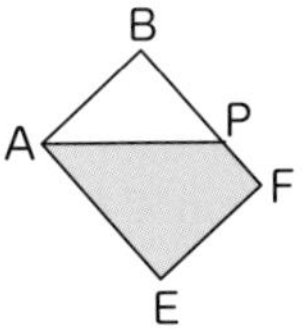

図2

23 おもりをしずめる

中学入試対策

縦の長さが30cm，横の長さが20cm，高さが30cmの直方体の容器があります。容器の厚さは考えないものとします。次の各問いに答えなさい。ただし，円周率は3.14とします。

1 この容器に6Lの水を入れたときの水の深さを求めなさい。

2 1 の状態で，さらに，底面の半径が8cm，高さが5cmの円柱のおもりを入れました。このとき，水面は何cm上昇しますか。小数第2位を四捨五入して小数第1位まで求めなさい。

（東京女学館中）

考える手順 2 入れたおもりの体積と水面が上昇した分の水の体積は等しい。

解き方

1 6Lは6000cm^{3}だから，

6000÷(30×20)＝10(cm)

2 円柱の体積だけ水面は上昇する。

8×8×3.14×5÷(30×20)

＝1.67…

円柱の体積と等しい。

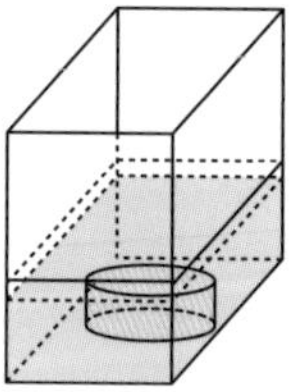

もっとくわしく

しずめた物の体積
＝水面が上昇した分
の水の体積
の関係を使う。

答え 1 10cm　2 1.7cm

練習問題

解答▶ 別冊…P.70

211 □にあてはまる数を答えなさい。

右の図のような直方体の容器に8cmの高さまで水が入っていました。これに底面の1辺が□cmである正方形の四角柱を底にぴったりつくように入れたところ，1cm水面が上がりました（容器の厚さは考えません）。

（カリタス女子中）

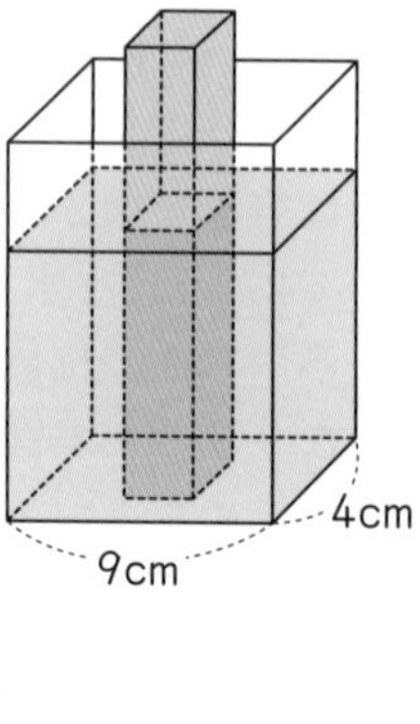

24 おもりを引き上げる

中学入試対策

水がいっぱいに入った直方体の水そうの中に，底面積が40cm^{2}の直方体のおもりが，図1のように入っています。図2のように，おもりを5cm引き上げたら，水面が2cm下がりました。水そうの底面積は何cm^{2}ですか。

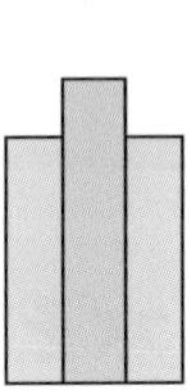
図1

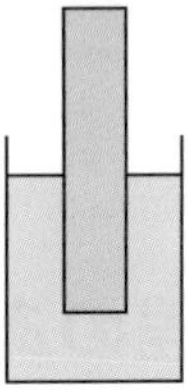
図2

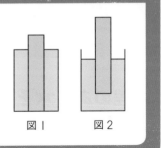

考える手順 おもりを引き上げた部分の体積と，水面が下がった部分の水の体積は等しい。

解き方

面積図で考えると，あからいに水が移ったと考えられるから，水そうの底面積は，

40×5÷2＋40
＝140(cm^2)

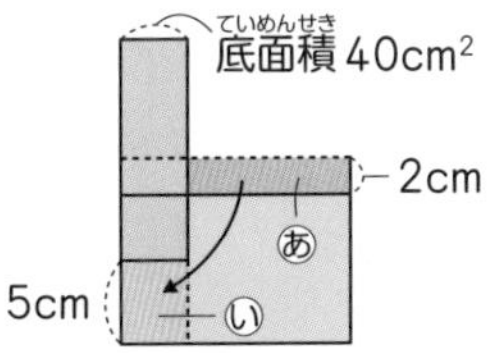

あの底面積
＝水そうの底面積
−おもりの底面積

答え 140cm^2

もっとくわしく

別の解き方

水そうの底面積をxcm^{2}として，
(x−40)×2
＝40×5
の式を使って求めてもよい。

練習問題

解答▶ 別冊…P.71

212 底面積が150cm^{2}の直方体の水そうに，図1のように，1辺5cmの正方形を底面とする直方体のおもりを入れて，水をいっぱいに入れました。図2のように，おもりを引き上げたら，水面は0.8cm下がりました。おもりを何cm引き上げましたか。

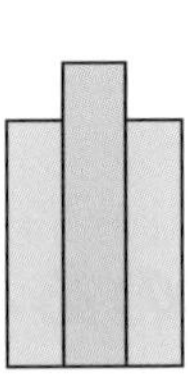
図1

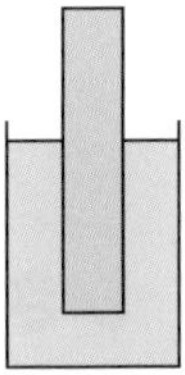
図2

第2章 和や差に関する問題
第3章 割合に関する問題
第4章 規則性に関する問題
第5章 グラフの問題

7 水深のグラフ

水そうに水を入れるときの水深の変化を表すグラフについて学びます。

段差のある水そう

段差のある水そう 段差のある水そうに，一定の割合で水を入れるとき，水深の変化を表すグラフのかたむき方は，段差のあるところで変わる。

見て理解！

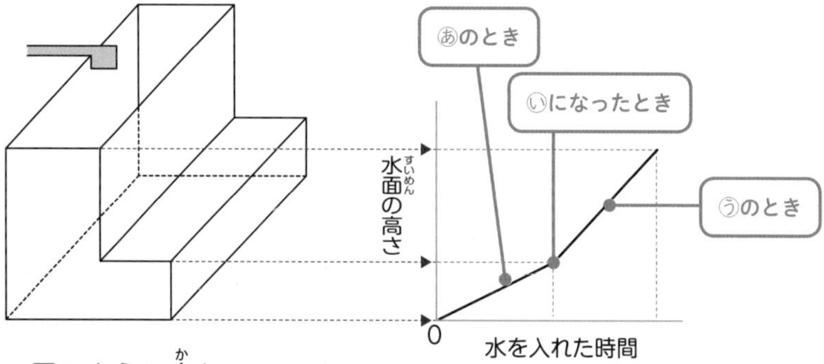

水深は，図のように変わっていく。

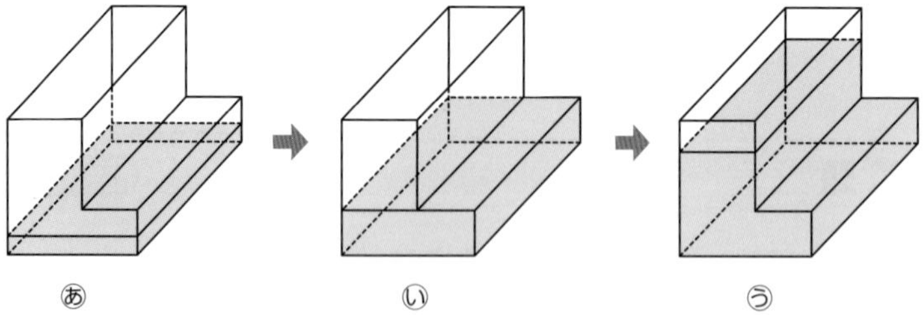

しきりのある水そう

しきりのある水そう しきりのある水そうに，一定の割合で水を入れるとき，しきられた部分で水深の変わらない時間がある。

見て👀理解！

Aのほうから水を入れる。

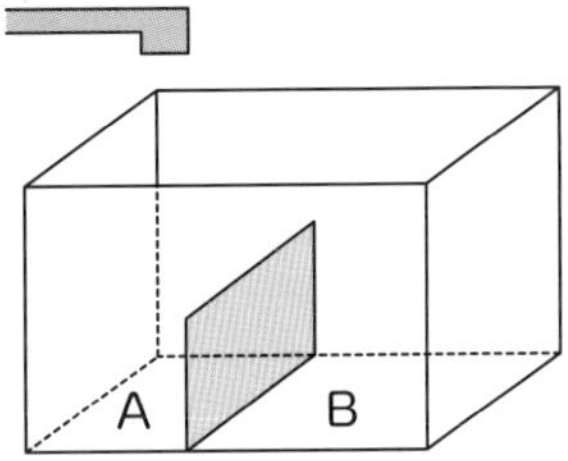

Aの水深のグラフ

水面の高さは変わらない。

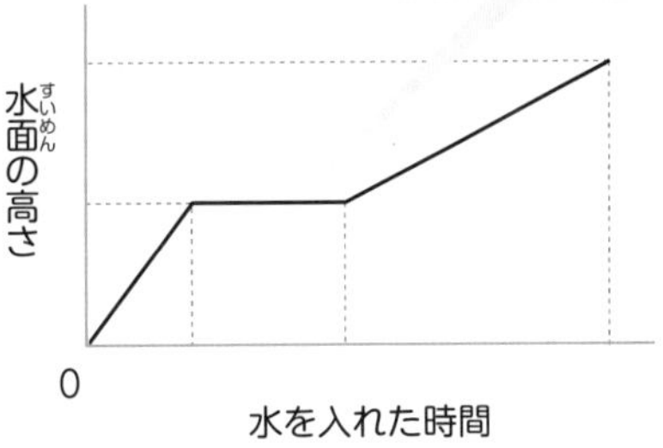

Bの水深のグラフ

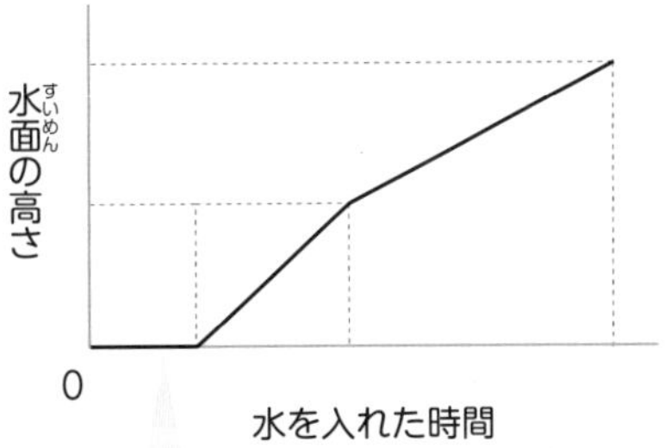

水面の高さは変わらない。

水深は，図のように変わっていく。

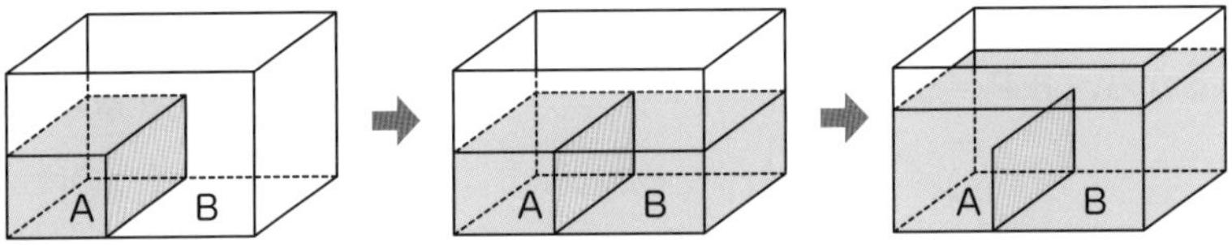

ここが大切

・水深の変化を表すグラフは，グラフのかたむき方が変わるところに注目する。

25 段差のある水そう

中学入試対策

図1のような形をした水そうに，毎分400cm^3の割合で水を入れていきます。図2は，そのときの時間(分)と水面の高さの関係を表したグラフです。次の問いに答えなさい。

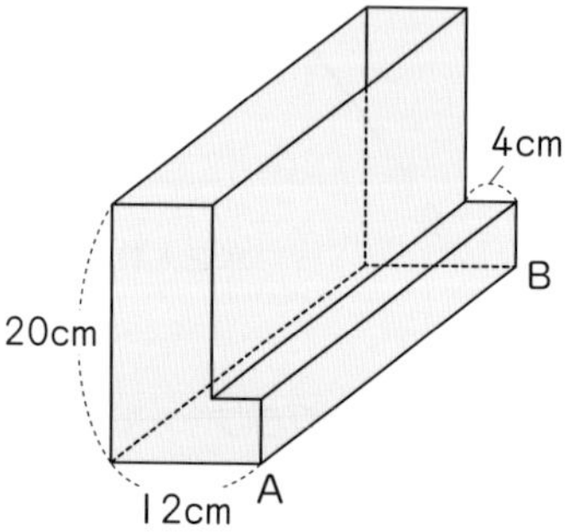

図1

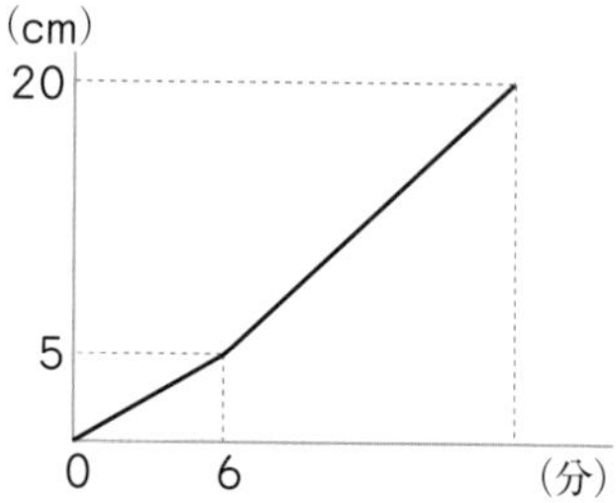

図2

1 図1の辺ABの長さを求めなさい。

2 水面の高さが15cmとなるのは，水を入れ始めてから何分後ですか。

(和洋国府台女子中)

考える手順 水そうの段差があるところで，グラフのかたむき方が変わることに注目する。

解き方

1 グラフのかたむき方は高さが5cmのところで変わっているから，ＢＰ＝5cm

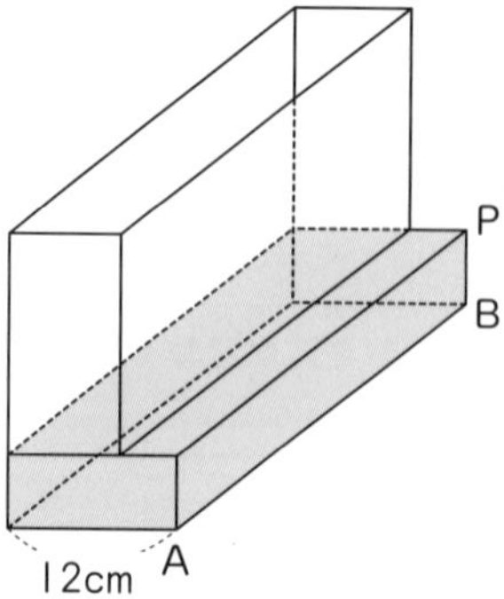

ＢＰ＝5cm

入試のポイント
水そうの段差のあるところと，グラフのかたむき方が変わるところを見比べると，答えが見えてくる。

6分後の水の体積は，400×6(cm³)だから，

$400\times6 = 12\times \mathrm{AB} \times5$

辺ＡＢの長さは，

$(400\times6)\div(12\times5) = 40$(cm)

2

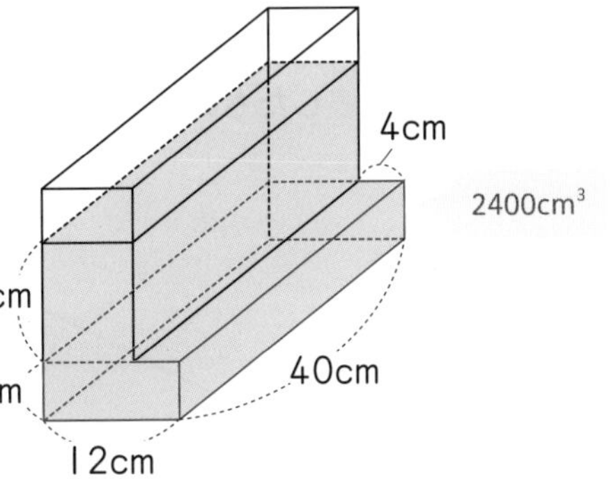

水面の高さが15cmとなるのは，図のようなときだから，水の体積は，

$2400 + (40\times8\times10) = 5600$(cm³)

よって，

$5600\div400 = 14$(分後)

答え 1 40cm　2 14分後

つまずいたら

直方体の体積の求め方について知りたい。

P.232

もっとくわしく

段差までの体積は

$40\times12\times5$

$=2400$(cm³)

練習問題

解答▶ 別冊…P.71

213 図のような直方体を組み合わせた水そうに1分間に24cm³の割合で水を入れます。水を入れ始めてからの時間と水面の高さの関係はグラフのようになりました。xはいくつですか。

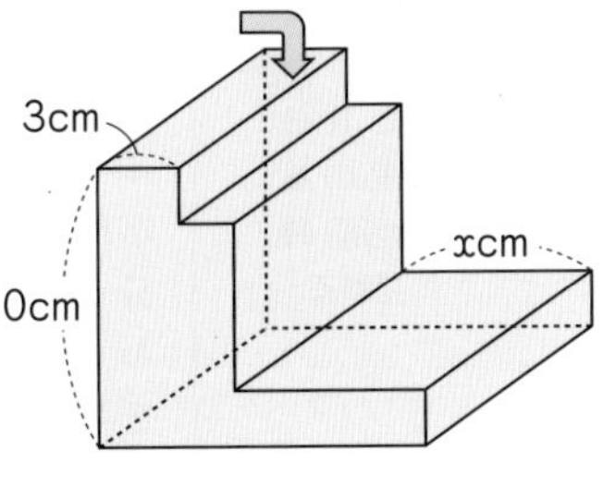

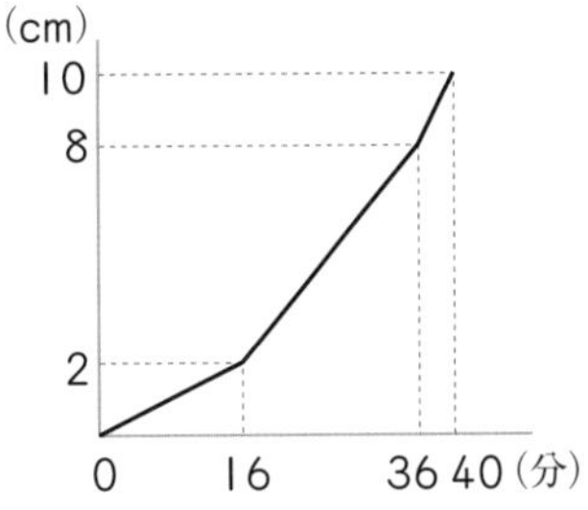

(大妻中)

26 しきりのある水そう

中学入試対策

図1のような直方体の水そうが，しきりによって2つの部分A，Bに分けられています。この水そうのAの部分に一定の割合で水を入れていきます。図2のグラフは，水を入れ始めてからの時間と図1の矢印の方向から見た水面の高さの関係を表したものです。このとき，次の問いに答えなさい。

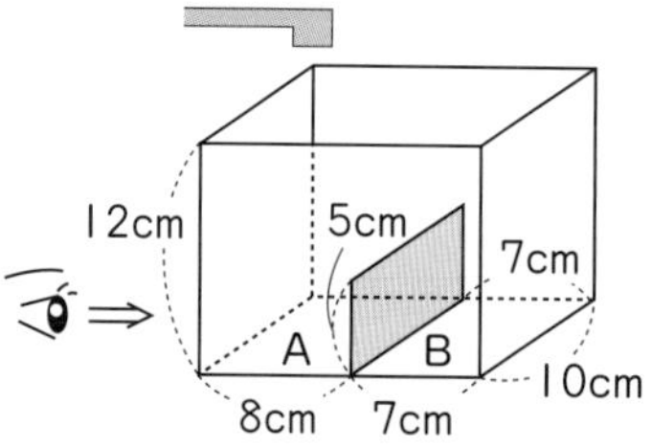

図1

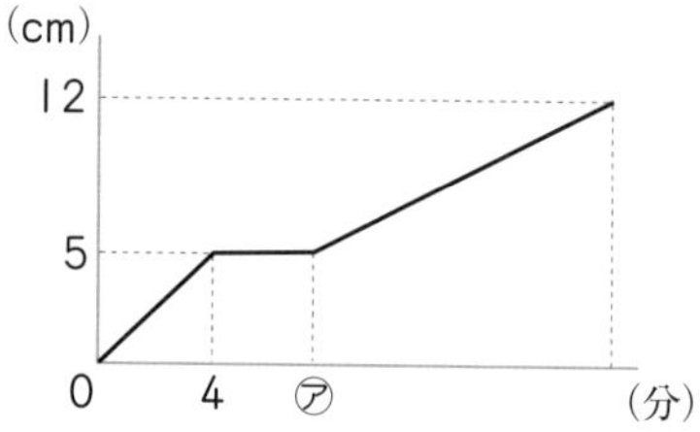

図2

1 水を入れる割合は毎分何 cm^3 ですか。

2 図2のグラフの㋐にあてはまる数はいくつですか。

3 この水そうが水でいっぱいになるのは，水を入れ始めてから何分後ですか。

(和洋九段女子中)

考える手順 グラフのかたむき方が変わるところに注目する。

解き方

水面の高さは，次のように変わる。

Aだけ→Bだけ→AとB同時に

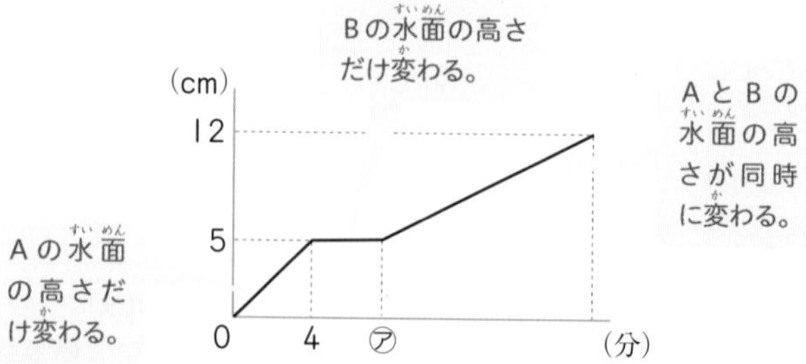

入試のポイント

グラフのかたむき方が変わるところに注目し，水そうのどの部分の水面が変わっているのかを考える。

1 水を入れ始めてから4分で，Aの水面が5cmになるから，1分間に水を入れる割合は，

$10 \times 8 \times 5 \div 4 = 100(cm^3)$

2 ㋐は水を入れ始めてから，Bの水面が5cmになるまでの時間。Bに水が入り始めてからの時間を考えると，

$10 \times 7 \times 5 \div 100 = 3.5$(分)

よって，㋐にあてはまる数は，

$4 + 3.5 = 7.5$

3 水そう全体の体積は，

$10 \times (8 + 7) \times 12 = 1800(cm^3)$

よって，水そうが水でいっぱいになるのは，

$1800 \div 100 = 18$(分後)

つまずいたら

単位量あたりの大きさについて知りたい。

P.280

答え 1 毎分 $100cm^3$　2 7.5
3 18分後

練習問題

解答▶ 別冊…P.71

214 図のような直方体の容器にしきり板があり，㋐と㋑に分けられています。今，㋐の部分から毎秒 $20cm^3$ の割合で水を入れ始めたとき，水を入れ始めてからの時間と㋑の部分の水面の高さの関係をグラフにしました。このとき，次の各問いに答えなさい。ただし，しきり板の厚さは考えないものとします。

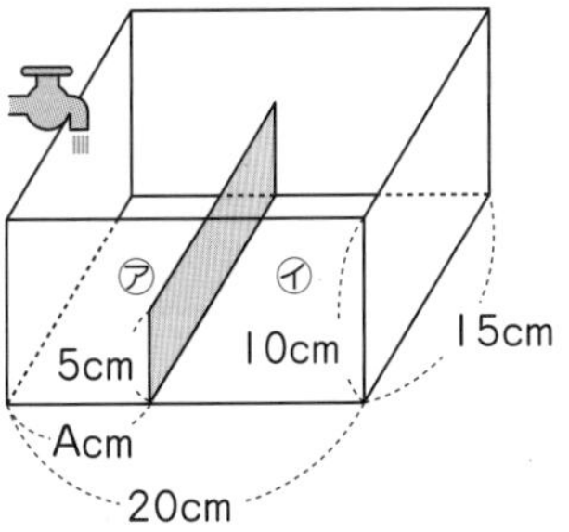

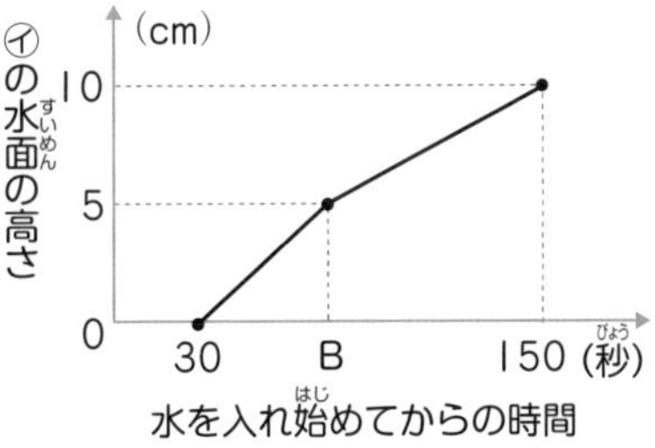

(1) Aにあてはまる数を求めなさい。

(2) Bにあてはまる数を求めなさい。

(獨協埼玉中)

まとめの問題

解答▶別冊…P.149

基本

128 右の図のような底面が長方形の角柱の容器A，Bがあります。容器Bに入っている水の量は，容器Aに入っている水の量の半分です。容器Aに入っている水の一部を容器Bに移して，容器Aと容器Bの水面の高さを同じにするとき，水面の高さは何cmになりますか。（跡見学園中）

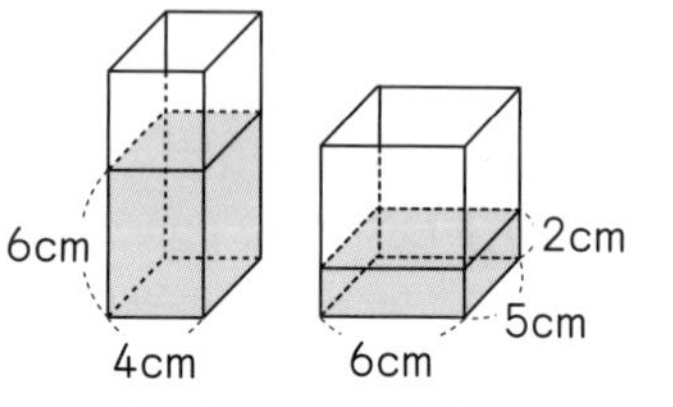

129 図1のような，立方体から直方体を切り取って作った容器に水を入れて，図2のようにふたをして45°かたむけたところ，▭の部分まで水が入っていました。次の問いに答えなさい。

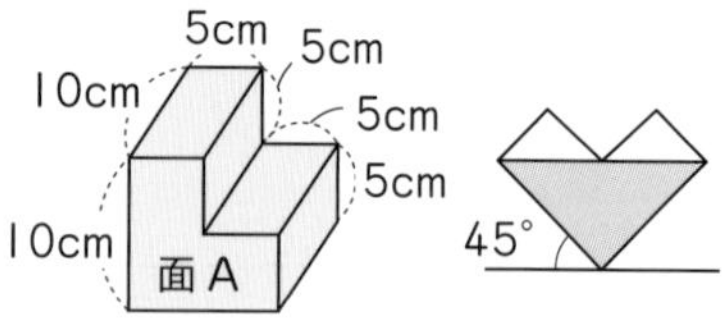

図1　図2

(1) この容器に入っている水の量は何cm^3ですか。

(2) この容器の面Aを底にして垂直に立てると，水の深さは何cmになりますか。（郁文館中）

130 右の図のように，直方体から小さな直方体を切り取った立体を，水がいっぱいまで入った直方体の水そうの中に，矢印の方向に底が完全につくまでまっすぐに入れてから取り出しました。取り出したあとの水そうの水の深さは何cmになりましたか。（横浜雙葉中）

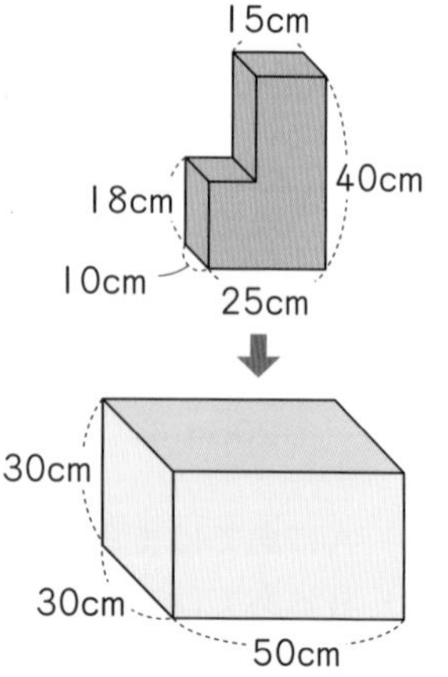

131 図1は，深さ10cmの直方体の形をした水そうです。図2は図1と同じ形をした水そうに，かべとの間にすきまがないように直方体のおもりを入れたものです。グラフは，水そうに毎分40cm^{3}の割合で水を入れたときの，水の深さと時間の関係を表したものです。図1の状態で水を入れたときのグラフが直線㋐，図2の状態で水を入れたときのグラフが折れ線㋑になります。このとき，次の問いに答えなさい。

図1

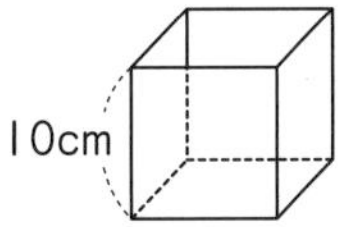

図2

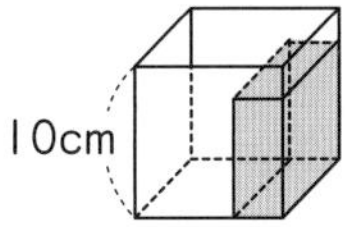

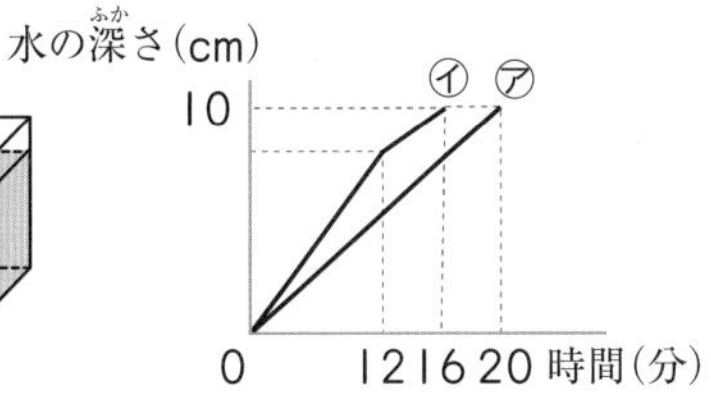

(1) 水そうの底面積を求めなさい。
(2) 直方体のおもりの体積を求めなさい。
(3) 直方体のおもりの高さを求めなさい。 (東京家政学院中)

ハイレベル

132 高さが20cm，底面の面積が200cm^{2}の円柱の容器があります。この容器の内部は，図1のように，高さ10cm，15cm，18cm，20cmの4枚の長方形の板で仕切られています。長方形の板は底面と垂直で，底面を面積の等しい4つのおうぎ形に分けています。高さが10cmと15cmの板で分けられた底面のおうぎ形を㋐とします。この㋐の部分に毎秒10cm^{3}の割合で水を入れていきます。図2は水を入れ始めてからの時間と，底面が㋐の部分の水面の高さの関係を表したものです。このとき，板の厚さはないものとして，次の問いに答えなさい。

(1) 図2のAの時間は何分何秒になりますか。
(2) 水面の高さが17cmになるのは，水を入れ始めてから，何分何秒後ですか。
(3) 図2のBのとき，水を入れるのをやめ，高さ18cmの板を取ると，底面が㋐の部分の水面の高さは何cmになりますか。 (東邦大付属東邦中)

図1

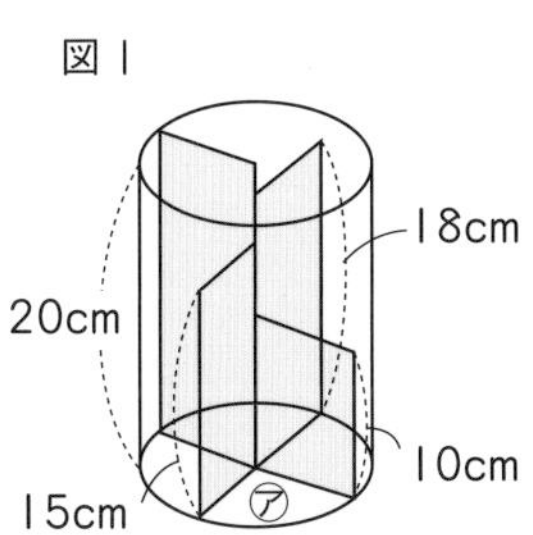

各仕切り板の配置は図1の通りです。

図2

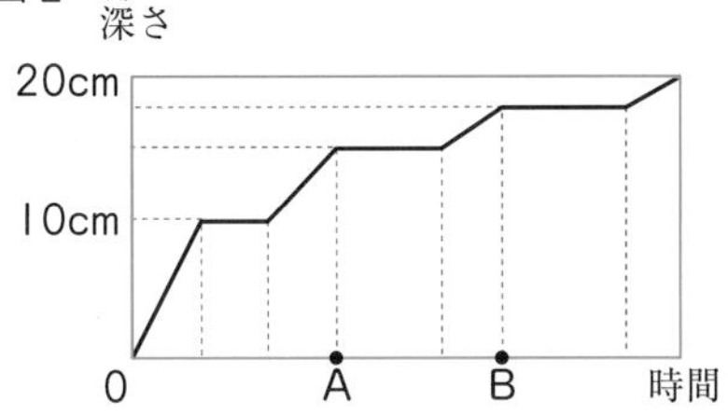

8 角すいと円すい

立体の問題を解くときの基礎になります。

角すいと円すい

角すいと円すい　底面が多角形の下のような立体を角すい，底面が円の下のような立体を円すいという。底面が三角形，四角形，…の角すいを，三角すい，四角すい，…という。

見て👀理解！

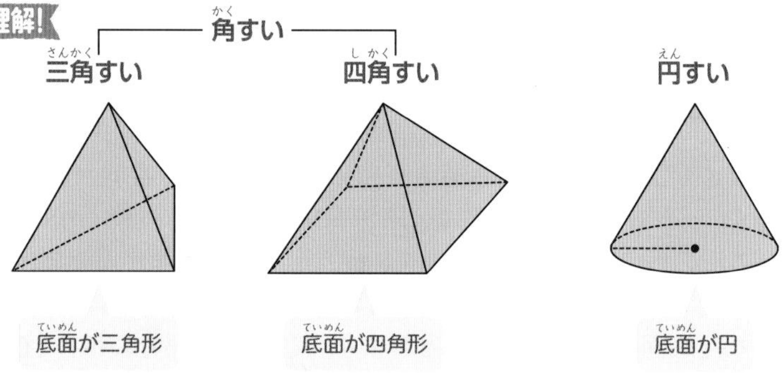

角すいの表面積

角すいの表面積　角すいの表面積＝側面積＋底面積

展開図の面積　　側面全体の面積

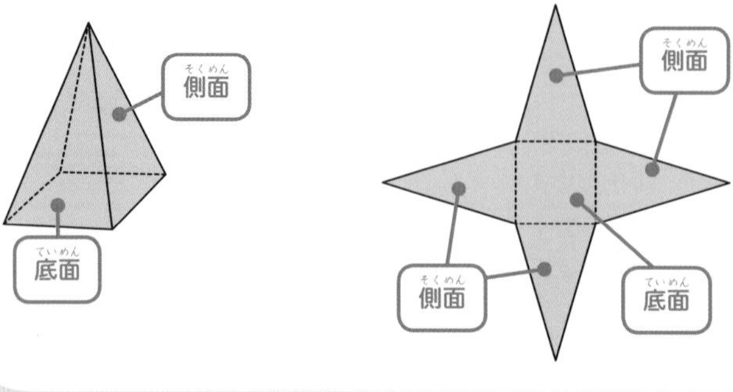

円すいの表面積

円すいの表面積 円すいの表面積＝側面積＋底面積

円すいの側面積 円すいの側面積＝母線×母線×円周率×$\frac{中心角}{360°}$

＝母線×底面の半径×円周率

見て理解！

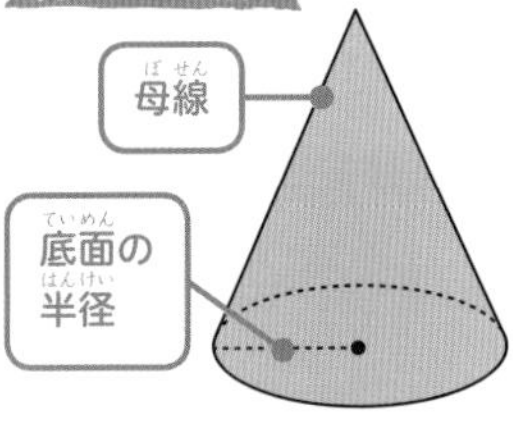

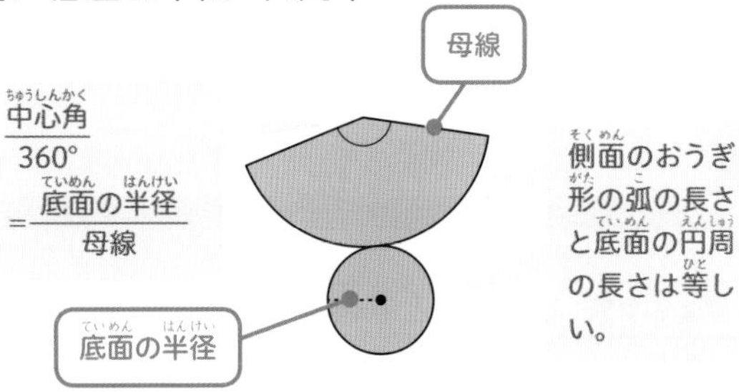

母線×2×円周率×$\frac{中心角}{360°}$＝底面の半径×2×円周率　から，

母線×$\frac{中心角}{360°}$＝底面の半径　なので，それをおきかえると，

側面積の２番目の式が求められる。

ここが大切
・円すいの側面の展開図はおうぎ形になる。

角すいと円すいの体積

角すいの体積 角すいの体積＝底面積×高さ÷3

円すいの体積 円すいの体積＝底面積×高さ÷3

見て理解！

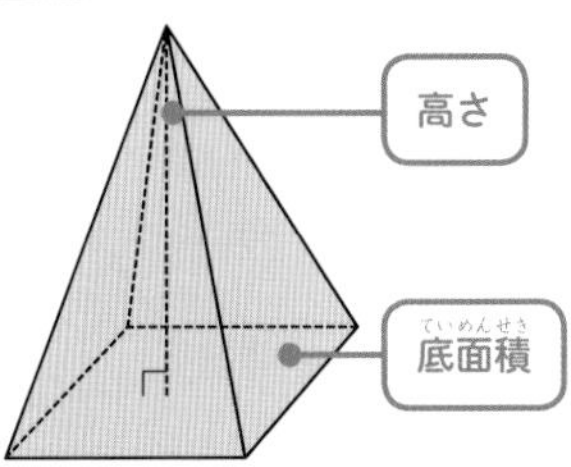

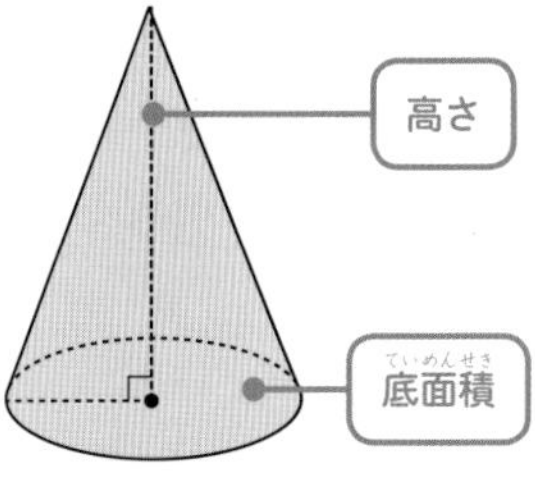

27 角すいの表面積

中学入試対策

右の四角すいは，底面が正方形で，4つの側面はどれも合同な二等辺三角形です。この四角すいの表面積を求めなさい。

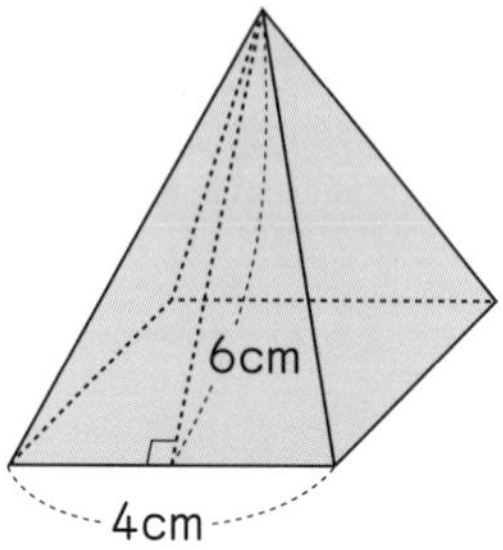

考える手順　側面積と底面積をそれぞれ求めて，たす。

解き方

4つの側面はどれも底辺4cm，高さ6cmの二等辺三角形。

側面積は，

$4 \times 6 \div 2 \times 4 = 48 (cm^2)$

底面積は，

$4 \times 4 = 16 (cm^2)$

よって，表面積は，

$48 + 16 = 64 (cm^2)$

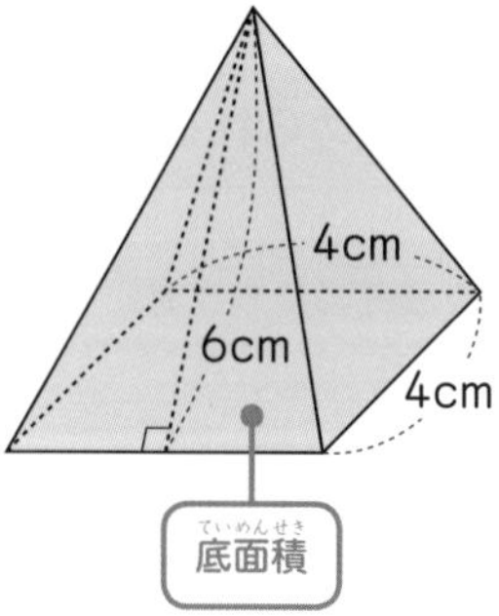

答え　$64cm^2$

もっとくわしく

側面積は側面全体の面積。また，表面積は，展開図の面積と同じ。

練習問題

解答▶ 別冊…P.71

215 右の四角すいは，底面が正方形で，4つの側面はどれも合同な二等辺三角形です。この四角すいの表面積を求めなさい。

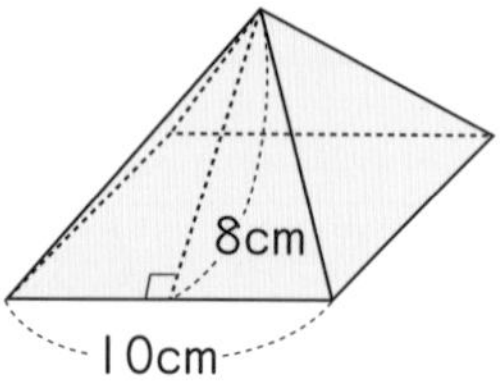

中学入試対策

28 円すいの表面積

右図は，ある円すいの展開図です。この円すいの表面積は何cm^2ですか。ただし，円周率は3.14とします。（大妻中野中）

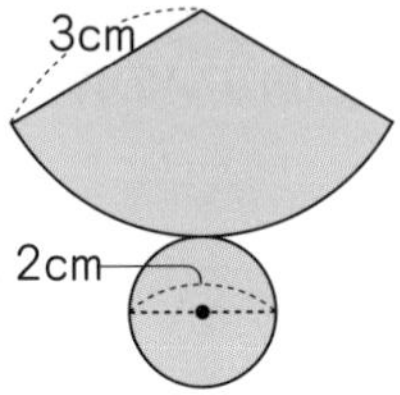

考える手順 側面積は公式を使って求める。

解き方

側面積＝母線×底面の半径×円周率

だから，3×(2÷2)×3.14

表面積＝側面積＋底面積より，

3×(2÷2)×3.14＋(2÷2)×(2÷2)×3.14

＝3×3.14＋3.14＝12.56(cm^2)

別の解き方

「側面積＝母線×母線×円周率×$\frac{中心角}{360°}$」を使う。

$\frac{中心角}{360°}=\frac{2÷2}{3}=\frac{1}{3}$だから，

$3×3×3.14×\frac{1}{3}+1×1×3.14=12.56(cm^2)$

答え 12.56cm^2

もっとくわしく

$\frac{中心角}{360°}=\frac{底面の半径}{母線}$の関係を使う。

練習問題

解答▶ 別冊…P.72

216 図のような展開図を組み立ててできる立体について，次の問いに答えなさい。ただし，円周率は3.14とする。

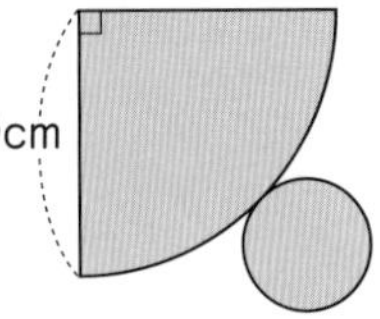

(1) 組み立ててできる立体を何といいますか。

(2) 底面の円の半径は何cmですか。

(3) 展開図の面積は何cm^2ですか。

（相模女子大学中学部）

29 角すいの体積

中学入試対策

右の四角すいの底面は正方形です。この四角すいの体積を求めなさい。

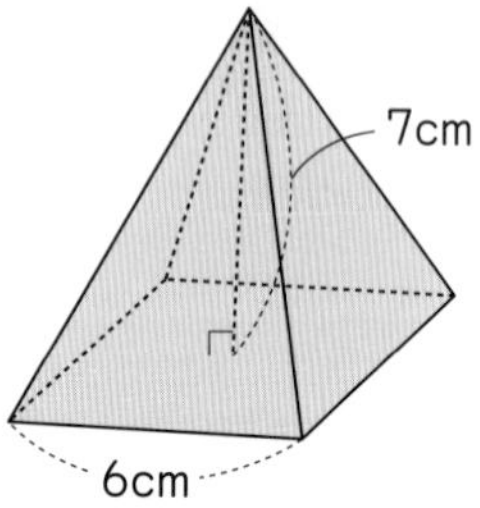

考える手順 角すいの体積＝底面積×高さ÷3の公式を使う。

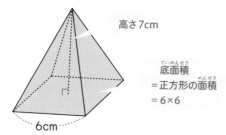

解き方

角すいの体積＝底面積×高さ÷3だから，

$6\times6\times7\div3=84(cm^3)$

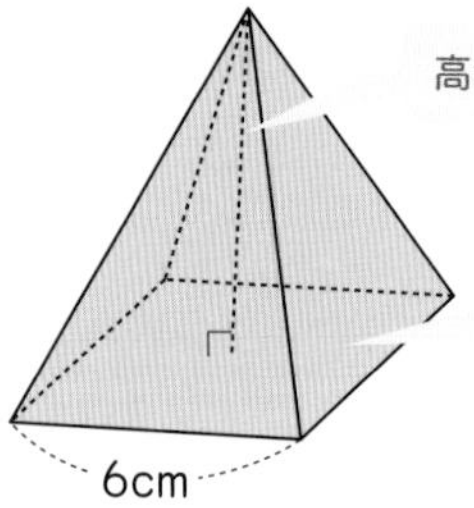

答え $84cm^3$

もっとくわしく

底面が合同で，高さが等しい角すいと角柱では，

角すいの体積＝角柱の体積÷3

練習問題

解答▶ 別冊…P.72

217 右の四角すいの底面は正方形です。この四角すいの体積を求めなさい。

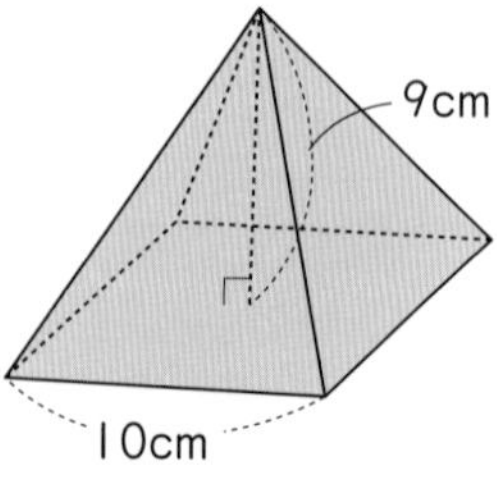

中学入試対策

30 円すいの体積

右の円すいの体積を求めなさい。ただし，円周率は3.14とします。

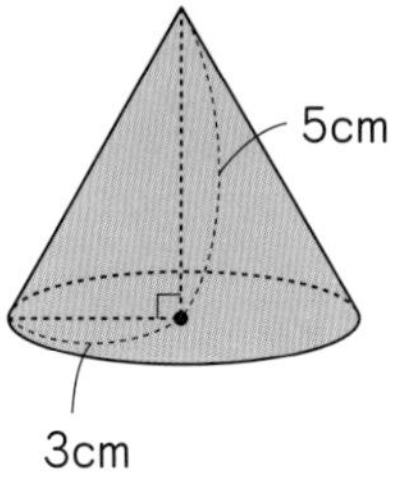

考える手順 円すいの体積＝底面積×高さ÷3の公式を使う。

解き方

円すいの体積＝底面積×高さ÷3だから，

$3 \times 3 \times 3.14 \times 5 \div 3 = 47.1\ (\mathrm{cm}^3)$

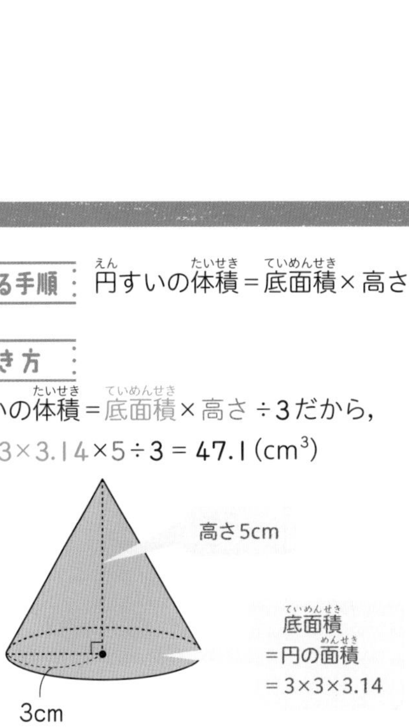

もっとくわしく

底面が合同で，高さが等しい円すいと円柱では，

円すいの体積＝円柱の体積÷3

答え $47.1\mathrm{cm}^3$

練習問題

解答▶ 別冊…P.72

218 右の円すいの体積を求めなさい。ただし，円周率は3.14とします。

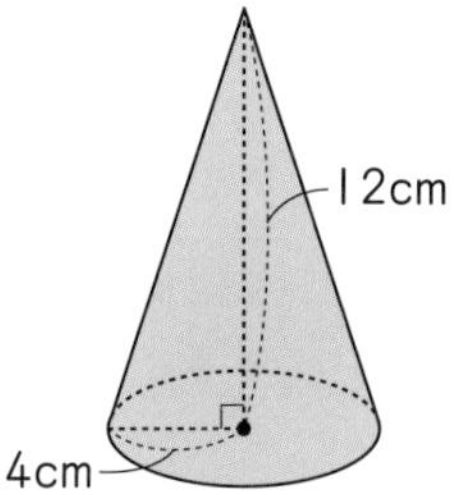

9 回転体

立体の特ちょうの一つです。

回転体

回転体 平面図形を，ある直線を軸として1回転させてできる立体を回転体という。

見て理解！

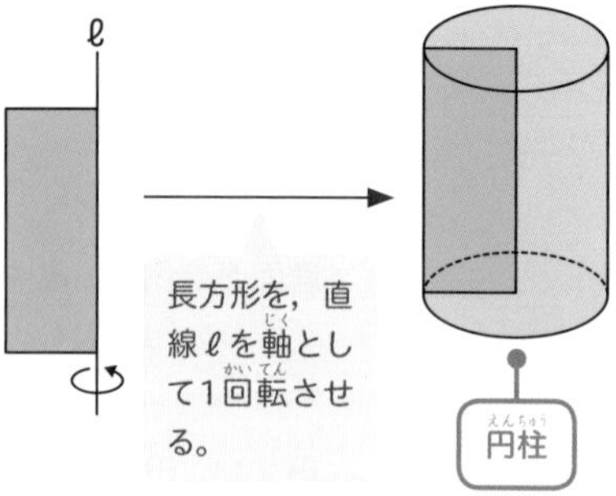
ℓ
長方形を，直線ℓを軸として1回転させる。
円柱

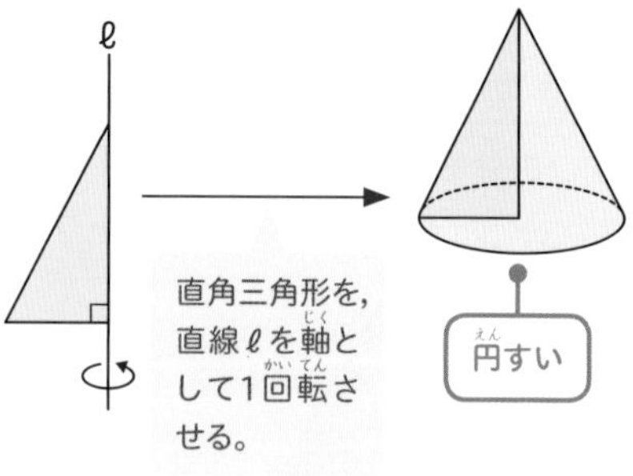
ℓ
直角三角形を，直線ℓを軸として1回転させる。
円すい

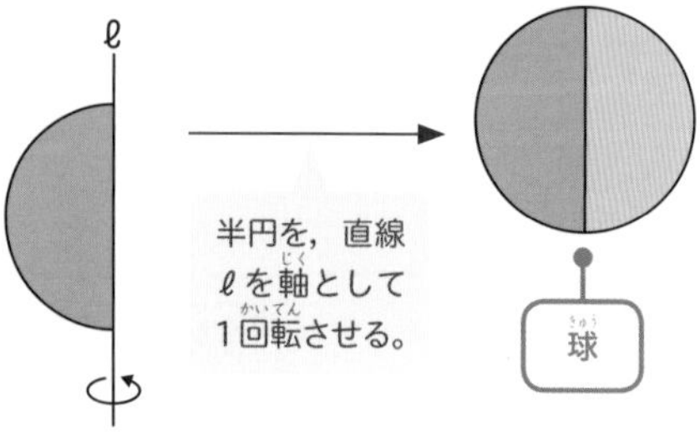
ℓ
半円を，直線ℓを軸として1回転させる。
球

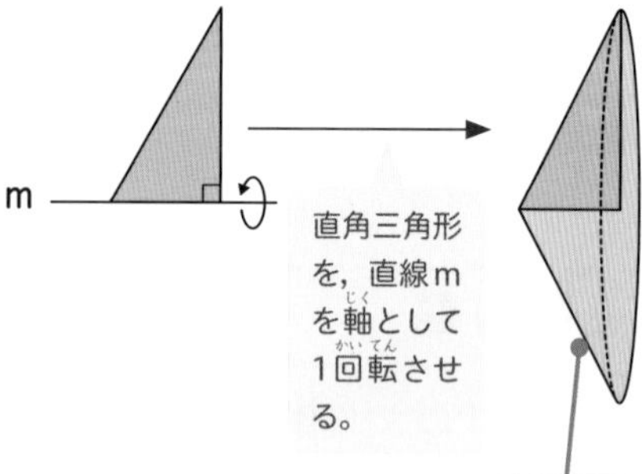
m
直角三角形を，直線mを軸として1回転させる。
円すい

ここが大切
・同じ図形でも，軸とする直線が変わると，できる立体も変わることに注意する。

31 回転体

中学入試対策

右の図の長方形を，直線ＡＢのまわりに１回転させたときにできる立体の表面積は何cm^2ですか。

（品川女子学院中等部）

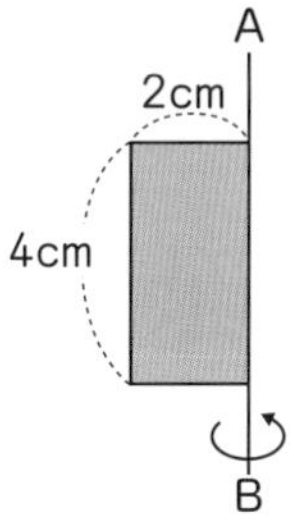

考える手順　どんな立体ができるかを考える。

解き方

図のような円柱ができる。

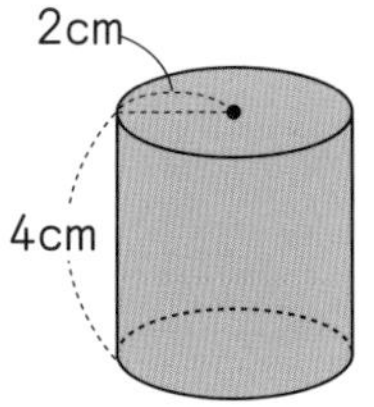

側面積
＝高さ×底面の周の長さ

円柱の表面積＝側面積＋底面積×２より，

$4\times2\times2\times3.14+2\times2\times3.14\times2$

$=(16+8)\times3.14=24\times3.14=75.36(cm^2)$

答え　$75.36cm^2$

入試のポイント

入試では，回転させる図形が，複雑な形のことも多い。
できる立体の見取図をかいて，確認しよう。

練習問題

解答▶ 別冊…P.72

219 右の図で，ℓを軸として1回転してできる立体の体積は，何cm^3ですか。　（横浜富士見丘学園中）

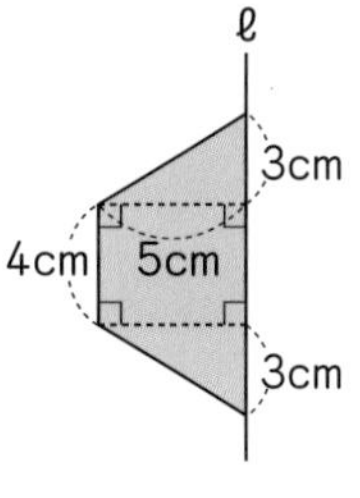

10 投影図

立体を平面に表す方法の一つです。

投影図

投影図 立体を，真上から見た図と正面から見た図で表した図を投影図という。真上から見た図を平面図，正面から見た図を立面図という。また，平面図と立面図だけではわからないとき，真横から見た図(側面図)を加えることもある。

見て理解!

四角すい

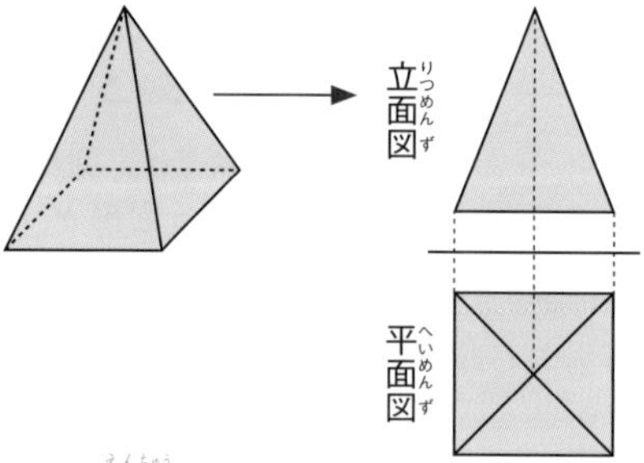

三角柱

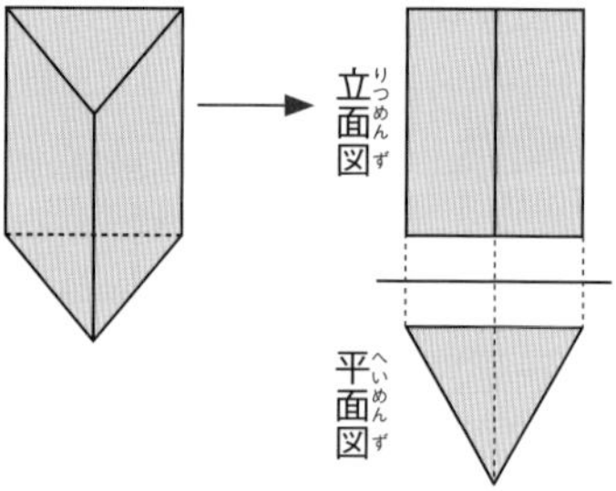

円柱

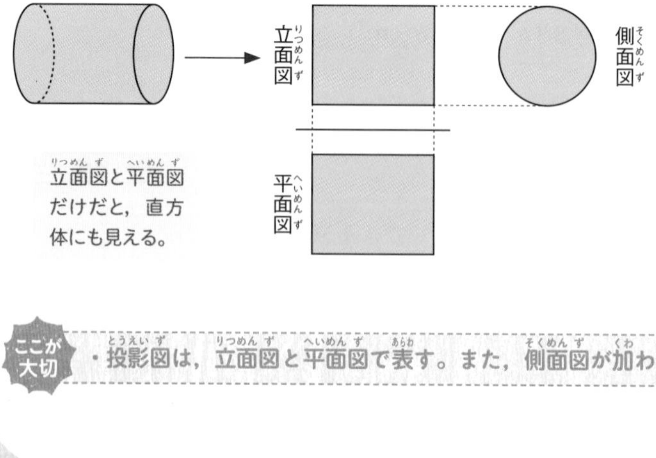

側面図を加えると円柱であることがわかる。

立面図と平面図だけだと，直方体にも見える。

ここが大切
・投影図は，立面図と平面図で表す。また，側面図が加わることもある。

中学入試対策

32 投影図

右の図は，ある立体を正面から見た図(上側)と真上から見た図(下側)です。この立体の体積は何 cm^3 ですか。　(東京家政学院中)

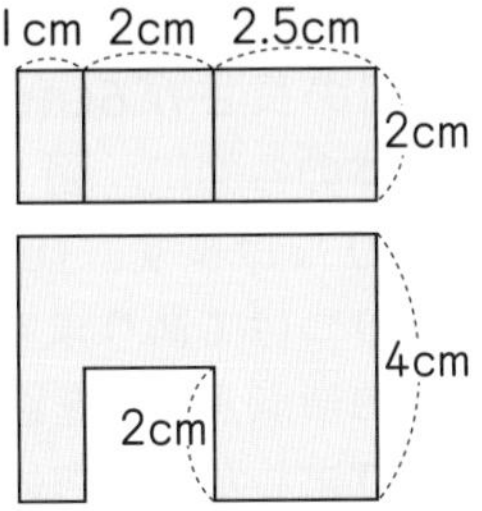

考える手順　立体の見取図をかく。

解き方

問題の図から見取図をかくと左下の図のようになる。大きい直方体の体積から，小さい立方体の体積をひく。

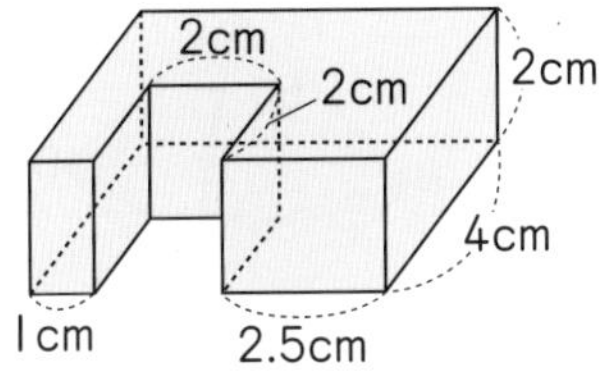

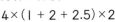

$4\times(1+2+2.5)\times2$
$-2\times2\times2$
$=36(cm^3)$

つまずいたら
体積の求め方の工夫について知りたい。
P.233

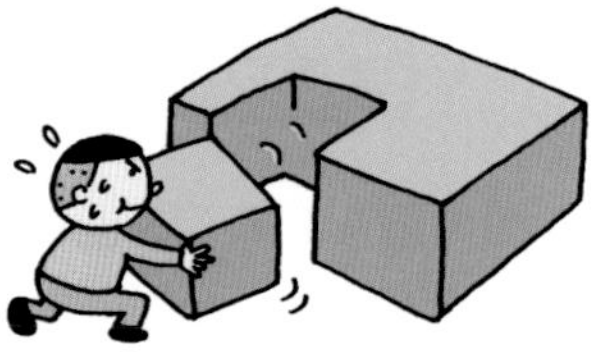

答え　$36cm^3$

練習問題

解答▶ 別冊…P.72

220 1辺の長さが1cmの立方体を何個か，面と面をはり合わせて1つの立体を作りました。この立体を真上，真正面，真横から見たところ，図のようになりました。この立体は，立方体を何個はり合わせて作られたものか答えなさい。　(浦和明の星女子中)

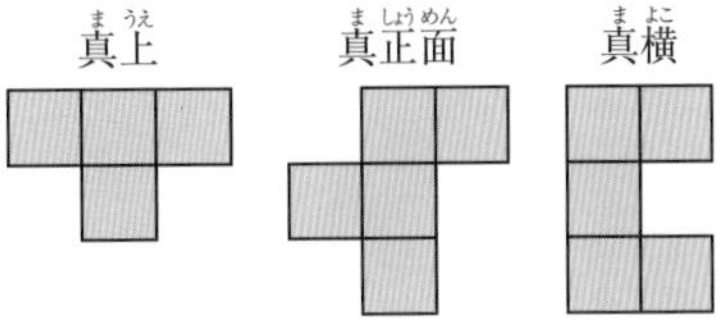

まとめの問題

解答▶別冊…P.150

133 1辺の長さが6cmの立方体があります。その立方体の各面に，図1の正四角すいを図2のようにはりつけます。（図2は，2つの面に対してだけはりつけてあります。）このとき，2つの正四角すいの頂点A，Bを通る直線と立方体の辺CDが交わりました。立方体の6つのすべての面に図1の正四角すいをはりつけて新しい立体㋐を完成させるとき，次の各問いに答えなさい。

(1) 立体㋐は図2の四角形ACBDと同じ形の四角形から作られます。立体㋐には，この四角形がいくつありますか。

(2) 立体㋐の体積を求めなさい。 （栄東中）

図1

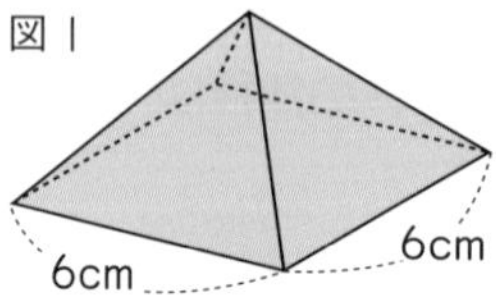

図2

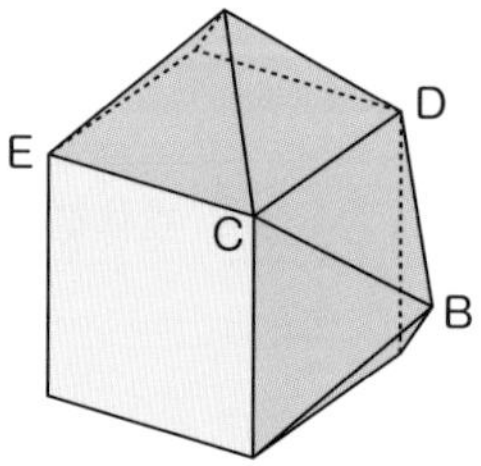

134 右図のような各面が正三角形でできた立体（正八面体）ABCDEFがあり，BD＝6cmです。このとき，次の各問いに答えなさい。ただし，円周率は3.14として計算しなさい。また，円すい，角すいの体積は，（底面積）×（高さ）÷3で求められます。

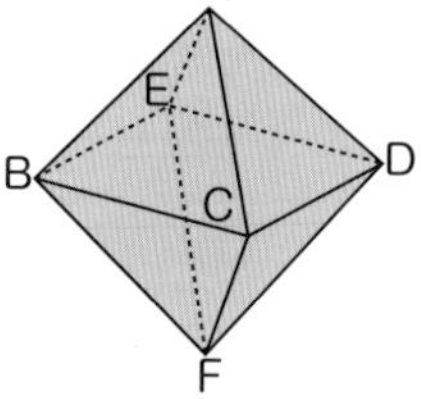

(1) 立体（正八面体）ABCDEFの体積を求めなさい。

(2) AFを軸として，四角形AEFCを回転したときにできる立体の体積を求めなさい。 （巣鴨中）

135 右の図の直角三角形を，辺ABを軸として回転させてできる立体の表面積と，辺BCを軸として回転させてできる立体の表面積を最も簡単な整数の比で表しなさい。 （香蘭女学校中等科）

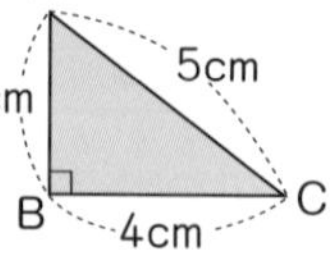

よくでる

136 右の図形を直線ℓの周りに１回転させてできる立体について，次の問いに答えなさい。

(1) この立体の見取図をかきなさい。

(2) この立体の体積を求めなさい。　（立正中）

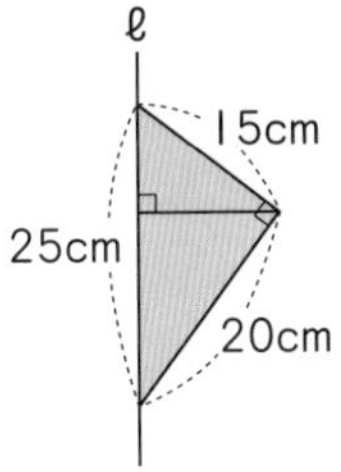

よくでる

137 直線ℓを軸として，右の図形を１回転させてできる立体の表面積を求めなさい。ただし，円周率は3.14とします。　（早稲田実業学校中等部）

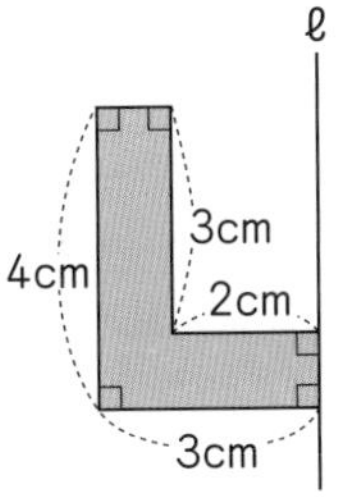

138 体育館の模型を作りました。図１は，模型を正面から見た図で，図２は，模型を真横（➡の方向）から見た図です。この模型を真上から見た図を右下にかきなさい。　（お茶の水女子大附属中）

図１　正面から見た図

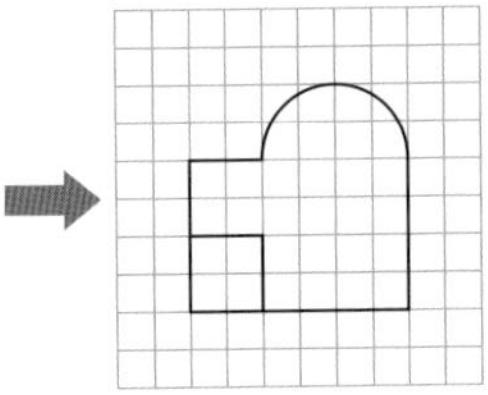

図２　真横から見た図

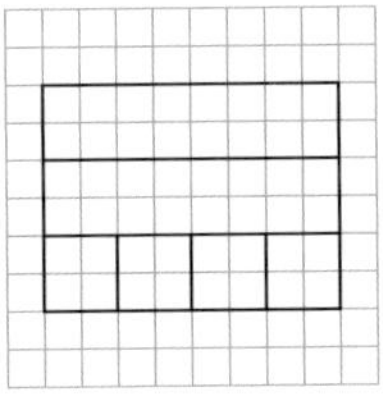

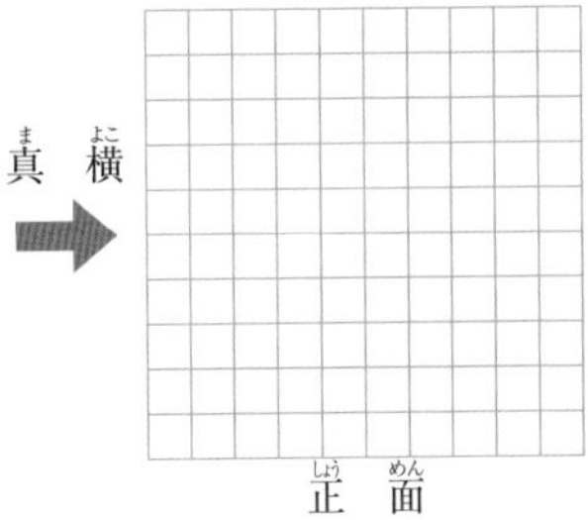

139 右の図は，ある立体を真正面，真上，真横の３方向から見た図です。この立体の表面積を答えなさい。　（国府台女子学院中学部）

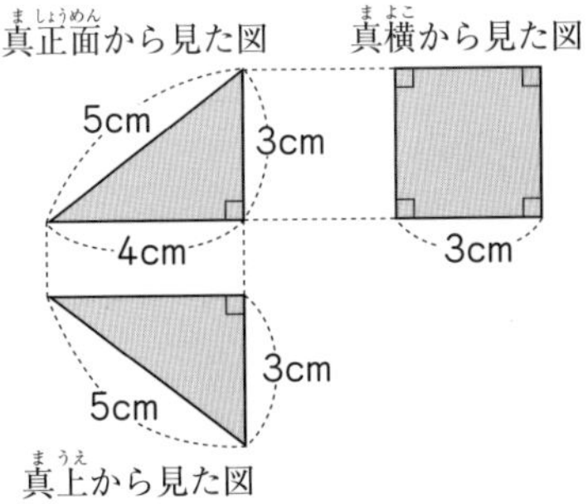

11 ひもとまきつけ・最短きょり

立体にまきつけたひもの長さの求め方を学びます。

ひものまきつけ・最短きょり

ひものまきつけ・最短きょり 立体にひもをまきつけたとき，最も短い長さは，展開図でひもの両はしの点を結ぶ直線の長さになる。

見て理解！

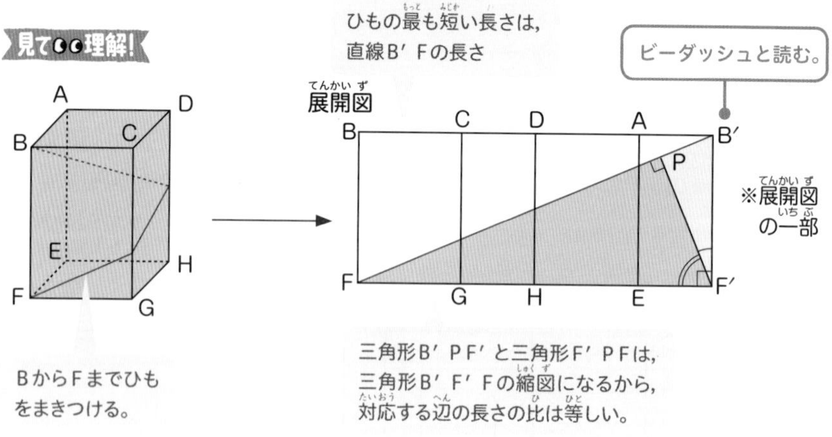

A
D
B
C
E
H
F
G
Bから F までひもをまきつける。
ひもの最も短い長さは，直線B′Fの長さ
ビーダッシュと読む。
展開図
B
C
D
A
B′
P
F
G
H
E
F′
※展開図の一部
三角形B′PF′と三角形F′PFは，三角形B′F′Fの縮図になるから，対応する辺の長さの比は等しい。

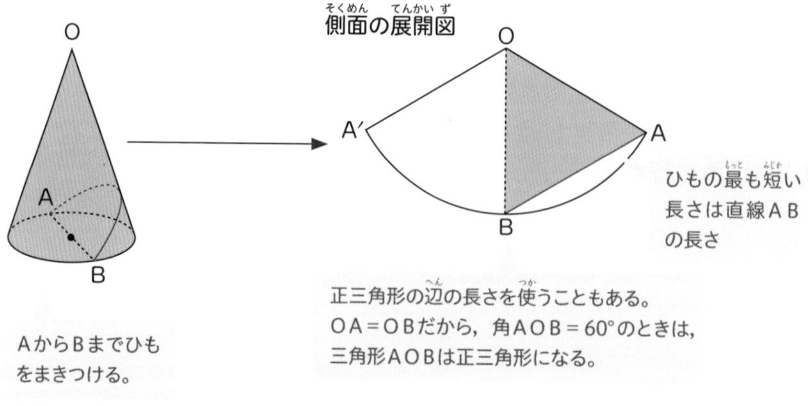

O
A
B
AからBまでひもをまきつける。
側面の展開図
O
A′
A
B
ひもの最も短い長さは直線ABの長さ
正三角形の辺の長さを使うこともある。
OA＝OBだから，角AOB＝60°のときは，三角形AOBは正三角形になる。

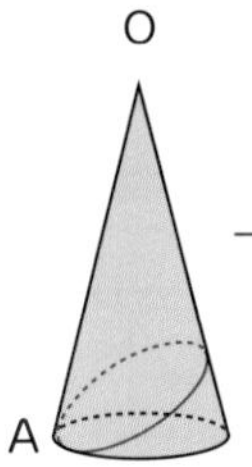

AからAまでひもをまきつける。

側面の展開図

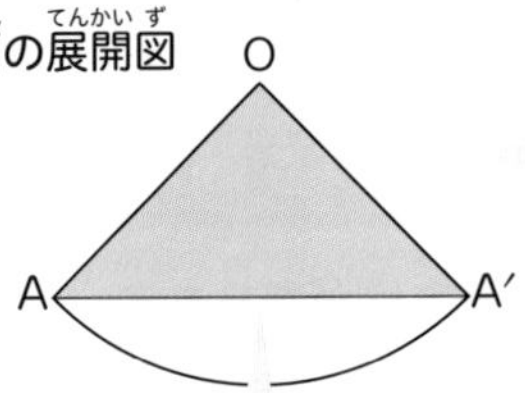

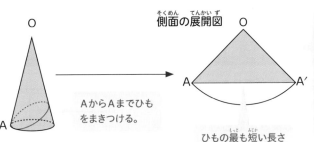

ひもの最も短い長さは直線AA′の長さ

直角二等辺三角形の辺の長さを使うこともある。OA＝OA′だから，角AOA′＝90°のときは，三角形AOA′は直角二等辺三角形になる。

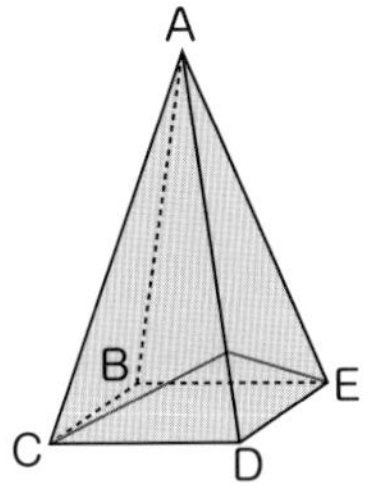

CからEまでひもをまきつける。

展開図

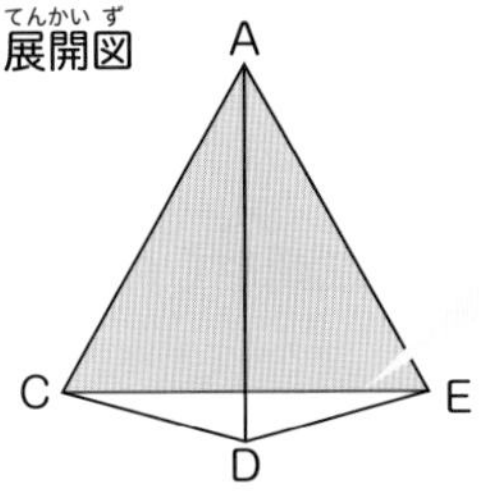

※展開図の一部

ひもの最も短い長さは直線CEの長さ

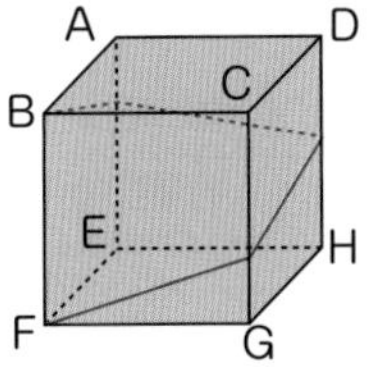

BからFまでひもをまきつける。

展開図

ひもをかき入れる。

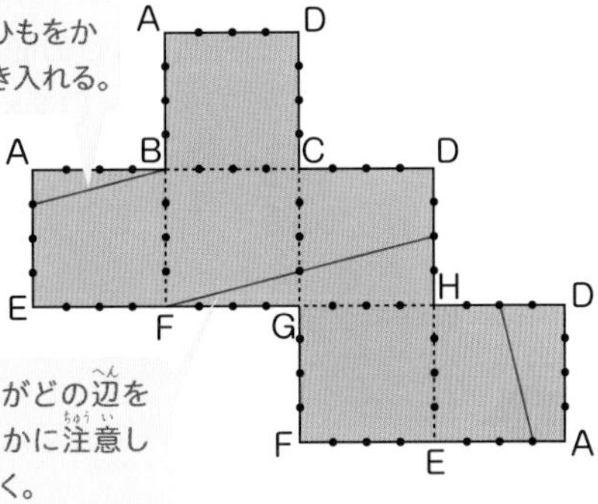

ひもがどの辺を通るかに注意してかく。

ここが大切 ・立体にひもをまきつけたとき，最も短い長さは展開図で直線になる。

中学入試対策

33 ひものまきつけ・最短きょり①

右の図のような直方体があります。ひもを頂点Eから辺AD，辺BCを通って頂点Gまでまきつけます。ひもの長さが最も短くなるとき，ひもの長さは何cmですか。

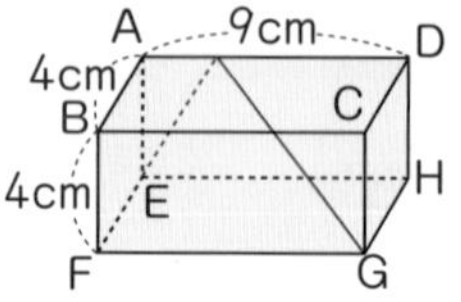

考える手順 展開図で考える。

解き方

左下の展開図の一部の図で，三角形ＥＰＦは三角形ＥＦＧの縮図だから，

ＥＰ：ＰＦ＝ＥＦ：ＦＧ＝12：9＝4：3

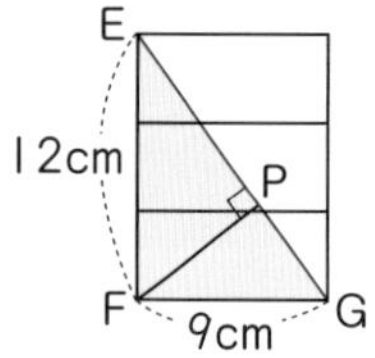

また，三角形ＦＰＧも三角形ＥＦＧの縮図だから，ＦＰ：ＰＧ＝4：3

よって，

ＥＰ：ＦＰ：ＰＧ＝16：12：9

$=(16\times x):(12\times x):(9\times x)$

三角形ＥＦＧの面積を2通りに表すと，

$9\times12\div2=\{(16+9)\times x\}\times(12\times x)\div2$

$x\times x=\dfrac{9}{25}=\dfrac{3\times3}{5\times5}$，$x=\dfrac{3}{5}$となる。

よって，ＥＧ＝$25\times\dfrac{3}{5}$＝15(cm)

答え 15cm

入試のポイント

ひもの長さが最も短くなるときの長さは，展開図で考える。

もっとくわしく

ＥＰ：ＰＦ＝4：3
＝16：12
ＦＰ：ＰＧ＝4：3
＝12：9より，
ＥＰ：ＦＰ：ＰＧ
＝16：12：9

練習問題

解答▶ 別冊…P.73

221 右の図のような直方体があります。ひもを頂点Aから辺ＢＣを通って頂点Ｇまでまきつけます。ひもの長さが最も短くなるとき，このひもの長さを1辺とする正方形の面積を求めなさい。

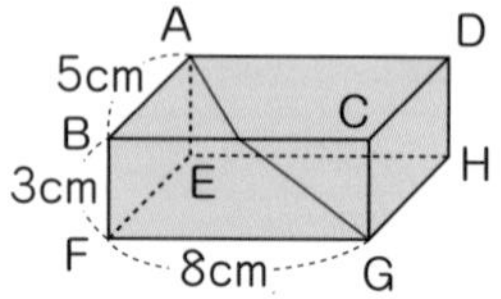

34 ひものまきつけ・最短きょり②

中学入試対策

右の図のような側面が合同な二等辺三角形の三角すいがあります。側面の三角形の等しい2辺の長さは9cm，その2辺がはさむ角は15°です。今，ひもを頂点Bから辺AC，辺AD，辺ABを通って頂点Cまでまきつけます。ひもの長さを最も短くするようにまきつけたとき，頂点Bから辺ADまでのひもの長さは何cmですか。　（和洋国府台女子中）

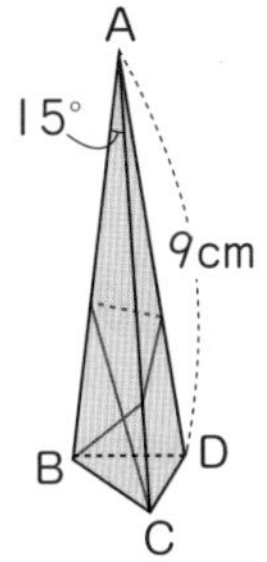

考える手順　側面の展開図に三角形ＡＢＣを加えて考える。

解き方

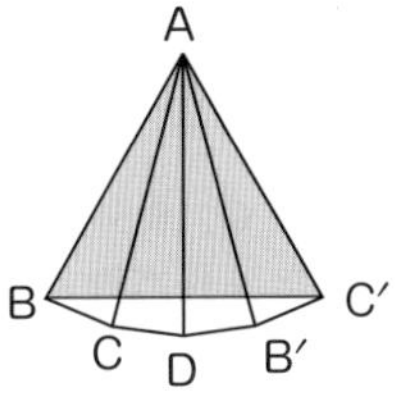

側面の展開図に三角形ＡＢＣを１つ加える。

ＡＢ＝ＡＣ′，

角ＢＡＣ′＝15°×4＝60°より，色をつけた三角形ＡＢＣ′は正三角形だから，ＡＢ＝ＢＣ′

求めるひもの長さは，

9÷2＝4.5(cm)

つまずいたら
三角形の種類と性質について知りたい。
➡ P.141

答え　4.5cm

練習問題

解答▶ 別冊…P.73

222 右の図のように，四角すいA－BCDEがあります。底面は1辺の長さが30cmの正方形で，側面はすべて2辺の長さが25cmの二等辺三角形です。今，点Bから辺AC上を通り，点Dまで糸を張ります。糸の長さが最も短いとき，糸の長さは何cmですか。ただし三角形ＡＢＣで辺ＢＣを底辺としたときの高さは20cmです。　（東邦大付属東邦中）

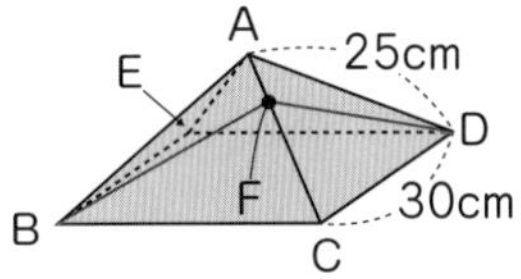

12 立体図形の切断

立体図形を切断したときの切断面の形などを学びます。

切断面の形

立方体の切断面の形　二等辺三角形，正三角形，長方形，正方形，台形，ひし形，五角形，正六角形などができる。

見て👀理解！

二等辺三角形

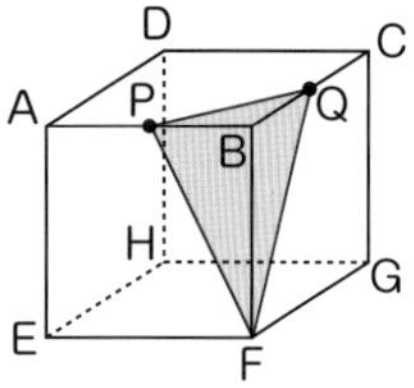

正三角形

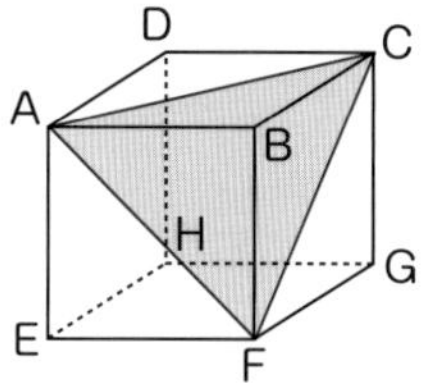

台形

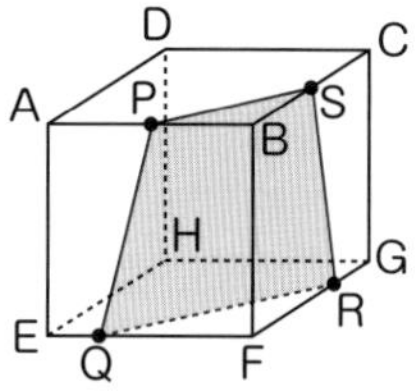

※ＢＰ＝ＦＱ，ＢＳ＝ＦＲのときは長方形（さらにＰＳ＝ＰＱならば正方形）になる。

ひし形

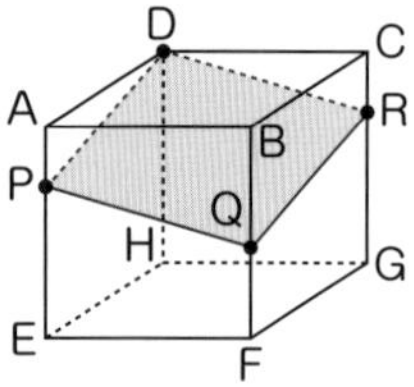

五角形

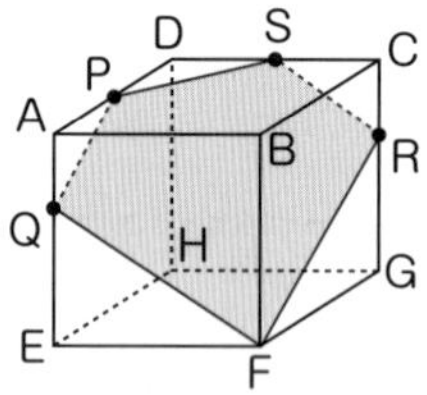

正六角形

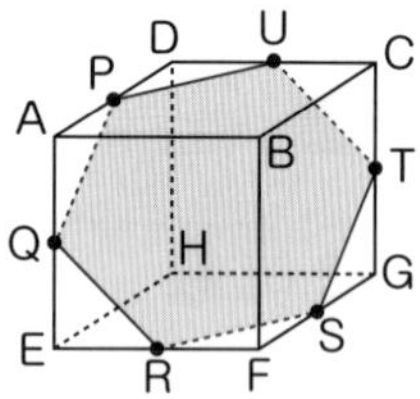

ここが大切　・切断面は通る辺や頂点によって，いろいろな形になる。

円柱や円すいの切断面の形　円柱や円すいを底面に平行な面で切ると，円ができる。

体積

切断してできた立体の体積

見て👀理解!

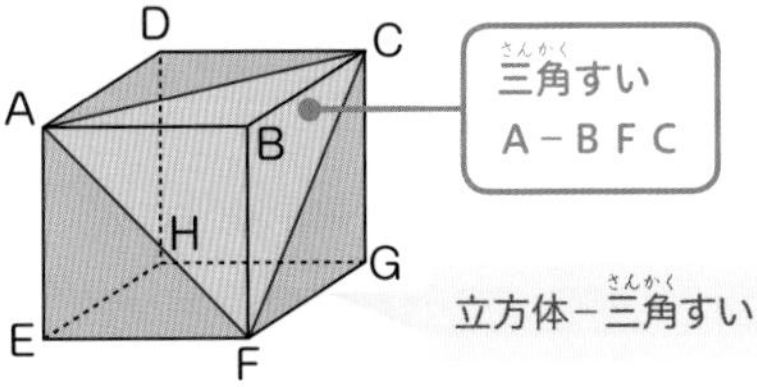

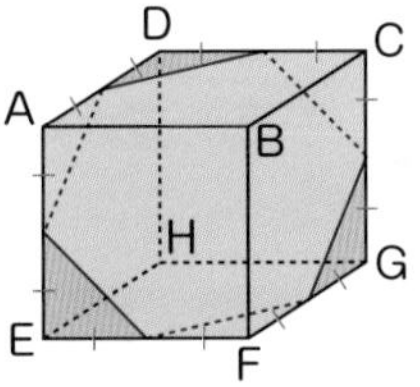

左のように切断されてできた2つの立体は同じ形で，体積も同じ。

重ねて求める体積

切断面がななめの立体の体積

2つ重ねて，角柱や円柱をつくる。

見て👀理解!

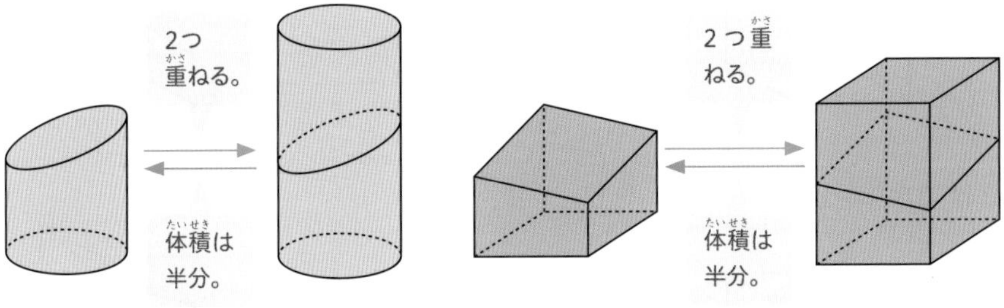

表面積

切断してできた立体の表面積

それぞれの面ごとに求めたり，展開図を利用したりする。

見て👀理解!

立方体から切り取った三角すい。

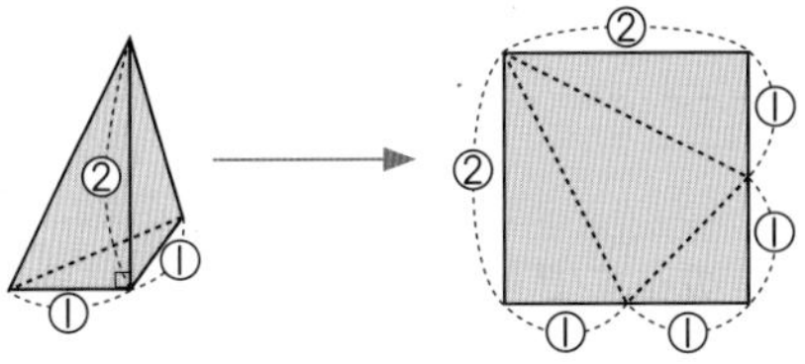

展開図は正方形になる。

35 切断面の形

中学入試対策

右の立方体を点Pを通る平面で切るとき，切り口の図形として現れるものを次の番号からすべて選びなさい。ただし，点Pは辺の真ん中の点です。

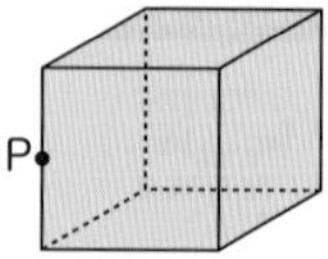

① 正三角形　② 正方形　③ 直角三角形
④ 五角形　⑤ 正六角形

（東京農業大第一高等学校中等部）

考える手順 切り口が通る辺や頂点を調べる。

解き方

切り口は図のようになる。
①，②，⑤の頂点は，それぞれの辺の真ん中を通る。

①
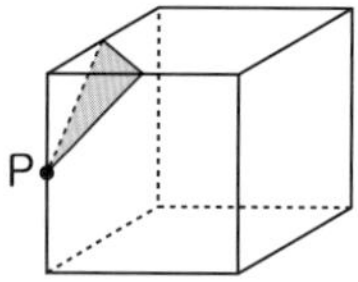

②
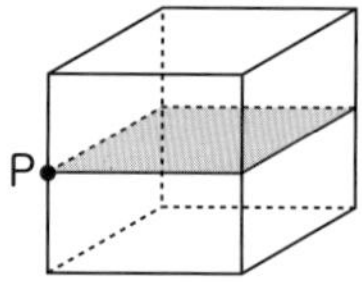

③はできない。

④
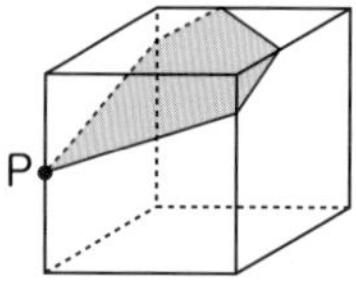

⑤
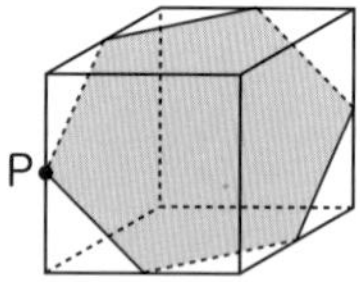

もっとくわしく

ほかにも，
二等辺三角形

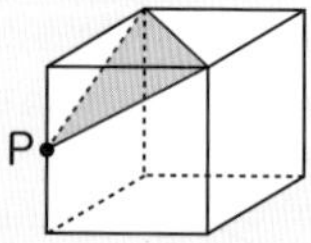

ひし形

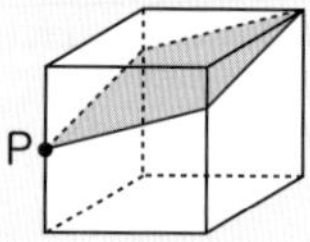

などが現れる。

答え ①，②，④，⑤

練習問題

解答▶ 別冊…P.73

223 立方体を1つの平面で切ってできる切り口のうち，最も角数の多いものは何角形ですか。

（明治学院中）

36 体積

中学入試対策

直方体から三角すいを切り取ったあとの立体の体積は何cm^3ですか。 (明治学院中)

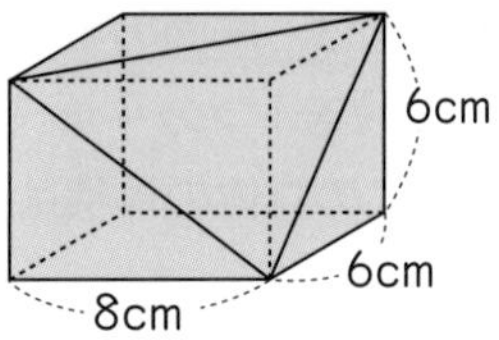

考える手順 直方体の体積から三角すいの体積をひく。

解き方

三角すいの体積は，直角三角形の面を底面とみて求める。

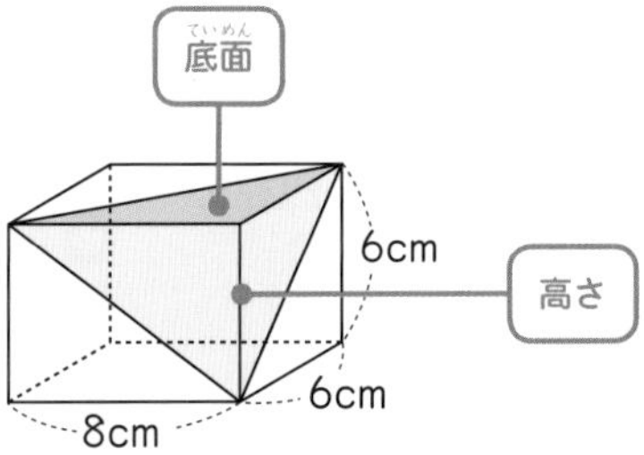

$6 \times 8 \times 6 - 6 \times 8 \div 2 \times 6 \div 3 = 240(cm^3)$

答え $240cm^3$

もっとくわしく

この三角すいの体積は，どの直角三角形の面を底面とみて求めてもよい。

練習問題

解答▶ 別冊…P.73

(224) 右の図のような直方体と点P，Q，R，Sがあります。APは6cm，BQは3cm，CRは6cm，DSは6cmとします。この直方体をP，Q，Fを通る平面，Q，R，Gを通る平面，R，S，Hを通る平面，S，P，Eを通る平面で切ります。このとき，四角形EFGHをふくむ立体の体積は何cm^3ですか。 (西武学園文理中)

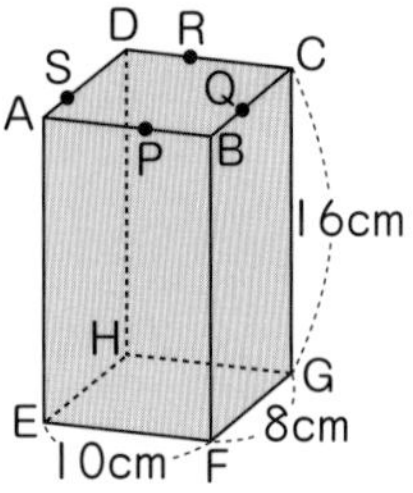

中学入試対策

37 重ねて求める体積

右の図は，底面の半径が4cm，高さが12cmの円柱を1つの平面で切ってできる立体です。この立体の体積は何cm³ですか。

（佼成学園中）

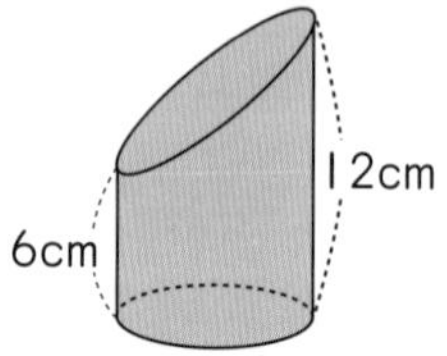

考える手順　同じ立体を2つ重ねて円柱をつくる。

解き方

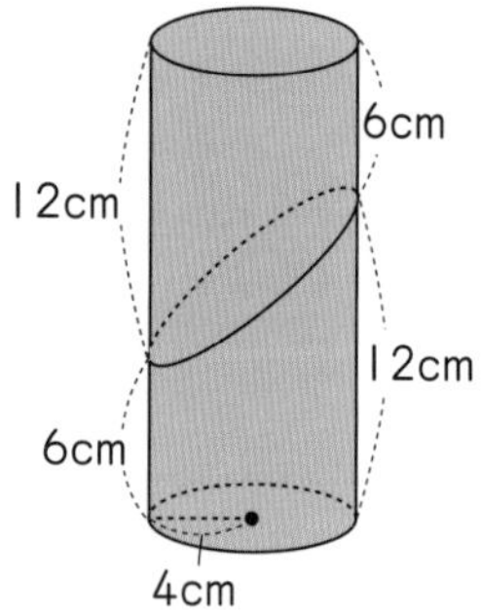

同じ立体を2つ重ねると，図のように底面の半径が4cm，高さが6＋12＝18(cm)の円柱ができる。求める体積は，この円柱の体積の半分である。

$4 \times 4 \times 3.14 \times 18 \div 2$
$= 452.16(\text{cm}^3)$

答え　452.16(cm³)

つまずいたら
円柱の体積の求め方が知りたい。
➡ P.233

ミス注意！
2でわることを忘れない。

練習問題

解答▶ 別冊…P.74

225 右の立体の体積を求めなさい。
（底面は正方形）　（日本大学豊山中）

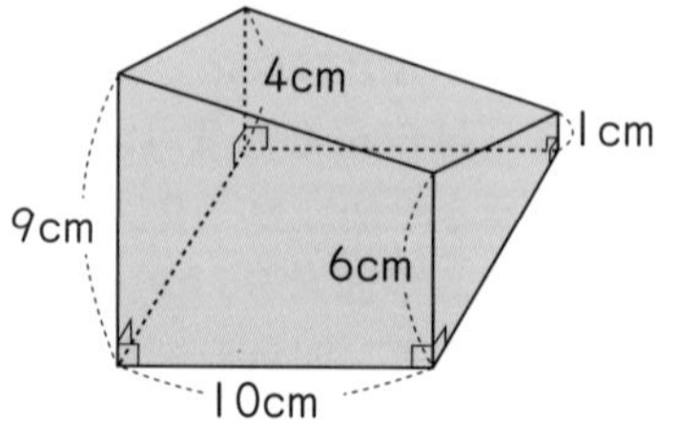

38 表面積

中学入試対策

図のような1辺の長さが8cmの立方体ABCD－EFGHがあります。辺ABの真ん中の点をP，辺BCの真ん中の点をQとします。この立体を，3点P，F，Qを通る平面で切るとき，小さい方の立体の表面積を求めなさい。

(日本大学第一中)

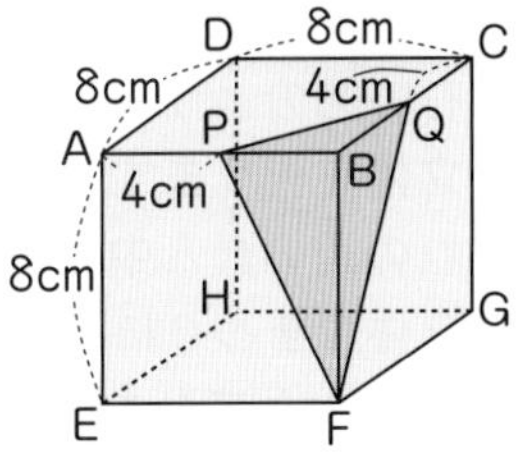

考える手順 小さい方の立体の展開図をかく。

解き方

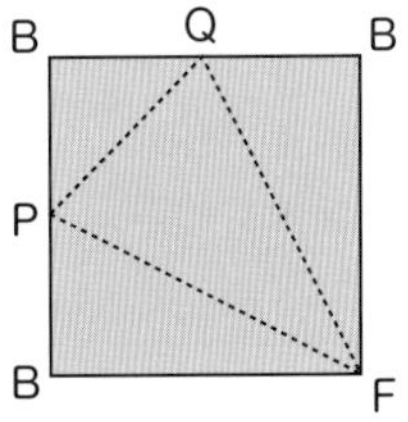

小さい方の立体は三角すいで，展開図は正方形になる。

$8 \times 8 = 64 (cm^2)$

答え $64cm^2$

つまずいたら
角すいの表面積について知りたい。
➡ P.400

練習問題

解答▶ 別冊…P.74

226 次の問いに答えなさい。円周率は3.14を用いなさい。

(1) 図1の形をした円柱があります。底面の円の半径は10cm，高さは20cmです。この円柱の体積と表面積を求めなさい。

(2) 図1の円柱を，点Oを通り底面に垂直な平面で2回，底面に平行な平面で1回切って，8個の同じ立体に分けました。図2は切った部分を点線で表したものです。このとき，切り分けたうちの1個の立体の表面積を求めなさい。

(大妻中野中)

図1

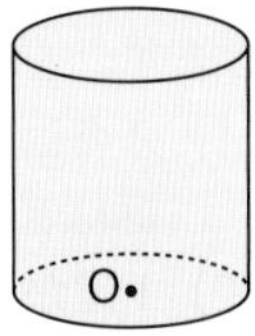

図2

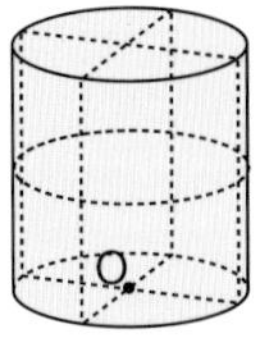

まとめの問題

解答▶別冊…P.153

140 右の図のような1辺12cmの正三角形を点線で折り，立体を作ります。点A，B，Cはできた立体のそれぞれの辺の真ん中の点です。この3つの点を通るように立体のまわりにひもをかけて結ぶとき，結び目に8cm使うとしてひもの長さは最低何cm必要ですか。

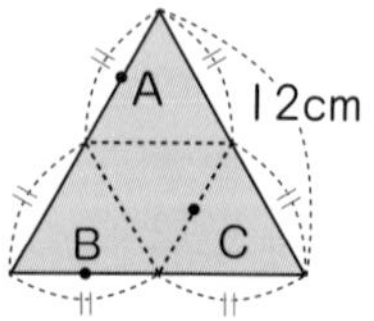

（立教女学院中）

141 5種類の立体A，B，C，D，Eは①円すい，②三角すい，③四角すい，④円柱，⑤立方体のいずれかです。この立体の切り口について，以下のことがわかっているとき，次の問いに答えなさい。

ア　Aをある平面で切断すると，切り口は円になった。
イ　Bをある平面で切断すると，切り口は四角形になった。
ウ　B，C，Dをある平面で切断すると，切り口は三角形になった。
エ　A，Eをどの面で切断しても，切り口は六角形にはならなかった。
オ　D，Eをある平面で切断すると，切り口は五角形になった。

(1) ①～⑤の中で切り口が三角形になるものすべてを番号で答えなさい。
(2) ①～⑤の中で切り口が五角形になるものすべてを番号で答えなさい。
(3) 立体A～Eを①～⑤の番号で答えなさい。

（昭和学院秀英中）

よくでる

142 右のような立方体があります。辺上の点L, M, Nはそれぞれ辺AD，AE，CDを2等分する点とします。このとき，次の各問いに答えなさい。
(1) 3点L，M，Nを通る平面で切断するとき，切断面はどのような図形になりますか。
(2) 1辺が4cmの立方体を(1)のように切断したとき，頂点Bをふくむ立体の体積を求めなさい。

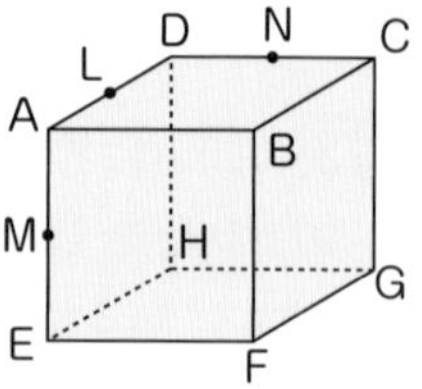

（山手学院中）

143 右の図は，１辺が6cmの立方体で，点Ｉ，Ｊは辺ＣＧを３等分する点です。このとき次の各問いに答えなさい。

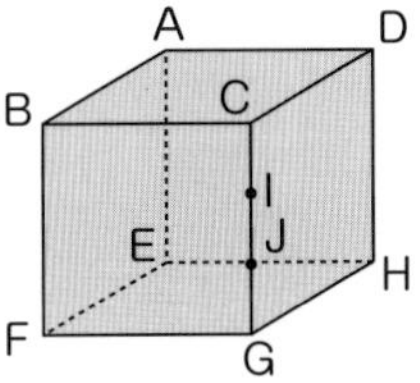

(1) 立方体を３点Ｂ，Ｄ，Ｊを通る平面で切るとき，切り取られる三角すいの体積を答えなさい。

(2) 立方体を３点Ｂ，Ｊ，Ｈを通る平面で切るときにできる切り口の形はどのような形になるか答えなさい。

(3) 立方体を３点Ａ，Ｂ，Ｉを通る平面で切るときにできる２つの立体のうち，体積の小さい方の立体の体積を答えなさい。

（自修館中等教育学校）

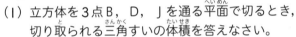

144 右の図は，底面の半径が10cmの円柱を平らな面でななめに切ったものです。切り口の一番低い部分の高さは8cmで，体積は3454cm^{3}でした。切り口の一番高い部分の高さは何cmですか。ただし，円周率は3.14とします。

（星野学園中）

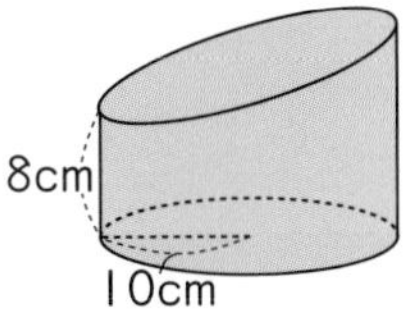

145 右の図は直方体をある平面で切断してできた立体です。

(1) ア は何cmですか。

(2) 立体の体積は何cm^{3}ですか。

（相模女子大学中学部）

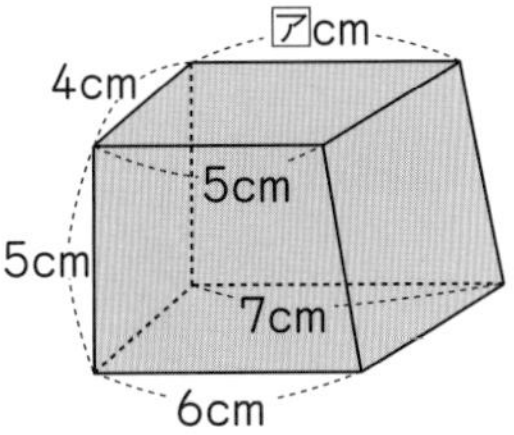

146 １辺の長さが6cmの立方体を，右の図の３点Ａ，Ｂ，Ｃを通る平面で切りました。点Ｂ，Ｃはそれぞれの辺の真ん中の点です。

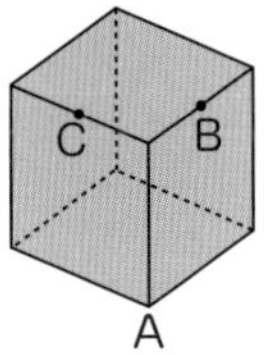

(1) 切り取ってできる三角すいの展開図は，全体で正方形になるようにできます。右下の正方形に３点Ａ，Ｂ，Ｃをかき入れなさい。

(2) 切り口の三角形ＡＢＣの面積は何cm^{2}ですか。

(3) 三角すいを取り除いた残りの立体の表面積は何cm^{2}ですか。

(4) 三角すいを取り除いた残りの立体の体積は何cm^{3}ですか。

（カリタス女子中）

1 和差算

2つの数量の和と差から，それぞれの数量を求める方法を学びます。

和差算

和差算 2つの数量の和と差から，それぞれの数量を求める。

(大)＋(小)＝和
(大)－(小)＝差
→ 和と差から(大)と(小)の値を求める。

和差算の公式

(和＋差)÷2＝(大)　　和－(大)＝(小)
　　　　　　　　　　(大)－差＝(小)
(和－差)÷2＝(小)　　和－(小)＝(大)
　　　　　　　　　　(小)＋差＝(大)

見て理解!

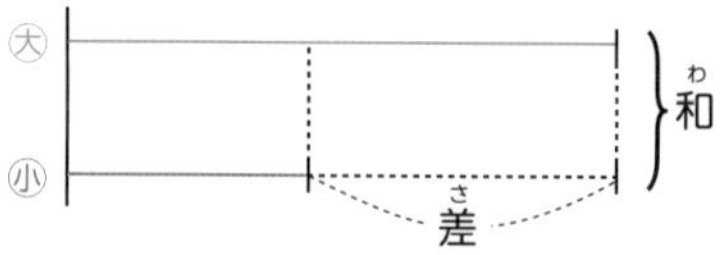

和や差がかくれているときは，和や差を見つけてから考える。

・AとBの平均が90 ⟶ AとBの和は90×2＝180

合計＝平均×個数

・長方形の周りの長さが80cm ⟶ 縦と横の長さの和は80÷2＝40(cm)

長方形の周りの長さ＝(縦＋横)×2

ここが大切

・(和＋差)÷2＝(大)
・(和－差)÷2＝(小)

3つの数の和差算

3つの数の関係を線分図で表して考える。

見て👀理解!

(大)にそろえると，

和＋a＋(a＋b)＝(大)×3

(大)と(中)の差　(大)と(小)の差

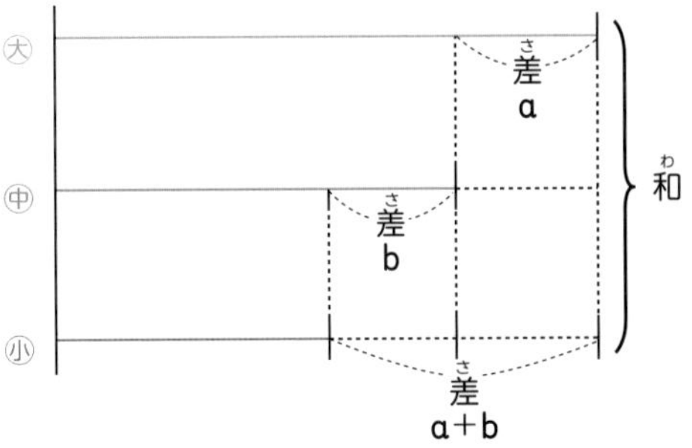

(中)にそろえると，

和－a＋b＝(中)×3

(大)と(中)の差　(中)と(小)の差

(大)と(小)の差のa＋bはかくれていることがあるので注意。

(小)にそろえると，

和－(a＋b)－b＝(小)×3

(大)と(小)の差　(中)と(小)の差

和と差がかくれた和差算

見て👀理解!

AとBが同じ方向に進む。

何周かした後AがBに追いつく。

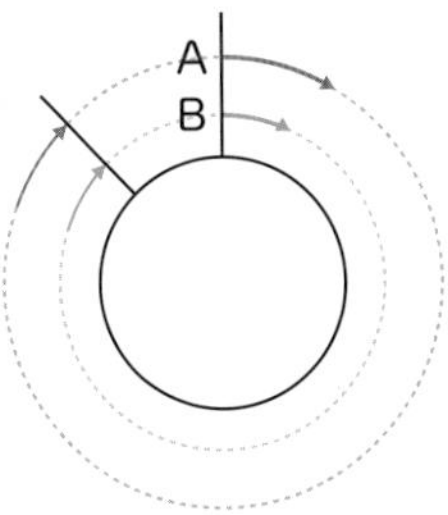

速さの差を考える。

AとBが反対方向に進む。

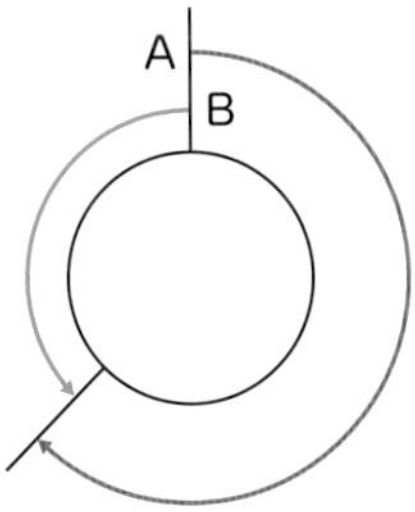

AとBが出会う。

速さの和を考える。

39 和差算①

中学入試対策

2つの数があります。その和は53で，差は19です。2つの数はそれぞれいくつですか。

考える手順　和差算の公式を使う。

解き方

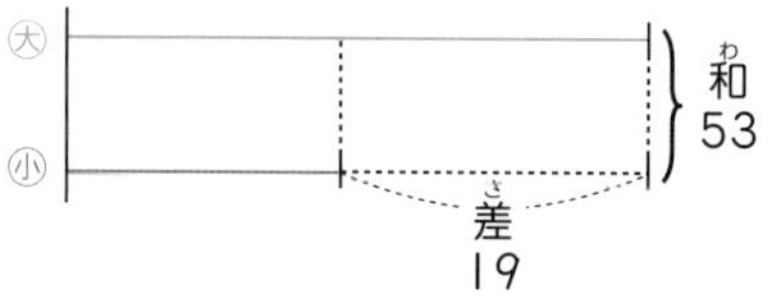

(和＋差)÷2＝大だから，(53＋19)÷2＝36
（53は和，19は差）

小さい方の数は，

53－36＝17　(36－19＝17でもよい。)

別の解き方

先に，(和－差)÷2＝小から，小さい方の数を求めてもよい。

(53－19)÷2＝17
（53は和，19は差）

53－17＝36　(17＋19＝36)

答え　36と17

もっとくわしく

大きい方の数，小さい方の数のどちらを先に求めてもよい。

ミス注意！

大きい方の数と小さい方の数のどちらを求めたのかに注意しよう。

練習問題

解答▶ 別冊…P.74

227 2つの数があります。その和は70で，差は34です。2つの数はそれぞれいくつですか。

228 兄と弟はあわせて5000円持っています。兄は弟より800円多く持っています。兄と弟は，それぞれ何円持っていますか。

中学入試対策

40 和差算②

あるテストで，A君とB君の得点の平均は70点で，A君の得点はB君の得点より26点高いです。A君の得点は何点ですか。

(関東学院六浦中)

考える手順 和がわかっていないから，合計＝平均×個数　から和を求める。

解き方

合計＝平均×個数　だから，A君とB君の得点の和は，

70×2＝140(点)

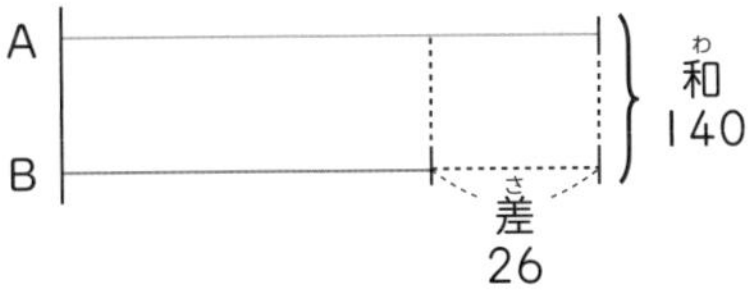

A君の得点は，

(140＋26)÷2＝83(点)
　和　　差

なお，B君の得点は，

140−83＝57(点)

答え A君83点

入試のポイント

入試では，和や差がかくれていることが多い。合計＝平均×個数などの関係から，かくれている和や差を求めてから，和差算の公式を使おう。

もっとくわしく

差の半分の増減を考えればよいので，
A君の得点
＝70＋26÷2＝83
B君の得点
＝70−26÷2＝57
と求めてもよい。

練習問題

解答▶ 別冊…P.75

(229) ある長方形の周囲の長さは60cmです。縦の長さよりも横の長さの方が6cm長いことがわかっています。縦の長さと横の長さの比を最も簡単な整数の比で答えなさい。

(自修館中等教育学校)

41 和差算③

中学入試対策

A, B, Cの3つの数があり, AはBより8大きく, BはCより6大きい。3つの数の和が80のとき, Bの数はいくらですか。 (聖学院中)

考える手順 3つの数のうち, 1つの数にそろえる。いちばん小さい数にそろえるときは, かくれている差に注意する。

解き方

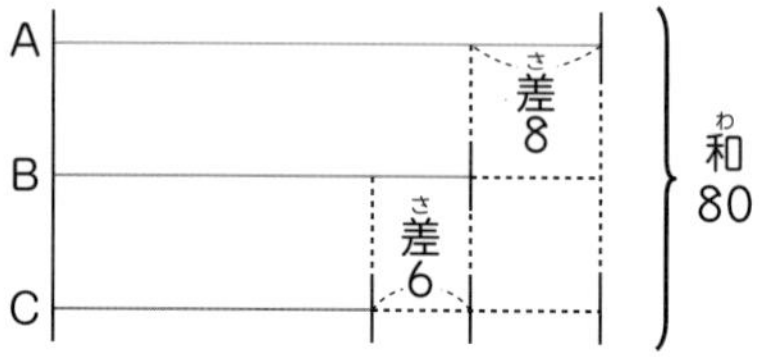

Bにそろえると,

80－8＋6＝78

これがBの3倍だから, Bは, 78÷3＝26

別の解き方

Cにそろえると,

80－(6＋6＋8)＝60

これがCの3倍だから, Cは, 60÷3＝20

Bは, 20＋6＝26

答え 26

もっとくわしく

どの数にそろえてもよいが, 求める数にそろえることが多い。

ミス注意!

Cにそろえるとき,

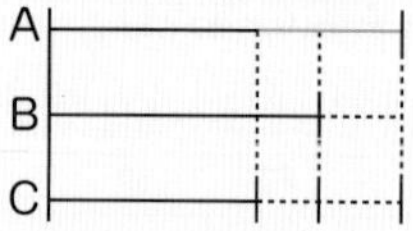

色をつけた部分がAとCのかくれている差である。

練習問題

解答▶ 別冊…P.75

230 3つの数A, B, Cの間には次の3つの関係があります。

・AはBより19大きい

・BはCより28大きい

・A, B, Cの平均は72

このとき, A, B, Cの中でいちばん大きい数はいくつですか。

(成城学園中)

中学入試対策

42 和差算④

1周1710mの池の周りを，A君とB君が同じ場所から同時に，同じ方向に歩くと90分後にA君はB君に追いつき，反対方向に歩くと10分後に出会います。B君の歩く速さは分速何mですか。

(聖セシリア女子中)

考える手順 同じ方向に歩くときは，1710mはなれたBをAが追いかけると考えて，2人の分速の差を求める。
反対方向に歩くときは，1710mはなれたAとBが近づくと考えて，2人の分速の和を求める。

解き方

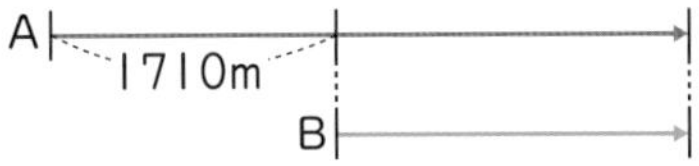

同じ方向に歩くとき，90分後に追いつくから，2人の分速の差は，1710÷90＝19(m/分)

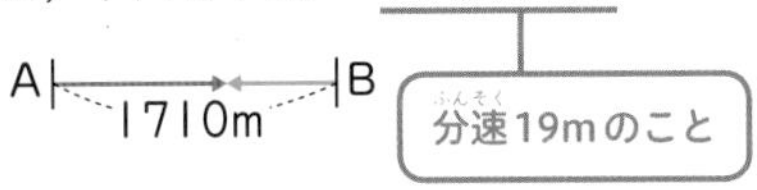

反対方向に歩くとき，10分後に出会うから，2人の分速の和は，1710÷10＝171(m/分)
B君の方がおそいから，(和−差)÷2＝㊫より，
(171−19)÷2＝76(m/分)

答え 分速76m

入試のポイント
2つの数量の間に
和…A＋B，
差…A－B
の関係があれば，和差算の公式が使える。

練習問題

解答▶ 別冊…P.75

231 1周560mある池の周りを姉妹が歩きます。同じ地点から同時に，同じ方向へ歩くと28分後に姉が妹に追いつき，反対方向に歩くと4分後に出会います。姉の歩く速さは毎分何mですか。 (和洋国府台女子中)

2 平均算

平均の考えを使った問題の解き方を学びます。

平均算

平均算　平均＝合計÷個数　の公式を使って，全体や部分の，平均，個数などを求める問題。平均，合計，個数のうち，2つがわかれば，下の式で残りの1つを求めることができる。

見て理解！

平均＝合計÷個数

合計を求めるとき → 合計＝平均×個数

個数を求めるとき → 個数＝合計÷平均

部分の平均と全体の平均　部分の平均から全体の平均を求めるときは，まず，部分の平均×部分の個数＝部分の合計　を利用して全体の合計を求める。

テストの回数　テストの回数などを求めるときは，面積図を使って，等しい数量を見つける。

見て理解！

x回テストを受けて平均点が80点。今回のテストで85点とって平均点が81点になった。

(85−81)×1と(81−80)×x

が等しいから，xは，

(85−81)÷(81−80)＝4

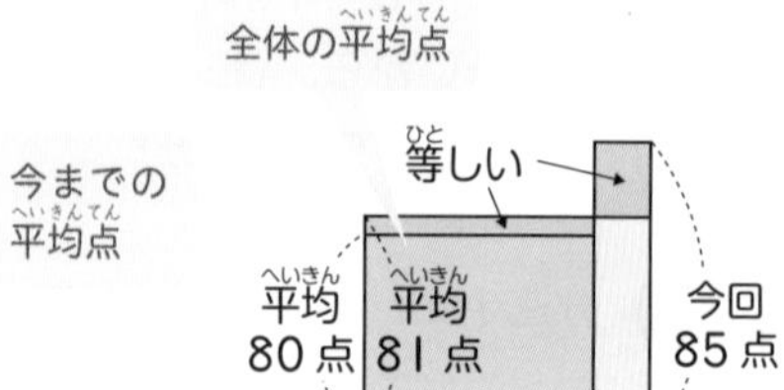

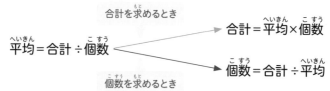

ここが大切　・平均＝合計÷個数

中学入試対策

43 平均算①

Aさんは4科目のテストを受けました。国語，算数の平均点は81点。国語，算数，社会の平均点は83点。社会と理科の平均点は79点でした。理科の点数は何点でしたか。 (立正中)

考える手順 平均点から点数の合計を求め，4科目の合計から3科目の合計をひく。

解き方

国語と算数の点数の合計は，

81×2 = 162(点)
(81：平均　2：個数)

社会と理科の点数の合計は，79×2 = 158(点)

よって，4科目の点数の合計は，

162 + 158 = 320(点)

国語，算数，社会の点数の合計は，

83×3 = 249(点)

よって，理科の点数は，

320 − 249 = 71(点)
(320：国語，算数，社会，理科　249：国語，算数，社会)

答え 71点

もっとくわしく

平均＝合計÷個数
だから，合計は
平均×個数
で求められる。

つまずいたら

平均について知りたい。

P.322

練習問題

解答▶ 別冊…P.76

232 あるクラスで，男子18人の平均点が74点，女子22人の平均点が70点のとき，クラス全体の平均点は何点ですか。 (茗溪学園中)

中学入試対策

44 平均算②

A組の算数の平均点は68点で，B組の算数の平均点は74点です。2つの組を合わせると60人で，平均点はちょうど72点です。A組の生徒は何人ですか。

（東京家政学院中）

考える手順 面積図をかき，等しい数量の関係を見つける。

解き方

A組の生徒をa人，B組の生徒をb人として面積図をかくと，図のようになる。

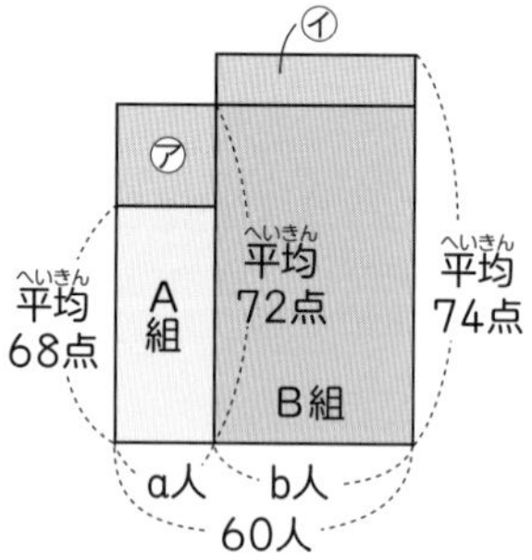

(72−68)×a

＝4×a…㋐

(74−72)×b

＝2×b…㋑

㋐と㋑が等しいから，

a：b＝2：4＝1：2

2つの組を合わせた人数は60人だから，A組の生徒の人数は，

$60\times\frac{1}{1+2}=20$(人)

答え 20人

> **入試のポイント**
> 平均，個数，合計のうち，2つがかくれているときは，面積図を使うと等しい数量の関係が見えることが多い。

練習問題

解答▶ 別冊…P.76

233 算数のテストを何回か受けたところ，平均点は79点でした。今回94点を取ったので，平均点が82点になりました。今回の算数のテストは何回目ですか。

（多摩大学目黒中）

中学入試対策

45 速さの平均

12kmの山道を往復するのに，上りは4時間，下りは2時間かかったとすると，平均の速さは時速何kmになりますか。　（茗溪学園中）

考える手順　平均の速さ＝往復の道のり÷往復にかかった時間

解き方

往復の道のりは，

12×2＝24(km)

往復にかかった時間は，

4＋2＝6(時間)

上り　下り

よって，平均の速さは，

24÷6＝4(km/時)

時速4kmのこと

ミス注意！

上りの速さは，

12÷4＝3(km/時)

下りの速さは，

12÷2＝6(km/時)

よって，平均の速さは，

(3＋6)÷2

＝4.5(km/時)

としないこと。

答え 時速4km

練習問題

解答▸ 別冊…P.76

234 □にあてはまる数を求めなさい。

片道2.4kmの道を，行きは時速6km，帰りは時速□kmの速さで往復しました。このとき，往復の平均の速さは時速4.8kmです。

（聖学院中）

235 チャレンジ

片道360mの道のりを往復したところ，行きは6分かかり，往復の平均の速さは分速$65\frac{5}{11}$mになりました。帰りの速さは分速何mでしたか。ただし，行きと帰りはそれぞれ一定の速さで進んだものとします。

（慶應義塾湘南藤沢中等部）

まとめの問題

解答▶別冊…P.156

基本

147　2つの数があります。2つ数の和は91で，差は39です。2つの数はそれぞれいくつですか。

148　2つの整数があり，平均は135です。2つの数の和は，2つの数の差より176大きくなっています。大きい方の整数はいくつですか。

（國學院大學久我山中）

149　A君，B君，C君が算数のテストを受けました。A君の点数はB君の点数より11点高く，B君の点数はC君の点数より7点高く，3人の合計は250点でした。B君の点数は何点ですか。

（桐光学園中）

よくでる

150　□にあてはまる数を求めなさい。
ある展覧会の入場者をみると，火曜日は□人で水曜日より487人多く，木曜日は火曜日より152人少なく，3日間の平均は8950人でした。

（昭和女子大附属昭和中）

151　和子さんと洋子さんが池の周りを歩きます。2人が同じ地点から同時に出発して，同じ方向に進むと35分後に和子さんは洋子さんに追いつき，反対方向に進むと5分後に出会います。2人の速さはそれぞれ一定で，洋子さんは毎分60mの速さで歩きます。このとき，和子さんの歩く速さは毎分何mですか。

（和洋九段女子中）

基本

152 中学1年生の3クラスでテストをしたところ，A組40人の平均点は68.5点，B組25人の平均点は65.6点，C組20人の平均点は70点でした。このとき，3クラス全体の平均点を求めなさい。

（浅野中）

153 Aさん，Bさん，Cさん，Dさん，Eさん5人の身長の平均は153cmです。AさんとBさんの身長は同じで，CさんはAさんより8cm高く，DさんとEさんの平均は152cmです。Cさんの身長は何cmですか。

（麗澤中）

154 A君が受けたテストの今までの平均点は84点です。今度のテストで100点をとると平均点は86点になります。今までに受けたテストは何回ですか。

（公文国際学園中等部）

155 A小学校の6年生は96人で，テストの平均点は76点でした。B小学校とC小学校の6年生の人数の比は9：7で，2校のテストの平均点は87点でした。A，B，Cの3校のテストの平均点は84点でした。B小学校の6年生の人数を求めなさい。

（鷗友学園女子中）

156 行きは時速60kmの速さでA町からB町まで車で移動し，帰りは同じ道を時速40kmの速さで帰った。このとき，A町とB町の間を往復した平均の速さは時速何kmですか。

（渋谷教育学園渋谷中）

3 消去算

いくつかの数量を消去して1つの数量にして解く問題を学びます。

消去算

消去算 わからない数量がいくつかあるとき，同じ部分をさしひいたり，ある数量を他の数量におきかえたりして解く問題。

見て理解!

さしひく場合

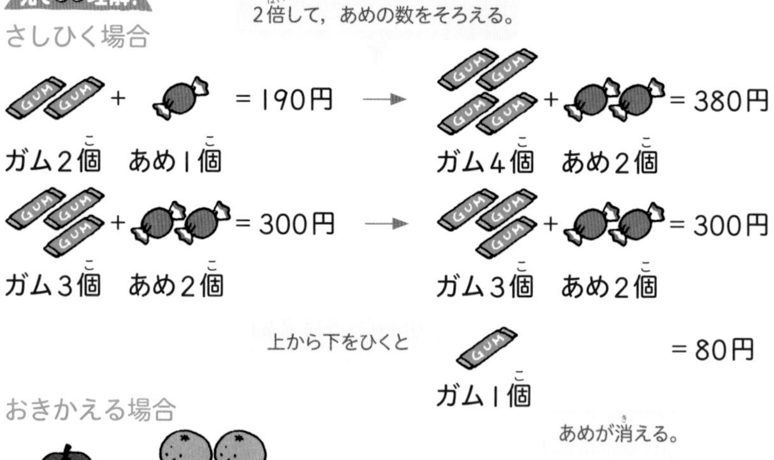

おきかえる場合

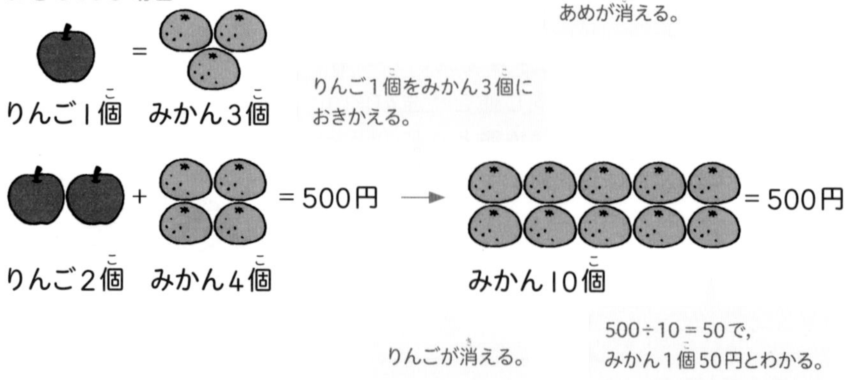

ここが大切
- さしひくときは，消したい数量の個数をそろえる。
- おきかえるときは，おきかえやすい数量を見つける。

46 消去算①

りんご3個とみかん4個を買うと610円，りんご4個とみかん5個を買うと800円です。りんご1個の値段はいくらですか。

(和洋九段女子中)

考える手順 みかんの個数をそろえて，みかんを消去する。

解き方

りんごを㋷，みかんを㋯として，式を書くと，

㋷×3＋㋯×4＝610
㋷×4＋㋯×5＝800

5倍　4倍

㋷×15＋㋯×20＝3050
㋷×16＋㋯×20＝3200

みかんの個数をそろえる。

となるから，りんご1個の値段は，

800×4－610×5＝3200－3050
＝150(円)

答え 150円

入試のポイント

どちらか1つの数量を求めればよいときは，求める数量を残し，もう一方の数量を消去する。

もっとくわしく

みかん1個の値段は，
150×3＋㋯×4
＝610
より，40円。

練習問題

解答▶ 別冊…P.76

236 ノート5冊とえん筆3本の代金は910円，同じノート7冊とえん筆3本の代金は1190円です。このノート1冊の値段は何円ですか。

(和洋国府台女子中)

237 チューリップ3本とユリ4本を買うと1250円になり，チューリップ9本とユリ13本を買うと，3950円になります。ユリ1本はいくらですか。

(聖セシリア女子中)

中学入試対策

47 消去算②

ある遊園地の入園料は，おとな2人と子ども3人で5600円です。おとな1人の入園料は，子ども2人の入園料と同じです。子ども1人の入園料は何円ですか。

考える手順　おとな1人を子ども2人とおきかえて，おとなを消去する。

解き方

おとなを(お)，子どもを(子)として，式を書くと

(お)×2＋(子)×3＝5600

(お)＝(子)×2

(お)を(子)×2におきかえる。

(子)×2×2＋(子)×3＝5600

となるから，おとな2人と子ども3人のとき，全員子どもだとすると，その人数は，

2×2＋3＝7(人)

その入園料が5600円だから，子ども1人分の入園料は，

5600÷7＝800(円)

答え　800円

もっとくわしく

おとな1人の入園料は，子ども2人の入園料と同じだから，

800×2

＝1600(円)

練習問題

解答▶ 別冊…P.77

238 ケーキ3個とプリン4個の代金は1690円です。ケーキ1個の値段はプリン3個の代金と同じです。プリン1個の値段は何円ですか。

239 チョコレート2枚とあめ5個の代金は340円です。あめ6個の代金でチョコレートが1枚買えます。あめ1個の値段は何円ですか。

中学入試対策

48 消去算③

消しゴム1個とえん筆1本の値段は合わせて100円，えん筆1本とボールペン1本の値段は合わせて140円，ボールペン1本と消しゴム1個の値段は合わせて150円です。

1 消しゴム，えん筆，ボールペンを1つずつ買うとき，全部でいくらですか。

2 えん筆1本の値段はいくらですか。　（城北埼玉中）

考える手順　1 3通りの買い方でそれぞれ1回ずつ買うと，消しゴム，えん筆，ボールペンを2つずつ買うことになる。

解き方

1 消しゴムを㋘，えん筆を㋓，ボールペンを㋭として，式を書くと

㋘ + ㋓ = 100
㋓ + ㋭ = 140
㋘ + ㋭ = 150
―――――――――――――
㋘×2 + ㋓×2 + ㋭×2 = 390

3通りの買い方をたす。

となるから，求める値段は，

(100 + 140 + 150) ÷ 2 = 195(円)

2 1の答えから，ボールペン1本と消しゴム1個の値段をひく。195 − 150 = 45(円)

入試のポイント
3つ以上の数量があるときは，それぞれの関係を式で表すと，消去できる数量が見えてくることが多い。

答え 1 195円　2 45円

練習問題

解答▶ 別冊…P.78

240 りんご3個，みかん4個，なし5個が有料のふくろAに入っていると，値段の合計は1870円です。りんご4個，みかん5個，なし6個がふくろAに入っていると，値段の合計は2300円です。みかん1個，なし2個がふくろAに入っているときの値段の合計は何円ですか。　（吉祥女子中）

4 旅人算

2人以上の人が同じ道を進むときの時間などの求め方を学びます。

旅人算

旅人算 2人が同じ道を進むとき，2人の間の時間や道のりの関係を求める問題。

はなれた場所から向かい合って進むとき

2人の間のきょり÷速さの和＝出会うまでの時間

見て理解！

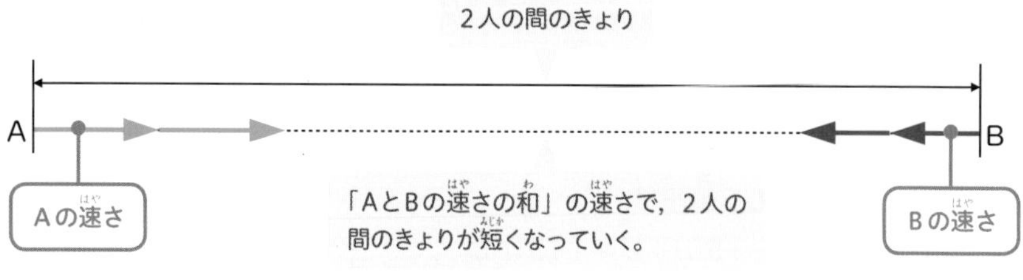

同じ場所から反対方向に進むとき

速さの和×時間＝2人の間のきょり

見て理解！

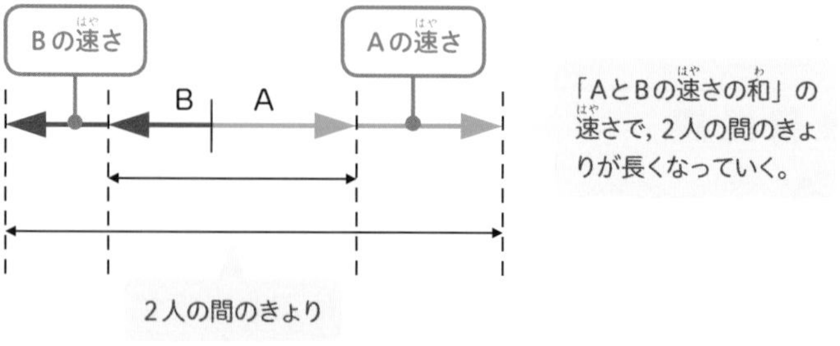

同じ方向に進んで，1人がもう1人に追いつくとき

2人の間のきょり÷速さの差＝追いつくまでの時間

見て👀理解！

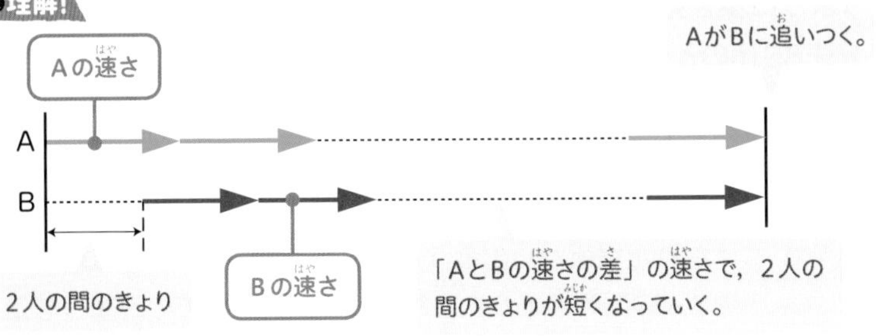

同じ場所から同じ方向に進むとき

速さの差×時間＝2人の間のきょり

見て👀理解！

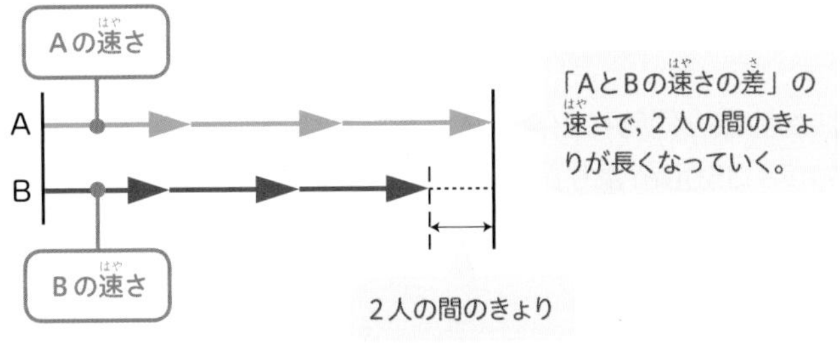

ここが大切

- 反対方向に進むとき…2人の間のきょり÷速さの和＝時間
  速さの和×時間＝2人の間のきょり
- 同じ方向に進むとき…2人の間のきょり÷速さの差＝時間
  速さの差×時間＝2人の間のきょり

49 旅人算①

中学入試対策

聖子さんと望君が，3.5kmはなれた2地点を同時に出発して，出会うように歩き始めます。2人の進む速さが，それぞれ，分速60m，分速80mのとき，2人は出発してから何分後に出会いますか。

（聖望学園中）

考える手順　はなれた場所から出会うように歩くから，旅人算の公式
2人の間のきょり÷速さの和＝出会うまでの時間　を使う。

解き方

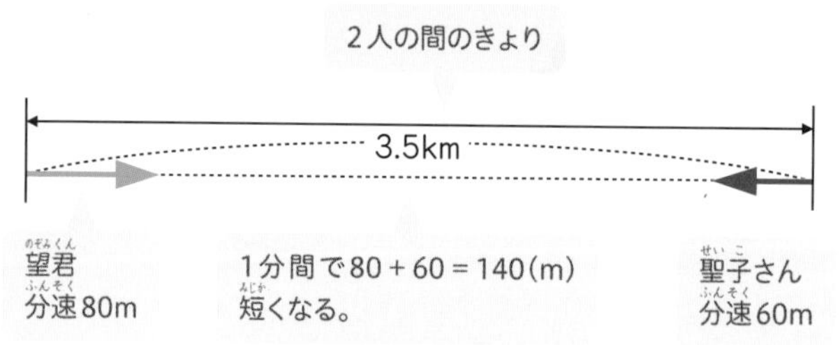

3.5kmはなれた地点を同時に出発して，出会うように歩くから，3.5km＝3500mより，

3500÷(60＋80)＝25(分後)

答え 25分後

もっとくわしく
「望君と聖子さんの速さの和」の速さで，2人の間のきょりが短くなる。

ミス注意！
長さの単位をmにそろえることを忘れないように。

練習問題

解答▶ 別冊…P.78

241 地点Aから道のりが13kmある地点Bまでバスが時速36kmで向かいます。少年はBからAに向かって分速50mでバスが通る道を歩きます。バスと少年が同時に出発したとき，バスと少年がすれちがうのは出発してから何分後ですか。

（城西川越中）

中学入試対策

50 旅人算②

兄と弟は，同じ場所を同時に出発して，反対方向に歩きます。兄は分速70m，弟は分速50mで歩くとき，30分後には2人は何mはなれていますか。

考える手順 同じ場所から反対方向に歩くから，旅人算の公式
速さの和×時間＝2人の間のきょり　を使う。

解き方

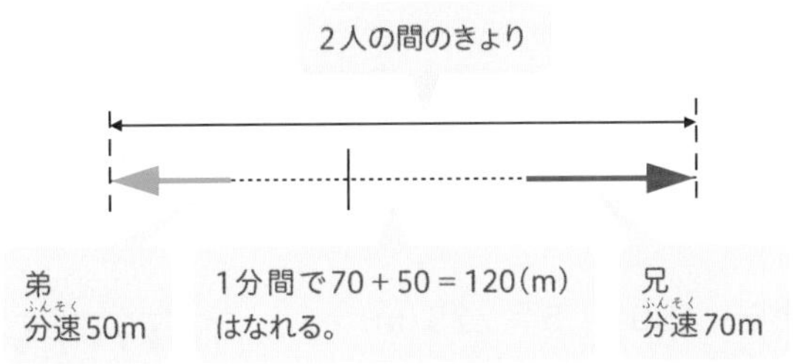

同じ場所を同時に出発して，反対方向に歩くから，求めるきょりは，

(70＋50)×30＝3600(m)

答え 3600m

もっとくわしく

「兄と弟の速さの和」の速さで2人の間のきょりが長くなる。

つまずいたら

速さについて知りたい。

➡ P.286

練習問題

解答▶ 別冊…P.78

242 姉と妹は，同じ場所を同時に出発して，反対方向に歩きます。姉は分速80m，妹は分速60mで歩くとき，2人が2800mはなれるのは出発してから何分後ですか。

243 ❗チャレンジ

AとBは，同じ場所を同時に出発して，反対方向にそれぞれ一定の速さで進み，3時間後には27kmはなれていました。Aが時速4kmで進んだとき，Bは時速何kmで進みましたか。

中学入試対策

51 旅人算③

池の周りを郁夫君と文子さんが走ります。郁夫君は分速180mで，文子さんは分速150mである地点Sから同時に同じ方向に出発し，郁夫君がちょうど1周して地点Sにもどってから1分30秒後に文子さんも1周し，地点Sにもどってきました。次の問いに答えなさい。

1 郁夫君がちょうど1周したとき，文子さんは地点Sまであと何mの地点にいましたか。

2 池の周りの長さは何mですか。

（郁文館中）

考える手順

1 分速150mで1分30秒で進む道のりが地点Sまでの道のりである。

2 1の道のりが2人の間のきょりになる。

解き方

1 1分30秒＝1.5分だから，150×1.5＝225(m)

2 2人の間のきょりが225mになるのにかかる時間は，

225÷(180－150)＝7.5(分)

（225：2人の間のきょり　180－150：速さの差）

この時間で郁夫君は1周したから，池の周りの長さは

180×7.5＝1350(m)

答え 1 225m　2 1350m

つまずいたら

速さについて知りたい。

P.286

もっとくわしく

「郁夫君と文子さんの速さの差」の速さで，2人の間のきょりが長くなる。

練習問題

解答▶ 別冊…P.79

244 ある選手は毎秒9.9mで走り，ある騎手は馬に乗って毎分0.58kmで走り，ある中学生は自転車に乗って毎時35kmで走ります。今，この3人がいっしょに走っていて，同時に同じ位置を通過したとするとき，6秒後の先頭と最後の人の差は何mですか。

（慶應義塾中等部）

中学入試対策

52 旅人算④

Aさんは家から図書館へ毎時3kmの速さで歩いて行きました。Aさんが家を出てから15分後に，お母さんが自転車に乗って毎時12kmの速さで追いかけたところ，図書館までの道のりの$\frac{2}{5}$の地点でAさんに追いつきました。家から図書館までの道のりは何kmですか。

(洗足学園中)

考える手順 Aさんが15分間に歩いた道のりが2人の間のきょりになる。

解き方

Aさんが15分間に歩いた道のりは，

15分間 → $\frac{1}{4}$時間

$3\times\frac{1}{4}=\frac{3}{4}$(km)

お母さんが追いつくのにかかる時間は，

2人の間のきょり÷速さの差＝時間　より，

$\frac{3}{4}\div(12-3)=\frac{1}{12}$(時間)

毎時12kmの速さで$\frac{1}{12}$時間進んだ道のりが図書館までの道のりの$\frac{2}{5}$だから，求める道のりは，

$12\times\frac{1}{12}\div\frac{2}{5}=\frac{5}{2}=2.5$(km)

もっとくわしく
旅人算の公式を利用するために，まず2人の間のきょりを求める。

もっとくわしく
「Aさんとお母さんの速さの差」の速さで，2人の間のきょりは短くなる。

答え 2.5km

練習問題

解答▶ 別冊…P.79

245 秒速5mで走る自転車を自動車が220m後方から追いかけたら，36秒後に追いつきました。自動車は時速何kmで走行していましたか。

(日本大学第二中)

5 歩数・歩幅

歩数と歩幅や動く歩道などに関係した問題の解き方を学びます。

歩数・歩幅

歩数・歩幅 同じ時間進むとき，歩幅×歩数＝きょり⇒速さ の関係になることを利用した旅人算。

見て理解！

同じきょりを進む歩数

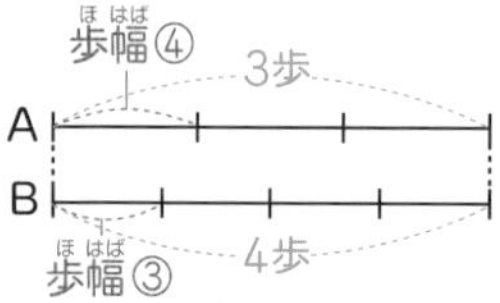

歩数の比が3：4
↓
歩幅の比は4：3

同じ時間で進む歩数

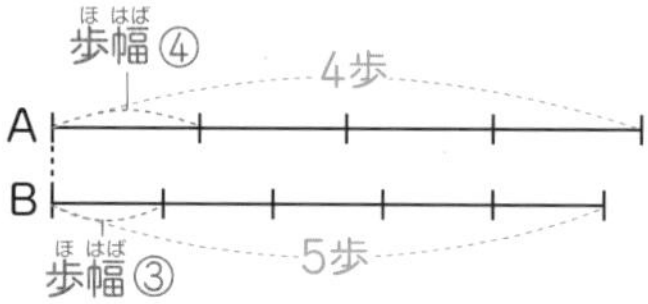

同じ時間で進んだきょり⇒速さ

きょりの比＝速さの比
↓
(④×4)：(③×5)＝16：15

ここが大切 ・歩幅×同じ時間で進む歩数＝同じ時間で進むきょり⇒速さ

動く歩道・エスカレーター

動く歩道・エスカレーター 動く歩道やエスカレーターの上を歩くとき，終点に着くまでの時間などを求める問題。速さの比を利用する。

見て理解！

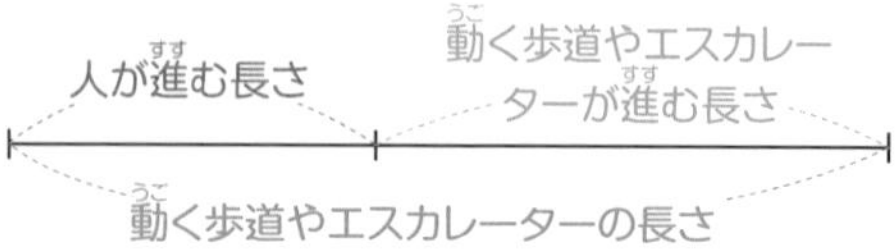

長さを分けて考えて，それぞれの速さの比を求める。

中学入試対策

53 歩数・歩幅

兄が5歩で進むきょりを弟は4歩で進み，兄が3歩進む時間で弟は2歩進みます。このとき，兄と弟の進む速さの比を求めなさい。

（富士見丘中）

考える手順 同じきょりを歩くときの歩数から歩幅の比を求め，同じ時間で歩くきょりの比を求める。

解き方

同じきょりを兄は5歩，弟は4歩で進むから，歩幅の比は，

兄：弟＝4：5

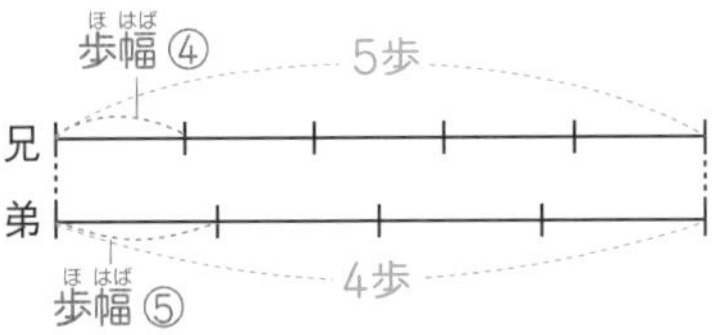

になる。同じ時間で兄は3歩，弟は2歩進むから，速さ（同じ時間で進むきょり）の比は，歩幅×歩数＝きょり　より，

兄：弟＝(4×3)：(5×2)＝12：10＝6：5

もっとくわしく

同じ時間進むとき，歩幅×歩数＝きょり　⇒速さの関係になる。

答え 6：5

練習問題

解答▶ 別冊…P.79

246 お父さんが5歩で進むきょりをまなぶ君は8歩で進み，1分間にお父さんが20歩，まなぶ君は24歩進みます。2人が同じ地点から同じ方向に同時に出発したところ，25分後に2人は102mはなれていました。次の問いに答えなさい。

(1) お父さんとまなぶ君の速さの比を最も簡単な整数で表しなさい。

(2) まなぶ君の1歩の歩幅は何cmですか。

（立教池袋中）

54 動く歩道

中学入試対策

動く歩道があり，その長さはA君の歩幅でちょうど60歩分です。この歩道をスタート地点からいつも歩くペースで進むとちょうど36歩でゴールに着きます。A君が歩く速さを2倍にしてこの歩道の上を進むと，何歩でちょうどゴールに着きますか。

（東京農業大学第一高等学校中等部）

考える手順　A君がいつも歩くペースで進むときの，A君と動く歩道の速さ（歩数）の比を求める。

解き方

A君がいつも歩くペースで進むとき，A君が36歩進むと，動く歩道は

60－36＝24（歩分）進むから，速さの比は，

A：歩道＝36：24＝3：2

A君が歩く速さを2倍にしたときの速さの比は，

A：歩道＝(3×2)：2＝3：1

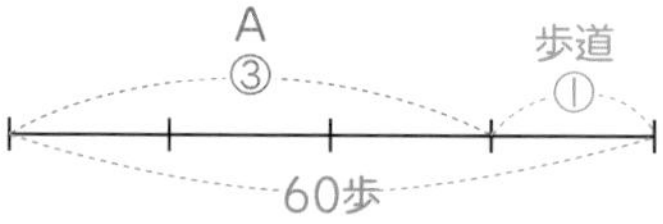

よって，求める歩数は，$60\times\frac{3}{4}=45$（歩）

答え　45歩

もっとくわしく

動く歩道に乗ったA君の速さ
＝A君の速さ
　＋動く歩道の速さ

練習問題

解答▶ 別冊…P.80

247　A地点からB地点までの動く歩道があります。進さんはA地点から動く歩道に乗り，60秒後ちょうど真ん中の地点で動く歩道の上を歩き始めたら，乗ってから84秒でB地点に着きました。進さんの歩く速さを毎秒1.2mとすると，動く歩道の速さは毎秒何mですか。　（日本女子大附属中）

中学入試対策

55 エスカレーター

35段あるエスカレーターがあります。このエスカレーターに乗って上まで行くのに42秒かかります。A君はエスカレーターを1段あたり0.8秒の速さで歩いて上がりました。何秒で上に着きましたか。

考える手順　A君の速さとエスカレーターの速さの比を求める。

解き方

1段進むのにかかる時間は,

エスカレーター

…42÷35＝1.2(秒)

A君…0.8秒

だから，速さの比は,

エスカレーター：A＝0.8：1.2＝2：3

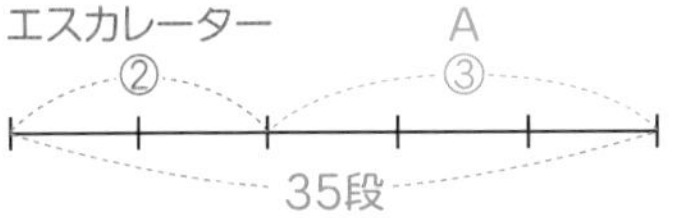

よって，A君が歩く段数は,

$35\times\frac{3}{5}=21$(段)

となるので，求める時間は,

0.8×21＝16.8(秒)

答え 16.8秒

もっとくわしく

1段進むのにかかる時間がそれぞれ1.2秒，0.8秒だから，1秒で進む段数(速さ)は，それぞれ

$1\div1.2=\frac{5}{6}$

$1\div0.8=\frac{5}{4}$

となり，速さの比は

$\frac{5}{6}:\frac{5}{4}=2:3$

となる。

練習問題

解答▶ 別冊…P.80

248 40段あるエスカレーターがあります。このエスカレーターで上へ行くのに，Aさんは25段歩いて上がり，48秒で上に着きました。Bさんがエスカレーターの上を歩かないで上まで行くと，何秒で上に着きますか。

まとめの問題

解答▶別冊…P.159

よくでる

157 2種類の商品A，Bがあります。Aを2個，Bを5個買うと9500円，Aを3個，Bを2個買うと7100円になります。このとき，AとBのそれぞれ1個の値段を求めなさい。 (浅野中)

158 えん筆5本とノート4冊の代金は850円です。えん筆3本の代金とノート1冊の値段は同じです。えん筆1本とノート1冊の値段は何円ですか。

159 重さのちがう3種類のおもりA，B，Cがあります。A2個，B1個の合計の重さは16.1g，B2個，C1個の重さの合計は23.1gで，A1個，C2個の合計の重さは7gです。次の問いに答えなさい。
(1) A1個，B1個，C1個の合計の重さを求めなさい。
(2) A3個，B2個，C1個の合計の重さを求めなさい。
(3) C1個の重さを求めなさい。 (成城学園中)

160 1900mはなれたAとBの2地点があります。太郎君は分速80m，次郎君は分速70mで歩くものとします。太郎君はA地点からB地点に向かって出発し，その5分後に次郎君はB地点からA地点に向かって出発します。2人は次郎君が出発して何分後に出会いますか。 (桐光学園中)

161 AとBは同じ場所を同時に出発して，反対方向に歩きます。Aが分速80m，Bが分速70mで歩くとき，12分後には2人は何mはなれていますか。

ハイレベル

162 A君，B君，C君の3人が同じきょりを競走しました。A君がゴールしたとき，B君はゴールの30m手前，C君はゴールの90m手前にいました。また，B君がゴールしたとき，C君はゴールの手前70mにいました。
(1) B君とC君の速さの比を求めなさい。
(2) A君とC君の速さの比を求めなさい。 (獨協埼玉中)

163 弟は徒歩で，兄は自転車で家から公園に行きます。弟が家を出発してから10分後に，兄が同じ道を追いかけました。弟は毎分72m，兄は毎分252mで進むとき，兄が弟に追いついた地点までの道のりは家から公園までの道のりのちょうど5分の3でした。家から公園までの道のりは何mですか。

（立正中）

ハイレベル

164 P地点からQ地点までまっすぐにのびた通路があり，これにそって一定の速さで動く「動く歩道」があります。P地点からQ地点まで通路を歩くと，太郎は180歩，次郎は120歩かかり，「動く歩道」上を歩くと，太郎は144歩かかります。また，2人がP地点から「動く歩道」上を同時に歩き始めると，太郎はQ地点に次郎より8秒おそくとう着します。太郎が40歩歩く間に次郎は30歩歩くものとして，次の問いに答えなさい。

(1) 太郎と次郎の歩く速さの比を，最も簡単な整数の比で答えなさい。

(2) 太郎の歩く速さと「動く歩道」の速さの比を，最も簡単な整数の比で答えなさい。

(3) 2人が「動く歩道」上をP地点からQ地点まで歩くとき，太郎と次郎がかかる時間の比を，最も簡単な整数の比で答えなさい。

(4) 太郎が通路をP地点からQ地点まで歩くとき，何分何秒かかりますか。

（早稲田中）

165 1階から2階までちょうど30段あるエスカレーターがあります。太郎君，次郎君，三郎君はこのエスカレーターに乗り，1階から2階まで行きました。太郎君，次郎君はエスカレーターをそれぞれ一定の速さで歩いて上がり，三郎君はエスカレーターの上では歩きませんでした。太郎君は20段歩いて上がり，ちょうど35秒で1階から2階に着きました。また，太郎君が4段歩いて上がる間に，次郎君は3段歩いて上がります。このとき，次の各問いに答えなさい。

(1) 三郎君は1階から2階に着くまでに何秒かかりましたか。

(2) 次郎君は1階から2階に着くまでに何秒かかりましたか。また，このとき，何段歩いて上がりましたか。

（巣鴨中）

6 つるかめ算

和をもとにして，2つの数量を求める問題の解き方を学びます。

つるかめ算

つるかめ算　つるとかめのように，足の数がちがうものの足の数の和と頭の数の和がわかっているときに，それぞれの頭の数(匹数)を求める問題。全部が一方のもの(つる)だと考えて，実際とのちがいから，それぞれの数量を求める。

見て理解!

つるとかめが合わせて10ぴきいて，足の数の和が26本のとき

全部つるだと考えると，足の数は，
2×10＝20(本)

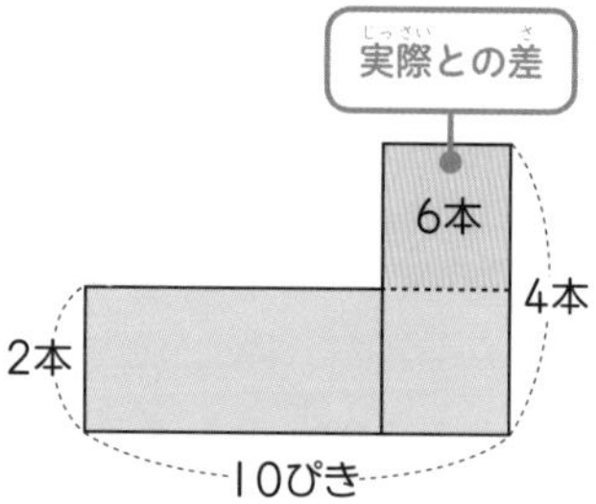

1ぴきあたりの差
4−2＝2(本)
かめの数
6÷2＝3(びき)
つるの数
10−3＝7(羽)

見て理解!

正解すると3点もらえて，まちがえると1点ひかれるクイズ10問で14点のとき

全問正解と考えると
3×10＝30(点)
実際との差
30−14＝16(点)

➡

正解とまちがいとの点数の差は4点。

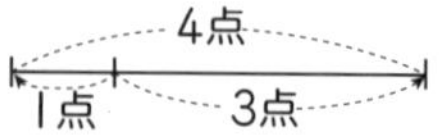

➡

まちがえた数
16÷4＝4(問)
正解した数
10−4＝6(問)

3つの数量のつるかめ算　計算で1つの数量を求めたり，同じ個数のものをセットにしたりして，数量を2つにして考える。

ここが大切
・全部が一方のものだと考えたときの合計を求め，実際との差を，1つあたりの差でわって，もう一方の数量を求める。

中学入試対策

56 つるかめ算①

1本60円のえん筆と1本100円のボールペンを合わせて15本買うと，ちょうど1180円でした。えん筆は，何本買ったことになりますか。

（相模女子大学中学部）

考える手順 全部ボールペンと考える。

解き方

全部ボールペンと考えたときの代金は，

100×15＝1500（円）

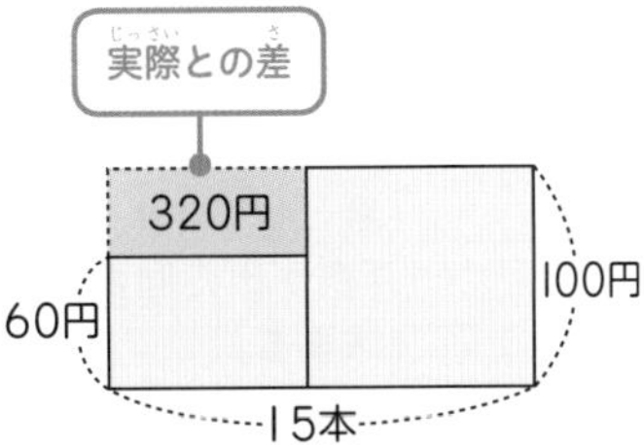

実際の代金との差は，

1500－1180＝320（円）

1本あたりの差は，

100－60＝40（円）

よって，えん筆の本数は，

320÷40＝8（本）

もっとくわしく

2つの数量AとBがあるとき，全部Aと考えるとB，全部Bと考えるとAが求められる。

別の解き方

全部えん筆と考えて，ボールペンの本数を求めて，15本からひく。

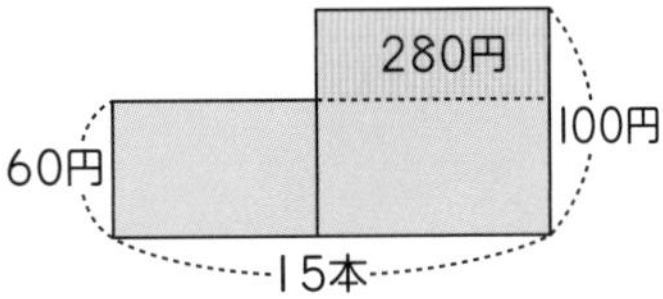

60×15＝900（円）

1180－900

＝280（円）

280÷40＝7（本）

15－7＝8（本）

答え 8本

練習問題

解答▶ 別冊…P.80

249 1枚40円の切手と1枚60円のハガキを合わせて20枚買って，1000円を出したところ，おつりが40円になりました。切手とハガキはそれぞれ何枚買いましたか。

（城西川越中）

中学入試対策

57 つるかめ算②

コインを投げて表が出たら5歩進み，裏が出たら2歩下がるゲームをします。今，30回コインを投げて38歩進みました。表は何回出ましたか。

(東京農業大第一高等学校中等部)

考える手順 全部表が出たと考える。

解き方

全部表が出たと考えると，5×30 = 150(歩)進む。
実際との差は，150−38 = 112(歩)

1回あたりの実際とのちがい

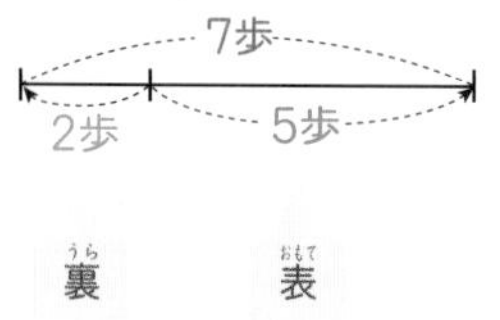

1回あたりの差は，5 + 2 = 7(歩)だから，
裏が出た回数は，112÷7 = 16(回)
よって，表が出た回数は，
30−16 = 14(回)

答え 14回

もっとくわしく

全部表として計算すると，「裏が出た回数」が求まり，全部裏として計算すると，「表が出た回数」が求まる。

ミス注意!

1回あたりの差を，
5−2＝3(歩)
としないこと。

練習問題

解答▶ 別冊…P.81

250 春子と夏子がゲームをしています。1回ごとに，勝った人の持ち点には10点を加え，負けた人の持ち点からは4点をひきます。2人とも最初の持ち点が190点でゲームを始め，18回ゲームをしたとき，春子が300点になりました。春子は何勝何敗ですか。

(雙葉中)

中学入試対策

58 つるかめ算③

1個の値段が20円，40円，80円の3種類のおかしを合わせて47個買い，2640円しはらいました。このとき，20円と40円のおかしの代金は同じでした。40円のおかしは何個買いましたか。

（浦和明の星女子中）

考える手順 20円と40円のおかしをセットにして考える。

解き方

20円と40円のおかしの代金が同じだから，買った個数の比は，

(20円のおかし)：(40円のおかし) = 2：1

よって，20円のおかし2個と40円のおかし1個で代金が80円になる。

全部80円のおかしを買ったと考えると代金は，

80×47 = 3760(円)

実際との差は，3760−2640 = 1120(円)

80円のおかし3個を20円のおかし2個と40円のおかし1個におきかえるから，その差は，

80×3−(20×2 + 40) = 160(円)

よって，40円のおかしの個数は，

1120÷160 = 7(個)

答え 7個

もっとくわしく

別の解き方

20円2個と40円1個の合わせて3個で，

20×2＋40＝80(円)

だから，

$80 \div 3 = \frac{80}{3}$(円)

のおかしと80円のおかしを合わせて47個買ったと考えてもよい。

$\frac{80}{3}$円のおかしが21個となり，40円のおかしは7個となる。

練習問題

解答▶ 別冊…P.81

251 あるお店ではジュースが晴れの日に12本，くもりの日は5本，雨の日は3本売れます。ジュースは1本150円です。2週間のうち，晴れの日数とくもりの日数が同じで，ジュースが16200円分売れました。晴れの日は何日でしたか。

（鎌倉学園中）

7 差集め算・過不足算

1個分の差や，分けるときの余りなどに注目する問題を学びます。

差集め算

差集め算 ▶ 1個分の差と全体の差から個数を求める問題。
全体の差÷1個分の差＝個数

見て理解!

1個20円のあめを買う予定が，1個30円のあめを同じ個数買ったので，予定の代金より60円高くなった。買ったあめは何個？

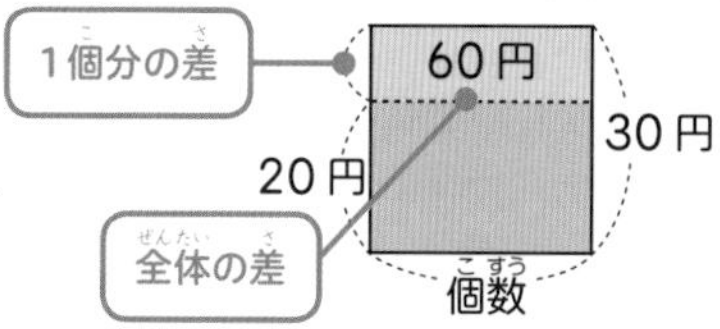

1個分の差は，30−20＝10(円)
全体の差は60円だから，買った個数は，60÷10＝6(個)

※2つの数量があるときは，面積図から等しい部分をさがして差集め算を使うことが多い。

過不足算

過不足算 ▶ いくつかのものを何人かに分けるときの，余りの数やたりない数から，人数や個数を求める問題。

見て理解!

全体の差＝余り＋不足

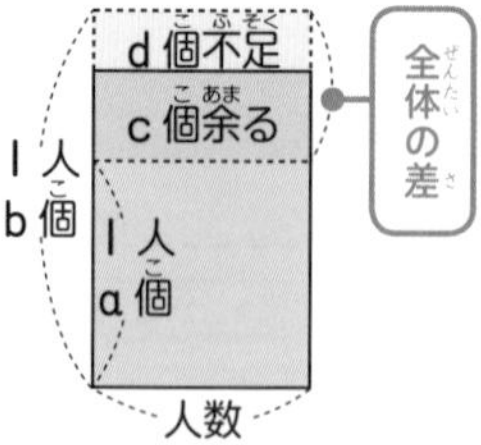

全体の差＝不足−不足

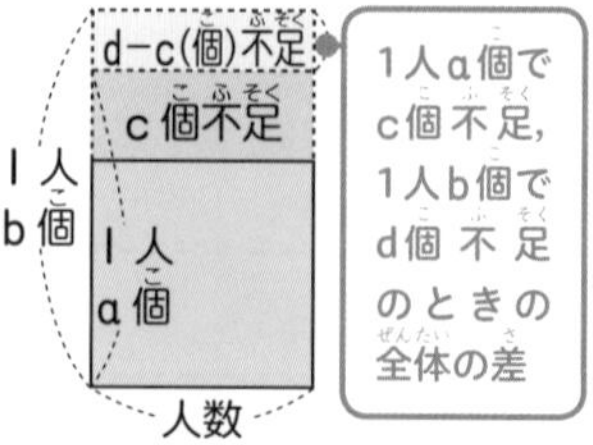

全体の差＝余り−余り

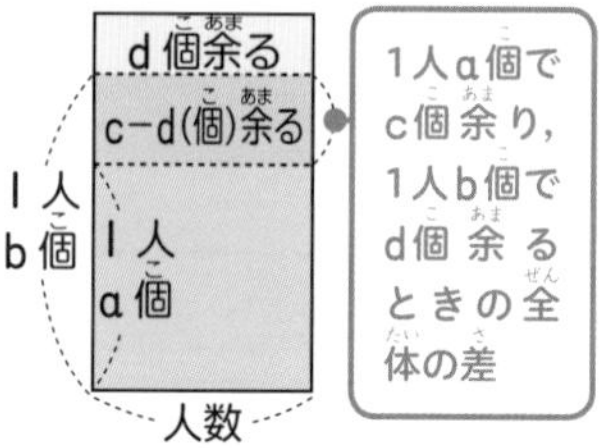

ここが大切
- 全体の差は，余り＋不足，不足−不足，余り−余りのどれかで求められる。
全体の差÷1人分の差＝人数

中学入試対策

59 差集め算

きみ子さんが，今日から毎日200円ずつ貯金していくと，毎日150円ずつ貯金していくより15日早く目標額に達します。目標額はいくらですか。

（桜美林中）

考える手順 数量の関係を面積図に表す。

解き方

数量の関係を面積図に表すと，図のようになる。

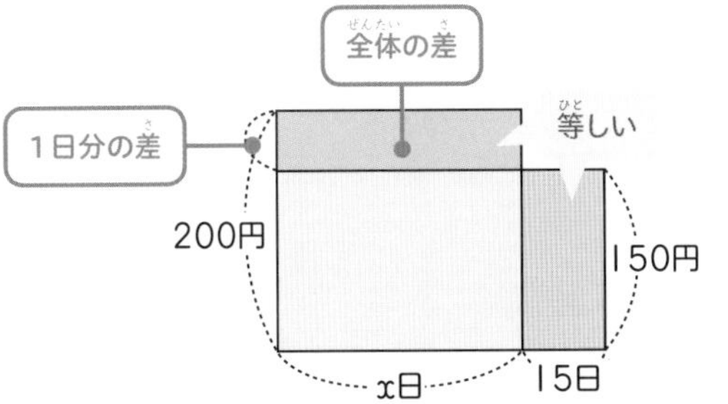

もっとくわしく

全体の差は，
$50 \times x$（円）
これが，
150×15（円）
と等しい。

1日分の差は，$200-150=50$（円）
200円ずつ貯金した日数は，
$150 \times 15 \div 50 = 45$（日）
よって，目標額は，$200 \times 45 = 9000$（円）

答え 9000円

練習問題

解答▶ 別冊…P.81

252 Aさんは家から駅までいつもは時速6kmで歩くところを，今日はちこくしそうだったので，時速7kmで歩いたら，いつもより2分早く駅に着きました。このとき，家から駅までのきょりは何kmですか。

（成城学園中）

中学入試対策

60 過不足算①

みかんを子どもたちに配るのに，1人に3個ずつ配ると22個余り，4個ずつ配ると14個たりません。みかんは全部で何個ありますか。

(國學院大學久我山中)

考える手順　数量の関係を面積図で表し，1人分の差，全体の差を考える。

解き方

数量の関係を面積図で表すと，図のようになる。

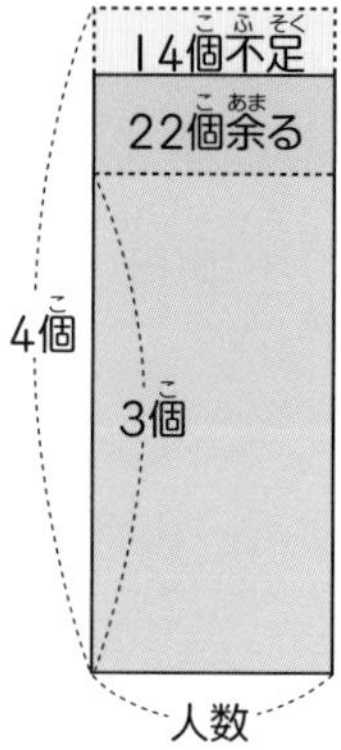

1人分の差は，

4－3＝1(個)

全体の差は，22＋14＝36(個)
（22：余り，14：不足）

だから，子どもの人数は，

36÷1＝36(人)

みかんの個数は，

3×36＋22＝130(個)

もっとくわしく

みかんの個数は，
4×36－14
＝130(個)
と求めてもよい。

答え 130個

練習問題

解答▶ 別冊…P.82

253 あめを子どもに分けるのに，1人に5個ずつ分けると3個余り，1人に7個ずつ分けると21個不足します。あめは全部で何個ありますか。

(聖セシリア女子中)

254 何人かの子どもにみかんを配ります。1人3個ずつ配ろうとすると51個余り，1人8個ずつ配ろうとすると39個たりません。みかんは何個ありますか。

(東京家政学院中)

中学入試対策

61 過不足算②

えん筆を子どもに配るのに，1人に3本ずつ配ると47本余り，1人に5本ずつ配ると13本余ります。子どもの人数とえん筆の本数をそれぞれ求めなさい。

考える手順 数量の関係を面積図で表し，1人分の差，全体の差を考える。

解き方

数量の関係を面積図で表すと，図のようになる。

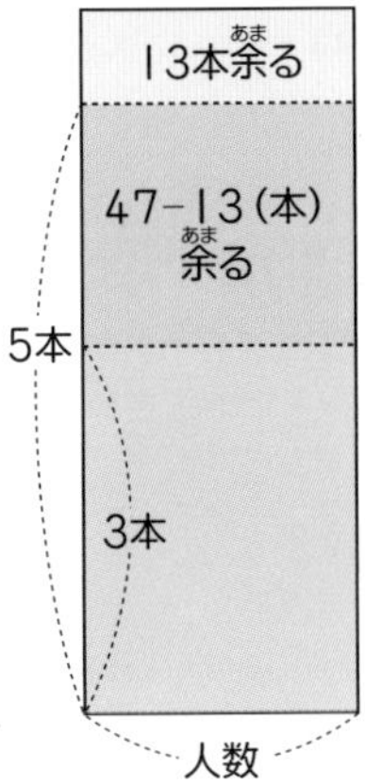

1人分の差は，5−3＝2(本)

全体の差は，47−13＝34(本)
（47：余り　13：余り）

だから，子どもの人数は，

34÷2＝17(人)

えん筆の本数は，

17×3＋47＝98(本)

ミス注意！
全体の差を，
47＋13＝60(本)
としないこと。
全体の差
＝余り−余り
である。

答え 子ども17人，えん筆98本

練習問題

解答▶ 別冊…P.82

255 次の□の中に適する数を書きなさい。

□人に1冊ずつノートを配るのに，1冊240円のノートを買うと予定していたお金では960円不足し，1冊220円のノートを買うと180円不足します。

（山手学院中）

8 年れい算

年れいと割合についての問題の解き方を学びます。

年れい算

年れい算 ▶ ある年の年れいの関係と，□年後（前）の年れいの関係から，年れいや年数を求める問題。

年れいの差が変わらないとき ▶ 線分図に表して考える。

見て理解！

現在，母は32才，子どもは8才。母の年れいと子どもの年れいの比が7：3になるのは何年後？

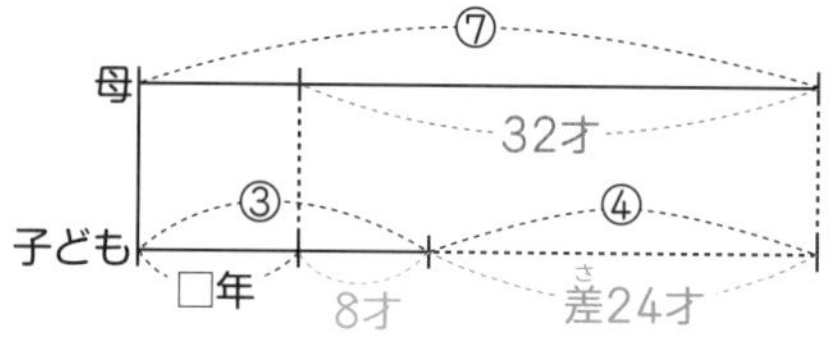

年れいの差の
　32－8＝24（才）
が⑦－③＝④にあたるから，
　①＝24÷4＝6
よって，年れいの比が7：3になるときの母の年れいは，
　6×⑦＝42（才）
だから，
　42－32＝10（年後）

ここが大切　・年れいの関係を線分図に表して，①にあたる年れいを求める。

3人以上のとき ＞ 比例式をつくる。

見て👀理解！

現在，父の年れいは40才，2人の子どもの年れいは6才と2才。
父の年れいが，2人の子どもの年れいの和の2倍になるのは何年後？

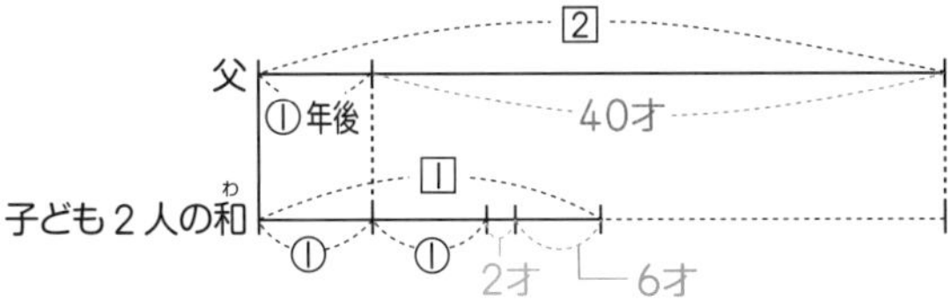

①年後に父の年れいが，2人の子どもの年れいの和の2倍になるとすると，
(40＋①)：(6＋2＋②)＝2：1

①年後の父の年れい

①年後の2人の子どもの年れいの和

①才増えるのが2人で合わせて②才

(40＋①)：(8＋②)＝2：1より，
40＋①＝16＋④　②×2
④－①　③＝24
③÷3　①＝8(年後)

年号と西れき

年号と西れき

見て👀理解！

明治＋1867　＝西れき
大正＋1911　＝西れき
昭和＋1925　＝西れき
平成＋1988　＝西れき
令和＋2018　＝西れき

同じ〇〇年でも，誕生日の前と後で年れいはちがう。

(例)
・明治43年生まれの人は，
43＋1867＝1910(年)生まれ
・1945年生まれの人は，
1945－1925＝20(年)
…昭和生まれ

中学入試対策

62 年れい算①

今年，太郎君は15才，次郎君は12才です。太郎君と次郎君の年れいの比が8：7になるのは何年後ですか。

(桐光学園中)

考える手順　年れいの関係を線分図に表す。年れいの差は変わらないことに注目する。

解き方

年れいの関係を線分図に表すと，図のようになる。

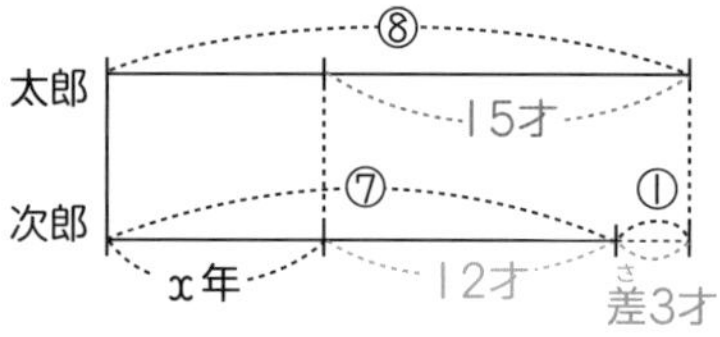

もっとくわしく

①にあたる年れいは，(年れいの差)÷(割合の差)で求められる。

年れいの差の

　15−12＝3(才)

が①にあたるから，年れいの比が8：7になるときの太郎君の年れいは，

　3×8＝24(才)

だから，24−15＝9(年後)

答え　9年後

練習問題

解答▶ 別冊…P.82

256 現在，子どもの年れいは12才で，父は38才です。子どもと父の年れいの比が3：5になるのは，今から何年後ですか。

(佼成学園中)

257 チャレンジ

現在，父の年れいは子どもの年れいの5倍ですが，7年後には父の年れいは子どもの年れいの3倍になります。7年後の子どもの年れいを求めなさい。

(明治大付属中野八王子中)

中学入試対策

63 年れい算②

父の年れいは35才，長女の年れいは4才，長男の年れいは1才です。父の年れいが子どもの年れいの合計の3倍になるのは何年後ですか。

（城西川越中）

考える手順 子どもの年れいの合計は，1年で1×2＝2(才)増えることから，比例式をつくる。

解き方

①年後に父の年れいが子どもの年れいの3倍になるとすると，父の年れいは①才増え，2人の子どもの年れいは合わせて②才増えるから，

(35＋①)：(4＋1＋②)＝3：1

（35＋①：①年後の父の年れい　4＋1＋②：①年後の子どもの年れいの合計）

(35＋①)：(5＋②)＝3：1より，

35＋①＝15＋⑥　（②×3）

⑤＝20　（⑥−①）

①＝4　（⑤÷5）

答え 4年後

もっとくわしく

1人の年れいと2人の年れいの和のように，年れいの差が変わっていくときは，比例式をつくる。

練習問題

解答▶ 別冊…P.83

258 3人の兄弟の年れいの和は現在26才で，お父さんの年れいは現在54才です。3人の兄弟の年れいの和とお父さんの年れいが同じになるのは，今から何年後ですか。

（桐朋中）

まとめの問題

解答▶別冊…P.162

基本

166 3gのおもりと5gのおもりが全部で14個あり，合計は60gです。5gのおもりは何個ありますか。　（公文国際学園中等部）

167 1300個のガラス細工を箱につめる仕事があります。ガラス細工をこわさずに箱につめると，1個について20円もらえます。しかし，と中でガラス細工をこわすと，20円をもらえないうえに，10円をはらうことになります。このとき，次の各問いに答えなさい。

(1) 1300個のうち10個だけガラス細工をこわしたとします。このとき，もらったお金からこわした分のお金をはらうと残りは何円ですか。

(2) AさんとBさんの2人でこの仕事をしました。もらったお金からこわした分のお金をはらうと，残りは2人合わせて24500円でした。こわしたガラス細工は2人合わせて何個ですか。　（星野学園中）

168 ある食堂にはランチが3種類あり，Aランチは300円，Bランチは350円，Cランチは450円です。3種類のランチの食券を合計100枚用意し，そのうちCランチは20枚ありました。全ての食券が売れ，その売上の合計金額は34750円になりました。このとき，Aランチの食券は何枚あったか求めなさい。　（日本大学第三中）

169 公園まで行くのに，毎分60mの速さで歩くかわりに，毎分300mの速さの自転車で行くと，20分早く着くことができます。公園まで何kmありますか。 （跡見学園中）

170 ある中学校の生徒が長いすに座ります。6人ずつ座ると，41人が座れません。また，8人ずつ座ると，最後のいすには5人が座り，3きゃく余りました。長いすのきゃく数と生徒の人数を求めなさい。 （鷗友学園女子中）

よくでる

171 子どもに色紙を配ります。1人7枚ずつ配ると50枚たりず，1人5枚ずつ配ると12枚たりません。色紙は何枚ありますか。

よくでる

172 子どもにノートを配ります。1人3冊ずつ配ると19冊余り，1人4冊ずつ配ると5冊余ります。ノートは何冊ありますか。

よくでる

173 現在の父の年れいが43才，子どもの年れいが7才であるとき，何年後には父の年れいは子どもの年れいの3倍になりますか。 （郁文館中）

174 現在，優ちゃんは3才，お父さんは35才，お母さんは31才です。両親の年れいの和が優ちゃんの年れいの4倍になるのは何年後ですか。

（東洋英和女学院中）

9 重なりの問題

全体を2つの条件で分けたときのある部分の数の求め方を学びます。

重なりの問題

重なりの問題　全体を２つの条件について，あてはまるかあてはまらないかで分けたとき，両方にあてはまる数や両方にあてはまらない数などを求める問題。

見て理解！

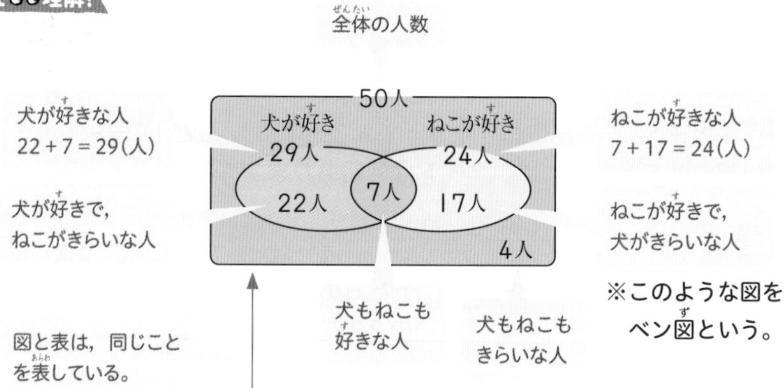

※このような図をベン図という。

		ねこ 好き	ねこ きらい	合計
犬	好き	7	22	29
犬	きらい	17	4	21
合計		24	26	50

わかっている数を図や表に書き入れて，わからない数を求めていく。

※このような表を二次元表という。

ここが大切　・重なりの問題は，図でも表でも表すことができる。

中学入試対策

64 重なりの問題

人数が40人のクラスで好きな果物のアンケートをとったところ，りんごが好きな人が27人，みかんが好きな人が32人，両方きらいな人が5人いました。りんごとみかん両方好きな人は何人いますか。

(日本大学第一中)

考える手順 人数の関係を図や表に表す。

解き方

人数の関係を図や表に表すと，下のようになる。

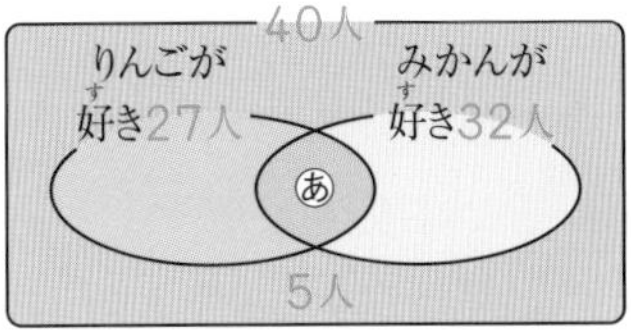

図で考えると，両方好きな人はⓐにあてはまる。

ⓐ＝27＋32＋5－40
＝24(人)

		みかん 好き	みかん きらい	合計
りんご	好き	㋐ 24	3	27
りんご	きらい	㋑ 8	5	㋒ 13
合計		32	8	40

表で考えると，両方好きな人は㋐にあてはまる。

㋒＝40－27＝13
㋑＝13－5＝8
㋐＝32－8＝24

答え 24人

> **入試のポイント**
> 重なりの問題は，図や表に表して考えると，それぞれの部分の数がわかりやすくなる。

練習問題

解答▶ 別冊…P.83

259 32人の学級で，兄と姉のいる人の人数を調べました。兄も姉もいる人は4人，兄も姉もいない人は12人で，姉だけがいる人は6人です。兄だけがいる人は何人ですか。

(和洋国府台女子中)

10 速さと道のりのグラフ

速さと道のりのグラフの読み方やかき方を学びます。

速さと道のりのグラフ

速さと道のりのグラフ 時間を横軸，道のりを縦軸にとる。

見て理解！

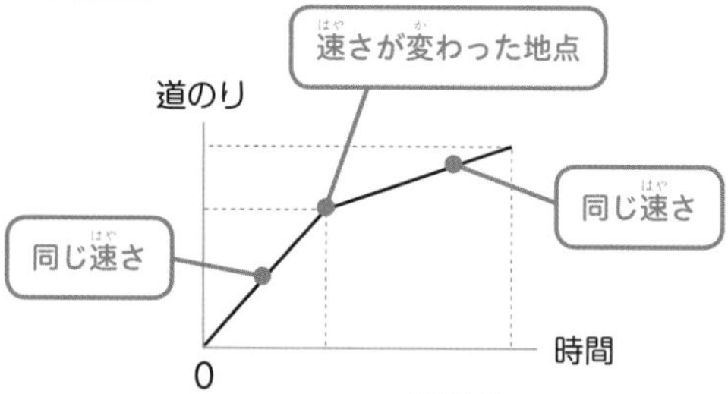

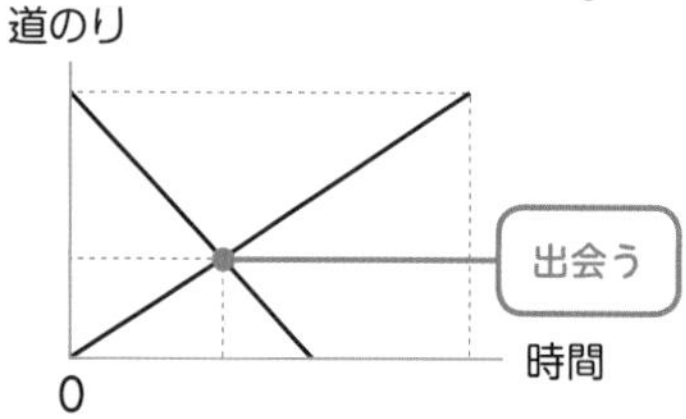

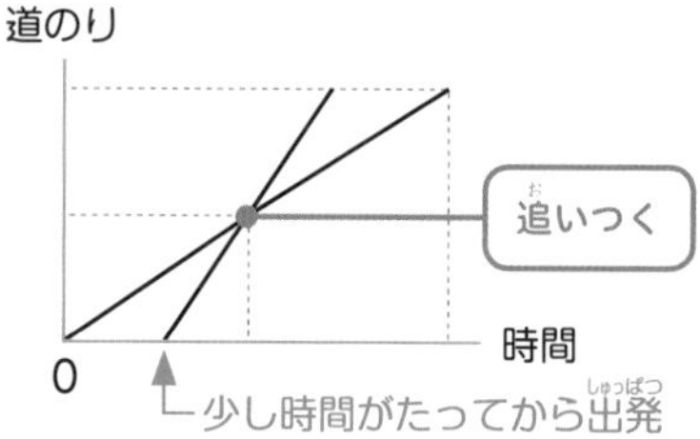

ここが大切
- 直線の部分は同じ速さを表す。
- 2つのグラフが交わる点は，出会うこと，追いつくことを表す。

グラフのかき方 ①出発してからの時間とその時間にいる場所(道のり)を表す点をとる。(出発したときもふくむ)
②とった点を直線で結ぶ。

見て理解！

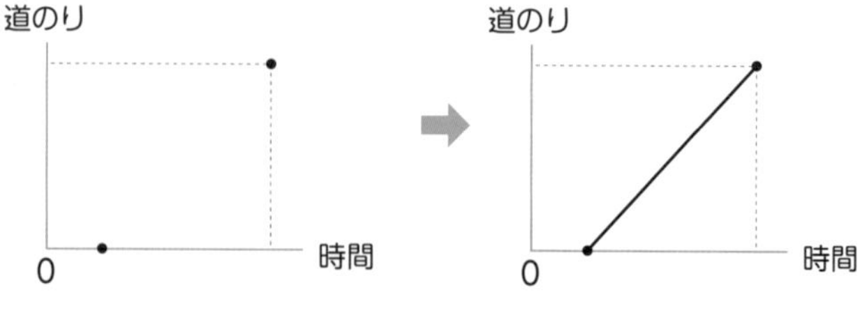

ダイヤグラム

ダイヤグラム ▶ 電車やバスなどの運行のようすを表すグラフをダイヤグラムという。

見て👀理解!

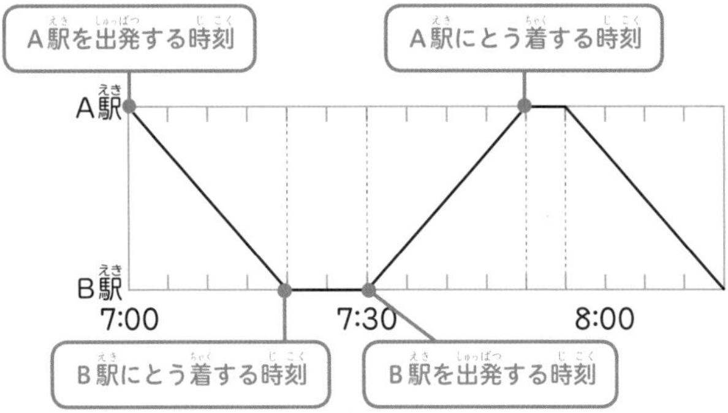

ダイヤグラムのかき方 ▶ ①出発時刻，とう着時刻の点をとる。
②とった点を順に結ぶ。

見て👀理解!

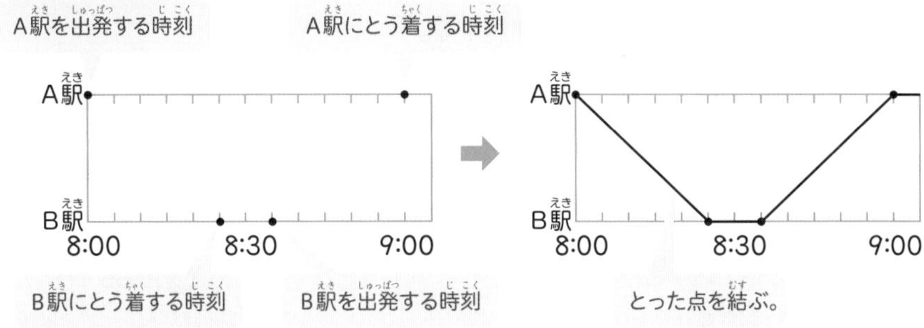

流水算のグラフ ▶ 上りと下りでかかる時間がちがう。

見て👀理解!

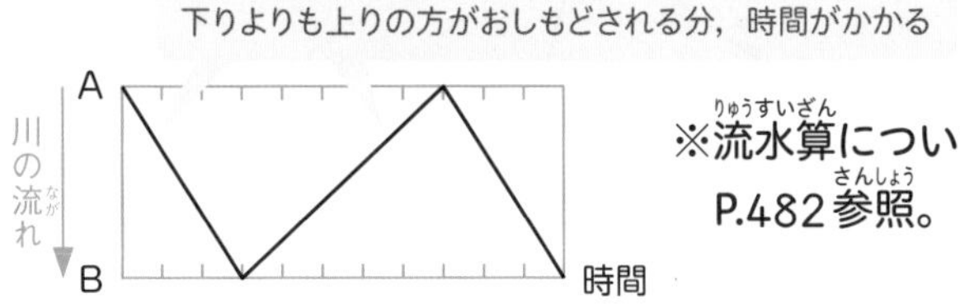

※流水算についてはP.482参照。

中学入試対策

65 速さと道のりのグラフ

姉は自転車で図書館に行き，借りた本を返した後，行きの2倍の速さで家に帰りました。妹は姉と同時に家を出て歩いて図書館に向かいました。右のグラフは，そのときの2人のようすを表しています。次の問いに答えなさい。

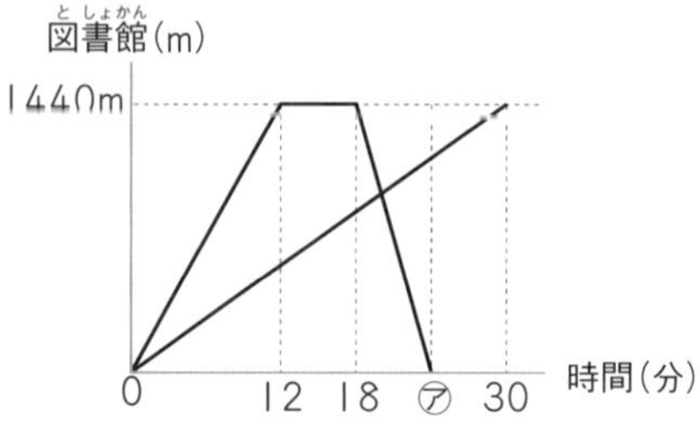

1 姉の行きの速さは毎分何mですか。

2 ㋐にあてはまる数は何ですか。

3 姉と妹は家から何mのところで出会いましたか。　(東京家政学院中)

考える手順

1 道のりと時間をグラフから読みとる。

2 帰りは行きの2倍の速さだから，かかった時間は半分になる。

3 旅人算の公式を利用する。

解き方

1 グラフから，12分で1440m進んだことがわかる。求める速さは，

$1440 \div 12 = 120$(m/分)

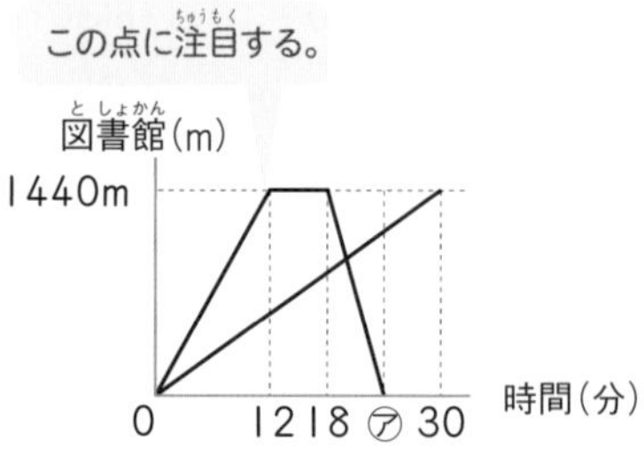

2 帰りは行きの2倍の速さだから，かかった時間は行きの半分の6分になる。よって，

㋐ $= 18 + 6 = 24$

つまずいたら

速さについて知りたい。

P.286

③ 妹の速さは，1440÷30＝48(m/分)だから，妹が18分で歩いた道のりは，

48×18＝864(m)

ここから，姉と妹が出会うのにかかる時間は，旅人算の公式より，

(1440−864)÷(120×2＋48)＝2(分)

2人の間のきょり　速さの和

だから，2人が出会ったのは家から

864＋48×2＝960(m)

のところ。

答え ① 毎分120m　② 24　③ 960m

つまずいたら

旅人算について知りたい。

P.440

もっとくわしく

出会ったのは，グラフが交わった点である。

練習問題

解答▶ 別冊…P.83

260 Aさんは登山をしました。出発してから30分間は平らな道を分速80mで歩き，その後，上り坂を分速60mで登りました。
頂上でちょうど1時間休けいをした後，帰りは平らな道と同じ速さで帰ってきました。

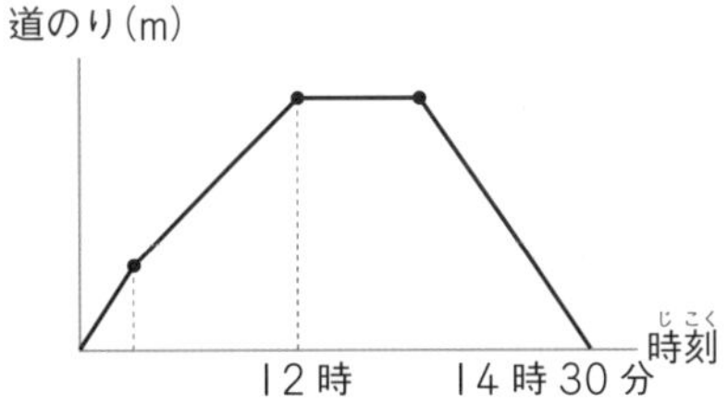

右上のグラフは，そのようすを表したもので，横軸は時刻，縦軸は出発地点からの道のりを表しています。次の問いに答えなさい。

(1) 頂上までの道のりは何mですか。

(2) 出発した時刻は，何時何分ですか。

(武蔵野女子学院中)

66 ダイヤグラム

中学入試対策

右のグラフは，A駅とB駅を往復する2台のバスの運行状況を表したものです。バスは8時にA駅を出発する普通バスと，8時10分にB駅を出発し，普通バスの1.5倍の速さで走る急行バスがあります。ただし，どちらのバスもそれぞれの駅で必ず10分間停車します。このとき，次の問いに答えなさい。

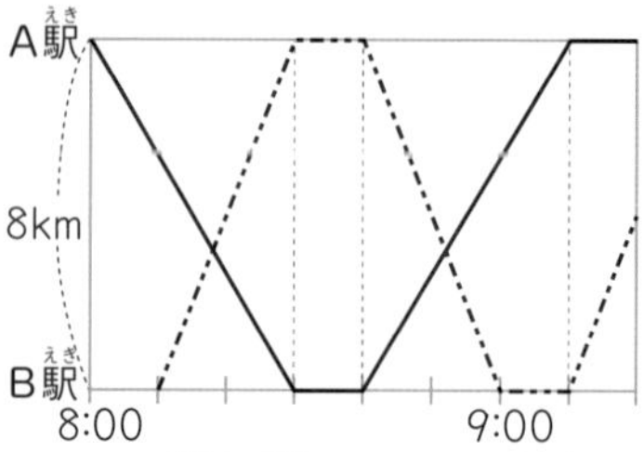

1 A駅とB駅の道のりが18kmであるとき，普通バスの速さは時速何kmですか。

2 普通バスと急行バスがはじめて出会うのは何時何分ですか。

3 普通バスと急行バスがはじめて同じ駅を同じ時刻に出発するのは，何時何分でどちらの駅からですか。　(東海大付属相模中)

考える手順

1 A駅を出発する時刻とB駅に着く時刻をグラフから読みとり，時間を求める。

2 旅人算の公式を利用する。

3 それぞれのバスが何分ごとに発車するかを考える。

解き方

1 普通バスは，8時にA駅を出発し，8時30分にB駅に着く。
その速さは，

18÷0.5 = 36(km/時)

30分 = 0.5時間

2 急行バスは，8時10分にB駅を出発し，その時刻に普通バスは，$36\times\frac{1}{6}=6$(km)進んでいる。

$10分=\frac{1}{6}時間$

つまずいたら

速さについて知りたい。

P.286

もっとくわしく

このグラフの交点は出会うときを表している。グラフによっては，交点が追いこすときを表すこともある。

また，急行バスの速さは，36×1.5 = 54(km/時)だから，2台のバスが出会うのにかかる時間は，

$$(18-6)\div(36+54)=\frac{2}{15}(\text{時間}) \rightarrow 8\text{分}$$

よって，出会う時刻は，8時10分＋8分＝8時18分

③ 普通バスは，8時から40分ごとに駅を出発し，急行バスは，8時10分から30分ごとに駅を出発する。8時から何分後に発車するかを書き出すと，

普通バス…	0，	40，	80，	120，	160	
	A	B	A	B	A	
急行バス…	10，	40，	70，	100	130，	160
	B	A	B	A	B	A

となり，8時から160分後にA駅を同時に発車することがわかる。その時刻は，10時40分。

答え ① 時速36km　② 8時18分
③ 10時40分，A駅

つまずいたら
旅人算について知りたい。
➡ P.440

⚠ミス注意!
急行バスは8時10分に出発することに注意する。

練習問題

解答▶ 別冊…P.84

261 グラフは21kmはなれた2つの町A，Bの間をバスが往復するようすと，太郎君が自転車でA町からB町に向かうようすを表したものです。次の問いに答えなさい。

(1) バスと太郎君が最初に出会うのはA町から何kmはなれたところですか。

(2) 太郎君がバスに追いこされるのは何時何分ですか。

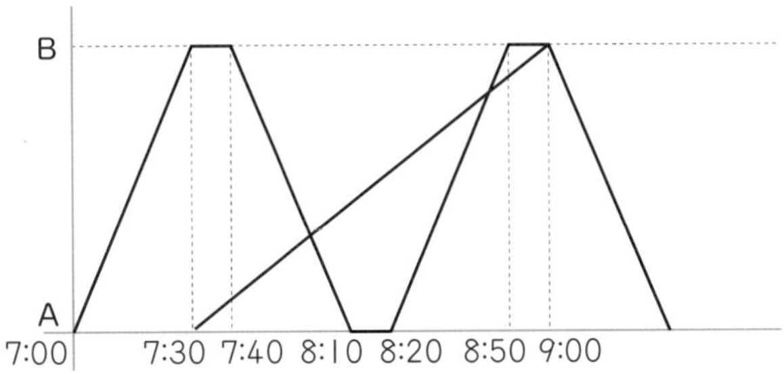

(明治大付属中野八王子中)

まとめの問題

解答▶別冊…P.164

175 40人クラスで通学方法を調べたところ，電車で通学している人は18人，バスで通学している人は26人でした。また，通学に電車とバスのどちらも使っていない人は6人いました。通学に電車とバスの両方を使っている人は何人いますか。

(横浜雙葉中)

176 あきら君は家と3kmはなれた学校との間を自転車で往復しました。行きはと中の公園で少し休み，帰りは休まずに家に帰りました。公園にいた時間と学校にいた時間はまったく同じで，自転車の速さは一定であるとします。右のグラフは家を出てからの時間と家からの位置の関係を表したものです。午前9時に家を出発したとして，家に帰ってきた時刻は何時何分ですか。

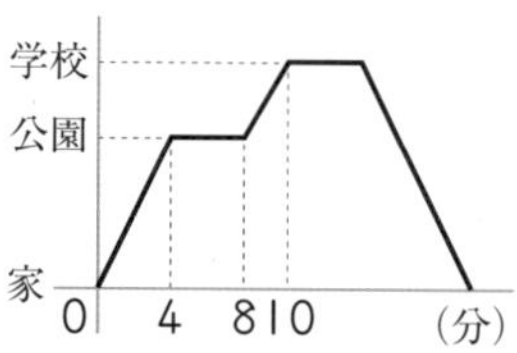

(関東学院六浦中)

ハイレベル

177 AさんとBさんは，まっすぐな道で，同じスタート地点から，同時に同じ方向に競走します。Aさんはつねに分速60mで進みます。Bさんはスタートから最初の5分間は分速120mで進み，続く5分間はその半分の分速60mで進みます。以後5分ごとにBさんの速さは半分になっていきます。このとき次の問いに答えなさい。また，必要であれば右下のグラフ用紙を使ってください。

(1) スタートしてから20分後までの，Bさんの進んだきょりと時間の関係をグラフに表しなさい。

(2) AさんがBさんに追いつくのは，スタートしてから何分何秒後ですか。

(3) BさんがAさんより4分以上早くゴールできるのは，スタート地点からゴール地点までのきょりが何m以上何m以下のときですか。

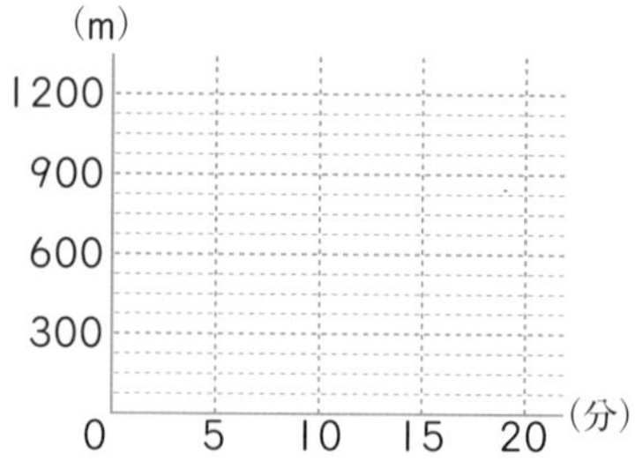

(カリタス女子中)

178 13kmはなれているA町とB町の間をバスが一定の速さで往復しています。バスは，A町やB町に着いたら必ず9分停車します。太郎さんはバスがB町を出発するのと同時に自転車で分速150mの速さでA町からB町に向かいます。上のグラフはそのようすを表したものです。このとき，次の問いに答えなさい。

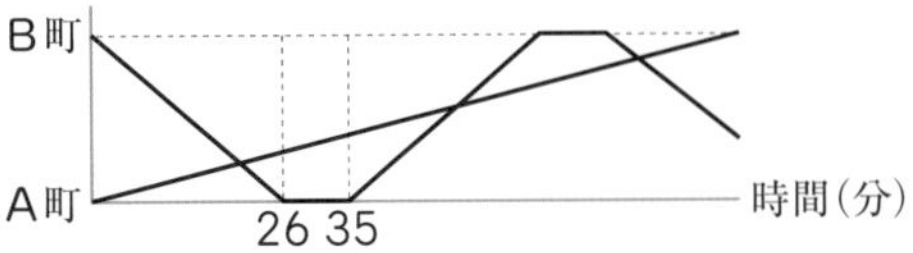

(1) バスの速さは時速何kmですか。

(2) 太郎さんとバスが，はじめてすれちがうのは出発してから何分後ですか。

(3) 太郎さんが，バスにはじめて追いぬかれるのはA町から何kmの位置ですか。

(東海大付属相模中)

179 山のふもとの駅と山頂を行き来するバスがあります。バスは，朝9時にふもとの駅から山頂に向けて始発が出ます。それからバスは15分おきに山頂に向けて出発します。バスは山頂に着いてから10分後にふもとの駅に向けて出発します。バスは毎時30kmの速さで15分かけて登り，山頂からふもとの駅までは12分かけて下ります。次の問いに答えなさい。

(1) 下りのバスの速さは毎時何kmですか。

(2) バスが9時から10時までの間にふもとの駅と山頂とを行き来する様子を，始発からの時間(分)とふもとの駅からのきょり(km)との関係のグラフにかき入れなさい。

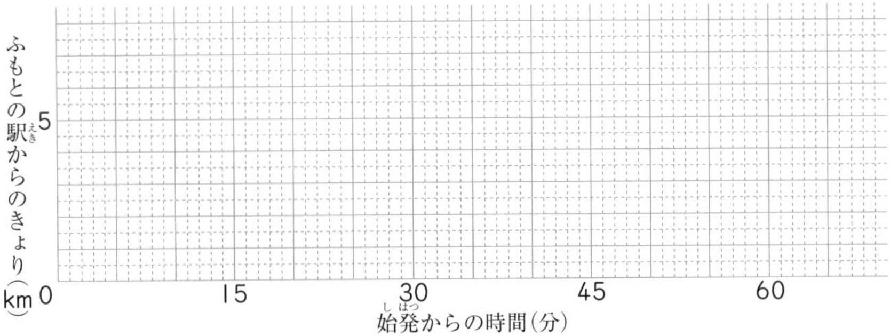

(3) 9時から10時の間に上りのバスと下りのバスは何回すれちがいますか。

(4) このようにバスを走らせるには，バスは最低何台必要ですか。

(恵泉女学園中)

11 通過算

電車が鉄橋をわたったりするときの速さや時間の求め方を学びます。

通過算

通過算 電車など長さがあるものが，鉄橋などをわたったりするときの速さや時間についての問題。

電柱などを通過するとき 電車の長さをもとにして，速さや時間を求める。

見て理解!

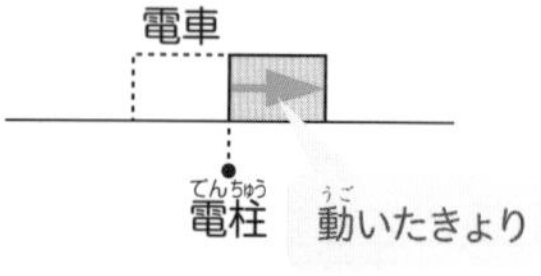

電車が電柱などを通過する時間
＝電車の長さ÷電車の速さ

鉄橋などをわたるとき 電車の先頭や最後尾の動いたきょりを考える。

見て理解!

わたり始めてから完全にわたり終わるまでの時間は？

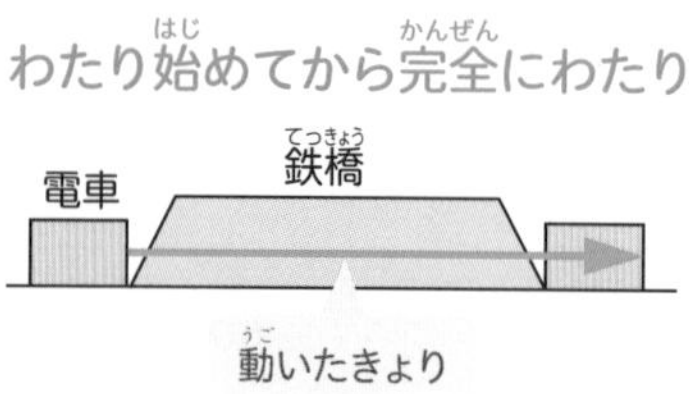

時間
＝(鉄橋の長さ＋電車の長さ)÷電車の速さ

鉄橋に全体がのっている時間は？

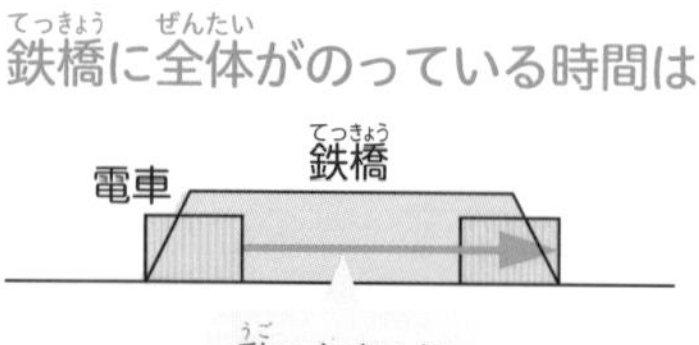

時間
＝(鉄橋の長さ－電車の長さ)÷電車の速さ

ここが大切

- 電柱などを通過する時間＝電車の長さ÷電車の速さ
- 鉄橋をわたる時間＝（鉄橋の長さ＋電車の長さ）÷電車の速さ
- 鉄橋に全体がのっている時間＝（鉄橋の長さ－電車の長さ）÷電車の速さ

2つの電車があるとき

一方を止めて考える。旅人算の応用になることが多い。旅人算についてはP.440参照。

見て理解！

2つの電車がすれちがうとき

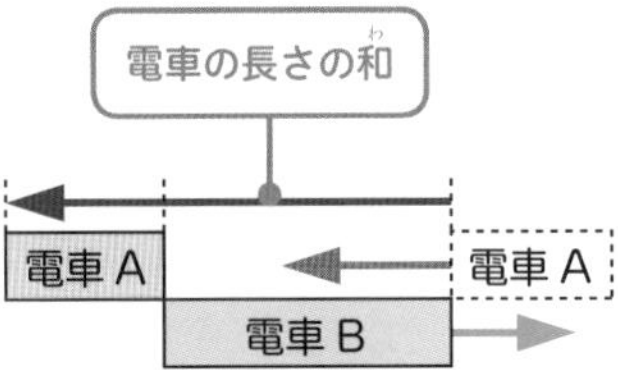

すれちがうのにかかる時間
＝電車の長さの和÷電車の速さの和

一方の電車がもう一方の電車を追いこすとき

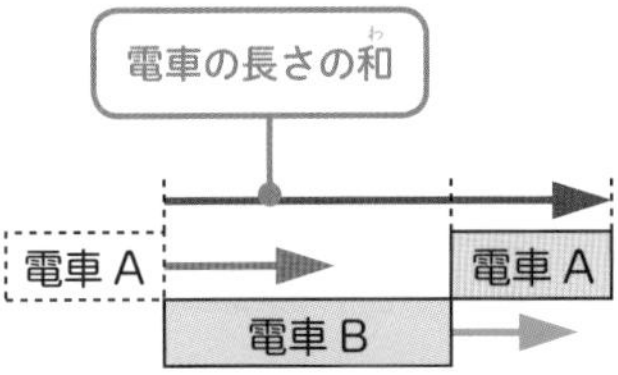

追いこすのにかかる時間
＝電車の長さの和÷電車の速さの差

ここが大切

- すれちがうのにかかる時間＝電車の長さの和÷電車の速さの和
- 追いこすのにかかる時間＝電車の長さの和÷電車の速さの差

中学入試対策

67 通過算①

毎秒15mの速さで進んでいる長さ90mの列車があります。この列車が長さ570mの橋をわたろうとしています。列車すべてがわたり終えるのに何秒かかりますか。 (鎌倉学園中)

考える手順 列車の先頭や最後尾が動いたきょりを考える。

解き方

列車が動くきょりは,
列車の長さ＋橋の長さ　である。

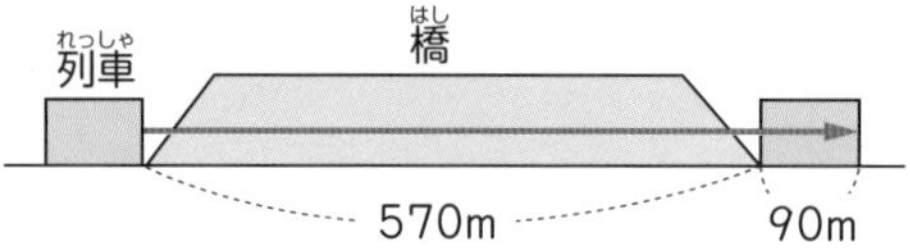

よって,かかる時間は,

(90 + 570) ÷ 15 = 44(秒)

(90: 列車の長さ, 570: 橋の長さ, 15: 列車の速さ)

答え 44秒

もっとくわしく
列車の最後尾が動いたきょりを考えても,列車が動いたきょりは,
列車の長さ ＋ 橋の長さ
になる。

つまずいたら
速さについて知りたい。
P.286

練習問題

解答▶ 別冊…P.84

262 次の□にあてはまる数を求めなさい。

(1) 長さ90m,分速1710mの電車は□mの鉄橋を20秒でわたりきります。 (公文国際学園中等部)

(2) 長さ144m,秒速□mで進んでいる列車が,トンネルの直前からトンネル内にすべて入るのに4秒かかります。 (立正中)

263 ある列車が立っている人の前を通過するのに9秒かかり,長さ675mの鉄橋をわたり終えるのに54秒かかりました。この列車の速さは毎時何kmですか。 (和洋九段女子中)

中学入試対策

68 通過算②

秒速12mで長さが180mの上り電車と，秒速18mで長さが210mの下り電車がすれちがうのに何秒かかりますか。 (日本大学第一中)

考える手順 どちらか一方の電車を止めて考える。

解き方

下り電車を止めて，上り電車が秒速(12＋18)mで走っていると考える。

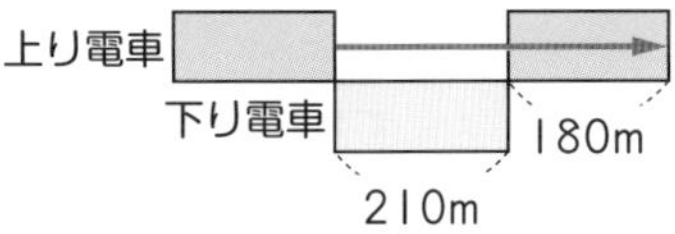

上り電車が動くきょりは，2つの電車の長さの和だから，かかる時間は，

$(180+210)\div(12+18)=13$(秒)

(180＋210)：上り電車と下り電車の長さの和
(12＋18)：上り電車と下り電車の速さの和

答え 13秒

もっとくわしく

1秒間に，上り電車は12m，下り電車は18m進むから合わせて，
12＋18＝30(m)
進む。

練習問題

解答▶ 別冊…P.85

264 長さ108mの電車Aと長さ102mの電車Bがそれぞれ時速36km，時速72kmの一定の速さで走っています。平行な線路を電車Aと電車Bが向かい合って走ってきました。すれちがい始めてから，すれちがい終わるまでに何秒かかりますか。 (豊島岡女子中)

中学入試対策

69 通過算③

長さが120mの電車Aと長さが240mの電車Bが，2本の平行な線路上を同じ向きに一定の速さで走っています。あるとき，電車Aの先頭が電車Bの一番後ろに追いついてから，電車Aの一番後ろが電車Bの先頭に並ぶまでに2分かかりました。このとき，電車Aの先頭と電車Bの先頭が並ぶまでにかかった時間は何分何秒でしたか。

（豊島岡女子中）

考える手順　まず，2つの電車の速さの差を求める。

解き方

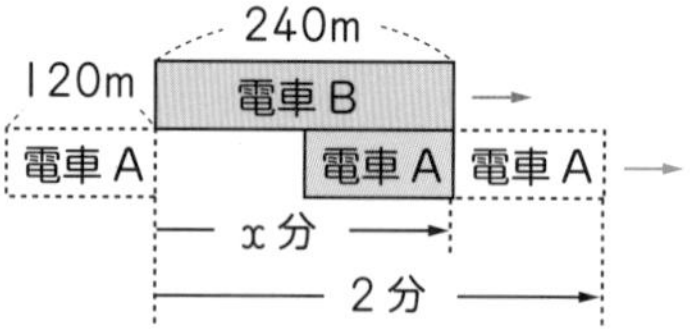

電車Aが電車Bを追いぬくまでに2分かかったから，速さの差は，(120 + 240) ÷ 2 = 180 (m/分)

電車Bを止めて考えると，電車Aが分速180mで240m走ると考えられるから，求める時間は，

$240 \div 180 = 1\frac{1}{3}$（分）→ 1分20秒

答え 1分20秒

もっとくわしく

追いこす時間
＝電車の長さの和
÷電車の速さの差
より，
電車の速さの差は，
電車の長さの和
÷追いこす時間
で求められる。

練習問題

解答▶ 別冊…P.85

265 毎秒21mの速さで走る普通列車が，長さが353mのトンネルにさしかかってから通りぬけるまでに20秒かかりました。また，この普通列車よりも26m長い特急列車が，普通列車を追いこし始めてから追いこし終わるまでに40秒かかります。このとき，特急列車の速さは毎秒何mですか。ただし，普通列車と特急列車はそれぞれ一定の速さで走っています。

（横浜共立学園中）

中学入試対策

70 通過算④

長さ70mの電車A，長さ120mの電車B，秒速13mで走っている自動車Cがあります。電車Aが自動車Cに追いついてから完全に追いこすまでに10秒かかりました。また，電車Bが自動車Cに追いついてから完全に追いこすまでに10秒かかりました。電車Bが電車Aに追いついてから完全に追いこすまでに何秒かかりますか。ただし，自動車Cの長さは考えません。

考える手順 まず，電車A，電車Bの速さを求める。

解き方

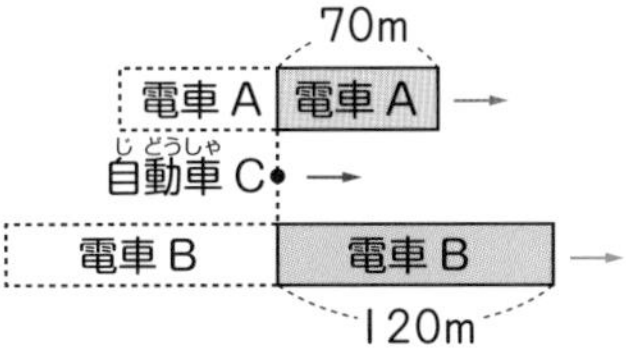

速さの差×時間＝進んだ長さ　より，

電車Aの速さは，70÷10＋13＝20(m/秒)

電車Bの速さは，120÷10＋13＝25(m/秒)

よって，求める時間は，

(70＋120)÷(25－20)＝38(秒)

答え 38秒

もっとくわしく

電車Aの速さ
＝進んだ長さ÷時間
＋自動車Cの速さ

電車Bの速さ
＝進んだ長さ÷時間
＋自動車Cの速さ

練習問題

解答▶ 別冊…P.85

266 長さ80mの列車A，長さ160mの列車B，秒速10mで走っている自動車Cがあります。列車Aが自動車Cとすれちがい始めてからすれちがい終わるまでに2.5秒かかりました。また，列車Bが自動車Cに追いついてから完全に追いこすまでに10秒かかりました。列車Aと列車Bがすれちがい始めてからすれちがい終わるまでに何秒かかりますか。ただし，自動車Cの長さは考えません。

12 流水算

流れている川を船が進むときの速さや時間について学びます。

流水算

流水算 流れている川を船が上ったり，下ったりするときの，船の進む速さの関係を考えて解く問題。

川の流れの速さと静水時の船の速さがわかっている場合

上りの速さ＝船の速さ－流れの速さ
下りの速さ＝船の速さ＋流れの速さ

見て理解!

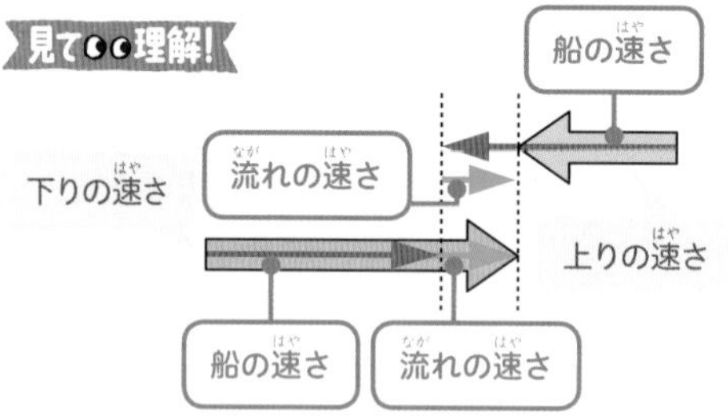

考え方

川を上るとき，船は流れの速さの分だけおしもどされるので，

上りの速さ ＝ 船の速さ － 流れの速さ

川を下るとき，船は流れの速さの分だけ流されるので，

下りの速さ ＝ 船の速さ ＋ 流れの速さ

上りの速さと下りの速さがわかっている場合（流れの速さは一定）

船 の 速 さ＝(上りの速さ＋下りの速さ)÷2
流れの速さ＝(下りの速さ－上りの速さ)÷2

見て理解!

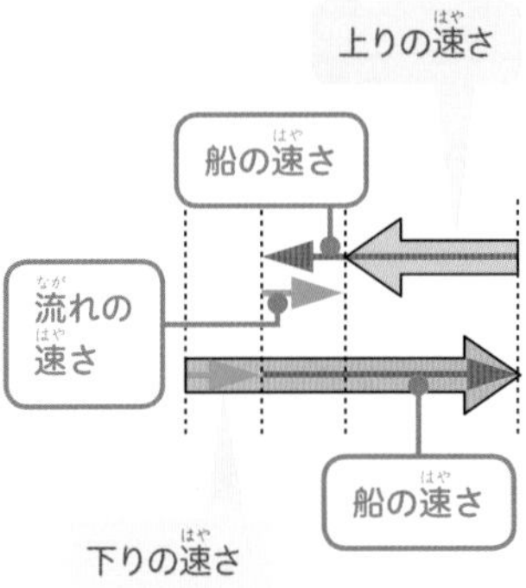

考え方

（上りの速さ ＋ 流れの速さ）＋（下りの速さ － 流れの速さ）

＝ 船の速さ × 2　より，

上りの速さ ＋ 下りの速さ ＝ 船の速さ × 2

となるので，

船の速さ ＝（上りの速さ ＋ 下りの速さ）÷ 2

考え方

（下りの速さ － 船の速さ）＋（船の速さ － 上りの速さ）

＝ 流れの速さ × 2　より，

下りの速さ － 上りの速さ ＝ 流れの速さ × 2　となるので，

流れの速さ ＝（下りの速さ － 上りの速さ）÷ 2

速さがわからない場合　上りと下りにかかる時間などから，速さの比や割合を求めて，比や割合で考える。

見て理解!

上りに3時間，下りに2時間かかるとき　→　速さの比は，

上り：下り＝2：3

きょりを□とすると，速さの比は

$\frac{□}{3}:\frac{□}{2}=(2\times□):(3\times□)=2:3$

船が 2 そうある場合　2そうの船について，船の速さ，流れの速さ，上りの速さ，下りの速さの関係を考え，わかるものから順に求めていく。

ここが大切
・流水算では，船の速さ，流れの速さ，上りの速さ，下りの速さの4つの関係を使う。

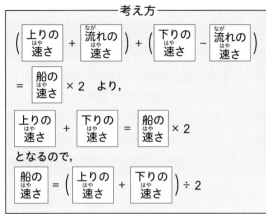

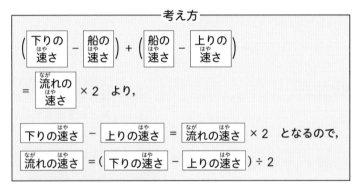

中学入試対策

71 流水算①

静水時の速さが時速14kmの船があります。川の流れの速さが時速4kmのとき，次の問いに答えなさい。

1 上りの速さと下りの速さはそれぞれ時速何kmですか。

2 45kmの川を上るのにかかる時間は何時間何分ですか。

考える手順

1 流水算の公式を使って求める。

2 1で求めた速さを　時間＝道のり÷速さ　の式にあてはめる。

解き方

1 船の速さ－流れの速さ＝上りの速さ

より，

14－4＝10(km/時)

時速10kmのこと

船の速さ＋流れの速さ＝下りの速さより，

14＋4＝18(km/時)

2 時間＝道のり÷速さ

より，

45÷10＝4.5(時間)→4時間30分

答え 1 上り…時速10km，下り…時速18km

2 4時間30分

ミス注意！

上りの速さと下りの速さを求めるときに，差と和をまちがえないこと。

つまずいたら

速さについて知りたい。

P.286

練習問題

解答▶ 別冊…P.85

267 静水時の速さが毎時17kmの船があります。川の流れの速さが毎時5kmのとき，68kmの川を上るのにかかる時間は何時間何分ですか。

(東京家政学院中)

中学入試対策

72 流水算②

次の□にあてはまる数字を入れなさい。
時速□kmで流れている川を72km上るのに3時間，下るのに2時間かかる船があります。 (國學院大學久我山中)

考える手順 上りの速さと下りの速さを求めてから，流水算の公式を使う。

解き方

速さ＝道のり÷時間　より，
上りの速さは，

72÷3＝24(km/時)

時速24kmのこと

また，下りの速さは，

72÷2＝36(km/時)

流れの速さ＝(下りの速さ－上りの速さ)÷2　より，
求める速さは，

(36－24)÷2＝6(km/時)

答え 6

もっとくわしく

船の速さは，
船の速さ
＝(下りの速さ
＋上りの速さ)
÷2
より，
(36＋24)÷2
＝30(km/時)
となる。

練習問題

解答▶ 別冊…P.86

268 川の上流のA地点から下流のB地点まで25kmあり，その間を船が往復しています。A地点からB地点まで30分，B地点からA地点まで50分かかるとき，静水での船の速さは時速何kmですか。ただし，川の流れの速さと，静水での船の速さはつねに一定とします。 (聖セシリア女子中)

73 流水算③

中学入試対策

毎秒2mの速さで流れる川があります。静水時の速さが一定の船でこの川の上流と下流にある2地点を往復すると，行きと帰りの速さの比は3：2になります。静水時の船の速さは毎秒何mですか。

（東京都市大学付属中）

考える手順　行きと帰りの速さの比から，川の流れる速さと静水時の船の速さの比を考える。

解き方

流れの速さ＝(下りの速さ－上りの速さ)÷2
船の速さ＝(下りの速さ＋上りの速さ)÷2
より，流れの速さと船の速さの比は，

$\{(3-2)\div2\}:\{(3+2)\div2\}=1:5$

（3：下りの速さ，2：上りの速さ，3：下りの速さ，2：上りの速さ）

よって，船の速さを毎秒xmとすると，

$2:x=1:5$　より，$x=10$

答え　毎秒10m

もっとくわしく

$\{(3-2)\div2\}:\{(3+2)\div2\}$
$=(3-2):(3+2)$
$=1:5$

つまずいたら

比について知りたい。

➡ P.256

練習問題

解答▶ 別冊…P.86

269 次の□にあてはまる数を答えなさい。

静水時での速さが時速6.5kmの船が□kmはなれたA町とB町を結ぶ川を往復しています。この船はA町からB町までは8時間，B町からA町までは5時間かかります。

（国府台女子学院中学部）

74 流水算④

中学入試対策

一定の速さで流れる川にA地点があり，その6km下流にB地点があります。A地点には静水時に時速2kmで走る船Pがとまっており，B地点には静水時に時速3kmで走る船Qがとまっています。

[1] 船PがA地点からB地点まで移動すると，2時間かかります。この川の流れる速さは時速何kmですか。

[2] 船QでB地点からA地点まで移動すると，何時間かかりますか。

[3] 船PがA地点からB地点に向けて，船QがB地点からA地点に向けて同時に出発したとき，2つの船が出会うのは出発してから何時間何分後ですか。

（佼成学園中）

考える手順　流水算の公式を使う。

解き方

[1] 船Pの下りの速さは，

$6 \div 2 = 3$(km/時)

よって，川の流れる速さは，$3 - 2 = 1$(km/時)

[2] 船Qの上りの速さは，$3 - 1 = 2$(km/時)

だから，求める時間は，$6 \div 2 = 3$(時間)

[3] 船Pの下りの速さは時速3km，船Qの上りの速さは時速2kmだから，$6 \div (3 + 2) = 1.2$(時間)

もっとくわしく

[1] 流れの速さ
＝下りの速さ
　－船の速さ

[2] 上りの速さ
＝船の速さ
　－流れの速さ

答え [1] 時速1km　[2] 3時間　[3] 1時間12分

練習問題

解答▶ 別冊…P.86

(270) 次の□にあてはまる数を求めなさい。

Aの船は静水では時速6kmで，Bの船は静水では時速□kmで進みます。A，Bは流れの速さが同じ川を進みます。Aは川を上るときの5倍の速さで川を下り，Bは川を上るときの3倍の速さで川を下ります。

（香蘭女学校中等科）

13 時計算

時計の長針と短針の作る角度についての問題の解き方を学びます。

時計算

時計算 ▶ 時計の長針と短針が作る角度をきょりとした旅人算。

1分間に動く角度

長針…360°÷60 = 6°
短針…360°÷12÷60 = 0.5°
➡ 差…5.5°　和…6.5°

見て理解！

4時50分に長針と短針が作る小さい方の角度は？

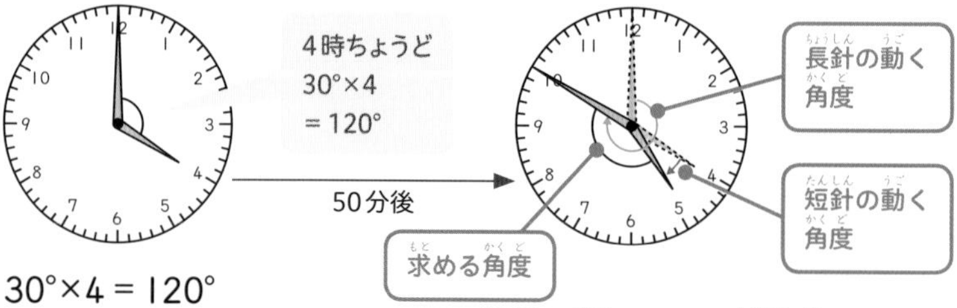

30°×4 = 120°
(6° − 0.5°)×50 = 275°　←同じ方向に進むときの旅人算
275° − 120° = 155°

4時から5時の間で，長針と短針が重なる時刻は？

$120 \div 5.5 = \frac{120}{5.5} = \frac{240}{11} = 21\frac{9}{11}$ → 4時$21\frac{9}{11}$分

4時から5時の間で，長針と短針の作る角度が180°になる時刻は？

長針が短針に120°追いついてから，さらに180°差をつけるから，

$(120 + 180) \div 5.5 = \frac{300}{5.5} = \frac{600}{11} = 54\frac{6}{11}$ → 4時$54\frac{6}{11}$分

ここが大切
・1分間に長針は6°，短針は0.5°動く。

75 時計算

中学入試対策

3時45分に時計の短針と長針が作る小さい方の角度は何度ですか。

（香蘭女学校中等科）

考える手順 3時ちょうどに短針と長針が作る角度から，45分で何度差がつくかを考える。

解き方

3時ちょうどに短針と長針が作る角度は，

30°×3＝90°

もっとくわしく
短針は1時間で
360°÷12
＝30°
動く。

1分間に長針は6°，短針は0.5°動くから，45分間に動く角度の差は，

(6°−0.5°)×45＝247.5°

よって，求める角度は，

247.5°−90°＝157.5°

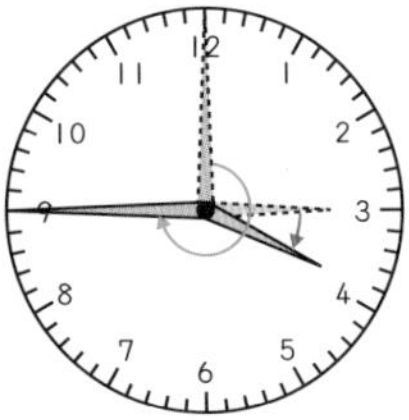

答え 157.5°

練習問題

解答▶ 別冊…P.86

271 時計が9時30分をあらわしています。長い針と短い針とでできる角度のうち小さい方の角度は，何度ですか。

（相模女子大学中学部）

272 チャレンジ

2時と3時の間で，長針と短針が12時と6時を結ぶ直線について対称の位置となるのは2時何分ですか。

（帝京大学中）

まとめの問題

解答▶別冊…P.167

180 長さ50mの電車が，長さ170mの鉄橋をわたり始めてからわたり終えるまでに18秒かかりました。この電車の速さは時速何kmですか。

（國學院大學久我山中）

181 列車Aが一定の速さで長さ700mの鉄橋をわたり始めてからわたり終わるまでに40秒かかり，長さ2500mのトンネルに完全に入ってから先頭が出始めるまでに120秒かかりました。また，速さが毎秒18mの列車Bが列車Aと出会ってからすれちがうまでに7秒かかりました。このとき，次の各問いに答えなさい。

（1）列車Aの長さは何mですか。

（2）列車Aの速さは毎秒何mですか。

（3）列車Bの長さは何mですか。

（山手学院中）

ハイレベル

182 長さ120mの普通列車が貨物列車と同じ方向に走っています。普通列車の速さは，はじめ毎時43.2kmでした。両列車の先頭が真横に並んでから2分後に普通列車の最後尾と貨物列車の先頭が真横に並びました。その1分後，普通列車は毎時9kmだけ減速したので，減速してから3分後に普通列車の先頭は貨物列車の最後尾と真横に並びました。ただし，貨物列車の速さは一定です。次の□にあてはまる数を求めなさい。

（1）貨物列車の速さは毎時□kmです。

（2）普通列車が減速したとき，普通列車の最後尾と貨物列車の先頭は□あmはなれています。また，貨物列車の長さは□いmです。

（横浜共立学園中）

183 長さ80mの電車A，長さ100mの電車B，長さ155mの電車Cがあります。電車Cの速さは電車Aの速さの1.2倍です。電車Aが電車Bに追いついてから完全に追いこすのに30秒かかりました。また，電車Cが電車Bに追いついてから完全に追いこすのに25秒かかりました。電車Cの速さは秒速何mですか。

（早稲田実業学校中等部）

184 静水時の速さが時速12kmの船があります。川の流れの速さが時速3kmのとき，60kmの川を下るのにかかる時間を求めなさい。

185 一定の速さで流れている川があり，上流のA町と下流のB町の間を往復する船があります。2つの町は8kmはなれていて，この船がA町からB町へ下るには30分かかり，B町からA町へ上るには40分かかります。この川の流れの速さは時速何kmですか。　　（桜美林中）

186 エンジンをかけると一定の速さで動くボートがあります。エンジンをかけてボートに乗りA地点からB地点まで川を下ると下りきるまでに5分かかり，B地点からA地点まで川を上ると上りきるまでに30分かかりました。エンジンを切ったときに，A地点からB地点まで川を下ると下りきるまでに何分かかりますか。ただし，川が流れる速さは一定とします。　　（栄東中）

187 分速50mの速さで流れている川の上流にA地点，下流にB地点があります。また，静水での速さが時速18kmの2そうの船P，Qがあります。船Pが，A地点を午前9時に出発すると，B地点に午後1時にとう着します。このとき，次の問いに答えなさい。

(1) A地点からB地点まで何kmありますか。

(2) 船Qが，B地点を出発し，A地点に午後3時にとう着するためには，B地点を午前何時何分に出発すればよいですか。

(3) 船Pと(2)の船Qが，すれちがうのは午前何時何分ですか。　　（桐光学園中）

188 6時20分のとき，長針と短針の作る角のうち，小さい方の角度は何度ですか。　　（和洋国府台女子中）

189 現在5時15分を過ぎたところで時計の長針と短針の作る角は66°です。このあと5時35分を過ぎたときにもう一度両針の作る角が66°になります。それは今から何分後ですか。

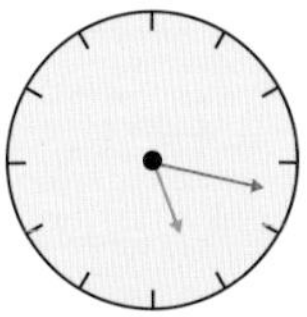

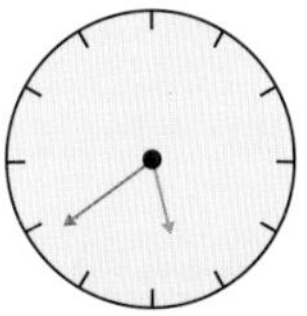

（関東学院中）

1 仕事算

全体の仕事量を1と考えて解く問題について学びます。

仕事算

仕事算　全体の仕事量を1として，単位時間あたりの仕事量を求めて解く問題。

単位時間あたりの仕事量 = 1 ÷ 仕上げるのにかかる時間

AとBの2人で仕上げるのにかかる時間

$$= 1 \div \left(\frac{1}{\text{Aのかかる時間}} + \frac{1}{\text{Bのかかる時間}} \right)$$

見て理解！

最初から最後まで2人でする場合

・A1人ですると3日，B1人ですると6日かかる仕事を，AとB2人でするときにかかる日数は？

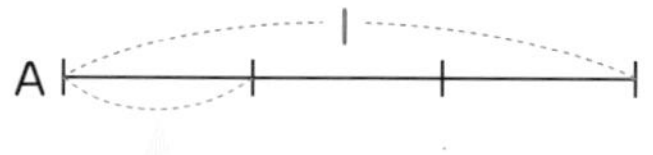

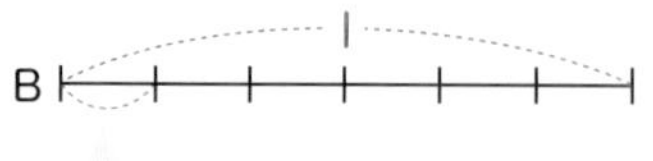

AとB2人でするときの1日あたりの仕事量は

$$\frac{1}{3} + \frac{1}{6} = \frac{1}{2}$$

かかる日数は

$$1 \div \frac{1}{2} = 2(\text{日})$$

と中で人数が変わる場合

A｜人ですると6日，B｜人ですると12日かかる仕事がある。

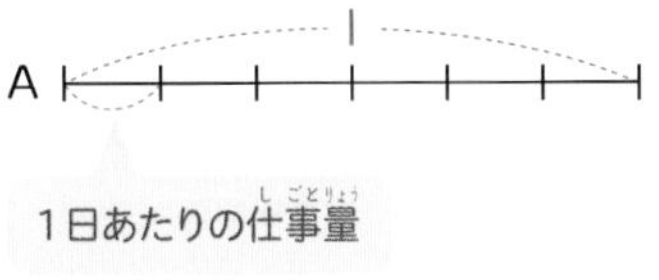

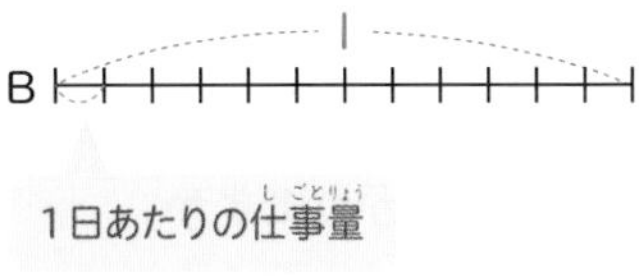

・はじめ2日は2人で，残りをB｜人でするときにかかる日数は？

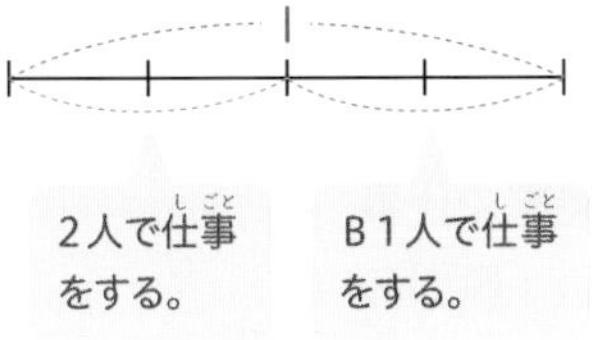

AとB2人でするときの｜日あたりの仕事量は，$\frac{1}{6}+\frac{1}{12}=\frac{1}{4}$

2日分の仕事量は，$\frac{1}{4}\times 2=\frac{1}{2}$

B｜人でする日数は，$\left(1-\frac{1}{2}\right)\div\frac{1}{12}=6$(日)

よって，$2+6=8$(日)

・はじめの2日はA｜人で，残りを2人でするときにかかる日数は？

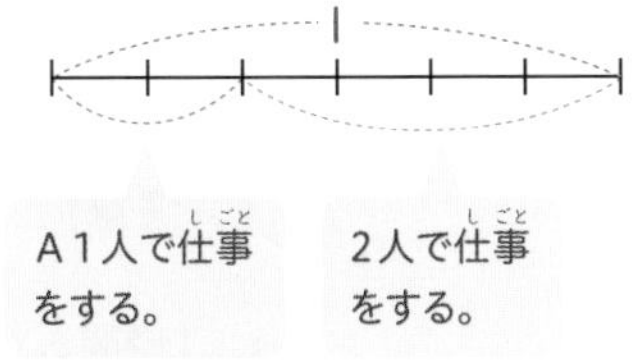

A｜人でする2日分の仕事量は，

$\frac{1}{6}\times 2=\frac{1}{3}$

2人でする日数は，

$\left(1-\frac{1}{3}\right)\div\frac{1}{4}=\frac{8}{3}=2\frac{2}{3}$(日)

よって，$2+2\frac{2}{3}=4\frac{2}{3}$(日)

ここが大切 ・全体の仕事量を｜として考える。

中学入試対策

76 仕事算①

ある仕事を終わらせるのに，Aさん1人では4時間かかり，Bさん1人では6時間かかります。この仕事をAさんとBさんが2人で行うと何時間何分かかりますか。

(関東学院六浦中)

考える手順 全体の仕事量を1として，1時間あたりの仕事量を求める。

解き方

Aさんは1人だと4時間，Bさんは1人だと6時間で仕事を終わらせるから，全体の仕事量を1とすると，1時間あたりの仕事量は，

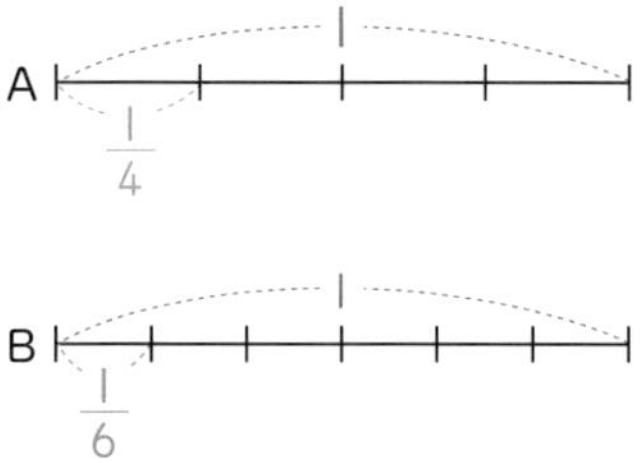

$$\frac{1}{4}+\frac{1}{6}=\frac{5}{12}$$

A　B　2人

よって，かかる時間は，

$$1\div\frac{5}{12}=\frac{12}{5}=2\frac{2}{5}\text{(時間)}\rightarrow 2\text{時間}24\text{分}$$

答え 2時間24分

ミス注意!

$\frac{5}{12}$は，1時間あたりの仕事量で，求めるのはかかる時間であることに注意。

練習問題

解答▶ 別冊…P.87

(273) 兄と弟がお手伝いすることになりました。1人でお手伝いすると，兄は30分，弟は45分かかります。2人いっしょにお手伝いすると何分で終えることができますか。

(東海大付属相模中)

中学入試対策

77 仕事算②

太郎1人で仕上げるには16日，次郎1人で仕上げるには20日かかる仕事があります。この仕事をまず2人で5日働き，残りを太郎1人が働いて仕上げました。このとき，この仕事は合計何日間で仕上がりましたか。

(学習院中等科)

考える手順 全体の仕事量を1として，1日あたりの仕事量を求める。

解き方

全体の仕事量を1とすると，1日あたりの仕事量は，

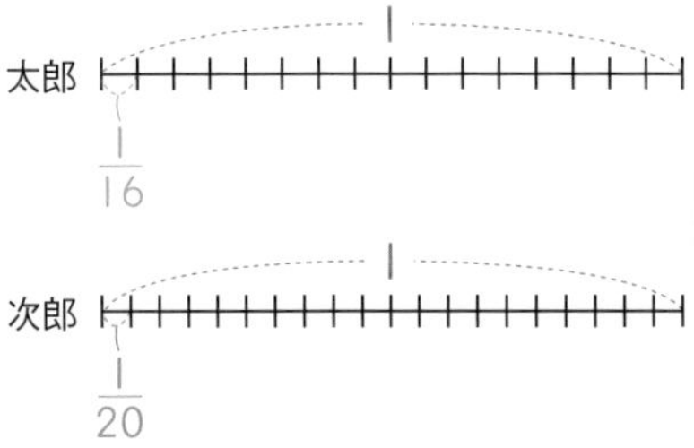

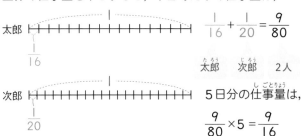

$$\frac{1}{16}+\frac{1}{20}=\frac{9}{80}$$

太郎　次郎　2人

5日分の仕事量は，

$$\frac{9}{80}\times5=\frac{9}{16}$$

よって，太郎1人で働いた日数は，

$$\left(1-\frac{9}{16}\right)\div\frac{1}{16}=7(日)$$

よって，合計5＋7＝12(日)

答え 12日

もっとくわしく

残りの仕事量は

$1-\frac{9}{16}$

これを太郎が1人で仕上げた。

ミス注意!

最初の5日分をたし忘れないように。

練習問題

解答▶ 別冊…P.87

274 学年だよりを印刷するのに1台で10分かかる印刷機Aと15分かかる印刷機Bがあります。Aで2分間印刷した後，AとB両方で何分何秒印刷をすると終わりますか。

(昭和女子大附属昭和中)

2 のべ・帰一算

のべの量と1人あたりの量についての問題の解き方を学びます。

のべ・帰一算

のべ・帰一算　のべの量を求めて，仕事を終えるのにかかる日数や必要な人数などを求める問題。

のべの量＝人数×日数
日数＝のべの量÷人数
人数＝のべの量÷日数

※人数や日数は，個数や時間などになることもある。

見て理解！

最後まで人数が一定の場合

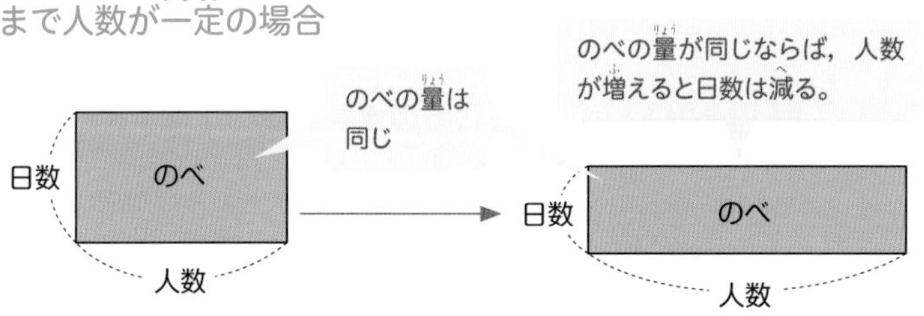

と中で人数が変わる場合

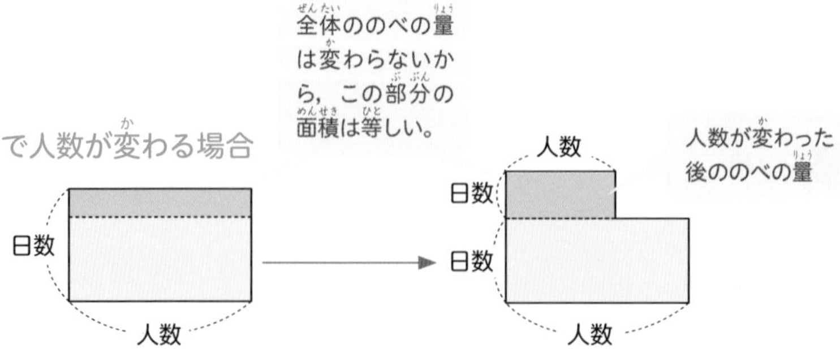

ここが大切
- のべの量＝人数×日数
- 日数＝のべの量÷人数
- 人数＝のべの量÷日数

中学入試対策

78 のべ・帰一算①

かみ合っている2つの歯車AとBがあります。歯の数がそれぞれ45, 60であるとき，Aが4回転する間にBは何回転しますか。

（和洋国府台女子中）

考える手順 歯車Aが4回転するときの，Bとかみ合うのべの歯の数を求める。

解き方

歯車Aが4回転するときの，Bとかみ合うのべの歯の数は，

45×4＝180

歯の数　回転数　のべ

よって，Bの回転数は，

180÷60＝3(回転)

のべ　歯の数　回転数

答え 3回転

もっとくわしく

歯車の歯の数と回転数は，反比例している。のべの歯の数が同じならば，歯の数が増えると回転数は減り，歯の数が減ると回転数は増える。

練習問題

解答▶ 別冊…P.87

275 20人の生徒がキャッチボールをして遊びます。ただし，グローブが8つしかないので一度に8人しか遊べません。90分間で1人何分ずつ遊ぶことができますか。

（獨協埼玉中）

中学入試対策

79 のべ・帰一算②

21機のロボットで12日間かかる仕事があります。この仕事を9日間で終わらせるには，何機のロボットが必要ですか。

(多摩大学目黒中)

考える手順　1機のロボットが1日でする仕事量を1として，のべの仕事量を求める。

解き方

1機のロボットが1日でする仕事量を1とすると，のべの仕事量は，

21×12＝252

ロボットの数　日数　のべ

よって，必要なロボットの数は，

252÷9＝28(機)

のべ　日数

答え 28機

もっとくわしく

1つの式で表して計算すると，

21×12÷9
＝(7×3)×(3×4)÷9
＝7×4
＝28

となり，計算が簡単になる。

練習問題

解答▶ 別冊…P.87

276 6人で働くと18日かかる仕事があります。この仕事を12日で終わらせるには，働く人を何人増やせばよいですか。(東海大付属相模中)

中学入試対策

80 のべ・帰一算③

12人で行うと25日かかる仕事があります。この仕事をはじめの15日は16人で行いました。あと10日でこの仕事を終わらせるためには，残りの仕事を何人で行えばよいですか。 (実践女子学園中)

考える手順 1人が1日にする仕事量を1として，のべの仕事量を求める。

解き方

1人が1日にする仕事量を1とすると，のべの仕事量は，

12×25＝300

人数　日数　のべ

16人が15日で行った仕事量は16×15だから，残りの仕事量は，

300－16×15＝60

よって，求める人数は，

60÷10＝6(人)

のべ　日数　人数

全体の仕事量は300

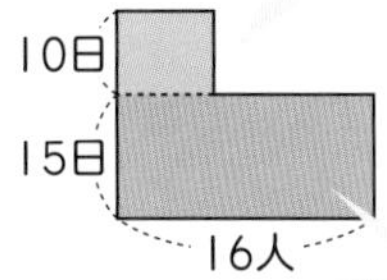

16×15＝240

答え 6人

もっとくわしく
と中で人数が変わるときは，その前後でのべの量を変えて計算する。

練習問題

解答▶ 別冊…P.88

277 6人が5日間働いて畑の$\frac{1}{4}$を耕すことができました。残りを耕すのに人数をあと4人増やすと，この畑を耕し終わるのにあと何日かかるか求めなさい。ただし，耕す面積は全員同じとします。 (東京女学館中)

まとめの問題

解答▶別冊…P.170

基本

190 ある仕事を仕上げるのに，ジロウ君1人では30時間，カンタロウ君1人では45時間かかります。この仕事をジロウ君とカンタロウ君が，2人ですると何時間で仕上がるか答えなさい。　（自修館中等教育学校）

191 K君は，1人で部屋を片付けるのに1時間かかります。お母さんが1人で片付けると12分かかります。このとき，次の問いに答えなさい。

(1) K君とお母さんがいっしょに部屋を片付けると，片付け終わるまでに何分かかりますか。

(2) 10時にK君が片付け始めました。お母さんが5分間だけ手伝ってくれた場合，何時何分に片付け終わりますか。

(3) 10時にK君が片付け始めて，10分後からお母さんが手伝い始めました。何時何分何秒に片付け終わりますか。　（明治学院中）

192 A君1人ですると21日，B君1人ですると28日かかる仕事があります。2人でいっしょに始めましたが，と中でB君が病気で休んだため，残りを仕上げるのにA君1人でちょうど7日かかりました。その結果，予定より何日おくれて仕上がりましたか。　（世田谷学園中）

193 Aさん1人では12日間，Bさん1人では20日間かかる仕事があります。この仕事をはじめはAさん1人が行っていましたが，9日間で仕上げるためにと中からBさんが手伝いました。Aさんが1人で仕事を行ったのは何日間でしたか。　（大妻中）

194 バレーボールの試合において，レギュラー６人と補欠３人が試合に出場します。今，１時間30分の試合時間の中でレギュラー１人と補欠１人の出場時間の比が３：１になるようにプレーすると，レギュラー１人あたり何分間プレーできますか。ただし，答えは四捨五入して整数で答えなさい。

（麗澤中）

195 ある地方の特産品の織物１つは，８人の職人さんが毎日８時間作業をしてちょうど３日で完成します。これを新たに４つ作ることになりました。ただし，職人さんたちの作業の速さはみな等しいとします。このとき，次の問いに答えなさい。

（1） 16人の職人さんで毎日10時間の作業をすると，何日目に完成しますか。ただし，完成する日は10時間以内の作業となることもあります。

（2） 毎日８時間の作業で７日目に完成させるには，少なくとも何人の職人さんが必要ですか。ただし，完成する日は８時間以内の作業となることもあります。

（海城中）

ハイレベル

196 中学生６人ですると12日かかる仕事があります。この仕事を中学生４人で６日間した後，残りを小学生５人でするとさらに16日かかります。次の各問いに答えなさい。

（1） この仕事を，小学生10人ですると何日かかるか求めなさい。

（2） この仕事を，中学生12人で４日間した後，残りを小学生だけで10日で終わらせるには，小学生は何人必要か求めなさい。

（3） この仕事は，中学生20人と小学生20人と大人２人ですると２日で終わります。この仕事を大人１人ですると何日かかるか求めなさい。

（東京女学館中）

3 倍数算

異なる比の関係をとらえて解く問題について学びます。

倍数算

倍数算 2つの数量が増えたり減ったりして，比が変わるときのもとの数量などを求める問題。

一方だけ変わるとき 変わらないものにそろえる。

見て👀理解！

AとBの所持金の比は7：5，Aが140円使うと，AとBの所持金の比は7：6になる。はじめのAの所持金は？

前　A：B＝7：5＝(7×6)：(5×6)＝42：30

5と6の最小公倍数は30　　Bを30にそろえる。

後　A：B＝7：6＝(7×5)：(6×5)＝35：30　　Bの所持金は変わらない。

42－35＝7がAが使った140円にあたるから，
はじめのAの所持金は，140÷7×42＝840(円)

同じ数量が増える（減る） 差が変わらないので比の差をそろえる。

見て👀理解！

AとBの所持金の比は3：2，AとBが150円ずつ使うと，AとBの所持金の比は5：3になった。はじめのAの所持金は？

前　A：B＝3：2＝(3×2)：(2×2)＝6：4

差は3－2＝1　差は5－3＝2　　差が1と2の最小公倍数2になるようにする。6－4＝2

後　A：B＝5：3

Aは6－5＝1減り，Bは4－3＝1減った。この1が150円にあたるから，はじめのAの所持金は，150÷1×6＝900(円)

変わる数量がちがうとき ▶ 比例式をつくる。

見て👀理解！

AとBの所持金の比は3：2，Aが300円，Bが150円使うと，AとBの所持金の比は6：5になる。はじめのAの所持金は？

比例式をつくると，

(③－300)：(②－150)＝6：5

③×5　　②×6

⑮－1500＝⑫－900

⑮－⑫

③＝600

③÷3

①＝200

①が200円にあたるから，はじめのAの所持金は，200×3＝600(円)

2人の間でやりとりするとき ▶ 和が変わらないので比の和をそろえる。

見て👀理解！

AとBの所持金の比は5：3，AがBに50円わたすと，AとBの所持金の比は7：5になる。はじめのAの所持金は？

前　A：B＝5：3＝(5×3)：(3×3)＝15：9

和は5＋3＝8　　和は7＋5＝12　　比の和(24)が等しい。

後　A：B＝7：5＝(7×2)：(5×2)＝14：10

Aは15－14＝1減り，Bは10－9＝1増えた。この1が50円にあたるから，はじめのAの所持金は，50÷1×15＝750(円)

ここが大切

- 変わらない数量があるとき…変わらない数量にそろえる。
- 変わる数量がちがうとき…比例式をつくる。

81 倍数算①

中学入試対策

兄と弟の所持金の比は9：5でしたが，兄が300円使ったために，兄と弟の所持金の比は3：2になりました。はじめの兄の所持金を求めなさい。

考える手順 比を所持金が変わっていない弟にそろえる。

解き方

所持金が変わっていない弟に比をそろえると，

前　兄：弟＝9：5＝(9×2)：(5×2)

＝18：10

5と2の最小公倍数は10

後　兄：弟＝3：2＝(3×5)：(2×5)

＝15：10

兄が使った300円が，18－15＝3にあたるから，はじめの兄の所持金は，

300÷3×18＝1800(円)

答え 1800円

もっとくわしく

所持金が変わっていない弟に比をそろえることで，兄の所持金の変わった比がわかる。

つまずいたら

比について知りたい。

➡ P.256

練習問題

解答▶ 別冊…P.88

278 姉と妹が持っている色紙の枚数の比は3：2でしたが，姉が15枚使ったので，姉と妹の色紙の枚数の比は8：7になりました。はじめに姉と妹が持っていた色紙の枚数は，それぞれ何枚ですか。

中学入試対策

82 倍数算②

和子さんと洋子さんの所持金の比は7：4でしたが，2人とも1100円ずつ使ったので残った金額の比は8：3になりました。和子さんは，はじめにいくら持っていましたか。 （和洋国府台女子中）

考える手順 和子さんと洋子さんの所持金の差が変わらないので，比の差をそろえる。

解き方

1100円ずつ使う前と後で，2人の所持金の差は変わらないので，比の差をそろえる。

前　和子：洋子＝7：4＝(7×5)：(4×5)
　　　　　　　　＝35：20　差は15
差は7－4＝3

後　和子：洋子＝8：3＝(8×3)：(3×3)
　　　　　　　　＝24：9　差は15
差は8－3＝5

和子さんは35－24＝11減り，洋子さんは20－9＝11減ったことになる。この11が1100円にあたるから，はじめに和子さんが持っていた金額は

1100÷11×35＝3500(円)

答え 3500円

もっとくわしく
比の差が，最初の比の差の7－4＝3と，あとの比の差の8－3＝5の最小公倍数15になるようにそろえる。

練習問題

解答▶ 別冊…P.88

279 A君とB君の所持金の比は7：6でした。それぞれが450円の買い物をしたところ，所持金の比は11：9になりました。A君ははじめいくら持っていましたか。 （森村学園中等部）

中学入試対策

83 倍数算③

Aさんは，Bさんの5倍のお金を持っていました。その後，Aさんは160円，Bさんは180円のおこづかいをもらったので，Aさんの所持金はBさんの所持金の3倍になりました。今，Aさんの所持金は何円ですか。

（大妻中）

考える手順　増える金額がちがうので，比例式をつくる。

解き方

はじめのAさんとBさんの所持金の比は，A：B＝5：1
Aさんが160円，Bさんが180円もらった後の所持金の比は，A：B＝3：1だから，はじめのBさんの所持金を①として比例式をつくると，

（⑤＋160）：（①＋180）＝3：1

⑤＋160＝③＋540

①×3

⑤−③　②＝380

①＝190

この①がBさんのはじめの所持金にあたるから，今のAさんの所持金は，

190×5＋160＝1110（円）

答え 1110円

もっとくわしく

はじめのAさんとBさんの所持金の比が

A：B＝5：1

なので，Bさんのはじめの所持金を①とすると，Aさんのはじめの所持金は⑤となる。

ミス注意！

①にあたるのは，はじめのBさんの所持金であることに注意。

練習問題

解答▶ 別冊…P.88

280 容器Aと容器Bには5：3の割合で水が入っています。Aからは6割の水を捨て，Bからは100cm³の水を捨てたところ，AとBに残った水の量は3：4となりました。はじめにAに入っていた水は何cm³でしたか。

（星野学園中）

中学入試対策

84 倍数算④

A君とB君がはじめに持っていたお金の比は3：2でした。A君がB君へ300円わたしたので，持っているお金の比は5：4になりました。はじめA君は何円持っていましたか。 (穎明館中)

考える手順 2人の間でやりとりをして，2人の持っているお金の和は変わらないので，比の和をそろえる。

解き方

やりとりをする前と後で，2人の持っているお金の和は変わらないので，比の和をそろえる。

前　A：B＝3：2＝(3×9)：(2×9)＝27：18

和は3＋2＝5

後　A：B＝5：4＝(5×5)：(4×5)＝25：20

和は5＋4＝9

A君は27−25＝2減り，B君は20−18＝2増えたことになる。この2が300円にあたるから，A君がはじめに持っていたお金は，

300÷2×27＝4050(円)

答え 4050円

もっとくわしく

比の和が5と9の最小公倍数の45になるようにそろえる。

ミス注意！

300円にあたるのは，27：18の2で，3：2の2ではない。

練習問題

解答▶ 別冊…P.89

281 太郎と次郎の持っているお金の比は5：3です。太郎が次郎に100円あげたところ，持っているお金の比が5：4になりました。このとき，はじめに太郎が持っていたお金は何円ですか。 (学習院中等科)

4 分配算

ある数量を，決まった差や割合で分ける問題について学びます。

分配算

分配算　ある数量を決まった差や割合で分ける問題。
もとにする量を決めて，線分図をかくと，数量の関係がわかりやすくなる。

見て理解！

90枚の色紙をA，B，Cの3人で分ける。Aの枚数は？

・BはAより4枚多く，CはAより14枚多くするとき

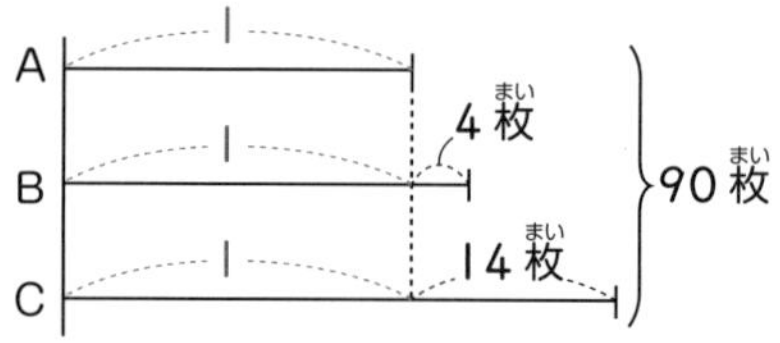

{(90－(4＋14)}÷3
合計　Bとの差　Cとの差
＝24(枚)

・BはAの2倍，CはBの3倍にするとき

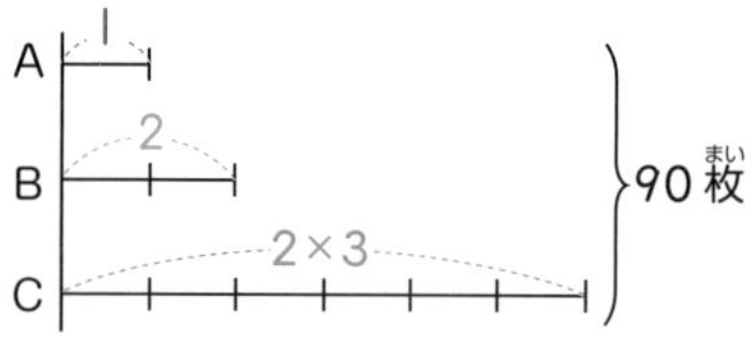

Aをもとにしたときの全体の割合は，1＋2＋2×3＝9だから，
A　B　C
90÷9＝10(枚)

・BはAの2倍，CはBの2倍より6枚多くするとき

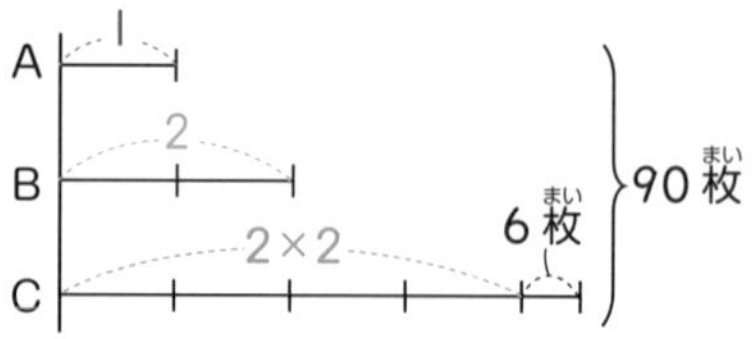

(90－6)÷(1＋2＋2×2)
A　B　C－6
＝12(枚)

ここが大切　・線分図をかいて，もとにする量とその他の量との関係をはっきりさせる。

中学入試対策

85 分配算①

1900円のお金をA，B，Cの3人で分けるのに，AはBより350円多く，BはCより50円少なくなるように分けました。Aはいくら受け取りましたか。

（城北埼玉中）

考える手順 線分図をかいて，数量の関係をとらえる。

解き方

線分図をかくと，図のようになる。

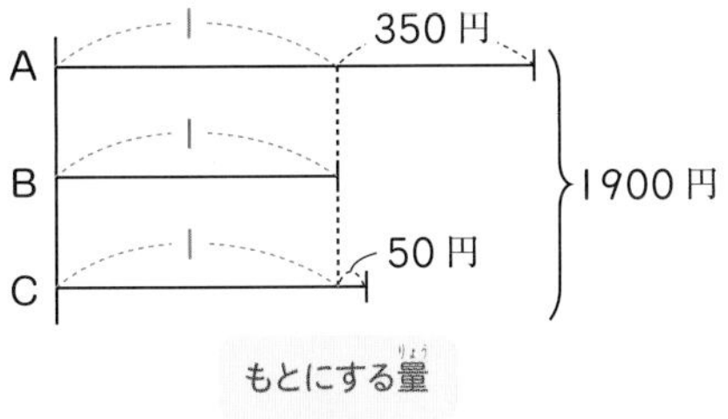

Bが受け取ったお金は，

{1900 −（350 + 50）}÷3 = 500（円）

合計　Aとの差　Cとの差

よって，Aが受け取ったお金は，

500 + 350 = 850（円）

答え 850円

もっとくわしく

・別の解き方

和差算を使って解くこともできる。
AとBの差は
350円
AとCの差は
350 − 50
= 300（円）
だから，
（1900 + 350
+ 300）÷ 3
= 850（円）

練習問題

解答▶ 別冊…P.89

282 Aさん，Bさん，Cさんの3人でおだんごを100個作りました。BさんはAさんより14個多く作り，CさんはBさんより9個少なく作りました。Aさんは何個作りましたか。

（東海大付属相模中）

中学入試対策

86 分配算②

280本のえん筆を，A君はB君の2倍，B君はC君の2倍もらえるように余りなく分けるとすると，C君はえん筆を何本もらえますか。

（桐光学園中）

考える手順 線分図をかいて，全体の本数の割合を求める。

解き方

線分図をかくと，図のようになる。

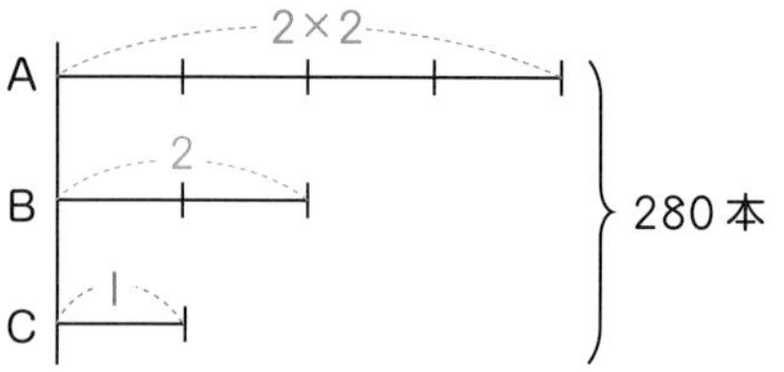

Cをもとにしたときの全体の本数の割合は，

1 + 2 + 2×2 = 7

C　B　A

Cの本数は，

280÷7 = 40(本)

答え 40本

もっとくわしく

C君がもらうえん筆の本数を1として考える。

ミス注意!

A君がもらえるのはC君の(2×2)倍であることに注意。

練習問題

解答▶ 別冊…P.89

283 A，B，Cの3人が算数のテストを受け，3人の平均点は52点でした。Aさんの得点はBさんの$1\frac{3}{7}$倍，Cさんの$\frac{10}{3}$倍です。このとき次の問いに答えなさい。

(1) Bさんの得点は，Aさんの得点の何%になりますか。

(2) Aさんの得点を求めなさい。

（富士見丘中）

87 分配算③

中学入試対策

2500円をAさん，Bさん，Cさんの3人で分けました。Aさんは Bさんの3倍より200円少なく，BさんはCさんの2倍もらいました。Aさんがもらったのは何円ですか。（武蔵野女子学院中）

考える手順 もとにする量の何倍になるように，数量を増減する。

解き方

線分図をかくと，図のようになる。

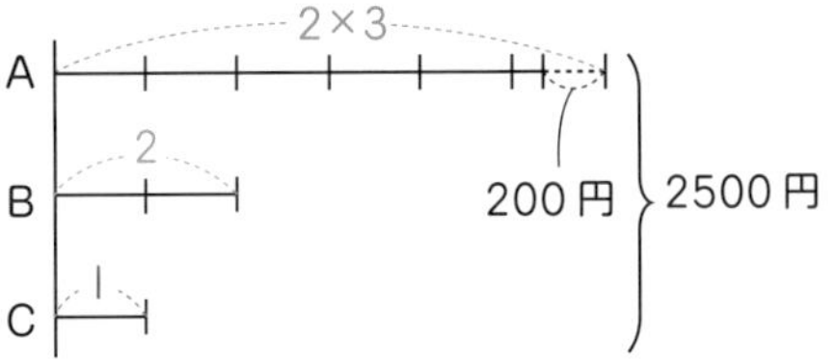

Cさんがもらった金額は，

(2500 + 200) ÷ (1 + 2 + 2×3) = 300(円)

C　B　A + 200

Bさんがもらった金額は，

300×2 = 600(円)

Aさんがもらった金額は，

600×3 − 200 = 1600(円)

答え 1600円

もっとくわしく
Aさんがもらう金額がCさんの(2×3)倍になるように，200円を全体にたして考える。

練習問題

解答▶ 別冊…P.89

284 商品A，B，Cが合わせて96個あります。Bの個数はAの個数の2倍で，Cの個数はBの個数の3倍より21個少ないです。Cは何個ありますか。

（国府台女子学院中学部）

まとめの問題

解答▶別冊…P.172

197 昨年，Aさんと父の身長の比は4：5でしたが，Aさんの身長は10cmのび，父の身長は変わらなかったので，Aさんと父の身長の比が6：7になりました。Aさんの昨年の身長を求めなさい。

よくでる

198 兄と弟の所持金の比は，はじめ2：1でしたが2人とも300円の本を買ったので2人の所持金の比が4：1になりました。兄のはじめの所持金はいくらでしたか。

（立正中）

199 のり子さんとさと子さんの所持金の比は3：1でした。同じ値段の本を買ったところ，残金の比は4：1になりました。2人の残金を合わせたら，4400円でした。本の値段はいくらでしたか。

（洗足学園中）

200 A君，B君，C君の所持金の比は1：5：6です。A君がB君から1000円もらい，B君がC君の所持金の$\frac{1}{6}$をもらうと，A君とB君の所持金は同じになりました。A君がはじめに持っていた所持金はいくらですか。

（豊島岡女子中）

201 姉と妹が持っていた本の冊数の比は9：5でした。妹が姉から45冊の本をもらったので，姉と妹の本の冊数の比は3：5になりました。姉がはじめに持っていた本の冊数を求めなさい。　（鷗友学園女子中）

ハイレベル

202 太郎君，次郎君，三郎君の3人がお金を出して，ゲームを買いました。はじめに太郎君は次郎君より1000円多く，次郎君は三郎君の2倍より200円少なく出しました。ところがゲームの値段が予定より安かったので，全員に200円ずつ返しました。その結果，太郎君と三郎君が出した金額の比は4：1になりました。ゲームの値段はいくらですか。　（慶應義塾普通部）

203 ある中学校の1年生全体の人数は120人です。このうち，とび箱がとべる生徒を調べたところ，1学期には□人であり，2学期には1学期に比べ40％増え，3学期には2学期に比べ50％増えて，1年生全体の人数の7割の生徒がとべるようになりました。このとき，□に入る数字はいくつですか。　（豊島岡女子中）

204 大小2つの整数があります。2つの整数の和は64で，大きい方の整数を小さい方の整数でわると，商は6，余りは1になります。このとき，2つの整数の差はいくつですか。　（日本大学藤沢中）

205 150枚のカードをA君，B君，C君の3人で分けたところ，B君はA君の$\frac{3}{5}$より12枚多く，C君はB君の$\frac{5}{6}$より2枚多くなりました。C君はカードを何枚持っていますか。　（早稲田実業学校中等部）

5 相当算

もとにする量＝比べる量÷割合　を使って解く問題について学びます。

相当算

相当算 もとにする量＝比べる量÷割合　を使って解く問題。
線分図をかくと，数量の関係がわかりやすい。

見て理解！

もとにする量が同じとき

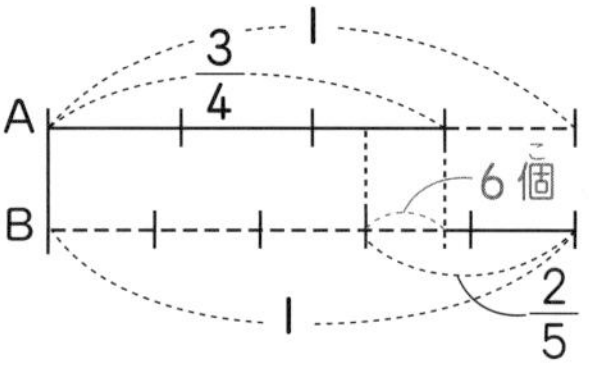

Aは全体の$\frac{3}{4}$で，Bは全体の$\frac{2}{5}$より6個少ない。

$\frac{3}{4}-\left(1-\frac{2}{5}\right)$が6個にあたる。

もとにする量が変わるとき

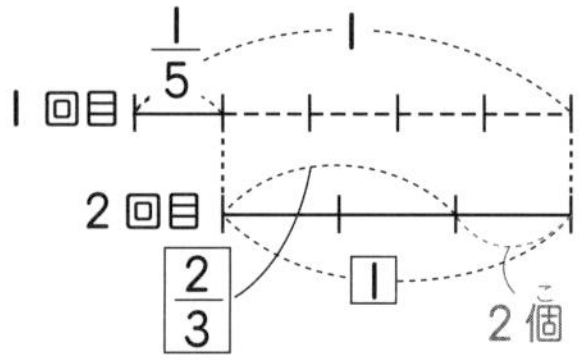

1回目で全体の$\frac{1}{5}$減り，2回目で残りの$\frac{2}{3}$減って，残りは2個。

$\left(1-\frac{1}{5}\right)\times\left(1-\frac{2}{3}\right)$が2個にあたる。

もとにする量がちがうとき

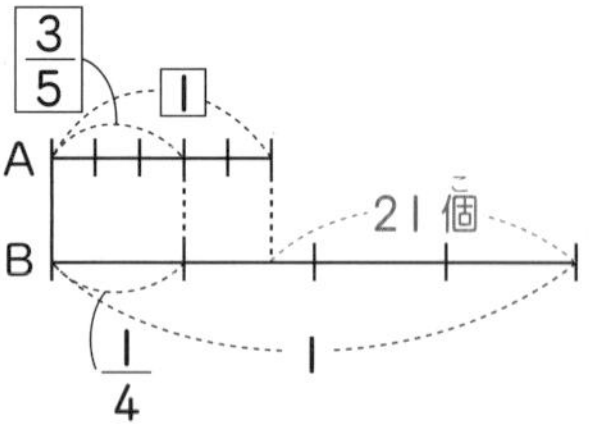

AよりBが多くて，Aの$\frac{3}{5}$とBの$\frac{1}{4}$が等しく，AとBの差が21個。

$1-\frac{1}{4}\div\frac{3}{5}$が21個にあたる。

ここが大切
・線分図を使って，わかっている量の割合を見つける。

中学入試対策

88 相当算①

次の□にあてはまる数字を入れなさい。

K中学の生徒数は男子が全体の$\frac{5}{8}$です。女子は□人で，全体の$\frac{5}{12}$よりも42人少ないです。

（國學院大學久我山中）

考える手順 線分図をかいて，割合を見つける。

解き方

男子の生徒数と女子の生徒数について，線分図をかくと，図のようになる。

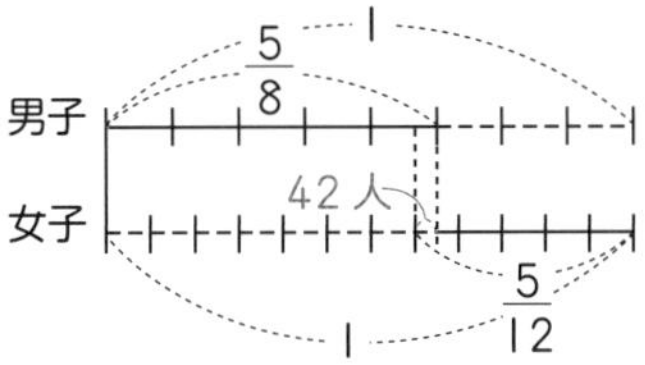

図より，42人が

$$\frac{5}{8}-\left(1-\frac{5}{12}\right)=\frac{1}{24}$$

にあたることがわかる。

よって，全体の生徒数は，$42\div\frac{1}{24}=1008$（人）

女子は，

$$1008\times\frac{5}{12}-42=378\text{（人）}$$

もっとくわしく

別の解き方

42人にあたる割合は，

$\frac{5}{12}-\left(1-\frac{5}{8}\right)$，

$\frac{5}{8}+\frac{5}{12}-1$

としても求められる。

答え 378

練習問題

解答▶ 別冊…P.90

(285) ある中学校の1年生全員に，お茶かジュースのいずれか1本をわたしました。お茶を受け取った人は全体の$\frac{1}{3}$より6人多く，ジュースを受け取った人は全体の$\frac{4}{7}$より8人多くなりました。この中学校の1年生の人数は何人ですか。

（明治大付属明治中）

89 相当算②

中学入試対策

□にあてはまる数を答えなさい。

算数の問題□問を11月に全体の$\frac{1}{3}$，12月に残りの$\frac{3}{4}$を解いたところ，あと18問残りました。

（カリタス女子中）

考える手順　残りの問題数の割合を求める。

解き方

11月に解いた問題数と12月に解いた問題数について，線分図をかくと，図のようになる。

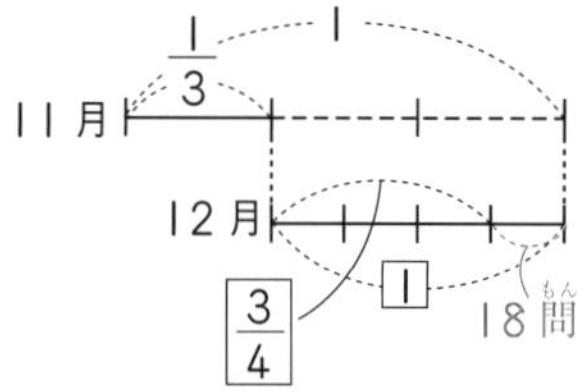

全体の問題数を1とすると，残りの18問の割合は，

$$\left(1-\frac{1}{3}\right)\times\left(1-\frac{3}{4}\right)$$

$$=\frac{1}{6}$$

よって，

$$18\div\frac{1}{6}=108（問）$$

答え 108

ミス注意！
もとにする量が，11月と12月でちがっていることに注意。

練習問題

解答▶ 別冊…P.90

286 ある本を3日で読み終わる予定で，1日目に全体の$\frac{5}{9}$を読み，2日目は残りの60%を読みました。3日目に読む分が24ページであるとき，この本は全部で何ページありますか。

（早稲田中）

中学入試対策

90 相当算③

長さが14cmちがうひもA，Bがあります。Aの長さの$\frac{2}{3}$とBの長さの$\frac{1}{5}$は等しくなっています。A，Bの長さはそれぞれ何cmですか。

考える手順 長さの差の割合を求める。

解き方

Aのひもの長さとBのひもの長さについて，線分図をかくと，図のようになる。

Bの長さを1とすると，

Aの長さは$\frac{1}{5}\div\frac{2}{3}=\frac{3}{10}$

よって，$1-\frac{3}{10}=\frac{7}{10}$

が14cmにあたる。

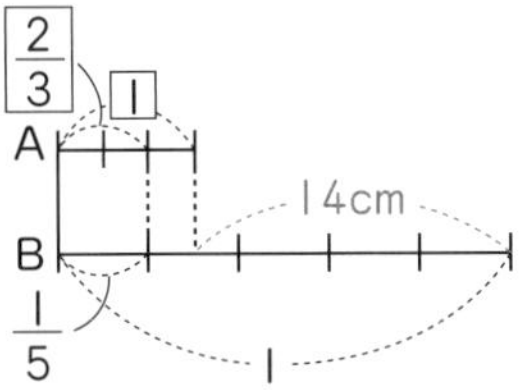

Bの長さは，$14\div\frac{7}{10}=20$(cm)

Aの長さは，$20\times\frac{3}{10}=6$(cm)

(または，$20-14=6$(cm))

答え A 6cm，B 20cm

もっとくわしく

・別の解き方

Aの長さを1とすると，Bの長さは

$\frac{2}{3}\div\frac{1}{5}=\frac{10}{3}$

となり，

$\frac{10}{3}-1=\frac{7}{3}$

が14cmにあたる。これを使って，Aの長さは，

$14\div\frac{7}{3}=6$(cm)

と求めることもできる。

練習問題

解答▶ 別冊…P.90

287 ある中学校の男子生徒と女子生徒の人数の差は15人で，男子の$\frac{3}{4}$の人数と女子の$\frac{4}{5}$の人数が等しくなっています。この中学校の男子生徒，女子生徒の人数は，それぞれ何人ですか。

6 仮定算

数量を他の数量におきかえて解く問題を学びます。

仮定算

仮定算 2つの数量があるとき，数量の倍数関係などを利用して，どちらか一方の数量におきかえて解く問題。

見て理解！

 1個の値段は，  1個の値段の1.5倍。

ケーキ　　プリン

 と  で1600円

ケーキ2個　　プリン5個

ケーキ2個の代金は，プリン2×1.5＝3(個)の代金に等しい。

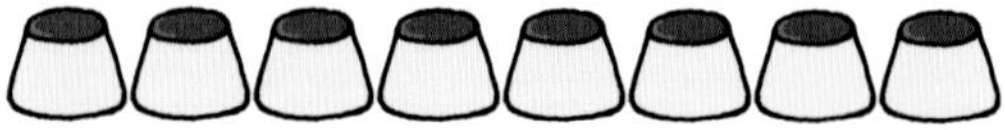 ＝1600円

 ＝1600÷8＝200(円)　 ＝200×1.5＝300(円)

ここが大切
・おきかえやすいものを，もとにする数量にする。

91 仮定算

中学入試対策

2つの商品A，Bがあり，A1個の値段はB1個の値段の2.5倍です。A4個とB3個を買ったら，代金は520円でした。A1個，B1個の値段はそれぞれ何円ですか。

考える手順 AをBにおきかえる。

解き方

B1個の値段を1とすると，A1個の値段は2.5となる。
A4個をBにおきかえると，
4×2.5＝10(個)

Aの個数　Bの個数

よって，A4個とB3個を買うことと，Bを10＋3(個)買うことは同じだから，
B1個の値段は，520÷(10＋3)＝40(円)

おきかえたBの個数

A1個の値段は，40×2.5＝100(円)

答え A100円，B40円

> **もっとくわしく**
> 値段の比は，
> Aの値段：Bの値段
> ＝2.5：1
> ＝(2.5×2)：(1×2)
> ＝5：2

練習問題

解答▶ 別冊…P.91

288 みかん1個の値段はりんご1個の値段の$\frac{3}{5}$です。りんご7個とみかん10個を買ったら，代金は1300円でした。りんご1個，みかん1個の値段はそれぞれ何円ですか。

まとめの問題

解答▶別冊…P.175

206 ある本を，1日目に全体の$\frac{3}{4}$より48ページ多く読み，2日目は全体の$\frac{1}{6}$より8ページ少なく読んだところ，本を読み終えました。この本は全部で何ページですか。 (聖セシリア女子中)

基本

207 折り紙が何枚かあります。最初に兄が全体の$\frac{1}{4}$をとり，次に私が残りの$\frac{2}{5}$をとったところ，36枚残りました。折り紙は，はじめ全部で何枚ありましたか。 (和洋九段女子中)

208 31人が同じ金額をはらってクリスマス会を開きました。集めたお金の75％は食事代，残りのお金の8割はプレゼント代にすると，2015円余りました。1人あたり何円はらいましたか。 (本郷中)

209 母は財布から$\frac{1}{4}$のお金を姉にわたし，残ったお金の中から440円を妹にわたしたら，最初に財布に入っていたお金の$\frac{1}{5}$になりました。母の財布には最初何円入っていましたか。 (大妻中野中)

210 ある水そうに水がいっぱい入っています。長さの差が15cmある2本の棒を水そうの底につくようにまっすぐに立てました。すると，長い方の棒は棒の$\frac{2}{3}$，短い方は棒の$\frac{3}{4}$が水に入りました。水そうの水の深さは何cmありますか。ただし，棒の体積は考えないものとします。

（昭和女子大附属昭和中）

211 兄と弟が買い物に行きました。兄は弟より180円多く持っています。兄は所持金の$\frac{1}{4}$，弟は所持金の$\frac{2}{5}$を使って，同じおかしを買いました。兄は，はじめに何円持っていましたか。

212 メロンパン1個の値段はクリームパン1個の値段の$\frac{3}{4}$です。メロンパン8個とクリームパン3個を買うと，代金は1440円になります。メロンパン1個とクリームパン1個の値段は，それぞれ何円ですか。

213 ある遊園地の入園料は，おとな2人分と子ども3人分が等しくなっています。おとな3人と子ども7人で，この遊園地に入園したら，入園料の合計が6900円でした。この遊園地のおとな1人，子ども1人の入園料はそれぞれ何円ですか。

7 濃度

食塩水の濃度について学びます。

濃度

濃度 濃さの割合のことを濃度という。

$$食塩水の濃度(\%)=\frac{食塩の重さ}{食塩水の重さ}\times 100$$

15%の食塩水100g

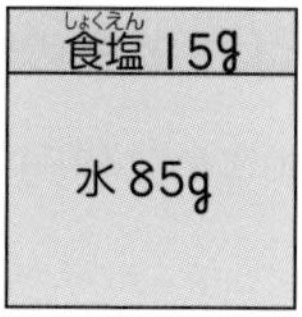

見て理解!

・10%の食塩水200gと20%の食塩水300gを混ぜたときの濃度は？

10%→0.1　　20%→0.2

食塩 $= 200\times 0.1 + 300\times 0.2 = 80$(g)

食塩水 $= 200 + 300 = 500$(g)

濃度 $=\frac{80}{500}\times 100 = 16$(%)

別の解き方

2つの食塩水を混ぜた後の濃度を平均ととらえて，面積図を利用する。重さの比から，平均の考え方を使うと，

$$\frac{10\times 2+20\times 3}{2+3}=16(\%)$$

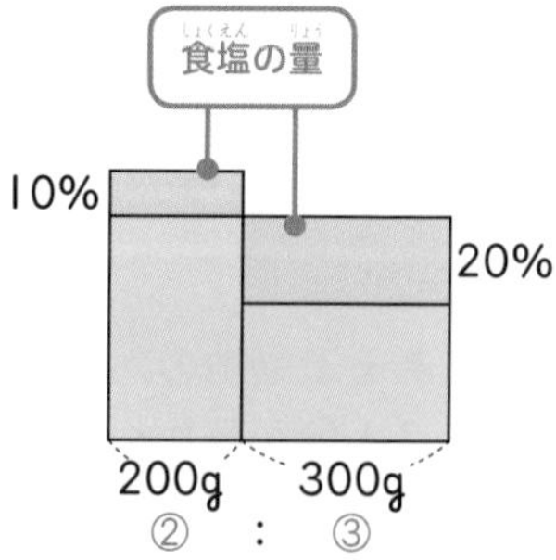

・3%の食塩水500gをにつめて15%の濃さにするときの蒸発させる水の量は？

食塩 $= 500\times 0.03 = 15$(g)　　15%→0.15

蒸発させた後の食塩水 $= 15\div 0.15 = 100$(g)

蒸発させる水 $= 500 - 100 = 400$(g)

蒸発させる前と後で，食塩の重さは変わらない。

ここが大切

・$食塩水の濃度(\%)=\frac{食塩の重さ}{食塩水の重さ}\times 100$

92 濃度①

中学入試対策

480gの水に，20gの食塩を入れて食塩水を作ります。このとき，食塩水の濃さは何%になりますか。 (富士見丘中)

考える手順 食塩水の濃度(%)＝$\frac{食塩の重さ}{食塩水の重さ}$×100 を使う。

解き方

480gの水に20gの食塩を入れるから，食塩水の重さは

480 ＋ 20 ＝ 500(g)
(水)(食塩)

よって，できる食塩水は，

$\frac{20}{500}$×100＝4(%) 500gの食塩水の濃さ

(分子：食塩，分母：食塩水)

答え 4%

ミス注意！
濃度の式の分母は食塩水の重さ。
$\frac{食塩の重さ}{水の重さ}$×100
＝$\frac{20}{480}$×100
＝4.16…
としないこと。

つまずいたら
濃度について知りたい。
P.312

練習問題

解答▶ 別冊…P.91

289 □にあてはまる数を求めなさい。

(1) 水470gと食塩30gを混ぜると□%の食塩水ができます。 (立正中)

(2) 680gの水に□gの食塩を加えると，15%の食塩水ができます。 (香蘭女学校中等科)

(3) □gの水に9gの食塩をとかすと5%の食塩水になります。 (國學院大學久我山中)

中学入試対策

93 濃度②

4%の食塩水300gと9%の食塩水200gを混ぜると何%の食塩水ができますか。

(関東学院六浦中)

考える手順　食塩の重さの和を求める。

解き方

食塩の重さの和は,

$300\times0.04+200\times0.09=30$(g)

となる。

4%→0.04　　9%→0.09

食塩水の重さの和は,300＋200＝500(g)

よって,濃度は,$\frac{30}{500}\times100=6$(%)

別の解き方

面積図で考えると,

$\frac{4\times3+9\times2}{3+2}=6$(%)

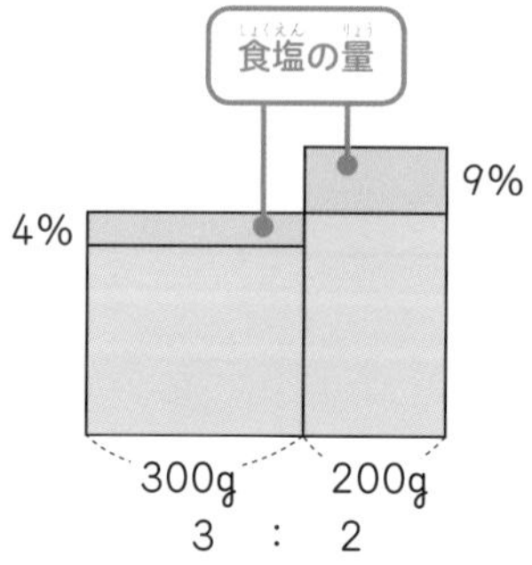

答え 6%

もっとくわしく

食塩の重さ
＝食塩水の重さ×食塩水の濃度

※このときの濃度は小数で表される割合

入試の ポイント

食塩水の問題では,食塩水の重さや水の重さを分けて考えることがポイントになる。

練習問題

解答▶ 別冊…P.91

290 □にあてはまる数を求めなさい。

(1) 4%の食塩水700gと,6%の食塩水300gを混ぜると,□%の食塩水ができます。

(佼成学園中)

(2) 8%の食塩水200gに,□%の食塩水100gを加えると,6%の食塩水になります。

(東京都市大学付属中)

中学入試対策

94 濃度③

7%の食塩水500gを10%の食塩水にするには，何gの水を蒸発させるとよいですか。
(日本大学第三中)

考える手順 7%の食塩水500gにふくまれる食塩の重さを求める。

解き方

7%の食塩水500gにふくまれる食塩の重さは，

500×0.07 = 35(g)

7%→0.07　蒸発させる前と後で食塩の重さは変わらない。

蒸発させた後の食塩水の重さは，

35÷0.1 = 350(g)

食塩　濃度(10%→0.01)

よって，蒸発させる水の重さは，

500 − 350 = 150(g)

答え 150g

もっとくわしく

食塩水の濃度
=食塩の重さ／食塩水の重さ
↓
食塩水の重さ
=食塩の重さ÷食塩水の濃度

※このときの濃度は小数で表される割合

練習問題

解答▶ 別冊…P.91

291 □にあてはまる数を求めなさい。

(1) 3%の食塩水が200gあります。この食塩水から水を□g蒸発させたら，5%の食塩水になりました。
(慶應義塾中等部)

(2) 3%の食塩水400gから100gの水を蒸発させると，□%の食塩水になります。
(佼成学園中)

95 濃度④

中学入試対策

3%の食塩水400gに200gの水を加えると何%の食塩水ができますか。
(日本大学第一中)

考える手順　3%の食塩水400gにふくまれる食塩の重さを求める。

解き方

3%の食塩水400gにふくまれる食塩の重さは,

$400\times0.03=12$(g)

水を加える前と後で食塩の重さは変わらない。

200gの水を加えるから，水を加えた後の食塩水の重さは,

$400+200=600$(g)

よって，できる食塩水の濃度は,

$\frac{12}{600}\times100=2$(%)

答え 2%

もっとくわしく

食塩の重さ＝食塩水の重さ×食塩水の濃度

※このときの濃度は小数で表される割合

ミス注意!

%で表された濃度を小数になおすのを忘れないようにする。

練習問題

解答▶ 別冊…P.92

292 □にあてはまる数を求めなさい。

(1) 5%の食塩水200gに水を50g加えると，□%の食塩水になります。
(関東学院六浦中)

(2) 濃度が7%の食塩水□gに水を100g加えたら，濃度が5%になりました。
(成城学園中)

293 チャレンジ

12%の食塩水120gと10%の食塩水180gと水を混ぜると8%の食塩水ができました。水は何g混ぜましたか。
(帝京大学中)

中学入試対策

96 濃度⑤

10%の食塩水が300gあります。この中から30gの食塩水を取り出した後，30gの水を加えます。これを1回の操作とするとき，次の問いに答えなさい。

① 操作を1回した後の食塩水の濃度を求めなさい。

② 食塩水の濃度がはじめて7%以下になるのは，この操作を何回したときですか。

考える手順 1回の操作で，食塩がどれだけ減るかを考える。

解き方

① 10%の食塩水

300 − 30 = 270(g)にふくまれる食塩は，

270×0.1 = 27(g)

よって，求める濃度は，$\frac{27}{300}$×100 = 9(%)

② 1回の操作で，30÷300 = 0.1の食塩水が取り出されるから，濃度は，1 − 0.1 = 0.9(倍)になる。

10%→9%→8.1%→7.29%→6.561%

よって，4回

答え ① 9%　② 4回

ミス注意!

10%の食塩水にふくまれる食塩は，食塩水を1とみると，0.1と表せる。

もっとくわしく

0.1の食塩水が取り出されると，食塩も0.1取り出される。

練習問題

解答▶ 別冊…P.92

294 次の□にあてはまる数を求めなさい。

16%の食塩水が200gあります。この中から50gの食塩水を取り出した後に，水を50g入れると［①］%の食塩水ができます。また，この作業を少なくとも［②］回くり返すと16%の濃度が5%未満の濃度になります。

(公文国際学園中等部)

8 還元算

わからない数量を□として，式をつくって解く問題を学びます。

還元算

還元算 わからない数量を□として，問題文の通りに式をつくり，順にもどして解く問題。

見て理解！

ある数を6倍してから2をたし，次に5でわると，答えが4になった。ある数はいくつ？

ある数を□として式をつくると，

(□×6＋2)÷5＝4　　△÷○＝◇ → △＝◇×○

□×6＋2＝4×5　　△＋○＝◇ → △＝◇－○

□×6＝4×5－2　　△×○＝◇ → △＝◇÷○

□＝(4×5－2)÷6

＝3

見て理解！

ある数を3倍してから7をたすところを，まちがえて7をたしてから3倍したので，答えが27になった。正しい答えは？

ある数を□としてまちがえた式をつくると，

(□＋7)×3＝27

□＝27÷3－7＝2 → 2×3＋7＝13

正しい答え

ここが大切
・ある数を□として，問題文の通りに式をつくる。

中学入試対策

97 還元算

ある数を5倍してから3をひくところを，まちがえて3倍してから5をひいたので，答えが19になった。正しい答えを求めなさい。

考える手順 ある数を□としてまちがえた式をつくり，ある数を求める。

解き方

ある数を□としてまちがえた式をつくると，

□×3－5＝19

△－○＝◇ → △＝◇＋○

□×3＝19＋5

△×○＝◇ → △＝◇÷○

□＝(19＋5)÷3

＝8

正しい式をつくると，

8×5－3＝37

正しい答え

答え 37

つまずいたら

□を使った式の表し方について知りたい。

P.124

ミス注意！

正しい式とまちがえた式は似ていることが多いから，式に表すとき注意する。

練習問題

解答▶ 別冊…P.93

295 ある数に7をたしてから4でわるところを，まちがえて4をたしてから7でわったため，答えが3になった。正しい答えを求めなさい。

9 売買損益

仕入れ値（原価），利益，定価の関係についての問題を学びます。

売買損益

売買損益 仕入れ値＋利益＝定価　の関係を使って考える割合の問題。

見て👀理解！

1個300円で仕入れた品物に20％の利益を見込んで定価をつけ，定価の1割引きで売ったときの利益は？

仕入れ値を1とすると，

1	+	0.2	=	1.2
仕入れ値		利益		定価

1.2	×(1−0.1)	= 1.08
定価	割引	売り値

1.08	−	1	=	0.08	の関係が成り立つ。
売り値		仕入れ値		利益	

求める利益は，300×0.08＝24(円)

一部をちがう値段で売る問題 仕入れ値を1として，利益，定価，割引いた売り値を割合で表す。
定価で売ったグループと割引いて売ったグループに分けて面積図をかく。

見て👀理解！

10個仕入れた品物を仕入れ値の3割の利益を見込んで定価をつけ，6個を定価で売り，残りを割引いて売ったときの関係を面積図で表すと，右のページのようになる。

残りを2割引きで売ったとき

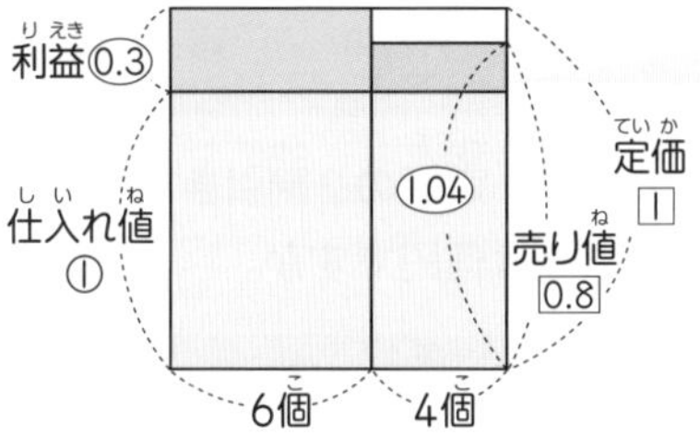

割引いた売り値
(1.3×0.8＝1.04)
が仕入れ値より高い。
↓
利益

残りを4割引きで売ったとき

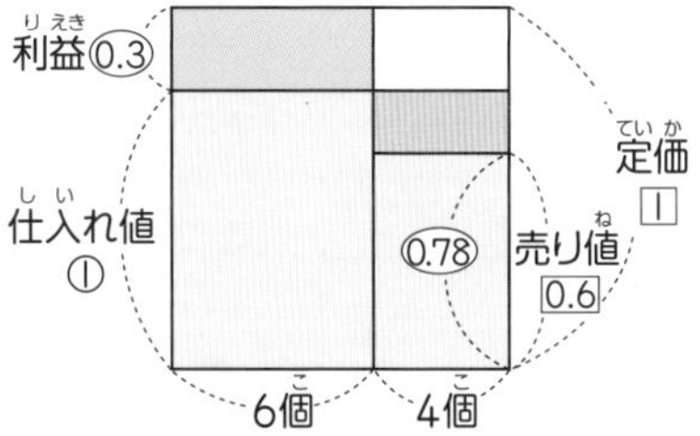

割引いた売り値
(1.3×0.6＝0.78)
が仕入れ値より安い。
↓
損失

売り上げの関係　売り上げについて，下の関係が成り立つ。

仕入れ総額＋利益の総額＝売り上げ＝1個の売り値×売った個数

見て理解！

仕入れ総額　＋　利益の総額　＝　売り上げ

仕入れ値

100円　　100×7＝700(円)　200円　900円

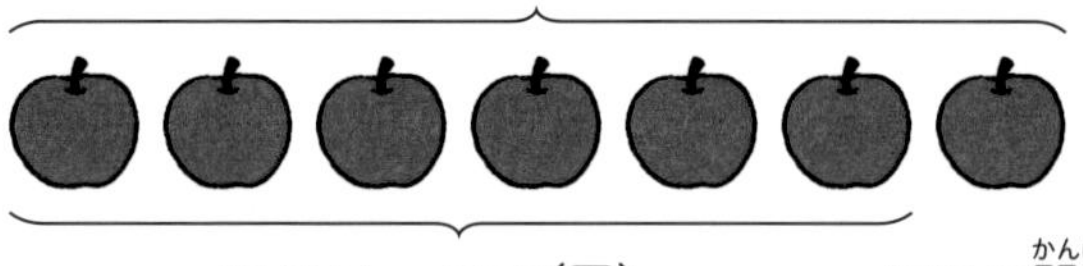

定価

150円　　150×6＝900(円)

1個の売り値　個数　売り上げ

※この関係を使って，
売れた個数などを
求めることができる。

ここが大切
- 仕入れ値(原価)＋利益＝定価
- 仕入れ総額＋利益の総額＝売り上げ＝1個の売り値×売った個数

98 売買損益①

中学入試対策

ある商品の定価は，原価の1.5倍でしたが，定価の2割引きで売って，60円の利益を得ました。この商品の原価は何円ですか。　（桐光学園中）

考える手順　原価を1として，定価，売り値，利益を割合で表す。

解き方

原価を1として，線分図をかくと，図のようになる。

原価を1とすると，定価は1.5と表せる。

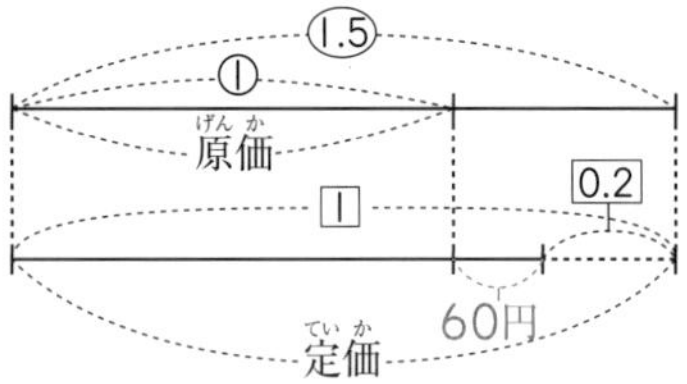

もとの利益から定価の

1.5−1

2割をひくと，利益の割合は，

60円

(1.5−1)−1.5×0.2 = 0.2

これが60円にあたるから，原価は，

60÷0.2 = 300(円)

答え 300円

もっとくわしく

ここでは相当算の考え方を使っている。

P.514

もっとくわしく

2割→0.2

つまずいたら

歩合について知りたい。

P.312

練習問題

解答▶ 別冊…P.93

296 □にあてはまる数を入れなさい。

仕入れ値□円の品物に3割の利益を見込んで定価をつけましたが売れなかったので，定価の15%引きの値段で売ったら，利益は63円でした。

（和洋国府台女子中）

中学入試対策

99 売買損益②

ある品物を50個仕入れ，原価の20%の利益を見込んで定価をつけて売りました。しかし，15個しか売れなかったので，残りを定価の10%引きで売ったところ全部売れて，利益が1160円になりました。この品物1個の原価は何円ですか。

考える手順 原価を1として，利益，定価，割引いた売り値を割合で表す。

解き方

面積図をかくと，図のようになる。

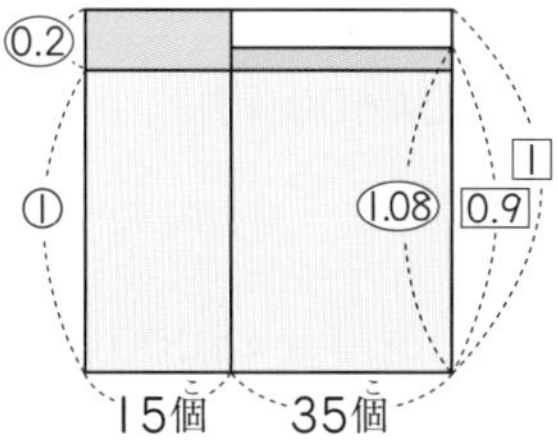

原価を1とすると，定価は1.2，定価の10%引きは

$1.2\times(1-0.1)=1.08$

と表せる。

20%の利益で15個，定価の10%引きで

$50-15=35$（個）

の品物が売れたので，

$0.2\times15+(1.08-1)\times35=5.8$

が利益にあたるから，原価は，

$1160\div5.8=200$（円）

もっとくわしく
割引いた売り値が原価より高いから，割引いて売った品物からも利益が出たことになる。

答え 200円

練習問題

解答▶ 別冊…P.93

297 ある品物を1個500円で60個仕入れ，仕入れ値の40%の利益を見込んで定価をつけました。しかし，20個しか売れなかったので，残りを割引き価格で売ったところ全部売れて，利益は3600円になりました。残りは定価の何%で売りましたか。

中学入試対策

100 売買損益③

ある品物を1個600円で何個か仕入れ，仕入れ値の3割の利益を見込んで定価をつけて売ったところ，70個売れて，利益は全部で6600円になりました。仕入れた個数は何個ですか。

考える手順 仕入れ総額＋利益の総額＝売り上げ
＝1個の売り値×売った個数　の関係を利用する。

解き方

定価は，600×1.3＝780(円)

3割＝0.3→1＋0.3

売り上げは，780×70＝54600(円)

定価　個数

仕入れ総額は，54600−6600＝48000(円)

売り上げ　利益の総額

よって，仕入れた個数は，
48000÷600＝80(個)

答え 80個

もっとくわしく
売り上げと利益の総額がわかったので，それを使って仕入れ総額を求める。

練習問題

解答▶ 別冊…P.93

298 ある品物を1個250円で140個仕入れました。仕入れ値の何％かの利益を見込んで定価をつけたところ130個売れて，利益は全部で4000円になりました。何％の利益を見込んで定価をつけましたか。

中学入試対策

101 売買損益④

1個80円のりんごを110個仕入れましたが，運ぶと中で何個か傷がついてしまったので売りませんでした。残りを1個につき25%の利益をつけて全部売ったところ，全体の利益は700円になりました。傷がついたりんごは何個ですか。

考える手順 仕入れ総額＋利益の総額＝売り上げ
＝1個の売り値×売った個数　の関係を利用する。

解き方

仕入れ総額は，

80×110＝8800(円)

定価は，80×1.25＝100(円)となる。

25%＝0.25→1＋0.25

売り上げは，

8800＋700＝9500(円)

仕入れ総額　利益の総額

売った個数は，

9500÷100＝95(個)

よって，傷がついたりんごは，

110−95＝15(個)

答え 15個

つまずいたら

割合について知りたい。

➡ P.272，312

もっとくわしく

売り上げと1個の売り値がわかったので，それを使って売った個数を求める。

練習問題

解答▶ 別冊…P.94

299 1個200円の品物を80個仕入れましたが，運ぶと中で8個こわれてしまいました。残りを1個あたり何割増しかの定価をつけて売ったところ全部売り切れて，利益は4160円でした。何割増しの定価をつけましたか。

まとめの問題

解答▶別冊…P.176

よくでる

214 □にあてはまる数を求めなさい。

(1) 5%の食塩水を作りたいので，□gの食塩と342gの水を混ぜました。
(カリタス女子中)

(2) 2%の食塩水200gと8%の食塩水100gを混ぜると，□%の食塩水ができます。
(大妻中野中)

(3) 6%の食塩水200gに，水を100g加えると，□%の食塩水になります。
(茗渓学園中)

(4) 3%の食塩水□gから50gの水を蒸発させると，5%の食塩水になります。
(香蘭女学校中等科)

よくでる

215 7%の食塩水が100g入っている容器があります。この容器から10g取り出してから，同じ量の水を入れてよくかき混ぜます。これを1回の操作とします。

(1) 最初に容器に入っていた食塩の重さを求めなさい。

(2) 操作を1回した後，容器の中にある食塩の重さを求めなさい。

(3) この操作を何回やると，容器の中の食塩の濃度がはじめて5%以下になりますか。
(江戸川学園取手中)

ハイレベル

216 ある数を2倍してから5を加えるところを，まちがえて5倍してから2を加えてしまったので，正しい答えの2倍になりました。ある数はいくつですか。
(和洋九段女子中)

217 仕入れた品物に2割増しの定価をつけ，定価の1割引きで売ったところ，192円の利益がありました。仕入れた品物の金額は何円ですか。

（城北中）

218 次の□に適当な数を入れなさい。
仕入れ値が60円の商品に2割の利益を見込んで定価をつけました。定価を

[ア] $\frac{[\text{イ}]}{[\text{ウ}]}$ %値下げすると，利益は10円になります。

（慶應義塾中等部）

219 ある品物を100個仕入れ，仕入れ値の4割の利益を見込んで定価をつけて売りましたが，15個売れ残ったので，定価の半額にしたところ全部売れ切れて，利益は全部で23600円になりました。この品物1個の仕入れ値は何円ですか。

220 ある学校の文化祭でおかしを100個販売することにしました。1個70円で，売ることにしました。仕入れ値は1個50円でした。

（1）2個売れ残ったとすると，もうけは何円ですか。

（2）もうけが1510円であったとき，おかしは何個売れましたか。

（共栄学園中）

221 1個50円の品物を200個仕入れましたが，運ぶと中で何個かこわれてしまい，残りを1個あたり2割の利益が出るように定価をつけて全部売り，全体の利益は1760円になりました。こわれた品物は何個ですか。

1 植木算

等しい間かくで植えた木の本数や木の間の数についての問題を学びます。

植木算

植木算　等しい間かくで植えた木の本数や木の間の数についての問題。木の本数や間の数を利用して速さやきょりなどを求めることもある。

見て理解!

両はしに木があるとき　　木の本数＝間の数＋1，間の数＝木の本数－1

木の本数5本

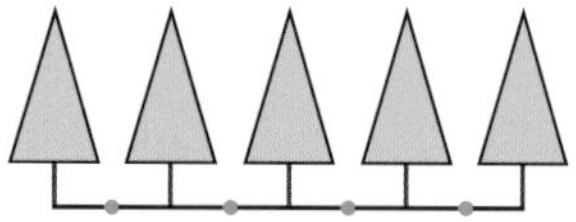

間の数4

両はしに木がないとき　　木の本数＝間の数－1，間の数＝木の本数＋1

木の本数5本

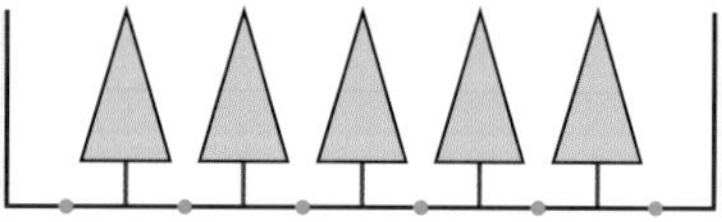

間の数6

周囲がつながっているとき　　木の本数＝間の数

木の本数5本

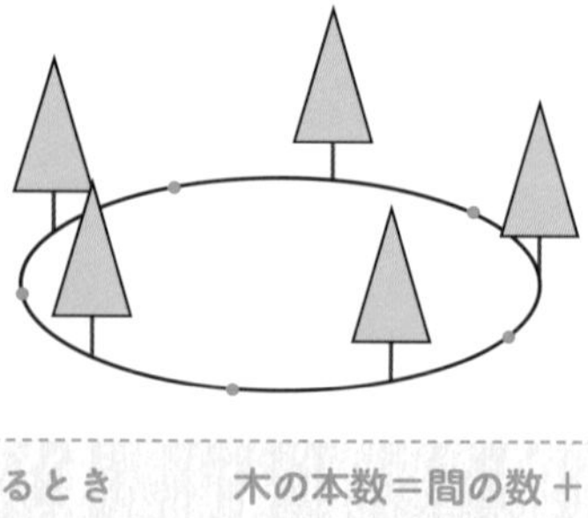

間の数5

ここが大切
- 両はしに木があるとき　　木の本数＝間の数＋1
- 両はしに木がないとき　　木の本数＝間の数－1
- 周囲がつながっているとき　木の本数＝間の数

中学入試対策

102 植木算①

まっすぐにのびた道路があり，そのわきに40mおきに電柱が立っています。ある人がこの道路を自動車で走ったとき，1本目の電柱を通り過ぎてから10本目の電柱を通り過ぎるまでに27秒かかりました。この自動車の速さは時速何kmですか。 (穎明館中)

考える手順 両はしに電柱があるから，木の本数＝間の数＋1　を利用して，電柱の間の数を求めて考える。

解き方

電柱は両はしにもあり，本数は10本だから，間の数は，

$10-1=9$

1本目の電柱から10本目の電柱までのきょりは，

$40\times 9=360$(m) ⇒ 0.36km

また，27秒$=\dfrac{27}{3600}$時間より，自動車の速さは，

$0.36\div\dfrac{27}{3600}=48$(km/時)

答え 時速48km

もっとくわしく
秒速を求めて時速になおしてもよい。
$360\div 27$
$=\dfrac{40}{3}$(m/秒)

練習問題

解答▶ 別冊…P.94

300 A地点からB地点まで，等間かくに電柱が立っています。電柱はA地点から1号，2号，3号，……と順に番号がふってあり，B地点の電柱は25号です。共男君が分速60mでA地点からB地点まで歩きました。このとき，次の問いに答えなさい。

(1) 7号の電柱から25号の電柱まで24分かかりました。電柱と電柱の間は何mですか。

(2) A地点からB地点までの道のりは何mですか。 (共栄学園中)

103 植木算②

中学入試対策

長さ15cmのテープをつないで，1本の長いテープを作ります。のりしろを2cmにしてテープを20枚つないだとき，テープの長さは何cmになりますか。

（聖学院中）

考える手順　のりしろの数＝テープの本数－1

解き方

のりしろの数は，20－1＝19

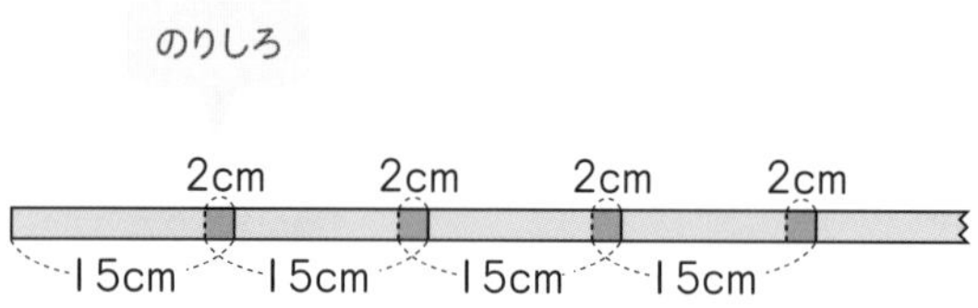

のりしろ1つにつき，テープの長さの和は2cm短くなるから，求める長さは，

15×20－2×19＝262(cm)

（15×20：テープの長さの和，2×19：のりしろの和）

もっとくわしく

のりしろを木，テープを間と考えると，両はしに木がないときの植木算に，のりしろを間，テープを木と考えると，両はしに木があるときの植木算になる。

答え 262cm

練習問題

解答▶ 別冊…P.94

301 長さ5cmの紙テープが21本あります。のりしろを何mmにしてつなげると，全体の長さがちょうど1mになりますか。

（足立学園中）

中学入試対策

104 植木算③

池の周りに48本の木を植えました。木と木の間かくは，1m40cmのところが22か所，残りはすべて85cmです。池の周りは何mですか。

（聖セシリア女子中）

考える手順 間の数＝木の本数

解き方

周囲がつながっているので，木の間の数と木の本数は等しい。

よって，間の数は48となる。

木と木の間かくが85cmのところは，

48−22＝26（か所）

1m40cmのところの数

である。

よって，1m40cm＝1.4m，85cm＝0.85mより，池の周りは，

1.4×22＋0.85×26＝52.9（m）

答え 52.9（m）

ミス注意！

木と木の間かくが2種類あることに注意する。

練習問題

解答▶ 別冊…P.94

302 縦と横の長さの比が1：2で，面積が4.5cm^{2}の長方形があります。次の問いに答えなさい。

(1) この長方形の縦の長さを求めなさい。

(2) 半径15cmのリングの側面に，図のような向きに同じ間かくでこの長方形を30個並べると，1つの間かくは何mmですか。ただし，円周率は3.14として計算しなさい。

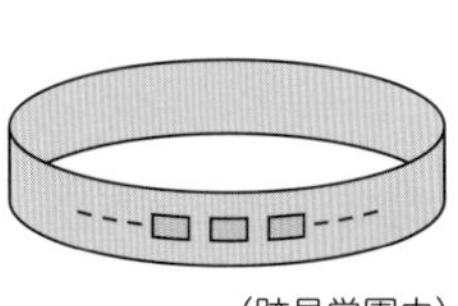

（跡見学園中）

2 方陣算

正方形や長方形の形に並べたご石の個数について学びます。

方陣算

方陣算　ご石を正方形や長方形の形に並べたとき，ご石の個数を求める問題。

中実方陣　中も全部並べてあるもの。
周りのご石の数＝(1辺の数－1)×4＝1辺の数×4－4
全体のご石の数＝1辺の数×1辺の数

見て理解！

中まで全部ご石が並んでいる。

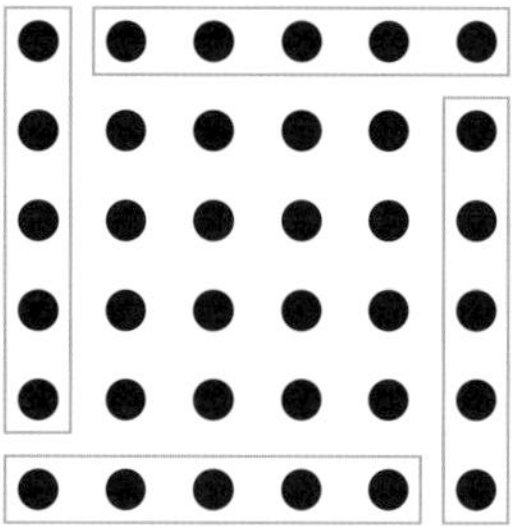

周りの数
(6−1)×4＝20(個)
または，
6×4−4＝20(個)

全体の数
6×6＝36(個)

中空方陣　中があいているもの。

見て理解！

列の数は2列

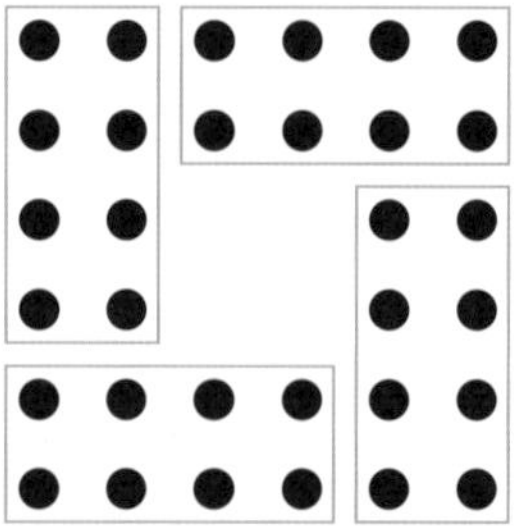

全体の数
(2×4)×4＝32(個)
または，
6×6−2×2＝32(個)

ここが大切
・方陣には中実方陣と中空方陣がある。

105 方陣算

中学入試対策

黒いご石を使って，いちばん外側の正方形の1辺に8個のご石が並ぶ方陣を作ります。

1 中実方陣を作ると，ご石は何個使いますか。

2 2列の中空方陣を作ると，ご石は何個使いますか。

考える手順

1 全体の数＝1辺の数×1辺の数

2 図をかいて考える。

解き方

1 中実方陣の全体のご石の数は，
1辺の数×1辺の数　で求められる。

$8\times8=64$(個)

2 列の数は2列だから，

$(2\times6)\times4=48$(個)

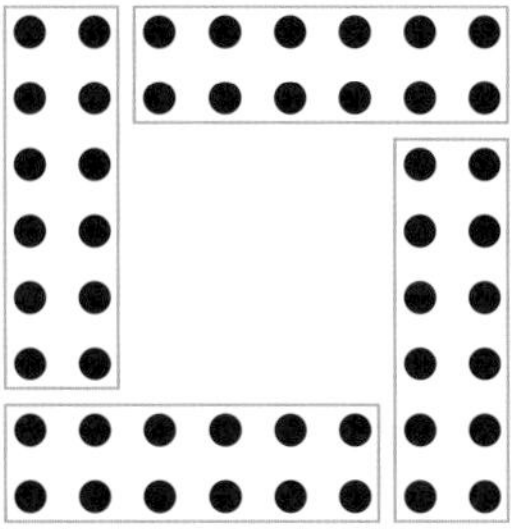

・別の解き方

$8\times8-4\times4=48$(個)

もっとくわしく

中実方陣の全体のご石の数は，正方形や長方形の面積の求め方のように考えられる。

答え 1 64個　2 48個

練習問題

解答▶ 別冊…P.94

303 右の図のように黒いご石と白いご石を並べて3列の中空方陣を作りました。1辺に並ぶ白いご石の数が10個のとき，ご石の数は全部で何個ですか。

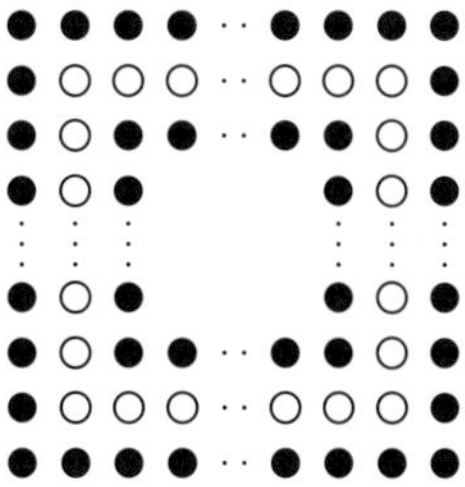

まとめの問題

解答▶別冊…P.178

222 右の図のように，長方形の土地の周りに，A地点から矢印の方向に赤い旗を2.4mずつ，白い旗を1.8mずつ置いていきました。次の問いに答えなさい。ただし，A地点には赤い旗，白い旗が1本ずつ置いてあります。

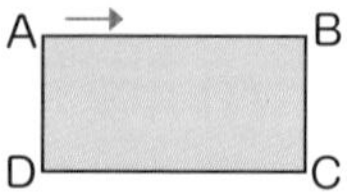

(1) B地点にはちょうど赤い旗が置いてあります。また，A地点から数えてB地点までに白い旗は7本置いてあります。A地点からB地点は何mですか。

(2) C地点にはちょうど白い旗が置いてあります。また，B地点からC地点までに白い旗は4本置いてあります。長方形の周の長さは何mですか。

(日本大学豊山中)

223 長さ4mの丸太を50cmずつ，はしから順番に切っていきます。1回切るのに10分かかり，1回切り終わるごとに2分休むとすると，全部切り終わるのに何時間何分かかりますか。

(公文国際学園中等部)

224 2mおきに木が20本植えてあります。この木の間に，40cmおきに赤，白，黄の順で花を植えるとき，赤い花と黄色い花はそれぞれ何本ずつ必要ですか。ただし，赤い花から植えていき，木のあるところに花は植えないものとします。

(日本女子大附属中)

225 周りの長さが800mの池があり，その池の周りに等間かくに木を植えます。20mおきに柳の木を植え，柳と柳の間に2mおきに桜の木を植えると，桜の木は何本必要ですか。

(香蘭女学校中等科)

226 右の図のように，白いご石を横に並ぶご石の数が縦に並ぶご石の数より2個多くなるように長方形の形に並べ，その周り1列を黒いご石で囲みます。黒いご石の数が120個のとき，白いご石の数は何個ですか。

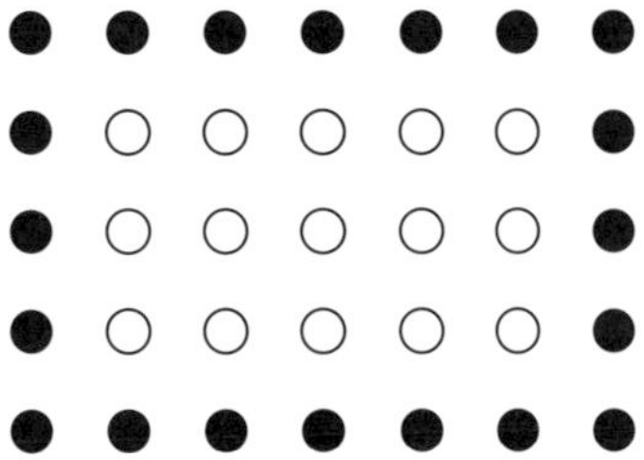

ハイレベル

227 図1のように，3600枚の硬貨を正方形の形に並べます。次に，図2のように一番外側の1周部分(　　部)の硬貨を取りのぞきます。同じようにして，順に外側の硬貨を取りのぞく操作を，硬貨が4枚残るまで続けます。このとき，次の(1)～(3)の問いに答えなさい。

図1

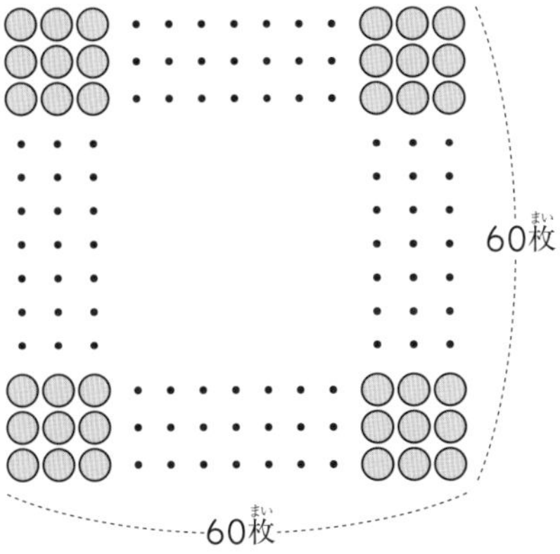

図2

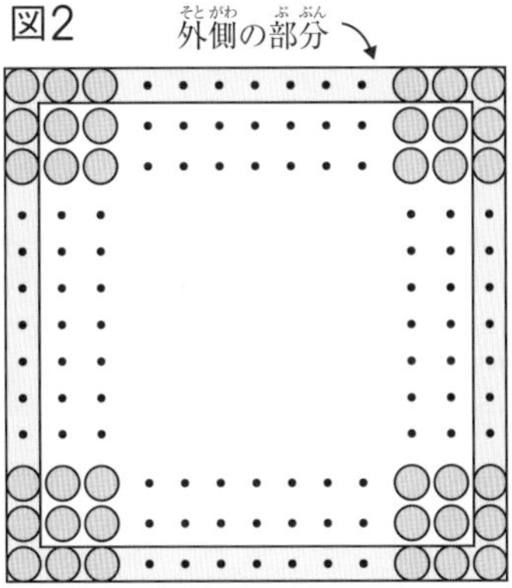

(1) 10回目の操作の後，残った硬貨は何枚ですか。

(2) 何回目かの操作の後，それまでに取りのぞいた硬貨を合計した枚数が残った硬貨の枚数よりはじめて多くなりました。何回目の操作の後ですか。

(3) ある1回の操作で取りのぞいた硬貨を全部使って，正方形の形に並べられる場合があります。はじめにできるのは6回目ですが，次に正方形の形に並べられるのは何回目ですか。

(東邦大付属東邦中)

3 ニュートン算

同じ割合で増える量と減る量がある問題について学びます。

ニュートン算

ニュートン算 同じ割合で増える量と減る量があるとき，その量がなくなるまでにかかる時間などを求める問題。

見て理解！

入場口に100人が並んでいて，毎分5人ずつ増えていく。入場口1つのときは10分で行列がなくなる。入場口が2つのとき，行列がなくなるのにかかる時間は？

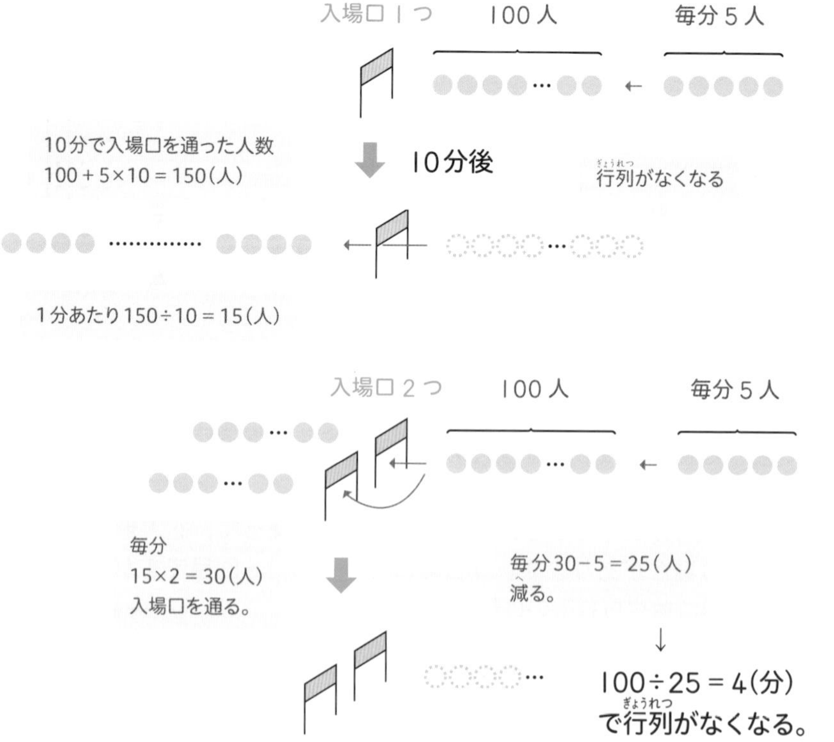

中学入試対策

106 ニュートン算

現在，窓口に600人並んでいて，さらに毎分60人のペースで人数が増えるものとします。窓口2つのときは10分でその行列がなくなりますが，窓口を3つにすると行列がなくなるまでの時間は何分ですか。　(カリタス女子中)

考える手順　まず，1分で1つの窓口につき，何人減るかを考える。次に，1分に3つの窓口で減る人数と，1分に増える人数の関係を考える。

解き方

人数が毎分60人増え，窓口が2つのとき10分で行列がなくなる。

よって，1分で1つの窓口につき減る人数は，

$(600+60\times10)\div2\div10=60$(人)

窓口を3つにしたときの1分で減る人数は，

$60\times3-60=120$(人)

1分で増える人数

よって，求める時間は，$600\div120=5$(分)

答え 5分

もっとくわしく

はじめに並んでいた600人と10分で増えた人数の和が，行列がなくなる10分で減った人数である。

練習問題

解答▶ 別冊…P.95

(304) ある遊園地では，午前10時に入場券を売り出します。午前10時に窓口にはすでに180人が並んでいました。その後，行列には毎分3人ずつの割合で人が加わります。午前10時に1つの窓口で入場券を売り出したら，午前11時20分に行列がなくなりました。もし，午前10時に2つの窓口で入場券を売り出したら，行列は何時何分になくなりますか。　(桐朋中)

4 規則性を見つけて解く問題

規則性を見つけて解く問題について学びます。

周期算

周期算 ▶ 同じ並び方のものがくり返し出てくることがらについての問題。わり算の商(同じ並び方の回数)と余りの関係を利用する。

見て理解!

下のように，ある規則性にしたがって記号が並んでいるとき，47番目の記号は？

①	②	③	④	⑤	⑥	⑦	⑧	⑨	⑩	⑪	⑫	⑬	⑭	⑮	
○	△	□	×	◎	○	△	□	×	◎	○	△	□	×	◎	…
5個					5個					5個					

5個の並び方がくり返し出てくるから，47番目の記号は，
47÷5＝9余り2　より，△

回数　5個のうちの2番目

等差数列

等差数列 ▶ 規則的に並んだ数の列のうち，となり合う2つの数の差がいつも等しい数の列を等差数列という。最初の数を初項，となり合う2つの数の差を公差という。また，n番目の数は，初項＋公差×(n－1)で求められる。

見て理解!

初項2　　6番目の数…2＋3×(6－1)＝17

2，5，8，11，14，17，20，…

公差3　+3　+3　+3　+3　+3　+3

等差数列の和 ▶ 初項からn番目の数までの和は，(初項＋n番目の数)×n÷2で求められる。

見て👀理解！

2，5，8，11，14，17，20の和は？

	2	+	5	+	8	+	11	+	14	+	17	+	20			求める和の2倍
+)	20	+	17	+	14	+	11	+	8	+	5	+	2			
	22	+	22	+	22	+	22	+	22	+	22	+	22	=	22 × 7	

より，2＋5＋8＋11＋14＋17＋20＝22×7÷2
＝(2＋20)×7÷2
＝77

ここが大切
- n番目の数＝初項＋公差×(n－1)
- 初項からn番目の数までの和＝(初項＋n番目の数)×n÷2

表や図形を使った規則性

表や図形を使った規則性 ▶ 表や図形の中から数の規則性を見つける。

見て👀理解！

1	4	7	10	…	3でわると1余る数の列
2	5	8	11	…	3でわると2余る数の列
3	6	9	12	…	3でわり切れる数(3の倍数)の列

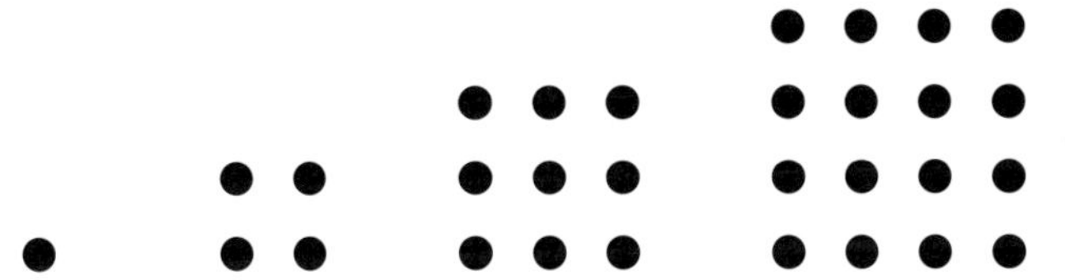

1番目　2番目　3番目　4番目

n番目のご石の数は(n×n)個

中学入試対策

107 周期算

3色の色紙を次のように規則正しく並べます。
白青赤白白青赤白白青赤白白青赤白白青赤白………
このとき，183枚目の色紙は何色ですか。　（カリタス女子中）

考える手順　どんな規則で色紙の並びがくり返されているかを考える。

解き方

色紙を4枚ずつ区切ると，白青赤白を1組としてくり返されていることがわかる。

白青赤白	白青赤白	白青赤白	白青赤白	…
↑↑↑↑	↑↑↑↑	↑↑↑↑	↑↑↑↑	
①②③④	⑤⑥⑦⑧	⑨⑩⑪⑫	⑬⑭⑮⑯	…

よって，183枚目の色紙は，
183÷4＝45余り3
より，4枚のうち3枚目に並んでいる赤である。

答え　赤

もっとくわしく
183枚目の色紙は，
45＋1＝46(組目)
に入っている。

練習問題

解答▶ 別冊…P.95

305 次のように数字が並んでいるとき，問いに答えなさい。

2 3 1 0 6 8 2 3 1 0 6 8 2 3 1 0 6 8・・・

(1) 左から数えて20番目の数字は何ですか。
(2) 左から数えて2009番目の数字は何ですか。　（目黒星美学園中）

306 チャレンジ

$\frac{7}{27}$を小数で表したとき，小数第30位の数はいくつですか。　（聖学院中）

108 等差数列

中学入試対策

次の問いに答えなさい。

[1] ある規則にしたがって数が並んでいます。20番目の数を答えなさい。

2, 6, 8, 12, 14, 18, 20, … (自修館中等教育学校)

[2] 1 + 8 + 15 +…+ 43 + 50 + 57　を計算しなさい。 (共立女子中)

考える手順

[1] 2つの数を組にして考える。

[2] それぞれの数は等差数列になっている。

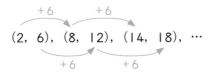

解き方

[1] 2つの数を組にすると,

+6　+6

(2, 6), (8, 12), (14, 18), …

+6　+6

となっているから, 20番目の数は, 初項6, 公差6の等差数列の10番目の数で, 6 + 6×(10−1) = 60

[2] それぞれの数は, 初項1, 公差7の等差数列になっていて, 項数は(57−1)÷7 + 1 = 9だから, その和は,

(1 + 57)×9÷2 = 261

もっとくわしく

奇数番目の数は, 初項2, 公差6の等差数列になっている。

もっとくわしく

項数をnとすると,

57 = 1 + 7 × (n − 1)

答え [1] 60　[2] 261

練習問題

解答▶ 別冊…P.95

307 次の数は, ある規則にしたがって並んでいます。

1, 1, 2, 3, 4, 4, 5, 6, 7, 7, 8, 9, 10, 10, 11, 12, ………

200は, はじめから数えて何番目の数ですか。 (明治大付属明治中)

中学入試対策

109 表を使った規則性

ある規則にしたがって，右のように整数が並んでいます。例えば，11は第4行第2列の整数です。次の問いに答えなさい。

1 第7行第6列の整数はいくつですか。

2 125は第何行第何列の整数ですか。　（関東学院六浦中）

	第1列	第2列	第3列	第4列	第5列	…
第1行	1	4	9	16	25	
第2行	2	3	8	15	24	
第3行	5	6	7	14	23	
第4行	10	11	12	13	22	
第5行	17	18	19	20	21	
⋮						

考える手順　第1行の数に注目する。

解き方

1 第1行第6列の整数は，$6 \times 6 = 36$ だから，
第7行第6列の整数は，$36 + 6 = 42$

2 第1行第11列の整数は，$11 \times 11 = 121$ だから，
$125 = 11 \times 11 + 4$
より，125は第12行第4列の整数。

もっとくわしく
第1行第○列の整数は○×○で，第(○＋1)行第△列の整数は○×○＋△（ただし，△は○＋1以下）

答え　1 42　2 第12行第4列

練習問題

解答▶ 別冊…P.95

308 182名の生徒に1番から順に番号を付け，その番号を使って右の図のように生徒をA組からD組の4つの組に分けます。

(1) A組に入る生徒は何人ですか。

(2) 70番の生徒は何組に入りますか。　（カリタス女子中）

A組	B組	C組	D組
1	2	3	4
8	7	6	5
9	10	11	12
16	15	14	13
⋮	⋮	⋮	⋮

中学入試対策

110 図形を使った規則性

○と●を右の図のように，上から下に規則的に並べるとき，10段目までに●は何個使いますか。　（星野学園中）

○	1段目
●●●	2段目
○●○●○	3段目
●●●●●●●	4段目
○●○●○●○●○	5段目
⋮	⋮

考える手順　○の規則と，○と●を合わせた並べ方の規則を考える。

解き方

○は奇数段目に，1，3，5，…個使われているから，
10段目までには，
1＋3＋5＋7＋9＝25(個)使われる。
○と●を合わせた個数を調べると，1段目から順に，
1，3，5，…個使われているから，10段目は
1＋2×(10－1)＝19(個)使われ，10段目までに，
(1＋19)×10÷2＝100(個)使われる。よって，●は，
100－25＝75(個)使われる。

もっとくわしく
○も，○と●の合計も各段(○は奇数段)に並ぶ個数は初項1，公差2の等差数列になっている。

答え 75個

練習問題

解答▶ 別冊…P.96

309 1辺が2cmの正方形を，右の図のように並べて図形を作ります。

(1) 6段まで作るには，正方形を何個使いますか。

(2) 6段まで作ったとき，図形の周りの長さは何cmになりますか。

(3) 図形の周りの長さが284cmになるのは，何段まで作ったときですか。　（佼成学園中）

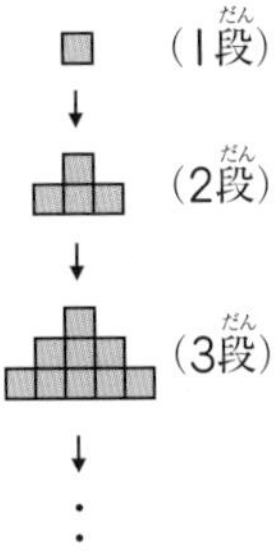

5 推理して解く問題

ゲームの順位などを推理する問題や選挙の得票数の問題を学びます。

推理して解く問題

推理して解く問題 数の大小やゲームの順位などを，数直線や表などに整理することによって推理する問題。

見て理解!

・AはCより大きい。
・DはBより大きい。
・AはCとBの平均。

4つの数A，B，C，Dの大小は？

↓ 数直線に表す。

小―C―A―B――D―大

大小関係がわかる。

小さい順に
C，A，B，D

①Aは4位ではない。
②BもDも3位ではない。
③Dの順位はBの順位の次だった。

A，B，C，D 4人の順位は？

↓ 表に表す。

	1	2	3	4
A				×
B			×	
C				
D			×	

①② →

	1	2	3	4
A				×
B			×	
C				
D	×		×	×

③「Dの順位はBの次」だから，Dは1位でも4位でもない。

→ Bの順位はDの前。　Aは1位ではない。

		2	3	4
A		×		×
B	○	×	×	×
C		×		
D	×	○	×	×

1位B，2位D，3位A，4位C

・AはCに勝った。　・BはCに負けた。
・DはAに勝った。　・BはAに負けた。
・CはDに負けた。　・DはBに勝った。

優勝したのはどのチーム？

↓ 表に表す。

	A	B	C	D
A	＼		○	
B	×	＼	×	
C			＼	×
D	○	○		＼

○勝ち
×負け

AがCに勝つので，
CはAに負けている。

	A	B	C	D
A	＼	○	○	×
B	×	＼	×	×
C	×	○	＼	×
D	○	○	○	＼

Dが3勝　　　優勝　D

選挙

選挙　選挙で必ず当選するために必要な得票数を求める問題。
投票者数÷(当選者数＋1)の商を整数で求めて，その商に1をたした数が，必ず当選するのに必要な最低得票数。

見て👀理解!

50人が1人1票ずつ投票して，3人の代表者を選ぶとき，当選するためには，最低何票必要？

13	13	13	11

50÷(3＋1)＝12余り2より
12＋1＝13(票)

ここが大切
・必ず当選するのに必要な最低得票数は，
投票者数÷(当選者数＋1)の商を整数で求め，その商に1をたす。

111 推理して解く問題

中学入試対策

A，B，C，Dの4人の年れいについて，次のことがわかっています。

① Aは Bより12年上である。

② CとDの年の差は12より大きい。

③ BとCの年の差はAとCの年の差の2倍である。

④ BとDの年の差はAとDの年の差の3倍である。

このとき，2番目に年が大きいのはだれですか。

（東京農業大第一高等学校中等部）

考える手順 4人の年れいの関係を数直線に表す。

解き方

まず，①を数直線に表し，③，④を②に注意して表す。

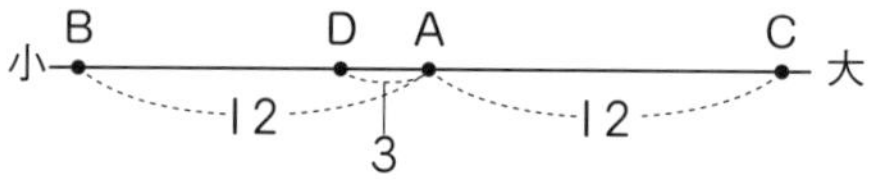

もっとくわしく

CとDの位置は，③，④だけだと，AとBの間，Aより右のどちらも考えられる。

答え A

練習問題

解答▶ 別冊…P.96

310 A，B，C，D，E，Fの6人の身長について，㋐～㋕のようなことがわかりました。身長の低い方から順に並べなさい。

㋐ Cは低い方から3番目だった。

㋑ DはCより低かった。

㋒ Fは真ん中より高かった。

㋓ BはFより高かった。

㋔ AはDより高く，Eよりも低かった。

㋕ EはBとFの間だった。

（日本大学豊山中）

中学入試対策

112 選挙

398人が1人1票ずつ投票して，5人の代表者を選ぶ選挙をします。立候補者が8人いるとき，必ず当選するためには，最低何票必要ですか。

考える手順 5番目で当選するときを考える。

解き方

当選するのは5人だから，必ず当選するために必要な票数は，

398÷6＝66余り2　より，

全体の投票者数　当選者数＋1

66＋1＝67(票)

※66票だと，67票が2人，66票が4人などのとき，4人が3番目から6番目に並ぶので，必ず当選するとはいえない。
67票なら，4人が67票で並んでも，残りの
398－67×4＝130(票)
がどう投票されても，67票をこえる人が2人でることはないので，当選者は5人になる。

答え 67票

ミス注意！
398÷5＝79余り3
としたらまちがい。

もっとくわしく
67×2＝134
なので，130票の投票で67票をこえる人は2人にならない。

練習問題

解答▶ 別冊…P.96

311 ある中学校の生徒541人が1人1票ずつ投票して，4人の役員を選ぶ選挙をします。立候補者が10人いるとき，必ず当選するためには最低何票とる必要がありますか。　（昭和学院秀英中）

まとめの問題

解答▶別冊…P.180

228 ある動物園の入場口には，開園前に500人の行列ができていました。その後，毎分10人ずつ行列に加わります。入場口1つでは，行列がなくなるのに50分かかります。入場口を3つにすると，何分で行列がなくなりますか。

229 次の図のように，ある規則にしたがって，2つの記号△と●を並べます。

△●△●●△●△●●△●△●●△●△●●……
　　　　　　↑
　　　　　　㋐

例えば，㋐の示す●は，左から数えて7番目の記号で，4個目の●です。このとき，122個目の●は，左から数えて何番目の記号ですか。（関東学院六浦中）

230 あるきまりにしたがって数字が次のように並んでいます。はじめて30があらわれるのは何番目ですか。

1，2，3，4，2，3，4，5，3，4，5，6，4，5，6，7，5，6，7，…

（富士見丘中）

ハイレベル

231 右のように，整数が規則正しく並んでいます。例えば，2行6列目の数字は5，4行5列目の数字は8です。次の問いに答えなさい。

(1) 10行2列目の数字を求めなさい。

(2) 5列目にある20は何行目と何行目にありますか。

(3) ある行に並ぶ8つの数字の和は375になりました。何行目か求めなさい。

行＼列	1	2	3	4	5	6	7	8
1	1	2	2	3	3	3	4	4
2	4	4	5	5	5	5	5	6
3	6	6	6	6	6	7	7	7
4	7	7	7	7	8	8	8	8
5	8	8	8	8	9	9	9	9
6	9	9	9	9	9	10	…	
⋮								

（鎌倉学園中）

232 同じ長さの竹ひごとねん土玉がたくさんあります。次の図のように，あるきまりにしたがって竹ひごとねん土玉を組み合わせて，次々と図形を作っていきます。2番目の図形には，15本の竹ひごと13個のねん土玉が使われています。このとき，あとの各問いに答えなさい。

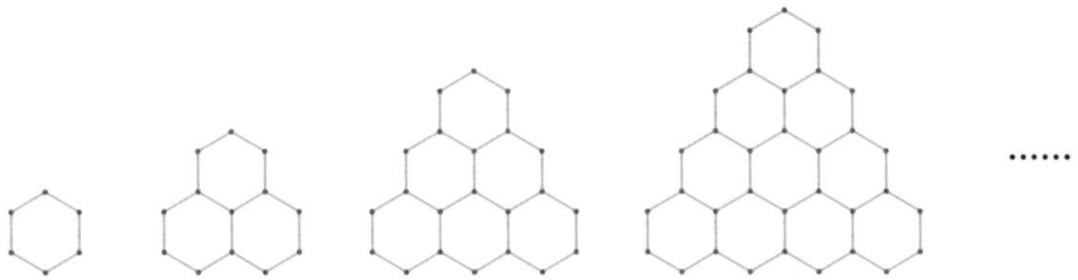

1番目　2番目　3番目　4番目

（1）4番目の図形に使われている竹ひごとねん土玉の数をそれぞれ答えなさい。

（2）竹ひごが132本使われている図形には，ねん土玉が何個使われていますか。

（専修大学松戸中）

233 ある中学校で，合唱コンクールが行われることになり，A組，B組，C組，D組，E組の5クラスがくじ引きで歌う順番を決めました。次の人たちの話をもとに，決まった順番を答えなさい。

A組の人「私のクラスは偶数番目です。」
B組の人「ぼくのクラスは最初か最後だよ。」
C組の人「私のクラスより前には2クラス以上歌います。」
D組の人「ぼくのクラスより後には3クラス以上いるよ。」
E組の人「私のクラスはA組より後ろで，C組よりも前です。」

（浦和明の星女子中）

234 590人が1人1票ずつ投票して6人の代表者を決める選挙をします。候補者が10人いるとき，必ず当選するためには，最低何票必要ですか。

1　2つの変わる量のグラフ

2つの変わる量のグラフが表すことがらについて学びます。

水量のグラフ

水量のグラフ　水そうに水を入れたり，水そうから水を出したりするときの変化を表すグラフ。

見て理解！

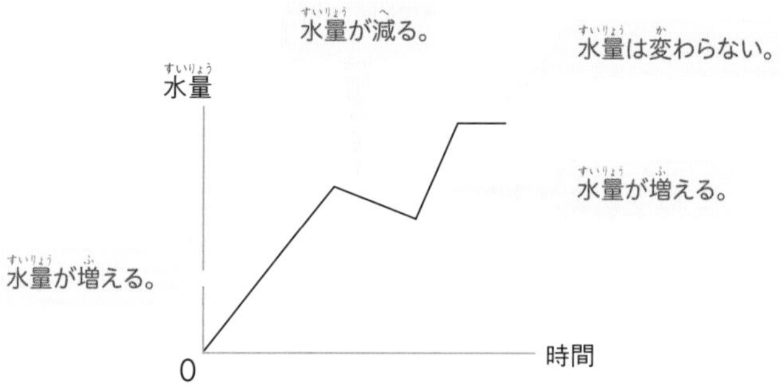

ここが大切
- 右上がりのグラフ…水量が増える。
- 右下がりのグラフ…水量が減る。

階段のグラフ

階段のグラフ　郵便料金やタクシーの乗車賃など，つながっていないグラフ。

見て理解！

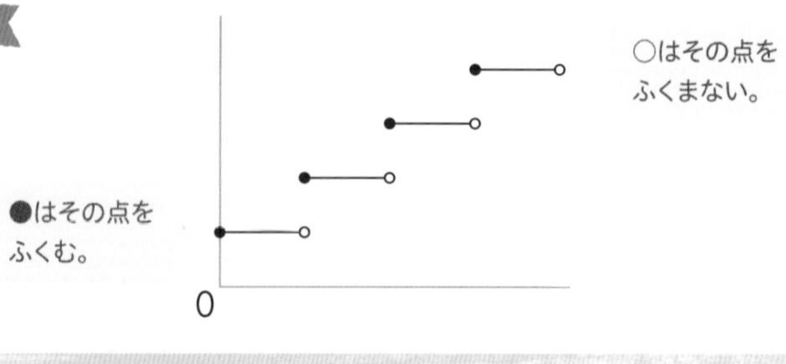

図形の移動のグラフ

図形の移動のグラフ　移動する点と図形の頂点を結んでできる三角形の面積や，2つの図形の重なりの部分の面積のグラフ。

見て👀理解!

点Pが頂点Bから頂点Cまで時計まわりに移動するときの三角形ＰＢＣの面積のグラフ

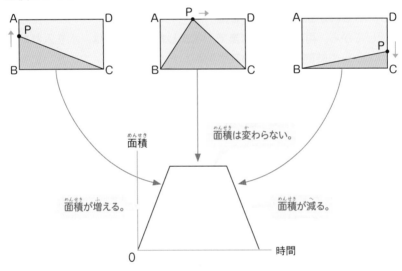

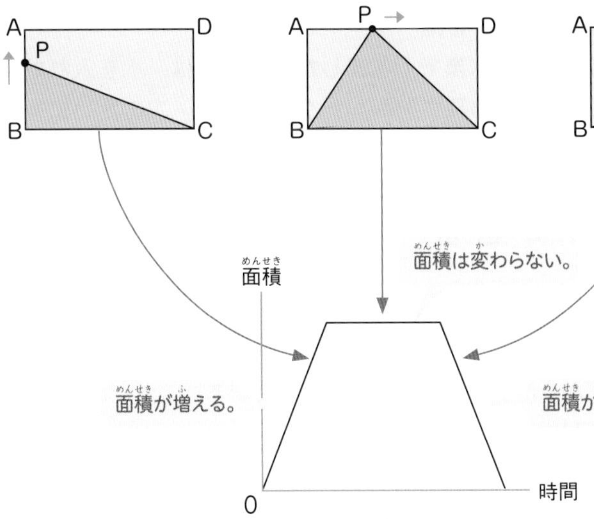

合同な長方形ＡＢＣＤと長方形ＥＦＧＨが図のように動くときの重なった部分の面積のグラフ

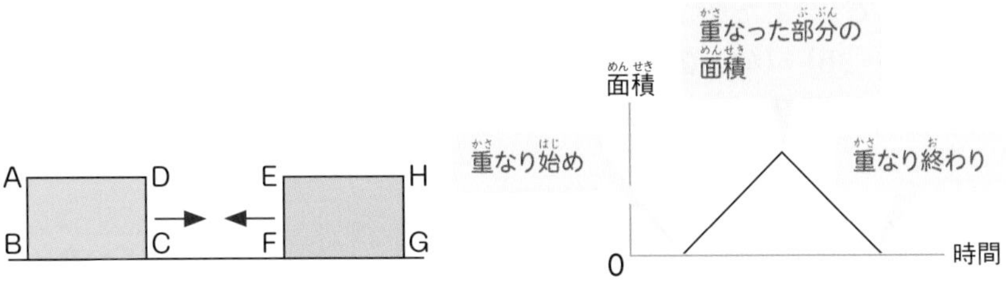

中学入試対策

113 水量のグラフ

直方体の形をした水そうに，1分間に450cm^{3}の割合で水を入れ，満水になったところで水を止めました。しばらくそのままにしていたところ，水面が下がってきたので水もれを修理し，水もれが止まったことを確認してから，再度水を満水まで入れました。上の図は，水を入れ始めてからの時間と，水面の高さを表したグラフです。次の問いに答えなさい。

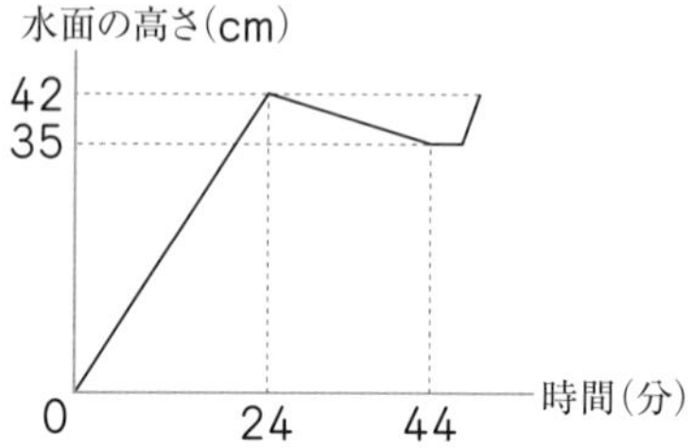

[1] 水もれは1分あたり何cm^{3}ありましたか。

[2] 水もれがなければ，空の水そうを何分で満水にできますか。

（神奈川大附属中）

考える手順

[1] 右下がりのグラフが水もれを表している。

[2] 比を利用する。

解き方

[1] 右下がりのグラフが水もれを表している。

水もれがあるときに水を入れていたグラフから，1分あたりに増えた水面の高さは，

$42 \div 24 = 1.75$(cm)

水もれで1分あたりに減った水面の高さは，

$(42-35) \div (44-24) = 0.35$(cm)

その比は，$1.75 : 0.35 = 5 : 1$

よって，

$450 \times \frac{1}{5+1} = 75$(cm^3)

もっとくわしく

底面積が等しいから高さの比が体積の比になる。

つまずいたら

直方体の体積について知りたい。

P.232

[2] 水もれがあるときとないときの1分あたりに水そうに入る水の体積の比は，[1] より，

$5:(5+1)=5:6$

よって，水もれがないときには，1分あたり水もれがあるときの水の$\frac{6}{5}$の体積が入るから，かかる時間は$\frac{5}{6}$になる。

よって，

$24\times\frac{5}{6}=20$(分)

ミス注意!

水もれがないときにかかる時間を$\frac{6}{5}$としない。

答え [1] $75cm^3$　[2] 20分

練習問題

解答▶ 別冊…P.97

312 水が入っている2つの水そうA，Bがあり，それぞれ底に排水口がついています。排水口の栓をはずすと，それぞれの水そうから一定の割合で排水されます。今，水そうA，Bの栓を同時にはずし排水をします。排水を始めてからの時間と水そうに残っている水の量の関係は，次のようなグラフになりました。

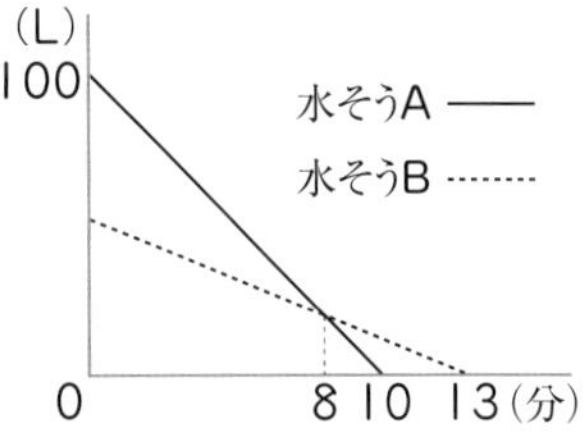

(1) 水そうAから毎分何L排水されますか。

(2) 水そうBには，はじめ何Lの水が入っていましたか。

(3) 排水をしていると中から，水そうAに毎分4Lずつ給水すると，水そうAとBは同時に空になりました。栓をはずしてから何分後に給水を始めましたか。

(光塩女子学院中等科)

中学入試対策

114 図形の移動のグラフ

下の図のような台形ABCDがあります。点Pが点Aを出発し，周上を一定の速さで進み，点B，Cを通って点Dまで移動します。また，下のグラフは点Pが点Aを出発してからの時間と三角形APDの面積の関係を表したものです。

（神戸海星女子学院中）

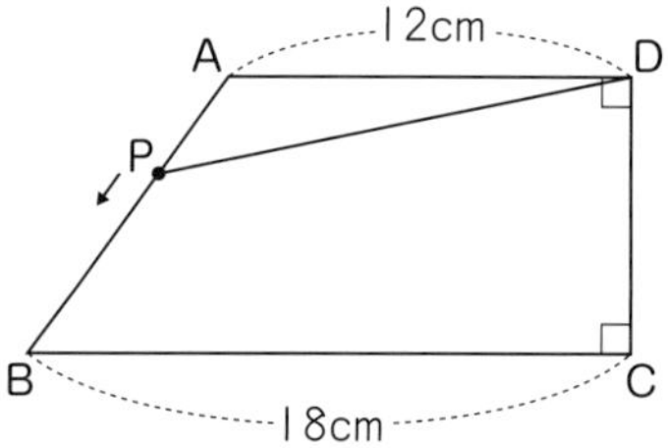

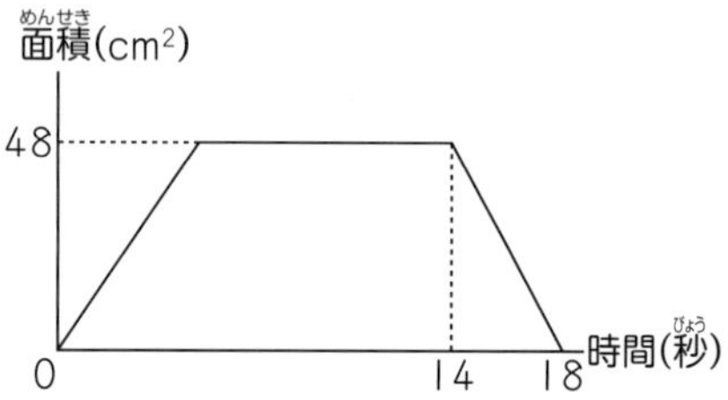

1 辺CDの長さは何cmですか。

2 点Pが動く速さは秒速何cmですか。

3 三角形APDの面積が2回目に台形ABCDの面積の4分の1になるのは点Pが点Aを出発してから何秒後ですか。

考える手順　グラフのかたむきが変わるときは，動く点がどこかの頂点にある。

解き方

1 下の図より，グラフの(ア)，(イ)，(ウ)，(エ)のときは，点Pがそれぞれ点A，B，C，Dにあるときである。14秒後は点Pが点Cにあるときで，そのときの三角形APDの面積が48cm²なので，

12×CD÷2＝48より，CD＝48×2÷12＝8(cm)

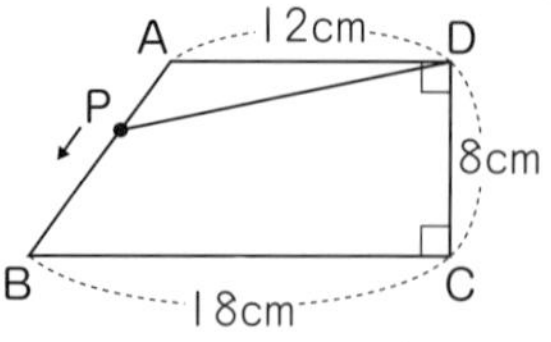

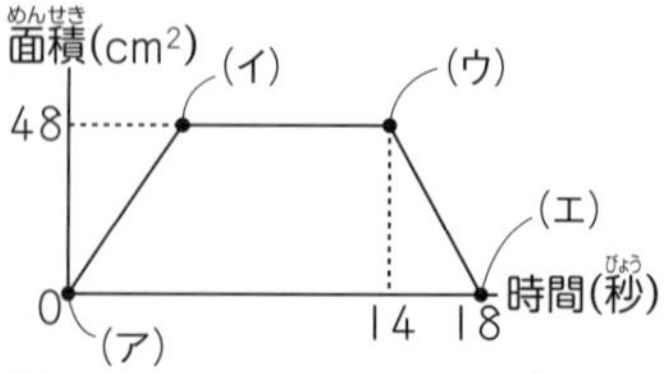

2 グラフより，辺CDを動くのに18－14＝4(秒)かかるのがわかる。1 より，CD＝8cmだから，点Pの動く速さは，8÷4＝2より秒速2cmである。

つまずいたら
速さの求め方を知りたい。

➡ P.286

③ 台形ABCDの上底は12cm，下底は18cm，高さは8cmだから，面積は，$(12+18)\times8\div2=120(cm^2)$
台形ABCDの面積の$\frac{1}{4}$は$120\times\frac{1}{4}=30(cm^2)$であり，グラフより，三角形APDの面積が2回目に$30cm^2$になるのは，点Pが辺CD上にあるときである。

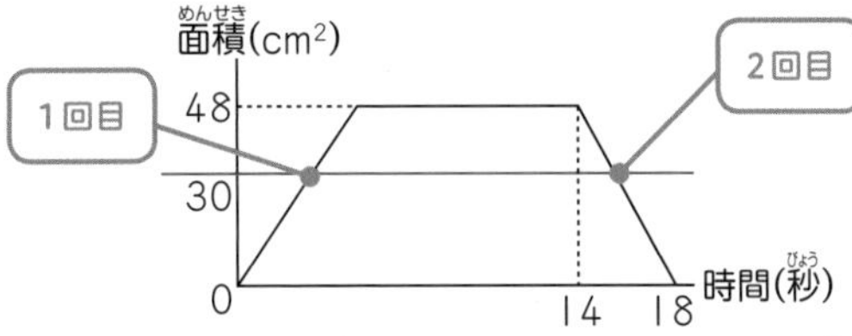

$12\times PD\div2=30$より，$PD=30\times2\div12=5(cm)$
点Pの動く速さは秒速2cmで，5cm進むのに，
$5\div2=2.5$(秒)かかるから，点Dまで残り2.5秒のところにあるときである。$18-2.5=15.5$(秒後)

つまずいたら
台形の面積の求め方を知りたい。
➡ P.168

答え ① 8cm　② 秒速2cm　③ 15.5秒後

練習問題

解答▶ 別冊…P.97

313 次の図1のような台形ABCDがあります。点Pは点Aを出発して，点B，Cを通り点Dまで一定の速さで台形の辺上を動きます。また，図2のグラフは，点Pが点Aを出発してからの時間と三角形PADの面積の関係を表したものです。後の各問いに答えなさい。

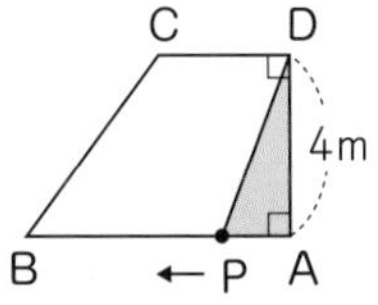

図1

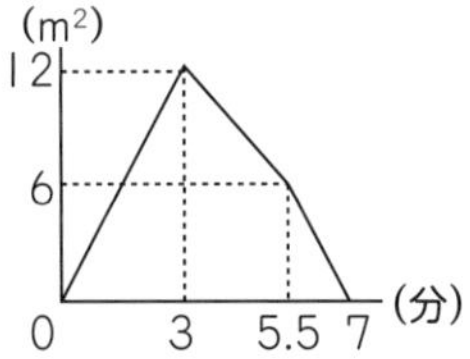

図2

(1) 三角形PADの面積が1回目に$9m^2$になるのは，点Pが出発してから何分何秒後ですか。
(2) 点Pの速さは毎分何mですか。
(3) 台形ABCDの周の長さは何mですか。
(4) 三角形PADの面積が2回目に$9m^2$になるのは，点Pが出発してから何分何秒後ですか。
(5) 三角形PABと三角形PCDの面積が等しくなるのは，点Pが出発してから何分何秒後ですか。

(共立女子中)

まとめの問題

解答▶別冊…P.182

235 右のグラフは，180L入る水そうに，はじめはA管だけを使い，と中でB管も使って水を入れていったときの，時間とたまった水の量の関係を表したものです。

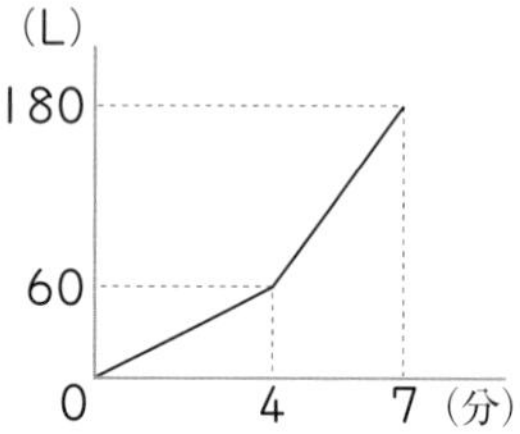

(1) A管からは1分間に何Lの水が出ますか。
(2) B管からは1分間に何Lの水が出ますか。
(3) はじめからA，B両管を使って水を入れると，水そうがいっぱいになるまで何分何秒かかりますか。

(聖学院中)

236 水の入っていない水そうAと，40Lの水が入っている水そうBがあります。水そうAには毎分5Lの割合で水を入れていき，水そうBには水そうAに水を入れ始めて20分後から，ある一定の割合で水を入れていきます。次の図は水そうAに水を入れ始めてからの時間と，水そうBの水の量の関係を表したものです。水そうAからは水があふれないものとするとき，あとの各問いに答えなさい。

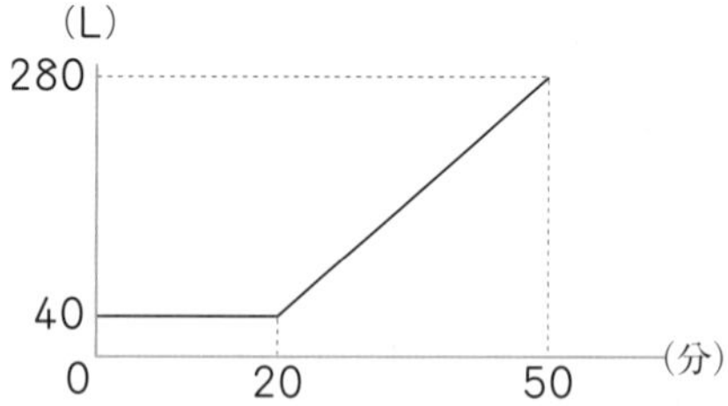

(1) 1回目に水そうAと水そうBの水の量が等しくなるのは，水そうAに水を入れ始めてから何分後ですか。
(2) 2回目に水そうAと水そうBの水の量が等しくなるのは，水そうAに水を入れ始めてから何分後ですか。

(共立女子中)

237 右のグラフは，ある宅配会社の荷物の送料です。2kgの荷物を送るときの送料を求めなさい。

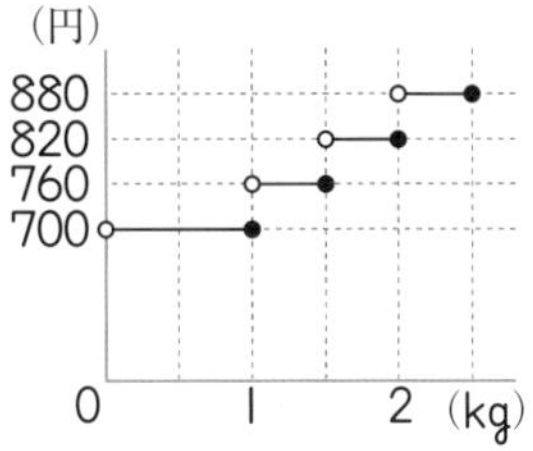

よくでる

238 (図1)のような台形ＡＢＣＤがあります。この台形の周上を点Ｐが，Ｃ→Ｄ→Ａ→Ｂの順に一定の速さで動きます。このとき，点ＰがＣを出発してからの時間と三角形ＰＢＣの面積の変化の関係を表したものが(図2)のグラフです。このとき，次の各問いに答えなさい。

(図1)

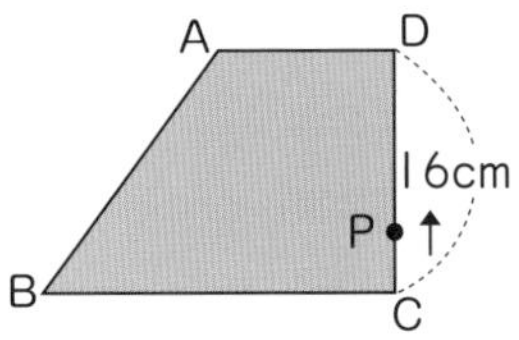

(図2)

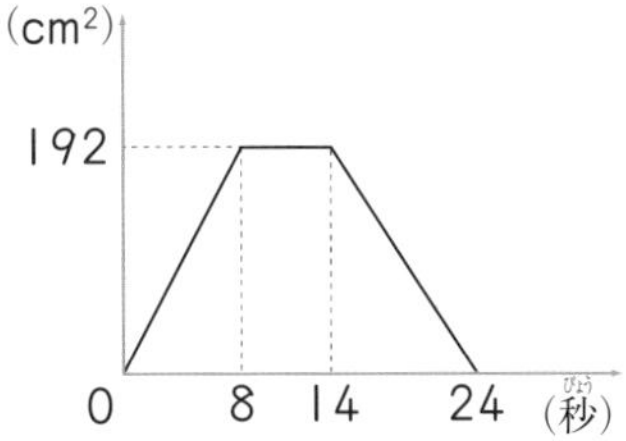

(1) 点Ｐの速さは秒速何cmですか。

(2) ＡＢの長さは何cmですか。

(3) ＢＣの長さは何cmですか。

(4) 三角形ＰＢＣの面積が96cm^{2}になるのは何秒後と何秒後ですか。

(日本大学第一中)

さくいん

調べたい語句がわかっているときは，このさくいんで調べると便利です。
(教科書で学習したことにそって調べたい場合は，巻頭のもくじのほうが便利です)
50音順に配列してあります。そのあと，アルファベットから始まる語句をABC順に，最後に，数字や記号から始まる語句を配列してあります。
おなじ音の中では，「は⇒ば⇒ぱ」というような順番です。

あ

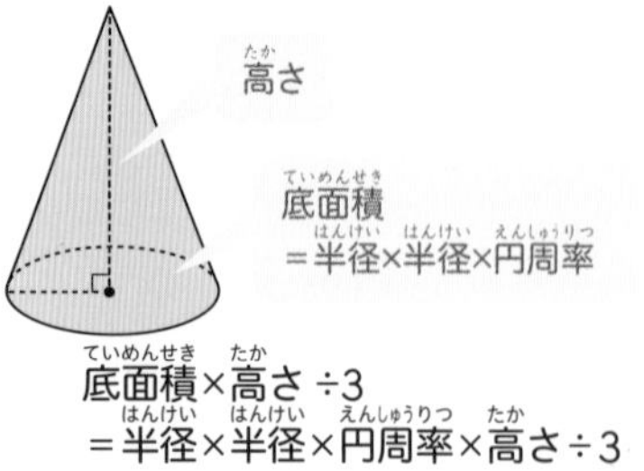

底面積×高さ÷3
＝半径×半径×円周率×高さ÷3

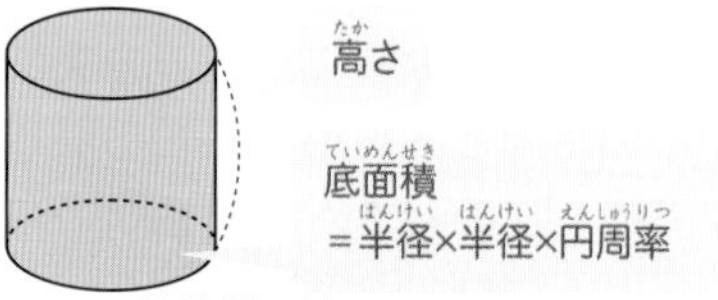

底面積×高さ
＝半径×半径×円周率×高さ

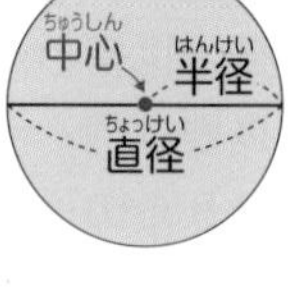

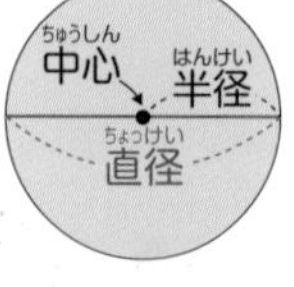

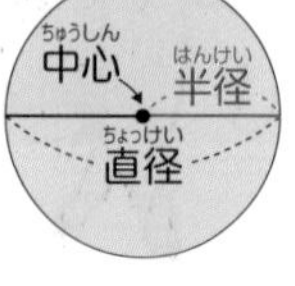

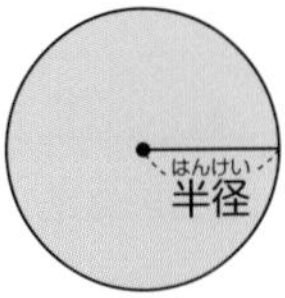

半径×半径×円周率

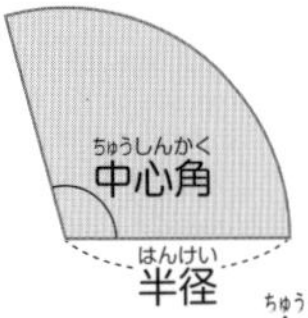

$$\text{半径}\times 2\times\text{円周率}\times\frac{\text{中心角}}{360^\circ}$$

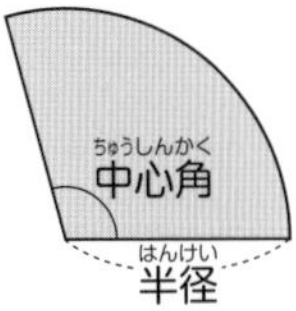

$$\text{半径}\times\text{半径}\times\text{円周率}\times\frac{\text{中心角}}{360^\circ}$$

か

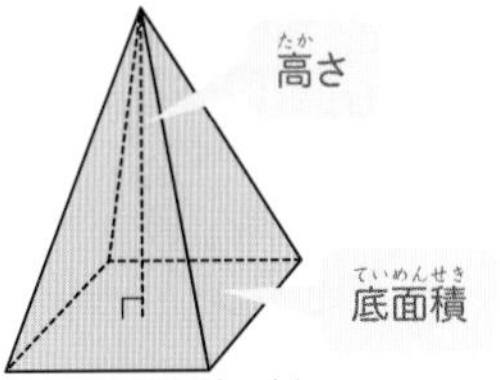

底面積×高さ÷3

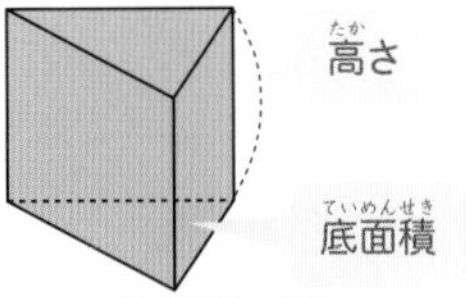

底面積×高さ

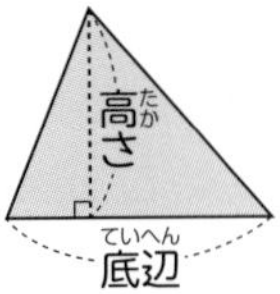

底辺×高さ÷ 2

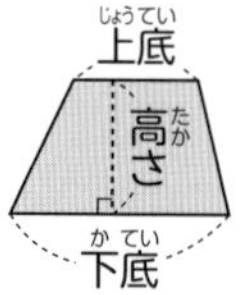

(上底＋下底)×高さ÷2

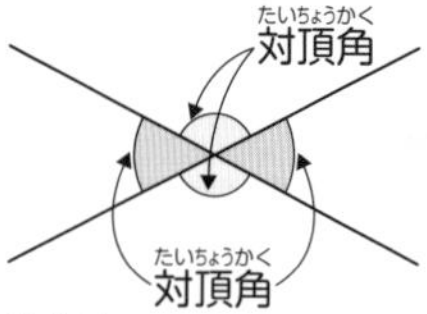

対頂角の大きさは等しい。

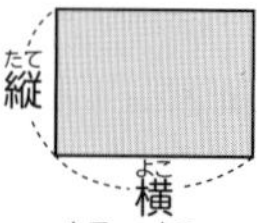

縦×横

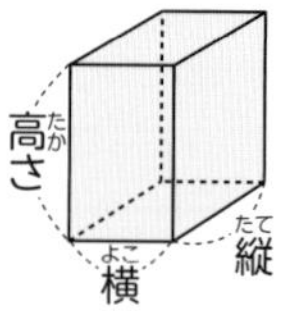

縦×横×高さ

直角を表す記号

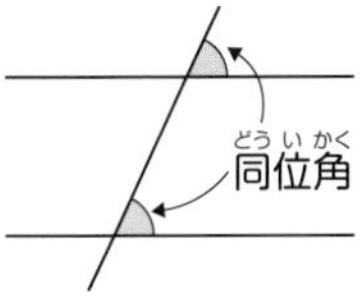

平行な2本の直線の同位角の大きさは等しい。

な

は

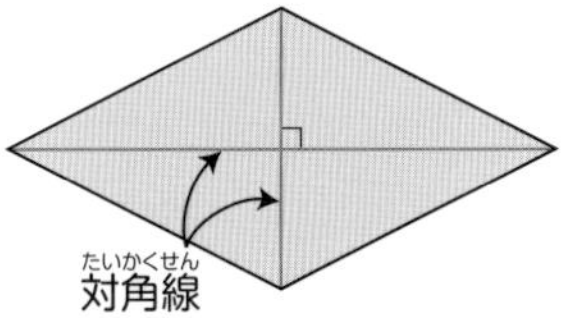

対角線×対角線÷2

わ

アルファベット

数字・記号

旺文社

小学総合的研究

わかる算数

改訂版

解答解説

練習問題
まとめの問題

別冊

旺文社

練習問題の 解答・解説

数と計算編

①（1） 十兆五千四十四億二千九万三千八百五十
（2） 3645007035

解説
（1） 位取りに注意して読む。右から順に4けたごとに区切ると読みやすくなる。
（2） 位取りに注意して書いていく。十万の位，一万の位，百の位には0を書く。

②（1） 10倍した数…40000000000000（40兆）
10でわった数…400000000000（4000億）
（2） 305100000000（3兆510億）
（3） 280000000（2億8000万）

解説
（1） 整数を10倍すると位が1つずつ上がるから，4兆の10倍は40兆。また，整数を10でわると位が1つずつ下がるから，4兆を10でわった数は4000億。
（2） 1兆が3個で3兆，1億が510個で510億。
（3） 1000万が20個で2億，1000万が8個で8000万。

千	百	十	一	千	百	十	一	千	百	十	一
			億				万				
			2	8	0	0	0	0	0	0	0

③（1） 奇数　（2） 偶数　（3） 偶数

解説
（1） 2でわり切れないから奇数。
（2） 2でわり切れるから偶数。
（3） 2でわり切れるから偶数。

④ イ

解説
$64 \div 3 = 21$ 余り1なので，64は余りが1になる組になる。

ミス注意！
一兆の位の1つ下の位は，千億の位である。

つまずいたら
整数のしくみについて知りたい。
本冊…P.19

もっとくわしく
一の位の数字が，0，2，4，6，8のときは偶数，1，3，5，7，9のときは奇数である。

⑤ 9，18，27，36，45

解説

9を整数倍して考える。

$9 \times 1 = 9,\ 9 \times 2 = 18,\ 9 \times 3 = 27,\ 9 \times 4 = 36,$

$9 \times 5 = 45$

⑥ 156，220

解説

4の倍数は，4でわり切れる数。82，97，314は4でわり切れないから，4の倍数ではない。

⑦ 16個

解説

1から100までの整数の中の6の倍数の数は，100を6でわった商で求められる。

$100 \div 6 = 16$ 余り 4

だから，6の倍数の数は16個。

⑧ （1） 14，28，42 （2） 45，90，135

（3） 12，24，36

解説

（1） 2の倍数 2，4，6，8，10，12，(14)，…

7の倍数 7，(14)，21，28，…

2と7の最小公倍数は14。公倍数は，最小公倍数の倍数になっているから，$14 \times 2 = 28$，$14 \times 3 = 42$ で，28，42も2と7の公倍数になっている。

（2） 9の倍数 9，18，27，36，(45)，…

15の倍数 15，30，(45)，60，…

9と15の最小公倍数は45なので，

$45 \times 2 = 90,\ 45 \times 3 = 135$

（3） 3の倍数 3，6，9，(12)，15，18，…

4の倍数 4，8，(12)，16，20，…

6の倍数 6，(12)，18，24，30，…

3と4と6の最小公倍数は12なので，

$12 \times 2 = 24,\ 12 \times 3 = 36$

もっとくわしく

ある数の0倍は倍数と考えない。

つまずいたら

倍数について知りたい。

本冊…P.24

もっとくわしく

（3）連除法を使うと，

```
2) 3 4 6
3) 3 2 3
   1 2 1
```

→最小公倍数は

$2 \times 3 \times 1 \times 2 \times 1 = 12$

→公倍数は

12，24，36

つまずいたら

公倍数について知りたい。

本冊…P.24

9 （1） 30　　（2） 21　　（3） 40

解説

（1）　5の倍数　　5, 10, 15, 20, 25, (30), …
　　　6の倍数　　6, 12, 18, 24, (30), …
　　　5と6の最小公倍数は30。

（2）　7の倍数　　7, 14, (21), 28, 35, …
　　　21の倍数　　(21), 42, 63, …
　　　7と21の最小公倍数は21。

（3）　10の倍数　　10, 20, 30, (40), 50, …
　　　このうち，2の倍数にも，8の倍数にもなっている数を見つける。
　　　2と8と10の最小公倍数は40。

つまずいたら

最小公倍数について知りたい。

本冊…P.24

もっとくわしく

2) 2　8　10
　　1　4　5

2×1×4×5＝40

10 18cm

解説

正方形になるのは，1辺の長さが6と9の公倍数のとき。そのうちいちばん小さい正方形になるのは，6と9の最小公倍数のときである。

もっとくわしく

いちばん小さい正方形になるとき，しきつめたタイルの枚数は，

縦…18÷6＝3

横…18÷9＝2

3×2＝6(枚)

11 午前7時48分

解説

バスと電車が同時に出発するのは，午前7時に同時に出発してから□分後とすると，□は16と12の公倍数になる。次に同時に出発するのは，16と12の最小公倍数より，午前7時48分である。

12 （1） 1, 3, 9, 27　　（2） 1, 2, 19, 38
（3） 1, 2, 4, 8, 16, 32, 64

解説

1×○，2×△，…のような積の形にして，約数を求めると，それぞれの数が約数になっているのでわかりやすい。

（1）　27は，1×27，3×9だから，27の約数は，1, 3, 9, 27。

（2）　38は，1×38，2×19だから，38の約数は，1, 2, 19, 38。

（3）　64は，1×64，2×32，4×16，8×8だから，64の約数は，1, 2, 4, 8, 16, 32, 64。

ミス注意!

1とその数自身も，約数になっている。

⑬ 8個

解説

42は，1 × 42，2 × 21，3 × 14，6 × 7だから，42の約数は，1，2，3，6，7，14，21，42の8個。

⑭ (1)　1，3　　(2)　1，2，3，6，9，18

(3)　1，2

解説

(1)　15の約数　①，③，5，15

21の約数　①，③，7，21

15と21の公約数は，1と3。

(2)　18の約数　①，②，③，⑥，⑨，⑱

36の約数　①，②，③，4，⑥，⑨，12，⑱，36

18と36の公約数は，1，2，3，6，9，18。

(3)　8の約数　①，②，4，8

10の約数　①，②，5，10

16の約数　①，②，4，8，16

8と10と16の公約数は，1と2。

連除法では，

```
2) 8  10  16
   4   5   8
```

→最大公約数は2

→公約数は，1と2。

⑮ 9

解説

27の約数　①，③，⑨，27

45の約数　①，③，5，⑨，15，45

27と45の最大公約数は9。

⚠ミス注意!

1も公約数である。

もっとくわしく

最大公約数の約数がすべて公約数になる。

もっとくわしく

(2)18は36の約数だから，18の約数はすべて，36の約数になっている。

もっとくわしく

```
3) 27  45
3)  9  15
    3   5
```

3×3＝9

⑯ 5cm

解説

正方形に切り分けられるのは，1辺の長さが10と15の公約数のとき。そのうち，いちばん大きい正方形になるのは，最大公約数のときである。

⑰ 14人，赤い色紙…4枚，青い色紙…3枚

解説

赤い色紙と青い色紙を，同じ数ずつどちらも余りが出ないように分けられるのは，分ける人の人数が56と42の公約数のとき。できるだけ多くの人に分けるから，最大公約数を求めると，14人に分けられることがわかる。それぞれの色紙の枚数は，

赤い色紙…56 ÷ 14 = 4(枚)

青い色紙…42 ÷ 14 = 3(枚)

⑱（1） 5800 （2） 450000 （3） 2000000

解説

上から2けたのがい数にするには，上から3けた目の数字を四捨五入する。

（1） 上から3けた目は3だから，切り捨てる。

00
5837

（2） 上から3けた目は6だから，切り上げる。

50000
446905

（3） 上から3けた目は8だから，切り上げる。

20 00000
1982200

⑲ 235以上244以下(または，235以上245未満)

解説

以上，以下はその数をふくみ，未満はその数をふくまないことに注意する。

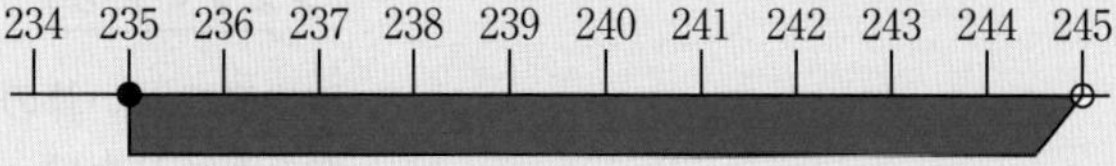

もっとくわしく

いちばん大きい正方形に分けるとき，

縦…10÷5＝2

横…15÷5＝3

2×3＝6

6つの正方形に分けられる。

もっとくわしく

がい数で表すときは，求めようとする位の1つ下の位の数字を四捨五入する。

つまずいたら

がい数の表し方について知りたい。

本冊…P.32

もっとくわしく

その数をふくむ場合

●(黒丸)

ふくまない場合

○(白丸)

で表す。

練習問題の解答・解説

まとめの問題の解答・解説

⑳ (1) 590000 (2) 850000 (3) 410000 (4) 460000

解説

それぞれの数を，一万の位までのがい数にしてから計算する。
一万の位までのがい数にするには，千の位の数字を四捨五入する。

(1) 215468 + 374392
　　↓　　↓
220000 + 370000 = 590000

(2) 650908 + 197256
　　↓　　↓
650000 + 200000 = 850000

(3) 583430 − 169253
　　↓　　↓
580000 − 170000 = 410000

(4) 476264 − 21957
　　↓　　↓
480000 − 20000 = 460000

つまずいたら
和や差のがい算のしかたを知りたい。
本冊…P.33

㉑ 足りる

解説

それぞれの値段を切り上げて，多く見積もる。

80 + 120 + 170
↓　↓　↓
100 + 200 + 200 = 500

多くみても500円だから，足りる。

もっとくわしく
多く見積もりたいときは切り上げて，少なく見積もりたいときは切り捨てて計算する。

㉒ (1) 3200000 (2) 1800000 (3) 80 (4) 200

解説

(1) 8257 × 389
　　↓　　↓
8000 × 400 = 3200000

(2) 61736 × 29
　　↓　　↓
60000 × 30 = 1800000

(3) 7584 ÷ 96
　　↓　　↓
8000 ÷ 100 = 80

(4) 39528 ÷ 216
　　↓　　↓
40000 ÷ 200 = 200

つまずいたら
積や商のがい算のしかたを知りたい。
本冊…P.33

23 (1) 614　(2) 1000　(3) 3621
(4) 78　(5) 527　(6) 4193

解説
整数のたし算やひき算の筆算は，位を縦にそろえて書いて，一の位から順に計算する。

(1)
$$\begin{array}{r} 238 \\ +376 \\ \hline 614 \end{array}$$
(2)
$$\begin{array}{r} 849 \\ +151 \\ \hline 1000 \end{array}$$
(3)
$$\begin{array}{r} 1352 \\ +2269 \\ \hline 3621 \end{array}$$
(4)
$$\begin{array}{r} 429 \\ -351 \\ \hline 78 \end{array}$$
(5)
$$\begin{array}{r} 600 \\ -\ \ 73 \\ \hline 527 \end{array}$$
(6)
$$\begin{array}{r} 9385 \\ -5192 \\ \hline 4193 \end{array}$$

24 (1) 3　(2) 5　(3) 2　(4) 5

解説
(1) かける数が1ふえているから，かけられる数の3だけ大きくなる。
(2) かける数が1へっているから，かけられる数の5だけ小さくなる。
(3) かける数12を10と2に分けて計算する。
(4) かけられる数15を10と5に分ける。

25 (1) 201　(2) 744　(3) 170
(4) 3102　(5) 627　(6) 10980

解説
整数のかけ算の筆算は，位を縦にそろえて書いて，一の位から順に計算する。

(1)
$$\begin{array}{r} 67 \\ \times\ \ 3 \\ \hline 201 \end{array}$$
(2)
$$\begin{array}{r} 93 \\ \times\ \ 8 \\ \hline 744 \end{array}$$
(3)
$$\begin{array}{r} 34 \\ \times\ \ 5 \\ \hline 170 \end{array}$$
(4)
$$\begin{array}{r} 517 \\ \times\ \ \ \ 6 \\ \hline 3102 \end{array}$$
(5)
$$\begin{array}{r} 209 \\ \times\ \ \ \ 3 \\ \hline 627 \end{array}$$
(6)
$$\begin{array}{r} 2745 \\ \times\ \ \ \ \ 4 \\ \hline 10980 \end{array}$$

ミス注意！
くり上がり，くり下がりに注意して計算する。

もっとくわしく
次のような計算のきまりがある。
○×(△＋□)
＝○×△＋○×□

ミス注意！
かけられる数に0があるときは，位取りに注意する。

つまずいたら
1けたの数をかける整数のかけ算の筆算のしかたを知りたい。
本冊…P.42

26 (1) 2236　(2) 1800　(3) 14112
(4) 118872　(5) 1920000

解説

(1)
$$\begin{array}{r} 43 \\ \times 52 \\ \hline 86 \\ 215 \\ \hline 2236 \end{array}$$

(2)
$$\begin{array}{r} 75 \\ \times 24 \\ \hline 300 \\ 150 \\ \hline 1800 \end{array}$$

(3)
$$\begin{array}{r} 294 \\ \times \quad 48 \\ \hline 2352 \\ 1176 \\ \hline 14112 \end{array}$$

(4)
$$\begin{array}{r} 762 \\ \times 156 \\ \hline 4572 \\ 3810 \\ 762 \\ \hline 118872 \end{array}$$

(5)
$$\begin{array}{l} 1200 \\ \times 1600 \\ \hline 72 \\ 12 \\ \hline 1920000 \end{array}$$

27 5人に分けられて，1枚余る。

解説

7の段の九九で考えると，

$7 \times 4 = 28 \rightarrow$ 余り8

$7 \times 5 = 35 \rightarrow$ 余り1

$7 \times 6 = 42 \rightarrow$ 6足りない

式　$36 \div 7 = 5$ 余り1

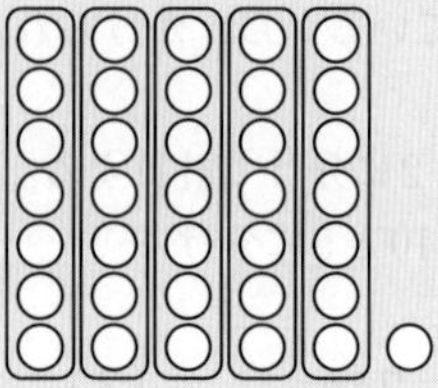

28 (1) 21余り2　(2) 143　(3) 376余り3

解説

整数のわり算の筆算は，大きい位から順に計算する。

(1)
$$\begin{array}{r} 21 \\ 3\overline{)65} \\ 6 \\ \hline 5 \\ 3 \\ \hline 2 \end{array}$$

(2)
$$\begin{array}{r} 143 \\ 5\overline{)715} \\ 5 \\ \hline 21 \\ 20 \\ \hline 15 \\ 15 \\ \hline 0 \end{array}$$

(3)
$$\begin{array}{r} 376 \\ 8\overline{)3011} \\ 24 \\ \hline 61 \\ 56 \\ \hline 51 \\ 48 \\ \hline 3 \end{array}$$

つまずいたら

2けたの数をかける整数のかけ算の筆算のしかたを知りたい。

本冊…P.43

ミス注意!

余りは，わる数の7より小さくなるようにする。

もっとくわしく

わり算の答えは
わる数×商＋余り
＝わられる数
で確かめられる。

つまずいたら

1けたの数でわるわり算の筆算のしかたを知りたい。

本冊…P.48

29 （1）　3余り1　（2）　5余り37　（3）　70余り26

解説

商の見当をつけて計算する。

（1）
```
      3
19)58
   57
    1
```
（2）
```
       5
56)317
   280
    37
```
（3）
```
        70
42)2966
   294
     26
```

30 11余り22

解説

わる数×商＋余り＝わられる数　の式でわられる数を求めてから，わり算をする。

$24 \times 17 + 21 = 429$

$429 \div 37 = 11$ 余り 22

31 （1）　4　（2）　24　（3）　3　（4）　8

解説

（1）　(　)の中を先に計算する。

$12 - (5 + 3) = 12 - 8 = 4$

（2）　わり算を先に計算する。

$21 - 32 \div 8 + 7 = 21 - 4 + 7 = 17 + 7 = 24$

（3）　$6 \times (7 - 2) \div 10 = 6 \times 5 \div 10 = 30 \div 10 = 3$

（4）　$(16 + 4 \times 6) \div 5 = (16 + 24) \div 5 = 40 \div 5 = 8$

32 （1）　122　（2）　142　（3）　1600　（4）　800

解説

（1）　結合法則を使って計算する。

$22 + 63 + 37 = 22 + (63 + 37) = 22 + 100$
$= 122$

（2）　交換法則と結合法則を使って計算する。

$95 + 42 + 5 = (95 + 5) + 42 = 100 + 42$
$= 142$

（3）　交換法則と結合法則を使って計算する。

$50 \times 16 \times 2 = (50 \times 2) \times 16 = 100 \times 16$
$= 1600$

（4）　$25 \times 4 = 100$ なので，かける数の32を 4×8 と考えて計算する。

$25 \times 32 = 25 \times (4 \times 8) = (25 \times 4) \times 8$
$= 100 \times 8 = 800$

つまずいたら

2けたの数でわるわり算の筆算のしかたを知りたい。

本冊…P.49

ミス注意！

かっこの中の式に，＋，－，×，÷が混じっているときは，×，÷を先に計算する。

もっとくわしく

和や積が，100や1000になるような組み合わせを考えればよい。
2×50＝100
4×25＝100
8×125＝1000
は覚えておこう。

つまずいたら

交換法則，結合法則について知りたい。

本冊…P.56

33 （1） 150　（2） 300　（3） 588　（4） 2424

解説

分配法則を使って計算する。

（1）　$34 \times 3 + 16 \times 3 = (34 + 16) \times 3 = 50 \times 3$
　$= 150$

（2）　$67 \times 5 - 7 \times 5 = (67 - 7) \times 5 = 60 \times 5 = 300$

（3）　98 = 100 − 2と考えると簡単に計算できる。
　$98 \times 6 = (100 - 2) \times 6 = 100 \times 6 - 2 \times 6$
　$= 600 - 12 = 588$

（4）　101 = 100 + 1と考えると簡単に計算できる。
　$24 \times 101 = 24 \times (100 + 1)$
　$= 24 \times 100 + 24 \times 1 = 2400 + 24 = 2424$

34

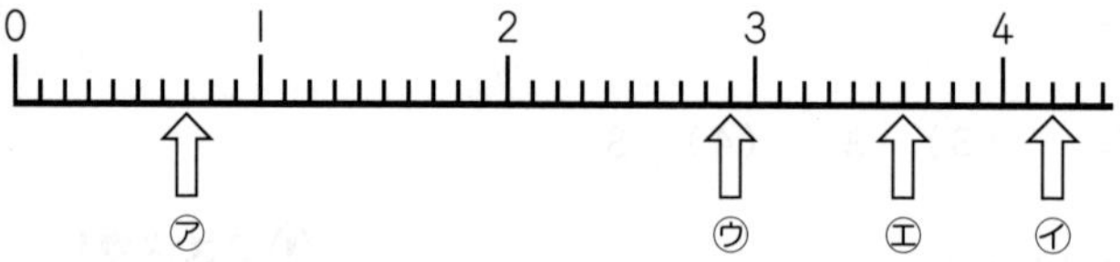

解説

1めもりは，0.1である。

（1）　0.7は0.1を7個集めた数なので，7めもり。

（2）　4.2は4と0.2をあわせた数なので，4と2めもり。

（3）　2.9は2と0.9をあわせた数なので，2と9めもり。

（4）　3.6は3と0.6をあわせた数なので，3と6めもり。

35 （1） ①　>　②　<　③　>　④　<

（2） 3.4，3.3，2.8，0.9

解説

（1）　①②　一の位の数が同じなので，小数第一位の数を比べる。
　③④　一の位の数を比べる。

（2）　まず，一の位の数を比べる。一の位の数が大きいほど，大きくなる。一の位の数が同じときは，小数第一位の数を比べる。

つまずいたら

分配法則について知りたい。

本冊…P.57

ミス注意！

めもりを数えまちがえないようにする。

36 (1)　2，7，3，9　(2)　5，4，0，6　(3)　382

解説

それぞれの位(くらい)の数を考える。

(1)　$27.39 = \underset{20}{\underline{10 \times 2}} + \underset{7}{\underline{1 \times 7}} + \underset{0.3}{\underline{0.1 \times 3}} + \underset{0.09}{\underline{0.01 \times 9}}$

(2)　$5.406 = \underset{5}{\underline{1 \times 5}} + \underset{0.4}{\underline{0.1 \times 4}} + \underset{0}{\underline{0.01 \times 0}} + \underset{0.006}{\underline{0.001 \times 6}}$

(3)　0.382は，0.001 × 　2……0.002
0.001 × 　80……0.08
0.001 × 300……0.3
だから，0.001を382個(こ)集(あつ)めた数である。

⚠ミス注意！

(2) $\frac{1}{100}$の位(くらい)は0なので，0.01は0個(こ)となる。

つまずいたら

小数のしくみについて知りたい。

本冊…P.62

37 (1)　73.6　(2)　1690　(3)　2.52　(4)　0.483

解説

小数を10倍(ばい)，100倍(ばい)すると，小数点はそれぞれ右へ1けた，2けた移(うつ)り，$\frac{1}{10}$，$\frac{1}{100}$にすると，小数点はそれぞれ左へ1けた，2けた移(うつ)る。

(1)　7.36　小数点は，右へ1けた移(うつ)る。

(2)　16.90　小数点は，右へ2けた移(うつ)る。9の後ろに0をつけたす。

(3)　25.2　小数点は，左へ1けた移(うつ)る。

(4)　048.3　小数点は，左へ2けた移(うつ)る。4の前に0をつけたす。

⚠ミス注意！

(2)，(4)は，0をつけたすのを忘(わす)れないようにする。

つまずいたら

10倍(ばい)，100倍(ばい)した数，$\frac{1}{10}$，$\frac{1}{100}$にした数の求(もと)め方を知りたい。

本冊…P.62

38 (1)　1.5　(2)　5.7　(3)　7
(4)　5.67　(5)　4.82　(6)　10

解説

(1)
$$\begin{array}{r} 0.7 \\ +\ 0.8 \\ \hline 1.5 \end{array}$$

(2)
$$\begin{array}{r} 4.2 \\ +\ 1.5 \\ \hline 5.7 \end{array}$$

(3)
$$\begin{array}{r} 2.9 \\ +\ 4.1 \\ \hline 7.\not{0} \end{array}$$

(4)
$$\begin{array}{r} 2.5 \\ +\ 3.17 \\ \hline 5.67 \end{array}$$

(5)
$$\begin{array}{r} 1.38 \\ +\ 3.44 \\ \hline 4.82 \end{array}$$

(6)
$$\begin{array}{r} 4.34 \\ +\ 5.66 \\ \hline 10.\not{0}\not{0} \end{array}$$

⚠ミス注意！

位(くらい)を縦(たて)にそろえて計算する。(3)，(6)は，小数点より右の0は消(け)す。

39 (1) 1　(2) 3.5　(3) 0.84
(4) 1.75　(5) 2.78　(6) 0.89

解説

(1) $$\begin{array}{r} 2.4 \\ -\ 1.4 \\ \hline 1.0 \end{array}$$
(2) $$\begin{array}{r} 6.1 \\ -\ 2.6 \\ \hline 3.5 \end{array}$$
(3) $$\begin{array}{r} 6.19 \\ -\ 5.35 \\ \hline 0.84 \end{array}$$
(4) $$\begin{array}{r} 3.45 \\ -\ 1.7 \\ \hline 1.75 \end{array}$$
(5) $$\begin{array}{r} 7.8 \\ -\ 5.02 \\ \hline 2.78 \end{array}$$
(6) $$\begin{array}{r} 9 \\ -\ 8.11 \\ \hline 0.89 \end{array}$$

ミス注意!
位を縦にそろえて計算する。(3)は，小数点の前に0をつけたして0.84とする。

40 (1) 6.1kg　(2) 2.8kg

解説

(1) あわせた重さなので，たし算をする。
式　$3.4 + 2.7 = 6.1$(kg)
(2) 残りの重さを求めるので，ひき算をする。
式　$3.4 - 0.6 = 2.8$(kg)

ミス注意!
筆算するときは，最後に答えの小数点をうつのを忘れないようにする。

41 (1) 9.5　(2) 21.12　(3) 85.1　(4) 78
(5) 10.08　(6) 87.8

解説

かけられる数の小数点にそろえて，積の小数点をうつ。

(1) $$\begin{array}{r} 1.9 \\ \times\ \ 5 \\ \hline 9.5 \end{array}$$
(2) $$\begin{array}{r} 2.64 \\ \times\ \ \ 8 \\ \hline 21.12 \end{array}$$
(3) $$\begin{array}{r} 3.7 \\ \times\ 23 \\ \hline 111 \\ 74 \\ \hline 85.1 \end{array}$$
(4) $$\begin{array}{r} 6.5 \\ \times\ 12 \\ \hline 130 \\ 65 \\ \hline 78.0 \end{array}$$
(5) $$\begin{array}{r} 0.28 \\ \times\ \ 36 \\ \hline 168 \\ 84 \\ \hline 10.08 \end{array}$$
(6) $$\begin{array}{r} 4.39 \\ \times\ \ 20 \\ \hline 87.80 \end{array}$$

ミス注意!
位取りに注意して計算する。
(4)，(6)は，小数点より右の最後の0は消す。

つまずいたら
小数×整数の筆算のしかたを知りたい。
本冊…P.72

42 (1) 12.42　(2) 11.388　(3) 70.3
(4) 6.93　(5) 0.594　(6) 0.3

解説
積の小数点は，かけられる数とかける数の小数点より右のけた数の和だけ，右から数えてうつ。

(1)
```
    2.3
  × 5.4
  -----
    9 2
  1 1 5
  -----
  1 2.4 2
```
(2)
```
    4.3 8
  ×   2.6
  -------
  2 6 2 8
  8 7 6
  -------
1 1.3 8 8
```
(3)
```
    3 7
  × 1.9
  -----
  3 3 3
  3 7
  -----
  7 0.3
```
(4)
```
    1.6 5
  ×   4.2
  -------
    3 3 0
  6 6 0
  -------
  6.9 3 0̸
```
(5)
```
    0.1 8
  ×   3.3
  -------
      5 4
    5 4
  -------
  0.5 9 4
```
(6)
```
    0.6
  × 0.5
  -----
  0.3 0̸
```

43 (1) 2.3　(2) 0.14　(3) 2.5
(4) 0.04　(5) 0.525　(6) 0.64

解説
わられる数の小数点にそろえて，商の小数点をうつ。

(1)
```
     2.3
  4 ) 9.2
      8
      1 2
      1 2
        0
```
(2)
```
     0.1 4
  6 ) 0.8 4
        6
        2 4
        2 4
          0
```
(3)
```
        2.5
  3 9 ) 9 7.5
        7 8
        1 9 5
        1 9 5
            0
```
(4)
```
        0.0 4
  6 7 ) 2.6 8
        2 6 8
            0
```
(5)
```
     0.5 2 5
  8 ) 4.2
      4 0
        2 0
        1 6
          4 0
          4 0
            0
```
(6)
```
        0.6 4
  2 5 ) 1 6.0
        1 5 0
          1 0 0
          1 0 0
              0
```

ミス注意！
(4)，(6)は，小数点より右の最後の0は消す。
(5)，(6)は，小数点の前に0をつけたす。

つまずいたら
小数をかけるかけ算の筆算のしかたを知りたい。
本冊…P.73

ミス注意！
(2)，(4)～(6)は，一の位に商がたたない((4)は小数第一位も)ので，一の位に0を書く。
(5)，(6)は，計算のと中で0をつけたして，わり進める。

つまずいたら
小数÷整数の筆算のしかたを知りたい。
本冊…P.76

44 （1） 40　（2） 0.8　（3） 0.75　（4） 3.2
（5） 5.25　（6） 17.5

解説

わられる数の移した小数点にそろえて，商の小数点をうつ。

（1）
```
           4 0
1.4 2 ) 5 6.8 0
        5 6 8
        -----
            0
```

（2）
```
        0.8
2.4 ) 1.9.2
      1 9 2
      -----
          0
```

（3）
```
      0.7 5
4.8 ) 3.6 0
    3 3 6
    -------
      2 4 0
      2 4 0
      -----
          0
```

（4）
```
          3.2
7.5 ) 2 4.0
      2 2 5
      -----
        1 5 0
        1 5 0
        -----
            0
```

（5）
```
      5.2 5
0.6 ) 3.1.5
      3 0
      ---
        1 5
        1 2
        -----
          3 0
          3 0
          ---
            0
```

（6）
```
      1 7.5
0.4 ) 7.0
      4
      ---
      3 0
      2 8
      ---
        2 0
        2 0
        ---
          0
```

もっとくわしく

わる数を整数になおせば，小数÷整数と同じように筆算で計算できる。

ミス注意！

わる数の移した小数点の数だけ，わられる数の小数点も移すことに注意する。

つまずいたら

小数でわるわり算の筆算のしかたを知りたい。

本冊…P.77

45 （1） 1.8余り0.02　（2） 1.2余り4.3
（3） 5.4余り0.02

解説

（1），（2）は余りの小数点は，わられる数の小数点にそろえてうつ。（3）は，わられる数のもとの小数点にそろえてうつ。

（1）
```
      1.8
3 ) 5.4 2
    3
    ---
    2 4
    2 4
    -----
    0.0 2
```

（2）
```
          1.2
4 8 ) 6 1.9
      4 8
      -----
      1 3 9
        9 6
      -----
        4.3
```

（3）
```
        5.4
0.7 ) 3.8
      3 5
      -----
        3 0
        2 8
      -----
      0.0 2
```

もっとくわしく

わり算の答えは，
わる数×商＋余り
＝わられる数
で確かめられる。

46 (1)　1.33　(2)　0.25　(3)　19.58

解説

小数第二位までのがい数で求めるから，小数第三位の数字を四捨五入すればよい。

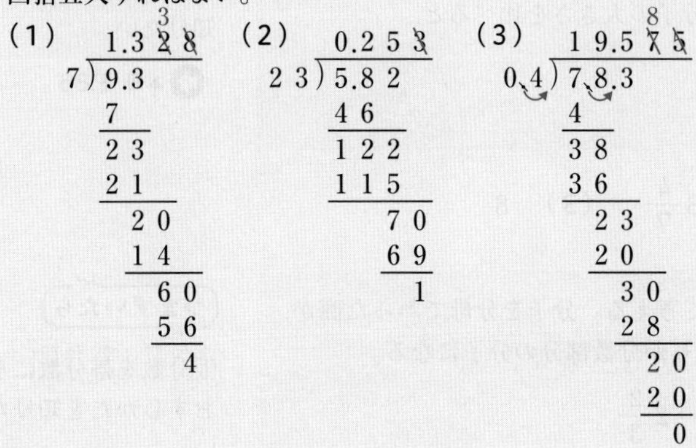

⚠ミス注意!

小数第三位の数字を見ると，
(1)は8だから，切り上げる。
(2)は3だから，切り捨てる。
(3)は5だから，切り上げる。

47 9m…1.5倍，15m…2.5倍

解説

図より，
9mは6mを1とすると，1.5にあたる。
だから，1.5倍。
15mは6mを1とすると，2.5にあたる。
だから，2.5倍。

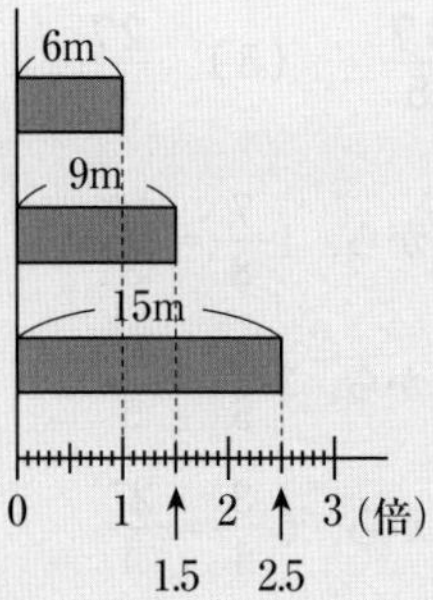

48 分母　7　分子　5

解説

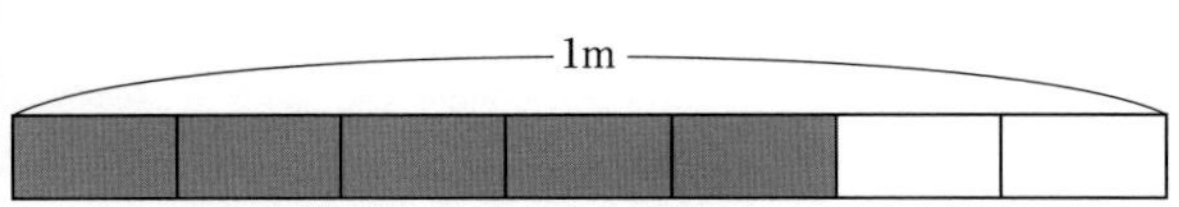

1mを7等分した5つ分だから，$\frac{5}{7}$となる。

もっとくわしく

●等分のうち，▲個分のときの分数は$\frac{▲}{●}$となる。

49 (1)　$<$　(2)　$<$　(3)　$>$

解説

(1)(2)　分母が同じ数なので，分子の大きさを比べる。

(3)　$1=\frac{5}{5}$ なので，分子の大きさを比べると，

$1>\frac{2}{5}$

50 (1)　$2\frac{2}{3}$　(2)　$3\frac{4}{7}$　(3)　8

解説

分数を，わり算になおして考える。分子を分母でわった商が，帯分数の整数部分に，余りが分数部分の分子になる。

(1)　$8 \div 3 = 2$ 余り $2 \longrightarrow 2\frac{2}{3}$

(2)　$25 \div 7 = 3$ 余り $4 \longrightarrow 3\frac{4}{7}$

(3)　$32 \div 4 = 8 \longleftarrow$ 整数で表せる。

51 (1)　$\frac{15}{8}$　(2)　$\frac{17}{5}$　(3)　$\frac{27}{4}$

解説

(1)　$8 \times 1 + 7 = 15$ だから，$1\frac{7}{8}=\frac{15}{8}$

(2)　$5 \times 3 + 2 = 17$ だから，$3\frac{2}{5}=\frac{17}{5}$

(3)　$4 \times 6 + 3 = 27$ だから，$6\frac{3}{4}=\frac{27}{4}$

つまずいたら

分数の意味について知りたい。

本冊…P.86

つまずいたら

仮分数を帯分数になおしかたを知りたい。

本冊…P.87

つまずいたら

帯分数を仮分数になおしかたを知りたい。

本冊…P.87

52 (1) $\frac{5}{6}$ (2) $\frac{4}{5}$ (3) 3

解説

分母と分子を，それらの数の最大公約数でわればよい。

(1) 10と12の最大公約数は2。

$$\frac{\overset{5}{\cancel{10}}}{\underset{6}{\cancel{12}}}=\frac{5}{6}$$

(2) 28と35の最大公約数は7。

$$\frac{\overset{4}{\cancel{28}}}{\underset{5}{\cancel{35}}}=\frac{4}{5}$$

(3) 39と13の最大公約数は13。

$$\frac{\overset{3}{\cancel{39}}}{\underset{1}{\cancel{13}}}=3$$

もっとくわしく

分母と分子を同じ数でわっても，分数の大きさは変わらない。

つまずいたら

約分のしかたを知りたい。

本冊…P.92

53 (1) $\frac{21}{28}$，$\frac{12}{28}$ (2) $\frac{15}{36}$，$\frac{22}{36}$ (3) $\frac{8}{10}$，$\frac{7}{10}$

解説

分母の最小公倍数を求め，それを共通の分母とする分数になおす。

(1) 4と7の最小公倍数は28。

$$\frac{3}{4}=\frac{3\times7}{4\times7}=\frac{21}{28}\quad\frac{3}{7}=\frac{3\times4}{7\times4}=\frac{12}{28}$$

(2) 12と18の最小公倍数は36。

$$\frac{5}{12}=\frac{5\times3}{12\times3}=\frac{15}{36}\quad\frac{11}{18}=\frac{11\times2}{18\times2}=\frac{22}{36}$$

(3) 5と10の最小公倍数は10。

$\frac{4}{5}=\frac{4\times2}{5\times2}=\frac{8}{10}$ $\frac{7}{10}$はそのままでよい。

もっとくわしく

分母と分子に同じ数をかけても，分数の大きさは変わらない。

つまずいたら

通分のしかたを知りたい。

本冊…P.92

54 (1) 3 (2) $\frac{5}{8}$ (3) $\frac{100}{27}\left(3\frac{19}{27}\right)$

解説

逆数にするには，分母と分子を入れかえる。

(1) $\frac{1}{3}$ ⤫ $\frac{3}{1}\longrightarrow 3$ (2) $\frac{8}{5}$ ⤫ $\frac{5}{8}$

(3) 0.27は分数になおすと$\frac{27}{100}$。$\frac{27}{100}$ ⤫ $\frac{100}{27}$

もっとくわしく

(3) 0.27は，0.01が27個だから，分数になおすと$\frac{27}{100}$。

つまずいたら

逆数の求め方を知りたい。

本冊…P.92

55 (1) $\frac{5}{6}$ (2) $\frac{8}{15}$ (3) $\frac{9}{2}$ $\left(4\frac{1}{2}\right)$

解説

わり算の商を分数で表すときは，わる数を分母，わられる数を分子にすればよい。

(1) $5 \div 6 = \frac{5}{6}$

(2) $8 \div 15 = \frac{8}{15}$

(3) $9 \div 2 = \frac{9}{2}$

もっとくわしく
○÷□＝$\frac{○}{□}$となる。

つまずいたら
わり算の商を，分数で表すしかたを知りたい。
本冊…P.93

56 (1) 0.75 (2) 4 (3) 2.05

解説

分数を小数や整数で表すには，分子を分母でわる。

(1) $\frac{3}{4} = 3 \div 4 = 0.75$

(2) $\frac{36}{9} = 36 \div 9 = 4$ ←整数になる。

(3) $2\frac{1}{20} = \frac{41}{20} = 41 \div 20 = 2.05$

ミス注意！
(3) 帯分数は，仮分数になおしてから，分子を分母でわる。

57 (1) 0.67 (2) 2.83

解説

小数第二位までのがい数で表すから，小数第三位の数字を四捨五入する。

(1) $\frac{2}{3} = 2 \div 3 = 0.66\overset{7}{6}\cdots$ ←切り上げる

(2) $\frac{17}{6} = 17 \div 6 = 2.833\cdots$ ←切り捨てる

つまずいたら
分数を，小数や整数で表すしかたを知りたい。
本冊…P.93

58 (1) $\frac{139}{1000}$ (2) $\frac{71}{10}$ $\left(7\frac{1}{10}\right)$ (3) $\frac{12}{1}$

解説

(1) 0.139は0.001が139個分。

$0.001 = \frac{1}{1000}$だから，$0.139 = \frac{139}{1000}$

(2) 7.1は，0.1が71個分。

$0.1 = \frac{1}{10}$だから，$7.1 = \frac{71}{10}$

(3) 分母が1と考えればよい。$12 = \frac{12}{1}$

もっとくわしく
小数は，10，100，1000などを分母とする分数で表すことができる。

つまずいたら
小数や整数を，分数で表すしかたを知りたい。
本冊…P.93

59 (1) $\frac{6}{7}$　(2) 1　(3) $\frac{1}{5}$　(4) $\frac{5}{6}$

解説

分母はそのままで，分子どうしを計算する。

(1) $\frac{2}{7}+\frac{4}{7}=\frac{6}{7}$

(2) $\frac{3}{8}+\frac{5}{8}=\frac{8}{8}=1$

(3) $\frac{4}{5}-\frac{3}{5}=\frac{1}{5}$

(4) $1-\frac{1}{6}=\frac{6}{6}-\frac{1}{6}=\frac{5}{6}$

もっとくわしく

(2) $\frac{8}{8}$は，1になおす。

(4) 1を$\frac{6}{6}$となおして計算すればよい。

60 (1) $\frac{11}{14}$　(2) $\frac{5}{6}$　(3) $\frac{1}{15}$　(4) $\frac{1}{4}$

解説

通分してから計算する。

(1) $\frac{1}{2}+\frac{2}{7}=\frac{7}{14}+\frac{4}{14}=\frac{11}{14}$

(2) $\frac{3}{10}+\frac{8}{15}=\frac{9}{30}+\frac{16}{30}=\frac{\overset{5}{\cancel{25}}}{\underset{6}{\cancel{30}}}=\frac{5}{6}$　約分する。

(3) $\frac{2}{3}-\frac{3}{5}=\frac{10}{15}-\frac{9}{15}=\frac{1}{15}$

(4) $\frac{5}{6}-\frac{7}{12}=\frac{10}{12}-\frac{7}{12}=\frac{\overset{1}{\cancel{3}}}{\underset{4}{\cancel{12}}}=\frac{1}{4}$　約分する。

もっとくわしく

通分するときは，分母の最小公倍数を共通の分母とする分数になおせばよい。

つまずいたら

分母のちがう分数の計算のしかたを知りたい。

本冊…P.100

61 (1) $\frac{7}{9}$　(2) $\frac{33}{10}\left(3\frac{3}{10}\right)$　(3) $\frac{23}{20}\left(1\frac{3}{20}\right)$

解説

(1) 仮分数のひき算も真分数のときと同じように計算することができる。

$\frac{11}{9}-\frac{4}{9}=\frac{7}{9}$

(2) 仮分数になおして計算すると，

$1\frac{1}{6}+2\frac{2}{15}=\frac{7}{6}+\frac{32}{15}=\frac{35}{30}+\frac{64}{30}=\frac{\overset{33}{\cancel{99}}}{\underset{10}{\cancel{30}}}=\frac{33}{10}$　約分する。

(3) 仮分数になおして計算すると，

$2\frac{3}{4}-1\frac{3}{5}=\frac{11}{4}-\frac{8}{5}=\frac{55}{20}-\frac{32}{20}=\frac{23}{20}$

もっとくわしく

帯分数のたし算・ひき算は，帯分数を仮分数になおすか，整数と真分数に分けて計算する。

つまずいたら

帯分数のたし算・ひき算のしかたを知りたい。

本冊…P.101

62 (1)　$3\frac{1}{2}\left(\frac{7}{2}\right)$　(2)　$1\frac{11}{18}\left(\frac{29}{18}\right)$

解説

帯分数を整数と真分数に分けて計算する。

(1)　$1\frac{4}{5}+1\frac{7}{10}=1\frac{8}{10}+1\frac{7}{10}=2\frac{\overset{3}{\cancel{15}}}{\underset{2}{\cancel{10}}}=3\frac{1}{2}$

1くり上げる。

(2)　$3\frac{1}{6}-1\frac{5}{9}=3\frac{3}{18}-1\frac{10}{18}=2\frac{21}{18}-1\frac{10}{18}=1\frac{11}{18}$

1くり下げる。

63 (1)　$\frac{27}{4}\left(6\frac{3}{4}\right)$　(2)　$\frac{40}{7}\left(5\frac{5}{7}\right)$　(3)　$\frac{20}{3}\left(6\frac{2}{3}\right)$

解説

分母はそのままで，分子に整数をかける。

(1)　$\frac{3}{4}\times 9=\frac{3\times 9}{4}=\frac{27}{4}$

(2)　$\frac{8}{7}\times 5=\frac{8\times 5}{7}=\frac{40}{7}$

(3)　帯分数は仮分数になおしてから計算する。

$$1\frac{2}{3}\times 4=\frac{5}{3}\times 4=\frac{5\times 4}{3}=\frac{20}{3}$$

64 (1)　$\frac{9}{2}\left(4\frac{1}{2}\right)$　(2)　$\frac{33}{2}\left(16\frac{1}{2}\right)$　(3)　9

解説

計算のと中で約分できるときは，約分する。

(1)　$\frac{9}{10}\times 5=\frac{9\times \overset{1}{\cancel{5}}}{\underset{2}{\cancel{10}}}=\frac{9}{2}$

(2)　$\frac{11}{6}\times 9=\frac{11\times \overset{3}{\cancel{9}}}{\underset{2}{\cancel{6}}}=\frac{33}{2}$

(3)　$1\frac{2}{7}\times 7=\frac{9}{7}\times 7=\frac{9\times \overset{1}{\cancel{7}}}{\underset{1}{\cancel{7}}}=9$

もっとくわしく

帯分数のひき算で，分数部分がひけないときは，ひかれる数の整数部分から1くり下げる。

ミス注意!

くり上がり，くり下がりに注意して計算する。

つまずいたら

分数×整数の計算のしかたを知りたい。

本冊…P.106

ミス注意!

(3) 帯分数は仮分数になおしてから計算する。

つまずいたら

約分のある分数×整数の計算のしかたを知りたい。

本冊…P.106

65 (1) $\dfrac{32}{45}$　(2) $\dfrac{14}{3}\left(4\dfrac{2}{3}\right)$　(3) $\dfrac{33}{16}\left(2\dfrac{1}{16}\right)$

解説

分母どうし，分子どうしをかける。

(1) $\dfrac{8}{9}\times\dfrac{4}{5}=\dfrac{8\times4}{9\times5}=\dfrac{32}{45}$

(2) $7\times\dfrac{2}{3}=\dfrac{7\times2}{1\times3}=\dfrac{14}{3}$

(3) 帯分数(たいぶんすう)は仮分数(かぶんすう)になおして計算する。

$$1\frac{1}{2}\times1\frac{3}{8}=\frac{3}{2}\times\frac{11}{8}=\frac{3\times11}{2\times8}=\frac{33}{16}$$

66 $\dfrac{104}{35}$g $\left(2\dfrac{34}{35}\text{g}\right)$

解説

針金(はりがね)の重(おも)さは，1mの重(おも)さ×長さで求(もと)められるから，

$$5\frac{1}{5}\times\frac{4}{7}=\frac{26}{5}\times\frac{4}{7}=\frac{26\times4}{5\times7}=\frac{104}{35}\text{(g)}$$

67 (1) 1　(2) $\dfrac{28}{9}\left(3\dfrac{1}{9}\right)$　(3) $\dfrac{5}{42}$

解説

計算のと中(ちゅう)で約分(やくぶん)できるときは，約分(やくぶん)する。

(1) $\dfrac{4}{9}\times\dfrac{9}{4}=\dfrac{\overset{1}{\cancel{4}}\times\overset{1}{\cancel{9}}}{\underset{1}{\cancel{9}}\times\underset{1}{\cancel{4}}}=1$

(2) 帯分数(たいぶんすう)は仮分数(かぶんすう)になおしてから計算する。

$$1\frac{1}{6}\times2\frac{2}{3}=\frac{7}{6}\times\frac{8}{3}=\frac{7\times\overset{4}{\cancel{8}}}{\underset{3}{\cancel{6}}\times3}=\frac{28}{9}$$

(3) 3つの分数のかけ算も，同じように分母どうし，分子どうしをそれぞれかける。

$$\frac{3}{4}\times\frac{2}{7}\times\frac{5}{9}=\frac{\overset{1}{\cancel{3}}\times\overset{1}{\cancel{2}}\times5}{\underset{2}{\cancel{4}}\times7\times\underset{3}{\cancel{9}}}=\frac{5}{42}$$

もっとくわしく

整数(せいすう)×分数のときは，整数(せいすう)を分母が1の分数と考えれば，同じように計算できる。

つまずいたら

分数をかける計算のしかたを知りたい。

本冊…P.107

もっとくわしく

いくつかの分数のかけ算は，分母どうし，分子どうしをまとめて計算することができる。

68 (1) $\frac{2}{21}$　(2) $\frac{11}{24}$　(3) $\frac{9}{10}$

解説

分子はそのままで，分母に整数をかける。

(1) $\frac{2}{3} \div 7 = \frac{2}{3 \times 7} = \frac{2}{21}$

(2) $\frac{11}{6} \div 4 = \frac{11}{6 \times 4} = \frac{11}{24}$

(3) 帯分数は仮分数になおしてから計算する。

$$1\frac{4}{5} \div 2 = \frac{9}{5} \div 2 = \frac{9}{5 \times 2} = \frac{9}{10}$$

ミス注意!

分母に整数をかけることに注意する。

つまずいたら

分数÷整数の計算のしかたを知りたい。

本冊…P.112

69 (1) $\frac{1}{16}$　(2) $\frac{4}{55}$　(3) $\frac{3}{14}$

解説

計算のと中で約分できるときは，約分する。

(1) $\frac{3}{8} \div 6 = \frac{\overset{1}{\cancel{3}}}{8 \times \underset{2}{\cancel{6}}} = \frac{1}{16}$

(2) 仮分数÷整数も，真分数のときと同じように計算することができる。

$$\frac{12}{11} \div 15 = \frac{\overset{4}{\cancel{12}}}{11 \times \underset{5}{\cancel{15}}} = \frac{4}{55}$$

(3) 帯分数は仮分数になおしてから計算する。

$$1\frac{5}{7} \div 8 = \frac{12}{7} \div 8 = \frac{\overset{3}{\cancel{12}}}{7 \times \underset{2}{\cancel{8}}} = \frac{3}{14}$$

ミス注意!

約分できるときは，約分するのを忘れない。

つまずいたら

約分のある分数のわり算の計算のしかたを知りたい。

本冊…P.112

70 (1) $\frac{16}{15}\left(1\frac{1}{15}\right)$　(2) $\frac{35}{78}$　(3) $\frac{27}{20}\left(1\frac{7}{20}\right)$

解説

わる数の逆数をかける。

(1) $\frac{2}{5} \div \frac{3}{8} = \frac{2 \times 8}{5 \times 3} = \frac{16}{15}$

(2) $\frac{5}{6} \div \frac{13}{7} = \frac{5 \times 7}{6 \times 13} = \frac{35}{78}$

(3) 帯分数は仮分数になおしてから計算する。

$$2\frac{1}{4} \div 1\frac{2}{3} = \frac{9}{4} \div \frac{5}{3} = \frac{9 \times 3}{4 \times 5} = \frac{27}{20}$$

もっとくわしく

逆数は，分母と分子を入れかえた数である。

つまずいたら

分数でわる計算のしかたを知りたい。

本冊…P.113

71 $\frac{64}{35}$L$\left(1\frac{29}{35}\text{L}\right)$

解説

何Lあるかは，$1\frac{3}{5} \div \frac{7}{8}$で求められる。

$$1\frac{3}{5} \div \frac{7}{8} = \frac{8}{5} \times \frac{8}{7} = \frac{64}{35}\text{(L)}$$

72 (1) $\frac{22}{27}$　(2) $\frac{3}{2}\left(1\frac{1}{2}\right)$　(3) $\frac{28}{27}\left(1\frac{1}{27}\right)$

解説

計算のと中で約分できるときは，約分する。

(1) $\frac{4}{9} \div \frac{6}{11} = \frac{\overset{2}{\cancel{4}} \times 11}{9 \times \underset{3}{\cancel{6}}} = \frac{22}{27}$

(2) 帯分数は仮分数になおして計算する。

$$1\frac{7}{8} \div 1\frac{1}{4} = \frac{15}{8} \div \frac{5}{4} = \frac{\overset{3}{\cancel{15}} \times \overset{1}{\cancel{4}}}{\underset{2}{\cancel{8}} \times \underset{1}{\cancel{5}}} = \frac{3}{2}$$

(3) わり算をかけ算になおして，分母どうし，分子どうしをそれぞれかける。

$$\frac{2}{5} \div \frac{3}{10} \div \frac{9}{7} = \frac{2}{5} \times \frac{10}{3} \times \frac{7}{9} = \frac{2 \times \overset{2}{\cancel{10}} \times 7}{\underset{1}{\cancel{5}} \times 3 \times 9} = \frac{28}{27}$$

73 (1) $\frac{3}{2}\left(1\frac{1}{2}\right)$　(2) $\frac{6}{5}\left(1\frac{1}{5}\right)$

解説

計算の順序にしたがって，(　)の中，かけ算やわり算から先に計算する。

(1) $\left(\frac{2}{3} - \frac{1}{5}\right) \div 0.7 + \frac{5}{6} = \left(\frac{10}{15} - \frac{3}{15}\right) \div \frac{7}{10} + \frac{5}{6}$

$= \frac{7}{15} \times \frac{10}{7} + \frac{5}{6} = \frac{\overset{1}{\cancel{7}} \times \overset{2}{\cancel{10}}}{\underset{3}{\cancel{15}} \times \underset{1}{\cancel{7}}} + \frac{5}{6} = \frac{4}{6} + \frac{5}{6} = \frac{\overset{3}{\cancel{9}}}{\underset{2}{\cancel{6}}} = \frac{3}{2}$

(2) $\left(1.25 - \frac{3}{4}\right) \div \left(0.75 - \frac{1}{3}\right) = \left(\frac{5}{4} - \frac{3}{4}\right) \div \left(\frac{3}{4} - \frac{1}{3}\right)$

$= \frac{2}{4} \div \left(\frac{9}{12} - \frac{4}{12}\right) = \frac{1}{2} \div \frac{5}{12} = \frac{1 \times \overset{6}{\cancel{12}}}{\underset{1}{\cancel{2}} \times 5} = \frac{6}{5}$

ミス注意!

わり算で求める。帯分数は仮分数になおして計算する。

もっとくわしく

いくつかの分数のわり算は，わり算をかけ算になおして，分母どうし，分子どうしをまとめて計算すればよい。

つまずいたら

約分のある分数のわり算の計算のしかたを知りたい。

本冊…P.113

もっとくわしく

小数と分数の混じった計算では，小数を分数になおして計算する。

(2)

$1.25 = \frac{125}{100} = \frac{5}{4}$

$0.75 = \frac{75}{100} = \frac{3}{4}$

74 (1)　80＋□＝220，□＝140
(2)　130－□＝75，□＝55
(3)　6×□＝48，□＝8
(4)　□÷7＝9，□＝63
(5)　□×3＝36，□＝12

解説

まず，ことばの式に表してから，わかっている数や□をあてはめる。

(1)　消しゴムの代金＋ノートの代金＝代金の合計
　　　80　＋　□　＝　220

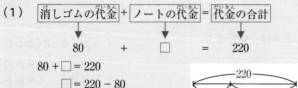

80＋□＝220
　□＝220－80
　□＝140

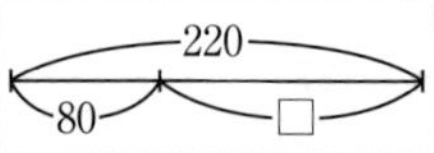

(2)　はじめの長さ－切り取った長さ＝残りの長さ
　　　130　－　□　＝　75

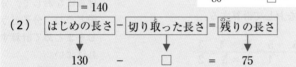

130－□＝75
　□＝130－75
　□＝55

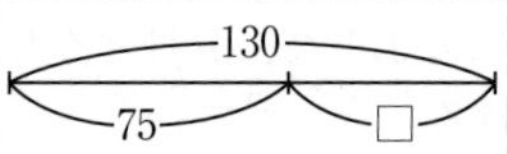

(3)　1回に運ぶ数×運ぶ回数＝運んだ全部の数
　　　6　×　□　＝　48

6×□＝48
　□＝48÷6
　□＝8

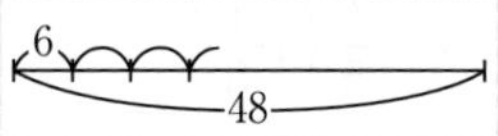

(4)　わられる数÷わる数＝答え
　　　□　÷　7　＝　9

□÷7＝9
　□＝9×7
　□＝63

(5)　1辺の長さ×辺の数＝まわりの長さ
　　　□　×　3　＝　36

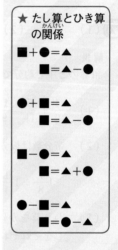

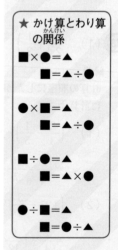

□×3＝36
　□＝36÷3
　□＝12

★ たし算とひき算の関係

■＋●＝▲
　■＝▲－●

●＋■＝▲
　■＝▲－●

■－●＝▲
　■＝▲＋●

●－■＝▲
　■＝●－▲

★ かけ算とわり算の関係

■×●＝▲
　■＝▲÷●

●×■＝▲
　■＝▲÷●

■÷●＝▲
　■＝▲×●

●÷■＝▲
　■＝●÷▲

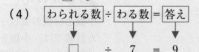

75 (1)　① □＋18＝△　② 38人　③ 17人
(2)　① □×6＝△　② $48m^2$　③ 12m

解説

(1)　① 男子の人数＋女子の人数＝クラス全体の人数
　　　□　＋　18　＝　△

② 男子が20人のときのクラス全体の人数を求める。
　（□が20）（△にあてはまる数）

□に20をあてはめて計算する。

20＋18＝38

③ クラス全体の人数が35人のときの男子の人数を求める。
　（△が35）（□にあてはまる数）

△に35をあてはめる。

□＋18＝35
　□＝35－18
　□＝17

(2)　① 縦の長さ×横の長さ＝長方形の面積
　　　□　×　6　＝　△

② 縦の長さが8mのときの面積を求める。
　（□が8）（△にあてはまる数）

□に8をあてはめて計算する。

8×6＝48

③ 面積が$72m^2$のときの縦の長さを求める。
　（△が72）（□にあてはまる数）

△に72をあてはめる。

□×6＝72
　□＝72÷6
　□＝12

もっとくわしく

□にあてはまる数を求めたら，答えが正しいか確かめておく。

(1)③
男子が17人と女子が18人で，クラス全体の人数は，
17＋18＝35(人)
問題と合っている。

(2)③

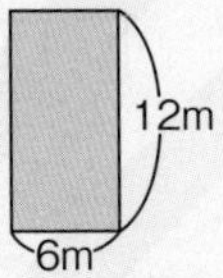

12×6＝72(m^2)
問題と合っている。

76 (1)　x×6(円)　(2)　2000－x×6(円)　(3)　200円

解説

(1)　1個の値段×個数
　　　x　×　6

(2)　出した金額－ケーキ6個の代金
　　　2000　－　x×6

(3)　xに300をあてはめて計算する。

2000－x×6
2000－300×6＝2000－1800＝200

もっとくわしく

出した金額－ケーキ6個の代金
⇓
出した金額－1個の値段×個数
⇓
2000－x×6

77 (1) 230 (2) 175 (3) 40

解説

(1) xをふくまない部分を先に計算する。

$x + 38 + 52 = 320$

$x + 90 = 320$

$x = 320 - 90$

$x = 230$

(2) xをふくむ部分をひとまとまりとみる。

$\boxed{x \div 5} - 16 = 19$ ←ひき算の式とみる

$\boxed{x \div 5} = 19 + 16$

$x \div 5 = 35$ ←わり算の式

$x = 35 \times 5$

$x = 175$

(3) ( )をふくむ部分をひとまとまりとみる。

$\boxed{(x + 10)} \times 8 = 400$ ←かけ算の式とみる

$\boxed{x + 10} = 400 \div 8$ ←( )をはずしておく

$x + 10 = 50$

$x = 50 - 10$

$x = 40$

★ xに数をあてはめたときの計算の順序
①( )の計算
②×，÷の計算
③＋，－の計算
xの値を求めるときは
③→②→①の順序で求めていく。

78 (1) 26 (2) 21.2

解説

(1) $y = x \times 4$の式のxに6.5をあてはめて計算する。

$y = 6.5 \times 4$

$y = 26$

(2) $y = x \times 4$の式のyに84.8をあてはめる。

$84.8 = x \times 4$

$x \times 4 = 84.8$

$x = 84.8 \div 4 = 21.2$

もっとくわしく
xやyの値を答えるときには，単位をつけない。
xやyには，整数だけでなく，小数や分数もあてはめることができる。

図形編

79 ① 5cmの辺を定規でひいて，辺のはしをア，イとする。
② コンパスを使って，半径5cm，点アを中心とする円の一部をかく。同じように，半径5cm，点イを中心とする円の一部をかき，まじわった点をウとする。
③ アとウ，イとウを直線で結ぶ。

解説
②で半径が同じ5cmとなる円の一部をかくので辺アイと辺イウ，辺アウの長さは等しい。

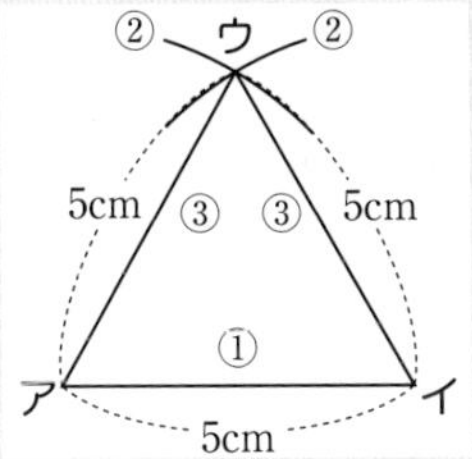

80 ㋒，㋐，㋑，㋓

解説
角をつくる2つの辺の開きぐあいを比べる。

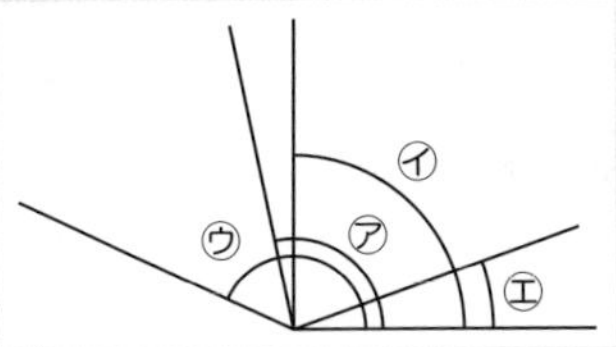

81 (1) 35° (2) 220°

解説
分度器を使ってはかる。分度器の中心を角の頂点にしっかり合わせて置き，分度器の目もりをよむ。

82 (1)

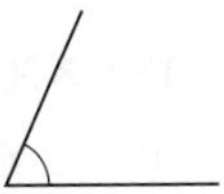

(2)

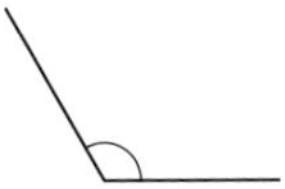

解説
① まず1本の直線をかく。
② 分度器の中心を直線のはしOに合わせて，0°の線と直線が重なるように分度器を置く。

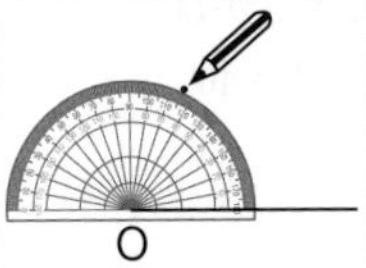

ミス注意!
コンパスを5cmに開いたら動かさないようにする。

もっとくわしく
㋑の角を直角という。㋐と㋒の角は直角よりも大きく，㋓の角は直角よりも小さい。

つまずいたら
分度器の使い方について知りたい。
本冊…P.140

もっとくわしく
180°よりも大きい角をかくとき
(例)250°
360°－250°＝110°
110°の角を直線の下側にかく。

③　(1)は65°，(2)は120°の目もりのところに点をうち，その点とOを通る直線をひく。

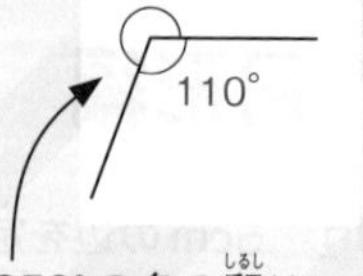

250°の角の印は，大きいほうの角にかく。

83 あ　105°　　い　135°

解説

三角定規の角の大きさは決まっているから，角う＝30°，角え＝45°である。

三角形の3つの角の大きさの和は180°だから，あの角の大きさは180°からうの角とえの角をひけばよい。あの角は，

180° －(30°＋45°)＝105°

いの角とえの角を合わせると180°だから，いの角は，

180° － 45° ＝ 135°

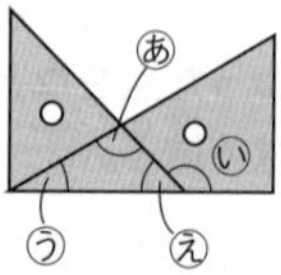

つまずいたら

三角定規の角の大きさを知りたい。

本冊…P.140

84 (1)　二等辺三角形

(2)　正三角形

解説

(1)　2つの辺の長さが等しいから，二等辺三角形である。

(2)　3つの辺の長さがみんな等しいから，正三角形である。

もっとくわしく

二等辺三角形は，2つの角の大きさが等しい。

正三角形は，3つの角の大きさが等しく，すべて60°である。

85 (1)　40°　　(2)　80°

解説

(1)　三角形の3つの角の大きさの和は180°だから，あの角は，

180° －(30°＋110°)＝40°

(2)　右の図で，うの角は

180° － 150° ＝ 30°だから，

いの角は，

180° －(70°＋30°)＝80°

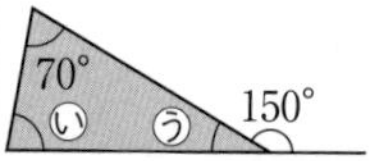

もっとくわしく

あ＋い＝うである。(外角の定理)

86 40°

解説

二等辺三角形は2つの角が等しいから，あといの角の大きさは等しい。

180° － 100° ＝ 80°

あといを合わせた角の大きさが80°だから，あの角は，80° ÷ 2 ＝ 40°

ミス注意！

いの角と等しい角になるのは，100°の角ではなくあの角である。

87 (1)　90°　(2)　125°

解説

(1)　四角形の4つの角の大きさの和は360°だから，(あ)の角は，

360° − (130° + 90° + 50°) = 90°

(2)　まず，(う)の角の大きさを求めると，

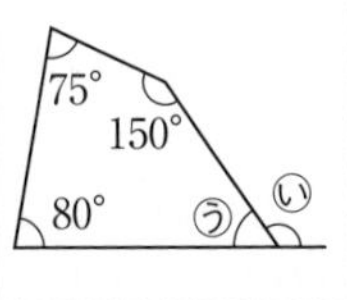

360° − (80° + 75° + 150°) = 55°

(う)の角と(い)の角を合わせると180°(直線)だから，(い)の角は，

180° − 55° = 125°

もっとくわしく

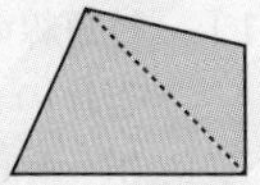

四角形は2つの三角形に分けられる。三角形の3つの角の大きさの和は180°だから，四角形の4つの角の大きさの和は，180° × 2 = 360°

88 75°

解説

右の図で，(い)の角は

180° − (60° + 75°) = 45°

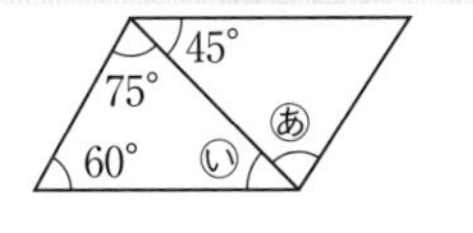

平行四辺形の向かい合った角の大きさは等しいから，

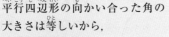

(あ)の角と(い)の角を合わせた角の大きさは，

75° + 45° = 120°

(い)の角は45°だから，(あ)の角は，

120° − 45° = 75°

もっとくわしく

平行四辺形に1本の対角線をひいてできる2つの三角形は，合同である。

89 (1)　ウとエ，エとオ　(2)　ウとオ

解説

三角定規を使って，垂直になっている直線と平行になっている直線をそれぞれ調べる。

(1)　ウとエ，エとオは，それぞれ垂直に交わる。

(2)　ウとオはどこまでのばしても交わらないから平行。

ミス注意!

ウは，直線をのばすとエと垂直に交わる。

90 (あ)と大きさが等しい角…(う)，(え)

(い)と大きさが等しい角…(お)

解説

(う)の角は，(あ)の角の同位角だから，角の大きさは等しい。

(え)の角は(う)の角の対頂角だから，(あ)の角と大きさが等しい。

(お)の角は，(い)の角のさっ角だから，角の大きさは等しい。

91 (1) 平行四辺形　(2) 長方形　(3) ひし形

解説

実際に，対角線のはしの点を順につないでみるとよい。

(1)　対角線の長さがちがっていて，それぞれの対角線の真ん中の点で交わり，垂直ではないから，平行四辺形。

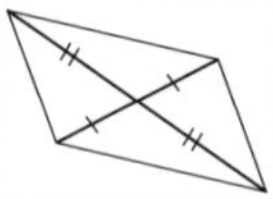

(2)　2本の対角線の長さが等しく，それぞれの対角線の真ん中の点で交わり，垂直ではないから，長方形。

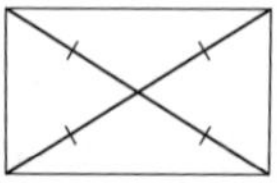

(3)　2本の対角線がそれぞれの真ん中の点で垂直に交わり，長さがちがうから，ひし形。

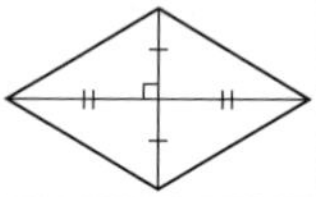

もっとくわしく

2本の対角線の長さが等しく，それぞれの対角線の真ん中の点で垂直に交わっている四角形は正方形である。

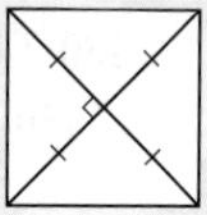

92 (1) 解説参照　(2) 解説参照

解説

(1)　①　コンパスを4cmに開く。
　②　はりをさす。
　③　コンパスを1回転させる。

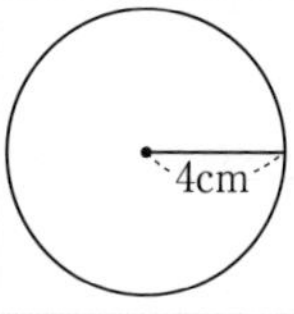

(2)　直径が12cmの円の半径は，

$12 \div 2 = 6$(cm)

コンパスを6cmに開き，(1)と同じようにかく。

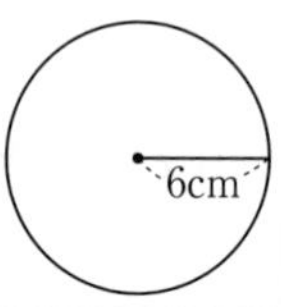

もっとくわしく

1つの円では，半径はどこも同じ長さになっている。また，直径の長さは半径の長さの2倍である。

93 (1) 18.84cm　(2) 94.2cm

解説

円周＝直径×円周率　で求められる。

(1)　$6 \times 3.14 = 18.84$(cm)

(2)　半径が15cmの円の直径は，

$15 \times 2 = 30$(cm)

よって，$30 \times 3.14 = 94.2$(cm)

ミス注意！

(2) 半径の長さから直径の長さを求めて計算する。

94 8cm

解説

円の半径の長さを□cmとして，円周を求める式にあてはめると，

つまずいたら

円の半径，直径と円周の関係について知りたい。

本冊…P.160

$\square \times 2 \times 3.14 = 50.24$

$\square \times 2 = 50.24 \div 3.14$

$\square = 50.24 \div 3.14 \div 2 = 8(\text{cm})$

95 解説参照

解説

まず，半径4cmの円をかく。正十角形をかくには，円の中心の周りの角を10等分すればよいから，1つの角の大きさは，

$360^\circ \div 10 = 36^\circ$

円の中心の周りの角を36°ずつ，半径で区切り，そのはしの点を直線で結ぶ。

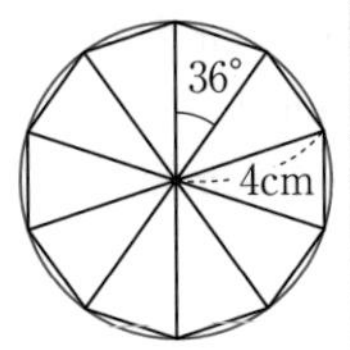

もっとくわしく

円の中心の周りの角は360°だから，円を使って正○角形をかくときは，360°を○等分すればよい。

96 （1） 60° （2） 30cm

解説

（1） 円の中心の周りの角を6等分しているから，

$360^\circ \div 6 = 60^\circ$

（2） 正六角形をかくときにできる6つの三角形は，どれも正三角形である。正三角形の3つの辺の長さはすべて等しいから，$5 \times 6 = 30(\text{cm})$

もっとくわしく

6つの三角形は，どれも合同な正三角形である。

97 （1） 10.71cm （2） 43.12cm

解説

（1） 直線部分は，半径の2つ分だから，

$3 \times 2 = 6(\text{cm})$

曲線部分は，円の$\frac{1}{4}$の形だから，

円周＝直径×円周率より，

$3 \times 2 \times 3.14 \times \frac{1}{4} = 4.71(\text{cm})$

よって周りの長さは，

$6 + 4.71 = 10.71(\text{cm})$

◆別の解き方◆

おうぎ形の周りの長さは，

$\text{半径} \times 2 + \text{半径} \times 2 \times \text{円周率} \times \frac{\text{中心角}}{360^\circ}$

で求められるから，

$3 \times 2 + 3 \times 2 \times 3.14 \times \frac{90^\circ}{360^\circ} = 10.71(\text{cm})$

もっとくわしく

円を2つの半径で区切ってできる角を，おうぎ形の中心角という。

つまずいたら

おうぎ形の周りの長さの求め方を知りたい。

本冊…P.160

（2）　おうぎ形の周りの長さを求める式にあてはめて，

$$9 \times 2 + 9 \times 2 \times 3.14 \times \frac{160^\circ}{360^\circ} = 43.12(\text{cm})$$

98 （1）　18cm²　（2）　24cm²

解説

三角形の面積＝底辺×高さ÷2　で求められる。

（1）　底辺は9cm，高さは4cmだから，

$9 \times 4 \div 2 = 18(\text{cm}^2)$

（2）　底辺は8cm，高さは6cmだから，

$8 \times 6 \div 2 = 24(\text{cm}^2)$

底辺を6cm，高さを8cmとして求めてもよい。

つまずいたら

三角形の面積の求め方を知りたい。

本冊…P.168

99 18cm²

解説

底辺が4.5cm，高さが8cmの三角形だから，面積を求める公式にあてはめて，

$4.5 \times 8 \div 2 = 18(\text{cm}^2)$

もっとくわしく

底辺の長さが等しく，高さも等しければ，どんな形の三角形でも面積は等しい。

100 （1）　35m²　（2）　144cm²

解説

（1）　長方形の面積＝縦×横　だから，

$5 \times 7 = 35(\text{m}^2)$

（2）　正方形の面積＝1辺×1辺　だから，

$12 \times 12 = 144(\text{cm}^2)$

つまずいたら

長方形と正方形の面積の求め方を知りたい。

本冊…P.168

101 16cm

解説

縦の長さを□cmとすると，

□×6＝96

□＝96÷6＝16(cm)

102 （1）　35cm²　（2）　24cm²

解説

平行四辺形の面積＝底辺×高さ　で求められる。

（1）　底辺は7cm，高さは5cmだから，

$7 \times 5 = 35(\text{cm}^2)$

（2）　底辺は3cm，高さは8cmだから，

$3 \times 8 = 24(\text{cm}^2)$

もっとくわしく

底辺の長さが等しく，高さも等しければ，どんな形の平行四辺形でも面積は等しい。

103 (1)　$39cm^2$　(2)　$50cm^2$

解説

台形の面積＝(上底＋下底)×高さ÷2　で求められる。

(1)　上底は5cm，下底は8cm，高さは6cmだから，

$(5+8)\times6\div2=39(cm^2)$

(2)　上底は7cm，下底は13cm，高さは5cmだから，

$(7+13)\times5\div2=50(cm^2)$

もっとくわしく

台形は，向かい合った1組の辺が平行になっている。この平行な辺を上底，下底といい，これらに垂直な直線の長さを高さという。

104 6cm

解説

台形の高さを□cmとすると，

(9＋15)×□÷2＝72

24×□＝72×2

□＝72×2÷24＝6(cm)

105 (1)　$18cm^2$　(2)　$17.5cm^2$

解説

(1)　ひし形の面積＝対角線×対角線÷2　だから，

$9\times4\div2=18(cm^2)$

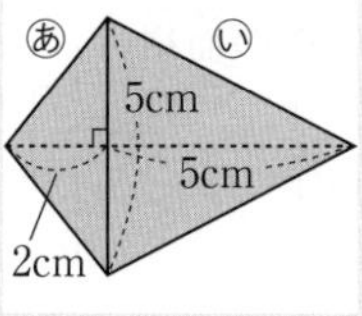

(2)　2つの三角形に分けて考えると，

ⓐの三角形の面積は，

$5\times2\div2=5(cm^2)$

ⓘの三角形の面積は，

$5\times5\div2=12.5(cm^2)$

この図形の面積は，ⓐとⓘを合わせて，

$5+12.5=17.5(cm^2)$

◆別の解き方◆

このような図形も，ひし形の面積と同じように，「対角線×対角線÷2」で求めることができるから，

$5\times(2+5)\div2=17.5(cm^2)$

つまずいたら

ひし形の面積の求め方を知りたい。

本冊…P.169

106 (1)　$28.26cm^2$　(2)　$113.04cm^2$

解説

円の面積＝半径×半径×円周率　で求められる。

(1)　半径は3cmだから，

$3\times3\times3.14=28.26(cm^2)$

(2)　直径は12cmだから，半径は，

$12\div2=6(cm)$

よって，$6\times6\times3.14=113.04(cm^2)$

ミス注意!

(2)は，直径の長さから半径の長さを求めて，公式にあてはめて面積を求める。

107 9倍

解説

半径5mの円の面積は，

$5 \times 5 \times 3.14 = 78.5(m^2)$

半径15mの円の面積は，

$15 \times 15 \times 3.14 = 706.5(m^2)$

$706.5 \div 78.5 = 9$だから，半径15mの円の面積は，半径5mの円の面積の9倍になっている。

もっとくわしく

円の面積を求める公式は，

半径×半径×円周率

半径が15÷5＝3（倍）になると，面積は，（3×3）倍になる。

108 $62.8cm^2$

解説

おうぎ形の面積は，半径×半径×円周率×$\frac{中心角}{360°}$　で求められる。半径は10cm，中心角は72°だから，

$10 \times 10 \times 3.14 \times \frac{72°}{360°} = 62.8(cm^2)$

つまずいたら

おうぎ形の面積の求め方を知りたい。

本冊…P.169

109 およそ$24m^2$

解説

土地を台形とみて，およその面積を求める。

$(5 + 7) \times 4 \div 2 = 24(m^2)$

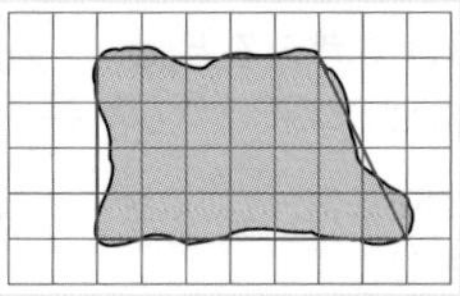

つまずいたら

およその面積の求め方を知りたい。

本冊…P.169

110 辺ＡＢの長さ

解説

辺ＡＢの長さがわかれば，1つの辺の長さと，その両はしの角の大きさがわかるから，合同な三角形をかくことができる。

つまずいたら

三角形が合同になるときについて知りたい。

本冊…P.187

111 ㋑，㋒，㋔

解説

㋑，㋒，㋔は下の図のように，対称の軸でぴったり2つに折り重ねることができる。

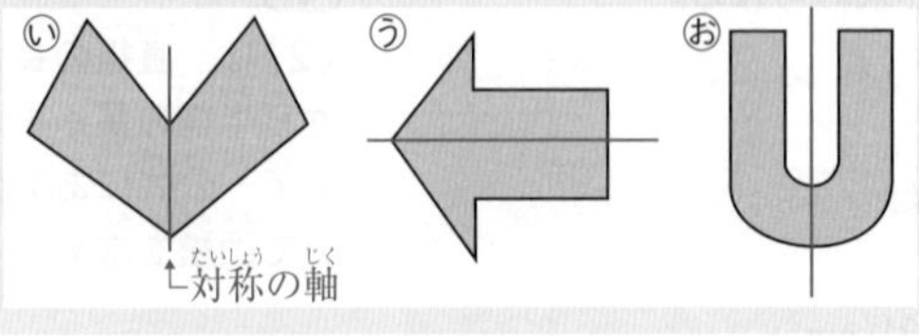

つまずいたら

線対称な図形の性質について知りたい。

本冊…P.190

112 線対称である。5本

解説

正五角形は線対称な図形で，右の図のように対称の軸は5本ある。

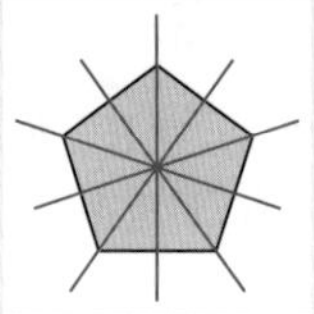

113 （1） 解説参照　（2） 点F

解説

（1） 対応する2つの点を結んだ直線を何本かひいた交点が，対称の中心Oになる。

（2） 点Aから対称の中心Oを通る直線をひくと，点Fを通るから，点Aに対応する点は点F。

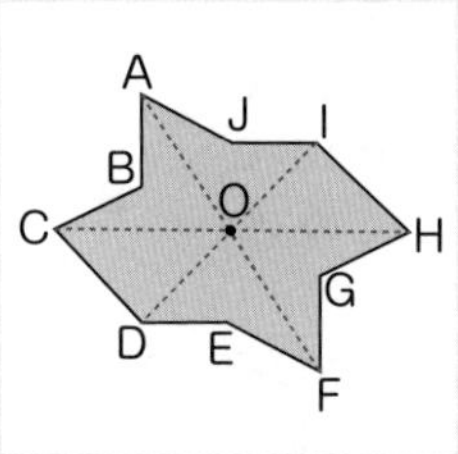

114 ㋑，㋒，㋔

解説

㋑，㋒，㋔は下の図のように，対称の中心のまわりに180°回転させると，もとの図形とぴったり重なる。

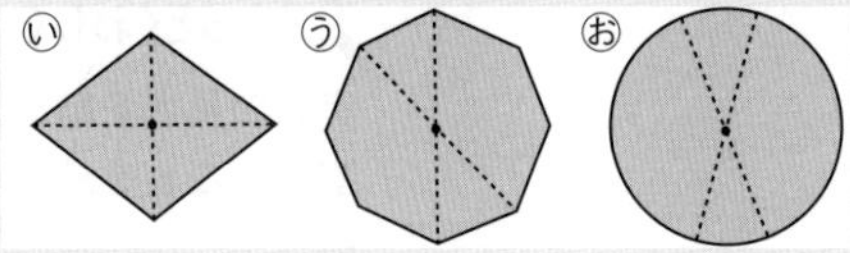

115 拡大図…㋗，縮図…㋕

解説

拡大図は，角の大きさは変えずに辺の長さを同じ割合でのばした図形である。㋗は㋐の2倍の拡大図になっている。
縮図は，角の大きさは変えずに辺の長さを同じ割合で縮めた図形である。㋕は㋐の$\frac{1}{2}$の縮図になっている。

116 （1） $\frac{1}{2}$　（2） 3.5cm　（3） 71°

解説

（1） 辺ＢＣと辺ＤＥに注目する。辺ＢＣと辺ＤＥは対応する辺で，長さの比は2：1だから，三角形ＡＤＥは三角形ＡＢＣの$\frac{1}{2}$の縮図である。

もっとくわしく

正多角形はすべて線対称な図形になっている。対称の軸は，正多角形の頂点の数と同じだけある。

もっとくわしく

対応する2つの点を結んだ直線は，対称の中心を通る。

つまずいたら

点対称な図形の性質について知りたい。

本冊…P.191

もっとくわしく

ひし形，正八角形，円は，それぞれ線対称な図形でもある。

つまずいたら

拡大図や縮図の性質について知りたい。

本冊…P.196

（２）　辺ＡＤに対応する辺は，辺ＡＢ。辺ＡＢと辺ＡＤの長さの比は2：1だから，辺ＡＤの長さは，

$7 \times \frac{1}{2} = \frac{7}{2} = 3.5(\mathrm{cm})$

（３）　角Ｃに対応する角は，角Ｅ。角Ｅの大きさは71°だから，角Ｃの大きさも71°である。

117 解説の図参照

解説

四角形を右の図のように，2つの三角形に分けて拡大図をかいていく。
三角形ＡＢＣは，辺ＡＢ，辺ＢＣとその間の80°の角，三角形ＡＤＣは，辺ＡＤ，辺ＡＣ，辺ＤＣの3つの辺の長さを使ってかく。
2倍の拡大図だから，辺の長さはそれぞれ2倍にし，角の大きさは同じままにする。

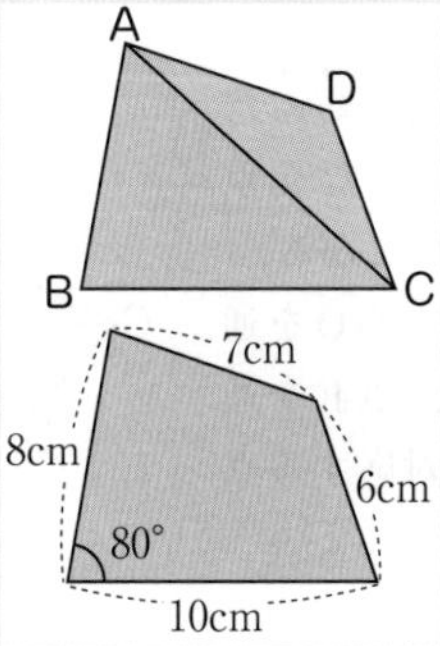

118 7cm

解説

350m = 35000cm

縮尺は$\frac{1}{5000}$だから，

$35000 \times \frac{1}{5000} = 7(\mathrm{cm})$

119 約6.2m

解説

まず$\frac{1}{200}$の縮図ＤＥＦをかく。
ＢＣの6mの長さは，縮図では

6m = 600cm

$600 \times \frac{1}{200} = 3(\mathrm{cm})$

だから，縮図は右の図のようになる。

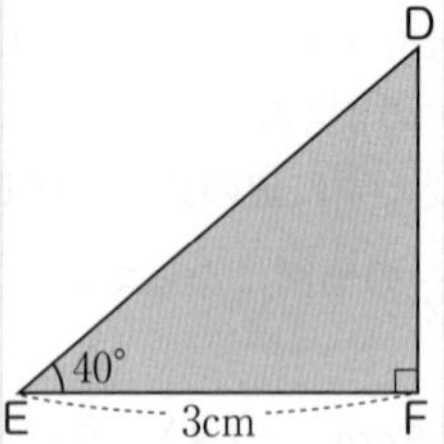

辺ＤＦの長さは約2.5cmだから，
辺ＡＣの実際の長さは，

$2.5 \times 200 = 500(\mathrm{cm})$　500cm = 5m

木の高さは，ＡＣの長さに目の高さをたせばよいから，

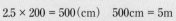

$5 + 1.2 = 6.2(\mathrm{m})$

もっとくわしく
三角形ＡＤＥは，三角形ＡＢＣの$\frac{1}{2}$の縮図だから，対応する辺の長さはどれも，三角形ＡＢＣの$\frac{1}{2}$になっている。

もっとくわしく
点Ｂを中心にして，辺ＢＡ，対角線ＢＤ，辺ＢＣの長さをそれぞれ2倍にしてかいてもよい。

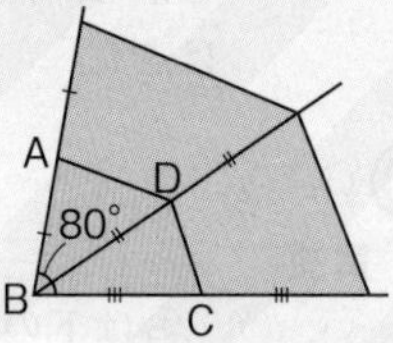

もっとくわしく
実際の長さを縮めた割合のことを縮尺という。

もっとくわしく
実際にはかることの難しい長さも，縮図を使って求めることができる。

ミス注意！
ＡＣの長さに目の高さをたすことを忘れないようにする。

120 (1)　㋒の面，㋓の面，㋔の面，㋕の面
(2)　辺ＢＦ，辺ＣＧ，辺ＥＦ，辺ＨＧ
(3)　辺ＡＥ，辺ＥＨ，辺ＨＤ，辺ＡＤ

解説
(1)　㋐の面に垂直な面は，㋐の面と交わった面だから，㋒の面，㋓の面，㋔の面，㋕の面。
(2)　辺ＦＧに垂直な辺は，辺ＦＧと交わった辺だから，辺ＢＦ，辺ＣＧ，辺ＥＦ，辺ＨＧ。
(3)　㋓の面に平行な辺は，㋓の面と向かい合った辺だから，辺ＡＥ，辺ＥＨ，辺ＨＤ，辺ＡＤ。

121 解説の図参照

解説
まず，東の方向に200m進み，次に北の方向に300m進んだところに点エをかく。

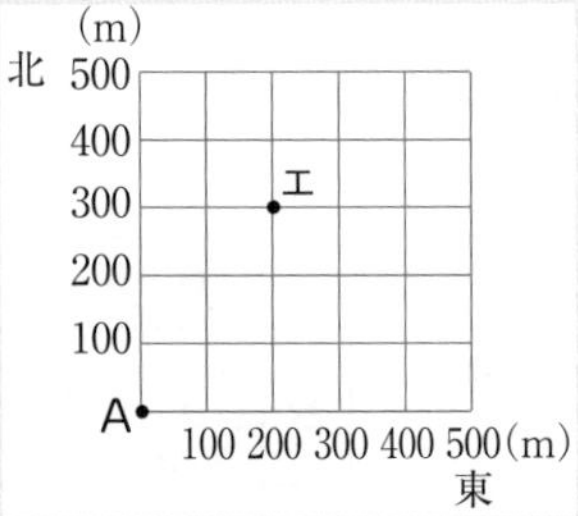

122 頂点Ｇ

解説
頂点Ａの位置をもとにして，横に5m，縦に7m，高さ3mのところにある頂点は，頂点Ｇである。

123 解説の図参照

解説
縦4cm，横2cm，高さ4cmの直方体である。
正面から見た形は長方形になる。
見取図では，向かい合った辺は平行にかき，見えない辺は点線でかく。

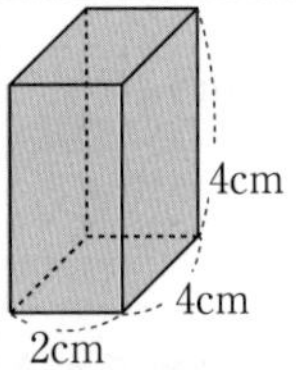

124 (1)　㋓の面　　(2)　辺ＫＪ

解説
(1)　この展開図を組み立てると，次のような立方体になる。

もっとくわしく
直方体や立方体の面は長方形か正方形で，角はすべて直角だから，交わっている面や辺は，すべて垂直になっている。

つまずいたら
直方体の面や辺の関係を知りたい。
本冊…P.206

つまずいたら
位置の表し方について知りたい。
本冊…P.207

ミス注意！
見えない辺を点線でかくことを忘れないようにする。

いの面と平行になっているのは，えの面。

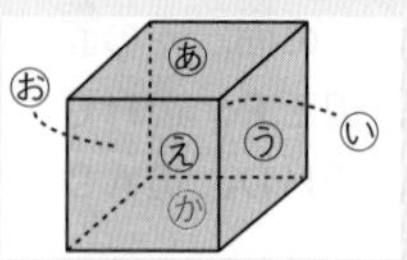

（2） 展開図を組み立てたとき，頂点は右の図のように重なる。頂点Aは頂点Kと重なり，頂点Bは頂点Jと重なる。よって辺ABと重なる辺は，辺KJ。

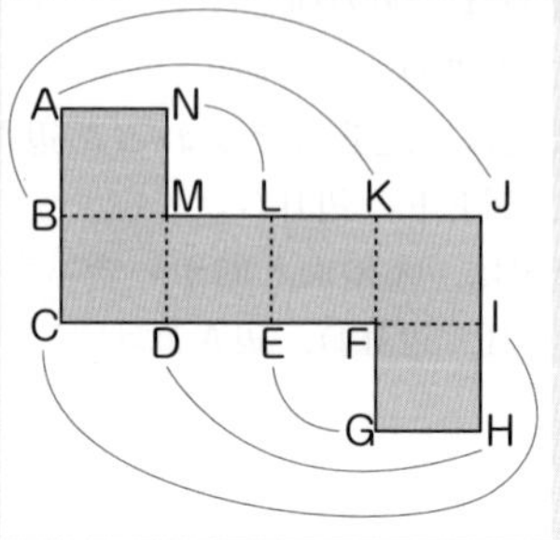

125 （1） 210cm^2　（2） 384cm^2

解説

（1） この直方体の展開図は，右の図のようになる。
あとおの長方形の面積は，
$7 \times 4 = 28(\text{cm}^2)$
いとえの長方形の面積は，
$4 \times 7 = 28(\text{cm}^2)$
うとかの正方形の面積は，
$7 \times 7 = 49(\text{cm}^2)$
よって，直方体の表面積は，
$(28 + 28 + 49) \times 2 = 210(\text{cm}^2)$

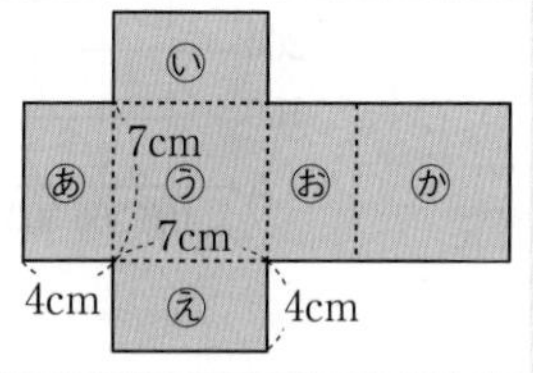

（2） この立方体は，1辺が8cmの正方形6つでできているから，表面積は，
$8 \times 8 \times 6 = 384(\text{cm}^2)$

126 解説の図参照

解説

円柱の見取図は，底面は曲線でかき，見えない線は点線でかく。

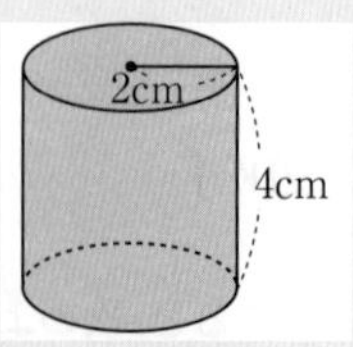

もっとくわしく

あの面とかの面，いの面とえの面，うの面とおの面がそれぞれ平行になっている。

もっとくわしく

直方体や立方体の表面積は，その展開図の面積と同じになる。

つまずいたら

直方体や立方体の表面積の求め方を知りたい。

本冊…P.213

ミス注意！

見えない線を点線でかくことを忘れないようにする。

127 （1） 四角柱　（2） 六角柱　（3） 円柱

解説

（1） 底面が四角形の角柱だから，四角柱。

（2） 底面が六角形の角柱だから，六角柱。

（3） 底面が円になっているから，円柱。

128 （1） 三角柱　（2） 頂点Ｉ，頂点Ｇ

解説

（1） 2つの底面が三角形だから，三角柱。

（2） この三角柱を組み立てると，右の図のようになる。

頂点Ａに集まる頂点は，頂点Ｉと頂点Ｇ。

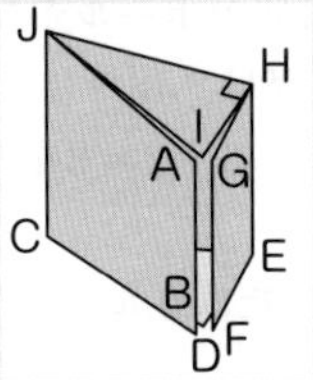

129 $31.4cm^2$

解説

この円柱の展開図をかくと，右の図のようになる。

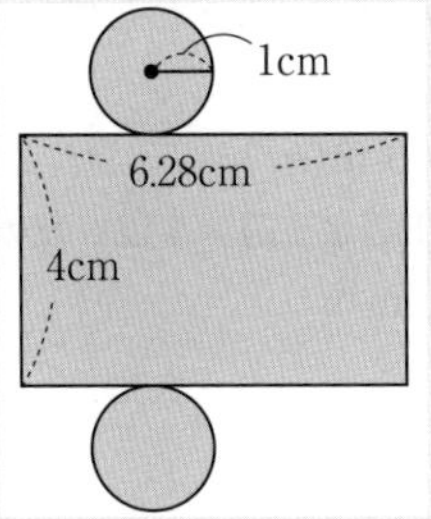

底面積は，半径が1cmの円が2つだから，

$1 \times 1 \times 3.14 \times 2 = 6.28(cm^2)$

側面積の縦の長さは4cm，横の長さは，半径1cmの円の円周の長さと等しいから，

$1 \times 2 \times 3.14 = 6.28(cm)$

よって側面積は，

$4 \times 6.28 = 25.12(cm^2)$

表面積は，底面積と側面積をたして，

$6.28 + 25.12 = 31.4(cm^2)$

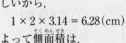

130 （1） 7cm　（2） 14cm

解説

（1） 球を半分に切ったときの，切り口の円の半径は，球の半径と等しいので，7(cm)

（2） 球の直径は半径の2倍だから，$7 \times 2 = 14(cm)$

もっとくわしく

角柱や円柱の2つの底面は合同になっている。

つまずいたら

角柱や円柱の展開図について知りたい。

本冊…P.221

もっとくわしく

円柱の展開図の側面の形は長方形になる。その縦の長さは，円柱の高さと同じで，横の長さは，底面の円周の長さと同じである。

ミス注意！

円の円周の長さは，直径に円周率をかける。

もっとくわしく

球の直径の長さは，半径の長さの2倍である。

131 （1） 球を半分に切ったとき　（2） 14cm

解説

（1） 球はどこで切っても，切り口は円になり，いちばん大きくなるのは，半分に切ったときである。

（2） 球の直径は半径の2倍だから，$7 \times 2 = 14$(cm)

もっとくわしく
球の直径の長さは，半径の長さの2倍である。

132 3cm

解説

ケースの中に，縦には3個のボールがぴったりと入っているので，1個のボールの直径は，$18 \div 3 = 6$(cm)
半径は直径の半分なので，$6 \div 2 = 3$(cm)

もっとくわしく
球の半径の長さは，直径の長さの半分である。

133 （1） 480000cm^3，または0.48m^3　（2） 64m^3

解説

（1） 直方体の体積＝縦×横×高さ　である。
2mを200cmとして，単位をそろえて計算すると，
$200 \times 80 \times 30 = 480000$(cm^3)
80cmを0.8m，30cmを0.3mとして，単位をそろえて計算すると，
$2 \times 0.8 \times 0.3 = 0.48$(m^3)

（2） 立方体の体積＝1辺×1辺×1辺　だから，
$4 \times 4 \times 4 = 64$(m^3)

ミス注意！
辺の長さの単位がちがうときは，1つにそろえて計算する。

134 60cm^3

解説

この直方体の展開図を組み立てると，右の図のような直方体ができる。
よって，直方体の体積は，
$4 \times 5 \times 3 = 60$(cm^3)

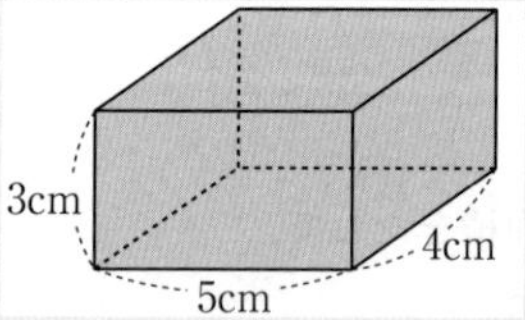

ミス注意！
展開図を組み立てた形を考えれば，直方体の体積を求めることができる。

135 （1） 80cm^3　（2） 75.36cm^3

解説

（1） 角柱の体積＝底面積×高さ　を使って求める。
この角柱の底面は台形だから，底面積は，
$(2 + 6) \times 4 \div 2 = 16$(cm^2)
よって，角柱の体積は，
$16 \times 5 = 80$(cm^3)

ミス注意！
円の底面積を求めるときは，直径ではなく，半径×半径に円周率をかけることに注意する。

(2)　円柱の体積＝底面積×高さ　を使って求める。
この円柱の底面積は，
$2 \times 2 \times 3.14 = 12.56(cm^2)$
よって，円柱の体積は，
$12.56 \times 6 = 75.36(cm^3)$

(136) 12cm

解説
まず，円柱の底面積を求めると，
$5 \times 5 \times 3.14 = 78.5(cm^2)$
円柱の高さを□cmとして，円柱の体積を求める公式にあてはめると，
$78.5 \times □ = 942$
$□ = 942 \div 78.5 = 12$
よって，円柱の高さは12cmとなる。

(137) $450m^3$

解説
プールの容積は，縦×横×高さ　で求められるから，
$15 \times 25 \times 1.2 = 450(m^3)$

つまずいたら
角柱や円柱の体積の求め方を知りたい。
本冊…P.233

つまずいたら
□にあてはまる数の求め方を知りたい。
本冊…P.125

つまずいたら
容積の求め方を知りたい。
本冊…P.240

変化と関係編

138 (1)　160分　(2)　4.5分　(3)　24分

解説

(1)　$60 \times 2 + 40 = 160$(分)

(2)　$270 \div 60 = 4.5$(分)

(3)　$60 \times 0.4 = 24$(分)

139 (1)　1.58m　(2)　20800m　(3)　0.5mm

解説

(1)　158cm　→　100cm + 58cm　→　1m + 0.58m

(2)　20.8km　→　20km + 0.8km　→　20000m + 800m

(3)　0.0005m　→　0.05cm　→　0.5mm

◆別の解き方◆　位取り表で考える。

km				m		cm	mm	
				1	5	8		
2	0	8	0	0				
				0	0	0	0	5

(1)　小数点を左へ2けた移す。

(2)　小数点を右へ3けた移す。

(3)　小数点を右へ3けた移す。

140 (1)　①4.65kg　②70800g

(2)　①0.85t　②4820g

解説

(1)

	kg			g
	4	6	5	0
7	0	8	0	0

①小数点を左へ3けた移す。

②小数点を右へ3けた移す。

(2)

t			kg			g
m^3						cm^3
kL			L	dL		mL
0	8	5	0			
			4	8	2	0

①小数点を左へ3けた移す。

②小数点を右へ2けた移す。

★ 時間の単位の関係
- 1日＝24時間
- 1時間＝60分
- 1分＝60秒

★ 長さの単位の関係
- 1km＝1000m
- 1m＝100cm
- 1cm＝10mm

★ 重さの単位の関係
- 1g＝1000mg
- 1kg＝1000g
- 1t＝1000kg

★ 水の重さと体積の関係
- 1g→1mL ＝1cm^3
- 1kg→1L ＝1000cm^3
- 1t→1kL＝1m^3

141 (1)　0.00597km^2　(2)　56000m^2

解説

(1)(2)

km^2		ha		a		m^2
0	0	0	5	9	7	0
		5	6	0	0	0

(1)　小数点を左へ6けた移す。

(2)　小数点を右へ4けた移す。

142 (1)　2.5L　(2)　0.00068kL

解説

(1)(2)

m^3						cm^3
kL			L	dL		mL
			2	5	0	0
0	0	0	0	6	8	0

(1)　小数点を左へ3けた移す。

(2)　小数点を左へ6けた移す。

143 (1)　100cm^2　(2)　10000倍

解説

(1)　$10 \times 10 = 100$(cm^2)

(2)　それぞれの辺の長さが100倍になると，面積は，
$100 \times 100 = 10000$(倍)になる。

144 (1)　比16：18，比の値$\frac{8}{9}$

(2)　比16：34，比の値$\frac{8}{17}$

解説

(1)　男子の人数：女子の人数＝16：18
比の値は，$16 \div 18 = \frac{16}{18} = \frac{8}{9}$

(2)　男子の人数：組全体の人数＝16：(16＋18)＝16：34
比の値は，$16 \div 34 = \frac{16}{34} = \frac{8}{17}$

145 (1)　2：15　(2)　5：2　(3)　2：9

解説

(1)　0.6：4.5＝6：45＝2：15
（×10，÷3）

★ 面積の単位の関係

・1m^2＝10000cm^2

・1km^2＝1000000m^2

・1a＝100m^2

・1ha＝100a

★ 体積(容積)の単位の関係

・1m^3＝1000000cm^3

・1L＝10dL
＝1000mL

・1mL＝1cm^3

・1kL＝1000L
＝1m^3

つまずいたら

単位について知りたい。

本冊…P.248

もっとくわしく

比　a：bのとき
比の値　$\frac{a}{b}$

もっとくわしく

a：b
＝(a×△)：(b×△)
a：b
＝(a÷△)：(b÷△)
(△は0でない数)

(2)　$1 : 0.4 = 10 : 4 = 5 : 2$（×10，×10，÷2，÷2）

(3)　$\frac{2}{3} : 3 = 2 : 9$（×3，×3）

146 8：5＝120：□，75mL

解説

$8 : 5 = 120 : \square$

$8 \times \square = 5 \times 120$

$\square = 600 \div 8 = 75$

◆別の解き方◆

$8 : 5 = 120 : \square$（×15，×15）

$\square = 5 \times 15 = 75$

もっとくわしく

a：b＝c：dならば，
a×d＝b×c

147 男子96人，女子84人

解説

男子の割合を8，女子の割合を7とすると，全体の割合は$8 + 7 = 15$

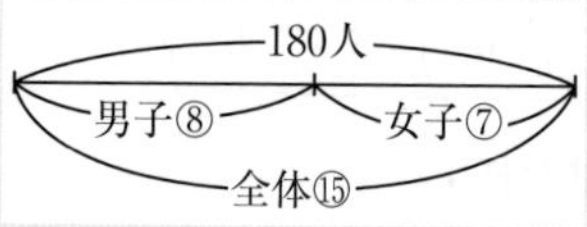

男子は全体の$\frac{8}{15}$だから，

$180 \times \frac{8}{15} = 96$(人)

女子は全体の$\frac{7}{15}$だから，$180 \times \frac{7}{15} = 84$(人)

女子の人数は，$180 - 96 = 84$(人)としても求められる。

◆別の解き方◆

男子の人数を□人として，男子と全体の比について比例式に表すと，

$8 : 15 = \square : 180$

$15 \times \square = 8 \times 180$，$\square = 1440 \div 15 = 96$

もっとくわしく

全体の量をa：bに分けるとき，

全体の量×$\frac{a}{a+b}$

と

全体の量×$\frac{b}{a+b}$

に分けられる。

148 (1)　240　(2)　$y = 24 \times x$

(3)

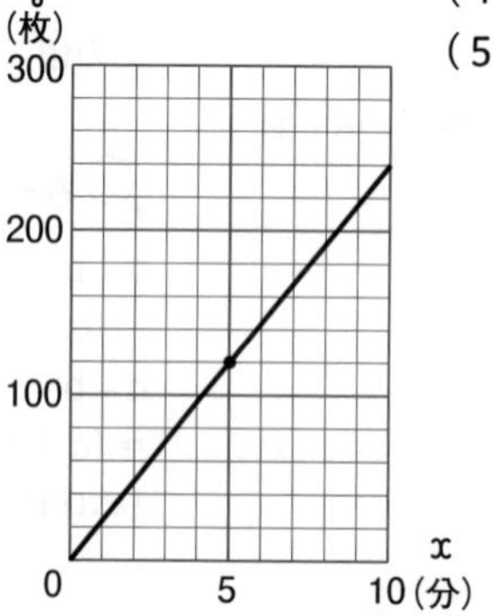

(4)　192枚

(5)　12.5分

解説

（1） 枚数は時間に比例するので，時間が2倍になると，枚数も2倍になる。

時間x(分)	5	10
枚数y(枚)	120	240

（×2）（×2）

（2）

時間x(分)	5	10
枚数y(枚)	120	240
$y \div x$	24	24

$y \div x$の値は，1分間に印刷できる枚数を表し，いつも決まった数24になる。比例の式は，
y = 決まった数 × xで表されるから，$y = 24 \times x$

（3）

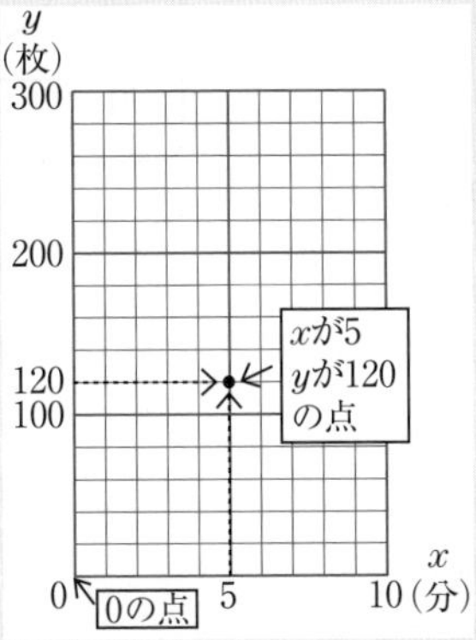

xの値が5，yの値が120の点をとる。
この点と0の点(原点)を通る直線をひく。

（4） xの値が8のときのyの値を求めるから，
$y = 24 \times x$のxに8をあてはめる。
$y = 24 \times x$
$y = 24 \times 8 = 192$
◆別の解き方◆
（3）のグラフで$x = 8$のときのyの値を読み取る。

（5） yの値が300のときのxの値を求めるから，
$y = 24 \times x$のyに300をあてはめる。
$y = 24 \times x$
$300 = 24 \times x$，$24 \times x = 300$，$x = 300 \div 24 = 12.5$
◆別の解き方◆
（3）のグラフで$y = 300$のときのxの値を読み取る。

★ 比例の式とグラフ
・式
y＝決まった数×x

・グラフ
0の点(原点)を通る直線

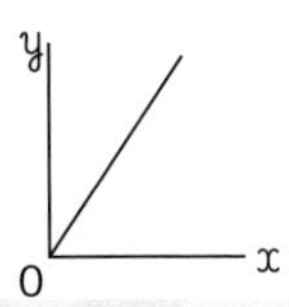

149 （ア） $y = 3 \times x$，比例する
（イ） $y = 900 \div x$，反比例する
（ウ） $y = 120 \div x$，反比例する
（エ） $y = 1000 - x$，どちらでもない
（オ） $y = 12 \times x$，比例する

解説

（ア） 周りの長さ ＝ 1辺の長さ × 辺の数
$y = x \times 3$
だから，$y = 3 \times x$

（イ） 1人分の量 ＝ 全体の量 ÷ 分ける人数
$y = 900 \div x$

（ウ） 底辺 × 高さ ÷ 2 ＝ 三角形の面積
$x \times y \div 2 = 60$
$x \times y = 60 \times 2$
$x \times y = 120$
$y = 120 \div x$ ←決まった数は120

（エ） おつり ＝ 出した金額 － 代金
$y = 1000 - x$

（オ） 走るきょり ＝ 1Lで走るきょり × ガソリンの量
$y = 12 \times x$

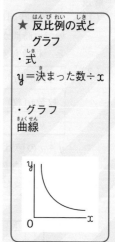

★ 反比例の式とグラフ
・式
y＝決まった数÷x
・グラフ
曲線

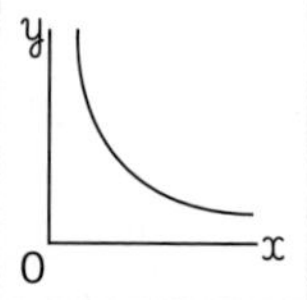

150 ゴムA

解説
・ゴムAは，45 ÷ 15 = 3より，3倍の長さにのびる。
・ゴムBは，60 ÷ 30 = 2より，2倍の長さにのびる。
よって，ゴムAのほうがよくのびるといえる。

151 （1） 2 （2） 0.5 $\left(\frac{1}{2}\right)$ （3） 1.5 $\left(1\frac{1}{2}\right)$
（4） 0.6 $\left(\frac{3}{5}\right)$ （5） 1.5 $\left(1\frac{1}{2}\right)$ （6） 0.5 $\left(\frac{1}{2}\right)$
（7） 0.08 $\left(\frac{2}{25}\right)$

解説
（1） 「120人は60人の何倍か」
120人：比べられる量　60人：もとにする量
120 ÷ 60 = 2

（2） 「75kgは150kgの何倍か」
75kg：比べられる量　150kg：もとにする量
75 ÷ 150 = 0.5

（3） 「64kmを1としたとき，96kmはいくつか」
64km：もとにする量　96km：比べられる量
96 ÷ 64 = 1.5

もっとくわしく
割合
＝比べられる量
÷もとにする量

つまずいたら
割合について知りたい。
本冊…P.272

（4）「600円を1としたとき，360円はいくつか」
もとにする量　比べられる量

$360 \div 600 = 0.6$

（5）「180Lの何倍が270Lか」
もとにする量　比べられる量

$270 \div 180 = 1.5$

（6）「2.6haの何倍が1.3haか」
もとにする量　比べられる量

$1.3 \div 2.6 = 0.5$

（7）「3850冊の何倍が308冊か」
もとにする量　比べられる量

$308 \div 3850 = 0.08$

152（1）2倍　（2）0.8$\left(\frac{4}{5}\right)$倍　（3）2.5$\left(2\frac{1}{2}\right)$

解説

（1）「40cmは20cmの何倍か」
比べられる量　もとにする量

$40 \div 20 = 2$

（2）「16cmは20cmの何倍か」
比べられる量　もとにする量

$16 \div 20 = 0.8$

（3）「16cmを1としたとき，40cmはいくつか」
もとにする量　比べられる量

$40 \div 16 = 2.5$

153（1）9600　（2）312　（3）375
（4）30　（5）1440，1800

解説

（1）$2000 \times 4.8 = 9600$（円）
（2）$780 \times 0.4 = 312$（km）
（3）$150 \times 2.5 = 375$（g）
（4）$600 \times 0.05 = 30$（mL）
（5）$1800 \times \frac{4}{5} = 1440$（人），$1440 \times \frac{5}{4} = 1800$（人）

もっとくわしく

（4）

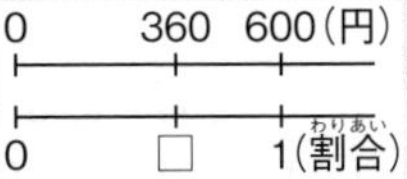

このような図を自分でかけるようにしておくこと。

もっとくわしく

比べられる量がもとにする量より大きいとき
…割合は1より大きい。
比べられる量がもとにする量より小さいとき
…割合は1より小さい。

もっとくわしく

比べられる量
＝もとにする量×割合

もっとくわしく

（5）

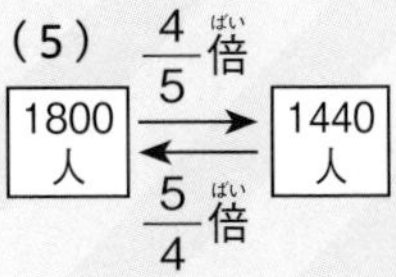

154 (1)　56人　(2)　14人

解説

(1)　「5年生全体(100人)の0.56倍は何人か」
（5年生全体(100人)：もとにする量，0.56倍：割合，何人：比べられる量）

$100 \times 0.56 = 56$(人)

(2)　「5年生男子(56人)の0.25倍は何人か」
（5年生男子(56人)：もとにする量，0.25倍：割合，何人：比べられる量）

$56 \times 0.25 = 14$(人)

155 (1)　0.65　(2)　162.5m^2

解説

(1)　(家が建っている部分) + (家が建っていない部分) = (全体)

⇓

(家が建っている部分の割合) + (家が建っていない部分の割合) = (全体の割合)

⇓

0.35 + □ = 1

□ = 1 − 0.35

= 0.65

(2)　(全体の面積) × (家が建っていない部分の割合) = (家が建っていない部分の面積)

$250 \times 0.65 = 162.5$(m^2)

◆別の解き方◆

家が建っている部分の面積は，

$250 \times 0.35 = 87.5$(m^2)

家が建っていない部分の面積は，

$250 - 87.5 = 162.5$(m^2)

もっとくわしく

(2)

◆別の考え方◆

5年生全体

↓ 0.56

5年生男子

↓ 0.25

5年生男子でめがねをかけている

（5年生全体 → 5年生男子でめがねをかけている：$0.56 \times 0.25 = 0.14$）

$100 \times 0.14 = 14$(人)

もっとくわしく

(〜でない割合)

$= 1 -$ (〜である割合)

156 (1) 500　(2) 2000　(3) 1200
(4) 2000　(5) 90

解説

(1) $\square \times 1.2 = 600$
$\square = 600 \div 1.2 = 500$

(2) $\square \times 0.45 = 900$
$\square = 900 \div 0.45 = 2000$

(3) $\square \times 0.15 = 180$
$\square = 180 \div 0.15 = 1200$

(4) $\square \times 1.35 = 2700$
$\square = 2700 \div 1.35 = 2000$

(5) $\square \times \frac{4}{5} = 72,\ \square = 72 \div \frac{4}{5} = 72 \times \frac{5}{4} = 90$

もっとくわしく

もとにする量×割合
＝比べられる量

⇓形を変えると

もとにする量
＝比べられる量
÷割合

つまずいたら

割合について知りたい。

本冊…P.272

157 60人

解説

バスの定員を□人とすると，「□人の0.7倍が42人」だから，

$\square \times 0.7 = 42$
$\square = 42 \div 0.7 = 60$

158 240問

解説

解いた問題数の割合が$\frac{5}{8}$だから，残りの問題数の割合は

$1 - \frac{5}{8} = \frac{3}{8}$

全体の問題数を□問とすると，「□問の$\frac{3}{8}$が90問」だから，

$\square \times \frac{3}{8} = 90,\ \square = 90 \div \frac{3}{8} = 90 \times \frac{8}{3} = 240$

もっとくわしく

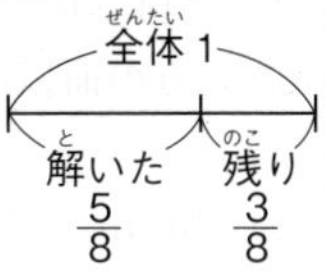

159 900人

解説

去年の児童数の0.08だけ増えた。
⇒去年の児童数の(1 + 0.08 =)1.08倍になった。
去年の児童数を□人とすると，

$\square \times 1.08 = 972$
$\square = 972 \div 1.08 = 900$

もっとくわしく

(増えた後の量)
＝(もとの量)×(1＋増えた割合)

160 （1） 1.25kg　（2） 0.8m

解説

（1）

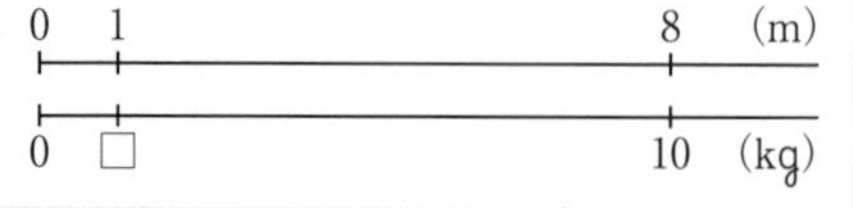

$\underline{10}$（重さ） ÷ $\underline{8}$（長さ） ＝ $\underline{1.25}$(kg)（1mあたりの重さ）

（2）

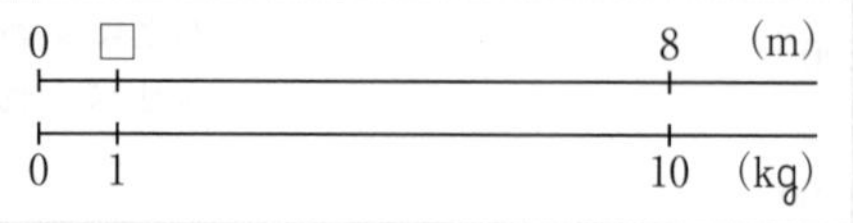

$\underline{8}$（長さ） ÷ $\underline{10}$（重さ） ＝ $\underline{0.8}$(m)（1kgあたりの長さ）

もっとくわしく

「1mあたり」
→長さ(m)でわる。
「1kgあたり」
→重さ(kg)でわる。

つまずいたら

単位量あたりの大きさについて知りたい。

本冊…P.280

161 Bの部屋

解説

1m²あたりの人数で比べると，

A……8 ÷ 20 = 0.4(人)

B……6 ÷ 14 = 0.42…(人)

1m²あたりの人数が多いBの部屋のほうがこんでいる。

◆別の考え方◆

1人あたりの面積で比べると，

A……20 ÷ 8 = 2.5(m²)

B……14 ÷ 6 = 2.33…(m²)

1人あたりの面積が少ないBの部屋のほうがこんでいる。

もっとくわしく

1m²あたりの人数
＝人数÷面積(m²)
1人あたりの面積
＝面積÷人数(人)

つまずいたら

こみぐあいについて知りたい。

本冊…P.280

162 （1） 8km　（2） 320km　（3） 37.5L

解説

（1）

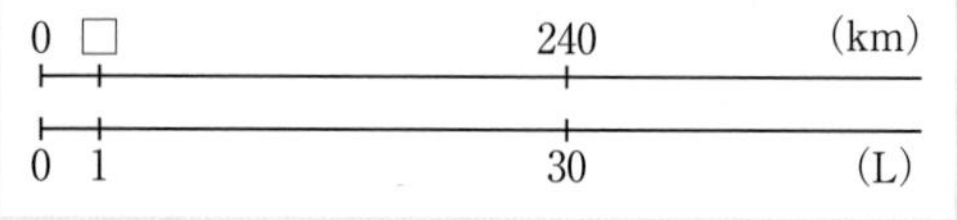

$\underline{240}$（道のり） ÷ $\underline{30}$（ガソリンの量(L)） ＝ 8(km)

（2）

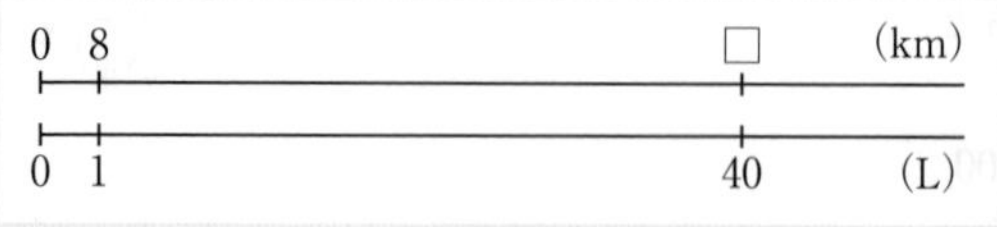

$\underline{8}$（1Lあたりの道のり） × $\underline{40}$（ガソリンの量） ＝ 320(km)

もっとくわしく

道のり÷ガソリンの量(L)
＝1Lあたりの道のり

1Lあたりの道のり×ガソリンの量(L)
＝道のり

道のり÷1Lあたりの道のり
＝ガソリンの量(L)

（3）

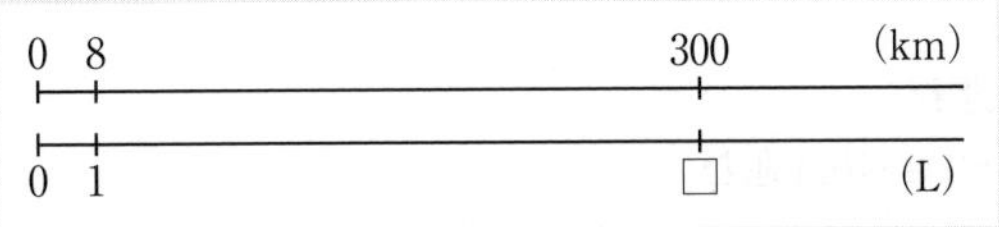

必要なガソリンの量を□Lとすると，

8 × □ = 300，□ = 300 ÷ 8 = 37.5(L)

（300：道のり　8：1Lあたりの道のり）

163 1600人

解説

35000 ÷ 22 = 1590.…→1600人

164 5.3cm^3

解説

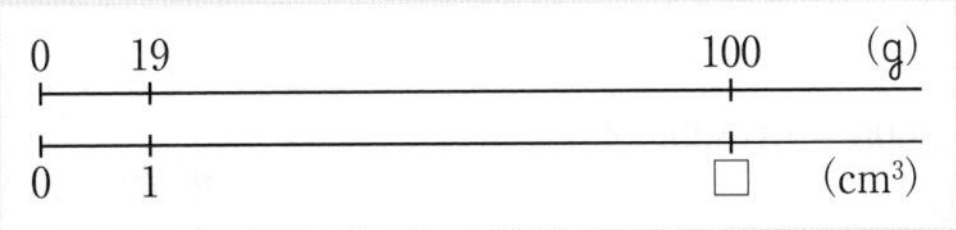

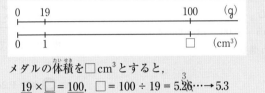

メダルの体積を□cm^{3}とすると，

19 × □ = 100，□ = 100 ÷ 19 = 5.26…→5.3

（19：密度　□：体積　100：重さ）

165 （1）時速43km　（2）分速130m
（3）秒速8m　（4）分速60m（0.06km）

解説

（1）86 ÷ 2 = 43 ⇒ 時速43km

（2）650 ÷ 5 = 130 ⇒ 分速130m

（3）80 ÷ 10 = 8 ⇒ 秒速8m

（4）まず，道のりの単位をmになおしておくと計算しやすい。

2.4km = 2400m

2400 ÷ 40 = 60 ⇒ 分速60m

166 （1）500　（2）10　（3）4500　（4）3
（5）150　（6）37.8

解説

（1）1時間に30km進む

⇒60分間に30000m進む

⇒1分間に(30000 ÷ 60 =)500m進む

⇒分速500m

★ **人口密度**

1km^{2}あたりの人口のこと。

人口密度
＝人口÷面積(km^2)

★ **密度**

1cm^{3}あたりの重さのこと。

密度
＝重さ÷体積(cm^3)

重さ＝密度×体積

もっとくわしく

速さ＝道のり÷時間

つまずいたら

速さについて知りたい。

本冊…P.286

もっとくわしく

時速，分速，秒速の関係

時速　3600m

÷60 ↓↑ ×60

分速　60m

÷60 ↓↑ ×60

秒速　1m

（2） 1分間に600m進む

⇒60秒間に600m進む

⇒1秒間に(600 ÷ 60 =)10m進む

⇒秒速10m

（3） 1分間に75m進む

⇒1時間に(75 × 60 =)4500m進む

⇒時速4500m

（4） 1秒間に50m進む

⇒1分間に(50 × 60 =)3000m進む

⇒分速3km

（5） 1時間に540km進む

⇒3600秒間に540000m進む

⇒1秒間に(540000 ÷ 3600 =)150m進む

⇒秒速150m

（6） 1秒間に10.5m進む

⇒3600秒間に(10.5 × 3600 =)37800m進む

⇒1時間に37.8km進む

⇒時速37.8km

ミス注意!

道のりの単位に注意すること。

つまずいたら

単位について知りたい。

本冊…P.248

(167) （1） 4.8km （2） 7.5km

解説

（1） $80 \times 60 = 4800$(m)

$4800\text{m} = 4.8\text{km}$

（2） 解き方1 速さと時間の単位を分にそろえる。

時速45km→分速0.75km

（45 ÷ 60 → 0.75）

$0.75 \times 10 = 7.5$(km)

0.75：速さ(分速)　10：時間(分)

解き方2 速さと時間の単位を時間にそろえる。

$10\text{分} = \frac{1}{6}\text{時間}$

$45 \times \frac{1}{6} = \frac{45}{6} = 7\frac{1}{2} = 7.5$(km)

45：速さ(時速)　$\frac{1}{6}$：時間(時間)

もっとくわしく

道のり＝速さ×時間

168 (1)　3時間　(2)　12.5秒　(3)　24分
(4)　15分

解説

(1)　180 ÷ 60 = 3(時間)

(2)　100 ÷ 8 = 12.5(秒)

(3)　単位をmにそろえる。

1.2km = 1200m

1200 ÷ 50 = 24(分)

(4)　速さの単位をmと分にそろえる。

時速3.6km = 時速3600m = 分速60m
(3600 ÷ 60 → 60)

900 ÷ 60 = 15(分)

◆別の解き方◆

道のりの単位をkmにそろえる。

900m = 0.9km

0.9 ÷ 3.6 = 0.25(時間) = 15(分)

もっとくわしく

時間＝道のり÷速さ

169 (1)

縦の長さ(cm)	1	2	3	
横の長さ(cm)	11	10	9	

(2)　□＋△＝12

解説

(1)　長方形は向かい合う辺の長さが等しいことに注意する。

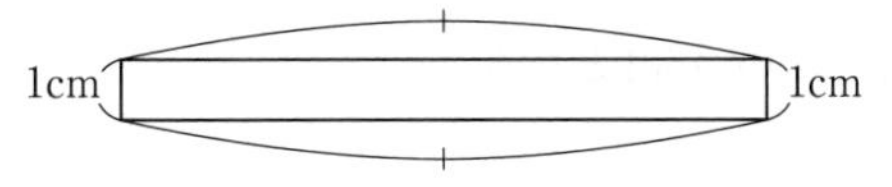

24 − 1 × 2 = 22,　22 ÷ 2 = 11(cm)

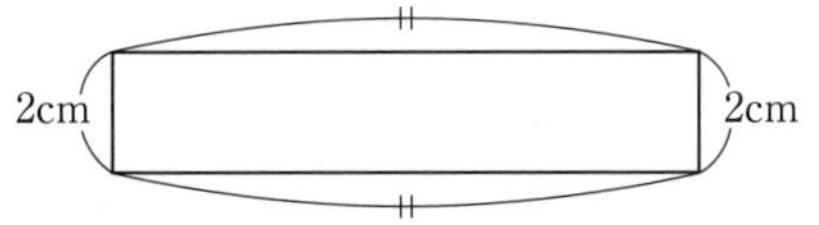

24 − 2 × 2 = 20,　20 ÷ 2 = 10(cm)

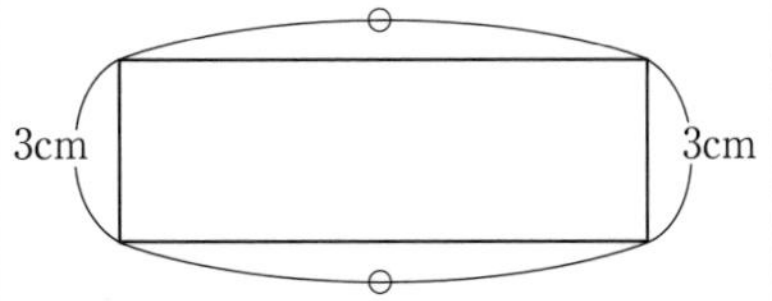

24 − 3 × 2 = 18,　18 ÷ 2 = 9(cm)

もっとくわしく

実際に図をかいて調べると表にまとめやすい。

（2）　表を縦に見て，きまりを見つける。

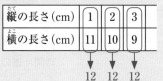

縦の長さ(cm)	1	2	3	
横の長さ(cm)	11	10	9	
	↓ 12	↓ 12	↓ 12	

縦の長さと横の長さをたすと，いつも12cmになる。

⚠ミス注意!

縦の長さと横の長さの和を，まわりの長さの24cmとするまちがいが多いので注意する。

170 （1）

旗の数(本)	2	3	4	
間の数(か所)	1	2	3	

（2）　□−△＝1

解説

（1）　図にかいて調べる。

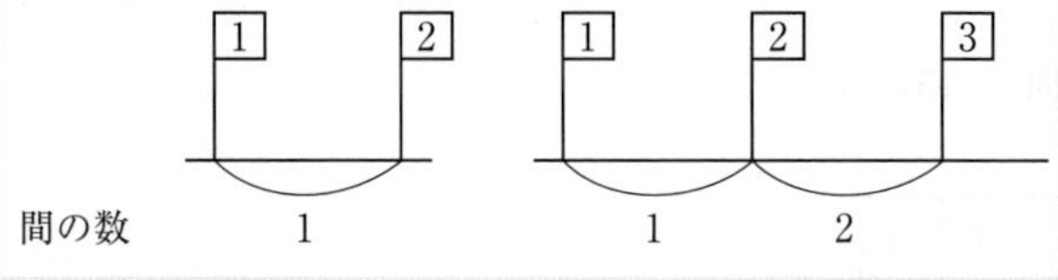

（2）　表を縦に見て，きまりを見つける。

旗の数(本)	2	3	4	
間の数(か所)	1	2	3	
	↓ 1	↓ 1	↓ 1	

旗の数から間の数をひくと，いつも1となる。

もっとくわしく

間の数を使った問題を学びたい。

本冊…P.538

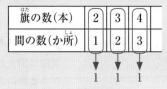

データの活用編

171 (1)　ア…15，イ…1，ウ…17，エ…14，オ…45

(2)　4年から6年のけがをした人の合計人数

(3)

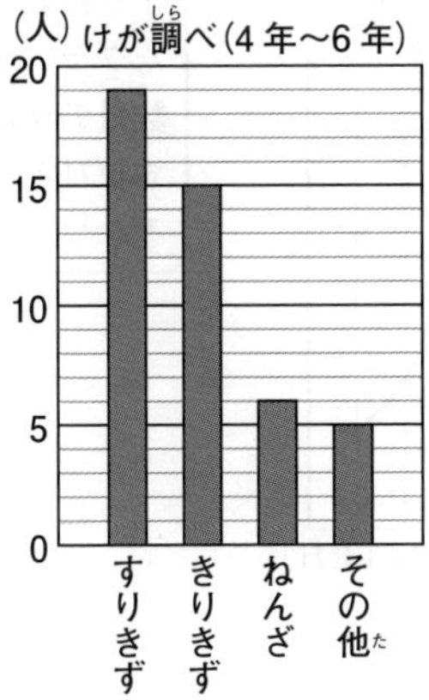

(4)　きりきず

解説

(1)　ア…5 + 4 + 6 = 15

イ…2 + 3 + イ = 6，5 + イ = 6，イ = 6 − 5 = 1

ウ…8 + 4 + 3 + 2 = 17，エ…5 + 6 + 1 + 2 = 14

オ…14 + 17 + 14 = 45

(2)　全体の人数を表す。

(3)　グラフの横のじくには，けがの種類をかき，縦のじくには，合計人数の目もりをかく。

(4)　人数がいちばん多いのは「すりきず」，3番目に多いのは「ねんざ」。

★ 棒グラフ
棒の長さで数の大きさを表したグラフ。
数量の多い少ないがひと目でわかる。

172 （1） 7月 （2） A市 （3） 8度

解説

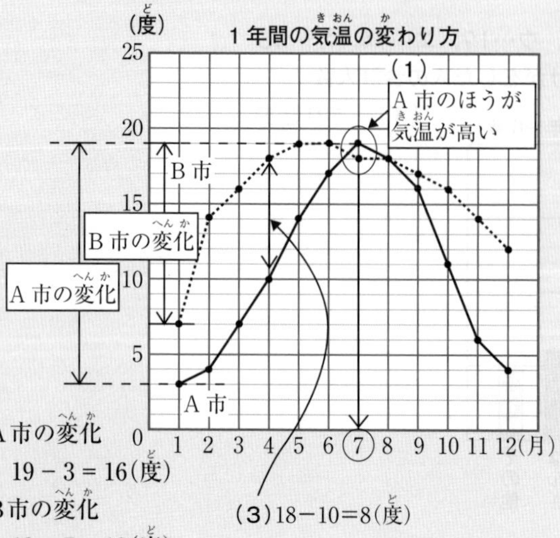

（2） A市の変化

19 − 3 = 16(度)

B市の変化

19 − 7 = 12(度)

★ 折れ線グラフ

変わっていくようすを折れ線で表したグラフ。

数量の増減のようすがひと目でわかる。

173 （1） 8月，34度 （2） 8月，152個

（3） 最高気温が上がると，アイスクリームの売り上げ個数も増える。

解説

（1） 折れ線グラフを見る。グラフがいちばん高いのは8月で，右の目もりの単位が度なので，右の目もりを読む。

（2） 棒グラフを見る。グラフがいちばん高いのは8月で，左の目もりの単位が個なので，左の目もりを読む。

（3） 折れ線グラフと棒グラフの関連を見る。気温が上がると，棒グラフも高くなり，気温が下がると，棒グラフが低くなっているから，最高気温が上がると，アイスクリームの売り上げ個数も増えることがわかる。

ミス注意！

折れ線グラフが最高気温，棒グラフが売り上げ個数を表す。

つまずいたら

折れ線グラフ，棒グラフについて知りたい。

本冊…P.303, 304

174 （1） 105% （2） 62.9% （3） 300%

（4） 0.6% （5） 0.5 （6） 0.408

（7） 1.02 （8） 1.4

解説

（1） $1.05 \times 100 = 105(\%)$ （2） $0.629 \times 100 = 62.9(\%)$

（3） $3 \times 100 = 300(\%)$ （4） $0.006 \times 100 = 0.6(\%)$

（5） $50 \div 100 = 0.5$ （6） $40.8 \div 100 = 0.408$

（7） $102 \div 100 = 1.02$ （8） $140 \div 100 = 1.4$

★ 百分率

0.01 → 1%

0.1 → 10%

1 → 100%

175 15問

解説

75%→0.75

20 × 0.75 = 15(問)

176 29試合

解説

5割8分→0.58

50 × 0.58 = 29(試合)

177 (1)

動物	人数(人)	割合(%)
ハムスター	65	13
小鳥	60	12
犬	175	35
ねこ	125	25
その他	75	15
合計	500	100

(2)

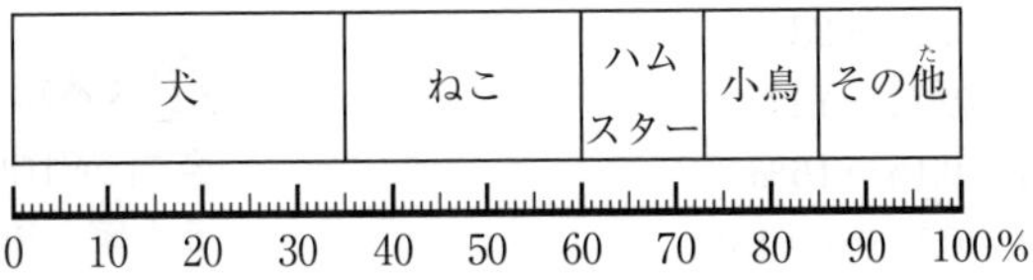

(3) 25%

解説

(1) ハムスター……65 ÷ 500 = 0.13→13%

小鳥……60 ÷ 500 = 0.12→12%

犬……175 ÷ 500 = 0.35→35%

ねこ……125 ÷ 500 = 0.25→25%

その他……75 ÷ 500 = 0.15→15%

(2) 割合の大きい順に，左から各部分の百分率にしたがって区切る。「その他」はハムスターや小鳥より多いが，いちばん最後にする。

(3) 割合を使ってたし算する。13 + 12 = 25(%)

◆別の解き方◆

人数をたしてから割合を求める。

65 + 60 = 125(人)，125 ÷ 500 = 0.25→25%

ミス注意！

百分率を小数になおしてから式にあてはめる。

★ 歩合

0.1→1割

0.01→1分

0.001→1厘

もっとくわしく

各部分の割合

＝各部分の人数

÷全体の人数

つまずいたら

割合について知りたい。

本冊…P.272

178 (1)

町	人数(人)	割合(%)
東町	42	28
西町	36	24
南町	24	16
北町	20	13
その他	28	19
合計	150	100

(2)

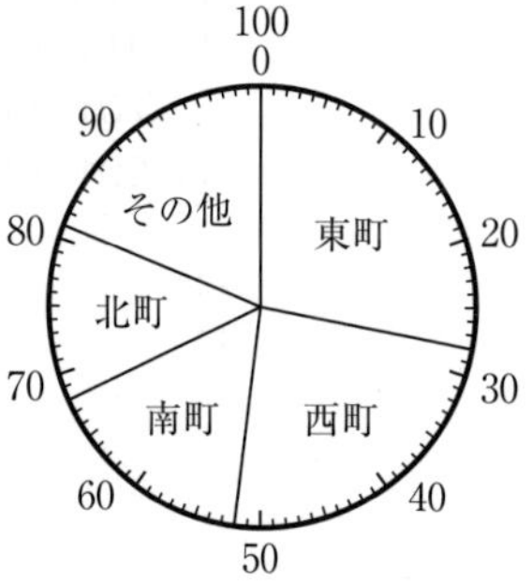

解説

(1) 東町……42 ÷ 150 = 0.28→28%

西町……36 ÷ 150 = 0.24→24%

南町……24 ÷ 150 = 0.16→16%

北町……20 ÷ 150 = 0.133…→13%

その他……28 ÷ 150 = 0.186…→19%

(2) 割合の大きい順に，上から右まわりに各部分の百分率にしたがって区切る。

179 (1) B町

(2) A町は84人，B町は90人だからB町のほうが多い。

解説

(1) グラフを読みとると，水泳が好きな人の割合は，A町が15%，B町が16%なので，B町のほうが多い。

(2) A町とB町でサッカーが好きな小学生の人数は

A町　240 × 0.35 = 84(人)

B町　300 × 0.3 = 90(人)

よって，B町のほうが多い。

ミス注意!

合計が100%になるか確かめておくこと。

ミス注意!

サッカーが好きな人数の割合を比べると，A町のほうが大きいが，実際の人数ではB町のほうが多い。

つまずいたら

円グラフについて知りたい。

本冊…P.313

180 およそ8700mL

解説

まず，1日平均何mLの牛乳を飲むかを求める。

$\underset{合計}{2030} \div \underset{日数}{7} = \underset{平均}{290}$(mL)

30日間で飲む量は，

$\underset{平均}{290} \times \underset{日数}{30} = \underset{合計}{8700}$(mL)

もっとくわしく

平均＝合計÷個数
合計＝平均×個数

181 ㋐…11，㋑…12，㋒…5，㋓…16，㋔…35

解説

空らんが1つになった列に着目して，順序よく求めていく。

	物語	科学	合計
男子	7	㋐	18
女子	㋑	㋒	17
合計	19	㋓	㋔

7＋㋑＝19だから，
㋑＝19－7＝12

7＋㋐＝18だから，
㋐＝18－7＝11

㋔＝18＋17＝35

	物語	科学	合計
男子	7	㋐ 11	18
女子	㋑ 12	㋒	17
合計	19	㋓	㋔ 35

12＋㋒＝17だから，
㋒＝17－12＝5

19＋㋓＝35だから，
㋓＝35－19＝16

ミス注意！

数を求めたら，表にあてはめて，縦と横の合計が合うかを確かめておくこと。

	7	11	18
	12	5	17
	19	16	35

18＋17＝35
19＋16＝35

182 (1) 解説参照
(2) 平均値　7点　　最頻値　8点　　中央値　7.5点

解説

(1) 数直線上に，データをドットで表す。

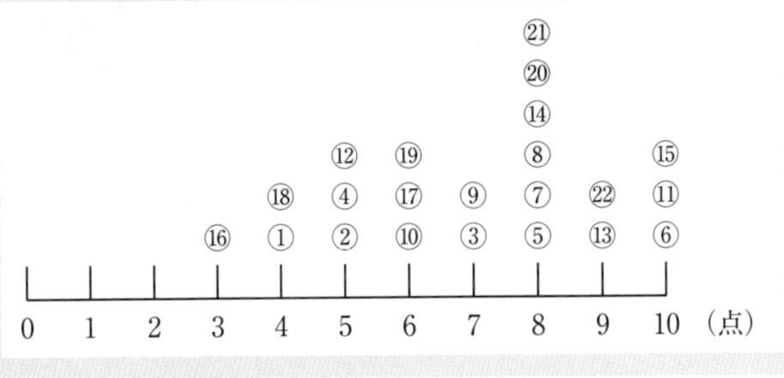

ミス注意！

○をかいたデータには線を引いて，かきまちがえないようにする。

つまずいたら

ドットプロット，資料の平均値，最頻値，中央値について知りたい。

本冊…P.328

(2)　合計 $= 3 + 4 \times 2 + 5 \times 3 + 6 \times 3 + 7 \times 2 + 8 \times 6$
$+ 9 \times 2 + 10 \times 3 = 154$

平均値 $= 154 \div 22 = 7$(点)

最頻値は，最も多く出てくる値だから，8点

中央値は，データを小さい順にならべたとき，11番目と12番目の平均値だから

$(7 + 8) \div 2 = 7.5$(点)

もっとくわしく

データの数が偶数だから中央値は，11番目と12番目の値の平均値となる。

183 (1)　5　(2)　9人，36%

(3)　15m以上20m未満の区間

解説

(1)　$2 +$ ㋐ $+ 9 + 6 + 3 = 25$ だから，
㋐ $= 25 - (2 + 9 + 6 + 3) = 5$

(2)　20m以上の記録の人は，$6 + 3 = 9$(人)

6：20m以上25m未満の人数　3：25m以上30m未満の人数

$9 \div 25 = 0.36 \rightarrow 36\%$

(3)

きょり(m)	人数(人)	よいほうからの順番
5以上 ～ 10未満	2	←24～25番目
10 ～ 15	5	←19～23番目
15 ～ 20	9	←10～18番目
20 ～ 25	6	←4～9番目
25 ～ 30	3	←1～3番目
合　計	25	

184 (1)　6人　(2)　30%　(3)　5番目

(4)　25分以上30分未満の区間

解説

(1)　4（30分以上35分未満の人数）＋ 2（35分以上40分未満の人数）＝ 6(人)

(2)　$6 \div 20 = 0.3 \rightarrow 30\%$

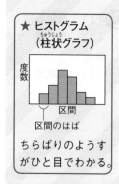

(3)　$1 + 3 + 1 = 5$(番目)

★ヒストグラム（柱状グラフ）

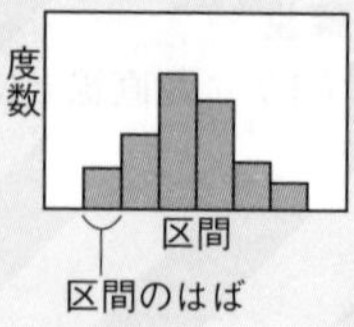

ちらばりのようすがひと目でわかる。

(4)

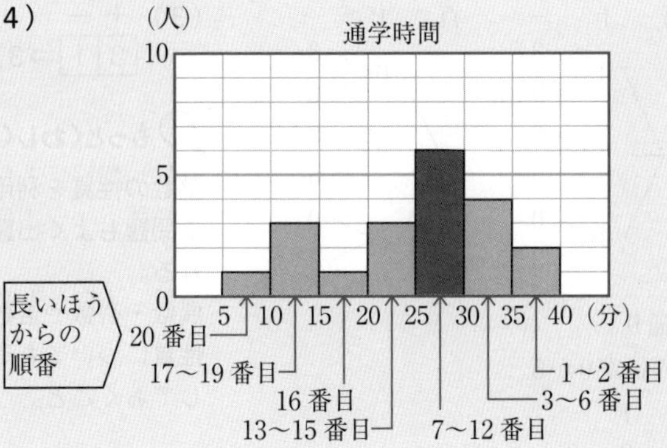

185 (1)　18通り　(2)　8通り　(3)　3通り　(4)　4通り

解説

(1)

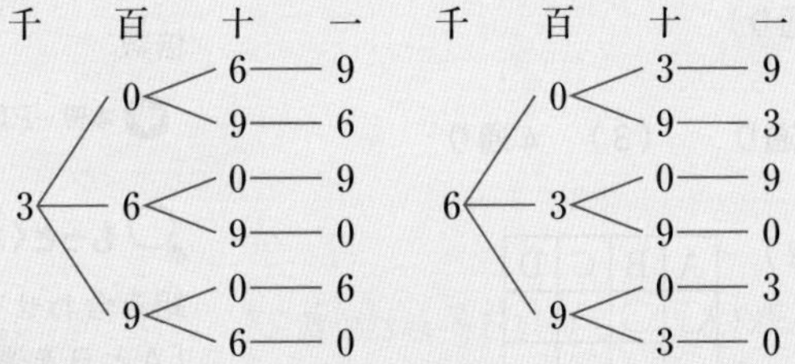

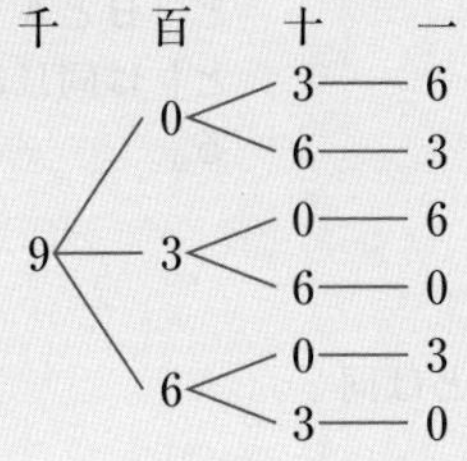

$6 \times 3 = 18$(通り)

ミス注意!

0がある場合，0はいちばん上の位(くらい)には並(なら)べられないことに注意(ちゅうい)する。

(1) 千百十一

3	3	2	1

⇒18通り

つまずいたら

場合の数について知りたい。

本冊…P.338

(2)　百　十　一　　百　十　一　　百　十　一

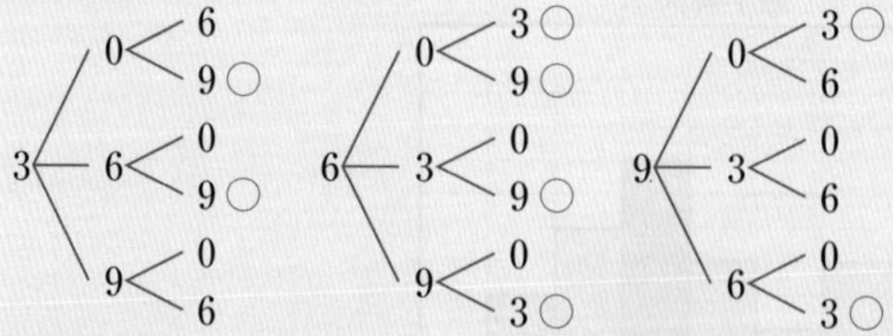

奇数は○をつけた8通り。

(3)　5の倍数の性質…一の位が0か5

十　一　　十　一　　十　一

3 − 0　　6 − 0　　9 − 0　の3通り。

(4)　十の位が6の場合は　69の1通り。

十の位が9の場合は，90，93，96の3通り。

全部で，$1+3=4$(通り)

186 (1)　4通り　(2)　6通り　(3)　4通り

解説

(1)

A	B	C	D
○			
	○		
		○	
			○

4通り

(2)

A	B	C	D
○	○		
○		○	
○			○
	○	○	
	○		○
		○	○

6通り

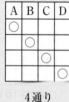

(3)　4人の中から3人を選ぶことと，1人を選ぶことは同じだから，(1)と同じで4通り。

(3)　十 一
[3|1] ⇒3通り

もっとくわしく

整数の性質を利用する問題もよく出題される。
偶数・奇数や倍数の性質についても理解しておくこと。

偶数・奇数

本冊…P.22

倍数

本冊…P.24

もっとくわしく

組み合わせでは，「AとBを選ぶこと」と「BとAを選ぶこと」は同じことである。

187 10通り

解説

500円玉	○	○	○	○			
100円玉	○				○	○	○
50円玉		○			○		
10円玉			○			○	
5円玉				○			○
合計金額(円)	600	550	510	505	150	110	105

500円玉			
100円玉			
50円玉	○	○	
10円玉	○		○
5円玉		○	○
合計金額(円)	60	55	15

合計金額はすべて異なるから，全部で10通り。

もっとくわしく

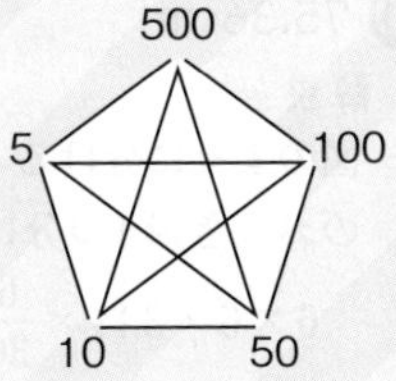

10通り

ミス注意!

問題によっては，こう貨の選び方がちがっても合計金額が同じになることがある。合計金額が何通りあるかを調べること。

188 (1)　6本
(2)　10本

解説

(1)

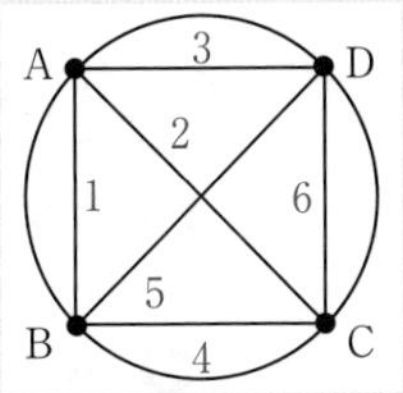

(2)

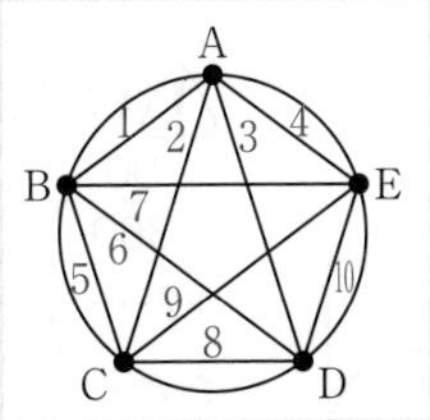

もっとくわしく

(1)は，4つの中から2つを選ぶ組み合わせの数，(2)は，5つの中から2つを選ぶ組み合わせの数に等しい。
よって，場合の数をこのような図をかいて調べることもできる。

発展編

⑱⑨ $75.36cm^2$

解説

図のように分けると，半径6cm，中心角60°のおうぎ形4つ分になる。

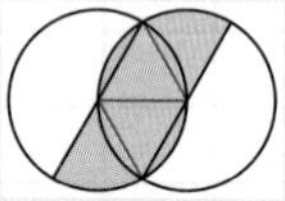

$$6 \times 6 \times 3.14 \times \frac{60}{360} \times 4$$

$$= 24 \times 3.14 = 75.36(cm^2)$$

もっとくわしく

左の図で分けてできた三角形は3つの辺が半径で等しいから正三角形。

⑲⓪ $456cm^2$

解説

正方形の面積は，対角線×対角線÷2でも求められる。

半径20cmの円の面積から，対角線の長さが40cmの正方形の面積をひく。

$$20 \times 20 \times 3.14 - 40 \times 40 \div 2 = 456(cm^2)$$

もっとくわしく

正方形はひし形とみることもできる。

つまずいたら

正方形の面積について知りたい。

本冊…P.168

⑲① $200cm^2$

解説

図のように等積変形すると，底辺20cm，高さ20cmの三角形になる。

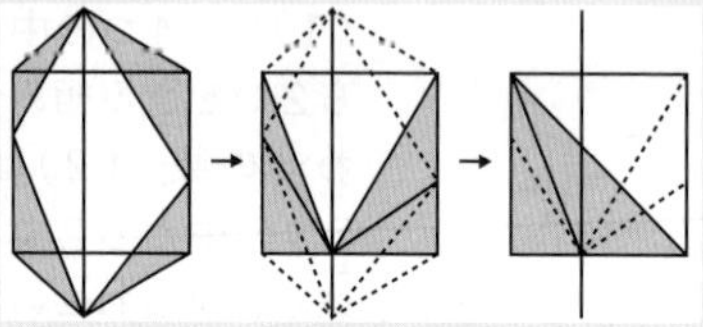

$$20 \times 20 \div 2 = 200(cm^2)$$

つまずいたら

等積変形について知りたい。

本冊…P.350

⑲② $72.96cm^2$

解説

図のように移動すると，半径16cm，中心角90°のおうぎ形から，底辺16cm，高さ16cmの三角形をひいた形になる。

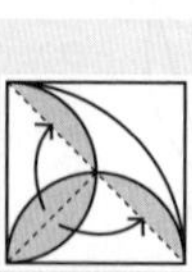

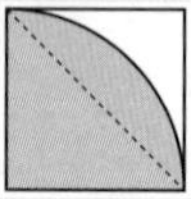

$$16 \times 16 \times 3.14 \times \frac{90°}{360°} - 16 \times 16 \div 2$$

$$= 16 \times 16 \times \frac{1}{4} \times (3.14 - 2)$$

$$= 72.96(cm^2)$$

ミス注意！

$\times\frac{90}{360} \to \times\frac{1}{4}$，

$\div 2 \to \times\frac{1}{2} \to \times\frac{1}{4}\times 2$

だから，

$16 \times 16 \times \frac{1}{4}$

$\times (3.14 - 2)$

と計算すると，まちがいが少ない。

193 31.4cm

解説

(ア)の部分は，円とひし形に共通だから，円とひし形の面積は等しくなる。

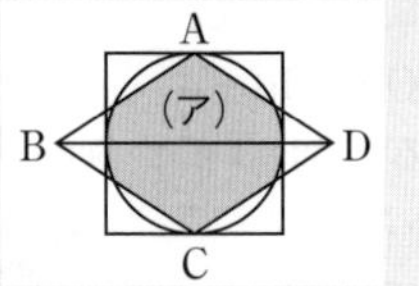

BDの長さを$x$cmとすると，

$20 \times x \div 2 = 10 \times 10 \times 3.14$

$10 \times x = 10 \times 10 \times 3.14$

$x = 10 \times 10 \times 3.14 \div 10 = 31.4$(cm)

つまずいたら

xの値の求め方について知りたい。

本冊…P.133

194 65.94cm^2

解説

(ア)の三角形の辺の比を使うと，$18 \div (2 + 1) = 6$より，円の直径は6cm，小さいおうぎ形の半径は$6 \times 2 = 12$(cm)になる。

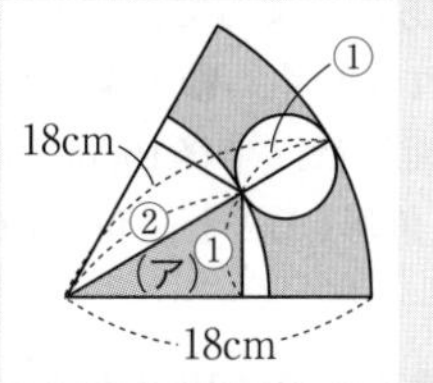

$18 \times 18 \times 3.14 \times \frac{60°}{360°}$

$- 12 \times 12 \times 3.14 \times \frac{60°}{360°} - 3 \times 3 \times 3.14$

$= (54 - 24 - 9) \times 3.14 = 21 \times 3.14 = 65.94$(cm^2)

⚠ミス注意!

3.14をかける計算はまちがいやすいので，最後にまとめてしよう。

195 80m^2

解説

まず，右の図のように，色のついていない斜めの部分をなくすために，色のついた部分を移動する。

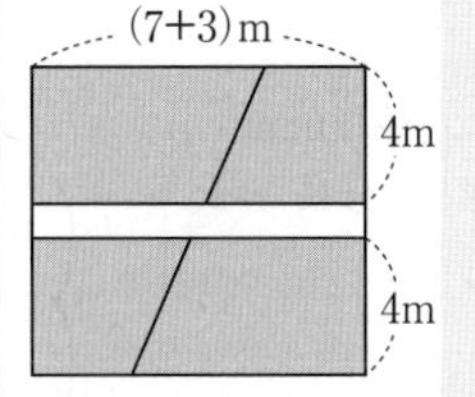

次に，右の図のように，もう一方の色のついていない部分をなくすために，色のついた部分を移動する。

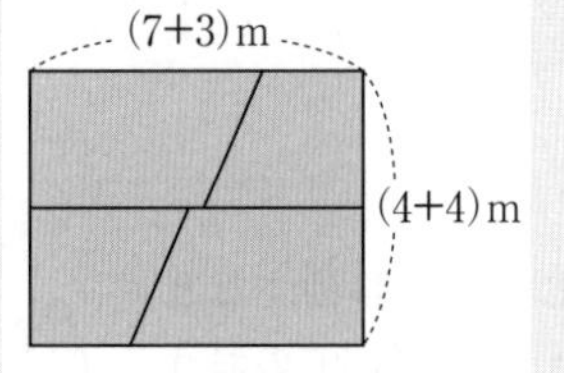

よって，

$(4 + 4) \times (7 + 3) = 80$(m^2)

⚠ミス注意!

そのままの形で考えると，ミスしやすいので，求める部分の面積を移動して考えよう。

196 （1） 8cm　（2） 126.5cm^2

解説

（1） 右の図のように，点B，C，Dをとると，OB = 10 − 4 = 6(cm)である。ABは正方形の1辺だから，
OA = 14 − 6 = 8(cm)

（2） 右の図で，
DA = 14 − 8 = 6(cm)，
BC = 14 − 6 = 8(cm)であり，対応する3つの辺の長さがそれぞれ同じなので，三角形ODAと三角形COBは合同である。よって，同じ印をつけた角の大きさはそれぞれ等しく，●＋▲ = 180° − 90° = 90°だから，求める面積は，半径10cm，中心角90°のおうぎ形CODと三角形ODAと三角形COBの面積の和である。

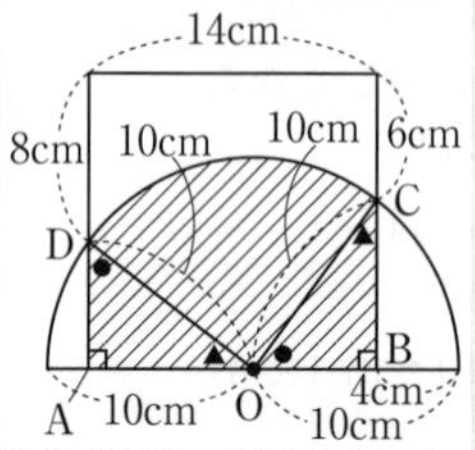

おうぎ形の面積は，$10 \times 10 \times 3.14 \times \frac{90°}{360°} = 78.5(cm^2)$
2つの三角形の面積はどちらも $6 \times 8 \div 2 = 24(cm^2)$
よって，しゃ線部分の面積は，
$78.5 + 24 \times 2 = 126.5(cm^2)$

197 65.94cm

解説

頂点Pが動いたあとは，半径6cm，中心角210°のおうぎ形3つ分になる。

$6 \times 2 \times 3.14 \times \frac{210°}{360°} \times 3$
$= 65.94(cm)$

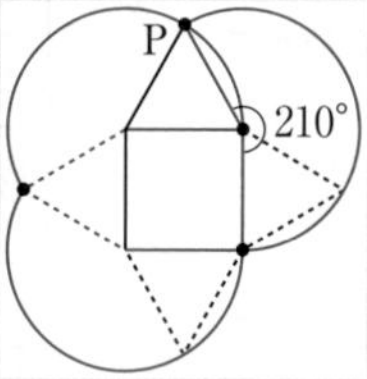

198 1.57cm^2

解説

図のように面積が同じ部分を移動すると求める面積は半径2cm，中心角60°のおうぎ形から半径1cm，中心角60°のおうぎ形をひいた面積に等しい。

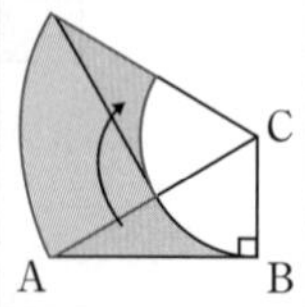

$2 \times 2 \times 3.14 \times \frac{60°}{360°}$
$- 1 \times 1 \times 3.14 \times \frac{60°}{360°} = (4 - 1) \times 3.14 \times \frac{1}{6} = 1.57(cm^2)$

もっとくわしく
分けてできる図形は，三角形，四角形，おうぎ形が多い。

つまずいたら
おうぎ形の面積の求め方を知りたい。
本冊…P.169

ミス注意！
回転の中心を見つけて，頂点Pが移動する位置を確認しよう。

つまずいたら
回転移動について知りたい。
本冊…P.360

199 （1） 20秒後　（2） 50秒後

解説

（1） 直線ＰＱが辺ＡＢとはじめて平行になるのは，図のように
ＡＰ＋ＣＱ＝180cmのときだから，

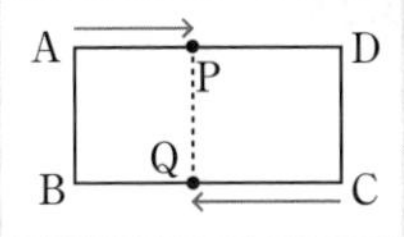

$180 \div (4+5) = 20$(秒後)

（2） 直線ＰＱが辺ＡＤとはじめて平行になるのは，図のように
ＡＤ＋ＤＰ＋ＣＢ＋ＢＱが，
$180 \times 2 + 90 = 450$(cm)になるときだから，

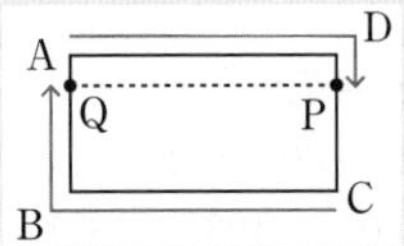

$450 \div (4+5) = 50$(秒後)

200 $9\frac{1}{3}$秒後から11秒後まで

解説

重なり合う部分は，図のア～エのように変化し，イ～ウの間で面積は変わらない。

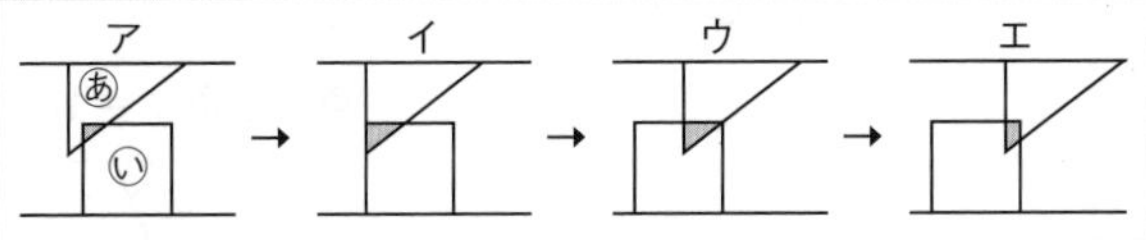

イ～ウのとき，重なり合う部分は㋐の縮図で，

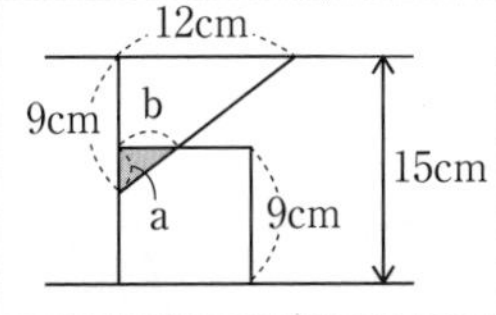

$a = 9 + 9 - 15 = 3$(cm)

よって，$b : 12 = 1 : 3$より，

$b = 4$(cm)となるから，

面積は，$4 \times 3 \div 2 = 6$(cm^2)

㋑を止めて，㋐が右へ毎秒$(1+2)$cmの速さで移動すると考えると，イのとき，

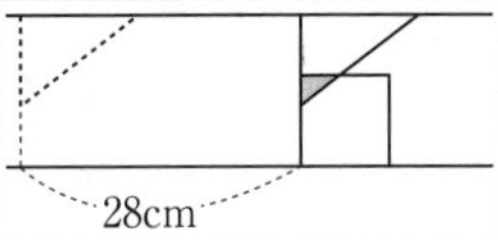

$28 \div (1+2) = 9\frac{1}{3}$(秒後)

ウのとき，

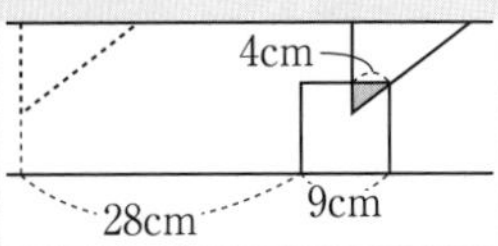

$(28 + 9 - 4) \div (1+2) = 11$(秒後)

もっとくわしく

Ｐは毎秒4cm，Ｑは毎秒5cmの速さで動くから，あわせて毎秒4＋5＝9(cm)動く。

もっとくわしく

アのとき，重なり合う部分は，イ～ウのときの縮図で，面積は6cm^{2}より小さい。

もっとくわしく

２つの図形が同時に動くときは，一方を止めて，もう一方が合計の速さで動くと考える。

201 24°

解説

三角形ＡＢＣは正三角形だから，

角Ｃ＝60°

五角形の内角の和は

　180°×3＝540°

だから，正五角形の1つの内角は

　540°÷5＝108°

　角ＧＦＣ＝180°－108°＝72°

　角ＦＧＣ＝180°－(72°＋60°)＝48°

よって，アの角度は，180°－(108°＋48°)＝24°

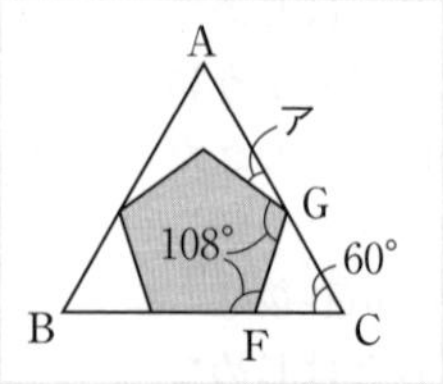

202 x＝108，y＝17

解説

五角形の内角の和は

180°×3＝540°だから，x°は

　540°÷5＝108°

Ｄ，Ｅを通ってℓ，ｍに平行な直線をひくと，図より，

　ア＝108°－19°＝89°

　イ＝180°－89°＝91°

よって，y°＝108°－91°＝17°

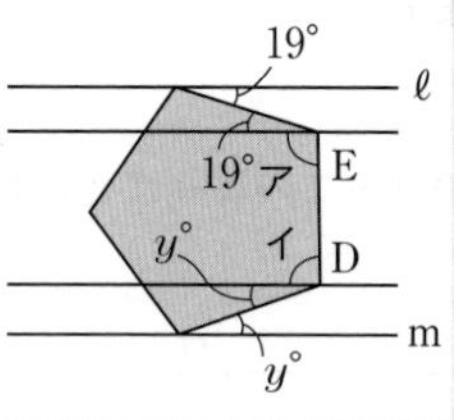

203 70°

解説

折り返した角度は等しいから，図より，

　角ア＝180°－80°×2＝20°

よって，

　角x＝180°－(90°＋20°)

　　＝70°

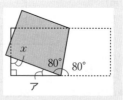

204 21

解説

三角形の外角の定理より，

　62＋x＝47＋36

　　x＝47＋36－62

　　x＝21

つまずいたら

多角形の内角の和について知りたい。

本冊…P.141

もっとくわしく

平行線のさっ角は等しいから，

角㋐＝角㋑

角㋒＋角㋑＝180°

より，

角㋐＋角㋒＝180°

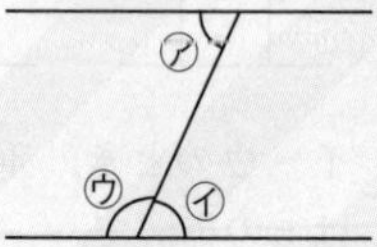

つまずいたら

三角形の外角の定理について知りたい。

本冊…P.148，371

205 16cm²

解説

三角形ＡＢＣの面積と三角形ＡＣＤの面積は等しく，色をつけた三角形の面積はそれぞれ三角形ＡＢＣと三角形ＡＣＤの面積の$\frac{1}{6}$だから，

$$12 \times 8 \div 2 \times \frac{1}{6} \times 2 = 16(\text{cm}^2)$$

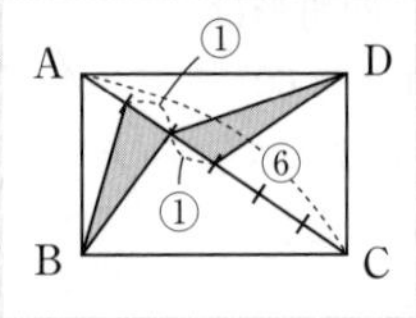

206 9cm

解説

ＡＥ：ＥＤ＝3：4より，

三角形ＡＢＥ：三角形ＥＢＤ

＝3：4

三角形ＡＢＥと三角形ＡＤＣの面積は同じだから，

三角形ＡＢＤ：三角形ＡＤＣ

$=(3+4):3=7:3$

よって，ＢＤ：ＤＣ＝7：3より，ＢＤ：ＢＣ＝7：10

$$BD = BC \times \frac{7}{10} = 45 \times 2 \div 7 \times \frac{7}{10} = 9(\text{cm})$$

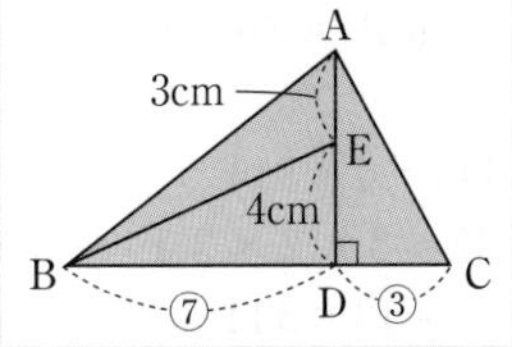

207 ＡＤ…1.8cm，ＢＤ…2.4cm

解説

角ＢＡＤ＝角ＣＡＢ，

角ＡＤＢ＝角ＡＢＣ＝90°だから，

三角形ＡＤＢは三角形ＡＢＣの縮図。よって，辺の比は等しいから，

ＡＤ：ＡＢ＝ＡＢ：ＡＣより，

$AD:3=3:5$，$AD=3\times3\div5=1.8(\text{cm})$

ＢＤ：ＣＢ＝ＡＢ：ＡＣより，

$BD:4=3:5$，$BD=4\times3\div5=2.4(\text{cm})$

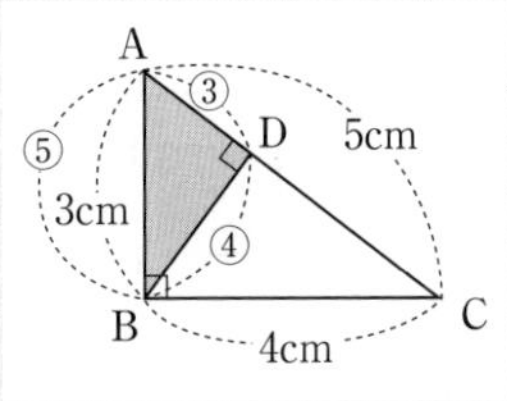

つまずいたら

比の性質について知りたい。

本冊…P.256

もっとくわしく

三角形の面積
＝底辺×高さ÷2
だから，
ＢＣ×7÷2＝45
ＢＣ＝45×2÷7

つまずいたら

a：b＝c：dのとき
b×c＝a×d
内項の積＝外項の積

比例式について知りたい。

本冊…P.257

208 81.4cm

解説

図で三角形は正三角形，四角形は長方形だから，×の角度は60°，△の角度は120°になる。よって，おうぎ形を1つにまとめると円になるから，ひもの長さは，

$(5 + 5) \times 5 + 5 \times 2 \times 3.14 = 81.4$(cm)

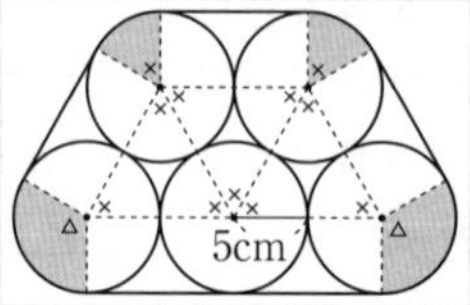

つまずいたら

おうぎ形について知りたい。

本冊…P.160

209 8cm

解説

Aに入っている水を，底面積が(Aの底面積)＋(Bの底面積)の容器に移すと考える。

Aの底面積 $= 2 \times 2 \times 3.14 = 4 \times 3.14$

Aの底面積＋Bの底面積 $= 2 \times 2 \times 3.14 + 3 \times 3 \times 3.14$

$= 13 \times 3.14$

だから，Aの底面積：(Aの底面積＋Bの底面積) $= 4 : 13$

よって，水を移しかえたあとの深さを$x$cmとすると，

$26 : x = 13 : 4$より，$x = \dfrac{26 \times 4}{13} = 8$(cm)

もっとくわしく

Aに入っている水の体積を(A＋B)の底面積でわってもよい。

$4 \times 3.14 \times 26 \div (13 \times 3.14) = 8$(cm)

210 4cm

解説

FG = 15cmを高さとして，底面積で考える。図1で，270cm^3水を減らすと，

$270 \div 15 \div 9 = 2$(cm)水面が低くなる。

よって，

四角形IEFJ $= (10 - 2) \times 9(\text{cm}^2)$

四角形AEFP $= (\text{PF} + 12) \times 9 \div 2(\text{cm}^2)$

この2つは等しいから，PF $= (10 - 2) \times 2 - 12 = 4$(cm)

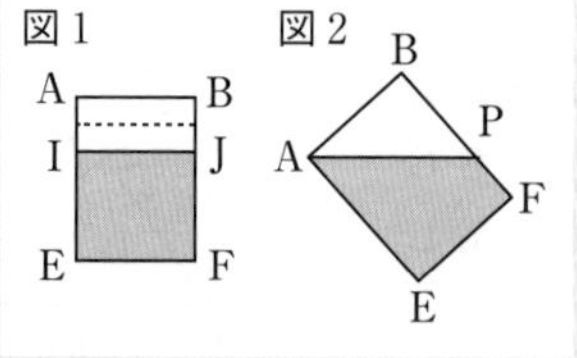

もっとくわしく

角柱の体積＝底面積×高さだから，FGを高さと考えると，底面積が等しければ，体積も等しくなる。

211 2cm

解説

面積図で考えると，あからいに水が移ったから，あ＋う＝い＋う

よって，四角柱の底面積は，

$36 \times 1 \div (1 + 8) = 4(\text{cm}^2)$

四角柱の底面の1辺の長さは，2cm

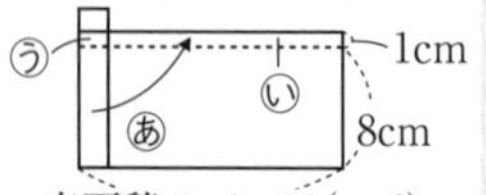

底面積 $4 \times 9 = 36(\text{cm}^2)$

もっとくわしく

水面の高さが8cmから9cmに変わったから，比は8：9。よって，底面積の比は9：8だから，四角柱の底面積は，

$36 - 36 \times \dfrac{8}{9} = 4(\text{cm}^2)$

としても求められる。

212 4cm

解説

面積図で考えると，ⓐからⓘに水が移ったから，おもりを引き上げた長さは，

$(150-25)\times 0.8\div 25=4$(cm)

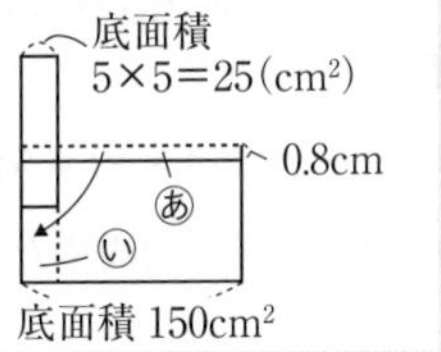

213 7

解説

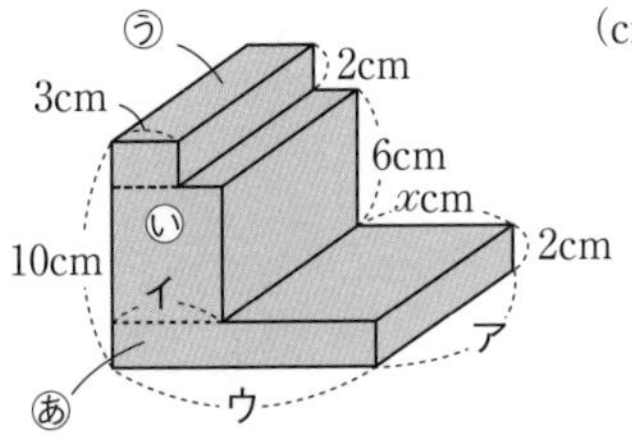

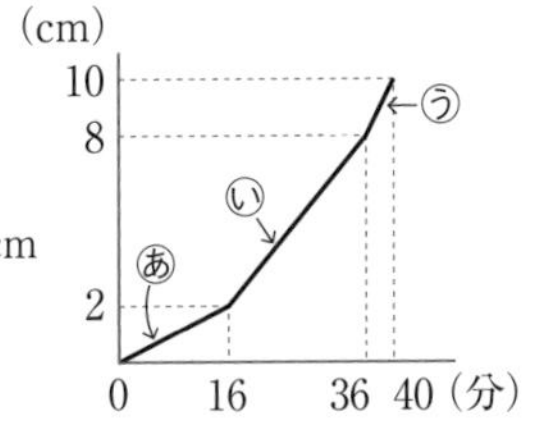

グラフから，次のことがわかる。

ⓐの体積 $=24\times 16=384$(cm³)

ⓘの体積 $=24\times(36-16)=480$(cm³)

ⓤの体積 $=24\times(40-36)=96$(cm³)

ⓤの体積から，ア $=96\div(3\times 2)=16$(cm)

ⓘの体積から，イ $=480\div(16\times 6)=5$(cm)

ⓐの体積から，ウ $=384\div(16\times 2)=12$(cm)

よって，$x=$ ウ－イ $=12-5=7$

214 (1)　8　(2)　75

解説

(1)　グラフから，㋐の部分の水面の高さがしきり板の高さ(5cm)になるのに30秒かかることがわかる。

$A=20\times 30\div(15\times 5)=8$

(2)　Bは，㋑の部分の水面の高さがしきり板の高さになるまでの時間だから，

$B=15\times 20\times 5\div 20=75$

215 260cm²

解説

側面積は，$10\times 8\div 2\times 4=160$(cm²)

底面積は，$10\times 10=100$(cm²)

よって，表面積は，$160+100=260$(cm²)

もっとくわしく

ⓐとⓘの底面積の比は25：125＝1：5だから，高さの比は5：1になることを使ってもよい。

つまずいたら

直方体の体積の求め方について知りたい。

本冊…P.232

もっとくわしく

AとBについて，

(1) 20×30
＝A×15×5

(2) 15×20×5
＝20×B

が成り立つ。

216 (1)　円すい　(2)　5cm　(3)　392.5cm²

解説

(2)　おうぎ形の弧の長さと底面の円の円周の長さは等しいから，円の半径は，

$$20 \times 2 \times 3.14 \times \frac{90°}{360°} \div (3.14 \times 2) = 5(\text{cm})$$

(3)　側面積＝母線×底面の半径×円周率だから，

側面積＝$20 \times 5 \times 3.14$

表面積＝側面積＋底面積より，

$$20 \times 5 \times 3.14 + 5 \times 5 \times 3.14$$
$$= (20 + 5) \times 5 \times 3.14 = 392.5(\text{cm}^2)$$

217 300cm³

解説

$$10 \times 10 \times 9 \div 3 = 300(\text{cm}^3)$$

218 200.96cm³

解説

$$4 \times 4 \times 3.14 \times 12 \div 3 = 200.96(\text{cm}^3)$$

219 471cm³

解説

図のような，円すい2つと円柱1つを組み合わせた立体ができる。

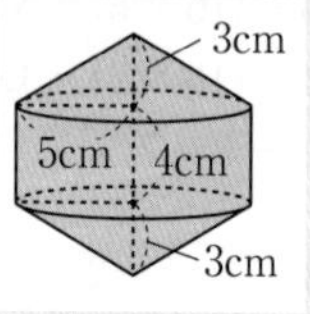

$$5 \times 5 \times 3.14 \times 3 \div 3 \times 2$$
$$+ 5 \times 5 \times 3.14 \times 4$$
$$= (5 \times 5 \times 2 + 5 \times 5 \times 4) \times 3.14$$
$$= 471(\text{cm}^3)$$

220 7個

解説

見取図で表すと，図のようになる。

上から，3個，2個，2個だから，全部で7個。

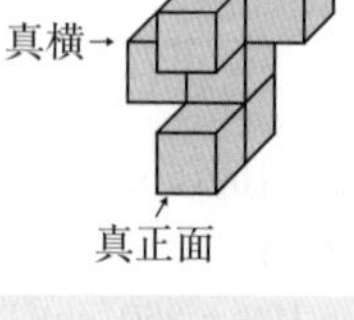

もっとくわしく

$$\frac{中心角}{360°} = \frac{底面の半径}{母線}$$

が成り立つから，これを使って円の半径を求めてもよい。

つまずいたら

円すいの体積について知りたい。

本冊…P.401

221 128cm²

解説

展開図をかくと，最も短いときは辺ＡＧとなる。求める正方形の面積は，1辺が8 × 2 = 16(cm)の正方形の面積の半分だから，求める面積は，

$16 \times 16 \div 2 = 128(cm^2)$

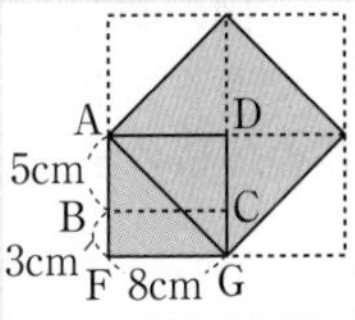

222 48cm

解説

展開図をかくと，ＢＦとＡＣは垂直になる。三角形ＡＢＣの面積より，

$BF = 30 \times 20 \div 25$

$= 24(cm)$

よって求める糸の長さは，$24 \times 2 = 48(cm)$

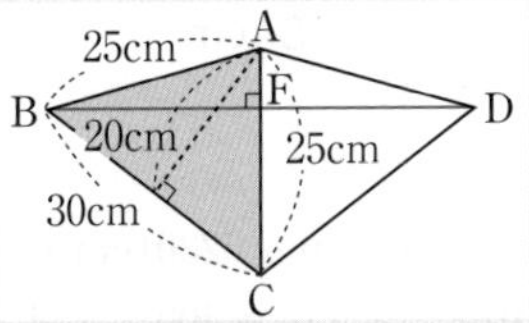

もっとくわしく

三角形ＡＢＣの面積は，底辺をＢＣとすると，30 × 20 ÷ 2
底辺をＡＣとすると
25 × ＢＦ ÷ 2

223 六角形

解説

図のように切ったときに，切り口が六角形になる。

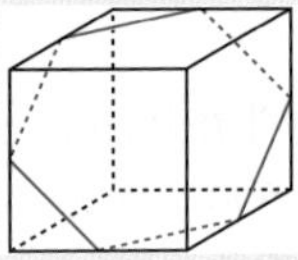

もっとくわしく

最も角数が少ないのは三角形である。

224 1072cm³

解説

直方体の体積から4つの三角すいの体積をひく。

直方体の体積は，

$8 \times 10 \times 16 = 1280(cm^3)$

三角すいＦ－ＢＱＰの体積は，

$3 \times 4 \div 2 \times 16 \div 3 = 32(cm^3)$

三角すいＧ－ＣＲＱの体積は，

$6 \times 5 \div 2 \times 16 \div 3 = 80(cm^3)$

三角すいＨ－ＤＳＲの体積は，

$6 \times 4 \div 2 \times 16 \div 3 = 64(cm^3)$

三角すいＥ－ＡＰＳの体積は，

$6 \times 2 \div 2 \times 16 \div 3 = 32(cm^3)$

よって，求める体積は，

$1280 - (32 + 80 + 64 + 32) = 1072(cm^3)$

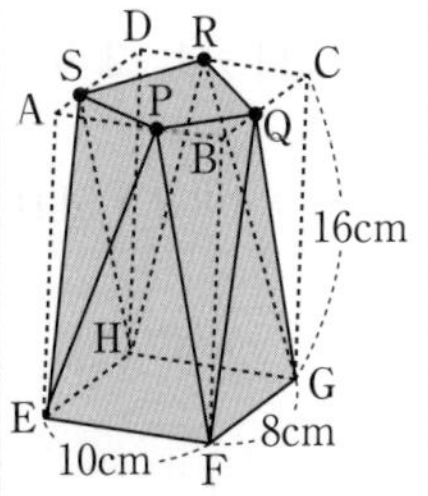

つまずいたら

三角すいの体積の求め方を知りたい。

本冊…P.401

225 $500cm^3$

解説

問題の図形を2つ重ねると，図のように1辺が10cmの立方体ができる。求める体積は，この立方体の体積の半分だから，

$10 \times 10 \times 10 \div 2 = 500(cm^3)$

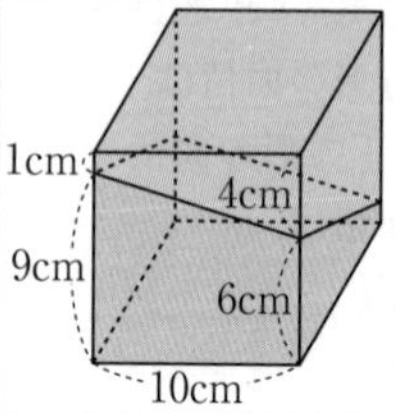

226 （1） 体積 $6280cm^3$，表面積 $1884cm^2$

（2） $514cm^2$

解説

（1） 体積は，$10 \times 10 \times 3.14 \times 20 = 6280(cm^3)$

側面積は，$20 \times 10 \times 2 \times 3.14 = 400 \times 3.14$

底面積は，$10 \times 10 \times 3.14 = 100 \times 3.14$

表面積＝側面積＋底面積×2より，

$400 \times 3.14 + 100 \times 3.14 \times 2$

$= (400 + 200) \times 3.14 = 600 \times 3.14$

$= 1884(cm^2)$

（2） 図のような底面が半径10cm，中心角90°のおうぎ形，高さが10cmの立体になる。

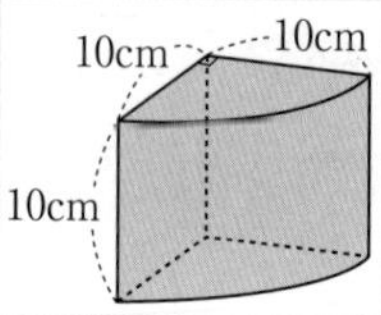

側面積は，

$10 \times 10 \times 2 \times 3.14 \div 4 + 10 \times 10 \times 2$

$= 357(cm^2)$

底面積は，$10 \times 10 \times 3.14 \div 4$ より，

表面積は，

$357 + 10 \times 10 \times 3.14 \div 4 \times 2 = 514(cm^2)$

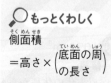

もっとくわしく

側面積

＝高さ×（底面の周の長さ）

227 52と18

解説

(和＋差)÷2＝㊅より，

$(70 + 34) \div 2 = 52$

小さい方の数は，

$70 - 52 = 18$

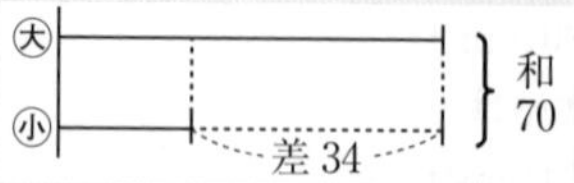

つまずいたら

和差算について知りたい。

本冊…P.424

228 兄2900円，弟2100円

解説

(和＋差)÷2＝㊅

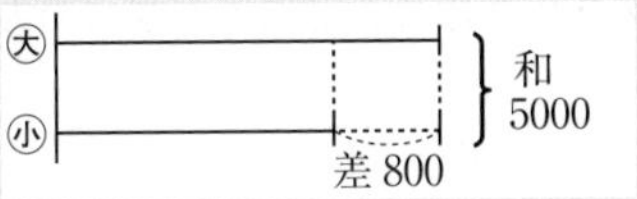

より，兄は，

(5000＋800)÷2

＝2900(円)

弟は，5000－2900＝2100(円)

229 2：3

解説

縦＋横＝周囲の長さ÷2＝60÷2＝30(cm)

縦の長さは，

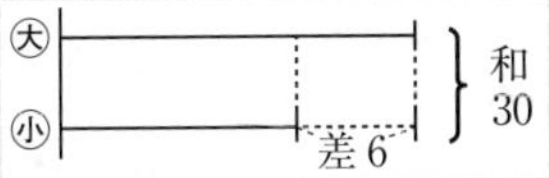

(30－6)÷2＝12(cm)

横の長さは，

30－12＝18(cm)

よって，比で表すと，12：18＝2：3

⚠ミス注意！

縦と横の長さの和を60cmとしないこと。

230 94

解説

AはBより大きく，BはCより大きいから，いちばん大きい数はAである。

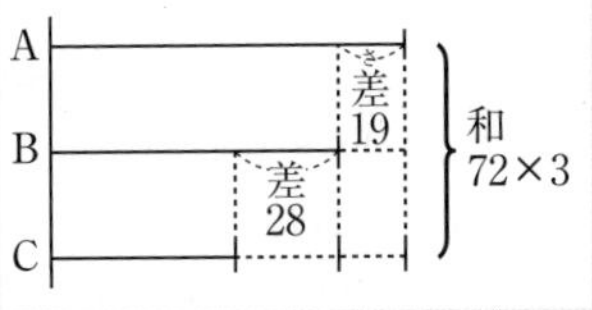

平均が72だから，3つの数の和は，

72×3＝216

Aにそろえると，

216＋(19＋28＋19)＝282

これがAの3倍だから，Aは，282÷3＝94

もっとくわしく

色をつけた部分がかくれている差である。

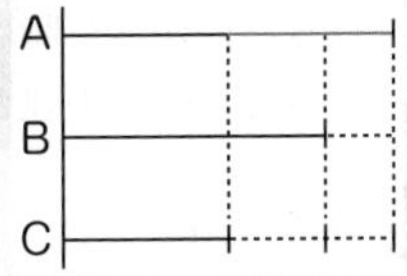

231 毎分80m

解説

同じ方向に歩くときは，560mはなれた姉が28分後に妹に追いつくと考えて，速さの差は，560÷28＝20(m/分)

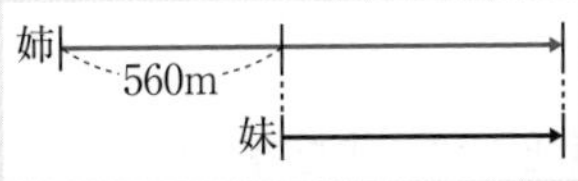

反対方向に歩くときは，560mはなれた2人が近づくと考えて，速さの和は，

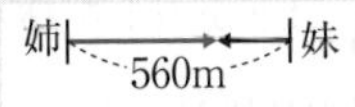

560÷4＝140(m/分)

よって，姉の速さは，(和＋差)÷2＝㊅より，

(140＋20)÷2＝80(m/分)

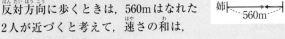

232 71.8点

解説

クラス全体の平均点＝クラス全体の合計点÷クラスの人数だから,

$\underline{(74 \times 18 + 70 \times 22)} \div \underline{(18 + 22)} = 71.8$(点)

男子の合計点と女子の合計点の和　クラスの人数

233 5回目

解説

面積図をかくと，図のようになる。

$(94 - 82) \times 1 = 12$(点)が今までの平均点より増えた分だから,

今までのテストの回数は,

$12 \div (82 - 79) = 4$(回)

よって，今回のテストは5回目。

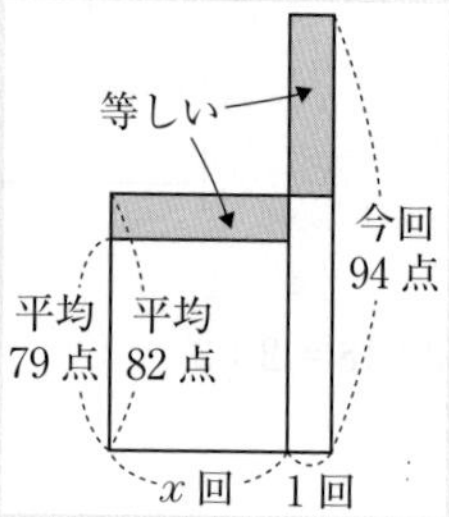

ミス注意!

今回のテストの回数を聞かれているから，今までのテストの回数に1をたすのを忘れないように注意する。

234 4

解説

往復にかかった時間は，$2.4 \times 2 \div 4.8 = 1$(時間)

行きにかかった時間は，$2.4 \div 6 = 0.4$(時間)

よって，帰りの速さは，$2.4 \div (1 - 0.4) = 4$(km/時)

もっとくわしく

時速4kmを4km/時と表すこともある。

235 分速72m

解説

往復にかかった時間は，$360 \times 2 \div 65\frac{5}{11} = 11$(分)

帰りにかかった時間は，$11 - 6 = 5$(分)

よって，帰りの速さは，$360 \div 5 = 72$(m/分)

もっとくわしく

分速72mを72m/分と表すこともある。

236 140円

解説

ノートを㋨，えん筆を㋓として，式を書くと,

㋨×5＋㋓×3＝910

㋨×7＋㋓×3＝1190　）下から上をひく。

となるから，ノート1冊の値段は,

$(1190 - 910) \div 2 = 140$(円)

もっとくわしく

えん筆1本の値段は,

140×5＋㋓×3

＝910

より70円。

237 200円

解説

チューリップを(チ)，ユリを(ユ)として，式を書くと，

(チ)×3＋(ユ)×4＝1250

(チ)×9＋(ユ)×13＝3950

3倍

(チ)×9＋(ユ)×12＝3750

となるから，ユリ1本の値段は

3950－1250×3＝200(円)

もっとくわしく

チューリップ1本の値段は，

(チ)×3＋200×4＝1250

より150円。

238 130円

解説

ケーキを(ケ)，プリンを(プ)として，式を書くと，

(ケ)×3＋(プ)×4＝1690

(ケ)＝(プ)×3

(ケ)を(プ)×3におきかえる。

(プ)×3×3＋(プ)×4＝1690

となるから，全部プリンだとするとその個数は，

3×3＋4＝13(個)

その代金が1690円だから，

1690÷13＝130(円)

もっとくわしく

ケーキ1個の値段は，プリン3個の代金と同じだから，

130×3＝390(円)

239 20円

解説

チョコレートを(チ)，あめを(あ)として，式を書くと，

(チ)×2＋(あ)×5＝340

(チ)＝(あ)×6

(チ)を(あ)×6におきかえる。

(あ)×6×2＋(あ)×5＝340

となるから，全部あめだとすると，その個数は，

6×2＋5＝17(個)

その代金が340円だから，あめ1個の値段は

340÷17＝20(円)

もっとくわしく

チョコレート1枚の値段は，あめ6個の代金と同じだから，

20×6＝120(円)

240 580円

解説

りんごを(り)，みかんを(み)，なしを(な)，ふくろAを(A)として，式を書くと，

(り)×3＋(み)×4＋(な)×5＋(A)＝1870　…(ア)

(り)×4＋(み)×5＋(な)×6＋(A)＝2300　…(イ)

(イ)から(ア)をひくと，

(り)＋(み)＋(な)＝430

(り)×3＋(み)×3＋(な)×3＝430×3　（3倍）

となるから，求める代金の合計は，

1870－430×3＝580(円)

もっとくわしく

(ア)から，りんご3個とみかん3個となし3個の値段の合計をひくと，みかん1個となし2個とふくろAの値段の合計が求められる。

241 20分後

解説

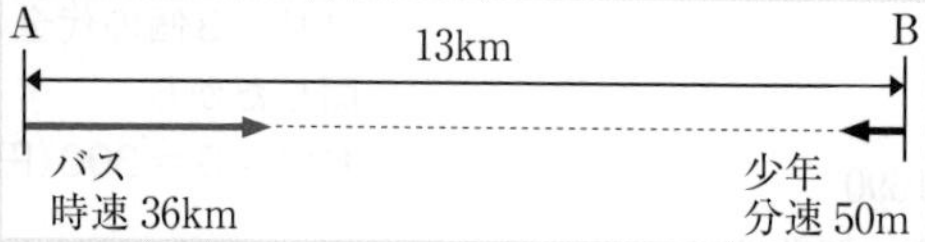

単位をそろえて，旅人算の公式を使う。

13km＝13000m，時速36km＝分速600mより，

13000÷(600＋50)＝20(分後)

つまずいたら

速さについて知りたい。

本冊…P.286

242 20分後

解説

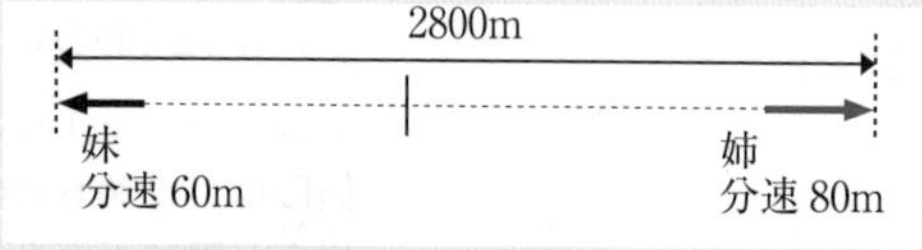

旅人算の公式を使う。

2800÷(80＋60)＝20(分後)

243 時速5km

解説

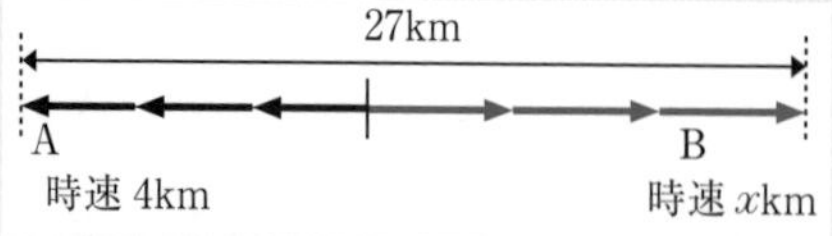

旅人算の公式　速さの和×時間＝2人の間のきょり

より，Bの速さは，

27÷3－4＝5(km/時)

もっとくわしく

公式より，

(4＋x)×3＝27

となる。

もっとくわしく

時速5kmを5km/時と表すこともある。

244 1.4m

解説

まず，単位をそろえて速さを比べる。

選手…毎秒9.9m = 毎分594m = 毎時35.64km

騎手…毎秒9.66…m = 毎分580m = 毎時34.8km

中学生…毎秒9.72…m = 毎分583.3…m = 毎時35km

最も速いのは選手，最もおそいのは騎手だから，

6秒後，つまり0.1分後の2人の差は，

$(594 - 580) \times 0.1 = 1.4$(m)

もっとくわしく

6秒後なので毎秒の速さを使いたいが，騎手の速さががい数になってしまうから，毎分の速さを使う。

245 時速40km

解説

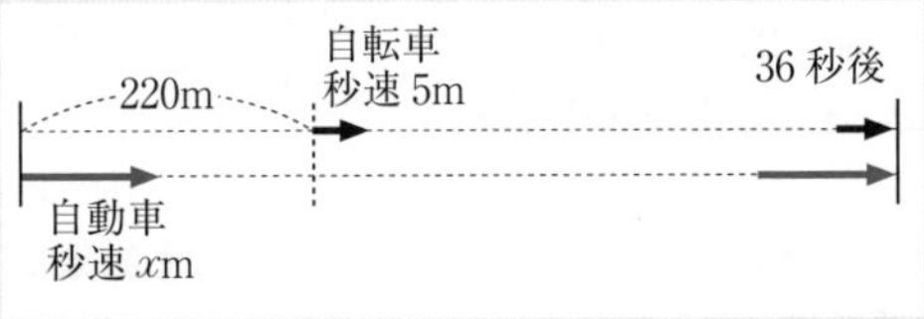

旅人算の公式　速さの差×時間 = 2人の間のきょり

より，自動車の速さは，$220 \div 36 + 5 = 11\frac{1}{9}$(m/秒)

時速になおすと，

$11\frac{1}{9} \times 60 \times 60 = 40000$(m/時)　⇒40(km/時)

もっとくわしく

公式より，

$(x-5) \times 36 = 220$

となる。

246 (1)　4：3　(2)　51cm

解説

(1)　同じきょりをお父さんは5歩，まなぶ君は8歩で進むから，歩幅の比は，

お父さん：まなぶ君 = 8：5

になる。

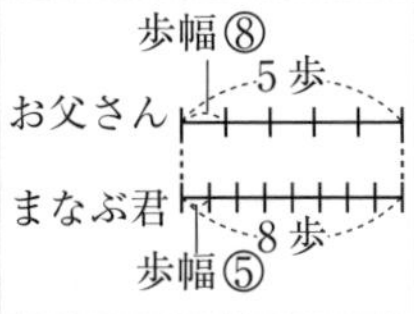

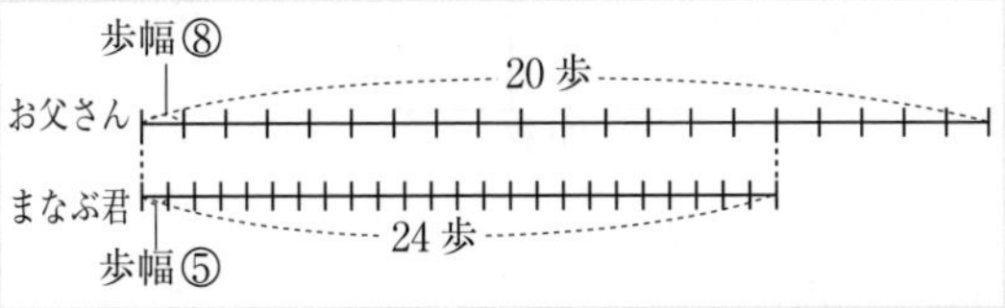

1分間でお父さんが20歩，まなぶ君が24歩進むから，

速さ(同じ時間で進むきょり)の比は，

歩幅×歩数 = きょり　より，

お父さん：まなぶ君 = $(8 \times 20):(5 \times 24) = 4:3$

もっとくわしく

同じきょりの歩数の比が

お父さん：まなぶ君

＝5：8

だから，お父さんの15歩とまなぶ君の24歩は同じきょりになる。

(2)　1分間で2人がはなれるきょりは，

$102 \div 25 = 4.08(\text{m}) \rightarrow 408\text{cm}$

これがお父さんの5歩分にあたり，まなぶ君の8歩分と同じ。よって，まなぶ君の歩幅は，

$408 \div 8 = 51(\text{cm})$

もっとくわしく

(1)の線分図より，1分間でお父さんが5歩分多く進む。

247 毎秒0.8m

解説

A地点とB地点のちょうど真ん中の地点をMとすると，A地点からM地点までとM地点からB地点までにかかった時間の比は，

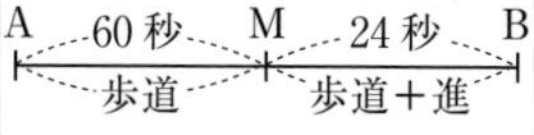

$(\text{A}\sim\text{M}):(\text{M}\sim\text{B}) = 60:(84-60) = 60:24 = 5:2$

だから，動く歩道の速さと，動く歩道の速さと進さんの速さの和の比は，2：5となる。

よって，動く歩道の速さと進さんの速さの比は，

$2:(5-2) = 2:3$ だから，動く歩道の速さは，

$1.2 \times \dfrac{2}{3} = 0.8(\text{m}/秒)$

もっとくわしく

時間の比が5：2だから，速さの比は，道のりを1とすると，

$(1 \div 5):(1 \div 2)$

$= \dfrac{1}{5} : \dfrac{1}{2} = 2:5$

となる。(道のりはいくつでも結果は同じ)

248 128秒

解説

エスカレーターが1段進むのにかかる時間は，

$48 \div (40 - 25) = 3.2(秒)$

よって，求める時間は，$3.2 \times 40 = 128(秒)$

249 切手12枚，ハガキ8枚

解説

切手とハガキの代金は，

$1000 - 40 = 960(円)$

全部切手だと考えたときの代金は，$40 \times 20 = 800(円)$

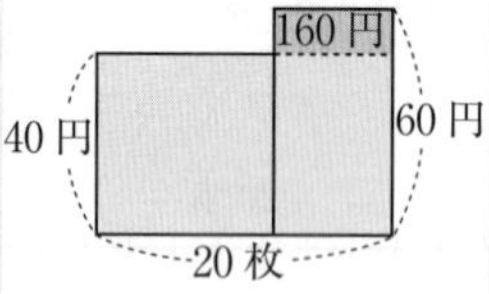

実際の代金との差は，

$960 - 800 = 160(円)$

1枚あたりの差は，$60 - 40 = 20(円)$

よって，ハガキの枚数は，$160 \div 20 = 8(枚)$

切手の枚数は，$20 - 8 = 12(枚)$

ミス注意!

代金は1000円ではないことに注意。

㉕⓪ 13勝5敗

解説

春子の増えた点数は,

300 − 190 = 110(点)

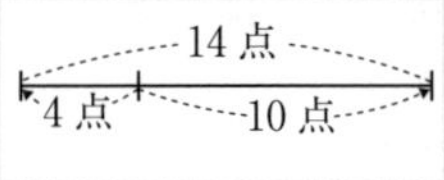

全部春子が勝ったと考えると,

10 × 18 = 180(点)増える。

実際との差は, 180 − 110 = 70(点)

1回あたりのちがいは, 10 + 4 = 14(点)だから, 春子が負けた回数は, 70 ÷ 14 = 5(回)

勝った回数は, 18 − 5 = 13(回)

⚠ミス注意!

1回あたりのちがいを10－4＝6(点)としないこと。

251 6日

解説

1日に売れる金額は,

晴れ…150 × 12

= 1800(円)

くもり…150 × 5

= 750(円)

雨…150 × 3

= 450(円)

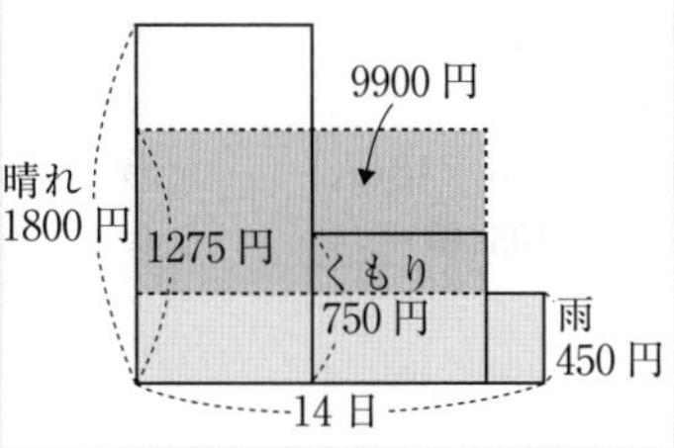

晴れの日数とくもりの日数が同じだから, セットにして, 1日に150 × (12 + 5) ÷ 2 = 1275(円)売れると考える。

全部雨だと考えると売れた金額は, 450 × 14 = 6300(円)

実際との差は, 16200 − 6300 = 9900(円)

1日分の差は, 1275 − 450 = 825(円)

よって, 晴れの日数は, 9900 ÷ 825 ÷ 2 = 6(日)

もっとくわしく

晴れの日もくもりの日も,

(12＋5)÷2

＝8.5(本)

売れると考える。

252 1.4km

解説

数量の関係を面積図に表す。

時速の差は,

7 − 6 = 1(km/時)

時速7kmで歩いた時間は,

6 × 2 ÷ 1 = 12(分)

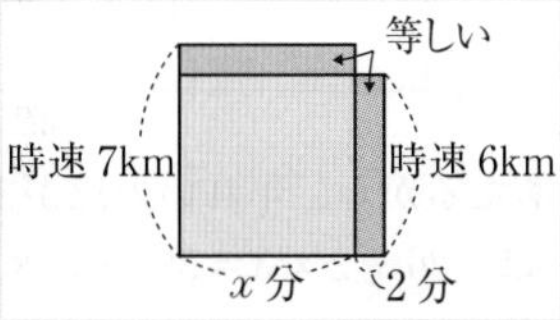

求める道のりは, 12分 = 0.2時間より,

7 × 0.2 = 1.4(km)

もっとくわしく

全体の差は

(7－6)×x＝x

これが

6×2

と等しい。

253 63個

解説

数量の関係を面積図で表すと，図のようになる。

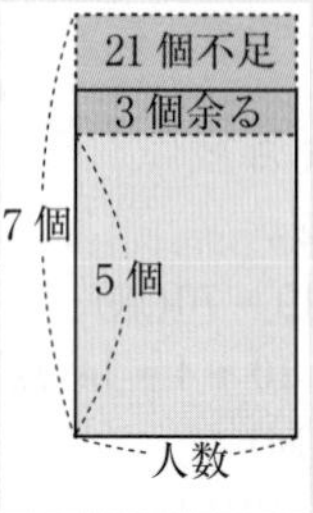

1人分の差は，$7 - 5 = 2$(個)
全体の差は，$21 + 3 = 24$(個)
だから，子どもの人数は，
$24 \div 2 = 12$(人)
あめの数は，
$5 \times 12 + 3 = 63$(個)

> **もっとくわしく**
> 全体の差
> ＝余り＋不足

254 105個

解説

1人分の差は，$8 - 3 = 5$(個)
全体の差は，$51 + 39 = 90$(個)
だから，子どもの人数は，$90 \div 5 = 18$(人)
みかんの数は，$3 \times 18 + 51 = 105$(個)

255 39

解説

1冊分の差は，$240 - 220 = 20$(円)
全体の差は，$960 - 180 = 780$(円)
だから，ノートの冊数は，$780 \div 20 = 39$(冊)
ノートは1冊ずつ配るから，求める人数は，39人

> **もっとくわしく**
> 全体の差
> ＝不足－不足

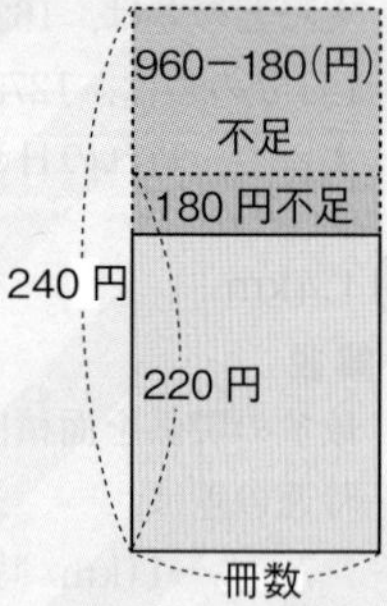

256 27年後

解説

年れいの関係を線分図に表すと，図のようになる。

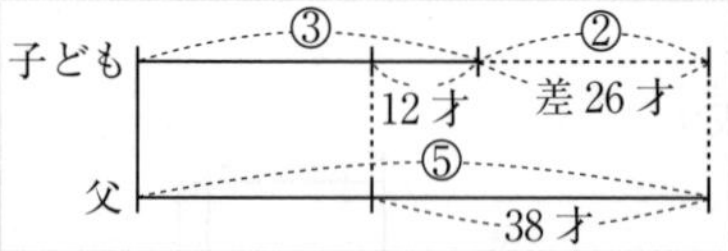

年れいの差の
$38 - 12 = 26$(才)が②にあたるから，年れいの比が3：5になるときの子どもの年れいは，$26 \div 2 \times 3 = 39$(才)
よって，$39 - 12 = 27$(年後)

257 14才

解説

年れいの関係を線分図で表すと，図のようになる。

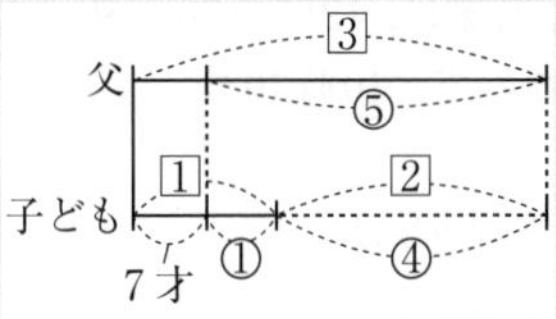

[3]－[1]＝[2]が，⑤－①＝④にあたるから，[1]は②にあたる。

よって，7才は，

[1]－①＝②－①＝①にあたるから，求める年れいは，

$7 \times 2 = 14$(才)

258 14年後

解説

①年後に父の年れいと3人の兄弟の年れいが同じになるとすると，父の年れいは①才増え，3人の兄弟の年れいは合わせて③才増えるから，

54＋①＝26＋③

②＝28

①＝14

259 10人

解説

右の図で考えると，兄だけがいる人はあにあてはまる。

あ＝$32 - 4 - 12 - 6 = 10$(人)

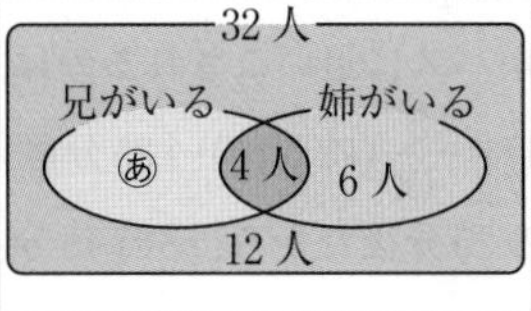

右の表で考えると，兄だけがいる人は㋐にあてはまる。

㋑＝$4 + 6 = 10$

㋒＝$32 - 10 = 22$

㋐＝$22 - 12 = 10$

		姉 いる	姉 いない	合計
兄	いる	4	㋐	
兄	いない	6	12	
合計		㋑	㋒	32

260 (1) 7200m (2) 10時10分

解説

(1) 12時の1時間後の13時に頂上を出発し，分速80mで歩いて，14時30分に帰ってきたから，

14時30分－13時＝1時間30分＝90分より，

$80 \times 90 = 7200$(m)

もっとくわしく

現在の年れいの比と7年後の年れいの比の関係を考える。

もっとくわしく

兄がいない人の合計

6＋12＝18(人)

兄がいる人の合計

32－18＝14(人)

よって

㋐＝14－4＝10(人)

と求めてもよい。

（2） 上り坂の道のりは，$7200-80\times30=4800$(m)
上り坂を歩いた時間は，$4800\div60=80$(分)
よって，出発した時刻は，12時の $30+80=110$(分前)
→1時間50分前なので，10時10分

261 （1） 7km （2） 8時45分

解説

（1） 9時 − 7時30分 = 1時間30分 = 1.5時間より，太郎君の時速は，$21\div1.5=14$(km/時)
8時10分 − 7時40分 = 30分 = 0.5時間より，バスの時速は，$21\div0.5=42$(km/時)
また，太郎君が7時30分から7時40分までに進んだ道のりは，$14\times\frac{1}{6}=\frac{7}{3}$(km)だから，
バスと太郎君が最初に出会うのは7時40分の
$\left(21-\frac{7}{3}\right)\div(42+14)=\frac{1}{3}$(時間後)
よって，$\frac{7}{3}+14\times\frac{1}{3}=7$(km)

（2） 太郎君が8時20分までに進んだ道のりは，
$14\times\frac{5}{6}=\frac{35}{3}$(km)
よって，太郎君がバスに追いこされるのは，
$\frac{35}{3}\div(42-14)=\frac{5}{12}$(時間後)→25分後
より，8時20分の25分後だから，8時45分。

つまずいたら
旅人算について知りたい。
本冊…P.440

もっとくわしく
ここでも旅人算を使っている。

262 （1） 480 （2） 36

解説

（1） 速さ×時間
＝電車の長さ＋鉄橋の長さ
より，鉄橋の長さは
$1710\times\frac{1}{3}-90=480$(m)

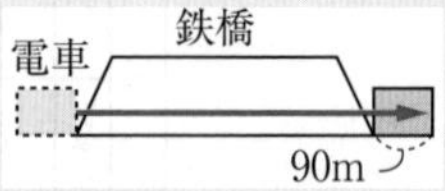

（2） 速さ＝列車の長さ÷時間
より，
$144\div4=36$(m/秒)

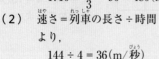

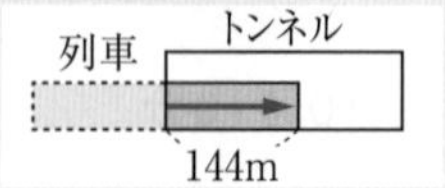

もっとくわしく
20秒$=\frac{1}{3}$分

263 毎時54km

解説

図より，列車は675m走るのに

54 − 9 = 45(秒)かかる。

よって，速さは，

675 ÷ 45 = 15(m/秒)

→ 毎時54km

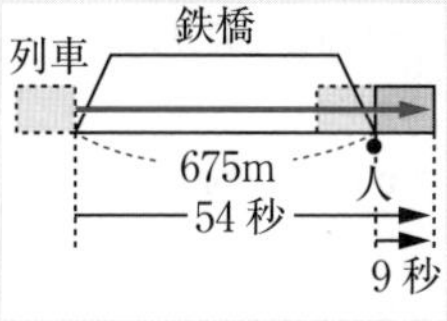

264 7秒

解説

時速36km = 秒速10m，時速72km = 秒速20m

すれちがうのにかかる時間

= 電車の長さの和 ÷ 電車の速さの和　より，

(108 + 102) ÷ (10 + 20) = 7(秒)

265 毎秒25m

解説

速さ × 時間 = 普通列車の長さ + トンネルの長さ　より，普通列車の長さは，21 × 20 − 353 = 67(m)

よって，特急列車の長さは，67 + 26 = 93(m)

追いこすのにかかる時間

= 電車の長さの和 ÷ 電車の速さの差　より，特急列車の速さは，(67 + 93) ÷ 40 + 21 = 25(m/秒)

266 5秒

解説

(列車Aの速さ + 自動車Cの速さ) × 時間 = 列車Aの長さ　より，列車Aの速さは，80 ÷ 2.5 − 10 = 22(m/秒)

(列車Bの速さ − 自動車Cの速さ) × 時間 = 列車Bの長さ　より，列車Bの速さは，160 ÷ 10 + 10 = 26(m/秒)

よって，求める時間は，

(80 + 160) ÷ (22 + 26) = 5(秒)

267 5時間40分

解説

上りの速さ = 船の速さ − 流れの速さ　より，

17 − 5 = 12(km/時)

よって，求める時間は，

$68 \div 12 = \frac{17}{3} = 5\frac{2}{3}$(時間) → 5時間40分

もっとくわしく

15 × 60 × 60

＝54000(m/時)

→ 毎時54km

もっとくわしく

特急列車の速さを x として，公式にあてはめると，

$(67 + 93) \div (x - 21) = 40$

となる。

つまずいたら

速さについて知りたい。

本冊…P.286

㉖⑧ 時速40km

解説

30分 = $\frac{1}{2}$時間，50分 = $\frac{5}{6}$時間　より，

下りの速さは，$25 \div \frac{1}{2} = 50$(km/時)

上りの速さは，$25 \div \frac{5}{6} = 30$(km/時)

よって，船の速さは，$(50 + 30) \div 2 = 40$(km/時)

㉖⑨ 40

解説

かかる時間の比が，(A～B):(B～A) = 8：5だから，速さの比は，(A～B):(B～A) = 5：8

上り↑　↑下り

よって，船の速さと流れの速さの比は，

船：流れ = (8 + 5):(8 − 5) = 13：3　だから，

流れの速さは$6.5 \times \frac{3}{13} = 1.5$(km/時)

よって，求めるきょりは，$(6.5 + 1.5) \times 5 = 40$(km)

もっとくわしく

求めるきょりは，
$(6.5 - 1.5) \times 8$
$= 40$(km)
と求めてもよい。

㉗⓪ 8

解説

Aの船の速さと流れの速さの比は，

(5 + 1):(5 − 1) = 3：2だから，流れの速さは，

$6 \times \frac{2}{3} = 4$(km/時)

Bの船の速さと流れの速さの比は，

(3 + 1):(3 − 1) = 2：1だから，Bの船の速さは，

$4 \times 2 = 8$(km/時)

もっとくわしく

比を使って考える。
Aの上りと下りの速さの比は，1：5
Bの上りと下りの速さの比は，1：3

㉗① 105°

解説

9時ちょうどに長い針と短い針が作る角度は，$30° \times 9 = 270°$

30分間に長い針と短い針が動く角度の差は，$(6° - 0.5°) \times 30 = 165°$

よって，求める角度は

$270° - 165° = 105°$

272 2時$46\frac{2}{13}$分

解説

図で，▲印の角は等しいから，■印の角も等しい。よって，2時から長針と短針が動いた角の和は，300°

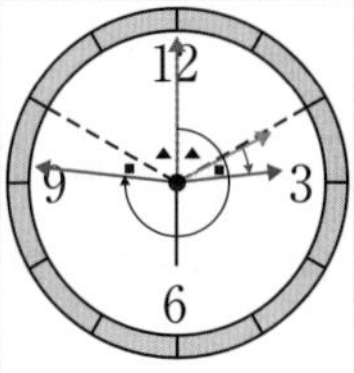

$$300 \div (6 + 0.5) = \frac{600}{13} = 46\frac{2}{13}(分)$$

もっとくわしく

2時から長針が動いた角度は，

360°－▲－■で，

短針が動いた角度は，■だから，その和は，

360°－▲

▲は60°だから，

360°－60°＝300°

273 18分

解説

全体の仕事量を1とすると，1分あたりの仕事量は，

$$\frac{1}{30} + \frac{1}{45} = \frac{1}{18}$$

（$\frac{1}{30}$：兄，$\frac{1}{45}$：弟）

よって，かかる時間は，$1 \div \frac{1}{18} = 18(分)$

274 4分48秒

解説

全体の仕事量を1とすると，1分あたりの仕事量は，

$$\frac{1}{10} + \frac{1}{15} = \frac{1}{6}$$

（$\frac{1}{10}$：A，$\frac{1}{15}$：B）

Aの2分間分の仕事量は，$\frac{1}{10} \times 2 = \frac{1}{5}$

AとB両方で印刷した時間は，

$$\left(1 - \frac{1}{5}\right) \div \frac{1}{6} = 4\frac{4}{5}(分) \rightarrow 4分48秒$$

もっとくわしく

残りの学年だよりの分量は，

$1 - \frac{1}{5}$

これを2台の印刷機で印刷した。

275 36分

解説

遊べるのべの時間は，$90 \times 8 = 720(分)$

よって，1人あたりの時間は，$720 \div 20 = 36(分)$

276 3人

解説

1人が1日でする仕事量を1とすると，のべの仕事量は

$6 \times 18 = 108$

この仕事を12日で終わらせるのに必要な人数は，

$108 \div 12 = 9(人)$

よって，増やす人数は，$9 - 6 = 3(人)$

ミス注意！

求めるのは必要な人数ではなく，増やす人数である。

277 9日

解説

1人が1日にする仕事量を1とすると，全体の仕事量は

$$6 \times 5 \div \frac{1}{4} = 120$$

残りの仕事量は，$120 \times \left(1 - \frac{1}{4}\right) = 90$

よって，求める日数は，$90 \div (6 + 4) = 9$(日)

278 姉63枚，妹42枚

解説

枚数が変わっていない妹に比をそろえると，

前　姉：妹 = 3：2 = (3 × 7)：(2 × 7) = 21：14

後　姉：妹 = 8：7 = (8 × 2)：(7 × 2) = 16：14

姉が使った15枚が，21 − 16 = 5にあたるから，はじめに持っていた色紙の枚数は，

姉…15 ÷ 5 × 21 = 63(枚)，妹…15 ÷ 5 × 14 = 42(枚)

もっとくわしく

妹の比を，2と7の最小公倍数14にする。

279 2100円

解説

買い物をする前と後で，2人の所持金の差は変わらないので，比の差をそろえる。

前　A：B = 7：6 = (7 × 2)：(6 × 2) = 14：12

　　差は7 − 6 = 1　　　　差は14 − 12 = 2

後　A：B = 11：9

　　差は11 − 9 = 2

A君は14 − 11 = 3減り，B君は12 − 9 = 3減ったことになる。

この3が450円にあたるから，A君のはじめの所持金は，

450 ÷ 3 × 14 = 2100(円)

もっとくわしく

差を，1と2の最小公倍数2にする。

280 1500cm³

解説

はじめの水の量の割合を5：3として，比例式をつくると，

(⑤ − ⑤ × 0.6)：(③ − 100) = 3：4

(⑤ − ③)：(③ − 100) = 3：4

②：(③ − 100) = 3：4

⑨ − 300 = ⑧

① = 300

よって，求める水の量は，300 × 5 = 1500(cm^3)

もっとくわしく

捨てた水の量が，Aは割合で表されていて，実際の量がわからないので，AとBの捨てた水の量はちがうと考えて比例式をつくる。

281 900円

解説

やりとりをする前と後で，2人の持っているお金の和は変わらないので，比の和をそろえる。

前　太郎：次郎＝5：3＝(5×9)：(3×9)＝45：27
　　和は5＋3＝8　　　和は45＋27＝72

後　太郎：次郎＝5：4＝(5×8)：(4×8)＝40：32
　　和は5＋4＝9　　　和は40＋32＝72

太郎は45－40＝5減り，次郎は32－27＝5増えたことになる。この5が100円にあたるから，はじめに太郎が持っていたお金は，100÷5×45＝900(円)

もっとくわしく
和を8と9の最小公倍数72にする。

282 27個

解説

線分図をかくと，図のようになる。

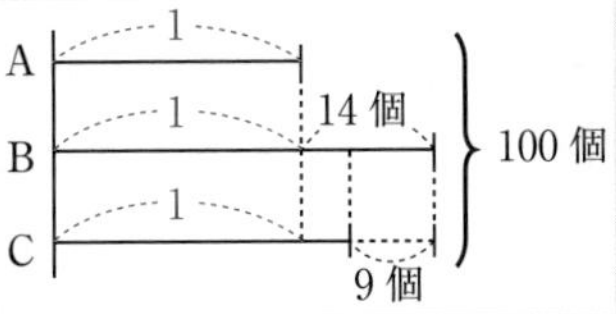

Aをもとにすると，AとCの差は14－9＝5(個)だから，Aの作った個数は，

{100－(14＋5)}÷3＝27(個)

もっとくわしく
もとにする量は，BでもCでもよい。

283 (1)　70%　　(2)　78点

解説

(1)　$1 \div 1\frac{3}{7} \times 100 = 70$(%)

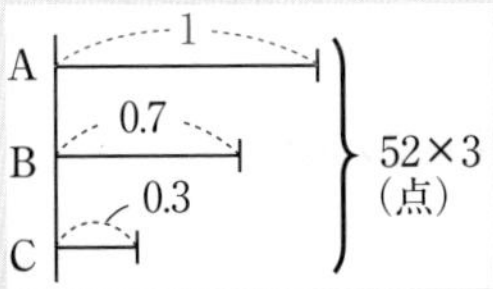

(2)　Cさんの得点は，Aさんの得点の30%だから，Aさんの得点をもとにすると，3人の合計の割合は，1＋0.7＋0.3＝2

よって，Aさんの得点は，52×3÷2＝78(点)

もっとくわしく
平均点が52点だから，全体の点数は，52×3(点)となる。

284 57個

解説

Aをもとにすると，Aの個数は，

(96＋21)÷(1＋2＋2×3)
＝13(個)

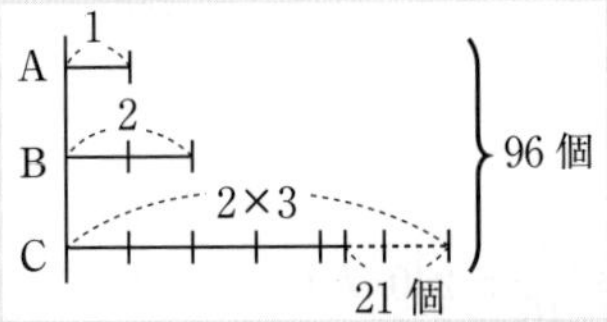

よって，Cの個数は，

13×2×3－21＝57(個)

285 147人

解説

線分図をかくと，図のようになる。

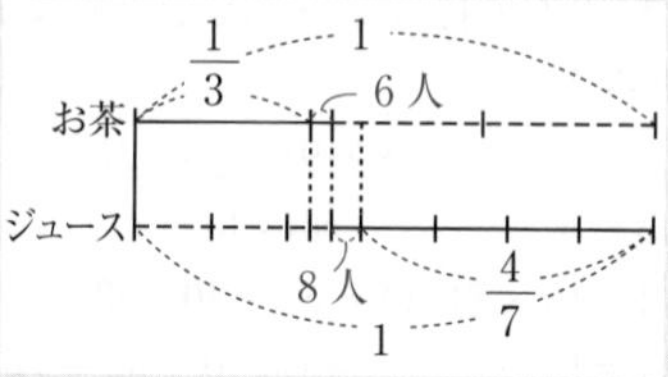

(6 + 8)人が

$1-\frac{1}{3}-\frac{4}{7}$にあたる。

よって，求める人数は，

$$(6+8)\div\left(1-\frac{1}{3}-\frac{4}{7}\right)=147(\text{人})$$

286 135ページ

解説

線分図をかくと，図のようになる。

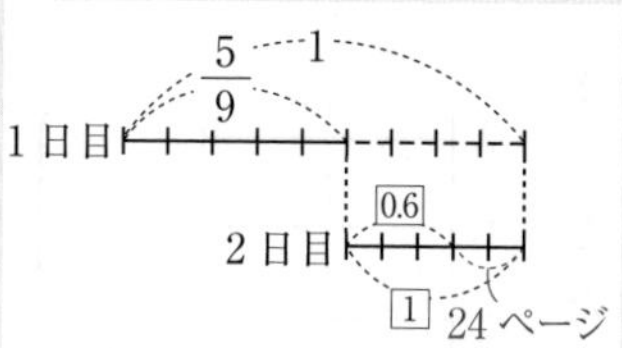

全体のページ数を1とすると，残りの24ページの割合は，

$$\left(1-\frac{5}{9}\right)\times(1-0.6)$$

$$=\left(1-\frac{5}{9}\right)\times\left(1-\frac{3}{5}\right)=\frac{8}{45}$$

よって，求めるページ数は，$24\div\frac{8}{45}=135$(ページ)

287 男子生徒240人，女子生徒225人

解説

線分図をかくと，図のようになる。

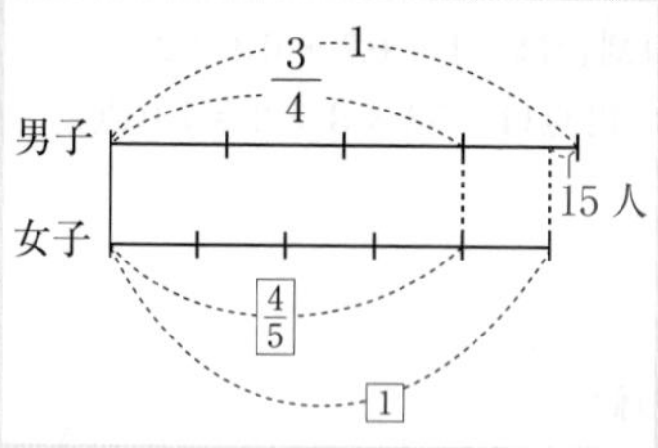

男子生徒の人数を1とすると，女子生徒の人数は，

$$\frac{3}{4}\div\frac{4}{5}=\frac{15}{16}$$

よって，$1-\frac{15}{16}=\frac{1}{16}$

が15人にあたる。

男子生徒の人数は，$15\div\frac{1}{16}=240$(人)

女子生徒の人数は，$240\times\frac{15}{16}=225$(人)

もっとくわしく

(6＋8)人にあたる割合は，

$\left(1-\frac{4}{7}\right)-\frac{1}{3}$

としても求められる。

もっとくわしく

60％を小数で表すと0.6である。

つまずいたら

相当算について知りたい。

本冊…P.514

もっとくわしく

女子生徒の人数は，

240－15＝225(人)

と求めてもよい。

288 りんご100円，みかん60円

解説

りんご1個の値段を1とすると，みかん1個の値段は$\frac{3}{5}$だから，みかん10個をりんごにおきかえる。

$10 \times \frac{3}{5} = 6$(個)

りんご1個の値段は，$1300 \div (7+6) = 100$(円)

みかん1個の値段は，$100 \times \frac{3}{5} = 60$(円)

もっとくわしく

比で考えると，
りんごの値段
：みかんの値段
$= 1 : \frac{3}{5}$
$= 5 : 3$

289 (1)　6　(2)　120　(3)　171

解説

(1)　食塩水の重さは，$470 + 30 = 500$(g)だから，濃度は，

$\frac{30}{500} \times 100 = 6$(%)

(2)　15%の食塩水は15%が食塩，85%が水だから，食塩水の重さは，$680 \div 0.85 = 800$(g)

よって，食塩の重さは，$800 - 680 = 120$(g)

(3)　食塩水の重さは，$9 \div 0.05 = 180$(g)

よって，水の重さは，$180 - 9 = 171$(g)

もっとくわしく

食塩水の濃度
$= \frac{食塩の重さ}{食塩水の重さ} \times 100$

290 (1)　4.6　(2)　2

解説

(1)　食塩の重さは，$700 \times 0.04 + 300 \times 0.06 = 46$(g)

食塩水の重さは，$700 + 300 = 1000$(g)

よって，濃度は，$\frac{46}{1000} \times 100 = 4.6$(%)

(2)　6%の食塩水の重さは，$200 + 100 = 300$(g)

食塩の重さは，$300 \times 0.06 = 18$(g)

8%の食塩水にふくまれる食塩の重さは，

$200 \times 0.08 = 16$(g)

よって，求める濃度は，$\frac{18-16}{100} \times 100 = 2$(%)

もっとくわしく

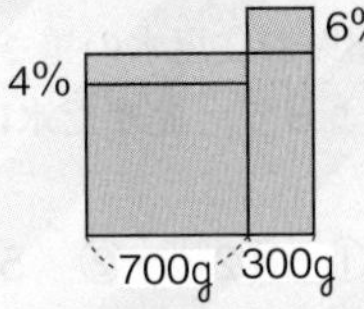

7 : 3

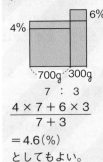

$\frac{4 \times 7 + 6 \times 3}{7 + 3}$
$= 4.6$(%)
としてもよい。

291 (1)　80　(2)　4

解説

(1)　食塩の重さは，$200 \times 0.03 = 6$(g)

蒸発させた後の食塩水の重さは，

$6 \div 0.05 = 120$(g)

よって，蒸発させる水の重さは，

$200 - 120 = 80$(g)

もっとくわしく

蒸発させる前と後で，食塩の重さは変わらない。

（2） 食塩の重さは，$400 \times 0.03 = 12$(g)
蒸発させた後の食塩水の重さは，
$400 - 100 = 300$(g)
よって，$\dfrac{12}{300} \times 100 = 4$(%)

292 （1） 4　（2） 250

解説

（1） 食塩の重さは，$200 \times 0.05 = 10$(g)
水を加えた後の食塩水の重さは，
$200 + 50 = 250$(g)
よって，濃度は，$\dfrac{10}{250} \times 100 = 4$(%)

（2） 7%の食塩水の重さを①gとすると，
食塩の重さは$① \times 0.07 = \textcircled{0.07}$(g)
食塩の重さと5%の食塩水の重さで比例式をつくると，
$\textcircled{0.07} : (① + 100) = 5 : 100$
$⑦ = ⑤ + 500$
$② = 500$
$① = 250$

293 105g

解説

食塩の重さの合計は，$120 \times 0.12 + 180 \times 0.1 = 32.4$(g)
8%の食塩水の重さは，$32.4 \div 0.08 = 405$(g)
よって，混ぜた水は，$405 - (120 + 180) = 105$(g)

294 ① 12　② 5

解説

① 16%の食塩水$200 - 50 = 150$(g)にふくまれる食塩は，
$150 \times 0.16 = 24$(g)
よって，$\dfrac{24}{200} \times 100 = 12$(%)

② 1回の作業で，$50 \div 200 = 0.25$の食塩が取り出されるから，濃度は$1 - 0.25 = 0.75$(倍)になる。
16%→12%→9%→6.75%→5.0625%→約3.8%
よって，5回。

もっとくわしく
水を加える前と後で，食塩の重さは変わらない。

もっとくわしく
0.25の食塩水が取り出されると，食塩も0.25取り出される。

295 6

解説

ある数を□としてまちがえた式をつくると，

$(\square + 4) \div 7 = 3$

$\square + 4 = 3 \times 7$

$\square = 3 \times 7 - 4$

$= 17$

正しい式をつくると，$(17 + 7) \div 4 = 6$

296 600

解説

仕入れ値を1とすると，定価は1.3と表せる。

もとの利益から定価の0.15をひくと，利益の割合は，

$0.3 - 1.3 \times 0.15 = 0.105$

これが63円にあたるから，$63 \div 0.105 = 600$(円)

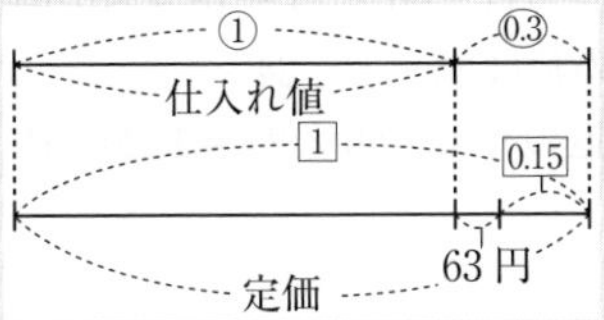

297 70%

解説

仕入れ値を1とすると，最初に売れた20個分の利益は，

$500 \times 0.4 \times 20 = 4000$(円)

残りの40個を売った後の利益が3600円だから，1個あたりの損失は，

$(4000 - 3600) \div 40 = 10$(円)

割引き後の売り値は，$500 - 10 = 490$(円)

よって，$490 \div (500 \times 1.4) = 0.7$ → 70%

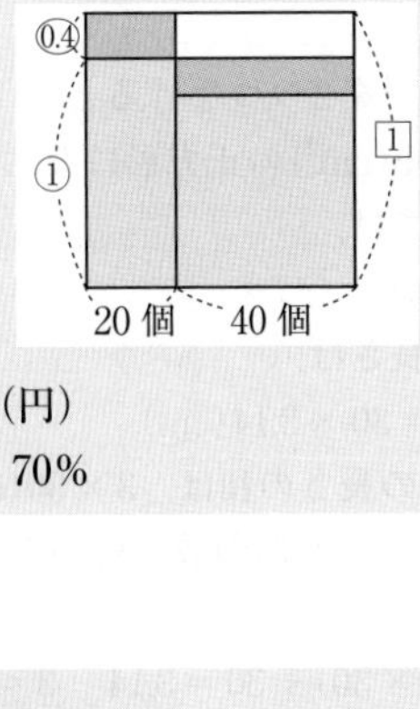

298 20%

解説

仕入れ総額は，$250 \times 140 = 35000$(円)

売り上げは，$35000 + 4000 = 39000$(円)

定価は，$39000 \div 130 = 300$(円)

よって，見込んだ利益は，$(300 - 250) \div 250 = 0.2$ → 20%

もっとくわしく

3割 → 0.3

もっとくわしく

最初に売れた分の利益は4000円だが，売った後の利益は3600円なので，利益が減っていることに注意する。

もっとくわしく

仕入れ総額
＋利益の総額
＝売り上げ
＝1個の売り値
×売った個数

299 4割

解説

仕入れ総額は，$200 \times 80 = 16000$（円）

売り上げは，$16000 + 4160 = 20160$（円）

1個あたりの売り値は，$20160 \div (80 - 8) = 280$（円）

よって，$(280 - 200) \div 200 = 0.4$ → 4割

もっとくわしく

仕入れ総額
＋利益の総額
＝売り上げ
＝1個の売り値
×売った個数

300 （1） 80m （2） 1920m

解説

（1） 7号から25号まで電柱は19本あるから間の数は，

$19 - 1 = 18$

よって，求める長さは，$60 \times 24 \div 18 = 80$（m）

（2） 1号と25号の間の数は$25 - 1 = 24$

よって，求める道のりは，$80 \times 24 = 1920$（m）

もっとくわしく

両はしに電柱があるので，
間の数＝電柱の数－1

301 2.5mm

解説

のりしろの数＝紙テープの本数－1 より，

$(50 \times 21 - 1000) \div 20 = 2.5$（mm）

ミス注意！

求める答えの単位がmmであることに注意する。

302 （1） 1.5cm （2） 1.4mm

解説

（1） 図のように長方形を2つつなげると，面積が$4.5 \times 2 = 9$（cm^2）の正方形になるから，縦の長さは，

$3 \div 2 = 1.5$（cm）

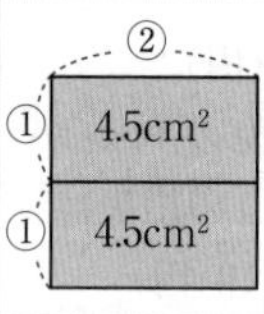

（2） リングの円周の長さは，

$15 \times 2 \times 3.14 = 30 \times 3.14$（cm）

長方形30個の横の長さの和は，3×30（cm）

長方形の間の数＝長方形の数 だから，間の数は30で，その長さは，

$(30 \times 3.14 - 3 \times 30) \div 30 = 3.14 - 3 = 0.14$（cm）

よって，1.4mm

もっとくわしく

3.14の計算は最後にまとめてすると，計算が簡単になることが多い。

303 108個

解説

白いご石の数が10個なので，外側の黒いご石は1辺に$10 + 2 = 12$（個）並んでいる。3列の中空方陣なので，ご石の数は，

$3 \times (12 - 3) \times 4 = 108$（個）

もっとくわしく

$12 \times 12 - 6 \times 6$
＝108（個）
と求めてもよい。

304 （午前）10時24分

解説

午前10時から午前11時20分までの80分間で行列がなくなるので，1つの窓口が1分間に入場券を売る人数は，

$(180 + 3 \times 80) \div 80 = 5.25$(人)

よって，2つの窓口で入場券を売るとき1分間に減る人数は，

$5.25 \times 2 - 3 = 7.5$(人)

よって，行列がなくなるのにかかる時間は，

$180 \div 7.5 = 24$(分)　→10時24分

もっとくわしく

はじめに並んでいた180人と80分で増えた人数の和が，行列がなくなる80分で減った人数である。

305 （1）　3　（2）　6

解説

（1）　|2　3　1　0　6　8|2　3　1　0　6　8|…

2，3，1，0，6，8の6つの数字の並びがくり返されているから，20番目の数字は，$20 \div 6 = 3$余り2より，3

（2）　$2009 \div 6 = 334$余り5　より6

306 9

解説

$\frac{7}{27} = 7 \div 27 = 0.259259\cdots$

2，5，9の3つの数字の並びがくり返されているから，小数第30位の数は，$30 \div 3 = 10$　より，9

もっとくわしく

```
      0.259
27 ) 70
     54
     160
     135
      250
      243
        70
```

同じ数なので，この後はくり返しになる。

307 267番目

解説

4つの数を組にすると，(①，1，2，3)，(④，4，5，6)，(⑦，7，8，9)，(⑩，10，11，12)，となる。(　)の中の数は，それぞれ初項1，1，2，3，公差3の等差数列になっている。$200 \div 3 = 66$余り2より，200は67番目のかっこ(199，199，200，201)の中の左から2つ目の数(並びでは3番目)で，$4 \times 67 - 1 = 267$(番目)の数である。

308 （1）　45人　（2）　C組

解説

（1）　A，B，C，D，D，C，B，Aで1周するから，

$182 \div 8 = 22$余り6より，A組に入る生徒は，

$22 \times 2 + 1 = 45$(人)

（2）　$70 \div 8 = 8$余り6　より，C組

309 （1） 36個　（2） 68cm　（3） 24段

解説

（1） 図1のように考えると，
6段目は，
$6 \times 6 = 36$（個）
の正方形を使う。

図1

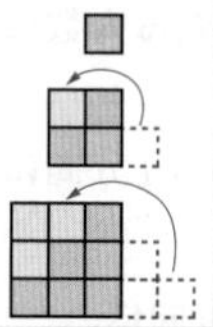

図2

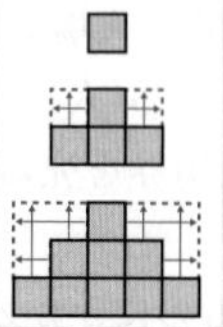

（2） 図2のように考えると，
周りの長さは，正方形の辺4本分，10本分，16本分，…と6本分ずつ増えている。6段目は，$4 + 6 \times (6 - 1) = 34$（本分）で，
$2 \times 34 = 68$（cm）

（3） □段目のときとすると，

$$2 \times \{4 + 6 \times (\square - 1)\} = 284$$
$$4 + 6 \times (\square - 1) = 284 \div 2$$
$$6 \times (\square - 1) = 284 \div 2 - 4$$
$$\square - 1 = (284 \div 2 - 4) \div 6$$
$$\square = (284 \div 2 - 4) \div 6 + 1$$
$$= 24$$

もっとくわしく

周りの長さ（正方形の辺の数）は，初項4，公差6の等差数列になる。

310 D，A，C，F，E，B

解説

表に整理する。

低 ← → 高

	1	2	3	4	5	6
A	×		×			×
B	×	×	×	×		
C	×	×	○	×	×	×
D			×	×	×	×
E	×		×			
F	×	×	×			×

㋐より，C－3に○をつけ，Cの行と3の列に×をつける。
㋑より，D－4，D－5，D－6に×をつける。
㋒より，F－1，F－2に×をつける。
㋓より，B－1，B－2，B－4，F－6に×をつける。
㋔より，A－1，A－6，E－1に×をつける。ここで，Dがいちばん低いことがわかる。
また，㋓，㋕より，B，E，Fも決まる。

もっとくわしく

「㋓ BはFより高かった」から，Bはいちばん低い人ではなく，Fはいちばん高い人ではないことがわかる。

もっとくわしく

EがBとFの間になるのは，Fが4，Eが5，Bが6のとき。

311 109票

解説

当選者が4人だから，$541 \div 5 = 108$余り1　より，
$108 + 1 = 109$（票）

312 (1)　毎分10L　(2)　52L　(3)　5.5分後

解説

(1)　$100 \div 10 = 10$(L)

(2)　Aに8分後に残っている水の量は，

$100 - 10 \times 8 = 20$(L)

Bが1分間に排水する量は，$20 \div (13 - 8) = 4$(L)

よって，Bにはじめにあった水は，$4 \times 13 = 52$(L)

(3)　面積図で考えると，毎分4Lずつ給水した量と毎分6Lずつ3分排水した量が等しいから，給水していた時間は，

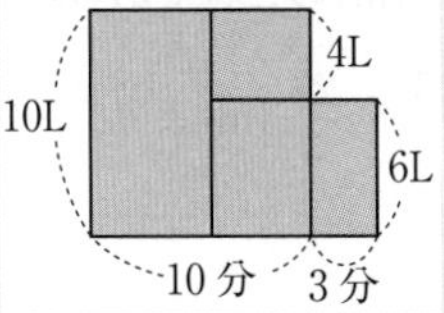

$6 \times 3 \div 4 = 4.5$(分)

よって，給水を始めたのは，$10 - 4.5 = 5.5$(分後)

313 (1)　2分15秒後　(2)　毎分2m　(3)　18m
(4)　4分15秒後　(5)　3分50秒後

解説

(1)　面積は一定に増えて3分後に$12m^2$になっているから，$9m^2$になるのは$3 \times \frac{9}{12} = \frac{9}{4}$ (分後)　$\frac{9}{4}$分$=$2分15秒

(2)　面積が$12m^2$になるのは，点Pが点Bにあるときだから，

$4 \times AB \div 2 = 12$，$AB = 12 \times 2 \div 4 = 6$(m)

点Pは6mを3分で動くから，$6 \div 3 = 2$より，毎分2m

(3)　点Pは，辺BC上を$5.5 - 3 = 2.5$(分)で動くから，辺BCの長さは$2 \times 2.5 = 5$(m)

同じように，辺CDの長さは，$2 \times 1.5 = 3$(m)

よって，台形ABCDの周の長さは$6 + 5 + 3 + 4 = 18$(m)

◆別の解き方◆

図2より，点Pが点Aから点Dまで移動するのに7分かかる。(2)より毎分2mの速さで動くから，AからDまでの長さは，$2 \times 7 = 14$(m)

$AD = 4$mであるから，周の長さは，$14 + 4 = 18$(m)

(4)　三角形PADの面積は，点Pが点Bにあるとき，$12m^2$，点Cにあるとき$6m^2$だから，点Pが辺BCのまん中にあるとき$9m^2$になる。よって，$(3 + 5.5) \div 2 = 4.25$(分後)

4.25分$=$4分15秒

つまずいたら
速さの求め方を知りたい。
本冊…P.286

（5） AB = 6m，CD = 3mより，三角形PABと三角形PCDの底辺をそれぞれAB，CDとすると，AB：CD = 6：3 = 2：1だから，面積が等しくなるとき，高さは1：2になる。よって，面積が等しくなるのは点Pが辺BC上にあるときであり，

BP：CP = 1：2になればよいので，

$BP = 5 \times \frac{1}{3} = \frac{5}{3}$(m)のときである。

$AB + BP = 6 + \frac{5}{3} = \frac{23}{3}$(m)より，$\frac{23}{3} \div 2 = \frac{23}{6}$(分)

$\frac{23}{6}$分 = 3分50秒

ミス注意!

2つの三角形の面積が等しいとき，底辺の長さが●：▲なら，高さは▲：●になる。

まとめの問題の 解答・解説

数と計算編

1 (1)　六兆五千三百億八千二百九十五万七十
(2)　80254093000

解説
(1)　位取りに注意して読む。右から順に，4けたごとに区切って読む。6|5300|8295|0070
(2)　位取りに注意して書いていく。十億の位，十万の位，百の位，十の位，一の位は0になるので注意する。

2 (1)　2080040000000(2兆800億4000万)
(2)　350000000(3億5000万)
(3)　10倍した数…6000000000000(6兆)
10でわった数…60000000000(600億)

解説
(1)　1兆が2個で2兆，100億が8個で800億，1000万が4個で4000万。
(2)　1000万が30個で3億，1000万が5個で5000万なので，1000万が35個で3億5000万。
(3)　整数を10倍すると位が1つずつ上がるので，6000億を10倍した数は6兆。また，整数を10でわると位が1つずつ下がるので，6000億を10でわった数は600億。

3 偶数…34，88，450　奇数…29，107，215

解説
2でわり切れる整数は偶数，2でわり切れない整数は奇数である。
34，88，450は，2でわり切れるから偶数。
29，107，215は，2でわり切れないから奇数。

4 (1)　35，70，105　最小公倍数　35
(2)　40，80，120　最小公倍数　40
(3)　9，18，27　最小公倍数　9

解説
(1)　5の倍数　5，10，15，20，25，30，35，…
7の倍数　7，14，21，28，35，…

つまずいたら
整数のしくみについて知りたい。
本冊…P.19

ミス注意！
千万の位の1つ上の位は一億の位，千億の位の1つ上の位は一兆の位である。

もっとくわしく
偶数か奇数かは，一の位の数字を見れば分かる。一の位の数字が0，2，4，6，8のときは偶数，1，3，5，7，9のときは奇数である。

5と7の最小公倍数は35である。公倍数は，最小公倍数の倍数になっているので，$35 \times 2 = 70$，
$35 \times 3 = 105$も5と7の公倍数になっている。

（2）8の倍数　8，16，24，32，㊵，48，…
20の倍数　20，㊵，60，…
8と20の最小公倍数は40なので，
$40 \times 2 = 80$，$40 \times 3 = 120$

（3）3の倍数　3，6，⑨，12，15，…
9の倍数　⑨，18，27，36，…
3と9の最小公倍数は9なので，
$9 \times 2 = 18$，$9 \times 3 = 27$

5（1）1，2，3，6　最大公約数　6
（2）1　最大公約数　1
（3）1，2，4，8，16　最大公約数　16

解説

（1）12の約数　①，②，③，4，⑥，12
18の約数　①，②，③，⑥，9，18
12と18の公約数は，1，2，3，6。最大公約数は，公約数の中でいちばん大きい数なので，6。

（2）4の約数　①，2，4
5の約数　①，5
4と5の公約数は1だけなので，最大公約数も1。

（3）16の約数　①，②，④，⑧，⑯
32の約数　①，②，④，⑧，⑯，32
16は32の約数なので，16の約数はすべて32の約数になっている。16と32の約数は，1，2，4，8，16。最大公約数は16。

6 375以上384以下（または，375以上385未満）

解説

以上，以下はその数をふくみ，未満はその数をふくまない。

もっとくわしく

（2）連除法を使うと，

2) 8　20
2) 4　10
　 2　5

→最小公倍数は40
よって，公倍数は
40，80，120

もっとくわしく

（1）連除法を使うと，

2) 12　18
3) 6　9
　 2　3

→最大公約数は6
よって，公約数は
1，2，3，6

もっとくわしく

2，3，5，7，11，…などのように，1とその数自身しか約数がない整数を，素数という。

ミス注意！

未満はその数をふくまないので注意する。

7 (1) 113000 (2) 620000 (3) 7000
(4) 110000

解説

がい数で見積もるときは，求めたい位の1つ下の位の数字を四捨五入する。

(1) 百の位を四捨五入する。

49515 + 62708
↓ ↓
50000 + 63000 = 113000

(2) 千の位を四捨五入する。

378854 + 241693
↓ ↓
380000 + 240000 = 620000

(3) 百の位を四捨五入する。

21930 − 15204
↓ ↓
22000 − 15000 = 7000

(4) 千の位を四捨五入する。

184962 − 73246
↓ ↓
180000 − 70000 = 110000

8 (1) 10000000 (2) 3000000 (3) 300
(4) 140

解説

上から2けた目の数字を四捨五入して，がい数にしてから計算する。

(1) 4652 × 2155
↓ ↓
5000 × 2000 = 10000000

(2) 5397 × 644
↓ ↓
5000 × 600 = 3000000

(3) 8540 ÷ 32
↓ ↓
9000 ÷ 30 = 300

(4) 67025 ÷ 460
↓ ↓
70000 ÷ 500 = 140

もっとくわしく

がい数にするには，四捨五入のほかに，切り捨てと切り上げがある。
切り捨て…求める位の数字はそのままで，それより下の位はすべて0にする。
切り上げ…求める位の数字を1大きくして，それより下の位はすべて0にする。

つまずいたら

和や差のがい算のしかたを知りたい。

本冊…P.33

つまずいたら

積や商のがい算のしかたを知りたい。

本冊…P.33

9 (1) 921 (2) 1137 (3) 215 (4) 2206

解説

(1)
```
  502
 +419
 ----
  921
```
(2)
```
  487
 +650
 ----
 1137
```
(3)
```
  371
 -156
 ----
  215
```
(4)
```
  5804
 -3598
 -----
  2206
```

10 (1) 1960 (2) 3225 (3) 1401400
(4) 576000

解説

(1)
```
  280
 ×  7
 ----
 1960
```
(2)
```
   75
  ×43
 ----
  225
 300
 ----
 3225
```
(3)
```
     4312
   ×  325
   ------
    21560
    8624
  12936
  -------
  1401400
```
(4)
```
  6400
 ×  90
 ------
 576000
```

11 (1) 16 (2) 74 (3) 180余り5 (4) 40余り9

解説

(1)
```
     16
   ----
 6 ) 96
     6
     --
     36
     36
     --
      0
```
(2)
```
      74
    -----
 8 ) 592
     56
     ---
      32
      32
      --
       0
```
(3)
```
        180
      ------
 35 ) 6305
      35
      ----
      280
      280
      ----
         5
```
(4)
```
       40
     -----
 21 ) 849
      84
      ---
        9
```

12 (1) 29 (2) 4 (3) 92 (4) 2

解説

(1) かけ算，わり算を先に計算する。

$$15 \div 3 + 4 \times 6 = 5 + 24 = 29$$

ミス注意!

くり上がり，くり下がりに注意して計算する。1つ上の位からくり下げられないときは，もう1つ上の位からくり下げて計算する。

ミス注意!

(2) 300は左に1けたずらして書くことに注意する。

つまずいたら

整数のかけ算の筆算のしかたを知りたい。

本冊…P.42

もっとくわしく

わり算の答えは，
わる数×商＋余り
＝わられる数
の式を使って確かめることができる。

つまずいたら

整数のわり算の筆算のしかたを知りたい。

本冊…P.48

(2)　(　)の中を先に計算する。

$8-(7+5)\div 3=8-12\div 3=8-4=4$

(3)　{　}の中を先に計算する。

$100-200\div\{100-5\times(42-27)\}$
$=100-200\div(100-5\times 15)$
$=100-200\div(100-75)$
$=100-200\div 25=100-8=92$

(4)　$\{31-(12\div 2+5)\}\div 2-2\times 4$
$=\{31-(6+5)\}\div 2-8=(31-11)\div 2-8$
$=20\div 2-8=10-8=2$

13 (1)　3700　(2)　400　(3)　1386　(4)　1818

解説

(1)　交換法則，結合法則を使って計算する。

$2\times 37\times 50=(2\times 50)\times 37=100\times 37$
$=3700$

(2)　結合法則を使って計算する。16は4×4だから，

$25\times 16=25\times(4\times 4)=(25\times 4)\times 4$
$=100\times 4=400$

(3)　99＝100－1と考えると，分配法則を使って，簡単に計算できる。

$99\times 14=(100-1)\times 14$
$=100\times 14-1\times 14=1400-14=1386$

(4)　101＝100＋1と考えると，分配法則を使って，簡単に計算できる。

$101\times 18=(100+1)\times 18=100\times 18+1\times 18$
$=1800+18=1818$

14 1394円

解説

1冊の値段×冊数＝代金だから，

$82\times 17=1394$(円)

```
    8 2
  × 1 7
  -----
  5 7 4
  8 2
-------
1 3 9 4
```

もっとくわしく

計算の順序
・左から順に計算する。
・＋，－，×，÷の混じった式では，×，÷を先に計算する。
・かっこのある式は，かっこの中を先に計算する。

もっとくわしく

(3)(4) 100に近い数は，
100＋○，100－△
の形にすると，分配法則を使って，簡単に計算できる。

つまずいたら

計算の工夫のしかたを知りたい。

本冊…P.56

もっとくわしく

整数のかけ算の筆算は，位を縦にそろえて，一の位から順に計算していく。

15 13日

解説

312 ÷ 25 = 12余り 12

余りの12ページを読むのに，1日多くかかるから，

12 + 1 = 13(日)

```
      1 2
25 ) 3 1 2
     2 5
     ─────
       6 2
       5 0
     ─────
       1 2
```

ミス注意!

余りの12ページを読む1日を，わり算の答えの12にたすのを忘れないようにする。

16 38

解説

4でわっても，6でわっても，9でわってもわり切れる数は，4と6と9の公倍数になっている。このうち，いちばん小さい数は，最小公倍数の36である。4でわっても，6でわっても，9でわっても2余るのは，36 + 2 = 38のとき。

ミス注意!

2余るので，最小公倍数に2をたすのを忘れないようにする。

17 7人　クッキーの数…2枚　あめの数…5個

解説

クッキーとあめを，それぞれ同じ数ずつ，どちらも余りが出ないように分けられるのは，14と35の公約数のときである。できるだけ多くの子どもに分けるから，最大公約数を求めればよい。

14と35の最大公約数は7だから，7人に分けられる。

このとき，1人分のクッキーとあめの数はそれぞれ

クッキー…14 ÷ 7 = 2(枚)，あめ…35 ÷ 7 = 5(個)

もっとくわしく

最大公約数は，公約数のうち，いちばん大きい数である。

18 (1)　47.805　(2)　0.936　(3)　3.502

解説

(1)　10が4個で40，1が7個で7，0.1が8個で0.8，0.001が5個で0.005。40 + 7 + 0.8 + 0.005 = 47.805

(2)　0.1が9個で0.9, 0.01が3個で0.03, 0.001が6個で0.006。0.9 + 0.03 + 0.006 = 0.936

(3)　0.001が3000個で3，500個で0.5，2個で0.002。0.001を3502個集めた数は，0.001の3502倍になっている。

もっとくわしく

0.001が10個で0.01, 0.001が100個で0.1, 0.001が1000個で1である。

19 (1)　7，5，8，3　(2)　3，2，0，9

解説

それぞれの位の数を考える。

(1)　$7.583 = \underset{7}{\underline{1 \times 7}} + \underset{0.5}{\underline{0.1 \times 5}} + \underset{0.08}{\underline{0.01 \times 8}} + \underset{0.003}{\underline{0.001 \times 3}}$

ミス注意!

(2)小数第一位は0なので，0.1は0個。

（2） $32.09 = \underset{30}{\underline{10 \times 3}} + \underset{2}{\underline{1 \times 2}} + \underset{0}{\underline{0.1 \times 0}} + \underset{0.09}{\underline{0.01 \times 9}}$

20 （1） 15.8 （2） 7230 （3） 9.46 （4） 0.56

解説

小数を10倍，100倍すると，小数点はそれぞれ右へ1けた，2けた移り，$\frac{1}{10}$，$\frac{1}{100}$にすると，小数点はそれぞれ左へ1けた，2けた移る。

（1）1.58 小数点は，右へ1けた移る。

（2）72.30 小数点は，右へ2けた移る。3の後ろに0をつけたす。

（3）94.6 小数点は，左へ1けた移る。

（4）0.56 小数点は，左へ2けた移る。5の前に0をつけたす。

21 （1） 9.4 （2） 4.22 （3） 6 （4） 2.5
（5） 0.51 （6） 6.43

解説

（1）
$$\begin{array}{r} 5.6 \\ +\ 3.8 \\ \hline 9.4 \end{array}$$
（2）
$$\begin{array}{r} 0.7 \\ +\ 3.52 \\ \hline 4.22 \end{array}$$
（3）
$$\begin{array}{r} 1.03 \\ +\ 4.97 \\ \hline 6.0\not{0} \end{array}$$

（4）
$$\begin{array}{r} 7.1 \\ -\ 4.6 \\ \hline 2.5 \end{array}$$
（5）
$$\begin{array}{r} 6.33 \\ -\ 5.82 \\ \hline 0.51 \end{array}$$
（6）
$$\begin{array}{r} 9 \\ -\ 2.57 \\ \hline 6.43 \end{array}$$

22 （1） 58.8 （2） 3.12 （3） 78 （4） 17
（5） 13.16 （6） 6.912 （7） 0.368 （8） 0.3

解説

積の小数点は，（1）～（4）は，かけられる数の小数点にそろえてうつ。（5）～（8）は，かけられる数とかける数の小数点より右のけた数の和だけ，右から数えてうつ。

（1）
$$\begin{array}{r} 8.4 \\ \times\ \ 7 \\ \hline 58.8 \end{array}$$
（2）
$$\begin{array}{r} 0.52 \\ \times\ \ \ 6 \\ \hline 3.12 \end{array}$$
（3）
$$\begin{array}{r} 6.5 \\ \times\ 12 \\ \hline 130 \\ 65 \\ \hline 78.\not{0} \end{array}$$

つまずいたら

小数のしくみについて知りたい。

本冊…P.62

ミス注意！

（2），（4）は，0をつけたすのを忘れないようにする。

つまずいたら

10倍，100倍した数，$\frac{1}{10}$，$\frac{1}{100}$にした数の求め方を知りたい。

本冊…P.62

ミス注意！

（3）は，小数点より右の0は消す。
（5）は，小数点の左に0をつけたして0.51とする。

ミス注意！

（3），（4），（8）は，小数点より右の最後の0は消す。
（7），（8）は，小数点の左に0をつけたす。

```
(4)     0.3 4        (5)      4.7        (6)      3.6
      ×   5 0               × 2.8               × 1.9 2
      ─────────             ───────             ─────────
      1 7.0 0               3 7 6                   7 2
                            9 4                 3 2 4
                            ───────             3 6
                            1 3.1 6             ─────────
                                                6.9 1 2

(7)     0.1 6        (8)    0.5
      ×   2.3             × 0.6
      ─────────           ───────
          4 8             0.3 0
        3 2
      ─────────
      0.3 6 8
```

23 (1) 6.7　(2) 0.26　(3) 1.75　(4) 0.085
(5) 2.1　(6) 0.32　(7) 2.5　(8) 5.25

解説

商の小数点は，(1)～(4)は，わられる数の小数点にそろえてうつ。(5)～(8)は，わられる数の移した小数点にそろえてうつ。

```
(1)        6.7       (2)     0.2 6       (3)        1.7 5
      6 ) 4 0.2          3 ) 0.7 8          1 8 ) 3 1.5
          3 6                6                    1 8
          ─────              ─────                ─────
            4 2              1 8                  1 3 5
            4 2              1 8                  1 2 6
          ─────              ─────                ─────
              0                0                      9 0
                                                      9 0
                                                    ─────
                                                        0

(4)     0.0 8 5   (5)        2.1        (6)          0.3 2
   5 4 ) 4.5 9       3.6 ) 7 5.6           6.5 ) 2 0.8
         4 3 2             7 2                   1 9 5
         ─────             ─────                 ─────
           2 7 0             3 6                   1 3 0
           2 7 0             3 6                   1 3 0
         ─────             ─────                 ─────
               0               0                       0

(7)           2.5   (8)       5.2 5
   5.2 ) 1 3 0.        0.8 ) 4.2
         1 0 4               4 0
         ───────             ─────
           2 6 0               2 0
           2 6 0               1 6
         ───────             ─────
               0                 4 0
                                 4 0
                               ─────
                                   0
```

つまずいたら

小数のかけ算の筆算のしかたを知りたい。

本冊…P.72

⚠ミス注意！

(2)，(4)，(6)は，一の位に商がたたない((4)は小数第一位も)ので，一の位に0を書く。
(3)，(4)，(6)～(8)は，計算のと中で0をつけたしてわり進める。

つまずいたら

小数のわり算の筆算のしかたを知りたい。

本冊…P.76

24 (1)　4.6余り0.4　(2)　3.1余り0.1
(3)　2.2余り0.02　(4)　1.8余り0.03

解説

余りの小数点は，(1)，(2)は，わられる数の小数点にそろえてうつ。(3)，(4)は，わられる数のもとの小数点にそろえてうつ。

(1)
```
       4.6
  8 ) 37.2
      32
      ---
       52
       48
      ---
       0.4
```
(2)
```
        3.1
  24 ) 74.5
       72
       ---
        25
        24
       ---
        0.1
```
(3)
```
        2.2
  3.7 ) 8.1.6
        7 4
        ---
          7 6
          7 4
        -----
        0.0 2
```
(4)
```
        1.8
  0.5 ) 0.9.3
          5
        ---
          4 3
          4 0
        -----
        0.0 3
```

25 (1)　0.49　(2)　2.4　(3)　2.2　(4)　0.26

解説

上から2けたのがい数で求めるから，上から3けた目の数字を四捨五入すればよい。

(1)
```
        9
     0.4 8 8
  6 ) 2.9 3
      2 4
      ---
        5 3
        4 8
        ---
          5 0
          4 8
          ---
            2
```
(2)
```
         2.4 4
  17 ) 41.5
       34
       ---
        75
        68
       ---
         70
         68
        ---
          2
```
(3)
```
          2.2 1
  2.8 ) 6.2
        5 6
        ---
          6 0
          5 6
          ---
            4 0
            2 8
            ---
            1 2
```
(4)
```
              6
        0.2 5 5
  3.4 ) 0.8.7
          6 8
          ---
          1 9 0
          1 7 0
          -----
            2 0 0
            1 7 0
            -----
              3 0
```

もっとくわしく

わり算の答えは，
わる数×商＋余り
＝わられる数
で確かめられる。

ミス注意!

小数でわる計算では，商の小数点をうつ位置と，余りの小数点をうつ位置がちがうので注意する。
(2)の商は，商は小数第一位まで求めるから，3.1とする。

ミス注意!

上から3けた目の数字を見ると，
(1)は8だから，切り上げる。
(2)は4だから，切り捨てる。
(3)は1だから，切り捨てる。
(4)は5だから，切り上げる。

26 （1） 10　（2） 2.95　（3） 2001

解説

（1）（　）の中を先に計算する。

$(4.23 - 0.3 \times 2.1) \div 0.36$

$= (4.23 - 0.63) \div 0.36 = 3.6 \div 0.36 = 10$

（2）（　）の中を先に計算する。

$8.93 - (3.25 + 0.42 \times 6.5)$

$= 8.93 - (3.25 + 2.73) = 8.93 - 5.98 = 2.95$

（3）｛　｝の中を先に計算する。

$\{2.4 \div (3.2 - 2.6) \times 7.5 - 9.99\} \div 0.01$

$= (2.4 \div 0.6 \times 7.5 - 9.99) \div 0.01$

$= (4 \times 7.5 - 9.99) \div 0.01 = (30 - 9.99) \div 0.01$

$= 20.01 \div 0.01 = 2001$

もっとくわしく

計算の順序

・左から順に計算する。

・＋，－，×，÷の混じった式では，×，÷を先に計算する。

・かっこのある式は，かっこの中を先に計算する。

27 2.2kg

解説

みかんの重さ＋箱の重さ＝全体の重さだから，

$1.94 + 0.26 = 2.2$(kg)

$$\begin{array}{r} 1.94 \\ +\,0.26 \\ \hline 2.2\not{0} \end{array}$$

ミス注意！

位をそろえて計算する。

小数点より右の最後の0は消す。

28 3.06km

解説

$5.3 - 2.24 = 3.06$(km)

$$\begin{array}{r} 5.3 \\ -\,2.24 \\ \hline 3.06 \end{array}$$

ミス注意！

位をそろえて計算する。

5.3は，5.30として考える。

29 ある数…3.4，正しい答え…12.92

解説

ある数は，

$7.2 - 3.8 = 3.4$

正しい答えは，

$3.4 \times 3.8 = 12.92$

$$\begin{array}{r} 3.4 \\ \times\,3.8 \\ \hline 272 \\ 102 \\ \hline 12.92 \end{array}$$

もっとくわしく

小数×小数のとき，積の小数点は，かけられる数とかける数の小数点より右のけた数の和だけ，右から数えてうつ。

30 4.9L

解説

$0.35 \times 14 = 4.9$(L)

```
    0.3 5
 ×    1 4
 ────────
    1 4 0
    3 5
 ────────
    4.9 0
```

つまずいたら

小数のかけ算の筆算のしかたを知りたい。

本冊…P.72

31 6本切り取れて，1.6cm余る

解説

$73.6 \div 12 = 6$余り1.6

余りは1.6cmとなる。

```
         6
 1 2)7 3.6
     7 2
     ─────
       1.6
```

ミス注意！

「何本切り取れるか」と問われているから，商は整数で求める。

32 3.7m

解説

縦×横＝長方形の面積だから，横の長さは，

$8.48 \div 2.3 = 3.68\cdots$

小数第一位までのがい数で求めるから，横の長さは，3.7m。

```
          3.6 8
 2.3)8.4.8
      6 9
     ──────
      1 5 8
      1 3 8
     ──────
        2 0 0
        1 8 4
       ──────
          1 6
```

もっとくわしく

がい数で求めるときは，求めたい位の，1つ下の位の数字を四捨五入する。

33 (1) $1\frac{5}{6}$　(2) 8　(3) $\frac{12}{7}$

解説

(1) 仮分数を帯分数になおすには，分子を分母でわった商を整数部分，余りを分数部分の分子にする。

$11 \div 6 = 1$余り$5 \rightarrow 1\frac{5}{6}$

(2) $24 \div 3 = 8$　整数になる。

(3) $7 \times 1 + 5 = 12 \rightarrow \frac{12}{7}$

もっとくわしく

仮分数は，1に等しいか，1よりも大きい分数。

帯分数は，整数と真分数の和になっている分数。

34 (1) $\frac{1}{3}$　(2) $\frac{2}{3}$　(3) $\frac{6}{5}$

解説

分母と分子を，それらの数の最大公約数でわればよい。

(1) $\frac{4}{12}=\frac{4\div4}{12\div4}=\frac{1}{3}$

(2) $\frac{18}{27}=\frac{18\div9}{27\div9}=\frac{2}{3}$

(3) $\frac{42}{35}=\frac{42\div7}{35\div7}=\frac{6}{5}$

つまずいたら

約分のしかたを知りたい。

本冊…P.92

35 (1) $\frac{27}{45}$, $\frac{10}{45}$　(2) $\frac{2}{12}$, $\frac{5}{12}$　(3) $\frac{35}{40}$, $\frac{36}{40}$

解説

分母の最小公倍数を共通の分母とする分数になおせばよい。

(1) $\frac{3}{5}=\frac{3\times9}{5\times9}=\frac{27}{45}$,　$\frac{2}{9}=\frac{2\times5}{9\times5}=\frac{10}{45}$

(2) $\frac{1}{6}=\frac{1\times2}{6\times2}=\frac{2}{12}$,　$\frac{5}{12}$はそのまま

(3) $\frac{7}{8}=\frac{7\times5}{8\times5}=\frac{35}{40}$,　$\frac{9}{10}=\frac{9\times4}{10\times4}=\frac{36}{40}$

ミス注意!

(2) 6と12の最小公倍数は12。

つまずいたら

通分のしかたを知りたい。

本冊…P.92

36 (1) $\frac{7}{2}\left(3\frac{1}{2}\right)$　(2) 5　(3) $\frac{1}{8}$

解説

逆数は，分母と分子を入れかえた分数である。

(1) $\frac{2}{7} \to \frac{7}{2}$

(2) $\frac{1}{5} \to \frac{5}{1}$,　$\frac{5}{1}=5$

(3) $8=\frac{8}{1}$だから，$\frac{8}{1} \to \frac{1}{8}$

もっとくわしく

逆数になっている2つの数の積は，1になる。

37 (1) $\frac{4}{11}$　(2) $\frac{9}{5}\left(1\frac{4}{5}\right)$

解説

わられる数を分子，わる数を分母にすればよい。

(1) $4\div11=\frac{4}{11}$

(2) $9\div5=\frac{9}{5}$

つまずいたら

わり算の商を分数で表すしかたを知りたい。

本冊…P.93

38 (1)　1.1　(2)　1.625　(3)　3

解説

わり算の式になおして考える。

(1)　$\frac{11}{10} = 11 \div 10 = 1.1$

(2)　$1\frac{5}{8} = \frac{13}{8}$だから，$13 \div 8 = 1.625$

(3)　$\frac{21}{7} = 21 \div 7 = 3$

39 (1)　0.83　(2)　1.67

解説

$\frac{1}{100}$の位までの小数で表すから，$\frac{1}{1000}$の位の数字を四捨五入する。

(1)　$\frac{5}{6} = 5 \div 6 = 0.833\cdots$　切り捨てる。

(2)　$1\frac{2}{3} = \frac{5}{3}$だから，$5 \div 3 = 1.666\cdots$　切り上げる。

40 (1)　$\frac{17}{10}\left(1\frac{7}{10}\right)$　(2)　$\frac{59}{100}$　(3)　$\frac{3}{1}$

解説

$\frac{1}{10}$や$\frac{1}{100}$が何個あるかを考える。

(1)　1.7は0.1が17個分。→$\frac{1}{10}$が17個分だから$\frac{17}{10}$。

(2)　0.59は0.01が59個分。→$\frac{1}{100}$が59個分だから$\frac{59}{100}$。

(3)　整数は，分母を1とする分数になおせばよい。

41 (1)　$\frac{11}{9}\left(1\frac{2}{9}\right)$　(2)　$\frac{41}{21}\left(1\frac{20}{21}\right)$　(3)　$\frac{4}{3}\left(1\frac{1}{3}\right)$

(4)　$3\frac{7}{18}\left(\frac{61}{18}\right)$　(5)　$\frac{2}{7}$　(6)　$\frac{3}{5}$

(7)　$\frac{7}{8}$　(8)　$\frac{3}{10}$　(9)　$1\frac{1}{4}\left(\frac{5}{4}\right)$

解説

分母が同じ分数のたし算・ひき算は，分母はそのままで分子どうしを計算する。分母がちがう分数のたし算・ひき算は，通分してから計算する。

もっとくわしく

分数を小数や整数で表すには，分子を分母でわればよい。

もっとくわしく

分数の中には，きちんとした小数で表せないものもある。

もっとくわしく

$0.1 = \frac{1}{10}$

$0.01 = \frac{1}{100}$

$0.001 = \frac{1}{1000}$

つまずいたら

小数や整数を分数で表すしかたを知りたい。

本冊…P.93

もっとくわしく

通分するときは，分母の最小公倍数で通分するとよい。また，答えが約分できるときは，約分する。

(1)　$\frac{4}{9}+\frac{7}{9}=\frac{11}{9}$

(2)　$\frac{5}{3}+\frac{2}{7}=\frac{35}{21}+\frac{6}{21}=\frac{41}{21}$

(3)　$\frac{3}{5}+\frac{11}{15}=\frac{9}{15}+\frac{11}{15}=\frac{\overset{4}{\cancel{20}}}{\underset{3}{\cancel{15}}}=\frac{4}{3}$

(4)　$1\frac{5}{6}+1\frac{5}{9}=1\frac{15}{18}+1\frac{10}{18}=2\frac{25}{18}=3\frac{7}{18}$

(5)　$\frac{5}{7}-\frac{3}{7}=\frac{2}{7}$

(6)　$1-\frac{2}{5}=\frac{5}{5}-\frac{2}{5}=\frac{3}{5}$

(7)　$\frac{5}{4}-\frac{3}{8}=\frac{10}{8}-\frac{3}{8}=\frac{7}{8}$

(8)　$\frac{7}{15}-\frac{1}{6}=\frac{14}{30}-\frac{5}{30}=\frac{\overset{3}{\cancel{9}}}{\underset{10}{\cancel{30}}}=\frac{3}{10}$

(9)　$3\frac{1}{12}-1\frac{5}{6}=3\frac{1}{12}-1\frac{10}{12}=2\frac{13}{12}-1\frac{10}{12}$

$=1\frac{\overset{1}{\cancel{3}}}{\underset{4}{\cancel{12}}}=1\frac{1}{4}$

ミス注意!

帯分数のたし算・ひき算では，くり上がり，くり下がりに注意する。帯分数のひき算で，分数部分がひけないときは，整数部分から1くり下げる。

つまずいたら

分数のたし算・ひき算のしかたを知りたい。

本冊…P.100

42 (1)　$\frac{21}{8}\left(2\frac{5}{8}\right)$　(2)　$\frac{10}{3}\left(3\frac{1}{3}\right)$　(3)　$\frac{63}{5}\left(12\frac{3}{5}\right)$

(4)　$\frac{21}{20}\left(1\frac{1}{20}\right)$　(5)　$\frac{4}{15}$　(6)　$\frac{12}{7}\left(1\frac{5}{7}\right)$

解説

(1)～(3)は，分母はそのままで，分子に整数をかける。

(4)～(6)は，分母どうし，分子どうしをそれぞれかける。

(1)　$\frac{7}{8}\times 3=\frac{7\times 3}{8}=\frac{21}{8}$

(2)　$\frac{5}{6}\times 4=\frac{5\times \overset{2}{\cancel{4}}}{\underset{3}{\cancel{6}}}=\frac{10}{3}$

(3)　帯分数は仮分数になおして計算する。

$1\frac{4}{5}\times 7=\frac{9}{5}\times 7=\frac{9\times 7}{5}=\frac{63}{5}$

もっとくわしく

計算のと中で約分できるときは，約分すると計算が簡単になる。

(4) $\dfrac{7}{5} \times \dfrac{3}{4} = \dfrac{7 \times 3}{5 \times 4} = \dfrac{21}{20}$

(5) $\dfrac{3}{10} \times \dfrac{8}{9} = \dfrac{\overset{1}{\cancel{3}} \times \overset{4}{\cancel{8}}}{\underset{5}{\cancel{10}} \times \underset{3}{\cancel{9}}} = \dfrac{4}{15}$

(6) $1\dfrac{2}{7} \times 1\dfrac{1}{3} = \dfrac{9}{7} \times \dfrac{4}{3} = \dfrac{\overset{3}{\cancel{9}} \times 4}{7 \times \underset{1}{\cancel{3}}} = \dfrac{12}{7}$

43 (1) $\dfrac{3}{16}$ (2) $\dfrac{3}{20}$ (3) $\dfrac{1}{3}$ (4) $\dfrac{35}{8}\left(4\dfrac{3}{8}\right)$

(5) $\dfrac{20}{9}\left(2\dfrac{2}{9}\right)$ (6) $\dfrac{15}{8}\left(1\dfrac{7}{8}\right)$

解説

(1)～(3)は，分子はそのままで，分母に整数をかける。

(4)～(6)は，わる数の逆数をかける。

(1) $\dfrac{3}{4} \div 4 = \dfrac{3}{4 \times 4} = \dfrac{3}{16}$

(2) $\dfrac{9}{5} \div 12 = \dfrac{\overset{3}{\cancel{9}}}{5 \times \underset{4}{\cancel{12}}} = \dfrac{3}{20}$

(3) 帯分数は仮分数になおして計算する。

$$2\frac{1}{3} \div 7 = \frac{7}{3} \div 7 = \frac{\overset{1}{\cancel{7}}}{3 \times \underset{1}{\cancel{7}}} = \frac{1}{3}$$

(4) $\dfrac{5}{2} \div \dfrac{4}{7} = \dfrac{5 \times 7}{2 \times 4} = \dfrac{35}{8}$

(5) $\dfrac{5}{6} \div \dfrac{3}{8} = \dfrac{5 \times \overset{4}{\cancel{8}}}{\underset{3}{\cancel{6}} \times 3} = \dfrac{20}{9}$

(6) $1\dfrac{1}{4} \div \dfrac{2}{3} = \dfrac{5}{4} \div \dfrac{2}{3} = \dfrac{5 \times 3}{4 \times 2} = \dfrac{15}{8}$

44 (1) $\dfrac{1}{6}$ (2) $\dfrac{7}{2}\left(3\dfrac{1}{2}\right)$

解説

整数のときと同じように，計算の順序にしたがって計算していく。小数は分数になおして計算する。

つまずいたら

分数のかけ算のしかたを知りたい。

本冊…P.106

ミス注意！

分数のかけ算とは計算のしかたがちがうので注意する。

もっとくわしく

計算のと中で約分できるときは，約分すると計算が簡単になる。

つまずいたら

分数のわり算のしかたを知りたい。

本冊…P.112

(1) $\left\{\frac{2}{3}-\left(0.25+\frac{1}{8}\right)\div 3\right\}\div 3\frac{1}{4}$

$=\left\{\frac{2}{3}-\left(\frac{1}{4}+\frac{1}{8}\right)\div 3\right\}\div 3\frac{1}{4}$

$=\left\{\frac{2}{3}-\left(\frac{2}{8}+\frac{1}{8}\right)\div 3\right\}\div 3\frac{1}{4}=\left(\frac{2}{3}-\frac{3}{8\times 3}\right)\div 3\frac{1}{4}$

$=\left(\frac{16}{24}-\frac{3}{24}\right)\div\frac{13}{4}=\frac{\overset{1}{\cancel{13}}\times\overset{1}{\cancel{4}}}{\underset{6}{\cancel{24}}\times\underset{1}{\cancel{13}}}=\frac{1}{6}$

(2) $\frac{5}{9}\times\left\{7.5-\left(\frac{3}{4}-0.5\right)\times 3\right\}-\frac{1}{4}$

$=\frac{5}{9}\times\left\{\frac{15}{2}-\left(\frac{3}{4}-\frac{1}{2}\right)\times 3\right\}-\frac{1}{4}$

$=\frac{5}{9}\times\left\{\frac{15}{2}-\left(\frac{3}{4}-\frac{2}{4}\right)\times 3\right\}-\frac{1}{4}$

$=\frac{5}{9}\times\left(\frac{15}{2}-\frac{1\times 3}{4}\right)-\frac{1}{4}=\frac{5}{9}\times\left(\frac{30}{4}-\frac{3}{4}\right)-\frac{1}{4}$

$=\frac{5\times\overset{3}{\cancel{27}}}{\underset{1}{\cancel{9}}\times 4}-\frac{1}{4}=\frac{15}{4}-\frac{1}{4}=\frac{\overset{7}{\cancel{14}}}{\underset{2}{\cancel{4}}}=\frac{7}{2}$

🔍もっとくわしく

(1) $0.25=\frac{25}{100}$

$=\frac{1}{4}$

(2) $7.5=\frac{75}{10}=\frac{15}{2}$

$0.5=\frac{5}{10}=\frac{1}{2}$

⚠ミス注意!

かけ算やわり算は，たし算やひき算よりも先に計算するので注意する。

45 $\frac{45}{117}$

解説

約分すると$\frac{5}{13}$になる分数は，$\frac{5\times○}{13\times○}$と表すことができる。

この分数の分母と分子の差は，

$13\times○-5\times○=(13-5)\times○=8\times○$

これが72だから，$○=72\div 8=9$

よって，求める分数は，

$\frac{5\times 9}{13\times 9}=\frac{45}{117}$

🔍もっとくわしく

下のように，$\frac{5}{13}$と大きさが等しい分数を順に計算し，分母と分子の差が72になるものを見つけてもよい。

$\frac{5\times 2}{13\times 2}=\frac{10}{26}$
(差は16)

$\frac{5\times 3}{13\times 3}=\frac{15}{39}$
(差は24)

⋮

46 $\frac{12}{5}$L$\left(2\frac{2}{5}\text{L}\right)$

解説

まず，かべ$1m^2$の面積をぬるのに必要なペンキの量を求めると，

$\frac{16}{15}\div 2\frac{2}{3}=\frac{16}{15}\div\frac{8}{3}=\frac{\overset{2}{\cancel{16}}\times\overset{1}{\cancel{3}}}{\underset{5}{\cancel{15}}\times\underset{1}{\cancel{8}}}=\frac{2}{5}$(L)

⚠ミス注意!

まず$1m^2$あたりに必要なペンキの量を求めることに注意する。

かべ$6m^2$をぬるのに必要なペンキの量は,

$$\frac{2}{5} \times 6 = \frac{12}{5} (\mathrm{L})$$

図形編

47 74°

解説

右の図で，イの角の大きさは，

180° − 61° = 119°

ウの角の大きさは，直角二等辺三角形の直角ではない角だから，

(180° − 90°) ÷ 2 = 45°

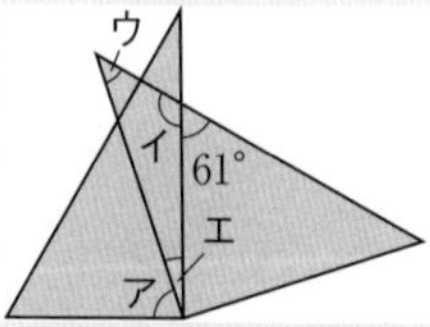

イとウとエの角を合わせた大きさは，三角形の3つの角の大きさの和が180°だから，エの角の大きさは，

180° −(119° + 45°) = 16°

アとエの角を合わせた大きさは90°だから，アの角の大きさは，

90° − 16° = 74°

48 50°

解説

右の図で，イの角の大きさは，ひし形の向かい合った角の大きさは等しいことから120°。

ウの角の大きさは，四角形の4つの角の大きさの和が360°だから，

360° − 70° × 2 = 220°

220° ÷ 2 = 110°

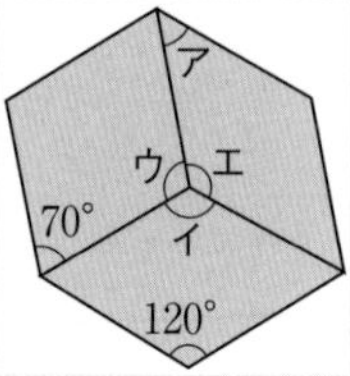

イとウとエの角を合わせた大きさは360°だから，エの角の大きさは，

360° −(120° + 110°) = 130°

よって，アの角の大きさは，

360° − 130° × 2 = 100°

100° ÷ 2 = 50°

49 ㋐ 65°　㋑ 65°　㋒ 80°

解説

㋐は，65°の角の同位角だから，角の大きさは等しく65°。

㋑は，65°の角の対頂角だから，角の大きさは等しく65°。

もっとくわしく

エの角の大きさがわかれば，アの角の大きさを求められることに注目する。

つまずいたら

三角形の角の大きさについて知りたい。

本冊…P.141

もっとくわしく

ひし形の向かい合った角の大きさはそれぞれ等しいことと，四角形の4つの角の大きさの和が360°であることから求めていく。

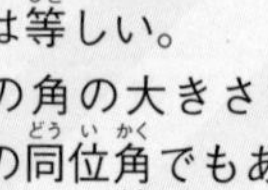

もっとくわしく

対頂角，同位角，さっ角は等しい。

㋒の角の大きさは，㋔の同位角でもあることから求めてもよい。

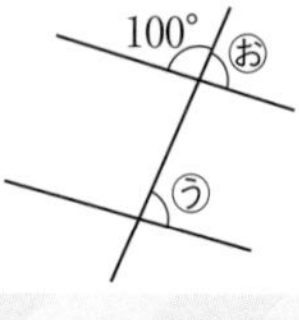

また，Ⓘはⓐのさっ角でもある。
Ⓤは，右の図のⓔの角のさっ角である。
ⓔの角の大きさは，180° − 100° = 80°
さっ角は等しいから，Ⓤの角の大きさは80°。

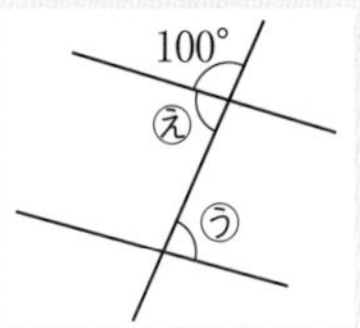

50 (1) ア，ウ　(2) ア，エ

解説

(1) 向かい合った2組の辺が平行な図形は，正方形と平行四辺形と長方形とひし形。そのうち，2本の対角線の長さが等しいのは，正方形と長方形。

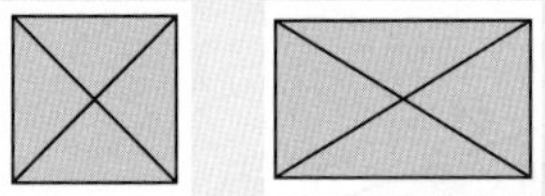

(2) 向かい合った2組の角の大きさが等しいのは，正方形と平行四辺形と長方形とひし形。そのうち，2本の対角線が垂直に交わるのは，正方形とひし形。

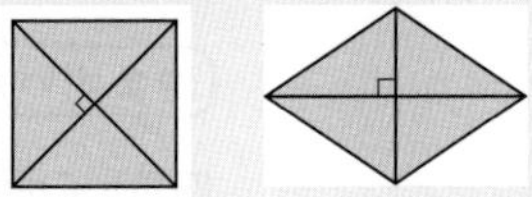

51 30°

解説

正十二角形をかくには，円の中心の周りの角を12等分すればよいから，
360° ÷ 12 = 30°

52 $324m^2$

解説

正方形の1辺の長さを□mとすると，
□ × 4 = 72
□ = 72 ÷ 4 = 18(m)
1辺が18mの正方形の面積は，
18 × 18 = 324(m^2)

53 14.6cm

解説

長方形の横の長さを□cmとすると，

ミス注意!
平行四辺形と長方形は，2本の対角線が垂直に交わらない。

つまずいたら
四角形の種類と性質について知りたい。
本冊…P.155

もっとくわしく
円の中心の周りの角の大きさは360°。

もっとくわしく
正方形の周りの長さ＝1辺×4
長方形の周りの長さ＝(縦＋横)×2

もっとくわしく
長方形の面積＝縦×横

$9 \times \square = 131.4$

$\square = 131.4 \div 9 = 14.6$(cm)

54 (1)　$14cm^2$　(2)　$15cm^2$　(3)　$64cm^2$

(4)　$36cm^2$

解説

(1)　三角形の面積＝底辺×高さ÷2　だから，

$7 \times 4 \div 2 = 14$(cm^2)

(2)　平行四辺形の面積＝底辺×高さ　だから，

$3 \times 5 = 15$(cm^2)

(3)　台形の面積＝(上底＋下底)×高さ÷2　だから，

$(4 + 12) \times 8 \div 2 = 64$($cm^2$)

(4)　2つの三角形に分けて考えると，

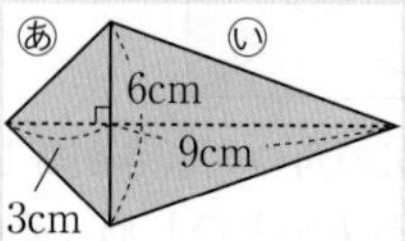

あの三角形の面積は，

$6 \times 3 \div 2 = 9$(cm^2)

いの三角形の面積は，

$6 \times 9 \div 2 = 27$(cm^2)

だから，この図形の面積は，

$9 + 27 = 36$(cm^2)

◆別の解き方◆

ひし形の面積と同じように，対角線×対角線÷2で求められるから，

$6 \times (3 + 9) \div 2 = 36$($cm^2$)

⚠ミス注意！

(2) 高さは，平行四辺形の外側にある。

つまずいたら

四角形の面積の求め方を知りたい。

本冊…P.168

55 円周の長さ…2倍，面積…4倍

解説

あの円周の長さは，

$4 \times 2 \times 3.14 = 25.12$(cm)

いの円周の長さは，

$4 \times 3.14 = 12.56$(cm)

$25.12 \div 12.56 = 2$

だから，あの円周の長さはいの円周の長さの2倍。

あの円の面積は，

$4 \times 4 \times 3.14 = 50.24$($cm^2$)

いの円の面積は，半径は2cmだから，

$2 \times 2 \times 3.14 = 12.56$($cm^2$)

$50.24 \div 12.56 = 4$

だから，あの円の面積はいの円の面積の4倍。

もっとくわしく

円周＝直径×円周率

円の面積

＝半径×半径×円周率

つまずいたら

円周の長さや円の面積の求め方を知りたい。

本冊…P.160,169

56 周りの長さ…24.28cm，面積…28.26cm²

解説

半径が9cm，中心角が40°のおうぎ形である。

おうぎ形の周りの長さ

$=$半径$\times 2+$半径$\times 2\times$円周率$\times\dfrac{\text{中心角}}{360^\circ}$　だから，

$9\times 2+9\times 2\times 3.14\times\dfrac{40^\circ}{360^\circ}=24.28(\text{cm})$

おうぎ形の面積$=$半径$\times$半径$\times$円周率$\times\dfrac{\text{中心角}}{360^\circ}$　だから，

$9\times 9\times 3.14\times\dfrac{40^\circ}{360^\circ}=28.26(\text{cm}^2)$

57 ㋑と㋗，㋒と㋔

解説

ぴったり重ね合わすことのできる図形を見つければよい。

㋗は，まわすと㋑とぴったり重ね合わすことができる。

㋔は，裏返すと㋒とぴったり重ね合わすことができる。

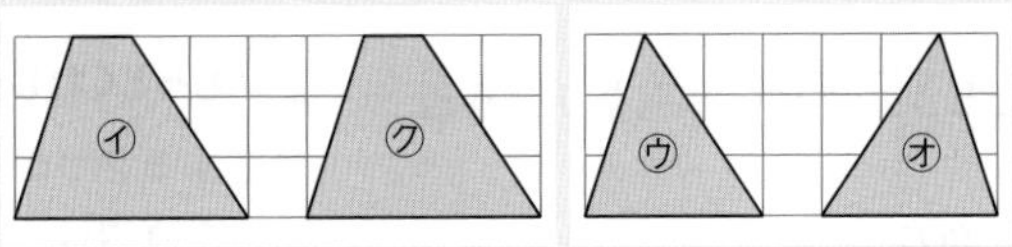

58 （1）　7cm　　（2）　124°

解説

（1）　辺ＥＨに対応する辺は，辺ＡＢ。合同な図形の対応する辺の長さは等しいから，辺ＥＨ＝辺ＡＢ＝7cm

（2）　角Ｆに対応する角は，角Ｄ。合同な図形の対応する角の大きさは等しいから，角Ｆ＝角Ｄ＝124°

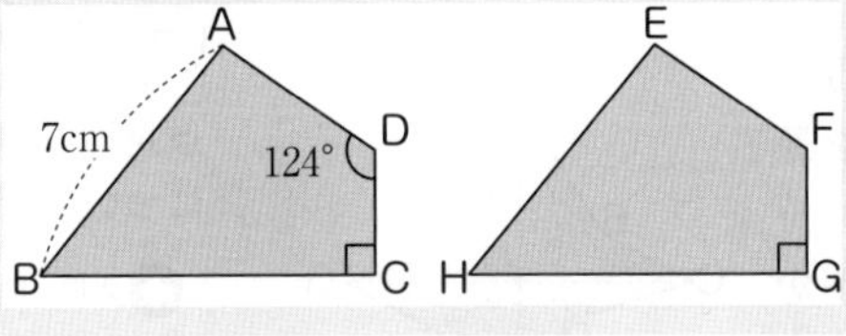

59 三角形ＡＢＤと三角形ＣＤＢ，三角形ＡＢＣと三角形ＣＤＡ，三角形ＡＯＤと三角形ＣＯＢ，三角形ＡＯＢと三角形ＣＯＤ

解説

（三角形ＡＢＤと三角形ＣＤＢ，
三角形ＡＢＣと三角形ＣＤＡ）

平行四辺形は，向かい合った辺の長さが等しく，向かい合った角の大きさも等しい。

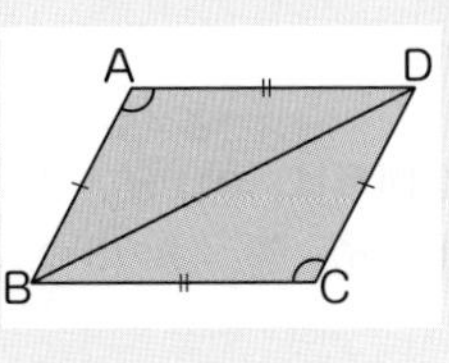

ミス注意！

おうぎ形の周りの長さを求めるときは，2つの半径をたすのを忘れないようにする。

つまずいたら

おうぎ形の周りの長さや面積の求め方を知りたい。

本冊…P.160,169

もっとくわしく

合同な図形は，形も大きさも同じである。

つまずいたら

合同な図形や対応する辺や角の関係について知りたい。

本冊…P.186

もっとくわしく

2つの三角形は，次のとき合同になっている。

①3つの辺の長さが等しいとき。

2つの辺の長さとその間の角の大きさが等しいから，三角形ＡＢＤと三角形ＣＤＢ，三角形ＡＢＣと三角形ＣＤＡはそれぞれ合同になっている。

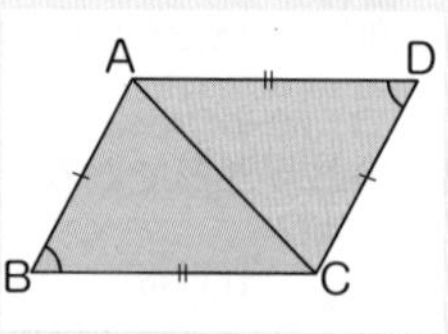

（三角形ＡＯＤと三角形ＣＯＢ，三角形ＡＯＢと三角形ＣＯＤ）

平行四辺形の２本の対角線は，それぞれその中心の点で2つに等分される。また，対頂角は等しい。

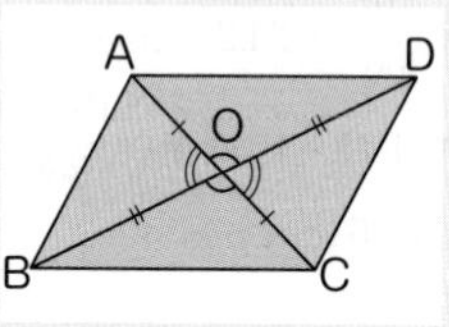

2つの辺の長さとその間の角の大きさが等しいから，三角形ＡＯＤと三角形ＣＯＢ，三角形ＡＯＢと三角形ＣＯＤはそれぞれ合同になっている。

60 (1) 辺ＪＩ (2) 角Ｇ (3) 直線ＨＫ

解説

(1) 対称の軸で2つに折ったとき，辺ＢＣと重なり合う辺は，辺ＪＩ。

(2) 角Ｅと重なり合う角は，角Ｇ。

(3) 頂点Ｄに対応する頂点は，頂点Ｈ。頂点Ｄと頂点Ｈを結んだ直線は，対称の軸と垂直に交わり，その交わる点Ｋから，頂点Ｄ，頂点Ｈまでの長さはそれぞれ等しくなっている。

61 解説の図参照

解説

点対称な図形では，対応する点を結んだ直線は，対称の中心Ｏを通る。

対応する点を結んだ直線を何本かひき，その交わる点が対称の中心Ｏとなる。

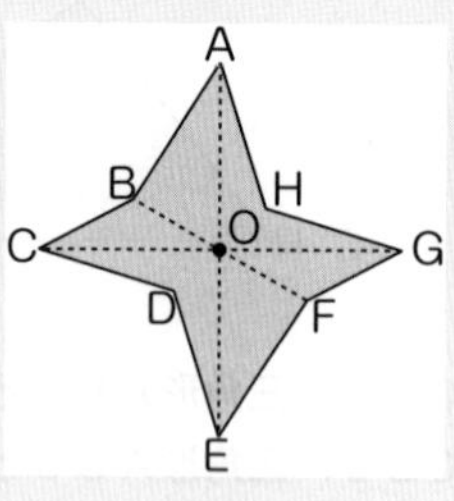

62 ㋑，㊁，㋔

解説

㋐～㋔の中で，線対称な図形は，㋐，㋑，㊁，㋔。

そのうち，点対称な図形は㋑，㊁，㋔の3つ。

②2つの辺の長さとその間の角の大きさが等しいとき。

③1つの辺の長さとその両はしの角の大きさが等しいとき。

ミス注意！

三角形ＡＯＢと三角形ＡＯＤは，２つの辺の長さは等しいが，その間の角の大きさがちがうから，合同にはならない。

もっとくわしく

対応する2つの点を結んだ直線は，対称の軸と垂直に交わり，その交わる点から対応する点までの長さは，それぞれ等しくなっている。

つまずいたら

点対称な図形の性質について知りたい。

本冊…P.191

もっとくわしく

正多角形はすべて線対称になっていて，対称の軸は，頂点の数と同じだけある。

㋑，㋓，㋔の対称の軸と対称の中心は下の図のとおり。

㋑　ひし形　　㋓　正六角形　　㋔　円

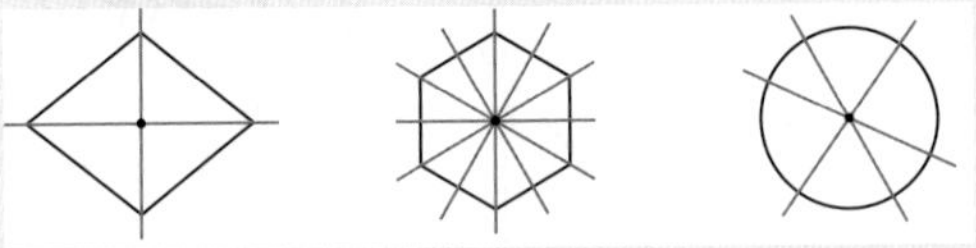

円の対称の軸はたくさんある。

63 3cm

解説

三角形ＡＢＣは三角形ＡＤＥの拡大図である。

辺ＡＢの長さは，ＡＤ＋ＤＢだから，

　4 + 12 = 16(cm)

辺ＡＤと辺ＡＢは対応しているから，16 ÷ 4 = 4より，三角形ＡＢＣは三角形ＡＤＥの4倍の拡大図である。

辺ＤＥと辺ＢＣは対応しているから，辺ＤＥの長さは，

　12 ÷ 4 = 3(cm)

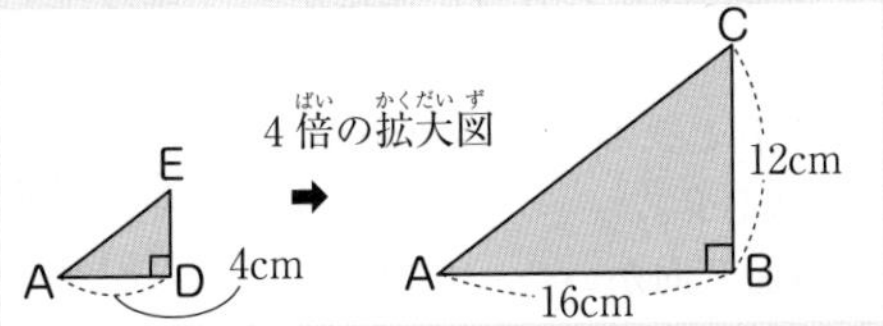

64 解説の図参照

解説

2倍の拡大図を三角形ＡＤＥとすると，辺ＡＤの長さは，辺ＡＢの長さの2倍だから10cm。

辺ＡＥの長さは，辺ＡＣの長さの2倍だから12cm。

$\frac{1}{2}$の縮図を三角形ＡＦＧとすると，辺ＡＦの長さは，辺ＡＢの長さの$\frac{1}{2}$だから2.5cm。辺ＡＧの長さは，辺ＡＣの長さの$\frac{1}{2}$だから3cm。

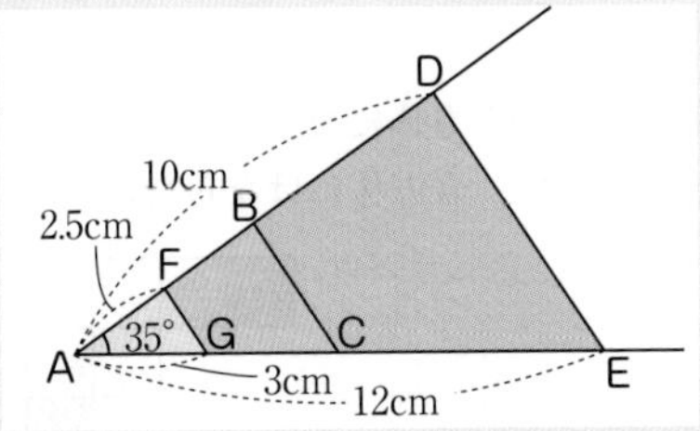

つまずいたら

線対称，点対称な図形について知りたい。

本冊…P.190, 191

もっとくわしく

拡大図では，対応する辺の長さの比は，どの辺も同じになっている。

辺ＡＤ：辺ＡＢ＝1：4

辺ＡＥ：辺ＡＣ＝1：4

辺ＤＥ：辺ＢＣ＝1：4

つまずいたら

拡大図の性質について知りたい。

本冊…P.196

つまずいたら

拡大図，縮図のかき方を知りたい。

本冊…P.197

65 約12m

解説

まず，$\frac{1}{500}$の縮図DEFをかく。

BCの10mの長さは，縮図では

10m = 1000cm

$1000 \times \frac{1}{500} = 2$(cm)

だから，縮図は右の図のようになる。

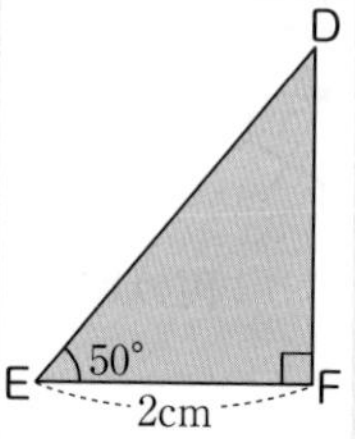

辺DFの長さは，約2.4cmだから，

ACの実際の長さは，

2.4 × 500 = 1200(cm)

1200cm = 12m

よって，川はばACの実際の長さは，約12m。

もっとくわしく

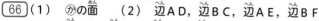

縮尺を使うと，縮図から実際の長さを求めることができる。

つまずいたら

縮尺や縮図の利用について知りたい。

本冊…P.197

66 (1)　㋕の面　(2)　辺AD，辺BC，辺AE，辺BF

(3)　辺DH，辺HG，辺CG，辺DC

解説

(1)　㋓の面に平行な面は，㋓の面と向かい合った面だから，㋕の面。

(2)　辺ABに垂直な辺は，辺ABと交わった辺だから，辺AD，辺BC，辺AE，辺BF。

(3)　㋒の面に平行な辺は，㋒の面と向かい合った辺だから，辺DH，辺HG，辺CG，辺DC。

もっとくわしく

直方体や立方体では，向かい合った面や辺は平行で，交わった面や辺は垂直になっている。

67 (1)　(横6cm，縦5cm，高さ0cm)　(2)　頂点H

解説

(1) 頂点Aをもとにすると，頂点Cは横に6cm，縦に5cmのところにある。頂点Aと頂点Cは同じ高さにあるので，高さは0cmとする。

(2) 頂点Aをもとにして，横に0cm，縦に5cm，高さ8cmのところにある頂点は，頂点H。

もっとくわしく

位置を表すときは，もとにした位置からの方向ときょりを考える。

68 (ウ)

解説

(ア)，(イ)，(エ)は組み立てると立方体になる。

(ウ)は斜線の面が重なってしまい，立方体にはならない。

(ウ)

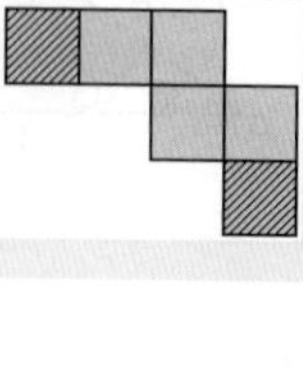

もっとくわしく

立方体の展開図は，全部で11種類ある。

本冊…P.213

69 (1)　㊄の面　(2)　辺GF　(3)　頂点B，頂点F

解説

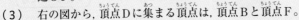

(1)　2つの底面は平行になっている。㋓の面と㊄の面が底面で平行になっている。

(2)　三角柱を組み立てると右の図のようになる。辺ABと重なるのは辺GF。

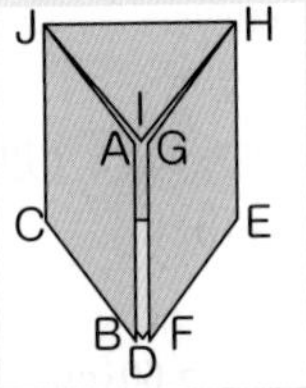

(3)　右の図から，頂点Dに集まる頂点は，頂点Bと頂点F。

> **もっとくわしく**
> 角柱の2つの底面は平行になっている。また底面と側面は垂直になっている。

70 解説の図参照

解説

底面は，直径が5cm，つまり半径が2.5cmの円をかく。
側面は，長方形の縦の長さは3cmで，横の長さは，底面の円周の長さに等しいから，

$5 \times 3.14 = 15.7$(cm)

にしてかく。

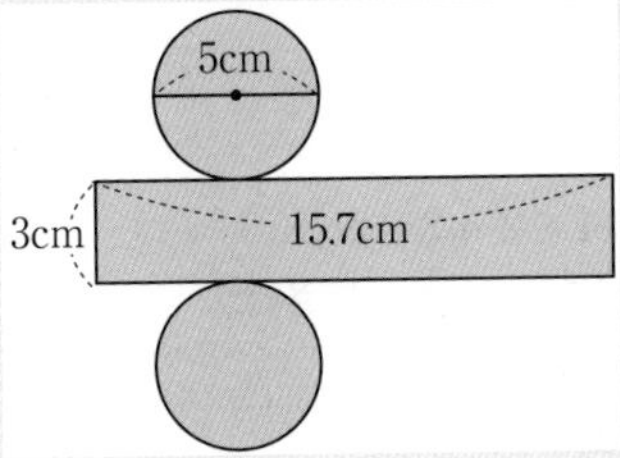

> **もっとくわしく**
> 円柱の展開図の側面の形は長方形になっている。
> 側面の縦の長さは，円柱の高さに等しく，横の長さは，底面の円周の長さに等しい。

71 (1)　表面積…424cm^2，体積…480cm^3
(2)　表面積…54cm^2，体積…27cm^3
(3)　表面積…330cm^2，体積…270cm^3
(4)　表面積…87.92cm^2，体積…62.8cm^3

解説

(1)　(表面積)
縦4cm，横8cmの長方形が2つで，

$4 \times 8 \times 2 = 64$(cm^2)

縦4cm，横15cmの長方形が2つで，

$4 \times 15 \times 2 = 120$(cm^2)

縦15cm，横8cmの長方形が2つで，

$15 \times 8 \times 2 = 240$(cm^2)

よって，これらの面積を合わせて

$64 + 120 + 240 = 424$(cm^2)

(体積)
直方体の体積＝縦×横×高さ　だから，

$15 \times 8 \times 4 = 480$(cm^3)

> **もっとくわしく**
> 直方体や立方体，角柱や円柱の表面積は，展開図をかくと求めやすくなる。

> **ミス注意！**
> (1)の直方体の面には，形も大きさも同じ合同な四角形が，2つずつ3組あることに注意して，表面積を求める。

(2)　(表面積)

1辺が3cmの正方形の面積の6つ分だから，

$3 \times 3 \times 6 = 54(cm^2)$

(体積)

立方体の体積＝1辺×1辺×1辺　だから，

$3 \times 3 \times 3 = 27(cm^3)$

(3)　(表面積)

底面…$5 \times 12 \div 2 \times 2 = 60(cm^2)$

側面…

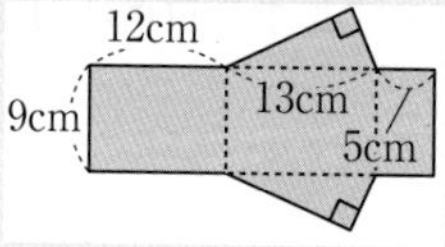

$9 \times (12 + 13 + 5) = 270(cm^2)$

よって，これらの面積を合わせて$60 + 270 = 330(cm^2)$

(体積)

角柱の体積＝底面積×高さ　で求められる。

底面積は，$30cm^2$だから，

$30 \times 9 = 270(cm^3)$

(4)　(表面積)

底面…$2 \times 2 \times 3.14 \times 2 = 25.12(cm^2)$

側面…縦の長さは5cm。横の長さは，

$2 \times 2 \times 3.14 = 12.56(cm)$

だから，側面積は，

$5 \times 12.56 = 62.8(cm^2)$

よって，これらの面積を合わせて，

$25.12 + 62.8 = 87.92(cm^2)$

(体積)

円柱の体積＝底面積×高さ　で求められる。

底面積は，$12.56cm^2$だから，

$12.56 \times 5 = 62.8(cm^3)$

つまずいたら

立方体の表面積と体積について知りたい。

本冊…P.213,232

つまずいたら

三角柱の表面積と体積について知りたい。

本冊…P.221,233

もっとくわしく

円柱の側面の長方形の横の長さは，底面の円周の長さと等しい。

つまずいたら

円柱の表面積と体積について知りたい。

本冊…P.221,233

72　$288cm^3$

解説

底面は右の図のような三角形である。

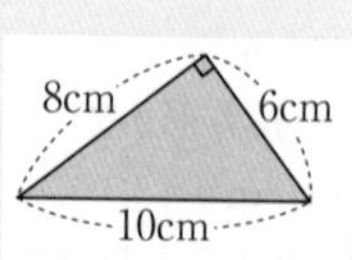

この三角形の面積を求めると，

$6 \times 8 \div 2 = 24(cm^2)$

この立体の展開図を組み立てると三角柱になるから，体積は，底面積×高さ　で求められる。

$24 \times 12 = 288(cm^3)$

つまずいたら

角柱の体積の求め方を知りたい。

本冊…P.233

73 1600cm^3

解説

花びんの容積は，縦×横×高さ　で求められるから，

$8 \times 8 \times 25 = 1600(cm^3)$

つまずいたら

容積の求め方を知りたい。

本冊…P.240

変化と関係編

74 (1)　8：3　(2)　6　(3)　3　(4)　6：10：25

解説

(1)　$A\times\frac{1}{4}=B\times\frac{2}{3}$だから，$A:B=\frac{2}{3}:\frac{1}{4}=8:3$（$\times 12$）

(2)　まず，小数か分数のどちらか一方にそろえる。
小数にそろえると，

$2.75:\square=2.2:4.8$
$2.75\times 4.8=\square\times 2.2$
$\square\times 2.2=13.2$
$\square=6$

◆別の解き方◆　分数にそろえると，

$\frac{11}{4}:\square=\frac{11}{5}:\frac{48}{10}$

$\square\times\frac{11}{5}=\frac{11}{4}\times\frac{48}{10}$

$\square=\frac{11}{4}\times\frac{48}{10}\div\frac{11}{5}=\frac{\overset{1}{\cancel{11}}}{\underset{1}{\cancel{4}}}\times\frac{\overset{6}{\cancel{\overset{12}{\cancel{48}}}}}{\underset{1}{\cancel{\underset{2}{\cancel{10}}}}}\times\frac{\overset{1}{\cancel{5}}}{\underset{1}{\cancel{11}}}=6$

(3)　$2:3=(10-\square):(13-5\div 2)$
$2:3=(10-\square):10.5$
$3\times(10-\square)=2\times 10.5$
$3\times(10-\square)=21$
$10-\square=21\div 3$
$10-\square=7$
$\square=10-7$
$\square=3$

(4)　5と2の最小公倍数は10なので，

A	B	C		A	B	C
3	5		⇒	6	10	
	2	5			10	25

75 20：3

解説

北半球全体の面積と南半球全体の面積は等しいのでともに□とする。
北半球の海の面積は，$\square\times\frac{5}{7}$，
南半球の陸の面積は，$\square\times\frac{3}{28}$と表すことができる。

もっとくわしく

a：b
＝(a×□)：(b×□)
a：b
＝(a÷□)：(b÷□)
(□は0ではない数)
a：b＝c：d
⇔a×d＝b×c

つまずいたら

連比について知りたい。

本冊…P.257

もっとくわしく

全体の量をa：bに分けるとき，
全体の量×$\frac{a}{a+b}$ と
全体の量×$\frac{b}{a+b}$に
分けられる。

よって，求める比は，$\square\times\frac{5}{7}:\square\times\frac{3}{28}=\frac{5}{7}:\frac{3}{28}$
$=20:3$

76 540cm^2

解説

長方形の縦と横の長さの和は，$96\div2=48$(cm)

縦の長さは，

$48\times\frac{5}{8}=30$(cm)

横の長さは，

$48\times\frac{3}{8}=18$(cm)

よって，長方形の面積は，

$30\times18=540$(cm^2)

77 A…108L，B…216L，C…144L，D…32L

解説

水の流れる量は，それぞれ次の図の通り。

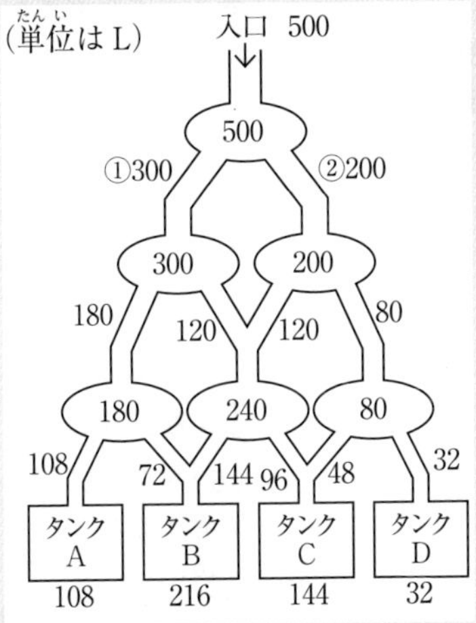

① $500\times\frac{3}{3+2}=300$

② $500\times\frac{2}{3+2}=200$

以下，同じようにして求めていく。

78 比例…㋒，式…$y=3\times x$
反比例…㋑，式…$y=16\div x$　($x\times y=16$)

解説

比例…xの値が2倍，3倍，…になると，yの値も2倍，3倍，…になる。$y\div x$の値がいつも決まった数になる。
式　$y=$決まった数$\times x$

ミス注意!

長方形のまわりの長さが96cmだから，縦と横の長さの和はその半分である。

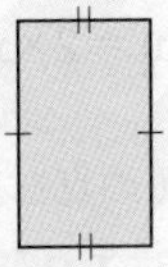

もっとくわしく

㋐は，xとyの差がいつも決まって4
→差が一定の関係

㋓は，xとyの和がいつも決まって20
→和が一定の関係

和が一定，差が一定の2つの量の関係について知りたい。

本冊…P.292

反比例…xの値が2倍，3倍，…になると，yの値が$\frac{1}{2}$倍，$\frac{1}{3}$倍，…になる。$x \times y$の値がいつも決まった数になる。

式　y＝決まった数÷x

㋑

x	…	2	4	8	16	…
y	…	8	4	2	1	…

$x \times y$の値はいつも16

㋒

x	…	2	4	6	8	…
y	…	6	12	18	24	…

$y \div x$の値はいつも3

79 (1)　$y = 2 \times x$　　(2)　$y = 60 \div x$　($x \times y = 60$)

解説

(1)　0の点を通る直線だから比例のグラフ。
決まった数は，$16 \div 8 = 2$だから，$y = 2 \times x$

(2)　曲線だから，反比例のグラフ。
決まった数は，$5 \times 12 = 60$だから，$y = 60 \div x$
または$x \times y = 60$

もっとくわしく
比例・反比例のグラフ上の1つの点のxとyの値がわかれば，xとyの関係を式に表すことができる。

80 (1)　15円　　(2)　360円　　(3)　96時間

(4)

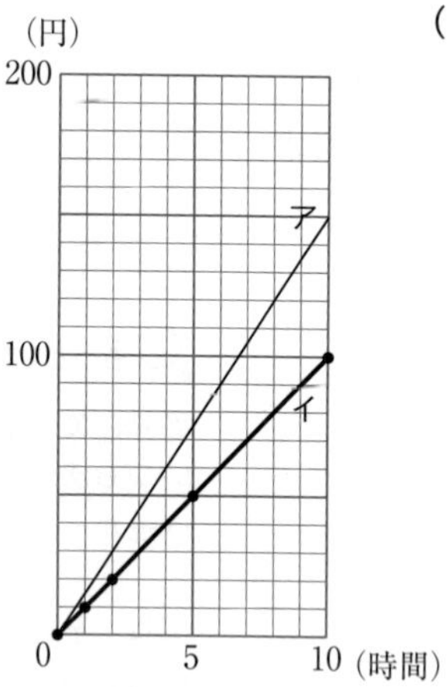

(5)　暖ぼう機イが40円安い。

解説

(1)　10時間使うとガス代が150円になるから，1時間あたりのガス代は，$150 \div 10 = 15$(円)

(2)　使用時間x時間と，ガス代y円との関係を表す式は，
$y = 15 \times x$
この式のxに24をあてはめると，$y = 15 \times 24 = 360$

もっとくわしく
(5)をグラフを使って考えると，

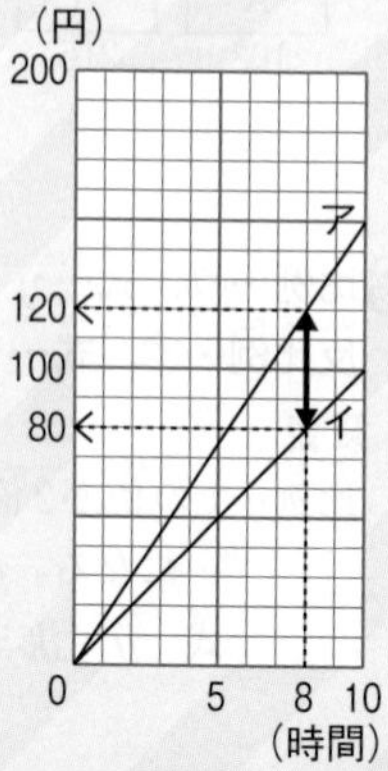

（3）　$y = 15 \times x$ の式の y に1440をあてはめると，

$1440 = 15 \times x$，$15 \times x = 1440$，

$x = 1440 \div 15 = 96$

（4）　表からグラフに点をとり，これらの点と0の点を通る直線をひく。

（5）　暖ぼう機アを8時間使用したときのガス代は，

$15 \times 8 = 120$(円)

暖ぼう機イを8時間使用したときのガス代は，

$10 \times 8 = 80$(円)

暖ぼう機イのほうが安く，ガス代の差は，

$120 - 80 = 40$(円)

81（1）　30　（2）　19.6　（3）　1200

解説

（1）　2km = 2000m

600（比べられる量） ÷ 2000（もとにする量） = 0.3（割合） → 30%

（2）　35% → 0.35

56（もとにする量） × 0.35（割合） = 19.6（比べられる量）

（3）　4割 → 0.4

□（もとにする量） × 0.4（割合） = 480（比べられる量）

□ = 480（比べられる量） ÷ 0.4（割合） = 1200

82 215人

解説

20%増えたから，$1 + 0.2 = 1.2$ より1.2倍になっている。

去年の5年生を□人とすると，

□ × 1.2 = 258，□ = 258 ÷ 1.2 = 215

83 1500円

解説

5000円の $\frac{1}{4}$ を使うと，残った金額は，

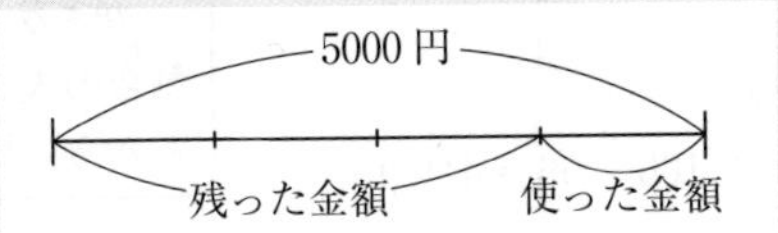

もっとくわしく

割合
＝比べられる量
÷もとにする量

比べられる量
＝もとにする量
×割合

もとにする量
＝比べられる量
÷割合

ミス注意！

（増えた後の量）
＝（もとの量）×（1＋増えた割合）

1を加えることに注意する。

ミス注意！

（残りの量）
＝（もとの量）×（1－使った割合）

1からひくことに注意する。

$$5000 \times \left(1 - \frac{1}{4}\right) = 5000 \times \frac{3}{4} = 3750\text{(円)}$$

次に3750円の$\frac{3}{5}$を使うと，残った金額は，

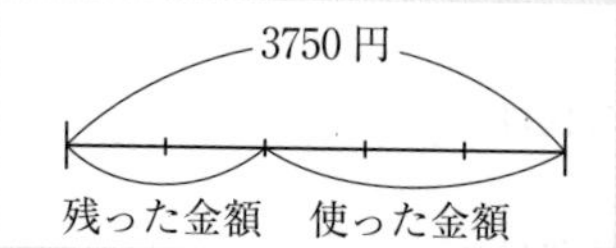

$$3750 \times \left(1 - \frac{3}{5}\right) = 3750 \times \frac{2}{5} = 1500\text{(円)}$$

84 （1） 野球部…46人，バスケットボール部…40人，
サッカー部…36人，バドミントン部…30人，
卓球部…26人，バトン部…22人

（2） 0.75 $\left(\frac{3}{4}\right)$倍

解説

（1） 割合をグラフの目もりの差から読みとる。

野球部…23%

$200 \times 0.23 = 46$(人)

バスケットボール部…$43 - 23 = 20$(%)

$200 \times 0.2 = 40$(人)

サッカー部…$61 - 43 = 18$(%)

$200 \times 0.18 = 36$(人)

バドミントン部…$76 - 61 = 15$(%)

$200 \times 0.15 = 30$(人)

卓球部…$89 - 76 = 13$(%)

$200 \times 0.13 = 26$(人)

バトン部…$100 - 89 = 11$(%)

$200 \times 0.11 = 22$(人)

（2） $30 \div 40 = 0.75$

⚠ミス注意!
割合を小数になおしてから，計算する。

85

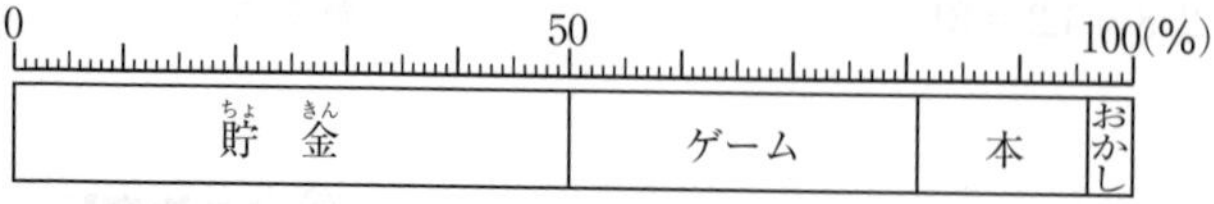

解説

ゲームの割合は，$2480 \div 8000 = 0.31 \rightarrow 31\%$

本の代金は，$400 \times 3 = 1200$(円)

本の割合は，$1200 \div 8000 = 0.15 \rightarrow 15\%$

おかしの割合は，$100 - (50 + 31 + 15) = 100 - 96 = 4$(%)

★ 帯グラフのかき方
割合の大きい順に左から区切る。

86 (1) 5cm (2) 128人

解説

(1) この帯グラフは，480人を30cmの長さで表している。だから，1cmが $480 \div 30 = 16$(人)を表す。算数が好きな人は80人だから，算数の部分の長さは，

$80 \div 16 = 5$(cm)

(2) 国語の部分の長さは8cmだから，8cmが表す人数は，

$16 \times 8 = 128$(人)

87 Aの電車

解説

1車両あたりの人数で比べる。

Aの電車…$415 \div 5 = 83$(人)

Bの電車…$656 \div 8 = 82$(人)

1つの車両に乗っている人数が多いほうがこんでいる。

88 ㋐ 74 ㋑ 450

解説

㋐…A町の人口密度を求める。

$18500 \div 250 = 74$(人)

㋑…B町の面積を□km^2とすると，

$80 \times □ = 36000$

$□ = 36000 \div 80 = 450$

89 (1) 18 (2) 45 (3) 9.5 (4) 3

解説

(1) 分速300mとは，1分間に300m進む速さのこと。

1時間(60分)では，$300 \times 60 = 18000$(m)進む。

よって，分速300mは時速18km

(2) 8.1km = 8100m

$8100 \div 180 = 45$(分)

(3) 2時間30分 = 2.5時間

$3.8 \times 2.5 = 9.5$(km)

(4) 3時間20分 = $3\frac{1}{3}$時間 = $\frac{10}{3}$時間

$10 \div \frac{10}{3} = 10 \times \frac{3}{10} = 3$→時速3km

★ 帯グラフ
帯の長さで，数量の大きさを表す。

もっとくわしく
こみぐあいは，単位量あたりの大きさで比べる。

もっとくわしく
人口密度
＝人口(人)
÷面積(km^2)

もっとくわしく
速さ
＝道のり÷時間

道のり
＝速さ×時間

時間
＝道のり÷速さ

90 午前10時50分

解説

10kmの道のりを時速12kmで進むのにかかる時間は,

$10 \div 12 = \frac{5}{6}$(時間) = 50分

午前10時の50分後だから,午前10時50分にゴール地点に着く。

◆別の解き方◆

時速12kmは分速200m,10km = 10000m

10000mを分速200mで進むのにかかる時間は,

10000 ÷ 200 = 50(分)

91 (1) △　(2) ○　(3) ○　(4) △

解説

(1)

増える

姉の枚数(枚)	1	2	3
妹の枚数(枚)	19	18	17

減る

(2)

増える

1辺の長さ(cm)	1	2	3
まわりの長さ(cm)	4	8	12

増える

(3)

増える

現在の年れい(才)	10	11	12
3年後の年れい(才)	13	14	15

増える

(4)

増える

分ける人数(人)	2	3	4
1人分の量(mL)	300	200	150

減る

92 (1) ①…エ,②…ア,③…ウ,④…イ

(2) ㋐…8,㋑…24,㋒…10,㋓…14

⚠ミス注意!

単位に注意すること。

もっとくわしく

2つの量の変わり方を調べるには表に整理するとわかりやすい。

つまずいたら

2つの量の関係について知りたい。

本冊…P.292

解説

(1) ア

□	…	2	3	4	5
△	…	4	5	6	7
△－□	…	2	2	2	2

□と△の差はいつも2である。

イ

□	…	2	3	4	5
△	…	8	12	16	20
△÷□	…	4	4	4	4

△を□でわったときの商はいつも4である。

ウ

□	…	2	3	4	5
△	…	30	20	15	12
□×△	…	60	60	60	60

□と△の積はいつも60である。

エ

□	…	2	3	4	5
△	…	18	17	16	15
□＋△	…	20	20	20	20

□と△の和はいつも20である。

(2) ㋐－6＝2，㋐＝2＋6＝8

㋑÷6＝4，㋑＝4×6＝24

6×㋒＝60，㋒＝60÷6＝10

6＋㋓＝20，㋓＝20－6＝14

🔍 **もっとくわしく**

イの表は比例の関係を表している。

比例の関係について知りたい。

➡ 本冊…P.262

ウの表は反比例の関係を表している。

反比例の関係について知りたい。

➡ 本冊…P.263

93 (1) ア　(2) エ

解説

(1) □＋△＝5

□	0	1	2	…	5
△	5	4	3	…	0

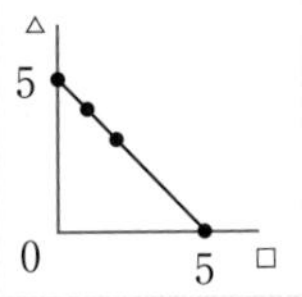

(2) △－□＝5

□	0	1	2	3
△	5	6	7	8

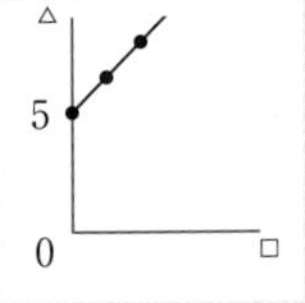

🔍 **もっとくわしく**

・和が一定の関係のグラフ
⇒右下がりの直線

・差が一定の関係のグラフ
⇒右上がりの直線

94 (1)

机の数(台)	1	2	3	4	5	6
いすの数(きゃく)	3	4	5	6	7	8

(2) △−□＝2　(3) 12きゃく　(4) 18台

解説

(1) 図から，変わり方のきまりを見つける。

1　1　1　1　1

机の数(台)	1	2	3	4	5	6
いすの数(きゃく)	3	4	5	6	7	8

1　1　1　1　1

机の数が1台増えると，いすの数も1きゃく増える。

(2)

□	1	2	3	4	5	6
△	3	4	5	6	7	8
△−□	2	2	2	2	2	2

(3) △−□＝2の□に10をあてはめる。

$\triangle - 10 = 2$，$\triangle = 2 + 10 = 12$

(4) △−□＝2の△に20をあてはめる。

$20 - \square = 2$

$\square = 20 - 2 = 18$

もっとくわしく

いろいろな2量の関係を□と△で使った式に表す方法を知りたい。

本冊…P.292

データの活用編

95 (1) 10mL　(2) 90mL　(3) 1200mL

解説

(1) 100mLを10等分しているから，縦のじくの1目もりは，
　$100 \div 10 = 10$(mL)

(2) いちばん多いのは木曜日，いちばん少ないのは水曜日で，目もりの差は9目もり。
1目もりは10mLだから，9目もり分は，
　$10 \times 9 = 90$(mL)
◆別の解き方◆
グラフから牛乳の量を読みとって，差を求めてもよい。
　$280 - 190 = 90$(mL)

(3) $260 + 220 + 190 + 280 + 250 = 1200$(mL)

⚠ミス注意!
グラフの下の〰〰の印は省いていることを表している。
牛乳の量を読みとるときは，200mLの目もりを基準にするとよい。

96 (1)

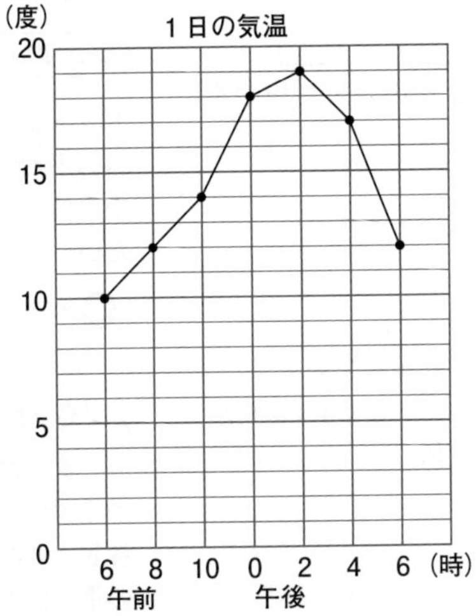

(2) 午前10時から午後0時まで
(3) 午後4時から午後6時まで
(4) 18度

解説

(1) 時刻と気温の目もりが交わるところに点をうち，点と点を直線でつなぐ。縦のじくの1目もりは1度を表す。

★ グラフのかたむきと増減

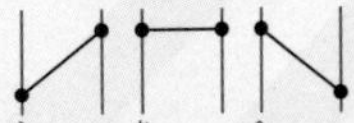

増えている　変わらない　減っている

（2） 気温が上がっているのは，午前6時から午後2時までで，そのうち，いちばん上がり方が大きいのは，かたむきがいちばん急な午前10時から午後0時までの2時間で，4度上がっている。

（3） 午後4時から午後6時までは5度下がっている。

（4） 午後2時が19度，午後4時が17度だから，18度と見当をつけることができる。

97 79点

解説

(82 + 60 + 95 + 70 + 88) ÷ 5 = 79(点)

★ 平均

平均＝合計÷個数

98 （1）

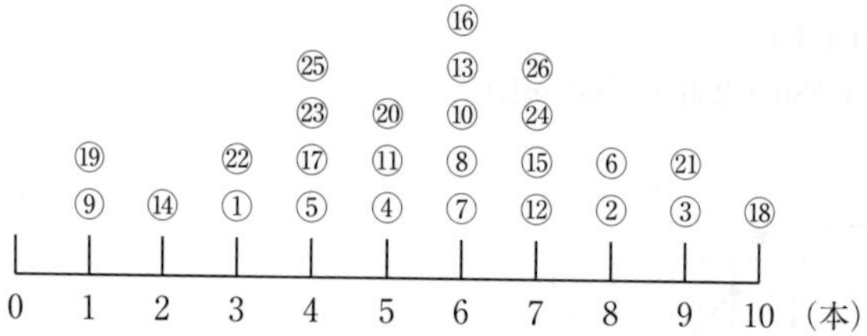

（2） 平均値…5.5本
最頻値…6本
中央値…6本

解説

（1） ○の中の数字が小さいものから順に積んでいく。

（2） 合計＝1 × 2 + 2 + 3 × 2 + 4 × 4 + 5 × 3 + 6 × 5 + 7 × 4 + 8 × 2 + 9 × 2 + 10
＝143

平均値＝143 ÷ 26 = 5.5(本)

最頻値は，最も多く出てくる値だから，6本

中央値は，データを小さい順に並べたとき，13番目と14番目の平均値だから

(6 + 6) ÷ 2 = 6(本)

ミス注意!

○をかいたデータには線を引いて，かきまちがえないようにする。

つまずいたら

ドットプロット，資料の平均値，最頻値，中央値について知りたい。

本冊…P.328

もっとくわしく

データの数が偶数だから中央値は，13番目と14番目の値の平均値となる。

99 (1)　10人　(2)　40分以上50分未満の区間

(3)　20%

(4)

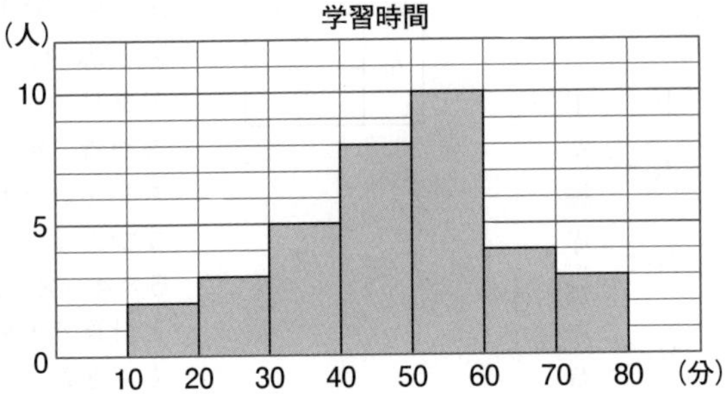

解説

(1)　50分以上60分未満の人数を□人とすると，

$(0+2+3+5+8+\square+4+3)=35$

$\square+25=35$

$\square=35-25=10$

(2)　40分未満の人数は，$2+3+5=10$(人)

50分未満の人数は，$10+8=18$(人)

だから，14番目は，40分以上50分未満の区間に入っている。

(3)　60分以上の人数は，$4+3=7$(人)

$7\div35=0.2$　→20%

(4)　縦じくの1目もりは1人である。

100 12通り

解説

カレーをⓀ，スパゲッティをⓈ，オムライスをⓄ，ハンバーグをⓗ，野菜スープをⓨ，ポタージュをⓟ，中華スープをⓒとして樹形図をかくと，

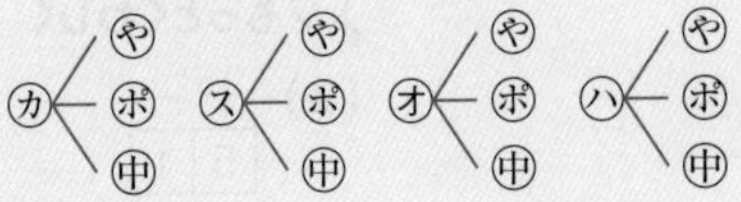

料理	スープ
4	3

⇒12通り

★ ヒストグラム（柱状グラフ）
各区間のはばを横，その区間に入る度数を縦とする長方形をすき間なくかいたグラフ。

つまずいたら
割合を百分率や歩合になおす方法を知りたい。
本冊…P.312

ミス注意！
場合の数を求めるときには，樹形図や表などを使って，見落としや重なりがないよう順序よく調べる。

つまずいたら
場合の数について知りたい。
本冊…P.338

101 24通り

解説

色をぬる場所を左，上，下とする。

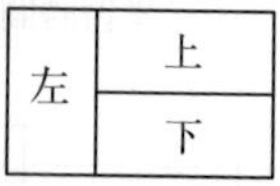

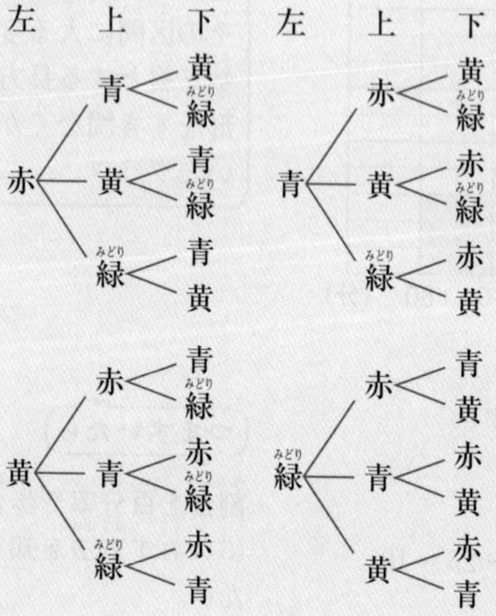

左 上 下

4	3	2

⇒24通り

102 (1)　15通り　(2)　5通り　(3)　4通り

解説

(1)　奇数は，一の位の数字が奇数である。

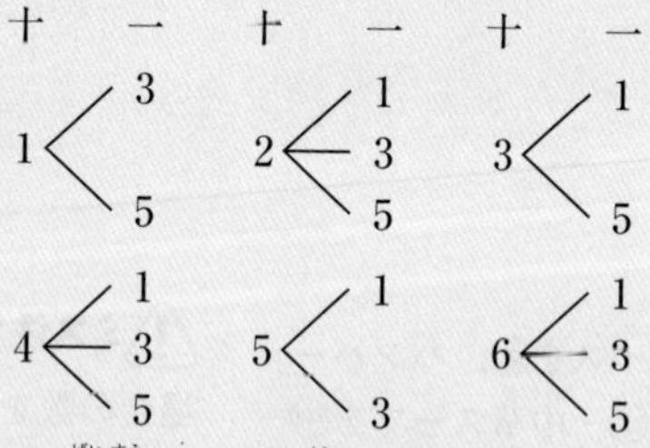

(2)　5の倍数は，一の位の数字が0か5である。

15，25，35，45，65の5通り。

(3)　26，35，53，62の4通り。

もっとくわしく

左が赤のとき，6通りあり，

左が青，黄，緑のときもそれぞれ6通りずつあるから，

6×4＝24(通り)

と計算で求めることもできる。

つまずいたら

場合の数を計算で求めるしかたを知りたい。

本冊…P.340

もっとくわしく

(2) 十 一

5	1

⇒5通り

103 (1)　24通り　(2)　12通り

解説

みどりさんを(み)，ともみさんを(と)，たかしさんを(た)，けんたさんを(け)とする。

(1)　左から

1番目　2番目　3番目　4番目

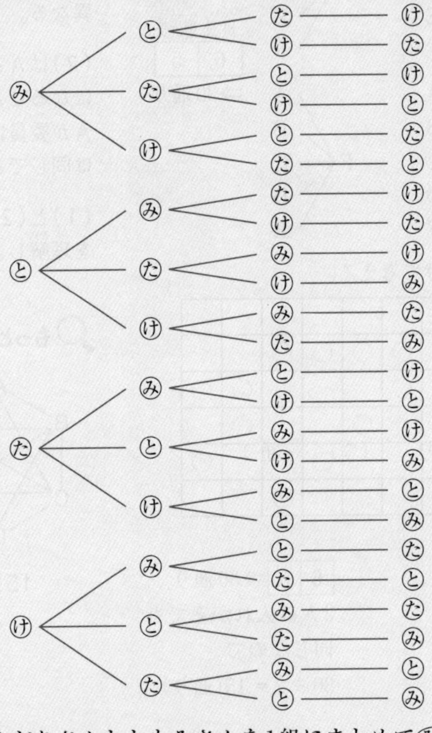

(2)　みどりさんとともみさんを1組にまとめて(みと)とする。(みと)と(た)と(け)の3組の並び方を考える。

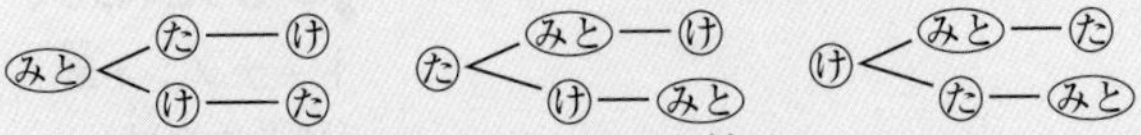

の6通り。また，それぞれの並び方について，みどりさんとともみさんが入れかわった場合も考える。

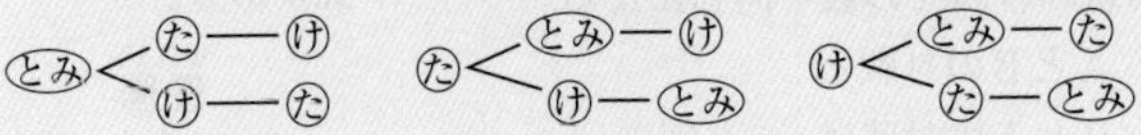

全部で12通り。

もっとくわしく

計算で求める解き方

(1)

4	3	2	1

⇒24通り

(2)　(み)と(と)を1人と考えて

3	2	1

⇒6通り

(み)と(と)は入れかえられるので

6×2＝12(通り)

ミス注意！

みどりさんとともみさんが入れかわった場合を忘れない。

104 (1)　30通り　(2)　15通り

解説

(1)　はじめに班長を決めて，次に副班長を決める。

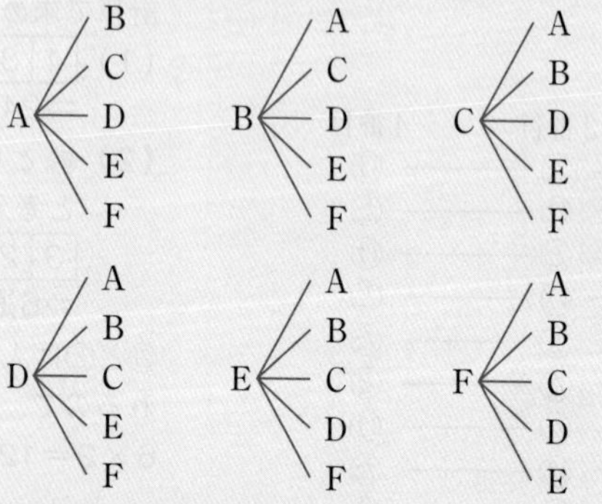

班長	副班長
6	5

⇒30通り

(2)　委員になる人に○をつけて考える。

A	○	○	○	○	○						
B	○					○	○	○	○		
C		○				○				○	○
D			○				○			○	
E				○				○			○
F					○				○		

A				
B				
C	○			
D		○	○	
E		○		○
F	○		○	○

6	5

⇒30通り
2人は入れかえても同じなので
$30 \div 2 = 15$(通り)

⚠ミス注意!

(1)はAが班長，Bが副班長になる場合とAが副班長，Bが班長になる場合とは異なる。

(2)はAとBが委員になることと，BとAが委員になることは同じである。

(1)と(2)のちがいを理解しよう。

もっとくわしく

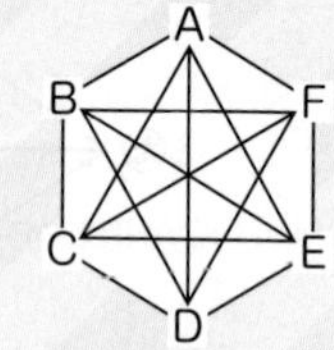

15通り

105 10試合

解説

このような試合の形式を総あたり戦(リーグ戦)といい，5チームから2チームを選ぶ組み合わせの数と同じになる。

	A	B	C	D	E
A		○	○	○	○
B			○	○	○
C				○	○
D					○
E					

AとBの対戦とBとAの対戦は同じである。
同じチームどうしが対戦することはない。

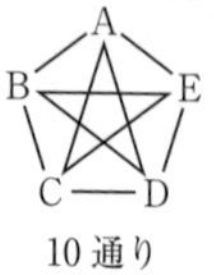

10通り

もっとくわしく

トーナメント戦(勝ちぬき戦)
次のような対戦の形式がある。

試合数は，チーム数より1だけ少ない。

106 10個

解説

ボールが1個のふくろをA，2個のふくろをB，4個のふくろをC，8個のふくろをD，16個のふくろをEとする。
5つのふくろから2つのふくろを選ぶときの，選び方とボールの個数の合計は次のようになる。

A	○	○	○	○						
B	○				○	○	○			
C		○			○			○	○	
D			○			○		○		○
E				○			○		○	○
ボールの合計(個)	3	5	9	17	6	10	18	12	20	24

ボールの個数の合計が6番目に多いのは10個のとき。

107 24通り

解説

4人の子どもをA，B，C，Dとする。
お父さんが運転する場合，前列の席と後列の席の座り方は，

前	後	前	後	前	後	前	後
	B		A		A		A
A	C	B	C	C	B	D	B
	D		D		D		C

の12通り。
お母さんが運転する場合も12通りあるので，全部で24通り。

◆別の解き方◆
お父さん 4 | 3 ⇒12通り
お母さんが運転する場合もあるので，
$12 \times 2 = 24$(通り)

もっとくわしく
5つから2つを選ぶ選び方を表す表にボールの個数の合計を記入しておくと，比べやすい。

もっとくわしく
子どもの座り方は，まず前列の席に座る人を決めてから，後列に座る人を決める。
Aが前でBが後ろのときとBが前でAが後ろのときでは座り方は異なる。

108 7通り

解説

2回目でちょうど点Aにもどるのは，1回目の目の数と2回目の目の数の和が5か10のときである。

1回目 2回目 和

1 ─ 1----2 / 2----3 / 3----4 / 4----⑤ / 5----6 / 6----7

1回目 2回目 和

2 ─ 1----3 / 2----4 / 3----⑤ / 4----6 / 5----7 / 6----8

1回目 2回目 和

3 ─ 1----4 / 2----⑤ / 3----6 / 4----7 / 5----8 / 6----9

1回目 2回目 和

4 ─ 1----⑤ / 2----6 / 3----7 / 4----8 / 5----9 / 6----⑩

1回目 2回目 和

5 ─ 1----6 / 2----7 / 3----8 / 4----9 / 5----⑩ / 6----11

1回目 2回目 和

6 ─ 1----7 / 2----8 / 3----9 / 4----⑩ / 5----11 / 6----12

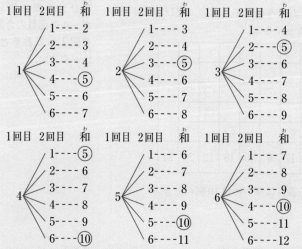

1回目の目の数と2回目の目の数の和が5か10になるのは，○をつけた7通り。

もっとくわしく

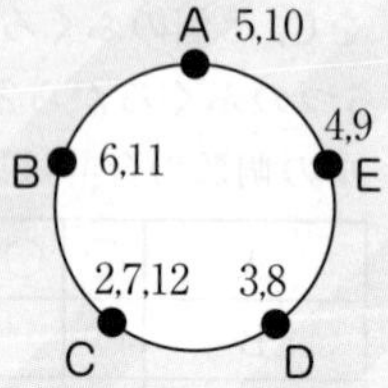

目の数の和と止まる位置は上の図のようになる。

ミス注意！

樹形図に和をかきこんでおくとミスを防ぎやすい。

発展編

109 7.695cm²

解説

図のように分けると，

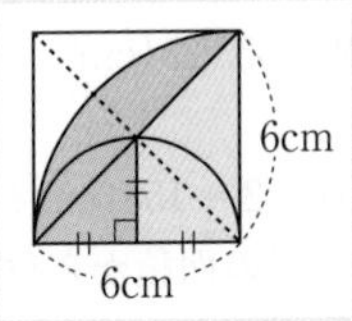

$6\times6\times3.14\times\frac{90°}{360°}$

$-3\times3\times3.14\times\frac{90°}{360°}$

$-(3+6)\times3\div2$

$=(6\times6-3\times3)\times\frac{1}{4}\times3.14-(3+6)\times3\div2$

$=21.195-13.5=7.695(\mathrm{cm}^2)$

もっとくわしく

正方形の対角線は，それぞれの真ん中の点で交わる。

110 270m²

解説

白い部分をはしに寄せると図のようになり，これは実際の$\frac{1}{300}$の図だから，長さの単位をmになおすと，実際の面積は，

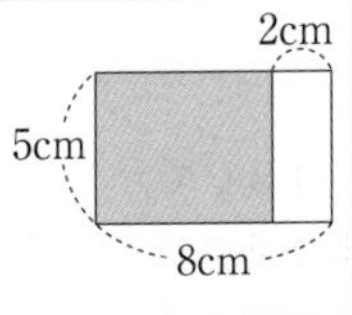

縦…$5\times300(\mathrm{cm})\rightarrow5\times3(\mathrm{m})$，

横…$(8-2)\times300(\mathrm{cm})\rightarrow6\times3(\mathrm{m})$の長方形と等しくなる。

$(5\times3)\times(6\times3)=(5\times6)\times(3\times3)$

$=30\times9=270(\mathrm{m}^2)$

◆別の解き方◆

$5\times(8-2)\times300\times300=30\times9\times10000(\mathrm{cm}^2)\rightarrow270\mathrm{m}^2$

ミス注意！

実際の$\frac{1}{300}$の縮図であることと，単位に気をつけよう。
また，縦15m，横18mとしてから計算するよりも，左のように計算した方が簡単。

つまずいたら

長さの単位について知りたい。

本冊…P.248

111 12.56cm²

解説

図のように移動すると，

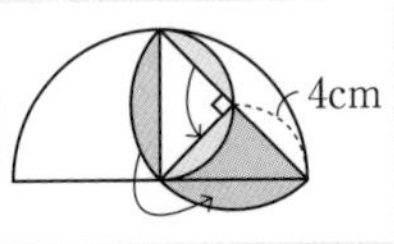

$4\times4\times3.14\times\frac{90°}{360°}=12.56(\mathrm{cm}^2)$

112 195.25cm²

解説

(ア)の面積は，
(半円の面積)－((ウ)の面積)
で求められるから，まず，(ウ)の面積を求める。

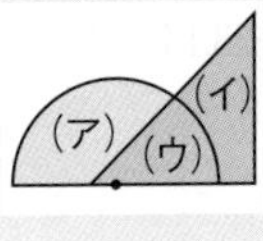

つまずいたら

重なった図形の面積について知りたい。

本冊…P.351

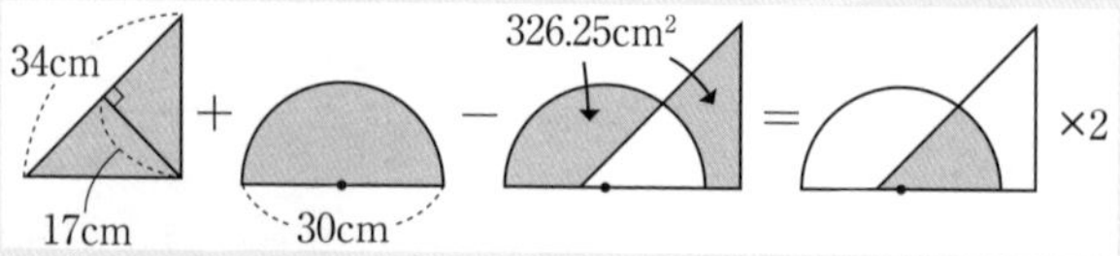

二等辺三角形…$34 \times 17 \div 2 = 289(\mathrm{cm}^2)$

半円…$15 \times 15 \times 3.14 \div 2 = 353.25(\mathrm{cm}^2)$

より，(ウ)の面積は，

$(289 + 353.25 - 326.25) \div 2 = 158(\mathrm{cm}^2)$

よって，(ア)の面積は，半円の面積から(ウ)の面積をひいて，

$353.25 - 158 = 195.25(\mathrm{cm}^2)$

113 1.17cm²

解説

図で，・の角度は，

$180° - (60° + 90°) \div 2 = 15°$

だから，△の角度は，

$60° - 15° \times 2 = 30°$

となる。よって，三角形ＯＢＣで，

ＯＢ：ＢＣ＝2：1となるから，

$\mathrm{BC} = 10 \div 2 = 5(\mathrm{cm})$

よって，おうぎ形ＯＡＢの面積から三角形ＯＡＢの面積をひくと，

$10 \times 10 \times 3.14 \times \frac{30°}{360°} - 10 \times 5 \div 2$

$= 1.166\cdots$より，1.17cm²

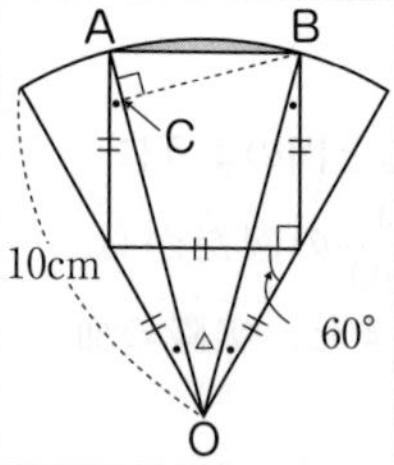

つまずいたら

直角二等辺三角形の辺の比について知りたい。

本冊…P.351

つまずいたら

三角定規の三角形の辺の比について知りたい。

本冊…P.351

114 12.56cm²

解説

図で，・の角度は60°だから，△の角度は，

$180° - 60° \times 2 = 60°$

図のように移動すると，

$4 \times 4 \times 3.14 \times \frac{120°}{360°}$

$- 2 \times 2 \times 3.14 \times \frac{120°}{360°}$

$= (4 \times 4 - 2 \times 2) \times \frac{1}{3} \times 3.14 = 12.56(\mathrm{cm}^2)$

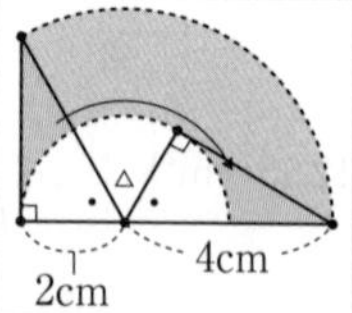

もっとくわしく

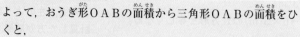

移動した部分は，合同な三角形から合同なおうぎ形をひいた形だから，面積が等しい。

115 (1)　12.56cm　(2)　9.72cm²

解説

(1)　Pの動いたあとにできる線は図のように，半径1cmの半円の弧4つ分になる。

$2 \times 3.14 \div 2 \times 4$
$= 12.56$(cm)

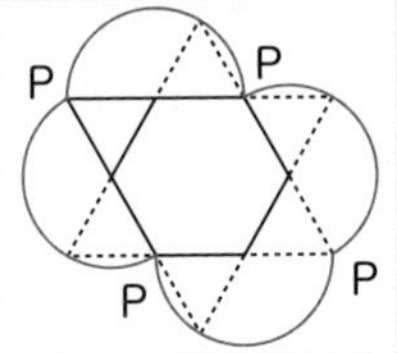

(2)　図のように分けると，半径1cmの半円4つと，正三角形8つ分になる。

$1 \times 1 \times 3.14 \div 2 \times 4$
$+ 0.43 \times 8$
$= 9.72$(cm²)

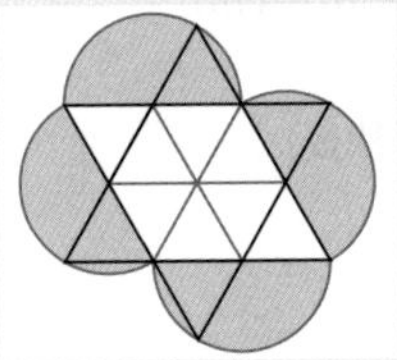

ミス注意!
回転の中心を見つけて，Pの動く位置を確認しよう。

116 (1)　20cm²　(2)　15.5秒後　(3)　20秒後

解説

(1)　BP = $1 \times 8 = 8$(cm)より，
$8 \times 5 \div 2 = 20$(cm²)

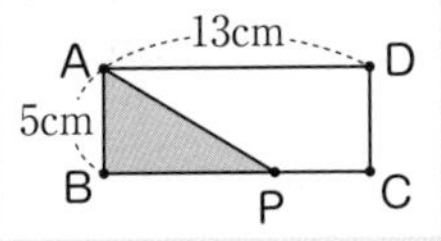

(2)　図より，2回目はPが辺DCの真ん中のときで，
PC = $5 \div 2 = 2.5$(cm)
よって，$(13 + 2.5) \div 1 = 15.5$(秒後)

1回目
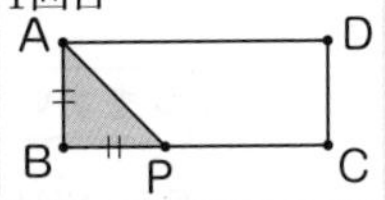

2回目
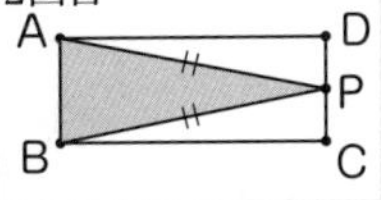

(3)　$27.5 \times 2 \div 5 = 11$(cm)より，図のようにAP = 11cmのときだから，
$(13 + 5 + 2) \div 1 = 20$(秒後)

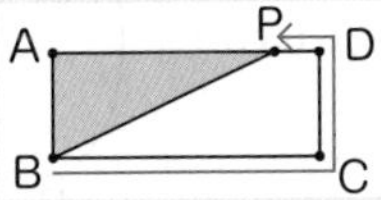

つまずいたら
速さについて知りたい。
本冊…P.286

もっとくわしく
1回目はPがBC上でBP＝11cmのときである。

117 (1)　9cm²　(2)　8.4秒後

解説

(1)　3秒後にⒶは$2 \times 3 = 6$(cm)進むから，重なった部分は図のような直角二等辺三角形になる。直角二等辺三角形の底辺と高さの比は2：1だから，高さを$x$cmとすると，

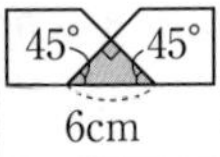

$6 : x = 2 : 1$より$x = 3$(cm)
よって，重なった部分の面積は，
$6 \times 3 \div 2 = 9$(cm²)

（2） 重なった部分は，直角二等辺三角形→六角形→長方形（正方形）と変化する。直角二等辺三角形のとき，面積は最大で$10 \times 5 \div 2 = 25(cm^2)$，長方形のとき，面積は最大で$5 \times 5 = 25(cm^2)$だから，2回目は，長方形のときで，そのときの重なった部分の横の長さは，$16 \div 5 = 3.2$(cm)

Ⓐが動いた長さは，

$10 + 10 - 3.2 = 16.8$(cm)

だから，

$16.8 \div 2 = 8.4$(秒後)

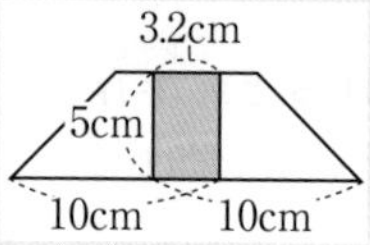

もっとくわしく

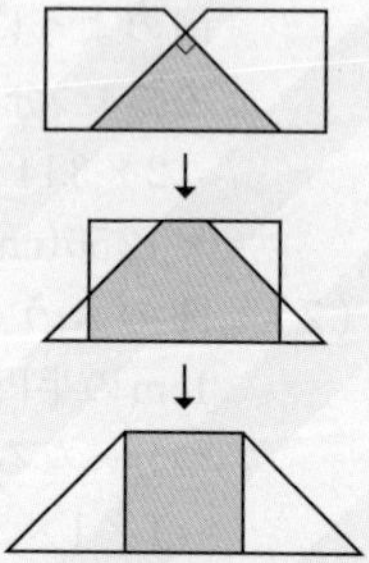

118 45°

解説

ＡＢ＝ＡＣだから，

角ＡＢＣ＝角ＡＣＢ

よって，

$\bullet = (180° - 80°) \div 4$

$= 25°$

三角形の外角の定理より，

㋐$+ 60° = \bullet + 80°$

㋐$= 25° + 80° - 60° = 45°$

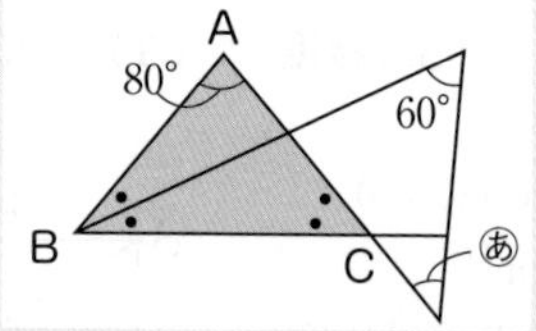

つまずいたら

三角形の外角の定理について知りたい。

本冊…P.148，371

119 45°

解説

図より，

角Ｃ$= (180° - 50°) \div 2 = 65°$

㋐＝角Ｂ$= 180° - (70° + 65°)$

$= 45°$

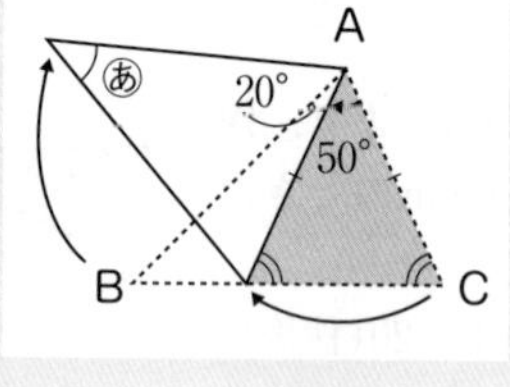

つまずいたら

図形の回転移動について知りたい。

本冊…P.360

120 20°

解説

図のように平行線をひいてさっ角が等しいことを使うと，

図の三角定規の角は，90°，60°，30°だから，xの角の大きさは，

$60° - 40° = 20°$

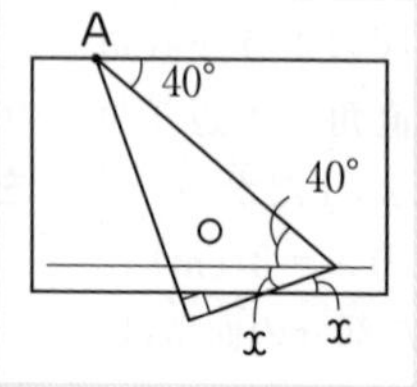

つまずいたら

さっ角について知りたい。

本冊…P.154

121 26°

解説

ＡＢ＝ＡＣだから，角Ｂ＝角Ｃ＝73°

角Ａ＝180°－73°×2＝34°

角ア＝180°－(42°＋73°)＝65°

よって，

x°＋73°＝65°＋34°

x°＝65°＋34°－73°＝26°

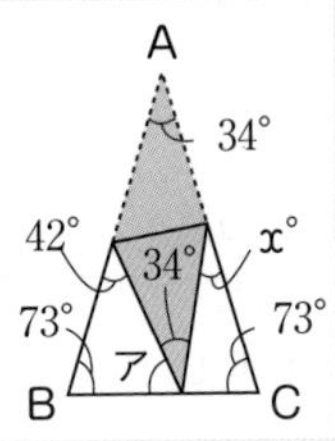

122 (1)　31°　(2)　14°

解説

(1)　角ＢＡＰ＝角ＱＡＰだから，

角x＝(90°－28°)÷2

＝31°

(2)　ＡＤ＝ＡＢ＝ＡＱだから，三角形ＡＱＤは二等辺三角形。

よって，

角ＡＤＱ＝(180°－28°)÷2＝76°

角y＝90°－76°＝14°

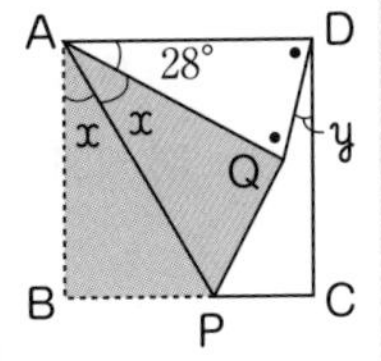

123 140°

解説

四角形の内角の和は360°だから，図より，

角x＝360°－(60°＋100°＋60°)

＝140°

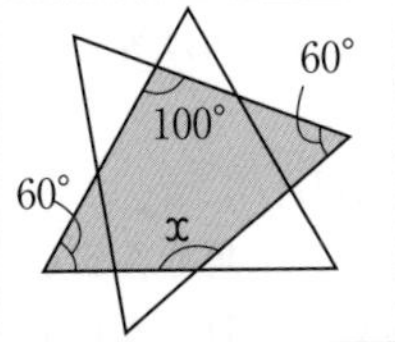

124 462cm²

解説

三角形ＡＢＣの面積は，35×18÷2＝315(cm²)

三角形ＡＢＣと三角形ＡＤＣは，辺ＢＣ，辺ＡＤを底辺とすると高さが等しいから面積の比は，

三角形ＡＢＣ：三角形ＡＤＣ＝ＢＣ：ＡＤ＝30：14＝15：7

よって，台形ＡＢＣＤの面積は，三角形ＡＢＣの面積の

$\frac{15+7}{15}=\frac{22}{15}$(倍)だから，$315\times\frac{22}{15}=462$(cm²)

つまずいたら

図形の折り返しについて知りたい。

本冊…P.371

つまずいたら

n角形の内角の和＝180°×(n－2)

多角形の内角の和について知りたい。

本冊…P.141

もっとくわしく

三角形ＡＢＣの面積を計算しないで35×18÷2の式のまま止めておくと，$35\times18\div2\times\frac{22}{15}$となり，約分できて計算が簡単になる。

125 114cm²

解説

角ＤＡＥ＝角ＣＥＢ＝60°より，
ＡＤとＥＣは平行で，
ＡＤとＥＣを底辺とみると，三角形ＡＥＤと三角形ＤＥＣの高さは等しいから，面積の比は，

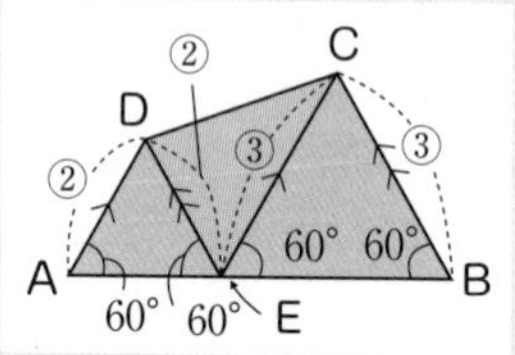

三角形ＡＥＤ：三角形ＤＥＣ
＝ＡＤ：ＥＣ＝2：3
同じように，三角形ＤＥＣと三角形ＥＢＣの面積の比は，
三角形ＤＥＣ：三角形ＥＢＣ＝ＤＥ：ＣＢ＝2：3
よって，
四角形ＡＢＣＤ
＝三角形ＡＥＤ＋三角形ＤＥＣ＋三角形ＥＢＣ

$= 36 \times \frac{2}{3} + 36 + 36 \times \frac{3}{2} = 24 + 36 + 54 = 114(\text{cm}^2)$

もっとくわしく

ＤからＡＥに，ＣからＤＥに，ＣからＥＢに垂線をひくと，△ＡＥＤ，△ＤＥＣ，△ＥＢＣの高さの比が2：3：3となることがわかる。長さの比で面積を考えると
△ＤＥＣは
②×③＝⑥
これが36cm²なので
①は6cm²となり，
△ＡＥＤは
②×②＝④
より24cm²
△ＥＢＣは
③×③＝⑨
より54cm²と求めることもできる。

126 16.2cm

解説

三角形ＡＢＣ，三角形ＣＢＤは二等辺三角形だから，

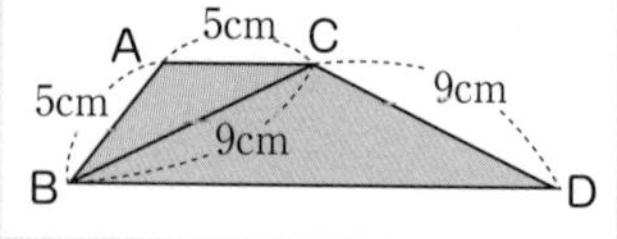

角ＡＢＣ＝角ＡＣＢ，
角ＣＢＤ＝角ＣＤＢ
ＡＣとＢＤが平行だから，さっ角は等しいので，
角ＡＣＢ＝角ＣＢＤ
よって，角ＡＢＣ＝角ＣＢＤ，
角ＡＣＢ＝角ＣＤＢとなり，三角形ＡＢＣは三角形ＣＢＤの縮図。よって，ＢＤ：ＢＣ＝ＣＤ：ＡＣより，
ＢＤ：9＝9：5　ＢＤ＝9×9÷5＝16.2(cm)

つまずいたら

拡大図，縮図について知りたい。

本冊…P.196

127 91.4cm

解説

図のように曲線部分は半径5cm，中心角60°のおうぎ形の弧6つ分になる。おうぎ形の弧を1つにまとめると半径5cmの円になるから，直線部分とあわせると糸の長さは，
(5＋5)×6＋5×2×3.14＝91.4(cm)

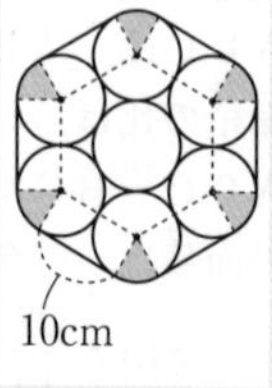

もっとくわしく

正六角形の内角の1つは120°になるので，おうぎ形の中心角は
360°－120°－90°×2
＝60°

128 3.6cm

解説

容器Bの水の量は，$5 \times 6 \times 2 = 60(\mathrm{cm}^3)$

容器Aの水の量は，容器Bの水の量の2倍だから，

$60 \times 2 = 120(\mathrm{cm}^3)$

よって，容器Aの縦の長さは，

$120 \div (4 \times 6) = 5(\mathrm{cm})$

$120 + 60 = 180(\mathrm{cm}^3)$の水を，底面積が

$5 \times 4 + 5 \times 6 = 50(\mathrm{cm}^2)$の容器に入れると考えると，

水面の高さは，$180 \div 50 = 3.6(\mathrm{cm})$

129 (1)　500cm^3　(2)　$\dfrac{20}{3}$cm

解説

(1)　底面が直角二等辺三角形の三角柱の体積を求める。

$10 \times 10 \div 2 \times 10 = 500(\mathrm{cm}^3)$

(2)　面Aの面積は，$10 \times 10 - 5 \times 5 = 75(\mathrm{cm}^2)$

よって，水の深さは，$500 \div 75 = \dfrac{20}{3}(\mathrm{cm})$

つまずいたら

角柱の体積について知りたい。

本冊…P.233

130 25.8cm

解説

水そうの深さが30cmだから，立体の高さ30cmの部分までが水に入り，その体積は，

$10 \times (25 - 15) \times 18$

$+ 10 \times 15 \times 30$

$= 6300(\mathrm{cm}^3)$

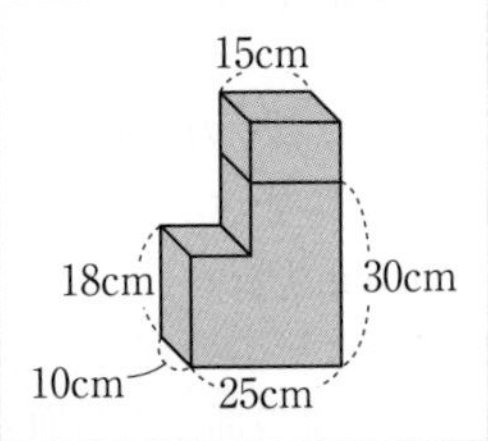

この体積だけ水が減るから，求める水の深さは，

$30 - 6300 \div (30 \times 50) = 25.8(\mathrm{cm})$

つまずいたら

複雑な立体の体積について知りたい。

本冊…P.233

131 (1)　80cm^2　(2)　160cm^3　(3)　8cm

解説

(1)　直線㋐より図1の水そうは20分でいっぱいになることがわかる。よって，水そうの底面積は，

$40 \times 20 \div 10 = 80(\mathrm{cm}^2)$

(2)　折れ線㋑より図2の水そうは16分でいっぱいになることがわかる。よって，おもりの体積は，

$40 \times (20 - 16) = 160(\mathrm{cm}^3)$

（3） 折れ線㋑より12分で水の深さがおもりの高さと等しくなることがわかる。それから4分で水そうがいっぱいになるから，おもりの高さは，

$10 - \underbrace{40 \times 4 \div 80}_{\text{おもりより上の高さ}} = 8\text{(cm)}$

132 （1） 2分30秒　（2） 4分15秒後　（3） 13cm

解説

（1） 底面のおうぎ形を図のように㋐，㋑，㋒，㋓とする。それぞれのおうぎ形の面積は，

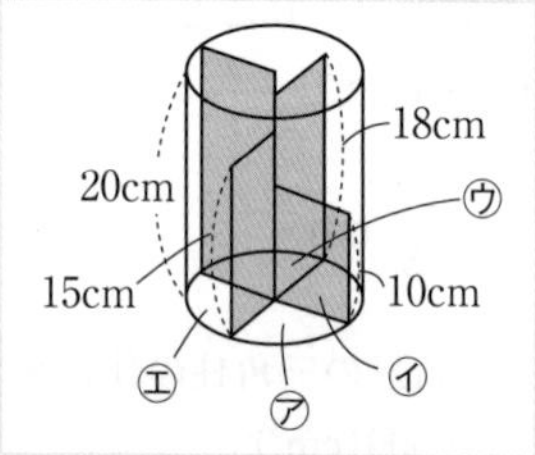

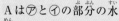

$200 \div 4 = 50\text{(cm}^2\text{)}$

である。

Aは㋐と㋑の部分の水面の高さが15cmになる時間だから，

$50 \times 2 \times 15 \div 10 = 150$(秒)

よって，2分30秒。

（2） ㋐，㋑，㋓の部分の水面の高さが17cmになるときだから，

$50 \times 3 \times 17 \div 10 = 255$(秒後)

よって，4分15秒後。

（3） Bのとき，㋐，㋑，㋓の部分の水面の高さが18cmだから，水の体積は，

$50 \times 3 \times 18 = 2700\text{(cm}^3\text{)}$

高さ18cmの板を取ると，㋓の部分の水面の高さは15cmになり，㋐，㋑，㋒の部分の水面の高さは等しくなる。よって，

$(2700 - 50 \times 15) \div (50 \times 3) = 13\text{(cm)}$

133 （1） 12個　（2） 432cm^3

解説

（1） 2つの正四角すいの三角形の面1個ずつで四角形が1個でき，正四角すいに三角形の面は4個，正四角すいは6つだから，

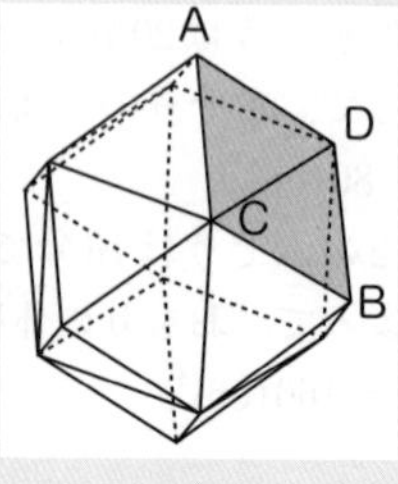

$4 \times 6 \div 2 = 12$(個)

もっとくわしく

グラフのかたむき方が変わるところに注意して，どの部分に水が入っているかを読み取る。

つまずいたら

しきりのある水そうについて知りたい。

本冊…P.392

(2)　立方体の体積と6つの正四角すいの体積をたす。直線ＡＢと辺ＣＤの交わる点をF，正四角すいの高さをＡＨとすると，

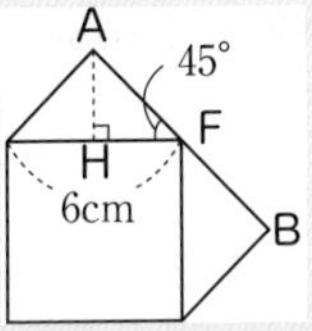

角ＡＦＨ＝45°，角ＡＨＦ＝90°

より三角形ＡＨＦは直角二等辺三角形だから，正四角すいの高さは，

$6 \div 2 = 3(\text{cm})$

よって，立体(ア)の体積は，

$6 \times 6 \times 6 + 6 \times 6 \times 3 \div 3 \times 6 = 432(\text{cm}^3)$

134 (1)　36cm^3　(2)　56.52cm^3

解説

(1)　四角すいＡＢＣＤＥと四角すいＦＢＣＤＥに分けて求める。2つの四角すいは同じ形で，高さは，

$6 \div 2 = 3(\text{cm})$

よって，立体ＡＢＣＤＥＦの体積は，

$6 \times 6 \div 2 \times 3 \div 3 \times 2 = 36(\text{cm}^3)$

(2)　図のような円すいを2つ重ねた形ができる。

$3 \times 3 \times 3.14 \times 3 \div 3 \times 2$

$= 56.52(\text{cm}^3)$

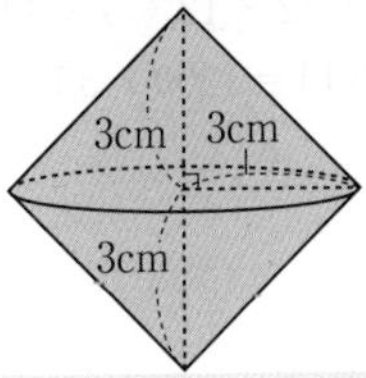

135 3：2

解説

図のような立体ができる。それぞれの表面積は，

$5 \times 4 \times 3.14 + 4 \times 4 \times 3.14$

$= 36 \times 3.14(\text{cm}^2)$

$5 \times 3 \times 3.14 + 3 \times 3 \times 3.14$

$= 24 \times 3.14(\text{cm}^2)$

よって，表面積の比は，

$(36 \times 3.14) : (24 \times 3.14)$

$= 3 : 2$

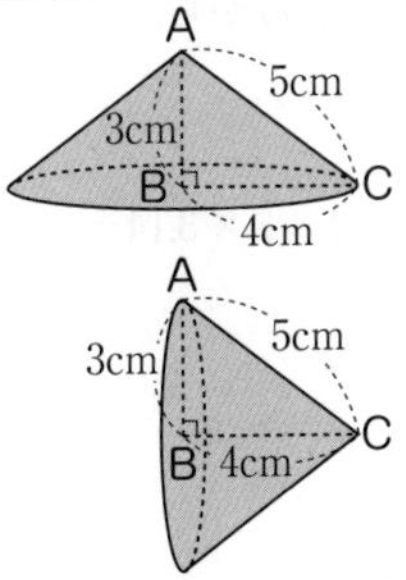

もっとくわしく

正方形の面積は，対角線×対角線÷2で求められる。

もっとくわしく

四角形ＡＥＦＣは線対称な図形で，ＡＦは対称の軸だから，四角形ＡＥＦＣを回転させてできる立体と，三角形ＡＥＦを回転させてできる立体は同じ。

もっとくわしく

円すいの側面積
＝母線×底面の半径
×円周率

136 (1)

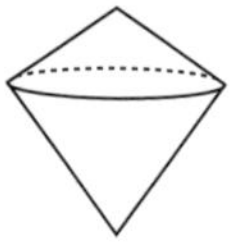

(2)　3768cm³

解説

(1)　円すいを2つ重ねた立体ができる。

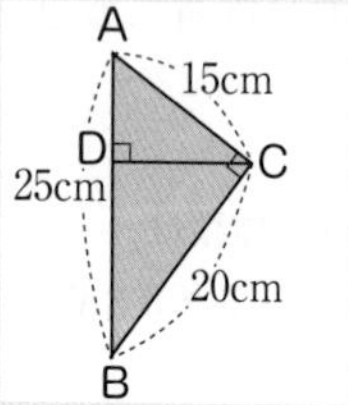

(2)　図で，三角形ACDは三角形ABCの縮図だから，

AD：AC＝AC：ABより，

$AD : 15 = 15 : 25$

$AD = \frac{15 \times 15}{25} = 9(\text{cm})$

同じように，CD：15＝20：25より，

$CD = \frac{20 \times 15}{25} = 12(\text{cm})$

よって，この立体の体積は，

$12 \times 12 \times 3.14 \times 9 \div 3$

$+ 12 \times 12 \times 3.14 \times (25 - 9) \div 3$

$= \{9 + (25 - 9)\} \times 12 \times 12 \div 3 \times 3.14$

$= 25 \times 12 \times 4 \times 3.14 = 1200 \times 3.14$

$= 3768(\text{cm}^3)$

もっとくわしく

三角形ACDと三角形ABCで

角A＝角A

角ADC＝角ACB

＝90°

より，2つの角が等しいから，三角形ACDは三角形ABCの縮図。

つまずいたら

縮図について知りたい。

本冊…P.196

137 169.56cm²

解説

回転させると，図のような大きい円柱から小さい円柱を取った立体ができる。小さい円柱の底面を上に移すと，大きい円柱の底面ができるから，この立体の表面積は，

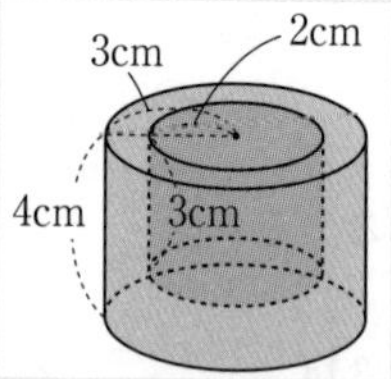

$4 \times 3 \times 2 \times 3.14$

$+ 3 \times 3 \times 3.14 \times 2 + 3 \times 2 \times 2 \times 3.14$

$= (24 + 18 + 12) \times 3.14$

$= 169.56(\text{cm}^2)$

つまずいたら

円柱の表面積について知りたい。

本冊…P.221

ミス注意！

小さい円柱の側面積を忘れない。

138

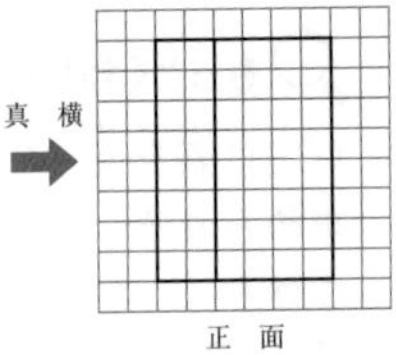

解説

見取図で表すと図のようになる。

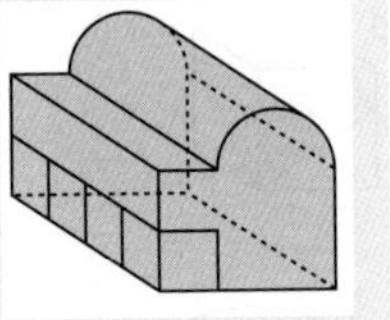

139 $36cm^2$

解説

見取図で表すと図のようになる。

$4 \times 3 \div 2 \times 2 + 5 \times 3 \div 2$

$\times 2 + 3 \times 3$

$= 36(cm^2)$

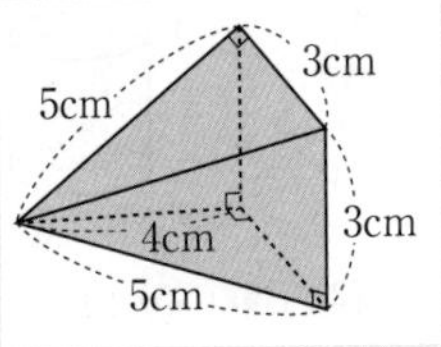

もっとくわしく

90°をはさむ辺が，5cmと3cmの三角形と，4cmと3cmの三角形がそれぞれ2枚ずつと，正方形が組み合わさった図形である。

140 20cm

解説

図1のような三角すいができるので，図2のような展開図をかくと，結び目を考えないひもの長さは12cmになる。よって，求める長さは，

$12 + 8 = 20(cm)$

図1

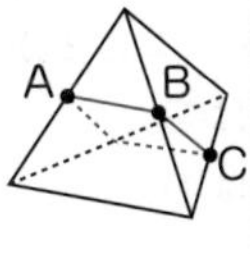

図2

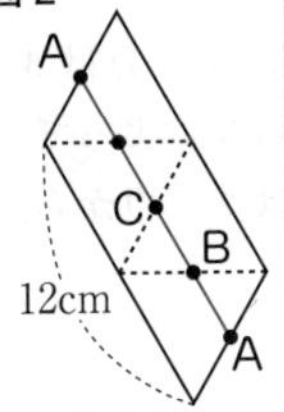

ミス注意!

問題の展開図のままで考えずに，ひもが直線で表せるような展開図で考える。

141 (1)　①，②，③，⑤　(2)　③，⑤
(3)　A…④，B…②，C…①，D…⑤，E…③

解説

(1)

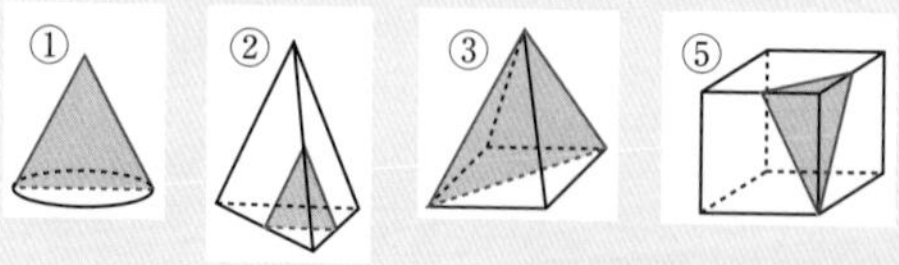

(2)

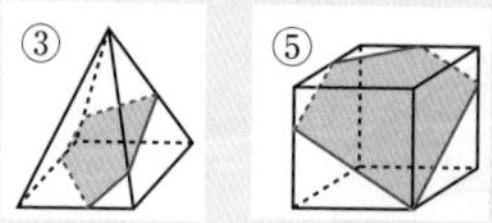

(3)　ア

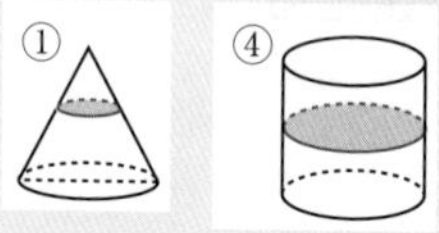

イ

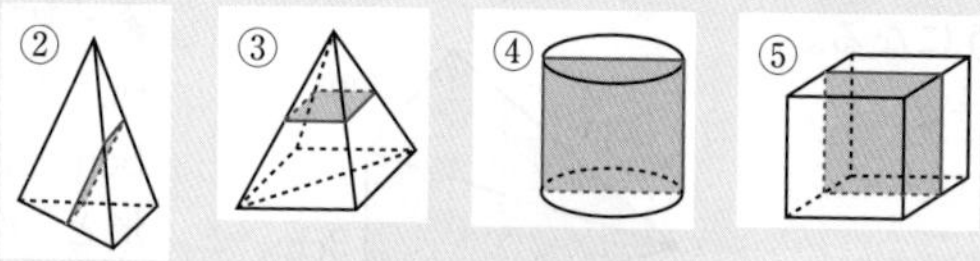

ウ　(1)から，①，②，③，⑤

エ

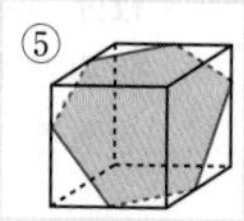

以外

オ　(2)から，③，⑤

ウとオから，Aは④，Dは③か⑤。エとオから，Eは⑤ではないから③。よって，Dは⑤。
イとウから，Bは②。ウから，Cは①。

もっとくわしく

(3)は表を使っても求められる。

ウから

	①	②	③	④	⑤
A					
B				×	
C				×	
D				×	
E					

オから

	①	②	③	④	⑤
A					
B				×	
C				×	
D	×	×		×	
E	×	×		×	

よって

	①	②	③	④	⑤
A	×	×	×	○	×
B				×	
C				×	
D	×	×		×	
E	×	×		×	

エから

	①	②	③	④	⑤
A	×	×	×	○	×
B				×	
C				×	
D	×	×		×	
E	×	×		×	×

同じように続ける。

142 (1)　正六角形　(2)　$32cm^3$

解説

(1)　右の図のような切断面になる。
(2)　切断されてできた2つの立体は同じ形だから，求める体積は立方体の半分。

$4 \times 4 \times 4 \div 2 = 32(cm^3)$

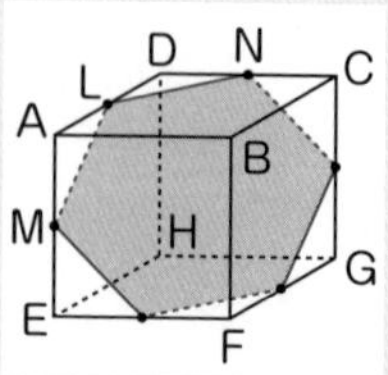

ミス注意!

L，M，Nを通る平面で切断すると，その平面はEF，FG，GC上の真ん中の点を通る。

143 (1)　$24cm^3$　(2)　平行四辺形　(3)　$36cm^3$

解説

(1)　三角形ＢＣＤを底面とすると，高さはＣＪになる。

$6 \times 6 \div 2 \times 4 \div 3 = 24(cm^3)$

(2)　右の図のような平行四辺形になる。

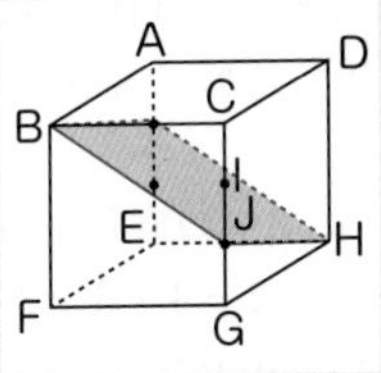

(3)　図のような三角柱になる。三角形ＢＣＩを底面とすると，高さはＣＤとなる。

$6 \times 2 \div 2 \times 6 = 36(cm^3)$

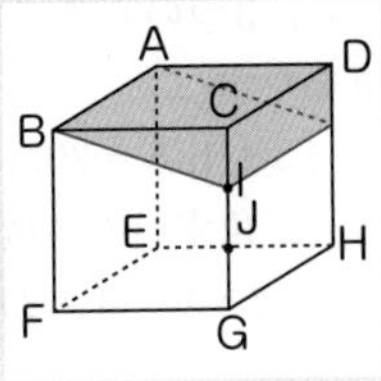

144 14cm

解説

問題の立体を2つ重ねると図のような円柱ができるから，求める長さは，

$3454 \times 2 \div (10 \times 10 \times 3.14) - 8$

$= 14(cm)$

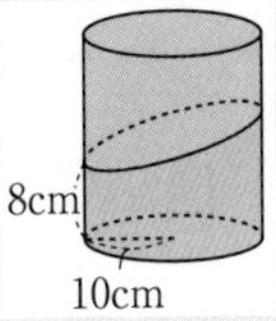

145 (1)　6cm　(2)　$120cm^3$

解説

(1)　ア＋6＝5＋7より，ア＝5＋7－6＝6(cm)

(2)　問題の立体を2つつなげると，図のような直方体ができる。求める体積は，直方体の半分。

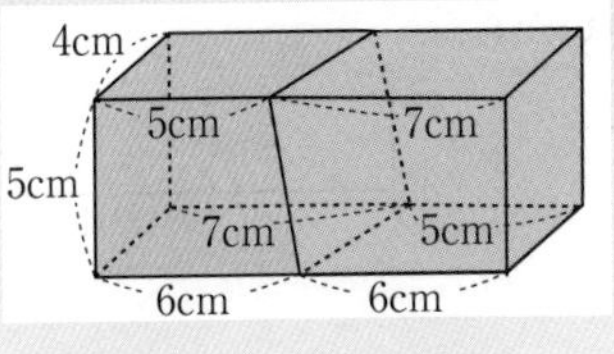

$4 \times (6 + 6) \times 5 \div 2 = 120(cm^3)$

146 (1)

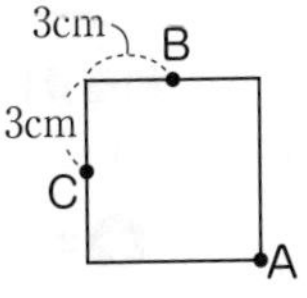

(2)　$13.5cm^2$

(3)　$207cm^2$

(4)　$207cm^3$

つまずいたら

立体図形の切断について知りたい。

本冊…P.416

もっとくわしく

求める長さをxとすると，

$10 \times 10 \times 3.14 \times (x + 8) \div 2 = 3454$

解説

（1） 立方体を切断しているので，三角すいの3つの面が直角三角形であることと，点Bと点Cをふくむ直角三角形は直角二等辺三角形であることに注目して考える。

（2） 正方形の面積から，3つの直角三角形の面積をひく。

$6 \times 6 - 3 \times 6 \div 2 \times 2 - 3 \times 3 \div 2$

$= 36 - 18 - 4.5 = 13.5(\mathrm{cm}^2)$

（3） 立方体の表面積から，3つの直角三角形の面積をひいて，切り口の面積をたす。

$6 \times 6 \times 6 - 18 - 4.5 + 13.5 = 207(\mathrm{cm}^2)$

（4） 立方体の体積から，三角すいの体積をひく。

$6 \times 6 \times 6 - 3 \times 3 \div 2 \times 6 \div 3 = 207(\mathrm{cm}^3)$

もっとくわしく

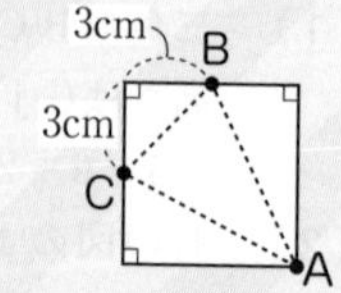

ミス注意!

切り口の面積をたすのを忘れないように。

つまずいたら

角すいの体積について知りたい。

本冊…P.401

147 65と26

解説

(和＋差)÷2＝㊅より，

$(91 + 39) \div 2 = 65$

小さい方の数は，

$91 - 65 = 26$

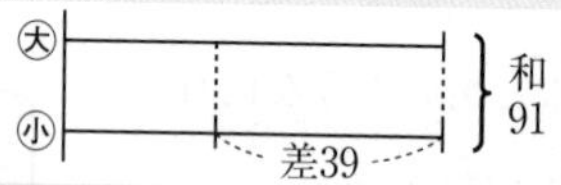

もっとくわしく

(和－差)÷2＝㊥より，先に小さい方の数を求めてもよい。

$(91 - 39) \div 2 = 26$

148 182

解説

和と差を求めてから考える。

合計＝平均×個数より，2つの数の和は，

$135 \times 2 = 270$

差は，これより176小さいから，

$270 - 176 = 94$

(和＋差)÷2＝㊅より

$(270 + 94) \div 2 = 182$

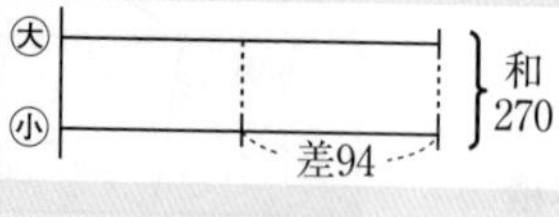

つまずいたら

平均について知りたい。

本冊…P.322

149 82点

解説

線分図をかく。

Bにそろえると，

$250 - 11 + 7 = 246$

これがBの3倍だから，

Bの点数は，

$246 \div 3 = 82$(点)

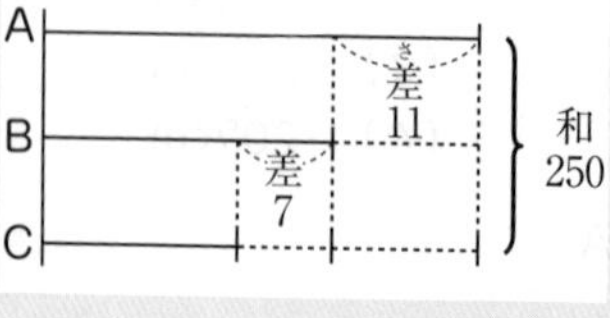

つまずいたら

和差算について知りたい。

本冊…P.424

150 9163

解説

線分図をかく。

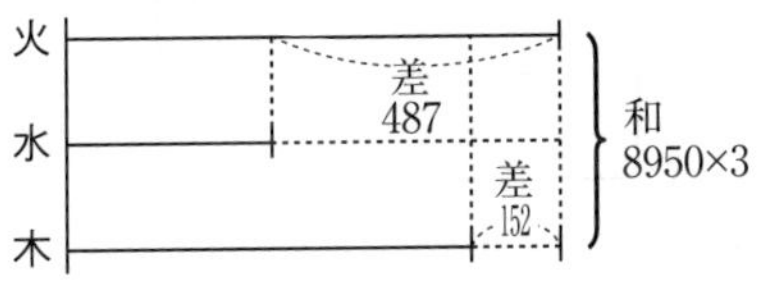

火曜日にそろえると，

$8950 \times 3 + 487 + 152 = 27489$

これが，火曜日の3倍だから，火曜日の入場者数は，

$27489 \div 3 = 9163$(人)

151 毎分80m

解説

池の周りの長さを1とすると，

速さの差は$1 \div 35 = \frac{1}{35}$，速さの和は$1 \div 5 = \frac{1}{5}$

だから，洋子さんの速さは，$\left(\frac{1}{5} - \frac{1}{35}\right) \div 2 = \frac{3}{35}$

和子さんの速さは，$\left(\frac{1}{5} + \frac{1}{35}\right) \div 2 = \frac{4}{35}$

和子さんの歩く速さを毎分xmとすると，

$60 : x = \frac{3}{35} : \frac{4}{35}$　より，$x = 80$

もっとくわしく

池の周りの長さがわからないので，1として考えて，その後，比で求める。

152 68点

解説

A組の合計点は，$68.5 \times 40 = 2740$(点)

B組の合計点は，$65.6 \times 25 = 1640$(点)

C組の合計点は，$70 \times 20 = 1400$(点)

3クラス全体の人数は，$40 + 25 + 20 = 85$(人)

よって，3クラス全体の平均点は，

$(2740 + 1640 + 1400) \div 85 = 68$(点)

ミス注意！

3クラスそれぞれの平均点を合計して平均を求めないこと。

$(68.5 + 65.6 + 70) \div 3$

$= 68.03\cdots$(点)

はまちがい。

153 159cm

解説

5人の身長の合計は，

$153 \times 5 = 765$(cm)

DさんとEさんの身長の合計は，

$152 \times 2 = 304$(cm)

よって，Aさん，Bさん，Cさん3人の身長の合計は，

$765 - 304 = 461$(cm)

つまずいたら

平均算について知りたい。

本冊…P.430

線分図をかくと，図のようになる。
Cさんにそろえると，

461 + 8 × 2 = 477

これがCさんの身長の3倍だから，Cさんの身長は，

477 ÷ 3 = 159(cm)

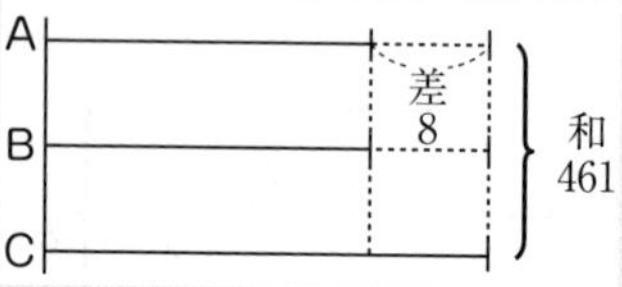

⚠ミス注意!

2人分の差だから，8×2となる。

154 7回

解説

面積図をかいて考える。
今度のテストの平均点より高い分と，今までのテストの平均点より増えた分が等しいから，今までに受けたテストは，

(100 − 86) ÷ (86 − 84)
= 7(回)

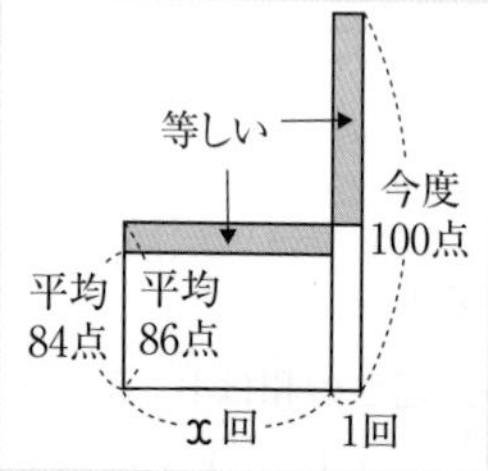

つまずいたら

面積図について知りたい。

本冊…P.430

155 144人

解説

面積図をかくと，図のようになる。
A小学校の平均点が3校の平均点より低い分と，B小学校とC小学校の平均点が3校の平均点より高い分が等しいから，B小学校とC小学校の6年生の人数の和は，

(84 − 76) × 96 ÷ (87 − 84) = 256(人)

B：C = 9：7だから，求める人数は，

$256 \times \frac{9}{16} = 144$(人)

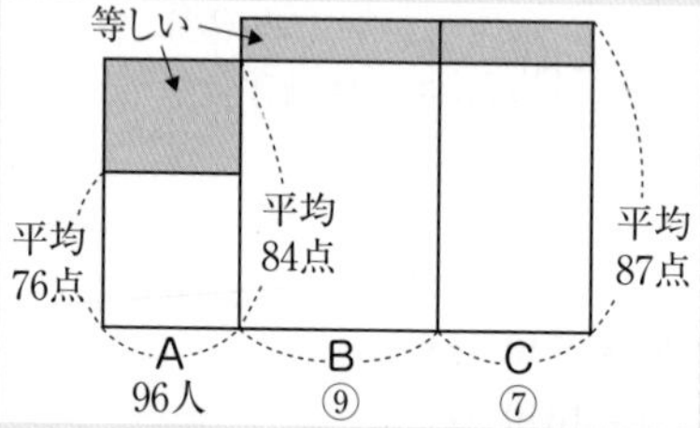

つまずいたら

比例配分について知りたい。

本冊…P.257

156 時速48km

解説

A町からB町までの道のりを1kmとすると

行きにかかった時間は，$1 \div 60 = \frac{1}{60}$(時間)

帰りにかかった時間は，$1 \div 40 = \frac{1}{40}$(時間)

よって，平均の速さは，

$$(1+1) \div \left(\frac{1}{60} + \frac{1}{40}\right) = 48(\text{km/時})$$

157 A 1500円，B 1300円

解説

$$A \times 2 + B \times 5 = 9500$$
$$A \times 3 + B \times 2 = 7100$$

2倍　　5倍

$$A \times 4 + B \times 10 = 19000$$
$$A \times 15 + B \times 10 = 35500$$

となるから，A 1個の値段は，

$$(7100 \times 5 - 9500 \times 2) \div (3 \times 5 - 2 \times 2) = 16500 \div 11 = 1500(\text{円})$$

B 1個の値段は，$(9500 - 1500 \times 2) \div 5 = 1300$(円)

158 えん筆50円，ノート150円

解説

えん筆を㋓，ノートを㋨として，式を書くと，

㋓×5＋㋨×4＝850

㋨＝㋓×3

㋨を㋓×3におきかえる。

㋓×5＋㋓×3×4＝850

となるから，全部えん筆だとするとその本数は，

$5 + 3 \times 4 = 17$(本)

その代金が850円だから，えん筆1本の値段は，

$850 \div 17 = 50$(円)

ノート1冊の値段は，$50 \times 3 = 150$(円)

もっとくわしく

道のりがわからないから1kmとしているが，何kmとして考えても答えは変わらない。

つまずいたら

消去算について知りたい。

本冊…P.436

159 (1)　15.4g　(2)　31.5g　(3)　2.1g

解説

(1)

$$\begin{array}{l} A \times 2 + B \qquad\qquad\qquad = 16.1 \\ \qquad\quad B \times 2 + C \qquad = 23.1 \\ A \qquad\qquad\quad + C \times 2 = 7 \\ \hline A \times 3 + B \times 3 + C \times 3 = 46.2 \end{array}$$

となるから，A 1個，B 1個，C 1個の合計の重さは，

$(16.1 + 23.1 + 7) \div 3 = 15.4$(g)

(2)　A 2個，B 1個の合計の重さとA 1個，B 1個，C 1個の合計の重さの和だから，

$16.1 + 15.4 = 31.5$(g)

(3)　A 3個の重さは，A 3個，B 2個，C 1個の合計の重さから，B 2個，C 1個の合計の重さをひいて，

$31.5 - 23.1 = 8.4$(g)

よって，A 1個の重さは，$8.4 \div 3 = 2.8$(g)

よって，C 1個の重さは，

$(7 - 2.8) \div 2 = 2.1$(g)

つまずいたら

消去算について知りたい。

本冊…P.436

160 10分後

解説

太郎君が5分で歩いた道のりは，$80 \times 5 = 400$(m)だから，求める時間は，旅人算の公式より，

$(1900 - 400) \div (80 + 70) = 10$(分後)

もっとくわしく

出会うまでの時間

＝(2人の間のきょり)÷(速さの和)

161 1800m

解説

旅人算の公式より，$(80 + 70) \times 12 = 1800$(m)

つまずいたら

旅人算について知りたい。

本冊…P.440

162 (1)　3：2　(2)　7：4

解説

(1)　3人の位置の関係は，図のようになる。

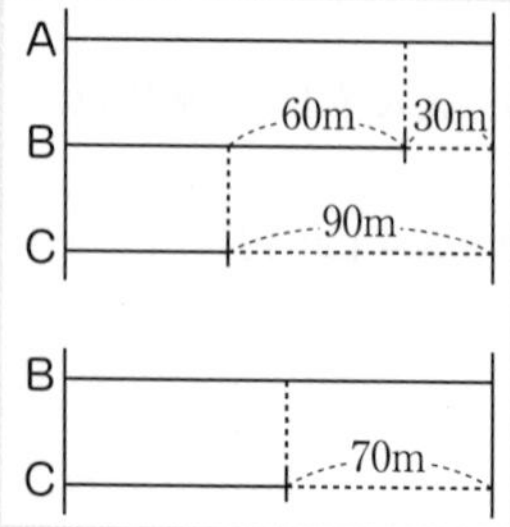

A君がゴールしてからB君がゴールするまでに走ったきょりは，

B君…30m

C君…$90 - 70 = 20$(m)

だから，B君とC君の速さの比は，$30 : 20 = 3 : 2$

(2)　B君とC君の間のきょりが60mになるのにかかった時間は，旅人算の公式より，60 ÷ (③ − ②) = 60
この時間で，A君とC君の間のきょりが90mになったから，A君とC君の速さの比をⒶ：②とすると，
(Ⓐ − ②) × 60 = 90 より，
Ⓐ = 90 ÷ 60 + ② = ③.⑤
よって，A君とC君の速さの比は，3.5：2 = 7：4

もっとくわしく
速さを比で表して，旅人算を利用する。

163 1680m

解説
弟が10分で歩いた道のりは，72 × 10 = 720(m)
この道のりを兄が弟に追いつくのにかかった時間は，
720 ÷ (252 − 72) = 4(分)
よって，兄が弟に追いついた地点までの道のりは，家から，
252 × 4 = 1008(m)
これが家から公園までの道のりの5分の3だから，求める道のりは，$1008 \div \frac{3}{5} = 1680$(m)

もっとくわしく
兄が弟に追いついた地点までの道のりは
720＋72×4
＝1008(m)
と求めてもよい。

164 (1)　8：9　(2)　4：1　(3)　11：10
(4)　1分50秒

解説
(1)　同じきょりを太郎は180歩，次郎は120歩で歩くから，
歩幅の比は，太郎：次郎 = 120：180 = 2：3
同じ時間に太郎は40歩，次郎は30歩歩くから，速さの比は，太郎：次郎 = (2 × 40)：(3 × 30) = 8：9
(2)　同じ時間で太郎は144歩歩き，「動く歩道」は太郎の歩幅の180 − 144 = 36(歩分)動くから，速さの比は，
太郎：動く歩道 = 144：36 = 4：1
(3)　太郎と次郎の歩く速さ，「動く歩道」の速さの比は

太郎：次郎	= 8	： 9	
太郎　　：動く歩道	= (4 × 2)		：(1 × 2)
太郎：次郎：動く歩道	= 8	： 9	： 2

よって，2人が「動く歩道」上を歩くときの速さの比は，太郎：次郎 = (8 + 2)：(9 + 2) = 10：11
よって，かかる時間の比は，11：10

もっとくわしく
同じ時間歩くとき
歩幅×歩数
＝きょり⇒速さ

つまずいたら
比について知りたい。
本冊…P.256

（4）　かかる時間の比の差　$11-10=1$が8秒にあたるから，太郎が「動く歩道」上を歩くとき，P地点からQ地点に着くまでにかかる時間は，$8\times11=88$（秒）
この時間で144歩歩き，通路を歩くと180歩かかるから，求める時間は，
$88\div144\times180=110$（秒）→1分50秒

165（1）　105秒　（2）　42秒，18段

解説

（1）　エスカレーターが30段上がるのにかかる時間は，
$35\div(30-20)\times30=105$（秒）
よって，求める時間は105秒。

（2）　太郎君は20段歩いて上がるのに35秒かかるから，4段上がるのに$35\div5=7$（秒）かかる。よって，次郎君は3段歩いて上がるのに7秒かかる。
次郎君とエスカレーターの速さの比は，
次郎：エスカレーター＝$105:(7\times10)=3:2$
よって，求める段数は，$30\times\frac{3}{5}=18$（段）
かかる時間は，$7\times(18\div3)=42$（秒）

もっとくわしく
3段上がるのに7秒かかるから，30段上がるのに7×10秒かかる。

166 9個

解説

数量の関係を面積図に表すと，図のようになる。全部3gと考えたときの合計は，$3\times14=42$（g）

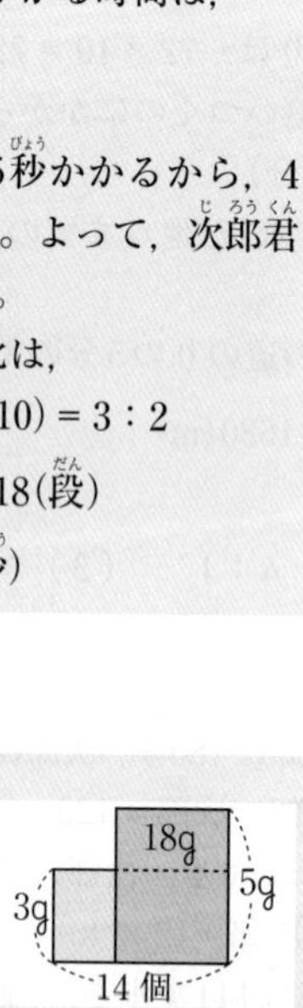

実際との差は，$60-42=18$（g）
1個あたりの差は，$5-3=2$（g）
よって，5gのおもりは，$18\div2=9$（個）

つまずいたら
つるかめ算について知りたい。
本冊…P.452

167（1）　25700円　（2）　50個

解説

（1）　$20\times(1300-10)-10\times10$
$=25700$（円）

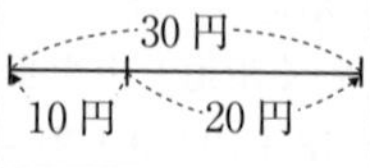

（2）　全部こわさなかったと考えると，もらえるお金は，$20\times1300=26000$（円）
実際との差は，$26000-24500=1500$（円）
1個あたりの差は，$20+10=30$（円）
よって，こわした数は，$1500\div30=50$（個）

168 45枚

解説

Cランチが20枚あるから，AランチとBランチ合わせて$100-20=80$(枚)あり，AランチとBランチの売上の合計金額は，$34750-450\times 20=25750$(円)

全部Bランチと考えたときの合計は，

$350\times 80=28000$(円)

実際との差は，$28000-25750=2250$(円)

1枚分の差は，$350-300=50$(円)

よって，Aランチの食券の枚数は，$2250\div 50=45$(枚)

もっとくわしく

Cランチの食券の枚数と1枚の値段がわかっているので，計算でCランチの分を除き，AランチとBランチについて，つるかめ算で考える。

169 1.5km

解説

数量の関係を面積図で表すと，図のようになるので，

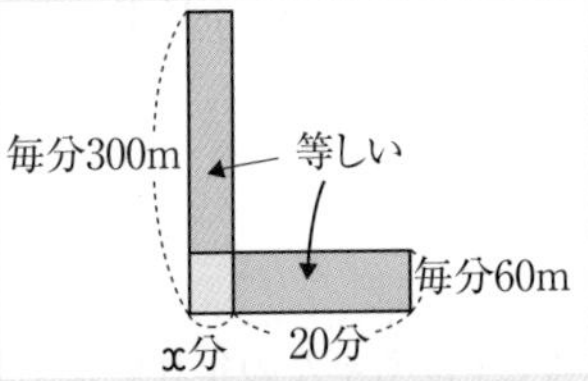

速さの差は，

$300-60=240$(m/分)

毎分300mで走った時間は，

$60\times 20\div 240=5$(分)

よって，求める道のりは，$300\times 5=1500$(m)→1.5km

170 長いす34きゃく，生徒245人

解説

6人ずつ座ると，41人余り，8人ずつ座ると，

$8\times 3+(8-5)=27$(人)たりないと考える。

1きゃく分の差は，$8-6=2$(人)

全体の差は，$41+27=68$(人)

よって，長いすの数は，$68\div 2=34$(きゃく)

生徒の人数は，$6\times 34+41=245$(人)

もっとくわしく

全体の差＝余り＋不足

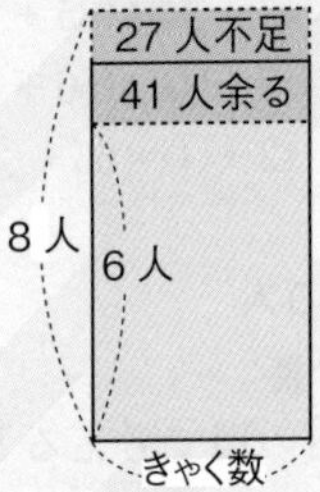

171 83枚

解説

1人分の差は，$7-5=2$(枚)

全体の差は，$50-12=38$(枚)

よって，子どもの人数は，$38\div 2=19$(人)

色紙の枚数は，$7\times 19-50=83$(枚)

もっとくわしく

全体の差＝不足－不足

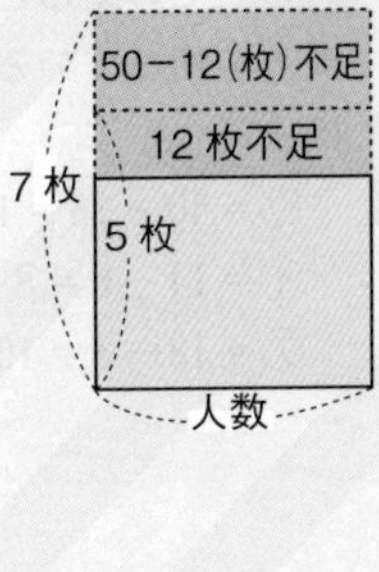

172 61冊

解説

1人分の差は，4 − 3 = 1(冊)
全体の差は，19 − 5 = 14(冊)
よって，子どもの人数は，14 ÷ 1 = 14(人)
ノートの冊数は，14 × 3 + 19 = 61(冊)

173 11年後

解説

年れいの関係を線分図で表すと，図のようになる。

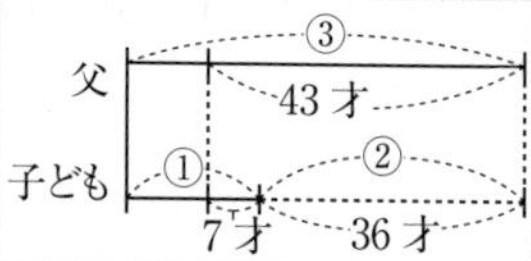

43 − 7 = 36(才)が②にあたるから，子どもの年れいの3倍になったときの父の年れいは，36 ÷ 2 × 3 = 54(才)
よって，54 − 43 = 11(年後)

174 27年後

解説

①年後に4倍になるとすると，優ちゃんの年れいは①才増え，両親の年れいの和は合わせて②才増えるから，

(3 + ①)：(35 + 31 + ②) = 1：4
(3 + ①)：(66 + ②) = 1：4より，
12 + ④ = 66 + ②，② = 54，① = 27

175 10人

解説

右の図で考えると，電車とバスの両方を使っている人は，㋐にあてはまる。

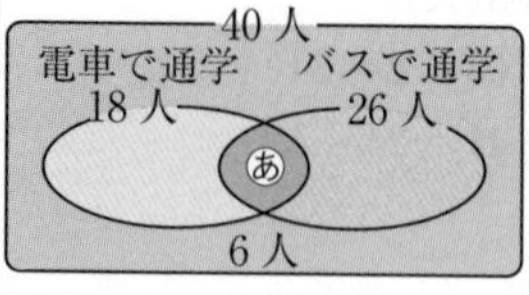

㋐ = 18 + 26 + 6 − 40
= 10

右の表で考えると，電車とバスの両方を使っている人は，㋐にあてはまる。

		バス		合計
		使う	使わない	
電車	使う	㋐	㋑	18
	使わない		6	
合計		26	㋒	40

㋒ = 40 − 26 = 14
㋑ = 14 − 6 = 8
㋐ = 18 − 8 = 10

もっとくわしく

全体の差＝余り−余り

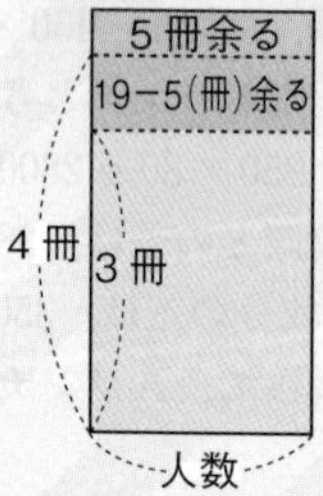

つまずいたら

年れい算について知りたい。

本冊…P.460

つまずいたら

重なりの問題について知りたい。

本冊…P.466

176 9時20分

解説

$4+(10-8)=6$(分)で家から学校まで3km進んでいる。公園にいた時間(4分)と学校にいた時間はまったく同じだから，学校を出発したのは，9時10分の4分後で9時14分。学校から家まで6分かかるから，家に帰ってきたのは，9時14分の6分後で，9時20分。

177 (1)

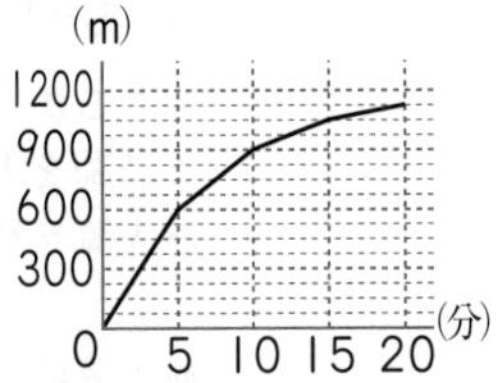

(2) 18分20秒後

(3) 480m以上 960m以下

解説

(1) Bさんが最初の5分間で進むきょりは，

$120\times5=600$(m)

以後，5分ごとに速さは半分になるから，

10分後…$600+60\times5=900$(m)

15分後…$900+30\times5=1050$(m)

20分後…$1050+15\times5=1125$(m)

(2) Aさんは，20分後に$60\times20=1200$(m)進んでいるから，図のようにAさんのグラフをかき入れると，スタートしてから15分後の2人の間のきょりは150mであることがわかる。よって，求める時間は，

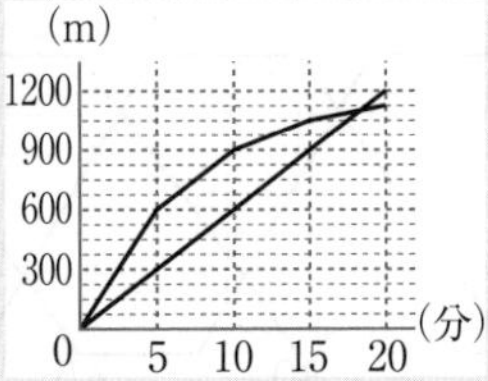

$150\div(60-15)=3\frac{1}{3}$(分)→3分20秒

15分+3分20秒=18分20秒後

(3) グラフから600m以上900m以下のときは5分早くゴールすることがわかる。

〈0m以上600m以下のとき〉

600m進むと5分差が広がるから，4分差がつくのは，

$600\div5\times4=480$(m)

〈900m以上1050m以下のとき〉

Aさんが1050m進むのにかかる時間は，

$1050\div60=17.5$(分)

つまずいたら

速さと道のりのグラフについて知りたい。

本冊…P.468

1050 − 900 = 150(m)進むと,
5 − (17.5 − 15) = 2.5(分)差が縮まるから,
5 − 4 = 1(分)差が縮まるのは,
900 + 150 ÷ 2.5 = 960(m)のとき。
よって, 480m以上960m以下

178 (1)　時速30km　(2)　20分後　(3)　7.5km

解説

(1)　26分で13km進んでいるから,

$$13 \div \frac{26}{60} = 30(\text{km/時})$$

(2)　バスの速さを分速になおすと,

$$30 \times 1000 \div 60 = 500(\text{m/分})$$

よって, 13000 ÷ (500 + 150) = 20(分後)

(3)　太郎さんが35分で進む道のりは,

$$150 \times 35 = 5250(\text{m})$$

よって, バスに追いぬかれる時間は, 35分から
5250 ÷ (500 − 150) = 15(分後)だから, A町から
5250 + 150 × 15 = 7500(m)　→　7.5kmの位置

🔍もっとくわしく

すれちがうのにかかる時間を求めるには, 旅人算を利用する。

旅人算について知りたい。

本冊…P.440

179 (1)　毎時37.5km

(2)

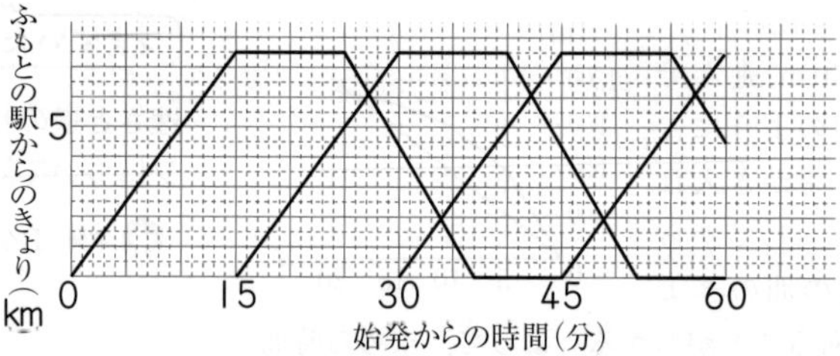

(3)　5回　(4)　3台

解説

(1)　ふもとの駅から山頂までのきょりは,
$30 \times \frac{1}{4} = 7.5$(km)だから, 下りのバスの速さは,

$$7.5 \div \frac{1}{5} = 37.5(\text{km/時})$$

(2)　0kmの横線と7.5kmの横線の上に, 出発時刻, とう着時刻を考えて点をとり, 直線で結ぶ。

(3)　グラフが交わっている点の数を数える。

(4)　グラフから, ふもとの駅を発車する4台目のバスは, 1台目と同じであることがわかる。

🔍もっとくわしく

15分 = $\frac{1}{4}$時間

12分 = $\frac{1}{5}$時間

つまずいたら

ダイヤグラムについて知りたい。

本冊…P.469

180 時速44km

解説

速さ＝(電車の長さ＋鉄橋の長さ)÷時間

より，

$(50+170)\div 18=\dfrac{110}{9}$(m/秒)

$\dfrac{110}{9}\times 60\times 60\div 1000$

＝44(km/時)

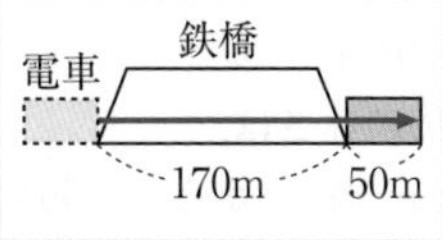

181 (1)　100m　(2)　毎秒20m　(3)　166m

解説

(1)

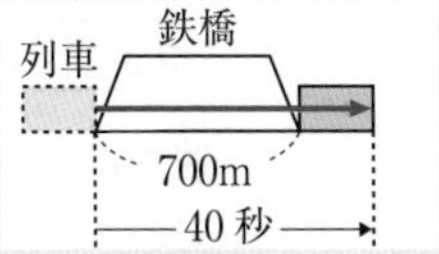

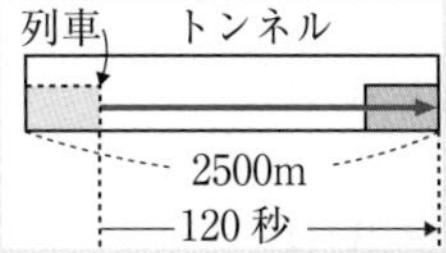

かかった時間を120秒(40秒×3)にそろえて線分図をかくと図のようになる。

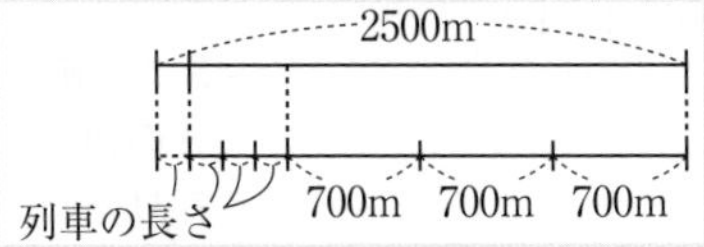

よって，列車Aの長さは，

$(2500-700\times 3)\div 4=100$(m)

(2)　鉄橋をわたり終わるのに40秒かかったから，列車Aの速さは，

$(700+100)\div 40=20$(m/秒)

(3)　すれちがうのにかかる時間

＝列車の長さの和÷列車の速さの和

より，列車Bの長さは，$7\times(20+18)-100=166$(m)

182 (1)　39.6　(2)　あ　60　い　90

解説

(1)　120m＝0.12km,

2分＝$\dfrac{1}{30}$時間,

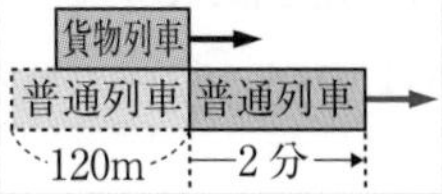

きょり＝速さの差×時間　より，

$43.2-0.12\div\dfrac{1}{30}=39.6$(km/時)

つまずいたら

速さについて知りたい。

本冊…P.286

つまずいたら

通過算について知りたい。

本冊…P.476

もっとくわしく

(1)(2)は

2つの図より，

(700＋2500)m進むのに(40＋120)秒かかることがわかるから，列車Aの速さは，

(700＋2500)

÷(40＋120)

＝20(m/秒)

そのあと，長さを求めることもできる。

もっとくわしく

貨物列車の速さを毎時$x$kmとすると，

$(43.2-x)\times\dfrac{1}{30}$

＝0.12

となる。

（2）　1分間に進んだきょりの差は，

$(43.2 - 39.6) \times \dfrac{1}{60}$

$= 0.06(\text{km}) \rightarrow 60(\text{m})$…㋐

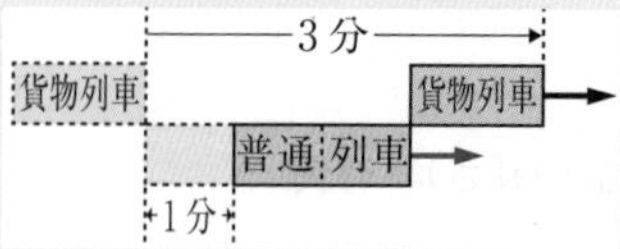

普通列車の減速後の速さは，

$43.2 - 9 = 34.2$(km/時)だから，貨物列車の長さは，

$(39.6 - 34.2) \times \dfrac{1}{20} \times 1000 - (60 + 120)$

$= 90(\text{m})$…㋑

もっとくわしく

3分$=\dfrac{1}{20}$時間，

1km＝1000m

普通列車の先頭と貨物列車の先頭のきょりは，

60＋120(m)

183 秒速25.2m

解説

電車Aと電車Bの速さの差(A－B)は，

$(80 + 100) \div 30 = 6$(m/秒)

電車Cと電車Bの速さの差(C－B)は，

$(100 + 155) \div 25 = 10.2$(m/秒)

よって，Bの速さを①とすると，

Aの速さ：Cの速さ＝(6＋①)：(10.2＋①)＝1：1.2

より，7.2＋⑴.2＝10.2＋①

⓪.2＝3

①＝15

よって，Cの速さは，$10.2 + 15 = 25.2$(m/秒)

つまずいたら

速さについて知りたい。

本冊…P.286

2つの電車があるときの通過算について知りたい。

本冊…P.477

184 4時間

解説

下りの速さ＝船の速さ＋流れの速さより，求める時間は

$60 \div (12 + 3) = 4$(時間)

つまずいたら

流水算について知りたい。

本冊…P.182

185 時速2km

解説

30分$=\dfrac{1}{2}$時間より，下りの速さは，$8 \div \dfrac{1}{2} = 16$(km/時)

40分$=\dfrac{2}{3}$時間より，上りの速さは，$8 \div \dfrac{2}{3} = 12$(km/時)

よって，川の流れの速さは，$(16 - 12) \div 2 = 2$(km/時)

186 12分

解説

下りにかかる時間と上りにかかる時間の比は，
5：30＝1：6だから，下りの速さと上りの速さの比は
6：1
よって，上りの速さと川の流れの速さの比は，
1：{(6－1)÷2}＝1：2.5で，時間の比は2.5：1になる。
よって，求める時間は，30÷2.5＝12(分)

もっとくわしく

きょりを1とすると，
速さの比は，
$\frac{1}{1}:\frac{1}{6}=6:1$

187 (1)　84km　(2)　午前9時24分
(3)　午前11時30分

解説

(1)　分速50m＝時速3km，A地点からB地点まで船Pで下ると，4時間かかるから，
$(18+3)\times4=84$(km)

(2)　上りにかかる時間は，
$84\div(18-3)=\frac{28}{5}=5\frac{3}{5}$(時間) → 5時間36分
よって，午後3時の5時間36分前に出発すればよいから，午前9時24分。

(3)　Pが24分間に進むきょりは，
$(18+3)\times\frac{24}{60}=\frac{42}{5}$(km)
ここから，Qとすれちがうまでにかかる時間は，
$\left(84-\frac{42}{5}\right)\div\{(18+3)+(18-3)\}$
$=\frac{21}{10}=2\frac{1}{10}$(時間) → 2時間6分
よって，午前9時24分の2時間6分後の午前11時30分。

もっとくわしく

旅人算の公式を使っている。

旅人算について知りたい。

本冊…P.440

188 70°

解説

6時ちょうどに長針と短針が作る角度は，30°×6＝180°
20分間に進む角度の差は，
(6°－0.5°)×20＝110°
よって，180°－110°＝70°

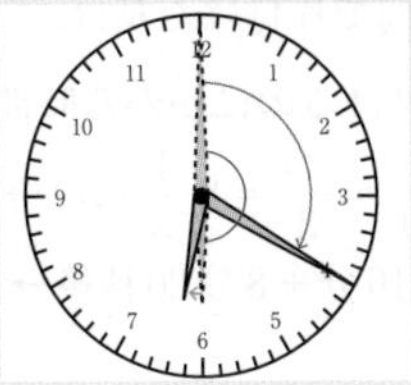

つまずいたら

時計算について知りたい。

本冊…P.488

189 24分後

解説

5時ちょうどに両針が作る角度は，$30° \times 5 = 150°$
これが66°になる時刻は，

$(150-66) \div (6-0.5) = \frac{168}{11} = 15\frac{3}{11}$(分)より，

5時$15\frac{3}{11}$分。その後66°になる時刻は，

$(150+66) \div (6-0.5) = \frac{432}{11} = 39\frac{3}{11}$(分)より，

5時$39\frac{3}{11}$分。よって，24分後。

190 18時間

解説

全体の仕事量を1とすると，1時間あたりの仕事量は，

$\frac{1}{30} + \frac{1}{45} = \frac{1}{18}$となるから，$1 \div \frac{1}{18} = 18$(時間)

191 (1) 10分　(2) 10時35分
(3) 10時18分20秒

解説

(1) 全体の仕事量を1とすると，1分あたりの仕事量は

$$\frac{1}{60} + \frac{1}{12} = \frac{1}{10}$$

よって，$1 \div \frac{1}{10} = 10$(分)

(2) はじめの5分間2人で片付けたと考える。はじめの5分の仕事量は，$\frac{1}{10} \times 5 = \frac{1}{2}$

残りをK君1人で片付けるのにかかる時間は，

$$\left(1-\frac{1}{2}\right) \div \frac{1}{60} = 30(\text{分})$$

よって，10時の$5+30=35$(分後)→10時35分

(3) K君1人が10分間で片付けた量は，$\frac{1}{60} \times 10 = \frac{1}{6}$

残りを2人で片付けるのにかかる時間は，

$$\left(1-\frac{1}{6}\right) \div \frac{1}{10} = \frac{25}{3} = 8\frac{1}{3}(\text{分}) \rightarrow 8分20秒$$

よって，10時の10分＋8分20秒後→10時18分20秒

もっとくわしく

1回目に66°になるには，角度の差を(150－66)°縮めることになる。
2回目は，150°差を縮めてから，さらに66°差をつけることになる。

つまずいたら

仕事算について知りたい。

本冊…P.492

もっとくわしく

お母さんが手伝ってくれる5分間は，はじめでも最後でも仕事量は変わらない。

ミス注意!

はじめの時間をたし忘れないこと。

192 3日

解説
全体(ぜんたい)の仕事量(しごとりょう)を1とすると，1日あたりの仕事量(しごとりょう)は，

$\frac{1}{21}+\frac{1}{28}=\frac{1}{12}$ だから，予定(よてい)では，$1\div\frac{1}{12}=12$(日)

A君(くん)1人の7日分の仕事量(しごとりょう)は，$\frac{1}{21}\times7=\frac{1}{3}$

残(のこ)りを2人でしたから，2人でした日数は，

$\left(1-\frac{1}{3}\right)\div\frac{1}{12}=8$(日)

よって，おくれたのは，$(8+7)-12=3$(日)

193 4日間

解説
全体(ぜんたい)の仕事量(しごとりょう)を1とすると，

Aさんがした仕事量(しごとりょう)は，$\frac{1}{12}\times9=\frac{3}{4}$

Bさんが仕事(しごと)をした日数は，$\left(1-\frac{3}{4}\right)\div\frac{1}{20}=5$(日間)

よって，求(もと)める日数は，$9-5=4$(日間)

もっとくわしく
Aさんが9日間でした仕事量(しごとりょう)と，Bさんがした仕事量(しごとりょう)の和(わ)が1である。

194 77分

解説
レギュラー1人と補欠(ほけつ)1人の出場時間の比(ひ)が3：1だから，レギュラー1人と補欠(ほけつ)3人の出場時間が等(ひと)しくなる。よって，レギュラー7人として考える。のべの試合(しあい)時間は，

$90\times6=540$(分)だから，レギュラー1人あたりの出場時間は，$540\div7=77.1\cdots$ → 77分

195 (1)　5日目　(2)　14人

解説
(1)　職人(しょくにん)さん1人の1時間あたりの仕事量(しごとりょう)を1とすると，のべの仕事量(しごとりょう)は，$8\times8\times3\times4=768$

よって，求(もと)める日数は，

$768\div(16\times10)=4.8$(日) → 5日目

(2)　$768\div(8\times7)=13.7\cdots$ → 14人

もっとくわしく
(1) 4.8日は4日と10×0.8＝8(時間)を表(あらわ)している。

196 (1)　12日　(2)　4人　(3)　36日

解説
(1)　中学生1人の1日あたりの仕事量(しごとりょう)を1とすると，のべの仕事量(しごとりょう)は，$6\times12=72$

小学生1人の1日あたりの仕事量は，
$(72-4\times6)\div(5\times16)=0.6$
よって，求める日数は，$72\div(0.6\times10)=12$(日)
（2） $(72-12\times4)\div(10\times0.6)=4$(人)
（3） 大人1人の1日あたりの仕事量は，
$(72\div2-1\times20-0.6\times20)\div2=2$
よって，求める日数は，$72\div2=36$(日)

もっとくわしく
（3）大人1人の1日あたりの仕事量をxとすると，
$(1\times20+0.6\times20+x\times2)\times2=72$
となる。

197 140cm

解説
父の身長が変わっていないので，比を父にそろえる。
昨年　A：父＝4：5＝(4×7)：(5×7)＝28：35
今年　A：父＝6：7＝(6×5)：(7×5)＝30：35
Aさんは30－28＝2のび，これが10cmにあたるので，Aさんの昨年の身長は，$10\div2\times28=140$(cm)

つまずいたら
倍数算について知りたい。
本冊…P.502

198 900円

解説
本を買う前と後で，兄と弟の所持金の差は変わらないので比の差をそろえる。
前　兄：弟＝<u>2：1</u>＝(2×3)：(1×3)＝<u>6：3</u>
差は2－1＝1　　差は6－3＝3
後　兄：弟＝<u>4：1</u>
差は4－1＝3
兄は6－4＝2減り，弟は3－1＝2減ったことになる。
この2が300円にあたるから，兄のはじめの所持金は，
$300\div2\times6=900$(円)

もっとくわしく
比の差が1と3の最小公倍数3になるようにそろえる。

199 440円

解説
本を買う前と後で，所持金の差が変わらないので，比の差をそろえる。
前　のり子：さと子＝<u>3：1</u>＝(3×3)：(1×3)＝<u>9：3</u>
差は3－1＝2　　差は6
後　のり子：さと子＝<u>4：1</u>＝(4×2)：(1×2)＝<u>8：2</u>
差は4－1＝3　　差は6
のり子さんは9－8＝1，さと子さんは3－2＝1減り，この1が本の値段にあたる。また，8＋2＝10が残金の合計にあたるから，本の値段は，$4400\div10\times1=440$(円)

もっとくわしく
比の差が2と3の最小公倍数6になるようにする。

200 400円

解説

はじめのA君の所持金を①とすると，C君の所持金の$\frac{1}{6}$は

⑥ × $\frac{1}{6}$ = ①

よって，A君とB君の所持金について，比例式をつくると，

(① + 1000) : (⑤ − 1000 + ①) = 1 : 1

⑥ − 1000 = ① + 1000

⑤ = 2000

① = 400

もっとくわしく

やり取りの後のA君とB君の所持金は同じだから，比は1：1になる。

201 108冊

解説

やり取りの前と後で，本の冊数の和は変わらないので，比の和をそろえる。

前　姉：妹 = 9 : 5 = (9 × 4) : (5 × 4) = 36 : 20
和は9 + 5 = 14　　和は56

後　姉：妹 = 3 : 5 = (3 × 7) : (5 × 7) = 21 : 35
和は3 + 5 = 8　　和は56

姉は36 − 21 = 15減り，妹は35 − 20 = 15増えたことになる。
この15が45冊にあたるから，姉がはじめに持っていた冊数は，45 ÷ 15 × 36 = 108(冊)

もっとくわしく

比の和が14と8の最小公倍数56になるようにする。

202 3500円

解説

線分図をかくと，図のようになる。
太郎と三郎について，比例式をつくる。

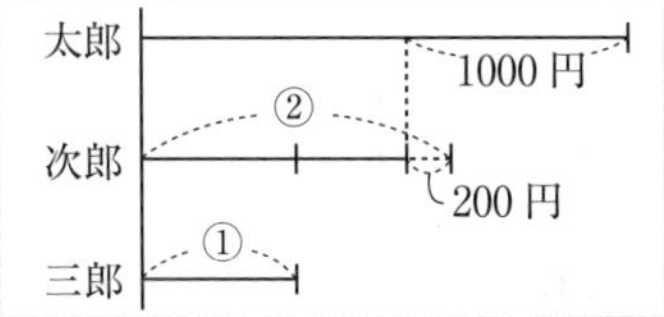

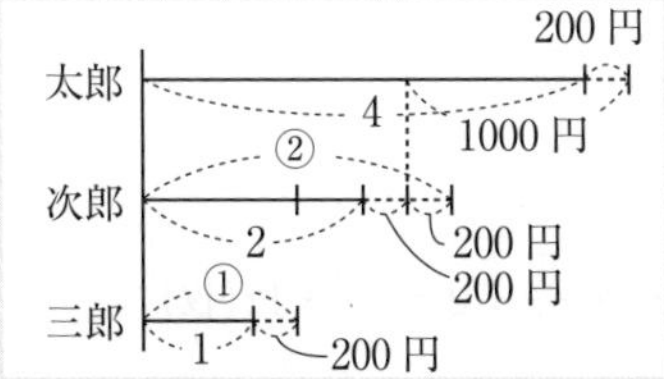

(① − 200) : (② − 200 + 1000 − 200) = 1 : 4

④ − 800 = ② + 600

② = 1400

① = 700

もっとくわしく

はじめの三郎の出したお金を①とすると，次郎の出したお金は②−200
200円ずつ返したので，出したお金は
三郎は，①−200
次郎は，②−400
よって，出したお金の比は，
三郎：次郎＝1：2

700 − 200 = 500が1にあたるから，ゲームの値段は
500 × (1 + 2 + 4) = 3500(円)

203 40

解説

線分図をかくと，図のようになる。

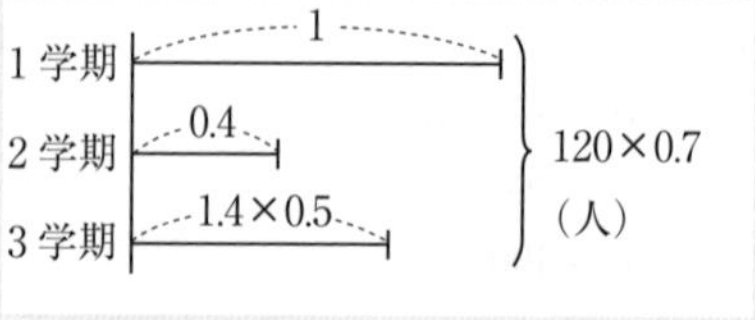

1学期の人数をもとにしたときのとび箱をとべた全体の人数の割合は，$1 + 0.4 + 1.4 \times 0.5 = 2.1$
1学期の人数は，$120 \times 0.7 \div 2.1 = 40$(人)

> **⚠ミス注意!**
> 各学期で増えた人数を考えることに注意。2学期を1.4，3学期を0.4×0.5などとしないように。

204 46

解説

わられる数
＝わる数×商＋余り
より，(大)＝(小)×6＋1
線分図より，

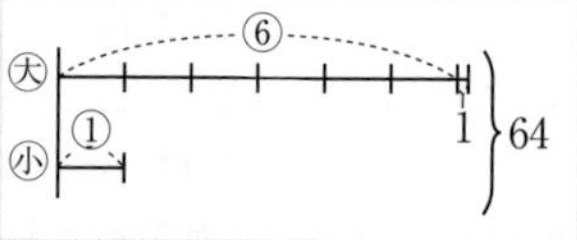

(小) = (64 − 1) ÷ (1 + 6) = 9，(大) = 64 − 9 = 55
2つの整数の差は，55 − 9 = 46

> **もっとくわしく**
> 整数の和64を(大)と(小)の2つの整数に分けて考える。

205 42枚

解説

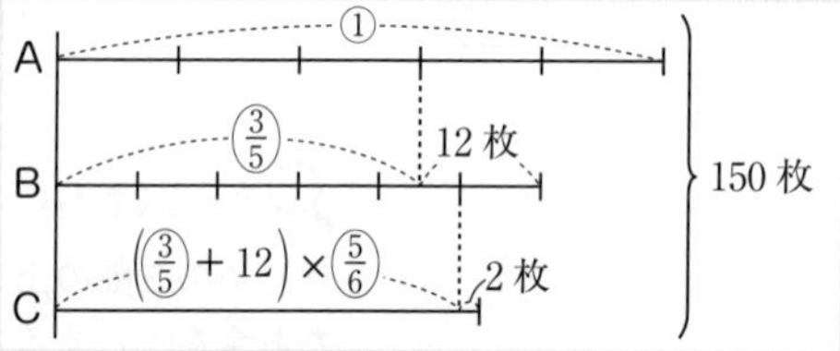

A君の枚数を①とすると，
B君の枚数は，$\frac{3}{5}$ + 12(枚)
C君の枚数は，$\left(\frac{3}{5} + 12\right) \times \frac{5}{6} + 2 = \frac{1}{2} + 12$(枚)
よって，Aの枚数は
$(150 - 12 - 12) \div \left(1 + \frac{3}{5} + \frac{1}{2}\right) = 60$(枚)
Cの枚数は，$60 \times \frac{1}{2} + 12 = 42$(枚)

> **もっとくわしく**
> 全体の枚数からB君とC君の枚数にある12枚＋12枚＝24枚をひいて，比で考える。

206 480ページ

解説

全体のページ数を1とすると，

$48 - 8 = 40$(ページ)

が$\dfrac{5}{6} - \dfrac{3}{4} = \dfrac{1}{12}$にあたるから，この本のページ数は，$40 \div \dfrac{1}{12} = 480$(ページ)

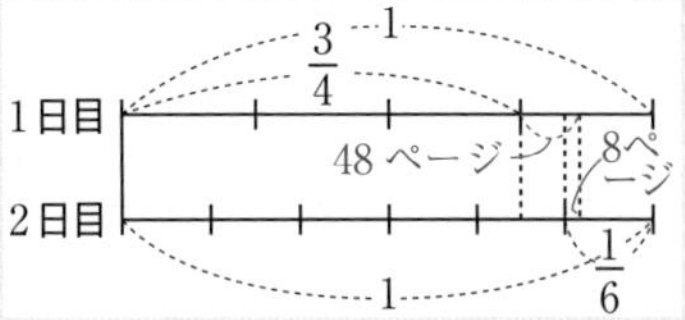

207 80枚

解説

全体の枚数を1とすると，

$\left(1 - \dfrac{1}{4}\right) \times \left(1 - \dfrac{2}{5}\right) = \dfrac{9}{20}$

が36枚にあたる。

よって，求める枚数は

$36 \div \dfrac{9}{20} = 80$(枚)

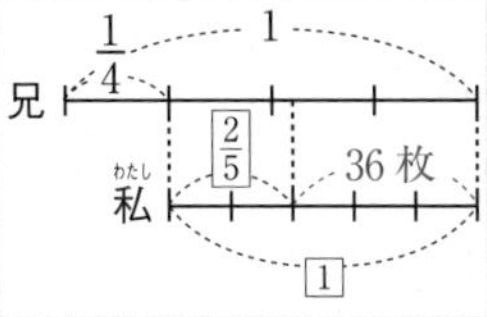

208 1300円

解説

集めたお金を1とすると，

$(1 - 0.75) \times (1 - 0.8)$

$= 0.05$

が2015円にあたる。

1人あたりがはらったお金は，

$2015 \div 0.05 \div 31 = 1300$(円)

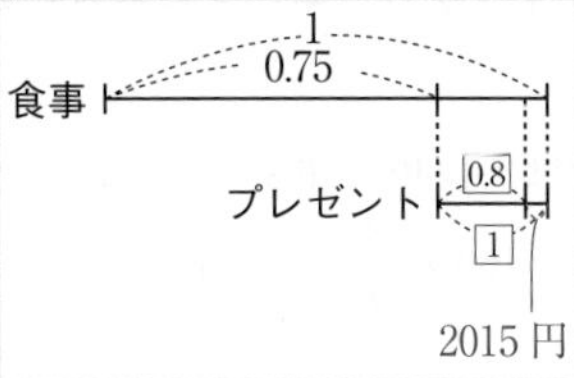

209 800円

解説

最初に財布に入っていたお金を1とすると，440円が

$1 - \dfrac{1}{4} - \dfrac{1}{5} = \dfrac{11}{20}$にあたる。

よって，最初に財布に入っていたお金は，$440 \div \dfrac{11}{20} = 800$(円)

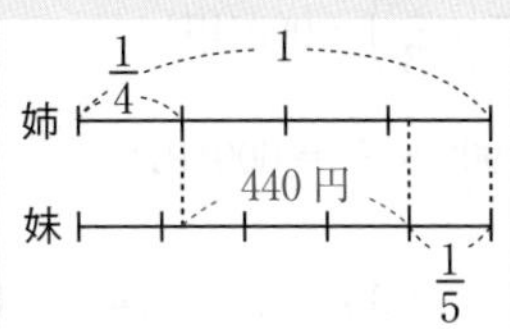

つまずいたら

相当算について知りたい。

本冊…P.514

もっとくわしく

私がとるときの，もとにする量は

$1 - \dfrac{1}{4} = \dfrac{3}{4}$

である。

ミス注意!

求めるのは1人分のお金だから，集めたお金を31でわることに注意。

ミス注意!

問題文をよく読んで，どの量をもとにしているのかを考えること。

210 90cm

解説

長い方の棒の長さを1とすると，$1-\frac{2}{3}\div\frac{3}{4}=\frac{1}{9}$が15cmにあたる。よって，水そうの水の深さは，

$15\div\frac{1}{9}\times\frac{2}{3}=90(\text{cm})$

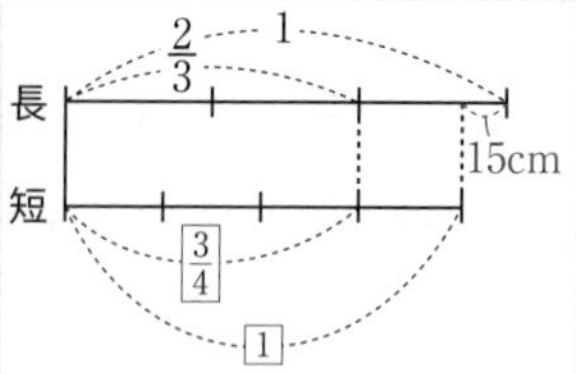

211 480円

解説

兄のはじめの所持金を1とすると，

$1-\frac{1}{4}\div\frac{2}{5}=\frac{3}{8}$が180円にあたる。兄のはじめの所持金は，$180\div\frac{3}{8}=480$(円)

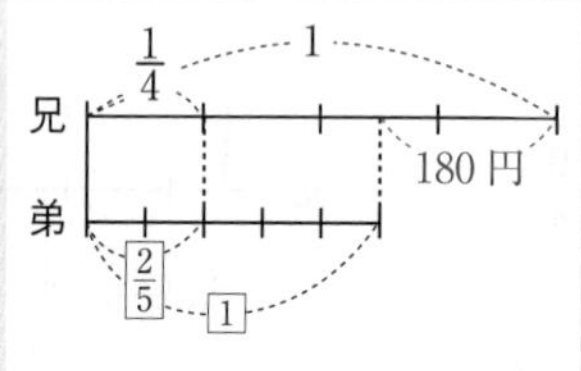

212 メロンパン120円，クリームパン160円

解説

クリームパン1個の値段を1とすると，メロンパンの値段は$\frac{3}{4}$だから，メロンパン8個をクリームパンにおきかえる。

$8\times\frac{3}{4}=6$(個)

クリームパン1個の値段は，$1440\div(6+3)=160$(円)

メロンパン1個の値段は，$160\times\frac{3}{4}=120$(円)

213 おとな900円，子ども600円

解説

おとな1人分の入園料を1とすると，子どもの入園料は$\frac{2}{3}$だから，子どもの入園料をおとなにおきかえる。おとな1人の入園料は，$6900\div\left(3+7\times\frac{2}{3}\right)=900$(円)

子ども1人の入園料は，$900\times\frac{2}{3}=600$(円)

214 (1)　18　(2)　4　(3)　4　(4)　125

解説

(1)　食塩水の重さは，$342\div(1-0.05)=360(\text{g})$

よって，食塩の重さは，$360-342=18(\text{g})$

ミス注意!

求めるのは水そうの水の深さであることに注意。

もっとくわしく

値段の比は，

クリームパン

：メロンパン

$=1:\frac{3}{4}$

$=(1\times4):(\frac{3}{4}\times4)$

$=4:3$

となる。

つまずいたら

仮定算について知りたい。

本冊…P.518

(2)　食塩の重さは，$200 \times 0.02 + 100 \times 0.08 = 12$(g)
食塩水の重さは，$200 + 100 = 300$(g)
よって，濃度は，$\frac{12}{300} \times 100 = 4$(%)

(3)　食塩の重さは，$200 \times 0.06 = 12$(g)
食塩水の重さは，$200 + 100 = 300$(g)
よって，濃度は$\frac{12}{300} \times 100 = 4$(%)

(4)　3%の食塩水50gにふくまれる食塩の重さは，
$50 \times 0.03 = 1.5$(g)
1.5gの食塩がふくまれる$5 - 3 = 2$(%)の食塩水の重さは，$1.5 \div 0.02 = 75$(g)
よって，求める食塩水の重さは，$50 + 75 = 125$(g)

つまずいたら
濃度について知りたい。
本冊…P.522

もっとくわしく
(4)蒸発させた50gの水にふくまれていた食塩が濃度を2%上げることになる。

215 (1)　7g　(2)　6.3g　(3)　4回

解説
(1)　$100 \times 0.07 = 7$(g)
(2)　取り出した後の食塩の重さは，$7 \times 0.9 = 6.3$(g)
(3)　操作1回で，$10 \div 100 = 0.1$の食塩が取り出されるから，濃度は$1 - 0.1 = 0.9$(倍)になる。
7%→6.3%→5.67%→5.103%→4.5927%
よって，4回。

216 8

解説
ある数を□とすると，□×5＋2＝2×(□×2＋5)
□×5＋2＝□×4＋10
□＝10－2＝8

もっとくわしく
□5個から□4個をひくと，□1個になる。

つまずいたら
□にあてはまる数の求め方を知りたい。
本冊…P.125

217 2400円

解説
仕入れ値を1とすると，定価は1.2と表せる。もとの利益から定価の1割をひくと，利益の割合は，
$0.2 - 1.2 \times 0.1 = 0.08$
これが192円にあたるから，
$192 \div 0.08 = 2400$(円)

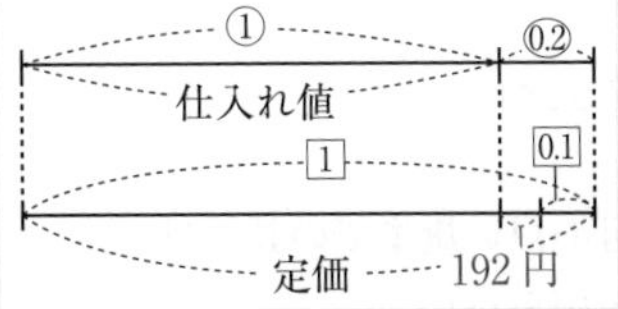

もっとくわしく
1割　→　0.1

218 ア…2　イ…7　ウ…9

解説

定価は，$60 \times 1.2 = 72$(円)

利益が10円になるには，$72 - (60 + 10) = 2$(円)値下げすればよいから，$2 \div 72 \times 100 = 2\frac{7}{9}$(%)

219 800円

解説

仕入れ値を1とすると，定価は1.4，定価の半額は $1.4 \div 2 = 0.7$ と表せる。

$0.4 \times 85 - (1 - 0.7) \times 15 = 29.5$

が利益にあたるから，

仕入れ値は，$23600 \div 29.5 = 800$(円)

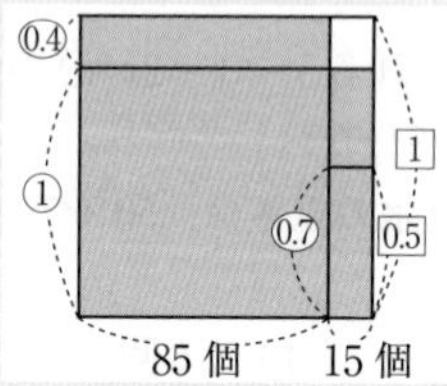

もっとくわしく

割引いた金額が仕入れ値より安いので損失になる。

220 (1)　1860円　(2)　93個

解説

(1)　仕入れ総額は，$50 \times 100 = 5000$(円)

売り上げは，$70 \times (100 - 2) = 6860$(円)

よって，もうけは，$6860 - 5000 = 1860$(円)

(2)　売り上げは，$5000 + 1510 = 6510$(円)

よって，売れたおかしは，$6510 \div 70 = 93$(個)

もっとくわしく

もうけ(利益の総額)
＝売り上げ
　－仕入れ総額

221 4個

解説

仕入れ総額は，$50 \times 200 = 10000$(円)

定価は，$50 \times 1.2 = 60$(円)

売り上げは，$10000 + 1760 = 11760$(円)

売った品物は，$11760 \div 60 = 196$(個)

よって，こわれた品物は，$200 - 196 = 4$(個)

もっとくわしく

仕入れ総額
　＋利益の総額
＝売り上げ
＝1個の売り値
　×売った個数

222 (1)　12m　(2)　36m

解説

(1)　A地点から7本目の白い旗までの長さは，

$1.8 \times (7 - 1) = 10.8$(m)

7本目の白い旗までに置いてある赤い旗の間の数は

$10.8 \div 2.4 = 4$ 余り 1.2　より，4つ

よって，A地点からB地点までは，

$2.4 \times (4 + 1) = 12$(m)

もっとくわしく

7本目の白い旗までに，赤い旗の間は4つあり，B地点までの間にもう1つある。

（2）　A地点からC地点までに白い旗は7 + 4 = 11(本)置いてあり，その間の数は11 − 1 = 10
長方形の周の長さはA地点からC地点までの2倍だから，1.8 × 10 × 2 = 36(m)

つまずいたら
植木算について知りたい。
本冊…P.538

223 1時間22分

解説
丸太を切る回数は，400 ÷ 50 − 1 = 7(回)
休む回数は，7 − 1 = 6(回)
よって，かかる時間は，10 × 7 + 2 × 6 = 82(分)
つまり，1時間22分。

もっとくわしく
切る回数
＝丸太の本数－1
休む回数
＝切る回数－1

224 赤26本，黄25本

解説
木の間に植える花の本数は，200 ÷ 40 − 1 = 4(本)
木の間の数は，20 − 1 = 19だから，植える花は全部で，
4 × 19 = 76(本)
花は3種類あるから，76 ÷ 3 = 25余り1　より，最初に植える赤い花だけ1本多くなり，25 + 1 = 26(本)
黄色い花は25本。

225 360本

解説
植える柳の木の本数は，800 ÷ 20 = 40(本)
柳と柳の間1つにつき植える桜の木の本数は，
20 ÷ 2 − 1 = 9(本)
柳と柳の間の数＝柳の木の本数　より，必要な桜の木は
9 × 40 = 360(本)

もっとくわしく
池の周囲はつながっているので，柳と柳の間の数と柳の木の本数は等しくなる。

226 840個

解説
図のように考えると，黒いご石の個数は，縦に並ぶご石の数の4倍であり，白いご石の横に並ぶ個数は，黒いご石の縦の個数に等しい。
よって，求める白いご石の数は，
120 ÷ 4 = 30より，(30 − 2) × 30 = 840(個)

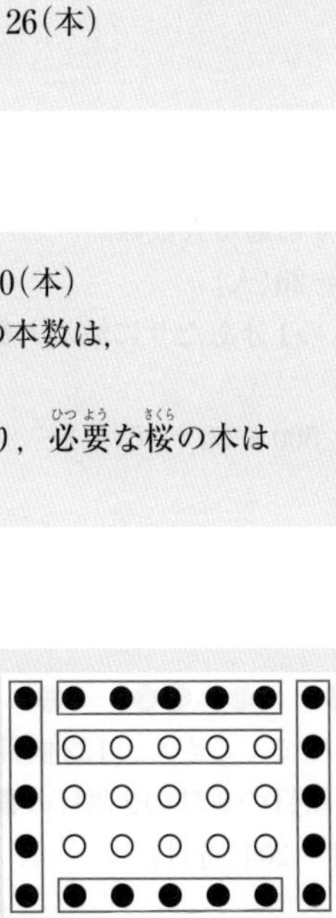

つまずいたら
方陣算について知りたい。
本冊…P.542

227 (1)　1600枚　　(2)　9回目　　(3)　18回目

解説

(1)　10回の操作で取りのぞいた硬貨の数は，10列の中空方陣と等しいから，$(60-10)\times10\times4=2000$(枚)
よって，残った硬貨の数は，$3600-2000=1600$(枚)

(2)　(1)より，10回目は取りのぞいた硬貨の方が多い。
9回目　取った…$(60-9)\times9\times4=1836$(枚)
　　　　残った…$3600-1836=1764$(枚)
8回目　取った…$(60-8)\times8\times4=1664$(枚)
　　　　残った…$3600-1664=1936$(枚)
よって，取りのぞいた硬貨がはじめて多くなるのは9回目。

(3)　6回目で確かめると，取りのぞいた硬貨は
$(60-\underline{2\times5}-1)\times4=49\times4=(7\times2)\times(7\times2)$
5回目までに減った1辺の硬貨の数
次に正方形に並べられるのは，取りのぞく正方形の1辺の長さが$(5\times5)+1=26$のときで，
$26=60-34=60-2\times17=60-2\times(18-1)$ より，18回目。

もっとくわしく
(1)10回の操作で縦，横とも20枚ずつ取りのぞかれているから，
$(60-20)\times(60-20)=1600$(枚)
としてもよい。

もっとくわしく
(3)1辺の硬貨の数は1回の操作で2枚少なくなる。

もっとくわしく
(3)取りのぞいた硬貨の枚数が，
$(5\times2)\times(5\times2)$枚
のとき。

228 10分

解説

1つの入場口を1分あたりに通る人数は，
$(500+10\times50)\div50=20$(人)
入場口を3つにしたときの1分あたりに減る人数は，
$20\times3-10=50$(人)
よって，求める時間は，$500\div50=10$(分)

229 204番目

解説

5個ずつ区切ると，
△●△●●｜△●△●●｜△●△●●｜△●△●●｜…
5個の並び方がくり返し出てくるから，122個目の●は$122\div3=40$余り2　より，41組目の並びの2個目の●で，
$40\times5=200$，$200+4=204$(番目)

もっとくわしく
41組目の並びの2個目の●ということは，41組目の4個目の記号である。
△●△●●
　　　↑

230 108番目

解説

4個ずつ区切ると，
(1, 2, 3, 4), (2, 3, 4, 5), (3, 4, 5, 6), …
となり，はじめて30が出てくるのは( )の中の4番目の数。
この数は，初項4，公差1の等差数列だから，30が出てくるのは，$(30-4)\div1+1=27$(個目)の( )
よって，$27\times4=108$(番目)

231 (1) 12 (2) 25行目と26行目 (3) 136行目

解説

(1) 10行2列目の数字は，$(10-1)\times8+2=74$(個目)の数字。それぞれの数字はその数字の個数だけ並んでいるから，1行1列目の1から最後の□までの個数は，1から□までの和に等しい。
$(1+11)\times11\div2=66$，$(1+12)\times12\div2=78$より，10行2列目の数は12

(2) $(1+19)\times19\div2=190$，$190\div8=23$余り6より，19は24行6列目まで並んでいる。また，
$(1+20)\times20\div2=210$，$210\div8=26$余り2より，20は27行2列目まで並んでいる。よって，5列目にある20は25行目と26行目。

(3) $375\div8=46$余り7より，46が1個，47が7個並んでいる。よって，$(1+46)\times46\div2=1081$，
$1081\div8=135$余り1 より，136行目。

もっとくわしく

11までの個数は66個。12までの個数は78個になっている。

ミス注意!

27行は2列目までが20なので，5列目は20ではない。

232 (1) 竹ひご42本，ねん土玉33個 (2) 97個

解説

(1) 4番目の図形は，2番目の図形を3つ使って作ると，⬭の部分が重なるから，竹ひごは，$15\times3-3=42$(本)
ねん土玉は，$13\times3-6=33$(個)

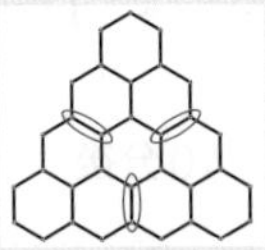

(2) 竹ひごは，6, 15, 27, 42, …と増えているから，
(+9 +12 +15)

$132=6+\overbrace{9+12+15+18+21+24+27}^{⑦}$より，
132本使っている図形は8番目の図形である。
また，ねん土玉は，6, 13, 22, 33, …と増えているから，
(+7 +9 +11)

$$\overbrace{6+7+9+11+13+15+17+19}^{⑦}$$

$=6+(7+19)\times 7\div 2=97$(個)使っている。

233 D組，A組，E組，C組，B組

解説

表に表す。

	1	2	3	4	5
A	×	○	×		×
B		×	×	×	
C	×	×			
D			×	×	×
E	×				×

A組の人の話より，A－1，A－3，A－5に×をつける。

B組の人の話より，B－2，B－3，B－4に×をつける。

C組の人の話より，C－1，C－2に×をつける。

D組の人の話より，D－3，D－4，D－5に×をつける。

E組の人の話より，E－1，E－5に×をつける。また，A，E，Cの順番になるには，Aが2番目というのがわかる。その後は，順に決まっていく。

もっとくわしく

Aが2番目に決まると，ほかの4組は2番目ということはないから，×をつける。すると，×が4つ並ぶところが出てくるので，そこも決まる。

つまずいたら

推理して解く問題について知りたい。

➡ 本冊…P.554

234 85票

解説

$590\div(6+1)=84$余り2　より，85票。

235 (1)　15L　(2)　25L　(3)　4分30秒

解説

(1)　$60\div 4=15$(L)

(2)　AとB合わせた1分間に出る水の量は，

$(180-60)\div(7-4)=40$(L)

よって，Bは，$40-15=25$(L)

(3)　$180\div 40=4.5$(分)　→　4分30秒

つまずいたら

水量のグラフについて知りたい。

➡ 本冊…P.560

236 (1)　8分後　(2)　40分後

解説

(1)　Aのグラフをかき入れると，1回目は40Lのとき，

$40\div 5=8$(分後)

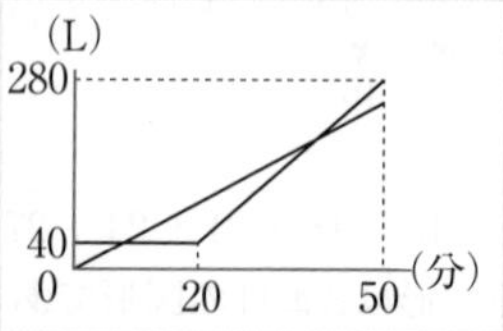

(2)　Bの水を入れる割合は，

毎分$(280-40)\div(50-20)$

$=8$(L)

Aに水を入れ始めてから20分後の水の量は,
A…5 × 20 = 100(L), B…40(L)
その差は, 100 − 40 = 60(L)
AとBに1分間に入る水の量の差は, 8 − 5 = 3(L)
よって, 水の量が等しくなるのは, Bに水を入れ始めてから, 60 ÷ 3 = 20(分後)となるので, Aに水を入れ始めてから, 20 + 20 = 40(分後)

もっとくわしく
1分間に3Lずつ水の量の差が減る。

237 820円

解説
●はその点をふくみ, ○はその点をふくまない。

つまずいたら
階段のグラフについて知りたい。
本冊…P.560

238 (1) 秒速2cm (2) 20cm (3) 24cm
(4) 4秒後と19秒後

解説
(1) 8秒で16cm動いているから, 16 ÷ 8 = 2(cm/秒)
(2) AからBまで動くのに, 24 − 14 = 10(秒)かかっているから, ABの長さは, 2 × 10 = 20(cm)
(3) 8秒後の三角形PBCの面積が$192cm^2$だから, BCの長さは, 192 × 2 ÷ 16 = 24(cm)
(4) 1回目は点PがDCにあるときで,
三角形PBCの面積
= BC × CP ÷ 2より,
CPの長さは,
96 × 2 ÷ 24 = 8(cm)
よって, 8 ÷ 2 = 4(秒後)

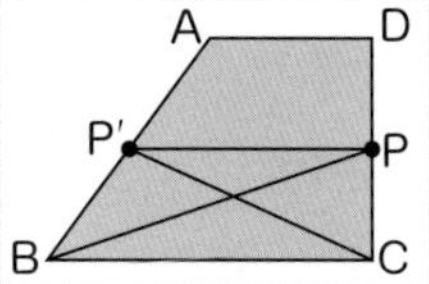

2回目は点PがABにあるときで(このときの点PをP′とする), 1回目と高さが同じだから, P′はABの真ん中の点にある。
よって, (16 + 12 + 20 ÷ 2) ÷ 2 = 19(秒後)

もっとくわしく
ADの長さはPが14−8=6(秒)動いているから, 12cm

つまずいたら
図形の移動のグラフについて知りたい。
本冊…P.561

旺文社

小学総合的研究

わかる
算数

別冊

改訂版

Obunsha